游戏中的人工智能
（第3版）

[美] 伊恩·米林顿（Ian Millington） 著

张 俊 译

清华大学出版社

北 京

内 容 简 介

本书详细阐述了与游戏人工智能相关的基本解决方案，主要包括游戏 AI、移动、路径发现、决策、战略和战术 AI、学习、程序化内容生成、棋盘游戏、执行管理、世界接口、工具和内容创建、游戏 AI 编程、游戏 AI 设计、基于 AI 的游戏类型等内容。此外，本书还提供了相应的示例，以帮助读者进一步理解相关方案的实现过程。

本书适合作为高等院校计算机及相关专业的教材和教学参考书，也可作为相关开发人员的自学读物和参考手册。

北京市版权局著作权合同登记号 图字：01-2021-4080

AI For Games 3rd Edition/by Ian Millington/ISBN:978-1-13-848397-2

Copyright © 2019 by CRC Press.

Authorized translation from English language edition published by CRC Press, part of Taylor & Francis Group LLC;All rights reserved;

本书原版由 Taylor & Francis 出版集团旗下，CRC 出版公司出版，并经其授权翻译出版。版权所有，侵权必究。

Tsinghua University Press is authorized to publish and distribute exclusively the **Chinese(Simplified Characters)** language edition.This edition is authorized for sale throughout **Mailand of China**.No part of the publication may be reproduced or distributed by any means,or stored in a database or retrieval system,without the prior written permission of the publisher.

本书中文简体翻译版授权由清华大学出版社独家出版并限在中国大陆地区销售。未经出版者书面许可，不得以任何方式复制或发行本书的任何部分。

Copies of this book sold without a Taylor & Francis sticker on the cover are unauthorized and illegal.

本书封面贴有 Taylor & Francis 公司防伪标签，无标签者不得销售。

版权所有，侵权必究。举报：010-62782989，beiqinquan@tup.tsinghua.edu.cn。

图书在版编目（CIP）数据

游戏中的人工智能：第 3 版 /（美）伊恩·米林顿（Ian Millington）著；张俊译. —北京：清华大学出版社，2021.8

书名原文：AI for Games,Third Edition

ISBN 978-7-302-58206-9

Ⅰ. ①游… Ⅱ. ①伊… ②张… Ⅲ. ①人工智能—应用—游戏程序—程序设计 Ⅳ. ①TP317.6

中国版本图书馆 CIP 数据核字（2021）第 096264 号

责任编辑：贾小红
封面设计：刘　超
版式设计：文森时代
责任校对：马军令
责任印制：杨　艳

出版发行：清华大学出版社
　　　　　网　　址：http://www.tup.com.cn，http://www.wqbook.com
　　　　　地　　址：北京清华大学学研大厦 A 座　　　　邮　　编：100084
　　　　　社 总 机：010-62770175　　　　　　　　　　邮　　购：010-62786544
　　　　　投稿与读者服务：010-62776969，c-service@tup.tsinghua.edu.cn
　　　　　质量反馈：010-62772015，zhiliang@tup.tsinghua.edu.cn

印 装 者：小森印刷霸州有限公司
经　　销：全国新华书店
开　　本：185mm×230mm　　　印　　张：60.25　　　字　　数：1206 千字
版　　次：2021 年 8 月第 1 版　　　　　　　　　　　印　　次：2021 年 8 月第 1 次印刷
定　　价：199.00 元

产品编号：087227-01

献给 Daniel

我最爱的游戏设计师

译 者 序

2017 年 5 月，在中国乌镇围棋峰会上，由谷歌（Google）旗下 DeepMind 公司戴密斯·哈萨比斯领衔的团队开发的围棋 AI（Artificial Intelligence，人工智能）程序 AlphaGo 与当时世界排名第一的中国棋手柯洁对战，并以 3 比 0 的总比分完胜。至此，围棋 AI 的棋力超越人类围棋的最高水平成为不争的事实。

实际上，AI 创造的辉煌并不是从那一天开始的。1997 年，IBM 的深蓝计算机首次战胜国际象棋棋王卡斯帕罗夫也同样成为佳话。2014 年 10 月，浪潮天梭击败了 5 位中国象棋特级大师。从那时起，普通玩家使用家用个人计算机，通过象棋软件击败国家特级大师已不是什么新鲜事，目前的中国象棋第一人王天一就经常在与普通"棋友"的直播对弈中折戟沉沙。

象棋游戏 AI 的设计依赖于极小极大化算法、AB 修剪、负值侦察、置换表和开局库等技术，本书第 8 章对此有详细介绍。象棋很早就被计算机 AI 攻克，因为它的变化相对围棋而言较少，并且有大量的棋谱可用，而围棋的状态空间复杂度是 10^{172}，博弈树复杂度是 10^{300}，曾经被认为是计算机 AI 无法翻越的高山。但是，凭借着机器学习和神经网络的利器，计算机 AI 实现了历史性的突破。本书第 7 章介绍了机器学习技术。

除了在棋盘游戏中发威，AI 技术在其他类型的游戏中也给玩家留下了深刻的印象，例如，有限状态机、路径发现（这是"寻路术"技术的代名词，本书第 3 章有详细介绍）、转向行为、自动编队、行为树决策、模糊逻辑决策、航点和战术分析等。这些技术都关联着大量算法，本书对这些算法都进行了详细的分析，并提供了伪代码（方便开发人员在不同的编程语言中实现）、实现说明和性能分析等。

此外，本书还提供了许多技术和算法在游戏中的应用思路，包括在游戏中实现 AI 的中间件思想、执行管理和调度方法、游戏世界的表示方式和接口、工具链创建和脚本的开发、各种游戏类型及其 AI 实现技巧等。这些内容可以为开发人员实现自己的游戏 AI 提供很好的启发。

为了更好地帮助读者理解和学习，本书以中英文对照的形式保留了大量的术语，这样的安排不但方便读者理解书中的伪代码，而且有助于读者查找和利用网络资源。

本书由张俊翻译，马宏华、唐盛、郝艳杰、黄永强、陈凯、黄刚、黄进青和熊爱华等也参与了部分翻译工作。由于译者水平有限，错漏之处在所难免，在此诚挚欢迎读者提出宝贵意见和建议。

译　者

目　　录

第 1 部分　AI 和游戏

第 1 章　导论 3

1.1　AI 的定义 4

1.1.1　学术派 AI 5

1.1.2　游戏 AI 9

1.2　游戏 AI 模型 11

1.2.1　移动 12

1.2.2　决策 13

1.2.3　策略 13

1.2.4　基础架构 14

1.2.5　基于代理的 AI 14

1.2.6　该模型在本书中的意义 15

1.3　算法和数据结构 15

1.3.1　算法 16

1.3.2　表示方式 18

1.3.3　实现 19

1.4　本书的布局结构 20

第 2 章　游戏 AI 21

2.1　复杂度谬误 21

2.1.1　简单的 AI 也能做得很好 21

2.1.2　复杂的 AI 也可能很糟糕 22

2.1.3　感知窗口 23

2.1.4　行为的变化 24

2.2　游戏中的 AI 类型 24

2.2.1　借鉴技术 25

2.2.2　启发式方法 26

2.2.3　算法 28

2.3　速度和内存限制 28

    2.3.1　处理器问题 29

    2.3.2　低级语言问题 29

    2.3.3　内存问题 31

    2.3.4　平台 33

2.4　游戏 AI 引擎 36

    2.4.1　游戏 AI 引擎的结构 37

    2.4.2　工具问题 38

    2.4.3　综述 39

第 2 部分　技　　术

第 3 章　移动 43

3.1　移动算法基础 44

    3.1.1　二维移动 45

    3.1.2　静止状态 46

    3.1.3　运动学 49

3.2　运动学移动算法 52

    3.2.1　寻找 53

    3.2.2　漫游 56

3.3　转向行为 58

    3.3.1　转向基础知识 58

    3.3.2　变量匹配 59

    3.3.3　寻找和逃跑 60

    3.3.4　到达 62

    3.3.5　对齐 65

    3.3.6　速度匹配 68

    3.3.7　委托行为 69

    3.3.8　追逐和躲避 70

    3.3.9　朝向 73

    3.3.10　直视移动的方向 74

    3.3.11　漫游 75

    3.3.12　路径跟随 77

　　　　3.3.13　分离 82
　　　　3.3.14　避免碰撞 85
　　　　3.3.15　避开障碍物和避免撞墙 90
　　　　3.3.16　小结 94
　　3.4　组合转向行为 95
　　　　3.4.1　混合和仲裁 95
　　　　3.4.2　加权混合 96
　　　　3.4.3　优先级 101
　　　　3.4.4　合作仲裁 104
　　　　3.4.5　转向管道 106
　　3.5　预测物理 117
　　　　3.5.1　瞄准和射击 118
　　　　3.5.2　抛射物轨迹 118
　　　　3.5.3　射击问题求解 120
　　　　3.5.4　具有阻力的抛射物 123
　　　　3.5.5　迭代定位目标 125
　　3.6　跳跃 131
　　　　3.6.1　跳跃点 131
　　　　3.6.2　着陆垫 134
　　　　3.6.3　坑洞填充物 138
　　3.7　协调移动 139
　　　　3.7.1　固定编队 140
　　　　3.7.2　可扩展的格式 141
　　　　3.7.3　自然编队 142
　　　　3.7.4　两级编队转向 143
　　　　3.7.5　实现 146
　　　　3.7.6　扩展到两个以上的级别 151
　　　　3.7.7　槽位的职业角色和更好的分配 153
　　　　3.7.8　槽位分配 156
　　　　3.7.9　动态槽位和队形 160
　　　　3.7.10　战术移动 162
　　3.8　马达控制 165
　　　　3.8.1　输出过滤 165

　　　3.8.2　与能力匹配的转向 167

　　　3.8.3　常见执行属性 169

　3.9　第三维中的移动 171

　　　3.9.1　三维旋转 172

　　　3.9.2　将转向行为转换为三维 173

　　　3.9.3　对齐 174

　　　3.9.4　对齐向量 175

　　　3.9.5　朝向行为 176

　　　3.9.6　直视移动的方向 179

　　　3.9.7　漫游 179

　　　3.9.8　假旋转轴 181

　3.10　习题 185

第 4 章　路径发现 189

　4.1　路径发现图形 190

　　　4.1.1　图形 190

　　　4.1.2　加权图形 191

　　　4.1.3　有向加权图形 194

　　　4.1.4　术语 195

　　　4.1.5　表示方式 195

　4.2　迪杰斯特拉算法 196

　　　4.2.1　问题 197

　　　4.2.2　算法 198

　　　4.2.3　伪代码 202

　　　4.2.4　数据结构和接口 205

　　　4.2.5　迪杰斯特拉算法的性能 206

　　　4.2.6　弱点 207

　4.3　A^*算法 208

　　　4.3.1　问题 208

　　　4.3.2　算法 208

　　　4.3.3　伪代码 212

　　　4.3.4　数据结构和接口 216

　　　4.3.5　实现说明 220

4.3.6 算法性能 ·· 220
4.3.7 节点数组 A*算法 ··· 221
4.3.8 选择启发式算法 ·· 223
4.4 游戏世界的表示方式 ·· 230
4.4.1 图块图形 ·· 232
4.4.2 狄利克雷域 ··· 234
4.4.3 可见性点 ·· 236
4.4.4 导航网格 ·· 238
4.4.5 非平移问题 ··· 242
4.4.6 成本函数 ·· 243
4.4.7 路径平滑 ·· 244
4.5 改进 A*算法 ··· 246
4.6 分层路径发现技术 ·· 247
4.6.1 分层路径发现图形 ·· 248
4.6.2 分层图形上的路径发现 ····································· 251
4.6.3 基于排除法的分层路径发现技术 ························· 254
4.6.4 分层结构对路径发现的奇怪影响 ························· 255
4.6.5 实例几何 ·· 257
4.7 路径发现中的其他思路 ·· 263
4.7.1 开放目标路径发现 ·· 263
4.7.2 动态路径发现 ·· 263
4.7.3 其他类型的信息重用 ······································· 264
4.7.4 低内存算法 ··· 265
4.7.5 可中断路径发现 ··· 266
4.7.6 汇集路径规划请求 ·· 266
4.8 连续时间路径发现 ·· 267
4.8.1 问题 ·· 268
4.8.2 算法 ·· 269
4.8.3 实现说明 ·· 272
4.8.4 性能 ·· 273
4.8.5 弱点 ·· 273
4.9 关于移动路径规划 ·· 273
4.9.1 动作 ·· 274

4.9.2 移动路径规划 275

4.9.3 示例 276

4.9.4 脚步规划 278

4.10 习题 278

第 5 章 决策 283

5.1 决策概述 283

5.2 决策树 284

5.2.1 问题 285

5.2.2 算法 285

5.2.3 伪代码 290

5.2.4 知识的表示方式 292

5.2.5 实现节点 292

5.2.6 决策树的性能 293

5.2.7 平衡决策树 293

5.2.8 超越决策树 294

5.2.9 随机决策树 295

5.3 状态机 297

5.3.1 问题 299

5.3.2 算法 299

5.3.3 伪代码 300

5.3.4 数据结构和接口 301

5.3.5 性能 303

5.3.6 实现说明 303

5.3.7 硬编码的 FSM 304

5.3.8 分层状态机 306

5.3.9 组合决策树和状态机 319

5.4 行为树 321

5.4.1 实现行为树 328

5.4.2 伪代码 328

5.4.3 装饰器 332

5.4.4 并发和计时 338

5.4.5 向行为树添加数据 347

5.4.6 重用行为树 351

5.4.7　行为树的局限性 356
5.5　模糊逻辑 357
5.5.1　讨论之前的重要说明 358
5.5.2　模糊逻辑简介 358
5.5.3　模糊逻辑决策 367
5.5.4　模糊状态机 376
5.6　马尔可夫系统 381
5.6.1　马尔可夫过程 382
5.6.2　马尔可夫状态机 384
5.7　面向目标的行为 386
5.7.1　面向目标的行为概述 387
5.7.2　简单选择 389
5.7.3　整体效用 391
5.7.4　计时 394
5.7.5　整体效用 GOAP 398
5.7.6　使用 IDA*的 GOAP 403
5.7.7　"散发气味"的 GOB 411
5.8　基于规则的系统 413
5.8.1　问题 413
5.8.2　算法 418
5.8.3　伪代码 419
5.8.4　数据结构和接口 419
5.8.5　规则仲裁 425
5.8.6　统一 428
5.8.7　Rete 算法 430
5.8.8　扩展 439
5.8.9　发展前瞻 443
5.9　黑板架构 443
5.9.1　问题 443
5.9.2　算法 444
5.9.3　伪代码 445
5.9.4　数据结构和接口 446
5.9.5　性能 449

　　　5.9.6　其他的黑板系统 449
　5.10　动作执行 450
　　　5.10.1　动作的类型 450
　　　5.10.2　算法 455
　　　5.10.3　伪代码 456
　　　5.10.4　数据结构和接口 457
　　　5.10.5　实现说明 459
　　　5.10.6　性能 460
　　　5.10.7　综述 460
　5.11　练习 461

第 6 章　战略和战术 AI **465**
　6.1　航点战术 466
　　　6.1.1　战术位置 466
　　　6.1.2　使用战术位置 474
　　　6.1.3　生成航点的战术属性 479
　　　6.1.4　自动生成航点 484
　　　6.1.5　简化算法 485
　6.2　战术分析 489
　　　6.2.1　表示游戏关卡 489
　　　6.2.2　简单的影响地图 490
　　　6.2.3　地形分析 496
　　　6.2.4　用战术分析学习 498
　　　6.2.5　战术分析的结构 500
　　　6.2.6　关于地图覆盖 504
　　　6.2.7　卷积滤镜 509
　　　6.2.8　细胞自动机 518
　6.3　战术性路径发现 524
　　　6.3.1　成本函数 524
　　　6.3.2　战术权重和关注事项的混合 525
　　　6.3.3　修改路径发现启发式算法 527
　　　6.3.4　路径发现的战术图形 528
　　　6.3.5　使用战术航点 528

6.4　协调动作 529
　　6.4.1　多层 AI 530
　　6.4.2　自发合作 536
　　6.4.3　编写群体动作的脚本 538
　　6.4.4　军事战术 543
6.5　习题 545

第 7 章　学习 549
7.1　关于机器学习的基础知识 549
　　7.1.1　在线或离线学习 549
　　7.1.2　行为内学习 550
　　7.1.3　行为间学习 551
　　7.1.4　对机器学习应用的警告 551
　　7.1.5　过度学习 552
　　7.1.6　混杂的学习算法 552
　　7.1.7　工作量的平衡 552
7.2　参数修改 553
　　7.2.1　参数地形 553
　　7.2.2　爬山算法 555
　　7.2.3　基本爬山算法的扩展 558
　　7.2.4　退火技术 561
7.3　动作预测 565
　　7.3.1　左还是右 565
　　7.3.2　原始概率 566
　　7.3.3　字符串匹配 566
　　7.3.4　N-Gram 预测器 567
　　7.3.5　窗口大小 570
　　7.3.6　分层 N-Gram 572
　　7.3.7　在格斗游戏中的应用 575
7.4　决策学习 575
　　7.4.1　决策学习的结构 575
　　7.4.2　应该学习的东西 576
　　7.4.3　4 种技术 576

7.5　朴素贝叶斯分类算法 ………………………………………………………… 577
　　7.5.1　伪代码 …………………………………………………………………… 580
　　7.5.2　实现说明 ………………………………………………………………… 582
7.6　决策树学习 …………………………………………………………………… 582
　　7.6.1　ID3 ………………………………………………………………………… 583
　　7.6.2　具有连续属性的 ID3 …………………………………………………… 590
　　7.6.3　增量决策树学习 ………………………………………………………… 595
7.7　强化学习 ……………………………………………………………………… 599
　　7.7.1　问题 ………………………………………………………………………… 599
　　7.7.2　算法 ………………………………………………………………………… 600
　　7.7.3　伪代码 ……………………………………………………………………… 603
　　7.7.4　数据结构和接口 …………………………………………………………… 604
　　7.7.5　实现说明 …………………………………………………………………… 605
　　7.7.6　性能 ………………………………………………………………………… 605
　　7.7.7　适应性调整参数 …………………………………………………………… 605
　　7.7.8　弱点和现实应用 …………………………………………………………… 609
　　7.7.9　强化学习中的其他思路 …………………………………………………… 611
7.8　人工神经网络 ………………………………………………………………… 613
　　7.8.1　概述 ………………………………………………………………………… 615
　　7.8.2　问题 ………………………………………………………………………… 617
　　7.8.3　算法 ………………………………………………………………………… 618
　　7.8.4　伪代码 ……………………………………………………………………… 622
　　7.8.5　数据结构和接口 …………………………………………………………… 624
　　7.8.6　实现警告 …………………………………………………………………… 626
　　7.8.7　性能 ………………………………………………………………………… 626
　　7.8.8　其他方法 …………………………………………………………………… 626
7.9　深度学习 ……………………………………………………………………… 630
　　7.9.1　深度学习的定义 …………………………………………………………… 631
　　7.9.2　数据 ………………………………………………………………………… 632
7.10　习题 …………………………………………………………………………… 634

第 8 章　程序化内容生成 …………………………………………………………… 639
8.1　伪随机数 ……………………………………………………………………… 641

　　　8.1.1　数值混合和游戏种子 641
　　　8.1.2　霍尔顿序列 643
　　　8.1.3　叶序的角度 646
　　　8.1.4　泊松圆盘 647
　8.2　Lindenmayer 系统 651
　　　8.2.1　简单的 L 系统 651
　　　8.2.2　将随机性添加到 L 系统 655
　　　8.2.3　特定阶段的规则 657
　8.3　地形生成 659
　　　8.3.1　修饰器和高度图 659
　　　8.3.2　噪声 660
　　　8.3.3　佩林噪声 661
　　　8.3.4　断层 664
　　　8.3.5　热侵蚀 666
　　　8.3.6　水力侵蚀 667
　　　8.3.7　高地过滤 672
　8.4　地下城与迷宫的生成 676
　　　8.4.1　深度优先的回溯迷宫 677
　　　8.4.2　最小生成树算法 687
　　　8.4.3　递归细分 692
　　　8.4.4　生成和测试 696
　8.5　形状语法 697
　　　8.5.1　运行语法 700
　　　8.5.2　规划 703
　8.6　练习 707

第 9 章　棋盘游戏 709
　9.1　博弈论 710
　　　9.1.1　游戏类型 710
　　　9.1.2　博弈树 712
　9.2　极小极大化算法 714
　　　9.2.1　静态评估函数 714
　　　9.2.2　关于极小极大化 716

9.2.3 使用极小极大化算法 717

9.2.4 负值最大化算法 720

9.2.5 AB 修剪 722

9.2.6 AB 搜索窗口 726

9.2.7 负值侦察 727

9.3 置换表和内存 730

9.3.1 哈希游戏状态 731

9.3.2 哈希表中存储的内容 733

9.3.3 哈希表实现 734

9.3.4 替换策略 736

9.3.5 完整的置换表 736

9.3.6 置换表的问题 737

9.3.7 使用对手的思考时间 738

9.4 内存增强型测试算法 738

9.4.1 实现测试 738

9.4.2 MTD 算法 740

9.4.3 伪代码 742

9.5 蒙特卡洛树搜索 743

9.5.1 纯蒙特卡洛树搜索 743

9.5.2 添加知识 748

9.6 开局库和其他固定进攻战术 750

9.6.1 实现开局库 750

9.6.2 学习开局库 751

9.6.3 固定进攻战术库 751

9.7 进一步优化 752

9.7.1 迭代加深 752

9.7.2 可变深度算法 753

9.8 游戏知识 755

9.8.1 创建静态评估函数 757

9.8.2 学习静态评估函数 760

9.9 回合制策略游戏 764

9.9.1 不可能的树大小 764

9.9.2 回合制游戏中的实时 AI 765

9.10 习题 766

第3部分 支 持 技 术

第 10 章 执行管理 769

10.1 调度 769

　　10.1.1 调度程序 770

　　10.1.2 可中断进程 776

　　10.1.3 负载平衡调度程序 779

　　10.1.4 分层调度 781

　　10.1.5 优先级调度 782

10.2 随时算法 785

10.3 细节层次 786

　　10.3.1 图形细节层次 786

　　10.3.2 关于 AI 中的细节层次技术 787

　　10.3.3 调度细节层次 788

　　10.3.4 行为细节层次 789

　　10.3.5 群体细节层次 794

　　10.3.6 总结 797

10.4 习题 797

第 11 章 世界接口 799

11.1 通信 799

　　11.1.1 轮询 800

　　11.1.2 事件 800

　　11.1.3 确定使用的方法 801

11.2 事件管理器 802

　　11.2.1 实现 804

　　11.2.2 事件播送 807

　　11.2.3 代理间通信 809

11.3 轮询站点 809

　　11.3.1 伪代码 810

　　11.3.2 性能 811

　　11.3.3 实现说明 811

11.3.4　抽象轮询 811

11.4　感知管理 813

11.4.1　模拟才是王道 813

11.4.2　内部知识和外部知识 814

11.4.3　感知形态 815

11.4.4　区域感知管理器 820

11.4.5　有限元模型感知管理器 828

11.5　习题 835

第 12 章　工具和内容创建 **837**

12.1　关于工具链 837

12.1.1　工具链限制 AI 837

12.1.2　AI 知识的来源 838

12.2　路径发现和航点战术的知识 838

12.2.1　手动创建区域数据 839

12.2.2　自动图形创建 841

12.2.3　几何分析 841

12.2.4　数据挖掘 844

12.3　关于移动的知识 847

12.3.1　障碍问题 847

12.3.2　高级调度 848

12.4　关于决策的知识 849

12.4.1　对象类型 849

12.4.2　具体动作 849

12.5　工具链 850

12.5.1　集成游戏引擎 851

12.5.2　自定义数据驱动的编辑器 853

12.5.3　AI 设计工具 854

12.5.4　远程调试 855

12.5.5　插件 856

12.6　习题 857

第 13 章　游戏 AI 编程 **859**

13.1　实现语言 860

13.1.1 C++ 861

13.1.2 C# 861

13.1.3 Swift 863

13.1.4 Java 864

13.1.5 JavaScript 865

13.2 脚本 AI 867

13.2.1 脚本 AI 的定义 869

13.2.2 优秀脚本语言的基本要件 869

13.2.3 嵌入 871

13.2.4 选择开源语言 871

13.2.5 语言选择 872

13.3 创建语言 877

13.3.1 优点 878

13.3.2 缺点 878

13.3.3 创建自定义语言的实际操作 879

13.3.4 工具：Lex 和 Yacc 简介 883

第 4 部分 设计游戏 AI

第 14 章 游戏 AI 设计 887

14.1 设计 887

14.1.1 示例 888

14.1.2 评估行为 889

14.1.3 选择技术 891

14.1.4 一款游戏的范围 893

14.2 射击类游戏 894

14.2.1 移动和射击 895

14.2.2 决策 897

14.2.3 感知 898

14.2.4 路径发现和战术 AI 899

14.2.5 射击类风格游戏 900

14.2.6 近战格斗类游戏 901

14.3 驾驶类游戏 904

14.3.1　移动 ……………………………………………………… 905

14.3.2　路径发现和战术 AI ……………………………………… 906

14.3.3　类驾驶游戏 ……………………………………………… 907

14.4　即时战略类游戏 ……………………………………………… 907

14.4.1　路径发现 ………………………………………………… 908

14.4.2　群体移动 ………………………………………………… 909

14.4.3　战术和战略 AI …………………………………………… 909

14.4.4　决策 ……………………………………………………… 910

14.4.5　MOBA …………………………………………………… 911

14.5　体育类游戏 …………………………………………………… 912

14.5.1　物理预测 ………………………………………………… 913

14.5.2　战术套路库和内容创建 ………………………………… 914

14.6　回合制战略游戏 ……………………………………………… 914

14.6.1　计时 ……………………………………………………… 915

14.6.2　帮助玩家 ………………………………………………… 916

第 15 章　基于 AI 的游戏类型 ……………………………………… 917

15.1　游戏角色教学 ………………………………………………… 917

15.1.1　表示动作 ………………………………………………… 918

15.1.2　表示游戏世界 …………………………………………… 918

15.1.3　学习机制 ………………………………………………… 919

15.1.4　可预测的心理模型和病理状态 ………………………… 921

15.2　蜂拥算法和放牧游戏 ………………………………………… 922

15.2.1　制造生物 ………………………………………………… 922

15.2.2　为交互调整转向行为 …………………………………… 923

15.2.3　转向行为的稳定性 ……………………………………… 924

15.2.4　生态系统设计 …………………………………………… 925

附　　录

参考资料 ……………………………………………………………… 929

A.1　图书、期刊、论文和网站 …………………………………… 929

A.2　游戏 …………………………………………………………… 934

第 1 部分

AI 和游戏

第 1 章 导 论

游戏开发活跃在自己的技术世界中，有自己的术语、技巧和挑战。这是游戏开发工作如此有趣的原因之一。每个游戏都有自己的规则、审美和权衡，其运行的硬件也在不断变化。对于游戏开发人员来说，他们是第一个有机会见到并击败游戏挑战的人。

尽管游戏开发人员已经做了很多努力使游戏开发与软件开发的其余领域保持一致（这样的努力至少有 25 年的历史），但是游戏的编程风格仍然与任何其他领域的开发风格大不相同。游戏开发关注速度，但它对速度的理解与嵌入式或控制应用程序的编程并不相同；游戏开发非常关注聪明的算法，但是它对"聪明"的理解并不像数据库服务器编程所要求的那样严谨；游戏开发从各种不同的来源中汲取技术养分，但几乎无一例外地需要对它们与原技术的相似之处进行修改。此外，为了给游戏增加一层神秘的面纱或欺骗性，开发人员还需要以不同的方式进行修改，这使得各个游戏公司的算法独具特色，甚至同一家公司不同游戏的算法也不一样，令人难以识别。

尽管这可能是令人兴奋和具有挑战性的，但它也使得开发人员难以获得所需的信息。十多年前，人们几乎不可能掌握开发人员在其游戏中使用的真正的技术和算法信息。关于顶级工作室的编程技术，有一种保密的气氛，甚至像"炼金术"一样神秘。但是，随着互联网的普及，有越来越多的网站以及图书、讨论会和期刊等深入介绍游戏开发技术。现在人们比以往任何时候都更容易在游戏开发中自学新技术。

本书旨在帮助读者掌握游戏开发中的一个要素：人工智能（Artificial Intelligence，AI）。虽然目前已经出现了许多关于游戏 AI 的不同方面的文章，例如，关于特定技术的网站帖文、书籍形式的汇编、一些介绍性文本以及开发会议上的大量讲稿等，但是本书做了整体性的梳理，涵盖了游戏 AI 的诸多方面的内容。

我们为许多不同类型的游戏开发了许多 AI 模块，并且开发了 AI 中间件工具，这些工具包含很多新的研究和让 AI 更聪明的内容。我们致力于下一代 AI 的研究和开发，使得 AI 可以通过一些非常聪明的技术做很多事情。但是，在整本书中，我们将尝试阻止把自己的意志强加给 AI，让它按我们想当然的方式去完成。我们的目标是告诉 AI 它本应该有的样子（或者告诉下一代技术，大多数人会如何看待它们）。

本书的内容涵盖了游戏 AI 的各种技术。其中有一些似乎不是技术，而更像是一般性的方法或开发风格；有些是完整的算法；有些是对超出本书范围的更深、更广领域的浅层介绍。在这些情况下，我们将努力提供足够的技术来帮助读者理解如何让方法有用、为什么有用（或为什么没用）。

　　本书的目标读者非常广泛，从想要深入了解游戏 AI 的业余爱好者或学生，到需要全面参考以前可能没有使用过的技术的专业人士，都可以从本书获益。

　　在进入具体的技术讨论之前，本章将对 AI 做必要的背景介绍，包括它的历史以及它的使用方式。本章将通过一个 AI 模型，将相关的技术结合在一起，以方便读者理解。此外，本章还介绍了本书其余部分的内容架构方式。

1.1　AI 的定义

　　AI 是指使计算机能够执行思考任务，而这种思考任务以前只有人类和动物才能够完成。

　　人们已经可以通过程序使计算机具有解决许多问题的超人能力，如算术、排序和搜索等。人们甚至可以让计算机更好地玩某些棋盘游戏，如黑白棋（Reversi，又叫翻转棋）或四子棋（Connect 4）。其中许多问题最初被认为是 AI 问题，但随着问题以越来越全面的方式得到解决，它们已经脱离了 AI 开发人员的视野。

　　不过仍然有许多事情是我们认为简单但是计算机却很难做到的，例如，识别熟悉的面孔，说出我们自己的个性化语言，决定下一步该做什么，以及从事创造性的工作。这些都是 AI 要努力学习的领域，它们需要尝试找出显示这些属性所需的算法类型。目前，在识别面孔方面，AI 已经取得了长足的进步。

　　在学术界，有些 AI 研究人员受到哲学的启发：理解思维的本质和智力的本质，并构建软件来模拟思维的运作方式；有些研究人员受到心理学的启发：理解人类大脑和心理过程的机制；其他人则受到工程学的启发：构建算法以便让计算机像人类一样执行任务。这三重区别是学术派 AI 的核心，不同的思维模式负责该学科的不同子领域。

　　作为游戏开发人员，我们主要对工程学方面感兴趣：构建使游戏角色看起来像人类或动物一样的算法。开发人员始终可以从学术研究中吸取经验和教训，这些研究将帮助他们更好地完成工作。

　　请注意，这里有必要对游戏"角色"的概念做出一个明确的区分。在英文中，"角色"对应有 Character 和 Role 两种。一般意义上的角色是指 Character，即参与游戏的客体，它并不限于人类。例如，在 *Heroes of Might & Magic*（中文版名称《英雄无敌》）系列游戏中，像伊莎贝尔、艾莉娜这样的英雄是角色，诸如小精怪、火元素之类的怪物也是角色。在游戏术语中，有一种专门的角色类型，被称为非玩家角色（Non-Player Character，NPC），一般指游戏中不受玩家操纵的角色。NPC 同样不限于人类，任务使者、怪物、幽灵，甚至建筑物、植物等，都可以是 NPC。Role 则是指角色扮演游戏（Role Playing Game）

或动作角色扮演游戏（Action Role Playing Game）中由玩家扮演的角色，这样的角色一般会有人类外形（但并不一定是人类），而且多数有职业区别。例如，在 *Sacred*（中文版名称《圣域》）游戏中，玩家可以选择六翼天使、角斗士、法师、吸血鬼等角色。本书在叙述中所使用的"角色"，除非特别指定，否则都是指一般意义上的 Character。

在此有必要对学术界所做的 AI 工作做一个简要的介绍，以使读者了解目前该领域的发展状况，以及有可能值得借鉴的内容。如果读者没有足够的精力（或兴趣和耐心）来完整地学习 AI，那么来看一看游戏中到底会出现什么样的技术同样是很有帮助的。

1.1.1　学术派 AI

总的来说，可以将学术派 AI 划分为 3 个时期：早期、符号时代、自然计算和统计时代。当然，这只是一个大致的划分，三者在某种程度上是重叠的，但可以发现它是一个很有用的区分。要获得更多相关论文集资料，请参阅附录参考资料[38]。

1. 早期

这里所谓的"早期"包括在计算机出现之前的时代，其中，和心灵有关的哲学偶尔会闯入 AI 的领域，并提出如下问题："是什么产生了思想？""人能为无生命的物体赋予生命吗？""尸体和它之前的人体之间的区别是什么？"

与此相关的，还有曾经出现的对机械机器人的流行品位，特别是在维多利亚时代的欧洲。进入 20 世纪，人们发明并创建了机械模型，它可以展现某些类型的像动物一样的行为，就像现在人们雇用游戏艺术家在建模包中创建的动画一样（有关学术历史和讨论的信息，详见附录参考资料[23]；有关两个钢琴演奏示例的深入研究，详见附录参考资料[74]）。

在 20 世纪 40 年代的战争中，破译敌人的密码（详见附录参考资料[8]）和进行原子弹开发都需要大量的计算，这直接促成了第一台可编程计算机的发展（详见附录参考资料[46]）。鉴于这些机器被用于执行原本由人完成的计算，程序员自然会对 AI 感兴趣。一些计算先驱（如图灵、冯·诺伊曼和香农）也是早期 AI 的先驱。特别是，图灵在 1950 年发表了一篇哲学论文（详见附录参考资料[70]），他也因此被人们尊称为"人工智能之父"。

2. 符号时代

从 20 世纪 50 年代后期到 20 世纪 80 年代初期，AI 研究的主要推动力是符号系统（Symbolic System）。符号系统将算法分为两个组成部分：其中一部分是一组知识（表示为符号，如单词、数字、句子或图片）；另一部分是推理算法，算法操纵这些符号以创建符号的新组合，而这些新符号组合很可能代表问题的解决方案或新知识。

专家系统（Expert System）是这种方法中最纯粹的表达方式之一，也是最为著名的

AI 技术。就像今天人们谈起 AI 必提及"深度学习"一样，在 20 世纪 80 年代，人们谈起 AI 都会提到"专家系统"。它拥有庞大的知识数据库，并可以将规则应用于知识以发现新事物（详见第 5.8 节"基于规则的系统"）。适用于游戏的其他符号方法包括黑板架构（Blackboard Architecture）（详见第 5.9 节"黑板架构"）、路径发现（Pathfinding）（详见第 4 章"路径发现"）、决策树（Decision Tree）（详见第 5.2 节"决策树"）和状态机（State Machine）（详见第 5.3 节"状态机"）等。本书描述了这些符号方法以及相关的更多内容。

符号系统的一个共同特征是权衡：在求解问题时，拥有的知识越多，在推理中所需做的工作就越少。一般来说，推理算法包括搜索和尝试不同的可能性以获得最佳结果。这引出了 AI 的黄金法则（Golden Rule），该法则也将以不同的形式贯穿本书：

搜索（Search）和知识（Knowledge）本质上是相互联系的。拥有的知识越多，针对答案所需要进行的搜索就越少；可以进行的搜索越多（即搜索速度越快），则需要的知识就越少。

研究人员 Newell 和 Simon 在 1976 年提出，知识注入搜索（Knowledge Infused Search）——也称为启发式搜索（Heuristic Search）——是所有智能行为产生的方式。糟糕的是，虽然它有几个坚实而重要的特征，但是这一理论在很大程度上已经失去了人们对它的信任。最近接受 AI 教育的人多半并没有意识到，在工程中权衡知识与搜索是不可避免的。关于问题求解数学的研究在理论上证明了这一点（详见附录参考资料[76]），而在实践层面上，AI 工程师则一直都对此心知肚明。

3．自然计算和统计时代

从 20 世纪 80 年代到 20 世纪 90 年代初，人们逐渐出现了对符号方法的挫败感。这种挫败感来自各个方向。

从工程的角度来看，早期在简单问题上的成功似乎并没有扩展到更困难的问题上，或者也无法沿用以处理现实世界的不确定性和复杂度。例如，开发能理解（或貌似理解）简单句子的 AI 似乎很容易，但是要使用符号系统开发出能理解完整的人类语言的 AI 就显得格外任重而道远。这中间还经历过一个小插曲，符号主义者宣称自己能开发出与人聊天的系统，但是始终未能兑现，于是整个行业的信心就崩溃了。

还有一个有趣的哲学论证，即符号方法在生物学上是不合理的。支持者认为，无法通过使用符号路线规划算法来理解人类如何规划路线，而这绝不像通过研究铲车来了解人体肌肉的工作方式那样简单。

对符号方法的失望，其结果就是向自然计算的转变。自然计算（Natural Computing）是受到生物学或其他自然系统启发的技术。这些技术包括神经网络（Neural Networks）、遗传算法（Genetic Algorithm）和模拟退火算法（Simulated Annealing Algorithm）①。当然，值得注意的是，在 20 世纪 80 年代和 20 世纪 90 年代成为时尚的一些技术其实发明得更早。例如，神经网络早于符号时代就已经出现，它们在 1943 年就首次被提出（详见附录参考资料[39]）。

从 20 世纪 80 年代到 21 世纪初期，已经基本上看不到专家系统的影子。我在 20 世纪 90 年代开始攻读人工智能博士学位，研究的是遗传算法；而我的大多数同龄人都在研究神经网络。

抛开与生物学的渊源不提，主流的 AI 研究人员逐渐意识到，神经网络这种新方法的关键要素不是与自然世界的联系，而是处理不确定性的能力以及它对解决现实世界问题的重要性。他们理解神经网络等技术可以用严格的概率和统计框架进行数学解释。因此，除了任何自然解释的必要性，还可以扩展概率框架以找到包括贝叶斯网络（Bayes Net）、支持向量机（Support-Vector Machine，SVM）和高斯过程（Gaussian Process）在内的现代统计 AI 的核心。

过去 10 年来，人工智能的最大变化并非来自学术界的突破。我们生活在一个 AI 再次登上新闻的时代：自动驾驶汽车、视频换头术、围棋 Alpha Go 程序轻松击败人类顶尖棋手、智能机器人管家，这些来自 AI 的技术进步令人目不暇接。这是属于深度学习的时代。

尽管新的 AI 系统也使用了一些其他学术创新，但是这些系统从根本上来说仍然是基于神经网络的，由于计算能力的提高，神经网络现在变得非常实用而强大。

4．工程派

尽管过去几年深度学习占尽了新闻报道的头版，但是，学术派 AI 的潮流变化不仅仅是时尚偏好，它也使 AI 成为解决现实问题的关键技术。例如，谷歌的搜索技术就得到了这种新的 AI 方法的支持。Peter Norvig 既是谷歌公司的研究总监，又是现代学术派 AI 规范参考文档的共同作者（另一位作者是他以前的研究生导师，Stuart Russell 教授），显然这样的事情绝非巧合（详见附录参考资料[54]）。

不幸的是，当某件事物炙手可热的时候，它就会被人们高高捧起，而在它光环之下的其他东西就会被视而不见或束之高阁。当深度学习站在舞台中央时，许多人都认为符号方法已经死亡，只能躺在冰冷的水泥地上。当到处都在谈论深度学习时，很多人可能

---

① 在附录参考资料[41]中可以找到关于遗传算法的介绍，在附录参考资料[34]中可以找到模拟退火算法的介绍（这两个资料都比较老）。由于深度学习目前风头正劲，因此，有关神经网络的资料比比皆是。在附录参考资料[2]中提供了比较浅显的介绍，在附录参考资料[18]中则提供了较为详细的解释。

会以为 AI 就是深度学习，深度学习就是 AI。

但 AI 实际应用的现实却是：没有哪一种方法能够全方位完胜任何其他方法。任何算法想要超过其他算法的唯一方式就是专注于一组特定的问题。所关注的问题领域越窄，算法就越容易绽放光芒。这实际上是以一种迂回的方式，让我们回归到前面所介绍的 AI 黄金法则：搜索和知识的权衡。搜索（尝试可能的解决方案）对于知识来说就是硬币的另一面，而这里的知识就是指关于问题的知识，它相当于缩小方法适用的问题数量。

深度学习是计算密集型搜索的终极选择，AlphaGo Zero（AlphaGo 软件第三次迭代的版本，详见附录参考资料[60]）获得的游戏规则知识很少，但是尝试不同策略所花的处理时间非常多，并且学习效果也是最好的。

我们来举一个游戏中的例子。可以告诉角色这样一个规则，当他受伤时，需要使用医疗包，使用语句表示就是：

```
IF 受伤 THEN 使用医疗包
```

这样的规则不需要搜索。

任何一种算法都能胜过另一种算法的方法是要么消耗更多的处理能力（更多的搜索），要么针对一组特定的问题进行优化（更多的问题知识）。

在实践中，工程师会在知识和搜索这两个方面均投入努力。例如，语音识别程序可使用已知公式将输入信号转换为神经网络可以对其解码的格式；然后，通过一系列符号算法输出结果，这些算法会查看字典中的单词以及单词在语言中的组合方式。

一种优化顺序的统计算法会将有关最终输出的规则（这里指的正常语序）编码到其结构中，因此它不可能会提出一个非法的时间表（也就是说，颠三倒四的语序会被自然屏蔽，以提高语音识别的准确率）。在这里可以看到，有关语序的知识被用于减少所需的搜索量。

不幸的是，游戏通常被设计为在消费类硬件上运行。尽管 AI 很重要，但图形始终占据了大多数处理能力，并且这似乎没有改变的迹象。因此，对于旨在游戏设备上运行的 AI 而言，低计算量、高知识的方法通常是明显的赢家。这通常是符号主义的方法，也就是 20 世纪 70 年代和 20 世纪 80 年代学术界首创的方法。

由此可见，在游戏 AI 设计中，深度学习并不一定能胜过符号主义方法，考虑到 AI 的黄金法则——知识和搜索空间的权衡，不同的游戏项目可选择不同的技术。

我们将在本书中介绍几种统计计算技术，这些技术可用于解决特定问题。但是经验告诉我们，对于游戏来说，它们通常是不必要的：使用更简单的应用程序，往往可以更好、更快地获得更令人欣赏的控制效果。自从 2004 年本书第 1 版出版以来，这种情况并没有发生太大变化。令人惊讶的是，游戏中使用的 AI 仍然是符号主义的技术。

1.1.2　游戏 AI

Pac-Man（中文版名称《吃豆人》）是许多人记忆中的游戏，也是第一款使用了初级 AI 的游戏（详见附录参考资料[140]）。在它之前有一款两个人打乒乓球的仿真游戏 *Pong*，该游戏克隆了由对手控制的球拍（基本上就是机械地跟随乒乓球向上和向下）。此外，还有一款名为 *Space Invaders*（中文版名称《太空侵略者》）的游戏，它的模型提供了无数入侵的射手和玩家厮杀（其实是傻傻地等着被消灭）。但是，由于《吃豆人》游戏采用 AI 定义敌人的角色，所以这些敌人显得有点狡诈，看上去好像在合谋对付玩家，并且随着通关难度增大，玩家的生存也变得越来越艰难。

《吃豆人》游戏的成功依赖于一种非常简单的 AI 技术：状态机（本书将在第 5 章做详细介绍）。游戏中有 4 个怪物（Monster），1984 年，《吃豆人》游戏 Atari 2600 机款遭遇滞销，卖剩的货被运往墨西哥州堆填区，此后这些怪物就被改称为幽灵（Ghost）。4 个怪物中的每一个要么追逐玩家，要么混乱失控。无论是哪一种状态，它们在每个交叉路口都会采取半随机路线。在追逐模式中，每个怪物都有不同的机会追逐玩家或选择随机方向。而在混乱失控模式中，它们要么继续失控，要么选择随机方向。一切都很简单，也非常符合 1979 年游戏领域 AI 的真实发展水平。

有关 *Pac-Man* 游戏机制的详细解释，包括 AI 算法分析，详见附录参考资料[49]。

游戏 AI 直到 20 世纪 90 年代中期才发生了很大的变化。在此之前，大多数计算机控制的角色其复杂程度都和《吃豆人》中的怪物差不多。

1987 年，出现了像 *Golden Axe*（中文版名称《战斧》）这样的经典之作（详见附录参考资料[176]）。敌人的角色静止不动（或者只是前后小范围移动），直到玩家靠近它们，它们才会归位，以玩家为攻击目标。《战斧》有一个巧妙的创新，敌人会冲过玩家，然后切换到归位模式（Homing Mode），从玩家的背面进攻。《战斧》中 AI 的这种复杂度与《吃豆人》相比，只是前进了一小步。

20 世纪 90 年代中期，AI 开始成为游戏的卖点。例如，*Beneath a Steel Sky*（中文版名称《钢铁苍穹下》，详见附录参考资料[174]）等游戏甚至在盒子背面提到了 AI。但糟糕的是，它大肆宣扬的"虚拟剧场"AI 系统其实只是允许角色在游戏中前后游走——这根本谈不上真正的进步。

Goldeneye 007（中文版名称《黄金眼 007》，详见附录参考资料[165]）可能是最能向玩家展示 AI 可以做些什么来改善玩法的一款游戏。《黄金眼 007》同样给角色定义了几种状态，不同的是它添加了一个感觉模拟系统（Sense Simulation System）：角色可以看到它们的伙伴，并注意到它们是否被杀死。因此，如果你杀死了一只怪物，那么可能

会有一堆怪物朝你扑过来。感觉模拟系统强化了玩家的游戏体验，成为当时的游戏厂商争相采用的技术。例如，*Thief: The Dark Project*（中文版版名称《神偷：暗黑计划》，详见附录参考资料[132]）和 *Metal Gear Solid*（中文版名称《合金装备》，详见附录参考资料[129]）几乎整个游戏都是基于该技术而设计的。

20 世纪 90 年代中期，即时战略（Real-Time Strategy，RTS）游戏也开始腾飞。*Warcraft*（中文版名称《魔兽争霸》，详见附录参考资料[85]）第一次被广泛注意到在游戏角色的动作中使用了路径发现技术（实际上，该技术以前曾多次被使用，只是没有引起这么大的轰动）。*Warhammer: Dark Omen*（中文版名称《战锤：黑暗预兆》或《黑暗启示录》，详见附录参考资料[141]）则在军事战场模拟中使用了情感（士气）模型，这也是人们第一次在游戏动作中看到了强大的阵型运动，它一度引起游戏 AI 研究人员的争相仿效。

在 *Halo*（中文版名称《光晕》，详见附录参考资料[91]）引入决策树（详见第 5.2 节"决策树"）之后，它便成了角色决定其操作的标准方法。*F.E.A.R*（中文版名称《极度恐惧》，详见附录参考资料[144]）出于相同的目的，使用了面向目标的行动计划（Global Oriented Action Planning，GOAP，请参见第 5.7.6 节"使用 IDA*的 GOAP"）。

随着 AlphaGo 的成功，深度学习（详见第 7.9 节"深度学习"）已经成为热门话题，尽管它仍然只能在离线状态下使用。

越来越多的游戏已经将 AI 作为提升其游戏体验的重点。*Creatures*（中文版名称《生物》，详见附录参考资料[101]）游戏在 1997 年就进行了这方面的努力，而像 *The Sims*（中文版名称《模拟人生》，详见附录参考资料[136]）和 *Black and White*（中文版名称《黑与白》，详见附录参考资料[131]）这样的游戏也进行了类似的努力。*Creatures* 游戏拥有的 AI 系统是人们在游戏中看到的最复杂的系统之一，每个生物都有一个基于神经网络的大脑（不可否认的是，这些生物的行为通常看起来仍然很愚蠢）。该游戏的设计师 Steve Grand 在附录参考资料[19]中详细描述了他创建的这项技术。

Half Life（中文版名称《半条命》，详见附录参考资料[193]）和 *The Last of Us*（中文版名称《最后生还者》，详见附录参考资料[149]）等游戏使用了 AI 控制的角色与玩家进行协作，这意味着它们在屏幕上会存在更长的时间，而且出现任何问题都会更加明显。

第一人称射击（First Person Shooter，FPS）和即时战略（Real-Time Strategy，RTS）游戏已经受到了广泛的学术研究，例如，每年都有针对 *Starcraft*（中文版名称《星际争霸》）AI 的比赛。RTS 游戏结合了军事模拟中使用的 AI 技术。在一定程度上，*Full Spectrum Warrior*（中文版名称《全能战士》或《全光谱战士》，详见附录参考资料[157]）甚至可以作为军事训练模拟器来使用。

体育游戏和驾驶游戏也有其自身的 AI 挑战，其中一些挑战仍未解决（例如，动态计算围绕赛道的最快的道路，这对赛车团队也会有所帮助），而角色扮演游戏（Role Playing Game，RPG）虽然可以实现复杂的角色互动，但是对话树（Conversation Tree）这种方式感觉已经有些过时了。

值得一提的是，某些游戏已经实现了有趣而复杂的对话 AI，例如 *Facade*（中文版名称《面具》，详见附录参考资料[161]）和 *Blood and Laurels*（中文版名称《血与荣耀》，详见附录参考资料[130]）等游戏都使用了 Versu 游戏引擎来实现这样的对话 AI（Versu 游戏引擎存在时间较短）。

现在，人们可以在游戏中看到大量的各式各样的 AI。但许多类型的游戏仍在使用 1979 年《吃豆人》那样的简单 AI，因为这就是它们所需要的。

大多数现代游戏中的 AI 解决了 3 项基本需求：移动角色的能力、决定朝什么位置移动的能力，以及战术或战略思考的能力。

今天的游戏 AI 即使已经从当初的状态机技术（它们仍然在大多数地方得到使用）发展到更广泛的技术，但它们都满足相同的 3 项基本需求。

1.2　游戏 AI 模型

本书提供了一个非常庞大的技术乐园，读者一不小心很容易迷失，所以，有必要首先理解这些技术是如何组合在一起的，从而给自己的学习建立一幅清晰的地图。

为了给读者提供更好的帮助，本书使用了一致的结构来理解游戏中使用的 AI。这并不是唯一可能的模型，也不是唯一可以让读者从本书的技术中受益的模型。但是为了使讨论更加清晰，本书会将每种技术都视为制作智能游戏角色的一般性结构。

图 1.1 说明了这个模型。它将 AI 任务分为 3 个部分：移动（Movement）、决策（Decision Making）和策略（Strategy）。前两个部分包含对各个角色均有效的算法，最后一部分则适用于整个团队或游戏中的一方。围绕这 3 个 AI 元素的是一整套额外的基础架构。

并非所有游戏应用程序都需要所有等级的 AI。例如，像国际象棋或大富翁之类的棋盘游戏只需要策略级别，因为这些游戏中的角色（如果它们可以被称为角色）不做出自己的决定，也不需要担心如何移动。

另一方面，很多游戏都没有策略。例如，一些平台游戏，如 *Hollow Knight*（中文版名称《空洞骑士》，详见附录参考资料[183]）或者 *Super Mario Bros.*（中文版名称《超级马里奥兄弟》，详见附录参考资料[152]），这些游戏中的角色在游戏时都是纯粹的反应，需要做出自己的简单决定并采取行动，没有协调机制可以确保敌人角色做到最好以阻止玩家。

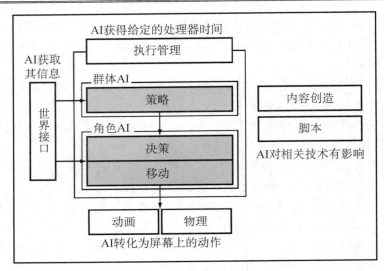

图 1.1　游戏 AI 模型

1.2.1　移动

移动（Movement）是指将决策转化为某种类型的运动（Motion）的算法。当一个没有枪的敌人角色需要在 *Super Mario Sunshine*（中文版名称《阳光马里奥》或《超级马里奥：阳光》，详见附录参考资料[154]）中攻击玩家时，它首先直接朝向玩家移动，当它足够接近玩家时，才可以真正进行攻击。攻击的决定是通过一组归位玩家所在位置的移动算法来实现的，只有这样才能播放攻击动作，并且清空玩家的血量。

移动算法可能比简单归位更复杂。角色可能需要避开路上的障碍物，甚至需要穿过一系列的房间。在 *Splinter Cell*（中文版名称《细胞分裂》，详见附录参考资料[189]）游戏中，某些级别的守卫在看到玩家出现时还会立即发出警报，这可能需要定位到附近墙壁上安装的警报点，而该点可能距离角色还很远，并且也可能涉及围绕障碍物或通过走廊的复杂定位。

也有很多动作可以直接通过动画来表现。例如，如果 *The Sims*（中文版名称《模拟人生》）中的模拟市民坐在餐桌旁，食物就在他面前，并且想要进行一次吃饭的动作，那么就会简单地播放吃饭的动画。一旦 AI 决定角色应该吃掉眼前的食物，就不再需要AI 了（本书不涉及动画技术的使用）。当然，如果他在要吃饭的时候并不在餐桌旁，那么移动 AI 就需要引导他到餐椅上（或者到附近的其他食物来源处）。

1.2.2　决策

决策（Decision Making）涉及计算出一个角色下一步该做什么。一般情况下，每个角色都有一系列不同的行为，它们可以选择执行攻击、静止不动、隐藏、探索、巡逻等。决策系统需要确定角色在每个时刻最适合采取哪一种行为，然后可以使用移动 AI 和动作技术来执行所选择的行为。

最简单的是，角色可能有非常简单的选择行为的规则。在各个系列的 *The Legend of Zelda*（中文版名称《塞尔达传说》）游戏中，农场里的动物都保持静止不动的状态，但是，如果玩家离得太近，那么它们会走开一小段距离。

与安静的农场动物完全不同的是，*Half-Life 2*（中文版名称《半条命2》，详见附录参考资料[194]）中的敌人展示了复杂的决策机制，它们会尝试一些不同的策略来接触玩家，并且可以将多种动作连贯起来，例如，投掷手榴弹、扔箱子、蹲下或攀爬、躺在地下然后突然暴起等，总之它们的目标就是尽力接触并攻击玩家。

有些决策可能需要移动 AI 来执行。例如，近战（肉搏）攻击动作往往要求角色接近被攻击者；在 *Dark Souls*（中文版名称《黑暗之魂》，详见附录参考资料[115]）这样的高难度硬派动作游戏中，决策会将角色移向目标，并确定执行哪种攻击，从而确定执行哪种动画。

在其他游戏中，一旦角色做出决定，就可以播放预定的动画而无须进行任何其他动作（例如，上面提到的《模拟人生》游戏中的进餐），或者直接修改游戏的状态而无须任何形式的视觉反馈，例如，当 *Civilization VI*（中文版名称《文明 6》，详见附录参考资料[113]）中的国家 AI 选择研究新科技时，就没有任何视觉反馈。

1.2.3　策略

开发人员使用移动 AI 和决策 AI 就已经可以做很多事情了，而且大多数基于动作的三维（3D）游戏只使用了这两个元素。但是，如果要协调整个团队，则需要一些策略 AI。

在本书的语境中，策略（Strategy）是指由一组角色所使用的整体方法。在这个类别中的 AI 算法不会仅控制一个角色，而是影响整个角色团队的行为。小组中的每个角色可能（并且通常都会）拥有自己的决策制定和移动算法，但总体而言，它们的决策制定将受到群体策略的影响。

在最初的 *Half-Life*（中文版名称《半条命》，详见附录参考资料[193]）游戏中，敌人会以团队的形式包围并消灭玩家，敌人经常会冲过玩家并占据一个有利的侧翼攻击位置。还有一款游戏 *Medal of Honor*（中文版名称《荣誉勋章》，详见附录参考资料[78]）也是按照同样的 AI 策略设计的。

随着时间的推移，我们可以看到，在游戏中，敌人团队可以执行的各种策略行动越来越复杂。

1.2.4　基础架构

当然，有了 AI 算法，只能算是讲完了故事的一半。真正为游戏构建 AI，还需要故事的另一半，即一整套额外的基础架构（Infrastructure）。我们需要通过使用动画或越来越多的物理模拟将运动请求转化为游戏中的动作。

同样，AI 需要来自游戏的信息才能做出明智的决策。这有时被称为感知（Perception）（特别是在学术派 AI 中），它需要弄清楚角色知道什么信息。在实践中，它比模拟每个角色可以看到或听到的内容更广泛，但包括游戏世界和 AI 之间的所有接口。这个世界接口通常需要由 AI 程序员完成大部分的工作，而且根据我们的经验，它往往也占据了 AI 调试工作的最大比例。

最后，开发人员需要管理整个 AI 系统，以便使用适当数量的处理器时间和内存。虽然对于游戏的每个区域通常存在某种执行管理（例如，用于渲染的细节级别算法），但是管理 AI 提出了它自己的一整套技术和算法。

可以认为，这些组件中的每一个都不属于 AI 开发人员的职权范围（当然，有一部分可能还在 AI 开发人员的可控制范围内，例如，动画系统几乎总是图形引擎的一部分），但它们对于让 AI 工作至关重要，完全无法避免。本书内容涵盖了除动画外的每个基础架构组件主题。

1.2.5　基于代理的 AI

尽管本书描述的模型是基于代理的模型，但是本书并不会大量使用术语代理（Agent）。在人工智能领域，Agent 通常是指驻留在某一环境下，能持续自主地发挥作用，具备驻留性、反应性、社会性和主动性等特征的计算实体。Agent 既可以是软件实体，也可以是硬件实体，所以可以这样理解：Agent 是人在 AI 环境中的代理，是完成各种任务的载体。

在本书语境下，基于代理的 AI 和生成的自主角色有关，也就是说，游戏中的代理就是游戏中的角色，需要从游戏数据中获取信息，根据信息确定要采取的操作，并执行这些操作。

它可以看作是自下而上的设计（Bottom-Up Design）：首先要弄清楚每个角色的行为方式，并实现支持它所需的 AI。整个游戏的整体行为只是个人角色行为如何协同工作的一个功能。可以使用 AI 模型的前两个元素，即移动和决策，来构成游戏中代理的 AI。

相比之下，一个非基于代理的 AI 则试图找出一切应该自上而下的行为，并建立一个单一的系统来模拟一切。举例来说，在 *Grand Theft Auto 3*（中文版名称《侠盗猎车手 3》，详见附录参考资料[3]）游戏中，城市中的交通和行人模拟就采用了非基于代理的 AI。整体交通流量和行人流量是根据一天中的时间和城市地区计算出来的，只有当玩家可以看到它们时，才会变成单独的汽车和人。

当然，它们之间的区别是比较模糊的。我们经常可以看到大量自上而下的技术细节层次，而大多数角色 AI 都是自下而上的。一个优秀的 AI 开发人员将会混合和搭配任何可以完成工作的可靠技术，无论采用何种方法。这种务实的做法是开发人员应该始终遵循的方向。因此，在本书中，虽然我们避免使用基于代理（Agent-Based）这样的术语，一般来说我们更喜欢谈论游戏角色，但它们其实是结构化的。

1.2.6　该模型在本书中的意义

在本书的叙述中，每一章都将回过头来引用这个 AI 模型，指出章节内容在该模型中所处的位置。总之，该模型对于理解事物如何组合以及哪些技术是其他技术的替代方案很有用。

当然，模型中各个组件之间的分界线并不总是泾渭分明的，这只是一般意义上的模型，而不是一件要把人套住的紧身衣，在最终的游戏代码中也没有什么组件之间的连接。每个类别的整套 AI 技术以及许多基础架构都将自然无缝地一起运行。

许多技术在不止一个类别中发挥作用。例如，路径发现可以同时是移动和决策制定技术。同样，一些分析游戏环境的威胁和机会的战术算法既可以用作单个角色的决策，也可以为整个团队确定策略。

1.3　算法和数据结构

实现本书中描述的技术有 3 个关键要素：算法本身、算法所依赖的数据结构，以及游戏世界在算法中的表示方式（通常编码为适当的数据结构）。接下来我们将逐一介绍这些要素。

1.3.1　算法

算法是一个逐步（Step-By-Step）过程，它可以生成 AI 问题的解决方案。本书将介绍各种有趣而实用的算法，例如，可以生成游戏通关路线以完成目标的算法，可以计算出移动到哪个方向能够拦截住敌人的算法，以及可以了解玩家接下来要做什么的算法等。

数据结构是算法这枚硬币的另一面。它们以某种方式保存数据，使得算法可以快速运行以完成解决方案。一般来说，开发人员需要针对一种特定算法特别调整数据结构，并且它们的执行速度本质上是相关的。

开发人员需要了解以下在实现和调整算法时需要考虑的因素，后文将按步骤详细探讨这些因素。

❑　算法尝试解决的问题。

❑　对于解决方案工作原理的一般性描述，包括在需要的地方使用图表。

❑　算法的伪代码表示。

❑　指示支持算法所需的数据结构，包括在需要的地方提供伪代码。

❑　特定的实现节点。

❑　对于算法性能的分析，包括执行速度、内存占用和可伸缩性等。

❑　方法中的弱点。

一般来说，可以通过使用一组算法来获得更高的效率，而使用更简单的算法则有助于了解复杂算法为何具有自己的结构，毕竟对于基础性算法的描述要比整个系统简单得多。

游戏 AI 中的一些关键算法实际上有数百种变体，本书当然无法对它们全部进行分类和说明。在描述关键算法时，本书一般会以简短术语给出对主要变体的简要概括。

1．性能特征

本书将尽最大努力，尝试将算法的讨论范围扩大到它们在每种情况下的执行属性。算法的执行速度和内存消耗通常取决于所考虑问题的大小。本书将使用标准的大 O 表示法（O() Notation）来表示算法规模中最重要元素的顺序。

算法可能被描述为在 $O(n \log n)$ 时间内执行，并且占用 $O(n)$ 内存，其中 n 通常是问题的某种类型的组成部分，如区域中其他角色的数量，或者关卡中医疗包的数量等。

在设计计算机科学的通用算法时，最好能提供完善的说明文字，给出完整的数学讨论，例如，O()值如何达到它们对算法的真实性能的影响等（详见附录参考资料[9]或[57]）。但是在本书中，我们将忽略这些枝节问题，因为它们对实际的实现没什么作用。相反，我们将主要提供一般性的说明。如果对于算法复杂度（Complexity）的完整说明过于复杂，那么我们将在叙述中指出大致的运行时间或内存占用情况，而不是尝试获得准确的 O() 值。

本书中，某些算法会具有令人感到不解的性能特征，这有可能是因为设置了极度不可能的情况，故意使它们的性能不佳，而在常规使用中（当然，在游戏中可能会遇到任何情况），它们会有更好的表现。在这种情况下，我们将尽可能指出预期和最坏情况下的结果。读者可以忽略最坏情况值。

2. 伪代码

为简洁起见，本书中的算法以伪代码（Pseudo-Code）表示。伪代码是一种伪造的编程语言，它可以去除特定于某一种编程语言的任何实现细节，但是会以足够详尽的细节描述该算法，以使它更容易实现。本书中的伪代码比纯算法书籍中的某些算法具有更多的编程语言感觉（因为本书包含的算法通常是采用编程惯用语写成的，所以能够以更自然的方式与一些软件紧密结合在一起）。

特别是，许多 AI 算法需要使用相对复杂的数据结构，如列表、表格等。在 C++ 中，这些结构仅作为库提供，或者可通过函数访问。为了使算法逻辑更加清晰，伪代码对这些数据结构进行了透明方式的处理，显著简化了代码。

在创建本书中的伪代码时，我们尽可能坚持了以下约定。

❑　使用缩进表示块结构，通常以冒号开头。没有使用括号或 end 语句。这样可以实现更简洁的代码，减少冗余行以扩大代码清单。要保持良好的编程风格，应该始终使用缩进以及其他的代码块标记。

❑　函数由关键字 function 引入，类由关键字 class 引入。继承的类将在关键字 extends 后面给出其父类，伪代码将不包括 setter 和 getter 函数，除非明确指定，否则所有成员变量都是可访问的。

❑　定义函数和调用函数时，函数参数都包含在括号中。类方法按名称访问，在实例变量和方法之间使用句点（如 instance.variable()）。

❑　类型在变量名或参数名后给出，使用冒号分隔。函数的返回类型在 "->" 之后。

❑　所有变量都是函数或方法的局部变量。在类定义中声明但在方法中未声明的变量则是类实例变量。

❑　单个等号 "=" 是赋值运算符，而双等号 "==" 则是比较是否相等。赋值修饰符（如 "+="）用于数学运算。

❑　循环构造是 while a 和 for a in b。for 循环可以遍历任何数组。它也可以使用一系列数字进行迭代。其语法是 for a in 0..5。

❑　范围由 0..5 表示。范围始终包括其最小值，但不包括其最大值，因此 1..4 仅包括数字 1, 2, 3。范围可以是开放的，例如 1.. 表示所有大于或等于 1 的数字；而 ..4

的意义则与 0..4 相同。范围可以是递减形式的，但请注意，最大值仍不在该范围内，因此 4..0 包括的是数字集合 (3, 2, 1, 0)。[①]

- ❑　布尔运算符是逻辑与（and）、逻辑或（or）和逻辑非（not）。其值为 true 或 false。
- ❑　符号"#"表示该行的其余部分为代码注释。
- ❑　数组元素在方括号中给出，并且是 0 索引的（即数组 a 的第一个元素是 a[0]）。子数组用方括号中的范围表示，因此[2..5]表示由数组 a 的第 3～5 个元素组成的子数组。开放范围形式是有效的，例如，a[1 ..]表示包含除 a 的第一个元素之外的所有元素的子数组。
- ❑　一般情况下，假设数组等同于列表。可以将它们写成列表并自由添加和删除元素。

例如，以下示例就是一段伪代码，可用于从未排序数组中选择最高值的简单算法：

```
1  function maximum(array:float[]) -> float:
2    max: float =  array[0]
3    for element in array[1..]:
4        if element > max:
5            max = element
6    return max
```

本书偶尔会出现一些特定于某种算法的语法，在出现时我们将提供相应的解释。

对于编程语言涉猎较广的读者可能会注意到，本书提供的伪代码不仅仅与 Python 编程语言有相似之处，而且偶尔还会夹杂着类似 Ruby 的结构和 Lua 脚本语言的味道，这是本书有意为之，因为 Python 是一种易于阅读的语言。尽管如此，它们仍然是伪代码而不是 Python 实现，任何相似性都不应该暗示语言或实现上的偏差。[②]

1.3.2　表示方式

游戏中的信息通常需要变成适合 AI 使用的格式。一般来说，这意味着需要将其转换

[①] 这种解释的理由与循环常用的遍历数组的方式有关。数组的索引通常表示为 0..length(array)范围，在这种情况下，我们不需要范围中的最后一项。如果向后迭代，则范围就是 length(array)..0。很长时间以来，我都对这种解释很纠结，但最后我还是认为，如果伪代码中不包含很多的"-1"值，那么它显然会更具可读性。一般来说，只有在遍历数组的所有索引时才会遇到这种情况，在这种情况下，代码看起来是正确的。当我感到有可能会使代码模棱两可时，便会在代码注释中阐明我的意图。

[②] 实际上，虽然 Python 是方便快速原型设计的优秀语言，并且也广泛作为游戏开发的工具使用，但是它在制作游戏中构建核心 AI 引擎的速度太慢。Python、JavaScript 和 Lua 有时在游戏中用作脚本语言，在本书的第 13 章将结合相关内容详细介绍它们的用法。

为不同的表示方式（Representation）或数据结构。例如，游戏可能会将各个关卡存储为几何图形集，将角色的位置存储为世界中(x, y, z)形式的 3D 位置。

AI 通常需要将此信息转换为适合高效处理的格式。这种转换是一个关键过程，因为它经常丢失信息（这告诉我们一个要点：应该尽量简化不相关的细节），并且还总是冒着丢失不匹配的数据的风险。

表示方式是 AI 的关键因素，某些关键表示方式在游戏 AI 中尤为重要。本书中有若干种算法均要求以特定格式表示游戏数据。

尽管与数据结构非常相似，但开发人员通常不必担心这些表示方式是如何实现的，而是将重点放在它提供给 AI 代码的接口上。这使得开发人员可以更轻松地将 AI 技术集成到游戏中，只需创建正确的结合代码即可将游戏数据转换为算法所需的表示方式。

例如，想象一下，如果开发人员需要知道一个角色感觉自己健康与否，那么作为确定其动作算法的一部分，可能只需要该角色的表示方式即可，因为在其表示方式中已经包含了可以调用的相应方法：

```
1   class Character:
2       # 如果角色感觉自己很健康则返回 true，否则返回 false
3       function feelsHealthy() -> bool
```

在此后的具体实现过程中，开发人员可以通过各种方法来达成目标，例如，检查角色的血量值，为每个角色保持一个布尔类型的 healthy 值，甚至可以通过运行整个算法来确定角色的心理状态及其对自身健康的感知等。但就决策制定程序而言，并不需要关心诸如血量或 healthy 之类的值是如何产生的。

伪代码定义了一个接口（在面向对象的意义上），它可以按开发人员选择的任何方式实现。

当表示方式特别重要或相当棘手（并且有若干个表示方式均如此）时，本书将会尽量详细地描述其可能的实现方法。

1.3.3　实现

大约在 10 年前，大多数开发人员都使用 C++进行其 AI 代码的开发，也有不少人使用 C 语言。现在，游戏的发展更加多样化，在移动平台上有 Swift 和 Java，在 Unity 游戏引擎上有 C#，在 Web 平台上则有 JavaScript。

事实上，在游戏开发中还使用了许多其他语言，如 Lisp、Lua 或 Python，它们多作为脚本语言使用；还有少数 Flash 开发人员使用 ActionScript。当然，现在 Flash 游戏日渐式微，取而代之的是 HTML5 网页游戏。我曾经使用过所有这些语言，因此我将尝试尽可能地保持语言独立性，同时仍对实现方式提供一些建议。

在这些语言中，C 和 C++仍然是占据主导地位的，因此它们肯定是必须尽可能快地运行的代码。在某些地方，关于数据结构和优化的讨论将集中在 C++上，因为我们的优化就是针对 C++语言的。

1.4　本书的布局结构

本书共分为 4 个部分和 1 个附录。

第 1 部分为 AI 和游戏，包含第 1 章和第 2 章，该部分简要介绍本书的内容以及 AI 开发人员在制作有趣游戏角色时面临的挑战。

第 2 部分为技术，包含第 3～9 章。该部分是本书技术的核心，为本书所提出的 AI 模型的每个领域提供了一系列不同的算法和表示方式。它包含有关移动的章节（第 3 章），以及关于路径发现的特定章节（第 4 章，路径发现是游戏 AI 的一个关键要素，它同时具有决策和移动的元素）。第 5 章介绍了和决策相关的内容。本书还包含有关战略和战术 AI 的信息（第 6 章）；包括用于角色群体的 AI，该部分专门开辟了一章（第 7 章）介绍有关 AI 学习的内容，这也是游戏 AI 的关键前沿领域。第 8 章的内容和程序化内容生成（Procedural Content Generation，PCG）有关，而第 9 章则是关于棋盘游戏 AI 的。这些章节并没有试图拼凑出一个完整的游戏 AI，我们更注重可以用来完成工作的挑选和混合技术。

第 3 部分为支持技术，包含第 10～13 章，该部分重点讨论了使 AI 能够完成其工作的技术。它涵盖了从执行管理（第 10 章）到世界接口（第 11 章），以及将游戏内容转换为 AI 友好格式（第 12 章）的所有内容。第 13 章则介绍了用于编写 AI 代码的脚本语言。

第 4 部分为设计游戏 AI，包含第 14 章和第 15 章，该部分着眼于为游戏设计 AI。它包含了各种类型的完整游戏的制作技术细节分析（第 14 章）。如果你试图在各种不同的技术选项中进行选择，则可以在这里搜罗一下自己的游戏风格，并看看一般是怎么做的（然后你也可能突发奇想，开发出一套异于常人的方式）。本部分还研究了一些特定 AI 的游戏类型，以试图将书中的 AI 用作中心游戏机制（第 15 章）。

最后，附录部分提供了相关参考资料。

第 2 章　游戏 AI

在详细探讨特定技术和算法之前，不妨花一点时间来思考：我们需要从游戏的 AI 中获得什么？本章着眼于讨论有关游戏 AI 的高级话题：什么样的方法是有效的？这些方法需要考虑哪些东西？如何将它们组合在一起？

2.1　复杂度谬误

很多人都有一种误解，认为游戏中的 AI 越复杂，那么游戏中的角色对玩家来说就显得越高端，其实不然。创建优秀的 AI 需要将恰当的行为与合适的算法相匹配。本书包含了一系列令人眼花缭乱的技巧，但合适的技术却并不总是那些看上去最明显的选择。

在 AI 游戏开发史上，有太多雄心勃勃最后却因为难以实现而草草收场的例子，它们可以证明，片面追求高复杂度的 AI 并不明智，而只要算法合适，使用非常简单的技术有时也可以达到完美的效果。

2.1.1　简单的 AI 也能做得很好

在第 1 章中，我们介绍过《吃豆人》游戏（详见附录参考资料[140]），这是第一款具有任意形式的角色 AI 的游戏。AI 有两种状态：一种是玩家吃豆子并需要躲避怪物时的正常状态；另一种则是玩家已经吃到能量药丸（Power-up）并且可以反过来欺负怪物时的状态。请注意，这里所谓的"能量药丸"是指在游戏中能够给角色提供临时强化属性的一次性物品，它可能具有时效性、随机出现等特点。它增加了游戏的趣味性，并且有可能是很多游戏在困难条件下的脱困要件。

在正常状态下，4 个怪物（或幽灵）中的每一个都以直线移动，直到遇到交叉路口。在交叉路口，它们将半随机地选择一条路线继续移动。每个怪物要么选择朝向玩家方向的路线（注意，这里 AI 仅仅是朝向玩家的方向，而不是精确的路线追踪，原因在于 AI 只是通过了对玩家位置的简单偏移计算，而没有使用路径发现技术），要么采取随机路线。具体做何种选择取决于怪物，每个怪物都有不同的可能性选择追逐玩家或混乱失控。Blinky（红色幽灵）是一个穷凶极恶的追杀者，始终以玩家位置为目标；Pinky（显然是粉色的那个幽灵）是一个莽撞的蛮力怪，将瞄准玩家前方 4 个空格的方块，即使这个小方块位于墙内或玩家的另一侧；Inky（浅蓝色的幽灵）是一个机械行事的家伙，始终使用其自身位置和玩家位置的固定偏移量；Clyde（橙色幽灵）是一个胆小怯懦的怪物，如果距离玩家很远，则会瞄准玩家；如果距离玩家很近，则将目标对准某个角落。所有这些定位例程都只要一两行代码就可以实现。

这样的设计正符合玩家对 AI 的想象（而且让这些幽灵看起来都挺有个性）。如果更简单一点，那么怪物就会是完全可预测的（如果它们总是要归位的话）或者纯粹是随机的。所以，怪物的这两种选择的结合带来了极好的游戏体验。事实上，每个怪物的不同选择偏差足以使 4 个怪物组合在一起时，成为一个既让玩家感到紧张但是又不至于过分绝望的反派力量，以至于这个 AI 直到今天仍然获得好评。例如，网站上会出现这样的描述："为了给玩家带来一些紧张刺激，游戏中添加了一些非常聪明的 AI。怪物们会组合出击追杀玩家，也可能会分道扬镳，让玩家获得喘息之机。总之，每个怪物都有自己的 AI。"

另外还有一些玩家报告了他们认为存在于怪物中的策略："它们 4 个被编程为可以设置陷阱，其中一个怪物 Blinky 负责驱赶玩家进入伏击圈，另外 3 个包抄等待。"

瞧瞧，只是这样一个简单的 AI，就让玩家玩出了不同的感觉。

其他开发者曾经谈到在他们的游戏中也采用了类似的 AI。例如，Rebellion 游戏公司创始人 Chris Kingsley 曾经提过一个未发布的任天堂 Game Boy 掌机游戏，其中的敌人角色归位在玩家身上，但是当玩家向前移动时，它们会间歇性地随机出现向旁侧避让的动作。玩家对此大吐苦水，说他们的敌人往往能够"预测"自己的开火模式，从而闪避到一旁。

其实 AI 并不能预测任何事情，一切不过是巧合罢了。但是，对于这种间歇性的随机变化，玩家们根本无法预料，于是这种在关键时刻的及时闪避动作就给玩家留下了深刻的印象，塑造了他们认为 AI 足够"狡猾"的看法。

2.1.2　复杂的 AI 也可能很糟糕

当然，事与愿违的事情往往很容易发生。Herdy Gerdy（中文版名称《哈地大历险》，详见附录参考资料[97]）曾经是一款让许多人非常期待的游戏，这是索尼用来宣传其 PlayStation 2 游戏机可玩性的游戏之一。它是一款放牧游戏。在游戏关卡中存在角色生态系统。玩家必须将不同物种的个体放入相应的围栏中。放牧这种形式以前也曾经出现过，并且一般是作为一个更大的游戏的组成部分，但在《哈地大历险》中它构成了所有的游戏玩法。本书第 15 章有关于此类游戏的 AI 介绍。

糟糕的是，这些角色的移动 AI 设计得过于复杂，和丰富的关卡地图产生了冲突，使得它们很容易陷入某个地形中，移动 AI 的碰撞检测可能会让它们出现无法动弹的情况。实际效果令人沮丧。与放牧 AI 的某些交互也使得某些角色（动物）看起来出奇地愚蠢，因此玩家的评论很差，销量自然也一败涂地。

与《哈地大历险》不同，*Black and White*（中文版名称《黑与白》，详见附录参考资料[13]）这款游戏则取得了不错的销售成绩。但在 AI 方面，它也遭受了很大的挫折。该游戏以善恶两个天使的形式设计了一个教学环节，结合示例和反馈来指导角色应该怎样收养与调教宠物。但是当玩家第一次玩这个游戏时，他们往往受教学的误导，无意中养成了宠物不好的习惯，最终甚至无法指挥宠物执行最基本的动作。玩家在经过多次失败之后，只有通过更多地关注宠物的特点，才能更好地操纵它，但是这种通过 AI 营造的收养和调教真实宠物的错觉也随之消失了。

事实上，那些非常复杂但是看起来很糟糕的 AI 绝大多数都没有机会进入最终的游戏产品中。对于开发人员来说，使用最新技术和最广泛的算法来实现他们的角色 AI 仍然是一个长期的诱惑。在开发的后期，当学习 AI 仍然无法学习如何在轨道上开车而只会把车顶到每个角落时，那么采用更简单的算法反而有可能会拯救游戏并制作出很好的作品。

什么时候采用比较复杂的 AI，什么时候坚持以简单为贵，这是游戏 AI 程序员最难把握的。优秀的 AI 程序员可以使用非常简单的技术给玩家带来非常复杂的 AI 错觉。

当程序实现和游戏设计之间存在紧密的反馈循环时，达成这样的效果其实相对容易。对需求的轻微修改可能意味着可以使用更好的 AI 技术，从而带来更好的游戏体验。有时，这意味着简化行为需求，使游戏运行更加稳定可靠。遗憾的是，由于现在 PC 和主机游戏开发团队的队伍规模都比较庞大，程序员在其中的发言权不大。发言权最大的是游戏主策划，但是他们往往倾向于让游戏行为更加复杂，这样才能有更多的条件氪金（让玩家花更多的钱）。独立游戏和手机游戏的团队相对要小得多，程序员的发言机会要多一点。

2.1.3　感知窗口

除非你的 AI 控制着一个永远存在的伙伴或一对一的敌人，否则玩家遇到角色时一般都只有很短的交互时间。

对于游戏中那些存在的目的就是要被射杀的一次性守卫来说，这可能只是一个非常短的时间。当他们被射杀的过程被绘制并执行时，会有更多难以对付的敌人在屏幕上出现。

当我们需要确定游戏中某个角色的真实生活时，会很自然地把自己的视角放在他所处的位置。我们可以透过他的眼睛看一看他周围的环境，查看他从身处的环境中收集到的信息，以及他正在进行的活动。假设有一个站在黑暗房间里的守卫听到一声命令："快去把灯打开。"此时如果这个守卫恍若未闻毫无动作，那么我们就可以基本认为他是一个笨蛋。

如果我们对某人只是惊鸿一瞥，则没有足够的时间来了解他的情况。如果我们看到一个听到命令的守卫突然转向并向相反方向缓慢移动，那么就可以认为这个 AI 是有缺陷的，因为守卫应该穿过房间走向声音的来源。

如果我们看到守卫徘徊了一段时间然后走向门口的电灯开关，则完全可以理解他的行动。然后，如果守卫无法打开电灯开关，则可以认为这是执行不力的标志。但这个守卫也可能知道电灯已经坏了，或者他可能一直在等待同伴将一些香烟放在门口，并认为那声命令就是预先确定的信号。如果我们了解了这一切，那么就会认为这个 AI 的行动还是挺聪明的。

针对这种游戏细节，AI 的开发和改进是无止境的，可以将这种注定无法完美的情况称为感知窗口（Perception Window）。开发人员需要确保角色的 AI 与它在游戏中的目的相匹配，并且也要和该 AI 受到的玩家注意的程度相匹配。例如，如果开发人员为偶然出现的角色添加更多的 AI，那么这固然可能会让那些花几个小时打通每个关卡的少数玩家感到喜欢和好奇，但其他人（包括发行单位和出版社）可能会认为这样的编程是画蛇添足。

2.1.4　行为的变化

感知窗口不仅仅和时间有关。这里不妨再来想一想《吃豆人》中的怪物，它们可能不会给人以有感知的印象，但它们也不会做任何不合适的事情，这是因为它们很少改变自己的行为（唯一的情况是当玩家吃到能量药丸时它们的转变）。

每当游戏中的角色改变行为时，变化就比行为本身更加明显。同样，当一个角色的行为明显应该改变而没有改变时，就说明这个 AI 是不成熟的。例如，如果两个守卫站在一起互相交谈而你射杀了其中的一个，那么另一个守卫绝不应该继续谈话！

当玩家出现在守卫附近或被守卫发现时，其行为的改变几乎总是发生。这在平台游戏和在实时战略游戏中都是一样的。一个好的解决方案应该仅为偶然角色保留两种行为——正常动作和发现玩家之后的动作。

2.2　游戏中的 AI 类型

如果程序从软件工程方面来说设计不佳，则游戏总是会受到一些批评。例如，游戏可以作弊，性能优化较差，使用了未经证实的技术来获得额外的使游戏加速或更加简练的效果等。游戏 AI 也不例外。

游戏 AI 开发人员和 AI 学者之间最大的界限之一就是什么东西有资格称为 AI。换句话说，游戏开发中设计的 AI 和 AI 学者研究的 AI 是有差别的。

根据我们的经验，游戏的 AI 包括部分借鉴技术（特定的解决方案和使游戏更加简练的效果）、启发式方法（仅适用于大多数情况但不是全部情况的经验法则）和算法（对游戏来说"适当"的东西）。本书大部分内容针对的是最后一组，因为这是我们可以分析检查和推广应用的东西，它可以在多个游戏中使用，并且可以构成 AI 引擎的基础。

当然，前两个类别同样很重要，它们可以像最复杂的算法那样为游戏中的角色注入尽可能多的生命活力。

2.2.1 借鉴技术

有一种说法是"如果它看起来像一条鱼，并且闻起来也像一条鱼，那么它可能就是一条鱼"。这种心理上的相干性理论源于行为主义学派。行为主义学派由美国心理学家华生在巴甫洛夫条件反射学说的基础上创立，他认为心理学不应该研究意识、意象等主观的东西，只应该研究所观察到的并能客观地加以测量的刺激和反应。通过查明刺激与反应之间的规律性关系，可以理解行为的形成方式，以及理解所有和行为相关的事物，从而达到预测和控制行为的目的。

作为一种心理学方法，行为主义学派有其信徒，但已基本上被取代（特别是随着神经心理学的出现）。这种流行学派影响力的下降也影响了 AI。在某个阶段，人们试图通过制造机器来复制行为主义学派的理论，并以此来了解人类智能，虽然这曾经被完全认可，但现在它遭受到很大的质疑，而且质疑者有充分的理由。最典型的示例就是，制造一台会玩象棋的机器，它的算法水平可以高明到看清楚前面几十步的变化，评估数百万种棋盘局面的优劣，而人类的棋艺显然根本无法做到这一点。

而另一方面，对于游戏中的 AI 来说，行为主义却是一条可以借鉴的道路。游戏 AI 的开发人员对现实或思想的本质不感兴趣，他们想要的，只是看起来正确的角色。在大多数情况下，这意味着开发人员可以借鉴行为主义学派的理论来移花接木，即从可测量的刺激和反应开始构建人类行为，并试图找出在软件中实现它们的最简单方法。

游戏中的优秀 AI 通常会朝这个方向发展。开发人员很少构建一个伟大的新算法，然后问自己："那我该怎么办？"相反，开发人员都是从设计一个角色开始，并应用最相关的工具来获得结果。

这意味着游戏中的 AI 恐怕没有资格成为 AI 学者所认可的 AI 技术。在第 2.1.1 节"简单的 AI 也能做得很好"中介绍了《吃豆人》怪物的 AI，它实际上只是一个应用得非常聪明的简单的随机数生成器！生成随机数本身当然算不上什么 AI 技术，在大多数编程语言中都有内置函数来获取随机数，所以为它提供算法毫无意义！但是，很多时候巧妙使用它却可以取得令人惊喜的效果。

另一个有关创造性 AI 开发的优秀示例是 *The Sims*（中文版名称《模拟人生》，详见附录参考资料[136]）。虽然在游戏界面下发生的事情相当复杂，但很多角色的行为都是通过动画交流的。如果删除了角色动画，那么这个 AI 的效果将乏善可陈。

在 *Star Wars: Episode 1 Racer*（中文版名称《星球大战前传 1：赛车手》，详见附录参考资料[133]）中，那些令玩家烦恼的角色也会给其他角色带来一些副作用。在 *Quake II*（中文版名称《雷神之锤 II》，详见附录参考资料[123]）中具有"手势"命令，角色（和玩家）可以通过它将敌人击退。所有这些都不需要重要的 AI 基础架构。它们不需要复杂的认知模型、学习或遗传算法。它们只需要一小段代码即可在正确的时间执行动画。

游戏 AI 开发人员应该始终关注能够给玩家带来 AI 幻觉的简单事物。例如，如果想要表现代入感强的情感角色，是否有可能在游戏设计中添加一些情感动画（可能是一个沮丧的太阳穴，或者是一只孤独的脚印）？在正确的地方触发这些比通过他们的行动来表现角色的情绪状态要容易得多。

你的游戏中是否有一堆角色可以选择的行为？选择是否会涉及许多因素的复杂权衡？如果是这样，你可能值得尝试一种纯粹随机选择行为的 AI 版本（可能每种行为被选中的概率不同）。开发人员可能清楚这里面的区别，但玩家是不会知道的，所以只要将它实现出来，就能给玩家带来有效的 AI 体验。

2.2.2　启发式方法

启发式（Heuristic）方法是一种经验法则，它是一种可能在许多情况下有效但并不是对所有情况都有效的近似解决方案。

人类一直在使用启发式方法。简单来说，当出现问题时，人们不会试图使用所有方法去解决（实际上也很难做到），相反，他会依赖于过去既有经验的一般性原则（或者如果他缺乏既有经验，但是已经学习过或听闻过，那么结果也是一样的）。这样的启发式方法可能应用于一些很简单的事项，例如，"如果你弄丢了东西，那么循原路返回就能找到"，也有一些启发式方法可用于管理我们在生活中的选择，例如，"永远不要相信传销能致富"。

在本书的一些算法中也已经编辑并纳入启发式方法。对于 AI 程序员来说，启发式方法通常会让人联想到路径发现或以目标为导向的行为。尽管如此，本书中的许多技术仍然依赖于可能并不总是很明确的启发式方法。在诸如决策、移动和战术思维（包括棋盘游戏 AI）等领域，都需要在速度和准确性之间进行权衡。当准确性被牺牲时，通常可以采用启发式方法来代替搜索正确答案。

广泛的启发式方法可以应用于不需要特定算法的一般性 AI 问题。

仍然以《吃豆人》游戏为例，怪物归位玩家的方式是，在交叉路口选择朝向玩家所在位置的方向，而通往玩家的路线可能相当复杂，它可能需要走回头路；如果玩家继续移动，那么它可能最终没有结果。但是经验法则（即朝玩家当前所在位置的方向上移动）仍然是起作用的，并且这也使得玩家深信，怪物真的是在追杀他，怪物的动作不完全是随机的。

在 *Warcraft*（中文版名称《魔兽争霸》，详见附录参考资料[85]）以及随后的许多其他即时战略游戏中，如果敌人略超出角色能够到达的范围，则会有一种启发式方法将角色稍微向前移动到远程武器的攻击范围内。虽然这在大多数情况下都有效，但并不总是最佳选择。当敌人靠近时，许多玩家都感到沮丧，因为此时会出现全面的防御结构。所以，此后即时战略游戏都允许玩家选择是否打开此行为开关。

在许多战略游戏中，包括棋盘游戏，不同的单位或棋子都有一个数字值来表示它们的价值或在局面评估中"优秀"的程度。例如，在中国象棋中，一个小兵的价值是 1 分，车的价值是 10 分；小兵过河变成了 2 分，进入敌方九宫则价值陡增，变成了 3 分甚至更高。这其实也是一种启发式方法，它用一个数字取代了关于单位能力的复杂计算。这个数字可以由程序员提前定义。AI 可以通过统计数字的和来确定哪一方领先。

在即时战略游戏中，可以通过将数量与成本进行比较来找到具备最佳建造价值的攻击单位。通过操纵数字可以实现许多有用的效果。

这里的启发式方法没有应用到什么高深的算法或技术，也不会在已发表的 AI 研究论文中找到它，但它却是 AI 程序开发人员工作的基础。

一般来说，有一些启发式方法会在 AI 和软件中反复出现。在最初解决问题时，它们是很好的起点。

1. 最大约束

给定世界的当前状态，需要选择一个集合中的某个项目。被选定的项目应该是少数几个状态中最合适的选项。

例如，假设有一群角色遇到了伏击。其中一个伏击者穿着当前阶段的强力战场装甲，只有新的、罕见的激光步枪才能穿透它。其中一个角色刚好就有这样的武器，那么当它们选择攻击对象时，最大约束（Most Constrained）的启发式方法就会发挥作用，只安排拥有特定武器的人攻击这个敌人。

2．先难后易

最困难的事情往往会影响到很多其他的行动，所以最好先做最困难的事情，而不是让简单的事情进展顺利，但最终却发现浪费时间。这是上面最大约束启发式方法的案例。

例如，一支军队有两个空的小队。计算机要安排的生物是 5 个兽人战士和一个土元素巨人，并且要求两个小队的兵力大体平衡。如何将生物单位分配给小队呢？土元素巨人是最难分配的，所以它应该首先完成分配。

如果先分配兽人战士，它们将在两个小队之间保持平衡，并且在每个小队中留出半个巨人的空间，但是巨人不能分割，所以分配无法完成。

3．首先尝试最有前景的事情

如果 AI 有许多选项可供选择，通常可以给每个选项一个大致的分数。即使这个分数明显不够准确，但尝试递减分数顺序的选项将比纯粹随机获得更好的性能表现。

2.2.3　算法

如前文所述，游戏 AI 包括 3 个部分：借鉴技术、启发式方法和算法。对于开发人员来说，这最后三分之一的工作就是构建算法以支持有趣的角色行为。

借鉴技术和启发式方法可以为开发人员提供一条很长的道路，但单纯依靠它们则意味着开发人员必须不断地做重复劳动。其实，AI 的通用部分，例如，移动、决策和战术思维都可以从经过试验和测试的方法中获益，而这些方法都可以无休止地重复使用。

本书将主要介绍和游戏 AI 相关的算法，下一部分将提供算法中大量技术的讲解。请记住，如果某个复杂算法被视为完成任务的最佳方法，那么对于每种这样的情形，可能至少有 5 个更简单的借鉴技术或启发式方法可以完成同样的工作。

2.3　速度和内存限制

AI 开发人员工作的最大限制因素是游戏机器的物理限制。对于游戏 AI 来说，CPU、显卡和内存总是显得捉襟见肘。开发人员经常需要为他们的 AI 执行优化工作，以满足玩家的设备在速度和内存方面的预算。

来自学院派或商业研究的新 AI 技术不能得到广泛应用的一个主要原因是它们的处理时间或内存要求。在简单的演示中，一个看起来非常有吸引力的算法可能会使制作的游戏减速到停滞状态。

本节将讨论与 AI 代码的设计和构造相关的低级硬件问题。这里包含的大部分内容都是对所有游戏代码的一般性建议。如果你对当前的游戏编程问题有足够的了解并且只想阅读有关游戏 AI 算法的内容，则可以安全地跳过本节。

2.3.1　处理器问题

对游戏效率的最明显限制是运行它的处理器的速度。随着图形技术的改进，将图形功能转移到图形硬件（显卡）上的趋势越来越明显。典型的受处理器性能限制的活动（如动画和碰撞检测）已经实现了在 GPU 和 CPU 之间共享，或者完全转移到图形芯片上。

最初，所有的游戏机器都仅有一个主处理器，该主处理器还负责图形处理。而现在，大多数游戏硬件都具有多个 CPU（更准确地说是在同一块硅片上具有多个处理器内核），以及用于处理图形的专用 GPU。

一般来说，CPU 的运行速度更快、更灵活，而 GPU 则以并行方式运行。当任务可以拆分为多个同时运行的简单子任务时，GPU 上数十个至数千个处理内核的速度可能比 CPU 上依次运行的同一任务快几个数量级。

显卡驱动程序以前具有"固定功能"管线，该图形代码内置在驱动程序中，并且只能在狭窄的参数内进行调整。除显卡上的图形外，无法执行其他任何操作。但是现在，显卡驱动程序支持 Vulkan、DirectX 11、CUDA 和 OpenCL 等技术，这些技术允许在 GPU 上执行通用代码。因此，更多功能已移至 GPU，从而释放了 CPU 上更多的处理能力。

在过去的 20 年中，用于 AI 的处理时间所占的比例逐渐增加。在某些情况下，甚至会占用大部分 CPU 负载，并且还需要在 GPU 上运行一些 AI。随着处理器速度的提高，这对于希望应用更复杂算法的 AI 开发人员来说无疑是个好消息，尤其是在决策和战略制定方面。但是，虽然处理器时间的逐步改进有助于解锁新技术，但它们并不能解决根本问题。许多 AI 算法仍需要很长时间才能运行。一个复杂的寻路系统可能要在每个角色身上花费数十毫秒的时间，而在即时战略游戏（RTS）中，有 1000 个角色同屏是很常见的，遇到这种情况也肯定会让画面卡顿到不行。

要让复杂 AI 在游戏中更好地运行，可以将它们拆分为可分配在多个帧上的小型组件。本书后面的资源管理章节将详细介绍如何实现这一目标。将这些技术应用于许多需要长时间运行的 AI 算法上，可以提高算法的实用性。

2.3.2　低级语言问题

在过去的 10 年中，游戏行业的一大变化是 C++逐渐从游戏编程霸主地位被赶下台。现在，角色行为、游戏逻辑和 AI 通常是用高级语言编写的，例如 C#、Swift、Java 甚至脚本语言。这很重要，因为这些语言只能为程序员提供较少的管理其代码性能特征的能力。

当然，也还有一些 AI 程序员仍在使用 C++，他们需要对处理器的"裸机"性能特性有充分的了解，但是根据我的经验，此类程序员往往是从事 AI 引擎工作的底层问题专家，他们设计的功能组合可以在多个游戏中重复使用。

在本书的第 1 版和第 2 版中，详细描述了 3 个底层问题：SIMD、超标量处理架构和虚拟函数。在此版本中，我们将简要描述它们。

单指令多数据流（Single Instruction Multiple Data，SIMD）是现代硬件上的一组寄存器，其大小足以容纳多个浮点数。可以将数学运算符应用于这些寄存器中，从而可以对并行的多个数据运行相同的代码。这可以大大加快某些代码的速度，尤其是几何推理。尽管 CPU 具有专用于 SIMD 的寄存器，但是它们可以按最快的速度提供适合 GPU 的代码。当代码可以移到 GPU 上时，在 CPU 上优化 SIMD 通常是多余的。

超标量（Superscalar）CPU 同时具有多个活动的执行路径。代码在各部分之间拆分以并行执行，然后将结果重新组合为最终结果。当一个流水线的结果依赖于另一个流水线时，这可能涉及等待或猜测结果可能是什么，并在证明错误的情况下重做工作。该机制称为分支预测（Branch Prediction）。在过去的 10 年中，多核 CPU 几乎无处不在，在多核 CPU 中，多个独立的 CPU 允许不同的线程并行运行。尽管每个内核可能仍然是超标量的，但现在该工作机制在很大程度上已被视为幕后细节，与 AI 程序员无关。通过专注于使 AI 代码可并行化，而不用担心分支预测的细节，可以加快开发的速度。

AI 代码可以很好地利用这种并行性，例如，可以在不同线程中为不同角色运行 AI，也可以在其他游戏系统的不同线程中运行所有 AI。这些线程将在不同的内核上并行执行。多个线程执行相同的操作（例如，一个角色在每个线程中运行它自己的 AI）通常会提高性能，因为这样更容易确保所有处理器都使用相同的容量，并且更灵活，因为在扩展时无须重新平衡具有不同数量内核的硬件。

当 AI 必须小心使用每个 CPU 周期时，通常会避免使用 C++中的虚拟类（Virtual Class）以及它们的虚拟函数（Virtual Function，也称为虚函数）调用开销。这意味着尽可能避免面向对象的多态性（Polymorphism）。虚拟函数调用将存储内存位置，这是函数在变量中实现的地方，它在一个称为函数表（Function Table，也称为 vtable）的结构中。因此，调用函数涉及在运行时查找变量，然后再查找该变量指定的位置。尽管这种额外的查询仅花费了很短的时间，但它可能会与分支预测器和处理器缓存发生重大交互。因此，虚拟函数以及由此而产生的多态性颇受诟病。但是，在过去的 10 年中，这种诟病已逐渐消失。本书中的代码始终以多态的形式编写。现在，诸如 Unity、Unreal、Lumberyard 和

Godot 之类的游戏引擎都假定游戏逻辑将是多态的。

2.3.3　内存问题

大多数 AI 算法并不需要大量内存。一般来说，仅需要几兆字节，最高也只需要数十兆字节。这种小巧的存储需求即使在移动设备上也很容易实现，对于诸如地形分析和寻路之类的重量级算法而言已经足够了。

大型多人在线游戏（Massively Multi-player Online Game，MMOG）通常需要更大的存储空间，因为它们有更大的世界，但是这些游戏通常都是运行在服务器上的，而服务器上往往安装了足够的内存（即便如此，AI 所需要的内存也只在 GB 级别，不会再多了）。

游戏中巨大的世界通常会划分为不同的部分，或者角色会被限制在某些区域，从而进一步减少了 AI 的内存需求。

因此，内存的容量通常都不会是限制因素，开发人员要关心的是内存的使用方式。内存的分配和缓存的一致性都是足以影响性能的内存问题，它们都可以影响 AI 算法的实现。

1．分配和垃圾回收

分配（Allocation）是请求内存以存储数据的过程。当不再需要该内存时，即可释放（Free）或取消分配（Deallocate）该内存。只要有可用内存，分配和取消分配就相对较快。

诸如 C 之类的低级语言要求程序员手动释放内存。当为特定对象分配内存时，诸如 C++和 Swift 之类的语言将提供引用计数（Reference Counting），这将存储已知有对象存在的位置的数量。当不再引用该对象时，计数器将降至 0，并释放内存。

遗憾的是，这两种方法都可能意味着应该释放的内存永远都不会被释放。例如，程序员有可能忘记手动释放，而计数器可能有一组循环引用，导致计数器永远也不会降至 0。

许多高级语言都实现了复杂的算法来收集这种"垃圾"，即，释放不再有用的内存。糟糕的是，垃圾回收的成本可能很高。在诸如 C#这样的语言中，尤其是在运行 Unity 游戏引擎的 Mono 运行中，垃圾回收的速度可能足以延迟渲染帧，从而导致视觉混乱。这是大多数开发人员无法接受的。

因此，为高级语言实现 AI 算法时，通常会尝试在关卡运行时不执行分配对象和取消分配对象的操作。整个关卡所需的数据都在关卡开始时预留好，并且仅在关卡结束时才释放。本书中的若干种算法都假定可以随时创建新对象，并且在不再需要时让其消失。在垃圾回收比较耗时的平台上，修改这些实现可能很重要。

例如，在第 4 章的若干种寻路算法中，会为地图中的每个位置创建并存储数据（当首次考虑该位置时）。路径完成后，将不再需要任何中间位置数据。在需要考虑垃圾回收问题的情况下，实现可能会创建一个寻路对象，其中包含地图内每个位置的数据。每当需要寻路时，都会调用该对象，并且它会使用所需的预分配位置数据，而忽略其余数据。就其本身而言，该实现会稍微复杂一些，并且当有多个角色需要寻路，必须排队才能使用一个寻路对象时，可能会变得更加复杂。为了避免使底层算法复杂化，本书以最简单的形式介绍了它们：不考虑内存分配问题。

2. 缓存

内存大小并不是内存使用方面的唯一限制。从 RAM 访问内存并准备将其供处理器使用所花费的时间明显长于处理器执行其操作所需的时间。如果处理器必须依靠主 RAM，则它们经常会停滞，以等待数据。

所有现代处理器都至少使用一级缓存（Cache），这可以非常快速地操纵处理器中保留的 RAM 的副本。缓存通常按页面获取；主内存的整个部分将流式传输到处理器，然后可以随意操作它。当处理器完成其工作后，缓存的内存将发送回主内存。处理器通常无法在主内存上工作：它需要的所有存储都必须在高速缓存上。操作系统可能为此增加了额外的复杂性，因为内存请求可能必须通过操作系统例程，该例程将请求转换为对真实内存或虚拟内存的请求。这可能会引入进一步的限制，因为具有相似映射地址的物理内存的两个位可能无法同时可用，这称为别名失败（Aliasing Failure）。

多个级别的缓存的工作方式与单个缓存相同。大量的内存被提取到最低级别的高速缓存中，其子集被提取到每个更高级别的缓存中，并且处理器只能在最高级别缓存上工作。

如果算法使用围绕内存散布的数据，则不太可能会有恰好需要的内存不时出现在缓存中。这些缓存未命中的话，其时间成本是很高的。因此，处理器必须将整个新的内存块提取到一条或两条指令的缓存中，然后必须将其全部流回并请求另一个块。一个优秀的性能分析系统将显示何时发生缓存未命中的情况。以我的经验来说，即使是在没有提供内存布局（Memory Layout）控制权的语言中，也可以确保一种算法所需的所有数据都保存在相同位置的几个相同的对象中，以此来显著提高速度。

在本书中，为了便于理解，我使用了一种面向对象的样式来布置数据。特定游戏对象的所有数据都保存在一起。这可能不是最有效的缓存解决方案。例如，在拥有 1000 个角色的游戏中，最好将所有位置保持在一个数组中，这样，基于位置进行计算的算法就不需要经常在内存中跳转。在进行优化时，性能分析就是一切，但是可以通过考虑数据一致性来进行编程，从而获得总体的效率提升。

2.3.4　平台

随着围绕若干个游戏引擎的行业集中化的形成，平台差异对 AI 设计的影响要比以往少。例如，图形程序员可能仍然需要担心主机（Console）平台和移动设备的区别。但是 AI 编程一般来说更通用。本节将考虑每个主要的游戏平台，重点介绍与 AI 代码有关的所有问题。

1. PC 平台

PC 可能是功能最强大的游戏机，骨灰级的游戏玩家往往会购买非常高端的昂贵硬件。但是由于缺乏标准的一致性（例如 NVIDIA 和 AMD 显卡的区别、CPU 的区别等），它们也可能会使开发人员感到烦恼和沮丧。

主机游戏（Console Game）包含掌机游戏和家用机游戏两部分，是一种用来娱乐的交互式多媒体。主机平台具有固定硬件（或至少产品种类没有那么丰富），而 PC 的配置则令人眼花缭乱。假设一台计算机安装了顶级显卡、最高端的 CPU、固态硬盘和高速内存，另一台计算机却仅有集成显卡和低端 CPU，那么它们的游戏效果将会存在巨大的差异。

当然，现在处理这样的差异要比以前要容易：低级语言的开发人员可以依靠诸如 Vulkan 和 DirectX 之类的应用程序编程接口（Application Programming Interface，API）将它们与大多数硬件规范隔离开来，但是游戏仍然需要检测硬件支持的功能和速度并进行相应调整。在诸如 Unity 和 Unreal 之类的引擎中工作的开发人员更加轻松，但可能仍需要使用内置功能检测来确保其游戏在所有系统上都能正常运行。

面向 PC 端的玩家开发游戏软件时，需要适应多种硬件规格，有些休闲玩家的机器配置可能非常低，只有集成显卡；而那些骨灰级玩家则可能不惜耗费巨资来购买最新硬件。对于图形效果来说，这样的适应可以合理地模块化。例如，对于低配置的机器，可以关闭高级渲染功能，使用更简单的着色算法，或者可以通过简单的纹理映射来替换基于物理的着色器。图形复杂度的改变通常并不会改变游戏玩法。

AI 则有所不同。如果在低配置机器上留给 AI 的时间很少，那么应该如何应对？它可以尝试减少工作量。这实际上与拥有愚蠢一些的 AI 的效果类似，并且可能会影响到游戏的难度级别。当然，在较低规格的计算机上让游戏变得更容易并不是不可接受的。例如，相同的一款象棋游戏，在高配置机器上，玩家可能被虐得体无完肤；而在低配置机器上，玩家可能有机会获胜，这样的区别是可以理解的。

另一方面，如果 AI 尝试执行相同数量的工作，则可能需要更长的时间。这可能意味着较低的帧速率，也可能意味着做出决定的角色需要有更多的帧。仍以象棋游戏为例，如果在高配置机器上，AI 下一步棋可能只需考虑几秒钟，而在低配置机器上，AI 可能需要考虑很长的时间才能下一步棋，考验玩家的耐心。

大多数开发人员使用的解决方案是将 AI 定位于最低公分母，也就是技术设计文档中列出的计算机的最低需求规格。AI 时间完全不会随着高配置机器的能力而做适应性调整。速度更快的机器仅会按比例减少其在 AI 上的处理预算。所以，对于游戏中的大 boss[①]来说，它不会因为在高配置机器上就更强大，但是它的动作确实会更流畅。

但是，在许多游戏中，可伸缩的 AI 是可行的。许多游戏都使用 AI 来控制环境角色。例如，行人在街道上三三两两地行走、成群的鸟儿在空中飞来飞去。这种 AI 是可以随意伸缩的，也就是说，在高配置的机器上，行人或鸟儿可以成群结队地出现一大堆；而在低配置的机器上，则只有很少的几个路人或鸟儿出现。第 10 章"执行管理"将介绍通过 AI 细节级别（Level Of Detail，LOD）来解决这种可伸缩性（Scalability）问题的一些技术。

2．主机游戏平台

主机游戏平台上的 AI 适应性设计比 PC 平台更容易。因为主机游戏平台数量较少，大概只有索尼、微软和任天堂等，这些主机平台都是封闭的，便于优化。开发人员可以确切地知道目标机器，并且通常可以看到目标机器上正在运行的代码，无须担心新硬件或 API 不断变化而带来的未来版本适配问题。

使用下一代技术的开发人员通常没有最终机器的确切规格或可靠的硬件平台（初始开发套件通常只不过是专用仿真器而已），但是大多数主机游戏开发的目标都是固定的。

主机制造商一般会通过其技术要求清单（Technical Requirements Checklist，TRC）流程对游戏的运行设定最低标准，以解决诸如帧速率之类的问题（尽管不同地区的标准可能会有所不同，如 PAL 和 NTSC）。这意味着可以将 AI 预算锁定为固定的毫秒数。反过来说，这将使确定可用的算法和确定固定的优化目标变得更加容易。当然，前提是在开发的最后阶段没有削减 AI 预算，以便为使用最新的图形技术击败竞争对手的游戏腾出空间。

由于 PC 平台和主机平台的游戏开发使用的游戏引擎相同，因此跨平台开发比过去容易得多。幸运的是，现在很少有 AI 开发人员会为特定的主机平台使用低级细节，几乎所有的低级代码都将由引擎或中间件处理。

3．移动设备

苹果公司于 2007 年推出了 iPhone，掀起了 20 世纪 80 年代家用游戏机以来最大的游

[①] 指游戏中难度较大、打败后奖励较高，出现在剧情最后或关键时刻的角色。——编者注

戏革命。本书的第 1 版于 2006 年发行，其时的移动游戏由专用的掌上游戏机组成，例如索尼的 PlayStation Portable（PSP）和任天堂的 GameBoy Advance。现在，几乎 100%的市场都是手机和平板电脑。该空间有两个平台：苹果公司的 iOS 设备（iPhone、iPad、iPod Touch）和安卓设备。就目前而言，这些游戏有很大的不同，两个平台的游戏需要单独编码。尽管两者都可以使用 C 和 C++等低级语言，但对于高级语言来说，iOS 系统鼓励使用 Swift 语言（以前使用的是 Objective-C），而安卓阵营则使用的是 Android Java（或编译成 Java 字节码的语言，如 Kotlin）。

如果按市场占有率划分，那么主要的游戏引擎包括虚幻（Unreal）和 Unity 等，另外还有一些比较小的竞争对手（如 Godot），它们都支持移动平台，并且游戏代码相同，因此无须针对特定平台编程。有了这些工具之后，移动开发人员的跨平台方式已经发生了很大的转变。考虑到 Steam 平台可以作为在 PC 上玩的移动游戏的市场，所以，毫无疑问，这种跨平台的趋势很快就会变得无处不在。

能够运行游戏的智能手机都是功能强大的机器，可以与最新的 XBox 之类的主机媲美，或者性能相当于 5～10 年前的 PC。可在 PC 或主机上运行的 AI 类型与可在移动设备上运行的 AI 类型不再有任何实际区别。手机可能需要更简单一些的图形或更小的群体规模，但是就算法而言，现在是一体适用的。

4．虚拟和增强现实

虚拟和增强现实都有被极度炒作的嫌疑，并且在游戏市场中所占比例很小。目前该技术和市场可谓瞬息万变，未来几年之内，很难说会变成什么样。

虚拟现实（Virtual Reality，VR）技术试图通过提供立体 3D 视角来使玩家沉浸在游戏世界中。根据硬件的不同，玩家的动作也可能会被检测到并映射为游戏中的动作。虚拟现实（VR）需要为每只眼睛渲染场景的单独视图，并且为避免头晕恶心（很多人玩 3D 游戏都会恶心），通常会以更高的帧速率为目标（如 90fps）。

到目前为止，大多数虚拟现实设备都已被绑定在现有的游戏机器上，例如 PC 平台上的 Oculus Rift 和 Vive 头戴式显示器、主机平台上的 PlayStation VR 或手机上的 Gear VR（它们也都是头戴式显示器）。此外，也有些公司开始发布基于移动处理器的独立 VR 产品，其性能与高端手机大致相似。

增强现实（Augmented Reality，AR）技术是使用半透明的显示器将计算机生成的元素添加到现实世界中。尽管 Microsoft 在 2016 年年初发布了开发工具包，但尚未推出消费者版本。Magic Leap 在 2018 年发布了他们的产品，但需求有限。增强现实还可以指游戏，游戏方式就是使用手机摄像头将计算机生成的元素添加到已捕获的图像。从这个意义上说，*Pokémon Go*（中文版名称《精灵宝可梦 GO》，详见附录参考资料[150]）也可以被认为是增强现实游戏，因为玩家可以通过智能手机在现实世界中发现宝可梦，只是不需要专业硬件罢了。另外，支付宝的春节全民集福活动，也是一种增强现实（AR）应用。

尽管 VR 游戏的视觉呈现可能是非常规的，但游戏逻辑却很少。大多数商用游戏引擎都支持在移动设备上通过相机实现的 VR 和 AR，并且在产品发布时可以提供硬件 AR 支持。VR 和 AR 游戏在设计上非常相似，不需要特殊的 AI 算法。这些平台是否会带来新的设计可能性还有待观察，是否会成为游戏行业的重要组成部分，也有待观察。

2.4　游戏 AI 引擎

在过去的数十年中，游戏的开发方式发生了明显的变化。我刚开始从事这个行业时，游戏基本上是从头开始构建的。有一些代码是从以前的项目中直接拖出来的，有一些代码是被改写之后再次利用的，但大多数都是从头开始编写的。

有一些公司惯于使用相同的基本代码来编写多个游戏，只要这些游戏保持类似的风格和类型就没问题。例如，LucasArts 公司的 Scumm VM 引擎就是一个逐渐发展的游戏引擎，用于为许多点击式（Point-and-Click）冒险游戏提供助力。

从那时起，游戏引擎就已经变得无处不在，它演变成一个公司构建其大部分游戏的一致性技术平台。一些低层次的东西（例如，与操作系统交互、加载纹理和模型文件格式等）可以在所有游戏中共享，通常在顶部有一层特定类型的东西。同时生产第三人称动作冒险游戏和太空射击游戏的公司也可能会在两个项目中使用相同的基础引擎。

引擎可提供一系列工具，以应用于广泛的游戏（如 2D 图形、3D 图形和网络等），并且可提供用于在顶层添加特定于游戏代码的接口。最初，这些引擎属于单个公司，但随着时间的流逝，只有那些非常大的公司才能负担得起更新其引擎的费用。现在，游戏开发团队通常会购买商业引擎的许可。

游戏 AI 的开发方式也发生了变化。最初，AI 是为每个游戏和每个角色编写的，而现在则越来越倾向于在游戏引擎中使用通用 AI 例程，并允许角色由关卡编辑器（Level Editor）或技术美工（Technical Artist）设计。引擎结构是固定的，每个角色的 AI 以适当的方式组合组件。本书中描述的算法通过图形前端向非专业人员开放。例如，拖动框和排列允许任何人创建有限状态机（详见第 5.3 节"状态机"）或行为树（详见第 5.4 节"行为树"）。

因此，开发游戏引擎其实就是构建可轻松重用、组合以及以有趣方式应用的 AI 工具。为了满足这一要求，开发人员需要一个对多种类型均有意义的 AI 结构。

2.4.1 游戏 AI 引擎的结构

根据我们的经验，一般性的 AI 系统需要有一些基本结构。它们符合图 2.1 给出的游戏 AI 模型。

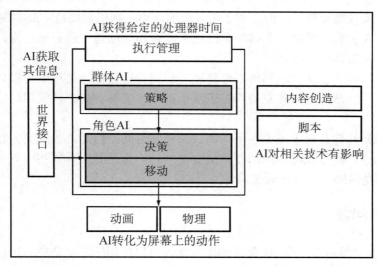

图 2.1 游戏 AI 模型

第一，开发人员必须拥有两个类别的基础架构。一类是管理 AI 行为的一般性机制，例如，决定何时运行哪些行为等；另一类是用于将信息传递到 AI 的世界接口系统。开发人员创建的每个 AI 算法都需要遵守这些机制。

第二，开发人员必须有办法将 AI 想要做的任何事情转化为屏幕上的行动。这包括一个移动的标准接口和一个动作控制器，它可以将诸如"按下拉杆 1"或"悄悄地走到 x、y 坐标位置"的请求转变为动作。

第三，标准行为结构必须充当两者之间的联络员。几乎可以肯定，开发人员需要为每个新游戏编写一个或两个 AI 算法。让所有 AI 符合相同的结构将有助于实现这一目标。游戏运行时，新代码可以处于开发阶段，新的 AI 可以在准备就绪时简单地替换占位符行为。

当然，所有这些都需要提前考虑。在进入 AI 编码之前，需要将结构布置到位。本书的第 3 部分讨论了支持技术，这是在 AI 引擎中实现的第一件事，然后才可以插入各种技术。

　　游戏引擎可以为开发人员完成其中一些任务，但并非全部。每个引擎都有自己的机制来确保游戏的代码正常运行，通常应采用从基类中派生的形式。但是，你可能需要提供更细粒度的控制，因为并非每个角色都需要在每个帧中运行其 AI。

　　游戏引擎还提供了用于安排动画的标准机制，但对于角色的移动则较少涉及，这是开发人员需要思考的东西。引擎可以提供基本的工具来确定哪些角色能看到哪些东西（例如，内置视线或视锥检查），但是对于更复杂的事物，则仍需要自定义实现。

　　除非开发人员只打算使用非常简单的技术，否则应创建一些基础结构，并需要在编辑器中创建一些工具来支持它。

　　对于这个架构的意义，本书将不再赘述。后文将讨论在该架构下可以自行工作的技术，并且所有算法都是非常独立的。对于演示程序或简单游戏，仅使用这些技术可能就足够了。

　　良好的 AI 结构有助于减少重用、调试和开发时间，但是，如果要为特定角色创建 AI，则需要以恰当的方式将不同的技术结合在一起。角色的配置固然可以手动完成，但今后的趋势却是借助于某种编辑工具。

2.4.2　工具问题

　　完整的 AI 引擎将有一个 AI 算法的中央池，可以应用于许多角色。因此，特定角色 AI 的定义将包括数据（可能包括某些脚本语言中的脚本），而不是编译的代码。数据指定如何将角色组合在一起，包括将使用哪些技术、如何设置这些技术的参数以及如何组合它们。

　　数据需要有其来源。开发人员可以手动创建数据，但这并不比每次手动编写 AI 来得更好。稳定而可靠的工具链（Toolchain）是游戏开发中的热门话题，因为它们将确保游戏美工和设计师能够以简单的方式创建内容，同时允许在没有手动帮助的情况下将内容插入游戏中。

　　越来越多的公司正在他们的工具链中开发 AI 组件，其中包括编辑器（可用于设置角色行为）、关卡编辑器中的工具（可用于标记战术位置或避让点）。

　　AI 技术如果成为工具链驱动，那么对 AI 技术的选择将受其自身的影响。开发人员可以轻松设置始终以相同方式运行的行为。转向行为（将在第 3 章“移动”中介绍）就是一个很好的例子：它们往往非常简单，很容易参数化，并且也不会因角色而异。

　　使用具有大量条件的行为则略显困难，其中的角色需要评估特殊情况。基于规则的系统（将在第 5 章“决策”中介绍）需要定义复杂的匹配规则。当这些都在工具中获得支持时，它们通常看起来像程序代码，因为编程语言是表达它们的最自然的方式。

2.4.3　综述

　　AI 引擎的最终结构可能如图 2.2 所示。数据可以在工具（建模工具、关卡设计包或专用 AI 工具）中创建，然后打包以在游戏中使用。加载关卡后，游戏 AI 行为将根据关卡数据创建并在 AI 引擎中注册。在游戏过程中，主游戏代码调用 AI 引擎，该引擎将更新行为，从世界接口获取信息并最终将其输出应用于游戏数据。

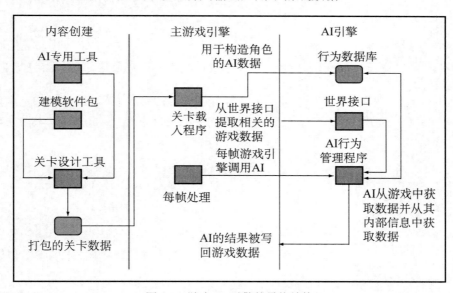

图 2.2　游戏 AI 引擎的最终结构

　　开发人员所使用的技术在很大程度上取决于正在开发的游戏类型。本书将涵盖适用于多种不同类型的各种技巧。在开发游戏 AI 时，需要采用混合搭配的方法来获取要寻找的行为。本书的第 4 部分给出了一些与此相关的提示，并讨论了主要类型的游戏 AI 是如何按一块一块的方式组合在一起的。

第 2 部分

技　　术

第 3 章 移　动

　　游戏 AI 最基本的要求之一就是巧妙合理地在游戏中移动角色。即使是最早的 AI 控制角色（如《吃豆人》中的怪物，或者某些 Pong 游戏变体版本中以球拍形式出现的对手）也具有移动算法，这些算法与今天市场上的游戏 AI 相去甚远，但移动始终是在我们的模型中形成的最底层的 AI 技术，如图 3.1 所示。

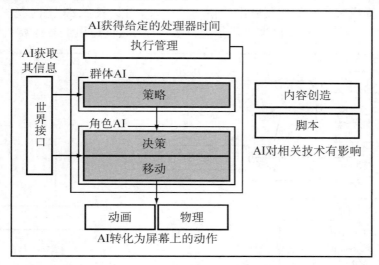

图 3.1　游戏 AI 模型

　　许多游戏（包括一些看上去 AI 表现相当不错的游戏）其实都仅仅使用了移动算法，并且没有任何更高级的决策。而与之相反的另一个极端是，一些游戏根本不需要移动角色。例如，资源管理游戏和回合制游戏通常都不需要移动算法，一旦做出移动决定，就可以简单地将角色放在目标位置。

　　游戏 AI 和动画之间也有一定程度的重叠。动画也可以用来表现移动。本章着眼于大规模的移动，即角色在通过游戏关卡时的移动，而不是简单的四肢或面部的运动。当然，它们之间的分界线并不总是那么清晰，在许多游戏中，动画也可以控制角色，包括一些大规模的移动。完全采用动画形式的引擎内过场动画越来越多地融入游戏玩法中，但是，由于它们不是受游戏 AI 驱动的，因此不在本章讨论之列。

　　本章将介绍一系列不同的 AI 控制移动算法，从简单的《吃豆人》级别到用于驾驶赛车或驾驶全三维飞船的复杂转向行为，都是本章要讨论的主题。

3.1 移动算法基础

除非开发人员要编写的是经营类型的经济模拟器（Economic Simulator），否则游戏中的角色很可能需要移动。每个角色都有一个当前位置以及可能控制其移动的其他物理属性。移动算法旨在使用这些属性来确定角色下一次应该出现在哪里。

所有移动算法都具有相同的基本形式。它们可以获取关于自身状态和世界状态的几何数据，并且提出表示它们想要做出的移动的几何输出。图 3.2 以图示方式显示了这一点，在该图中可以看到，角色的速度显示为可选，因为它仅适用于某些类别的移动算法。

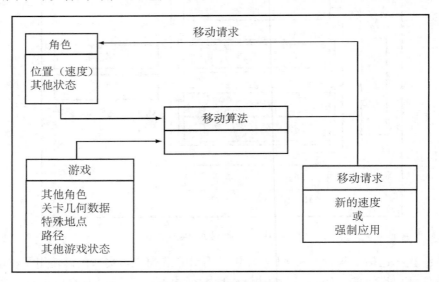

图 3.2　移动算法的结构

有些移动算法需要的输入非常少，例如，只要有角色的位置和敌人追逐的位置就足够了；而另外一些游戏则需要使用游戏状态和关卡几何数据进行大量交互。例如，对于移动算法来说，如果它要避免撞到墙壁，就需要访问墙壁的几何形状数据并检查潜在的碰撞。

算法的输出也可能不同。在大多数游戏中，移动算法输出所需的速度是正常的。例如，某个角色可能会在其西侧看到敌人，然后其移动算法应该立即做出反应，角色全速向西移动。一般情况下，旧游戏中的角色只有两种速度：静止不动和跑动（也可能有一个步行速度）。所以其算法的输出只是一个移动的方向，这是运动学（Kinematic）意义上的移动，它没有说明角色如何加速和减速。

最近，人们对"转向行为"产生了浓厚的兴趣。转向行为是 Craig Reynolds（克雷格·雷诺兹）给出的移动算法的名称（详见附录参考资料[51]）。它们不是运动学意义上的，而是动态的。动态移动（Dynamic Movement）考虑了角色的当前运动。动态算法通常需要知道角色的当前速度及其位置。动态算法将输出力（Force）或加速度（Acceleration），目的是改变角色的速度（Velocity）。

相对于运动学算法，动态移动算法增加了额外的复杂性。假设角色需要从一个地方移动到另一个地方，运动学算法只是简单地给出了目标的方向，于是角色朝那个方向移动直到到达目的地为止，此时运动学算法的返回结果将不再有方向，表示角色已经到达目的地。动态移动算法需要做得更多。首先，它需要在正确的方向上加速，然后当它接近目标时，需要在相反的方向上加速，这样它的速度才能以正确的速率减小，从而在正确的位置减速到停止状态。因为 Craig 的工作在业界非常有名，所以本章的其余部分会遵循最常用的术语，将所有动态移动算法称为转向行为（Steering Behavior）。

Craig Reynolds 还发明了用于无数电影和游戏的蜂拥算法（Flocking Algorithm），以实现鸟类或其他动物成群结队的移动动作。我们将在后面的章节中详细讨论这个算法。因为这种成群结队的行动是最有名的转向行为，所以所有的转向（实际上是所有移动）算法有时也会被错误地称为 Flocking。

3.1.1　二维移动

许多游戏的 AI 都是在二维（2D）中工作的。尽管现在的游戏很少再以二维方式绘制，但它们的角色通常都受到引力的影响，从而被限制在地平面上，并且角色的移动也被限制为二维方式。

很多移动 AI 只能在二维上实现，大多数经典算法也是只针对这种情况定义的。在讨论算法本身之前，我们需要快速了解一下处理二维数学和移动所需的数据。

通常，角色被假设为以点的形式存在。尽管角色通常由占据游戏世界中某些空间的三维（3D）模型组成，但许多移动算法均假设角色可以被视为单个的点。碰撞检测、避开障碍物和其他一些算法均使用角色的大小来影响它们的结果，但是移动本身却假设角色在一个点上。

这个过程和物理学程序开发人员所使用的过程类似，游戏中的对象可以视为位于其质心的刚体（Rigid Body）。碰撞检测和其他力量可以应用于对象上的任何位置，但是确定对象移动的算法会转换它们，因此它只能处理质心。

3.1.2　静止状态

二维中的角色具有两个表示对象位置的线性坐标。它们是垂直于重力方向并且彼此垂直的两个世界轴。该组参考轴被称为 2D 空间的标准正交基（Orthonormal Basis of the 2D Space）。

在大多数游戏中，几何体通常以三维方式存储和渲染。模型的几何形状具有 3D 标准正交基，它包含 3 个轴，即常说的 *x*、*y* 和 *z* 轴。最常见的是，*y* 轴处于与重力相反的方向，即向上，而 *x* 轴和 *z* 轴则位于地平面内。游戏中角色的移动沿着用于渲染的 *x* 和 *z* 轴进行，如图 3.3 所示。因此，本章将使用 *x* 和 *z* 轴表示二维中的移动。请注意，专业 2D 几何书籍一般倾向于使用 *x* 和 *y* 作为轴名称，与本章的设定有所不同。

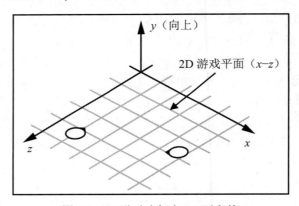

图 3.3　2D 移动坐标和 3D 正交基

除 *x* 和 *z* 两个线性坐标外，面向不同方向的对象还有一个方向（Orientation）值。方向值表示距参考轴的角度。在本书示例中，我们将使用逆时针角度，以弧度（Radians，以符号 rad 表示）为单位，并且从正 *z* 轴开始。这在游戏引擎中是相当标准的。默认情况下（即方向值为零），角色正对的方向是 *z* 轴。

使用这 3 个值，即可在关卡中给出角色的静止状态，如图 3.4 所示。

操纵此数据的算法或方程式称为静止状态（Static），因为该数据中未包含有关角色移动的任何信息。

可以使用以下形式的数据结构：

```
1  class Static:
2      position: Vector
3      orientation: float
```

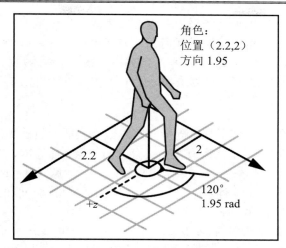

图 3.4　关卡中角色的位置

本章将使用术语方向（Orientation）来表示角色所面对的方向。在渲染角色时，开发人员常会旋转它们（使用旋转矩阵）使它们看起来面向一个方向。因此，一些开发人员也常将方向称为旋转（Rotation）。但是，本章使用的"旋转"仅表示改变方向的过程，这是一个活动的过程。

1. 关于 2.5D

3D 几何中涉及的一些数学运算很复杂，但三维中的线性移动则非常简单，它是 2D 移动的自然延伸，可以使用它来表示方向，并且获得更好的避开障碍物的效果。

有鉴于此，开发人员通常结合使用 2D 和 3D 几何作为一种折中方案，这种方案被称为 2.5D 或伪 3D。

在 2.5D 中，开发人员可以使用完整的 3D 位置，但将方向表示为单个值，就像在二维中一样。当你认为大多数游戏都是包含受重力影响下的角色时，这是非常合乎逻辑的。大多数时候，角色的第三个维度都受到限制，因为它被拉到地面上。与地面接触时，它能有效地在两个维度上操作。当然，跳跃、攀爬和使用电梯等都涉及第三维的移动。

即使是上下移动，角色通常也会保持直立。步行或跑步时可能会向前轻微倾斜，或者按地形的侧面倾斜，但这种倾斜不会影响角色的移动，它主要是动作效果。如果角色保持直立，那么开发人员需要担心的是，其方向的唯一分量（Component）——up 方向的旋转。

这正是采用 2.5D 方案所获得的好处，在大多数情况下，因为采用 2.5D 方案而导致的数学上的简化优势完全超过了它产生的灵活性降低的劣势。

当然，如果开发人员要创建的是飞行模拟器或太空射击游戏，那么所有方向对于 AI

来说都是非常重要的，所以最好能采用三维方案完成。反过来说，如果要开发的游戏其世界设定完全不同，并且角色无法以任何其他方式跳跃或垂直移动，则可以采用严格的 2D 模型。在绝大多数情况下，2.5D 都是最佳解决方案。本章末尾将会介绍完整的 3D 运动，但除此之外，本章描述的所有算法都适用于 2.5D。

2. 数学

本章假设读者已经习惯使用基本向量和矩阵数学（即向量的加法和减法，以及标量的乘法等）。向量（Vector）是指既有大小又有方向的量，如速度、加速度、力、位移等。一般来说，在物理学中称作矢量，在数学中称作向量。标量（Scalar）亦称"无向量"。有些物理量只有数值大小而没有方向，这些量之间的运算遵循一般的代数法则，称作"标量"，如质量、密度、温度、路程、速率、体积、时间等。

对于向量和矩阵数学的解释及其在计算机图形学中的使用不在本书的讨论范围之内。如果读者需要这方面的学习材料，可以阅读由 Schneider 和 Eberly 编写的著作（详见附录参考资料[56]），它涵盖了计算机游戏中的数学主题。另外还有一个很不错的学习材料，详见附录参考资料[36]。

在 2D 游戏中，角色的位置表示为具有 x 和 z 分量（Component）的向量。而在 2.5D 方案中，还给出了 y 分量。

在二维中，开发人员只需要一个角度来表示方向，这是标量表示。角度是从正 z 轴开始测量的，在右手方向上围绕正 y 轴（从上方向下看 x–z 平面时为逆时针）进行测量。图 3.4 给出了如何测量标量方向的示例。

在许多环境中，使用方向的向量表示更方便。在这种情况下，向量是角色面对的方向上的单位向量（它的长度为 1）。这可以使用简单的三角函数从标量方向直接计算：

$$\vec{\omega}_v = \begin{bmatrix} \sin \omega_s \\ \cos \omega_s \end{bmatrix}$$

其中，ω_s 作为标量的方向；$\vec{\omega}_v$ 表示向量的方向。我们在这里假设了一个右手坐标系，这与我们研究过的大多数游戏引擎是一样的。[①]如果要使用左手系，那么只需要反转 x 坐标的符号就可以了：

$$\vec{\omega}_v = \begin{bmatrix} -\sin \omega_s \\ \cos \omega_s \end{bmatrix}$$

如果要绘制方向的向量形式，那么它将是角色面对的方向中的单位长度向量，如图 3.5 所示。

---

① 左手坐标系适用于本章的所有算法。有关左、右手坐标系的差异以及如何在它们之间进行转换的详细信息，请参阅附录 Eberly, D. [2003]。

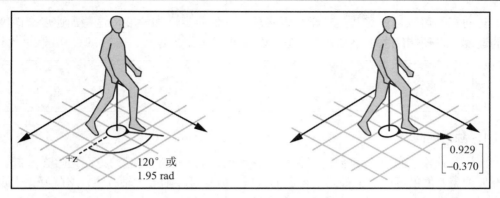

图 3.5　方向的向量形式

3.1.3　运动学

到目前为止，每个角色都有两个相关的信息，即它的位置和方向。开发人员可以创建移动算法，以便根据位置和方向计算目标速度，从而允许输出速度立即改变。

虽然这对于许多游戏来说都很简单，但它看起来不太真实，因为牛顿运动定律的结果是：速度在现实世界中不会立即改变。如果角色在一个方向上移动然后立即改变方向或速度，那么它将看起来很奇怪。为了使运动更流畅或应对无法很快加速的角色，开发人员需要使用某种平滑算法或考虑当前速度并使用加速度来改变它。

为了支持这一点，角色会持续跟踪其当前的速度和位置。然后，算法可以在每个时间帧稍微改变速度，从而提供平滑顺畅的运动效果。

角色需要一直跟踪它们的线性速度和角速度。线性速度具有 x 和 z 分量，即角色在标准正交基础上的每个轴中的速度。如果游戏采用了 2.5D 方案，那么将有 3 个线性速度分量，即 x、y 和 z。

角速度（Angular Velocity）表示角色的方向变化的速度。这由一个值给出：方向变化的每秒弧度数。

可以将角速度称为旋转（Rotation），因为旋转表示运动。线性速度通常被称为简单的速度。因此，可以按如下方式在一个结构中表示角色的所有运动学数据（即其运动和位置）：

```
1  class Kinematic:
2      position: Vector
3      orientation: float
4      velocity: Vector
5      rotation: float
```

转向行为可以通过这些运动学数据实现。它们会返回加速度，这些加速度会改变角色的速度，以便围绕关卡移动角色。它们的输出是一组加速度：

```
1  class SteeringOutput:
2      linear: Vector
3      angular: float
```

1. 独立朝向

请注意，没有任何东西会自动将角色移动的方向和它所面对的方向连接在一起。如果不加调整，角色可能沿 x 轴确定自己的方向，但却直接沿着 z 轴行进。这就好比人走路时，眼睛朝北望，身体却向东行。大多数游戏角色不应该以这种方式行事，它们应该自我定向，使得它们可以朝着自己所面对的方向前进。

许多转向行为忽视了朝向。它们直接在角色数据的线性分量上运行。在这些情况下，应更新角色的朝向，使其与角色的移动方向相匹配。

这可以通过直接将角色的朝向设置为移动方向来实现，但是这样的话则意味着角色的朝向发生突然改变，显得非常生硬。

更好的解决方案是将角色的方向朝目标方向移动一小部分，通过多帧实现平滑运动。在图 3.6 中可以看到，角色在每一帧中均修正其方向，改变幅度为当前运动方向的一半。三角形表示方向，灰色阴影显示角色在前一帧中的位置，以指示其运动。

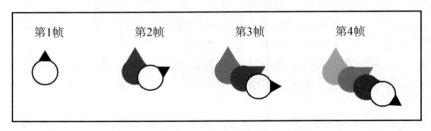

图 3.6　通过多帧实现朝向的平滑转变

2. 更新位置和方向

如果游戏有物理模拟图层，那么它将用于更新角色的位置和方向。但是，如果需要手动更新它们，则可以使用以下形式的简单算法：

```
1  class Kinematic:
2      # ... 和前面一样的成员数据 ...
3
4      function update(steering: SteeringOutput, time: float):
```

```
5              # 更新位置和方向
6              half_t_sq: float = 0.5 * time * time
7              position += velocity * time + steering.linear * half_t_sq
8              orientation += rotation * time + steering.angular * half_t_sq
9
10             # 更新速度和旋转
11             velocity += steering.linear * time
12             rotation += steering.angular * time
```

上述更新使用了高中物理方程进行运动。如果帧速率很高，那么传递给该函数的更新时间可能非常小。这个时间的平方可能更小，因此加速度对位置和方向的贡献将很小。更常见的是从更新算法中删除这些项目，以提供所谓的牛顿-欧拉-1（Newton-Euler-1）集成更新：

```
1    class Kinematic:
2        # ... 和前面一样的成员数据 ...
3
4        function update(steering: SteeringOutput, time: float):
5            # 更新位置和方向
6            position += velocity * time
7            orientation += rotation * time
8
9            # 更新速度和旋转
10           velocity += steering.linear * time
11           rotation += steering.angular * time
```

这是用于游戏的最常见更新。请注意，在两个代码块中，已经假设可以使用向量进行常规数学运算，例如，通过标量进行加法和乘法运算。开发人员可能需要根据自己所使用的语言，使用函数调用替换这些基本运算。

Morgan Kaufmann（摩根考夫曼）出版的交互式 3D 技术系列中的 *Game Physics*（《游戏物理学》，详见附录参考资料[12]）一书和 Ian 的 *Game Physics Engine Development*（《游戏物理引擎开发》，详见附录参考资料[40]）一书，对不同的更新方法进行了全面分析，涵盖了完整的物理学方面的游戏工具（以及向量和矩阵运算的详细实现）。

3. 可变帧速率

请注意，到目前为止，我们假设速度是以每秒为单位而不是按每帧为单位给出的。早期的游戏通常使用以每帧为单位的速度，但现在这种做法已基本消失。

虽然以固定帧速率在单独执行线程中进行处理以隔离图形更新的做法偶尔也会死灰复燃，例如，Unity 就有 FixedUpdate 函数，可取代使用可变帧速率的 Update 函数，但即便如此，在固定帧速率需要改变的情况下，支持可变帧速率也更加灵活。因此，本书将继续使用明确的更新时间。

如果已知角色以 1 m/s 的速度移动，而最后一帧的持续时间为 20 ms，那么它们将需要移动 20 mm。

4．力和执行

在现实世界中，我们不能简单地将加速度应用于对象并使其移动。我们施加力，力会引起物体动能的变化。当然，它们会加速，但加速度将取决于物体的惯性。惯性起到抵抗加速的作用，惯性较大时，相同力的加速度较小。

为了在游戏中对此进行建模，开发人员可以使用物体的质量来表示线性惯性，使用惯性矩（或三维惯性张量）来获得角加速度。

开发人员可以继续扩展角色数据以跟踪这些值，并使用更复杂的更新程序来计算新的速度和位置。以下是物理引擎使用的方法：AI 通过对其施加力来控制角色的运动。这些力代表角色影响其运动的方式。尽管对于人类角色来说并不常见，但这种方法对于驾驶游戏中的汽车几乎是通用的，也就是说，发动机的驱动力和与方向盘相关的力是 AI 可以控制汽车运动的唯一方式。

由于大多数成熟的转向算法都是用加速度输出定义的，因此使用直接通过力起作用的算法并不常见。一般来说，移动控制器会考虑后处理步骤（Post-Processing Step）中角色的动态，它被称为执行（Actuation）。

执行将所需的速度变化视为输入，这种变化将直接应用于运动系统。然后，执行器（Actuator）计算它可以应用的力的组合，以尽可能接近所需的速度变化。

在最简单的关卡上，这只是将加速度乘以惯性以产生力的问题。它假定角色能够施加任何力，但事实并非总是如此（例如，静止的汽车不能侧向加速）。执行是 AI 和物理集成的一个主要话题，第 3.8 节"马达控制"将继续对此展开讨论。

3.2　运动学移动算法

运动学移动算法将使用静态数据（仅包括位置和方向，无速度）并输出所需的速度。输出通常只是开启或关闭目标方向，使角色全速移动或静止。运动学算法并未使用加速度，虽然速度的突然变化可能会在数帧内变得平滑。

许多游戏甚至对事情做了进一步的简化，并迫使角色的方向朝向其行进的方向。如果角色是静止的，则它要么面向预设方向，要么面向其将移动的最后方向。如果其移动算法返回目标速度，则可用于设置其方向。

这可以通过以下函数完成：

```
1   function newOrientation(current: float, velocity: Vector) -> float:
2       # 确认已经获得速度值
3       if velocity.length() > 0:
4           # 使用速度计算角色的朝向
5           return atan2(-static.x, static.z)
6
7       # 否则仍使用当前方向
8       else:
9           return current
```

我们将研究两种运动学移动算法：寻找（Seeking）算法（及其变体）和漫游（Wandering）算法。构建运动学移动算法非常简单，因此在转向动态移动算法（本章的主体内容）之前，我们只将这两种算法视为代表性样本。

这两种算法虽然简单，但并不能因此认定它们不常见或不重要。在大多数游戏中，运动学移动算法仍然是运动系统的基础。本书其余部分的动态算法正变得越来越普遍，但它们仍然是少数。

3.2.1　寻找

运动学方面的寻找（Seek）行为可以将角色及其目标的静态数据作为输入。它会计算从角色到目标的方向，并请求获得沿着此路线的速度。其方向值通常被忽略。当然，开发人员也可以使用上面的 NewOrientation 函数来朝向角色将要移动的方向。

该算法可以通过以下代码行实现：

```
1   class KinematicSeek:
2       character: Static
3       target: Static
4
5       maxSpeed: float
6
7       function getSteering() -> KinematicSteeringOutput:
8           result = new KinematicSteeringOutput()
9
10          # 获取目标的方向
11          result.velocity = target.position - character.position
12
```

```
13            # 沿着此方向全速前进的速度
14            result.velocity.normalize()
15            result.velocity *= maxSpeed
16
17            # 面向要移动的方向
18            character.orientation = newOrientation(
19                character.orientation,
20                result.velocity)
21
22            result.rotation = 0
23            return result
```

其中，normalize 方法将应用于向量并确保其长度为 1。如果该向量是零向量，则保持不变。

1. 数据结构和接口

可以使用本章开头定义的 Static 数据结构，并使用 KinematicSteeringOutput 结构作为输出。KinematicSteeringOutput 结构具有以下形式：

```
1    struct KinematicSteeringOutput:
2        velocity: Vector
3        rotation: float
```

在该算法中完全没有使用到旋转。角色的方向只是根据它们的移动来设定的。如果开发人员想要以某种方式独立控制方向，则可以删除对 newOrientation 的调用。例如，在 *Tomb Raider*（中文版名称《古墓丽影》，详见附录参考资料[95]）或 *The Binding of Isaac*（中文版名称《以撒的结合》，详见附录参考资料[151]）中，角色需要可以在移动的同时瞄准目标。

2. 性能

该算法在时间和内存上的性能都是 O(1)。

3. 逃跑

如果需要设定角色在发现目标之后即逃离，则只要简单地反转 getSteering 方法的第 2 行代码就可以了：

```
1    # 获取逃离目标的方向
2    steering.velocity = character.position - target.position
```

这样角色就会朝相反方向以最大速度移动。

4．到达

上述算法旨在供追逐中的角色使用，它也许永远不会到达目标，但会持续寻找。如果角色要移动到游戏世界中的特定点，则该算法可能导致问题。因为它总是以全速移动，所以它很可能会超过这个特定的点，然后又会试图返回来到达这个特定的点，但是全速移动导致它仍然会超过该点，结果就是它在连续帧上前后摆动。这种特征性的摆动看起来是不可接受的。开发人员需要它在目标点位置保持静止。

为了避免出现这个问题，开发人员有两个选择。第一个选择是，可以给这个算法一个较大的满意度半径，如果它接近了自己的目标，并且距离比满意度半径更近，那么它会表示满意；第二个选择是，可以采用一系列的移动速度，当角色到达目标时减慢角色的速度，使其不太可能超过目标。

上述第二种方法仍然可能会引起特征性的摆动，因此可以考虑混合使用上述两种方法。一方面，让角色的速度变慢；另一方面，可以使用更小的满意度半径，这样不但可以避免角色来回摆动，而且可以使角色看起来不会立即停止，更符合现实生活中的物理规律。

开发人员可以修改寻找算法以检查角色是否在满意度半径范围内。如果是，它不必输出任何东西；如果不是，它会尝试在固定的时间内到达目标。在下面的示例中使用的固定时间是 0.25 s，这是一个合理的值。如果有必要，开发人员也可以自行调整该值。如果这意味着移动速度超过其最大速度，那么它将以最大速度移动。到达目标的固定时间是一个很简单的技巧，它可以使角色在到达其目标时减速。在 1 个单位的距离之外，它会以每秒 4 个单位的速度行进。在距离目标只有 1/4 单位处，它将以每秒 1 个单位的速度行进，以此类推。开发人员可以调整固定的时间长度以获得适合自己需要的效果。该值越高，减速越平缓；该值越低，角色刹车越突然。

该算法实现如下：

```
1   class KinematicArrive:
2       character: Static
3       target: Static
4
5       maxSpeed: float
6
7       # 满意度半径
8       radius: float
9
10      # 到达目标的固定时间
11      timeToTarget: float = 0.25
12
13      function getSteering() -> KinematicSteeringOutput:
```

```
14          result = new KinematicSteeringOutput()
15
16          # 获取目标的方向
17          result.velocity = target.position - character.position
18
19          # 检查是否在半径内
20          if result.velocity.length() < radius:
21              # 不请求转向
22              return null
23
24          # 需要移动到目标
25          # 应该在 timeToTarget 秒内到达
26          result.velocity /= timeToTarget
27
28          # 如果该速度太快，则限定为最大速度
29          if result.velocity.length() > maxSpeed:
30              result.velocity.normalize()
31              result.velocity *= maxSpeed
32
33          # 朝向要移动的方向
34          character.orientation = newOrientation(
35              character.orientation,
36              result.velocity)
37
38          result.rotation = 0
39          return result
```

3.2.2　漫游

运动学方面的漫游（Wander）行为总是以最大速度朝着角色的当前方向移动。转向行为改变了角色的方向，允许角色在移动时蜿蜒前进。图 3.7 说明了这一点。角色在连续的帧中显示。注意，它仅在每个帧处向前移动（即在它面向前一帧的方向上）。

1. 伪代码

漫游算法可以按以下方式实现：

```
1  class KinematicWander:
2      character: Static
3      maxSpeed: float
4
```

```
5      # 最大旋转速度
6      # 它应该小于最大的可能值，这样才能使转向更自然流畅
7      maxRotation: float
8
9      function getSteering() -> KinematicSteeringOutput:
10         result = new KinematicSteeringOutput()
11
12         # 从方向的向量形式获取速度
13         result.velocity = maxSpeed * character.orientation.asVector()
14
15         # 随机改变方向
16         result.rotation = randomBinomial() * maxRotation
17
18         return result
```

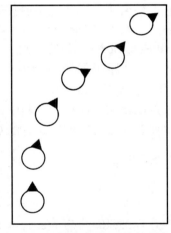

图 3.7　使用运动学漫游算法的角色

2. 数据结构

在上述示例中，方向值已经被赋给 asVector 函数，该函数可使用本章开头给出的公式将方向值转换为方向向量。

3. 实现说明

上面的示例使用了 randomBinomial 函数来生成输出旋转。这是一个方便的随机数函数，在标准的编程语言库中并不常见。它返回介于−1 和 1 之间的随机数，其值很可能为零左右。它可以简单地创建为：

```
1  function randomBinomial() -> float:
2      return random() - random()
```

其中，random 函数可返回 0～1 的随机数。

示例中的漫游行为意味着角色最有可能继续朝当前方向移动。方向的快速变化虽然比较少见，但仍然是有可能的。

3.3　转　向　行　为

转向行为将通过添加速度和旋转来扩展第 3.2 节"运动学移动算法"中的移动算法。它们在 PC 和主机平台游戏的开发方面获得了越来越多的认可。在某些类型（如驾驶游戏）中，它们占主导地位；而在其他类型中，有些角色需要它们，有些角色则不完全需要。

转向行为有很多种类型，它们的名称经常让人搞混甚至存在冲突。在该领域中，目前还没有明确的命名方案来说明一个原子（One Atomic）的转向行为与将若干个原子组合在一起的复合行为（Compound Behavior）之间的区别。

在本书中会将两者区分开。一个原子的转向行为可称为基础行为（Fundamental Behavior），复合行为可以通过组合基础行为来构建。

各种论文和代码示例都有大量的命名转向行为。其中许多是一两个主题的变体。我们无意对这些行为进行分类，更愿意在查看它们所具有的不同特征之前，先查看其中许多常见的基本结构。

3.3.1　转向基础知识

总的来说，大多数转向行为具有类似的结构。它们将正在移动的角色的运动学数据和少量的目标信息作为输入。目标信息取决于应用程序。对于追逐或躲避行为，目标通常是另一个移动中的角色。障碍躲避行为代表了世界的碰撞几何，也可以将路径指定为路径跟随行为（Path Following Behavior）的目标。

转向行为的输入集并不总是以 AI 友好的格式提供。特别是，碰撞避免行为需要能够访问关卡中的碰撞信息。这可能是一个计算成本非常高的过程，因为它需要使用光线投射检查角色的预期运动或通过关卡进行试验性移动。

许多转向行为都会对一组目标起作用。例如，著名的蜂拥（Flocking）行为就依赖于能够向队伍的平均位置移动。在这些行为中，需要进行一些处理以将目标集合概括为行为可以做出反应的事物。这可能涉及整个集合的平均属性（例如，找到并瞄准它们的质心），或者需要在它们之间进行排序或搜索（例如，远离最近的角色或避免碰撞到那些在碰撞路线上的对象）。

请注意，转向行为并不会去尝试做所有的事情。在追逐角色时，它不会避开障碍物；在经过附近的电源设备时，它也不会绕路。每个算法只做一件事，只需要获得所需的输入即可执行。为了获得更复杂的行为，开发人员可以使用算法来组合转向行为并使它们协同工作。

3.3.2　变量匹配

最简单的转向行为系列可以通过变量匹配来操作：它们试图将角色运动学中的一个或多个元素与单个目标运动学相匹配。

例如，开发人员可能会尝试匹配目标的位置，而不关心其他元素。这将使加速朝向目标位置并且一旦靠近就减速；或者，也可以尝试匹配目标的方向，然后进行旋转以便角色与目标的方向对齐；甚至还可以尝试匹配目标的速度，在平行路径上跟随它并复制其移动，但与目标保持固定的距离。

变量匹配行为将采用两个运动学属性作为输入：角色的运动学属性和目标的运动学属性。不同的命名转向行为会尝试匹配不同的元素组合，并添加控制匹配方式的其他属性。

开发人员可以创建一个通用变量匹配转向行为，并简单地告诉它要匹配哪个元素组合，这样的做法是可能实现的，但它不是特别有用。我们已经多次看到过这种类型的实现。

当同时匹配运动学的多个元素时，可能会出现问题，因为它们很容易发生冲突。我们可以单独匹配目标的位置和方向，但是如果同时匹配位置和速度会怎么样呢？答案是很明显的，如果匹配了它们的速度，就无法让它们更接近。

有鉴于此，一种更好的技术是为每个元素提供单独的匹配算法，然后将它们恰当地组合在一起。这允许我们在本章中使用任何转向行为组合技术，而不是使用一个硬编码。用于梳理转向行为的算法旨在解决冲突问题，因此非常适合此任务。

对于每个匹配的转向行为，存在相反的行为，即尽可能地远离匹配目标。尝试追逐其目标的行为与尝试躲避其目标的行为完全相反，以此类推。正如我们在运动学寻找行为中看到的那样，相反的形式通常是对基本行为的简单调整。我们将把几个转向行为与它们的对立面结合起来讨论，而不是将它们分成不同的小节。

3.3.3　寻找和逃跑

动态寻找行为会尝试将角色的位置与目标的位置相匹配。正如前面的运动学寻找算法一样，它会找到目标的方向并尽可能快地朝向目标。因为现在动态寻找行为的输出是加速度，所以它将尽可能地加速。

显然，如果它继续加速，它的速度会越来越大。大多数角色都有自己的最大速度，它们不可能无限加速。最大值可以是显式的，保存在变量或常量中。然后定期检查角色的当前速度（速度向量的长度），如果超过最大速度则将其修剪回来。这通常作为 update 函数的后处理步骤来完成。它不是在转向行为中执行的。示例代码如下：

```
1  class Kinematic:
2      # ... 和前面一样的成员数据 ...
3
4      function update(steering: SteeringOutput,
5                      maxSpeed: float,
6                      time: float):
7          # 更新位置和方向
8          position += velocity * time
9          orientation += rotation * time
10
11         # 更新速度和旋转
12         velocity += steering.linear * time
13         rotation += steering.angular * time
14
15         # 检查速度并进行修剪
16         if velocity.length() > maxSpeed:
17             velocity.normalize()
18             velocity *= maxSpeed
```

或者，最大速度也可能是应用阻力（Drag）在每帧处稍微减慢角色速度的结果。依赖于物理引擎的游戏通常都包括阻力。它们不需要检查和修剪当前的速度，因为（在 update 函数中应用）阻力会自动限制最高速度。

阻力还有助于此算法的另一个问题。因为加速度始终指向目标，所以，如果目标正在移动，那么寻找行为将最终绕轨道运行而不是直接朝向目标移动。如果系统中存在阻力，则轨道将变成一个向内螺旋。如果阻力足够大，那么玩家将不会注意到螺旋，并且会看到角色直接移动到其目标位置。

图 3.8 说明了动态寻找行为产生的路径及与其相反的逃跑路径。

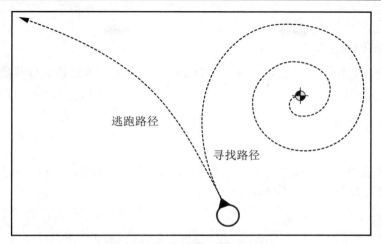

图 3.8　寻找路径和逃跑路径

1. 伪代码

动态寻找行为的实现看起来与运动学寻找行为的版本非常相似。其示例代码如下：

```
1   class Seek:
2       character: Kinematic
3       target: Kinematic
4
5       maxAcceleration: float
6
7       function getSteering() -> SteeringOutput:
8           result = new SteeringOutput()
9
10          # 获取方向以定位目标
11          result.linear = target.position - character.position
12
13          # 沿该方向充分加速
14          result.linear.normalize()
15          result.linear *= maxAcceleration
16
17          result.angular = 0
18          return result
```

请注意，我们已删除了运动学版本中包含的方向更改。虽然我们可以像之前一样简单地设置方向，但更灵活的方法是使用变量匹配来使角色面朝正确的方向。后文介绍的对齐行为可以提供使用角加速度改变方向的工具。第 3.3.10 节 "直视移动的方向" 行为可以使角色朝向移动的方向。

2．数据结构和接口

该类使用了在本章前面定义的 SteeringOutput 结构。它具有线性速度和角加速度输出。

3．性能

该算法在时间和内存中的性能都是 O(1)。

4．逃跑

逃跑与寻找相反。它试图尽可能远离目标。就像运动学版本一样，开发人员只需要在函数的第 2 行反转项目的顺序即可。具体如下：

```
1  # 获取逃离目标的方向
2  steering.linear = character.position - target.position
```

角色现在将朝目标的相反方向移动，尽可能快地加速。

3.3.4　到达

　　动态寻找行为将始终以最大的加速度朝着目标前进。如果目标不断移动并且角色需要全速追逐，这就很有用。但是，如果角色到达目标，那么在全速追赶的状态下该角色会反超目标，然后和前面介绍的运动学寻找版本一样，出现反向和来回振荡的现象，或者更有可能该角色环绕目标做轨道运动而无法真正靠近目标。

　　如果角色即将到达目标，那么它需要减速以使其准确到达正确的位置，就像我们在运动学到达算法中看到的那样。图 3.9 显示了固定目标的每个行为。轨迹显示了寻找和到达的路径。到达可以直达目标，而寻找则一直来回震荡并做轨道运动。对于动态寻找行为来说，它的振荡不像在运动学寻找行为中那样糟糕：由于角色不能立即改变方向，因此它似乎是摆动而不是在目标周围摇晃。

　　动态到达行为比运动学到达版本要稍微复杂一些。它使用两个半径。如前所述，到达半径使角色能够接近目标，且不会让角色由于小误差而继续运动。它还给出了第二个半径，但是要大得多。进入的角色在通过此半径时将进行减速。该算法将计算角色的理想速度。在减速半径处，这等于其最大速度。在目标点，这个理想速度是零（当角色到达时自然想要零速度）。在它们之间，期望速度是内插中间值，由距目标的距离控制。

　　朝向目标的方向的计算方式如前文所述。在计算完成之后，将其与所需速度组合以给出目标速度。该算法将查看角色的当前速度，并计算出将其转换为目标速度所需的加速度。但是，我们不能立即改变速度，因此应基于在固定的时间尺度内达到目标速度来计算加速度。

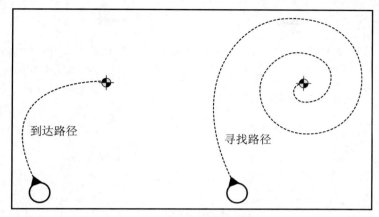

图 3.9　动态寻找和到达

这与运动学到达算法的过程完全相同，我们可以尝试让角色在 0.25 s 内到达目标。动态到达算法的固定时间通常可以设置得略小一些，我们将 0.1 s 作为一个很好的起点。

当一个角色移动太快而无法在正确的时间到达时，其目标速度将小于其实际速度，因此加速度将在反方向上，它的作用是减慢角色的速度。

1. 伪代码

完整算法如下：

```
 1  class Arrive:
 2      character: Kinematic
 3      target: Kinematic
 4
 5      maxAcceleration: float
 6      maxSpeed: float
 7
 8      # 到达目标的半径
 9      targetRadius: float
10
11      # 开始减速的半径
12      slowRadius: float
13
14      # 达到目标速度的时间
15      timeToTarget: float = 0.1
16
17      function getSteering() -> SteeringOutput:
18          result = new SteeringOutput()
```

```
19
20          # 获取目标的方向
21          direction = target.position - character.position
22          distance = direction.length()
23
24          # 如果已经到达，则不转向
25          if distance < targetRadius:
26              return null
27
28          # 如果在 slowRadius 半径之外，则加速至最大速度
29          if distance > slowRadius:
30              targetSpeed = maxSpeed
31          # 否则按比例计算速度
32          else:
33              targetSpeed = maxSpeed * distance / slowRadius
34
35          # 目标速度将组合速率和方向
36          targetVelocity = direction
37          targetVelocity.normalize()
38          targetVelocity *= targetSpeed
39
40          # 加速以尝试达到目标速度
41          result.linear = targetVelocity - character.velocity
42          result.linear /= timeToTarget
43
44          # 检查加速是否太快
45          if result.linear.length() > maxAcceleration:
46              result.linear.normalize()
47              result.linear *= maxAcceleration
48
49          result.angular = 0
50          return result
```

2．性能

与前面一样，算法在时间和内存上的性能都是 O(1)。

3．实现说明

许多实现都不使用目标半径。因为角色会减速到达目标，所以它出现振荡的可能性和我们在运动学到达算法中看到的不一样。删除目标半径通常没有明显的区别。当然，如果帧速率较低或角色具有很高的速度而加速度很低，那么删除目标半径的区别还是很大的。一般来说，更好的做法是在任何目标周围给出误差范围，以避免恼人的不稳定性。

4．离开

从概念上来说，到达的相反行为就是离开。但是，实现它没有什么意义。如果需要离开一个目标，我们不太可能会希望先进行很小的（可能是零）加速，然后再逐步增加。我们更有可能尽快加速。因此，出于实用考虑，与到达行为相反的是逃跑。

3.3.5　对齐

对齐（Align）行为会尝试将角色的方向与目标的方向相匹配。它不关注角色或目标的位置或速度。前面已经介绍过，角色的方向与一般运动学的移动方向没有直接关系。这种转向行为不会产生任何线性加速度，它只能通过转动来响应。

对齐的行为方式与到达类似。它试图达到目标方向，并在它到达时尝试零旋转。开发人员可以复制大多数来自到达算法的代码，但是方向具有一些需要考虑的额外复杂性。

因为方向环绕一圈是 2π 弧度，所以不能简单地从角色方向中减去目标方向，然后根据结果来确定角色需要进行多少度的旋转。

图 3.10 显示了两种非常相似的对齐情况，其中两个角色的角度与目标的角度差相同。如果开发人员简单地使用这两个角度减去目标角度，那么第一个角色将正确地顺时针旋转一小部分角度，但是第二个角色将需要转一大圈才能到达相同的位置。

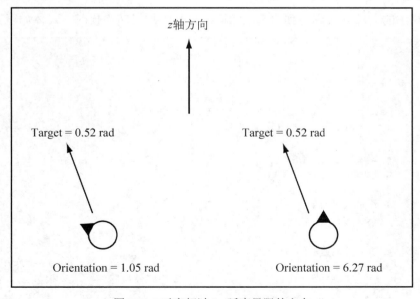

图 3.10　对齐超过 2π 弧度界限的方向

为了找到实际的旋转方向，可以从目标中减去角色方向，并将结果转换为范围(-π, π)内的弧度。可以通过加上或减去 2π 的一些倍数来执行转换，以将结果带入给定范围。开发人员可以通过使用 mod 函数和轻微的旋转来计算要使用的倍数。大多数游戏引擎或图形库都有一个可用的库（在虚幻引擎中为 FMath :: FindDeltaAngle，在 Unity 中为 Mathf. DeltaAngle，但是请注意，Unity 使用的角度不是弧度，而是度数）。

开发人员接下来就可以使用转换后的值来控制旋转，该算法看起来与到达算法非常相似。它和到达算法一样使用了两个半径：一个用于减速；另一个用于使角色的方向可以靠近目标方向。因为我们处理的是单个标量值，而不是 2D 或 3D 向量，所以半径可作为间隔。

当执行减去旋转值的计算时，无须顾及重复值的问题，因为旋转与方向不同，不会环绕。例如，π 的旋转与 3π 的旋转其实是不一样的。实际上，这里的旋转值可以很大，远超出(-π, π)范围。大值仅表示非常快的旋转。高速物体（例如赛车的车轮）可能会旋转得特别快，甚至导致此处使用的更新数值不稳定。在具有 64 位精度的机器上，这不是什么大问题，但是在 32 位机器上的早期物理学表明，高速行驶的汽车车轮似乎会有摆动。虽然健壮的物理引擎已经解决了这一问题，但是这仍值得开发人员去了解，因为在这里讨论的代码基本上是在实现简单的物理更新，像这样简单的方法对于中等转速更有效。

1. 伪代码

对齐算法的大部分代码与到达算法相同，只是添加了转换代码。具体如下：

```
 1  class Align:
 2      character: Kinematic
 3      target: Kinematic
 4
 5      maxAngularAcceleration: float
 6      maxRotation: float
 7
 8      # 到达目标的半径
 9      targetRadius: float
10
11      # 开始减速的半径
12      slowRadius: float
13
14      # 达到目标速度的时间
15      timeToTarget: float = 0.1
16
17      function getSteering() -> SteeringOutput:
```

```
18          result = new SteeringOutput()
19
20          # 获取目标自身的方向
21          rotation = target.orientation - character.orientation
22
23          # 将结果映射到(-pi, pi)区间
24          rotation = mapToRange(rotation)
25          rotationSize = abs(rotation)
26
27          # 如果已经到达, 则不转向
28          if rotationSize < targetRadius:
29              return null
30
31          # 如果在slowRadius半径之外, 则使用最大旋转
32          if rotationSize > slowRadius:
33              targetRotation = maxRotation
34          # 否则按比例计算旋转
35          else:
36              targetRotation =
37                  maxRotation * rotationSize / slowRadius
38
39          # 最终的目标旋转将组合速率和方向
40          # 速率已经在变量中
41          targetRotation *= rotation / rotationSize
42
43          # 加速以尝试达到目标旋转
44          result.angular = targetRotation - character.rotation
45          result.angular /= timeToTarget
46
47          # 检查加速是否太大
48          angularAcceleration = abs(result.angular)
49          if angularAcceleration > maxAngularAcceleration:
50              result.angular /= angularAcceleration
51              result.angular *= maxAngularAcceleration
52
53          result.linear = 0
54          return result
```

其中, 函数 abs 返回数字的绝对值（即正数）。例如, −1 的绝对值是 1。

2. 实现说明

在到达实现中, 有两个向量归一化。在该代码中则需要归一化一个标量（即将它变

成+1 或−1）。要执行此操作，可以使用以下结果：

```
normalizedValue = value / abs(value)
```

在可以访问浮点数的位模式的语言（如 C 和 C++）制作实现中，可以通过操作变量的非符号位来执行相同的操作。某些 C 库可以提供比上述方法更快的优化的 sign 函数。请注意，有许多人提供的实现都使用了 if 语句，这会导致运行变慢（尽管在这种情况下，速度可能不太重要）。

3．性能

不出所料，该算法在内存和时间上的性能都是 O(1)。

4．相反的行为

没有与对齐相反的行为。因为方向环绕一圈是 2π 弧度，所以从一个方向向另一个方向逃离，只会让角色回到它开始的地方。面对与目标相反的方向，只需将 π 添加到该方向，然后与结果值对齐。

3.3.6　速度匹配

到目前为止，本章已经研究了试图将位置与目标进行匹配的行为。开发人员可以使用速度做同样的事情，但仅就其自身而言，这种行为很少有用。它可以用来使角色模仿目标的运动，但这种情况也不是很实用。不过，当该行为与其他行为相结合时，它却变得很重要。例如，它是蜂拥转向行为的组成部分之一。

我们已经实现了一种尝试匹配速度的算法。到达将根据到目标的距离计算目标速度，然后它将尝试达到目标速度。开发人员可以剥离到达行为以提供速度匹配实现。

1．伪代码

剥离到达行为之后的代码如下：

```
1  class VelocityMatch:
2      character: Kinematic
3      target: Kinematic
4
5      maxAcceleration: float
6
7      # 达到目标速度的时间
8      timeToTarget = 0.1
9
```

```
10      function getSteering() -> SteeringOutput:
11          result = new SteeringOutput()
12
13          # 加速以尝试达到目标速度
14          result.linear = target.velocity - character.velocity
15          result.linear /= timeToTarget
16
17          # 检查加速是否太快
18          if result.linear.length() > maxAcceleration:
19              result.linear.normalize()
20              result.linear *= maxAcceleration
21
22          result.angular = 0
23          return result
```

2. 性能

该算法在时间和内存上的性能都是 O(1)。

3.3.7　委托行为

本章已经介绍了有助于创建许多其他行为的基本构建块行为。寻找和逃跑、到达和对齐都可以执行许多其他行为的转向计算。

本章随后讨论的所有行为都具有相同的基本结构：它们要么计算目标的位置，要么计算目标的方向（算法当然也可以使用速度，但本章将要讨论的行为都没有使用，故略去不论），然后它们委托其他行为之一计算转向。目标计算可以基于许多输入。例如，追逐（Pursue）行为将根据另一个目标的运动计算寻找目标；避免碰撞（Collision Avoidance）行为将根据障碍物的接近程度创建逃跑目标；漫游（Wander）行为可以创建自己的目标，使得它移动时能蜿蜒曲折行进。

事实上，可以认为寻找、对齐和速度匹配是唯一的基本行为（当然，通过类比可知，理论上应该还存在旋转匹配行为，但我们从未见过使用它的应用程序）。正如我们在前面的算法中看到的那样，到达行为可以分为（速度）目标的创建和速度匹配算法的应用，这很常见。反过来，接下来我们将要介绍的许多委托行为（Delegated Behavior）都可以用作另一个委托行为的基础。例如，到达行为可以用作追逐行为的基础，而追逐行为又可以作为其他算法的基础，等等。

在下面的代码中，我们将使用多态（Polymorphic）的编程风格来捕获这些依赖项。开发人员也可以使用委托的方式，将原始算法作为新技术的成员。这两种方法都有它们自己的问题。在我们的例子中，当一个行为扩展另一个行为时，它一般是通过计算替代目标来实现的。使用继承则意味着我们需要更改超类所处理的目标。

　　如果开发人员使用的是委托方法，则需要确保每个委托行为都具有正确的角色数据、maxAcceleration（最大加速度）和其他参数。这需要大量副本以及通过子类删除复制数据。

3.3.8　追逐和躲避

　　到目前为止，我们所介绍的算法都是基于位置移动。但如果角色追逐的是一个移动的目标，那么不断向目标当前的位置移动是不够的，因为当角色到达现在的位置时，目标也已经跑了。当目标比较靠近时，我们在每一帧重新考虑其位置，这还不是太大的问题，因为角色最终会追逐到目标的位置。但如果角色离目标很远，那么它会从一个明显错误的方向上出发，如图 3.11 所示。

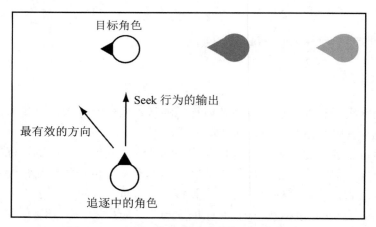

图 3.11　Seek 行为会在明显错误的方向上移动

　　我们需要预测未来某个时间目标所处的位置并朝该点移动，而不是仅看到目标当前的位置。这就好比孩子们玩捉人游戏，最难以捕捉的人就是那些不断改变方向，挫败我们的预测的人。但如果想要更快地捉到人，还是必须预估提前量。

　　开发人员可以使用各种算法来执行预测，但大多数都是矫枉过正。人们已经对被追逐角色的最佳预测和最佳策略进行了各种研究（例如，它是军事研究中用于躲避来袭导弹的一个活跃话题）。Craig Reynolds 最初的方法非常简单：假设目标将继续以目前的速度移动。这是对短距离的合理假设，即使距离较远也不会显得过于愚蠢。

　　该算法将计算出角色和目标之间的距离，并计算出以最大速度到达目标当前所在位置所需的时间。它使用此时间间隔作为其预测前瞻，并计算在目标继续以当前速度移动的情况下，目标将到达的位置。然后使用该新位置作为标准寻找行为的目标。

如果角色移动缓慢，或目标距离很远，那么预测时间可能会非常长。目标不太可能永远遵循相同的路径，因此我们可以适当限制自己的提前量。有鉴于此，该算法具有最大时间参数。如果预测时间超出此范围，则使用最大时间。

图 3.12 显示了寻找行为和追逐相同目标的追逐行为。显然，追逐行为在此追逐过程中看起来更高效，而寻找行为则显得略微有点愚蠢。

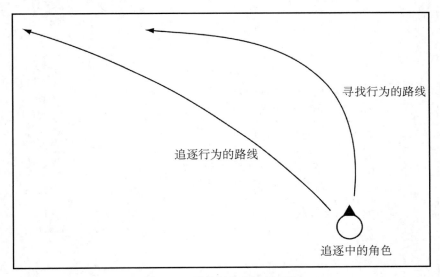

寻找行为的路线

追逐行为的路线

追逐中的角色

图 3.12 寻找行为和追逐行为

1．伪代码

追逐（Pursue）行为是从寻找（Seek）行为派生出来的，它先计算替代目标，然后委托寻找算法执行转向计算。

```
1  class Pursue extends Seek:
2      # 最大预测时间
3      maxPrediction: float
4
5      # 请注意覆盖寻找算法中的目标数据
6      # 换句话说，该类有两个数据位调用目标:
7      # Seek.target 是超类目标，并且
8      # 它将是自动计算的，不需要手动设置
9      # Pursue.target 则是要追逐的目标
10     target: Kinematic
```

```
11
12        # ... 其他数据均从超类派生 ...
13
14    function getSteering() -> SteeringOutput:
15        # 1. 计算目标以委托进行寻找
16        # 计算出到目标的距离
17        direction = target.position - character.position
18        distance = direction.length()
19
20        # 计算出角色当前的速度
21        speed = character.velocity.length()
22
23        # 检查速度是否给予合理的预测时间
24        if speed <= distance / maxPrediction:
25            prediction = maxPrediction
26
27        # 否则计算预测的时间
28        else:
29            prediction = distance / speed
30
31        # 将目标放在一起
32        Seek.target = explicitTarget
33        Seek.target.position += target.velocity * prediction
34
35        # 2. 委托进行寻找
36        return Seek.getSteering()
```

2. 实现说明

在这段代码中，我们使用了一项略显烦琐的技术，在派生类中命名了一个与超类同名的成员变量。在大多数语言中，这样做将获得的效果是：创建了具有相同名称的两个成员。在本示例中，这正是我们想要的：设置追逐行为的目标不会改变它所委托的寻找行为的目标。

不过要小心！在某些编程语言（如 Python）中，是无法做到这一点的。开发人员必须使用不同的名称在每个类中命名目标变量。

如前所述，完全删除这些多态调用以提高算法性能可能是有益的。要完成这一点，开发人员可以通过 Pursue 类获取需要的所有数据，删除其 Seek 类的继承，并确保类所需的所有代码都包含在 getSteering 方法中。这样做速度更快，但代价是在需要它的每个行为中复制委托代码并隐藏算法的自然重用。

3．性能

同样地，该算法在内存和时间上的性能都是 O(1)。

4．躲避

追逐行为的相反行为是躲避（Evade）行为。开发人员同样需要计算目标的预测位置，但是它委托的不是寻找行为，而是委托给逃跑行为。

在前面的代码中，开发人员可以改变类的定义，使它成为 Flee 的子类而不是 Seek 的子类，同时将 Seek.getSteering 调用修改为 Flee.getSteering 调用。

5．超过

如果追逐角色能够比目标移动得更快，那么它将超过其目标然后围绕目标振荡，正如普通寻找行为所表现的那样。

为了避免出现这种情况，可以使用对到达行为的调用来代替对寻找行为的委托调用。这很好地演示了通过逻辑组件构建行为的能力。当开发人员需要稍微不同的效果时，可以轻松修改代码以获得它。

3.3.9　朝向

朝向（Face）行为使角色可以看到其目标。它将委托对齐行为来执行旋转，但要先计算目标的方向。

目标的方向是从目标与角色的相对位置生成的。这个过程与我们在运动学移动中使用的 getOrientation 函数中的过程相同。

朝向行为的实现非常简单，具体如下：

```
class Face extends Align:
    # 请注意覆盖 Align.target 成员
    target: Kinematic

    # ... 其他数据均从超类派生 ...

    # 像在 Pursue 类中一样实现
    function getSteering() -> SteeringOutput:
        # 1. 计算目标以委托给 Align 行为
        # 计算出目标的方向
        direction = target.position - character.position

        # 检查方向是否为 0，如果是，则不做任何改变
```

```
14          if direction.length() == 0:
15              return target
16
17          # 2. 委托给 Align 行为
18          Align.target = explicitTarget
19          Align.target.orientation = atan2(-direction.x, direction.z)
20          return Align.getSteering()
```

3.3.10　直视移动的方向

前文已经假设角色面对的方向不一定是它运动的方向。但是，在许多情况下，开发人员更希望角色直视移动的方向（Look Where You Are Going）。在运动学移动算法中，开发人员可以直接设置该方向；在使用对齐行为时，可以赋予角色角加速度以使其面向正确的方向。通过这种方式，可以使角色的朝向逐渐变化，这看起来更自然，特别是对于诸如直升机或气垫船之类的载具或者对于可以侧向移动的人类角色来说效果更佳（当然，也可以使用动画来代替）。

该行为的过程和上面介绍的朝向行为的过程类似。开发人员可以使用角色的当前速度计算目标方向。如果没有速度，则可以将目标方向设置为当前方向。在这种情况下，我们对任何方向都没有偏好。

1. 伪代码

该行为的实现甚至比朝向行为更简单，具体如下：

```
1   class LookWhereYoureGoing extends Align:
2       # 无须一个重写的目标成员
3       # 因为没有明确的目标要设置
4
5       # ... 其他数据均从超类派生 ...
6
7       function getSteering() -> SteeringOutput:
8           # 1. 计算目标以委托给对齐行为
9           # 检查方向是否为 0，如果是，则不做任何改变
10          velocity: Vector = character.velocity
11          if velocity.length() == 0:
12              return null
13
14          # 否则，基于速度设置目标
15          target.orientation = atan2(-velocity.x, velocity.z)
16
```

```
17              # 2. 委托给对齐行为
18              return Align.getSteering()
```

2. 实现说明

在这种情况下，我们不需要另一个 target 成员变量，因为没有总体目标。我们将从头开始创建当前目标。因此，可以简单地将 Align.target 用于计算目标（与前面使用的追逐和其他派生算法相同）。

3. 性能

该算法在内存和时间上的性能都是 O(1)。

3.3.11　漫游

漫游行为可以控制角色漫无目的地移动。

从运动学的角度来说，漫游就是在原有方向上增加一定量的随机变化，不过这应该考虑如何使角色方向的改变更加自然，移动起来更加流畅。

最简单的漫游方法是沿随机方向移动，但这显然是不可接受的，没有人在走路时会左一下右一下地转向，除非他/她想吸引惊奇的目光。这种方法从未有人使用过，因为它会产生线性生硬运动，比僵尸或钢铁魔像的动作还呆板。运动学版本增加了间接层，但它也可能产生生硬的旋转。因此，可以考虑通过添加一个额外的层来使漫游的方向变化更加顺畅，使角色的方向间接依赖于随机数生成器。

开发人员可以按委托寻找行为的表现来考虑运动学漫游。例如，假设有一个圆圈围绕角色，而目标就被限定在这个圆圈上。每次运行该行为时，都可以按一个随机的数量围绕圆圈移动目标，然后角色寻找该目标。图 3.13 演示了这种配置情况。

开发人员可以通过移动目标受约束的圆圈来改善这一点。如果将它移到角色的前面（前面由其当前面向的方向确定）并将其缩小，即可得到如图 3.14 所示的情况。

角色将尝试朝向每个帧中的目标，使用朝向（Face）行为与目标对齐。然后它增加了一个额外的步骤：在其当前方向上应用完全加速。

开发人员还可以按以下方式实现漫游行为：先让该行为寻找目标，然后执行"直视移动的方向"行为来纠正其方向。

在以上两种情况下，都会在调用之间保留角色的方向（从而使方向的变化更加平滑）。圆圈边缘对角色的角度决定了它转动的速度。如果目标位于这些极端点之一，角色将快速转向。目标将围绕圆圈的边缘调整方向，因此角色的方向将平滑变化，显得自然而不生硬。

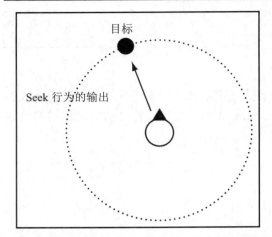 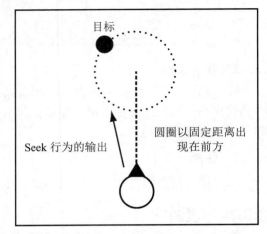

图 3.13　按委托 Seek 行为的表现来考虑运动学漫游　　　图 3.14　完全的漫游行为

这种漫游行为会使角色偏向（在任一方向上）。从角色的角度来看，目标将花费更多时间朝向圆圈的边缘。

1. 伪代码

动态漫游行为的实现代码如下：

```
1   class Wander extends Face:
2       # 漫游圆圈的半径和前向偏移量
3       wanderOffset: float
4       wanderRadius: float
5
6       # 漫游方向可以改变的最大比率
7       wanderRate: float
8
9       # 漫游目标的当前方向
10      wanderOrientation: float
11
12      # 角色的最大加速度
13      maxAcceleration: float
14
15      # 再次说明一下，这里不需要新的目标
16      # ... 其他数据从超类派生 ...
17
18      function getSteering() -> SteeringOutput:
19          # 1.计算目标以委托给朝向行为
20          # 更新漫游的方向
```

```
21              wanderOrientation += randomBinomial() * wanderRate
22
23              # 计算组合的目标方向
24              targetOrientation = wanderOrientation + character.orientation
25
26              # 计算漫游圆圈的中心
27              target = character.position +
28                      wanderOffset * character.orientation.asVector()
29
30              # 计算目标位置
31              target += wanderRadius * targetOrientation.asVector()
32
33              # 2. 委托给朝向行为
34              result = Face.getSteering()
35
36              # 3. 现在设置线性加速
37              # 以完全加速度转向
38              result.linear =
39                  maxAcceleration * character.orientation.asVector()
40
41              # 返回转向
42              return result
```

2．数据结构和接口

动态漫游行为的实现使用了与之前相同的 asVector 函数来获取向量形式的方向。

3．性能

该算法在内存和时间上的性能都是 O(1)。

3.3.12　路径跟随

到目前为止，本章已经探讨了只有单个目标或根本没有任何目标的行为。路径跟随（Path Following）是一种可以将整条路径作为目标的转向行为。具有路径跟随行为的角色应该沿着一个方向的路径移动。

按普通方式实现的路径跟随通常都是委托行为。它根据当前角色的位置和路径的形状计算目标的位置，然后它将目标委托给寻找（Seek）行为。这里没有必要使用到达（Arrive）行为，因为目标应始终沿着路径移动，无须担心角色赶上它的问题。

目标位置可以分两个阶段计算。首先，当前角色的位置可以映射到沿路径的最近的点。这可能是一个复杂的过程，特别是，如果路径是弯曲的或由许多线段组成的则更加如此。其次，选择一个目标，该目标也在路径上，并且它也沿着路径移动，但是它和映射点之间存在固定的距离。要改变沿着路径运动的方向，可以改变这个距离的符号。图 3.15 演示了这一点。它显示了当前路径的位置，以及稍远一些的目标点。这种方法有时被称为"追兔子"，在西顿的动物小说中，狗就经常在道路上追逐兔子。

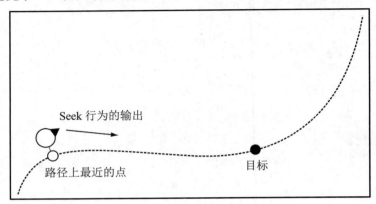

图 3.15　路径跟随行为

某些实现生成目标的方式略有不同。它们首先预测角色在短时间内的位置，然后将其映射到路径上最近的点。这是一个候选目标。如果新的候选目标和路径之间的距离比最后一帧还远，那么它就会被改变。可以将这种方法称为预测路径跟随（Predictive Path Following），如图 3.16 所示。对于具有突然改变方向的复杂路径，后一种实现可以看起来更平滑，但是当两条路径靠近在一起时会有切角的缺点。

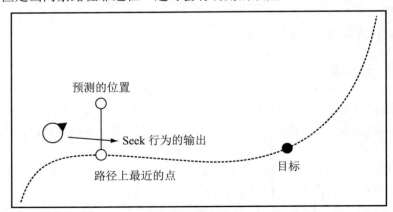

图 3.16　预测路径跟随行为

图 3.17 显示了这种切角行为，即角色错过路径的整个部分。当角色预测的位置与路

径的后半段交叉时，角色会立即出现在路径的后半段而完全忽略前半段。

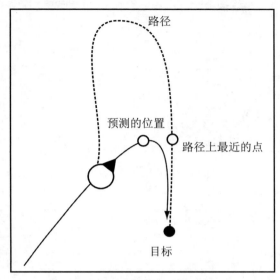

图 3.17 预测路径跟随行为

这样的结果可能并不是开发人员想要的。例如，如果图 3.17 中的路径表示巡逻路线，那么角色的巡逻显然错过太多。

1. 伪代码

动态路径跟随行为的实现代码如下：

```
 1  class FollowPath extends Seek:
 2      path: Path
 3
 4      # 沿着路径以生成目标的距离
 5      # 如果角色沿着反方向移动，则该距离值可以是负数
 6      pathOffset: float
 7
 8      # 路径的当前位置
 9      currentParam: float
10
11      # ... 其他数据均从超类派生 ...
12
13      function getSteering() -> SteeringOutput:
14          # 1. 计算目标以委托给朝向行为
```

```
15        # 查找路径上的当前位置
16        currentParam = path.getParam(character.position, currentPos)
17
18        # 添加偏移量
19        targetParam = currentParam + pathOffset
20
21        # 获取目标位置
22        target.position = path.getPosition(targetParam)
23
24        # 2.委托给寻找行为
25        return Seek.getSteering()
```

开发人员也可以将此算法转换为预测性的版本，即先为 path.getParam 调用计算出一个未来位置。以下算法看起来几乎是一样的：

```
1   class FollowPath extends Seek:
2       path: Path
3
4       # 沿着路径以生成目标的距离
5       # 如果角色沿着反方向移动，则该距离值可以是负数
6       pathOffset: float
7
8       # 路径的当前位置
9       currentParam: float
10
11      # 用来预测角色位置的预期时间
12      predictTime: float = 0.1
13
14      # ... 其他数据均从超类派生 ...
15
16      function getSteering() -> SteeringOutput:
17          # 1. 计算目标以委托给朝向行为
18          # 查找预测的位置
19          futurePos = character.position +
20                      character.velocity * predictTime
21
22          # 查找路径上的当前位置
23          currentParam = path.getParam(futurePos, currentPos)
24
25          # 添加偏移量
26          targetParam = currentParam + pathOffset
27
```

```
28          # 获取目标位置
29          target.position = path.getPosition(targetParam)
30
31          # 2.委托给寻找行为
32          return Seek.getSteering()
```

2. 数据结构和接口

行为跟随的路径具有以下接口：

```
1    class Path:
2        function getParam(position: Vector, lastParam: float) -> float
3        function getPosition(param: float) -> Vector
```

这两个函数都使用了路径参数的概念。这是一个沿路径单调增加的唯一值。它可以被认为是沿着路径的距离。一般来说，路径由直线或曲线样条组成，这两个都很容易分配参数。该参数允许开发人员在路径上的位置和 2D 或 3D 空间中的位置之间进行转换。

1）路径类型

在路径上的位置和 2D 或 3D 空间中的位置之间进行转换（即实现路径类）可能是一件比较棘手的工作，这取决于所使用的路径的格式。

最常见的是使用直线段的路径，如图 3.18 所示。在这种情况下，转换并不太难。开发人员可以通过依次查看每个线段，来确定角色最接近哪个线段，然后找到该线段上最近的点来实现 getParam 函数。但是，对于在一些驾驶游戏中常见的平滑弯曲样条，其数学计算可能更复杂。本书附录参考资料[56]提供了针对各种不同几何形状的最近点算法的良好源代码。

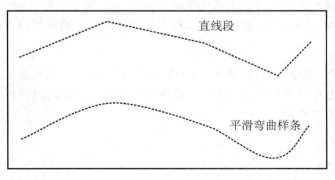

图 3.18　路径类型

2）跟踪参数

前面提供的伪代码接口可用于将最后的参数值发送到路径以便计算当前的参数值。当线条靠近在一起时，这对于避免一些令人讨厌的问题是非常必要的。

开发人员可以限制 getParam 算法，使其仅考虑接近前一个参数值的路径的区域。毕竟角色不太可能移动得太远。该技术假设新值接近旧值，该假设被称为相干性（Coherence），它是许多几何算法的特征。图 3.19 显示了一个问题，如果采用非相干路径跟随程序，那么它会非常困惑，图中的 3 个点与角色的距离是一样的，那么到底哪一个才是最接近的点呢？很明显，这个问题可以通过假设新参数接近旧参数来轻松处理。

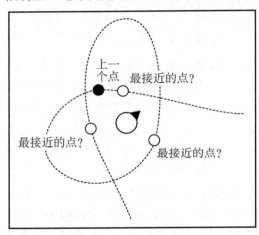

图 3.19　路径跟随的相干性问题

当然，开发人员也可能真的希望切割掉角落或让角色在路径的不同位置进行移动。例如，如果另一个行为中断并且要带领角色穿过关卡，则不一定要让它按循环巡逻路线返回。在这种情况下，开发人员需要删除相干性或至少扩大搜索解决方案的参数范围。

3．性能

该算法在内存和时间上的性能都是 $O(1)$。在一般情况下，路径的 getParam 函数的性能为 $O(1)$，当然也有可能是 $O(n)$，其中 n 是路径中的段数。如果是这种情况，则 getParam 函数将主导算法的性能衡量。

3.3.13　分离

分离（Separation）行为在人群模拟中很常见，其中许多角色都会朝向大致相同的方向。 它的作用是防止角色过于靠近和拥挤。

当角色在彼此交叉的路径上移动时，分离行为不起作用。在这种情况下，应使用第3.3.14 节介绍的避免碰撞行为。

大多数情况下，分离行为的输出为零，它根本不建议任何移动。如果该行为检测到在角色的附近有另一个非常接近的角色，并且已经超过了某个阈值，则该行为将类似于躲避行为，使得角色移动并躲开其他角色。当然，与基础的躲避行为不同的是，该行为的移动强度与距目标的距离有关。分离强度可以根据任何公式降低，但是线性或平方反比定律衰减是常见的。

线性分离的伪代码如下：

```
strength = maxAcceleration * (threshold - distance) / threshold
```

平方反比定律的伪代码如下：

```
strength = min(k / (distance * distance), maxAcceleration)
```

在上述两种情况下，distance 是指角色与其接近的邻居之间的距离；threshold 是一个表示最小距离的阈值，如果角色之间的距离小于这个阈值，则会发生分离行为；maxAcceleration 是角色的最大加速度。k 常数可以设置为任何正值，它将控制分离强度随距离衰减的速度。

分离有时也被称为排斥转向（Repulsion Steering）行为，因为它的作用方式与物理排斥力（平方反比定律力，如磁力排斥）相同。

在躲避阈值内存在多个角色的情况下，将依次计算每个角色的转向并求和。最终值可能大于 maxAcceleration，在这种情况下，可以将其剪切为该值。

1. 伪代码

分离行为的伪代码如下：

```
 1  class Separation:
 2      character: Kinematic
 3      maxAcceleration: float
 4
 5      # 潜在目标的列表
 6      targets: Kinematic[]
 7
 8      # 触发动作的阈值
 9      threshold: float
10
11      # 平方反比定律下衰减的常量系数
```

```
12      decayCoefficient: float
13
14      function getSteering() -> SteeringOutput:
15          result = new SteeringOutput()
16
17          # 循环遍历每个目标
18          for target in targets:
19              # 检查目标是否靠近
20              direction = target.position - character.position
21              distance = direction.length()
22
23              if distance < threshold:
24                  # 计算排斥的强度
25                  # （这里使用的是平方反比定律）
26                  strength = min(
27                      decayCoefficient / (distance * distance),
28                      maxAcceleration)
29
30                  # 添加加速度
31                  direction.normalize()
32                  result.linear += strength * direction
33
34          return result
```

2. 实现说明

在上面的算法中，只是简单地依次查看每个可能的角色，并确定是否需要将它们分开。如果角色的数量较少，那么这将是最快的方法。但是，如果一个关卡中有数百个角色，则需要一个更快的方法。

一般来说，图形和物理引擎可以依靠技术来确定哪些对象彼此靠近。对象存储在空间数据结构中，因此进行此类查询相对容易。多解析度地图（Multi-Resolution Map）、四叉树（Quad Tree）、八叉树（Octree）和二叉空间分区树（Binary Space Partition Tree，BSP Tree）等都是可用于快速计算潜在碰撞的流行数据结构。它们中的每一个都可用于游戏 AI，以更有效地获取潜在目标。

实现用于碰撞检测的空间数据结构超出了本书的范围。本系列中的其他书籍更详细地介绍了该主题，尤其是附录参考资料[14]和[73]。

3. 性能

该算法在内存中的性能为 O(1)，在时间上的性能为 O(n)，其中 n 是要检查的潜在目标的数量。如果在应用上述算法之前有一些有效的修剪潜在目标的方法，那么其整体性能将会提高。例如，BSP 系统可以给出时间复杂度 O(log n)，其中 n 是游戏中潜在目标的总数。但是，上述算法在其检查的潜在目标数量中始终保持线性。

4．引力

在使用平方反比定律时，如果设定衰减的常量为负值，则可以获得引力。角色将被半径范围内的其他角色吸引，但这很少有用。

有些开发人员已经尝试在他们的关卡中设置大量利用了引力的吸引器（Attractor）和利用了斥力的排斥器（Repulsor），使得角色的移动在很大程度上受到这些目标的控制。例如，吸引器可以被设计成一个怪物的技能，当怪物释放该技能时，角色会被吸引到目标位置；同样地，排斥器也可以被设计成一个作用刚好相反的技能，又或者，当角色遇到障碍物时，排斥器可以将它们弹开。虽然这些思路表面上看起来很简单，但这种方法对于那些比较马虎的人来说却可能充满了陷阱。

本章第 3.4 节"组合转向行为"将介绍分离行为和转向行为的组合，它说明了为什么拥有很多吸引器或排斥器可能导致角色卡顿，以及为什么长期来看从更复杂的算法开始最终会减少工作量。

5．独立

分离行为本身并没有多大用处。角色将通过分离行为避免靠得太近，但之后再也不会移动。分离以及本章中的其余行为都被设计为与其他转向行为组合使用。第 3.3.14 节将详细介绍这种组合的工作原理。

3.3.14　避免碰撞

在城市地区，通常会有大量的角色围绕同一个空间移动。这些角色具有相互交叉的轨迹，并且它们需要避免与其他移动角色的持续碰撞。

一种简单的方法是使用躲避或分离行为的变体，只有当目标位于角色前面的圆锥体内时才会激发该行为。如图 3.20 所示，角色前面的圆锥体内包含了另一个角色，此时将激发分离行为以避免碰撞。

圆锥体检测可以使用点积进行：

```
1   if dotProduct(orientation.asVector(), direction) > coneThreshold:
2       # 执行躲避行为
3   else:
4       # 返回无须转向行为
```

其中，direction 是行为的角色与潜在碰撞对象之间的方向。coneThreshold 值是圆锥体半角的余弦，如图 3.20 所示。

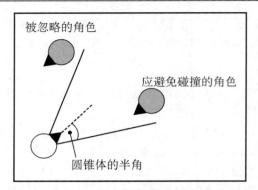

图 3.20　分离行为将通过圆锥体检测来避免碰撞

　　如果圆锥体中有多个角色，则该行为需要全部躲避它们。通常可以很好地找到圆锥体中所有角色的平均位置和速度并躲避该目标。或者，可以找到锥体中最接近的角色，其余角色将被忽略。

　　不幸的是，这种方法虽然易于实现，但是如果角色较多则表现不佳。角色没有考虑它是否会实际碰撞，而是对即将接近的状况产生了"恐慌"反应。图 3.21 显示了一个简单的情况，其中的两个角色永远都不会碰撞，但这个略显"幼稚"的避免碰撞方法却仍然会采取行动，看上去确实像一种"恐慌"反应。

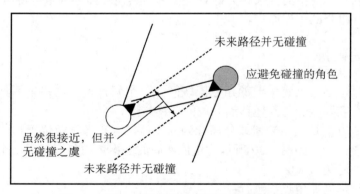

图 3.21　不会碰撞的角色会产生"恐慌"反应

　　图 3.22 则显示了另一个问题情况。在该图中，角色会发生碰撞，但两者都不会采取规避行动，因为它们都不在对方的圆锥体中，直到发生碰撞的那一刻。

　　一个更好的解决方案是，通过计算确定角色是否会在它们保持当前速度时发生碰撞。这涉及计算两个角色的最接近点的方法，以及确定该点处的距离是否小于某个阈值半径，如图 3.23 所示。

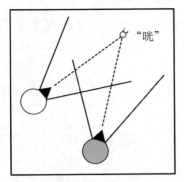

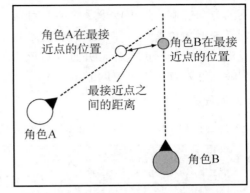

图 3.22　互相检测不到的角色将撞在一起　　图 3.23　在避免碰撞行为中可以使用碰撞预测方案

请注意，最接近点的方法通常不会与未来轨迹交叉的点相同。角色可能以非常不同的速度移动，因此可能在不同的时间到达相同的点。开发人员根本无法通过看它们的路径是否会交叉来检查角色是否会发生碰撞。相反，开发人员必须找到它们最接近的时刻，使用这个时刻得出它们的分离时机，并检查它们是否会发生碰撞。

最接近点的方法的时间可以由下式给出：

$$t_{\text{closest}} = \frac{d_p \cdot d_v}{|d_v|^2} \tag{3.1}$$

其中，d_p 是目标与角色的当前相对位置（可称为先前行为的距离向量）：

$$d_p = p_t - p_c$$

而 d_v 则是相对速度：

$$d_v = v_t - v_c$$

如果最接近点的方法的时间是负的，则表示角色已经离开目标，不需要采取任何动作。

从这个时间可以计算出最接近时的角色和目标的位置：

$$p_c' = p_c + v_c t_{\text{closest}}$$
$$p_t' = p_t + v_t t_{\text{closest}}$$

然后，开发人员可以使用这些位置作为躲避行为的基础。可以基于预测的未来位置而不是现在的位置来执行躲避行为。换句话说，该行为现在可以进行转向修正，就好像它已经处于最容易被碰撞的位置。

对于真正的实现，最好能检查角色和目标是否已经发生碰撞。在这种情况下，可以立即采取行动，而不必通过计算以确定它们是否会在将来的某个时间发生碰撞。此外，如果角色和目标的中心在某个时刻发生碰撞，则这种方法将不会返回一个合理的结果。对于这种不太可能的情况，聪明的实现应该提供一些特殊情形的代码，以确保角色可以按不同的方向躲避。这可以尽量简单地回到角色当前位置的躲避行为。

为了躲避角色群体，平均位置和速度则不适合这种方法。相反，算法需要搜索最先会触发最接近点方法的角色，并且仅对该角色做出反应。一旦这种即将发生的碰撞被避免，则转向行为就可以对更远的角色做出反应。

1. 伪代码

避免碰撞（Collision Avoidance）行为的伪代码示例如下：

```
1   class CollisionAvoidance:
2       character: Kinematic
3       maxAcceleration: float
4
5       # 潜在目标的列表
6       targets: Kinematic[]
7
8       # 角色的碰撞半径
9       # 假设所有的角色都有相同的碰撞半径
10      radius: float
11
12      function getSteering() -> SteeringOutput:
13          # 1. 找到最接近碰撞的目标
14          # 存储第一个碰撞时间
15          shortestTime: float = infinity
16
17          # 存储碰撞的目标，然后
18          # 据此重新计算其他数据以避免碰撞
19          firstTarget: Kinematic = null
20          firstMinSeparation: float
21          firstDistance: float
22          firstRelativePos: Vector
23          firstRelativeVel: Vector
24
25          # 循环遍历每个目标
26          for target in targets:
27              # 计算碰撞的时间
28              relativePos = target.position - character.position
29              relativeVel = target.velocity - character.velocity
30              relativeSpeed = relativeVel.length()
31              timeToCollision = dotProduct(relativePos, relativeVel)/
32                                  (relativeSpeed * relativeSpeed)
33
```

```
34              # 检查是否将要完全碰撞
35              distance = relativePos.length()
36              minSeparation = distance - relativeSpeed * timeToCollision
37              if minSeparation > 2 * radius:
38                  continue
39
40              # 检查是否最短时间
41              if timeToCollision > 0 and timeToCollision < shortestTime:
42                  # 存储时间、目标和其他数据
43                  shortestTime = timeToCollision
44                  firstTarget = target
45                  firstMinSeparation = minSeparation
46                  firstDistance = distance
47                  firstRelativePos = relativePos
48                  firstRelativeVel = relativeVel
49
50      # 2. 计算转向
51      # 如果没有目标，则退出
52      if not firstTarget:
53          return null
54
55      # 如果即将发生碰撞，或者已经发生碰撞
56      # 则基于当前位置执行转向行为
57      if firstMinSeparation <= 0 or firstDistance < 2 * radius:
58          relativePos = firstTarget.position - character.position
59
60      # 否则，计算未来的相对位置
61      else:
62          relativePos = firstRelativePos +
63                        firstRelativeVel * shortestTime
64
65      # 躲避目标
66      relativePos.normalize()
67
68      result = new SteeringOutput()
69      result.linear = relativePos * maxAcceleration
70      result.anguar = 0
71      return result
```

2. 性能

该算法在内存中的性能为 O(1)，在时间上的性能为 O(*n*)，其中 *n* 是要检查的潜在目

标的数量。

与前面的算法一样，如果在应用上述算法之前有一些有效的修剪潜在目标的方法，那么其整体性能将会提高。但是，该算法在其检查的潜在目标数量中始终保持线性。

3.3.15　避开障碍物和避免撞墙

避免碰撞行为假定目标是球形的，它关注的重点是避免太靠近目标的中心点。

这也可以应用于游戏中容易由包围球体表示的任何障碍物。开发人员可以简单地以这种方式使角色避开包装箱、桶和其他很小的物体。

但是，这种方式不容易表现出更复杂的障碍。一些大型物体的包围球体（如楼梯）可以填充一个房间。角色当然不能因为要避开角落里的楼梯，而只能在房间的外面活动。所以，避免碰撞行为有一定的局限性。到目前为止，游戏中最常见的障碍（如墙壁）根本不能简单地用包围球体来表示。

避开障碍物和避免撞墙行为将使用不同的方法来避免碰撞。移动中的角色可以在其移动方向上投射一条或多条射线。如果这些射线与障碍物碰撞，则创建一个目标以避免碰撞，并且角色将对该目标进行基本的寻找行为。一般来说，射线并不是无限的，它们将在角色前方延伸一小段距离（通常是相当于几秒钟的移动距离）。

如图 3.24 所示，角色投射了一条射线，该射线与墙壁产生了碰撞。与墙壁碰撞的点和法线可用于在与墙面固定距离处创建目标位置。

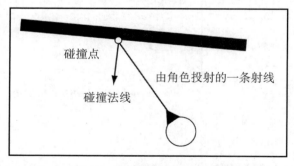

图 3.24　投射一条射线以避免与墙壁发生碰撞

1．伪代码

障碍物躲避（Obstacle Avoidance）行为的伪代码示例如下：

```
1  class ObstacleAvoidance extends Seek:
2      detector: CollisionDetector
3
```

```
4        # 到墙面的最小距离，即多远才保证不会产生碰撞
5        # 它应该大于角色的半径
6        avoidDistance: float
7
8        # 射线向前延伸并出现碰撞的距离
9        # 即碰撞射线的长度
10       lookahead: float
11
12       # ... 从超类派生的其他数据 ...
13
14       function getSteering():
15           # 1. 计算目标以便委托给寻找行为
16           # 计算碰撞射线向量
17           ray = character.velocity
18           ray.normalize()
19           ray *= lookahead
20
21           # 查找碰撞
22           collision = detector.getCollision(character.position, ray)
23
24           # 如果没有发现碰撞，则不执行任何操作
25           if not collision:
26               return null
27
28           # 2. 否则，创建一个目标，并委托给 Seek 寻找行为
29           target = collision.position + collision.normal * avoidDistance
30           return Seek.getSteering()
```

2. 数据结构和接口

碰撞检测器具有以下接口：

```
1    class CollisionDetector:
2        function getCollision(position: Vector,
3                              moveAmount: Vector) -> Collision
```

其中，getCollision 将返回角色的第一次碰撞（如果角色从给定位置开始，并移动给定的移动量）。同一方向的碰撞（但比 moveAmount 更远）将被忽略。

一般来说，此调用是通过将射线从 position 位置投射到 position+moveAmount 位置并检查与墙壁或其他障碍物的交叉点来实现的。

getCollision 方法将返回以下形式的碰撞数据结构：

```
1   struct Collision:
2       position: Vector
3       normal: Vector
```

其中，position 是碰撞点，normal 是碰撞点处墙的法线。这些是来自碰撞检测程序的标准数据，并且大多数程序都会提供这样的数据。

3．性能

该算法在时间和内存中的性能都是 O(1)，不包括碰撞检测器的性能（或者更确切地说，假设碰撞检测器的性能是 O(1)）。实际上，使用射线投射的碰撞检测成本非常高昂，并且可以肯定其性能不是 O(1)（它通常取决于环境的复杂性）。开发人员应该预计到在此算法中花费的大部分时间将用于碰撞检测例程。

4．碰撞检测问题

到目前为止，我们假设的都是检测单条射线投射的碰撞。但实际上，这并不是一个很好的解决方案。

如图 3.25 所示，上面的角色投射了一条射线，虽然它从未检测到与墙壁的碰撞，但实际情况却是它眼看就要撞到墙壁上了。一般来说，角色需要有两条或更多条的射线。如图 3.25 下面的角色，它投射了 3 条射线，这些射线张开，像猫咪的胡须一样敏感。显然，这个角色要机智得多，它不大可能会撞墙。

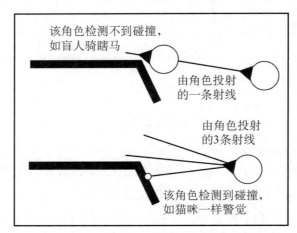

图 3.25　投射一条射线和投射 3 条射线的对比

有一些基本的射线配置被反复使用以避免碰撞墙壁。图 3.26 对此进行了说明。

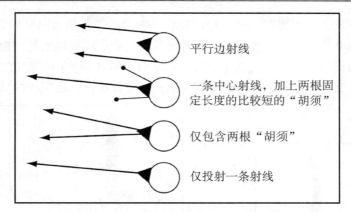

图 3.26 障碍物躲避行为的若干种射线配置

关于哪一种配置更好，并没有严格而快捷的规则。每一种配置都有自己的特质。具有较短"胡须"的一条中心射线通常是最好的初始配置，但它可能使角色无法沿着紧挨着的通道向下移动。单射线配置在凹面环境中很有用，但是在凸面环境中则很容易撞墙。正如我们将在后文看到的那样，平行边射线配置在角落为高度钝角的区域中运行良好，但是也非常容易掉入角落陷阱中。

5．关于角落陷阱的问题

包含多射线的避开障碍物和避免撞墙的基本算法在遇到锐角拐角时可能会出现严重问题（实际上，遇到任何凸角都有可能出现问题，但遇到锐角时的情况则更为普遍）。图 3.27 演示了这样一个被困的角色。当前情况下，它的左侧射线与墙壁相撞。因此，转向行为会将其转向左侧以避免碰撞。然后，右侧射线又将立即发生碰撞，并且转向行为将使角色向右转。

当角色在游戏中运行时，它会直接归位到角落，好像瞄准一样直直地撞到墙上。这就是它无法摆脱的角落陷阱。

虽然扇形结构具有足够宽的扇形角，可以缓解这个问题，但是，究竟是使用很大的扇形角避免角落陷阱，还是保持小角度以使角色能够通过狭窄的通道？这需要在它们之间进行权衡。在最坏的情况下，扇形角度将接近 π 弧度，角色将无法快速响应在其侧面射线上检测到的碰撞，并且仍然会撞到墙壁上。

一些开发人员已经尝试了使用自适应扇形角。如果角色在没有碰撞的情况下成功移动，则扇形角度变窄。如果检测到碰撞，则加宽扇形角。如果角色在连续的帧上检测到许多碰撞，则扇形将继续加宽，从而减少角色掉入角落陷阱的机会。

　　还有一些开发人员则实现了另一种比较特殊的避免掉入角落陷阱的方法。如果检测到角落陷阱，则以其中一条射线为主，并暂时忽略其他射线检测到的碰撞。

　　这两种方法都运作良好，代表了解决角落陷阱问题的最实用的解决方案。但是，唯一完整的解决方案是使用投影体积而不是光线执行碰撞检测，如图 3.28 所示。

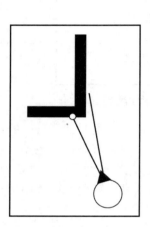

图 3.27　多条射线的角落陷阱

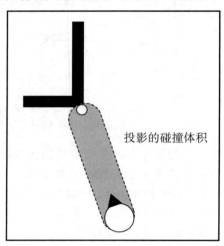

投影的碰撞体积

图 3.28　使用投影体积检测碰撞

　　为了对真实物理进行建模，许多游戏引擎都能够做到这一点。与 AI 不同，物理所需的投影距离通常非常小，并且当用于转向行为时，计算可能非常慢。

　　此外，解释从体积查询返回的冲突数据也涉及复杂度的问题。与物理不同，它不是第一个需要考虑的碰撞点（这可能是角色模型的一个极端上的多边形边缘），而是整体角色应该如何对墙做出反应。到目前为止，还没有广泛可信的机制来进行墙体躲避中的体积预测。

　　就目前而言，似乎最实用的解决方案是使用自适应扇形角度，射线配置则是一条较长的中心射线加上两根较短的"胡须"。

3.3.16　小结

　　图 3.29 显示了本节所讨论的转向行为的系谱图。左侧的 4 个行为可被视为基础的转向行为，它们也是右侧各项行为的父行为，而右侧列的行为则是从对应的基础行为中扩展出来的子行为。

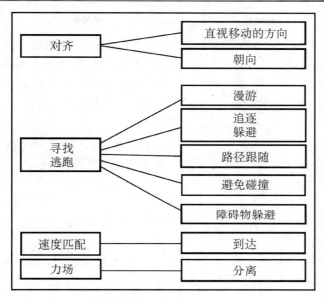

图 3.29　转向行为的系谱图

3.4　组合转向行为

转向行为可以独立地实现良好程度的复杂移动。在许多游戏中，转向仅包括移动到给定位置的行为：寻找行为。

更高级别的决策制定工具负责确定角色打算移动的位置。这通常是路径发现算法，它可以在通往最终目标的路径上生成中间目标。

当然，单独的转向行为只能让开发人员做到这个地步。实际上，移动角色通常需要不止一个转向行为。它需要达到目标，避免与其他角色碰撞，在移动时保持安全，避免撞到墙壁。在使用其他行为时，墙壁和障碍物躲避可能特别难以办到。此外，一些复杂的转向，如蜂拥和编队运动，只有在同时激活多个转向行为时才能实现。

本节将以逐渐递增复杂度的方式介绍实现这种组合的方法：从简单的转向输出混合到明确设计的复杂管道架构，以支持避免碰撞功能。

3.4.1　混合和仲裁

通过将转向行为组合在一起，可以实现更复杂的运动。组合（Combine）转向行为有两种方法：混合（Blending）和仲裁（Arbitration）。

　　每种方法都将采用一系列转向行为，每种方法都有自己的输出，并生成单个整体转向输出。混合通过执行所有转向行为并使用一组权重或优先级组合其结果来实现此目的。这足以实现一些非常复杂的行为，但是，当对角色的移动有很多限制时就会出现问题。为了解决这个问题，仲裁将选择一个或多个转向行为以完全控制角色。开发人员可以指定一系列的仲裁方案，以控制要实现的行为。

　　当然，混合和仲裁并不是排他性的方法，它们最终是连为一体的。

　　混合可能具有随时间变化的权重或优先级。某些过程需要更改这些权重，这可能是对游戏情况或角色内部状态的响应。用于某些转向行为的权重可以为零，表示它们被有效地关掉了。

　　同时，只要有仲裁架构就可以返回单个转向行为并执行。它也可以返回一组混合权重，用于组合一组不同的行为。

　　通用转向系统需要结合混合和仲裁的要素。虽然后文将针对这两种方法考虑不同的算法，但理想的实现方式则是混合这两种元素。

3.4.2　加权混合

　　组合转向行为的最简单方法是使用权重将它们的结果混合在一起。

　　假设游戏中有一群闹事骚乱的角色。这些角色需要作为一个群体移动，同时还需要确保它们不会一直相互碰撞。每个角色都需要支持其他角色，同时保持安全距离。它们的整体行为是两种行为的混合：到达群体的中心并与附近的角色分离。这样的角色通过一种转向行为是无法实现的，它始终需要考虑到达和分离这两个问题。

1．算法

　　开发人员可以将一组转向行为混合在一起以充当单个行为。组合中的每个转向行为都可以请求加速，就好像它是唯一的操作行为一样。

　　这些加速通过加权线性和（Weighted Linear Sum）组合在一起，并且包含和每个行为相关的系数。混合权重没有限制。例如，它们的总和不必为 1，而且也很少为 1（即它不是加权平均值）。

　　总和的最终加速对于角色的能力来说可能太大，因此它将根据最大可能的加速进行修整（始终可以使用更复杂的驱动步骤，参见本章第 3.8 节“马达控制”中有关马达控制的内容）。

　　在有关骚动人群的示例中，可以使用权重 1 来实现人群的分离和聚集（Cohesion）。在这种情况下，请求的加速将被相加，并裁剪为最大可能的加速。这就是该算法的输出。

图 3.30 说明了这个过程。

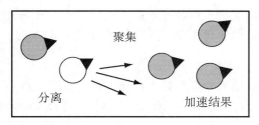

图 3.30　混合转向行为的输出

　　与所有参数化系统一样，权重的选择已然成为开发人员灵感闪现的猜测或良好的反复试验的主题。已经有研究项目尝试使用遗传算法或神经网络来改进转向行为的权重。然而，结果并不那么理想，手动实验似乎仍然是最明智的方法。

2．伪代码

混合转向（Blended Steering）行为的算法如下：

```
 1  class BlendedSteering:
 2      class BehaviorAndWeight:
 3          behavior: SteeringBehavior
 4          weight: float
 5
 6      behaviors: BehaviorAndWeight[]
 7
 8      # 总体最大加速和旋转
 9      maxAcceleration: float
10      maxRotation: float
11
12      function getSteering() -> SteeringOutput:
13          result = new SteeringOutput()
14
15          # 累积所有的加速
16          for b in behaviors:
17              result += b.weight * b.behavior.getSteering()
18
19          # 裁剪结果并返回
20          result.linear = max(result.linear, maxAcceleration)
21          result.angular = max(result.angular, maxRotation)
22          return result
```

3．数据结构

假设转向行为结构的实例可以加在一起并乘以标量。在每种情况下，这些操作应该以分量方式执行（即每个线性和角度分量应单独相加和相乘）。

4．性能

该算法仅需要临时存储来加速。对于内存，它的性能是 O(1)，对于时间则是 O(n)，其中 n 是列表中转向行为的数量。该算法的实际执行速度取决于组成转向行为结构的各个行为的效率。

5．成群结队和蜂拥而至

Craig Reynolds 对转向行为的研究最早建立了模拟鸟群移动模式的模型。从此之后，蜂拥（Flocking）成为最常见的转向行为，它依赖于更简单行为的简单加权混合。

蜂拥行为无处不在，以至于很多人错误地将所有的转向行为都称为 Flocking，甚至有些 AI 程序开发人员有时也会屈从这种错误的叫法。

蜂拥算法依赖于混合 3 种简单的转向行为：远离过于靠近的鸟群（分离），以与成群结队的鸟群相同的方向和相同的速度移动（对齐和速度匹配），并朝鸟群的重心（Center of Gravity）移动（聚集）。聚集转向行为通过计算出鸟群的重心来计算其目标，然后将此目标委托给普通的到达行为。

对于简单的蜂拥算法来说，使用相同的权重可能就已经足够了。然而，一般而言，分离比聚集更重要，而聚集则比对齐更重要。后两者有时也被看作是反向的。

如图 3.31 所示是这些行为的示意图。

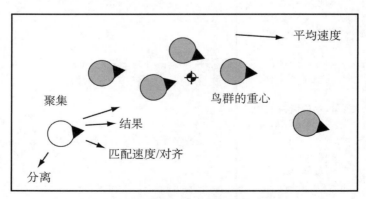

图 3.31　蜂拥行为的 3 种行为构成

在大多数实现中，蜂拥行为被修改为忽略远处的鸟群。在每个行为中都有一个邻域

（Neighborhood），行为仅考虑这个邻域中的其他小鸟。这样，分离行为只需要躲避附近邻域中的小鸟，聚集和对齐行为也只需计算并寻找邻域中相邻的小鸟的位置、朝向和速度。这个邻域通常是一个简单的半径截面，尽管 Craig Reynolds 认为它应该是一个有角度的截面，如图 3.32 所示。

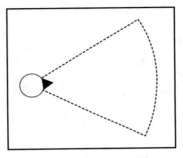

图 3.32　小鸟的邻域

6．问题

在真实游戏中，混合转向行为存在几个重要问题。混合转向的演示通常使用非常稀疏的室外环境，而不是室内或城市关卡，这绝非巧合。

在更现实的设置中，角色通常会因为各种因素卡在环境中动弹不得并且难以调试。而与所有 AI 技术一样，混合转向行为也需要能够在必要时获得良好的调试信息，并且至少能够将混合中每个转向行为的输入和输出可视化。

混合转向行为中存在的某些问题（但绝不是所有问题）也可以通过在转向系统中引入仲裁机制来解决。

1）稳定的均衡

当两个转向行为要执行相互冲突的动作时，混合转向行为会出现问题。这可能导致角色不执行任何动作，被困在平衡状态中。如图 3.33 所示，角色试图在避开敌人的同时到达目的地。寻找转向行为与躲避行为达到了精确的平衡。

图 3.33　不稳定的均衡

这种平衡很快就会解决。只要敌人静止不动，数值上的不稳定性就会给角色一个微小的横向速度。在为目标冲刺之前，它会越来越快地绕过。这是一种不稳定的均衡。

　　图 3.34 则显示了一个更严重的情况。在这里，如果角色确实略微超出平衡（例如，通过数值误差），它将立即回到平衡状态。这导致角色根本不可能逃脱，它将保持一动不动，看起来愚蠢而又优柔寡断。这样的均衡就是稳定的。

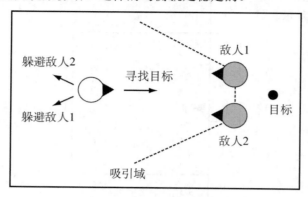

图 3.34　稳定的均衡

　　稳定的均衡（Stable Equilibria）有一个吸引域，就是角色将掉入平衡点的区域。如果这个吸引域很大，那么角色陷入困境的可能性非常大。图 3.34 显示了一个在走廊中延伸无限距离的吸引域，而不稳定均衡的吸引域的大小则为零。

　　吸引域并不仅仅可以通过一系列位置定义，它们也可能仅吸引在特定方向上行进或具有特定方向的角色。出于这个原因，它们可能非常难以可视化和调试。

　　2）受限制的环境

　　无论是单独的还是混合的转向行为，在受限制较少的环境中它们都运行良好。在开放的 3D 空间中的移动具有最少的约束。然而，大多数游戏都发生在受限制的 2D 世界中。室内环境、赛道和编队运动都会大大增加角色移动的约束数量。

　　图 3.35 显示了一个追逐转向行为，它返回了一个对该角色运动的病态建议。单独的追逐行为会导致撞墙，但增加的避免撞墙行为又使角色远离敌人的正确路线。

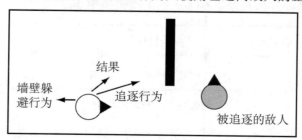

图 3.35　追逐行为加上避免撞墙行为导致远离敌人

这个问题经常出现在角色试图以锐角移动通过狭窄门口的情形中，如图 3.36 所示。避开障碍物行为被激发，令角色过门而不入，从而使角色错过了想要采取的路线。

导航到狭窄路段的问题经常出现，以至于许多开发人员明确地要求他们的关卡设计师在 AI 人物需要导航的情况下必须制作宽阔的道路。

3）近视病

转向行为通常仅在局部采取行动。也就是说，它们只根据周围的环境做出决定。作为人类，我们能够预计自己行动的结果，并评估它是否值得。但是，基本的转向行为却做不到这一点，所以它们经常会采取错误的行动来达到目标。如图 3.37 所示，角色使用了标准的避免撞墙技术来避免碰撞。但是，避免撞墙行为的结果却是角色进入错误的一侧，于是它只能一步步走入死胡同。当然，它暂时不会意识到这一点。

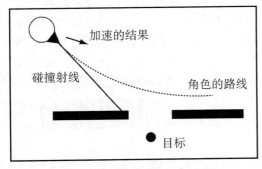

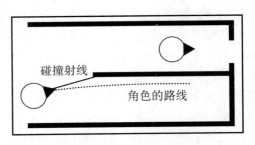

图 3.36　错过了狭窄的入门路线　　　　图 3.37　转向行为的近视病错误

目前尚不能通过增加转向行为来解决这个问题。因为这些转向行为实际上都患有"近视病"，这已经超出了它们能解决的范围。解决这个问题的唯一方法是将路径发现技术结合到转向系统中。后文将讨论这种集成，路径发现算法本身可以在第 4 章"路径发现"中找到。

3.4.3　优先级

我们遇到了许多仅在特定条件下要求加速的转向行为。一般来说，寻找或躲避行为总是会产生加速，而避免碰撞、分离和到达行为则在许多情况下都表示无须加速。

但是，当这些行为确实表明要加速时，忽略它是不明智的。例如，应该立即兑现避免碰撞的行为，以避免撞到另一个角色。

当行为混合在一起时，其加速请求会被其他的请求所稀释。例如，寻找行为将始终在某个方向上返回最大加速。如果将其与避免碰撞行为同等地混合，那么避免碰撞行为对于角色运动的影响将永远不会超过 50%，这可能不足以让角色摆脱困境。

1. 算法

行为混合的变体可以将权重替换为优先级。在基于优先级的系统中，行为以具有常规混合权重的组（Group）的形式排列，然后按优先顺序放置这些组。

转向系统将依次考虑每个组。它将组中的转向行为完全按以前的顺序混合在一起。如果总结果非常小（小于一些很小但是可调整的参数），则忽略它并考虑下一组。最好不要直接检查零，因为计算中的数值不稳定性意味着某些转向行为永远不会达到零值。使用小的常量值（通常称为 Epsilon 参数）可以避免此问题。

当找到一个结果不算小的组时，其结果将用于操纵角色。

例如，在一个群体中工作的追逐角色可能有 3 个组：避免碰撞组、分离组和追逐组。避免碰撞组包含避开障碍物、避免撞墙和躲避其他角色的行为。分离组仅包含分离行为，用于躲避过于靠近追逐角色的其他成员。追逐组则包含用于归位目标的追逐转向行为。

如果角色远离任何干扰，则避免碰撞组将返回而不需要加速；然后考虑分离组，但也将不予采取行动；最后，将考虑追逐组，该组将使用加速以便持续追逐目标。如果角色当前的运动对于追逐来说是完美的，那么该组也可以在不需要加速的情况下返回。在这种情况下，没有更多的组需要考虑，因此角色将没有加速，就好像它们完全由追逐行为控制一样。

在另一种情况下，如果角色即将撞到墙上，则第一组将返回一个有助于避免碰撞的加速。角色会立即执行此加速，并且绝不会考虑其他组中的转向行为。

2. 伪代码

基于优先级的转向算法如下：

```
1   # 应该是一个较小的值，近乎为零
2   epsilon: float
3
4   class PrioritySteering:
5       # 保存 BlendedSteering 实例的列表
6       # 它将依次包含一组行为，这些行为具有相应的混合权重
7       BlendedSteering[]
8
9       function getSteering() -> SteeringOutput:
10          for group in groups:
11              # 创建用于累积的转向结构
12              steering = group.getSteering()
13
```

```
14              # 检查是否在阈值之上，如果是，则返回
15              if steering.linear.length() > epsilon or
16                  abs(steering.angular) > epsilon:
17                  return steering
18
19          # 如果运行到此处，则意味着没有任何组具有足够大的加速
20          # 因此从最终组返回很小的加速
21          return steering
```

3．数据结构和接口

优先级转向算法使用了 BlendedSteering 实例列表。此列表中的每个实例都组成一个组，在该组中，算法将使用我们之前创建的代码将行为混合在一起。

4．实现说明

该算法依赖于能够使用 abs 函数找到标量的绝对值（角加速度）。此函数可在大多数标准库中找到。

该算法还使用了 length 方法来找到线性加速向量的幅度。因为我们只是将结果与固定的 Epsilon 值进行比较，所以也可以得到平方大小并使用它（确保 Epsilon 值适合与平方距离进行比较）。这节省了平方根计算。

5．性能

该算法仅需要临时存储来加速。它在内存中的性能是 $O(1)$，时间性能为 $O(n)$，其中 n 是所有组中的转向行为总数。同样，该算法的实际执行速度将取决于 getSteering 方法对其所包含的转向行为的效率。

6．对均衡的后备方案

这种基于优先级的方法有一个显著特征，那就是它能够应对稳定的均衡。如果一组行为处于平衡状态，其总加速度将接近零。在这种情况下，算法将下拉到下一组以获得加速。

通过以最低优先级添加单个行为（漫游是一个很好的候选者），可以通过恢复到后备行为（Fallback Behavior）来打破均衡。这种情况如图 3.38 所示。

7．弱点

虽然这对于不稳定平衡很有效（例如，它避免了在禁区边缘缓慢蠕动的问题），但它无法躲避大的稳定平衡。

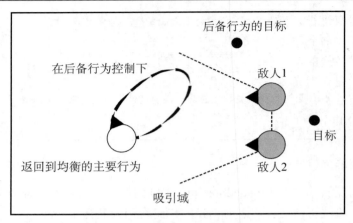

图 3.38 优先级转向行为可以避免不稳定的均衡

在稳定均衡中，后备行为将参与到平衡点并将角色移出，因此更高优先级的行为将开始生成加速请求。如果后备行为没有将角色移出吸引域，则较高优先级的行为将使角色直接回到平衡点。角色会在平衡中振荡，但却仍然无法逃脱。

8. 可变优先级

前面的算法使用了固定顺序来表示优先级。列表中较早出现的行为组将优先于列表中稍后出现的行为组。在大多数情况下，优先级相当容易。例如，当激活时，避免碰撞行为将始终优先于漫游行为。

但是，在某些情况下，我们希望获得更多控制权。只要碰撞不是即将发生，避免碰撞行为可能一直都是低优先级，这使得在到达避免碰撞的最后关头，该行为变得绝对关键。

开发人员可以修改基本优先级算法，方法是允许每个组返回一个动态优先级（Dynamic Priority）值。在 PrioritySteering.getSteering 方法中，最初将请求优先级值，然后按优先级顺序对组进行排序。算法的其余部分按照与以前完全相同的方式运行。

尽管这为偶尔卡住的角色提供了解决方案，但使用这种方法只有很小的实际优势。另一方面，请求优先级值并对组排序的过程也增加了时间。虽然这是一个明显的拓展，但既然已经朝着这个方向前进，开发人员不妨继续努力，升级到完整的合作仲裁系统。

3.4.4 合作仲裁

到目前为止，我们已经讨论过以独立方式组合转向行为。每个转向行为只知道自己，并始终返回相同的答案。为了计算最终的转向加速，我们选择了一个行为或将几个行为混合在一起得到结果。该方法具有以下优点：单独的转向行为非常简单并且易于替换。

它们可以基于自身进行测试。

但正如我们所看到的那样，这种方法存在许多重大缺陷，这使得角色在自由活动时很容易出现各种各样的小故障。

有一种趋势是，对组合转向行为使用越来越复杂的算法。这一趋势的核心特征是不同行为之间的合作。

例如，假设某个角色正在使用追逐行为追逐目标，同时使用避开障碍物和避免撞墙行为避免与墙壁碰撞，如图 3.39 所示，这是一种可能的情况，其中角色与墙壁的碰撞已经迫在眉睫，因此需要立即采取行动。

防止碰撞的需要导致避开障碍物与避免撞墙行为加速，因为碰撞已经迫在眉睫，所以该行为取得了高优先级，角色加速避开。

角色的整体运动如图 3.39 所示。当它即将撞墙时，会急剧减速，因为避开障碍物和避免撞墙行为仅提供切向加速度。

通过混合追逐行为和避免撞墙行为可以减轻这种情况（尽管如前文所述，简单混合会在不稳定均衡的情况下产生其他移动问题）。但即便如此，它仍然显得比较笨拙，因为它看起来像是"悬崖勒马"，追逐行为所产生的前向加速度被避免撞墙行为所稀释。

为了获得更可信的行为，开发人员希望避免撞墙行为能考虑到正在努力追逐的目标。图 3.40 显示了相同情况的版本。这里的避免撞墙行为是根据环境而改变的，它了解追逐行为的前进方向，并返回了一个考虑到这两个问题的加速。

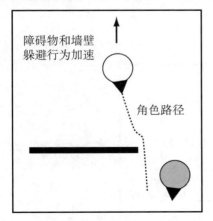
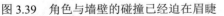
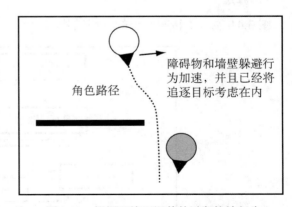

图 3.39　角色与墙壁的碰撞已经迫在眉睫　　　　图 3.40　根据环境而调整的避免撞墙行为

显然，以这种方式考虑角色所处的环境会增加转向算法的复杂性。开发人员再也不能使用简单的构建块来完成它们自己的事情了。

许多合作仲裁的实现基于本书第 5 章介绍的有关决策制定的技术。这倒也说得通，因为开发人员需要高效地决定移动的地点和方式。决策树、状态机和黑板架构都已用于控制转向行为。特别是黑板架构，它适合于合作的转向行为。每个行为都是一个专家，在做出自己的决定之前，可以（在黑板上）读取其他行为（专家）的意图。

目前尚不清楚是否会有一种方法成为游戏的事实标准。合作转向行为是许多开发人员偶尔发现的一个领域，可能需要一段时间才能达成对理想实现的共识。

虽然它缺乏共识，但仍然是值得深入研究的一个示例，因此接下来将介绍转向管道算法（Steering Pipeline Algorithm），这是未使用第 5 章介绍的决策制定技术的专门方法示例。

3.4.5　转向管道

转向管道方法由 Marcin Chady 开创，是简单地混合或优先考虑转向行为和实现完整的移动规划解决方案（在第 4 章中讨论）之间的中间步骤。它是一种合作仲裁方法，允许转向行为之间的构造相互作用。它可以在通常容易出现问题的各种情况（如狭窄通道）下提供出色的性能，并且可集成路径发现和转向行为。到目前为止，它只被少数开发人员使用。

在阅读本节时请记住，这里所提供的转向管道技术只是合作仲裁方法的一个示例，并不意味着它是唯一可行的方法。

1．算法

图 3.41 显示了转向管道的一般结构。

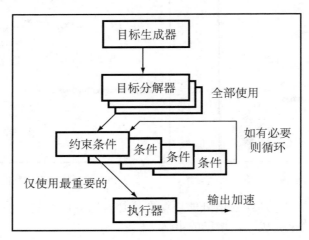

图 3.41　转向管道的一般结构

在管道中有 4 个阶段：目标生成器（Targeter）可以计算出移动的目标在哪里；目标分解器（Decomposer）可以提供通向主目标的子目标；约束条件（Constraint）将限制角色完成目标的方式；执行器（Actuator）将限制角色的物理移动能力。

除了最后阶段，其他阶段均可以有一个或多个组件。管道中的每个组件都有不同的工作要做。它们都是转向行为，但合作的方式则取决于阶段。

1）目标生成器

目标生成器可以生成角色的顶级目标。角色可以有若干个目标：位置目标、方向目标、速度目标和旋转目标。开发人员将这些元素中的每一个称为目标的通道（如位置通道、速度通道）。算法中的所有目标都可以指定任何或所有这些通道。如果通道未被指定，则意味着它被"忽视"。

可以通过不同的行为来提供各个通道（追逐敌人的目标生成器可以生成位置性的目标，而向前看的目标生成器可以提供方向性目标），或者也可以通过单个目标生成器请求多个通道。当使用多个目标生成器时，在每个通道中只有一个可以生成目标。该算法相信，目标生成器可以按这种方式合作，因此没有努力去避免目标生成器覆盖先前设置的通道。

转向系统将在最大程度上尝试去执行所有通道，尽管有些目标集可能无法同时实现。我们将在执行器阶段回到这种可能性。

乍一看，我们选择单个转向目标似乎很奇怪。诸如逃跑或避开障碍物之类的行为都会让目标远离，而不是寻找。管道迫使开发人员根据角色的目标进行思考。如果目标是逃跑，那么目标生成器需要选择某个地方去逃跑。当追逐的敌人交织在一起进行追逐时，这个目标可能会逐帧发生变化，但目标仍然只有一个。

其他"远离"行为，如避开障碍物，不会成为转向管道中的目标。它们是对角色移动方式的约束，可以在约束阶段找到。

2）目标分解器

目标分解器用于将总体目标拆分成可管理的子目标（Sub-Goal），这些子目标可以更容易实现。

例如，目标生成器可以在通过游戏关卡的某个地方生成目标。目标分解器可以检查这个目标，在了解到该目标是不可直接实现的之后，规划出一条完整的路线（如使用路径发现算法）。它可以将该计划中的第一个步骤作为子目标返回。这是目标分解器最常用的方法：将无缝路径规划纳入转向管道中。

管道中可以有任意数量的目标分解器，它们的顺序非常重要。我们可以从第一个目标分解器开始，在目标生成器阶段给出目标。目标分解器既可以不执行任何操作（如果它无法分解目标），也可以返回一个新的子目标。然后将该子目标传递给下一个目标分解器，依此类推，直到所有目标分解器都已经查询过。

由于该顺序是严格执行的，所以开发人员可以非常有效地执行层次分解。早期的目标分解器应该广泛行动，提供大规模的分解。例如，它们可能被实现为粗略的路径发现程序。返回的子目标距离角色还有很长的路径。之后的目标分解器可以通过分解来重新确定子目标。因为它们仅分解子目标，所以它们不需要考虑大局，这允许它们更详细地进行分解。当我们在第 4 章中看到分层路径发现技术时，就会有似曾相识的感觉。有了转向管道，开发人员就不需要分层路径发现引擎，开发人员可以简单地在越来越详细的图形上使用一组目标分解器进行路径发现操作。

3）约束条件

约束条件限制了角色实现其目标或子目标的能力。它们将检测向当前子目标的移动是否可能违反约束条件，如果是，它们将建议采用一种方法来避免它。约束条件往往代表避开障碍物：像角色一样的移动障碍物或像墙壁一样的静态障碍物。

约束条件将与执行器结合使用，如下所述。执行器可以计算出角色朝其当前子目标移动的路径。每个约束条件都被允许检查该路径，并确定它是否合理。如果路径违反约束条件，则返回一个新的子目标，新目标将避免出现该问题。然后，执行器可以计算出新路径并检查它是否有效等，直至找到有效路径。

值得注意的是，约束条件可能只在其子目标中提供某些通道。图 3.42 显示了即将发生的碰撞。避免碰撞的约束条件可以生成位置性的子目标，以迫使角色围绕障碍物改变路径。同样地，它可以单独留下位置性通道，并建议指向远离障碍物的速度，以便角色从其碰撞路线偏离。最好的方法在很大程度上取决于角色的移动能力，并且需要在实践中进行一些实验。

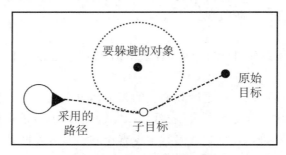

图 3.42　避免碰撞行为的约束条件

当然，解决一个约束条件可能违反另一个约束条件，因此算法可能需要循环以找到每个约束条件都满意的折中。这并不总是可行的，并且转向系统可能需要放弃尝试以避免陷入无限循环。转向管道加入了一种特殊的转向行为，即死锁（Deadlock），在这种情况下可以进行独占控制。这可以作为一种简单的漫游行为来实现，希望角色能够通过漫游摆脱困境。对于完整的解决方案，它可以调用全面的移动规划算法。

转向管道旨在提供可信但轻量级的转向行为，因此可用于模拟大量角色。开发人员可以用完整的规划系统替换当前的约束条件满足算法，并且管道将能够解决任意移动问题。但是，我们认为保持简单性仍然是最好的。在大多数情况下，并不需要额外的复杂性，基本算法也可以很有效。

就目前而言，算法并不总能保证将代理引导到复杂的环境中。死锁机制允许开发人员调用路径发现程序或其他更高级别的机制来摆脱棘手的情况。转向系统经过专门设计，只有在必要时才能执行此操作，以便游戏以最快的速度运行，并且始终使用有效的最简单的算法。

4）执行器

与管道的其他阶段不同，每个角色只有一个执行器。执行器的工作是确定角色将如何实现其当前的子目标。给定一个子目标及其关于角色物理能力的内部知识，它将返回一条路径，指示角色将如何移动到目标。

执行器还确定子目标的哪些通道优先，以及是否应该忽略任何通道。

对于简单的角色，如巡逻的哨兵或漂浮的幽灵，路径可以非常简单：直接前往目标。执行器通常可以忽略速度和旋转通道，只要确保角色面向目标即可。

如果执行器确实遵循速度优先原则，并且其目的是以特定速度到达目标，则开发人员可以选择围绕目标改变路径，如图 3.43 所示。

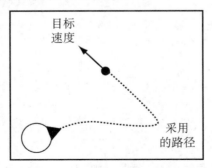

图 3.43　围绕目标改变路径以达到目标速度

更多受约束的角色，如 AI 控制的汽车，将有更复杂的驱动方式。例如，汽车不能实现人行走时产生的 90° 即时转弯，直角转弯往往需要前进后退好几个操作步骤，而采用漂移技术时，则需要考虑其轮胎的抓地力等参数。结果路径可能更复杂，并且可能需要忽略某些通道。例如，如果子目标希望在面向不同方向时达到特定的速度，那么我们就知道该目标是不可能的。因此，我们可能会抛弃方向性的通道。

在转向管道的背景下，执行器的复杂度经常作为算法问题被提出。值得注意的是，这是一项实现决定，管道在需要时将支持综合执行器（开发人员显然必须付出执行时间的代价），但它们也支持几乎不需要运行时间的微不足道的执行器。

本章稍后将介绍作为一般性主题的驱动方式，因此我们将避免在此阶段讨论琐碎的细节。对于该算法的目的来说，我们将假设执行器采用目标并返回角色将要到达的路径的描述。

最终，我们需要实际执行转向。执行器的最终工作是返回实现预测路径所需的力和扭矩（或其他马达控制——参见第 3.8 节）。

2. 伪代码

转向管道可使用以下算法实现：

```
1   class SteeringPipeline:
2       character: Kinematic
3
4       # 在管道的每个阶段的组件列表
5       targeters: Targeter[]
6       decomposers: Decomposer[]
7       constraints: Constraint[]
8       actuator: Actuator
9
10      # 算法尝试的次数
11      # 该算法将尝试找到不受限制的路线
12      constraintSteps: int
13
14      # 死锁转向行为
15      deadlock: SteeringBehavior
16
17      function getSteering() -> SteeringOutput:
18          # 首先需要获取顶级目标
19          goal: Goal = new Goal()
20          for targeter in targeters:
21              targeterGoal = targeter.getGoal(character)
22              goal.updateChannels(targeterGoal)
23
24          # 现在来分解目标
25          for decomposer in decomposers:
```

```
26              goal = decomposer.decompose(character, goal)
27
28          # 现在循环遍历执行和约束处理过程
29          for i in 0..constraintSteps:
30              # 从执行器获取路径
31              path = actuator.getPath(character, goal)
32
33              # 检查是否违反约束条件
34              for constraint in constraints:
35                  # 如果发现了违反的情况，则获取建议
36                  if constraint.isViolated(path):
37                      goal = constraint.suggest(character, path, goal)
38
39                      # 返回 for i in ...循环的下一次迭代
40                      # 以尝试新目标的路径
41                      break continue
42
43              # 如果运行到这里则意味着已经找到有效路径
44              return actuator.output(character, path, goal)
45
46          # 如果约束条件已经检查完毕，则运行到这里
47          # 委托给死锁行为
48          return deadlock.getSteering()
```

3. 数据结构和接口

开发人员可以使用接口类来表示管道中的每个组件。在每个阶段，都需要不同的接口。

1）目标生成器

目标生成器的形式如下：

```
1   class Targeter:
2       function getGoal(character: Kinematic) -> Goal
```

getGoal 函数将返回目标生成器的目标。

2）目标分解器

目标分解器具有以下接口：

```
1   class Decomposer:
2       function decompose(character: Kinematic, goal: Goal) -> Goal
```

分解方法先获取目标，如果可能，则将其分解，并返回子目标。如果目标分解器无

法分解目标，则它将仅返回给定的目标。

3）约束条件

约束条件有两种方法：

```
1   class Constraint:
2       function willViolate(path: Path) -> bool
3       function suggest(character: Kinematic,
4                        path: Path,
5                        goal: Goal) -> Goal
```

如果给定路径在某些时候违反约束，则 willViolate 方法将返回 true。suggest 方法应返回一个新目标，使角色能够避免违反约束。开发人员可以利用这样一个事实：suggest 方法总是遵循 willViolate 的正值结果。一般来说，willViolate 需要执行计算以确定路径是否存在问题。如果是，则这些计算的结果可以存储在类中，并在随后的 suggest 方法中重用。新目标的计算可以完全在 willViolate 方法中执行，让 suggest 方法只返回结果。建议中不需要的通道应该从传递给该方法的当前目标中获取它们的值。

4）执行器

执行器将创建路径并返回转向输出：

```
1   class Actuator:
2       function getPath(character: Kinematic, goal: Goal) -> Path
3       function output(character: Kinematic,
4                       path: Path,
5                       goal: Goal) -> SteeringOutput
```

getPath 函数可以返回角色将采用的到达给定目标的路线。output 函数可以返回转向输出以实现给定路径。

5）死锁

死锁（Deadlock）行为是一般性的转向行为。它的 getSteering 函数将返回一个转向输出，而该输出则是从转向管道返回的。

6）目标

目标需要存储每个通道，并指示是否应该使用通道。updateChannel 方法可以从另一个目标对象设置适当的通道。该结构可以按以下方式实现：

```
1   class Goal:
2       # 设置标记以指示每个通道是否被使用
3       hasPosition: bool = false
4       hasOrientation: bool = false
```

```
 5        hasVelocity: bool = false
 6        hasRotation: bool = false
 7
 8        # 每个通道的数据
 9        position: Vector
10        orientation: float
11        velocity: Vector
12        rotation: float
13
14        # 更新该目标
15        function updateChannels(other: Goal):
16            if other.hasPosition:
17                position = other.position
18                hasPosition = true
19            if other.hasOrientation:
20                orientation = other.orientation
21                hasOrientation = true
22            if other.hasVelocity:
23                velocity = other.velocity
24                hasVelocity = true
25            if other.hasRotation:
26                rotation = other.rotation
27                hasRotation = true
```

7）路径

除管道中的组件外，我们还为路径使用了不透明的数据结构。路径的格式不会影响此算法。它只是简单地在转向组件之间传递。

我们使用了两种不同的路径实现来驱动算法。路径发现式（Pathfinding Style）路径由一系列线段组成，提供点对点的移动信息。它们适合能够快速转向的角色，如人类行走。点对点路径可以非常快速地生成，它们可以非常快速地检查违反约束条件的情况，并且可以通过执行器轻松地将它们转换为力。

该算法的产品版本可以使用更通用的路径表示。路径由一系列策略组成，如"加速"或"以恒定半径转弯"。它们适用于最复杂的转向要求（包括赛车驾驶），这是对转向算法的最终测试。当然，它们可能更难以检查违反约束条件的情况，因为它们涉及弯曲的路径。

在直接使用一系列策略之前，开发人员有必要尝试一下，看一看自己的游戏是否可以使用直线路径。

4．性能

该算法在内存中性能为 O(1)。它仅为当前目标使用临时存储。

该算法在时间中的性能为 O(cn)，其中 c 是约束步骤的数量，n 是约束条件的数量。虽然 c 是常数（因此可以说该算法的时间是 O(n)），但随着向管道中添加更多的约束条件，c 的值也会增加。在过去，我们见识过不少约束条件的数量（n）和约束步骤的数量（c）大致相当的情况，给出的算法时间性能为 O(n^2)。

违反约束条件的测试位于循环的最低点，其性能至关重要。没有使用目标分解器的转向管道将证明，执行该算法所需要的时间一般来说大部分都花在此函数上。

由于目标分解器通常提供路径发现，因此它们可以长时间运行，即使它们在大多数时间内都处于非活动状态。对于广泛使用了路径发现程序的游戏（即目标总是远离角色），速度命中将减慢 AI 的速度，使玩家无法接受。转向算法需要通过多个帧拆分。

5．示例组件

在第 3.8 节"马达控制"中将会讨论执行器，但是在这里有必要来看一看在管道的目标生成器、目标分解器和约束条件中使用的转向组件示例。

1）目标生成器

追逐行为的目标生成器可以跟踪移动的角色。它将在被追逐者移动的方向上生成其目标，并略微超过被追逐者的当前位置。超前的距离取决于被追逐者的速度和目标生成器中设置的 lookahead 参数。

```
1   class ChaseTargeter extends Targeter:
2       chasedCharacter: Kinematic
3
4       # 控制移动的提前量
5       lookahead: float
6
7       function getGoal(kinematic):
8           goal = new Goal()
9           goal.position = chasedCharacter.position +
10                          chasedCharacter.velocity * lookahead
11          goal.hasPosition = true
12          return goal
```

2）目标分解器

路径发现目标分解器可以在图形上执行路径发现，并使用返回的路径规划中的第一个节点替换给定目标。有关更多信息，请参阅本书第 4 章有关路径发现的内容。

```
1   class PlanningDecomposer extends Decomposer:
2       graph: Graph
3       heuristic: function(GraphNode, GraphNode) -> float
4
5       function decompose(character: Kinematic, goal: Goal) -> Goal:
6           # 首先，可以量化当前的位置和目标
7           # 并转换为图形中的节点
8           start: GraphNode = graph.getNode(kinematic.position)
9           end: GraphNode = graph.getNode(goal.position)
10
11          # 如果起始节点和终点是相等的，则无须规划路径
12          if startNode == endNode:
13              return goal
14
15          # 否则，按以下方式规划路线
16          path = pathfindAStar(graph, start, end, heuristic)
17
18          # 获取路径中的第一个节点并对它进行局部化
19          firstNode: GraphNode = path[0].asNode
20          position: Vector = graph.getPosition(firstNode)
21
22          # 更新该目标并返回
23          goal.position = position
24          goal.hasPosition = true
25          return goal
```

3）约束条件

障碍物躲避行为的约束条件将障碍物视为球体，表示为单个 3D 点和恒定半径。为简单起见，可以假设执行器提供的路径是一系列线段，每个线段均具有起点和终点。

```
1   class AvoidObstacleConstraint extends Constraint:
2       # 保存障碍物边界球体
3       center: Vector
4       radius: float
5
6       # 保存以理想的方式清除障碍物之后产生的误差范围
7       # 按与半径成比例的形式给出
8       # 即它应该大于 1.0
9       margin: float
10
11      # 如果出现违反约束条件的情况
12      # 则存储导致问题的路径
```

```
13      problemIndex: int
14
15      function willViolate(path: Path) -> bool:
16          # 依次检查路径中的每一段
17          for i in 0..len(path):
18              segment = path[i]
19
20              # 如果出现冲突，则存储当前线段
21              if distancePointToSegment(center, segment) < radius:
22                  problemIndex = i
23                  return true
24
25          # 没有线段出现问题
26          return false
27
28      function suggest(_, path: Path, goal: Goal) -> Goal:
29          # 查找到球体中心的线段上的最接近的点
30          segment = path[problemIndex]
31          closest = closestPointOnSegment(segment, center)
32
33          # 检查是否穿过中心点
34          if closest.length() == 0:
35              # 获取到线段的正确角度的任意向量
36              direction = segment.end - segment.start
37              newDirection = direction.anyVectorAtRightAngles()
38              newPosition = center + newDirection * radius * margin
39
40          # 否则，将新的点投射到半径之外
41          else:
42              offset = closest - center
43              newPosition = center +
44                          offset * radius * margin / closest.length()
45
46          # 设置目标并返回
47          goal.position = newPosition
48          goal.hasPosition = true
49          return goal
```

　　suggest 方法看起来比它实际更复杂。我们通过发现最接近点的方法来找到一个新的目标，并将其投射出来，这样就可以远远地避开这个障碍。但是，我们需要检查路径是否正好穿过障碍物的中心，因为在这种情况下无法将中心投射出去。如果是这样，则可

以使用围绕球体边缘的任意点，将该线段的切线，作为我们的目标。图 3.44 显示了两个维度中的两种情况，并说明了误差范围的工作原理。

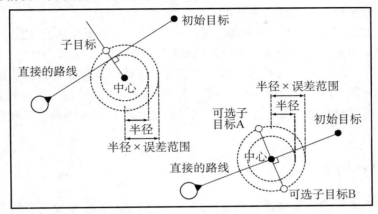

图 3.44　障碍物躲避行为将按直角的角度投射

我们添加的 **anyVectorAtRightAngles** 方法只是为了简化列表。它将返回一个与其实例成直角的新向量。该方法的实现很简单，通常是使用包含一些参考方向的叉积，然后返回与原始方向的叉积结果。如果参考方向与我们开始的向量相同，则这种方法不起作用。在这种情况下，需要备份参考方向。

6. 结论

转向管道是许多可能的合作仲裁机制之一。与其他方法不同，如决策树或黑板架构，它专门针对转向需求而设计。

另一方面，它不是最有效的技术。虽然对于简单的场景它会非常快速地运行，但是当情况变得更复杂时它会变慢。如果开发人员决定要让自己的角色更聪明地移动，那么迟早要付出执行速度的代价（为了保证这一点，开发人员需要完整的移动规划，这比管道转向还要慢）。当然，在许多游戏中，有一些愚蠢的转向寻找行为并不是什么了不得的问题，并且使用更简单的方法来组合转向行为（如混合）可能更容易。

3.5　预 测 物 理

AI 在 3D 游戏中的一个常见要求是与某种物理模拟很好地互动。这可能很简单，就像 Pong 游戏变体中的 AI 一样，它可以跟踪乒乓球的当前位置并移动球拍以便拦截并击球，或者它可能需要正确计算角色发球的最佳方式，以便到达正在移动中的对手那里。

我们已经看到了这方面的例子。追逐转向行为可以通过假设目标将继续以其当前的速度移动来预测目标未来的位置。在最复杂的情况下，它可能需要决定角色在哪里停住，以尽量减少被敌方投掷的手榴弹命中的可能性。

在以上所述的每种情况下，我们都是在做 AI 计算，它并不是基于角色自己的动作（尽管这可能是一个因素），而是基于其他角色或物体的移动。

到目前为止，预测移动的最常见要求是瞄准和射击，这涉及弹道方程的求解，即所谓的射击解决方案（Firing Solution）。本节将首先讨论射击解决方案及其背后的数学问题，然后将研究预测轨迹的更广泛要求，以及按迭代的方式预测具有复杂移动模式的对象的方法。

3.5.1　瞄准和射击

枪械及其幻想式的对应物是游戏设计的一个关键特征。在玩家选择的很多游戏中，角色都可以使用各种各样的抛射物（Projectile）武器。在奇幻游戏中，它可能是弩箭或火球魔法，而在科幻游戏中，它可能是电磁轨道炮或超级灭星导弹等。

这对游戏 AI 提出了两个常规要求：一是角色应该能够准确地射击；二是它们应该能够响应敌方的射击。第二个要求经常被省略，因为来自许多枪炮装备和科幻武器的射弹移动速度太快，任何人都无法做出反应。当然，当面对诸如火箭推进式榴弹（Rocket Propelled Grenade，RPG）或迫击炮等武器时，缺乏反应可能显得不够聪明。

无论角色是给予还是接受火力，它都需要了解武器的可能轨迹。对于小距离快速移动的射弹，这可以通过直线近似，因此较古老的游戏倾向于使用简单的直线测试进行射击。当然，随着越来越复杂的物理模拟的引入，沿着直线射向目标可能会导致子弹落在脚下的泥土中。因此，预测正确的轨迹是现在射击游戏中 AI 的核心部分。

3.5.2　抛射物轨迹

重力作用下的移动抛射物将遵循弯曲的轨迹。在没有任何空气阻力或其他干扰的情况下，曲线将成为抛物线的一部分，如图 3.45 所示。

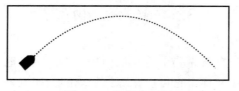

图 3.45　抛物线弧线

抛射物将根据以下公式移动：

$$\vec{p}_t = \vec{p}_0 + \vec{u}s_m t + \frac{\vec{g}t^2}{2} \qquad (3.2)$$

其中，$\vec{p}_t$ 是它在时间 t 的位置（三维）；$\vec{p}_0$ 是发射位置（同样是在三维中）；s_m 是初速度（即抛射物离开武器的速度，它在严格意义上并不是速度，因为它不是向量）；$\vec{u}$ 是发射的武器的方向（标准化的 3D 向量）；t 是自发射以来的时间长度；$\vec{g}$ 是重力引起的加速度。符号 $\vec{x}$ 表示 x 是向量。其他值则是标量。

值得注意的是，由地球重力引起的加速度可按如下方式计算：

$$\vec{g} = \begin{bmatrix} 0 \\ -9.81 \\ 0 \end{bmatrix} \mathrm{ms}^{-2}$$

即 $9.81\ \mathrm{ms}^{-2}$ 是向下的方向。这在游戏环境中看起来太慢了。像 Havok 这样的物理中间件供应商建议游戏使用的值大约应为其两倍，尽管需要进行一些调整以获得精确的外观。

开发人员可以使用轨迹方程做的最简单的事情是，确定一个角色是否会被抛射物命中。例如，如果射击者使用的是慢速移动的抛射物（如手榴弹），那么这种判断对于射击者角色来说就是相当基本的要求。

我们将把它分成两个元素：确定抛射物落在哪里，以及确定它的轨迹是否会接触到角色。

游戏 AI 应确定扔过来的手榴弹将在何处着陆，然后快速远离该点（例如，使用逃跑转向行为，或考虑逃生路线的更复杂的复合转向系统）。如果有足够的时间，AI 角色会尽可能快地向手榴弹的弹着点移动（或许可以使用到达行为），然后抓住滴答作响的手榴弹并尽力扔回去，这样做会迫使玩家在拉开手榴弹的引线之后再握住它一小段合适的时间，然后再投掷出去。

开发人员可以通过求解固定的 p_y 值（即高度）的抛射方程来确定手榴弹落在何处。如果已经知道手榴弹的当前速度及其当前位置，就可以通过该位置的 y 分量求解，以获得手榴弹达到已知高度（即角色站立的地面的高度）的时间：

$$t_i = \frac{-u_y s_m \pm \sqrt{u_y^2 s_m^2 - 2g_y(p_{y0} - p_{yi})}}{g_y} \qquad (3.3)$$

其中，p_{yi} 是弹着点的位置；t_i 是发生这种情况的时间。这个公式可能有零个、一个或两个解。如果没有解，意味着抛射物永远不会达到目标高度，它将始终低于该高度；如果存在一个解，意味着抛射物在其轨迹的峰值处可以达到目标高度；如果存在两个解，则意味着抛射物将在向上时到达一次目标高度而在向下时又到达一次目标高度。我们对抛射物下降时的解更感兴趣，这将是更大的时间值（因为无论如何，上升的抛射物都会下降）。如果此时间值小于零，则表示抛射物已经超过目标高度，并且不会再次到达目标高度。

式（3.3）中的时间 t_i 可以代入式（3.2），以获得完整的弹着点位置：

$$\vec{p_i} = \begin{bmatrix} p_{x0} + u_x s_m t_i + \dfrac{1}{2} g_x t_i^2 \\ p_{yi} \\ p_{z0} + u_z s_m t_i + \dfrac{1}{2} g_z t_i^2 \end{bmatrix} \tag{3.4}$$

该公式还可以进一步简化，如果（通常情况下）重力仅作用在向下方向，则

$$\vec{p_i} = \begin{bmatrix} p_{x0} + u_x s_m t_i \\ p_{yi} \\ p_{z0} + u_z s_m t_i \end{bmatrix}$$

对于手榴弹，我们可以将弹着（Impact）的时间与手榴弹引线（Fuse）的已知时间长度进行比较，以确定是否能安全逃离或抓住手榴弹并往回扔。

请注意，此分析并未涉及地面关卡快速变化的情况。例如，如果角色位于突起地形，则手榴弹可能完全错过在到达其高度时的撞击并按惯性坠落在后面的缝隙中。开发人员可以使用式（3.4）的结果来检查手榴弹的弹着点（Impact Point）是否有效。

对于具有快速波动起伏地形的室外关卡，也可以按迭代方式使用公式，使用式（3.4）可以生成（x, z）坐标，然后将弹着点的 p_y 坐标反馈到公式中，直至得到稳定的（x, z）值。虽然开发人员并不能保证它们都会稳定下来，但在大多数情况下它们都会稳定下来。当然，在实践中，高爆炸弹通常会对大面积区域造成破坏，因此，角色在逃跑时难以发现弹着点预测中的不准确性。

对于扔过来的手榴弹，其命中预测的最后一个要点是，角色的站位高度通常不是角色抓住它的高度。如果角色想要抓住扔过来的物体（例如，在很多体育比赛中会出现这样的情况），那么它的目标高度值应该采用角色胸部附近高度。否则，扔过来的手榴弹将会落在其脚下，而角色只能从地上捡起手榴弹再扔回去。

3.5.3　射击问题求解

要命中在给定点 $\vec{E}$ 处的目标，开发人员需要求解式（3.2）。在大多数情况下，可以知道射击点 $\vec{S}$（即 $\vec{S} \equiv \vec{p_0}$）、初速度 s_m 和由于重力 $\vec{g}$ 引起的加速度。开发人员想要找到的是 $\vec{u}$，即射击的方向（虽然找到碰撞的时间也可以用来决定一次缓慢移动的射击是否

值得）。

　　弓箭手和投弹手可以在射击（投弹）时改变抛射物的速度（即他们可以选择 s_m 值），但是大多数武器都具有固定的 s_m 值。当然，开发人员通常会做出以下假设：所有可以选择速度的角色总是试图在尽可能短的时间内将抛射物射向其目标。在这种情况下，他们将始终选择尽可能高的速度。

　　在具有许多障碍物的室内环境中（如路障、横梁和柱子），角色以更慢的方式投掷手榴弹以使其在障碍物上空呈弧形移动，这种方式可能是有利的，但是，以这种方式处理障碍会变得非常复杂，并且最好通过试错过程来求解，尝试不同的 s_m 值（通常试验仅限于几个固定值，如"快速投掷""慢速投掷""掉落"等）。为简单起见，本书将假设 s_m 是一个常量并且是事先已知的。

　　二次方程式（3.2）具有向量系数。这里可以添加一项要求，即射击向量应该归一化。

$$|\vec{u}| = 1$$

这样可以得到有 4 个未知数的 4 个方程式：

$$E_x = S_x + u_x s_m t_i + \frac{1}{2} g_x t_i^2$$

$$E_y = S_y + u_y s_m t_i + \frac{1}{2} g_y t_i^2$$

$$E_z = S_z + u_z s_m t_i + \frac{1}{2} g_z t_i^2$$

$$1 = u_x^2 + u_y^2 + u_z^2$$

这些都可以求解，以找到射击方向和抛射物到达目标的时间。首先，开发人员可以得到 t_i 的表达式：

$$|\vec{g}|^2 t_i^4 - 4\left(\vec{g}.\vec{\Delta} + s_m^2\right)t_i^2 + 4|\vec{\Delta}|^2 = 0$$

其中，$\vec{\Delta}$ 是从起点到终点的向量，由 $\vec{\Delta} = \vec{E} - \vec{S}$ 给出。这是一个 t_i 的四次方程，没有奇次幂。因此，可以使用二次方程公式来求解 t_i^2，并取结果的平方根。按这种方式可以得到：

$$t_i = +2\sqrt{\frac{\vec{g}.\vec{\Delta} + s_m^2 \pm \sqrt{\left(\vec{g}.\vec{\Delta} + s_m^2\right)^2 - |\vec{g}|^2|\vec{\Delta}|^2}}{2|\vec{g}|^2}}$$

这为开发人员提供了时间的两个实值解，这两个值的最大值可能是正数。请注意，开发人员也应该严格考虑两个负值解的情况（可以在第一个平方根之前用负号代替正号）。我们省略了这些，是因为具有负值时间的解完全等同于按精确相反方向瞄准以获得正值时间的解。

如果下式成立，则没有解：

$$\left(\vec{g}.\vec{\Delta} + s_m^2\right)^2 < |\vec{g}|^2 |\vec{\Delta}|^2$$

在这种情况下，目标点不能从起始点以给定的初速度命中。如果有一个解，那么我们知道终点处于给定的射击能力的绝对极限。但是，通常来说会有两个解，以及到达目标的不同弧度，如图 3.46 所示。开发人员几乎总是会选择具有更小时间值的较低弧度，因为它使得目标对发射的抛射物的反应时间更短，并且可以产生更短的弧线，击中障碍物（尤其是天花板）的可能性也更低。

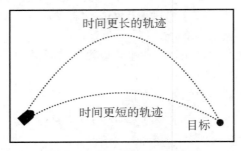

图 3.46　两种可能的射击的解

如果要越过墙壁命中障碍物后面的敌人，则开发人员可能会选择更长的弧线，如城堡策略游戏。

选择适当的 t_i 值后，可以使用式（3.5）确定射击向量：

$$\vec{u} = \frac{2\vec{\Delta} - \vec{g}t_i^2}{2s_m t_i} \tag{3.5}$$

这些公式的中间推导留给读者做练习。

虽然这看起来复杂得很，但实际上它却可以很轻松地按以下方式实现：

```
 1  function calculateFiringSolution(start: Vector,
 2                                   end: Vector,
 3                                   muzzleV: float,
 4                                   gravity: Vector) -> Vector:
 5      # 计算从目标返回到起点的向量
 6      delta: Vector = start - end
 7
 8      # 计算常规四次方程的实值的
 9      # a、b、c 系数
10      a = gravity.squareMagnitude()
11      b = -4 * (dotProduct(gravity, delta) + muzzleV * muzzleV)
```

```
12          c = 4 * delta.squareMagnitude()
13
14          # 检查是否有实值解
15          b2minus4ac = b * b - 4 * a * c
16          if b2minus4ac < 0:
17              return null
18
19          # 找到候选的时间
20          time0 = sqrt((-b + sqrt(b2minus4ac)) / (2 * a))
21          time1 = sqrt((-b - sqrt(b2minus4ac)) / (2 * a))
22
23          # 找到到达目标的时间
24          if time0 < 0:
25              if time1 < 0:
26                  # 没有有效的时间
27                  return null
28              else:
29                  ttt = time1
30          else:
31              if time1 < 0:
32                  ttt = time0
33              else:
34                  ttt = min(time0, time1)
35
36          # 返回射击向量
37          return (delta * 2 - gravity * (ttt * ttt)) / (2 * muzzleV * ttt)
```

此代码假定开发人员可以使用 a * b 表示法获取两个向量的标量积。该算法在内存和时间上的性能都是 O(1)。

3.5.4　具有阻力的抛射物

如果引入空气阻力，则情况会变得更加复杂。因为它增加了复杂度，所以，经常可以看到开发人员在进行射击问题求解时，完全忽略了阻力的因素。一般来说，无阻力的弹道学实现是一种完全可以接受的近似。但是，物理引擎的使用促使开发人员逐步在轨迹计算中包含阻力。如果物理引擎包括阻力（并且它们中的大多数都是为了避免数值不稳定问题），那么无阻力的弹道假设可能导致射击不准确，子弹会越过目标很长的距离。但是，即使开发人员使用的是物理引擎，也值得尝试一种无须阻力的实现。一般来说，其结果将是完全可用的，并且实现起来更简单。

在阻力作用下，移动的抛射物的轨迹不再是抛物线弧。当抛射物移动时，它会减速，其整体路径如图 3.47 所示。

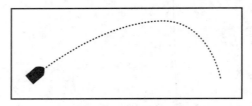

图 3.47　受阻力影响的抛射物移动

在数据计算中添加阻力会使数学变得相当复杂，因此大多数游戏要么忽略其计算中的阻力，要么使用一种我们稍后会详细介绍的试错过程。

虽然现实世界中的阻力是由许多相互作用因素引起的复杂过程，但计算机模拟中的阻力通常会大大简化。大多数物理引擎将阻力与身体运动的速度联系起来，其中的分量与速度或速度的平方（或两者）相关。身体上的阻力 D（在一个维度上）由下式给出：

$$D = -kv - cv^2$$

其中，v 是抛射物的速度；k 和 c 都是常数。k 系数有时被称为黏性阻力（Viscous Drag），而 c 则被称为气动阻力（Aerodynamic Drag）或弹道系数（Ballistic Coefficient）。当然，这些术语有点令人困惑，因为它们不直接对应于真实的黏性或气动阻力。

添加这些项会将运动方程从简单表达式更改为二阶微分方程：

$$\ddot{\vec{p}}_t = g - k\dot{\vec{p}}_t - c\dot{\vec{p}}_t \left| \dot{\vec{p}}_t \right|$$

不幸的是，公式中的第二项 $c\dot{\vec{p}}_t \left| \dot{\vec{p}}_t \right|$ 是困难所在的地方。它将一个方向的阻力与另一个方向的阻力联系起来。到目前为止，我们已经假设：对于 3 个维度中的每个维度，抛射物运动与其他方向上发生的运动无关。这里的阻力是相对于抛射物的总速度，即使它在 x 方向上缓慢移动。例如，如果它在 z 方向上快速移动，它将遇到大量的阻力。这是非线性微分方程的特征，并且在包含该项之后，对于射击问题求解没有简单的方程。

开发人员唯一的选择是使用迭代方法来执行抛射物飞行的模拟。我们将在下面回到这种方法。

如果删除第二项，则可以取得更多进展：

$$\ddot{\vec{p}}_t = g - k\dot{\vec{p}}_t \tag{3.6}$$

虽然这使得公式在数学上易于处理，但它并不是物理引擎最常见的设置。如果开发人员需要非常精确的射击问题求解并且可以控制所运行的物理引擎类型，这可能是一种选择。否则，还是应该使用迭代方法。

开发人员可以求解这个方程以获得粒子运动的方程。如果读者对数学不感兴趣，可以跳过此处直接学习下一节。

在省略推导之后，我们求解方程式（3.6）并发现粒子的轨迹可以由下式给出：

$$\vec{p}_t = \frac{\vec{g}t - \vec{A}e^{-kt}}{k} + \vec{B} \tag{3.7}$$

其中，$\vec{A}$ 和 $\vec{B}$ 是在时间 $t = 0$ 时从粒子的位置和速度找到的常量：

$$\vec{A} = s_m\vec{u} - \frac{\vec{g}}{k}$$

且

$$\vec{B} = \vec{p}_0 - \frac{\vec{A}}{k}$$

开发人员可以使用该公式作为抛射物自身的路径（如果它对应于物理学中的阻力，或者如果精度不那么重要），或者将它作为更复杂物理系统中迭代算法的基础。

如果抛射物在飞行时旋转，则会出现移动计算的另一个复杂因素。

在前面的介绍中，已经假设所有抛射物在飞行过程中都没有旋转。旋转抛射物（如高尔夫球）将由于它们的旋转而施加额外的升力，并且预计会更加复杂。如果你正在开发一种模拟这种效果的精确高尔夫游戏（并且还要考虑高尔夫球随着风向和风速的变化而产生飞行路径的变化），那么很可能无法直接求解该运动方程。预测球落地位置的最佳方法是通过模拟代码运行（为了速度考虑，可能采用粗略的模拟解析度）。

3.5.5 迭代定位目标

当开发人员无法为射击求解创建方程时，或者当这样的方程非常复杂或容易出错时，可以考虑使用迭代定位目标（Iterative Targeting）的技术，这类似于远程武器和火炮真正定位目标的方式。

1. 问题

即使抛射物的运动方程无法求解或者根本没有简单的运动方程，开发人员仍希望能够确定击中给定目标的射击解决方案。

对于射击问题生成的解决方案可以是近似的。也就是说，只要命中，那么稍微偏离一点中心也无关紧要。但是，开发人员仍然需要能够控制其准确性，以确保能够准确命中小型或大型物体。

2. 算法

该过程分为两个阶段。第一个阶段需要进行猜测以修正射击问题的解决方案，然后处理轨迹方程以检查射击问题的解决方案是否足够准确（即它是否已经命中目标？）。如果不准确，则根据先前的猜测进行新的猜测。

测试过程涉及检查轨迹与目标位置的接近程度。在某些情况下，开发人员可以通过运动方程以数学方式找到它（当然，如果开发人员能够以这种方式找到它，那么也很可能可以求解运动方程并找到一个无须迭代方法的射击问题的解）。在大多数情况下，找到最接近点的唯一方法是通过抛射物的轨迹跟踪抛射物，并记录它最接近的点。

为了使这个过程更快，开发人员可以只在轨迹上按时间间隔进行测试。对于具有简单轨迹的相对缓慢移动的抛射物，可能每半秒检查一次。对于具有复杂风力、升力和空气动力的快速移动物体，可能需要每十分之一秒或每百分之一秒进行测试。在每个时间间隔计算抛射物的位置。这些位置由直线段链接，可以在该线段上找到与目标最近的点。开发人员可以通过分段线性曲线逼近轨迹。

开发人员可以添加额外的测试，以避免将来检查太多。因为需要耗费时间的关系，这通常都不会是一个完整的碰撞检测过程。也就是说，开发人员只需要做一个简单的测试，当抛射物的高度低于其目标时即可停止。

射击问题解决方案的初始猜测可以从前面描述的射击问题求解函数生成，也就是说，可以在第一次猜测中假设没有阻力或其他复杂的运动。

在初步猜测之后，对于目标定位的调整在某种程度上取决于游戏中存在的力。如果没有模拟风，那么 x-z 平面中第一次猜测解的方向将是正确的（称为"方位"），这意味着只需要调整 x-z 平面和射击方向之间的角度（称为"高程"），如图 3.48 所示。

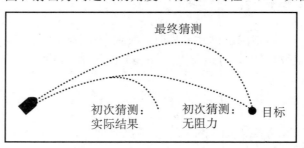

图 3.48　调整对目标定位的猜测

如果有一个阻力系数，则其高程需要高于初始猜测所产生的高程。如果抛射物没有升力，则最大仰角应为 45°，任何高于此数值的角度都将导致总飞行距离减少；如果抛射物确实有升力，那么最好将其发射得更高，使其飞行更长并产生更大的升力，这将增加其距离。

　　如果有侧风，那么仅调整高程是不够的，还需要调整方位。最好在两个系列调整之间进行迭代：首先获得正确距离的高程，然后调整方位以使抛射物在目标方向上着陆，然后再调整高程以获得正确的距离，诸如此类。

　　如果你得到的印象是，调整猜测就像是对即兴之作进行完善，那么你是对的。实际上，用于军事武器的真实瞄准系统使用了对于抛射物轨迹的复杂的模拟技术以及一系列算法、启发式方法和搜索技术，以寻找最佳解决方案。在游戏中，最好的方法是让 AI 在真实的游戏环境中运行并调整猜测以改进规则，直到快速生成良好的结果。

　　无论调整顺序或改进算法考虑物理定律的程度如何，良好的起点是二分搜索（Binary Search），这是计算机科学中许多算法的坚实基础，在算法或计算机科学的任何优秀文章中都有深入的描述。

3. 伪代码

　　因为调整定位算法在很大程度上取决于开发人员在游戏中建模的力的类型，所以下面给出的伪代码将假设试图为仅包含阻力的抛射物移动找到一个射击问题的解决方案。这使得开发人员可以简化搜索，从搜索完整的射击方向简化为仅搜索高程的角度。

　　这是我们在商业游戏中看到的在这种情况下最复杂的技术。当然，在军事模拟中还会出现更复杂的情况。

　　如前所述，以下代码使用了假设仅存在黏性阻力的抛射物的运动方程。

```
1   function refineTargeting(start: Vector,
2                            end: Vector,
3                            muzzleV: float,
4                            gravity: Vector,
5                            margin: float) -> Vector:
6
7       # 基于射击角度求解
8       function checkAngle(angle):
9           deltaPosition: Vector = target - source
10          direction = convertToDirection(deltaPosition, angle)
11          distance = distanceToTarget(direction, source, target, muzzleV)
12          return direction, distance
13
14      # 采用无阻力的射击解决方案进行首次猜测
15      direction: Vector = calculateFiringSolution(
16          source, target, muzzleVelocity, gravity)
17
18      # 检查是否命中
```

```
19          distance = distanceToTarget(direction, source, target, muzzleV)
20          if -margin < distance < margin:
21              return direction
22
23          # 否则进行二分搜索
24          # 但必须确认最小边界和最大边界
25          angle: float = asin(direction.y / direction.length())
26          if distance > 0:
27              # 已经找到最大边界
28              # 使用尽可能短的射程作为最小边界
29              maxBound = angle
30              minBound = - pi / 2
31              direction, distance = checkAngle(minBound)
32              if -margin < distance < margin:
33                  return direction
34
35          # 否则需要找到一个最大边界
36          # 使用 45° 角（= pi / 4）发射可以达到最大距离
37          else:
38              minBound = angle
39              maxBound = pi / 4
40              direction, distance = checkAngle(maxBound)
41              if -margin < distance < margin:
42                  return direction
43
44              # 检查最长距离的射击是否能够到达目标
45              if distance < 0:
46                  return null
47
48          # 现在已经有了最小边界和最大边界，可以使用二分搜索
49          distance = infinity
50          while abs(distance) >= margin:
51              angle = (maxBound - minBound) / 2
52              direction, distance = checkAngle(angle)
53
54              # 改变合适的边界
55              if distance < 0:
56                  minBound = angle
57              else:
58                  maxBound = angle
59
60          return direction
```

4．数据结构和接口

上述代码主要依赖于 3 个函数。其中，calculateFiringSolution 函数是之前定义的函数。它可用于创建一个良好的初次猜测。

distanceToTarget 函数可以运行物理模拟器并返回抛射物与目标的距离。这个值的符号是至关重要的。如果抛射物越过了目标则应该是正数，如果未到达目标则应该是负数。简单地执行 3D 距离测试将始终给出正距离值，因此模拟算法需要确定未命中目标是因为太远还是太近，并相应地设置符号。

convertToDirection 函数可以从某个角度创建射击方向。它可以通过以下方式实现：

```
function convertToDirection(deltaPosition: Vector, angle: float):
    # 找到平面方向
    direction = deltaPosition
    direction.y = 0
    direction.normalize()

    # 添加到垂直分量中
    direction *= cos(angle)
    direction.y = sin(angle)

    return direction
```

5．性能

该算法在内存上的性能为 O(1)，在时间上的性能为 $O(r \log n^{-1})$，其中 r 是开发人员在物理模拟器中用来确定目标最接近方法的采样解析度，n 是确定是否命中的准确度阈值。

6．在不使用运动方程的情况下迭代定位目标

虽然上面给出的算法将物理模拟视为黑盒子，但在讨论中，我们假设可以通过以某种解析度对运动方程进行采样来实现它。

游戏中物体的实际轨迹可能不仅仅受质量和速度的影响。阻力、升力、风、重力井以及各种其他外来物都可以改变抛射物的运动。因此，仅通过计算运动方程就可以准确地描述抛射物在某一时间处于某个位置的想法是不切实际的。

如果是这种情况，那么我们需要一种不同的跟踪轨迹的方法来确定抛射物与目标的接近程度。真正的抛射物运动，一旦实际释放，很可能由物理系统计算。我们可以使用相同的物理系统来执行运动的微型模拟，以定位目标。

在算法的每次迭代中，抛射物被设置并且发射（射击），物理数据被更新（通常以相对粗略的间隔与引擎的正常运算相比较，可能并不需要极高的精度）。重复调用物理

更新，记录每次更新后抛射物的位置，形成我们之前看到的分段线性曲线。然后将其用于确定抛射物与目标的最近点。

这种方法的优点在于，物理模拟可以像捕获抛射物运动的动态一样复杂。我们甚至可以包括其他因素，如移动中的目标。

另一方面，这种方法需要一个可以轻松设置隔离模拟的物理引擎。如果开发人员的物理引擎专门针对当前游戏世界的一次模拟进行过优化，那么这将是一个问题。即使物理系统允许隔离，该技术也很耗时。只有当更简单的方法（例如，为抛射物假设了一组更简单的力）给出了明显很糟糕的结果时，才值得考虑。

7．预测的其他用途

抛射物运动的预测是游戏中最复杂的常见运动预测类型。

在涉及碰撞检测的游戏中，如果将碰撞作为游戏玩法中不可分割的一部分，如曲棍球比赛游戏、桌球或斯诺克模拟器，那么 AI 可能需要能够预测撞击的结果。这通常使用扩展的迭代定位目标算法来完成：玩家可以进行模拟，并观察接近目标的距离。

在本章中，我们使用了另一种无处不在的预测技术，开发人员经常没有意识到它的目的是预测运动。

例如，在追逐转向行为中，AI 对自己的移动目标的定位方法是：朝向目标移动的方向，定位到要追逐的目标前方的某个位置（实际上就是计算一个提前量）。AI 假设目标将继续以当前速度向相同方向移动，并选择一个包含提前量的目标位置以有效地截住目标。前文还专门提到过关于捉人游戏的比喻：无论是扮演捉人者还是逃跑者，想成为赢家都必须通过对方的移动路线预估一个提前量。

开发人员可以为追逐行为添加更复杂的预测，对目标的运动做出真正的预测。例如，如果目标的正前方有一堵墙，那么就可以知道目标肯定不会以相同的方向和速度移动，它必然要转向以避免撞墙。追逐行为的复杂运动预测是活跃的学术研究主题（但是它超出了本书的范围）。尽管进行了大量的研究，但目前的游戏仍然使用简单的版本，即假设逃跑者将继续按其当前路线前进。

在过去的 10 年中，运动预测也开始在基于角色的 AI 之外广泛使用。当角色的动作细节被网络延迟或中断时，多玩家游戏的网络技术需要加以应对。在这种情况下，服务器可以使用运动预测算法（几乎总是简单的“继续按其当前路线前进”的方法）来猜测角色可能在哪里。如果它后来发现这是错误的，则可以逐渐将角色移动到正确的位置（在大型多人游戏中很常见）或者立即瞬移过去（这在射击游戏中更常见），具体处理方式将取决于游戏设计的需要。

3.6　跳　　跃

　　射手角色运动的最大问题是跳跃。在常规的转向算法中并没有包含跳跃，而跳跃是射击类游戏的核心部分。

　　跳跃本质上是有风险的。与其他转向行为不同，跳跃行为可能会失败，而这种失败可能使其难以恢复或不可能恢复（在极限情况下，它可能会导致角色死亡。很多游戏都有角色因为跳不过去而摔死的关卡）。

　　例如，考虑一个角色正在围绕一个平面关卡追逐敌人。转向算法估计敌人将继续以其当前速度移动，从而相应地设置角色的移动路线。下一次该算法运行时（通常是下一帧，但如果 AI 每隔几帧才运行一次，则可能会稍晚一些），该角色可能会发现它的估计是错误的，并且其目标已经逐渐减速。转向算法会再次假设目标将以其当前速度继续并重新估计。即使角色正在减速，算法也可以假设它仍保持当前速度。它做出的每个决定都可能有一点点错误，但是在下次运行时，算法可以立即纠正。所以，算法错误的成本几乎为零。

　　相反，如果角色决定在两个平台之间进行跳跃，则错误的成本可能很大。转向控制器需要确保角色以正确的速度和正确的方向移动，并且跳跃动作在恰当的时刻执行（或者至少不会太晚）。角色移动中的轻微扰动（例如，射击后坐力或爆炸中的冲击波导致角色撞到障碍物）可能导致角色错过跳跃着陆点并垂直坠落，从而出现一次戏剧性的失败。

　　转向行为可以有效地随时间的推移分解运动的思路。它们所做出的每一个决定都非常简单，但由于它们会不断地重新考虑决策，因此其总体效果令人满意。但跳跃却是一次性的、不容失败的决定。

3.6.1　跳跃点

　　对跳跃的最简单支持就是将责任放在关卡设计师身上。游戏关卡中的位置标记有跳跃点。这些区域需要手动设置。如果角色可以按多种不同的速度移动，则跳跃点也具有相关的最小速度设置。这是角色为了进行跳跃而必须达到的速度。

　　角色既可以通过寻找行为尽可能接近其目标速度，也可以简单地检查它们在正确方向上的速度分量是否足够大。具体的方式取决于游戏实现。

　　图 3.49 显示了两个跳板，其跳跃点是它们之间的最近点。角色如果要在两个跳板之

间跳跃，则在其所朝向的另一个平台的方向上需要有足够的速度才能进行跳跃，因为跳跃点上被赋予了最小速度。

在这种情况下，让角色找到一个确切的方向并且跑起来是没有意义的。只要角色在正确的方向上，就应该允许它具有足够大的速度分量，如图 3.50 所示。

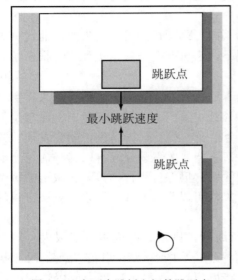
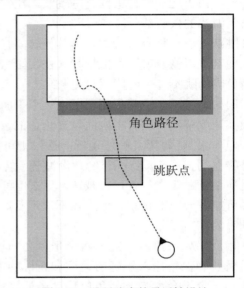

图 3.49　在两个跳板之间的跳跃点　　　　　图 3.50　跳跃速度的灵活性设计

如果要让角色必须找到一个确切的方向并且跑起来才能过关，则可以对着陆区的结构做出改变。在图 3.51 中，着陆区大幅变窄，如果角色没有找到一个精确的方向就强行跳跃，则会带来灾难性的后果。

1. 完成跳跃

为了完成跳跃，角色可以使用速度匹配转向行为来进行助跑。对于跳跃前的时间段，移动目标是跳跃点，角色匹配的速度是跳跃点给出的速度。当角色越过跳跃点时，执行跳跃动作，角色变为腾空而行。

这种方法在运行时需要进行若干处理。

（1）角色需要决定跳跃。角色可以使用一些路径发现系统来确定其必须到达裂缝的另一侧平台上。

（2）角色需要识别其将进行的跳跃。当使用路径查找系统时，这通常会自动发生（参见后文的"跳跃链接"部分）。但如果使用的是局部转向行为，那么很难确定跳跃是否能及时完成，这需要合理的前瞻性。

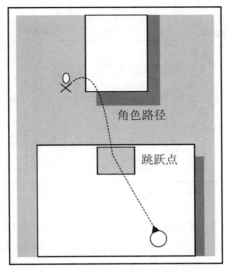

图 3.51　以不正确的方向跳跃到狭窄平台上

（3）一旦角色找到了将要使用的跳跃点，则可以使用新的转向行为接管，并执行速度匹配，使角色以正确的速度和方向进入跳跃点。

（4）当角色接触跳跃点时，请求跳跃动作。角色不需要计算何时或如何跳跃，只要其命中跳跃点就会被抛到空中。

2．弱点

本节开头的例子暗示了这种方法所遇到的问题。一般来说，跳跃点并不包含关于每个可能的跳跃情形的难度的足够信息。

图 3.52 演示了多种不同的跳跃，它们都很难用跳跃点标记。要跳到细长的走道上，需要精确地找到正确的方向并达到一定的移动速度；跳到狭长的横板上需要恰到好处的速度；而跳到基座上则需要正确的速度和方向。请注意，跳跃的困难还取决于它采取的方向。图 3.52 所示的每个跳跃如果在相反方向上则都很容易。

此外，并非所有失败的跳跃都是平等的。如果角色跳跃失败后只是落在两米深的水中，并且很容易爬上来，那么这个角色可能不会太介意偶尔的失误。但是，如果跳跃必须跨过深不可测的沸腾的熔岩，那么跳跃的准确性就显得非常重要了。

开发人员可以将更多的信息合并到跳跃点数据中，包括对接近速度的各种限制以及跳跃失败之后的危险程度。因为它们是由关卡设计师创建的，所以这些数据容易出错并且难以调整。如果 AI 角色没有以错误的方式尝试跳跃，则速度信息中的错误可能不会在质检报告中出现。

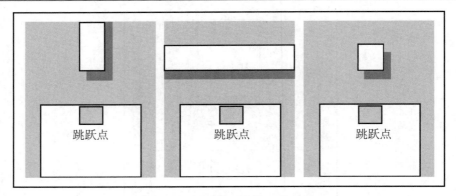

图 3.52　困难跳跃点的 3 种案例

　　一个常见的解决方法是限制跳跃点的位置，以便为 AI 提供看起来很智能化的最佳机会。如果 AI 知道如何跳跃没有任何风险，那么它就不太可能失败。为了避免太过明显让玩家轻松发现其中的要诀，通常可以对关卡的结构施加一些限制，减少玩家可以进行的冒险跳跃次数，但 AI 角色的选择则不会如此。这是典型的游戏 AI 开发的多面性：AI 的功能对游戏关卡的布局提出了自然限制。或者换句话说，关卡设计师必须避免暴露 AI 的弱点。

3.6.2　着陆垫

　　更好的选择是将跳跃点（Jump Point）与着陆垫（Landing Pad）结合起来。着陆垫是该关卡的另一个区域，非常类似于跳跃点。每个跳跃点都与一个着陆垫配对。然后开发人员可以简化跳跃点中所需的数据，这意味着不必要求关卡设计师设置所需的速度，而完全可以留给角色来决定。

　　当角色确定进行跳跃时，会增加一个额外的处理步骤。使用类似于前一节提供的轨迹预测代码，角色可以计算从跳跃点腾空而起时准确着陆在着陆垫上所需的速度。然后，该角色可以使用计算结果作为其速度匹配算法的基础。

　　这种方法明显不易出错。因为角色要计算所需的速度，所以在设置跳跃点时不会出现准确性错误。在确定如何跳跃时，允许角色考虑其自己的物理数据也是有益的。如果角色装满武器，那么可能无法跳得太高。在这种情况下，角色需要有更高的速度来带动自己。计算跳跃轨迹可以让角色获得所需的精确速度。

1.　轨迹计算

　　轨迹计算与先前讨论的射击问题的解决方案略有不同。在当前情况下，开发人员知道起始点 S、终点 E、重力 g 和速度 v_y 的 y 分量，但是并不知道时间 t 或速度的 x 和 z 分量。因此，开发人员可以有以下关于 3 个未知数的方程：

$$E_x = S_x + v_x t$$

$$E_y = S_y + v_y t + \frac{1}{2} g_y t^2$$

$$E_z = S_z + v_z t$$

假设重力仅在垂直方向上起作用，并且已知的跳跃速度也仅在垂直方向上。为了支持其他重力方向，需要允许最大跳跃速度不仅仅在 y 方向上，而且还要有一个任意向量，然后必须根据找到的跳跃向量和已知的跳跃速度向量来重写上面的公式，但是，这会导致数学中的重大问题，所以应该避免。特别是，在绝大多数情况下只需要 y 方向的跳跃，所以，开发人员完全可以采用上面的公式。

开发人员还可以假设在轨迹计算期间没有阻力。这是最常见的情况。对于这些计算，阻力通常不存在或可以忽略不计。如果需要为游戏添加阻力，则可以将这些公式替换为第 3.5.4 节"具有阻力的抛射物"中给出的公式。当然，求解它们也会相应地更加困难。

求解方程组，可以得到以下结果：

$$t = \frac{-v_y \pm \sqrt{2g(E_y - S_y) + v_y^2}}{g} \tag{3.8}$$

然后有

$$v_x = \frac{E_x - S_x}{t}$$

且

$$v_z = \frac{E_z - S_z}{t}$$

式（3.8）有两个解。理想情况下，开发人员希望在尽可能快的时间内完成跳跃，因此会希望使用两个值中较小的一个。糟糕的是，这个值可能会给开发人员一个不可能的发射速度，因此需要检查并在必要时使用更高的值。

现在可以实现跳跃转向行为以使用跳跃点和着陆垫。创建此行为时会给出一个跳跃点并尝试实现跳跃。如果跳跃不可行，则没有任何效果，并且也不会请求加速。

2. 伪代码

该跳跃行为可以通过以下方式实现：

```
1  class Jump extends VelocityMatch:
2      # 要使用的跳跃点
3      jumpPoint: JumpPoint
4
```

```
 5        # 跟踪跳跃是否可以实现
 6        canAchieve: bool = false
 7
 8        # 角色的最大速度和垂直跳跃能力
 9        maxSpeed: float
10        maxTakeoffYSpeed: float
11
12        # 检索该跳跃的转向
13        function getSteering() -> SteeringOutput:
14            # 确保已经达到要实现的速度
15            if not target: calculateTarget()
16            if not canAchieve: return null
17
18            # 检查是否已经命中跳跃点
19            # 角色从 VelocityMatch 基类继承
20            if character.position.near(target.position) and
21                character.velocity.near(target.velocity):
22                # 执行跳跃，并返回无转向
23                # 因为角色已经腾空，所以无须转向
24                scheduleJumpAction()
25                return null
26
27            # 委托给转向行为，以到达起跳位置
28            return VelocityMatch.getSteering()
29
30        # 计算出轨迹
31        function calculateTarget():
32            target = new Kinematic()
33            target.position = jumpPoint.takeoffLocation
34
35            jumpVector = jumpPoint.landingLocation -
36                         jumpPoint.takeoffLocation
37
38            # 计算第一个跳跃时间，并检查是否可以使用它
39            sqrtTerm = sqrt(2 * gravity.y * jumpVector.y +
40                            maxTakeoffYSpeed * maxTakeoffYSpeed)
41            time: float = ( maxTakeoffYSpeed - sqrtTerm) / gravity.y
42            checkCanAchieveJumpTime(jumpVector, time)
43            if not canAchieve:
44                # 否则尝试其他的时间（平方根）
45                time = (maxTakeoffYSpeed + sqrtTerm) / gravity.y
46                checkCanAchieveJumpTime(jumpVector, time)
```

```
47
48      # 检查跳跃是否可以在给定时间实现
49      function checkJumpTime(jumpVector: Vector, time: float):
50          # 计算平面速度
51          vx = jumpVector.x / time
52          vz = jumpVector.z / time
53          speedSq = vx * vx + vz * vz
54
55          # 检查速度
56          if speedSq < maxSpeed * maxSpeed:
57              # 已经获得一个有效的解决方案，所以存储它
58              target.velocity.x = vx
59              target.velocity.z = vz
60              canAchieve = true
```

3. 数据结构和接口

前面的实现依赖于一个简单的跳跃点数据结构，它具有以下形式：

```
1   class JumpPoint:
2       takeoffLocation: Vector
3       landingLocation: Vector
```

此外，我们使用了向量的 near 方法来确定向量是否大致相似。这将用于确保我们开始跳跃时不需要角色的绝对精确度。该角色不太可能完全准确地命中跳跃点，因此该函数提供了一些误差。误差的特定余量取决于游戏和所涉及的速度：更快的移动或更大的角色将需要更大的误差余量。

最后，我们使用了 scheduleJumpAction 函数强制角色腾空而起。这可以将动作安排到常规动作队列（本书第 5 章将深入讨论队列结构），或者它可以简单地将所需的垂直速度直接添加到角色，使角色向上跳跃。后一种方法很适合测试，但很难在正确的时间安排跳跃动画。正如本书后文所述，通过中央动作解析度系统（Central Action Resolution System）发送跳跃可以让开发人员简化动画的选择。

4. 实现说明

将此行为作为整个转向系统的一部分实现时，重要的是确保它可以完全控制角色。如果使用混合算法将转向行为与其他行为相结合，那么最终肯定会失败。如果角色在跳跃切线处避开敌人，则会使其轨迹倾斜。角色要么不会到达跳跃点（因此不会腾空而起），要么会向错误的方向跳跃并垂直坠落。

5．性能

该算法在时间和内存上的性能都是 O(1)。

6．跳跃链接

许多开发人员不是将跳跃点作为一种新型游戏实体，而是将跳跃纳入他们的路径发现框架中。本书将在第 4 章详细讨论路径发现技术，所以这里不再详细展开。

作为路径发现系统的一部分，我们在游戏中创建了一个位置的网络。链接（Link）位置的连接（Connection）具有与其一起存储的信息（特别是位置之间的距离）。开发人员可以简单地将跳跃信息添加到此连接。

游戏中裂缝两侧的两个节点之间的连接被标记为需要跳跃。在运行时，链接可以处理成对的跳跃点和着陆垫，前面开发的算法可以应用于执行跳转。

3.6.3　坑洞填充物

有些开发人员使用了另一种方法，允许角色选择自己的跳跃点。关卡设计师将用一个看不见的物体填充坑洞，并将它标记为可跳跃的裂缝。

在这种情况下，角色可以正常转向但具有障碍物躲避转向行为的特殊变体，该变体可称为跳跃探测器（Jump Detector）。跳跃探测器行为在处理与可跳跃的裂缝对象的碰撞时，和处理与墙壁的碰撞不同，它不是像面对墙壁一样试图避开，而是全速向裂缝对象移动。在碰撞点（即角色在坑洞边的最后可能时刻），它将执行跳跃动作并跳到空中。

这种方法具有很好的灵活性。角色将不再受限于它们可以跳跃的特定位置集。例如，在一个有很大深坑的房间里，角色可以在任意点跳过。如果它转向深坑，则跳跃探测器将自动执行跳跃行为。在裂缝的每一侧都不需要单独的跳跃点。相同的可跳跃裂缝对象适用于双方。

开发人员可以轻松支持单向跳跃。如果裂缝的一侧低于另一侧，则可以设置如图 3.53 所示的情况。在这种情况下，角色可以从高侧跳到低侧，而不是相反。实际上，开发人员可以按类似于跳跃点的方式使用此碰撞几何体的非常小的版本（使用目标速度标记它们并且它们是跳跃点的 3D 版本）。

虽然坑洞填充物灵活且方便，但这种方法对着陆区域的敏感性问题更加严重。由于没有目标速度或角色想要着陆的地址的概念，它将无法明智地计算出如何腾空跳跃以避免错过着陆点。在前面的裂缝示例中，该技术是理想化的，因为其着陆区域非常大，几乎没有跳跃失败的可能。

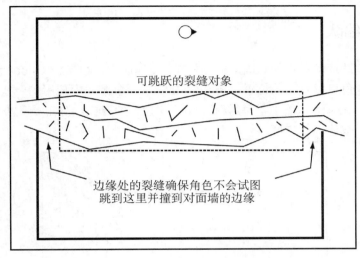

图 3.53 单向深坑跳跃

如果使用此方法，那么请确保设计的关卡不会暴露该方法中的弱点。设计目的只是让可跳跃的裂缝对象周围具有充足的跳跃点和着陆空间。

3.7 协 调 移 动

现在的游戏越来越多地要求角色群体以协调的方式移动。协调移动可以在两个层级上发生。个体可以做出相互礼让的决定，使它们的动作看起来协调一致；或者它们也可以做出一个整体的决定，并在一个预先规定的、协调一致的小组中移动。

本书将在第 6 章"战略和战术 AI"中介绍战术决策。本节将探讨如何以一种聚集的方式移动角色群体，让已经做出决定的角色一起移动，这通常称为编队运动（Formation Motion）。

编队运动是指一组角色的移动，这可以让角色保持队形。最简单的是队伍可以按固定的几何图案移动，如 V 形雁阵或一字长蛇阵，但又不限于此。编队也可以利用环境。例如，使用编队转向时，角色小队可以在覆盖点之间移动，所以只需要做很小的修改。编队运动可用于团队运动游戏、基于小队的游戏、即时战略游戏、越来越多的第一人称射击游戏、驾驶游戏和动作冒险游戏。它是一种简单易用的技术，可以更快地编写和执行，并且可以产生比协作战术决策更稳定的行为。

3.7.1　固定编队

　　最简单的编队运动可以使用固定的几何构造。编队由一组槽位（Slot）定义。所谓"槽位"就是一个角色可以定位的位置。图 3.54 显示了军事游戏中使用的一些常见编队（阵型）。请注意，在本书术语中，"编队"和"阵型"的意义实际上是一样的，采用不同的说法只是为了叙述上的方便。

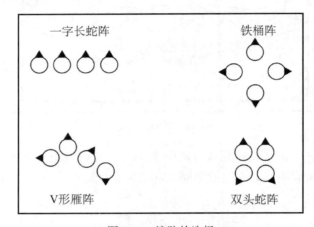

图 3.54　编队的选择

　　编队中有一个槽位被标记为领导角色，其他所有槽位都是相对于这个槽位定义的。实际上，它确定了编队位置和方向的"零"点。

　　在领导位置的角色可以像任何非编队角色一样在世界中移动。其可以通过任何转向行为来控制，也可以遵循固定的路径，或者使用混合多个移动问题的管道转向系统。无论其机制如何，都不必考虑自己在编队中的位置。

　　编队图案可以在游戏中定位和定向，使领导角色位于其槽位中，面向适当的方向。随着领导角色的移动，编队图案也在游戏中移动和转动。图案中的每个槽位都将轮流随着领导角色起舞，步调一致地移动和转动。

　　然后可以通过另外的角色填充编队中的每个附加槽位。每个角色的位置可以直接通过编队几何形状确定，而不需要其自身的运动学或转向系统。一般来说，槽位中的角色可以直接设置其位置和方向。

　　如果某个槽位相对于领导角色的槽位处于 r_s 位置，那么该槽位中角色的位置将是：

$$p_s = p_l + \Omega_l r_s$$

其中，p_s 是游戏中槽位 s 的最终位置；p_l 是领导角色的位置；而 Ω_l 则是矩阵形式的领导角色的方向。以同样的方式，槽位中角色的方向将是：

$$\omega_s = \omega_l + \omega_s$$

其中，ω_s 是相对于领导角色方向的槽位 s 的方向；而 ω_l 则是领导角色的方向。

领导角色的移动应该考虑携带其他角色的事实。其用来移动的算法与非编队角色没什么不同，但是应该有转动速度的限制（以避免领导角色以超快的速度扫过其他角色），并且任何避免碰撞行为或障碍物躲避行为都应该考虑整个编队的大小。

在实践中，对领导角色的这些移动上的限制使得开发人员很难将这种编队用于除非常简单的编队（阵型）之外的其他任何事情（例如，假设在即时战略游戏中，玩家控制了 10000 个单位，即可使用这种方式编组小队）。

3.7.2　可扩展的格式

在许多情况下，编队的确切结构将取决于参与其中的角色的数量。例如，如果有 100 个守卫结成铁桶阵，则可以每 20 个守卫一组，形成 5 个编队。对于 100 个守卫，有可能在几个同心环中构造阵型。图 3.55 演示了不同角色数量的铁桶阵编组方案。

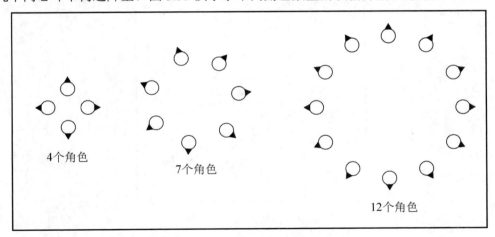

图 3.55　不同角色数量的铁桶阵编组方案

通常可以在没有明确的槽位和方向列表的情况下实现可伸缩的编队。例如，给定编队中的角色总数，函数可以动态地返回各槽位的位置。

在 *Homeworld*（中文版名称《家园》，详见附录参考资料[172]）中可以非常清楚地看到这种隐式的、可扩展的编队。当玩家将其他船舶添加到编队中时，编队可以容纳它们，从而相应地改变其槽位的分布。与我们迄今为止的示例不同，*Homeworld* 使用了更复杂的算法来移动编队阵型。

3.7.3　自然编队

自然编队（Emergent Formation）为可扩展性提供了不同的解决方案。每个角色都有自己的使用到达行为的转向系统。角色可根据编组中其他角色的位置选择目标。

想象一下，我们将要创建一个很大的 V 形雁阵。我们可以强制每个角色选择其前面的另一个目标角色，并选择背后和侧面的转向目标。如果还有另一个角色已经选择了该目标，那么它会选择另一个目标。同样，如果另一个角色已经定位到非常接近的位置，那么它将继续寻找其他位置。一旦选择了目标，它将用于所有后续帧，并且根据目标角色的位置和方向进行更新。如果目标变得无法实现（例如，它遇到墙壁），则将选择新目标。

总的来说，这种自然编队将编组形成一个 V 形雁阵。如果编队中有许多成员，则 V 字编队之间的间隙将填充较小的 V 形。如图 3.56 所示，无论编队中角色数量如何，整体箭头效果都是明显的。图 3.56 使用线条将角色与其追随的角色连接了起来。

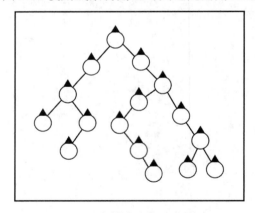

图 3.56　自然编队的 V 形雁阵

在这种方法中没有整体的编队几何形状，并且该组不一定具有领导角色（当然，如果该组中有一个成员不必相对于任何其他成员定位自己，那么这是有帮助的）。编队按每个角色的个别规则自然出现，这与我们看到过的蜂拥行为是完全一样的，每个群体成员都有自己的转向行为。

这种方法还具有允许每个角色对障碍物和潜在碰撞单独做出反应的优点。在考虑转弯或墙壁避让时，无须考虑编队的大小，因为编队中的每个角色都会适当地行动（只要它具有作为其转向系统一部分的躲避行为）。

虽然这种方法简单有效，但是想要设置其规则以获得正确的形状却很困难。例如，在上面的 V 形雁阵示例中，许多角色经常会争夺在 V 字中心的位置。在每个角色的目标选择中都有很多糟糕的选择，这意味着同样的规则也可能给出由单根长对角线组成的阵型，已经没有了 V 字形符号的特征。

如果要像调试任何其他类型的组合行为一样调试自然编队，那么这可能是一个挑战。其整体效果通常是一种受控制的无序状态，而不是编队运动。对于军事团体而言，这种无序特征使得自然编队几乎没有什么实际用途。

3.7.4　两级编队转向

开发人员可以将严格的几何编队与使用两级转向系统（Two Level Steering System）的自然编队方法的灵活性结合起来。例如，就像之前一样，可以使用几何形状定义固定的槽位图案。刚开始的时候还需要假设有一个领导角色，当然，后面会删除此要求。

该方法不是直接将每个角色放置在其槽位中，而是通过在目标位置使用槽位来实现到达行为，从而采用自然编队方法。角色可以有自己的防止碰撞行为和任何它所需要的其他复合转向行为。

这就是两级转向的概念，因为它依次有两个转向系统：首先是领导角色控制编队阵型，然后是阵型中的每个角色都会维持阵型图案。只要领导角色没有以最大速度移动，每个角色都会有一些灵活性，可以在考虑其自身环境的同时维持阵型。

图 3.57 显示了一些试图以 V 形雁阵通过树林的密探角色，其编队组成的 V 形图案非常清晰。但是在实际移动时，每个角色都会从其槽位置稍微偏移一些，以避免撞到树木。

在这种情况下，角色可能暂时难以保持其队形，但是它的转向算法将确保它仍然表现得很聪明而不会机械地撞到树上。

1. 删除领导角色

在上面的示例中，如果领导角色需要侧向移动以避开树木，那么阵型中的所有位置也将侧向偏移，并且所有其他角色都将侧向偏移以维持阵型。这可能看起来很奇怪，因为领导角色的行为被其他角色模仿，尽管它们在很大程度上可以自由地以自己的方式应对障碍物。

开发人员可以删除领导角色引领阵型的责任，让所有角色以相同的方式对它们的位置做出反应。编队将由一个看不见的领导角色移动：有一个控制整个阵型的独立转向系统，但不控制任何一个单独的角色。这就是两级编队的第二级。

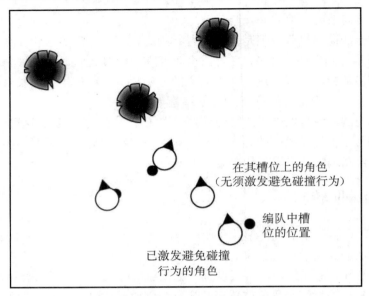

在其槽位上的角色
（无须激发避免碰撞行为）

编队中槽位的位置

已激发避免碰撞行为的角色

图 3.57　V 形雁阵中的两级编队移动

因为这个新的领导角色是隐形的，所以不需要担心小障碍，也不必担心碰到其他角色或很小的地形特征。隐形领导角色仍将在游戏中具有固定位置，并且该位置将用于布置编队图案并确定所有适当角色的槽位位置。但是，图案中领导角色的槽位位置不对应于任何角色。因为它并不是真正的槽位，一般可称为图案的锚定点（Anchor Point）。

编队的单独转向系统通常简化了实现，开发人员不再需要为角色分配责任。例如，如果某一个角色死亡，则不必考虑让另一个角色接管领导权的问题。

锚定点的转向通常是简化的。例如，在户外，开发人员可能只需要使用单个高级到达行为，或者路径跟随行为；而在室内环境中，转向仍然需要考虑大型障碍物，如墙壁。直接穿过墙壁的阵型会束缚其所有角色，使它们无法跟随自己的槽位。

2．调整编队移动

到目前为止，信息只在一个方向上流动：从编队到其中的角色。当我们有一个两级转向系统时，这会导致问题。例如，编队可能在主导前进的方向，而忘记了它的角色有可能跟不上的问题。当编队由一个角色引领时，这并不是一个问题，因为编队中其他角色所面临的困难，领导角色也会碰到。

但是，当我们直接引领锚定点时，通常会忽略小规模的障碍物和其他角色。由于编队中的角色不得不躲避这些障碍，因此它们可能需要比预期更长的时间来保持队形，这可能导致编队及其角色长时间不同步。

一种解决方案是减慢编队的移动速度。一个好的经验法则是使阵型的最大速度大约为角色速度的一半。但是，在非常复杂的环境中，所需的减速是不可预测的，并且最好不要为偶发情形而降低编队的移动速度，从而增加整个游戏的负担。

更好的解决方案是根据角色在其槽位中的当前位置来调整阵型的移动：实际上就是保持对锚定点的约束。如果槽位中的角色无法到达目标，那么整个阵型就应该回退，从而让它们有机会赶上。

这可以通过重置每个帧处的锚定点的运动学数据来简单地实现。它的位置、方向、速度和旋转都可以设置为其槽位中角色的平均值。如果锚定点的转向系统首先运行，它将向前移动一小步，从而使得槽位也向前移动，并迫使角色也跟着移动。在槽位角色移动时，锚定点会被遏制，以使其不会向前移动太远。

因为锚定点位置在每一帧都被重置，所以当它引领向前时，目标槽位的位置只会在角色位置的稍微前方一点。使用到达行为意味着每个角色都可以很轻松地移动这么一小段的距离，并且槽位角色的速度将降低。反过来，这也意味着编队的速度降低（因为它被计算为槽位角色的移动速度的平均值）。在接下来的帧中，编队的速度将更小。在少数帧中，它将慢慢停止。

偏移量（Offset）通常用于将锚定点移动到质心前方一小段距离。最简单的解决方案是将其向前移动一段固定的距离，它可以通过编队的速度给出：

$$p_{\text{anchor}} = p_c + k_{\text{offset}} v_c \tag{3.9}$$

其中，p_c 是位置，v_c 是质心的速度。为编队的转向设置非常高的最大加速度和最大速度也是必要的。编队实际上不会达到这种加速度或速度，因为它的角色实际运动会遏制它。

3. 漂移

调整编队运动需要编队的锚定点始终位于其槽位的质心（即其平均位置）。否则，如果编队被认为是静止的，则锚定点将被重置为平均点，而这并不是它在最后一帧中的位置。所有槽位将基于新的锚定点更新，并且将再次移动锚定点，导致整个编队漂移（Drift）。

当然，基于编队质心的计算结果重新计算每个槽位的偏移量是相对容易的。槽位的质心可由下式给出：

$$p_c = \frac{1}{n} \sum_{i=1}^{n} \begin{cases} p_{s_i} & \text{如果槽位 } i \text{ 被占} \\ 0 & \text{否则} \end{cases}$$

其中，p_{s_i} 是槽位 i 的位置。从旧的锚定点更改为新的锚定点需要根据式（3.10）更改每个槽位的坐标：

$$p'_{s_i} = p_{s_i} - p_c \tag{3.10}$$

为了提高效率，应该执行一次并存储新的槽位坐标，而不是每帧重复。但是，执行离线计算应该是不可能的。可以在不同时间占用不同的槽位组合。例如，当槽位中的角色被杀死时，需要重新计算槽位坐标，因为质心将发生变化。

当锚定点不在图案中占用的槽位的平均方向时，也会发生漂移。在这种情况下，编队不是漂移穿过关卡，而是看起来似乎在现场旋转。开发人员可以基于占用槽位的平均方向再次对所有方向使用偏移量：

$$\vec{\omega}_c = \frac{\vec{v}_c}{|\vec{v}_c|}$$

其中，

$$\vec{v}_c = \frac{1}{n} \sum_{i=1}^{n} \begin{cases} \vec{\omega}_{s_i} & \text{如果槽位 } i \text{ 被占} \\ 0 & \text{否则} \end{cases}$$

$\vec{\omega}_{s_i}$ 是槽位 i 的方向。平均方向以向量形式给出，并且可以在 $(-\pi, \pi)$ 范围内转换回角度 ω_c。和以前一样，从旧的锚定点更改为新的锚定点需要根据下式更改每个槽位的方向：

$$\omega'_{s_i} = \omega_{s_i} - \omega_c$$

这也应该尽可能不频繁地进行，在内部进行缓存，直到占用的槽位集发生变化。

3.7.5　实现

开发人员现在可以实现两级编队系统。该系统由一个编队管理器组成，编队管理器将处理编队图案并为占据其槽位的角色生成目标。

编队管理器可以通过以下方式实现：

```
1   class FormationManager:
2       # 分配角色到槽位
3       class SlotAssignment:
4           character: Character
5           slotNumber: int
6       slotAssignments: SlotAssignment[]
7
8       # 表示当前填充槽位漂移偏移量的静态结构
9       # （即位置和方向）
10      driftOffset: Static
```

```
11
12      # 保存编队图案
13      pattern: FormationPattern
14
15      # 更新槽位角色的分配
16      function updateSlotAssignments():
17          # 非常简单的分配算法
18          # 简单地遍历列表中的每个分配，然后按顺序分配槽位编号
19          for i in 0..slotAssignments.length():
20              slotAssignments[i].slotNumber = i
21
22          # 更新漂移偏移量
23          driftOffset = pattern.getDriftOffset(slotAssignments)
24
25      # 添加新角色，如果没有更多的槽位可用，则返回 false
26      function addCharacter(character: Character) -> bool:
27          # 检查图案是否支持更多的槽位
28          occupiedSlots = slotAssignments.length()
29          if pattern.supportsSlots(occupiedSlots + 1):
30              # 添加新的槽位分配
31              slotAssignment = new SlotAssignment()
32              slotAssignment.character = character
33              slotAssignments.append(slotAssignment)
34              updateSlotAssignments()
35              return true
36          else:
37              # 否则，添加角色失败
38              return false
39
40      # 删除槽位上的角色
41      function removeCharacter(character: Character):
42          slot = charactersInSlots.findIndexOfCharacter(character)
43          slotAssignments.removeAt(slot)
44          updateSlotAssignments()
45
46      # 发送每个角色的新槽位位置
47      function updateSlots():
48          # 查找锚定点
49          anchor: Static = getAnchorPoint()
50          orientationMatrix: Matrix = anchor.orientation.asMatrix()
51
52          # 轮流遍历每个角色
```

```
53          for i in 0..slotAssignments.length():
54              slotNumber: int = slotAssignments[i].slotNumber
55              slot: Static = pattern.getSlotLocation(slotNumber)
56
57              # 通过锚定点的位置和方向进行转换
58              location = new Static()
59              location.position = anchor.position +
60                              orientationMatrix * slot.position
61              location.orientation = anchor.orientation +
62                              slot.orientation
63
64              # 添加漂移分量
65              location.position -= driftOffset.position
66              location.orientation -= driftOffset.orientation
67
68              # 发送角色的静态结构
69              slotAssignments[i].character.setTarget(location)
70
71      # 该编队中角色的点
72      function getAnchorPoint() -> Static
```

为简单起见，在上述代码中，我们已经假设可以使用 findIndexFromCharacter 方法在 slotAssignments 列表中按角色查找一个槽位。类似地，我们也使用了相同列表的 remove 方法来删除给定索引处的元素。

1．数据结构和接口

编队管理器 FormationManager 依靠通过 getAnchorPoint 函数访问编队的当前锚定点，这可以是领导角色的位置和方向、编队中修改后的角色的质心，或者是两级转向系统的隐形但是转向的锚定点。

getAnchorPoint 函数是通过发现编队中角色的当前质心来实现的。

编队图案类 FormationPattern 可以相对于其锚定点生成图案的槽位偏移值。在给出一组分配之后，它会在被询问其漂移偏移量（Drift Offset）后执行此操作。在计算漂移偏移量时，图案将计算出需要哪些槽位。如果编队是可扩展的，并且将根据占用的槽位数返回不同的槽位的位置，则它可以使用传递到 getDriftOffset 函数的槽位分配来计算出使用了多少个槽位，因此每个槽位应该占用什么位置。

每个特定图案（如 V 形雁阵、一字长蛇阵、圆形铁桶阵）都需要其自己的类的实例。该类是与编队图案接口匹配的：

```
1   class FormationPattern:
2       # 当角色在给定的槽位集合中时，计算漂移偏移量
3       function getDriftOffset(slotAssignments) -> Static
4
5       # 计算并返回给定槽位索引的位置
6       function getSlotLocation(slotNumber: int) -> Static
7
8       # 如果该图案能支持给定数量的槽位，则返回 true
9       function supportsSlots(slotCount) -> bool
```

在编队管理器类中，我们还假设提供给编队管理器的角色可以拥有它们的槽位目标集。其接口很简单：

```
1   class Character:
2       # 设置角色的转向目标
3       function setTarget(static: Static)
```

2. 实现警告

实际上，此接口的实现将取决于开发人员需要跟踪的特定游戏角色数据的其余部分。根据数据在游戏引擎中的排列方式，开发人员可能需要调整编队管理器的代码，以便能直接访问角色的数据。

3. 性能

目标更新算法的时间性能为 $O(n)$，其中 n 是编队中占用的槽位数。它在内存中的性能是 $O(1)$，不包括写入分配的结果数据结构，这些数据结构在内存中的性能是 $O(n)$，但这是整个类的一部分，并且在类的算法运行之前和之后存在。

添加或删除角色由前面伪代码中的两个部分组成：

（1）从槽位分配列表中实际添加或删除角色。

（2）在角色结果列表上更新槽位分配。

添加角色在时间和内存上的性能都是 $O(1)$。删除角色需要在槽位分配列表中查找是否存在该角色。使用合适的散列表示，则在时间上的性能是 $O(\log n)$，在内存中的性能是 $O(1)$。

如上所述，分配算法在时间上的性能是 $O(n)$，在内存中的性能是 $O(1)$（再次排除分配数据结构）。一般来说，分配算法将更复杂，性能比 $O(n)$ 更差，本章后面将有介绍。

这种分配算法适合不太可能的事件，开发人员可以对它进行优化，方法是仅将槽位重新分配给需要更改的角色。例如，添加新角色可能不需要其他角色更改它们的槽位编

号。我们没有尝试优化该算法，因为你会发现它存在严重的行为问题，必须使用更复杂的分配技术来求解。

4．编队图案示例

为了使事情更具体，不妨来考虑一个可用的编队模式。铁桶阵沿着圆圈的圆周放置角色，因此它们的背部位于圆圈的中心。圆圈可以由任意数量的角色组成（虽然大量的角色布置成铁桶阵可能看起来很傻，但我们不会设置任何固定的限制）。

圆形铁桶阵的编队类 DefensiveCirclePattern 如下：

```
 1  class DefensiveCirclePattern:
 2      # 一个角色的半径
 3      # 需要使用该半径值来确定
 4      # 围绕圆圈组成的给定数量的角色可以靠得多近
 5      characterRadius: float
 6
 7      # 从分配数据计算图案中槽位的数量
 8      # 这不是编队图案接口的一部分
 9      function calculateNumberOfSlots(assignments) -> int:
10          # 找到已填充的槽位的数量:
11          # 它将是分配中最高的槽位编号
12          filledSlots: int = 0
13          for assignment in assignments:
14              if assignment.slotNumber >= maxSlotNumber:
15                  filledSlots = assignment.slotNumber
16
17          # 使用最高的槽位索引值加 1
18          # 即可获得所需的槽位数量值
19          return filledSlots + 1
20
21      # 计算图案漂移偏移量
22      function getDriftOffset(assignments) -> Static:
23          # 现在遍历每一个分配，添加其贡献到结果
24          result = new Static()
25          for assignment in assignments:
26              location = getSlotLocation(assignment.slotNumber)
27              result.position += location.position
28              result.orientation += location.orientation
29
30          # 整除以获得漂移偏移量
31          numberOfAssignments = assignments.length()
32          result.position /= numberOfAssignments
```

```
33            result.orientation /= numberOfAssignments
34            return result
35
36        # 计算槽位的位置
37        function getSlotLocation(slotNumber: int) -> Static:
38            # 基于槽位的数量，围绕圆圈放置槽位
39            angleAroundCircle = slotNumber / numberOfSlots * pi * 2
40
41            # 其半径将取决于角色的半径
42            # 以及圆圈中角色的数量
43            # 我们要让角色肩并肩，中间无缝隙
44            radius = characterRadius / sin(pi / numberOfSlots)
45
46            result = new Static()
47            result.position.x = radius * cos(angleAroundCircle)
48            result.position.z = radius * sin(angleAroundCircle)
49
50            # 角色应该面朝外
51            result.orientation = angleAroundCircle
52
53            return result
54
55        # 确认可以支持任意数量的槽位
56        function supportsSlots(slotCount) -> bool:
57            return true
```

如果开发人员已经知道（在上一个伪代码中给出的）使用中的分配算法，那么就可以知道：槽位的数量将与分配的数量相同（因为角色按顺序被分配给连续的槽位）。在这种情况下，calculateNumberOfSlots 方法可以简化：

```
1  function calculateNumberOfSlots(assignments) -> int:
2      return assignments.length()
```

一般来说，如果使用的是更实用的分配算法，则情况可能并非如此，因此，虽然上面的长形式在所有情况下均可使用，但性能则会有所降低。

3.7.6　扩展到两个以上的级别

两级转向系统可以扩展到更多的层级，从而能够创建编队的阵型。这在拥有大量单位的军事模拟游戏中变得越来越重要。事实上，真正的军队也是以这种方式组织起来的。

可以简单地扩展上述框架以支持任何编队深度。每个编队都有自己的转向锚定点，要么与领导角色相对应，要么以抽象的方式表示阵型。该锚定点的转向可以由另一个阵型依次管理。锚定点试图保持在更高层级编队上的槽位位置。

图 3.58 显示了一个改编自美国步兵士兵训练手册的例子（详见附录参考资料[7]）。步兵来复枪团队有其特有的指尖编队（Finger Tip Formation），这在军事术语中称为楔形（Wedge）。可以将这些指尖编队组合成整个步兵班（Squad）的阵型。反过来讲，这个班的编队又可用于更高级别的阵型：成列移动的编队组成了步枪排（Platoon）。

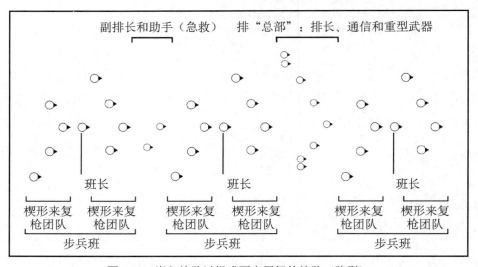

图 3.58　嵌入编队以组成更高层级的编队（阵型）

图 3.59 单独显示了每个编队，以说明图 3.58 中的整体阵型结构是如何构成的。[1]可以看到，在班的编队中有 3 个槽位，其中一个槽位由一个单独的角色（班长）占据。同样的事情也发生在整体的排级编队：在排级编队中也有额外的单独槽位。只要角色和编队都显示出相同的接口，则编队系统就可以将单独角色或整个子编队放入单个槽位中。

示例中的班和排编队显示了当前实现的弱点。班编队中有 3 个槽位，没有任何东西可以阻止班长的槽位被一个来复枪团队所占据，并且也没有什么机制来阻止班长有两个而来复枪团队却只有一个的班编队。为了避免这些情况，开发人员需要添加槽位职业角色的概念。

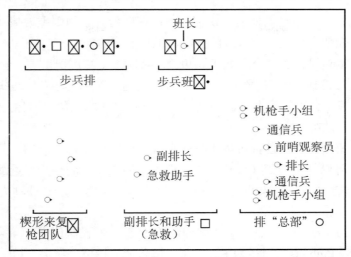

图 3.59 单独显示的嵌入编队

3.7.7 槽位的职业角色和更好的分配

到目前为止，我们假设任何角色都可以占用任何一个槽位。虽然通常就是这种情况，但是在某些编队的设计中，明确地赋予了游戏角色（Character）不同的职业角色（Role）。例如，在某个军事模拟游戏中，一个来复枪步兵团队拥有很多游戏角色，而这些游戏角色又分别在团队中担任不同的职业角色，如来复枪枪手、掷弹兵、机枪手和班长等。这些职业角色都有自己的具体位置。在实时战略游戏中，通常建议将重型武器（机枪手）保持在防御阵型的中心，同时在先锋队中使用敏捷的步兵枪手部队。

编队中的槽位可以分配任务角色，以便只有某些特定游戏角色才可以进入某些槽位。当给一个编队分配一组角色时（通常由玩家完成），需要将角色分配给最适合它们的槽位。无论是否给槽位分配职业角色，这都不应该是一个可以随意拼凑的过程，因为许多角色需要互相比较和搭配才能完成编队。

如果不给槽位分配职业角色，则将游戏角色分配给编队中的槽位并不困难，但是比较容易出错，因为此时职业角色可能会成为一个复杂的问题。在游戏程序中，开发人员也可以进行简化，以提供足够好的性能。

下面就来了解一下硬性职业角色和软性职业角色。

想象一下奇幻 RPG 游戏中角色的编队。当他们探索地牢时，队伍需要做好准备采取行动。魔法师和射手攻击能力强，但是防御能力弱，所以应该将他们安排在编队的中间，这样既可受到保护，又不影响他们的伤害输出；在队伍外围的则是近战战士，他们有很高的防御值和生命值，可以抵抗敌方的打击，维护己方的阵型。

开发人员可以通过创建一个分配职业角色的编队来支持这一设想。假设有 3 个职业角色：魔法师（假设他们不需要直接看到敌人）、远程射手（包括能投掷火球和具有跟随轨迹的法术的魔法师）和近战（肉搏）战士。可以将这些职业角色简称为近战（Melee）、射手（Missile）和法师（Magic）。

一般来说，每个游戏角色都可以担任一个或多个职业角色。例如，精灵既可以使用弓箭（射手）又可以使用刀剑（近战），而矮人只能依靠它的斧头（近战）。如果角色可以担任与某个槽位关联的职业角色，则只允许填入该槽位，这被称为硬性职业角色（Hard Role）。

图 3.60 显示了当队伍分配阵型时可能出现的情况。假设队伍中有 4 类游戏角色，分别是：矮人战士（Fighters，简写为 F），可以填入近战槽位；精灵（Elf，简写为 E），可以填入近战或射手槽位；弓箭手（Archer，简写为 A），可以填入射手槽位；法师（Mage，简写为 M），可以填入法师槽位。左侧的第一支队伍能很好地填入阵型，但是右侧的第一支队伍绝大部分都由矮人战士组成，所以有两个槽位无法完成分配。

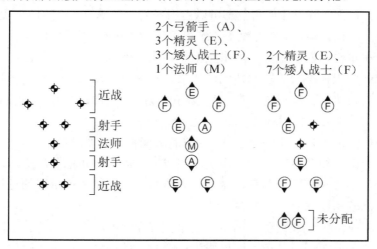

图 3.60　两个 RPG 游戏的编队示例

开发人员可以通过为队伍的不同组成提供许多不同的编队来解决这个问题。事实上，这也是最佳解决方案，因为由持剑的战士所组成的队伍的移动方式和由训练有素的弓箭手组成的队伍的移动方式是不一样的。糟糕的是，它需要设计许多不同的编队。如果玩家可以切换阵型，则会增加数百种不同的设计。

　　另一方面，开发人员可以使用相同的逻辑提供可扩展的编队：可以输入每个职业的角色数，然后编写代码以生成这些角色的最佳编队。这将带来非常好的结果，但代价是需要编写更复杂的代码。大多数开发人员都希望代码越精简越好，因此，最好使用单独的工具来构建编队模式并定义槽位的职业角色。

　　更简单的折中方法是使用软性职业角色（Soft Role），即可以被突破界限的职业角色。也就是说，游戏中的角色不再有一个可以担任的角色列表，而是有一组值，表示它担任每个角色的难度。例如，在上面的奇幻 RPG 游戏示例中，可以设定为：精灵对于占据近战和射手职业角色槽位都具有较低的难度值，但是对于占据法师职业角色槽位则具有很高的难度值。同样地，矮人战士对于占据射手和法师职业角色槽位都具有很高的难度值，但对于占据近战角色的槽位则具有非常低的难度值。

　　该值称为槽位成本（Slot Cost）。为了使某个槽位无法填入某个角色，其槽位成本应该是无限的。一般来说，这只是一个非常大的值。如果该值不接近该数据类型的上限（如 FLT_MAX），则下面的算法效果更好，因为它将添加若干个成本。要使某个槽位成为某个角色的理想选择，其槽位成本应为零。对于同一个角色来说，可以有不同级别的不合适的分配。例如，对于一个法师来说，它占据近战职业槽位时可能会有非常高的槽位成本，但占据射手职业槽位的成本却略低。

　　开发人员希望以最小化总成本的方式给角色分配槽位。如果没有为角色留下理想的槽位，那么仍然可以将其放置在不合适的槽位中。虽然总成本会提高，但至少角色不会无处安放。仍以上述游戏设定为例，表 3.1 为每个角色提供了对应的职业槽位成本。

表 3.1　不同角色的职业槽位成本

	法　师	射　手	近　战
弓箭手	1000	0	1500
精灵	1000	0	0
矮人战士	2000	1000	0
法师	0	500	2000

　　如图 3.61 所示，现在无论队伍由哪些不同的角色组成，都可以顺利分配角色进行编队，只不过队伍有了不同的总槽位成本。

　　这些具有灵活的槽位成本值的角色被称为软性职业角色。当阵型可以合理填充时，他们就是硬性职业角色；当为了避免编队使用错误的角色时，他们就是软性职业角色。

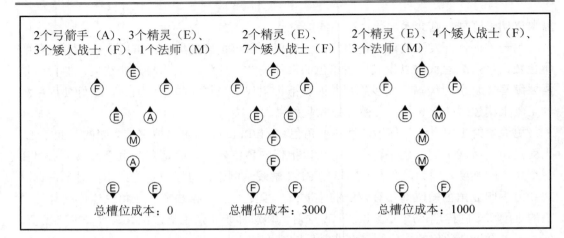

图 3.61　队伍具有不同的总槽位成本

3.7.8　槽位分配

本节已经多次讨论了关于槽位分配的主题，但还没有仔细研究过相关的算法。

在游戏中，需要进行槽位分配的情况相对较少。大多数情况下，一组角色只会跟随着他们的槽位。当一组先前无组织的角色被分配给某个编队时，通常会发生分配。我们将看到，当角色在战术运动中自发地改变槽位时也会发生这种情况。

对于大量的角色和槽位，开发人员可以采用许多不同的方式完成分配。开发人员可以简单地检查每个可能的分配并使用具有最低槽位成本的分配。糟糕的是，要检查的分配数量会快速变得很大。通过排列公式，将 k 个角色分配到 n 个槽位的可能分配数量如下：

$$_nP_k \equiv \frac{n!}{(n-k)!}$$

对于 20 个槽位和 20 个角色的编队，可以有将近 2500 万亿种不同的可能分配。显然，即使不需要经常这样做，我们也无法检查每一项可能的分配。再高效的算法也无济于事。分配问题是非多项式时间完全（Non-Polynomial Time Complete，也称为 NP 完全）问题的一个示例，任何算法都无法在合理的时间内获得正确的解。

相反，开发人员可以通过使用启发式算法来简化该问题。虽然不能保证得到最佳分配，但一般来说会很快得到一个相当不错的分配。启发式算法假设一个角色最终会出现在最适合它的槽位中。因此，开发人员可以依次查看每个角色并将其分配给具有最低槽位成本的槽位。

当然，这样做会有一定的风险，即将角色留到最后却没有任何地方可以合理地放置它。开发人员可以首先考虑具有高度约束的角色，最后再考虑具有灵活性的角色，以此来提高性能。这些角色将被给定一个分配难度值，以反映为他们找到槽位的难度。

角色的分配难度值可由下式给出：

$$\sum_{i=1}^{n} \begin{cases} \dfrac{1}{1+c_i} & \text{如果 } c_i < k \\ 0 & \text{否则} \end{cases}$$

其中，c_i 是占用槽位 i 的成本；n 是可能的槽位的数量；k 是槽位成本限制，超过该限制，槽位被认为太昂贵而不应该考虑占用。

只能占用很少几个槽位的角色会有很多的高成本槽位，因此其分配难度评级较低。请注意，该算法并不是累加每个角色的成本，而是累加每个实际的槽位的成本。因此，即使矮人战士只能占用近战槽位，但是如果编队中近战槽位的数量是其他类型的两倍，那么它仍然会相对灵活。同样地，如果编队中有 10 个槽位，但只有 1 个射手和 1 个法师槽位，那么即使魔法师既能担任法师又能担任射手，它仍然是不灵活的。

角色列表将根据分配的难度值进行排序，并且首先分配最不灵活的角色。这种方法适用于绝大多数情况，是编队分配的标准方法。

1. 对于槽位成本概念的推广应用

槽位成本不一定只取决于游戏角色和槽位的职业角色。它们可以被推广为包括角色在占据一个槽位时可能遇到的任何困难。

例如，如果阵型展开，则角色可以选择近处的槽位，而不是更远的槽位。类似地，轻型步兵单位可能想比重型坦克移动得更远，以快速就位。当编队用于移动时，这并不是什么大问题，但它在防御阵型中则可能是大问题。这就是我们使用槽位成本而不是槽位得分的原因，即对于成本而言，高分是不好的，低分则是合适的。如果使用槽位得分，则完全相反。距离可以直接用作槽位成本。

在分配编队位置时可能还有其他方面的权衡取舍。例如，在房间周围的掩藏点处可能有许多防御槽位，角色应该按照他们提供的掩藏顺序占据位置。如果没有更好的槽位，则只能占用部分掩藏点。

无论槽位成本中变化的来源如何，分配算法仍将正常运行。在实际应用中，可以将槽位成本机制归纳为方法调用。开发人员可以找到一个角色按最低成本占用特定槽位的方式。

2．实现

现在开发人员可以使用推广应用之后的槽位成本概念来实现分配算法。和前面的实现一样，calculateAssignment 方法是编队管理器类的一部分。

```
 1   class FormationManager
 2
 3       # ... 其他内容和前面的实现一样 ...
 4
 5       function updateSlotAssignments():
 6           # 保存槽位及其相应的成本
 7           class CostAndSlot:
 8               cost: float
 9               slot: int
10
11           # 保存游戏角色的分配难度值及其槽位列表
12           class CharacterAndSlots:
13               character: Character
14               assignmentEase: float
15               costAndSlots: CostAndSlot[]
16
17           characterData: CharacterAndSlots[]
18
19           # 编译角色数据
20           for assignment in slotAssignments:
21               datum = new CharacterAndSlots()
22               datum.character = assignment.character
23
24               # 添加每个有效槽位给它
25               for slot in 0..pattern.numberOfSlots:
26                   cost: float = pattern.getSlotCost(assignment.
27                       character)
28                   if cost >= LIMIT: continue
29
30                   slotDatum = new CostAndSlot()
31                   slotDatum.slot = slot
32                   slotDatum.cost = cost
33                   datum.costAndSlots += slotDatum
34
35                   # 添加此槽位到角色的分配难度
36                   datum.assignmentEase += 1 / (1 + cost)
37
```

```
38              datum.costAndSlots.sortByCost()
39              characterData += datum
40
41          # 按分配难度的顺序分配角色
42          # 最困难的优先分配
43          characterData.sortByAssignmentEase()
44
45          # 跟踪已经填充的槽位
46          # 在该数组中的所有值初始状态都应该是 false
47          filledSlots = new bool[pattern.numberOfSlots]
48
49          # 进行分配
50          slotAssignments = []
51          for characterDatum in characterData:
52              # 选择列表中第一个仍然开发的槽位
53              for slot in characterDatum.costAndSlots:
54                  if not filledSlots[slot]:
55                      assignment = new SlotAssignment()
56                      assignment.character = characterDatum.character
57                      assignment.slotNumber = slot
58                      slotAssignments.append(assignment)
59
60                      # 保留该槽位
61                      filledSlots[slot] = true
62
63                      # 转到下一个角色
64                      break continue
65
66              # 如果运行到这里, 是因为角色没有有效的分配
67              # 此时应采取合理的操作
68              # 例如, 报告给玩家
69              throw new Error()
```

　　break continue 语句指示应该保留最内层循环,并且应该使用下一个元素重新启动周围循环。在某些编程语言中,这不是一个容易实现的流程。在 C/C++中,可以通过标记最外层循环并使用命名的 continue 语句(它将继续命名循环,自动打破任何封闭循环)来完成。请参阅编程语言的参考信息,以了解如何实现相同的效果。

3. 数据结构和接口

　　在这段代码中,我们隐藏了在数据结构方面的大量复杂度。CharacterAndSlots 结构中有两个列表:characterData 和 costAndSlots,它们都是已排序的。

　　在第一种情况下，使用 sortByAssignmentEase 方法，通过分配难度的评级对角色数据进行排序。这可以用任何排序方式实现，或者也可以重写该方法，以便在其进行时立即排序。如果将角色数据列表实现为链接列表（其中数据可以非常快速地插入），则可以更快地进行排序；如果列表实现为数组（通常它的速度更快），那么最好将排序任务保留到最后，并使用快速就地排序算法（如 Quicksort）。

　　在第二种情况下，可以使用 sortByCost 方法按槽位成本对角色数据进行排序。同样，如果底层数据结构支持快速元素插入，那么也可以实现为链接列表并在编译时进行排序。

4．性能

　　该算法在内存中的性能为 $O(kn)$，其中 k 是角色数，n 是槽位数。它在时间上的性能是 $O(ka \log a)$，其中，a 是任何给定角色可以占用的平均槽位数，这通常是比槽位总数更低的值，但它会随着槽位数量的增加而增长。如果不是这种情况，而是角色的有效槽位数与槽位数不成比例，则该算法的性能在时间上也是 $O(kn)$。

　　无论是上面哪一种情况，都比 $O(_nP_k)$ 过程要快得多。

　　一般来说，这种算法的问题在于内存瓶颈而不在于速度。有一些方法可以用更少的内存来获得相同的算法效果，所以必要时可以采用，当然，这相应地也会增加一些执行时间。

　　无论采用哪一种实现，该算法通常都不够快，无法定期使用。因为分配很少发生（例如，当用户选择新的编队图案或将新的单位添加到编队中时），所以可以将它拆分成若干帧。在角色开始编入阵型之前，玩家不太可能注意到这寥寥几帧的延迟。

3.7.9　动态槽位和队形

　　到目前为止，我们假设的是，编队图案中的槽位相对于锚定点是固定的。阵型是一种固定的 2D 图案，可以在游戏关卡中移动。到目前为止，我们开发的框架可以扩展到支持随着时间改变形状的动态编队。

　　图案中的槽位是动态的，可以相对于编队的锚定点进行移动，这种设计对于一些特殊要求非常有用，例如，在编队本身不移动的情况下引入一定程度的移动，在一些体育比赛游戏中实现固定进攻战术队形，以及用作战术移动的基础等。

　　图 3.62 显示了在棒球双杀战术中守场员的移动方式。

　　这可以作为阵型实现。每个守场员都有一个固定的槽位，具体取决于他们的位置。最初，他们处于固定图案的编队中，并处于他们的正常防守位置（实际上，根据防守策略，可能存在许多这样的固定编队）。当 AI 检测到双杀战术已经开启时，它将设置编队图案为动态双杀图案。这些槽位沿着图 3.62 所示的路径移动,将这些守场员带到了双杀战术的位置。

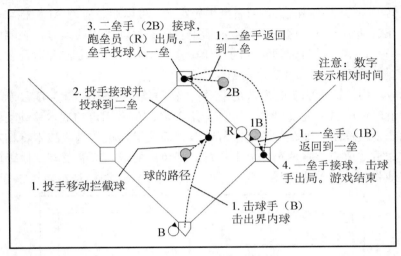

图 3.62 棒球双杀战术

在某些情况下,槽位不需要沿路径移动。它们可以简单地跳到它们的新位置,并让角色使用他们的到达行为移动到那里。当然,在更复杂的游戏中,所采用的路线不是直接的,并且角色需要迂回到达他们的目的地。

为了支持动态编队,需要引入时间元素。开发人员可以简单地扩展编队的图案接口以获取时间值。这将是自编队开始以来所经过的时间。现在,编队图案的接口如下:

```
1  class FormationPattern:
2
3      # ... 其他元素和前面的实现一样 ...
4
5      # 获取给定槽位索引在给定时间的位置
6      function getSlotLocation(slotNumber: int, time: float) -> Static
```

糟糕的是,这可能导致漂移的问题,因为编队将使其槽位位置随时间而改变。开发人员可以扩展该系统以重新计算每帧中的漂移偏移量,以确保它是准确的。当然,许多使用动态槽位和固定进攻战术的游戏并不使用两级转向。例如,在棒球游戏中,槽位的移动相对于场地是固定的;而在足球比赛中,队形也往往是相对于争球线固定的。在这种情况下,不需要两级转向(编队的锚定点是固定的),而漂移也不是问题,因为它可以从实现中移除。

许多体育项目使用类似于阵型运动的技术来管理场上运动员的协调移动。在这种情况下，一定要注意确保球员不会无脑地跟随着他们的阵型打转而无视现场发生的事情。

毫无疑问，移动槽位的位置必须完全预先定义。可以通过协调 AI 例程动态地确定槽位的移动。在极端情况下，这可以完全灵活地将玩家移动到任何地方，以响应游戏中的战术情况。但是，这只是将合理移动的责任转移到不同的代码上，并对开发人员提出了应该如何实现它的问题。

在实际应用中，比较聪明的方法是采用一些中间解决方案。图 3.63 显示了一套按照队形执行的足球角球固定进攻战术，其中只有 3 名球员有固定的战术移动动作。其余进攻球员的动作将根据防守球队的移动进行计算，而关键球员的进攻战术将相对固定，因此开角球的球员知道应该将球踢到哪个位置。开角球的球员可能要等到他踢球之前的那一刻才确定他将球开出给 3 个潜在得分手中的哪一个，这同样是对防守方行动的回应。

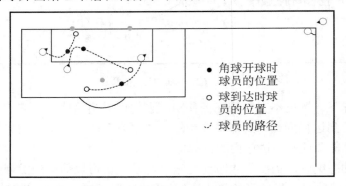

图 3.63　足球角球固定进攻战术

可以通过本书第 5 章介绍的决策技术做出决定。例如，我们可以在 A、B 和 C 的每个镜头中观察对方球员，然后将球传递给具有最大自由度的己方球员。

3.7.10　战术移动

编队的一个重要应用是基于战术小队的移动。

当一支部队不了解周围地区的安全态势时，他们将派出战术小队轮流移动，而其他小队的队员则提供警戒，如果发现敌人，则立即开火掩护，这种移动战术被称为包抄掩护，由静止的小队成员维持掩护，而他们的战友则跑到下一个掩藏点，如图 3.64 所示。

动态编队模式并不限于为体育游戏创建进攻战术，它们还可以用于创建非常简单但也很有效的近似包抄掩护的战术。它不是在运动场上的设定位置之间的移动，而是编队槽位将以可预测的顺序在任何靠近角色的掩体之间移动。

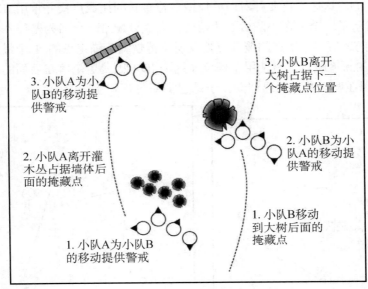

3. 小队A为小队B的移动提供警戒

2. 小队A离开灌木丛占据墙体后面的掩藏点

1. 小队A为小队B的移动提供警戒

3. 小队B离开大树占据下一个掩藏点位置

2. 小队B为小队A的移动提供警戒

1. 小队B移动到大树后面的掩藏点

图 3.64　包抄掩护战术

首先，我们需要访问游戏中的一组掩藏点。掩藏点是游戏中的某个位置，如果角色处于该位置，则他们将是安全的。这些位置可以由关卡设计人员手动创建，也可以从关卡的布局计算出来。本书第 6 章"战略和战术 AI"将详细介绍如何创建和使用掩藏点。出于本节讲解的需要，我们假设有一些可用的掩藏点。

我们需要一种快速的方法来获得编队锚定点周围区域的掩藏点列表。包抄掩护编队模式将访问该列表并为编队锚定点选择最接近的掩藏点集合。如果有 4 个槽位，则会找到 4 个掩藏点，以此类推。

当要求返回每个槽位的位置时，编队图案将为每个槽位使用这组掩藏点中的一个位置，如图 3.65 所示。对于图中所示的每个编队锚定点，其槽位的位置对应于最近的掩藏点。

因此，编队的图案与环境有关，而不是事先固定的几何图形。当编队移动时，过去对应于槽位的掩藏点不再是最近点集的一部分。当一个掩藏点离开列表时，另一个（通过定义）掩藏点将进入。这里有一个诀窍是将新到达的掩藏点提供给刚刚移除了掩藏点的槽位，而不是将所有掩藏点重新分配给槽位。

因为每个角色都通过某种槽位 ID（在我们的示例代码中，ID 是一个整数）获得特定

的槽位，所以新的有效槽位应该与最近消失的槽位具有相同的 ID。仍然有效的掩藏点仍
应具有相同的 ID。这通常需要针对旧的掩藏点检查新的掩藏点集并重用 ID 值。

图 3.66 显示了一个落在小队后面的角色，它被分配给一个名为槽位 4 的掩藏点。在
经过很短的时间之后，它所在的掩藏点被发现不再是编队锚定点的 4 个最近点之一，于
是在小队前面的新掩藏点重新使用了槽位 4 这个 ID，因此这个落在后面的角色（它被分
配给槽位 4）现在发现其目标已移动，于是它将朝向新目标移动。

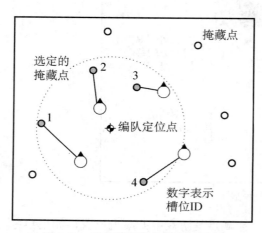
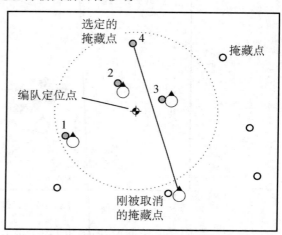

图 3.65　编队图案和掩藏点相匹配　　　　　　　　图 3.66　槽位变化示例

下面介绍战术运动和锚定点调节。

现在可以运行编队系统。我们需要关闭锚定点移动的调节功能，否则，角色可能会
陷入一组掩藏点出不来。他们的质心不会改变，因为编队在他们的掩藏点处是静止的。
因此，锚定点不会向前移动，并且编队将没有机会找到新的掩藏点。

由于现在关闭了调节功能，所以与单个角色相比，使锚定点缓慢移动至关重要。这
是开发人员在任何情况下都期望能看到的，因为包抄掩护并不是一种快速机动的战术。

在我们看到的几款游戏原型中，使用了另一种选择，那就是回到让领导角色充当锚
定点的想法。这个领导角色可以在玩家的控制之下，或者可以通过一些常规的转向行为
来控制。随着领导角色的移动，小队的其余成员也围绕着他进行包抄掩护移动。如果领
导角色全速移动，那么他的小队将没有时间进入防守位置，看起来好像他们只是跟在领
导角色身后。如果领导角色放慢速度，那么他们会围绕他进行掩护。

为了支持这一点，请确保领导角色附近的任何掩藏点都可以从掩藏点（这些掩藏点
可以转换为槽位）列表中排除，否则，其他角色可能会尝试加入其掩藏点中的领导角色。

3.8　马 达 控 制

　　到目前为止，本章都是通过直接影响角色的物理状态来研究移动角色的。在许多情况下，这是可接受的近似值。但是，现在有越来越多的运动是通过物理学模拟控制的，这在驾驶类游戏中几乎已经是普遍现象。例如，这些游戏中的汽车都是按物理学模拟方式进行转向的。它也已经被用于飞行角色，并且和人类角色的物理学特性有所区别。

　　转向行为的输出可被视为移动请求。例如，到达行为可能要求在一个方向上加速。开发人员可以为自己的运动解决方案添加一个马达控制（Motor Control）层来接受这个请求，并找出执行它的最佳方式，这就是执行（Actuation）的过程。在简单的情况下，这是足够的，但有时执行器（Actuator）的能力需要影响转向行为的输出。

　　想一想驾驶游戏中的汽车，它的运动受到基本的物理学限制。例如，它在静止时不能转向；它移动的速度越快，转向就越慢（不考虑失控打滑的情况）；它的制动可以比加速更快；它只朝着自己面向的方向移动等。而另一方面，坦克则具有不同的特征。例如，它可以在静止时转向，但它在急转弯时也需要减速。人类角色的物理学特征和这两者又有所不同。例如，人类在所有方向上都可以急剧加速，并且在向前、左右侧或向后移动时具有不同的最高速度。

　　当开发人员在游戏中模拟运载工具（Vehicle）时，需要考虑它们的物理性能。转向行为可能会请求运载工具不可能执行的加速组合。所以，开发人员需要一些方法来结束对角色不合理的操作。

　　在第一人称和第三人称游戏中出现的一种常见的情况是需要匹配动作。一般来说，角色具有一个动作选项菜单。例如，步行动作可以缩放，以便它可以支持按 0.8～1.2 m/s 速度移动的角色，而慢跑动作则可能支持 2.0～4.0 m/s 的速度。角色需要在这两个速度范围之中选择，没有其他速度可选。因此，执行器需要使用可以设置动作的移动范围来确保满足转向要求。

　　综上所述，在马达控制层，执行有两个重点：输出过滤（Output Filtering）和与能力匹配的转向（Capability Sensitive Steering）控制。

3.8.1　输出过滤

　　最简单的执行方法是根据角色的能力过滤转向输出。例如，在图 3.67 中，可以看到一辆静止状态的小汽车要追逐另一辆车。指示的线性和角度加速表示追逐转向行为的结果。显然，该汽车不能执行这些加速，因为它无法侧向加速，并且它也不能在未向前移动的情况下就立即开始转弯。

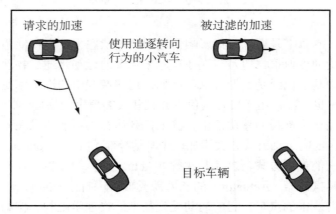

图 3.67　　加速请求被执行器过滤

过滤算法简单地移除了无法实现的转向输出的所有组件。结果是没有角度加速，并且在其向前方向上具有一个更小的线性加速。

如果每一帧都运行过滤算法（即使转向行为不是在每一帧中运行），那么汽车将采用指示的路径。在每一帧中，汽车都将向前加速，使其有角度地加速。旋转和线性运动将用于使汽车移动到正确的方向，以便它可以直接跟在被追逐的对象后面。

这种方法非常快速，易于实现，并且非常有效。它甚至很自然地提供了一些有趣的行为。在下面的示例中，如果旋转汽车使它几乎贴在目标后面，那么汽车的路径将是一个 J 形转弯，如图 3.68 所示。

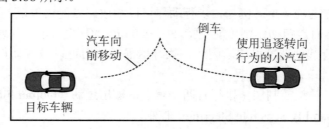

图 3.68　　J 形转弯

当然，这种方法仍存在问题。当我们移除不可用的运动组件时，将留下比最初的请求小得多的加速。在上面的第一个例子中，与请求的加速度相比，初始加速度很小。

在这种情况下，它看起来并不太糟糕。我们可以说汽车只是慢慢地移动以执行其初始转弯来证明它是合理的。

我们还可以扩展最终请求，使其与初始请求的大小相同。这可以确保角色不会因为它的请求被过滤而移动得太慢。

但是在图 3.69 中，过滤的问题则变得很明显。现在没有可以由汽车执行的请求的组件。单独过滤将使汽车保持不动，直至目标移动或直到计算中的数字错误解决了死锁。

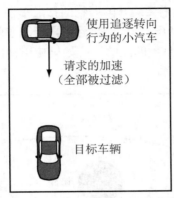

使用追逐转向行为的小汽车

请求的加速（全部被过滤）

目标车辆

图 3.69　任何加速请求都将被执行器过滤

为了解决这种情况，我们可以检测最终结果是否为零并采用不同的执行方法。这可能是一个完整的解决方案，如下面的与能力匹配的转向技术，也可能是一个简单的启发式方法，如前进和强行转弯。

根据我们的经验，大多数情况可以基于过滤的执行方式简单地解决问题。之所以有不起作用的地方是因为转向请求中存在少量误差范围。为了高速行驶，在狭窄的空间内操纵，在动画中匹配动作或跳跃，都需要尽可能地尊重转向请求。在这种情况下，过滤可能会导致问题，但是，公允地说，本节中的其他方法也是如此（尽管程度可能较小）。

3.8.2　与能力匹配的转向

所谓执行的不同方法就是将执行带入转向行为本身。AI 不仅根据角色想要去的地方生成移动请求，还要考虑角色的物理能力。

如果角色正在追击敌人，那么它将考虑自己可以实现的每个动作，并选择能以最佳方式捕捉到目标的方法。如果可以执行的一组策略相对较小（例如，可以向前移动或左转或右转），那么可以简单地依次查看每个策略并确定策略完成后的情况，以确保最终选择执行的动作是能引发最佳状态的动作。例如，对于追击敌人而言，最佳状态无疑就是角色距离其目标最近。

但是，在大多数情况下，角色可以采取的行动范围几乎是无限的。例如，它可以按一系列不同的速度移动，或者按一系列不同的角度转弯。根据角色及其目标的当前状态，需要一组启发式算法来确定要采取的动作。本章第 3.8.3 节"常见执行属性"给出了一系列常见的移动 AI 的启发式方法集合示例。

这种方法的关键优势在于，开发人员可以使用在转向行为中发现的信息来确定要采取的运动。图 3.70 显示了一辆需要避开障碍物的打滑车辆。如果使用常规的障碍物躲避转向行为，那么将选择路径 A（但是，这显然超出了汽车的物理学特性，也就是说，该转向行为和路径与汽车的能力是不匹配的）；如果使用输出过滤技术，那么它将导致汽车先倒车，然后左转向前。

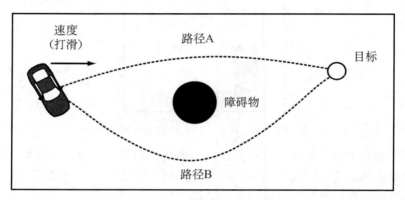

图 3.70　启发式算法将做出最佳选择

开发人员可以根据一组启发式方法（如第 3.8.3 节"常见执行属性"中列出的那些方法）创建一种新的障碍物躲避算法，该算法将考虑障碍物周围的两种可能路径。

因为汽车更愿意向前移动以达到其目标，所以它将正确使用路径 B，这涉及加速以避免撞击。这是理性人类的选择。

对于与能力匹配的转向技术来说，并没有特定的算法。它涉及实现启发式算法，模拟人类在相同情况下做出的决策，即从运载工具所有可能的行动中选择使用一种合理的行动以获得预期效果。

虽然将执行带入转向行为本身似乎是一个明显的解决方案，但是，将行为结合在一起时同样会产生问题。在真实游戏场景中，会存在一次出现若干个与转向相关的活动的情况，所以，开发人员需要以全局方式来考虑执行。

正如本章前文所述，转向算法的一个强大功能是能够将关注点结合起来产生复杂的行为。如果每个行为都试图考虑角色的物理能力，那么它们在组合时不太可能给出合理的结果。

如果开发人员想混合转向行为，或使用黑板系统、状态机或转向管道将它们组合在一起，则建议将执行延迟到最后一步，而不是每个阶段都执行。

最终的执行步骤通常涉及一组启发式方法。在这个阶段，开发人员无法访问任何特定转向行为的内部运作方式。例如，无法看到备选的障碍物躲避解决方案。因此，执行器中的启发式方法需要能够为任何类型的输入生成大致合理的移动猜想，它们将仅限于在没有其他信息的情况下对一个输入请求进行操作。

3.8.3　常见执行属性

本节将介绍游戏中一系列移动 AI 的常见执行限制，以及一组可能的启发式算法，它们可用于对环境敏感的执行。

1．人类角色

人类角色可以相对于他们朝向的任何方向移动。当然，他们在前进方向的移动比其他任何方向都要快得多。因此，除非目标非常接近，否则他们很少会尝试通过侧向移动或后退来到达目标。

人类在低速时的转向非常快，但是，当速度逐渐提高时，人的转向能力也会相应地降低，这通常由"朝目标转向"的动作表示，该动作仅适用于静止或动作非常慢的角色。在步行或跑步时，角色可以减慢速度以进行转向或拐弯（由常规步行或跑步的动作表示，但它将沿着曲线而不是直线进行）。

人类角色的执行能力在很大程度上取决于可用的动作。在本书第 4 章的末尾，我们将研究一种能够始终找到最佳动作组合以实现其目标的技术。当然，大多数开发人员只是使用一组启发式方法。

❑　如果角色静止不动或移动非常缓慢，并且距离目标非常近，那么它将直接步行到达目的地，即使需要后退或横向移动也没问题。

❑　如果目标距离较远，角色将首先转向并朝向目标，然后向前移动以达到目标。

❑　如果角色以某种速度移动，并且目标位于其前面的与速度相关的弧内，那么它将继续向前移动，但会添加旋转分量（一般来说，就是在采用直线动作的同时，设置对移动的旋转程度的自然限制，使得动作看起来不会很别扭）。

❑　如果目标位于其弧外，则角色将停止移动并更改方向，然后再次出发。

侧向移动的半径、多快的速度算是"移动得非常慢"，以及弧的大小等都是需要确定的参数，并且在很大程度上取决于角色将使用的动作的幅度。

2．汽车和摩托车

一般来说，机动车的移动会受到很大的限制。例如，它们在静止时不能转向，它们也无法控制或启动侧向运动（打滑）。在速度方面，它们通常对其转向能力有限制，这取决于轮胎在地面上的抓地力。

在直线上，机动运载工具制动的速度可以比加速快得多，并且向前移动的速度也能比倒车的速度快得多（尽管不一定具有更大的加速度）。而摩托车则几乎都是不能向后倒车的。

有两种用于机动车的决策弧（Decision Arc），如图 3.71 所示。前面的弧包含汽车在没有制动的情况下转向的目标，后面的弧包含汽车试图倒车的目标。对于摩托车而言，它后面的弧为零，但是它通常具有最大的灵活移动和转向范围，不必像汽车那样为了追逐其身后的目标而笨拙地转向。

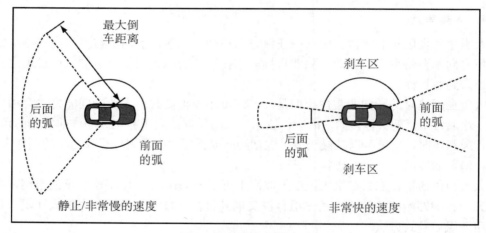

图 3.71　机动车的决策弧

在速度很高时，决策弧会收缩，转弯的比率取决于轮胎的抓地特性，必须通过调整来找到。如果汽车处于低速（但不是静止状态），那么两个弧会相互接触，如图 3.71 所示。当汽车缓慢行驶时，两个弧必须接触。否则，汽车将试图制动到静止状态，以便能转向空隙中的目标。因为它在静止时不能转弯，这意味着它将无法达到其目标。如果决策弧在速度很高时仍然接触，那么当汽车试图急转弯时，可能会因为行驶得太快而打滑。

❑　如果汽车是静止的，那么它应该加速。

❑　如果汽车正在移动并且目标位于两个决策弧之间，那么汽车应该制动，使其以最大比率转弯时仍然不会导致打滑。最终，目标将从后面回到前面的弧区域，这样汽车将可以转弯并向着目标加速。

❑　如果目标位于前方的弧内，则可以继续向前移动并转向它。在这种情况下，如果汽车不限速，则可以尽快加速；如果汽车限速，则应加速到最佳速度。

❑　如果目标位于后方的弧内，则向后加速并向其转向。

这种启发式方法可能很难参数化，特别是在使用物理引擎来驱动汽车的动态时。一般来说，要找到前进弧的角度，使其接近轮胎的抓地力但不超过它（以避免一直打滑），这可能并不容易。在大多数情况下，最好小心谨慎，并给出一个足够保险的余量。

还有一种常见的策略是人为地提高 AI 控制的汽车的抓地力。如果 AI 控制的汽车的抓地力与玩家的车相同，则可以设置其前进弧，使其在极限上是正确的。在这种情况下，限制汽车能力的是 AI，而不是物理学特性，但它的运载工具不会以不合理或不公平的方式行事。这种方法唯一的缺点是汽车永远无法漂移，而这却可能是游戏中需要的特征效果。

这些启发式方法旨在确保汽车不会打滑。但在一些游戏中，通过车轮空转失去抓地力或手刹转弯方式实现漂移都是常态，开发人员需要调整参数才能实现这一点。

3. 履带式运载工具（坦克）

坦克的表现方式与汽车和自行车非常相似。它们能够向前和向后移动（通常具有比汽车或自行车小得多的加速度），并且能够以任何速度转向。在高速行驶时，它们的转向能力再次受到抓地力的限制。在低速或静止时，它们可以非常快速地转动。

坦克使用与汽车完全相同的决策弧。其启发式方法有两个不同之处。

❑　可以允许两个弧仅以零速度接触。因为坦克可以在不向前移动的情况下转向，所以它可以直接制动停住然后执行急转向。当然，实际上很少需要这样做。坦克可以在向前移动的时候进行急剧转弯。它不需要停止。

❑　静止时，坦克不需要加速。

3.9　第三维中的移动

到目前为止，我们已经研究了 2D 转向行为。我们允许转向行为在第三维中垂直移动，但强制其方向保持在向上向量附近，这就是所谓的 2.5D，它适合大多数的开发需求。

如果想让角色不受重力限制，则需要完全的 3D 移动。那些可以飞檐走壁的人物，可以垂直起降和做滚筒动作的空中飞行器，以及可以向任何方向旋转的炮塔都需要通过完全三维转向行为来实现。

因为 2.5D 算法很容易实现，所以在深入研究完全三维之前，值得认真思考该种算法。

有一些常用方法可以把游戏场景变成 2.5D，并可以获得它提供的更快的执行优势。例如，在本章的最后提供了一个算法，可以使用 2.5D 数学模拟空中飞行器的垂直起降和滚筒动作。当然，有一点需要说明，转变场景的执行需要比 3D 数学更长的时间。

本节重点关注如何将第三个维度引入方向和旋转，文中讨论了本章前面提到的原始转向算法需要进行的更改。最后，我们还研究了 3D 转向中的常见问题：控制空中和太空飞行器的旋转。

3.9.1　三维旋转

要转换到完整的三维，我们需要将方向和旋转扩展到任何角度。三维中的方向和旋转都具有 3 个自由度。我们可以使用 3D 向量表示旋转。但由于超出本书的范围，因此实际上不可能用 3 个值来表示方向。

要转换到使用完整的 3 个维度，开发人员需要将方向和旋转扩展到任意角度。三维中的方向和旋转都具有 3 个自由度。可以使用 3D 向量表示旋转，该向量由围绕 x、y 和 z 轴的旋转组成。需要注意的是，有时看起来完全不同的向量其实代表了相同的方向。

3D 方向最实用的数据结构就是游戏中最常用的表示方式——四元数，即具有 4 个真实分量的值，其大小（即 4 个分量的欧几里得大小）始终为 1。要求大小始终为 1 会使自由度从 4（4 个值）降到 3。

在数学上，四元数是超复数。它们的数学与 4 元素向量的数学不同，因此四元数的乘法需要专用的例程，并使用位置向量和它们相乘。一个好的 3D 数学库将提供相关的代码，开发人员所使用的图形引擎几乎肯定会使用四元数。

在二维情况下，确定方向比旋转更复杂。2D 方向每 2π 弧度（360°）重复一次，其中的旋转可以具有任何值。类似的事情也发生在 3D 中。因此，方向最好用四元数表示，但旋转则可以是常规向量。

也可以使用矩阵来表示方向，一直到 20 世纪 90 年代中期，它都是主导技术。这些 9 元素结构具有额外的约束以将自由度降到 3。因为它们需要大量检查以确保约束不被破坏，所以它们不再被广泛使用。

旋转向量有 3 个分量。它与旋转轴和旋转速度有关，具体如下：

$$\vec{r} = \begin{bmatrix} a_x \omega \\ a_y \omega \\ a_z \omega \end{bmatrix} \tag{3.11}$$

其中，$[a_x \quad a_y \quad a_z]^T$ 是旋转轴；ω 是角速度，以弧度/秒（Radians per second）为单位。请

注意，这里的单位是不可忽视的关键因素，因为如果使用度数/秒（Degrees per second），则在数学上更复杂。

方向四元数有 4 个分量：$[r \quad i \quad j \quad k]$（有时也称为$[w \quad x \quad y \quad z]$，当然，这种形式可能会与位置向量产生混淆，因为位置向量在同质形式中具有额外的 w 坐标）。

它还与轴和角度有关。在这种情况下，轴和角度对应于最小旋转，而这个最小旋转是从参考方向转换为目标方向所必需的。每个可能的方向可以表示为：围绕单个固定轴从参考方向进行的一些旋转。

使用以下公式可以将轴和角度转换为四元数：

$$
\hat{p} = \begin{bmatrix} \cos\dfrac{\theta}{2} \\[2mm] a_x \sin\dfrac{\theta}{2} \\[2mm] a_y \sin\dfrac{\theta}{2} \\[2mm] a_z \sin\dfrac{\theta}{2} \end{bmatrix} \tag{3.12}
$$

其中，$[a_x \quad a_y \quad a_z]^T$ 是旋转轴，这一点和前文一样；θ 是角度；$\hat{p}$ 表示 p 是四元数。

请注意，不同的实现对四元数中的元素使用不同的顺序。一般来说，r 分量出现在最后。

我们在四元数中有 4 个数字，但我们只需要 3 个自由度。因此，需要对四元数做进一步的约束，使得它的大小为 1（即它是一个单位的四元数），即

$$r^2 + i^2 + j^2 + k^2 = 1$$

轴和角度的表示始终遵循该公式，相关的验证留作一项练习，感兴趣的读者可以自行证明。尽管用于几何应用程序的四元数的数学通常确保四元数保持单位长度，但数值误差可能使它们徘徊不前。大多数四元数学库都有额外的代码位，可以周期性地将四元数标准化为单位长度。我们将依赖四元数是单位长度的事实。

四元数的数学是一个广泛的领域，我们将只讨论和以下各节中内容相关的主题。本系列中的其他书籍，特别是附录参考资料[12]，包含了对四元数操作的深入的数学讨论。

3.9.2 将转向行为转换为三维

在向三维形式转换时，只有角度数学发生了变化。为了将转向行为转换为三维，开发人员可以将它们分成没有角度分量的行为（如追逐行为或到达行为），以及有角度分量的行为（如对齐）。前者可以直接转换为三维形式，而后者则需要不同的数学方法以

计算所需的角加速度。

1．三维中的线性转向行为

在本章的前 3 节中，我们研究了 14 种转向行为。其中的 10 种没有明确地设置角度分量：寻找（Seek）、逃跑（Flee）、到达（Arrive）、追逐（Pursue）、躲避（Evade）、速度匹配（Velocity Matching）、路径跟随（Path Following）、分离（Separation）、避免碰撞（Collision Avoidance）和障碍物躲避（Obstacle Avoidance）。

这些行为中的每一个都是线性的。它们尝试匹配给定的线性位置或速度，或者它们试图避免匹配位置。从 2.5D 转换到 3D 时，它们都不需要任何修改。与它们相关的公式在三维位置中保持不变。

2．三维中的角度转向行为

剩下的 4 个转向行为是对齐（Align）、朝向（Face）、直视移动的方向（Look Where You Are Going）和漫游（Wander）。它们中的每一个都具有明确的角度分量。对齐、直视移动的方向和朝向都是纯粹的角度变化。其中，对齐行为可匹配另一个方向，朝向行为可朝向一个给定位置的方向，而直视移动的方向行为则可以朝向当前速度向量的方向。

在 3 个纯粹的角度变化行为之间，开发人员可以基于运动学的 4 个元素中的 3 个来确定方向（很难看出基于旋转的方向可能意味着什么）。开发人员可以按相同的方式更新这 3 种行为中的每一种。

漫游行为则有所不同。其方向是半随机变化的，然后方向将激活转向行为的线性分量。我们将在后文单独讨论漫游行为。

3.9.3　对齐

对齐行为采用目标方向作为输入，并尝试应用旋转更改角色的当前方向以匹配目标。

为了执行该操作，开发人员需要找到目标和当前四元数之间所需的旋转。将起始方向转换为目标方向的四元数是：

$$\hat{q} = \hat{s}^{-1}\hat{t}$$

其中，$\hat{s}$ 是当前方向；$\hat{t}$ 是目标四元数。因为开发人员将要处理单位四元数（它们的元素的平方和为 1），所以四元数逆等于共轭 $\hat{q}$* 并由下式给出：

$$\hat{q}^{-1} = \begin{bmatrix} r \\ i \\ j \\ k \end{bmatrix}^{-1} = \begin{bmatrix} r \\ -i \\ -j \\ -k \end{bmatrix}$$

换句话说，轴分量是翻转的。这是因为四元数的负数等于绕同一轴旋转，但是角度相反（即 $\theta^{-1} = -\theta$ ）。对于与 $\sin\theta$ 相关的 x、y 和 z 分量中的每一个，可以有 $\sin-\theta = -\sin\theta$ ，而 w 分量与 $\cos\theta$ 有关，并且 $\cos-\theta = -\cos\theta$ ，留下 w 分量不变。

现在需要将此四元数转换为旋转向量。首先，可以将四元数分成一个轴和角度：

$$\theta = 2\arccos q_w$$

$$\vec{a} = \frac{1}{\sin\dfrac{\theta}{2}}\begin{bmatrix} q_i \\ q_j \\ q_k \end{bmatrix}$$

开发人员希望以与原始对齐行为相同的方式来选择旋转，使得角色可以按零旋转速度到达目标方向。开发人员知道需要进行旋转的轴，并且有需要达到的总角度，所以在此只需要找到可选择的旋转速度。

找到正确的旋转速度相当于从两个维度的零方向开始并且目标方向为 θ 。开发人员可以应用在二维中使用的相同算法来生成旋转速度 ω ，然后使用式（3.11）将其与上面的轴 $\vec{a}$ 组合以产生输出旋转。

3.9.4　对齐向量

朝向行为和直视移动的方向行为都要从一个角色应该对齐的向量开始。在朝向行为中，它是从当前角色位置到目标的向量，在直视移动的方向行为中，它是速度向量。开发人员可以假设角色试图在给定方向上定位其 z 轴（它俯视的轴）。

在二维中，使用大多数语言中可用的 **atan2** 函数从向量计算目标方向很简单。在三维中，没有这样的快捷方式来从面向向量的目标生成四元数。

实际上，俯视给定向量的方向可以有无数个，如图 3.72 所示。

图 3.72　每个向量可以有无数个方向

这意味着没有单一方法将向量转换为方向。开发人员必须做出一些假设来简化相关事宜。

最常见的假设是将目标偏向"基本"方向。开发人员希望选择尽可能接近基本方向的方向。换句话说，可以从基本方向开始并将其旋转到可能的最小角度（绕适当的轴），以使其局部 z 轴指向开发人员的目标向量。

通过将基本方向的 z 方向转换为向量，然后获取该向量和目标向量的乘积，可以找到最小的旋转。向量的乘积给出：

$$\vec{z}_b \times \vec{t} = \vec{r}$$

其中，$\vec{z}_b$ 是基本方向中局部 z 方向的向量；$\vec{t}$ 是目标向量；$\vec{r}$ 是一个叉积，它被定义为：

$$\vec{r} = \vec{z}_b \times \vec{t} = \left(|\vec{z}_b| |\vec{t}| \sin\theta\right) \vec{a}_r = \sin\theta \vec{a}_r$$

其中，θ 是角度；$\vec{a}_r$ 是最小旋转轴。因为该轴是单位向量（即 $|\vec{a}_r| = 1$），开发人员可以恢复角度 $\theta = \arcsin|\vec{r}|$，然后将 $\vec{r}$ 除以它即可得到轴。如果 $\sin\theta = 0$（即对于所有 $n \in \mathbb{Z}$，$\theta = n\pi$），这将不起作用。这符合我们对旋转物理特性的直觉。如果旋转角度为 0，那么谈论任何旋转轴都没有意义。如果旋转是通过 π 弧度（90°），那么任何轴都会是有效的。没有特定的轴需要比任何其他轴更小的旋转。

只要 $\sin\theta \neq 0$，开发人员就可以通过首先将轴和角度转换为四元数 $\hat{r}$（使用式（3.12））并应用以下公式来生成目标方向：

$$\hat{t} = \hat{b}^{-1}\hat{r}$$

其中，$\hat{b}$ 是基本方向的四元数表示；$\hat{t}$ 是要对齐的目标方向。

如果 $\sin\theta = 0$，就会有两种可能的情况：要么目标 z 轴与基本 z 轴相同，要么它们的距离是 π 弧度。换句话说，$\vec{z}_b = \pm\vec{z}_t$。在每一种情况下，都可以使用基本方向的四元数，并进行适当的符号更改：

$$\hat{t} = \begin{cases} +\hat{b} & \text{如果 } \vec{z}_b = \vec{z}_t \\ -\hat{b} & \text{否则} \end{cases}$$

最常见的基本方向是零方向：[1 0 0 0]。当角色的目标位于 x-z 平面时，这样会获得角色保持直立的效果。调整基本向量可以提供视觉上令人愉悦的效果。例如，当角色的旋转很高时，可以倾斜基本方向，以迫使它倾斜到其转弯方向。

我们将在下面朝向行为的环境中实现此过程。

3.9.5　朝向行为

朝向行为和直视移动的方向行为都使用了对齐到向量的过程，它们都可以使用与本章开头时所使用的相同的算法来轻松实现，并且可以将 atan2 的计算替换为上述过程来计算新的目标方向。

以下将通过举例说明给出三维中的朝向行为的实现。由于这是对本章前文给出的算法的修改，因此这里不再深入讨论该算法（有关更多信息，请参阅朝向行为的前一版本）。

```
1   class Face3D extends Align3D:
2       # 用于计算朝向的基本方向
3       baseOrientation: Quaternion
4
5       # 覆盖目标
6       target: Kinematic3D
7
8       # ... 其他数据从超类中派生 ...
9
10      # 计算给定向量的朝向
11      function calculateOrientation(vector):
12          # 通过按基本方向转换 z 轴获取基本向量
13          # 仅需为每个基本方向执行一次
14          # 所以可在每次方法调用之间创建缓存
15          zVector = new Vector(0, 0, 1)
16          baseZVector = zVector * baseOrientation
17
18          # 如果基本向量和目标是相同的，则返回基本四元数
19          # 如果刚好相反，则返回基本四元数的负数
20          if baseZVector == vector:
21              return baseOrientation
22          elif baseZVector == -vector:
23              return -baseOrientation
24
25          # 否则从目标的基本方向找到最小旋转
26          axis = crossProduct(baseZVector, vector)
27          angle = asin(axis.length())
28          axis.normalize()
29
30          # 将这些值打包到四元数中并返回它
31          sinAngle = sin(angle / 2)
32          return new Quaternion(
33              cos(angle / 2),
34              sinAngle * axis.x,
35              sinAngle * axis.y,
36              sinAngle * axis.z)
37
38      # 像追逐行为一样实现它
```

```
39        function getSteering() -> SteeringOutput3D:
40            # 1. 计算目标以委托给对齐行为
41            # 计算出目标的方向
42            direction = target.position - character.position
43
44            # 检查是否为 0 方向，如果是，则不进行任何改变
45            if direction.length() == 0:
46                return null
47
48            # 2. 委托给对齐行为
49            Align3D.target = explicitTarget
50            Align3D.target.orientation = calculateOrientation(direction)
51            return Align3D.getSteering()
```

该实现假定开发人员可以使用 crossProduct 函数来获取两个向量的向量积。

开发人员还需要研究通过四元数转换向量的机制。在上面的代码中，这是使用*运算符执行的，因此 vector * quaternion 应该返回一个向量，它相当于通过四元数旋转给定的向量。在数学上，这是由下式给出的：

$$\hat{v}' = \hat{q}\hat{v}\hat{q}^*$$

其中，$\hat{v}$ 是根据下式从向量派生的四元数：

$$\hat{v} = \begin{bmatrix} 0 \\ v_x \\ v_y \\ v_z \end{bmatrix}$$

$\hat{q}^*$ 则是四元数的共轭，它与单位四元数的负数相同。这可以通过以下方式实现：

```
1     # 通过给定的四元数转换向量
2     function transform(vector, orientation):
3         # 转换向量到四元数中
4         vectorAsQ = new Quaternion(0, vector.x, vector.y, vector.z)
5
6         # 转换它
7         vectorAsQ = orientation * vectorAsQ * (-orientation)
8
9         # 将它拆散放入结果向量中
10        return new Vector(vectorAsQ.i, vectorAsQ.j, vectorAsQ.k)
```

四元数的乘法可以依次按以下方式定义：

$$\hat{p}\hat{q} = \begin{bmatrix} p_r q_r - p_i q_i - p_j q_j - p_k q_k \\ p_r q_i + p_i q_r + p_j q_k - p_k q_j \\ p_r q_j + p_j q_r - p_i q_k + p_k q_i \\ p_r q_k + p_k q_r + p_i q_j - p_j q_i \end{bmatrix}$$

在这里一定要注意它的顺序,这是很重要的。与常规算术不同,四元数乘法是不可交换的。一般来说,$\hat{p}\hat{q} \neq \hat{q}\hat{p}$。

3.9.6　直视移动的方向

直视移动的方向行为的实现和朝向行为的实现非常类似。开发人员只需使用基于角色当前速度的计算替换 getSteering 方法中方向向量的计算即可:

```
1   # 计算出目标的方向
2   direction:Vector = character.velocity
3   direction.normalize()
```

3.9.7　漫游

在漫游的二维版本中,目标点被约束为:在距离角色前方一定距离处围绕一个圆圈偏移位置移动。目标随机围绕此圆圈移动。目标的位置保持一个角度,表示目标所在的位置围绕圆圈的距离,并且通过向角度添加随机量而产生随机变化。

在三维中,等效行为使用目标受限的 3D 球体,它同样是在角色前方的一定距离处偏移。但是,这里已经不能使用单个角度来表示球体上目标的位置,而是应该使用四元数。当然,如果数学计算没有处理好,就很难通过很小的随机量来实现它的随机变化。

反过来,开发人员也可以考虑将球体上的目标位置表示为 3D 向量,将向量约束为单位长度。要更新其位置,只需给向量的每个分量添加一个随机数量并再次对其进行归一化处理。为了避免随机变化使向量为 0(从而使其无法归一化),开发人员需要确保任何分量中的最大变化小于 $\dfrac{1}{\sqrt{3}}$。

在更新球体上的目标位置后,可以通过角色的方向对它进行转换,按漫游的半径缩放,然后通过漫游偏移将其移出到角色的前面,这与二维中的情况完全相同。这将使得目标保持在角色前方,并确保转弯角度保持较低。

现在,开发人员可以使用向量而不是单个值来作为漫游的偏移量,这将允许在相对于角色的任何地方定位漫游圆圈。这并不是一个特别有用的功能，因为开发人员希望漫游圆圈在角色的前面（即仅具有正的 z 坐标，而 x 和 y 值则为 0）。当然，让它具有向量形式确实简化了数学运算。最大加速属性也是如此：使用 3D 向量替换标量将简化数学运算并可以提供更大的灵活性。

在具有了世界空间中的目标位置之后，开发人员即可使用三维朝向行为旋转对准目标，并尽可能加速向前。

在许多 3D 游戏中，开发人员希望让玩家感觉到世界存在着上下方向。如果漫游的角色可以在 x-z 平面上尽可能快地改变上下方向，则会损害这种错觉。为了支持这一点，开发人员可以使用两个半径来缩放目标位置：其中一个用于缩放 x 和 z 分量，另一个用于缩放 y 分量。如果 y 的缩放较小，则漫游角色将在 x-z 平面中转得更快。结合使用如上所述的朝向行为，再加上基本方向中朝上的方向是在 y 轴方向上，即可实现诸如蜜蜂、鸟类或飞机等飞行角色的自然外观。

三维中的漫游行为可以按如下方式实现：

```
 1  class Wander3D extends Face3D:
 2      # 漫游圆圈的半径和偏移量
 3      wanderOffset: Vector
 4      wanderRadiusXZ: float
 5      wanderRadiusY: float
 6
 7      # 获取漫游方向可以改变时的最大速度
 8      # 应该严格遵守小于 1/sqrt(3) = 0.577 的原则
 9      # 防止出现 wanderTarget 长度为 0 的情况
10      wanderRate: float
11
12      # 漫游目标的当前偏移量
13      wanderTarget: Vector
14
15      # 保存角色的最大加速度
16      # 这同样应该是一个 3D 向量
17      # 典型情况下只有一个非零 z 值
18      maxAcceleration: Vector
19
20      # ... 其他数据派生自超类 ...
21
22      function getSteering() -> SteeringOutput3D:
23          # 1. 计算目标以委托给朝向行为
24          # 更新漫游方向
25          wanderTarget.x += randomBinomial() * wanderRate
```

```
26          wanderTarget.y += randomBinomial() * wanderRate
27          wanderTarget.z += randomBinomial() * wanderRate
28          wanderTarget.normalize()
29
30          # 计算转换之后的目标方向
31          # 并且缩放它
32          target = wanderTarget * character.orientation
33          target.x *= wanderRadiusXZ
34          target.y *= wanderRadiusY
35          target.z *= wanderRadiusXZ
36
37          # 按漫游圆圈的中心计算的偏移量
38          target += character.position +
39                  wanderOffset * character.orientation
40
41          # 2. 委托给朝向行为
42          result = Face3D.getSteering(target)
43
44          # 3. 现在设置线性加速
45          # 为目标方向上的完全加速
46          result.linear = maxAcceleration * character.orientation
47
48          # 返回它
49          return result
```

该实现在很大程度上同样是基于 2D 版本的，并且具有与其相同的性能特征。有关详细信息，请参阅原始定义。

3.9.8　假旋转轴

飞行器在三维中移动的一个常见问题是它们的旋转轴。无论是航天器还是飞机，它们的 3 个轴都有不同的转向速度：翻滚角（Roll）、俯仰角（Pitch）和偏航角（Yaw），如图 3.73 所示。基于飞行器的常见表现，可以假设翻滚比俯仰更快，而俯仰又比偏航更快。

如果飞行器沿直线移动并需要偏航，那么它将首先翻滚，使其向上方向指向转弯方向，然后它就可以向上仰头以正确方向转弯。这就是飞机驾驶的方式，它是机翼和控制接口设计所强加的物理学必然。在太空中没有这样的限制，但是我们想让玩家有某种意识，即飞行器服从物理定律。让它们快速偏航看起来令人难以置信，所以我们倾向于强加同样的规则：翻滚和俯仰会产生偏航。

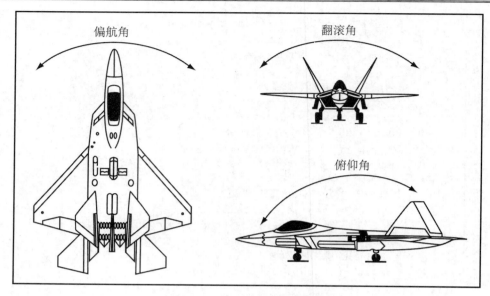

图 3.73　飞行器的局部旋转轴

　　大多数的飞行器不会翻滚得太厉害，以便通过俯仰角即可实现所有转弯。在传统的飞行器飞行关卡中，仅使用俯仰即可执行正确的转弯，它涉及翻滚 π 弧度。这可能会导致飞行器的机头急剧地向地面俯冲，需要大量的补偿才能避免转弯失败（对于轻型飞行器来说，这将是一次无望的尝试）。我们不是倾斜飞行器的局部向上的向量以使其直接指向转弯，而是略微转变角度，然后通过俯仰角和偏航角的组合来获得转弯结果。倾斜的量由速度决定：飞行器的速度越快，翻滚角越大。例如，要转向着陆的波音 747 可能只会向上倾斜 $\frac{\pi}{6}$ 弧度（15°），F-22 猛禽战机可能会倾斜 $\frac{\pi}{2}$ 弧度（45°），而《星球大战》中 X 翼战斗机如果要实现同样的转弯则可能要倾斜 $\frac{5\pi}{6}$ 弧度（75°）。

　　大多数在三维中移动的飞行器都有一个"上下"轴。这可以在 3D 太空射击游戏中看到，就像在飞机模拟器中一样。例如，《家园》游戏中就有一个明确的上下方向，当不移动时，飞行器将自己定位。向上方向是非常重要的，因为飞行器是沿着直线移动，而不是向上移动，它往往使用向上方向与自身对齐。

　　飞行器的向上方向指向允许的靠近向上方向，这同样是飞行器物理学的结果：飞机的机翼设计为向上产生升力，所以，如果不保持局部向上方向，那么飞行器最终会向下坠落。

　　例如，在飞机近距离格斗过程中，飞机会在直线行驶时翻滚以获得更好的视野，但这只是一个很小的效应。在大多数情况下，翻滚的原因是转弯。

开发人员可以将所有这些处理都带入执行器，以根据飞机的物理特性计算出衡量俯仰角、翻滚角和偏航角的最佳方式。如果开发人员要编写 AI 来控制物理建模的飞行器，则可能必须这样做。当然，对于绝大多数情况来说，这可能有点杀鸡用牛刀的感觉，因为玩家感兴趣的只是看起来很正确的飞行战斗体验。

开发人员还可以添加转向行为，以便在出现旋转时强制进行一点翻滚动作。这样做效果很好，但往往会出现滞后效应。事实上，飞行员会在他们俯仰之前而不是之后翻滚。如果转向行为是监测飞行器的旋转速度并相应地翻滚，则存在延迟。如果每一帧都在运行转向行为，这还不是太大的问题，但如果行为每秒只运行几次，那么它看起来会很奇怪。

上述两种方法都依赖于本章已经介绍过的技术，因此我们不会在这里重新讨论它们。一些飞行器游戏和许多太空射击游戏使用了另一种方法，即基于飞行器的线性运动来伪造旋转。它具有即时反应的优点，并且它不会给转向系统带来任何负担，因为它是后处理步骤。它可以应用于 2.5D 转向，给人以完全 3D 旋转的幻觉。

1. 算法

可以按正常方式使用转向行为来处理移动。我们保留两个方向值。一个是运动学数据的一部分，由转向系统使用，另一个则是计算出来用于显示的。该算法将基于运动学数据计算后一个值。

首先，开发人员需要找到运载工具的速度，即速度向量的大小。如果速度为零，则使用运动学方向而不进行修改；如果速度低于固定阈值，则算法其余部分的结果将与运动学方向混合；高于阈值，则该算法具有完全控制。当它下降到阈值以下时，存在算法方向和运动方向的混合，直到速度为 0，使用运动学方向。

在零速时，运载工具的运动不会产生任何明显的方向，它将保持静止不动，所以，开发人员只能使用转向系统生成的方向。阈值和混合是为了确保运载工具的方向不会在减速至停止状态时出现跳跃。如果要开发的应用程序从不使用静止状态的运载工具（例如，无法悬停的飞机），则可以移除此混合。

该算法分 3 个阶段生成输出方向。然后可以将该输出与运动学方向混合，如上所述。

首先，可以从运动学方向找到运载工具关于向上向量的方向（在 2.5D 系统中的 2D 方向）。我们称这个值为俯仰角 θ。

其次，可以通过观察运载工具在向上方向上的速度分量来找到运载工具的倾斜度，即偏航角。输出方向的角度高于地平线，并由下式给出：

$$\phi = \sin^{-1}\frac{\vec{v}.\vec{u}}{|\vec{v}|}$$

其中，v 是其速度（取自运动学数据）；u 是向上方向的单位向量。

最后，通过观察运载工具围绕向上方向的旋转速度（即 2.5D 系统中的 2D 旋转）来找到运载工具的翻滚角。该翻滚角可以由下式给出：

$$\psi = \tan^{-1} \frac{r}{k}$$

其中，r 是旋转；k 是一个常数，控制应该有多少倾斜。当旋转等于 k 时，运载工具将具有 $\frac{\pi}{2}$ 弧度的翻滚。使用这个公式，运载工具将永远不会达到 π 弧度的翻滚，但非常快速的旋转将产生非常陡峭的翻滚。

可以通过以 θ、ϕ、ψ 的顺序组合 3 个旋转来计算输出方向。

2．伪代码

该算法在实现时具有以下结构：

```
1  function getFakeOrientation(kinematic: Kinematic3D,
2                              maxSpeed: float,
3                              rollScale: float):
4     current: Quaternion = kinematic.orientation
5
6     # 找到混合的因素
7     speed = kinematic.velocity.length()
8     if speed == 0:
9         # 如果无变化，则是静止的
10        return current
11    else if speed < maxSpeed:
12        # 部分使用无变化的方向
13        fakeBlend = speed / maxSpeed
14    else:
15        # 完全是假的
16        fakeBlend = 1.0
17    kinematicBlend = 1.0 - fakeBlend
18
19    # 找到假的轴方向
20    yaw = current.as2DOrientation()
21    pitch = asin(kinematic.velocity.y / speed)
22    roll = atan2(kinematic.rotation, rollScale)
23
24    # 将它们组合为四元数
25    faked = orientationInDirection(roll, Vector(0, 0, 1))
26    faked *= orientationInDirection(pitch, Vector(1, 0, 0))
```

```
27        faked *= orientationInDirection(yaw, Vector(0, 1, 0))
28
29        # 混合结果
30        return current * (1.0 - fakeBlend) + faked * fakeBlend
```

3．数据结构和接口

该代码依赖于适当的向量和可用的四元数学例程，我们已经假设可以使用 3 个参数构造函数来创建向量。

上述伪代码中的大多数操作都是相当标准的，并且在任何向量数学库中都有提供。四元数的 orientationInDirection 函数不太常见。它返回一个方向四元数，表示围绕固定轴旋转给定角度。它可以通过以下方式实现：

```
1    function orientationInDirection(angle, axis):
2        sinAngle = sin(angle / 2)
3        return new Quaternion(
4            cos(angle / 2),
5            sinAngle * axis.x,
6            sinAngle * axis.y,
7            sinAngle * axis.z)
```

这其实就是代码形式的式（3.12）。

4．实现说明

在其他情况下，相同的算法也可派上用场。通过反转翻滚方向（ψ），运载工具将通过向外翻滚实现转向。这可以应用于行驶中的汽车底盘（不包括ϕ分量，因为没有可控的垂直速度），以伪造迟钝悬架的效果。在这种情况下，需要高 k 值。

5．性能

该算法在内存和时间上的性能都是 O(1)。它分别涉及一个反正弦（Arcsine）和一个反正切（Arctangent）调用，以及对 orientationInDirection 函数的 3 次调用。与其他三角函数相比，反正弦和反正切调用通常很慢。可以使用各种更快的实现。特别是，使用低分辨率查找表（256 个条目左右）的实现将完全满足开发人员的需求。它将提供 256 个不同级别的俯仰角或翻滚角，这足以让玩家忽略掉倾斜不是完全平滑的。

3.10　习　　题

（1）假设 AI 角色的中心是 $p = (5,6)$并且以速度 $v = (3,3)$移动。

假设目标位于 $q = (8,2)$ 位置，寻找行为的寻找目标的期望方向是什么？

提示：此问题和其他类似问题不需要三角函数，只需简单的向量运算。

（2）使用与问题（1）相同的场景，逃跑行为中逃跑目标的理想方向是什么？

（3）使用与问题（1）相同的场景并假设 AI 角色的最大速度为 5，寻找和逃跑行为的最终转向速度是多少？

（4）解释为什么第 3.2.2 节"漫游"中描述的 randomBinomial 函数更有可能返回零附近的值。

（5）使用与问题（1）相同的场景，如果使用动态版本的寻找并假设最大加速度为 4，那么寻找和逃跑行为的最终转向速度是多少？

（6）使用动态移动模型和问题（5）的答案，更新调用后角色的最终位置和方向是什么？假设时间是 1/60 s，最大速度仍然是 5。

（7）如果问题（1）中的目标以某个速度 $u = (3,4)$ 移动并且最大预测时间是 1/2 s，那么目标的预测位置是什么？

（8）使用问题（7）中的预测目标位置，追逐行为和躲避行为的最终转向的向量是什么？

（9）下面 3 个图形分别表示 Craig Reynolds 关于分离、聚集和对齐的概念，这些概念通常用于蜂拥行为。

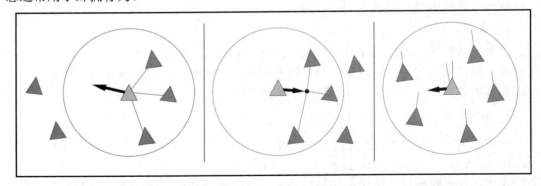

假设下表给出了第一个角色邻域中 3 个角色（包括第一个）的位置（相对坐标）和速度。

角　　色	位　　置	速　　度	距　　离	距离的平方
1	(0,0)	(2,2)	0	0
2	(3,4)	(2,4)		
3	(5,12)	(8,2)		

① 请填写表格的其余部分。

② 请使用上一步骤中为表格填入的值，使用平方反比定律计算非标准化的分离方向（假设 $k = 1$ 并且没有最大加速度）。

③ 现在计算所有角色的质心，以确定非标准化的聚集方向。

④ 最后，将非标准化的排列方向计算为其他角色的平均速度。

（10）使用问题（9）的答案和加权因子 1/5、2/5、2/5 进行分离、聚集和对齐（分别相对应），以证明所需（标准化）的蜂拥方向大致为(0.72222, 0.69166)。

（11）假设角色 A 位于(4, 2)，速度为(3, 4)，另一个角色 B 位于(20, 12)，速度为(−5, −1)。通过计算最接近方法（见第 3.1 节"移动算法基础"）的时间，确定它们是否会发生碰撞。如果它们发生碰撞，则为角色 A 确定合适的躲避转弯向量。

（12）假设由 AI 控制的宇宙飞船正在通过小行星场追逐一个目标，当前速度为(3, 4)。如果高优先级避免碰撞组建议转向的向量为(0.01, 0.03)，则为什么考虑优先级较低的行为可能是合理的呢？

（13）使用式（3.3）计算足球游戏中的足球再次落在球场上的时间，假设足球在位置(11, 4)从地面踢出，速度为 10，方向为(3/5, 4/5)。

（14）使用对问题（13）的答案和式（3.5）的简化版来计算足球的撞击位置。为什么即使没有其他球员干扰足球，该足球实际上也可能不会在这个位置结束？

（15）参考图 3.49，假设一个角色朝向跳跃点并且将以 0.1 时间单位到达，并且当前以速度(0, 5)行进，如果最小跳跃速度是(0, 7)，则所需的速度匹配转向的向量是多少？

（16）请证明在跳跃点和着陆垫高度相同的情况下，式（3.8）减少到大约 $t = 0.204 \, v_y$。

（17）假设在(10, 3, 12)处有一个跳跃点，在(12, 3, 20)处有一个着陆垫，如果假设 y 方向上的最大跳跃速度为 2，则所需的跳跃速度是多少？

（18）假设在 V 字形编队中有 3 个角色，坐标和速度由下表给出。

角　　色	分配的槽位位置	实 际 位 置	实 际 速 度
1	(20, 18)	(20, 16)	(0, 1)
2	(8, 12)	(6, 11)	(3, 1)
3	(32, 12)	(28, 9)	(9, 7)

① 计算编队的质心 p_c 和平均速度 v_c。

② 请使用这些值和式（3.9）（使用 $k_{offset} = 1$）来计算 p_{anchor}。

③ 使用先前的计算来更新槽位的位置，并且如式（3.10）所示使用新计算的锚定点。

④ 如果角色 3 被杀，则对锚定点和槽位的位置会有什么影响？

（19）在图 3.60 中，如果右侧编队（有 2 个精灵和 7 个矮人战士）中的 2 个空槽位填充了未分配的矮人战士，那么总槽位成本是多少？计算槽位成本的表格可以与图 3.61 中使用的表格相同。

（20）计算图 3.61 所使用的 4 种角色类型（弓箭手、精灵、矮人战士、魔法师）中每一种角色的分配难度（假设 $k = 1600$）。

（21）请证明轴和角度表示始终为单位四元数。

（22）假设某个角色在 3D 世界中的当前方向指向 x 轴，那么所需的旋转（作为四元数）是什么，以使角色围绕轴 $(\frac{8}{17}, \frac{15}{17}, 0)$ 旋转 $\frac{2\pi}{3}$？

（23）假设飞行模拟器游戏中的飞机速度为 $(5, 4, 1)$，方向为 $\frac{\pi}{4}$，旋转为 $\frac{\pi}{16}$，翻滚角度为 $\frac{\pi}{4}$，那么关联的假旋转是什么？

第4章 路 径 发 现

    游戏角色通常需要在它们的关卡中移动。有时这种移动是由开发者设定的，例如，警卫可以沿着固定路线漫无目的地巡逻，小动物可以在属于它们的围栏区域随意漫游。固定的路线很容易实现，但如果是一个对象无意中闯入，则很容易迷路。自由漫游的角色可能看起来毫无目标，也很容易被卡住。

    更复杂的是，角色事先不知道它们需要移动的地方。例如，实时战略游戏中的一个战斗单位可能随时被玩家命令到达地图上的任何一点，秘密潜入类游戏中的巡逻警卫可能需要移动到其最近的警报点以呼叫增援，动作类游戏中的 BOSS 可能需要跨越深坑追逐玩家。

    对于每一个这样的角色，AI 都必须能够通过游戏关卡计算合适的路线，以便从现在的位置到达目标。开发人员希望路线合理，尽可能短或走捷径（如果在明明有桥可以通过的情况下，角色却绕了一个大圈子到河对岸，那么他看起来并不聪明）。

    这就是所谓的路径发现（Pathfinding，也称为寻路术），有时还称为路径规划（Path Planning）。该技术在游戏 AI 中几乎无处不在。

    在游戏 AI 模型中（见图 4.1），路径发现位于决策和移动之间的边界上。一般来说，它仅用于计算出移动到达目标的位置，目标是由 AI 的其他部分决定的，而寻路术只是想知道如何到达那里。为了实现这一点，它可以嵌入移动控制系统中，这样只有在需要规划路径时才会调用它。本书第 3 章已经详细讨论过各种移动算法。

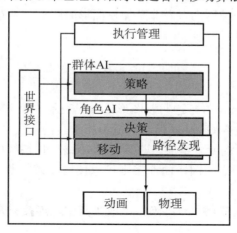

图 4.1　游戏 AI 模型

但是，开发人员也可以将路径发现技术看作一个"司机"，将它安排在"驾驶"座位上，以决定移动的位置以及如何到达。本章将讨论路径发现技术的变体，即开放目标路径发现（Open Goal Pathfinding），它可以用来计算路径和目的地。

绝大多数游戏都使用基于所谓 A^* 算法的路径发现解决方案。虽然它有效且易于实现，但 A^* 算法无法直接与游戏关卡数据一起使用。它要求游戏关卡以特定数据结构表示，即有向非负加权图形（Directed Non-Negative Weighted Graph）。

本章将首先介绍该图形的数据结构，然后讨论 A^* 算法的"哥哥"：迪杰斯特拉算法（Dijkstra Algorithm）。虽然迪杰斯特拉算法更常用于战术决策而不是路径发现，但它是 A^* 算法的简单版本，因此，在学习完整的 A^* 算法之前不妨先来了解一下迪杰斯特拉算法。

由于图形数据结构并不是大多数游戏自然表示其关卡数据的方式，因此本章还将详细介绍将关卡几何图形转换为路径发现数据所涉及的知识表示问题。最后，本章将探讨基本 A^* 算法的几十个实用变体中的一小部分。

4.1　路径发现图形

无论是 A^* 算法还是迪杰斯特拉算法（抑或是它们的许多变体）都不能直接在构成游戏关卡的几何图形上工作。它们依赖于以图形的形式表示的关卡简化版本。如果简化得很好（在后面的章节中会有方法介绍），那么路径发现程序（Pathfinder）返回的路径规划在转换回游戏项目时就会非常有用。另一方面，在简化的过程中需要丢弃信息，而这有可能是重要的信息。所以，比较糟糕的简化可能意味着最终的路径也不好用。

路径发现算法使用一种称为有向非负加权图形的图形。本章将通过更简单的图形结构来描述完整的路径发现图形。

4.1.1　图形

这里所讲的图形（Graph）是通常以图形化方式表示的数学结构。表示任意图表（如饼图或直方图）的术语也叫 Graph，但它们毫不相干。

图形由两种不同类型的元素组成，即节点（Node）和连接（Connection）。节点通常在图形的示意图中绘制为点或圆，而连接则可以使用线条将节点链接在一起。如图 4.2 所示就是一个图形结构。

形式上，图形由一组节点和一组连接组成，其中，连接只是一对无序节点（连接的两端都是节点）。

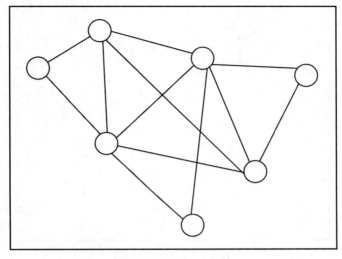

图 4.2　一般图形结构

对于路径发现来说，每个节点通常代表游戏关卡的区域，如房间、走廊的一部分、平台或室外空间的小区域。连接则显示了连接的位置。例如，如果房间与走廊相邻，则可以在表示房间的节点与表示走廊的节点之间建立连接。通过这种方式，整个游戏关卡被分割成连接在一起的若干个区域。在本章的后面还将介绍另一种将游戏关卡表示为图形的方法，它没有遵循此模型。但在大多数情况下，开发人员采用的还是本节介绍的这种方法。

要通过关卡中的一个位置到达另一个位置，可以使用连接。但是，游戏中的关卡设置往往不会是直接从起始节点走到目标节点那样简单，很多情况下，可能还必须使用连接的方式在途中穿过一些中间节点。

通过图形的路径由零个或多个连接组成。如果起始节点和结束节点相同，则路径中没有连接。如果节点已经连接，则只需要一个连接，以此类推。

4.1.2　加权图形

加权图形（Weighted Graph）简称加权图，由节点和连接组成，就像一般图形一样。除了每个连接的一对节点，还添加了一个数值。在数学图论中，这被称为权重（Weight）。在游戏应用中，它通常被称为成本（Cost），当然该图形仍然被称为"加权图形"而不是"成本图形"。

如图 4.3 所示，可以看到每个连接都标有相关的成本值。

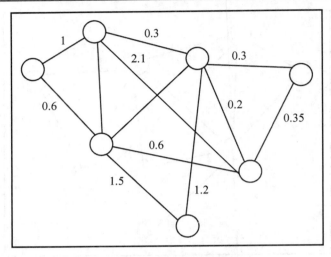

图 4.3　加权图形示例

　　路径发现图中的成本通常表示时间或距离。如果表示平台的节点距离表示下一个平台的节点很远，则连接的成本将很大。同样，在两个被陷阱覆盖的房间之间移动需要很长时间，因此成本会很高。

　　图形中的成本可能不仅仅代表时间或距离。我们将看到路径发现的许多应用，其中成本是时间、距离和其他因素的组合。

　　穿过图形的整条路径从起始节点开始，到目标节点结束，开发人员可以计算该路径的总成本。它只是路径中每个连接的成本之和。在图 4.4 中，如果从节点 A 前往节点 C，中间通过节点 B，如果从 A 到 B 的成本为 4，从 B 到 C 的成本为 5，那么该路径的总成本为 9。

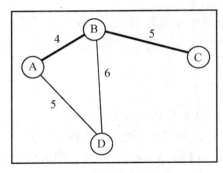

图 4.4　路径总成本

1．区域中的代表点

有些细心的读者可能会立即注意到，如果连接了两个区域（如房间和走廊），那么它们之间的距离（以及它们之间的移动时间）将为零。如果角色站在门口，那么从房间的门口一侧移动到走廊一侧是即时到达的。所以，难道不应该所有连接都是零成本吗？

我们倾向于测量每个区域中代表点（Representative Point）的连接距离或时间，所以我们将选择房间的中心和走廊的中心。如果房间很大而走廊很长，那么它们的中心点之间可能会有很大的距离，因此成本会很高。

读者将经常在路径发现图形的示意图中看到这一点。例如，在图 4.5 中，每个区域都标记了代表点。

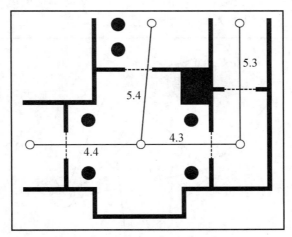

图 4.5　叠加在关卡几何图形上的加权图形

这种方法体现了路径发现程序用来代表游戏关卡的微妙之处，后面的小节将提供对这种方法的完整分析，目前我们将重点回归到它所引起的问题。

2．非负约束

有负成本似乎没有意义。所以，在两点之间不能有负距离，并且也不能花费负时间来从一个位置移动到另一个位置。

但是，在数学上的图论确实允许负权重，并且它们在一些实际问题中具有直接应用。这些问题完全超出了正常的游戏开发范围，并且所有这些都超出了本书的讨论范围。编写可以使用负权重的算法通常比具有严格非负权重的算法更复杂。

特别是，A^*算法和迪杰斯特拉算法应仅使用非负权重。从理论上说，构造一个具有负权重的图形，使得路径发现算法返回合理的结果，这是有可能的，然而，在大多数情况下，这可能会导致 A*算法和迪杰斯特拉算法进入无限循环，而这并不是算法中的错误。从数学角度看，在具有负权重的许多图中都没有最短路径，根本就不存在解决方案。

当我们在本书中使用术语"成本"时，它意味着非负权重。成本总是正值的。开发人员永远不需要使用负权重或可以处理负权重的算法。以我们的经验为例，我们从来没有在任何游戏开发项目中使用过它们，今后也不会使用。

4.1.3　有向加权图形

在许多情况下，加权图形足以表示游戏关卡，我们已经看到过使用此格式的实现。但是，该技术还可以进一步发展。主要的路径发现算法支持使用更复杂的图形形式，即有向图（见图 4.6），这对开发人员来说通常很有用。

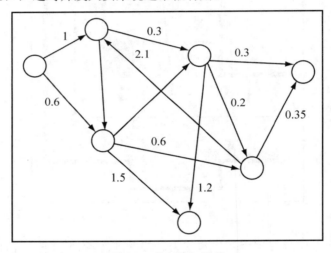

图 4.6　有向加权图形

到目前为止，我们的假设是，如果可以在节点 A 和节点 B（如房间和走廊）之间移动，则可以从节点 B 移动到节点 A。连接是双向的，并且在两个方向上的成本都是一样的。相反，有向图则假设连接仅在一个方向上。如果可以从节点 A 到达节点 B，反之亦然，那么图形中将有两个连接：一个用于从 A 到 B，一个用于从 B 到 A。

这在许多情况下都很有用。首先，角色可以从 A 移动到 B 并不总是意味着可以从 B 到达 A。如果节点 A 代表高架廊道而节点 B 代表它下面的仓库，那么角色很容易从 A 坠落到 B，但是想再次回到节点 A 则根本不可能。

其次，在不同方向上具有两个连接意味着可能存在两种不同的成本。仍然以行走在高架廊道上的角色为例，但这次添加了一个梯子。考虑到时间成本，从高架廊道上掉下来几乎不需要花时间，但爬上梯子重新回到廊道则可能需要若干秒。由于成本与每个连接相关联，因此可以简单地表示：从 A（高架廊道）到 B（地面仓库）的连接成本很低，而从 B 到 A 的连接成本则较高。

在数学上，有向图与非有向图相同，区别在于，现在构成连接的节点对是有序的。尽管非有向图中的连接(节点 A, 节点 B, 成本)与(节点 B, 节点 A, 成本)相同（只要成本相等），但在有向图中它们是不同的连接。

4.1.4　术语

图形数据结构中的术语和数学常见术语有所不同。例如，在数学文献中，经常会看到顶点（Vertex）而不是节点，会看到边（Edge）而不是连接。此外，正如前面已经介绍的那样，图形数据结构中叫成本而不是权重。许多积极研究路径发现技术的游戏 AI 开发人员使用这些术语来接触数学文献，但数学文献中的术语在游戏开发环境中可能令人困惑，因为顶点通常意味着完全不同的东西。

在游戏 AI 开发论文和研讨会中，路径发现图形并没有商定的术语。我们已经看到过对于节点的概念使用位置（Location）甚至点（Dot）的情况，而对于连接的概念，则可以看到弧（Arc）、路径（Path）、链接（Link）和线（Line）等类似术语。

本章将使用节点（Node）和连接（Connection）等术语，因为它们是常见的、相对有意义的（不同于点和线），并且其意义也很明确（弧和顶点在游戏图形中都有不同的意义）。

此外，虽然我们已经讨论过有向非负加权图形，但几乎所有路径发现文献都只是将它们称为图形，并假设读者已经知道图形的含义。我们也会这样做。

4.1.5　表示方式

在考虑使用图形数据结构的方式时，需要让路径发现算法（例如，A*算法和迪杰斯特拉算法）可以使用它。

正如我们将看到的，算法需要找出从任何给定节点出发的连接。对于每一个这样的连接，它们需要能访问其成本和目的地。

我们可以使用以下接口在算法中表示图形：

```
1  class Graph:
2      # 从给定节点发出的连接的数组
```

```
3          function getConnections(fromNode: Node) -> Connection[]
4
5    class Connection:
6          # 该连接的起始节点
7          fromNode: Node
8
9          # 该连接将到达的节点
10         toNode: Node
11
12         # 该连接的非负成本
13         function getCost() -> float
```

Graph 图形结构类将简单地返回查询的任何节点的连接对象数组。从这些对象中可以检索结束节点和成本。

Graph 类的简单实现将存储每个节点的连接，并只返回列表。每个连接都将成本和结束节点存储在内存中。

更复杂的实现可能仅在需要时使用来自游戏关卡的当前结构的信息来计算成本。

请注意，此接口中的节点没有特定的数据类型，因为我们不需要指定一个数据类型。在许多情况下，仅为节点提供唯一编号并使用整数作为数据类型就已经足够了。实际上，我们将看到这是一个特别强大的实现，因为它开辟了一些特定的、非常快速的 A* 算法优化。

4.2　迪杰斯特拉算法

迪杰斯特拉算法以荷兰计算机科学家 Edsger Dijkstra（埃德斯加·迪杰斯特拉）命名，因为他设计了该算法，并且创造了著名的编程短语 GOTO statement considered harmful（GOTO 语句看起来是有害的）。

迪杰斯特拉算法（详见附录参考资料[10]）的最初设计并非用于路径发现，它旨在解决数学图论中的一个问题，简而言之就是所谓的最短路径（Shortest Path）问题，是游戏开发人员理解并活用了该算法。

游戏中的路径发现具有一个起点和一个目标点，而最短路径算法被设计为从起点寻找到达任何地方的最短路径。显然，最短路径问题的解决方案必然包括路径发现问题的解决方案（毕竟我们已经找到了到达所有地方的最短路径），但是，由于路径发现只需要到达目标点的路线，因此，所有其他路线都会被抛弃，这样就形成了浪费。也有人考虑将它修改为仅生成我们感兴趣的路径，但是，这样做仍然是比较低效的。

由于这些问题的存在，迪杰斯特拉算法很少被用于实际的游戏路径发现中，至少就我所知它从未被用作主要的路径发现算法。尽管如此，迪杰斯特拉算法仍然是战术分析的一个重要算法（本书第 6 章"战略和战术 AI"将详细讨论战术分析），并且在游戏 AI 的其他一些领域中也很有用。

之所以在本章而不是在第 6 章介绍它，是因为它是主要的寻路算法 A *的简单版本，并且深入理解迪杰斯特拉算法的实现将有助于更好地理解 A *算法的实现。

4.2.1　问题

给定图形（有向非负加权图形）和该图中的两个节点，分别称为起点（Start）和目标（Goal），我们希望生成一条路径，使得该路径的总路径成本在从起点到目标的所有可能路径中最小。

具有相同的最小成本的路径可能有无数条。例如，在图 4.7 中就有 10 条可能的路径，而所有路径都具有相同的最低成本。当存在多条最佳路径时，开发人员只需要返回一条，并且不用关心它是哪一条。

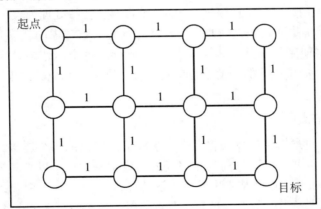

图 4.7　所有路径都具有相同的最低成本

如前文所述，开发人员期望返回的路径包含一组连接，而不是节点。两个节点可以通过一个以上的连接进行链接，并且每个连接可以具有不同的成本（例如，可以从高架廊道上跌落，也可以通过梯子爬上去）。因此，开发人员需要知道要使用的是哪些连接，而仅有一个节点列表是不够的。

许多游戏都没有做出这种区分。在任何一对节点之间最多只有一个连接。毕竟，如果一对节点之间存在两个连接，则路径发现程序应始终采用成本较低的节点。当然，在某些应用程序中，成本在游戏过程中或在不同角色之间是会有变化的，并且跟踪多个连接是有用的。

算法中并没有更多工作来处理多个连接。但是，对于那些特别注重连接的应用程序来说，处理连接通常是必不可少的。本书将始终假设路径由连接组成。

4.2.2　算法

通俗来讲，迪杰斯特拉算法其实就是沿着它的连接从起始节点扩散开来。当它扩展到更远的节点时，会记录它来自的方向（想象一下，这就好比它在地板上使用粉笔绘制箭头以指示回到起点的道路）。最终，它将到达目标节点，并可以按箭头返回其起点以生成完整的路线。由于迪杰斯特拉算法调节扩散过程的方式，它可以保证粉笔箭头始终沿着最短路径（或者称为最低成本）指向起点。一旦算法发现了目标节点，就会找到此有效路径。粉笔箭头将始终沿着最短路径回到起点。

现在可以讨论一下该算法的细节。

迪杰斯特拉算法采用了迭代工作方式。在每次迭代时，它都会考虑图形中的一个节点并跟随它发出的连接，将该连接的另一端的节点存储在待处理列表中。当算法开始时，仅有起始节点放置在此列表中，因此在第一次迭代时，它考虑的就只有起始节点。在后续的迭代中，它将使用算法从列表中选择一个节点。每个迭代的节点都称为当前节点（Current Node）。如果迭代的当前节点就是目标，则算法完成。如果该列表是空的，则说明无法到达目标。

1．处理当前节点

在迭代期间，迪杰斯特拉算法将考虑从当前节点发出的每个连接。对于每个连接，它都会找到终端节点并存储到目前为止路径的总成本——也可以将其简称为到目前为止的成本（Cost-So-Far），以及从它出发所到达的连接。

在第一次迭代中，当前节点就是起始节点，每个连接的终端节点的 Cost-So-Far 值就是连接的成本。图 4.8 显示了第一次迭代后的情况。连接到起始节点的每个节点的 Cost-So-Far 值等于到达该节点的连接成本，此外它还保存了当前连接的记录。

对于第一次之后的迭代，每个连接的终端节点的 Cost-So-Far 值是该连接的成本和当前节点（即发起连接的节点）的 Cost-So-Far 值的总和。图 4.9 显示了同一图形的另一次迭代。在本示例中可以看到，存储在节点 E 中的成本（2.8）是节点 B 的 Cost-So-Far 值（1.3）和从 B 到 E（连接 IV）的连接成本（1.5）的总和。

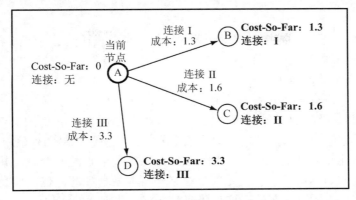

图 4.8　迪杰斯特拉算法在第一个节点上的处理

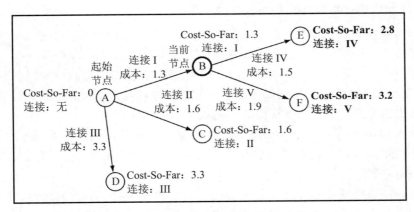

图 4.9　包含若干个节点的迪杰斯特拉算法

在该算法的实现中，第一次迭代和后续迭代之间没有区别。通过将起始节点的 Cost-So-Far 值设置为 0（因为起始节点距离自身的距离为 0），开发人员使用同一段代码即可进行所有迭代。

2．节点列表

该算法在两个列表中跟踪它到目前为止看到的所有节点：开放列表和封闭列表。在开放列表中，它记录了所有已经看到的节点，但这些节点还没有自己的迭代。它还将跟踪已在封闭列表中处理过的节点。刚开始的时候，开放列表仅包含起始节点（其 Cost-So-Far 值为 0），封闭列表为空。

每个节点可以被认为是以下 3 种情况之一。

（1）它可以在封闭列表中，这意味着它已经作为当前节点在自己的迭代中处理过，例如图 4.9 中的 A、B 节点。

（2）它可以在开放列表中，这意味着它被另一个节点访问过，但尚未作为当前节点在自己的迭代中处理过，例如图 4.9 中的 C、D、E、F 节点。

（3）它不在上述两类列表中。

有鉴于此，节点有时被分类为封闭节点、开放节点和未访问节点。

在每次迭代时，算法从开放列表中选择具有最小 Cost-So-Far 值的节点，然后以正常方式处理。已处理的节点随后将从开放列表中删除，并被放入封闭列表中。

这里有一个比较复杂的情况。当开发人员跟随当前节点的连接时，其实已经假设了最终会进入一个未访问的节点，但是实际结果却可能并非如此，也可能会在一个开放或封闭的节点上结束，所以，在处理这些情况时会有一些细微的变化。

3. 计算开放和封闭节点的 Cost-So-Far 值

如果在迭代期间到达一个开放或封闭的节点，那么该节点将已经具有 Cost-So-Far 值，以及到达该节点的连接记录。只需设置这些值就会覆盖算法以前的工作。

与此相反的是，开发人员可以检查现在找到的路线是否比此前已经找到的路线更好。正常计算 Cost-So-Far 值，如果它高于已记录的值（并且几乎在所有情况下都会更高），则根本不必更新节点并且也不要更改它的列表。

如果新的 Cost-So-Far 值小于节点当前的 Cost-So-Far 值，则可以用更好的值更新它，并设置其连接记录，然后将该节点放到开放列表中。如果它以前在封闭列表中，则应从封闭列表中将它删除。

严格地说，迪杰斯特拉算法永远不会找到更好的通往封闭节点的路线，所以开发人员可以先检查节点是否封闭，而不必费心去执行到目前为止的成本检查。专门的迪杰斯特拉算法实现就是这样做的。当然，我们将看到 A* 算法的情况并非如此，开发人员将不得不在两种情况下检查更快的路线。

图 4.10 显示了图形中开放节点的更新。通过节点 C 的新路线更快，因此节点 D 的记录也会相应地更新。

4. 终止算法

当开放列表为空时，基本的迪杰斯特拉算法终止：它已经考虑了从起始节点到达的图形中的每个节点，并且它们都在封闭列表中。

对于路径发现而言，开发人员只对抵达目标节点感兴趣，因此可以提前停止。当目标节点是开放列表上的最小节点时，算法就应该终止。

请注意，这意味着我们在上一次迭代时就已经抵达目标，以便将其移动到开放列表中。那么，为什么不在找到目标后就立即终止算法呢？

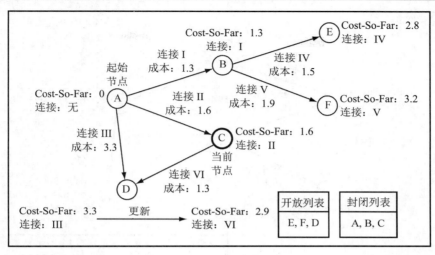

图 4.10 开放节点更新

这里不妨来再次考虑图 4.10 的情形。如果 D 是目标节点，那么当处理节点 B 时，就可以首先找到它。因此，如果在这里停止，将获得路线 A-B-D，而这并不是最短的路线。为了确保没有更短的路线，我们必须等到目标具有最小的到目前为止的成本。也只有到那时，我们才知道通过任何其他未处理节点（开放节点或未访问节点）的路线必然更长。

在实践中，这条规则经常被打破，因为发现目标的第一条路线通常就是最短的路线，即使有更短的路线，第一条路线通常也只是比它长一点点而已。出于这个原因，许多开发人员在实现他们的路径发现算法时，都会选择一旦看到目标节点就终止，而不是等到从开放列表中进行选择。

5. 检索路径

算法的最后阶段是检索路径。

要检索路径，开发人员可以从目标节点开始，然后查看用于到达目标节点的连接。接着，开发人员可以后退查看该连接的起始节点并执行相同操作。不断继续此过程，跟踪连接，直到抵达最初的起始节点。此时的连接列表是正确的，只是顺序错误，所以只要将其反转并返回列表即可作为解决方案。

图 4.11 显示了该算法运行后的简单图形。通过从目标节点回溯连接记录即可找到正确的连接列表，再反转该连接列表即可获得完整的路径。

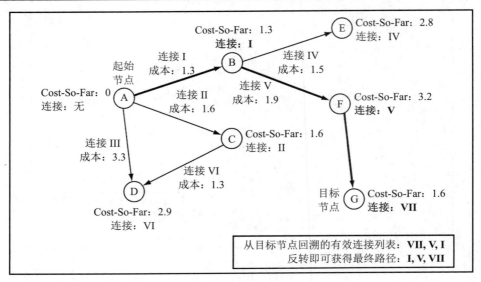

图 4.11　回溯连接以获得路径

4.2.3　伪代码

迪杰斯特拉路径发现程序将图形（需要符合第 4.1 节中给出的接口）、起始节点和结束节点作为输入，返回一个连接对象的数组，表示从起始节点到结束节点的路径。

```
1   function pathfindDijkstra(graph: Graph,
2                             start: Node,
3                             end: Node) -> Connection[]:
4       # 该结构将用于记录
5       # 开发人员需要的每个节点的信息
6       class NodeRecord:
7           node: Node
8           connection: Connection
9           costSoFar: float
10
11      # 初始化起始节点的记录
12      startRecord = new NodeRecord()
13      startRecord.node = start
14      startRecord.connection = null
15      startRecord.costSoFar = 0
16
17      # 初始化开放和封闭列表
```

```
18      open = new PathfindingList()
19      open += startRecord
20      closed = new PathfindingList()
21
22      # 迭代处理每个节点
23      while length(open) > 0:
24          # 找到开放列表中最小的元素
25          current: NodeRecord = open.smallestElement()
26
27          # 如果它是目标节点，则终止
28          if current.node == goal:
29              break
30
31          # 否则获取它发出的连接
32          connections = graph.getConnections(current)
33
34          # 轮流循环遍历每一个连接
35          for connection in connections:
36              # 获取为结束节点估计的成本
37              endNode = connection.getToNode()
38              endNodeCost = current.costSoFar + connection.getCost()
39
40              # 如果节点已封闭则跳过
41              if closed.contains(endNode):
42                  continue
43
44              # .. 或者如果它是开放的，但是已经发现它是更差的路线
45              else if open.contains(endNode):
46                  # 在这里已经发现了开放列表中的记录
47                  # 该开放列表对应 endNode 节点
48                  endNodeRecord = open.find(endNode)
49                  if endNodeRecord.cost <= endNodeCost:
50                      continue
51
52              # 否则，可知已经获得一个未访问的节点
53              # 于是记录该节点
54              else:
55                  endNodeRecord = new NodeRecord()
56                  endNodeRecord.node = endNode
57
58              # 如果需要更新该节点
59              # 则在此更新成本和连接
```

```
60                    endNodeRecord.cost = endNodeCost
61                    endNodeRecord.connection = connection
62
63                    # 将它添加给开放列表
64                    if not open.contains(endNode):
65                        open += endNodeRecord
66
67            # 至此已经查看完成当前节点的连接
68            # 所以要将它添加到封闭列表
69            # 并将它从开放列表中删除
70            open -= current
71            closed += current
72
73        # 至此，我们要么已经发现了目标
74        # 要么没有更多的节点需要搜索
75        if current.node != goal:
76            # 已经遍历了所有的节点但是未发现目标
77            # 因此没有解决方案
78            return null
79
80        else:
81            # 编译路径中的连接列表
82            path = []
83
84            # 沿着路径回溯，累积连接
85            while current.node != start:
86                path += current.connection
87                current = current.connection.getFromNode()
88
89            # 反转路径并返回该路径
90            return reverse(path)
```

路径发现列表是一种专门的数据结构，它和常规列表非常相似。它包含一组 NodeRecord 结构，并支持以下更多方法。

❑　smallestElement() 方法可以返回列表中具有最小 costSoFar 值的 NodeRecord 结构。

❑　仅当列表包含 NodeRecord 结构（其 node 成员等于给定参数）时，contains(node) 方法才会返回 true。

❑　find(node) 方法可以从列表中返回 NodeRecord 结构，该列表的 node 成员等于给定参数。

另外，还可以使用 reverse(array) 函数，它将返回一个普通数组的反转副本。

4.2.4　数据结构和接口

算法中使用了 3 种数据结构：用于累积最终路径的简单列表、用于保存开放列表和封闭列表的路径发现列表，以及用于查找节点连接（及其成本）的图形。

1．简单列表

简单列表对性能的影响不大，因为它仅用于路径发现过程的末尾。它可以按基本链表的形式实现（例如，C++中的 std :: list），甚至是可调整大小的数组（例如，C++中的 std :: vector）。

2．路径发现列表

迪杰斯特拉算法（和 A*算法）中的开放和封闭列表是直接影响算法性能的关键数据结构。路径发现中的几乎所有优化努力都会转化到对该列表的实现中。特别是，在路径发现列表中还有 4 个关键操作。

（1）在列表中添加一个条目（+=运算符）。

（2）从列表中删除条目（−=运算符）。

（3）找到最小元素（smallestElement 方法）。

（4）在列表中查找与特定节点对应的条目（由 contains 和 find 方法执行此操作）。

在这 4 个操作之间找到适当的平衡是构建快速实现的关键。糟糕的是，不同游戏的平衡并不总是相同的。

因为路径发现列表最常用于 A*算法的路径发现，所以它的一些优化是特定于该算法的。在后面介绍 A*算法时，我们将更详细地讨论它。

3．图形

在第 4.1 节 "路径发现图形" 中已经讨论并提供了图形的接口。

getConnections 方法在循环中被称为低位，通常是恢复正常的关键性能元素。最常见的实现具有由节点索引的查找表（其中节点被编号为连续的整数）。查找表中的条目是连接对象的数组。因此，getConnections 方法只需要进行最少的处理并且是高效的。

有些方法可以将游戏关卡转换为路径发现图形，但是这些方法不允许进行上述简单的查找，因此这些方法会导致路径发现变慢。这一情况在后面的第 4.4 节 "游戏世界的表示方式" 中有更详细的描述。

Connection 类的 getToNode 和 getCost 方法对性能更为重要。然而，在绝大多数实现中，这些方法不执行任何处理，它们仅返回各种情况下存储的值。

例如，Connection 类可能如下所示：

```
 1  class Connection:
 2      cost: float
 3      fromNode: Node
 4      toNode: Node
 5
 6      function getCost() -> float:
 7          return cost
 8
 9      function getFromNode() -> Node:
10          return fromNode
11
12      function getToNode() -> Node:
13          return toNode
```

因此，Connection 类很少成为性能瓶颈。

当然，这些值也需要在某个地方进行计算。这通常在游戏关卡转换为图形时完成，并且是独立于路径发现程序的离线过程。

4.2.5　迪杰斯特拉算法的性能

迪杰斯特拉算法在内存和速度方面的实际性能主要取决于路径发现列表数据结构中操作的性能。

这里不妨暂时忽略数据结构的性能，先来看一看整个算法的理论性能。该算法将图形中的每个节点视为比结束节点更近。可以将节点的数量称为 n。对于每个节点来说，它需要为每个发出的连接处理一次内循环。可以将每个节点的平均发出连接数称为 m。因此算法本身的执行速度为 $O(nm)$。总内存使用量取决于开放列表的大小和封闭列表的大小。当算法终止时，封闭列表中将有 n 个元素，并且开放列表中不超过 nm 个元素（事实上，开放列表中通常只有少于 n 个元素）。因此最坏情况下的内存使用是 $O(nm)$。

可以看到，为了包括数据结构时间，列表添加和查找操作（参见前面的"路径发现列表"中的内容）被称为 nm 次，而抽出和 smallestElement 操作被称为 n 次。如果添加或查找操作的执行时间的顺序大于 $O(m)$，或者如果抽出和 smallestElement 操作大于 $O(1)$，则实际执行性能将比 $O(nm)$ 差。

为了加快关键操作的速度，通常选择比 $O(nm)$ 内存需求更差的数据结构实现。

第 4.2.6 节将对列表实现进行更深入的研究，并且将考虑它们对性能特征的影响。

在其他计算机科学教科书中，可能会提到迪杰斯特拉算法的性能是 $O(n^2)$。实际上，这正是上面的结果。当图形连接非常密集并达到 $m \approx n$ 的程度时，就会出现最糟糕的可能性能。对于表示游戏关卡的图形来说，几乎从来没有这种情况。事实上，无论关卡包含多少个节点，每个节点的连接数都大致保持恒定，因此，说性能是 $O(n^2)$ 其实是一个误导。也许可以换一个说法，其性能可以表示为 $O(m + n\log n)$，这是对节点列表使用斐波那契堆（Fibonacci Heap）数据结构时算法的性能（详见附录参考资料[57]）。

4.2.6　弱点

迪杰斯特拉算法的主要问题是它不加选择地搜索整个图形以获得最短的路径。如果开发人员试图找到每个可能节点的最短路径（这正是迪杰斯特拉算法试图要解决的问题），这很有用，但是对于点对点的路径发现来说，它不免有些浪费。

通过对该算法的一次典型运行情况的图解，可以显示在各个不同阶段其开放列表和封闭列表上的当前节点，从而可视化该算法的工作方式，如图 4.12 所示。

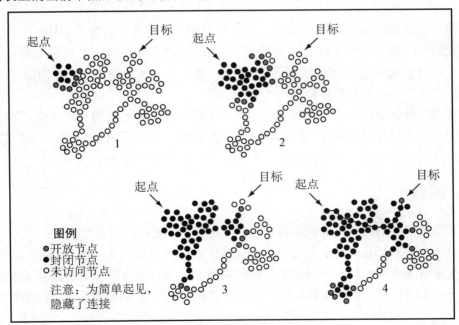

图 4.12　迪杰斯特拉算法的可视化步骤

在每一种情况下，搜索的边界由开放列表上的节点组成。这是因为更接近起点的节点（即具有较小距离值）已经被处理并放置在封闭列表上。

图 4.12 的最后部分显示了算法终止时列表的状态。有一根线条显示了已计算的最佳路径。请注意，关卡的大部分仍然在探索，甚至已经远离生成的路径。

这些曾经被考虑过但从未成为最终路径一部分的大量节点被称为该算法的填充（Fill）。一般来说，开发人员希望尽可能少地考虑节点，因为每个节点都需要时间来处理。

有时迪杰斯特拉算法会生成一个搜索模式，其填充的数量相对较少。然而，这是例外而不是规则。在绝大多数情况下，迪杰斯特拉算法仍然会遭遇大量的填充。

像迪杰斯特拉算法这样具有大量填充的算法，对于点对点的路径发现技术是无效的，所以很少有人使用，这使得开发人员把目光转向路径发现算法的明星：A^*算法（A-Star Algorithm）。它被认为是迪杰斯特拉算法的低填充版本。

4.3　A^*算法

游戏中的路径发现与 A^*算法同义。A^*算法易于实现，非常高效，并且具有很多优化空间。我们在过去 10 年中遇到的每个路径发现系统都使用了 A^*算法的一些变体作为其关键算法，A^*算法的应用也远远超出了路径发现。本书第 5 章"决策"将介绍如何使用 A^*算法来规划角色的复杂动作系列。

与迪杰斯特拉算法不同，A^*算法的设计目的就是用于点对点的路径发现，而不是用于解决图论中的最短路径问题。稍后我们还可以看到，它能巧妙地扩展到更复杂的情况，而且它总是会返回从起点到目标的单一路径。

4.3.1　问题

A^*算法要解决的问题与迪杰斯特拉路径发现算法要解决的问题相同。

给定一个图形（有向非负加权图形）和该图中的两个节点（起点和目标），开发人员希望生成一条路径，使得从起点到目标的所有可能路径中该路径的总路径成本最小。任何最小成本路径都可以，并且该路径应该包含从起始节点到目标节点的连接列表。

4.3.2　算法

简而言之，A^*算法的工作方式与迪杰斯特拉算法的工作方式大致相同。开发人员应该选择最有可能（Most Likely）生成最短整体路径的节点，而不是始终考虑具有最小

Cost-So-Far 值的开放节点。这里所谓的"最有可能"的概念由启发式算法控制。如果启发式算法准确，那么该算法将是非常高效的；如果启发式算法非常糟糕，那么它的表现甚至可能比迪杰斯特拉算法更加不堪。

从细节上来说，A*算法同样采用了迭代工作方式。在每次迭代时，它会考虑图形的一个节点并跟随它发出的连接。它使用类似于迪杰斯特拉算法的选择算法来选择节点（同样称之为"当前节点"），但是启发式算法导致它们存在显著差异，稍后将对此进行详细说明。

1．处理当前节点

在迭代期间，A*算法将考虑从当前节点发出的每个连接。对于每个连接来说，它都会找到终端节点并存储到目前为止路径的总成本（也就是"到目前为止的成本"）以及从它出发的所到达的连接，这和之前的迪杰斯特拉算法是一样的。

此外，它还存储了另一个值：从起始节点通过此节点再到达目标节点的路径总成本的估计值。可以将此值称为估计总成本（Estimated-Total-Cost）。这个估计值是以下两个值的总和：到目前为止的成本以及从当前节点到目标的距离。此估计值由单独的代码生成，不属于算法的一部分。

这些估计值被称为当前节点的启发式值（Heuristic Value），并且不能是负值（因为图形中的成本是非负的，所以具有负估计值是没有意义的）。这个启发式值的生成是实现 A*算法的关键问题，稍后会详细讨论。

图 4.13 显示了图形中某些节点的计算值。节点用其启发式值标记，并且针对算法已考虑的节点显示了两个计算值（到目前为止的成本和估计总成本）。

2．节点列表

和前面的迪杰斯特拉算法一样，A*算法会保留已访问但未处理的开放节点列表以及已处理的封闭节点列表。当在连接的末尾发现节点时，该节点将被移动到开放列表中。当节点在它们自己的迭代中处理完毕时，节点被移动到封闭列表中。

与迪杰斯特拉算法不同的是，在每次迭代时，该算法都会从开放列表中选择具有最小估计总成本的节点。这几乎总是与具有最小的 Cost-So-Far 值的节点不同。

这种改变允许算法首先检查更有希望的节点。如果某个节点的估计总成本很小，那么它必须具有相对较小的 Cost-So-Far 值和相对较短的到达目标的估计距离。如果该估计是准确的，那么首先考虑更接近目标的节点，将搜索范围缩小到最有利的区域。

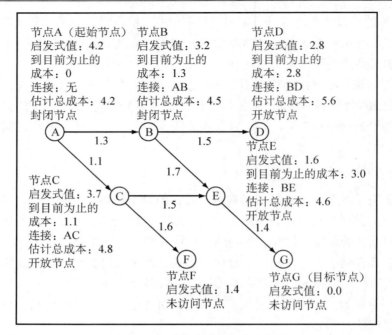

图 4.13　A*算法的估计总成本

3．计算开放和封闭节点的 Cost-So-Far 值

和前面的迪杰斯特拉算法一样，A*算法可能在迭代期间到达开放或封闭的节点，并且将不得不修改其记录的值。

开发人员可以像往常一样计算 Cost-So-Far 值，如果新值小于该节点的现有值，则需要更新它。请注意，这里必须严格按照 Cost-So-Far 值（唯一可靠的值，因为它不包含任何估算元素）进行比较，而不能使用估算的总成本进行比较。

与迪杰斯特拉算法不同，A*算法可以找到比已经在封闭列表中的节点更好的路线。如果先前的估计非常乐观，那么算法可能已经处理了某个被认为是最佳选择的节点，而事实上却并非如此。

这会导致连锁问题。如果处理了一个可疑节点并将其放在封闭列表中，则表示已考虑其所有连接。有可能整个节点集已经具有了 Cost-So-Far 值（基于可疑节点的 Cost-So-Far 值）。此时仅更新可疑节点的值是不够的，还必须再次检查其所有连接以传播新值。

在修改开放列表上的节点的情况下，就没必要这样操作，因为我们知道尚未处理来自开放列表上的节点的连接。

幸运的是，有一种简单的方法可以强制算法重新计算和传播新值。我们可以从封闭列表中删除该节点并将其放回开放列表中。这样，算法将等待列表封闭并重新考虑其连接。最终，依赖于其值的任何节点也将再次被处理。

　　图 4.14 显示了与图 4.13 相同的图形，但稍后进行了两次迭代。它说明了图形中封闭节点的更新。通过节点 C 到 E 的新路线更快，因此节点 E 的记录也相应地更新，并且它被放置在开放列表中。在下一次迭代中，节点 G 的值将被相应地修改。

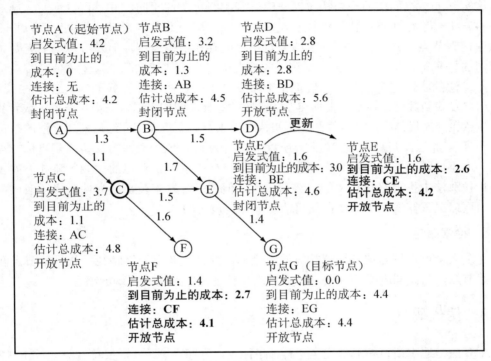

图 4.14　封闭节点的更新

　　已封闭节点在值被修改之后，将从封闭列表中删除并放置在开放列表中。和迪杰斯特拉算法一样，值被修改的开放节点将保留在开放列表中。

4．终止算法

　　在许多实现中，A*算法和迪杰斯特拉算法一样，当目标节点是开放列表上的最小节点时终止。

　　但正如前文所述，具有最小估计总成本值的节点（将在下一次迭代时处理并放入封闭列表中）可能稍后需要修改其值。我们不能保证，仅仅因为该节点是开放列表中最小的节点，就一定可以通过该节点找到最短的路线。因此，当目标节点在开放列表中最小时终止 A*算法并不能保证找到最短路径。

因此，可以很自然地要求 A*算法运行得更充分一些以产生有保证的最佳结果。那么，如何让 A*算法运行得更充分呢？很简单，可以将 A*算法的终止条件设置为：在具有最小的 Cost-So-Far 值（非估计总成本）的开放列表中，节点所具有的 Cost-So-Far 值大于已找到的到达目标的路径成本。只有这样才能保证再也不会有更短的路径。

这实际上与我们在迪杰斯特拉算法中看到的终止条件相同，并且可以证明，施加此条件将产生与运行迪杰斯特拉路径发现算法相同的填充数量。开发人员也许可以按不同的顺序搜索节点，并且开放列表上的节点集可能存在细微差别，但是近似的填充数量将是相同的。换句话说，它剥夺了 A*算法的性能优势，并使其实际上毫无价值。

A*算法的实现完全依赖于它们理论上可以产生非最佳结果的事实。幸运的是，这可以使用启发式函数进行控制。根据启发式函数的选择，我们可以保证最佳结果，或者我们可以故意允许次优结果，使得算法能更快执行。本节后面将详细介绍启发式算法的影响。

因为 A*算法经常具有次优结果，所以大量的 A*算法实现会在首次访问到目标节点时终止，而不会等到它在开放列表中最小。虽然这样提前终止获得的性能优势并不如在迪杰斯特拉算法中提前终止获得的优势那么大，但许多开发人员都认为性能问题应该锱铢必较，更何况该算法并不需要在任何情况下都是最优的。

5．检索路径

开发人员可以按与迪杰斯特拉算法完全相同的方式获得最终路径：从目标节点回溯到起始节点，与此同时累积连接。最后再次反转连接即可形成正确的路径。

4.3.3　伪代码

A*算法与迪杰斯特拉算法完全一样，路径发现程序将图形（需要符合第 4.1 节"路径发现图形"中给出的接口）、起始节点和结束节点作为输入。它还需要一个对象，该对象可以生成从任何给定节点到达目标节点的成本估计。在该代码中，此对象是启发式算法的体现。稍后将在数据结构部分对其进行更详细的描述。

该函数将返回一个连接对象数组，表示从起始节点到结束节点的路径。

```
1  function pathfindAStar(graph: Graph,
2                         start: Node,
3                         end: Node,
4                         heuristic: Heuristic
5                         ) -> Connection[]:
6      # 该结构将用于记录
```

```
7        # 开发人员需要的每个节点的信息
8        class NodeRecord:
9            node: Node
10           connection: Connection
11           costSoFar: float
12           estimatedTotalCost: float
13
14       # 初始化起始节点的记录
15       startRecord = new NodeRecord()
16       startRecord.node = start
17       startRecord.connection = null
18       startRecord.costSoFar = 0
19       startRecord.estimatedTotalCost = heuristic.estimate(start)
20
21       # 初始化开放和封闭列表
22       open = new PathfindingList()
23       open += startRecord
24       closed = new PathfindingList()
25
26       # 迭代处理每个节点
27       while length(open) > 0:
28           # 找到开放列表中最小的元素
29           # （使用 estimatedTotalCost)
30           current = open.smallestElement()
31
32           # 如果它是目标节点，则终止
33           if current.node == goal:
34               break
35
36           # 否则获取它发出的连接
37           connections = graph.getConnections(current)
38
39           # 轮流循环遍历每一个连接
40           for connection in connections:
41               # 获取为结束节点估计的成本
42               endNode = connection.getToNode()
43               endNodeCost = current.costSoFar + connection.getCost()
44
45               # 如果节点已封闭则跳过
46               # 或者从封闭列表中删除它
47               if closed.contains(endNode):
48                   # 在这里已经发现了封闭列表中的记录
```

```
49              # 该封闭列表对应 endNode 节点
50              endNodeRecord = closed.find(endNode)
51
52              # 如果没有找到更短的路线则跳过
53              if endNodeRecord.costSoFar <= endNodeCost:
54                  continue
55
56              # 否则，从封闭列表中删除它
57              closed -= endNodeRecord
58
59              # 可以使用该节点的旧的成本值
60              # 以计算其启发式结果
61              # 而不必调用扩展的启发式函数
62              endNodeHeuristic = endNodeRecord.estimatedTotalCost -
63                  endNodeRecord.costSoFar
64
65          # 如果该节点是开放节点
66          # 并且没有找到更好的路线，则跳过
67          else if open.contains(endNode):
68              # 在这里已经发现了开放列表中的记录
69              # 该开放列表对应 endNode 节点
70              endNodeRecord = open.find(endNode)
71
72              # 如果该路线并不会更好，则跳过
73              if endNodeRecord.costSoFar <= endNodeCost:
74                  continue
75
76              # 同样，可以计算其启发式结果
77              endNodeHeuristic = endNodeRecord.cost -
78                                 endNodeRecord.costSoFar
79
80          # 否则，可知已经获得了一个未访问的节点
81          # 因此可以记录它
82          else:
83              endNodeRecord = new NodeRecord()
84              endNodeRecord.node = endNode
85
86              # 现在需要使用该函数计算
87              # 启发式算法的值
88              # 因为没有现成的记录可用
89              endNodeHeuristic = heuristic.estimate(endNode)
90
```

```
 91                    # 如果需要更新节点则转到这里
 92                    # 更新成本、估计值和连接
 93                    endNodeRecord.cost = endNodeCost
 94                    endNodeRecord.connection = connection
 95                    endNodeRecord.estimatedTotalCost = endNodeCost +
 96                        endNodeHeuristic
 97
 98                    # 将它添加到开放列表
 99                    if not open.contains(endNode):
100                        open += endNodeRecord
101
102            # 至此已经完成对当前节点的连接检查
103            # 所以可将它添加到封闭列表
104            # 将从开放列表中删除它
105            open -= current
106            closed += current
107
108        # 跳转到这里表示已经找到了目标节点
109        # 或者没有更多的节点需要搜索
110        if current.node != goal:
111            # 已经遍历了所有的节点但是未发现目标
112            # 因此没有解决方案
113            return null
114
115        else:
116            # 编译路径中连接的列表
117            path = []
118
119            # 沿着路径回溯，累积连接
120            while current.node != start:
121                path += current.connection
122                current = current.connection.getFromNode()
123
124            # 反转路径并返回该路径
125            return reverse(path)
```

A*算法与迪杰斯特拉算法的差异如下。

A*算法几乎与迪杰斯特拉算法相同。它添加了一个额外的检查，以了解封闭节点是否需要更新并从封闭列表中将其删除。它还添加了两行来使用启发式函数计算节点的估计总成本，并在 NodeRecord 结构中添加了一个额外的字段来保存此信息。

可以使用一组计算从现有节点的成本值推导出启发式算法的值。这样做只是为了避

免在必要时调用启发式函数。如果节点已经计算了其启发式值，那么当节点需要更新时，将重新使用该值。

除了这些微小的变化，其他代码都是相同的。

对于支持代码来说，路径发现列表数据结构的 smallestElement 方法现在应该返回具有最小的估计总成本值的 NodeRecord，而不是像迪杰斯特拉算法那样返回最小的 Cost-So-Far 值。否则，可以使用相同的实现。

4.3.4　数据结构和接口

用于累积路径的图形数据结构和简单路径数据结构都与迪杰斯特拉算法中使用的数据结构相同。但路径发现列表数据结构具有 smallestElement 方法，该方法现在考虑的是估计总成本而不是到目前为止的成本。排除这一点差异，它们是相同的。

最后，我们还添加了一个启发式函数，用于生成从给定节点到目标的距离估计值。

1. 路径发现列表

回想一下关于迪杰斯特拉算法的讨论，路径发现列表中所需的 4 个组成操作如下。

（1）在列表中添加一个条目（+=运算符）。

（2）从列表中删除条目（−=运算符）。

（3）找到最小元素（smallestElement 方法）。

（4）在列表中查找与特定节点对应的条目（包含和查找方法都执行此操作）。

在这些操作中，第（3）和（4）项通常是最有效的优化，尽管优化它们通常需要依次更改第（1）和（2）项。本节后面将讨论第（4）项中的特定优化，它使用的是非列表结构（Non-List Structure）。

第（3）项的简单实现将找到列表中最小的元素，包括每次通过该算法查看开放列表中的每个节点，以找到最低的总路径估计。

有很多方法可以加快该速度，所有这些方法都涉及改变列表的结构方式，以便快速找到最佳节点。这种专用列表数据结构通常称为优先级队列（Priority Queue）。它最大限度地缩短了找到最佳节点所需的时间。

在本书中，我们不会深入介绍每个可能的优先级队列实现。优先级队列是任何优秀算法论文中详述的通用数据结构。

1）优先级队列

最简单的方法是要求对开放列表进行排序。这意味着开发人员可以立即获得最佳节点，因为它就是列表中的第一个节点。

但是，列表排序需要时间。开发人员可以在每次需要时对其进行排序，但这需要很长的时间。一种更有效的方法是当我们将内容添加到开放列表时，确保它们位于正确的位置。以前，开发人员可以将新节点追加到列表中，而不需要考虑顺序问题，这是一个非常快速的过程。但是，如果要将新节点插入列表中正确的排序位置则需要更长的时间。

在设计数据结构时，这是一个常见的权衡：如果快速添加项目，那么将其取回可能成本很高；如果要优化检索，则添加可能需要一些时间。

如果开放列表已经排序，则添加新项目涉及在列表中找到新项目的正确插入点。在到目前为止的实现中，我们使用了链表。要找到链表中的插入点，我们需要遍历列表中的每个项目，直至找到一个项目的总路径估计值高于我们的项目。这比搜索最佳节点要快，但仍然不算太高效。

如果使用数组而不是链表，则可以使用二分搜索来找到插入点。这种方法速度更快，并且对于一个非常大的列表（开放列表通常很大）来说，它提供了大量的加速。

添加到排序列表比从未排序列表中删除更快。如果添加节点和移除节点一样频繁，那么最好有一个排序列表。糟糕的是，A^*算法添加的节点比它检索到的开放列表要多得多。它根本不会从封闭列表中删除节点。

2）优先级堆

优先级堆（Priority Heap）是基于数组的数据结构，它可以表示元素树。树中的每个项目最多可以有两个子项，两者都必须具有更高的值。

树是平衡的，因此没有任何分支比其他分支更深一层。此外，它从左到右填满每个级别，如图 4.15 所示。

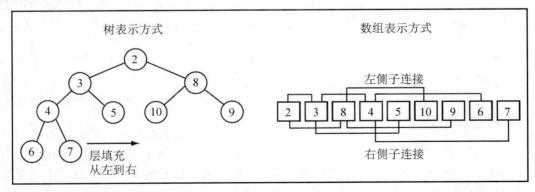

图 4.15　优先级堆

这个结构很有用，因为它允许树映射到内存中的一个简单数组：节点的左右子节点分别可以在位置 $2i$ 和 $2i+1$ 的数组中找到，其中 i 是数组中父节点的位置。有关示例，请参见图 4.15，其中树连接重叠在数组的表示上。

利用这种堆的超紧凑表示，可以应用众所周知的排序算法：堆排序（Heapsort），它利用了树结构来保持节点有序。寻找最小元素需要恒定的时间（它始终是第一个元素：树的头部）。删除最小元素或添加任何新元素需要 O(log$n$)，其中，n 是列表中元素的数量。

优先级堆是一种众所周知的数据结构，通常用于调度问题，它也是操作系统进程管理程序的核心。

3）分桶优先级队列

分桶优先级队列（Bucketed Priority Queue）是具有部分排序数据的更复杂的数据结构。部分排序旨在提供跨越不同操作的性能组合，因此添加项目不会花费太长时间，并且删除它们仍然很快。

同名桶（Eponymous Bucket）是小型列表，它包含值的特定范围内的未排序项。桶本身是排序的，但桶的内容不是。

要添加到此类优先级队列，可以搜索桶以找到节点所在的桶，然后将其添加到桶列表的开头，如图 4.16 所示。

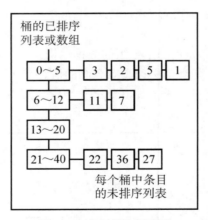

图 4.16　分桶优先级队列

桶可以排列在一个简单的列表中，这个列表本身可以作为优先级队列，也可以作为固定的数组。在后一种情况下，可能值的范围必须相当小（总路径成本通常在相当小的范围内），然后可以按固定间隔排列桶：第一个桶可能包含 0～10 的值，第二个桶可能包含 10～20 的值，以此类推。在这种情况下，数据结构不需要搜索正确的桶。它可以直接进入，加快节点添加速度。

要找到得分最低的节点，可以转到第一个非空桶并搜索其内容以获取最佳节点。

通过更改桶的数量，开发人员可以获得添加和删除时间的正确混合。然而，调整参数是耗时的，并且很少需要这样做。对于非常大的图形，例如，那些在大型、多玩家在线游戏中代表关卡的图形，加速可能是值得的。但在大多数情况下，都不需要这样做。

还有更复杂的实现，如多级分桶（Multi-Level Bucket），它们具有包含桶列表的排序桶列表，而这些桶列表中又包含未排序的项目（诸如此类）。我们曾经构建了一个使用多级分桶列表的路径发现系统，但它更像是一种挑战编程能力的行为，而不是编程必需品，所以我们再也不会这样做了！

4）实现

根据我们的经验，很少有应用程序选择使用优先级堆和分桶队列。我们使用这两种方法构建了产品实现。对于非常大的路径发现问题（图形中有数百万个节点），可以编写对处理器的内存缓存更友好的分桶优先级队列，因此它们的速度也更快。对于具有几千或几万个节点的室内关卡，简单的优先级堆通常就已经足够了。

2. 启发式函数

启发式算法通常被作为函数来讨论，因为它可以作为函数来实现。本书倾向于以伪代码的形式将其显示为对象。我们在算法中使用的启发式对象有一个简单的接口：

```
1  class Heuristic:
2      # 生成从给定节点到目标节点的估计成本
3      function estimate(node: Node) -> float
```

1）任何目标的启发式函数

因为要为游戏世界中的每个可能目标生成不同的启发式函数并不方便，所以启发式函数通常按目标节点进行参数化。以这种方式，可以编写一般启发式实现来估计图形中任何两个节点之间的距离。该接口类似于：

```
1   class Heuristic:
2       # 存储目标节点
3       goalNode: Node
4
5       # 从给定节点到达已存储目标节点的估计成本
6       function estimate(fromNode: Node) -> float:
7           return estimate(fromNode, goalNode)
8
9       # 在任意两个节点之间移动的估计成本
10      function estimate(fromNode: Node, toNode: Node) -> float
```

然后可以用来在代码中调用路径发现函数，具体如下：

```
pathfindAStar(graph, start, end, new Heuristic(end))
```

2）启发式函数的速度

启发式函数是在循环的最低点调用的。因为它正在进行估算，所以可能会涉及一些算法过程。如果这个过程很复杂，那么评估启发式函数所花费的时间可能会迅速占据路径发现算法的主导地位。

虽然某些情况可能允许开发人员构建启发式值的查找表，但在大多数情况下，组合的数量很大，因此这是不实际的。

除非你的实现很简单，否则建议你在路径发现系统上运行一个配置文件，并寻找优化启发式函数的方法。我们已经看到，当超过 80% 的执行时间都用于评估启发式函数时，开发人员会尝试从路径发现算法中挤出额外速度。

4.3.5　实现说明

到目前为止，我们看到过的 A* 算法的设计都是最一般性的。它可以处理任何类型的成本值，采用任何数据类型的节点，以及具有大范围尺寸的图形。

这种一般性是有代价的。对于大多数游戏的路径发现任务来说，有更好的 A* 算法实现。特别是，如果我们可以假设图形中的节点只有相对较少的数量（例如，在 2 MB 左右的内存中，最多有 100000 个），并且这些节点可以使用顺序整数进行编号，那么我们就可以显著加快自己的实现。

我们将此节点数组称为 A* 算法（虽然每个人对 A* 算法都有自己的看法，但是严格地说，该算法仍然只是 A* 算法），下面将详细介绍。

根据返回的成本值的结构和可以对图形做出的假设，可以创建更有效的实现。其中大部分都超出了本书的范围（仅仅是路径发现变体的讨论就可以写出一本书），但本章末尾仍给出了最重要的提示。

当然，这些一般性的 A* 算法实现仍然是很有用的。在某些情况下，可能需要可变数量的节点（例如，如果开发人员的游戏关卡正在按节分页到内存中），或者没有足够的内存可用于更复杂的实现。我们已经在多个场合使用了一般性的 A* 算法实现，而在这些场合中，并不适合使用更复杂的实现。

4.3.6　算法性能

确定 A* 算法性能的最大因素是其关键数据结构的性能。这些关键数据结构包括路径发现列表、图形和启发式函数。

如果忽略这些数据结构，则可以简单地看待该算法（这相当于假设所有数据结构操作都需要恒定的时间）。

A*算法执行的迭代次数将由节点数给出。这些节点的总估计路径成本小于目标的总估计路径成本。我们将这个数字称为 l，与迪杰斯特拉算法的性能分析中的 n 不同。通常，l 应小于 n。A*算法的内部循环具有与迪杰斯特拉算法相同的复杂度，因此该算法的总速度为 $O(lm)$，其中 m 是每个节点发出连接的平均数量，这和前面的迪杰斯特拉算法是一样的。内存的使用也类似，A*算法在其开放列表中以 $O(lm)$ 条目结束，这是该算法的峰值内存使用情况。

除了迪杰斯特拉算法对路径发现列表和图形的性能关注，我们还添加了启发式函数。在上面的伪代码中，每个节点计算一次启发式值，然后重复使用。启发式函数在循环中的调用等级很低，时间大约为 $O(l)$。如果启发式值未重用，则时间大约为 $O(lm)$。

一般来说，启发式函数需要进行一些处理，并且可以支配算法的执行负载。然而，它的实现很少直接取决于路径发现问题的大小。虽然它可能很耗时，但启发式算法最常见的是使用 $O(1)$ 执行时间和内存，因此不会对算法性能的顺序产生影响。这个示例也说明，算法的复杂度时间不一定能体现代码的实际性能。

4.3.7 节点数组 A*算法

节点数组 A*算法（Node Array A*）是我们给出的 A*算法的常见实现的名称，在许多情况下比一般性的 A*算法更快。

到目前为止，在我们所讨论的实现中，都是为开放或封闭列表中的每个节点保存数据，并将这些数据保存为 NodeRecord 实例。当节点被首先考虑时即创建记录，然后根据需要在开放和封闭列表之间移动记录。

该算法中有一个关键步骤，即搜索列表以寻找对应于特定节点的节点记录。

1. 保持节点数组

开发人员可以通过增加内存使用来提高执行速度。为此，需要在算法开始之前为整个图形中的每个节点创建一个包含所有节点记录的数组。此节点数组将包含永远不会被考虑的节点的记录（因此会浪费内存），以及无论如何都会被创建的节点。

如果使用顺序整数对节点进行编号，则不需要在两个列表中搜索节点，因为开发人员可以简单地使用节点编号在数组中查找其记录（这正是在本章开头提到的使用节点整数编号的逻辑）。

2．检查节点是在开放列表中还是在封闭列表中

开发人员需要找到节点数据，以便检查是否找到了节点更好的路线，或者是否需要将节点添加到两个列表中的一个。

我们的原始算法将检查每个列表，包括开放列表和封闭列表，以查看节点是否已经存在。这是一个非常缓慢的过程，特别是在每个列表中都有许多节点的情况下。如果开发人员能够查看节点并立即发现它所在的列表（如果有），那将非常有用。

为了找出节点所在的列表，我们将向节点记录添加一个新值。该值告诉我们节点属于 3 个类别（未访问节点、开放节点和封闭节点）中的哪一个。这将使搜索变得非常快（事实上，无须搜索，我们也可以直接找到需要的信息）。

新的 NodeRecord 结构大致如下：

```
1    # 该结构用于记录我们需要的每个节点的信息
2    class NodeRecord:
3        node: Node
4        connection: Connection
5        costSoFar: float
6        estimatedTotalCost: float
7        category: {CLOSED, OPEN, UNVISITED}
```

其中，category 的成员是 CLOSED 、OPEN 和 UNVISITED，它们分别代表封闭节点、开放节点和未访问节点。

3．封闭列表无关紧要

因为我们已经预先创建了所有节点，并且它们位于一个数组中，所以不再需要保持一个封闭的列表。使用封闭列表的唯一事件是检查节点是否包含在其中，如果是，则检索节点记录。因为我们有立即可用的节点记录，所以可以找到所需的记录。通过该记录，可以查看 category 值并了解它是否已封闭。

4．开放列表实现

开发人员无法以相同的方式摆脱开放列表，因为算法仍然需要能够检索得分最低的元素。当开发人员需要从开放或封闭列表中检索节点记录时，可以使用数组，但是算法需要一个单独的数据结构来保存节点的优先级队列。

因为开发人员不再需要在优先级队列中保存完整的节点记录，所以可以简化它。一般来说，优先级队列只需要包含节点编号，其记录可以立即从节点数组中查找。

或者，让节点记录链表的一部分，优先级队列可以与节点数组记录交织在一起：

```
1   #  该结构用于记录我们需要的每个节点的信息
2   class NodeRecord:
3       node: Node
4       connection: Connection
5       costSoFar: float
6       estimatedTotalCost: float
7       category: {CLOSED, OPEN, UNVISITED}
8       nextRecordInList: NodeRecord
```

虽然数组不会更改顺序，但数组的每个元素都有一个指向链表中下一条记录的链接。此链表中节点的序列将围绕数组跳转，因此可用作优先级队列以检索开放列表中的最佳节点。

虽然我们已经看到在记录中添加其他元素以支持更复杂优先级队列的实现，但我们的经验是，这种一般性方法会导致内存浪费（毕竟大多数节点都不在列表中）、不必要的代码复杂度（维护优先级队列的代码看起来很糟糕），以及缓存问题（应尽可能避免跳转内存）。我们建议使用单独的节点索引的优先级队列和估计的总成本值。

5．较大图形的变体

如果你不打算考虑大部分节点，则提前创建所有节点就是浪费空间。对于 PC 上的小图形来说，内存浪费通常是值得的，因为它可以加快速度。但是，对于大型图形或内存有限的控制台来说，可能会出现问题。

在 C 语言或其他带指针的语言中，开发人员可以将这两种方法混合在一起，创建一个指向节点记录的指针数组，而不是一个记录的数组本身。最初，可以将所有指针设置为 NULL。

在 A*算法中，开发人员可以像以前一样在需要时创建节点，并在数组中设置适当的指针。当我们找到一个节点所在的列表时，可以了解它的创建方式，即检查它的指针是否是 NULL（如果是，则表明它还没有被创建，并且也必然是未访问的），如果它已经被创建，则了解它是在封闭列表中还是在开放列表中。

这种方法需要的内存数量比预先分配所有节点的方法需要的内存更少，但是，如果要处理的图形非常大，那么该方法可能仍然需要占用太多内存。

另一方面，对于具有高垃圾回收成本的语言（例如 Unity 引擎中使用的 C#），最好在加载关卡时预先分配对象，而不是在每次寻路调用时创建对象并进行垃圾回收。显然，在这种情况下，这种方法就是不合适的。

4.3.8　选择启发式算法

启发式算法越准确，A*算法的填充就会越少，并且运行得越快。如果开发人员能得到一个完美的启发式算法（总是返回两个节点之间确切的最小路径距离），那么 A*算法将直接得到正确答案：算法变为 O(p)，其中 p 是路径中的步骤数。

糟糕的是，要计算两个节点之间的确切距离，通常必须找到它们之间的最短路径。这意味着要解决路径发现问题，而这正是开发人员首先尝试要做的事情！所以，只有在少数情况下，实用的启发式算法是准确的。

对于非完美启发式算法，A*算法的表现略有不同，具体取决于启发式算法的估计值太低还是太高。

1. 低估的启发式算法

如果启发式算法太低，以至于低估了实际的路径长度，那么 A*算法将需要更长的运行时间。估计的总成本（Estimated-Total-Cost）将偏向到目前为止的成本（Cost-So-Far）（因为启发式值小于实际值）。所以 A*算法更愿意检查更靠近起点的节点，而不是更接近目标的节点。这将增加找到通往目标的路线所需的时间。

如果启发式算法在所有可能的情况下都低估了，那么 A*算法产生的结果将是可能的最佳路径。它将与迪杰斯特拉算法生成的路径完全相同。这也意味着它避免了我们之前讨论的次优路径问题。

但是，如果启发式算法的估计过高，那么这种保证就会丢失。

在准确性比性能更重要的应用中，确保启发式算法低估是很重要的。在有关商业和学术问题的路径规划的文章中，准确性通常非常重要，因此它们多数采用低估的启发式算法。文献对低估的启发式算法的偏向往往会影响游戏开发者。

当然，在编程实践中，也不妨试着采用高估的启发式算法。因为对于游戏来说，准确性不是最重要的，可信度才是最重要的。

2. 高估的启发式算法

如果启发式算法太高，以至于高估了实际路径长度，则 A*算法可能不会返回最佳路径。即使节点之间的连接成本较高，A*算法也会生成一个包含较少节点的路径。

估计的总成本值将偏向启发式算法。A*算法将按比例减少对到目前为止的成本的关注，并倾向于选择距离较小的节点。这将使搜索的焦点更快地向目标移动，但是有可能错过到达目标的最佳路线。

这意味着路径的总长度可能大于最佳路径的长度。幸运的是，这并不意味着开发人员会突然获得非常糟糕的路径。可以证明，如果启发式算法的高估最多为 x（即 x 是图形中任何节点的最大高估），那么最终路径将不会超过 x 太多。

高估的启发式算法有时被称为"不可接受的启发式算法"，但这并不意味着开发人员不能使用它，它只是指出了 A*算法不再返回最短路径的事实。

如果高估启发式算法几乎完美，那么它可以使 A* 算法更快，因为它们将更快地归位到目标。如果它们只是略微高估，那么它们往往会产生与最佳路径相同的路径，因此结果的质量并不是大问题。

但是，高估启发式算法的误差余量很小。随着启发式算法的高估，它会迅速使 A* 算法表现得更差。除非你的启发式算法始终接近完美，否则低估的启发式算法可能会更有效，并且它还可以获得正确答案，而这正是它的额外优势。

现在不妨来看一看在游戏程序中常用的一些启发式算法。

3．欧几里得距离

想象一下，在游戏的路径发现问题中，成本值是指游戏关卡中的距离。连接成本由两个区域的代表点之间的距离产生。这是一种常见的情况，特别是在第一人称射击（FPS）游戏中，每个角色通过关卡的每条路线可能都是同样的。

在这种情况下（以及在纯距离方法的变体的其他情况下），常见的启发式算法是欧几里得距离。它被保证进行低估的启发式算法。

欧几里得距离是"像直线行进一样"的距离。它将穿过墙壁和障碍物直接测量空间中两个点之间的距离。

图 4.17 显示了在室内关卡中测量的欧几里得距离。两个节点之间的连接成本由每个区域的代表点之间的距离给出。即使没有直接连接，该估计值也是通过到目标节点的代表点的距离给出的。

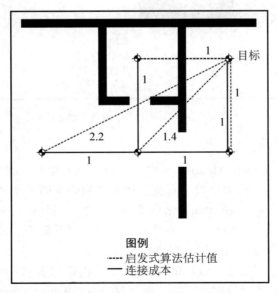

图 4.17　欧几里得距离启发式算法

　　欧几里得距离只有两种可能：要么非常准确，要么低估。在墙壁或障碍物周围行进只能增加额外的距离。如果没有这样的障碍物，则启发式算法是准确的；否则，它就是低估的。

　　室外环境对移动的限制很少，欧几里得距离可以非常准确并提供快速路径发现。但是，在室内环境中，如图 4.17 所示，它可能会出现比较明显的低估算法，导致不太理想的路径发现。

　　如图 4.18 所示，在室内关卡和室外关卡中，分别通过图块的方式显示了路径发现任务填充可视化的结果。它们同样采用了欧几里得距离启发式算法，但是室内关卡的填充曲折迂回，性能很差，而室外关卡则具有最少的填充，性能良好。

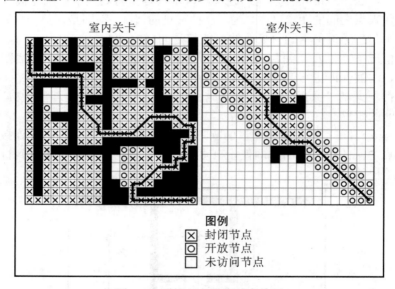

图 4.18　欧几里得距离填充特征

4．聚类启发式算法

　　聚类启发式算法（Cluster Heuristic）可通过将节点分组在一起形成聚类（Cluster，也称为簇）来工作。聚类中的节点表示高度互相连接的关卡的某个区域。可以使用图形聚类算法（Graph Clustering Algorithm）来自动完成聚类。当然，有关图形聚类算法的细节超出了本书的讨论范围。一般来说，聚类是手动的，或者是关卡设计的副产品（基于门户的游戏引擎很适合为每个房间设置聚类）。

　　然后可以准备一个查找表（Lookup Table），给出每对聚类之间的最小路径长度。这是一个离线（Offline）处理步骤，需要在所有聚类对（Pair of Clusters）之间运行大量路径发现的尝试操作，并累积其结果。开发人员将选择足够小的聚类集合，以便可以在合理的时间范围内完成并存储在合理数量的内存中。

当在游戏中调用聚类启发式算法时，如果起始节点和目标节点在同一个聚类中，则使用欧几里得距离（或其他一些后备算法）来提供结果；否则，就在表格中查找估计值。如图 4.19 所示，图形中的每个连接在两个方向上的成本相同。

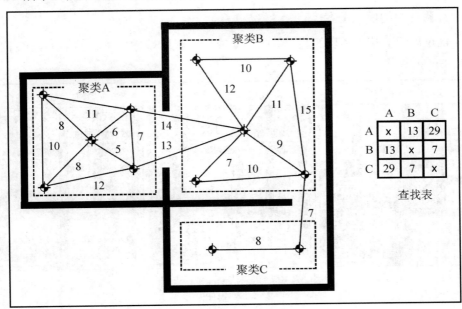

图 4.19　聚类启发式算法

聚类启发式算法通常会显著改善室内区域在欧几里得距离上的路径搜索性能，因为它考虑了连接看似邻近位置的复杂路径（穿过墙壁的距离可能很小，但是在房间之间穿行的路径可能涉及很多走廊和中间区域）。

但是有一点需要注意，由于聚类中的所有节点都具有相同的启发式值，因此 A* 算法无法轻松找到通过聚类的最佳路径。如果对填充进行可视化就会发现，在算法移动到下一个聚类之前，聚类几乎将完全填充。

如果聚类的大小（Size）很小，那么这不是问题，并且启发式算法的准确性可以很好，但查找表将会很大（并且预处理时间非常长）。

如果聚类太大，那么将会有边际性能增益，而更简单的启发式算法将是更好的选择。

我们已经看到了对聚类启发式算法的各种修改，以在聚类内提供更好的估计，包括对每个估计的若干个欧几里得距离计算。在这里有获得性能提升的机会，但目前尚无可接受的可靠改进技术。这似乎可以作为在游戏的特定关卡设计环境中进行实验的一个案例。

聚类与分层路径发现（Hierarchical Pathfinding）技术密切相关，第 4.6 节"分层路径发现技术"对此有详细的解释。分层路径发现技术可以将位置集合聚类在一起，该技术所使用的一些聚类之间距离的计算方法也可以用于计算聚类之间的启发式估计值。

即使没有这样的优化，聚类启发式算法也适用于迷宫般的室内关卡。

5．A*算法中的填充图案

图 4.20 显示了基于图块的室内关卡的填充图案，这些室内关卡使用了具有不同启发式估计值的 A*算法。

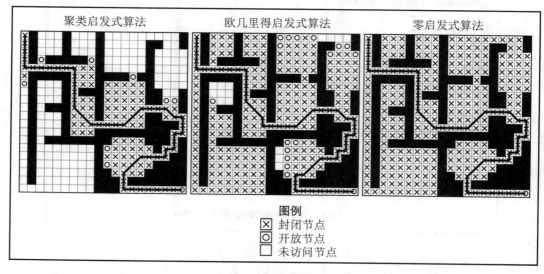

图 4.20　室内关卡的不同填充图案

第一个示例使用了特别为此关卡定制的聚类启发式算法，第二个示例使用了欧几里得距离启发式算法，最后一个示例则使用了零启发式算法，它总是返回 0（这是可能的最显著的低估）。每个示例中的填充量是递增的，聚类启发式算法中只有很少的填充，而零启发式算法则几乎填充了关卡的绝大部分。

这是第 2 章"游戏 AI"中介绍的有关知识与搜索权衡的一个很好的示例。

如果启发式算法更复杂并且是为某个游戏关卡量身定制的，则 A*算法需要的搜索更少。它提供了有关该问题的大量知识。最终的延伸是具有终极知识的启发式算法：完全准确的估计。正如我们所看到的，这将在无须搜索的情况下产生最佳的 A*算法性能。

另一方面，欧几里得距离启发式算法也提供了一些知识。它知道在两点之间移动的成本取决于它们之间的距离。虽然这带来了很大的进步，但是，要实现完美的启发式算法仍然需要更多的搜索。

零启发式算法则未提供任何知识，因此需要大量的搜索。

在我们的室内关卡示例中，存在着很大的障碍物，因此，欧几里得距离不是实际距离的最佳指标。但是在室外地图中，它将会更准确。图 4.21 显示了应用于室外地图的零启发式算法和欧几里得启发式算法。由于这个室外地图的障碍物较少，因此可以看到欧几里得启发式算法更准确，并且其填充也相应地更少。

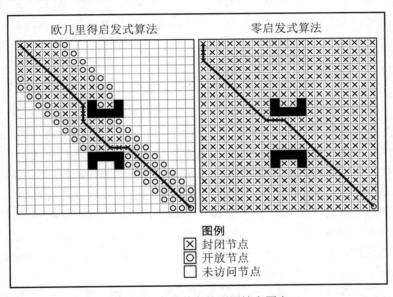

图 4.21　室外关卡的不同填充图案

在这种情况下，欧几里得距离是一种非常好的启发式算法，开发人员没有必要尝试产生更好的启发式算法。实际上，聚类启发式算法在开放的室外关卡中并不会提高性能（并且还可能显著降低性能）。

6. 启发式算法的质量

制作启发式算法更像是一门艺术，而不是科学。游戏 AI 开发人员极大地低估了它的重要性。随着当前游戏硬件的发展，许多开发人员在所有情况下都使用简单的欧氏距离启发法。除非寻路是游戏处理器预算的重要组成部分，否则都不会在这个问题上多费心思。

获得合适启发式算法的唯一可靠方法是对该算法的填充进行可视化处理。这可以在游戏内执行，也可以使用稍后验证的输出统计信息。盲目行动是危险的，我们已经发现，有些我们认为本应该有益的启发式算法调整往往会事与愿违，产生较差的结果。

7．迪杰斯特拉算法是 A*算法的子集

值得一提的是，迪杰斯特拉算法是 A*算法的子集。在 A*算法中，开发人员可以通过将启发式值添加至到目前为止的成本来计算节点的估计总成本。然后，A*算法将根据此值选择要处理的节点。

如果启发式算法总是返回 0，则估计的总成本将始终等于到目前为止的成本。当 A*算法选择具有最小估计总成本的节点时，它将选择具有最小到目前为止的成本的节点，而这与迪杰斯特拉算法完全相同。所以，可以说具有零启发式的 A*算法就是迪杰斯特拉算法的路径发现版本。

4.4　游戏世界的表示方式

到目前为止，我们假设路径发现发生在由节点和连接（包含成本）组成的图形上。这是路径发现算法所知道的世界，但游戏环境并不是由节点和连接组成的。

要将游戏关卡压缩到路径发现程序中，还需要进行一些转换，也就是说，需要从地图的几何图形和角色的移动能力转换为图形的节点和连接以及对其进行估值的成本函数。

对于每个路径发现的世界的表示方式，可以将游戏关卡划分为与节点和连接相对应的链接区域。可以实现的不同方式称为划分方案（Division Scheme）。每个划分方案都有 3 个重要的属性：量化/位置化（Quantization/Localization）、生成（Generation）和有效性（Validity）。下文将依次介绍其含义。

你可能还会对本书第 12 章"工具和内容创建"感兴趣，该章讨论了如何通过关卡设计器或自动过程创建路径发现数据。在完整的游戏中，世界表示的选择与开发人员的工具链一样，都和技术实现问题有关。

1．量化和位置化

因为路径发现图形将比实际游戏关卡更简单，所以需要一些机制将游戏中的位置转换为图形中的节点。例如，当角色决定要到达一个交叉路口时，它需要将自己的位置和路口的位置转换为图形节点。这个过程称为量化（Quantization）。

类似地，如果角色沿着路径发现程序生成的路径移动，则需要将路径规划中的节点转换回游戏世界中的位置，以便可以正确移动。这个过程称为位置化（Localization）。

2．生成

有许多方法可以将连续空间划分为路径发现技术所需的区域和连接。有一些常规

使用的标准方法。每一种方法都可以手动（划分是手动完成的）或以算法方式运行。

理想情况下，我们当然希望使用可以自动运行的技术。另一方面，手动技术通常可以提供最佳效果，因为它们可以针对每个特定游戏关卡进行调整。

用于手动技术的最常见的划分方案是狄利克雷域（Dirichlet Domain），最常见的算法式方法是图块图形（Tile Graph）、可见性点（Points of Visibility）和导航网格（Navigation Mesh）。其中，可见性点和导航网格通常会得到增强，因此它们会在某些用户监督下自动生成图形。

3．有效性

如果路径规划告诉某个角色沿着从节点 A 到节点 B 的连接移动，那么角色应该能够执行该移动。这意味着无论角色在节点 A 中的哪个位置，它都应该能够到达节点 B 中的任何点。如果 A 和 B 周围的量化区域不允许这样，那么路径发现程序可能创建了一个无用的路径规划。

如果两个连接区域中的所有点都可以彼此到达，则划分方案是有效的。实际上，大多数的划分方案都没有强制的有效性。如图 4.22 所示，有效性可以有不同的级别。

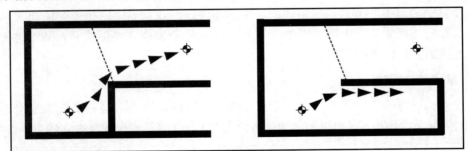

图 4.22　两个糟糕的量化显示路径可能是不可行的

在图 4.22 左边的第一个示例中，问题还不算太糟糕。墙壁和障碍物躲避算法（详见本书第 3 章）可以轻松解决问题。在右边的第二个示例中，使用了相同的算法，但移动却被终止。显然，使用第二个示例中的划分方案是不明智的，而使用第一个示例的方案则只有很少的问题。糟糕的是，划分的线条难以预测，容易处理的无效性与不可解决的错误划分方案只有很小的差异。

理解由每个划分方案创建的图形的有效性属性非常重要，至少它对可以使用的角色移动算法的类型有重大影响。

接下来将深入讨论游戏中使用的主要划分方案。

4.4.1　图块图形

虽然以二维（2D）等距图形的形式呈现的基于图块图形（Tile Graph）的关卡几乎已经从主流游戏中消失，但是，图块图形本身远未凋零。虽然严格地说三维（3D）模型并不是由图块图形组成的，但大量的游戏都在它们的三维模型中放置并使用了网格（Grid）。图形的底层基础仍然是常规网格。例如，*Fortnite: Battle Royale*（中文版名称《堡垒之夜：大逃杀》，详见附录参考资料[111]）之类的游戏仍将其建筑物和结构放置在严格的网格上，以使玩家的建筑物能无缝地连接在一起。

这样的网格可以简单地转换为基于图块的图形。许多即时战略（Real-Time Strategy，RTS）游戏仍然广泛使用了基于图块的图形，并且许多室外游戏都使用了基于高度和地形数据的图形。

基于图块图形的关卡将整个世界划分成常规的、一般来说是正方形的区域（当然，在一些回合制战争模拟游戏中偶尔也会看到六边形区域）。

1. 划分方案

路径发现图形中的节点表示游戏世界中的图块。游戏世界中的每个图块通常具有一组明显的邻居（例如，在矩形网格中，每个图块周围有 8 个环绕图块）。节点之间的连接将会连接到它们的直接邻居。

2. 量化和位置化

开发人员可以确定世界上任何一个点在哪个图块内，这通常是一个快速过程。在方形网格的情况下，开发人员可以简单地使用角色的 x 和 z 坐标来确定包含它的方格。例如：

```
1  tileX: int = floor(x / tileSize)
2  tileZ: int = floor(z / tileSize)
```

其中，floor()是一个返回小于或等于其参数的最大整数值的函数，tileX 和 tileZ 则标识了常规网格中的图块。

类似地，对于位置化，开发人员可以使用图块中的代表点（通常是图块的中心）将节点转换回游戏位置。

3. 生成

基于图块的图形会自动生成。事实上，因为它们非常规则（始终具有相同的可能连接并且易于量化），所以它们可以在运行时生成。基于图块的图形的实现不需要预先存储每个节点的连接。它可以根据路径发现程序的请求生成它们。

大多数游戏都允许阻塞图块。在这种情况下，图形不会返回与被阻塞的图块的连接，并且路径发现程序也不会尝试移动并通过它们。

对于表示室外高度场（基于高度值的矩形网格）的基于图块的网格，其成本通常取决于梯度。高度场数据可用于根据距离和梯度计算连接成本。高度场中的每个样本代表图形中图块的中心点，并且可以基于距离和两点之间的高程变化来计算成本。在采用这种方式时，下坡比上坡的成本更低。

4. 有效性

在许多使用了基于图块的布局的游戏中，图块可以被完全阻塞或完全清空。在这种情况下，如果连接的唯一图块为空，则图形将保证有效。

当图形节点仅被部分阻塞时，图形可能无效，具体取决于阻塞物的形状。图 4.23 显示了两种情况：一种情况是有效的部分阻塞；另一种情况是无效的部分阻塞。

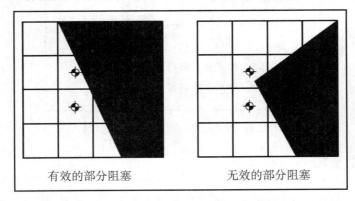

图 4.23　基于图块的图形部分阻塞了有效性

5. 用处

虽然基于图块的关卡是最容易转换为图形表示的关卡之一，但游戏中通常存在大量的图块。一个很小的即时战略关卡就可以拥有数十万个图块。这意味着路径发现程序必须努力规划合理的路径。

当路径发现程序返回的路径规划被绘制在图形上时（使用路径规划中每个节点的位置化形式），它们可能看起来是块状和不规则的。沿着规划路径前进的角色看起来有点奇怪，如图 4.24 所示。

虽然这是所有划分方案的问题，但对于基于图块的图形来说最为明显（有关解决此问题的方法，请参见第 4.4.7 节"路径平滑"相关内容）。

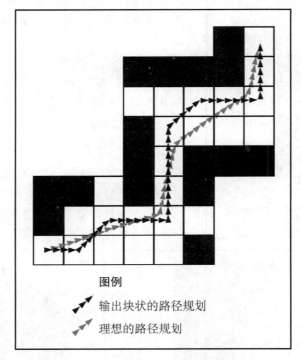

图 4.24　基于图块的路径规划是块状的

4.4.2　狄利克雷域

狄利克雷域（Dirichlet Domain）在二维中也称为 Voronoi 图（Voronoi Diagram）或泰森多边形（Thiessen Polygon），是围绕源点（Source Points）的有限集合之一的区域，源点内部组成的位置比任何其他地方更靠近该源点。

1．划分方案

路径发现节点在空间中具有称为特征点（Characteristic Point）的关联点，并且通过将点的狄利克雷域中的所有位置映射到节点来进行量化。为了确定游戏中某个位置的节点，我们需要找到最接近的特征点。

这组特征点通常由关卡设计师指定为关卡数据的一部分。

开发人员可以将狄利克雷域视为源自源点的锥体。如图 4.25 所示，如果从顶部查看它们，则所看到的每个圆锥的面积就是"属于"该源点的区域。这通常是可用于故障排除的实用可视化方法。

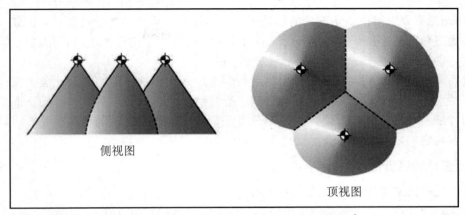

图 4.25　可以将狄利克雷域视为源自源点的锥体

　　本方案的基本思想已经扩展到为每个节点使用不同的衰减函数，因此有些节点在量化步骤中具有比其他节点更大的"拉力"，这有时称为加权狄利克雷域（Weighted Dirichlet Domain）：每个点都有一个关联的权重值来控制其区域的大小。改变权重相当于改变锥体的坡度，比较矮胖的锥体（例如图 4.26 中的锥体 A）最终会有更大的区域。但需要注意，一旦改变斜率，将会产生奇怪的效果。

　　图 4.26 显示了通道中的狄利克雷域。可以看到，通道的末端被错误地划分给了 A（显示为 A！），这是因为这个胖胖的锥体区域已经溢出并超出了 B 的区域。这种情况可能使调试路径发现问题变得困难。

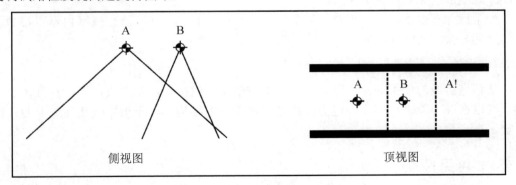

图 4.26　具有可变衰减的问题域

　　如果要手动分配加权狄利克雷域，最好显示它们以检查重叠问题。

　　连接位于边界域之间。可以使用与 Voronoi 图具有深度连接的数学结构找到连接模式。这个与 Voronoi 图具有深度连接的数学结构称为德洛内三角剖分（Delaunay

Triangulation）。德洛内三角剖分的边是图形中的连接，顶点是域的特征点。创建一组点的德洛内三角剖分超出了本书的范围。有许多网站均致力于构建德洛内三角剖分的算法。有关该方法的学术调查，详见附录参考资料[66]。

　　然而，大多数开发人员并不打算使用数学上正确的算法。他们要么让美工指定连接作为其关卡设计的一部分，要么在点之间进行光线投射以检查连接（请参阅下面的可见性点的方法）。即使使用德洛内三角剖分方法，也需要检查接触的域之间是否可以实际移动，因为它们之间可能存在墙壁之类的障碍物。

2．量化和位置化

可以通过找到最接近的特征点来量化位置。

　　为找到最接近的点，需要搜索所有点，这是一个很耗时的过程（它是一个 $O(n)$ 过程，其中 n 是域的数量）。一般来说，开发人员可以使用某种空间分区算法（四叉树、八叉树、二叉空间分区树或多分辨率映射），以便仅考虑附近的那些点。

　　节点的位置化由形成域的特征点的位置（即上述示例中锥体的尖端）给出。

3．有效性

狄利克雷域可以形成复杂的形状。无法保证从一个域中的某个点移动到连接域中的某个点一定会通过第三个域。第三个域可能无法通过，并且可能已被路径发现程序忽视。在这种情况下，跟随路径将会导致出现问题。因此，严格地说，狄利克雷域会产生无效图形。

　　当然，在实践中，节点的放置通常基于障碍物的结构。障碍物通常不会给出自己的域，因此图形的无效性很少暴露。

　　为了确保有效性，开发人员可以提供某种后备机制（例如，防止撞墙和障碍物躲避转向行为）来解决问题，以避免角色一头扎进围墙区域中。

4．用处

狄利克雷域的使用非常广泛。它们的优点是易于编程（自动生成连接）并且易于更改。可以在关卡编辑程序中快速更改路径发现图形的结构，而无须更改任何关卡的几何形状。

4.4.3　可见性点

可以证明，通过任何 2D 环境的最佳路径将总是在环境的凸顶点处有屈曲点（Inflection Point）（即在方向改变的路径上的点）。如果正在移动的角色具有一定的半径，则这些屈曲点将被与顶点有一定距离的圆弧所取代，如图 4.27 所示。

　　这在三维环境中也是适用的，但屈曲点位于凸多边形的边或顶点。

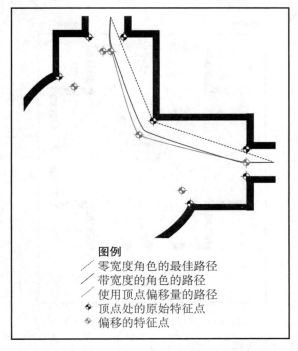

图 4.27　在凸顶点处有屈曲点的路径

在任何一种情况下，开发人员都可以近似这些屈曲点，方法是选择从顶点移出一小段距离的特征点。这不会给出曲线，但会给开发人员提供可信的路径。这些新的特征点可以通过几何体计算，只要延伸几何体并计算新几何体的边的位置即可。

1. 划分方案

由于这些屈曲点（Inflection Point）自然地出现在最短路径中，开发人员可以将它们用作路径发现图形中的节点。

在处理实际关卡几何体时，开发人员将会遇到很多屈曲点。因此，需要一个简化版本，以便找到较大比例的几何变化的屈曲点。开发人员可以从碰撞几何中获取这些点，或者可能需要专门生成它们。

然后可以将这些屈曲点用作构建图形的节点位置。

为了弄清楚这些点是如何连接的，可以在它们之间投射光线，如果光线不与任何其他几何体碰撞，则建立连接。这几乎等同于说，当前这个点可以从其他的点看到。因此，它被称为可见性点（Points of Visibility）方法。在许多情况下，这种方法产生的图形是巨大的。例如，一个复杂的洞穴可能有数百个屈曲点，每个点都可以看到大部分的其他屈曲点，如图 4.28 所示。

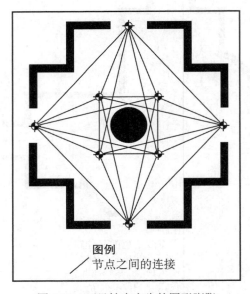

图 4.28　可见性点产生的图形膨胀

2．量化、位置化和有效性

为了进行量化，开发人员通常采用可见性点来表示狄利克雷域的中心。

另外，如果狄利克雷域用于量化，则某些点被量化为两个连接的节点时，这些点却可能无法彼此抵达。正如我们在前面的狄利克雷域中所看到的那样，这意味着该图形严格来说是无效的。

3．用处

尽管缺点明显，但可见性点的方法是一种相对流行的自动图形生成方法。

但是，我们认为其结果不值得努力。根据我们的经验，需要进行大量的手工操作和清理，这会使对象失败。我们建议使用导航网格。它们具有许多相同的优点，但是大大减少了连接数量，并且所需调整更少。

4.4.4　导航网格

基于图块的图形、狄利克雷域和可见性点都是在开发人员的工具箱中有用的划分方案，但大多数现代游戏都使用导航网格（Navigation Mesh，通常缩写为 navmesh）进行路径发现。

路径发现的导航网格方法利用了这样一个事实，即关卡设计师需要指定关卡的连接方式、它所拥有的区域以及游戏中是否有 AI。关卡本身由连接到其他多边形的多边形组成。我们可以使用这种图形结构作为路径发现表示方式的基础。

1．划分方案

许多游戏使用由美工定义的地面多边形作为区域。每个多边形都充当图形中的一个节点，如图 4.29 所示。

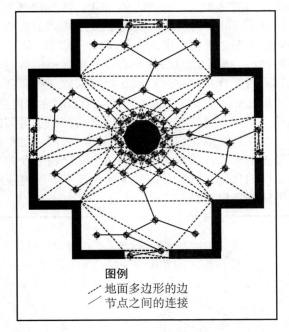

图例
╱ 地面多边形的边
╱ 节点之间的连接

图 4.29　多边形网格图形

该图形基于关卡的网格几何体，因此通常称为导航网格。

随着场景中多边形的数量急剧增加，在过去的 15 年中，用少量大三角形来表示地板的情况越来越少。可见性点方法需要简化的几何图形，导航网格也一样，它无法像渲染器那样处理几何图形，只能使用简化的几何图形。当然，场景需要单独的简化碰撞几何体，这是相当普遍的。这样的几何体通常足够简单，完全可以用来构建导航网格。

无论几何图形的来源如何，图中的节点都代表多边形。如果两个节点的相应多边形共享一条边，则将它们连接起来。地板多边形通常是三角形，但也可以是四边形。因此，节点往往具有 3 个或 4 个连接。

创建导航网格通常需要美工将其建模包文件中的特定多边形标记为地板。无论如何，他们可能需要这样做以指定声音效果或控制特征。除基于图块的图形外，导航网格需要美工做的事情比其他方法少。

2．量化和位置化

位置已经被转换为包含它的地板多边形。开发人员可以搜索大量的多边形来找到合适的一个，或者使用复杂的空间数据结构来加速查询，但是，更常用、效果也更好的则是相干性假设（Coherence Assumption）。

相干性（Coherence）指的是这样一个事实：如果已经知道某个角色在前一帧中所处的位置，则它在下一帧时很可能在同一节点或直接邻居中。所以，可以先检查这些节点。

这种方法在许多划分方案中都很有用，在处理导航地图时尤其重要。

但是，当角色不触地时，确定节点必须小心。如果只是在多边形的垂直下方找到节点并对其进行量化，则有可能在角色掉落或跳跃时将其放置在完全不合适的节点中。例如，在图 4.30 中，即使角色实际上是在上方，在确定节点时也可能会量化到房间的底部，然后，这可能会使角色重新规划其路线，就好像他真的掉到了房间的底部一样。这显然不是我们想要的效果。相干性在这里也可以提供帮助，它可以避免将角色分配给距离上一次角色出现的位置较远的节点。当然，像这种情况光靠相干性并不能解决所有问题，通常还需要一些特殊情况的代码，这些代码知道角色已经到了需要跳跃的时候，此时要么推迟寻路，要么使用轨迹预测来确定其着陆点。

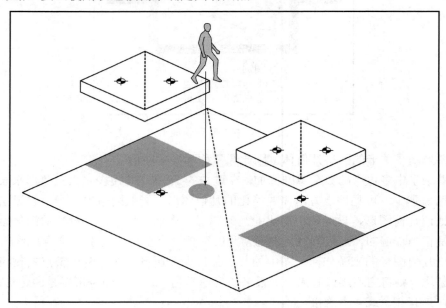

图 4.30　在间隙中的量化

位置化可以选择多边形中的任何点，但通常使用的是几何中心（其顶点的平均位置）。这适用于三角形。对于具有更多边的四边形或多边形，多边形必须是凸面的才能使其有效。无论如何，图形引擎中使用的几何图元都有这个要求。因此，如果开发人员使用的是相同的渲染图元，那么该方法就是安全的。

3．有效性

由导航网格生成的区域可能存在问题。我们假设一个区域中的任何点都可以直接移动到连接区域中的任何点，但实际情况可能并非如此。图 4.31 就显示了这样一个示例，它包含一对三角形，在其中的某些区域，角色如果要直接移动到连接区域就会导致碰撞。

由于关卡设计师创建了地板多边形，因此可以纾解这种情况。由最敏感的关卡设计师自然创造的几何形状不会遇到重大问题。

4．用处

使用导航网格还需要额外的处理以考虑代理的几何形状。由于并非所有的地板多边形位置都可能被一个角色占据（有些太靠近墙壁），因此需要进行一些修剪，这可能会影响通过发现共享的边所生成的连接。这个问题在诸如门口的凸起区域尤其明显。

对于偶尔需要它的游戏，这种方法提供了额外的好处，允许角色在墙壁、天花板或任何其他类型的几何体上规划路径。例如，如果角色贴在墙上，这可能很有用，而使用其他的世界表示方式形成相同的结果则要困难得多。

5．将边作为节点

通过将节点分配到多边形之间的边并使用跨每个多边形的面的连接，也可以将地板多边形转换为路径发现图形。图 4.32 说明了这一点。

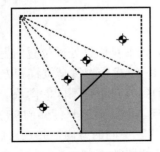
图 4.31　可能会出现的碰撞

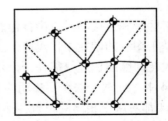
图 4.32　导航网格的入口表示方式

此方法通常还与基于入口（Portal）的渲染相关联，其中，节点被分配给入口，并且连接将所有入口链接到彼此的视线内。入口渲染是一种图形技术，其中整个关卡的几何体被分割成通过入口链接的块，也就是区域之间的 2D 多边形接口。通过将关卡分割成块，可以更轻松地测试需要绘制哪些块，从而缩短渲染时间。完整的细节超出了本书的讨论范围，对此感兴趣的读者可以在游戏引擎设计类图书或论文中找到相关的技术细节。

在导航网格中，每个地板多边形的边都像入口一样，因此它们都有自己的节点。我们不需要进行视线测试。通过定义，可以从其他边看到凸起的地板多边形的每条边。

我们看过的一些文章表明，当路径发现程序执行其工作时，地板多边形边上的节点会被动态放置在最佳位置。根据角色移动的方向，节点应位于不同的位置，如图 4.33 所示。

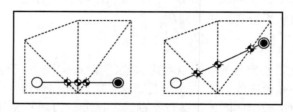

图 4.33　　按不同的方向动态放置的不同节点位置

这是一种连续的路径发现技术，本章后面将讨论和连续路径发现有关的算法。但是，在我们看来，这种方法有点小题大做，最好能使用速度更快的固定图形。如果生成的路径看起来过于曲折，则有必要执行路径平滑步骤（详见第 4.4.7 节“路径平滑”）。

无论是将多边形作为节点还是将边作为节点，这两种表示方式都称为导航网格。一般来说，无论使用的是哪一种方法，都有必要确认讨论的版本来源。

4.4.5　非平移问题

上述关于区域和连接的讨论中并没有任何事情要求我们只处理位置问题。

在某些基于图块的游戏中，代理无法快速转向，游戏会为每个位置和方向创建图块，因此具有很大转向圈的代理只能在一个步骤中移动到方向略有不同的图块。

在图 4.34 中，代理无法在不移动的情况下转向，并且一次只能转向 90°。节点 A1、A2、A3 和 A4 都对应于相同的位置。然而，它们代表不同的方向，并且它们具有不同的连接集。将代理的状态量化为图形节点需要考虑其位置和方向。

在此图形上进行线路规划的结果将是一系列的平移和旋转。图 4.34 中图形的线路规划将如图 4.35 所示。

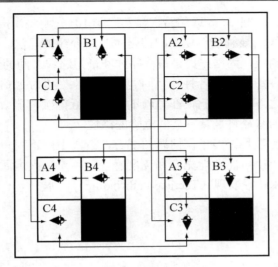

图 4.34　非平移的基于图块的世界

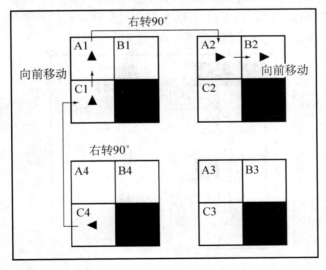

图 4.35　在非平移的基于图块的世界上进行线路规划

4.4.6　成本函数

在最简单的情况下，开发人员感兴趣的是找到最短路径。连接的成本可以代表距离，成本越高，节点之间的距离就越大。

如果开发人员有兴趣找到最快的移动路径，则可以使用依赖于时间的成本。这跟距离并不是一回事，例如，跑 10 m 远的路程显然比爬 10 m 高的梯子要快得多。

规划道路网络路线的导航软件使用的就是本章所介绍的算法。导航应用程序通常会以这种方式修改成本函数，为用户提供最快路线和最短路线之间的选择。

开发人员可以在图形上添加各种其他问题。例如，在实时战略游戏中，如果某些连接暴露在敌人的火力之下，或者它们在危险的地形附近徘徊，那么我们可能会使某些连接的成本更高。最终的路径将是具有最低危险的路径。

一般来说，成本函数是许多不同问题的混合，游戏中的不同角色可以具有不同的成本函数。例如，侦察小组可能对能见度和速度感兴趣，重型火炮武器可能对地形难度更感兴趣。这被称为战术路径发现（Tactical Pathfinding），本书第 6 章"战略和战术 AI"将对此进行深入探讨。

4.4.7　路径平滑

按从节点到节点的方式穿行通过图形的路径看起来可能很古怪。合理的节点放置可以产生非常奇怪的路径。图 4.36 显示了以合理方式放置节点的关卡的一部分。显示的路径不断切换方向，按照这个路径移动的角色看起来并不聪明。

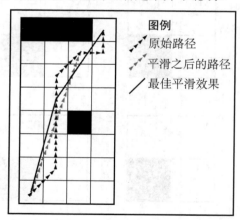

图 4.36　包含最佳平滑指示的平滑路径

某些世界表示方式比其他表示方式更容易出现粗糙路径。具有可见性点连接的入口表示方式可以产生非常平滑的路径，而基于图块的图形往往非常不稳定。最终的外观还取决于角色如何在路径上行动。如果它们在转向行为（参见本书第 3 章"移动"）后使用某种路径，那么路径将通过转向实现更和缓的平滑。在假设路径需要平滑之前，先测试一下游戏是值得的。

对于某些游戏来说，路径平滑对于让 AI 看起来很聪明至关重要。路径平滑算法实现起来相对简单，但涉及对关卡几何的查询。因此，它可能有点耗时。

1. 算法

在该算法中，我们将假设输入路径中的任何两个相邻节点之间存在明确的路线。换句话说，我们假设划分方案是有效的。

要平滑输入路径，可以创建一个新的空白路径，这是输出路径。我们将起始节点添加给它。输出路径将在与输入路径相同的节点处开始和结束。

从输入路径中的第三个节点开始，将光线从输出路径中的最后一个节点依次投射到每个节点。之所以从第三个节点开始，是因为我们假设在第一个和第二个节点之间存在一条清晰的线（通过光线投射）。

当光线无法通过时，输入路径中的上一个节点将添加到输出路径中。光线投射再次从输入路径中的下一个节点开始。当到达结束节点时，它将添加到输出路径。输出路径用作角色移动时要跟随的路径。

图 4.36 展示了使用此算法平滑之后的路径。

尽管此算法可以生成平滑路径，但它不会搜索所有可能的平滑路径以找到最佳路径。图 4.36 显示了示例中最优化的平滑路径，但它无法通过此算法生成。为了生成最平滑的路径，我们需要在所有可能的平滑路径中进行另一次搜索。这虽然很少见，但是如果有必要，还是可以考虑的。

2. 伪代码

路径平滑算法采用由节点组成的输入路径并返回平滑的输出路径：

```
 1  function smoothPath(inputPath: Vector[]) -> Vector[]:
 2      # 如果路径仅有两个节点的长度
 3      # 则无法进行平滑处理，于是直接返回
 4      if len(inputPath) == 2:
 5          return inputPath
 6
 7      # 编译输出路径
 8      outputPath = [inputPath[0]]
 9
10      # 记录在输入路径中的位置
11      # 从索引 2 开始
12      # 因为我们假设两个相邻的节点将通过光线投射
13      inputIndex: int = 2
14
```

```
15        # 循环直至找到输入路径中的最后一个项目
16        while inputIndex < len(inputPath) - 1:
17            # 执行光线投射
18            fromPt = outputPath[len(outputPath) - 1]
19            toPt = inputPath[inputIndex]
20            if not rayClear(fromPt, toPt):
21                # 光线投射失败
22                # 添加传递到输出列表的最后一个节点
23                outputPath += inputPath[inputIndex - 1]
24
25            # 考虑下一个节点
26            inputIndex ++
27
28        # 我们已经到达输入路径的末尾
29        # 将末尾节点添加到输出路径并返回它
30        outputPath += inputPath[len(inputPath) - 1]
31
32        return outputPath
```

3．数据结构和接口

伪代码使用的路径实际上是节点的列表。到目前为止，路径发现算法已将路径作为连接列表返回。虽然我们可以将这种路径作为输入，但输出路径不能由连接组成。

平滑算法将链接视线内的节点，但它们之间不太可能有任何连接（如果它们在图形中是连接在一起的，则路径发现程序将直接找到平滑的路径，除非它们的连接具有极大的成本）。

4．性能

路径平滑算法在内存中的性能为 $O(1)$，仅需要临时存储。它在时间上的性能是 $O(n)$，其中，n 是路径中的节点数。

在该算法中花费的大部分时间将用于执行光线投射检查。

4.5　改进 A^* 算法

凭借良好的启发式函数，A^* 算法成为一种非常有效的算法。即使是简单的实现也可以规划跨越帧中的数万个节点。使用其他优化可以实现更好的性能，例如，我们在前面的小节中考虑过的优化。

许多游戏环境都很庞大，包含数十万甚至数百万个位置。在大型多人在线游戏（Massively Multi-Player Online Game，MMOG）中，角色位置可能是甚至普通游戏的数百倍。虽然我们可以在这种环境中运行 A* 算法，但它会非常慢并占用大量内存，结果也不太实际。如果某个角色试图在 MMOG 的城市之间移动，那么在路径规划中告诉它如何避开几英里①外的道路上的小石头，就会显得小题大做。使用分层路径发现技术可以更好地解决此问题。

一般来说，许多不同的路径规划都需要快速、连续地制定。例如，整个军队可能需要制定其通过战场的路径规划。其他技术（如动态路径发现）可以提高重新规划路径的速度，并且许多 A* 算法变化大大减少了寻找路径所需的内存量，但代价是某些性能。

本章的其余部分将详细介绍其中的一些问题，并尝试提供可能的不同 A* 算法变体。

4.6　分层路径发现技术

分层路径发现（Hierarchical Pathfinding）技术规划路径的方式与人规划路线的方式大致相同。首先规划出一个概略的路线，然后根据需要仔细调整。高层次（High Level）的概略路线可能是"我们先到达后方的停车场，然后走下楼梯，走出前面的大厅，到达大厦的东侧"，或者是"我们将穿过办公室，走出消防通道，然后向下到达安全出口"。对于更长的路线，高层次的概略路线将更加抽象："要到达上海办公室，需要先前往机场，搭飞机到达上海浦东国际机场，然后从该机场乘出租车到市区的办公室。"

路径的每个阶段都将包含另一个路径规划。例如，要到达机场，我们需要知道路线。这条路线的第一阶段可能是乘上汽车。按照顺序，可能需要一个路径规划才能到达后方停车场。同样，离开办公室也需要一个路径规划。

这是路径发现技术的一种非常有效的方法。首先，我们规划一个抽象路线，采取该计划的第一步，找到完成它的路线，然后依次找到我们实际可以移动的层次。在最开始的多层次规划之后，我们只需要在完成上一部分时规划路径的下一部分。当我们到达楼梯的底部时，在前往停车场的路上（从那里出发到达上海办公室），我们需要规划通过大厅的路线。当我们到达汽车所在位置时，就已经完成了抽象路线中"乘上汽车"阶段，接下来就可以规划"开往机场"这个阶段的移动路线。

每个层次的路径规划通常都很简单，我们可以将路径发现问题拆分到一个很长的时

---

① 1 英里 ≈ 1.6 千米，为方便叙述，本书在必要处保留了原版书的单位用法。——编者注

间周期中，只有完成了当前部分才执行下一部分。

4.6.1　分层路径发现图形

为了能够在更高层次发现路径，我们仍然可以使用 A* 算法及其所有优化。为了支持分层路径发现技术，我们需要改变图形数据结构。

1. 节点

这是通过将位置组合在一起以形成聚类（Cluster）来完成的。例如，整个房间的各个位置都可以组合在一起。房间里可能有 50 个导航点，但对于更高层次的路径规划，它们可以被视为一个点。该组可以视为路径发现程序中的单个节点，如图 4.37 所示。

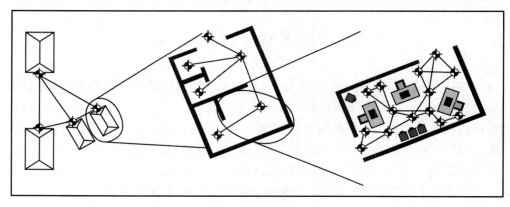

图 4.37　分层节点

该过程可以根据需要重复多次。一个建筑物中所有房间的节点可以组合成一个组，然后这个组可以与复合体中的所有建筑物组合，等等。最终的产品是分层图形。在分层结构的每个层次上，图形的作用和任何其他用作路径发现的图形是一样的。

要允许在此图形上进行路径发现，开发人员需要将图形最低层次上的节点（从角色在游戏关卡中的位置派生）转换为更高层次的节点。这相当于常规图形中的量化步骤。典型的实现将存储映射（从一个层次的节点映射到更高层次的组）。

2. 连接

路径发现图形需要连接和节点。更高层次的节点之间的连接需要反映在分组区域之间移动的能力。如果一个组中的任何低层次节点连接到另一个组中的任何低层次节点，则角色可以在组之间移动，并且这两个组应该具有连接。

　　图 4.38 显示了两个节点之间的连接，这些节点基于分层结构中下一个层次的组成节点的连接性。

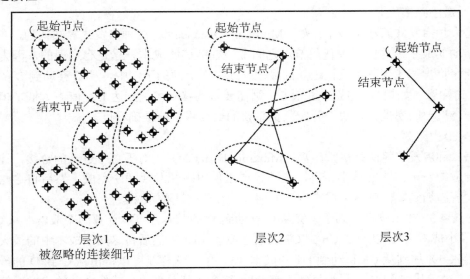

图 4.38　分层图形

3. 连接成本

　　两个组之间连接的成本应该反映出它们之间行进的难度。这可以手动指定，也可以根据这些组之间的低层次连接的成本来计算。

　　当然，这是一项复杂的计算。如图 4.39 所示，从 C 组移动到 D 组的成本取决于角色是从 A 组进入 C 组（成本为 5）还是从 B 组进入 C 组（成本为 2）。

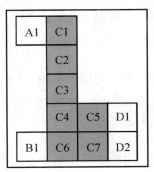

图 4.39　基于图块的表示方式

一般来说，应选择分组以最小化此问题，但该问题的求解并不容易。

通常可以采用直接或混合的方式使用 3 种启发式算法来计算组之间的连接成本。

1）最小距离

第一种启发式算法是最小距离（Minimum Distance）。这种启发式算法认为，在两组之间移动的成本是这些组中任何节点之间最便宜链接的成本。这是有道理的，因为路径发现程序将尝试找到两个位置之间的最短路线。在上面的示例中，从 C 移动到 D 的成本为 1。请注意，如果从 A 或 B 进入 C，则需要多次移动才能到达 D。值 1 太低，但这可能是一个重要的属性，取决于开发人员想要的最终路径的准确程度。

2）最大距离

第二种启发式算法是最大距离（Maximin Distance）。对于每个进入的链接，计算到任何合适的发出链路的最小距离。此计算通常使用路径发现程序完成，然后将这些值中的最大值添加到发出链接的成本中，并将其用作组之间的成本。

在图 4.39 的示例中，为了计算从 C 移动到 D 的成本，可以计算两个成本：从 C1 到 C5 的最小成本（4）以及从 C6 到 C7 的最小成本（1），然后将这两个成本中的最大成本（C1 到 C5）加到从 C5 移动到 D1 的成本（1）中，这样就可以得出从 C 到 D 的最终成本为 5。对于从 C 到 D 来说，只要不是 C1，这个值都太高了。就像之前的启发式算法一样，这可能也是开发人员所需要的。

3）平均最小距离

无论是最小距离还是最大距离，它们都属于极端值。在某些情况下，这些极端值的中间值可能会更好。平均最小距离（Average Minimum Distance）是一个很好的一般性选择。这可以用与最大距离相同的方式来计算，但这些值是平均的，而不是简单地选择最大值。在图 4.39 的示例中，如果从 B 出发，通过 C 到 D（即通过 C6 和 C7），则其成本为 2；如果从 A 出发，通过 C 到 D（即通过 C2 到 C5），则其成本为 5。所以，从 C 移动到 D 的平均成本是(2+5)/2 = 3.5。

4）启发式算法小结

最小距离的启发式算法非常乐观，它假设在组内的节点周围移动，永远不会有任何成本。最大距离的启发式算法则是悲观的，它找到了最大可能的成本之一，并始终使用它。平均最小距离的启发式算法是务实的，它给出了开发人员为大量不同路径发现请求支付的平均成本。

开发人员选择的方法不仅取决于准确性，每个启发式算法都会影响分层路径发现程序返回的路径类型。在详细研究分层路径发现算法之后，我们将会理解个中原委。

4.6.2 分层图形上的路径发现

分层图形上的路径发现将使用正常的 A*算法。它多次应用 A*算法，从分层结构的高层次开始，向下运行。高层次上的结果将用于限制在较低层次下所需执行的工作。

1. 算法

因为分层图形可能有许多不同的层次，所以该算法的第一项任务是找到要开始的层次。开发人员希望找到尽可能高的层次，这样就可以执行最少的工作。当然，开发人员也不想陷入那些不重要问题的求解过程。

最开始的层次应该是开始位置和目标位置不在同一个节点中。任何更低的层次将导致开发人员需要做很多不必要的工作，而任何更高的层次和解决方案都有可能是不重要的，因为其目标和起始节点是相同的。

在图 4.38 中，路径发现技术最初应从级别 2 开始，因为级别 3 在同一节点处具有起始和结束位置。

一旦在起始级别找到路径规划，就需要重新调整路径规划的初始阶段。开发人员将重新调整初始阶段，因为这些对于移动角色来说是最重要的。开发人员最初不需要知道规划路径末尾的细节，只需要在快接近时计算出结果即可。

算法将考虑高层次路径规划中的第一个阶段（偶尔也有考虑前几个阶段的情况，这是一个需要针对不同游戏世界进行尝试的启发式算法）。这部分将通过在层次结构中略低的层次进行路径规划来重新定义。

起点是一样的，但如果开发人员保持终点相同，那么就需要在这个层次上规划整个图形的路线，这样会导致以前的路径规划被浪费。因此，终点将被设置在高层次路径规划中第一次移动的末尾。

例如，如果我们计划通过一组房间，那么考虑的第一个层次可能会给我们一个路径规划，使得我们的角色可以从大厅到警卫室，再从那里移动到目标军械库。在下一个层次，角色需要躲避房间中的障碍物，所以要保持起始位置相同（角色当前所在的位置），但将结束位置设置为大厅和警卫室之间的门口。在这个层次上，我们将忽略在警卫室内外可能需要做的任何事情。

重复此降低层次和重置结束位置的过程，直至我们达到图形的最低层次。现在我们已经有一个关于角色需要立即做什么的详细规划。可以确信，即使我们只是详细规划了前面有限的几个步骤，进行这些移动仍将帮助我们以合理的方式完成自己的目标。

2. 伪代码

分层路径发现的算法具有以下形式：

```
 1  function hierarchicalPathfind(graph: Graph,
 2                                start: Node,
 3                                end: Node,
 4                                heuristic: Heuristic
 5                                ) -> Connection[]:
 6      # 检查是否找到路径
 7      if start == end:
 8          return null
 9
10      # 设置最开始的节点对
11      startNode: Node = start
12      endNode: Node = end
13      levelOfNodes: int = 0
14
15      # 降低通过图形的层次
16      currentLevel: int = graph.getLevels() - 1
17      while currentLevel >= 0:
18          # 查找在此层次上的开始和结束节点
19          startNode = graph.getNodeAtLevel(0, start, currentLevel)
20          endNode = graph.getNodeAtLevel(levelOfNodes,
21                                         endNode,
22                                         currentLevel)
23          levelOfNodes = currentLevel
24
25          # 开始和结束节点是一样的吗
26          if startNode == endNode:
27              # 跳过该层次
28              continue
29
30          # 否则我们可以执行该路径规划
31          graph.setLevel(currentLevel)
32          path = pathfindAStar(graph, startNode, endNode, heuristic)
33
34          # 现在采取该路径规划的第一次移动
35          # 并使用它作为下一次运行的开端
36          endNode = path[0].getToNode()
37
38      # 我们考虑的最后一条路径应该是在层次 0 上的路径
```

```
39      # 返回该路径
40      return path
```

3. 数据结构和接口

我们对图形数据结构进行了一些补充。它的接口现在如下:

```
1   class HierarchicalGraph extends Graph:
2
3       # ... 从图形继承 getConnections...
4
5       # 返回图形中层次的数量
6       function getLevels() -> int
7
8       # 设置图形, 使得今后所有对 getConnections 的调用
9       # 都被视为在给定层次上的请求
10      function setLevel(level: int)
11
12      # 将输入层次上的节点转换为输出层次上的节点
13      function getNodeAtLevel(inputLevel: int,
14                             node: Node,
15                             outputLevel: int) -> Node
```

setLevel 方法可以将图形切换到特定层次, 此后对 getConnections 的所有调用都被视为在该特定层次上的请求, 就好像图形只是该特定层次上的简单非分层图形一样。A*算法函数无法告诉它正在使用分层图形, 也不需要这样做。

getNodeAtLevel 方法可以转换分层结构的不同层次之间的节点。当提升节点的层次时, 我们可以简单地找到它映射到哪一个更高层次的节点。但是, 当降低节点的层次时, 一个节点可能会映射到下一个层次的任意数量的节点。

这与将节点位置化为游戏位置的过程相同。在节点中有任意数量的位置, 但是我们将选择位置化中的一个。同样的事情需要在 getNodeAtLevel 方法中发生。我们需要选择一个可以代表更高层次节点的节点。这通常是靠近中心的节点, 或者可以是覆盖最大区域或具有最多连接的节点 (这表示它是路径规划的重要节点)。

我们使用了较低层次的固定节点, 这个固定节点的生成方法是: 先找到更高层次的节点, 然后找到映射该节点的所有当前层次的节点, 再找到这些节点的中心, 最后选择最接近这个中心的节点。这是一个快速的、根据几何特征进行的预处理步骤, 不需要人为干预。然后, 该节点将与更高层次的节点一起存储, 并且可以在需要时返回, 而无须额外处理。这种方法效果很好, 并且不会产生任何问题, 但是, 开发人员可能更愿意尝

试不同的方法或由关卡设计师手动指定。

4．性能

A*算法具有与以前相同的性能特征，因为我们使用它的方式没有变化。

分层路径发现函数在内存中的性能是 O(1)，在时间上的性能是 O(p)，其中 p 是图形中的关卡数。总的来说，该函数在时间上的性能是 O(plm)。显然，这比基本的路径发现算法要慢。

这可能是实际情况。它可能有一个分层图形，其结构非常差，使得整体性能较差。当然，一般来说，O(lm) A*算法有 p 个阶段，但在每种情况下，迭代次数（l）应该比原始 A*算法调用小得多，并且其实际性能将显著提高。

对于大型图形（例如，有数万个节点的图形）来说，使用分层结构中的多个层次，运行速度提高两个数量级并不罕见。我们已经使用这种技术允许角色在具有一亿个节点的图形上实时进行路径发现。

4.6.3　基于排除法的分层路径发现技术

角色只能在短时间内遵循先前算法生成的路径规划。当它到达最低层次路径规划的末尾时，需要更详细地规划其下一部分的路线。

当规划的线路用完时，需要再次调用算法，并返回下一部分的路径规划结果。如果使用存储路径规划的路径发现算法（参见第 4.7 节"路径发现中的其他思路"），则不需要从头开始重建更高层次的路径规划（尽管这个过程的成本一般都不高）。

但是，在某些应用程序中，开发人员可能更愿意预先获得整个路线的详细规划。在这种情况下，分层路径发现技术可以使路径规划更有效。

这些应用程序虽然使用相同的算法，但从不移动开始和结束位置。如果没有进一步的修改，就会导致大量的工作浪费，因为它们会在每个层次上都执行一次完整的路径规划工作。

为了避免这种情况，在每个较低层次上，路径发现程序可以考虑的节点是作为更高层次路径规划的一部分的组节点内的那些节点。

例如，图 4.40 显示了第一个高层次路径规划。在制定低层次路径规划时（相同的起始位置和结束位置），将忽略所有着色节点。它们甚至不被路径发现者考虑。这大大减少了搜索量，但也可能错过最佳路线。

基于排除法的分层路径发现技术不如标准的分层路径发现算法那么高效，但它仍然不失为一种非常强大的技术。

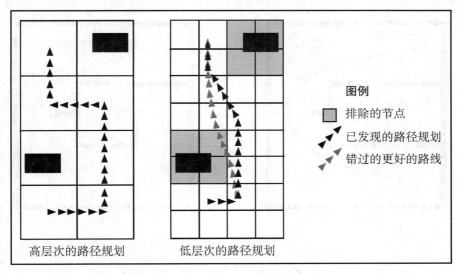

图 4.40　在分层结构的层次下降时关闭节点

4.6.4　分层结构对路径发现的奇怪影响

对于开发人员来说，重要的是要意识到：分层路径发现技术给出的是近似解。就像任何其他启发式算法一样，它可能在某些情况下表现良好而在其他情况下表现不佳。高层次路径发现可能会找到一条线路，作为较低层次的捷径；也可能永远找不到此捷径，因为高层次路线被"锁定"并且无法重新考虑。

这种近似的来源是我们将最低层次的图形转换为分层图形时计算的链接成本。因为没有单个值可以准确地表示通过一组节点的所有可能路线，所以它们在某些时候总是会出错。

图 4.41 和图 4.42 显示了计算链接成本的每种方法产生错误路径的情况。

在图 4.41 中可以看到，因为房间之间所有连接的最小成本是 1，所以路径规划程序将选择具有最小房间数的路径，而不是更直接的路径。最低成本方法适用于每个房间的大小基本相同的情况。

在图 4.42 中可以看到，路径规划程序没有采用更直接的路线，因为该连接有一个非常大的成本值。当每条路线都必须通过许多房间时，最大距离算法的效果更好。

在相同的示例中，使用平均最小距离方法没有帮助，因为房间之间只有一条路线。直接路线仍未使用。平均最小距离方法通常比最大距离方法表现更好，除非大多数房间长而狭窄、每个末端有入口（如走廊网络）或房间之间的连接很少。

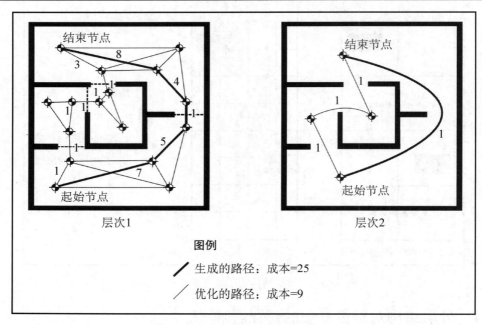

图 4.41　最小距离方法的错误示例

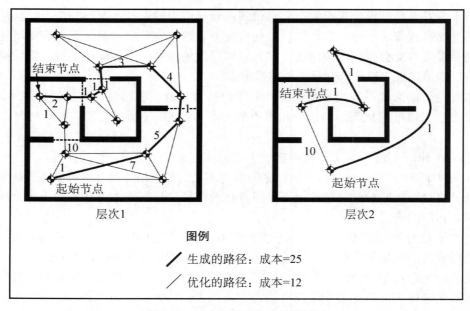

图 4.42　最大距离方法的错误示例

这些方法中，每一种方法的失败并不表示我们还没有找到另一种更好的方法。在某些情况下，所有可能的方法都是错误的。无论使用什么方法，重要的是要了解错误的影响。上述方案之一，或者它们的混合方案，可能会为你的游戏提供最佳的折中方案，但如何发现它则是一个调整和测试的问题。

4.6.5　实例几何

在单人游戏或基于关卡的多人游戏中，关卡的所有细节通常都是唯一的。如果使用相同几何体的多个副本，则通常会让它们略有不同。路径发现图形对于整个关卡是唯一的，并且对于关卡中的多个区域使用图形的相同子部分没有意义。

对于大型多人游戏来说，整个世界可以包含单个关卡。在这个程度上无法拥有相同细节、独特的建模。大多数 MMOG 使用一个大的定义来表示场景的拓扑结构（一般来说，高度场网格可以在路径发现系统中表示为基于图块的图形）。在这个场景上，建筑物可以作为一个整体放置，也可以作为代表建筑物内部的独立迷你层的入口。墓葬、城堡、洞穴或宇宙飞船都可以通过这种方式实现。例如，开发人员可以使用该技术来模拟游戏中基于小队的连接岛屿的桥梁。为简单起见，我们在本节中将它们全部称为建筑物。

这些放置的建筑物有时是独一无二的（对于游戏内容非常重要的特殊区域）。当然，在大多数情况下，它们是通用的。例如，游戏中可能有 20 个农民棚屋设计，但世界上可能有数百个农民棚屋。游戏不会为农民棚屋存储许多几何副本，同样，它也不应存储路径发现图形的许多副本。

开发人员希望能够实例化路径发现图形，以便可以为建筑物的每个副本重复使用。

1. 算法

对于游戏中每种类型的建筑，开发人员都有一个单独的路径发现图形。路径发现图形包含一些标记为建筑物"出口"的特殊连接。这些连接从我们称为出口节点（Exit Node）的节点离开。它们没有连接到建筑物图形中的任何其他节点。

对于游戏中建筑物的每个实例，我们将记录其类型以及每个出口附加到主路径发现图形（即整个世界的图形）中的节点。类似地，我们将在主图形中存储一个节点列表，这些节点应该连接到建筑物图形中的每个出口节点。这提供了建筑物的路径发现图形如何连接到世界其他地方的记录。

1）实例图形

建筑物实例提供了路径发现程序所使用的图形，我们称其为实例图形（Instance Graph）。无论何时从节点要求一组连接，实例图形都会引用相应的建筑类型图形并返回结果。

　　为了避免路径发现程序对它所在的建筑物实例感到困惑，实例应确保更改节点以使它们对每个实例都是唯一的。

　　实例图形只是充当转换器的作用。当要求来自节点的连接时，它会将请求的节点转换为建筑物图形所理解的节点值，然后将连接请求委托给建筑物图形，如图 4.43 所示。最后，实例图形会转换结果，以便节点值再次和所有实例相关，并将结果返回给路径发现程序。

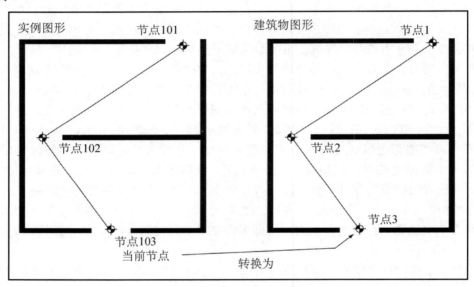

图 4.43　过程中的委托

　　对于出口节点来说，该过程会添加一个额外的阶段。它将以正常方式调用建筑物图形，并转换其结果。如果该节点是出口节点，则实例图形将添加出口连接，并将目标设置为主路径发现图形中的恰当节点。

　　因为很难区分不同建筑物中节点之间的距离，所以通常假设出口连接的连接成本为零。这就是说连接的源节点和目标节点位于空间中的同一点。

　　2）世界图形

　　为了支持进入建筑物实例，需要在主路径发现图形中发生类似的过程。请求的每个节点具有其正常的连接集（例如，基于图块的图形中的 8 个相邻邻居）。它也可能与建筑物实例有连接。如果是这样，世界图形会将适当的连接添加到列表中。在实例定义中查找此连接的目标节点，其值为实例图形格式，如图 4.44 所示。

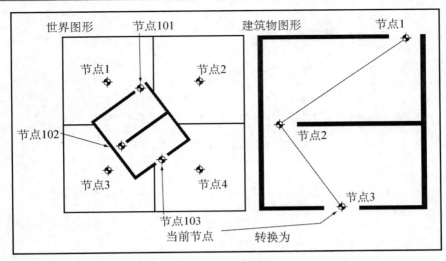

图 4.44 世界图形中的实例

正如我们在本章中所实现的那样，路径发现程序一次只能处理一个图形。世界图形管理所有实例图形，使其看起来好像生成整个图形。当询问来自节点的连接时，它首先确定节点值来自哪个建筑物实例，或者它是否来自主路径发现图形。如果从建筑物中取出节点，它将委托给该建筑物以处理 getConnections 请求并返回未改变的结果。如果节点未从建筑物实例中获取，则它将委托给主路径发现图形，但这次会将任何入口节点的连接添加到建筑物中。

如果要从头开始构建路径发现程序以在需要实例化的游戏中使用，可以直接在路径发现算法中包含实例，因此它可以调用顶层图形和实例图形。但是，这种方法使得以后合并其他优化（如分层路径发现或节点数组 A* 算法）变得更加困难，因此下面我们将坚持基本路径发现实现。

2. 伪代码

要实现实例几何，我们需要两个新的隐式图形。其中一个用于构建实例，另一个用于主路径发现图形。

我们已经使用实例图形类（Instance Graph Class）添加了用于存储建筑物实例的数据，因为每个实例都需要相同的数据。因此，实例图形实现具有以下形式：

```
1  class InstanceGraph extends Graph:
2      # 保存建筑物图形以委托给它
3      building: Graph
4
```

```
5      # 保存出口节点的数据
6      class ExitNodeAssignment:
7          fromNode: Node
8          toWorldNode: Node
9
10     # 保存出口节点分配的哈希，以便连接到外部世界
11     exitNodes: HashMap[Node -> ExitNodeAssignment[]]
12
13     # 存储在该实例中使用的节点值的偏移量
14     nodeOffset: Node
15
16     function getConnections(fromNode: Node) -> Connection[]:
17         # 将节点转换为建筑物图形值
18         buildingFromNode: Node = fromNode - nodeOffset
19
20         # 委托给建筑物图形
21         connections = building.getConnections(buildingFromNode)
22
23         # 将返回的连接转换为实例节点值
24         for connection in connections:
25             connection.toNode += nodeOffset
26
27         # 添加此节点的每个出口的连接
28         for exitAssignment in exitNodes[fromNode]:
29             connection = new Connection()
30             connection.fromNode = fromNode
31             connection.toNode = exitAssignment.toWorldNode
32             connection.cost = 0
33             connections += connection
34
35     return connections
```

主路径发现图形具有以下结构：

```
1   class MainGraph extends Graph:
2       # 世界其他部分的图形
3       worldGraph: Graph
4
5       # 保存建筑物实例的数据
6       class EntranceNodeAssignment:
7           fromNode: Node
8           toInstanceNode: Node
```

```
 9          buildingGraph: Graph
10
11    class Buildings extends HashMap[Node -> EntranceNodeAssignment[]]:
12         # 返回包含给定节点的图形
13         function getBuilding(node) -> Graph
14
15    # 保存入口节点分配
16    buildingInstances: Buildings
17
18    function getConnections(fromNode: Node) -> Connection[]:
19         # 检查 fromNode 是否在任意建筑物实例的范围中
20         building = buildingInstances.getBuilding(fromNode)
21
22         # 如果有建筑物，则委托给该建筑物
23         if building:
24             return building.getConnections(fromNode)
25
26         # 否则，委托给世界图形
27         connections = worldGraph.getConnections(fromNode)
28
29         # 添加此节点的每个入口的连接
30         for building in buildingInstances[fromNode]:
31             connection = new Connection
32             connection.fromNode = fromNode
33             connection.toNode = building.toInstanceNode
34             connection.cost = 0
35             connections += connection
36
37         return connections
```

3．数据结构和接口

在实例图形类中，我们将访问作为哈希的出口节点，按节点编号索引并返回出口节点分配列表。每次要求图形连接时都会调用此过程，因此需要以尽可能高效的方式实现。世界图形类中的建筑物实例结构以完全相同的方式使用，具有相同的效率要求。

建筑物实例结构在上面的伪代码中也有一个 **getBuilding** 方法。如果节点是实例图形的一部分，则此方法接受节点并从列表返回建筑物实例。如果节点是主路径发现图形的一部分，则该方法返回空值。这种方法也具有很高的速度要求。但是，由于每个建筑物都使用了一系列的节点值，因此无法轻松将其实现为哈希表。一个好的解决方案是在建筑物的 nodeOffsets 上执行二分搜索。使用相干性还可以进一步加速，也可以利用这样的

事实：如果路径发现程序请求建筑物实例中的节点，则可能跟随它向同一建筑物中的其他节点发出请求。

4．实现说明

实例节点值和建筑物节点值之间的转换过程假定节点是数值。这是最常见的节点实现。但是，它们可以实现为不透明数据。在这种情况下，转换操作（在伪代码中添加和减去 nodeOffset）将被节点数据类型上的一些其他操作替换。

基于图块的世界的主路径发现图形通常是隐含的。我们认为，不要将新的隐式图形实现委托给另一个隐式实现，将两者结合起来可能更好。getConnections 方法编译与每个相邻图块的连接，以及建筑物入口检查。

5．性能

实例图形和世界图形都需要对入口或出口连接执行哈希查找。此检查发生在路径发现循环的最低部分，因此速度至关重要。对于均衡哈希，哈希查找方法的速度接近 O(1)。

世界图形还需要从节点值中查找建筑物实例。在节点是数字的情况下，这不能使用合理大小的哈希表来执行。二分搜索实现的时间是 $O(\log_2 n)$，其中 n 是世界上的建筑物数量。在实践中，公正使用缓存可以将其减少到几乎为 O(1)，尽管错误的图形结构理论上可以阻止任何缓存方案并给出 $O(\log_2 n)$ 最坏情况。

两种算法在内存中的性能都是 O(1)，并且只需要临时存储。

6．弱点

实例几何方法在路径发现循环中引入了相当低的复杂度。路径发现程序的性能对图形数据结构中的低效率极为敏感。我们已经看到，使用此方法将导致执行速度减半。如果游戏关卡足够小，不需要创建单个主图形，则不值得花费额外的时间。

当然，对于具有实例建筑物的大型世界，这可能不是一种选项，而是唯一的方法。我个人不会考虑在产品环境中使用实例化图形，除非路径发现系统是分层的（如果图形足够大，以至于需要实例化建筑物，则它足够大，以至于需要分层路径发现）。在这种情况下，可以将每个构建实例视为层次结构上方的单个节点。当使用分层路径发现算法时，移动到实例化几何体通常会在路径发现速度上产生可忽略不计的下降。

7．设置节点偏移量

为了使此代码有效，我们需要确保每个建筑物实例都有唯一的一组节点值。节点值不仅应该在同一建筑物类型的实例中是唯一的，而且在不同的建筑物类型之间也应该是唯一的。如果节点值是数字，则可以通过以下方式简单完成：为第一个建筑物实例分配一个 nodeOffset，使它等于主路径发现图形中的节点数。在此之后，后续建筑物实例的偏移量应该是前一建筑物图形中的节点数量加上前一建筑物的偏移量。

例如，假设有一个包含 10000 个节点和 3 个建筑物实例的路径发现图形。第一和第三个建筑物是图形中具有 100 个节点的类型的实例，第二个建筑物的图形中有 200 个节点，则建筑物实例的节点偏移值为 10000、10200 和 10300。

4.7 路径发现中的其他思路

针对特定应用开发的 A* 算法有许多变体，仅仅是把它们全部解释一遍就可以写出一大本书。本节仅选取其中最有趣的一部分予以简要介绍。本书在参考资料中提供了更多的信息，包括算法规范。

4.7.1 开放目标路径发现

在许多应用程序中，图形中多个可能的节点都会成为目标。例如，如果角色通过路径发现找到一个警报点，那么任何警报点都可能需要去发现，因此会有多个可能的目标。

也就是说，我们需要检查某一类节点是否是目标，而不只是检查某个特定的节点是否是当前的目标。这对启发式算法的设计有影响：启发式算法需要准确报告最接近目标的距离。要做到这一点，需要了解最终将选择哪个目标。

想象一下角色试图到达两个警报点之一以拉响警报的情况。警报点 A 就在附近，但已被玩家挡住了道路，警报点 B 距离更远。启发式算法对接近警报点 A 的关卡区域给出了低分，包括到达警报点 B 的完全错误方向的区域。之所以给出了低分，是因为启发式算法认为警报点 A 将是这些区域应该选择的目标。

在开始查看到警报点 B 的路线之前，路径发现程序将搜索警报点 A 周围的所有区域，包括到达警报点 B 的完全错误方向的所有区域。在最坏的情况下，它可能会搜索整个关卡，然后才意识到警报点 A 被玩家阻塞。

由于存在这些问题，游戏 AI 很少在彼此相距很远的地方使用多个目标。通常，由某种决策过程决定要去哪个报警点，而路径发现将只是找到一条路线。

4.7.2 动态路径发现

到目前为止，我们一直假设路径发现程序可以知道它正在使用的游戏关卡的所有内容。我们还假设它所知道的内容不会改变：连接总是可用的，并且其成本将始终相同。

　　如果环境以不可预测的方式发生变化或者信息不完整，那么我们迄今为止所讨论的方法的效果都不会太好。

　　想象一下，人类士兵在敌人的阵营中穿行。他们将有一张地图，可能还有卫星情报，显示敌人的营地和防御的位置。尽管有这些信息，但他们可能会遇到未在地图上显示的新基地。人类玩家将能够接受并消化这些信息，灵活改变他们前进的路线，以避免被新基地派出的敌方小队发现。

　　开发人员可以使用标准的路径发现算法实现相同的功能。每次发现一些与预期不符的信息时，开发人员都可以重新进行路径规划。这个新的路线会尝试包括发现的新信息。

　　这种方法是有效的，在许多情况下它也是完全足够的。但如果游戏关卡不断变化，则会有大量的新的路径规划。这最终会使得路径发现程序左支右绌、穷于应付，它必须在完成上一个路径规划之前重新开始，所以不会有任何进展。

　　动态路径发现（Dynamic Pathfinding）是对路径发现算法的一种有趣的修改，它允许路径发现程序仅重新计算可能已经改变的路径规划部分。A*算法的动态版本称为D*算法。虽然它大大减少了在不确定环境中发现路径所需的时间，但它需要大量的存储空间来保存以后可能需要的中间数据。

　　有关D*算法的原始论文，详见附录参考资料[62]。附录参考资料[63]对此进行了细化，称为Focused D*算法。

4.7.3　其他类型的信息重用

　　如果任务在中途发生变化，那么在路径发现时获得的中间信息（如路径估计和开放列表中的节点的父节点）可能是有用的。这是D*算法和类似动态路径发现程序使用的方法。

　　即使任务没有改变，相同的信息也可用于加速连续路径发现尝试。例如，如果计算从A到D的最短路径是[A B C D]，那么就可以知道从B到D的最短路径将是[B C D]。

　　在内存中保留部分路径规划可以大大加快未来的搜索速度。如果路径发现程序遇到预先构建的路线部分，则它通常可以直接使用，从而节省大量的处理时间。

　　完整的路径规划易于存储和检查。如果第二次执行完全相同的任务，则可以使用该路径规划。但是，多次完成相同任务的机会很小。更复杂的算法，如终身规划A*（Lifelong Planning A*，LPA*），将保留关于路径规划的小部分的信息，这些信息在一系列不同的路径发现任务中更有用。

　　与动态路径发现一样，这种算法的存储需求也很大。虽然它们可能适合于第一人称射击游戏中的小路径发现图形，但它们对大型露天关卡则基本上没什么用。然而，在这样的应用程序中，它们对于提高速度会很有用。

4.7.4　低内存算法

内存是设计路径发现算法的主要问题。A*算法有两个众所周知的变量，它们具有较低的内存要求。因此，它们对诸如动态路径发现之类的优化不太开放。

1.　IDA*算法——迭代加深 A*算法

迭代加深 A*（Iterative Deepening A*，IDA*）算法（详见附录参考资料[30]）没有开放或封闭列表，看起来不太像是标准 A*算法。

IDA*算法以截止值（Cut-Off Value）开始，总路径长度超过该值将停止搜索。实际上，它会搜索所有可能的路径，直到它找到一个小于此截止值的目标。

初始截止值很小（它是起始节点的启发式值，通常会低估路径长度），因此不太可能有合适的路径到达目标。

该算法将递归地考虑每个可能的路径。总路径估计值的计算与常规 A*算法中的完全相同。如果总路径估计值小于截止值，则算法将扩展路径并继续搜索。一旦所有可能的路径都小于截止值，则截止值会略微增加，并且该过程将再次开始。

新的截止值应该是最小路径长度，大于在上一次迭代中找到的上一个截止值。

由于截止值不断增加，最终截止值将大于从起点到目标的距离，并且将找到正确的路径。

除了正在测试的当前路径规划中的节点列表，该算法不需要存储。实现起来非常简单，不超过 50 行代码。

糟糕的是，由于它需要一遍又一遍地重新开始路径规划，因此它的效率比常规 A*算法的效率要低得多，并且在某些情况下它的效率还低于迪杰斯特拉算法。所以，它可能在内存是关键限制因素的情况下获得应用（如在手持设备上）。

当然，在一些非路径发现的情况下，IDA*算法可以是一种很好的变体。当在第 5 章中讨论面向目标的行动路径规划（一种决策制定技术）时，它将绽放出自己的光芒（见第 5 章，IDA*算法的完整实现）。

2.　SMA*算法——简化的内存限制 A*算法

简化的内存限制 A*（Simplified Memory-bounded A*，SMA*）算法（详见附录参考资料[53]）通过对开放列表的大小设置固定限制来解决存储问题。在处理新节点时，如果它具有大于列表中任何节点的总路径长度（包括启发式算法），则将其丢弃。否则，添加它，并删除具有最大路径长度的列表中已有的节点。

这种方法可以比 IDA*算法更有效，尽管它仍然可以在搜索期间多次重新访问同一节点。它对使用的启发式算法非常敏感。如果启发式算法是明显低估的，则可以看到无用的节点从开放列表中弹出重要的节点。

SMA*算法是"有损"搜索机制的一个示例。为了降低搜索效率，它会抛弃信息，假设它丢弃的信息并不重要。但是，它并不能保证这些被丢弃的信息不重要。在使用 SMA*算法的所有情况下，返回的最终路径无法保证是最佳路径。早期没有希望的节点会被拒绝考虑，并且算法永远不会知道，通过沿着这个看似没有希望的路线，它将找到最短的路径。

对开放列表大小设置一个较大的限制有助于缓解此问题，但是会破坏限制内存使用的目标。从另一个极端来说，如果限制开放列表中只有 1 个节点，则将看到算法向其目标漫游，并且从不考虑最有希望的路径之外的任何路径。

我们认为 SMA*算法被低估为 A*算法的替代品。优化路径发现的关键问题之一是内存缓存性能（请参阅第 2 章中有关内存问题的部分）。通过将开放列表的大小限制为恰当的大小，SMA*算法可以避免 A*算法出现的缓存未命中和别名的问题。

4.7.5　可中断路径发现

路径规划是一个耗时的过程。对于很大的图形来说，即使是最佳路径发现算法也可能需要几十毫秒来规划路径。如果路径发现代码必须在每 1 秒或每半秒渲染一次的约束条件下运行，则它可能没有足够的时间来完成。

路径发现是一个容易中断的过程。本章描述的 A*算法可以在任何迭代后停止，并在以后恢复。继续执行该算法所需的数据都包含在开放列表和封闭列表或其等价物中。

路径发现算法通常被编写为可以在若干帧的过程中执行。在帧之间将保留数据以允许算法稍后继续处理。因为角色可能在此时移动，所以路径发现算法（如 D*或 LPA*算法）可用于避免重新开始。

本书第 10 章 "执行管理" 详细介绍了可中断算法，以及使用它们所需的基础结构代码。

4.7.6　汇集路径规划请求

路径发现开始广泛使用是在即时战略游戏中。大量角色需要能够在游戏环境中自主漫游，因此，可能会同时出现许多路径发现请求。

开发人员可以简单地完成一个角色的路径发现任务，然后移动到下一个角色。对于有许多角色并且路径发现被划分到若干帧中的情况，则可以使用路径发现时间的队列。

或者，开发人员也可以为游戏中的每个角色使用单独的路径发现实例。糟糕的是，与路径发现算法相关联的数据可能是相当大的，特别是如果算法遇到高度的填充或者开发人员使用了诸如节点数组 A*算法之类的算法则更是如此。即使可以将所有角色的数据都放入内存，也可以肯定无法将它们都放入缓存，所以其性能会相应降低。

即时战略游戏（RTS）使用路径发现池（Pool）和路径发现队列（Queue）。当角色需要规划路径时，它会将其请求发送到中央路径发现队列上。固定的一组路径发现程序按顺序为这些请求提供服务（通常是先进先出顺序）。

大型的多人游戏也使用相同的方法为 NPC 角色提供路径发现。基于服务器的路径发现池将根据需要处理整个游戏中来自角色的请求。

当开发人员为具有大量 AI 角色的 MMORPG（Massively Multiplayer Online Role-Playing Game）开发这样的系统时，会发现 LPA*算法的变体是最好用的算法。由于每个路径发现程序都经常被要求规划不同的路线，因此先前运行的信息可能有助于减少执行时间。对于任何路径发现请求，很可能在过去已经有另一个角色请求过类似的路线。在执行分层路径发现时尤其如此，因为路线规划的高层次分量对数千甚至数百万个请求是通用的。

在运行一段时间后，算法将使用重复的数据，这会让它更有效，尽管算法也必须做额外的工作来存储数据。任何形式的数据重用都是有利的，包括存储部分路径规划或保持关于每个节点的数据中的较短通行路线的信息（与 LPA*算法一样）。

尽管每个路径发现程序中都有大量的附加数据，但在我们的测试中，使用这种方法通常会降低内存消耗。更快的路径发现意味着只需少量的路径发送程序即可为相同数量的请求提供服务，也意味着使用的内存总数更少。

这种方法在 MMORPG 游戏中尤为重要，其中相同的游戏关卡一次有效期为数天或数周（仅在有新建筑物或新内容改变路径的图形时才会发生变化）。在即时战略中它不那么重要，但如果路径发现代码导致性能瓶颈，则值得尝试。

4.8 连续时间路径发现

到目前为止，我们使用的都是离散路径发现技术。路径发现系统唯一可用的选择发生在特定的位置和时间。路径发现算法无法选择改变方向的位置。它只能在图形的节点之间直接移动。节点的位置由创建图形者负责。

正如我们所看到的，这足以应对大多数游戏中所需的路径发现。固定图形的一些缺乏灵活性的问题也可以通过路径平滑或使用转向行为跟踪路径（第 3 章有关于移动和路径发现的更多细节）来减轻。

当然，还有一些场景，其常规路径发现不能直接应用。也就是说，存在路径发现任务快速变化但可预测的情况。我们可以将其视为一个随时变化的图形。诸如 D*之类的算法可以处理动态变化的图形，但只有在图形不经常变化时它们才有效。

4.8.1　问题

我们遇到的更多灵活规划需求的主要情况是车辆路径发现。

想象一下，我们有一辆由游戏 AI 控制的警车沿着繁忙的城市道路行驶，如图 4.45 所示。在追捕罪犯或试图到达指定路障时，汽车需要尽快行驶。在该示例中，我们假设没有足够的空间在两个交通车道之间行驶，我们必须留在一条车道上。

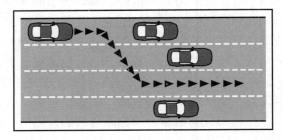

图 4.45　警车沿着 4 车道的道路移动

每条交通车道都有行驶的车辆。我们不会关心这些车辆目前是如何被控制的，只要它们的移动是可预测的（即很少改变车道）即可。

警车的路径发现任务是决定何时改变车道。路径将由一系列相邻车道中的一段时间组成。我们可以通过沿着道路每隔几码放置一个节点来分解这项任务。在每个节点处，连接将加入同一通道中的下一个节点或相邻通道中的节点。

如果道路上的其他车辆移动相对较快（例如，在竞相追逐情况下的车流），那么合理的节点间距将意味着警车几乎肯定会错过更快行驶的机会。因为节点以任意方式定位，玩家将看到警车有时会以看起来好像在冒死冲锋的转向方式通过车流（当节点恰好在排队时），而在其他时间则错过明显的前进机会（当节点与车流中的间隙未对应时）。

缩小节点的间距将有所帮助。但是，对于快速移动的车辆来说，其中大部分车辆都因为在路上而很难导航，这需要一个非常细致的图形。

即使有了静态图形，我们也无法使用诸如 A*算法之类的算法来执行路径发现。A*算法假设两个节点之间的行进成本与到达第一个节点的路径无关，而我们的情况却并非如此。如果车辆花费 10 s 到达某个节点，那么车流可能存在间隙，并且相应的连接成本将很小。然而，如果车辆在 12 s 内到达同一节点，则该间隙可能会被关闭，并且连接不再可用（即它具有有限的成本）。A*系列算法不能直接使用这种图形。

我们需要一种能够应对连续问题的路径发现算法。

4.8.2　算法

警车可以在道路上的任何一点改变车道，它不限于特定的位置。在检视该问题时，可以将问题分为两部分。首先，我们需要决定合理改变车道的地点和时间；其次，我们可以在这些点之间找到一条路线。

该算法也分为两部分。我们将创建一个动态图形，其中包含有关车道变化的位置和计时的信息，然后我们将使用常规路径发现算法（即 A* 算法）来到达最终路线。

前文我们提到，A* 系列算法无法解决这个问题。为了能再利用它们，我们首先需要重新解释路径发现图形，以便它不再代表位置。

1. 使用节点作为状态

到目前为止，我们都是假设路径发现图形中的每个节点代表游戏关卡中的位置，或者表示位置和方向。类似地，连接则表示可以从节点到达哪些位置。

正如我们之前所强调的那样，路径发现系统并不了解其图形所代表的含义。它只是试图根据图形找到最佳路线。我们可以利用这一点。

我们不是将节点作为位置，而是将图形中的节点解释为道路的状态。节点有两个元素：位置（由车道和沿着路段的距离组成）和时间。如果可以从起始节点到达末尾节点并且如果到达节点所花费的时间是正确的，则在两个节点之间存在连接。

图 4.46 说明了这一点。在第二个车道中，在同一位置有两个节点：C 和 D。每个节点具有不同的时间。如果汽车从节点 A 开始行驶，并且保持在同一车道上，那么它将在 5 s 内到达该段的末端，也就是在节点 C 处。如果它驶入车道 1，到达节点 B 处，那么它将在 7 s 内到达终点，也就是在节点 D 处。在该图中节点 C 和 D 稍微分开显示，目的是让读者可以看清楚连接，因为我们只关心车道号和距离，但实际上它们代表的是完全相同的位置。

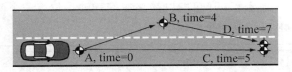

图 4.46　不同时间内到达的不同节点表示的是相同的位置

使用这种图形意味着我们已经删除了与路径相关的成本长度。C 和 D 是不同的节点。如果车流在 5 s 而不是 7 s 后不同，那么从 C 和 D 出来的连接将有不同的成本。这是很细致的算法，因为它们是不同的节点。路径发现算法不再需要担心它来自哪条路线，算法可以相信，来自节点的连接的成本总是相同的。

将时间纳入路径发现图形，这使得开发人员可以将 A* 算法作为解决这个问题的路径发现算法。

2．图形的大小

使用节点作为状态只是暂时挪开了问题，并没有真正解决它。现在，我们不仅有无限个位置可以改变车道，而且在沿着道路上的每个地方还有无限个节点（因为加速和制动的原因）。也就是说，我们现在真正有一个巨大的路径发现图形，但它太大了，以至于无法有效使用。

我们可以通过动态生成实际上与任务相关的图形的子部分来解决这个问题。图 4.47 显示了一个简单的情况，即汽车在竞相追逐的车流中可以侧面躲避以通过间隙。

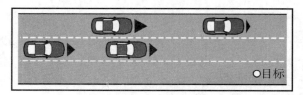

图 4.47　侧面躲避以通过间隙

有很多方法可以实现这一目标。我们可以尽快全速前进到中心车道，然后立即驶出并远离；我们也可以先制动，等到间隙越来越近，然后驶入间隙；我们还可以制动并等待所有的汽车先通过。总之，可以有无数种选择。

我们可以通过使用启发式算法来约束问题。这里不妨做出以下两个假设。

（1）如果汽车要改变车道，那么它将尽快完成。

（2）它将尽可能快地从当前车道移动到下一个车道。

第一个假设是合理的。在需要变道的情况下，越早变道则车辆越有灵活性；反之则不然。在最后一刻变道通常意味着错过了机会。

第二个假设有助于确保汽车尽可能以最高速度行驶。与第一个假设不同，这可能不是最好的策略。图 4.48 显示了一个极端的例子。

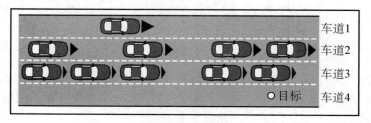

图 4.48　以最高速行驶有时并不是一个好主意

车道 4 是空的，但车道 2 和 3 都非常繁忙。如果汽车前进到车道 2 前面的间隙，那么它将无法进入车道 3 并从那里进入车道 4。但是，如果它刹车等待，直到车道 2 中的第二个间隙与车道 3 中的间隙对齐，它就可以穿过两个间隙，进入空旷的车道 4。在这种情况下，它最初的速度会减慢。

在实际生活中，这种明显的极端示例很少见。急于到达某个地方的司机很可能会尽可能快地采取行动。虽然它不是最优的，但使用这种假设可以产生行为似乎合理的 AI 驱动程序：它们看起来不会明显错过简单的机会。

3. 图形的创建方式

可以根据路径发现算法的要求创建图形。最初，图形中只有一个节点：AI 警车的当前位置，以及当前时间。

当路径发现程序要求从当前节点发出连接时，该图形将检查道路上的汽车，并且返回 4 组连接。

首先，它返回到此时空闲的每个相邻车道的一个节点的连接。我们将这些节点称为车道变换节点（Lane Change Node）。它们的连接成本是以当前速度改变车道所需的时间，并且目标节点将具有反映车道变换的位置和时间值。

其次，图形添加了一个连接到当前车道中下一辆车后面的节点，假设它尽可能快地行驶并在最后一刻刹车以匹配车辆的速度（即它不会继续以最高速度行驶并撞到汽车的后部）。第 3 章的到达行为和速度匹配行为可以计算出这种类型的操控效果。

我们将此节点称为边界节点。如果 AI 要严格避免碰撞（即它不能采用急刹车的行驶方式），则忽略边界节点，我们不会让路径发现程序考虑撞车的可能性。

接下来，图形在 AI 通过每个相邻车道的每辆车之后立即返回当前车道上节点的连接，直到它到达当前车道的下一辆车。为了计算这些节点，我们假设汽车的行驶方式与我们为边界节点计算的方式相同，即尽可能快，并确保它不会撞到前面的汽车。我们将这些节点称为安全机会节点（Safe Opportunity Node），因为它们代表 AI 改变车道的机会，同时确保避免与前方车辆发生碰撞。图 4.49 显示了这种情况。

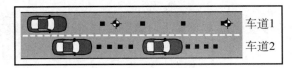

图 4.49　相同车道内节点的位置

因为很难在 2D 图形上显示时间，所以以 1 s 的间隔将每辆车的位置指示为黑点。请注意，当前车道中的节点不是紧跟在每辆车的当前位置之后，而是当 AI 到达时紧接在每辆车的位置之后。

最后，图形将返回一组不安全的机会节点。这些节点与安全机会节点完全相同，但是在计算时，将假设汽车始终以最高速度行驶并且不会试图避免撞到前方汽车的后部。这些是有用的，因为路径发现程序可以选择改变车道。如果你打算将它转向不同的车道，那么放慢速度以避免撞到前面的车是毫无意义的。

请注意，所有 4 组连接都在同一组中返回。它们都是从警车当前位置发出的连接，在路径发现算法中没有区别。它们指向的连接和节点是专门针对此请求创建的。

连接包括成本值。这通常只是时间的衡量标准，因为我们会尝试尽可能快地移动。还可以在成本中包括其他因素。警车司机可能会考虑每次操控导致与无辜驾车者相撞的距离。如果他们节省了大量时间，那么只能使用特别接近的转向。

每个连接指向的节点包括位置信息和时间信息。

正如我们所见，我们无法预先创建所有节点和连接，因此当从图形中发出连接请求时，它们是从头开始构建的。

在路径发现算法的连续迭代中，将使用新的起始节点再次调用该图。由于该节点包括位置和时间，我们可以预测道路上的汽车将在哪里并重复生成该连接的过程。

4．路径发现程序的选择

通过图形的两条路线可以在相同的节点处结束（即具有相同位置和计时信息的节点）。在这种情况下，离开节点的连接在每个方面都应该是相同的。在实践中，这种情况很少发生，路径发现图形往往类似于树而不是连接的网络。

因为很少重新访问已经访问过的节点，所以存储大量节点以供将来参考几乎没有意义。结合大尺寸的结果图形，A^*算法的节省内存的变体是最佳选择。IDA^*算法不合适，因为检索从节点发出的连接是一个非常耗时的过程。IDA^*算法在每次迭代时通过相同的节点集重新规划路线，从而产生显著的性能损失。这可以通过缓存来自每个节点的连接来缓解，但这违背了 IDA^*算法节省内存的精神。

在我们已经完成的实验中，SMA^*算法似乎是这种连续动态任务中路径发现的最佳选择。

本节的其余部分仅涉及动态图形算法。负责规划路线的路径发现程序的特定选择与图形的实现方式无关。

4.8.3　实现说明

在连接数据结构中存储驱动动作是很方便的。当从路径发现程序返回最终路径时，驱动 AI 将需要执行每个操作。每个连接可能来自 4 个不同类别中的一个，每个类别涉及特定的转向、加速或刹车序列。当在路径发现图形中计算时，再次计算该序列是没有意义的。通过存储它，我们可以将动作直接输入移动汽车的代码中。

4.8.4　性能

该算法在内存中的性能为 O(1)，仅需临时存储；在时间上的性能是 O(n)，其中 n 是相邻车道中的车辆数量，比当前车道中最近的车辆更近。通过获取相邻汽车上的数据可能会妨碍算法的性能。根据存储车流模式的数据结构，这本身可以是 O($\log_2 n$)算法，其中 n 是车道中的车辆数量（例如，如果它对附近的车辆进行二分搜索）。通过缓存每次搜索结果，可以将实际性能带回到 O(n)。

该算法在路径发现循环的最低部分调用，因此其速度非常关键。

4.8.5　弱点

连续路径发现是一种相当复杂的算法，其实现高度依赖于具体情况。例如，上述示例的实现就直接与沿多车道行驶的汽车的要求相关。其他类型的运动也可能需要不同的启发式算法。

实际上，调试动态节点的位置可能非常困难，特别是因为涉及时间的节点难以可视化。

即使在正常工作时，与其他路径发现程序相比，该算法也不会很快。它应该只用于路径规划的一小部分。在本节的警察驾驶游戏中，我们使用了连续路线规划来规划接下来仅 100 码左右的路线。该路线的其余部分仅在逐个交叉的基础上进行规划。驾驶汽车的路径发现系统是分层的，连续路线规划程序则是分层结构的最低层。

4.9　关于移动路径规划

在关于世界表示方式的小节中，我们讨论了在路线规划中使用角色的方向和位置的情况。这有助于为不能轻易转向的角色生成合理的路径。在许多情况下，路径发现在高层次使用，并且不需要考虑这些类型的约束；它们将由转向行为处理。当然，随着角色受到越来越多的约束，在第 3 章中讨论的转向行为将无法产生合理的结果。

显示这种不足的第一类游戏是城市驾驶（Urban Driving）。诸如汽车或卡车之类的车辆需要机动空间，并且通常可以具有许多特定于其物理能力的限制（例如，汽车可能需要减速才能转向以避免打滑）。

　　甚至非驾驶游戏类型，特别是第一人称和第三人称动作游戏，现在也被设置在高度受限的环境中。在这种环境中，仅靠转向是不可能的。移动路径规划是一种使用本章所介绍的算法产生合理的角色转向的技术。

4.9.1　动作

　　游戏中的大多数角色都有一系列动作，这些动作在角色移动时使用。例如，角色可以具有步行动作、跑步动作和冲刺动作。同样地，还有用于转弯的动作。例如，在行走时转弯、在某个场合转弯以及在蹲伏时转弯。

　　这些动作中的每一个都可以在一系列不同的移动场景中使用。例如，步行动作需要将脚贴在地面上而不是滑动。因此角色必须以特定的速度移动才能使动作看起来正确。可以加快动作的速度以适应稍微更快的动作，但这是有限制的。如果没有限制，角色的动作看起来会显得非常不自然。

　　可以将动作可视化为适应一系列不同的移动速度，包括线性移动和角度移动。图 4.50 显示了哪些动作可用于角色的不同线性和角速度。

　　请注意，并非所有可能速度的空间都有关联的动作。这些是角色不应该使用超过片刻的速度。

　　此外，在动作完成之前停止动作可能没有意义。例如，大多数动作集都定义了步行和跑步以及静止站立和爬行之间的过渡。但是步行周期不能变成跑步周期，直至它到达转换发生的正确点。这意味着每一次移动在游戏世界中都具有自然长度。同样，我们可以在图形上直观地显示。当然，在这种情况下，显示的是位置和方向，而不是速度和旋转。

　　请注意，在图 4.51 中，动作可信的范围远小于速度。

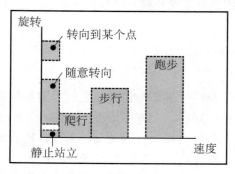
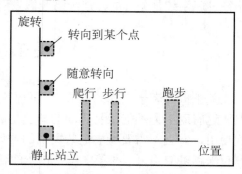

图 4.50　被允许动作的速度示意图　　　　　图 4.51　被允许动作的位置示意图

有一些开发人员试图通过一些努力来打破这些约束。过程动作被应用于生成合理动作，这是任何中间移动所需要的。当然，它仍然是一个悬而未决的问题，并且在大多数情况下结果并不是最优的，开发人员可以坚持使用适当的动作组合。

4.9.2 移动路径规划

在高度受限的环境中，所选择的特定动作可能会对角色是否能够正确操纵产生很大影响。如果角色在向右旋转 30° 之前需要向前移动 2 m，那么可能无法使用动作让角色向前移动 1.5 m 后再旋转 45°。

为了实现特定的大规模机动，动作的特定顺序可能是重要的。在这种情况下，需要进行移动路径规划：规划一系列允许的机动，从而引发一种整体状态。

1. 路径规划图形

就像路径发现一样，移动路径规划也使用图形表示。在这种情况下，图形的每个节点表示该点处角色的位置和状态。节点可以包括角色的位置向量、速度向量以及可以遵循的可允许动作的集合。例如，跑步角色可以具有高速度并且仅能够执行"跑步""从跑步过渡到步行"或"与物体碰撞"等动作。

图形中的连接表示有效的动作，它们导致节点在动作完成后表示角色的状态。例如，跑步动作可能导致角色向前 2 m 并以相同的速度行进。

以这种方式定义了图形之后，可以使用启发式算法来确定角色的状态与目标的接近程度。如果要操控角色通过一个充满暴露的电线的房间，则目标可以是另一侧的门，并且启发式算法可以仅基于距离；如果要让角色到达平台的边缘并以足够快的速度跳过一个大的间隙，则目标可以包括位置和速度分量。

2. 路径规划

在以这种方式定义图形之后，可以使用常规 A* 算法来规划路径。返回的路线将包含一组动作，当按顺序执行时，它会将角色移动到其目标。

这里需要注意以广泛的方式确定目标。如果给出确切的位置和方向作为目标，那么可能没有准确到达它的动作序列，并且路线规划算法将失败（在以很大的时间成本考虑每种可能的动作组合之后）。相反，目标需要确保角色"足够接近"，并且一系列状态都是允许的。

3. 无限图形

如前文所述，动作可用于行进一系列距离和一系列速度。每个可能的距离和速度将是不同的状态。因此，角色可以从一个状态转换到许多类似状态中的任何一个，这取决于它执行后续动作的速度。如果速度和位置是连续的（由实数表示），则可能存在无限数量的可能连接。

A^*算法可以适用于无限图形（Infinite Graph）。在 A^*算法的每次迭代中，使用启发式函数检查所有后继节点并将其添加到开放列表中。为了避免这种情况持续很长时间，只返回最佳后继节点以添加到开放列表中。这通常是通过返回几个试验性的后继节点，然后对它们逐一进行启发式评估来完成的。接着，该算法可以尝试基于前一组中的最佳节点生成更多的试验性后继节点，以此类推，直到确定已经提供了最佳后继者为止。虽然这种技术已应用于若干个非游戏领域，但它的速度很慢，而且对启发式函数的质量高度敏感。

为了避免 A^*算法在处理无限图形时所带来的麻烦，通常可以将可能的范围分成一小组离散值。如果动作可以在每秒 15～30 帧（fps）播放，则可能有 4 种不同的值暴露给路线规划程序：15 fps、20 fps、25 fps 和 30 fps。

还有一种选择是使用启发式算法，正如在第 4.9.1 节中关于连续路径发现所看到的那样，这允许我们动态地生成路径发现图形的一小部分，而生成的基础则是采用启发式算法，找到可能有用的一部分图形。

4．实现问题

即使以路径规划的方式限制连接的数量，图形中仍然存在大量可能的连接，并且图形确实非常大。A^*算法的优化版本要求我们事先知道图形中的节点数。在移动路线规划中，图形通常是动态生成的：通过将允许的动作应用于当前状态来生成后继节点。因此，基本的、采用两个列表的 A^*算法最适用于移动路径规划。

一般来说，移动路径规划仅适用于很小的移动序列。与通过大规模路径发现计划引导角色转向行为的方式相同，可以使用移动路径规划来详细填充整个路线的下一部分。如果路径规划指示移动通过具有大量带电电线的房间，则移动路径规划程序可以生成一系列动作以到达另一侧。由于涉及图形的大小和路径规划所需的时间，它不太可能生成通过关卡的完整路径。

4.9.3　示例

现在可以来考虑一个双足角色的步行示例。角色有以下动作：步行、从站立到步行、从步行到站立、横向移动以及转向到某个点。每个动作从两个位置中的一个开始或结束：步行途中或静止不动。动作可以表示为图 4.52 中的状态机（State Machine），其中的位置为状态，而起过渡作用的则是动作。

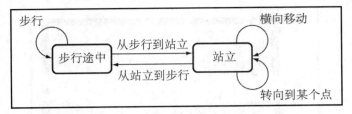

图 4.52 动作状态机的示例

动作可以应用于移动距离的范围，如图 4.53 所示。

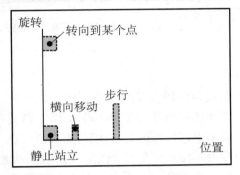

图 4.53 动作的位置范围示例

假设角色正在穿过如图 4.54 所示的熔岩地带。在这个熔岩地带有很多危险区域，它们是角色不能去的。角色需要计算从起始位置出发到达对面出口的有效移动序列。目标显示为一系列没有方向的位置。我们不关心角色的行进速度、角色面向的方式，或角色到达目标时的动作状态。

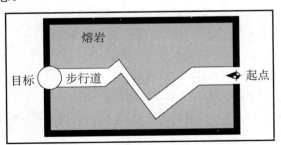

图 4.54 充满危险的熔岩地带

运行 A* 风格的算法，我们可以得到如图 4.55 中所示的生成路线。可以看出，该路线恰当地使用了步行、转弯和横向移动等组合来避免危险。

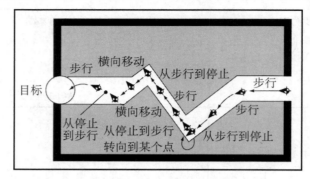

图 4.55　通过充满危险的熔岩地带的示例路径

4.9.4　脚步规划

使用移动路径规划来确定角色的脚步放置在哪里，这称为"脚步规划"。这是机器人技术研究的活跃领域，要求路径发现系统在每个动作中都具有关于肢体路径的非常精细的数据。不过，对于游戏来说，这可能有点太精细了。

最近的第三人称游戏很好地进行了脚步规划，尤其是在角色爬楼梯时，或者在狭窄的岩壁上行走以避免踏空时。据我所知，最新的技术是使用局部约束来实现的，即检查角色的脚步并将其移至最近的合适位置。如果需要，还可以对其余动作进行调整。这实际上是对动作使用了反向的运动学算法，与游戏 AI 的关系不大。

4.10　习　　题

（1）我们可以将图 4.4 中的图形表示为一组节点和边：

nodes ={A, B, C, D}

edges = {(A,B):4, (B,A):4, (A,D):5, (D,A):5,
　　　　 (B,D):6, (D,B):6, (B,C):5, (C,B):5}

以下描述是从 Tomas Lozano-Perez 和 Leslie Kaelbling 撰写的麻省理工学院的一些讲义中获得的加权有向图：

nodes = {S, A, B, C, D, G}

edges = {(S,A):6, (S,B):15, (A,C):6, (A,D):12,
　　　　 (B,D):3, (B,G):15, (D,C):9, (D,G):6}

请绘制该图形的示意图。

（2）在问题（1）绘制的图形中，假设 S 是起始节点，G 是目标节点。使用迪杰斯特拉算法找到从 S 到 G 的最小成本路径，下表显示了该算法的前两个步骤的开放列表的内容。请填写剩下的 5 行。

序　　号	开 放 列 表
1	0: S
2	6: A←S，15:B←S
3	
4	
5	
6	
7	

（3）请解释问题（2）中为什么我们不会在第一次访问目标节点时停止。

（4）对于节点 A，我们可以通过写入 A:5 指定节点处的启发式函数的值是 5。使用以下启发式值更新为问题（1）绘制的图形：

nodes = {S:0, A:6, B:9, C:3, D:3, G:0}

（5）如果 A*算法应用于与问题（2）中相同的图形，则下表显示了前两个步骤的开放列表的内容。请填写剩余的 3 行。

序　　号	开 放 列 表
1	0: S
2	12: A←S，24:B←S
3	
4	
5	

（6）使用与问题（5）相同的图形，在启发式算法不再低估实际成本之前，D 处启发式算法的最大值是什么？

（7）如果启发式值具有每个节点 A 和 A 的每个后继节点 B 的属性，从 A 到达目标的估计成本不大于从 A 到 B 的成本加上从 B 到达目标的估计成本，则称该启发式值为一致的（Consistent），以公式表示，就是：

$$h(A) \leqslant \mathrm{cost}(A,B) + h(B)$$

在问题（4）中定义的启发式值是否为一致的？

（8）请解释为什么如果用于 A*算法的启发式值是一致的且可接受的，则开发人员将不需要一个封闭列表。

（9）如何才能将任何可接受的启发式值变成一致的启发式值？

（10）下面的网格显示了与地图上的单元格相关的成本。例如，假设成本为 1 的单元格对应于平坦的草地，而成本为 3 的单元格对应于起伏的山区。

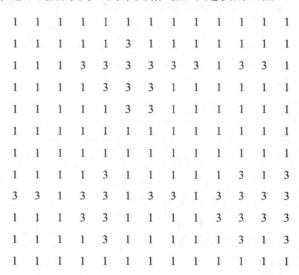

如果开发人员想加速 A*算法，是否会人为地增加或减少这些地区的成本？为什么？做出改变的不利方面是什么？

（11）在游戏中使用的避免占用平方根的费用的常见技巧是：与距离平方进行所有距离的比较。请解释为什么使用距离平方代替标准欧几里得距离作为 A*算法的启发式值，将是一个比较糟糕的主意。

（12）对于以图块图形表示的世界，其中 m 是在任意两个图块之间移动的最小成本，曼哈顿距离启发式值可以定义为：

$$h(n) = m\left(\left|\text{start}_x - \text{goal}_x\right| + \left|\text{start}_z - \text{goal}_z\right|\right)$$

请解释为什么这可能是在图块图形上使用的比欧几里得距离更好的启发式值。

（13）通过将图 4.29 中的边视为节点，绘制所获得的导航网格。

（14）在计算路径成本时，游戏需要考虑除距离外的许多因素。我们将在第 6 章中介绍列入考虑的许多示例，读者在此不妨自己先考虑一下可能的因素。

（15）在以下基于图块表示方式的关卡中，请计算从 B 组到 C 组的最小、最大和平均最小距离成本。

A1	A2	A3	
A4	A5	A6	
B1		B2	
B3		B4	
B5	B6	B7	
	B8	B9	
	B10	B11	C1

（16）下图显示了具有 4 个节点的关卡的一部分，其中 S 是起点，G 是目标，A 是门口的节点，B 是正常节点。节点 S、A 和 G 均相隔 3 个单元，而 B 距离 A 为 4 个单元。

假设角色必须先站在门前 t s（模拟开门），门才会打开。再假设角色以每秒 1 个单位的速度移动，那么对于 $t=1$ 和 $t=7$ 的值，绘制一个单独的"节点作为状态"图形，如图 4.46 所示。对于 t 的哪个值来说，简单地绕着走反而比等待开门更快？

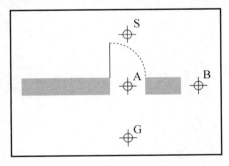

第5章 决　　策

如果向游戏玩家询问对游戏 AI 的看法，他们会认为应该和决策（Decision Making）有关，即游戏角色决策自己做什么的能力，而执行该决策（如移动、动作之类的）则是获得同意之后的结果。

实际上，决策通常只是构建优秀游戏 AI 所需工作的一小部分。大多数游戏使用非常简单的决策系统：状态机（State Machine）和决策树（Decision Tree）。基于规则的系统虽然很少见，但很重要。

近年来，开发人员已经表现出对于更复杂的决策工具的兴趣，如模糊逻辑（Fuzzy Logic）和神经网络（Neural Networks）。但是，开发人员并不急于采用这些技术，因为要让它们正常工作可能很难。

决策是 AI 模型的中间组成部分（见图 5.1），本章除了介绍 AI 决策，还将介绍战术（Tactical）和战略（Strategic）AI 中使用的许多技术。本章介绍的所有技术都适用于单个角色和多个角色的决策。

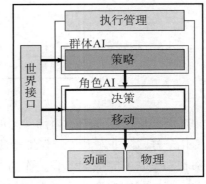

图 5.1　游戏 AI 模型

本章将介绍各种决策制定工具，不但有在几分钟内就可以实现的非常简单的机制，而且有非常复杂的综合决策工具，可以支持更丰富的行为来完善游戏中嵌入的编程语言。在本章的最后，还将讨论决策的输出以及如何采取行动。

5.1　决　策　概　述

虽然游戏中有许多不同的做出决策的技巧，但我们可以将它们视为以相同的方式行事。

角色处理一组信息，这些信息将用于生成它想执行的动作。决策系统的输入是角色拥有的知识，其输出则是动作请求。知识可以进一步细分为外部知识和内部知识。外部知识是角色了解的围绕其游戏环境的信息：其他角色的位置、关卡的布局、是否已经按下开关、噪声的来源等。内部知识则是关于角色内部状态或思维过程的信息：它的健康状况、最终目标、几秒钟前的状态等。

　　一般来说，相同的外部知识可以推动游戏 AI 采用本章中的任何算法，一些内部数据则与算法本身有关（例如，状态机需要保持角色当前处于什么状态，面向目标的行为需要知道其当前目标是什么）。而算法本身则控制可以使用哪些类型的内部知识（当然，在游戏术语中，它们并不限制知识所代表的内容）。

　　相应地，动作可以有两个组成部分：它们可以请求一个动作来改变角色的外部状态（例如，按下开关、射击开火、移动到房间）或仅影响内部状态的动作（例如采用新目标或调整概率）。图 5.2 以图形方式显示了该过程。

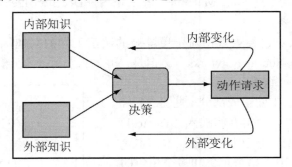

图 5.2　游戏决策示意图

　　在游戏应用程序中，内部状态的更改对玩家来说是看不到的。就像人的精神状态发生变化一样，除非对其进行仔细检测，否则它们是看不见的。但是在大多数决策算法中，内部状态是它们完成大部分工作的依据。内部状态的更改可能对应于玩家对角色看法的更改、情感状态的变化或采用新的目标。一般来说，算法将以特定方式执行内部更改，而外部动作的变化则可以是通用的，每种算法的外部变化形式都一样。

　　知识的格式和数量取决于游戏的要求。知识的表示方式与大多数决策制定算法有着内在的联系。游戏中知识的表示方式非常多，本书将在第 12 章"工具和内容创建"中讨论一些广泛适用的机制。

　　另一方面，动作可以更加一致地对待。本章末尾将讨论表示方式和执行动作的问题。

5.2　决　策　树

决策树（Decision Tree）速度很快，易于实现且很好理解。它是我们将要研究的最简单的决策技术。当然，对基本算法的扩展也可以使它非常复杂。决策树被广泛应用于控制角色和其他游戏内决策，如动作控制。

决策树的优点是可以模块化且易于创建。开发人员已经将其广泛应用于从动作控制到复杂战略和战术 AI 的几乎所有领域。

虽然在当前的游戏中很少见，但决策树也是可以学习的，并且学习的树相对容易理解（例如，与神经网络的权重相比，学习的决策树要简单很多）。本书第 7 章"学习"将讨论这个主题。

5.2.1 问题

给定一组知识，我们需要从一组可能的动作中生成相应的动作。

输入和输出之间的映射可能非常复杂。对于许多不同的输入集合将使用相同的操作，但是，一个输入值中的任何微小变化都可能使某项很合理的行为变得看起来非常愚蠢。

开发人员需要一种方法，可以在一个操作下轻松地将大量输入组合在一起，同时允许输入值明显控制输出。

5.2.2 算法

决策树由连接的决策点（Decision Point）组成。该树有一个起始决策，也就是它的根（Root）。对于每个决策来说，它将从根开始，从一组选项中选择一个。

每个选择都是根据角色的知识做出的。因为决策树通常被用作简单快速的决策机制，所以角色通常直接参考全局游戏状态，而不是它们个人所知道的表示方式。

该算法沿着树继续，在每个决策节点做出选择，直至决策过程没有更多的决策需要考虑。在树的每个叶子上都附加有一个动作。当决策算法到达某个动作时，该动作立即执行。

大多数决策树节点都会做出非常简单的决策，通常只有两个可能的响应。例如，在图 5.3 中，决策与敌人的位置有关。

请注意，可以在多个分支的末尾放置一个操作。例如，在图 5.3 中，如果敌人在 10 m 以内或敌人侧翼没有支援，角色都将选择攻击。攻击行动出现在两片叶子上。

图 5.4 显示了相同的决策树，并做出了决策。该算法所采用的路径被突出显示（虽然能看见敌人但敌人在 10 m 之外并且侧翼有支援，于是放弃攻击，继续移动），直至最后的单个动作，该动作将由角色执行。

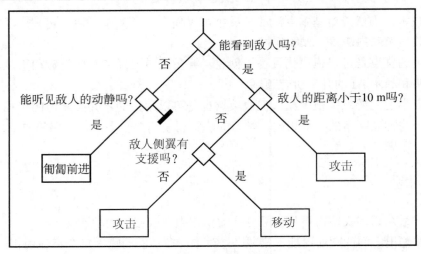

图 5.3　游戏决策树

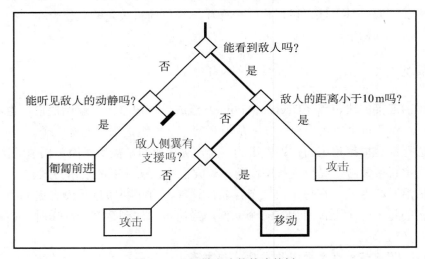

图 5.4　已经做出决策的决策树

1. 决策

决策树中的决策很简单。它们通常检查单个值并且不包含任何布尔逻辑，即它们不结合使用逻辑与（AND）或逻辑或（OR）进行测试。

根据角色知识中存储的值的实现和数据类型，可以进行不同类型的测试。基于对现有游戏引擎的研究，可以给出表 5.1 所示的代表集。

表 5.1　代表集

数 据 类 型	决　策
布尔值	值为 true
枚举值（即一组值中只有一个是可允许的）	匹配一组给定值中的一个
数值（整数或浮点数）	值在给定范围内
3D 向量	向量具有给定范围内的长度（例如，这可用于检查角色与敌人之间的距离）

除原始类型外，在面向对象的游戏引擎中，通常允许决策树访问实例的方法。这允许决策树将更复杂的处理委托给优化的和已编译的代码，同时仍然将表 5.1 中的简单决策应用于返回值。

2．决策的组合

决策树是高效的，因为决策一般来说非常简单。每个决策只进行一次测试。当需要进行布尔组合测试时，将使用树结构来表示这一点。

要使用 AND 将两个决策连接在一起，则这两个决策将被串联放在树中。图 5.5 的第一部分说明了一个拥有两个决策的树，这两个决策都需要为 true 时才能执行动作 1。该树的逻辑是：如果 A AND B 成立，则执行动作 1，否则执行动作 2。

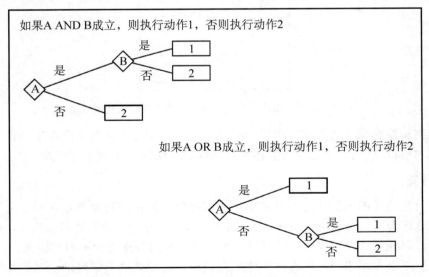

图 5.5　表示 AND 和 OR 的决策树

为了使用 OR 将两个决策放在一起，也可以串联使用决策，但是它与上面的 AND 示例相比交换了两个动作。图 5.5 的第二部分说明了这一点。如果任一测试返回 true，则执行操作 1。只有当两个测试都没有通过时才执行动作 2。该树的逻辑是：如果 A OR B 成立，则执行动作 1，否则执行动作 2。

在其他决策系统中也可以使用这种简单决策树构建任何逻辑测试组合。我们将在第 5.8 节"基于规则的系统"的 Rete 算法中再次讨论它。

3．决策的复杂度

由于决策是构建在树中的，因此需要考虑的决策数量通常远小于树中的决策数量。图 5.6 显示了一个决策树，包含 15 个不同的决策和 16 个可能的操作。算法运行后，可以看到只考虑了 4 个决策。

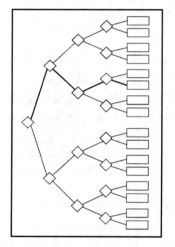

图 5.6　需要考虑的决策数量通常远小于树中的决策数量

决策树构建起来相对简单，可以分阶段构建。最初可以实现一个简单的树，然后，当在游戏中测试 AI 时，可以添加其他决策来捕获特殊情况或添加新行为。

4．分支

在到目前为止的示例中，以及在本章的大部分内容中，决策都是在两个选项之间进行选择，这称为二元决策树（Binary Decision Tree）。开发人员当然可以构建决策树，使得决策可以有任意数量的选项。还可以使用不同数量的分支进行不同的决策。

想象一下，在军事设施中有一个守卫角色。该守卫需要根据基地的当前警报状态做出决策。此警报状态可能是以下一组状态之一："绿色""黄色""红色"或"黑色"。如果使用上面描述的简单二元决策树，则必须构建如图 5.7 所示的树来做出决策。

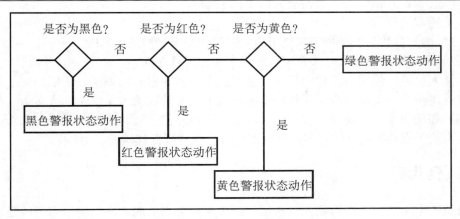

图 5.7 纵深的二元决策树

在此示例中，相同的值（警报状态）检查了 3 次。如果确定检查的顺序，使得最有可能的状态首先出现，那么可能就不需要检查这么多次。即便如此，决策树仍可能需要多次做同样的工作才能做出决策。

开发人员可以允许决策树在每个决策点都有若干个分支。如图 5.8 所示，相同的决策树现在有了 4 个分支。

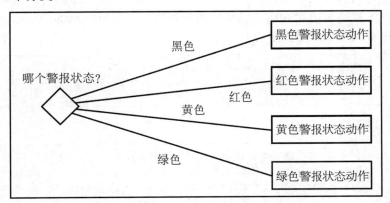

图 5.8 具有 4 个分支的扁平决策树

这种结构显然更加扁平，它仅需要一个决策，而且非常高效。

尽管扁平结构有明显的优势，但更常见的是只使用二元决策来理解决策树。其原因有以下几点。

（1）这种拥有多个分支的扁平结构的底层代码通常可以简化为一系列二元测试（例如，在 C/C++中的 if 语句）。值得一提的是，虽然包含多个分支的决策树更简单，但其实现速度通常没有显著差异。

（2）绝大多数与决策树一起使用的学习算法要求它们是二元的。

（3）最重要的是，二元决策可以简化实现和工具支持。

开发人员可以使用二元树做任何其他更复杂的树能做到的事情，所以，对于每个决策坚持使用两个分支已经变成了传统做法。我们使用的决策树系统中的大多数（尽管不是全部）都使用了二元决策。我们认为这是实现偏好的问题。没有几个开发人员会为了微乎其微的一点点加速性能而多做额外的编程工作并降低代码的灵活性。

5.2.3　伪代码

决策树采用树定义作为输入，树定义由决策树节点组成。决策树节点可能是决策或动作（Action）。在面向对象的语言中，这些可能是树节点类的子类。基类指定用于执行决策树算法的方法。它不是在基类中定义的（即它是纯虚函数）：

```
1  class DecisionTreeNode:
2      # 递归遍历该树
3      function makeDecision() -> DecisionTreeNode
```

动作仅包含当树到达时该树叶要运行的动作的详细信息。它们的结构取决于游戏所需的动作信息（参见 5.10 节中关于动作结构的内容）。它们的 makeDecision 函数仅返回动作（稍后将看到它是如何使用的）：

```
1  class Action extends DecisionTreeNode:
2      function makeDecision() -> DecisionTreeNode:
3          return this
```

决策具有以下格式：

```
1   class Decision extends DecisionTreeNode:
2       trueNode: DecisionTreeNode
3       falseNode: DecisionTreeNode
4
5       # 在子类中定义，使用适当类型
6       function testValue() -> any
7
8       # 执行测试
9       function getBranch() -> DecisionTreeNode
10
11      # 递归遍历该树
12      function makeDecision() -> DecisionTreeNode
```

　　其中，trueNode 和 falseNode 成员是指向树中其他节点的指针，testValue 成员指向角色知识中的数据片段，这将构成测试的基础。getBranch 函数执行测试并返回要跟随的分支。一般来说，对于不同类型的测试（即针对不同的数据类型），存在不同形式的决策节点结构。例如，浮点值的决策如下：

```
1   class FloatDecision extends Decision:
2       minValue: float
3       maxValue: float
4
5       function testValue() -> float
6
7       function getBranch() -> DecisionTreeNode:
8           if maxValue >= testValue() >= minValue:
9               return trueNode
10          else:
11              return falseNode
```

　　决策树可以由其根节点引用。根节点是它做出的第一个决策。没有决策的决策树可能会将动作作为其根，通过强制始终从其决策树返回特定动作，这对于角色 AI 的原型设计非常有用。

　　决策树算法由 makeDecision 方法以递归方式执行。它可以很简单地表示为：

```
1   class Decision extends DecisionTreeNode:
2       function makeDecision() -> DecisionTreeNode:
3           # 基于结果做出决策和递归
4           branch: DecisionTreeNode = getBranch()
5           return branch.makeDecision()
```

makeDecision 函数刚开始是在决策树的根节点上调用的。

　　我们几乎可以简单地实现支持多个分支的决策。其一般性形式是：

```
1   class MultiDecision extends DecisionTreeNode:
2       daughterNodes: DecisionTreeNode[]
3
4       function testValue() -> int
5
6       # 执行测试并返回要跟随的节点
7       function getBranch() -> DecisionTreeNode:
8           return daughterNodes[testValue()]
9
```

```
10        # 递归地运行该算法，这和前面是完全一样的
11        function makeDecision() -> DecisionTreeNode:
12            branch: DecisionTreeNode = getBranch()
13            return branch.makeDecision()
```

其中，daughterNodes 是 testValue 的可能值与树的分支之间的映射。这可以实现为哈希表。而对于数字测试值来说，它可能是可以使用二分搜索算法进行搜索的子节点数组。

5.2.4　知识的表示方式

决策树直接使用原始数据类型。决策可以基于整数、浮点数、布尔值或任何其他类型的游戏特定数据。决策树的好处之一是它们不需要从游戏其余部分使用的格式中转换知识。

相应地，决策树经常被实现为直接访问游戏的状态。如果决策树需要知道玩家与敌人的距离，那么它很可能直接访问玩家和敌人的位置信息。

缺乏转换可能导致难以发现的错误。如果树中的某个决策很少使用，那么它是否有破坏力可能并不明显。在开发期间，游戏状态的结构会定期更改，这可能会破坏依赖于特定结构或实现的决策。例如，决策可以检测安全摄像机指向的方向。如果底层实现从简单角度变为完整四元数以表示相机的旋转，则该决策将中断。

为了避免这种情况，一些开发人员选择隔离对游戏状态的所有访问。第 11 章中描述的关于世界接口的技术提供了这种级别的保护。

5.2.5　实现节点

上面介绍的函数依赖于能够判断一个节点是一个动作还是一个决策，并且能够在决策上调用测试函数并让它执行正确的测试逻辑（即在面向对象的编程术语中，测试函数必须是多态的）。

两者都很容易使用具有运行时类型信息的面向对象语言来实现（即开发人员可以在运行时检测实例属于哪个类）。

由于速度的原因，大多数用 C++编写的游戏都会关闭运行时类型信息（Runtime-Type Information，RTTI）。在这种情况下，实例类型测试必须使用嵌入每个类或其他手动方法中的标识码来进行。

同样，许多开发人员避免使用虚函数（多态性的 C++实现）。在这种情况下，需要采用手动机制来检测需要哪一种决策并调用适当的测试代码。

5.2.6　决策树的性能

从上面的伪代码中可以看到，该算法非常简单。它不占用内存，其性能与访问的节点数呈线性关系。

如果假设每个决策花费的时间是恒定的，并且树是平衡的（有关详情可参见第 5.2.7 节），那么该算法的性能是 $O(\log_2 n)$，其中，n 是该树中决策节点的数量。

决策采用恒定的时间是很常见的。我们在本节开头的表中给出的示例决策都是恒定的时间过程。当然，有些决策需要更多时间。例如，某个决策需要检查是否有可见的敌人，则可能要投射复杂光线通过关卡几何体以执行视线检查。如果将该决策放在决策树中，那么该决策树的执行时间将被这一决策的执行时间所淹没。

5.2.7　平衡决策树

决策树倾向于快速运行，并且在树平衡时运行得最快。平衡树在每个分支上具有大约相同数量的叶子。以图 5.9 中的决策树为例，第二个决策树是平衡的（每个分支中的行为数量相同），而第一个决策树则是非常不平衡的。这两个决策树都有 8 个行为和 7 个决策。

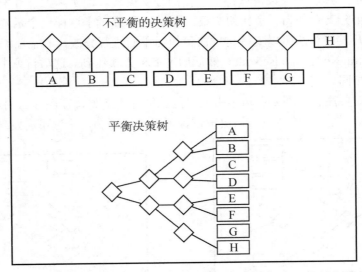

图 5.9　平衡决策树和不平衡决策树

为了得到行为 H，第一个决策树需要执行 8 次决策，而第二个决策树只需要 3 次。

事实上，如果所有行为都同样可能，那么第一个决策树平均需要执行近 4.5 次决策，而第二个决策树则总是执行 3 次。

在最糟糕的情况下，对于严重不平衡的树，决策树算法从 $O(\log_2 n)$ 变为 $O(n)$。显然，开发人员希望决策树尽可能保持平衡，每个决策产生相同数量的叶子。

虽然平衡树在理论上是最优的，但在现实中最快的树结构要稍微复杂一些。

实际上，决策的各个不同结果不太可能是一样的。仍然以图 5.9 中的决策树为例，如果我们很可能在大多数时间内以行为 A 结束，那么第一棵树就会更有效率，因为它只要一步就到达了 A，而第二棵树则需要 3 次决策才能到达 A。

并非所有决策都是平等的。运行非常耗时的决策（例如，如果某个决策需要搜索最接近敌人的距离）只有在绝对必要的情况下才能进行。在这种情况下，将运行非常耗时的决策向下推（即使这样会产生不平衡的树）是一个很好的主意。

构建决策树以获得最佳性能是一种黑色艺术。由于决策树无论如何都非常快，因此挤出那么一点点的速度并不是很重要。开发人员可以使用这些一般性准则：尽量保持决策树的平衡，同时要让常用的分支比很少用的分支更短，并且最晚做出成本最高的决策。

5.2.8　超越决策树

到目前为止，我们为决策树保持了严格的分支模式。但实际上，开发人员也可以扩展树以允许多个分支合并为一个新的决策。图 5.10 即显示了这样一个示例。

我们之前开发的算法可以支持这种决策树而不必进行修改，只需将相同的决策分配给树中的多个 trueNode 或 falseNode，然后通过多种方式达到。这与将单个动作分配给多个叶子的动作相同。

开发人员需要注意，不要在树中引入可能的循环。例如，在图 5.11 中，树中第 3 个决策的 falseNode 是之前的节点。该决策过程可以永远循环，永远不会发现叶子。

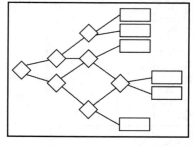

图 5.10　合并分支

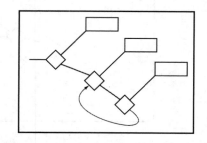

图 5.11　出现问题的决策树

严格地说，有效的决策结构称为有向无环图（Directed Acyclic Graph，DAG）。但是在此算法的上下文中，它仍然被称为决策树。

5.2.9　随机决策树

一般来说，开发人员不希望行为的选择完全可以预测。随机行为选择的某些元素增加了决策的不可预测性、趣味性和变体。

将决策添加到具有随机元素的决策树中很简单。例如，开发人员可以生成一个随机数，并根据其值选择一个分支。

由于决策树会频繁运行，以便对世界的直接状态做出反应，因此随机决策会导致一些问题。这里不妨想象一下图 5.12 中决策树每一帧的运行情况。

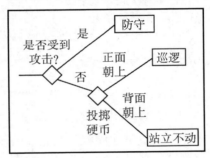

图 5.12　随机决策树

只要角色没有受到攻击，就会根据投掷硬币的结果随机选择站立不动和巡逻行为。这种选择是在每一帧都做出的，因此角色会在站立和移动之间摇摆不定，这对玩家来说会感到很奇怪，并且也是不可接受的。

为了在决策树中引入随机选择，决策过程需要变得稳定。也就是说，如果世界状态没有相关变化，则决策应该没有变化。请注意，这并不是说角色应该每次对特定世界状态做出相同的决策。在完全不同的时间面对相同的状态，角色可以做出不同的决策，但是在连续的帧中，它应该保持这个决策。

在图 5.12 所示的决策树示例中，当角色没有受到攻击时，它可以随机选择静止不动或巡逻。我们不关心它做了什么，但一旦做了选择，它就应该继续保持该选择。

这是通过允许随机决策跟踪上次所做的事情来实现的。当首次考虑决策时，随机做出选择并存储该选择。下次考虑决策时，不再采用随机值，而是自动采用先前的选择。

如果再次运行决策树，并且不考虑相同的决策，则意味着其他一些决策采用了不同的方式，这意味着世界上的某些东西必须改变。在这种情况下，我们需要删除此前做出的选择。

1. 伪代码

以下是随机二元决策的伪代码：

```
 1  class RandomDecision extends Decision:
 2      lastFrame: int = -1
 3      currentDecision: bool = false
 4
 5      function testValue() -> bool:
 6          frame = getCurrentFrame()
 7
 8          # 检查已经存储的决策是否太陈旧
 9          if frame > lastFrame + 1:
10              # 做出新决策并保存
11              currentDecision = randomBoolean()
12
13          # 无论哪种方式，都需要更新帧值
14          lastFrame = frame
15
16          return currentDecision
```

为了避免必须遍历每个未使用的决策才能删除其先前的值，我们在做出决策之后保存了该决策的帧编号。如果该测试方法被调用，并且先前存储的值被保存在前一帧中，则我们将使用它。但如果它是在更早以前存储的，那么将创建一个新值。

此代码依赖于两个函数。

❑ frame()将返回当前帧的编号。这应该是在每帧基础上递增 1。如果该决策树不是每一帧都被调用，则 frame()应该用每次该决策树被调用时递增的函数替换。

❑ randomBoolean()将返回一个随机布尔值，true 或 false。

该算法用于随机决策，可以与上面提供的决策树算法一起使用。

2. 超时

如果角色永远做同样的事情，它可能看起来很奇怪。例如，在上面的示例中，只要角色不受攻击，那么决策树会让角色永远保持站立不动。

可以对已存储的随机决策使用超时信息进行设置，因此，角色偶尔会改变其行为。

决策的伪代码现在如下：

```
 1  class RandomDecisionWithTimeOut extends Decision:
 2      lastFrame: int = -1
```

```
3          currentDecision: bool = false
4
5          # 设置在该帧数之后超时，做出新决策
6          timeOut: int = 1000
7          timeOutFrame: int = -1
8
9          function testValue() -> bool:
10             frame = getCurrentFrame()
11
12             # 检查已经存储的决策是否太陈旧
13             if frame > lastFrame + 1 or frame >= timeOutFrame:
14                 # 做出新的决策并存储
15                 currentDecision = randomBoolean()
16
17                 # 安排下一次决策
18                 timeOutFrame = frame + timeOut
19
20             # 无论哪种方式，都需要更新帧值
21             lastFrame = frame
22
23             return currentDecision
```

同样，该决策结构可以直接与先前的决策树算法一起使用。

可以有许多更复杂的计时方案。例如，使停止时间随机，以便在超时之后有额外的变化或替代行为，因此角色不会连续多次站立不动。更多的使用技巧，可以发挥你的想象力。

3．使用随机决策树

我们将这一部分包含在随机决策树中，作为决策树算法的简单扩展。这不是一种常见的技术。事实上，我自己也只使用过一次。

但是，这种技术只需要很少的实现成本就可以为简单的算法注入更丰富的生命。决策树的一个反复出现的问题是它们的可预测性。它们对于给定 AI 来说以过于简单化和易于利用而闻名。以这种方式引入一个简单的随机元素对于填补技术缺陷大有可为。因此，我们认为它值得更广泛地使用。

5.3　状　态　机

一般来说，游戏中的角色将以一组有限的方式行动。它们将一直做同样的事情，直

到某些事件或影响使它们产生改变。例如，在 *Halo*（中文版名称《光晕》，详见附录参考资料[91]）游戏中，星盟战士将值守在它的岗位上，直到它发现了玩家，然后它将切换到攻击模式，隐蔽起来并开始射击。

开发人员可以使用决策树来支持这种行为，并且可以采取一些方法来使用随机决策。但是，在大多数情况下，可以使用专门为此目的而设计的技术：状态机（State Machine）。

状态机是最常用于此类决策的技术，并且与脚本一起构成了当前游戏中使用的绝大多数决策系统。

状态机将考虑它们周围的世界（像决策树一样），并且也将考虑它们的内部构成（即它们的状态）。

1．基本状态机

在状态机中，每个角色占据一个状态。一般来说，动作或行为是与每个状态相关联的。因此，只要角色保持在该状态，那么它将继续执行相同的动作。

状态通过转换（Transition）联系在一起。每次转换都从一个状态引导到另一个状态，即目标状态，并且每次转换都具有一组相关条件。如果游戏确定转换的条件已满足，则角色将状态改变为转换的目标状态。当转换的条件已满足时，该条件被称为触发器（Trigger）；当转换为新状态时，表示条件已激发（Fire）。

图 5.13 显示了一个具有 3 种状态的简单状态机：守卫、战斗和逃跑。请注意，每个状态都有自己的一组转换。

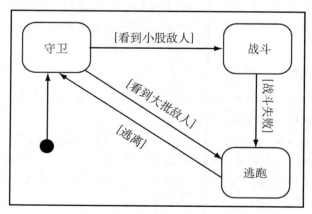

图 5.13　简单状态机

本章中的状态机示意图基于统一建模语言（Unified Modeling Language，UML）状态图表示意图格式，这是整个软件工程中使用的标准符号。状态显示为圆角框。转换是箭头线，由触发它们的条件标记。条件包含在方括号中。

图 5.13 中的实心圆只有一个没有触发条件的转换。该转换指向状态机首次运行时将进入的初始状态。

读者不需要深入了解 UML 即可理解本章内容。当然，如果你想了解更多有关 UML 的信息，我们推荐附录参考资料[48]。

在决策树中，始终使用相同的决策集，并且可以通过树到达任何动作。而在状态机中，仅考虑从当前状态的转换，因此不能到达每个动作，仅有当前状态和其相邻动作。

2. 有限状态机

在游戏 AI 中，具有这种结构的任何状态机通常被称为有限状态机（Finite State Machine，FSM）。本节和后面的章节将详细介绍一系列日益强大的状态机实现，所有这些实现通常都被称为 FSM。

这可能会让非游戏程序员不解，对于他们来说，FSM 这个术语更常用于特定类型的简单状态机。计算机科学中的 FSM 通常是指用于解析文本的算法。编译器使用 FSM 将输入代码拆分为可由编译器解释的符号。

3. 游戏 FSM

基本状态机结构非常通用，并且允许任意数量的实现。我们已经看到了有数十种不同的方法来实现游戏 FSM，并且很难找到使用完全相同技术的任何两个开发人员，这使得将单个算法提出为"状态机"算法变得很困难。

在本节的后面部分，我们将介绍 FSM 的一系列不同的实现风格，但我们只使用一种主要算法。我们之所以选择它是因为其实现的灵活性和整洁性。

5.3.1 问题

我们需要的是一个通用系统，该系统将支持具有任何转换条件的任意状态机。下文介绍的状态机将符合上面给出的结构，并且一次只占用一个状态。

5.3.2 算法

我们将使用通用状态接口，以实现包含特定代码的程序。状态机跟踪可能状态的集合并记录它所处的当前状态。在每个状态下，将保持一系列转换。每个转换也是一个通用接口，可以使用适当的条件实现。它只是向状态机报告它是否被触发。

在每次迭代（通常是每个帧）时，调用状态机的更新函数，这将检查是否触发了当前状态的任何转换。被触发的第一个转换被安排激发。然后，该方法编译要从当前活动状态执行的动作列表。如果已触发转换，则该转换也被激发。

转换的触发和激发这种分离机制使得转换也具有它们自己的动作。一般来说，从一个状态转换到另一个状态也涉及执行某些行动。在这种情况下，激发转换可以将所需的动作添加到该状态返回的动作中。

5.3.3　伪代码

状态机可以保存状态列表，指示哪一个状态是当前状态。它具有触发和激发转换的更新函数，以及返回一组要执行的动作的函数：

```
 1  class StateMachine:
 2      # 在某一时间处于某一状态（初始状态）
 3      initialState: State
 4      currentState: State = initialState
 5
 6      # 检查并应用转换，返回一个动作列表
 7      function update() -> Action[]:
 8          # 假设没有任何转换被触发
 9          triggered: Transition = null
10
11          # 遍历检查每个转换
12          # 存储触发的第一个转换
13          for transition in currentState.getTransitions():
14              if transition.isTriggered():
15                  triggered = transition
16                  break
17
18          # 检查是否有转换需要激发
19          if triggered:
20              # 找到目标状态
21              targetState = triggered.getTargetState()
22
23              # 添加旧状态的退出动作
24              # 添加转换动作以及新状态的条目
25              actions = currentState.getExitActions()
26              actions += triggered.getActions()
27              actions += targetState.getEntryActions()
28
29              # 完成转换并返回动作列表
30              currentState = targetState
31              return actions
32
```

```
33          # 否则, 仅返回当前状态的动作
34          else:
35              return currentState.getActions()
```

5.3.4 数据结构和接口

状态机依赖于具有特定接口的状态和转换。

状态接口具有以下形式:

```
1   class State:
2       function getActions() -> Action[]
3       function getEntryActions() -> Action[]
4       function getExitActions() -> Action[]
5       function getTransitions() -> Transition[]
```

每个 getXActions 方法都应该返回要执行的动作列表。正如我们将在下面看到的, 只有在从转换进入状态时才调用 getEntryActions, 并且仅在退出状态时才调用 getExitActions。其余时间该状态是活动的, 它将调用 getActions 方法。getTransitions 方法应返回从该状态发出的转换列表。

转换接口具有以下形式:

```
1   class Transition:
2       function isTriggered() -> bool
3       function getTargetState() -> State
4       function getActions() -> Action[]
```

如果转换可以激发, 则 isTriggered 方法将返回 true, getTargetState 方法将报告要转换到的状态, 而 getActions 方法则可以返回当转换被激发时要执行的动作列表。

1. 转换实现

转换实现应该只需要一个状态类的实现: 它可以简单地将 3 个动作列表和转换列表保存为数据成员, 并在相应的 get 方法中返回它们。

以同样的方式, 我们可以在转换类中存储目标状态和动作列表, 并使其方法返回存储的值。isTriggered 方法更难以泛化。每个转换都有自己的一组条件, 该方法中的大部分功能是允许转换实现它喜欢的任何类型的测试。

由于状态机一般来说是在数据文件中定义并在运行时读入游戏的, 因此通常需要具有一组通用性的转换。然后, 可以通过使用每个状态的适当转换从数据文件构造状态机。

在第 5.2 节关于决策树的部分中，我们看到了对基本数据类型进行操作的通用测试决策。相同的原理可以与状态机转换一起使用：我们具有通用转换，该转换会在看到数据处于给定范围内时触发。

与决策树不同，状态机不提供将这些测试组合在一起以进行更复杂查询的简单方法。如果我们需要根据"敌人距离很远"且"血量很低"的条件进行转换，则需要一些将触发器组合在一起的方法。

为了与状态机的多态设计保持一致，我们可以通过添加另一个接口（即 condition 接口）来完成此任务。可以使用以下形式的一般性转换类：

```
1  class Transition:
2      actions: Action[]
3      function getActions() -> Action[]:
4          return actions
5
6      targetState: State
7      function getTargetState() -> State:
8          return targetState
9
10     condition: Condition
11     function isTriggered() -> bool:
12         return condition.test()
```

isTriggered 函数现在将测试委托给其 condition 成员。

条件具有以下简单格式：

```
1  class Condition:
2      function test() -> bool
```

然后，我们可以为特定测试创建 Condition 类的一组子类，就像前面我们为决策树所做的那样：

```
1  class FloatCondition extends Condition:
2      minValue: float
3      maxValue: float
4
5      function testValue() -> float # 测试我们感兴趣的数据
6
7      function test() -> bool:
8          return minValue <= testValue <= maxValue
```

我们可以使用布尔子类（如 AND、NOT 和 OR）将条件组合在一起，以满足任何需要的复杂度程度：

```
1   class AndCondition extends Condition:
2       conditionA: Condition
3       conditionB: Condition
4       function test() -> bool:
5           return conditionA.test() and conditionB.test()
6
7   class NotCondition extends Condition:
8       condition: Condition
9       function test() -> bool:
10          return not condition.test()
11
12  class OrCondition extends Condition:
13      conditionA: Condition
14      conditionB: Condition
15      function test() -> bool:
16          return conditionA.test() or conditionB.test()
```

2. 弱点

这种转换方法提供了很多灵活性，但代价则是需要调用大量的方法。在 C++中，这些方法的调用必须是多态的，这会降低调用速度并使处理器混淆。所有这些都增加了时间，这可能使其不适合在许多角色的每个帧中使用。当然，这对性能的影响是有限的，在目前的高性能硬件上，状态机的复杂度不太可能成为性能瓶颈。

这种方法的优点（其进一步降低了实现的多态性）是可以出于特殊的游戏玩法而以脚本语言实现转换。这些在执行时显然会更慢，但由于比较灵活，所以仍然是值得的。该方法允许简单地创建游戏逻辑并无缝地将其合并到 AI 系统的其余部分。

5.3.5 性能

状态机算法仅需要内存来保存触发的转换和当前状态。它在内存中的性能是 $O(1)$，在时间上是 $O(m)$，其中，m 是每个状态的转换数。

该算法将调用状态和转换类中的其他函数，并且在大多数情况下，这些函数的执行时间占了大部分的算法时间。

5.3.6 实现说明

正如前面所提到的，有许多方法都可以实现状态机。

本节描述的状态机将尽可能灵活。我们试图实现一个可以让你尝试使用任何类型的状态机并添加了一些有趣的功能。在许多情况下，它可能太灵活了。如果你只想利用其灵活性，那么它很可能效率较低，显得有些不划算。

5.3.7　硬编码的 FSM

几年前，几乎所有的状态机都是硬编码的。转换规则和动作的执行是游戏代码的一部分。随着关卡设计师对构建状态机逻辑的更多控制，它变得不那么常见，但仍然是一种重要的方法。

1．伪代码

在硬编码的 FSM 中，状态机由枚举值和函数组成，枚举值指示当前占用的状态，而函数则检查是否要进行转换。在这里，可以将两者合并为一个类定义（硬编码的 FSM 往往与仍在使用诸如 C 之类的低级语言的开发人员有关）：

```
1   class MyFSM:
2       # 定义每个状态的名称
3       enum State:
4           PATROL
5           DEFEND
6           SLEEP
7
8       # 当前状态
9       myState: State
10
11      function update():
12          # 找到正确的状态
13          if myState == PATROL:
14              # 示例转换
15              if canSeePlayer():
16                  myState = DEFEND
17              else if tired():
18                  myState = SLEEP
19
20          else if myState == DEFEND:
21              # 示例转换
22              if not canSeePlayer():
23                  myState = PATROL
24
25          else if myState == SLEEP:
```

```
26                    # 示例转换
27                    if not tired():
28                        myState = PATROL
29
30        function notifyNoiseHeard(volume: float):
31            if myState == SLEEP and volume > 10:
32                myState = DEFEND
```

请注意，这是特定状态机的伪代码，而不是一种状态机。在更新函数中，每个状态都有一个代码块。该代码块将依次检查每个转换的条件，并在需要时更新状态。这个例子中的转换都是调用函数（tired 和 canSeePlayer），我们假设它们可以访问当前的游戏状态。

另外，我们在一个单独的函数（notifyNoiseHeard）中添加了一个状态转换。假设只要角色听到很大的噪声，游戏代码就会调用此函数。这说明了轮询（明确要求获得信息）和基于事件（等待被告知信息）的状态转换方法之间的区别。本书第 11 章关于"世界接口"的介绍包含了有关这种区别的更多细节。

update 函数和前面一样，可以在每个帧中调用。当前状态则可以用于生成输出动作。为此，FSM 可能有一个包含以下形式的条件块的方法：

```
1    function getAction() -> Action:
2        if myState == PATROL:
3            return new PatrolAction()
4        else if myState == DEFEND:
5            return new DefendAction()
6        else if myState == SLEEP:
7            return new SleepAction()
```

一般来说，状态机只是直接执行动作，而不是返回要执行的另一段代码的动作详情。

2. 性能

这种方法不需要内存，并且其算法复杂度是 $O(n + m)$，其中 n 是状态数，m 是每个状态的转换数。虽然这似乎比灵活的实现性能更糟糕，但除了巨大的状态机（即数千个状态），它通常运行得更快。

有些实现的性能可能比该方法更好，因为它们内置了对在函数中间继续执行的支持。例如，Lua 的连续性就允许在表示一个状态的函数中产生（Yield）执行，然后在下一帧继续执行。像这样的实现，其算法复杂度就是 $O(m)$。当然，以高级语言实现时，它们很少能够比低级语言的方法更快。

3. 弱点

虽然硬编码的状态机很容易编写，但它们很难维护。游戏中的状态机通常会变得相当大，这使得代码看起来可能像一团乱麻或不够清晰。

当然，绝大多数开发人员发现，其主要缺点是程序员需要为每个角色编写 AI 行为。这意味着每次行为改变时都需要重新编译游戏。虽然对于游戏程序开发的业余爱好者来说，它可能算不上什么问题，但是在一个大型游戏项目中，这会变得至关重要，因为重新编译游戏往往需要花费很多时间。

更复杂的结构，如分层状态机（见下文），也难以使用硬编码的 FSM 进行协调。所以，开发人员还是应该使用更灵活的实现，这样可以轻松地将调试输出添加到所有状态机，从而更容易跟踪 AI 中的问题。

5.3.8　分层状态机

就其本身而言，一个状态机就是一种强大的工具，但表示某些行为可能很困难。一个常见的困难来源是"警报行为"。

想象一下，有一个服务机器人围绕着某个设施移动以清洁地面。它有一个状态机允许它这样做。它可能会搜索已经掉落的物体，当它发现地上的物体时，会捡拾该物体，然后将它带到垃圾压缩机。这可以使用普通状态机简单地实现（见图 5.14）。

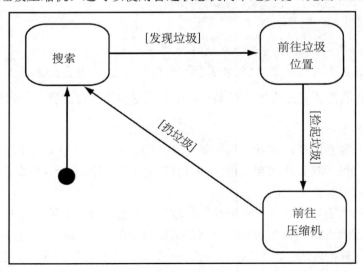

图 5.14　基本的清理机器人状态机

　　但是，当机器人的电力不足时，它必须赶到最近的充电点进行充电。不管它当时正在做什么，都需要停止；当它再次充满电时，可以从停止的地方开始继续搜索垃圾。在它充电期间，玩家可以做一些它注意不到的事情，或者，玩家也可以断开该区域的所有电源，从而禁用该机器人。

　　这是一种警报机制：中断正常行为以响应某些重要事项。在状态机中表示这一点会导致状态数量增加一倍。

　　对于这样仅一个层次的警报来说，并不是什么大问题，但是如果有人在走廊中发生打斗，我们希望机器人能隐藏起来，这会发生什么呢？如果它的隐藏本能比充电本能更重要，那么就必须中断充电才能隐藏起来。在战斗结束后，它需要在停止的地方接受充电，之后它将继续之前做的任何事情。也就是说，现在已经出现了两个警报层次，我们将有 16 个状态。

　　在这种情况下，我们可以将状态机分成若干个，而不是将所有逻辑组合到一个状态机中。每个报警机制都有自己的状态机以及原始行为。它们按分层结构排列，因此仅当较高层次的状态机未响应其警报时才考虑下一个层次的状态机。

　　图 5.15 显示了一种警报机制，与图 5.14 所示的示意图完全一致。

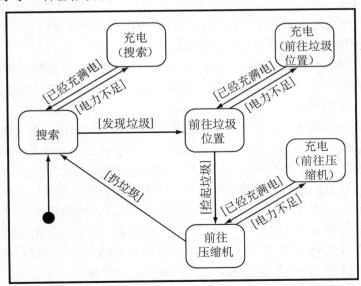

图 5.15　标准状态机中的警报机制

　　开发人员可以将一个状态机嵌套在另一个状态机中以指示分层状态机（见图 5.16）。实心圆圈表示状态机的起始状态。当首次进入复合状态时，其中带有 H*的圆圈表示应该进入哪一个子状态。

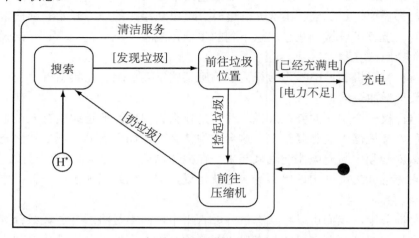

图 5.16　机器人的分层状态机

　　如果已经进入复合状态，则返回先前的子状态。由于这个原因，H*节点被称为历史状态（History State）。

　　H 之后有一个星号的原因以及 UML 状态图表中的一些其他变化的细节超出了本章的讨论范围。有关信息请参阅附录参考资料[48]。

　　可以看到，我们引入嵌套的状态，而不是使用单独的状态来跟踪非警报状态。这样，即使机器人正在充电，我们仍然会跟踪清洁状态机的状态。当充电结束时，清洁状态机将从停止的地方继续开始。

　　实际上，我们会同时处于不止一个状态中。例如，我们可能在报警机制中处于充电状态，同时我们也处于清洁服务中的"捡起垃圾"状态。因为存在严格的分层结构，所以对于哪个状态优先并不会混淆：分层结构中的最高状态始终处于控制之中。

　　为了实现这一点，我们可以简单地在程序中安排状态机，以便一个状态机在需要时调用另一个状态机。因此，如果正在充电的状态机进入其"清洁服务"状态，那么它将调用清洁状态机并要求其采取措施。当它处于充电状态时，它将直接返回充电动作。

　　虽然这会导致代码稍微有些混乱，但它会实现我们的方案。当然，大多数分层状态机支持分层结构级别之间的转换，为此我们需要更复杂的算法。

　　例如，现在可以来扩展我们的机器人，以便它在没有要捡拾的垃圾时可以做一些有用的事情。这是有意义的，它将利用这个机会去充电，而不是站在那里等待电池逐渐耗尽。新的状态机如图 5.17 所示。

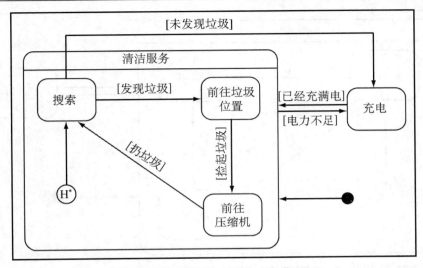

图 5.17 使用了跨层转换的分层状态机

请注意，我们又添加了一个转换：从"搜索"状态直接进入"充电"状态。没有要捡拾的垃圾时即会触发此转换。因为我们是直接从这个状态转换的，所以内部状态机不再具有任何状态。当机器人充电完毕并且报警系统转换回清洁服务时，机器人将没有从哪里捡拾垃圾的记录，因此它必须从其起始节点（"搜索"）再次启动状态机。

1. 问题

我们想要一个支持分层状态机的状态机系统的实现，并且也需要在机器的不同分层之间进行传递的转换。

2. 算法

在分层状态机中，每个状态本身可以是一个完整的状态机。因此，我们将依靠递归算法来处理整个分层结构。与大多数递归算法一样，这可能非常棘手。这里介绍的最简单的实现，其困难是翻倍的，因为它将在不同的点上向上和向下递归。我们鼓励你使用本节中的非正式讨论和示例以及伪代码，以了解它是如何工作的。

系统的第一部分将返回当前状态。其结果是状态列表，从分层结构的最高到最低层。状态机要求其当前状态返回其分层结构。如果此状态是终止状态，则返回自身；否则，它将返回自身并向其当前状态添加状态分层结构。

在图 5.18 中，当前状态是[状态 L，状态 A]。

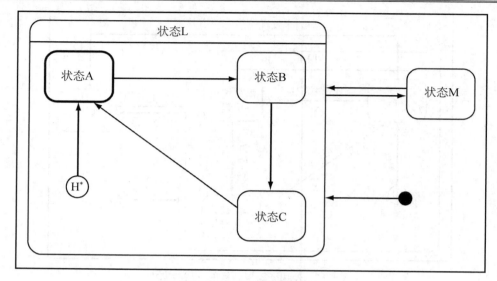

图 5.18　分层中的当前状态

　　分层状态机的第二部分是它的更新。在原始状态机中，我们假设每个状态机在其初始状态下启动。因为状态机总是从一个状态转换到另一个状态，所以根本没有必要检查是否存在状态。但是，分层结构中的状态机则可以是无状态的，它们可能有跨层次的转换。然后，更新的第一阶段将检查状态机是否具有状态。如果没有，则它应该进入其初始状态。

　　接下来，我们检查当前状态是否有要执行的转换。分层结构中较高层次的转换始终具有更高的优先级。如果超级状态具有一个触发器，则不会考虑子状态的转换。

　　触发转换可以是以下 3 种类型之一。

　　❑　它可能是转换到分层结构中当前层次的另一个状态。

　　❑　它可能是转换到分层结构中较高层次的状态。

　　❑　它可能是转换到分层结构中较低层次的状态。

　　显然，转换需要提供的数据多于目标状态。我们允许它返回相对层次，以及目标状态在分层结构中向上或向下的步数。

　　我们可以简单地在分层结构中搜索目标状态，而不需要显式层次。虽然这会更灵活（我们不必担心层次值是错误的），但会花费更多的时间。混合但全自动的扩展可以搜索分层结构一次并存储所有适当的层次值。

　　因此，触发转换的相对层次值可以有以下 3 种情况。

　　❑　零（状态处于同一级别）。

❏ 大于零（状态在分层结构的更高层次中）。

❏ 小于零（状态在分层结构的更低层次中）。

它的取值情况取决于层次所属的类别。

如果该相对层次值为零，则该转换是正常状态机转换，并且将在当前层次执行，使用在有限状态机中应用的相同算法。

如果该相对层次值大于零，则需要退出当前状态，并且不需要在此层次执行任何其他操作。返回 exit 动作，并向任何调用更新函数者指示转换尚未完成。我们将返回 exit 动作、未完成的转换以及更高层次的数字以传递转换。返回时，此层次值减 1。正如我们将看到的，更新函数将返回到分层结构中的下一个最高状态机。

如果该相对层次值小于零，则当前状态需要转换到分层结构中当前层次上的目标状态的祖先。此外，该状态的每个子项也需要做同样的事情，直至到达最终目的地状态的层次。为了实现这一点，我们可以使用一个单独的函数 updateDown，它递归地执行从目标状态层次到当前层次的转换，并返回任何 exit 和 entry 动作。然后转换完成，不需要向上传递。所有累积的动作都可以返回。

因此，如果当前状态具有触发的转换，我们已经讨论了所有的可能性。如果它没有触发的转换，那么它的动作取决于当前状态是否是状态机本身。如果不是，并且如果当前状态是普通状态，那么我们可以像以前一样，返回与该状态相关联的动作。

如果当前状态是状态机，那么我们需要给它机会来触发任何转换。我们可以通过调用它的更新函数来实现。更新函数将自动处理任何触发器和转换。正如我们在上面看到的那样，激发更低层次的转换可能使其目标状态处于更高的层次。更新函数将返回一个动作列表，但它也可能返回一个转换，该转换尚未被激发，向上传递到分层结构。

如果接收到这样的转换，则检查其层次。如果该层次为零，则应在此层次上执行转换。该转换被执行，就像它是当前状态的常规转换一样。如果该层次仍然大于零（它应该永远不会小于零，因为我们此时是向上传递到分层结构），那么状态机应该继续向上传递。它将像前面一样，通过退出当前状态并返回以下信息来完成此操作：exit 动作、当前状态更新函数提供的任何动作、仍然暂时挂起的转换以及转换的层次（需要减去 1）。

如果当前状态的更新函数没有返回转换，那么可以简单地返回其动作列表。如果处于分层结构的顶层，那么仅有该列表就可以了。如果我们处在更低的层次，那么我们也处于一个状态中，所以需要为返回的列表中的状态添加动作。

虽然这种算法解释起来比较困难，但是我们还可以通过实现来加深理解。为了更好地了解它的工作原理和原因，现在我们来研究一个示例。

3．示例

图 5.19 显示了我们将用作示例的分层状态机。

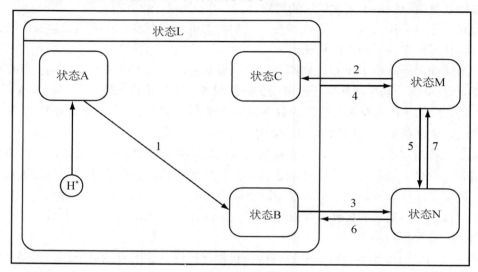

图 5.19　分层状态机示例

为了阐明每个示例返回的动作，可以假设 S-entry 是状态 S 进入动作的集合，类似地，S-active 是活动动作，S-exit 是退出动作。在转换中，可以使用相同的格式：1-actions 表示与转换 1 相关的动作。

乍看之下，这些示例可能会让人感到困惑。如果你在使用算法时遇到问题，我们强烈建议你按照图 5.19 和下面的伪代码逐步完成。

假设我们是从状态 L 开始，没有转换触发器，那么我们将转换到状态[L, A]中，因为 L 的初始状态就是 A。更新函数将返回 L-active 和 A-entry，因为我们是停留在 L 中并且进入了 A 状态。

现在假设转换 1 是唯一触发的转换。顶层状态机将检测到无有效转换，因此它将调用状态机 L 以查看它是否有任何转换。L 发现其当前状态（A）有一个触发转换。转换 1 是当前层次的转换，因此它在 L 内处理，而不会传递到任何地方。A 转换到 B，并且 L 的 update 函数返回 A-exit、1-actions、B-entry。顶层状态机接受这些动作并添加其自己的活动动作。因为我们始终处于状态 L 中，所以最终的一组动作是 A-exit、1-actions、B-entry、L-active。当前状态是[L, B]。

从这个状态开始，转换 4 触发。顶层状态机看到转换 4 触发，并且因为它是顶层转换，所以它可以立即执行。该转换导致进入状态 M，并且相应的动作是 L-exit、4-actions、

M-entry。当前状态是[M]。请注意，L 仍然保留了在状态 B 中的记录，但由于顶层状态机处于状态 M，因此该记录此时不会被使用。

我们将通过转换 5 以正常方式从状态 M 转到状态 N。该过程与前一示例和非分层状态机完全相同。现在转换 6 触发。因为它是一个零层次转换，所以顶层状态机可以立即执行，转换到状态 L 并返回动作 N-exit、6-actions、L-entry。但是，现在 L 在 B 状态中的记录很重要，我们将再次进入状态[L, B]。在我们的实现中，我们不返回 B-entry 动作，因为我们之前离开状态 L 时没有返回 B-exit 动作。这是我们个人的偏好，并不是固定的。如果要退出并重新进入状态 B，则可以修改算法以在适当的时间返回这些额外的动作。

现在假设从状态[L, B]开始，转换 3 触发。顶层状态机没有发现触发器，因此它将调用状态机 L 以查看它是否有任何触发器。L 发现状态 B 具有触发转换。该转换的层次为 1，它的目标是分层结构中的一个层次，这意味着状态 B 将要退出，也就是说我们无法在这一层次执行该转换。我们返回 B-exit，以及未完成的转换，同时层次减 1（即零，表示需要在下一个层次处理该转换）。因此，控制返回顶层更新函数。它将看到 L 返回一个未完成的转换、零级别，所以它会执行该转换，以正常方式转换到状态 N。它将 L 返回的动作（即 B-exit）与正常的转换动作结合起来给出一个最终的动作集合：B-exit、L-exit、3-actions、N-entry。请注意，与第 3 个示例不同，L 不再跟踪它在状态 B 中的事实，因为我们已经转换出该状态。如果激发转换 6 返回到状态 L，那么将进入状态 L 的初始状态（A），就像在第一个例子中一样。

我们的最终示例也涵盖了层次小于零的转换。假设我们已经通过转换 7 从状态 N 移动到状态 M，现在进行转换 2 触发。顶层状态机查看其当前状态（M）并查找触发的转换 2。它的层次为-1，因为它在分层结构中下降一级。因为它的层次为-1，所以状态机调用 updateDown 函数来执行递归转换。updateDown 函数从包含最终目标状态（C）的状态机（L）开始，要求它在其层次执行转换。状态机 L 反过来要求顶层状态机在其层次执行转换。顶层状态机从状态 M 变为状态 L，返回 M-exit、L-entry 作为适当的动作。控制返回状态机 L 的 updateDown 函数。状态机 L 检查它当前是否处于任何状态（它没有处于任何状态，因为我们在最后一个例子中离开了状态 B）。它将其动作（C-entry）添加到顶层状态机返回的动作中。然后控制返回到顶层状态机的更新函数：下降转换已被执行，它将转换的动作添加到结果中，并返回 M-exit、2-actions、L-entry、C-entry。

如果状态机 L 仍处于状态 B 中，那么当调用 L 的 updateDown 函数时，状态机将从 B 状态转换为 C 状态。它会将 B-exit 和 C-entry 添加到它从顶层状态机接收的操作中。

4．伪代码

分层状态机实现由 5 个类组成，并形成本书中最长的算法之一。State 和 Transition 类与常规有限状态机中的类相似。HierarchicalStateMachine 类运行状态转换，SubMachineState 类组合了状态机和状态的函数。它用于不在分层结构顶层的状态机。除 Transition 类外的所有类都继承自 HSMBase 类，这种方法允许函数以相同的方式处理分层结构中的任何内容，并以此来简化算法。

HSMBase 具有以下形式：

```
 1  class HSMBase:
 2      # 通过更新返回的结构
 3      class UpdateResult:
 4          actions
 5          transition
 6          level
 7
 8      function getActions() -> Action[]:
 9          return []
10
11      function update() -> UpdateResult:
12          UpdateResult result = new UpdateResult()
13          result.actions = getActions()
14          result.transition = null
15          result.level = 0
16          return result
17
18      function getStates() -> State[] # 在基类中未实现的函数
```

HierarchicalStateMachine 类具有以下实现：

```
 1  class HierarchicalStateMachine extends HSMBase:
 2      # 在分层结构的层次上的状态列表
 3      states: State
 4
 5      # 当状态机没有当前状态时的初始状态
 6      initialState: State
 7
 8      # 状态机的当前状态
 9      currentState: State = initialState
10
11      # 获取当前状态堆栈
12      function getStates() -> State[]:
13          if currentState:
14              return currentState.getStates()
```

```
15          else:
16              return []
17
18      # 以递归方式更新状态机
19      function update() -> Action[]:
20          # 如果不在状态中，则使用初始状态
21          if not currentState:
22              currentState = initialState
23              return currentState.getEntryActions()
24
25          # 尝试找到当前状态中的转换
26          triggeredTransition = null
27          for transition in currentState.getTransitions():
28              if transition.isTriggered():
29                  triggeredTransition = transition
30                  break
31
32          # 如果没有找到转换，则生成一个相应的结果结构
33          if triggeredTransition:
34              result = new UpdateResult()
35              result.actions = []
36              result.transition = triggeredTransition
37              result.level = triggeredTransition.getLevel()
38
39          # 否则向下递归以找到一个结果
40          else:
41              result = currentState.update()
42
43          # 检查结果中是否包含转换
44          if result.transition:
45              # 基于该层次的动作
46              if result.level == 0:
47                  # 当该转换就在当前层次上时，立即执行它
48                  targetState = result.transition.getTargetState()
49                  result.actions += currentState.getExitActions()
50                  result.actions += result.transition.getActions()
51                  result.actions += targetState.getEntryActions()
52
53                  # 设置当前的状态
54                  currentState = targetState
55
56                  # 添加正常动作（这可能是一个状态）
```

```
57                    result.actions += getActions()
58
59                    # 清除该转换，使其不会被其他人执行
60                    result.transition = null
61
62                else if result.level > 0:
63                    # 它的目标在更高的层次上
64                    # 退出当前的状态
65                    result.actions += currentState.getExitActions()
66                    currentState = null
67
68                    # 将层次的数字减去 1
69                    result.level -= 1
70
71                else:
72                    # 它需要向下传递
73                    targetState = result.transition.getTargetState()
74                    targetMachine = targetState.parent
75                    result.actions += result.transition.getActions()
76                    result.actions += targetMachine.updateDown(
77                        targetState, -result.level)
78
79                    # 清除该转换，使其不会被其他人执行
80                    result.transition = null
81
82            # 如果没有获得转换
83            else:
84                # 则只需要执行正常动作
85                result.action += getActions()
86
87            return result
88
89    # 将转换以递归方式向上传递到父层次
90    # 为给定数字的层次轮流转换每个状态
91    function updateDown(state: State, level: int) -> Action[]:
92        # 如果不在顶层，则继续递归
93        if level > 0:
94            # 将我们自己作为转换状态传递给父层次
95            actions = parent.updateDown(this, level-1)
96
97        # 否则，不需要添加任何动作
98        else:
```

```
 99            actions = []
100
101        # 如果没有当前状态，则退出
102        if currentState:
103            actions += currentState.getExitActions()
104
105        # 移动到新状态，并返回所有的动作
106        currentState = state
107        actions += state.getEntryActions()
108
109        return actions
```

State 类与之前基本相同，但为 getStates 函数添加了一个实现：

```
 1  class State extends HSMBase:
 2      function getStates() -> State:
 3          # 如果只有一个状态，则堆栈就只有该状态
 4          return [this]
 5
 6      # 和前面的函数一样
 7      function getActions() -> Action[]
 8      function getEntryActions() -> Action[]
 9      function getExitActions() -> Action[]
10      function getTransitions() -> Action[]
```

Transition 类也是相同的，但添加了一个方法来检索转换的层次：

```
 1  class Transition:
 2      # 返回从转换的源到目标的
 3      # 分层结构的层次差值
 4      function getLevel() -> int
 5
 6      # 和前面的函数一样...
 7      function isTriggered() -> bool
 8      function getTargetState() -> State
 9      function getActions() -> Action[]
```

最后，SubMachineState 类合并状态和状态机的功能：

```
 1  class SubMachineState extends State, HierarchicalStateMachine:
 2      # 路由到状态
 3      function getActions() -> Action[]:
 4          return State.getActions()
```

```
 5
 6          # 路由更新到状态机
 7          function update() -> Action[]:
 8              return HierarchicalStateMachine.update()
 9
10          # 通过将自身添加到活动的子层次来获取状态
11          function getStates() -> State[]:
12              if currentState:
13                  return [this] + currentState.getStates()
14              else:
15                  return [this]
```

5. 实现说明

我们使用了多重继承来实现 SubMachineState。对于不支持多重继承的语言（或不喜欢该用法的开发人员），有两种选择：SubMachineState 可以封装 HierarchicalStateMachine，或者可以转换 HierarchicalStateMachine 以使其成为 State 的子类。后一种方法的缺点是顶层状态机将始终从更新函数返回其活动动作，并且 getStates 将始终将其作为列表的头部。

我们选择再次使用状态机的多态结构，这样可以在没有任何多态方法调用的情况下实现相同的算法。当然，鉴于它已经足够复杂，所以我们将把它留作练习。我们部署分层状态机的经验涉及使用多态方法调用的实现。PC 和 PS2 上的游戏内配置表明，方法调用开销不是算法的瓶颈。在具有成千上万个状态的系统中，它很可能因为缓存效率而发挥良好。

分层状态机的一些实现可以比这个简单得多，方法要求转换只能在同一级别的状态之间发生。根据此要求，可以消除所有递归代码。如果你不需要跨层次转换，那么更简单的版本将更容易实现。当然，它不太可能更快，因为当转换处于相同层次时不使用递归，所以，如果所有转换具有零级别，则上述代码将以相同的速度运行。

6. 性能

该算法在内存中的性能是 $O(n)$，其中 n 是分层结构中的层次数。它需要临时存储，用于在分层结构中向下和向上递归时的动作。

类似地，它在时间中的性能是 $O(nt)$，其中 t 是每个状态的转换数。要找到正确的转换以便激发，它可能需要在分层结构的每个层次和 $O(nt)$ 过程中搜索每个转换。对于转换层次小于 0 和层次大于 0 的递归，算法复杂度都是 $O(n)$，所以它确实不影响整个算法的复杂度 $O(nt)$。

5.3.9　组合决策树和状态机

转换的实现与决策树的实现有相似之处。这不是巧合，但是我们还可以更进一步。决策树是匹配一系列条件的有效方法，这在状态机中可用于匹配转换。

可以通过用决策树替代状态转换来组合这两种方法。这样，在转换到新状态时，采用的就是树的叶子，而不是以前那样的动作。

一个简单的状态机如图 5.20 所示。

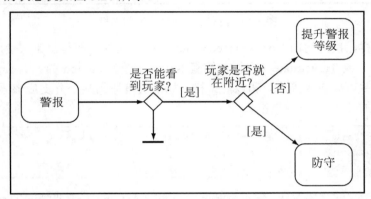

图 5.20　使用了决策树转换的状态机

菱形符号也是 UML 状态图表格式的一部分，它代表决策。在 UML 中，决策和转换之间没有区别，决策本身通常没有标记。

在本书中，我们使用它们执行的测试标记了决策，这使得我们的需求更清晰。

当处于"警报"状态时，哨兵只有一个可能的转换：通过决策树。它可以快速确定哨兵是否可以看到玩家。如果哨兵无法看到玩家，则转换结束并且不会达到新的状态；如果哨兵能够看到玩家，则决策树将根据玩家的距离做出选择。根据此选择的结果，哨兵可能达到两种不同的状态："提升警报等级"或"防守"。只有在进一步测试（与玩家的距离）通过后才能达到后者。

要在没有决策节点的情况下实现相同的状态机，则需要使用图 5.21 中的状态机。请注意，现在我们有两个非常复杂的条件，它们都必须评估相同的信息（到玩家的距离和到报警点的距离）。如果条件涉及耗时的算法（例如，我们示例中的视线测试），则决策树的实现明显更快。

我们可以将决策树合并到迄今为止已开发的状态机框架中。

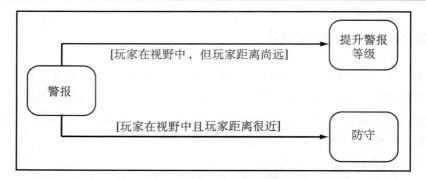

图 5.21　没有决策树转换的状态机

与以前一样，决策树由 DecisionTreeNodes 组成。这些可能是决策（使用与之前相同的 Decision 类）或 TargetState（它们替换基本决策树中的 Action 类）。TargetState 保存转换到的状态并可以包含操作。和以前一样，如果决策树的某个分支应该导致没有结果，那么可以在树的叶子上有一些空值。

```
1   class TargetState extends DecisionTreeNode:
2       getActions() -> Action[]
3       getTargetState() -> State
```

这里的决策算法需要改变。它不是测试要返回的 Action，而是要测试 TargetState 实例：

```
1    function makeDecision(node) -> DecisionTreeNode:
2        # 检查是否需要做出决策
3        if not node or node is_instance_of TargetState:
4            # 已经获得目标（或空目标），返回该目标
5            return node
6        else:
7            # 做出决策并基于结果递归
8            if node.test():
9                return makeDecision(node.trueNode)
10           else:
11               return makeDecision(node.falseNode)
```

然后，我们可以构建支持这些决策树的 Transition 接口的实现。它有以下算法：

```
1    class DecisionTreeTransition extends Transition:
2        # 当决策已经做出时
3        # 保存在决策树末端的目标状态
4        targetState: State = null
```

```
 5
 6      # 保存决策树中的根决策
 7      decisionTreeRoot: DecisionTreeNode
 8
 9      function getActions() -> Action[]:
10          if targetState:
11              return targetState.getActions()
12          else:
13              return []
14
15      function getTargetState() -> State:
16          if targetState:
17              return targetState.getTargetState()
18          else:
19              return null
20
21      function isTriggered() -> bool:
22          # 获得决策树的结果并存储该结果
23          targetState = makeDecision(decisionTreeRoot)
24
25          # 如果目标状态指向目标节点则返回 true
26          # 否则，假设没有任何触发器
27          return targetState != null
```

5.4　行　为　树

行为树（Behavior Tree）已成为创建 AI 角色的流行工具。*Halo 2*（中文版名称《光晕 2》，详见附录参考资料[92]）是第一款高度突出角色形象的游戏之一，其中详细描述了行为树的使用，从那时起，更多游戏也纷纷效仿。

它们是一段时间以来围绕游戏 AI 开发出来的许多技术的综合，其中包括分层状态机、调度、路径规划和动作执行等。它们的优势来自于它们以易于理解的方式交织处理这些问题的能力，并且对于非开发人员来说也不难创建。当然，尽管它们无处不在，但有些事情在行为树中很难做好，并且它们并不总是一个很好的决策解决方案。

行为树与分层状态机有很多共同点，但行为树的主要构建块不是状态，而是任务（Task）。任务可以像在游戏状态中查找变量的值或执行某个动作一样简单。

任务由子树组成，以表示更复杂的动作。反过来说，这些复杂的动作可以再次组成更高层次的行为。正是这种可组合性赋予行为树以力量，因为所有任务都具有公共接口

并且基本上是自包含的，所以它们可以很容易地构建到分层结构（即行为树）中，而不必担心分层结构中每个子任务如何实现细节。

首先，我们来了解一下行为树中任务的类型。

行为树中的任务都具有相同的基本结构。它们有一些 CPU 时间，可以用这些时间来做它们的事情，当它们准备好时，可以返回一个状态代码，指示成功或失败（在此阶段使用布尔值就足够了）。一些开发人员使用更大的返回值集，包括出现意外情况时的错误（Error）状态，或者与调度系统集成的需要更多时间（Need More Time）状态。

虽然各种任务都可以包含任意复杂程度的代码，但如果每个任务都可以分解为最小部分（必要时再组合起来），则可以提供最灵活的代码。这在很多情况下都非常实用。虽然功能强大只是一种编程习惯用语，但是当我们将这种分解方式与图形用户界面（Graphical User Interface，GUI）结合使用以编辑树时，行为树的表现确实亮眼。由此，设计师、技术美术师和关卡设计师等都可能创作出复杂的 AI 行为。

在这个阶段，我们的简单行为树将包含 3 种任务：条件、动作和复合类型。

条件（Condition）将测试游戏的一些属性。例如，可以进行接近程度的测试（角色是在敌人的 x m 内吗？）、视线测试、角色状态测试（角色的血量是在健康水平吗？角色有弹药吗？）等。这些类型测试中的每一个都需要作为单独的任务来实现，通常需要一些参数化，以便可以轻松地重复使用它们。如果条件满足，则每个条件都返回成功状态代码，否则返回失败。

动作（Actions）将改变游戏的状态。可以有用于动态效果的动作、用于角色移动的动作、用于改变角色内部状态的动作（例如，休息提高健康状况）、播放音频样本的动作以及使用专门的 AI 代码的动作（例如，路径发现）。就像条件一样，每个动作都需要有自己的实现，并且在引擎中可能会有很多的动作。大多数时候，动作都会成功（当然，也可能有不成功的情况，最好在角色开始尝试行动之前使用条件来进行检查）。但是，如果无法完成，则可以编写失败的动作。

如果说条件和动作与我们之前关于决策树和状态机的讨论似曾相识，那是它们本应如此。它们在每种技术中都扮演着类似的角色（我们将在本章后面看到更多具有相同特征的技术）。但是，行为树中的主要区别在于对所有任务使用单个通用接口。这意味着可以将任意条件、动作和分组结合在一起，而无须知道行为树中的其他内容。

条件和动作都位于树的叶节点处。大多数分支都由复合节点（Composite Node）组成。顾名思义，它们将跟踪子任务（条件、动作或其他复合节点）的集合，并且它们的行为将基于其子项的行为。与动作和条件不同，复合任务通常只有少数，因为仅需少数不同的分组行为，我们就可以构建非常复杂的行为。

对于简单的行为树，我们可以考虑两种类型的复合任务：选择器（Selector）和序列

（Sequence）。这两个任务将依次运行其每个子项的行为。当子项的行为完成并返回其状态代码时，复合任务会决策是继续遍历其子项还是停止在那里，然后返回一个值。

如果其中一个子项成功运行，选择器将立即返回成功状态码。只要子项运行失败，它就会继续尝试。如果子项全部遍历完成，那么它将返回失败状态代码。

如果其中一个子节点发生故障，序列将立即返回故障状态代码。只要子项运行成功，它就会继续前进。如果子项遍历完成，它将成功返回。

选择器用于选择一组可能成功的动作中的第一个。它可能代表想到达安全区域的角色。可能有多种方法（例如，找到掩体，离开危险区域，找到备份等）来实现该目标。选择器将首先尝试找到掩体，如果失败，它将离开该区域。如果成功，它将会停止，没有必要找到备份，因为我们已经解决了角色达到安全目标的问题。如果耗尽所有选项而没有成功，那么选择器本身就失败了。

选择器任务在图 5.22 中以图形方式描述。首先，选择器尝试表示攻击玩家的任务，如果成功，就完成了。如果攻击任务失败，则选择器节点将继续尝试嘲讽动作。作为最后的一个备份，如果所有其他方法都失败了，那么这个角色就可以盯着他们。

序列代表了一系列需要进行的任务。在前一个示例中，每个到达安全区域的动作都可能包含一个序列。要找到掩体，我们需要选择一个掩体点，移动到该点，当我们在安全范围内时，可以播放一个滚动动作来到达掩体后面。如果序列中的任何步骤都失败，则整个序列失败：如果无法到达所需的掩体点，则表示没有达到安全要求。只有当序列中的所有任务都成功时，我们才能将序列视为一个整体并认为它是成功的。

图 5.23 显示了使用序列节点的简单示例。在此行为树中，第一个子任务是检查是否存在可见的敌人。如果第一个子任务失败，则序列任务也将立即失败。如果第一个子任务成功，那么我们就会知道有一个可见的敌人，同时序列任务将继续执行下一个子任务，即走开或逃跑任务。然后，序列任务将成功终止。

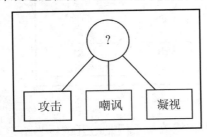

图 5.22　行为树中的选择器节点示例

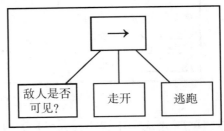

图 5.23　行为树中的序列节点示例

下面介绍一个简单的示例。

我们可以使用前一个示例中的任务来构建一个简单但功能强大的行为树。此示例中的行为树表示试图进入玩家所在房间的敌人角色。

　　我们将分阶段构建此行为树，以强调如何构建和扩展该树。这种重新调整行为树的过程是其吸引力的一部分，因为简单的行为可以先粗略构建，然后重新调整以响应游戏测试和额外的开发资源。

图 5.24　最简单的行为树

　　我们的第一阶段（见图 5.24）显示了由单个任务组成的行为树。这是一个移动动作，使用我们的引擎提供的转向系统来执行。

　　为了运行这个任务，我们给它 CPU 时间，然后让它移动进入房间。当然，这是在《半条命》游戏之前进入房间的最先进的 AI，但现在它在射击游戏中表现不佳。这个简单的例子也确实验证了一个观点：当使用行为树开发 AI 时，只需要一个简单的行为即有可能获得很好的效果。

　　在我们的例子中，敌人太愚蠢了：玩家可以简单地关上门并使要进入的敌人不得其门而入，摸不着头脑。

　　因此，我们需要使树更复杂一些。在图 5.25 中，行为树由一个选择器组成，有两个不同的子项可以尝试，每个子项都是一个序列。在第一种情况下，角色使用条件任务检查房间的门是否打开，如果打开则进入房间；在第二种情况下，角色移动到门的位置，播放打开门的动作，然后进入房间。

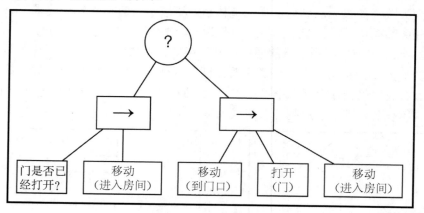

图 5.25　包含复合节点的行为树

　　现在不妨来考虑一下这个行为树是如何运行的。想象一下门是敞开的。当给定 CPU 时间时，选择器会尝试其第一个子节点。该子项由移动穿过敞开的门的序列任务组成。条件将检查门是否打开，如果是，将返回成功。因此，序列任务移动到下一个子项，移动进入房间。这和大多数动作一样，始终是成功的，所以整个序列都是成功的。回到顶层，选择器已经从它尝试的第一个子项那里收到了成功状态代码，因此它不会同时尝试其他子项；它会立即返回成功。

如果门是关闭的，那么会发生什么？就像之前选择器尝试它的第一个子项一样，该序列将尝试条件。但是，这次条件任务失败。序列没有继续，一次失败就足够了，所以它失败了。在顶层，选择器不会被失败所困扰，它只是移动到它的下一个子项。所以，角色将移动到门口，打开门，然后进入房间。

此示例显示了行为树的一个重要特性：序列中的条件任务就像编程语言中的 if 语句。如果条件不满足，则该序列将不会越过该点继续。如果序列依次被放置在选择器中，那么就会得到 if-else 语句的效果：只有在第一个子项没有满足条件时才会尝试第二个子项。在伪代码中，此树的行为是：

```
1  if is_locked(door):
2      move_to(door)
3      open(door)
4      move_to(room)
5  else:
6      move_to(room)
```

伪代码和示意图显示，我们在两种情况下都将使用最终移动动作。这没什么不对。稍后，我们将了解如何有效地重复使用现有的子树。值得一提的是，我们可以将行为树重构为更简单的伪代码：

```
1  if is_locked(door):
2      move_to(door)
3      open(door)
4      move_to(room)
```

结果如图 5.26 所示。请注意，它比以前更深，我们必须在树上添加另一个层。虽然有些人喜欢从源代码方面考虑行为树，但它并不一定能让你对如何创建简单或高效的树有高屋建瓴的见解。

在本节的最后一个例子中，我们将讨论玩家锁门的可能性。在这种情况下，仅仅假设角色可以打开门是不够的。相反，它需要首先尝试了解门的情况。图 5.27 显示了处理这种情况的行为树。请注意，用于检查门是否被锁定的条件不会和检查门是否关闭的条件出现在同一点上。大多数人仅通过观察无法判断门是否被锁定，所以我们希望敌人回到门内，并据此尝试了解门的情况，然后在发现门被锁定时改变行为。在这个例子中，我们可以让角色用肩膀撞开门。

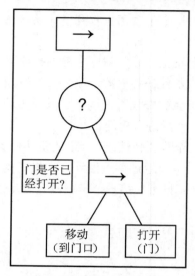

图 5.26　更复杂的重构的树

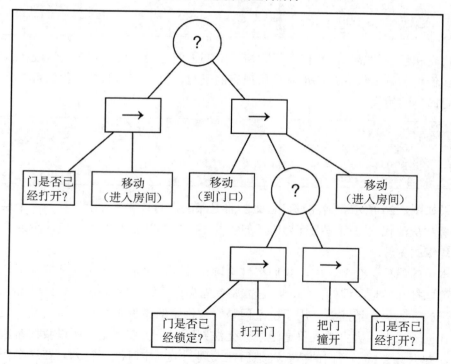

图 5.27　最低限度可接受的敌人的行为树

　　我们不会详细介绍此行为树的执行情况。你可以自己逐步完成它，并确保已经理解在以下 3 种情况下它将如何工作：门已经打开、门已经关闭以及门已经锁定。

　　在这个阶段，我们可以看到行为树的另一个共同特征。它们通常由序列和选择器的交替层组成。只要我们拥有的唯一复合任务是序列和选择器，就可以始终通过这种方式编写树。①即使使用其他类型的复合任务（将在后面的小节中看到），序列和选择器仍然是最常见的，所以这种交替结构很常见。

　　在当前这一代游戏中，敌人进入房间的行为是可以接受的。我们可以在这里做更多的事情。例如，可以添加额外的检查以查看是否有可以粉碎的窗户，可以添加行为以允许角色使用手榴弹炸开门，可以让它拿起物体来撞开房门，甚至可以让角色假装离开并等待玩家出现。

　　无论我们做什么，扩展行为树的过程就像我们在这里展示的那样，让角色 AI 在每个中间阶段都有可玩之处。

　　接下来，我们还需要了解一下行为树的反应性计划。

　　行为树技术可以实现一种形式非常简单的计划，它有时也被称为反应性计划（Reactive Planning）。选择器允许角色尝试子项，如果失败则回退到其他行为。这种计划形式并不复杂：角色可以提前思考是否手动将正确的条件添加到其行为树中。尽管如此，这个基本的计划也可以很好地促进角色的可信度。

　　行为树代表角色可以采取的所有可能的动作。从顶层到每个叶子的路线表示一个动作过程，②并且行为树算法将以从左到右的方式在这些动作过程中进行搜索。换句话说，它执行的是深度优先搜索（Depth-First Search）。

　　当然，行为树或深度优先反应性计划都没有任何独特之处，我们可以使用其他技术来做同样的事情，只是一般来说其他方法更困难而已。例如，如果房门被锁定，则尝试了解房门状况和撞开房门的行为都可以使用有限状态机来实现，但是，大多数人会发现以这种方式创建它是非常不直观的，开发人员必须在状态转换规则中明确编写回退行为的代码。虽然为这种特殊效果编写脚本相当容易，但是我们很快就会看到，行为树很难在不编写大量基础架构代码的情况下转换成脚本以支持行为树的自然工作方式。

---

① 这个原因可能不会立即显而易见。如果你考虑一个树，其中一个选择器有另一个选择器作为它的一个子项，它的行为将与孩子的子项被插入父选择器完全相同。如果其中一个孙子子项成功返回，那么其父项立即返回成功，祖父项也是如此。其他序列任务中的序列任务也是如此。这意味着没有功能性原因使两个层次具有相同类型的复合任务。但是，使用其他分组则可能存在非功能性原因。例如，将相关任务分组在一起以更清楚地了解整个树正在尝试实现的目标。

② 严格来说，这仅应用于选择器中每片树叶和每个序列中的最后一片树叶。

5.4.1　实现行为树

行为树由独立任务组成，每个任务都有自己的算法和实现。所有这些任务都符合基本接口，允许它们在不知道如何实现的情况下相互调用。本节将基于前面介绍过的任务来讨论一个简单的实现。

5.4.2　伪代码

行为树在代码这个层级很容易理解。我们将首先查看行为树中所有节点都可以继承的任务的可能基类。基类指定用于运行任务的方法。该方法应返回一个状态代码，显示它是成功还是失败。在此实现中，我们将使用最简单的方法并使用布尔值 True 和 False。该方法的实现通常不在基类中定义（即它是纯虚函数）：

```
1  class Task:
2      # 成功返回 True，失败返回 False
3      function run() -> bool
```

以下是一个简单任务的示例，可以判断附近是否有敌人：

```
1  class EnemyNear extends Task:
2      function run() -> bool:
3          # 如果附近没有敌人，任务失败
4          return distanceToEnemy < 10
```

以下是另一个简单任务的示例，它可以播放动作：

```
1  class PlayAnimation extends Task:
2      animationId: int
3      speed: float = 1.0
4
5      function run() -> bool:
6          if animationEngine.ready():
7              animationEngine.play(animationId, speed)
8              return true
9          else:
10             # 任务失败，该动作不能被播放
11             return false
```

此任务被参数化以播放一个特定的动作，并在它执行之前检查动作引擎是否可用。

　　动作引擎可能没有准备好的原因之一是它已经在忙于播放其他的动作。在真实游戏中，我们需要对动作进行更多的控制（例如，我们可以在角色奔跑的同时播放头部运动的动作）。本节后面将介绍一种更全面的方法来实现资源检查。

　　Selector 任务可以按以下方式简单地实现：

```
1  class Selector extends Task:
2      children: Task[]
3
4      function run() -> bool:
5          for c in children:
6              if c.run():
7                  return true
8          return false
```

Sequence 节点的实现是类似的：

```
1  class Sequence extends Task:
2      children: Task[]
3
4      function run() -> bool:
5          for c in children:
6              if not c.run():
7                  return false
8          return true
```

1. 性能

　　行为树的性能取决于其中的任务。由 Selector（选择器）和 Sequence（序列）节点以及叶子任务（条件和动作）组成的树在性能上为 $O(1)$，在内存方面为 $O(n)$，在速度方面为 $O(\log n)$，其中 n 为树中的节点数。

2. 实现说明

　　在伪代码中，我们使用了布尔值来表示任务的成功和失败的返回值。实际上，使用比布尔值更灵活的返回类型是一个好主意（基于 C 语言的 enum 枚举是理想的），因为你可能会发现自己需要两个以上的返回值，这对于通过几十个任务类的实现来改变返回值可能是一个很大的阻力。

3. 非确定性复合任务

　　在结束选择器和序列的话题之前，不妨来看一看它们的一些简单变体，它们可以使你的游戏 AI 更有趣和多变。上面的实现以严格的顺序运行它们的每个子项。该顺序由定义树的人预先定义。在许多情况下这是必要的。例如，在前面提到的简单示例中，必须在尝试进入房门之前检查门是否打开。如果交换该顺序，则会使角色看起来很奇怪。同样对于选择器来说，如果房门已经打开就没有必要尝试撞开房门，我们需要首先尝试简单的解决方案。

当然，在某些情况下，这可能导致可预测的 AI，它们总是以相同的顺序尝试相同的事物。在许多序列中，有些动作不需要按特定顺序排列。如果进入室内的敌人决定用烟将玩家熏出来，那么他们可能需要获得火柴和汽油，至于是先获得火柴还是先获得汽油，其实无关紧要，只要在他们试图点火之前火柴和汽油都已经到位就可以了。如果玩家多次看到这种行为，且以这种方式行事的不同角色并不总是以相同的顺序获得需要的物品，那么效果会很好。

对于选择器来说，这种情况可能更加明显。例如，假设敌方守卫有 5 种方式可以进入大门，包括穿过敞开的门、打开一扇关闭的门、撞开一扇锁着的门、用烟将玩家熏出，或者直接砸开窗户。我们希望始终按顺序尝试其中的前两种方法，但如果我们将其余 3 种方法放在常规选择器中，那么玩家将可以预判首先会出现什么类型的强制进入。如果强制入门的动作正常有效（例如，门无法加强、火无法熄灭、窗户无法设置障碍物等），那么玩家除了列表中的第一个战略之外什么也看不到，这浪费了行为树构建者在 AI 方面的努力。

这些类型的约束在 AI 文献中被称为部分有序约束（Partial-Order Constraint）。某些部分可能是有严格顺序的，其他部分可以按任何顺序处理。为了在我们的行为树中支持这一点，可以使用选择器和序列的变体，它们可以按随机顺序运行它们的子节点。

最简单的是一个重复尝试单个子项的选择器：

```
class RandomSelector extends Task:
    children: Task[]

    function run() -> bool:
        while true:
            child = randomChoice(children)
            if child.run():
                return true
```

这给了我们随机性，但有两个问题：它可能不止一次尝试同一个子项，甚至连续几次尝试，并且永远不会放弃，即使它的所有子项一再失败。由于这些原因，这个简单的实现并没有广泛使用，但它仍然可以使用，特别是可以与本节后面讨论的并行任务相结合。

更好的方法是以某些随机顺序遍历所有子项。我们可以为选择器或序列执行此操作。使用合适的随机洗牌过程，可以将其实现为：

```
1  class NonDeterministicSelector extends Task:
2      children: Task[]
3      function run() -> bool:
4          shuffled = randomShuffle(children)
5          for child in shuffled:
6              if child.run():
7                  return true
8          return false
```

和

```
1  class NonDeterministicSequence extends Task:
2      children: Task[]
3      function run() -> bool:
4          shuffled = randomShuffle(children)
5          for child in shuffled:
6              if not child.run():
7                  return false
8          return true
```

在每种情况下，在运行子项之前添加一个洗牌的步骤，这既保持了随机性，又保证了所有子项都将被运行，并且当所有子项都已经遍历完成时节点将终止。

许多标准库的向量或列表数据类型都有一个随机的洗牌例程。如果未洗牌，那么实现 Durstenfeld 的洗牌算法是相当容易的。Durstenfeld 的洗牌算法也称为 Fisher-Yates Shuffling 或 Knuth's Algorithm P。有关完整说明，可以参见附录参考资料[11]。

```
1  function randomShuffle(original: any[]) -> any[]:
2      list = original.copy()
3      n = list.length
4      while n > 1:
5          k = random.integerLessThan(n)
6          n--
7          list[n], list[k] = list[k], list[n]
8      return list
```

这样，我们既有完全按固定顺序的复合任务，又有非确定性的复合任务（Non-Deterministic Composite）。为了制定部分有序的 AI 策略，可以将它们放在一个行为树中。图 5.28 显示了上一个示例的树：一个敌人 AI 试图进入房间。非确定性节点在其符号中显示为波形并且以灰色阴影显示。

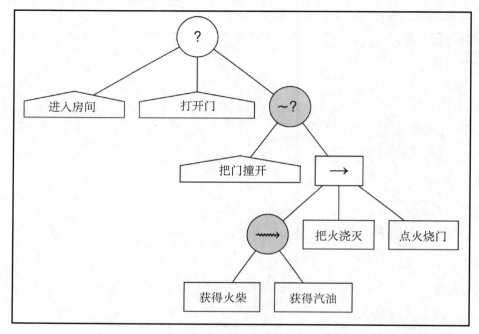

图 5.28　部分有序的行为树示例

　　图 5.28 仅显示了敌人 AI 用烟把玩家熏出门策略的低层次细节，实际上，每种策略都会有类似的形式，并且通常都由固定顺序的复合任务组成。非确定性任务通常位于固定顺序任务的框架内，无论是在上方还是下方。

5.4.3　装饰器

　　到目前为止，我们在行为树中遇到了 3 个任务系列：条件、动作和复合类型。实际上还有第 4 个，而且这第 4 个也很重要，它就是装饰器（Decorator）。

　　"装饰器"这个名称取自面向对象的软件工程。装饰器模式指的是包装另一个类，修改其行为。如果装饰器具有和它的包装类相同的接口，那么软件的其余部分并不需要知道它是否在处理原始类或装饰器。

　　在行为树的上下文中，装饰器是一种具有单个子任务并以某种方式修改其行为的任务。可以将其视为具有单个子项的复合任务。当然，与我们将遇到的少数复合任务不同，装饰器有许多不同类型，并且很有用。

一个简单且非常常见的装饰器（它们有时被称为"过滤器"）类别决策是，装饰器是否允许其子项行为运行。如果它们允许子项行为运行，那么返回的任何状态代码都将用作过滤器的结果；如果它们不允许子项行为运行，那么它们通常会返回失败，由此选择器可以选择其他动作。

有几种标准过滤器很有用。例如，我们可以限制任务运行的次数：

```
1   class Limit extends Decorator:
2       runLimit: int
3       runSoFar: int = 0
4
5       function run() -> bool:
6           if runSoFar >= runLimit:
7               return false
8           runSoFar++
9           return child.run()
```

这可以用来确保角色不会继续试图撞开玩家已经加强过的房门。

我们可以使用装饰器继续运行任务，直到它失败：

```
1   class UntilFail extends Decorator:
2       function run() -> bool:
3           while true:
4               result: bool = child.run()
5               if not result:
6                   break
7           return true
```

我们可以将这个装饰器与其他任务结合起来构建一个类似于图 5.29 所示的行为树。创建此行为树的代码将是对任务构造函数的一系列调用，其类似于：

```
1   ex = Selector(
2       Sequence(
3           Visible,
4           UntilFail(
5               Sequence(
6                   Conscious,
7                   Hit,
8                   Pause,
9                   Hit)),
10          Restrain),
11      Sequence(
```

```
12          Audible,
13          Creep),
14      Move)
```

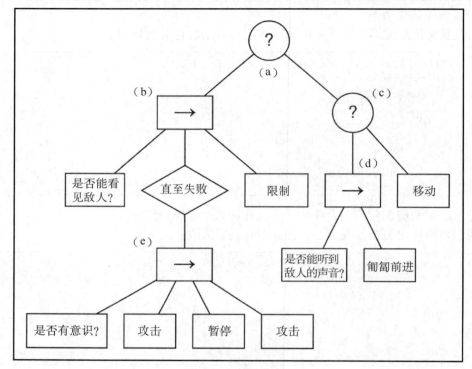

图 5.29　示例行为树

　　此树的基本行为与之前类似。根位置的选择器节点在图 5.29 中标记为（a），它将首先尝试其第一个子任务。第一个子任务是序列节点，标记为（b）。如果没有可见的敌人，则序列节点（b）将立即失败，并且根位置中的选择器节点（a）将尝试其第二个子任务。

　　根节点的第二个子节点是另一个选择器节点，标记为（c）。如果能听见声音的敌人，则它的第一个子项（d）将成功，在这种情况下，角色将会匍匐前进。然后，序列节点（d）将成功终止，从而使选择器节点（c）成功终止。按照该顺序，根节点（a）也将成功终止。

　　到目前为止，我们还没有接触到装饰器，所以该行为正是我们以前见过的。

　　在有可见敌人的情况下，序列节点（b）将继续运行其子节点，从而到达装饰器。装饰器将执行序列节点（e）直到它失败。节点（e）只有在角色意识不到有敌人存在时才会失败，因此角色会不断攻击敌人直到它意识不到有敌人存在，之后选择器节点将成功终止。最终，序列节点（b）将执行该任务以达到意识不到有敌人存在的结果。节点（b）现在将成功终止，然后立即成功终止根节点（a）。

请注意，序列节点（e）包括攻击、暂停、攻击的固定重复。因此，如果敌人在序列中的第一次攻击后就碰巧让角色意识不到其存在，那么角色最后仍会攻击被击退的敌人。这可能会给人一种残酷个性的印象。正是这种对潜在重要细节的细微控制水平，使得行为树对于开发人员极具吸引力。

除了修改调用任务的时间和频率的过滤器，其他装饰器可以很实用地修改任务返回的状态代码：

```
1  class Inverter extends Decorator:
2      function run() -> bool
3          return not child.run()
```

在这里只给出了几个简单的装饰器。事实上还可以实现更多内容，下面将可以看到更多内容。上面的每个装饰器都继承自基类 Decorator。基类只是为了管理其子任务而设计的。就我们的简单实现而言，这将是：

```
1  class Decorator extends Task:
2      # 存储该任务装饰的子任务
3      child: Task
```

尽管它很简单，但将此代码保存在公共基类中是一个很好的实现决策。当开发人员构建实用的行为树实现时，需要确定何时可以设置子任务以及由谁设置。将子任务管理代码放在一个地方很有用，对于复合任务也有同样的建议，在选择器和序列下面都有一个公共基类是一种很聪明的做法。

下面介绍一种用装饰器保护资源的方法。

在结束装饰器的讨论之前，还有必要介绍一个很重要的装饰器类型，它不像上面的例子那样容易实现。当我们实现上面的 PlayAnimation 任务时，就会明白为什么需要它。

一般来说，行为树的某些部分需要访问某些有限的资源。例如，在下面的例子中，可以将"有限的资源"理解为角色的骨架。动作引擎任何时候都只能播放骨架中每个部分的一个动作。如果角色的手正在通过重新加载动作移动，则不能要求它们挥动。还有其他代码资源也可能很少。开发人员可能只有有限数量的路径发现实例。一旦它们都被请求访问，那么其他角色就无法使用它们，所以，应该选择避免让玩家受到限制的行为。

在其他情况下，资源仅限于游戏术语。没有什么可以阻止我们同时播放两个音频样本，但如果它们都是来自同一个角色的感叹号（在游戏中，NPC 头上显示的感叹号一般表示任务已经完成或有可交互的项目），那不免会让人感觉有点奇怪。同样，如果一个角色正在使用安装在墙壁上的医疗设备，则其他角色不应该使用它（只能轮流使用或攻击抢占）。对于射击游戏中的掩体点也是如此，一般会将某个掩体点设置为最多只能掩藏 2 个或 3 个角色，甚至有些掩体点只能掩藏一个角色。

在上述情况下，开发人员都需要在运行某些动作之前确保资源可用。我们可以通过以下 3 种方式做到这一点。

（1）通过在行为中对测试进行硬编码，就像在 PlayAnimation 中所做的那样。

（2）通过创建条件任务来执行测试并使用序列。

（3）使用装饰器来保护资源。

第一种方法在前面已经讨论过。第二种方法是构建一个类似于图 5.30 的行为树。在该图中，序列首先尝试检测条件。如果失败，则整个序列失败；如果成功，则调用播放动作（Play Animation）的函数。

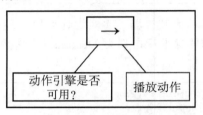

图 5.30　使用条件和选择器保护资源

这是一种完全可以接受的方法，但它依赖于行为树的设计者每次都能创建正确的结构。当有大量资源要检查时，这可能过于费力。

第三种方法是构建一个装饰器，这种方法不容易出错，而且效果更佳。

我们要创建的装饰器版本将使用一种称为信号量（Semaphore）的机制。信号量与并行或多线程编程相关（我们对它们感兴趣并不是巧合，下面将对此进行讨论）。它们最初是由以迪杰斯特拉算法成名的 Edsger Dijkstra 发明的。

信号量是一种确保有限资源不被过度预订的机制。与前面的 PlayAnimation 示例不同，信号量可以处理一次不限于一个用户的资源。例如，我们可能有一个包含 10 个路径发现程序的池，这意味着一次可以有 10 个角色同时发现路径。信号量的工作原理是保持可用资源数量和当前用户数量。在使用资源之前，必须有一段代码询问信号量是否可以获取（Acquire）资源。当代码完成后，它应该通知信号量它可以被释放（Release）。

为了使线程安全，信号量需要一些基础架构，这通常取决于用于锁定的低级操作系统原语。大多数编程语言都有很好的信号量库，所以开发人员很可能不需要自己实现。假设已经提供了信号量并具有以下接口：

```
 1   class Semaphore:
 2       maximumUsers: int
 3
 4       # 如果获取成功则返回 true
 5       function acquire() -> bool
 6
 7       # 没有返回值
 8       function release()
```

使用信号量实现可以创建以下形式的装饰器：

```
 1   class SemaphoreGuard extends Decorator:
 2       # 将用来保护资源的信号量
 3       semaphore: Semaphore
 4
 5       function run() -> bool:
 6           if semaphore.acquire()
 7               result = child.run()
 8               semaphore.release()
 9               return result
10           else:
11               return false
```

当装饰器无法获取信号量时，它会返回失败状态码。这允许树上方的选择任务找到一个不同的动作（该动作不涉及有争议的资源）。

请注意，这里的装饰器不需要知道它所守护的实际资源，它只需要信号量。这意味着有了这个单一的类，并且能够创建信号量，则可以保护任何类型的资源，无论是动作引擎、医疗设备还是路径发现池。

在这个实现中，可以期望信号量用于树中多个点的多个保护装饰器中，或者如果它代表一些共享资源（如掩藏点），则也可用于多个角色的树中。

为了便于在多个装饰器中创建和访问信号量，通常可以看到按名称创建它们的地方：

```
 1   semaphoreHashtable: HashTable[string -> Semaphore] = {}
 2
 3   function getSemaphore(name: string, maximumUsers: int) -> Semaphore:
 4       if not semaphoreHashtable.has(name):
 5           semaphoreHashtable[name] = new Semaphore(maximumUsers)
 6       return semaphoreHashtable.get(name)
```

设计师和关卡创建者只要为信号量指定一个唯一的名称即可轻松地创建新的信号量

保护。另一种方法是将名称传递给 SemaphoreGuard 构造函数，并让它查找或从该名称创建信号量。

装饰器为开发人员提供了一种确保资源不会过度预订的强大方法。但是，到目前为止，这种情况都不太可能出现。假设我们的任务一直运行，直到它们返回结果，因此一次只能运行一个任务。这是一个主要的限制，并且会削弱我们的实现。

为了解除这样的限制，我们需要讨论并发（Concurrency）、并行编程（Parallel Programming）和计时（Timing）。

5.4.4　并发和计时

到目前为止，本章都在设法避免同时运行多个行为的问题。决策树旨在快速运行，给出可以采取行动的结果。状态机是长时间运行的过程，但它们的状态是明确的，因此很容易在每帧的短时间内运行它们（处理所需的任何转换）。

行为树是不同的。我们的行为树中可能有需要时间才能完成的动作。例如，移动到门口、播放开门动作、撞开锁着的门等，这些都需要时间。当我们的游戏在后续帧上回到 AI 时，它将如何知道该怎么做？我们当然不希望再次从树顶开始，因为我们可能在精心设计的序列中途离开了。

简短的回答是，到目前为止我们看到的行为树几乎没什么用。除非我们能够采用某种并发性，否则它们根本不起作用。这里所说的并发就是指多个代码同时运行的能力。

实现此并发性的方法之一是假设每个行为树都在其自己的线程中运行。这样一个动作可能需要几秒钟才能执行：线程在它发生时是休眠的，在它再次被唤醒以后将返回 true 给行为树上面的任何任务。

更困难的方法是将行为树与我们将在第 10 章中讨论的协同多任务类型和调度算法合并。在实践中，可以很奢侈地同时运行大量线程，甚至在多核心机器上，还可能需要使用协作式多任务处理方法，在每个核心上运行一个线程，或者在每个核心上运行任意数量的轻量级或软件线程。

虽然这是最常见的实际实现，但我们并不想在这里讨论其细节。这些特性在很大程度上取决于开发人员所针对的平台，即使是最简单的方法也包含了比行为树算法更多的用于管理线程调度细节的代码。

为了避免这种复杂性，我将假设有一个多线程实现，其中包含尽可能多的线程。

1．等待

在前面的例子中，曾经有一个暂停任务，允许角色在动作之间等待片刻，然后继续攻击玩家。这是一项常见而又很有用的任务。开发人员可以通过简单地将当前线程暂停一段时间来实现它：

```
1  class Wait extends Task:
2      duration: int
3
4      function run() -> bool:
5          sleep(duration)
6          return result
```

当然，开发人员也可以通过等待做更复杂的事情。可以使用它来暂停一个长时间运行的任务并提前返回一个值。我们可以创建一个限制任务的版本，阻止动作在某个时间范围内再次运行，或者在返回之前等待一段随机时间，以改变角色的行为。

这只是开发人员可以使用计时信息创建任务的开始。这些想法在实现上都没有什么特别的挑战性，所以这里不再提供伪代码。

2．并行任务

在新的并发世界中，可以使用第三种复合任务，它被称为并行（Parallel），与选择器和序列一起构成了几乎所有行为树的支柱。

并行任务的作用方式与序列任务类似。它有一组子任务，它运行这些子任务直到其中一个失败。此时，并行任务整体失败。如果所有子任务都成功完成，则并行任务将成功返回。也就是说，并行任务的这种方式与序列任务及其非确定性任务的变体相同。

并行任务与按顺序执行的序列任务的不同之处在于它运行这些任务的方式。它不是一次运行一个，而是同时运行它们。可以将其视为创建一堆新线程，每个子项一个，并将子任务设置在一起。

当其中一个子任务以失败结束时，并行将终止仍在运行的所有其他子线程。单方面终止线程可能会导致问题，导致游戏不一致或无法释放资源（例如，获得的信号量）。因此，终止过程通常以请求的方式实现而不是直接终止线程。为了使这种方式有效，行为树中的所有任务都需要能够接收终止请求并相应地自行清理。

在我们开发的行为树系统中，任务还有另外一种终止方法：

```
1  class Task:
2      function run() -> bool
3      function terminate() # 无返回类型
```

在完全并发的系统中，此 terminate 方法通常会设置一个标记，并且运行的 run 方法将负责定期检查是否设置了此标记，如果已设置则终止。下面的代码简化了这个过程，将实际终止代码放在 terminate 方法中。[①]

　　使用合适的线程处理应用程序编程接口（Application Programming Interface，API），我们的并行任务如下：

```
1   class Parallel extends Task:
2       children: Task[]
3
4       # 保存当前运行的所有子任务
5       runningChildren: Task[] = []
6
7       # 保存运行方法的最终结果
8       result: bool
9
10      function run() -> bool:
11          result = null
12
13          # 内部函数，在 run 方法的本地定义
14
15          function runChild(child):
16              runningChildren += child
17              returned = child.run()
18              runningChildren -= child
19
20              if returned == false:
21                  # 写入外部结果变量
22                  result = false
23
24                  # 停止所有正在运行的子任务
25                  terminate()
26
27              else if runningChildren.length == 0:
28                  result = true
29
30          function terminate():
31              for child in runningChildren:
32                  child.terminate()
33
```

---

① 这在实践中并不是最佳方法，因为终止代码将依赖于所运行的 run 方法的当前状态，因此应该在同一个线程中运行。而从另一方面来说，terminate 方法将从并行线程调用，因此应该尽可能少地改变其子任务的状态。设置布尔值就是一个最低限度的改变，所以就这个意义而言它是最好的方法。

```
34          # 启动所有运行的子任务
35          for child in children:
36              thread = new Thread()
37              thread.start(runChild, child)
38
39          # 等待至有结果返回
40          while result == null:
41              sleep()
42
43          return result
```

在 run 方法中，可以为每个子任务创建一个新线程。假设线程的 start 方法接受第一个参数，该参数是一个要运行的函数和提供给该函数的附加参数。许多语言的线程库都以这种方式工作。在诸如 Java 之类的语言中，函数无法传递给其他函数，因此开发人员需要创建另一个类（可能是内部类）来实现正确的接口。

在创建线程之后，run 方法将保持休眠状态，只是为了查看结果变量是否已设置唤醒。许多线程系统提供了更有效的方法来使用条件变量等待变量更改，或者允许一个线程手动唤醒另一个线程（我们的子线程可以在更改结果值时手动唤醒父线程）。你可以查看系统说明文档以获取更多详细信息。

runChild 方法是从我们新创建的线程调用的，负责调用子任务的 run 方法可以让其子任务做它自己的事情。在启动子任务之前，run 方法会将自己注册到正在运行的子任务列表中。如果并行任务终止，那么它可以终止仍在运行的正确的线程集。最后，runChild 将进行检查，以了解整个并行任务是否应该返回 false，如果不是，那么这个子任务是否是最后一个完成的并且并行应该返回 true。如果这些条件都不成立，那么结果变量将保持不变，并且并行的 run 方法中的 while 循环将保持休眠状态。

3. 并行的策略

我们马上就会看到正在使用中的并行任务。首先，值得一提的是，在这里我们假设了一个特殊的并行策略（Policy）。在这种情况下，策略就是指并行任务如何（How）决策、何时（When）返回以及返回什么（What）。在我们的策略中，只要有一个子项失败，就会返回失败，只有当所有子项都成功时才会返回成功。如上所述，这与序列任务的策略是一样的。虽然这是最常见的策略，但它并不是唯一的策略。

开发人员还可以配置并行使用选择器任务的策略，以便在第一个子节点成功时即返回成功，并且只有在所有子任务都失败时才会返回失败。也可以使用混合策略，在某些特定数量或比例的子任务成功或失败后，它会返回成功或失败。

　　集体讨论可能的任务变体要比设计师和关卡设计师直观地理解并找到一组有用的任务容易得多。执行太多任务或参数化过多的任务对工作效率不利。

　　本书将坚持使用最常见和最有用的变体，但开发人员会在自己的工作实践、专业书籍和研讨会议中遇到其他变体。

4．使用并行任务

　　并行任务最明显的应用是可以同时发生的动作集。例如，开发人员可能会使用平行任务来让角色在大声叫骂和更换主手武器的同时进入掩体中。这 3 个动作没有冲突（例如，它们不会使用相同的信号量），因此可以同时执行它们。这是一个相当低层次的并行使用，它位于控制一个很小的子树的树中。

　　在更高的层次上，可以使用并行来控制一组角色的行为，例如，军事射击游戏中的一个团队。虽然组中的每个成员都有自己的行为树，以执行其各自的动作（例如，射击、进入掩体、重新加载、动作举止和播放音频等）。这些分组动作包含在并行块中，这些并行块又在更高层次的选择器中，而选择器则可以选择分组行为。如果其中一个团队成员无法执行它们在战略中的角色，那么并行将会失败并且选择器将不得不选择另一个选项。图 5.31 以抽象的方式对此进行了图解。每个角色的子树本身就很复杂，所以在该图中没有显示更多细节。

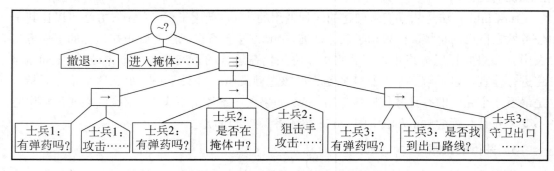

图 5.31　使用并行任务实现分组行为

　　上面讨论的两种分组用法都使用并行来组合动作任务。也可以使用并行来组合条件任务。如果开发人员有一些需要时间和资源来完成的条件测试，这将特别有用。通过一起启动一组条件测试，其中任何一个条件测试的失败将立即终止其他测试，从而减少完成整个测试包所需的资源。

　　我们可以使用序列做类似的事情，当然，在将资源提交给更复杂的测试之前，首先要将快速条件测试作为早期的测试（对于复杂的几何测试，如视觉测试，这是一个很好的方法）。但是，通常情况下，我们可能会进行一系列复杂的测试，而并没有明确的方法可以提前确定最有可能失败的测试。在这种情况下,将条件置于并行任务中允许它们中的任何一个首先失败并中断其他任务。

5.执行条件检查的并行任务

并行任务的最常见用途是在执行动作时不断检查是否满足某些条件。例如,我们可能想要一个作为同盟的 AI 角色操纵计算机为玩家打开一扇门。只要玩家守卫住了敌人的入口,该角色就会乐于继续其操纵的动作执行其他任务。我们可以使用并行方式来尝试实现这一效果,如图 5.32 和图 5.33 所示。

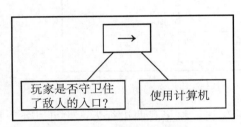

图 5.32 使用序列以执行条件检查

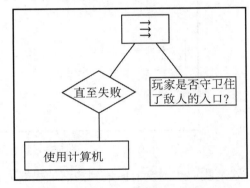

图 5.33 使用并行以记录条件

在这两幅图中,条件将检查玩家是否在正确的位置(守卫住了敌人的入口)。在图 5.32 中,像以前一样使用了序列来确保 AI 仅在玩家守卫住了正确的位置时才执行其动作。这种实现的问题在于,玩家可以在角色开始工作时立即跑开。而在图 5.33 中,则不断检查条件,如果条件检查失败(因为玩家已经跑开了),那么角色将停止它正在做的事情。开发人员可以将该行为树嵌入一个选择器中,该选择器具有鼓励玩家返回其岗位的角色。

为了确保重复检查条件,开发人员可以使用 UntilFail 装饰器连续执行检查,仅在装饰器失败时返回。基于上面的并行任务实现,图 5.33 仍然存在一个问题,我们还没有解决的工具。稍后会继续讨论这个问题。作为一项自我练习,你也可以按照该树的执行顺序思考到底是哪里出现了问题。

使用并行块来确保条件保持是行为树中的一个重要用例。有了它,开发人员就可以获得状态机的大部分功能,特别是状态机在重要事件发生和新机会出现时切换任务的能力。开发人员可以使用子树作为状态,并使它们与一组条件并行运行,而不是触发状态之间转换的事件。在使用状态机的情况下,当条件满足时,即触发转换。使用行为树,只要满足条件,行为就会运行。在图 5.34 中,使用行为树显示了类似状态机的行为。

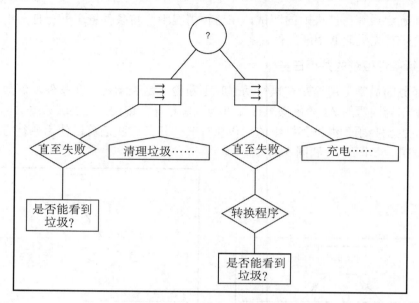

图 5.34　状态机的行为树版本

　　这是我们在本章前面遇到的清洁机器人的简化树。这里有两组行为：它可以处于整理模式，只要有垃圾就可以整理；另外，它也可以处于充电模式。请注意，每个"状态"由一个以并行节点为首的子树表示。每个树的条件与你对状态机的期望相反：它们列出了保持状态所需的条件，这是状态机转换的所有条件的逻辑补充。

　　顶部的重复和选择节点可以使机器人不断地做某事。我们假设重复装饰器永远不会返回，无论是成功还是失败。因此，机器人会不断尝试其中任何一种行为，并在符合标准时在它们之间切换。

　　在这个层次上，条件不是太复杂，但是对于更多的状态来说，将角色保持在一个状态所需的条件将很快变得难以处理。如果游戏中的角色需要几个层次的警报行为（这些行为会打断其他角色，使其对游戏中的某些重要事件立即采取被动行动），那么这种情况尤甚。根据并行任务和条件对这些行为进行编码变得违反直觉，因为我们倾向于认为是事件导致了动作的变化，而不是因为缺乏事件就允许缺乏动作变化。

　　因此，虽然在技术上可以构建显示类似状态机行为的行为树，但有时只能通过创建不直观的行为树来实现。在本节末尾讨论行为树的局限性时，将继续回来思考这个问题。

6. 任务内行为

　　图 5.33 中的示例显示了并行和行为树一起使用时常常出现的困难。就目前而言，只要玩家没有跑出守卫的位置，图中显示的树就永远不会返回。角色会执行它的动作，然

后站在那里等待，直到 UntilFail 装饰器完成，当然，只要玩家保持不动，它就不会这样做。我们可以在序列的末尾添加一个动作，在该序列中，角色会告诉玩家前往大门；或者我们也可以添加一个返回 false 的任务。这两种方式都肯定会终止并行任务，但它应该在失败时才终止，并且无论是在完成还是未完成之后，在树中位于它上面的任何节点都不会知道它是否失败。

要解决这个问题，我们需要行为能够直接相互影响。可以让序列结束一个动作，该动作禁用 UntilFail 行为并让它返回 true。然后，整个动作可以完成。

开发人员可以使用两个新任务来完成上述操作。第一个是装饰器，它只要让它的子节点正常运行就可以了。如果子节点返回结果，它会将结果传递到树上。但是，如果子节点仍在工作，则可以要求它终止自身，然后返回预定的结果。开发人员需要再次使用并发来实现这一点。[①]可以将其定义为：

```
1   class Interrupter extends Decorator:
2       # 子任务是否正在运行
3       isRunning: bool
4
5       # 保存 run 方法的最终结果
6       result: bool
7
8       function run() -> bool:
9           result = undefined
10
11          # 开始子任务
12          thread = new Thread()
13          thread.start(runChild, child)
14
15          # 等待，直到有返回的结果
16          while result == undefined:
17              sleep()
18
19          return result
20
21      function runChild(child):
22          isRunning = true
23          result = child.run()
```

① 一些编程语言提供了这种"延续性"，即能够跳转回到任意代码段并从其他函数内的一个函数返回。如果它们听起来难以管理，那是因为它们本来就是如此。不幸的是，本节中很多基于线程的规划基本上都是在尝试以本机执行的方式来提供这种延续性。在具有延续性的语言中，Interrupter 类会更简单。

```
24          isRunning = false
25
26      function terminate():
27          if isRunning:
28              child.terminate()
29
30      function setResult(desiredResult: bool):
31          result = desiredResult
```

　　如果此任务看起来很熟悉，那是因为它与并行任务共享了相同的逻辑。对于单个子任务来说，它相当于并行任务加上一个方法，该方法可被调用来设置外部源的结果，而这个外部源正是第二个任务。当它被调用时，它只是在外部中断器（Interrupter）中设置一个结果，然后返回 true 表示成功。

```
1   class PerformInterruption extends Task:
2       # 将要中断的 Interrupter
3       interrupter: Interrupter
4
5       # 要插入的结果
6       desiredResult: bool
7
8       function run() -> bool:
9           interrupter.setResult(desiredResult)
10          return true
```

　　这两项任务结合在一起，就可以使开发人员在树的任意两点之间进行通信。实际上，它们打破了严格的分层结构，允许任务横向交互。

　　通过这两项任务，开发人员可以为使用计算机的 AI 角色重建树，如图 5.35 所示。

　　在实践中，要让成对的行为可以协作，还有许多其他方式，但它们通常都具有相同的模式：装饰器和动作。例如，开发人员可以使用一个装饰器，由这个装饰器来阻止其子进程运行，然后由另一个动作任务来启用和禁用；也可以让一个装饰器来限制任务重复的次数，然后通过另一个任务来重置该次数；还可以使用一个装饰器来保存其子任务的返回值，并且仅在另一个任务通知它时才返回它的父节点。总之，开发人员几乎有无限种选择，行为树系统也很容易膨胀，直到它们有大量的可用任务，而设计师实际使用的任务只是少数。

　　总之，这种简单的行为间通信是不够的。只有当任务能够彼此进行更丰富的对话时，才能使用某些行为树。

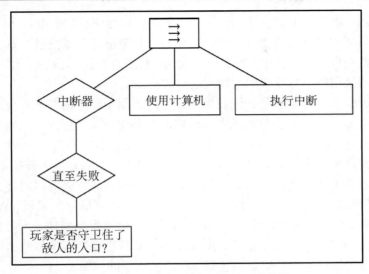

图 5.35　使用并行和中断器以记录条件

5.4.5　向行为树添加数据

为了实现最简单的行为间通信，需要允许行为树中的任务彼此共享数据。如果我们尝试使用迄今为止看到的行为树来实现 AI，那么很快就会遇到缺少数据的问题。在前文所介绍的敌人试图进入房间的示例中，没有迹象表明角色试图进入哪个房间。开发人员固然可以为关卡的每个区域构建具有单独分支的大行为树，但这显然有点浪费。

在真实的行为树实现中，任务需要知道要处理什么。开发人员可以将任务视为编程语言中的子例程或函数。例如，可以使用一个子树代表将玩家熏出房间。如果这是一个子例程，那么它将需要一个参数来控制房间的烟雾：

```
1  function smoke_out(room):
2      matches = fetch_matches()
3      gas = fetch_gasoline()
4      douse_door(room.door, gas)
5      ignite(room.door, matches)
```

在我们的行为树中，需要一些类似的机制来允许在许多相关场景中使用一个子树。当然，子例程的强大之处不仅在于它们采用参数，还在于开发人员可以在多个上下文环境中一次又一次地重复使用它们。例如，可以使用点燃（Ignite）动作来点燃任何东西，并且可以在很多需要点燃事物的策略中使用它。稍后我们将返回讨论重复使用行为树作为子例程的问题。就目前而言，我们需要关心的是它们如何获取数据。

虽然我们希望数据在行为树之间传递，但并不希望破坏其成熟且一致的 API。我们当然不希望将数据传递到任务中，然后作为其 run 方法的参数。这意味着每个任务都需要知道其子任务所采用的参数以及如何找到这些数据。

可以在创建任务的时候对任务进行参数化，因为至少程序的某些部分总是需要知道正在创建哪些节点，但在大多数实现中，这样做并不起作用。行为节点通常在关卡加载时组装到树中（同样，我们很快就会完成此结构）。我们通常不会在运行时动态构建树。即使实现确实允许构建某些动态树，但是它仍将依赖于在行为开始之前指定大部分的树。

最明智的方法是将行为所需的数据与任务本身分离。我们将通过对行为树所需的所有数据使用外部数据存储来实现此目的。可以将这个数据存储称为黑板（Blackboard）。在本章后面的第 5.9 节"黑板架构"中，我们将看到这种数据结构的表示方式以及对其使用的一些更广泛的含义。现在，你只需要知道黑板非常重要，它可以存储任何类型的数据，并且与之相关的任务也可以查询它们以获得所需要的数据。

使用这个外部黑板，我们就可以编写彼此独立的任务，但它们在需要时仍可以进行通信。

例如，在基于小队的游戏中，开发人员可能拥有一个可以自主与敌人交战的协作 AI。开发人员可以编写一个任务来选择敌人（例如，基于接近程度或战术分析），再编写另一个任务或子树来与敌人交战。选择敌人的任务会在黑板上记下它所做的选择。与敌人交战的任务则会在黑板上查询当前的敌人。该行为树可能如图 5.36 所示。

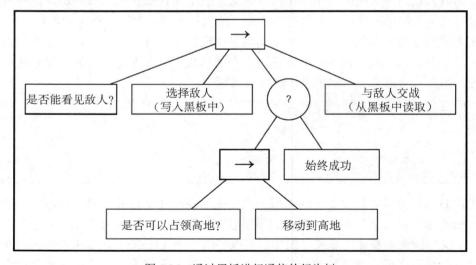

图 5.36　通过黑板进行通信的行为树

敌人探测器可以将以下代码写入黑板中：

```
target: enemy-10f9
```

移动和射击任务会询问黑板当前的目标（**Target**）值，并使用这些值来参数化它们的行为。在编写该任务时，应该设置为：如果黑板没有目标，则该任务失败，并且行为树还可以查找其他要做的事情。

在伪代码中，这可能看起来像：

```
 1  class MoveTo extends Task:
 2      # 正在使用的黑板
 3      blackboard: Blackboard
 4
 5      function run() -> bool:
 6          target = blackboard.get('target')
 7          if target:
 8              character = blackboard.get('character')
 9              steering.arrive(character, target)
10              return true
11          else:
12              return false
```

敌人探测器可能看起来像：

```
 1  class SelectTarget extends Task:
 2      blackboard: Blackboard
 3
 4      function run() -> bool:
 5          character = blackboard.get('character')
 6          candidates = enemiesVisibleTo(character)
 7          if candidates.length > 0:
 8              target = biggestThreat(candidates, character)
 9              blackboard.set('target', target)
10              return true
11          else:
12              return false
```

在这两种情况下，我们都已经假设任务可以通过在黑板上查找信息来找出它所控制的角色。在大多数游戏中，开发人员都希望许多角色能使用一些行为树，因此每个角色都需要它自己的黑板。

有些实现会将黑板与特定子树相关联，而不是仅对整个树提供一个黑板。这允许子树具有它们自己的私有数据存储区域。这些存储区域在子树的节点之间共享，但不在子树之间共享。这可以使用特定的装饰器实现，其工作是在运行子任务之前创建一个新的黑板：

```
1  class BlackboardManager extends Decorator:
2      blackboard: Blackboard = null
3
4      function run() -> bool:
5          blackboard = new Blackboard()
6          result = child.run()
7          delete blackboard
8
9          return result
```

使用这种方法可以提供黑板的分层结构。当某个任务来查找一些数据时，开发人员会想要开始查找最近的黑板，然后再查找在它上面的黑板，以此类推，直至找到结果或到达链中的最后一块黑板：

```
1  class Blackboard:
2      # 用来回退的黑板
3      parent: Blackboard
4
5      # 作为关联数组的数据
6      data: HashTable[string -> any]
7
8      function get(name: string) -> any:
9          if name in data: return data[name]
10         else if parent: return parent.get(name)
11         else: return null
```

让黑板以这种方式回退允许黑板以与编程语言相同的方式工作。在编程语言中，这种结构称为范围链（Scope Chain）。[①]

在我们的实现中缺少的最终元素是为行为树找到最近的黑板的机制。实现这一目标的最简单方法是将黑板传递给树，作为 run 方法的参数。但是，前面已经说过，我们并不想改变接口，更准确地说，是想要避免为不同的任务设置不同的接口，因此，任务必须知道要传递的参数。通过使所有任务接受黑板作为它们唯一的参数，可以保留任务的匿名性。

---

① 值得注意的是，我们在这里构建的范围链称为动态范围链（Dynamic Scope Chain）。在编程语言中，动态范围是实现范围链的原始方式，但很快人们就发现它们引起了严重的问题，并且编写可维护的代码非常困难。现代语言已全部转移到静态范围链（Static Scope Chain）。但是，对于行为树来说，动态范围不是一个大问题，并且它可能更直观。当然，我们并不知道有任何开发人员已经以这种正式术语思考过数据共享，因此我们并不了解任何具有这两种方法实践经验的人。

任务 API 现在看起来像下面这样：

```
1  class Task:
2      function run(blackboard: Blackboard) -> bool
3      function terminate()
```

然后我们的 **BlackboardManager** 任务可以简单地为它的子任务引入一个新的黑板，使黑板回退到它的父级黑板：

```
1  class BlackboardManager extends Decorator:
2      blackboard: Blackboard = null
3
4      function run(blackboard: Blackboard) -> bool:
5          newBlackboard = new Blackboard()
6          newBlackboard.parent = blackboard
7          result = child.run()
8          delete newBlackboard
9          return result
```

实现黑板分层结构的另一种方法是允许任务在树中查询它们上面的任务。此查询以递归方式向树的上方移动，直至它到达可以提供黑板的 **BlackboardManager** 任务。这种方法为任务的 **run** 方法保留了原始的无参数 API，但增加了许多额外的代码复杂度。

有些开发人员使用了完全不同的方法。我们知道的一些内部技术已经在其调度系统中具有用于传递数据以及运行的代码的机制。这些系统可以重新用于为行为树提供黑板数据，使它们能够自动访问内置在游戏引擎中的数据调试工具。在这种情况下，实现上述任一方案将是一项重复的工作。

无论实现哪一种方案，黑板数据都允许在树的部分之间进行通信。在前面的第 5.4.4 节"并发和计时"中，我们有一对任务，其中一个任务调用另一个任务的方法。这种简单的通信方法在没有更丰富的数据交换机制的情况下很有用，但是，如果要让行为树的任务能访问一个完整的黑板，则可能不应该使用它。

在这种情况下，最好让它们通过写入和读取黑板进行通信，而不是调用方法。以这种方式完成所有任务的通信后，即可轻松编写新任务，以新颖的方式使用现有数据，从而更快地增强实现的功能。

5.4.6 重用行为树

在本节的最后部分，我们将更详细地介绍如何在第一个位置构建行为树，如何将它们重用于多个角色，以及如何在不同的上下文中多次使用子树。这些是需要考虑的 3 个独立但重要的因素。它们都有相关的解决方案，但我们会依次考虑每个解决方案。

1．实例化行为树

如果你已经学习了面向对象编程的课程，那么可能已经理解了事物实例（Instance）和事物类（Class）之间的二分法。例如，在众多的机器中，可能有一类是汽水饮料贩卖机，但是在大厅中的特定汽水饮料贩卖机就是该类的一个实例。也就是说，类是抽象概念，而实例则是具体的现实。这适用于绝大多数情况，但不是全部。特别是在游戏开发中，我们经常会看到有 3 个而不是两个抽象层次的情况。到目前为止，本章一直忽略了这种区别，但如果想要可靠地实例化和重用行为树，则现在必须面对它。

在第一个层次中，我们有使用伪代码定义的类。它们代表了如何实现某些任务的抽象概念。例如，我们可能有一个播放动作的任务，或者有一个条件，检查角色是否在攻击范围内。

在第二个层次中，可以将这些类的实例安排在行为树中。到目前为止，我们看到的示例包括树的特定部分的每个任务类的实例。因此，在图 5.29 所示的行为树示例中，我们可以看到两个攻击任务，这是 Hit 类的两个实例。每个实例都有一些参数化的需要，例如，PlayAnimation 任务需要被告知播放什么动作，EnemyNear 条件需要被赋予一个半径值，以此类推。

现在我们要讨论的是第三个层次。行为树是一种定义一组行为的方式，但这些行为可以在相同或不同的时间属于游戏中的任意数量的角色。因此，在实际应用时，开发人员需要在特定时间为特定角色实例化行为树。

这三层抽象不能轻易映射到大多数常规的基于类的语言，开发人员需要做一些工作才能实现这一点。具体有以下几种方法。

（1）使用支持两层以上抽象的编程语言。

（2）使用克隆操作为角色实例化树。

（3）为中间抽象层创建一个新的中间格式。

（4）使用不保留本地状态的行为树任务并使用单独状态对象。

第一种方法可能不实用。还有另一种不使用类实现面向对象（Object Orientation，OO）的方式。它被称为基于原型（Prototype Based）的面向对象，允许开发人员拥有任意数量的不同抽象层。严格来说，它比基于类的 OO 更强大，虽然在很久以后人们发现了这个现象，但不幸的是，这已经很难打破开发人员的思维模式。唯一支持它的广泛语言是

JavaScript。[①]

第二种方法是最容易理解和实现的。其基本思路是，在第二层抽象中，根据定义的各个任务类构建一个行为树，然后将该行为树用作原型（Archetype）或预制件（Prefab）。我们将它保存在一个安全的地方，从不使用它来运行任何行为。每次需要该行为树的实例时，我们将获取原型的副本并使用该副本。

通过这种方式，我们可以获得行为树的所有配置，但在使用时获得的却是其副本。

一些游戏引擎将这种实例化作为其核心服务的一部分提供。Unity 称它们为预制件，由 Instantiate 生成一个工作副本，该副本可以添加到场景中。

如果开发人员要自己实现此目的，一种方法是让每个任务都有一个可复制自身的克隆方法，然后可以向行为树中的顶层任务索要其自身的克隆，并以递归方式为我们构建副本。

在下面的伪代码示例中即假设了这种情况。为简单起见，我选择了这种方法，以避免使代码示例只能适用于特定的引擎。

值得一提的是，在某些语言中，这是不必要的。因为有些语言的内置库会提供深度复制（Deep-Copy）操作，可以代为完成此操作。

当行为树的规范以某种数据格式保存时，第三种方法很有用。这是很常见的，因为游戏 AI 开发人员会使用一些编辑工具输出一些数据结构，说明行为树中应该包含哪些节点以及它们应该具有哪些属性。如果行为树有这个规范，那么就不需要将整棵树作为原型保留。开发人员可以仅存储规范，并在每次需要时构建它的实例。在这里，系统中唯一的类是原始任务类，唯一的实例是最终的行为树。我们已经以自定义数据结构的形式有效地添加了一种新的抽象中间层，可以在需要时进行实例化。这其实就是 Unity 在幕后用于实例化预制件的机制。预制件实际上存储在 XML 中。

第四种方法实现起来有点复杂，但是有些开发人员已经报告过。其基本思路是，开发人员编写所有的任务，使它们永远不会保存任何与特定角色的任务的特定用途相关的状态。它们可以在抽象的中间层保存任何数据：这些东西对于所有角色而言在任何时候都是相同的，但是特定于该行为树。因此，复合节点可以保存它正在管理的子节点列表（只要我们不允许在运行时动态添加或删除子节点）。但是，我们的并行节点无法跟踪当前正在运行的子节点。当前活跃子节点的列表将随时间和角色的变化而变化。这些数

[①] 说起来，JavaScript 中基于原型的 OO 的发展并不是很好。程序员们接受的是基于类的 OO 的教育，这种思考模式可能难以调整，并且网络上充斥着人们对 JavaScript 的面向对象模型如何被"破坏"的说法。这对 JavaScript 的声誉造成了极大的破坏，最新版本的 JavaScript 规范已经改进了基于类的模型。尽管该类是原型的语法糖（Syntactic Sugar），但它们给人以其他印象，鼓励程序员忽略其全部功能，也浪费了该语言最强大、最灵活的功能。

据确实需要存储在某个地方，否则行为树就无法运行。因此，这种方法使用一个单独的数据结构（类似于我们的黑板），并要求所有与角色相关的数据存储在那里。

这种方法将我们的第二层抽象视为实例，并添加了一种新的数据结构来表示第三层抽象。它是最有效的，但它也需要大量有系统的分门别类的记录工作。

当然，这个三层问题并不是行为树所特有的。每当我们有一些对象的基类时，它就会出现，然后被配置，并且在此后实例化这些配置。

允许非程序员对游戏实体进行配置在大规模游戏开发（通常称为“数据驱动”开发）中无处不在，这个问题不断出现，以至于开发人员正在使用的任何游戏引擎都有可能已经内置了一些工具来应对这种情况，使得上面概述的方法的选择变得没有实际意义。开发人员可以使用游戏引擎提供的任何东西。如果你是项目中第一个遇到该问题的人，那么值得花时间考虑这些选项并构建一个适用于其他所有人的系统。

2. 重用整棵行为树

通过适当的机制来实例化行为树，开发人员可以构建一个系统，其中许多角色都可以使用相同的行为。

在开发期间，游戏 AI 开发人员会为游戏创建他们想要的行为树，并为每个行为树分配一个唯一的名称，然后随时可以向工厂函数（Factory Function）请求匹配名称的行为树。

例如，开发人员可能会为通用敌人角色设置以下定义：

```
1  Enemy Character (goon):
2      model = 'enemy34.model'
3      texture = 'enemy34-urban.tex'
4      weapon = pistol_4
5      behavior = goon_behavior
```

当创建一个新的 goon 时，游戏会请求一个新的 goon 行为树。要使用克隆方法实例化行为树，可以编写如下代码：

```
1  function createBehaviorTree(type: string) -> Task:
2      archetype = behaviorTreeLibrary[type]
3      return archetype.clone()
```

显然，上面的代码非常简洁。在这个例子中，我们假设行为树库将填充我们可能需要的所有行为树的原型。这通常在加载关卡期间完成，确保只加载该关卡中可能需要的树并将其实例化为原型。

3. 重用子树

在合适的地方使用行为库，不仅可以为角色创建整个树，还可以使用它来存储我们打算在多个环境中使用的命名子树。如图 5.37 所示就是一个示例。

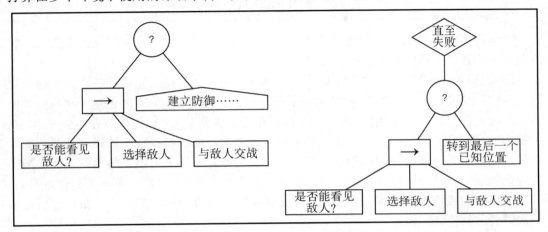

图 5.37　可以跨多个角色使用的公共子树

该图显示了两个独立的行为树。请注意，每个子树都有一个旨在与敌人交战的子树。如果我们有数十种不同类型角色的行为树，那么指定和复制这些子树会消耗更多的资源，有点浪费，所以最好的方式就是重用它们。重用这些子树还有一个好处，那就是在以后遇到错误或添加更复杂的功能时，游戏中的每个角色都会立即受益于更新。

开发人员当然可以在自己的行为树库中存储部分子树。因为每个行为树都有一个根任务，并且因为每个任务看起来都是一样的，所以开发人员的库并不关心它是存储子树还是整个树。当然，重用子树的方法略微增加了一些复杂性，那就是开发人员需要知道如何将它们从库中取出并嵌入完整的树中。

最简单的解决方案是在创建行为树的新实例时执行此查找。为此，开发人员可以在行为树中添加一个新的引用（Reference）任务，该任务告诉游戏进入并找到库中的命名子树。此任务永远不会运行，它存在的意义就是为了告诉实例化机制在此时插入另一个子树。

例如，使用递归克隆实现此类就非常简单：

```
class SubtreeReference extends Task:
    # 给要引用的子树命名
    referenceName: string
```

```
5    function run() -> bool:
6        throw Error("This task isn't meant to be run!")
7
8    function clone() -> Task:
9        return createBehaviorTree(referenceName)
```

在这种方法中，原型行为树将包含这些引用节点，但是，一旦实例化完整的树，它就会用库构建的子树的副本替换它自己。

请注意，在创建行为树时，子树将被实例化，为角色的使用做好准备。在内存受限的平台中，或者对于具有数千个 AI 角色的游戏来说，直到需要之前才创建子树可能是值得的，因为有些大型行为树的部分很少用到，在这种情况下这样做可以节省不少内存。对于行为树有很多分支的特殊情况来说尤其如此。例如，如何使用特定的稀有武器，或者如果玩家要进行一些特别聪明的伏击尝试，该怎么办？不需要为每个角色创建这些高度特定化的子树，因为这样会浪费内存。相反，如果出现了罕见情况，可以按需创建它们。

可以使用装饰器来实现上述想法。装饰器可以在没有子树的情况下开始，然后在第一次需要时创建该子树：

```
1    class SubtreeLookupDecorator extends Decorator:
2        subtreeName: string
3
4        function run() -> bool:
5            if child == null:
6                child = createBehaviorTree(subtreeName)
7                return child.run()
```

显然，如果开发人员真的希望保持行为树尽可能小，则可以进一步扩展上述代码，在使用子树以后即删除子树并释放内存。

现在通过介绍过的技术，开发人员可以使用工具来构建一个全面的行为树系统，其中包含整个树和可以被游戏中的许多角色重用的特定组件。我们除了可以编写数十个有趣的任务以及可以构建的许多有趣的行为，还可以使用行为树做更多的事情。行为树当然是一项令人兴奋的技术，但它们并不能解决我们所有的问题。

5.4.7　行为树的局限性

在过去的 10 年中，借助流行游戏引擎的良好工具支持，行为树已经无处不在，成为游戏 AI 中的一项核心技术。有些人不免对它进行大肆宣传，让人以为它几乎能够解决在游戏 AI 中可以想象到的所有问题。事实上，它同样是有缺陷的，因此，了解行为树的局限性与理解其优势同样重要。

我们已经看到了行为树的一个关键局限性。当表示基于状态的行为时，它们是相当笨拙的。但是，如果角色会根据动作的成功或失败在行为类型之间转换（例如，当它们无法做某事时，它们就会生气），那么行为树就非常有效。当然，如果有一个角色需要对外部事件做出反应就会困难得多（例如，中断巡逻路线以突然进入隐藏状态或发出警报），或者，当角色弹药不足需要切换策略时，也会比较困难。请注意，我们的意思并不是说这些行为无法在行为树中实现，只是说这样做会很麻烦。

因为行为树使得在状态方面进行思考和设计变得更加困难，所以仅基于行为树的游戏 AI 会倾向于避免这些类型的行为。如果查看由游戏美术师或关卡设计师创建的行为树，可以发现他们往往会避免角色配置情况或警报行为的明显变化，这是一种很不明智的事情，因为这些信号其实简单而有力，有助于提高游戏 AI 的水平。

当然，我们也可以构建一个混合系统，其中的角色具有多个行为树，并使用状态机来确定它们当前正在运行的行为树。使用我们在上面看到的行为树库的方法，这提供了两全其美的解决方案。糟糕的是，它也给游戏 AI 和工具链的开发人员增加了相当大的负担，因为他们现在需要支持两种开发：状态机和行为树。

另一种方法是在行为树中创建行为类似于状态机的任务，检测重要事件并终止当前子树以开始另一个子树。当然，这仅仅改变了代码开发的难度，因为我们仍然需要为游戏 AI 开发人员构建一个系统来参数化这些相对复杂的任务。

行为树本身确实已经在游戏 AI 领域获得了长足发展，开发人员仍将在若干年内挖掘它们的潜力。只要能不断推进最新技术，我们就有足够的信心，开发人员能尝试以自己的方式来避免这些限制。

5.5　模 糊 逻 辑

到目前为止，我们做出的决策都是非常严格和干脆的。条件和决策要么真要么假，没有模糊的空间，区别非常明显。而与此相反的是，模糊逻辑（Fuzzy Logic）是一组旨在处理灰色区域的数学技术。

想象一下，我们要为一个在危险环境中移动的角色编写 AI。在一个有限的状态机方法中，我们可以选择两种状态："谨慎"和"自信"。当角色保持谨慎状态时，它会缓慢地偷偷溜走，留意可能出现的麻烦；当角色处于自信状态时，它会正常行走。当角色移动通过关卡时，它将在两个状态之间切换。这可能看起来很奇怪，因为一般来说，角色都是在熟悉周边环境之后才逐渐变得更加勇敢的，但是这种生硬的状态切换却完全体现不出来，角色可能突然停止匍匐前进，然后正常行走，好像什么事情都没有发生。

　　模糊逻辑允许我们模糊在谨慎和自信两种状态之间的界限，为我们提供一系列的信心水平。使用模糊逻辑之后，我们就可以做出"在保持谨慎的同时缓步行走"这样的决策，而"谨慎"和"自信"状态也都可以包含在一个程度范围内。

5.5.1　讨论之前的重要说明

　　模糊逻辑在游戏行业中相对流行，并且在若干款游戏中都有使用。出于这个原因，我们决定在本书中加入这一节。但是，开发人员也应该意识到，模糊逻辑在主流的学术 AI 社区中基本上已经处于无人问津的尴尬状态。

　　开发人员可以在附录参考资料[54]中阅读到更多的详细信息，其基本结论是，使用概率来表示任何不确定性总是更好。如果将目光拉得稍微远一点，就可以发现，在很久以前已经有事实证明，如果玩任何类型的投注游戏，那么任何没有根据概率论做出决策的玩家最终都会输得一无所有。其原因在于，除概率论（Probability Theory）外，任何其他不确定理论都可能被对手利用。

　　模糊逻辑变得流行的原因是它可以轻松转换为简单规则（例如，"在保持谨慎的同时缓步行走"），还有一部分原因是出现了一种"使用概率方法可能很慢"的观点。随着贝叶斯网络和其他图形建模技术的出现，这不再是一个问题。虽然本书不会明确讨论贝叶斯网络，但我们将研究各种其他相关方法，如马尔可夫系统（Markov System）。

5.5.2　模糊逻辑简介

　　本节将简要概述理解本章技术所需的模糊逻辑。模糊逻辑本身是一个宏大的课题，具有许多微妙的特征，我们没有足够的篇幅来讨论该理论的所有有趣和有用的部分。如果你想要对该课题做一个更广泛的了解，我们推荐附录参考资料[7]，这是一个广泛使用的讨论该主题的资料。

1．模糊集合

　　在传统逻辑中，我们使用谓词（Predicate）的概念，即某事物的特性或描述。例如，某个角色可能会感到饥饿。在这种情况下，"饥饿"就是一个谓词，每个角色都可能饥饿或者不饿。同样，角色可能会受到伤害，也可能没有任何伤害的感觉。每个角色都有或没有谓词，并且可能会有一些相关的底层数字（例如，和伤害相关的底层数字就是角色的生命值），还可以有一些界限来确定角色是否有谓词（例如，当角色的生命值降低到一定的百分比时，可以判断该角色处于"垂危"状态）。

　　我们可以将这些谓词视为集合。谓词适用的所有内容都在集合中，其他所有内容都在外面。这些集合称为经典集合（Classic Set），传统逻辑可以完全根据它们来制定。

模糊逻辑通过赋予谓词一个值来扩展谓词的概念。因此，一个角色可能受到伤害，例如，其值为 0.5，或者值为 0.9。伤害值为 0.7 的角色比值为 0.3 的角色伤害更大。因此，它已经不是传统的要么属于一个集合要么被排除在外的概念，任何情况都可以部分地属于某个集合，而某些事物与其他事物相比，可能它属于某个集合的程度更深。

在模糊逻辑的术语中，这些集合称为模糊集合（Fuzzy Set），其数值称为隶属程度或隶属度（Degree Of Membership，DOM）。因此，对于一个饥饿值为 0.9 的角色来说，可以称其属于饥饿集合，并且拥有 0.9 的隶属程度值。

对于每个集合来说，在模糊集合中完全隶属程度值为 1。它相当于经典集合中的隶属关系（Membership）。类似地，值 0 表示完全在模糊集合之外的事物。下文在讨论逻辑规则时，你会发现，当集合隶属程度值为 0 或 1 时，传统逻辑的所有规则仍然有效。

理论上，我们可以使用任何数值范围来表示隶属程度。对于本书的隶属程度，我们将使用从 0～1 的一致值，这几乎与所有模糊逻辑的论文一样。当然，使用整数（例如，从 0～255 比例）实现模糊逻辑也是很常见的，因为整数运算比使用浮点值更快更准确。

无论我们使用的是什么值，这并不意味着它可以超脱出模糊逻辑之外。一个常见的错误是将该值解释为概率或百分比。偶尔以这种方式看待该值可能会对理解问题有所帮助，但应用模糊逻辑技术的结果很少与应用概率技术获得的结果相同，并且这样的解释也容易让人把两者弄混。

2．多个集合的隶属程度

任何东西都可以同时成为多个集合的成员。例如，角色可能既饥饿又受伤。对于经典集合和模糊集合都是如此。

一般来说，在传统逻辑中，我们有一组相互排斥的谓词。例如，一个角色不能既受伤又很健康。但在模糊逻辑中，情况不再如此。某个角色可以是受伤状态，同时又是健康的，它可以既是高的又是矮的，既是充满信心的又是非常好奇的。该角色将对每个集合都具有不同的隶属程度（例如，它可以是受伤值 0.5、健康值 0.5）。

相互排斥在模糊逻辑上的等效要求是隶属程度的总和为 1。因此，如果角色受伤和健康的集合是相互排斥的，那么拥有受伤值 0.4 和健康值 0.7 的角色将是无效的。同样地，如果我们有 3 个相互排斥的集合，如充满自信的、非常好奇的和恐惧害怕的，那么一个角色可以是自信值 0.2、好奇值 0.4 和害怕值 0.4。

模糊决策的实现很少能够强制执行此操作。大多数实现允许任何隶属程度值的集合，依赖于模糊化方法可以给出一个隶属程度值的集合，隶属程度值的总和约为 1。实际上，略微偏离的值对结果的影响很小。

3．模糊化

模糊逻辑仅适用于模糊集合的隶属程度。由于这不是大多数游戏保留其数据的格式，因此需要进行一些转换。将常规数据转换为隶属程度称为模糊化（Fuzzification），自然而然地，可以将隶属程度反向转换为常规数据称为解模糊化（Defuzzification）。

1）数字模糊化

最常见的模糊化技术是将数值转换为一个或多个模糊集中的隶属程度。例如，游戏中的角色可能有许多生命值，开发人员可以将这个值转换成"健康"和"受伤"模糊集的隶属程度值。

这可以通过隶属关系函数来完成。对于每个模糊集合，函数会将输入值（在我们的例子中，指的是生命值）映射为隶属程度值。图 5.38 显示了两个隶属关系函数，一个用于"健康"集合，另一个用于"受伤"集合。

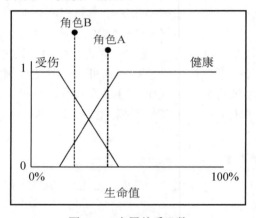

图 5.38　隶属关系函数

从这组函数中，我们可以读取隶属程度值。该图标记了两个角色：角色 A 健康 0.8、受伤 0.2，而角色 B 健康 0.3、受伤 0.7。请注意，在这种情况下，我们需要确保隶属关系函数输出值的总和为 1。

可以依赖于相同输入值的不同隶属关系函数的数量没有限制，并且它们的值不需要加起来为 1，尽管在大多数情况下它们加起来为 1 会很方便。

2）其他数据类型的模糊化

在游戏环境中，我们通常还需要模糊化的布尔值和枚举值。最常见的方法是为每个相关的集合存储预定的隶属程度值。

角色可能具有布尔值，以指示它是否携带强大的装备。隶属关系函数具有 true 和 false 的存储值，并选择适当的值。如果模糊集合直接对应于布尔值（例如，如果模糊集合是

"拥有强大的装备"），则隶属程度值将为 0 和 1。

相同的结构也适用于枚举值，其中有两个以上的选项：每个可能的值具有预先确定的已存储的隶属程度值。例如，在武侠游戏中，角色可能拥有一组表示其实力的腰带颜色中的一个。为了确定"武侠腰带颜色"模糊集合的隶属程度，可以使用图 5.39 中的隶属关系函数。请注意，这些枚举值只是借用了柔道、跆拳道等腰带的概念，并非严格对应。

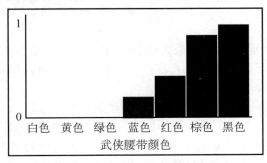

图 5.39 枚举值的隶属程度函数

4．解模糊化

在应用了我们需要的任何模糊逻辑之后，将获得一组模糊集合的隶属程度值。要将其转换回有用的数据，则需要使用解模糊化技术。

我们讨论的模糊化技术可以说相当明显，几乎无处不在。糟糕的是，并没有相应明显的解模糊化方法。有若干种可能的解模糊化技术，但对于哪一种技术最好用，并没有明确的共识。所有这些技术都具有相似的基本结构，但效率和结果的稳定性不同。

解模糊化涉及将一组隶属程度值转换为单一输出值。输出值几乎总是一个数字。它依赖于通过一组隶属关系函数获得输出值。我们将尝试反转模糊化方法：根据已知的隶属程度值找到一个对应的输出值。

这种方法很难直接实现。在图 5.40 中，可以看到模糊集合"匍匐前进"（Creep）、"步行"（Walk）和"跑步"（Run）的隶属程度值分别为 0.2、0.4 和 0.7。

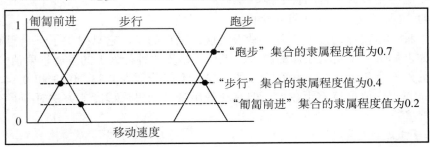

图 5.40 不可能的解模糊化

隶属关系函数表明，给定这些隶属程度值，是无法获得此前输入到模糊化系统中的移动速度值的。但是，开发人员希望尽可能接近，并且每种方法都会以不同的方式解决问题。

值得注意的是，用于描述解模糊化方法的术语存在混淆。开发人员经常会发现一些同名的不同算法。由于隶属程度值缺乏任何实际意义，因此意味着那些彼此不同但比较相似的方法往往会产生同样有用的结果，这就会导致方法的多样性并把人搞晕。

1）使用最高的隶属程度值

开发人员可以简单地选择具有最大隶属程度的模糊集，并根据它选择输出值。在前面的示例中，"跑步"集合的隶属程度值为 0.7，因此可以选择跑步速度作为速度的代表值。

这里有 4 个共同点可供选择：返回 1 的函数的最小值（即为集合的隶属程度赋予值为 1 的最小值）、最大值（以相同方式计算）、两个值的平均值、函数的平分线。通过对隶属关系函数曲线下的面积进行积分并选择将该区域一分为二的点来计算函数的平分线。图 5.41 显示了单个隶属关系函数的这一思路以及其他方法。

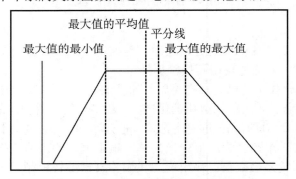

图 5.41　最小值、平均值、平分线和最大值

尽管积分的过程可能是耗时的，但它可以仅执行一次，并且可能是离线的。然后，该结果值将始终用作该集合的代表点。

图 5.41 显示了该示例的所有 4 个值。

这是一种非常快速的技术，并且易于实现。糟糕的是，它只提供了一个粗略的解模糊化。例如，如果某个角色在匍匐前进、步行、跑步 3 种行为上的隶属程度值分别为 0、0、1，而另外一个角色在这 3 种行为上的隶属程度值分别为 0.33、0.33 和 0.34，则这两个角色的隶属程度值虽然差距较大，但是在使用最高的隶属程度值方法时却具有完全相同的输出速度。

2）基于隶属程度的混合

围绕此限制的一种简单方法是根据其相应的隶属程度来混合每个角色的点。因此，具有 0 匍匐前进、0 步行、1 跑步的角色将使用"跑步"集合的角色的速度（以我们在上面看到的任何方式计算：最小值、最大值、平分线或平均值）；而具有 0.33 匍匐前进、0.33 步行、0.34 跑步的角色，其速度的计算方式为

$$(0.33 \times v_{creep}) + (0.33 \times v_{walk}) + (0.34 \times v_{run})$$

其中，v_{creep} 是角色匍匐前进的速度，v_{walk} 是角色步行的速度，v_{run} 是角色跑步的速度。

　　该计算方式唯一的附带条件是确保乘法因子是归一化的。如果乘法因子非归一化，例如，0.6 匍匐前进、0.6 步行、0.7 跑步，那么，简单地将隶属程度值乘以角色的点可能会使输出的速度比跑步的速度还要快。

　　当混合最小值时，解模糊化的结果通常被称为最大值的最小值（Smallest of Maximum）方法，或左侧最大值（Left of Maximum，LM）。类似地，最大值的混合可称为最大值的最大值（Largest of Maximum，偶尔也简写为 LM！）或右侧最大值（Right of Maximum）。平均值的混合可以称为最大值的平均值（Mean of Maximum，MoM）。

　　糟糕的是，有些参考文献讨论的基础是只有一个涉及解模糊化的隶属关系函数。在这些参考文献中，开发人员将找到用于表示未混合形式的相同的方法名称。解模糊化方法中的命名通常需要猜测其实际作用。

　　当然，在实践中，只要找到一个适合的方法，它们被称为什么并不重要。

　　3）重心

　　该技术也称为区域质心（Centroid of Area）。此方法考虑了所有的隶属程度值，而不仅仅是最大值。

　　首先，每个隶属关系函数都被裁剪为其相应集合的隶属程度值。因此，如果角色的"跑步"隶属程度为 0.4，则隶属关系函数被裁剪为 0.4 以上。如图 5.42 所示分别是对于一个函数和整个函数集的图解。

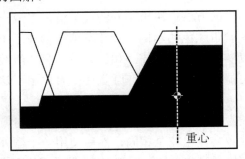

图 5.42　被裁剪的隶属关系函数以及所有被裁剪的隶属关系函数

　　然后，通过依次对每个区域进行积分来找到裁剪区域的质心。该点用作输出值。

图 5.42 已经标出质心点。

使用此方法需要时间。与区域的平分法不同，我们不能进行离线积分，因为我们事先并不知道每个函数将被裁剪到什么级别。最终的积分（通常是数字，除非隶属关系函数具有已知的积分）可能需要时间。

值得注意的是，这种重心方法虽然经常使用，但是和电气与电子工程师学会（Institute of Electrical and Electronics Engineers，IEEE）模糊控制规范中的特定命名方法不同。IEEE 版本在计算其重心之前不会裁剪每个函数。因此，对于每个隶属关系函数来说，结果点是不变的，我们在分类中将采用混合点方法。

4）选择解模糊化方法

尽管重心方法在许多模糊逻辑应用中都颇受青睐，但实现起来相当复杂，并且可能使添加新的隶属关系函数变得更加困难。混合点（Blend Point）方法提供的结果通常也很好，而且计算起来要快得多。

它还支持加速实现，无须使用隶属关系函数。开发人员可以直接指定值，而不是计算每个函数的代表点。然后可以按正常方式混合这些值。在我们的示例中，可以指定匍匐前进的速度为 0.2 m/s，步行速度为 1 m/s，而跑步的速度为 3 m/s。然后，解模糊化就是基于归一化的隶属程度，简化这些值的加权和。

5）解模糊化为布尔值

为了得到布尔输出，可以使用单个模糊集合和截止值（Cut Off Value）。如果集合的隶属程度小于截止值，则输出被认为应该是 false，否则，它被认为应该是 true。

如果有若干个模糊集合需要为决策做出贡献，那么它们通常使用模糊规则（见下文）组合成一个集合，然后再将其解模糊化为输出的布尔值。

6）解模糊化为枚举值

对枚举值进行解模糊化的方法取决于不同的枚举值是形成一个系列，还是它们是独立的类别。在前面的武侠腰带颜色的示例中，枚举值即形成了一个系列，即这些腰带颜色是有序的，并且它们以实力的升序排序。相比之下，另一组枚举值可能表示要执行的不同动作。例如，角色可能决策是要吃饭、睡觉还是看电影。这些枚举值不能以任何顺序轻松放置。

可以排序的枚举值通常被解模糊化为数值。每个枚举值对应于非重叠数字范围。解模糊化的执行与任何其他数字输出完全相同，然后使用一个额外的步骤将输出置于其适当的范围内，将其转换为枚举选项之一。图 5.43 显示了武侠腰带颜色示例的实际效果：解模糊化产生一个"实力"值，然后将其转换为适当的腰带颜色。

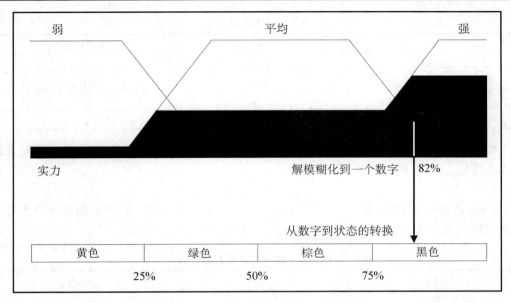

图 5.43 在某个范围内枚举值的解模糊化

无法排序的枚举值通常是通过确保模糊集合对应于每个可能的选项来进行解模糊化的。例如，可能存在一个用于"吃饭"的模糊集合，一个用于"睡觉"的模糊集合，以及一个用于"看电影"的模糊集合，可以选择具有最高隶属程度值的集合，并输出其对应的枚举值。

5. 将事实组合在一起

我们已经介绍了模糊集合及其隶属程度，以及如何将数据输入和输出模糊逻辑，现在可以来讨论一下逻辑本身。模糊逻辑类似于传统逻辑，逻辑运算符（如 AND、OR 和 NOT）可用组合简单事实（Fact）的真实性来理解复杂事实的真实性。例如，如果已经知道两个单独的事实"外面正在下雨"和"天气很冷"，那么就可以知道"外面正在下雨并且很冷"的说法也是事实。

与传统逻辑不同，模糊逻辑的每个简单事实都不是 true 或 false，而是一个数值，也就是其相应模糊集的隶属程度。例如，它可能是下小雨（隶属程度值为 0.5）和稍冷（隶属程度值为 0.2）。我们需要能够计算出复合语句（比如刚才说的"外面正在下雨并且很冷"）的真实值。

在传统逻辑中，我们可以使用真值表，它告诉我们，复合语句的真实性是基于其成分的不同可能性的真值。所以 AND 可以用表 5.2 所示。

表 5.2　AND 真值表

A	B	A AND B
false	false	false
false	true	false
true	false	false
true	true	true

在模糊逻辑中，每个运算符都有一个数字规则，可以根据每个输入的真实程度来计算真实程度。AND 的模糊规则是：

$$m_{(A\ \text{AND}\ B)} = \min(m_A, m_B)$$

其中，m_A 是集合 A 的隶属程度（即 A 的真值）。正如前文所述，传统逻辑的真值表对应于此规则，当 0 用于 false 而 1 用于 true 时，真值表如表 5.3 所示。

表 5.3　传统逻辑的真值表所对应的数字规则

A	B	A AND B
0	0	0
0	1	0
1	0	0
1	1	1

OR 的相应规则是：

$$m_{(A\ \text{OR}\ B)} = \max(m_A, m_B)$$

对于 NOT 来说，其相应规则是：

$$m_{(\text{NOT}\ A)} = 1 - m_A$$

请注意，就像传统逻辑一样，NOT 运算符仅和单个事实关联，而 AND 和 OR 运算符则关联了两个事实的运算。

传统逻辑中存在的类似对应关系也可以用于模糊逻辑。所以下式成立：

$$A\ \text{OR}\ B = \text{NOT}(\text{NOT}\ A\ \text{AND}\ \text{NOT}\ B)$$

使用这些对应关系，可以得到表 5.4 所示的模糊逻辑运算公式。

表 5.4　模糊逻辑运算

表　达　式	等价表达式	模　糊　公　式
NOT A		$1 - m_A$
A AND B		$\min(m_A, m_B)$
A OR B		$\max(m_A, m_B)$

表 达 式	等价表达式	模 糊 公 式
A XOR B	NOT(B) AND A OR NOT(A) AND B	$\max(\min(m_A, 1-m_B), \min(1-m_A, m_B))$
A NOR B	NOT(A OR B)	$1-\max(m_A, m_B)$
A NAND B	NOT(A AND B)	$1-\min(m_A, m_B)$

到目前为止,这些定义是最常见的。一些研究人员提出使用 AND 和 OR 的替代定义,因此也可能有些开发人员会使用其他的运算符。但是,无论如何,使用这些定义都是相当安全的。如果使用其他运算符,则一定要进行明确的界定。

6. 模糊规则

我们需要的模糊逻辑的最终元素是模糊规则(Fuzzy Rule)的概念。模糊规则涉及某些模糊集合的已知隶属程度,可通过它生成其他模糊集合的新隶属程度值。例如,我们可能会说:"如果我们靠近拐角处,并且行驶速度很快,那么我们就应该刹车。"

这条规则涉及两个输入集:"靠近拐角处"和"行驶速度很快"。它决定了第三个集合的隶属程度,也就是"应该刹车"。使用上面给出的 AND 的定义,可以得出下式:

$$m_{(应该刹车)} = \min(m_{(靠近拐角处)}, m_{(行驶速度很快)})$$

如果已经知道"靠近拐角处"的隶属程度值为 0.6,并且"行驶速度很快"的隶属程度值为 0.9,那么就可以知道"应该刹车"的隶属程度值是 0.6。

5.5.3 模糊逻辑决策

为了做出决策,可以使用模糊逻辑做一些事情。开发人员可以在任何通常具有传统逻辑 AND、NOT 和 OR 的系统中使用它。它可用于确定状态机中的转换是否应该激发,也可以用在本章后面讨论的基于规则的系统的规则中。

本节将讨论一个不同的决策结构,该决策结构将只使用涉及模糊逻辑 AND 运算符的规则。

该算法没有名称。开发人员通常简单地将其称为模糊逻辑(Fuzzy Logic)。它取自于被称为模糊控制(Fuzzy Control)的模糊逻辑的子领域,通常用于构建基于一组输入采取行动的工业控制器。

也有一些专家称它为模糊状态机(Fuzzy State Machine),这个名称更常用于不同的算法,我们将在第 5.5.4 节中进行讨论。当然,也可以说这些算法的命名在某种程度上也是模糊的。

1．问题

在许多问题中，可以执行一组不同的动作，但并不总是清楚哪一个是最好的。一般来说，极端情况都很容易调用，但在它们中间常有灰色区域。当一组动作没有明确的打开/关闭状态但是却可以在某种程度上应用时，设计其解决方案尤其困难。

仍以上面提到的驾驶汽车为例，汽车可用的操作包括转向和速度控制（加速和刹车），两者都可以在一定的程度范围内执行。玩家可以急刹停车，也可以轻踩制动踏板以缓慢减速。

如果汽车高速行驶到一个狭窄的拐角处，那么很明显我们需要紧急刹车；如果汽车驶出拐角处进入高速道路，那么需要踩踏的是加速油门。这些极端情况都很明显，但确切地判断何时该刹车，以及使用多大的力道踩踏板，都属于灰色区域，但正是这些区域能够判断出玩家是一个优秀司机还是一个新手。

到目前为止，我们使用的决策技术在这些情况下都没有多大帮助。例如，虽然我们可以构建一个决策树或有限状态机，以帮助我们在正确的时间制动，但这将是一个要么行驶/要么停车的极端化过程。

模糊逻辑决策程序应该有助于表示这些灰色区域。开发人员可以使用编写的模糊规则来处理极端情况。这些规则应该产生合理的（尽管不一定是最优的）结论，从而使角色能够在任何情况下都采用最佳动作。

2．算法

决策程序有许多清晰的输入。这些可以是数值、枚举值或布尔值。

如前文所述，每个输入都可以使用隶属关系函数映射到模糊状态。

某些实现要求将输入分成两个或更多个模糊状态，以使其隶属程度的总和为 1。换句话说，状态集将表示该输入的所有可能状态。在本节后面将看到此属性如何允许开发人员进行优化。图 5.44 显示了具有 3 个输入值的示例：第一个和第二个示例均具有两个相应的状态，而第三个示例则具有 3 个状态。

因此，一组清晰的输入被映射到许多状态，这些状态可以被安排在相互包含的组中。

除了这些输入状态，我们还有一组输出状态。这些输出状态是正常模糊状态，表示角色可以采取的不同可能动作。

链接输入和输出状态的是一组模糊规则。一般来说，规则具有以下结构：

```
IF 输入状态 1 AND ... AND 输入状态 n THEN 输出状态
```

例如，使用上面提到的驾驶汽车示例中的 3 个输入，有以下规则：

```
IF 追逐 AND 进入拐角处 AND 行驶速度很快 THEN 刹车
IF 前进 AND 进入高速路 AND 行驶速度很慢 THEN 加速
```

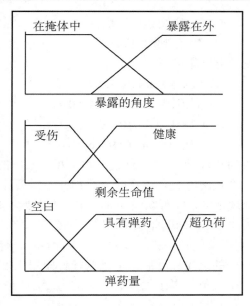

图 5.44　独占性映射到状态以进行模糊决策

　　规则的结构使得规则中的每个子句都是来自不同清晰输入的状态。子句总是使用模糊 AND 组合在一起。在我们的示例中，始终有 3 个子句，因为有 3 个清晰的输入，每个子句代表每个输入的一种状态。

　　拥有一套完整的规则是一个常见的要求：每个输入的每种状态组合出一个规则。对于上面的示例来说，这将产生 18 个规则（2×3×3）。

　　要生成输出，可以遍历每个规则并计算输出状态的隶属程度。这只是为该规则中的输入状态采用最小隶属程度的问题（因为它们是使用 AND 组合的）。每个输出状态的最终隶属程度将是任何适用规则的最大输出。

　　例如，在上述示例的精简版本中，可以有两个输入（拐角位置和速度），每个输入都有两种可能的状态。规则块如下：

```
IF 进入拐角处 AND 行驶速度很快 THEN 刹车
IF 驶出拐角处 AND 行驶速度很快 THEN 加速
IF 进入拐角处 AND 行驶速度很慢 THEN 加速
IF 驶出拐角处 AND 行驶速度很慢 THEN 加速
```

我们可能拥有以下隶属程度：

进入拐角处 = 0.1

驶出拐角处 = 0.9

$$行驶速度很快 = 0.4$$
$$行驶速度很慢 = 0.6$$

然后可以按每条规则计算结果如下：

$$刹车 = \min(0.1, 0.4) = 0.1$$
$$加速 = \min(0.9, 0.4) = 0.4$$
$$加速 = \min(0.1, 0.6) = 0.1$$
$$加速 = \min(0.9, 0.6) = 0.6$$

因此，刹车的最终值为 0.1，加速的最终值是每个规则给出的最大程度值，即 0.6。

下面的伪代码包含一个快捷方式，这意味着我们并不需要计算所有规则的所有值。例如，当考虑第二个加速规则时，即可知道加速输出值至少为 0.4（来自第一个加速规则的结果）。一旦看到值为 0.1，就知道此规则的输出不会超过 0.1（因为它取最小值）。如果值为 0.4，则当前规则不可能是加速的最大值，因此也可以停止处理此规则。

在为输出状态生成正确的隶属程度后，可以执行解模糊化以确定要做什么（在上面的示例中，可能会输出一个数值来指示加速或刹车的力度，在这种情况下，就是指合理的加速度）。

3．规则的结构

这里还需要明确的是我们上面使用过的规则结构。这是一种能够有效计算输出状态的隶属程度的结构。规则可以简单地存储为状态列表，并且它们总是以相同的方式处理，因为它们具有相同的大小（每个输入变量一个子句），并且它们的子句总是使用 AND 组合。

我们曾经看到过一些误导性的论文、文章和讨论，它们提出了一种结构，貌似这种结构本身可以作为模糊逻辑的某种基础。但实际上，使用涉及任何类型的模糊运算（AND、OR、NOT 等）和任意数量的子句的任何规则结构都不会有什么错误。对于具有大量输入的非常复杂的决策，解析一般性模糊逻辑规则可以更快。

一个输入的模糊状态集代表所有可能的状态，在采用这一限制的基础上，我们还附加了所有可能的规则组合的限制，这些规则可称为块格式规则（Block Format Rule），该系统也由此具有了简洁的数学属性。使用任意数量的子句与任何模糊运算符组合的任何一般性规则都可以表示为一组块格式规则。

如果在理解此伪代码时遇到问题，请注意使用完整的 AND 规则来进行观察，可以指定任何真值表来尝试。任何一致的规则集都有自己的真值表，开发人员可以使用块格式规则直接对其进行建模。

从理论上来说，任何一组（非矛盾的）规则都可以转换为我们的格式。尽管可以进行针对此目标的转换，但一般来说仅转换现有规则集方便实际使用。对于开发游戏而言，最好从以所需的格式编码规则开始。

4．伪代码

模糊决策程序可以按以下方式实现：

```
1   function fuzzyDecisionMaker(inputs: any[],
2                               membershipFns: MembershipFunction[][],
3                               rules: FuzzyRule[]) -> float[]:
4       # 相应地保存每个输入状态
5       # 和输出状态的隶属程度
6       inputDom: float[] = []
7       outputDom: float[] = [0, 0, ..., 0]
8
9       # 将输入转换为状态值
10      for i in 0..len(inputs):
11          # 获取输入值
12          input = inputs[i]
13
14          # 获取该输入的隶属关系函数
15          membershipFnList = membershipFns[i]
16
17          # 遍历每个隶属关系函数
18          for membershipFn in membershipFnList:
19              # 将输入转换为隶属程度
20              inputDom[membershipFn.stateId] = membershipFn.dom(input)
21
22      # 遍历每个规则
23      for rule in rules:
24          # 获取结论状态的当前输出 d.o.m.
25          best = outputDom[rule.conclusionStateId]
26
27          # 保存到目前为止 inputDoms 的最小值
28          min = 1
29
30          # 遍历规则中输入的每个状态
31          for state in rule.inputStateIds:
32              # 获取该输入状态的 d.o.m.
33              dom = inputDom[state]
34
35              # 如果小于到目前为止的最佳结论
36              # 那么现在就可以退出
37              # 因为即使它是该规则中的最小值
```

```
38              # 它也不会是最佳结论
39              if dom < best:
40                  break continue # i.e., go to next rule.
41
42              # 检查它是否为到目前为止的最小输入 d.o.m.
43              if dom < min:
44                  min = dom
45
46          # min 现在已经保存了输入的最小 d.o.m.
47          # 并且因为没有执行上面的 break 语句
48          # 所以可知它比当前的最佳值还要大
49          # 所以把它写入当前最佳值
50          outputDom[rule.conclusionStateId] = min
51
52      # 返回输出状态隶属程度
53      return outputDom
```

该函数将获取输入变量集、隶属关系函数列表和规则列表作为输入。

隶属关系函数将按列表进行组织，其中，列表中的每个函数都使用相同的输入变量进行处理。然后，这些列表将组合在一个整体列表中，每个输入变量一个元素。因此，inputs 列表和 membershipFns 列表具有相同数量的元素。

5. 数据结构和接口

可以将隶属关系函数视为具有以下形式的结构：

```
1  class MembershipFunction:
2      stateId: int
3      function dom(input: any) -> float
```

其中，stateId 是模糊状态的唯一整数标识符，函数将基于它计算其隶属程度。如果隶属关系函数定义了基于零的连续标识符集，那么相应的隶属程度可以简单地存储在数组中。

规则也可以在上面的代码中充当类，并具有以下形式：

```
1  class FuzzyRule:
2      inputStateIds: int[]
3      conclusionStateId: int
```

其中，inputStateIds 是在规则左侧的状态的标识符列表，conclusionStateId 是在规则右侧的输出状态的整数标识符。

结论状态 ID 还可用于允许将新生成的隶属程度写入数组。输入和输出状态的 ID 号应该从 0 开始并且是连续的（即输入 0 和输出 0，输入 1 和输出 1，以此类推）。它们被视为两个独立数组的索引。

6. 实现说明

上面所示的代码通常可以用于 SIMD 硬件，例如，PC 机 CPU 上的 SSE 扩展或通用 GPU（显卡）代码。在这种情况下，将省略短路代码（即伪代码中的第 38～43 行），这种重分支不适合并行化算法。

在实际实现中，通常保留输入值的隶属程度，这些输入值在帧与帧之间保持不变，无须每次都通过隶属关系函数发送它们。

这里的规则块虽然很大，但是可以预测。由于存在每种可能的组合，因此可以对规则进行排序，以便它们不需要存储输入状态 ID 列表。可以使用包含结论的单个数组，其由每个可能的输入状态组合的偏移量索引。

7. 性能

该算法在内存中的性能为 $O(n + m)$，其中，n 是输入状态的数量，m 是输出状态的数量。它只保留每个状态的隶属程度。

除算法本身外，还需要存储规则。这需要以下内存：

$$O\left(\prod_{k=0}^{i} n_k\right)$$

其中，n_k 是每个输入变量的状态的数量；i 是输入变量的数量。因此，

$$n = \sum_{k=0}^{i} n_k$$

该算法在时间中的性能是：

$$O\left(i\prod_{k=0}^{i} n_k\right)$$

存在以下规则数：

$$\prod_{k=0}^{i} n_k$$

每个规则都有 i 个子句，每个子句都需要在该算法中进行评估。

8. 弱点

这种方法的压倒性弱点在于缺乏可扩展性。它适用于少量输入变量和每个变量只有少量状态的情况。如果要处理的系统具有 10 个输入变量，而每个输入变量又具有 5 个状态，那么这将需要近 1000 万个规则。这远远超出了任何硬件系统的创建能力。

　　对于这种较大的系统，开发人员可以考虑使用少量的通用性模糊规则，或者也可以使用梳子方法（Combs Method）创建规则。在梳子方法中，规则的数量与输入状态的数量将成线性比例。

9．梳子方法

　　梳子方法依赖于源于经典逻辑的简单结果。例如，以下形式的规则：

```
(a AND b) ENTAILS c
```

可表示为：

```
(a ENTAILS c) OR (b ENTAILS c),
```

其中，ENTAILS 是一个布尔运算符，其真值表如表 5.5 所示。

表 5.5　ENTAILS 运算真值表

a	b	a ENTAILS b
true	true	true
true	false	false
false	true	true
false	false	true

　　作为一项练习，你可以为前面的两个逻辑语句创建真值表，并检查它们是否相等。
　　ENTAILS 运算符相当于"IF a THEN b"。它的意思是，如果 a 为 true，则 b 必定为 true。如果 a 不成立，则 b 是否为 true 无关紧要。
　　乍看起来，下式可能会很奇怪：

```
false ENTAILS true = true
```

但这其实很合乎逻辑。例如，假设下式是成立的：

```
IF 我在洗澡 THEN 我全身是湿的
```

　　所以，如果我在洗澡，那么身体将会变湿（当然，这里要忽略各种钻牛角尖的可能性）。但是，我也可能因为许多其他原因而被弄得浑身湿透，如被雨淋、在傣族过泼水节等。所以，全身湿透可能是真的，我在洗澡却可能是假的，该规则仍然有效。
　　这意味着我们可以将下式：

```
IF a AND b THEN c
```

改写为：

```
(IF a THEN c) OR (IF b THEN c)
```

前面已经介绍过，规则的结论使用 OR 连接在一起，所以可以将新的格式规则分成两个单独的规则：

```
IF a THEN c
IF b THEN c
```

出于本讨论的目的，可以将其称为梳子格式（Combs Format），当然，这并不是一个广泛使用的术语。

同样的事情适用于更大的规则。例如：

```
IF a₁ AND ... AND aₙ THEN c
```

可以改写为：

```
IF a₁ THEN c
...
IF aₙ THEN c
```

因此，我们已经从涉及所有可能的状态组合的规则变为一组简单的规则，其中，在 IF 子句中只有一个状态，而 THEN 子句中也只有一个。

因为我们不再有任何组合，所以将有与输入状态相同数量的规则。例如，假设有 10 个输入的示例，每个输入有 5 个状态，则仅给出 50 个规则，而不是像以前那样的 1000 万个。

如果规则总是可以分解为这种形式，那么为什么还要使用块格式规则呢？到目前为止，我们只讨论了分解一条规则，实际上我们隐藏了一个问题。下面考虑下面的规则对：

```
IF 进入拐角处 AND 行驶速度很快 THEN 刹车
IF 驶出拐角处 AND 行驶速度很快 THEN 加速
```

这些可以被分解为 4 个规则：

```
IF 进入拐角处   THEN 刹车
IF 行驶速度很快 THEN 刹车
IF 驶出拐角处   THEN 加速
IF 行驶速度很快 THEN 加速
```

显然，这是一套不一致的规则，我们不能同时既刹车又加速。所以当我们行驶速度很快时，究竟应该怎么办呢？这取决于我们是否处在拐角的位置。

因此，虽然在只有一个规则的情况下可以分解，但如果有不止一个规则，则不能这样分解。与块格式规则不同，我们不能使用梳子格式规则表示任何真值表。因此，没有可能将一般性规则集转换为此格式。虽然也有可能将一组特定的规则转换为梳子格式，但这只是一个巧合而已。

　　相反，梳子方法是从头开始的：模糊逻辑设计者构建规则，并且仅限于梳子格式。因此，模糊逻辑系统的整体复杂性将不可避免地受到限制，但创建规则的易处理性意味着它们可以更容易地进行调整。

　　仍以前面的驾驶规则为例，在采用块格式时，它是这样的：

```
IF 进入拐角处 AND 行驶速度很快 THEN 刹车
IF 驶出拐角处 AND 行驶速度很快 THEN 加速
IF 进入拐角处 AND 行驶速度很慢 THEN 加速
IF 驶出拐角处 AND 行驶速度很慢 THEN 加速
```

它可以表示为：

```
IF 进入拐角处 THEN 刹车
IF 驶出拐角处 THEN 加速
IF 行驶速度很快 THEN 刹车
IF 行驶速度很慢 THEN 加速
```

其输入为：

$$进入拐角处 = 0.1$$
$$驶出拐角处 = 0.9$$
$$行驶速度很快 = 0.4$$
$$行驶速度很慢 = 0.6$$

块格式规则将给出以下结果：

$$刹车 = 0.1$$
$$加速 = 0.6$$

而梳子方法将给出以下结果：

$$刹车 = 0.4$$
$$加速 = 0.9$$

　　如果这两组结果都是解模糊化之后的结果，那么它们都可能导致适度的加速。

　　梳子方法在模糊逻辑系统中非常实用。如果梳子方法用于经典逻辑（例如，状态转换的构建条件），那么它最终会受到限制。但是，在模糊逻辑中，多个模糊状态可以同时处于活动状态，这意味着它们可以相互作用（例如，我们可以同时制动和加速，但总体速度变化则取决于两种状态的隶属程度）。这种交互作用意味着梳子方法产生的规则仍然能够在状态之间产生交互效果，即使这些交互在规则中不再明确。

5.5.4　模糊状态机

　　虽然开发人员经常谈论模糊状态机，但它们并不总是意味着同样的东西。模糊状态机可以是具有某种模糊元素的任何状态机。它可以具有使用模糊逻辑触发的转换，或者它也可以使用模糊状态而不是传统状态。它甚至可以同时做到这两点。

虽然我们已经在实践中看到过若干种方法，但没有一种方法获得了特别广泛的使用。作为一个示例，我们将讨论一种使用简单状态机的方法，这种简单状态机使用了模糊状态，但同时又具有清晰的转换触发器。

1. 问题

当角色明显处于一种或另一种状态时，常规状态机是合适的。但正如前面所提到的，存在着许多灰色区域的情况。所以，我们希望能够有一个状态机，它可以合理地处理状态转换，并且允许一个角色同时处于多个状态中。

2. 算法

在传统的状态机中，我们可以将当前状态记录为单个值；而现在，我们可以在任何状态中，甚至可以在所有状态中，只不过这些状态的隶属程度（Degree Of Membership，DOM）不同。因此，每个状态都有自己的隶属程度值。要确定哪些状态当前处于活动状态（即隶属程度大于零），只要简单地查看所有状态就可以了。在大多数实际应用中，只有一部分状态会在同一时间处于活动状态，因此，保留所有活动状态的单独列表可能更有效。

在状态机的每次迭代中，属于所有活动状态的转换被给予触发的机会。每个活动状态的第一次转换将被激发，这意味着在一次迭代中可能发生多次转换。这对于保持状态机的模糊性至关重要。

糟糕的是，因为我们将在串行计算机上实现状态机，所以转换不能同时进行，但是可以缓存所有激发的转换并同时执行它们。在我们的算法中，将使用一个更简单的过程，即按照隶属程度的递减顺序激发属于每个状态的转换。

如果转换被激发，那么它就可以转换到任意数量的新状态。转换本身也具有相关的转换程度。目标状态的隶属程度由当前状态的隶属程度 AND 转换程度给出。

例如，状态 A 的隶属程度为 0.4，其中的一个转换 T 会导致另一个状态 B，其转换程度为 0.6。现在假设 B 当前的隶属程度为零。则 B 的新隶属程度将是：

$$M_B = M_{(A\ \text{AND}\ T)} = \min(0.4, 0.6) = 0.4$$

其中，M_x 是集合 x 的隶属程度，这在前面已经解释过了。

如果状态 B 的当前隶属程度不为零，则新值将与现有值进行 OR 运算。假设它目前是 0.3，则可以有：

$$M'_B = M_{(B\ \text{OR}(A\ \text{AND}\ T))} = \max(0.3, 0.4) = 0.4$$

　　与此同时，转换的开始状态是 AND 和 NOT T 进行运算，也就是说，我们不离开开始状态的程度由 1 减去转换程度给出。在上面的示例中，转换度是 0.6。这相当于说转换发生了 0.6，所以转换的 0.4 不会发生。状态 A 的隶属程度由下式给出：

$$M'_A = M_{(A \text{ AND NOT } T)} = \min(0.4, 1 - 0.6) = 0.4$$

　　如果将其转换为清晰逻辑，则它等同于正常的状态机行为：开始状态 on 和转换激发一起执行 AND 运算，导致结束状态为 on。因为任何这样的转换都将导致结束状态为 on，所以可能存在若干个可能的源（即它们使用 OR 运算符连接在一起）。类似地，当转换已经被激发时，开始状态被切换为 off，因为转换已经有效地激活并传递结束状态为 on。

　　转换的触发方式与有限状态机相同。我们将在方法调用后隐藏此功能，因此可以执行任何类型的测试，包括涉及模糊逻辑的测试（如果需要的话）。

　　我们需要的唯一其他改进是改变动作的执行方式。因为模糊逻辑系统中的动作通常与解模糊化值相关联，并且因为解模糊化通常使用多个状态，所以让状态直接请求动作是没有意义的；相反，我们将所有动作请求从状态机中分离出来，并假设有一个额外的外部解模糊化过程用于确定所请求的动作。

3. 伪代码

　　该算法比我们之前看到的状态机简单。它可以通过以下方式实现：

```
 1  class FuzzyStateMachine:
 2      # 保存状态以及其当前的隶属程度
 3      class StateAndDOM:
 4          state: int
 5          dom: float
 6
 7      # 保存初始状态及其隶属程度值
 8      initialStates: StateAndDOM[]
 9
10      # 保存当前状态及其隶属程度值
11      currentStates = initialStates
12
13      # 检查并应用转换
14      function update():
15          # 按隶属程度值对当前状态排序
16          statesInOrder = currentStates.sortByDecreasingDOM()
17
18          # 轮流遍历每个状态
19          for state in statesInOrder:
20
```

```
21              # 遍历状态中的每个转换
22              for transition in currentState.getTransitions():
23
24                  # 检查是否触发转换
25                  if transition.isTriggered():
26                      # 获取该转换的转换程度
27                      dot = transition.getDot()
28
29                      # 移动到所有目标状态中
30                      for endState in transition.getTargetStates():
31                          # 更新隶属程度
32                          end = currentStates.get(endState)
33                          end.dom = max(end.dom, min(state.dom, dot))
34
35                          # 检查该状态是否是新的
36                          if end.dom > 0 and not end in currentStates:
37                              currentStates.append(end)
38
39                      # 删除起始状态的隶属程度
40                      state.dom = min(state.dom, 1 - dot)
41
42                      # 检查是否需要删除起始状态
43                      if state.dom <= 0.0:
44                          currentStates.remove(state)
45
46                      # 对于该活动状态
47                      # 不需要查看其任何其他转换
48                      break
```

4. 数据结构和接口

currentStates 成员是 StateAndDom 实例的列表。除了正常的列表式操作（即迭代、删除元素、隶属关系测试、添加元素），它还支持此算法的两个特定操作。

sortByDecreasingDOM 方法返回按隶属程度值递减顺序排序的列表副本。它不会复制列表中的任何 StateAndDom 实例。这里之所以需要一个副本，是因为在迭代其内容时会对原始内容进行更改，这可能会导致出现问题或无限循环（尽管此算法本身不会导致无限循环），因此，应该保持良好的编程习惯来避免该问题。

get 方法可以从其 state 成员中查找列表中的 StateAndDom 实例。

因此它具有以下形式：

```
1  class StateAndDomList extends StateAndDom[]:
2      function get(state: int) -> StateAndDom
3      function sortByDecreasingDOM() -> StateAndDomList
```

其中，基类是处理可增长数组的任何数据结构。

Transition 转换类具有以下形式：

```
1  class Transition:
2      function isTriggered() -> bool
3      function getTargetStates() -> int[]
4      function getDOT() -> float
```

如果该转换可以激发，则 isTriggered 方法将返回 true，getTargetStates 返回要转换到的状态列表，getDot 将返回转换程度。

5. 实现说明

Transition 类的 isTriggered 方法可以用与标准状态机相同的方式实现。它可以使用我们在本章前面开发的基础架构，包括决策树。

它还可以包含模糊逻辑来确定转换。转换程度提供了一种机制，使得状态机可以获得模糊逻辑的信息。

例如，假设 isTriggered 方法使用了一些模糊逻辑来确定其转换条件需满足 0.5 的隶属程度，然后它就可以获取 0.5 这个值作为转换程度，由此该转换将在状态机上执行大约一半的正常状态转换动作。

6. 性能

该算法需要临时存储每个活动状态，因此在内存中的性能是 $O(n)$，其中，n 是活动状态的数量（即隶属程度大于零的那些状态）。

该算法将检查每个活动状态的每个转换，因此它在时间中的性能为 $O(nm)$，其中，m 是每个状态的转换数。

与之前的所有决策制定工具一样，如果该算法采用的任何数据结构在时间和内存中都不是 $O(1)$，那么其性能和内存要求可能会高得多。

7. 多个转换程度

每个目标状态都可能具有不同的转换程度。目标状态隶属程度的计算方式与之前相同。

起始状态的隶属程度更加复杂。我们将采用当前值与转换程度的 NOT 值一起执行 AND 运算，这和前面是一样的。当然，在这种情况下，存在多个转换程度。为了获得单个值，可以取最大的转换程度（也就是说，可以首先使用 OR 将它们组合在一起）。

例如，假设有以下状态：

$$状态 A = 0.5$$
$$状态 B = 0.6$$
$$状态 C = 0.4$$

然后应用以下转换：

$$从 A 到 B(DOT = 0.2) \text{ AND } C(DOT = 0.7)$$

这将得到以下结果：

$$状态 B = \max(0.6, \min(0.2, 0.5)) = 0.6$$
$$状态 C = \max(0.4, \min(0.7, 0.5)) = 0.5$$
$$状态 A = \min(0.5, 1 - \max(0.2, 0.7)) = 0.3$$

同样，如果根据清晰的逻辑对它进行解读，那么它与有限状态机的行为是一样的。

通过采用不同状态的不同转换程度，我们实际上已经具有了完全模糊的转换：转换程度表示完全转换到一个状态或另一个状态之间的灰色区域。

5.6　马尔可夫系统

模糊状态机可以同时处于多个状态，每个状态均具有相关的隶属程度。在整个状态集中成比例在模糊逻辑之外是很有用的。虽然模糊逻辑没有为其隶属程度指定任何外部含义（它们需要被解模糊化为任何有用的数量），但直接使用状态的数值有时是有用的。

例如，我们可能有一组优先级值，控制一组角色中的哪一个角色成为攻击的先锋，或者单个角色也可能使用数值来表示某个关卡中每个狙击位置的安全性。这两种应用方式都受益于动态值。不同的角色可能会导致不同的战术状况，或者它们的相对健康状况在战斗中也会有波动。狙击位置的安全性可能因敌人的位置以及保护性障碍物是否已经被破坏而有所不同。

这种情况经常出现，并且创建类似于状态机的算法来操作这些值相对简单。当然，对于这种算法的调用尚未达成共识。在大多数情况下，它被称为模糊状态机，在使用模糊逻辑的实现和不使用模糊逻辑的实现之间没有区别。在本书中，我们将为涉及模糊逻辑的算法保留"模糊状态机"。我们实现背后的数学是马尔可夫过程，因此我们将该算法称为马尔可夫状态机（Markov State Machine）。有必要说明的是，这种命名尚未推广开来。

在讨论马尔可夫状态机之前，需要先来了解一下马尔可夫过程（Markov Process）。

5.6.1　马尔可夫过程

开发人员可以将数值形式的状态集合表示为数字向量。向量中的每个位置对应于单个状态（例如，单个优先级值或特定位置的安全性）。该向量称为状态向量（State Vector）。

在向量中出现的值没有约束。可以有任意数量的零，并且整个向量可以求和为任何值。应用程序可能会对允许的值设置自己的约束。如果这些值代表一项分布（例如，在一个大陆的每一块领土中敌人的比例是多少），那么它们的总和将为 1。数学中的马尔可夫过程几乎总是关注随机变量的分布。有大量的文献都假设状态向量的总和为 1。

状态向量中的值将根据转移矩阵（Transition Matrix，又叫跃迁矩阵）的动作而改变。一阶马尔可夫过程（我们将考虑的唯一过程）具有单个转移矩阵，该矩阵可以从先前的值生成新的状态向量。高阶马尔可夫过程还考虑了早期迭代中的状态向量。

转移矩阵总是方形的。矩阵中 (i, j) 处的元素表示在新向量中添加到元素 j 的旧状态向量中的元素 i 的比例。马尔可夫过程的一次迭代包括使用正常矩阵乘法规则将状态向量乘以转移矩阵，其结果也是一个状态向量，并且其大小与原始向量相同。新状态向量中的每个元素都具有由旧向量中每个元素贡献的分量。

1. 保守的马尔可夫过程

保守的马尔可夫过程将确保状态向量中值的总和不会随着时间的变化而改变。这对于应始终固定状态向量之和的应用程序（例如，该值代表一项分布，或者如果该值表示游戏中某些对象的数量）来说，是最基本的要求。如果转移矩阵中所有行的总和为 1，则称该过程为保守的马尔可夫过程。

2. 迭代过程

通常可以假设相同的转移矩阵一遍又一遍地应用于状态向量。有些技术可以计算状态向量中的最终稳定值（只要存在这样的向量，它就是矩阵的特征向量）。

该迭代过程将形成马尔可夫链（Markov Chain）。

当然，在游戏应用中，通常会存在任意数量的不同转移矩阵。不同的转移矩阵表示游戏中的不同事件，并且它们将相应地更新状态向量。

回到狙击手示例，假设有一个状态向量代表 4 个狙击位置的安全性：

$$V = \begin{bmatrix} 1.0 \\ 0.5 \\ 1.0 \\ 1.5 \end{bmatrix}$$

它的总和为 4.0。

狙击手从第一个位置射击将提醒敌人他的存在。该位置的安全性将会降低。但是，当敌人专注于狙击手第一个位置的攻击方向时，其他位置将相应地变得更加安全。于是可以使用以下转移矩阵来代表这种情况：

$$M = \begin{bmatrix} 0.1 & 0.3 & 0.3 & 0.3 \\ 0.0 & 0.8 & 0.0 & 0.0 \\ 0.0 & 0.0 & 0.8 & 0.0 \\ 0.0 & 0.0 & 0.0 & 0.8 \end{bmatrix}$$

将此矩阵应用于状态向量，即可得到新的安全值：

$$V = \begin{bmatrix} 0.1 \\ 0.7 \\ 1.1 \\ 1.5 \end{bmatrix}$$

它的总和为 3.4。

因此，总安全性下降（从 4.0 降低到 3.4）。狙击点 1 的安全性已经被摧毁（从 1.0 降低到 0.1），但其他 3 个狙击点的安全性却略有增加。从其他每个狙击点处射击都会有类似的矩阵。

请注意，如果每个矩阵具有相同类型的形式，则总体安全性将继续下降。过了一会儿之后，没有哪一个地方是安全的。这很可能符合现实状况（在被狙击一段时间之后，敌人很可能会四处搜捕，使得狙击手不再有安全的狙击点），但在游戏中，我们可能希望如果某个狙击点未曾射击过，那么它的安全值会增加。以下矩阵即可完成此设计：

$$M = \begin{bmatrix} 1.0 & 0.1 & 0.1 & 0.1 \\ 0.1 & 1.0 & 0.1 & 0.1 \\ 0.1 & 0.1 & 1.0 & 0.1 \\ 0.1 & 0.1 & 0.1 & 1.0 \end{bmatrix}$$

在狙击手没有射击的情况下，它将每分钟应用一次。

除非你正在处理已知的概率分布，否则将需要手动创建转移矩阵中的值。调整值以产生期望的效果可能很困难。它取决于状态向量中值的用途。在我们已经研究过的应用程序中（与转向行为和基于规则的系统中的优先级相关，这两类在本书的其他章节中都有介绍），最终角色的行为都有很大的冗余度，并且调整起来也不算太难。

3. 在数学和科学中的马尔可夫过程

在数学中，一阶马尔可夫过程可以是任何概率过程，其中，未来仅取决于现在而不取决于过去。它可以用于模拟随时间变化的概率分布变化。

　　状态向量中的值是一组事件的概率，并且转移矩阵将根据最后一次试验的概率确定每个事件在下一次试验中将具有的概率。这些状态可能是天晴的概率或下雨的概率，它表明一天的天气。初始状态向量指示一天的已知天气（例如，如果是晴天则为[1　0]），并且通过应用转移矩阵，我们可以确定第二天的晴天概率。通过反复应用转移矩阵，我们将获得一个马尔可夫链，这样就可以确定未来任何时候每种类型天气的概率。

　　在游戏 AI 中，马尔可夫链在预测中更常见，即从现在预测未来。它们是用于语音识别的许多技术的基础，例如，预测用户接下来会说什么，这对于帮助消除同音词的歧义是非常有意义的。

　　此外，还有一些使用马尔可夫链进行学习的算法（通过计算或近似转移矩阵的值）。在语音识别示例中，马尔可夫链经过学习能更好地预测特定用户将要说什么。

5.6.2　马尔可夫状态机

　　通过马尔可夫过程，开发人员可以创建一个使用状态数值的决策制定工具。

　　状态机将需要通过对状态向量执行转换来响应游戏中的条件或事件。如果一段时间内没有条件或事件发生，则可能发生默认转换。

1. 算法

　　可以将状态向量存储为简单的数字列表。其余的游戏代码可以按任何方式使用这些值。

　　在该算法中，开发人员将存储一组转换。转换包括一组触发条件和转移矩阵。触发条件与常规状态机的形式完全相同。

　　转换将属于整个状态机，而不是单独的状态。

　　在每次迭代中，将检查每个转换的条件并确定它们中的哪一个会触发。触发的第一个转换将被要求激发，并且将其转移矩阵应用于状态向量以提供一个新值。

　　1）默认转换

　　如果没有其他转换被触发，开发人员会希望在一段时间后发生默认转换。可以通过实现一种依赖于时间的转换条件来做到这一点。默认转换将只是列表中的另一个转换，在计时器倒计时的时候触发。当然，该转换必须关注状态机，并确保每次另一个转换触发时它都会重置时钟。要做到这一点，它可能必须直接询问转换的触发状态，这是一项重复性的工作，或者状态机也可以通过方法公开该信息。

　　由于状态机已经知道是否有已触发的转换，因此将默认转换作为特殊情况引入状态机更为常见。状态机具有内部计时器和默认转移矩阵。如果有任何转换被触发，则重置计时器；如果没有触发任何转换，则定时器递减。如果定时器达到零，则将默认转移矩阵应用于状态向量，并再次重置定时器。

请注意，如果要在一段时间不活动之后发生转换，那么也可以在常规状态机中完成此操作。当然，我们经常会在数字状态机中看到它。

2）动作

与有限状态机不同，该算法并没有特定的状态。因此，状态不能直接控制角色采取的动作。在有限状态机算法中，只要状态是活动的，状态类就可以返回要执行的动作。转换还返回了在转换处于活动状态时可以执行的操作。

在马尔可夫状态机中，转换仍然会返回动作，但状态不会。将会有一些额外的代码以某种方式使用状态向量中的值。在前面的狙击手示例中，我们可以简单地选择最大的安全值并从该位置安排射击。当然，这只是数字上的解释，开发人员还需要一个单独的代码来将该值转换为动作。

2. 伪代码

马尔可夫状态机具有以下形式：

```
 1  class MarkovStateMachine:
 2      # 状态向量
 3      state: float[N]
 4
 5      # 使用默认转换之前等待的时间
 6      resetTime: int
 7
 8      # 默认的转移矩阵
 9      defaultTransitionMatrix: float[N,N]
10
11      # 目前的倒计时
12      currentTime: int = resetTime
13
14      # 转换列表
15      transitions: MarkovTransition[]
16
17      function update() -> Action[]:
18          # 检查可能触发的每个转换
19          triggeredTransition = null
20          for transition in transitions:
21              if transition.isTriggered():
22                  triggeredTransition = transition
23                  break
```

```
24
25          # 检查是否有转换需要激发
26          if triggeredTransition:
27              # 重置计时器
28              currentTime = resetTime
29
30              # 使用矩阵和状态向量相乘
31              matrix = triggeredTransition.getMatrix()
32              state = matrix * state
33
34              # 返回已触发转换的动作列表
35              return triggeredTransition.getActions()
36
37          else:
38              # 否则检查计时器
39              currentTime -= 1
40
41              if currentTime <= 0:
42                  # 执行默认转换
43                  state = defaultTransitionMatrix * state
44                  currentTime = resetTime
45
46              # 不返回任何动作，因为没有触发任何转换
47              return []
```

3. 数据结构和接口

状态机中的转换列表包含具有以下接口的实例：

```
1   class MarkovTransition:
2       function isTriggered()
3       function getMatrix()
4       function getActions()
```

5.7　面向目标的行为

到目前为止，我们一直专注于做出反应的方法，也就是说，先为角色提供一组输入，然后由行为选择适当的动作。这里不涉及欲望或目标的实现，角色只是对输入做出反应。

当然，即使是使用最简单的决策技术，也可以使角色看起来像是有目标或欲望。一

个渴望杀死敌人的角色会持续追捕一个敌人，通过攻击来表现对敌人的反应，并且在失去敌人时会搜寻敌人。同样的角色也可能有明显的生存愿望，在这种情况下，他会考虑保护自身的安全，对健康状况不佳或存在危险做出反应。底层结构可能会对输入做出反应，但角色不需要以这种方式表现出来。

根据我们的经验，这是很多学术派 AI 人士对游戏 AI 的一个根本性的误解：只要看起来正确，究竟是什么东西控制角色并不重要。

我们可以使用一些技巧使角色在寻求目标时更加灵活，但在某些游戏类型中，这是一种有用的方法，在人类模拟游戏中尤其明显，如 *The Sims*（中文版名称《模拟人生》，详见附录参考资料[136]）。

在这里，一次只有几个角色在屏幕上。每个角色都有一系列的情绪和身体参数，这些参数随着时间的推移而发生变化，并且与环境和行为有关。玩家通常可以直接控制角色的动作，尽管该角色总是能够独立行动。

在诸如《模拟人生》之类的游戏中，游戏没有总体目标。在诸如 *Ghost Master*（中文版名称《鬼魂大师》，详见附录参考资料[177]）之类的其他游戏中，则有一个确定的目标（角色试图用居住的各种幽灵和超自然力量吓唬居民）。

在这种游戏中，角色可以使用各种不同的动作。动作可能包括倒水煮茶，坐在沙发上或与另一个角色交谈。动作本身由预制的动画表示。

角色需要通过选择适当的动作来展示他们的情绪和身体状态。他们应该在饥饿时吃东西，在疲倦时睡觉，在寂寞时与朋友聊天，在需要爱时拥抱。我们可以简单地运行一个决策树，根据角色的当前情绪和身体参数选择可用的动作。在诸如《模拟人生》之类的游戏中，这将是一个非常大的决策树。每个角色都有数百个参数化动作可供选择。

更好的方法是为角色提供一系列可能的操作，并让其选择最符合其直接需求的角色。

这就是面向目标的行为（Goal Oriented Behavior，GOB），它将明确地寻求完成角色的内部目标。与本书中的许多算法一样，该名称的应用也不是很严谨。对不同的人来说，GOB 可能意味着不同的东西，它通常用于模糊地指代任何追求目标的决策程序或者与本节讲述的内容类似的特定算法。我们将它用作一般性的术语。

本节将讨论一个非常简单的 GOB 框架和一个基于实际效用的 GOB 决策程序。此外还将研究面向目标的动作规划（Goal Oriented Action Planning，GOAP），这是对基本 GOB 系统的扩展，可以对动作序列进行规划以实现其目标。

5.7.1　面向目标的行为概述

面向目标的行为（Goal Oriented Behavior，GOB）是一个很笼统的术语，它涵盖了考虑目标或愿望的任何技术。事实上，并没有专门面向 GOB 的单一的技术，本章中的一些其他技术，特别是基于规则的系统，都可用于创建追求目标的角色。面向目标的行为在游戏中仍然相当罕见，因此很难说最流行的技术是什么。

　　本节将介绍基于实际效用的决策制定系统，该系统可根据当前目标从一系列动作中进行选择。这个系统是以我们已经实现的系统为基础的，并且我们已经看到其他两家公司也使用过该系统。

1．目标

　　角色可能有一个或多个目标，这些目标也称为动机（Motive）。可能存在数百个目标，并且角色可以具有当前活动的任意数量的目标。他们可能有就餐、恢复健康或杀死敌人等目标。每个目标都具有一定程度的重要性，在喜欢 GOB 的开发人员圈子中，这种重要性被称为坚持（Insistence），它由一个数字代表。具有较高坚持值的目标往往会更强烈地影响角色的行为。

　　角色将试图完成目标或减少其坚持值。有些游戏允许完全满足目标（例如，杀死敌人）。另外还有一些游戏则有一套固定的目标始终存在，并且当目标完成时它们只是减少了坚持值。例如，某个角色可能始终存在一个"保持健康"的目标，但是当这个目标已经存在时，角色的坚持值会比较低。如果坚持值为零，则表示已经完全实现目标。

　　在这里，我们故意合并了"目标"和"动机"。为了制作出色的游戏角色，目标和动机通常可以被视为相同的事物，或者至少在某种程度上可以混为一谈。但在一些人工智能研究中，"目标"和"动机"是截然不同的，不同的研究人员对于它们的定义也各不相同。例如，动机可能会基于角色的信念而产生目标。也就是说，我们可能会出于为同伴复仇的动机而产生杀死某些敌人的目标，因为我们相信正是这些敌人杀死了我们的同伴。动机和目标之间的这种区别是我们的算法不需要的额外层，因此，我们可以将动机和目标视为基本上是相同的事物，一般就称它们为目标（Goal）。

　　开发人员可以轻松实现没有坚持值的目标，但这会使专注目标的选择更加困难。我们已经选择使用实数而不是布尔值，因为这样得到的算法不会太复杂。如果游戏中有数千个角色，每个角色又有数百个目标，那么可以考虑使用仅包含 on/off 的布尔值目标，因为这样可以节省大量的存储空间。

　　在诸如《模拟人生》之类的游戏中，角色的身体和情感参数可以被解释为目标值。某个角色可能有解除饥饿的动机：其饥饿值越高，就餐就越发成为一个紧迫的目标。

2．动作

　　除一组目标外，我们还需要一系列可供选择的动作。这些动作可以集中生成，但它们通常由世界中的对象生成。在《模拟人生》的世界中，水壶添加了"煮沸开水"的动作，而空烤箱在可能性列表中添加了"加入食材"的动作。在动作游戏中，敌人可能会引入"攻击我"的动作，而房门可能会显示"锁定"的动作。

可用的动作取决于游戏的当前状态。在放置"加入食材"动作之前，空烤箱可能会检查角色是否携带食材。已经加入食材的烤箱将不允许添加更多的食物，它将显示"烹饪食物"的动作。类似地，如果房门已被锁定，则房门将显示"解锁"动作，或者在允许解锁之前，房门可能首先执行"插入钥匙"的动作。

当动作被添加到选项列表中时，它们会根据角色的每个动机进行评级。该评级显示了动作对特定动机的影响程度。因此，"玩电子游戏"这个动作可能会增加很多快乐，但它也会降低玩家的能量。

在射击游戏中，动作划分得更细致，每个动作都列出了可以实现的目标。例如，"射击"动作和"触发式陷阱"动作一样，都可以完成杀死敌人的目标，像这样的动作还有很多。

动作有望实现的目标可能只有几步之遥。例如，一份食材可能会带来饥饿感。如果角色拾起它，它不会减少角色的饥饿感，但现在空烤箱将提供"加入食材"的动作，给角色一种期望。再然后就是"烹饪食物"的动作，"从烤箱中取出食物"的动作，最后是"就餐"的动作。在某些游戏中，单个动作由一系列动作组成。例如，"射击"动作可能由"抽出武器""瞄准"和"发射"动作组成。本章在第 5.11 节"动作执行"中提供了有关此类组合动作的更多详细信息。

5.7.2　简单选择

如前文所述，开发人员可以有一系列可能的动作和一组目标。这些动作有望实现不同的目标。仍以前面的《模拟人生》游戏为例，可能有：

```
目标：就餐 = 4　目标：睡觉 = 3
动作：获取食材（就餐 - 3）
动作：吃零食（就餐 - 2）
动作：在床上睡觉（睡觉 - 4）
动作：在沙发上睡觉（睡觉 - 2）
```

开发人员可以使用一系列决策制定工具来选择动作并提供看起来很智能的行为。一个简单的方法是选择最紧迫的目标（也是具有最大坚持值的目标），并找到一个完全满足它的动作或者能为其减少最大坚持值的动作。在前面的例子中，"获取食材"动作（后面还有"烹饪食物""从烤箱中取出食物""就餐"等动作）就是能为其减少最大坚持值的动作，但尚未完全满足目标。动作所承诺的目标坚持值的变化是对其效用的启发式估计，即它可能对角色的用途。角色自然希望选择具有最高效用的动作，例如，"在床上睡觉"的动作就完全满足了"睡觉"的目标。

如果不止一个动作可以实现目标，那么我们可以随机进行选择，或者简单地选择我们发现的第一个动作。

1. 伪代码

可以按以下方式实现该算法：

```
1   function chooseAction(actions: Action[], goals: Goal[]) -> Action:
2       # 找到值最高的目标进行尝试并执行
3       topGoal: Goal = goals[0]
4       for goal in goals[1..]:
5           if goal.value > topGoal.value:
6               topGoal = goal
7
8       # 找到要采取的最佳动作
9       bestAction: Action = actions[0]
10      bestUtility: float = -actions[0].getGoalChange(topGoal)
11
12      for action in actions[1..]:
13          # 在此可以反转变化值，因为低变化值是好的
14          # （我们需要减少目标的坚持值）
15          # 但是实际效用 utility 一般来说都是按比例的
16          # 因为高值更好
17          utility = -action.getGoalChange(topGoal)
18
19          # 现在需要找到最低变化值（最高效用）
20          if thisUtility > bestUtility:
21              bestUtility = thisUtility
22              bestAction = action
23
24      # 返回要执行的最佳动作
25      return bestAction
```

这只是两个 max() 样式的代码块，一个用于目标，另一个用于动作。

2. 数据结构和接口

在前面的代码中，我们假设目标具有以下形式的接口：

```
1   class Goal:
2       name: string
3       value: float
```

并且动作具有以下形式:

```
1  class Action:
2      function getGoalChange(goal: Goal) -> float
```

给定一个目标, getGoalChange 函数将返回执行动作之后所提供的坚持值的变化。

3．性能

该算法的时间为 $O(n + m)$, 其中, n 是目标数, m 是可能的动作数。它在内存中的性能是 $O(1)$, 只需要临时存储。如果目标由相关的基于零的整数标识（这很容易做到, 因为在游戏运行之前通常都会知道目标的全部范围）, 那么可以通过查找数组中的变化来简单地实现动作结构的 getGoalChange 方法, 这是一个恒定时间的操作。

4．弱点

这种方法简单、快速, 并且可以提供令人惊讶的合理结果, 尤其是在可用动作数量有限的游戏中（如射击游戏、第三人称动作或冒险游戏、角色扮演类游戏）。

当然, 它有两个主要缺点: 没有考虑到某个动作可能产生的副作用, 也不包含任何计时信息。我们将依次解决这些问题。

5.7.3　整体效用

先前的算法分两步进行。它首先考虑要减少哪个目标, 然后再决定减少它的最佳方法。糟糕的是, 处理最紧迫的目标可能会对其他目标产生副作用。

以下是《模拟人生》游戏中另一个人的模拟示例, 其中的坚持值是按五分制（Five Point Scale）衡量的。

```
目标: 就餐 = 4  目标: 卫生间 = 3
动作: 喝苏打水（就餐 - 2; 卫生间 + 3）
动作: 进入卫生间（卫生间 - 4）
```

如该示例所示, 饥饿且需要上厕所的角色可能不想喝苏打水。喝苏打水固然可以避免吃零食（就餐–2）, 但这会导致对上厕所的需求达到五级分制的顶点（卫生间 3+3）。显然, 这个角色的选择应该是等几分钟再吃零食, 先进入卫生间。

这种无意中的交互作用最终可能会令人尴尬, 但它同样也可能是致命的。例如, 射击游戏中的角色可能迫切需要一个医疗包, 但是如果角色直接跑步进入伏击圈来获得它, 那并不是一个明智的策略。显然, 开发人员需要经常考虑动作的副作用。

开发人员可以通过引入一个新的值来实现这一点: 角色的不满（Discontentment）。

它是基于所有目标的坚持值计算的，其中，高坚持值会让角色更加不满。该角色的目的是减少其整体不满意度。它不再关注单个目标，而是关注整体目标。

开发人员可以简单地将所有坚持值加在一起，以给出角色的不满。更好的解决方案是扩大坚持值，以便更高的坚持值能贡献不成比例的更高的不满值。这样可以突出更高坚持值的目标，避免一堆中等坚持值的目标淹没一个高目标。从我们的实验来看，对目标的坚持值进行平方计算就已经足够了。

例如：

```
目标：就餐 = 4   目标：卫生间 = 3
动作：喝苏打水（就餐 - 2；卫生间 + 2）
    动作完成之后：就餐 = 2，卫生间 = 5：不满 = 29
动作：进入卫生间（卫生间 - 4）
    动作完成之后：就餐 = 4，卫生间 = 0：不满 = 16
```

要做出决策，可以依次考虑每个可能的动作，并且预测在动作完成之后的总体不满值，然后选择产生最低不满值的行动。在上面的示例中，喝苏打水动作完成之后的不满值（已经进行了平方计算）为 29，进入卫生间动作完成之后的不满值为 16，所以，"进入卫生间"动作被正确识别为最佳动作，这和前面的示例是一样的。

不满值就是开发人员要努力减少的一个分数，它可以被称为任何东西。在搜索文献中（在学术派 AI 中可以发现 GOB 和 GOAP），它被称为能量指标（Energy Metric）。这是因为搜索理论与物理过程（特别是晶体的形成和金属的固化）的表现有关，驱动它们的得分等同于能量。本节将坚持使用"不满"这个术语，但是在本书第 7 章"学习"算法的论述中我们将回归"能量指标"这个术语。

1．伪代码

该算法现如下：

```
 1  function chooseAction(actions: Action[], goals: Goal[]) -> Action:
 2      # 遍历每个动作，以找到不满值最低的动作
 3      bestAction: Action = null
 4      bestValue: float = infinity
 5
 6      for action in actions:
 7          thisValue = discontentment(action, goals)
 8          if thisValue < bestValue:
 9              bestValue = thisValue
10              bestAction = action
11
```

```
12        # 返回最佳动作
13        return bestAction
14
15  function discontentment(action: Action, goals: Goal[]) -> float:
16        # 保持累计的总体不满值
17        discontentment: float = 0
18
19        # 循环遍历每个目标
20        for goal in goals:
21            # 计算在动作完成之后的新值
22            newValue = goal.value + action.getGoalChange(goal)
23
24            # 获取该值的不满值
25            discontentment += goal.getDiscontentment(value)
26
27        return discontentment
```

在这里，我们将该过程分为两个函数。第二个函数计算采用一个特定动作产生的总体不满结果。它将反过来调用 Goal 结构的 getDiscontentment 方法。

通过目标计算其不满值的贡献可以赋予开发人员额外的灵活性，这样就不用总是使用其坚持值的平方。有些目标可能非常重要，并且对于较大的值（例如，保持活力的目标）具有非常高的不满值。例如，它们可以返回其坚持值的立方，或者更高的幂值。其他目标可能相对不重要，只做出了很小的贡献。在实践中，这需要在游戏中进行一些调整以使其正确。

2．数据结构和接口

动作的结构和以前相同，但 Goal 类添加了 getDiscontentment 方法，其实现如下：

```
1  class Goal:
2      value: float
3
4      function getDiscontentment(newValue: float) -> float:
5          return newValue * newValue
```

3．性能

该算法的性能在内存中保持为 O(1)，但在时间中则是 O(nm)，其中，n 是目标数，m 是动作数，这和以前是一样的。它必须考虑每个可能动作中每个目标的不满因素。对于大量的动作和目标而言，它可能比原始版本要慢得多。

对于少量的动作和目标，通过正确的优化，实际上可以更快。这种优化加速是因为该算法适用于 SIMD 优化，其中，每个目标的不满值是并行计算的。原始算法没有相同的潜力。

5.7.4　计时

为了做出明智的决策，角色需要知道动作要花多长时间才能完成。例如，对于体能下降的角色来说，快速获得较小的提升（例如，吃巧克力棒）可能会更好，而不是花 8 个小时睡觉。动作会报告完成它们所需的时间，使得开发人员能够根据该数据计算出决策结果。

作为目标的若干个步骤中的第一步，动作将估计达到目标的总时间。例如，"拾取食材"动作可能会报告 30 min 的持续时间。拾取动作几乎是即时的，但在食物准备好之前需要若干个步骤（包括较长的烹饪时间）。

计时通常分为两个部分。动作通常需要一段时间才能完成，但在某些游戏中，也可能需要花费大量的时间才能到达正确的位置并开始动作。由于游戏时间在某些游戏中经常被极度压缩，因此开始动作所需的时间长度变得非常重要。从关卡的一侧走到另一侧可能需要 20 min 的游戏时间。这是一个漫长的旅程，可以执行长达 10 min 的动作。

动作本身不能直接提供开始动作所需的旅程长度。它要么作为一项猜测提供（该猜测可以是一种启发式算法，例如，"时间与从角色到物体的直线距离成正比"），要么进行精确计算（详见第 4 章，了解如何通过路径发现技术找到最短路径）。

每个可能动作的路径发现都会有很大的开销。对于具有数百个对象和成千上万个可能动作的游戏关卡来说，让路径发现技术计算每个动作的时间是不切实际的，必须使用启发式方法。本节末尾描述的"散发气味"的 GOB 扩展提供了另一种解决此问题的方法。

1．涉及时间的效用

为了在决策中使用计时，开发人员有两个选择：一是可以将时间纳入不满值或效用的计算；二是在所有其他事情都一样的情况下，偏向使用那些花费时间比较短的动作。通过修改 discontentment 函数，可以返回一个具有较低的不满值并且花费时间更短的动作，该函数可以很容易地添加到以前的结构中，所以在这里不再讨论其细节。

更有趣的方法是考虑额外时间的后果。在某些游戏中，目标值会随着时间的推移而发生变化。例如，角色可能会变得越来越饥饿，除非它获得食物；角色的弹药会逐渐耗尽，除非它发现弹药包；或者当角色采取防守姿势时，它酝酿的组合攻击技能的时间越长，最终的威力可能就越大。

当目标的坚持值自身发生变化时，动作不仅会直接影响某些目标，而且完成某项动作所需的时间也可能导致其他动作自然地改变。这可以作为我们之前看到的不满值计算的因素。如果我们知道目标值将如何随着时间的推移而发生变化（这是我们需要回过头来讨论的大"如果"），那么我们可以将这些变化纳入不满值的计算因子中。

返回到前面的就餐和去卫生间动作示例，假设有一个迫切需要食物的角色：

```
目标：就餐 = 4  变化：每小时 +4
目标：卫生间 = 3  变化：每小时 +2
动作：就餐——吃零食（就餐 − 2）15 分钟
    动作完成之后：就餐 = 2，卫生间 = 3.5；不满 = 16.25
动作：就餐——吃正餐（就餐 − 4）1 小时
    动作完成之后：就餐 = 0，卫生间 = 5；不满 = 25
动作：进入卫生间（卫生间 − 4）15 分钟
    动作完成之后：就餐 = 5，卫生间 = 0；不满 = 25
```

在担心找不到卫生间之前，这个角色显然会去寻找一些食物（因为它有迫切的就餐需要）。它可以选择烹饪正餐和零食。零食是现在的首选动作。正餐将花费很长的时间，到该动作完成时，去卫生间就变成了角色的迫切要求，该动作完成之后，其总体不满值将变得很高（25）。反过来说，如果选择零食，则该动作可以快速结束并且有充足的时间去寻找卫生间，其总体不满值只有 16.25。当然，直接去卫生间也不是最好的选择，因为角色此时饥饿的动机太迫切，导致其总体不满值同样高达 25。

在一个有许多射手的游戏中，目标要么开启，要么关闭（即任何坚持值只会偏向选择，它们不代表角色不断变化的内部状态），这种方法无法很好地工作。

2. 伪代码

要添加计时因素，只需要修改前一版算法中的 discontentment 函数。现在它应该如下所示：

```
1   function discontentment(action: Action, goals: Goal[]) -> float:
2       # 保持累计的总体不满值
3       discontentment: float = 0
4
5       # 循环遍历每个目标
6       for goal in action:
7           # 计算在动作完成之后的新值
8           newValue = goal.value + action.getGoalChange(goal)
9
10          # 仅根据时间计算变化
11          newValue += action.getDuration() * goal.getChange()
```

```
12
13          # 获取该值的不满值
14          discontentment += goal.getDiscontentment(newValue)
```

它的工作原理是通过动作（它和前面是一样的）和目标的正常变化率（乘以动作的持续时间）来修改目标的预期新值。

3. 数据结构和接口

我们为 Goal 和 Action 类添加了一个方法。Goal 类结构现在具有以下形式：

```
1    class Goal:
2        value: float
3        function getDiscontentment(newValue: float) -> float
4        function getChange() -> float
```

getChange 方法可以返回目标通常在每单位时间内所出现的变化量。下文将回过头来讨论如何做到这一点。

Action 类具有以下接口：

```
1    class Action:
2        function getGoalChange(goal: float) -> float
3        function getDuration() -> float
```

其中，新的 getDuration 方法将返回完成动作所需的时间。如果该动作是序列的一部分，则可以包括后续动作，并且可以包括到达合适的位置以开始动作所花费的时间。

4. 性能

该算法具有与以前完全相同的性能特征：在内存中为 $O(1)$，在时间中为 $O(nm)$，其中，n 是目标的数量，m 是动作的数量，这和前面是一样的。

如果 Goal.getChange 方法和 Action.getDuration 方法只返回一个存储的值，那么该算法仍然可以在 SIMD 硬件上轻松实现，尽管它在基本形式上增加了一些操作。

5. 计算目标随着时间推移而产生的变化

在某些游戏中，目标会随着时间的推移而产生变化，该变化可由游戏设计师固定和设置。例如，在《模拟人生》中每个动机的变化都有一个基本的速率（Rate）。即使该速率不是恒定的，它也会随着环境的变化而变化。游戏仍然知道该速率，因为它将基于该速率不断更新每个动机。在这两种情况下，开发人员都可以直接在 getChange 方法中使用正确的值。

　　但是，在某些情况下，开发人员可能无权访问该值。例如，在射击游戏中，"受伤"的动机是由被击中的次数控制的，开发人员事先并不知道该值会如何变化（这取决于游戏中发生的事情）。在这种情况下，开发人员需要估算变化的速率。

　　最简单和最有效的方法是定期记录每个目标中的变化。每次运行 GOB 例程时，都可以快速检查每个目标并计算出它已经改变了多少，这是一个 $O(n)$ 进程，因此它不会显著影响算法的执行时间。该变化可以存储在新近加权平均值中，例如：

```
1  rateSinceLastTime = changeSinceLastTime / timeSinceLast
2  basicRate = 0.95 * basicRate + 0.05 * rateSinceLastTime
```

　　其中，0.95 和 0.05 可以修改为任何值，只要总和保持为 1 即可。timeSinceLast 值是自上次运行 GOB 例程以来经过的时间单位数。

　　这为角色的行为提供了一种自然的模式。它为对环境敏感的决策提供了几乎没有人为干预的感觉，新近加权的平均值提供了非常简单的学习程度。例如，如果角色受到攻击，那么它将自动采取更具防御性的行动（因为它会期望任何能使其更加健康的动作），而如果它表现良好，那么它将强化自己的动作。

6. 规划的必要性

　　无论使用什么选择机制（当然，要在合理范围内），我们都假设只有在角色可以执行它们时才能选择动作。因此，我们希望角色表现得相当明智，而不是选择当前不可能的动作。我们已经研究出了一种方法，该方法考虑了一个动作对许多目标的影响，并选择了一个动作来提供最佳的整体结果。最终的结果通常适合在游戏中使用而不增加任何复杂度。

　　糟糕的是，到目前为止，我们的方法还没有解决另一种类型的交互作用。由于动作与情境有关，因此一个动作启用或禁用其他动作是正常的。在大多数使用 GOB 的游戏（包括《模拟人生》，这是 AI 技术在指导关卡设计时具有局限性的一个很好的示例）中，都故意设计了像这样的问题，但这很容易让人想到一个凸显这种局限性的简单场景。

　　现在来想象一个奇幻类角色扮演游戏，其中有一个使用魔法的角色（如精灵祭司），在她的魔法杖中有 5 个新鲜的能量晶体。强大的法术需要更多的能量晶体。现在这个角色迫切需要治疗，另外还要抵挡突然袭击她的食人魔。她的动机和可能的动作如下。

```
目标：治疗 = 4
目标：杀死食人魔 = 3
动作：火球术（杀死食人魔 - 2）3 个能量槽
动作：次级治疗（治疗 - 2）2 个能量槽
动作：强效治疗（治疗 - 4）3 个能量槽
```

最好的组合是施放"次级治疗"法术，然后使用"火球术"法术，这样可以完全使用 5 个能量槽。但是，根据到目前为止的算法，这个精灵祭司将会选择给出最佳结果的法术。显然，施放"次级治疗"法术将使她处于比"强效治疗"更糟糕的健康状况，所以她选择了后者。现在，不幸的是，她的魔法杖中已经没有足够的能量晶体了，选择"强效治疗"消耗了 3 个能量晶体，剩下 2 个能量晶体无法使用"火球术"法术，最终，一个决策失误使这个精灵祭司饮恨成为食人魔的饲料。在这个示例中，我们可以将魔法杖中的魔法加入作为动机的一部分（我们将尽量减少要使用的能量槽数量），但是在游戏中可能有数百个永久效果（例如，打开大门、释放陷阱、保护路线、警告敌人等），所以可能需要成千上万的额外动机。

为了使角色能够正确地预测效果并利用一系列动作，必须引入一定程度的规划。以目标为导向的行动计划扩展了基本的决策过程。它允许角色规划详细的动作序列，从而为其目标提供整体的最佳实现。

5.7.5　整体效用 GOAP

基于效用的 GOB 方案只是考虑单个动作的效果。该动作表明了它将如何改变每个目标值，决策程序使用该信息来预测完整的值的集合，以及随后的总体不满值。

我们可以将其扩展到一系列的多个动作中。假设我们想要确定 4 个动作的最佳顺序，则可以考虑 4 种行为的所有组合，并预测在完成所有操作后的不满值。最低的不满值表示应该首选的动作序列，我们可以立即执行其中的第一个。

这基本上是 GOAP 的结构：开发人员考虑多个动作序列，并尝试找到最符合角色长期目标的序列。在这种情况下，开发人员使用不满值来表示目标是否得到满足。这是一种灵活的方法，并导致一种简单但相当低效的算法。在第 5.7.6 节中，我们还将介绍一种尝试规划动作以满足单个目标的 GOAP 算法。

这里有两个障碍使 GOAP 变得非常困难。首先，有大量可用的动作组合。原始 GOB 算法在时间中的性能为 $O(nm)$，但对于 k 个步骤，这个简单的 GOAP 实现在时间中就是 $O(nm^k)$。对于合理数量的动作（要知道，《模拟人生》可能有数百种可能性），以及合理数量的前瞻步骤，这将导致算法在时间上就长得无法接受。开发人员要么只能使用少量的目标和动作，要么必须通过某种方法来减少这种复杂度。

其次，通过将可用的动作组合成序列，开发人员还没有解决启用或禁用动作的问题。我们不仅需要知道动作完成后目标会是什么样的，而且还需要知道可以采取哪些动作。我们无法从当前集合中寻找 4 个动作的序列，因为当我们开始执行第 4 个动作时，却有可能发现已经无法使用它们。例如，在前面精灵祭司施法的示例中，当她施放出"强效治疗"法术之后，就不会有足够的能量晶体来执行施放"火球术"的动作。

为了支持 GOAP，开发人员需要能够计算出未来世界的状况，并利用它来产生将要出现的动作可能性。也就是说，当我们预测某个动作的结果时，它需要预测出所有的效果，而不仅仅是角色目标的变化。

为了实现这一目标，可以使用一个世界模型，即世界状态的表示方式，它可以在不改变实际游戏状态的情况下轻松修改和操纵。出于我们的目的，这可以是游戏世界的准确模型。通过有意识地限制其模型中允许的内容，也可以对角色的信念（Belief）和知识进行建模。请注意，这里所谓的"信念"是指角色所相信的事实，它不一定就是真的事实。例如，某个角色并不知道桥下有巨魔，那么该巨魔就不应该出现在它的模型中。如果不对角色的信念进行建模，角色的 GOAP 算法将会发现巨魔的存在并在其计划中考虑它。这可能看起来很奇怪，但通常不会引人注意。

为每个角色存储游戏状态的完整副本可能有点小题大做。除非你的游戏状态非常简单，否则通常会有数百到数万项数据需要跟踪。相反，世界模型可以作为差异列表实现：模型仅在与实际游戏数据不同时存储信息。这样，如果算法需要在模型中找到某些数据，它首先会在差异列表中查找。如果在列表中不包含需要的数据，那么算法就可以知道，这些数据在游戏状态中并没有变化，于是就直接从游戏状态中检索它。

1. 算法

我们已经为 GOAP 描述了一个相对简单的问题。GOAP 有许多不同的学术方法，它们会衍生出更复杂的问题域。例如，约束（在一系列动作中不得改变世界的事物）、部分排序（动作序列或动作组，可以按任何顺序执行）和不确定性（不知道某个动作的确切结果是什么）等特性都会增加复杂度，而这些是在大多数游戏中都不需要的。我们即将给出的算法已经算是 GOAP 能够做到的尽量简单的算法，但根据我们的经验，它对于普通游戏应用程序来说仍然是很有用的。

下面从一个世界模型开始（它可以匹配当前的世界状态或代表角色的信念）。从这个模型出发，我们应该能够获得角色的可用动作列表，并且应该能够简单地获取模型的副本。规划由最大深度参数控制，该参数将指示前瞻的步数。

该算法将创建一个世界模型数组，它比深度参数的值要多一个元素。随着算法的推进，这些值将用于存储世界的中间状态。第一个世界模型将被设置为当前的世界模型。它记录了当前的规划深度，最初的深度值为零。它还记录了迄今为止最佳的动作序列及其导致的不适值（Discomfort Value）。

该算法可以按迭代方式工作，在迭代中处理单个世界模型。如果当前深度等于最大深度，则该算法将计算不适值并将其与到目前为止的最佳不适值进行对比。如果新序列是最佳的，则存储它。

　　如果当前深度小于最大深度，则算法将找到当前世界模型上可用的下一个未考虑的动作。它将数组中的下一个世界模型设置为将动作应用于当前世界模型的结果并递增其当前深度。如果没有更多可用的动作，则当前世界模型已经完成，并且算法将当前深度递减一。如果当前深度最终返回到零，则搜索结束。

　　这是一种典型的深度优先（Depth First）搜索技术，无须递归即可实现。该算法将检查所有可能的动作序列，直至最大深度。正如我们前面所提到的，这有点小题大做，即使是不太大的问题也可能需要很长的时间才能完成。糟糕的是，这却是保证从所有可能的动作序列中获得最佳序列的唯一方法。如果我们准备做出牺牲，以便在大多数情况下保证获得相当好的结果，则可以大大缩短执行的时间。

　　为了加快算法的速度，我们可以使用启发式算法，即要求从不考虑导致更高不适值的动作。在大多数情况下，这是一个合理的假设，尽管在许多情况下它可能会失败。人类经常会感到暂时的不适，但是从长远来看，这些不适会给他们带来更大的快乐。例如，没有人喜欢面试，但这是值得的，因为它很可能让人获得工作的回报（或者你希望如此）。

　　另一方面，这种方法确实有助于避免在规划中间发生的一些令人讨厌的情况。回想一下之前的先上厕所还是先喝苏打水的选择问题。如果不看中间的不适值，我们可能会制订一个喝苏打水的计划，这可能会有一个令人尴尬的时刻，最后会有一个合理的不适值。人类不会这样做，他们会选择一个避免事故的规划。

　　为了实现这种启发式算法，我们需要在每次迭代时计算不适值并存储它。如果不适值高于前一深度，则可以忽略当前模型，并且我们可以立即减小当前深度并尝试其他动作。

　　在编写本书时，我们构建了一些原型，它比《模拟人生》类似环境中的速度提高了大约 100 倍，最大深度为 4，每个阶段可选择约 50 个动作。即使最大深度为 2，角色选择动作的方式也会有很大差异（增加深度会使每次可信度的返回减少）。

2．伪代码

　　我们可以通过以下方式实现深度优先的 GOAP：

```
1  function planAction(worldModel: WorldModel, maxDepth: int) -> Action:
2      # 创建每个深度的世界模型的存储
3      # 并且存储相应的动作
4      models = new WorldModel[maxDepth+1]
5      actions = new Action[maxDepth]
6
7      # 设置最初的数据
8      models[0] = worldModel
```

```
 9          currentDepth = 0
10
11          # 记录最佳动作
12          bestAction = null
13          bestValue = infinity
14
15          # 迭代，直至完成所有动作
16          # 并且深度到达 0
17          while currentDepth >= 0:
18              # 检查是否已经到达最大深度
19              if currentDepth >= maxDepth:
20                  # 计算最深度层次的不满值
21                  currentValue =
22                      models[currentDepth].calculateDiscontentment()
23
24                  # 如果当前值是最佳值
25                  # 则存储获得该值的第一个动作
26                  if currentValue < bestValue:
27                      bestValue = currentValue
28                      bestAction = actions[0]
29
30                  # 该深度的检索已经完成，所以深度递减 1
31                  currentDepth -= 1
32
33              # 否则，需要尝试下一个动作
34              else:
35                  nextAction = models[currentDepth].nextAction()
36
37                  if nextAction:
38                      # 有一个要应用的动作
39                      # 复制当前模型
40                      models[currentDepth+1] = models[currentDepth]
41
42                      # 应用动作到副本
43                      actions[currentDepth] = nextAction
44                      models[currentDepth+1].applyAction(nextAction)
45
46                      # 在下一次迭代时处理它
47                      currentDepth += 1
48
49                  # 否则，没有要尝试的动作
50                  # 该层级已经完成
```

```
51            else:
52                 # 回退到下一个最高层级
53                 currentDepth -= 1
54
55     # 迭代已经完成，所以返回结果
56     return bestAction
```

模型数组中 WorldModel 实例之间的赋值如下：

```
models[currentDepth+1] = models[currentDepth]
```

假设这种赋值是通过复制的方式执行的。如果使用引用的方式，则这些模型将指向相同的数据，applyAction 方法将对两者应用动作，这会导致该算法不起作用。

3．数据结构和接口

该算法将使用两种数据结构：Action 和 WorldModel。其中，Action 可以像以前一样实现，而 WorldModel 结构则具有以下格式：

```
1  class WorldModel:
2      function calculateDiscontentment() -> float
3      function nextAction() -> Action
4      function applyAction(action: Action)
```

discontentment 方法应该返回与模型中给出的世界状态相关的总体不满值。这可以使用我们之前使用过的相同目标值总计方法来实现。

applyAction 方法将接受一个动作并将其应用于世界模型。它可以预测该动作对世界模型产生的影响并适当更新其内容。

nextAction 方法将依次遍历可应用的每个有效动作。当动作应用于模型时（即模型被更改），迭代器将重置并开始返回世界新状态可用的动作。如果没有更多的动作要返回，那么它应该返回一个空值。

4．实现说明

可以将此实现转换为类，并且可以将算法拆分为设置例程和执行单次迭代的方法。然后，调度系统可以多次调用函数中 while 循环的内容（有关合适算法的执行管理，请参阅第 10 章），特别是对比较大的问题而言，它是在不影响帧速率的情况下进行良好规划所必需的。

请注意，在该算法中我们只记录并返回了下一个要采取的动作。要返回整个规划，开发人员需要扩展 bestAction 来保存整个序列，然后可以将动作数组中的所有动作分配给

它，而不仅仅是分配第一个元素。

5. 性能

深度优先的 GOAP 的性能在内存中是 $O(k)$，在时间中是 $O(nm^k)$，其中，k 是最大深度，n 是目标数（用于计算不满值），m 是可用动作的平均数量。

添加启发式算法可以大大减少实际执行时间（它对内存的使用没有影响），但缩放的顺序仍然相同。

如果绝大多数的动作都不会改变大多数目标的值，我们只能通过重新计算实际变化的目标贡献的不满值来达到时间上的 $O(nm)$。实际上，这不是一个重大改进，因为检查变化所需的附加代码无论如何都会减慢实现的速度。在我们的实验中，它为一些复杂的问题提供了一个很小的加速，但在简单的问题上性能更差。

6. 弱点

尽管该技术易于实现，但从算法上来说，它给人的感觉仍然非常强大。本书已经强调，作为游戏开发人员，我们要做真正有效的工作。当我们自己建立一个 GOAP 系统时，可能会觉得深度优先搜索有点小儿科（如果从游戏 AI 专家的身份来看则更是如此），所以我们趋向于使用更复杂的方法。但从实际效果来看，复杂算法对于应用而言真的是有点小题大做，我们应该坚持使用简单版本。事实上，对于这种形式的 GOAP，没有比深度优先搜索更好的解决方案了。正如我们所看到的，启发式算法也许可以通过修剪无用的选项带来一些加速，但总体而言仍然是深度优先搜索更胜一筹。

所有这些都假定我们想要使用整体的不满值来指导我们的规划。在本节开始时，我们研究了一种算法，该算法选择单个目标来执行（基于其坚持值），然后选择适当的动作来完成。那么，如果放弃使用不满值并解决这个问题，该怎么办呢？这时我们在第 4 章 "路径发现" 中解释过的 A^* 算法就变得很有作用了。下面就来看一下，如何结合使用 A^* 算法和坚持值来实现 GOAP。

5.7.6　使用 IDA*的 GOAP

我们的问题域包括一系列目标和动作。目标有不同的坚持值水平，允许我们选择一个要追求的目标；动作则告诉我们它们完成了哪些目标。

在第 5.7.5 节中，我们并没有单一的目标，而是试图找到所有可能的动作序列中最好的。现在我们只有一个目标，并且对完成目标的最佳动作序列感兴趣。我们需要对问题进行一些限制，以寻找完全实现目标的动作。与先前尝试尽可能多地减少坚持值的方法相比（完全完成就是将坚持值减少到零的特殊情况），我们现在需要有一个不同的目标来瞄准，否则 A* 算法无法发挥它的魔力。

在这种情况下，我们还需要定义"最佳"。理想情况下，我们想要一个尽可能短的序列。就动作的数量或动作的总持续时间而言，这可能意味着数量要少，时间要很短。如果在每个动作中使用了除时间外的某些资源（如魔力、金钱或弹药），那么也可以将其考虑在内。以与路径发现相同的方式，规划的长度可以是许多因素的组合，只要它可以表示为单个值即可。我们将最终的措施称为规划的成本（Cost of Plan）。理想情况下，我们希望以最低的成本找到该规划。

如果只需要实现单一的目标，并且使成本衡量最小化，我们可以使用 A* 算法来推动规划程序。许多 GOAP 应用程序都使用 A* 算法（以其基本形式），我们在很多情况下都可以找到它的修改版本。本书第 4 章已经详细介绍了 A* 算法，因此对于它的工作原理不再做详细说明。读者可以转到第 4 章，对该算法的工作原理进行更复杂的分析。

1. IDA*

由于可以采取的动作数量很多，因此，动作序列的数量是巨大的。这和路径发现不一样，因为在路径发现中，任何位置都会有若干相对邻近的点，而在某些游戏中，在任何状态下都可能采取数百种可能的动作。

此外，我们可以采取的动作数量也没有限制。除非我们知道什么时候停止寻找，否则可能会连续行动数年或数十年都无法达到目标。

由于目标通常无法实现，因此需要对序列中允许的动作数量添加限制，这相当于深度优先搜索方法中的最大深度。当使用 A* 算法进行路径发现搜索时，我们假设至少有一条到达目标的有效路线，因此需要允许 A* 算法尽可能深地搜索以找到解决方案。最终，路径发现程序将检索所有要考虑的位置并有可能因找不到有效路线而终止。

在 GOAP 中，同样的事情可能不会发生，因为总是有动作要采取，除了尝试每种可能的动作组合，计算机不能判断是否无法达到目标。如果目标无法达到，算法将永远不会终止，但会愉快地使用不断增加的内存量。我们添加了一个最大深度来抑制这种情况。添加此深度限制使我们的算法成为使用 A* 算法的迭代深化版本的理想候选者。

第 4 章讨论的许多 A* 算法变体都适用于 GOAP。开发人员可以使用完整的 A* 算法实现、节点数组 A*，甚至可以使用简化的内存限制 A*（Simplified Memory-bounded A*，SMA*）算法。当然，根据我们的经验，迭代加深 A*（Iterative Deepening A*，IDA*）通常是最佳选择。它能处理大量动作而不会消耗过多的内存，并允许我们轻松限制搜索的深度。在本章的讨论环境中，迭代加深 A* 算法还具有与先前的深度优先算法类似的优点。

2. 启发式算法

所有 A* 算法都需要启发式函数。启发式算法可以估计目标有多远。它允许算法优先考虑接近目标的动作。

我们需要一个启发式函数来估计给定世界模型与完成目标之间的距离。这可能是一件难以估计的事情，特别是当需要较长序列的协调动作时。这可能让它看起来没有取得任何进展，即使它已经有所进展。如果启发式函数完全不可能创建，那么我们可以使用空启发式（即始终返回零估计值的启发式算法）。在路径发现中，这使得 A* 算法的行为与迪杰斯特拉算法的行为相同：检查所有可能的序列。

3. 算法

IDA* 算法首先在起始世界模型上调用启发式函数。该值存储为当前搜索截止值。

然后，IDA* 算法将运行一系列深度优先搜索。每次深度优先搜索都会继续进行，直到它找到一个完成其目标的序列或者检索完所有可能的序列。搜索受最大搜索深度和截止值的限制。如果一系列动作的总成本大于截止值，则忽略该动作。

如果深度优先搜索达到目标，则该算法将返回结果规划。如果搜索无法达到目标，则截止值会略微增加，并开始另一次深度搜索。

截止值增加的幅度是，最小总规划成本大于先前搜索中发现的截止值。

由于 IDA* 算法没有开放列表和封闭列表，所以无法跟踪我们是否在搜索的不同点处发现了重复的世界状态。GOAP 应用程序往往会有大量的此类重复，例如，不同顺序的动作序列通常具有相同的结果。

我们希望避免在每次深度优先搜索中反复搜索相同的一组动作。因此，可以使用置换表（Transposition Table）来帮助完成此操作。置换表通常用于棋盘游戏的 AI 中，我们将在本书第 9 章的棋盘游戏 AI 中再次详细介绍它们。

对于 IDA* 算法来说，置换表是一个简单的哈希。每个世界模型都必须能够为其内容生成良好的哈希值。在深度优先搜索的每个阶段，算法都会对世界模型进行哈希处理，并检查它是否已经在置换表中。如果是，将其留在那里，搜索不会处理它；如果不是，则添加它，再加上用于到达那里的序列中的动作数量。

这与普通哈希表略有不同，每个哈希键有多个条目。常规哈希表可以使用无限数据项，但在加载时会逐渐变慢。在我们的示例中，每个哈希键只能存储一个项。如果另一个世界模型带有相同的哈希键，那么我们可以仅做处理而不存储它，或者引导出它所在的世界模型。这样就可以保持算法的高速度，而不会使内存使用膨胀。要决定是否引导现有条目，可以使用一个简单的经验法则：如果与当前条目关联的移动数量较少，则替换该条目。

图 5.45 显示了其工作原理。世界模型 A 和 B 是不同的，但两者具有完全相同的哈希值。未标记的世界模型具有它们自己唯一的哈希值。世界模型 A 出现两次。如果可以避免考虑第二个版本，则可以节省大量的重复操作。当然，世界模型 B 首先被发现，并且也出现了两次。它的第二次出现发生在后面，随后进行的处理更少。如果需要在不处理第二个 A 或第二个 B 之间做出选择，那么我们希望避免处理 A，因为这会减少我们的整体工作量。

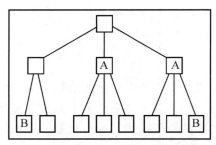

图 5.45　为什么要替换更底层的置换条目

使用这种启发式算法时，在更高层次的世界状态解决冲突哈希值显然更有利。在上述示例中，也是通过这种方法得到了完全正确的行为。

4．伪代码

IDA*的主要算法如下：

```
1   function planAction(worldModel: WorldModel,
2                        goal: Goal,
3                        heuristic: Heuristic,
4                        maxDepth: int) -> Action:
5       # 初始截止值来自起始模型的启发式函数
6       cutoff: float = heuristic.estimate(worldModel)
7
8       # 创建一个置换表
9       transpositionTable = new TranspositionTable()
10
11      # 迭代深度优先搜索，直至发现有效的规划
12      # 或者直至已经知道没有可能的结果
13      while 0 < cutoff < infinity:
14          # 获得新的截止值，或者来自搜索的最佳动作
15          cutoff, action = doDepthFirst(
16              worldModel, goal,
17              transpositionTable, heuristic,
```

```
18                    maxDepth, cutoff)
19
20        # 如果已经有一个动作，则返回它
21        return action
```

绝大多数工作都是在 **doDepthFirst** 函数中完成的，这与之前看到的深度优先 GOAP
算法非常相似：

```
1    function doDepthFirst(worldModel: WorldModel,
2                          goal: Goal,
3                          heuristic: Heuristic,
4                          transpositionTable: TranspositionTable,
5                          maxDepth: int,
6                          cutoff: float) -> (float, Action):
7
8        # 在每个深度上创建世界模型的存储
9        # 以及对应的动作，还有它们的成本
10       models = new WorldModel[maxDepth+1]
11       actions = new Action[maxDepth]
12       costs = new float[maxDepth]
13
14       # 设置初始数据
15       models[0] = worldModel
16       currentDepth: int = 0
17
18       # 记录最小的修剪的截止值
19       smallestCutoff: float = infinity
20
21       # 迭代，直至完成所有动作
22       # 并且深度到达 0
23       while currentDepth >= 0:
24           # 检查是否有目标
25           if goal.isFulfilled(models[currentDepth]):
26               # 可以立即从深度优先搜索返回
27               # 并且包含结果
28               return 0, actions[0]
29
30           # 检查是否已经到达最大深度
31           if currentDepth >= maxDepth:
32               # 已经完成该深度的搜索，所以深度递减 1
33               currentDepth -= 1
34
```

```
35          # 跳转到下一次迭代
36          continue
37
38      # 计算该规划的总体成本
39      # 在所有其他情况下都需要它
40      cost = heuristic.estimate(models[currentDepth]) +
41              costs[currentDepth]
42
43      # 检查是否需要基于成本修剪
44      if cost > cutoff:
45          # 检查是否为最低修剪
46          if cost < smallestCutoff:
47              smallestCutoff = cost
48
49          # 已经完成该深度的搜索，所以深度递减 1
50          currentDepth -= 1
51
52          # 跳转到下一次迭代
53          continue
54
55      # 否则，需要尝试下一个动作
56      nextAction = models[currentDepth].nextAction()
57
58      if nextAction:
59          # 已经应用一个动作，复制当前模型
60          models[currentDepth+1] = models[currentDepth]
61
62          # 应用该动作到副本
63          actions[currentDepth] = nextAction
64          models[currentDepth+1].applyAction(nextAction)
65          costs[currentDepth+1] = costs[currentDepth] +
66                              nextAction.getCost()
67
68          # 检查是否已经看到该状态
69          if not transitionTable.has(models[currentDepth + 1]):
70              # 处理下一次迭代上的新状态
71              currentDepth += 1
72
73      # 否则，不必进行处理
74      # 继续 while 循环的下一次迭代
75      # 移动到下一个动作
76
```

```
77              # 设置置换表中的模型
78              #（如果深度已经改变的话）
79              transitionTable.add(models[currentDepth + 1],
80                                  currentDepth)
81
82          # 否则，没有要尝试的动作
83          else:
84              # 回退到下一个最高深度
85              currentDepth -= 1
86
87      # 迭代已经完成，并且没有发现动作
88      # 返回最小的截止值
89      return smallestCutoff, null
```

5. 数据结构和接口

世界模型与以前完全一样。Action 类现在需要一个 getCost，如果成本仅由时间控制，那么 getCost 可以与之前使用的 getDuration 方法相同。

我们在 Goal 类中添加了一个 isFulfilled 方法。当给出世界模型时，如果目标在该世界模型中得到满足，便返回 true。

启发式对象具有一个 estimate 方法，其返回从给定世界模型达到目标的成本的估计。

我们已经添加了一个 TranspositionTable 数据结构，其中包含以下接口：

```
1  class TranspositionTable:
2      function has(worldModel: WorldModel) -> bool
3      function add(worldModel: WorldModel, depth: int)
```

假设有一个可以从世界模型生成哈希整数的哈希函数，那么开发人员可以通过以下方式来实现置换表：

```
1  class TranspositionTable:
2      # 保存单个表的条目
3      class Entry:
4          # 保存条目的世界模型
5          # 所有条目刚开始的时候都是空的
6          worldModel = null
7
8          # 保存世界模型被发现时的深度
9          # 这在刚开始是无限的
10         # 因为在 add 方法中使用的置换策略可以按相同方式
11         # 看待所有条目，无论它们是否是空的
```

```
12              depth = infinity
13
14      # 固定大小的条目的数组
15      size: int
16      entries: Entry[size]
17
18      function has(worldModel: WorldModel) -> bool:
19          # 获取哈希值
20          hashValue: int = hash(worldModel)
21
22          # 查找条目
23          entry: Entry = entries[hashValue % size]
24
25          # 检查该条目是否正确
26          return entry.worldModel == worldModel
27
28      function add(worldModel: WorldModel, depth: int)
29          # 获取哈希值
30          hashValue: int = hash(worldModel)
31
32          # 查找条目
33          entry: Entry = entries[hashValue % size]
34
35          # 检查该条目是否是正确的世界模型
36          if entry.worldModel == worldModel:
37              # 如果有更低的深度，则使用新的一个
38              if depth < entry.depth:
39                  entry.depth = depth
40
41          # 否则会发生冲突（或空白槽位）
42          else:
43              # 如果新的深度更低，则替换该槽位
44              if depth < entry.depth:
45                  entry.worldModel = worldModel
46                  entry.depth = depth
```

　　置换表通常不需要很大。例如，在一次 10 个动作和深度为 10 的问题中，我们可能仅使用 1000 个元素的置换表。与往常一样，要在运行速度和内存使用之间进行完美权衡，不断进行实验和程序概要分析是其关键。

6. 实现说明

　　doDepthFirst 函数返回两项数据：截止的最小成本和要尝试的动作。在诸如 C++之类

的语言中，多次返回是不方便的，截止值通常通过引用传递，因此可以在原来的位置进行更改。

7. 性能

IDA*算法在内存中的性能是 O(t)，其中，t 是置换表中的条目数。它在时间中的性能是 O(n^d)，其中，n 是每个世界模型的可能动作的数量，d 是最大深度。这看起来与详尽搜索所有可能的替代方案的时间相同。实际上，在搜索中对分支进行大量修剪意味着使用 IDA*算法将可以获得很大的速度。但是，在最糟糕的情况下（例如，当缺乏有效的规划时，或者当唯一正确的规划也是成本最高的规划时），我们将需要完成几乎与穷举搜索一样多的工作。

5.7.7　"散发气味"的 GOB

一种制作可信的 GOB 的有趣方法与本书第 11.4 节"感觉管理"中讨论的感官知觉模拟有关。

在这个模型中，角色可以拥有的每个动机（例如，"就餐"或"查找信息"）被表示为一种气味，它逐渐扩散到整个游戏关卡内。对象具有与它们相关联的动作，并且可以发出这种"气味"的混合物，对于其动作所影响的每个动机都是如此。例如，烤箱可以发出"我可以提供食物"的气味，而床可以发出"我可以让你休息"的气味。

面向目标的行为可以通过让一个角色跟随其动机的气味来实现它，这个动机的气味与它的满足高度相关。例如，一个非常饥饿的角色会跟随"我可以提供食物"的气味，然后找到通往炊具的路途。

这种方法减少了对游戏中复杂路径发现的需求。如果角色有 3 种可能的食物来源，那么传统的 GOB 将使用路径发现程序来查看每种食物来源获取的难度，然后角色将选择最方便的来源。

气味可以从食物所在的位置扩散开来。在拐角处移动需要时间，它无法穿过墙壁，并且会自然地发现通过复杂关卡的路线。它还可能包括信号的强度：食物来源地的气味最大，距离越远，气味就越淡薄。

要避免路径发现，角色可以朝每一帧的最大气味浓度方向移动。这自然会与气味到达角色的路径方向相反：角色的鼻子正对着它的目标。同样地，因为气味的强度消失，角色将自然地朝最容易到达的源移动。

这可以通过允许不同的源发射不同的强度来扩展。例如，像肯德基或麦当劳这样的快餐食品可以发出少量信号，而丰盛的食物则可以发出更多的信号。角色可能会倾向于营养较少的食物，这些食物非常方便，同时也会努力烹饪均衡的膳食。如果没有这种扩展，则角色将始终在厨房里寻找快餐食品。

在《模拟人生》游戏中，使用了这种"气味"方法来指导角色采取合适的动作。它实现起来相对简单（可以使用本书第 11 章"世界接口"中提供的感知管理算法）并提供了大量实际行为。当然，它也有一些限制，在应用于游戏之前需要进行修改。

许多动作都需要多个步骤。例如，烹饪一顿正餐需要找到一些食材，进行烹饪，然后才能享用。角色也可能找到不需要烹饪的食物。如果角色没有携带任何食材，那么在走过炊具时就没有必要让炊具发出"我可以提供食物"的信号。

这种类型中的重要标题通常将两种不同解决方案的元素组合到这个问题中，它允许更丰富的信号词汇，并使这些信号的发射取决于游戏中角色的状态。

1．基于动作的信号

开发人员可以增加游戏中"气味"的数量以允许捕获不同动作的细微差别。但是，对于提供食材而不是熟食的对象，可能会产生不同的气味，这降低了解决方案的简洁程度，使角色不再能够轻松地追踪它们所寻求的特定动机。所以，现在可以考虑不再扩散表示动机的信号，而改为有效地表示单独的动作。例如，可以扩散"我可以烹饪食材"的信号，而不是"我可以喂你食物"的信号。

这意味着角色需要执行正常的 GOB 决策制定步骤，以确定执行哪个动作才能最好地完成当前目标。角色的动作选择不仅取决于它们所知道的动作，还取决于它们可以在当前位置检测到的动作信号模式。

另一方面，该技术支持大量可能的动作，并且可以在创建新的对象集时轻松扩展。

2．与角色相关的信号

另一种解决方案是确保对象仅在能被角色使用的特定时间内才发出信号。例如，角色携带了一份食材，那么它可能被烤箱吸引（烤箱现在发出"我可以给你食物"的信号）。如果同一个角色没有携带任何食材，那么冰箱可能会发出"我可以给你食物"的信号，而烤箱则不会发出任何信号。

这种方法非常灵活，可以大大减少实现复杂动作序列所需的规划量。

但是，它有一个显著的缺点，即在游戏周围扩散的信号现在依赖于一个特定的角色。如果有两个角色，它们不太可能携带完全相同的物体或能够执行完全相同的一组动作。这意味着每个角色需要单独的感官模拟。当游戏中只有一些缓慢移动的角色时，这不是问题（角色每隔几百帧就会做出决策，并且感官模拟很容易在很多帧上分割），但对于更大或更快的模拟，这是不切实际的。

5.8　基于规则的系统

20 世纪 70 年代和 80 年代初期，基于规则的系统是人工智能研究的先锋。许多最著名的 AI 程序都是通过它们构建的，并且在所谓的"专家系统"化身中，它们是最著名的 AI 技术。基于规则的系统已经在游戏中使用了至少 20 年，不过，因为缺乏效率且难以实现，这种方法使用得非常少，类似的行为几乎总是可以使用决策树或状态机以更简单的方式实现。

但是，基于规则的系统确实有自己的优势，特别是当角色需要对世界进行推理，而又无法由设计师进行预测并编码到决策树中时。

基于规则的系统具有由两个部分组成的通用结构：包含 AI 可用知识的数据库和一组 IF-THEN 规则。

规则可以检查数据库以确定其 IF 条件是否满足。满足条件的规则会被触发。被触发的规则可以选择激发，然后执行其 THEN 组件（见图 5.46）。

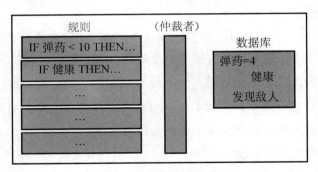

图 5.46　基于规则的系统

这与我们在状态机转换中使用的命名法相同。但是，在这种情况下，规则将基于数据库中的内容触发，并且它们的效果可以比状态转换更具普遍性。

许多基于规则的系统还添加了第三个组成部分——仲裁者（Arbiter），它决定哪一个被触发的规则可以激发。

接下来将讨论一个简单的基于规则的系统，以及一项常见的优化，然后回过头来介绍仲裁者。

5.8.1　问题

我们将构建一个基于规则的决策系统，其中包含传统 AI 中基于规则的系统的许多典型特征。我们的规范相当复杂，可能比许多游戏需要的还要灵活，当然，状态机或决策树很可能可以按更简单的方式实现相同的效果。

本节将调查由许多基于规则的系统实现共享的一些属性。以下算法将支持每个属性。我们将使用非常松散的语法来介绍数据库和规则的内容。它仅用于说明原理。以下小节提出了可以实现的每个组成部分的结构。

1. 数据库匹配

规则的 IF 条件与数据库匹配，成功的匹配会触发规则。条件通常称为模式（Pattern），通常由与数据库中内容相同的事实组成，并且可以使用布尔运算符（如 AND、OR 和 NOT）组合在一起。

假设有一个数据库，其中包含了有关团队中士兵生命值的信息。在某个时间点，该数据库包含以下信息：

> 卡普顿的生命值是 51
> 约翰逊的生命值是 38
> 塞伊尔的生命值是 42
> 威士科的生命值是 15

当通信专家威士科（代码中使用的英文原名为 Whisker）的生命值降至 0 时，需要将她的无线电设备取下来。我们可能会使用一个规则，当它看到类似以下模式时即触发：

> 威士科:生命值 = 0

当然，该规则只应在威士科仍有无线电设备的情况下才触发。因此，首先需要将适当的信息添加到数据库中。该数据库现在包含以下信息：

> 卡普顿的生命值是 51
> 约翰逊的生命值是 38
> 塞伊尔的生命值是 42
> 威士科的生命值是 15
> 威士科持有无线电设备

现在，我们的规则可以使用布尔运算符。该模式变为：

> 威士科的生命值是 0 AND 威士科持有无线电设备

在实践中，我们希望能够更灵活地使用可以匹配的模式。在示例中，如果威士科受伤严重，那么也需要把她的无线电设备取下来，而不仅仅是因为她已经死了才取下。因此该模式应该匹配一个范围：

> 威士科的生命值 < 15 AND 威士科持有无线电设备

到目前为止，我们已经熟悉了基本的规则。它类似于我们为触发状态转换或在决策树中做出决策而进行的测试。

为了提高系统的灵活性，将通配符添加到匹配中会很有用。例如，假设有以下模式：

任何人的生命值 < 15

如果数据库中有任何人的生命值低于 15，可以匹配此模式。同样，假设有以下模式：

任何人的生命值 < 15 AND 任何人的生命值 > 45

这样可以确保有很健康的人（例如，我们可能希望很健康的人扶持虚弱者）。

许多基于规则的系统使用更高级的通配符模式匹配类型，这被称为统一（Unification），它可以包括通配符。在介绍主算法之后，将在本节后面讨论统一的概念。

2．条件-动作规则

条件-动作规则（Condition-Action Rule）可以使角色在数据库中找到匹配项时执行某些动作。虽然开发人员可以编写直接修改游戏状态的规则，但该动作通常会在基于规则的系统之外运行。

仍以前面的团队为例，我们可以制定以下一条规则：

IF 威士科的生命值是 0 AND 威士科持有无线电设备
THEN 塞伊尔:拾取无线电设备

如果该模式匹配，并且规则激发，则基于规则的系统告诉游戏，塞伊尔（代码中使用的英文原名为 Sale）应该拾取威士科持有的无线电设备。

这不会直接更改数据库中的信息。我们不能假设塞伊尔可以真正地拾取无线电设备。威士科可能已经从悬崖上掉下去了，并且没有安全的下降方式。塞伊尔的动作可能以多种不同的方式失败，数据库应该只包含有关游戏状态的知识。实际上，让数据库包含 AI 的信念有时是有益的，在这种情况下，所产生的动作更有可能失败。

拾取无线电设备是一种游戏动作：基于规则的系统将作为一种决策程序，选择执行该动作。游戏将确定该动作是否成功，如果成功则更新数据库。

3．数据库重写规则

也有一些其他的情况，规则的结果可以直接合并到数据库中。

在用于飞行员的 AI 中，我们可能有一个包含以下内容的数据库：

剩余 1500kg 燃料
距离基地 100km
发现敌人：敌人 42，敌人 21
目前正在巡逻

前 3 个元素：燃料、与基地的距离和发现敌人都是由游戏代码控制的。它们指的是游戏状态的属性，只能通过 AI 调度动作进行更改。但是，最后两项（发现敌人和巡逻）是 AI 的特定项，对游戏的其余部分没有任何意义。

假设我们想要制定一个规则，如果发现了敌人，则将飞行员的目标从"巡逻区域"修改为"攻击"。在这种情况下，我们不必要求游戏代码安排"更改目标"动作，只要使用以下一条规则来说明即可：

```
IF 发现的敌人数量 > 0 并且目前正在巡逻 THEN
    remove（目前正在巡逻）
    add（攻击看到的第一个敌人）
```

remove 函数可以从数据库中删除一段数据，add 函数则会添加一个新数据。如果没有删除第一段数据，则将留下一个包含"巡逻区域"和"攻击"这两个目标的数据库。在某些情况下，这可能是正确的做法（例如，当入侵者被摧毁时，飞行员可以返回"巡逻区域"）。

我们希望能够结合以下两种效果：一是那些要求动作由游戏执行的效果，二是可以由数据库操纵的效果。我们还希望执行任意代码作为规则激发的结果，以获得额外的灵活性。

4. 前向链接和后向链接

到目前为止，我们已经描述过基于规则的系统，以及在游戏的制作代码中看到过的唯一一个被称为前向链接（Forward Chaining）的系统。它从一个已知的信息数据库开始，并重复应用改变数据库内容的规则（直接或通过角色动作改变游戏状态）。

在游戏 AI 的其他领域对基于规则的系统的讨论将提到后向链接（Backward Chaining）。后向链接从给定的知识片段开始，这种知识可以在数据库中找到。该数据片段是目标。然后，系统将尝试计算出一系列规则激发，这些规则将从当前数据库内容引导到目标。它通常通过后向计算来做到这一点，查看规则的 THEN 组成部分，以了解是否可以生成目标。如果它找到可以生成目标的规则，那么它会尝试弄清楚如何满足这些规则的条件，这可能涉及查看其他规则的 THEN 组成部分，等等，直至在数据库中找到所有条件。

虽然后向链接是许多领域中非常重要的技术（如定理证明和规划），但我们还没有在游戏中看到过任何使用它制作的 AI 代码。我们可以设想一些它在游戏中可能非常有用的情形，但由于本书的目的不在于此，所以将忽略其实际应用。

5. 数据库中的数据格式

数据库包含角色的知识。它必须能够包含任何类型的游戏相关数据，并且应该识别每个数据项。如果我们想要将角色的生命值存储在数据库中，就需要生命值和指示该值意义的一些标识符，但这并不足够。

如果我们对存储布尔值感兴趣，那么使用标识符本身就足够了。如果布尔值为 true，则该标识符放在数据库中；如果布尔值为 false，则该标识符不包括在其中：

```
燃料 = 1500kg
巡逻区域
```

在该示例中，"巡逻区域"目标就是这样一个标识符。它是一个没有值的标识符，我们可以假设它是一个值为 true 的布尔值。另一个示例数据库条目具有标识符（即"燃料"）和值（1500）。现在可以将 Datum 定义为数据库中的单个项。它由一个标识符和一个值组成。它可能不需要值（如果它是一个值为 true 的布尔值），但为了方便起见，可以假设它是显式定义的。

数据库仅包含这种 Datum 对象是不方便的。在角色的知识囊括整个火力攻击团队的游戏中，我们可以定义以下数据结构：

```
卡普顿的武器  = 来复枪
约翰逊的武器  = 机关枪
卡普顿的来复枪子弹 = 36
约翰逊的机关枪子弹 = 229
```

这种嵌套可能会非常深。如果试图找到卡普顿（代码中使用的英文原名为 Captain）现存的弹药，则可能需要检查若干个可能的标识符，看一看是否有以下任何弹药存在：Captain's-rifle-ammo（卡普顿的来复枪子弹）、Captain's-RPG-ammo（卡普顿的 RPG 破甲火箭弹）以及 Captain's-machine-gun-ammo（卡普顿的机关枪子弹）等。

因此，开发人员会更希望为数据使用分层格式。我们可以扩展 Datum，使其保存一个值或保存一组 Datum 对象。这些 Datum 对象中的每一个同样可以包含值或进一步的列表。数据可以嵌套到任何深度。

请注意，Datum 对象可以包含多个 Datum 对象，但只能包含一个值。该值可以是游戏理解的任何类型，当然，如果需要，也可以包含结构，而在结构中又可以包括许多不同变量甚至是函数的指针。数据库将所有值视为它不理解的不透明类型，包括内置类型。

可以将数据库中的一个 Datum 象征性地表示为：

```
(identifier content)
```

其中，content 是 Datum 对象的值或列表。我们可以将之前的数据库示例表示为：

```
1   (Captain's-weapon (Rifle (Ammo 36)))
2   (Johnson's-weapon (Machine-Gun (Ammo 229)))
```

该数据库有两个 Datum 对象。两者都包含一个 Datum 对象（武器类型）。接下来，每个武器类型还包含更深层的一个 Datum 对象（弹药）。在此之后，嵌套才停止，弹药（Ammo）只有一个值。

开发人员可以扩展此分层结构，以便在一个标识符中保存一个人的所有数据：

```
1   (
2       Captain (Weapon (Rifle (Ammo 36) (Clips 2)))
3       (Health 65)
4       (Position [21, 46, 92])
5   )
```

拥有这种数据库结构将使得开发人员能够灵活地实现更复杂的规则匹配算法，这反过来也将允许开发人员实现更强大的游戏 AI。

6. 通配符的表示法

我们使用的表示法（Notation）类似于 LISP 语言，因为直到 20 世纪 90 年代，LISP 几乎是游戏 AI 的首选语言，如果你阅读过有关基于规则的系统的任何论文或书籍就会很了解，它是一个满足我们需要的简化版本。在此语法中，通配符（Wild Card）通常可以写为：

```
(?anyone (Health 0-15))
```

该通配符也常被称为变量（Variable）。

5.8.2　算法

我们可以从包含数据的数据库开始。一些外部函数集需要将数据从当前游戏状态传输到数据库中。可以在数据库中保留附加数据（例如，使用基于规则的系统的角色的当前内部状态）。这些函数不是此算法的一部分。

该算法还提供了一套规则。规则的 IF 子句包含在由任何布尔运算符（AND、OR、NOT、XOR 等）连接的数据库中匹配的数据项。匹配的方法可以是通过任何值的绝对值，或者是通过数字类型的小于、大于或者在范围内的运算符。

我们假设该规则是条件-动作规则：它们总是调用某些函数。通过更改动作中数据库内的值，可以轻松地在此框架中实现数据库重写规则。这反映了游戏中使用的基于规则的系统的偏差，它往往包含比数据库重写更多的条件-动作规则，这与许多工业 AI 系统有所不同。

基于规则的系统可以在迭代中应用规则，并且可以连续运行任意数量的迭代。可以在每次迭代之间更改数据库，方法是要么通过已激发的规则，要么因为其他代码更新其内容。

基于规则的系统只是检查其每个规则，以查看它们是否在当前数据库上触发。触发的第一个规则将被激发，并且运行与该规则关联的动作。

这是用于匹配的简单算法：它只是尝试每种可能性来查看是否有效。除了系统要最简单，最好还要使用更有效的匹配算法。简单的算法是本书提到的踏脚石之一，它本身可能没有用，但在进入更完整的系统之前，这对于理解基础知识的工作方式至关重要。在本节的后面部分将介绍 Rete，这是一种快速匹配的行业标准。

5.8.3 伪代码

基于规则的系统具有以下形式的极其简单的算法：

```
1   function ruleBasedIteration(database: DataNode, rules: Rule[]):
2       # 轮流检查每一个规则
3       for rule in rules:
4           # 创建 bindings 空集
5           bindings = []
6
7           # 检查规则的触发情况
8           if rule.ifClause.matches(database, bindings):
9               # 激发该规则
10              rule.getActions(bindings)
11
12              # 完成该迭代之后退出
13              break
14
15      # 如果到达这里，说明没有发现任何匹配
16      # 使用后退动作，或者简单地什么也不做
```

该规则中 IF 子句的 matches 函数将通过数据库检查以确保子句匹配。

5.8.4 数据结构和接口

通过如此简单的算法，使得大多数工作都可以在数据结构中完成，这并不令人惊讶。

特别是，matches 函数正在承担主要负担。在给出用于规则匹配的伪代码之前，我们需要了解数据库的实现方式以及规则的 IF 子句如何对其进行操作。

1. 数据库

数据库可以只是数据项的列表或数组，由 DataNode 类表示。数据库中的 DataGroups 包含其他数据节点，因此整个数据库变成了信息树。

该树中的每个节点都具有以下基本结构：

```
1  class DataNode:
2      identifier: string
```

非叶节点对应于数据中的数据组，并具有以下形式：

```
1  class DataGroup extends DataNode:
2      children: DataNode[]
```

树中的叶节点包含实际值，并具有以下形式：

```
1  class Datum extends DataNode:
2      value: any
```

数据组的子节点可以是任何数据节点，它要么是另一个数据组，要么是一个 Datum。为清楚起见，我们将假设某种形式的多态性，尽管实际上会将其实现为组合所有 3 种结构的数据成员的单一结构，并且往往效果更好。

2. 规则

规则具有以下结构：

```
1  class Rule:
2      ifClause: Match
3      function getActions(bindings: Bindings)
```

ifClause 可用于匹配数据库，详见下文说明。getActions 函数可以执行任何所需的操作，包括修改数据库的内容。它采用了一个绑定列表，该列表包含了数据库中与 IF 子句中的任何通配符匹配的项。

3. IF 子句

IF 子句由一组数据项组成，其格式与数据库中的数据类似，由布尔运算符连接。它们需要能够匹配数据库，因此可以使用通用数据结构作为 IF 子句中元素的基类：

```
1  class Match:
2      function matches(database: DataNode,
3                       bindings: out Bindings) -> bool
```

bindings 参数既是输入又是输出，因此可以通过引用来传递（所使用的编程语言需要支持引用传递方式）。它最初应该是一个空列表（这可以在上面的 ruleBasedIteration 驱动函数中初始化）。当 IF 子句的一部分与"毫无妨碍"的值（通配符）匹配时，它将被添加到 bindings 绑定参数中。

IF 子句中的数据项与数据库中的数据项类似。但是，我们还需要两个额外的改进。首先，需要能够为标识符指定一个"毫无妨碍"的值来实现通配符。这可以只是一个为此目的而保留的预先安排的标识符。

其次，我们需要能够指定一系列值的匹配。使用小于运算符或大于运算符匹配单个值可以通过匹配范围来执行。对于单个值来说，该范围的宽度是零；对于小于或大于比较来说，它有一个边界，但本身可以是无限个值中的一个。可以使用范围作为最一般性的匹配。

因此，树的叶节点处的 Datum 结构可以被采用以下形式的 DatumMatch 结构替代：

```
1  class DatumMatch extends Match:
2      identifier: string
3      minValue: float
4      maxValue: float
```

布尔运算符的表示方式与状态机相同，我们可以使用一组多态的类：

```
1  class And extends Match:
2      match1: Match
3      match2: Match
4
5      function matches(database: DataNode,
6                       bindings: out Bindings) -> bool:
7          # 如果两个次级匹配都是匹配的，则返回 true
8          return  match1.matches(database, bindings) and
9                  match2.matches(database, bindings)
10
11 class Not extends Match:
12     match: Match
13
14     function matches(database: DataNode,
15                      bindings: out Bindings) -> bool:
```

```
16          # 如果次级匹配不匹配，则返回 true
17          # 请注意，这里传递的是新的 bindings 列表
18          # 因为我们对发现的任何值都不关心
19          # 我们可以确认不会有匹配的值
20          return not match.matches(database, [])
```

其他运算符也可以照此做法。请注意，在第 5.3 节"状态机"中介绍多态布尔运算符时提出的实现警告在这里也是适用的。相同的解决方案也可以应用于优化代码。

最后，我们需要能够匹配数据组，并且需要能够支持标识符的"毫无妨碍"的值，但我们不需要基本数据组结构中的任何其他数据。数据组匹配如下：

```
1  class DataGroupMatch extends Match:
2      identifier: string
3      children: Match[]
```

4. 项目匹配

这种结构使得开发人员可以轻松地将数据项的匹配组合在一起。现在可以来讨论如何对数据项本身执行匹配。

基本技术是将规则中的数据项与数据库中的任何项进行匹配。规则中的数据项被称为测试项（Test Item），而数据库中的任何项则被称为数据库项（Database Item）。由于数据项是嵌套的，因此我们将使用递归过程，该过程对数据组和 Datum 将采取不同的行为。

当然，无论是处理数据组还是处理 Datum，如果测试数据组或测试 Datum 是数据项的根（即它不包含在另一个数据组中），那么它可以匹配数据库中的任何项，我们将依次检查遍历每个数据库项；如果它不是根，那么它将仅限于匹配特定的数据库项。

matches 函数只能在基类 Match 中实现。它只是尝试匹配数据库中的每个单独项，一次一个。它有以下算法：

```
1  class Match:
2      # ... 成员数据和以前一样
3      function matches(database: DataNode,
4                       bindings: out Bindings) -> bool:
5          # 遍历数据库中的每一项
6          for item in database:
7              # 如果有任何项匹配，则认为已经匹配
8              if matchesItem(item, bindings):
9                  return true
10
```

```
11          # 无法匹配任何项
12          return false
```

这只是比照 matchesItem 方法尝试数据库中的每个单独项。matchesItem 方法应检查特定数据节点是否匹配。如果数据库中有任何项匹配，则整个匹配成功。

1）Datum 匹配

如果数据库项具有相同的标识符并且有一个在其边界内的值，则测试项就被认为是匹配的。它有以下简单的形式：

```
1  class DatumMatch extends DataNodeMatch:
2      # ... 成员数据和以前一样
3      function matches(database: DataNode,
4                       bindings: out Bindings) -> bool:
5          # 是否是相同类型的项
6          if not item isinstance Datum:
7              return false
8
9          # 标识符是否匹配
10         if identifier.isWildcard() and identifier != item.identifier:
11             return false
12
13         # 该值是否合适
14         if minValue <= item.value <= maxValue:
15             # 是否需要添加到 bindings 列表
16             if identifier.isWildcard():
17                 # 添加绑定项
18                 bindings.appendBinding(identifier, item)
19             # 因为已经匹配，所以返回 true
20             return true
21
22         # 否则返回 false
23         else:
24             return false
```

如果该标识符是一个通配符，则 isWildcard 方法应返回 true。如果你使用字符串作为标识符并希望使用 LISP 样式的通配符名称，则可以检查第一个字符是否为问号。

绑定列表已经给出了一个 appendBinding 方法，该方法添加了一个标识符（它始终是一个通配符）和它所匹配的数据库项。例如，如果在 C++ 中使用了一个 STL 列表，则可以将它作为 pair 模板的列表并追加一个新的标识符，即项目对（Item Pair）。或者，我们也可以使用由标识符索引的哈希表。

2）数据组匹配

测试数据组与数据库数据组匹配的条件是：数据组的标识符匹配，并且其所有子项与数据库数据组的至少一个子项匹配。并非数据库数据组的所有子项都需要匹配。

例如，如果要搜索以下匹配项：

```
(?anyone (Health 0-54))
```

则希望以下项是匹配的：

```
(Captain (Health 43) (Ammo 140))
```

即使在测试数据组中没有提到弹药。

数据组的 matchesItem 函数具有以下形式：

```
1   class DataGroupMatch extends DataNodeMatch:
2       # ... 成员数据和以前一样
3       function matches(database: DataNode,
4                        bindings: out Bindings) -> bool:
5           # 是否是相同类型的项
6           if not item isinstance DataGroup:
7               return false
8
9           # 标识符是否匹配
10          if identifier != WILDCARD and identifier != item.identifier:
11              return false
12
13          # 每个子项是否存在
14          for child in this.children:
15              # 使用项目的子项，就好像它是一个数据库
16              # 并且按递归的方式调用匹配
17              if not child.matches(item.children):
18                  return false
19
20          # 必须匹配所有子项
21
22          # 是否需要添加到 bindings 列表
23          if identifier.isWildcard():
24              # 添加绑定项
25              bindings.appendBinding(identifier, item)
26
27          return true
```

5. 小结

图 5.47 显示了所有类和接口的示意图。

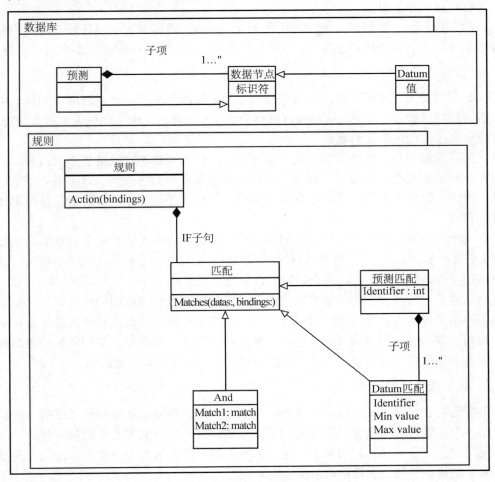

图 5.47 匹配系统的 UML 类图

该图是标准的 UML 类图形式。即使不是 UML 专家也可以很清楚地理解它。有关 UML 的更多信息，请参阅附录参考资料[48]。

5.8.5 规则仲裁

可能会同时在数据库上触发多个规则。每条规则都适用，但只有一条规则可以激发。

在上述算法中，我们假设允许第一个触发规则进行激发，而不考虑其他规则。这是一个简单的规则仲裁算法：优先适用（First Applicable）。只要我们的规则按优先级顺序排列，那么它就可以工作得很好。

一般来说，基于规则的系统中的仲裁者（Arbiter）需要很大一段代码，用于当有多个规则触发时决策哪些规则会激发。仲裁有许多常见的方法，每种方法都有自己的特点。

1. 优先适用

这是到目前为止使用的算法。这些规则以固定的顺序提供，并且已触发的列表中的第一条规则得以激发。排序将强制执行严格的优先级顺序：出现在列表中更前面的规则，其优先级高于出现在后面的规则。

当然，这种仲裁策略经常会出现严重的问题。如果规则不更改数据库的内容，并且未强制执行外部更改，则每次系统运行时都会继续激发相同的规则。这可能是规则所必需的（例如，如果规则指示基于数据库的内容采取什么操作），但它通常会导致无休止重复的问题。

有一个简单的扩展可用于降低此问题的严重性。不应该无休止重复的规则一旦被激发就会挂起（Suspend）。只有在数据库的内容发生变化时，它们的挂起才会取消。这涉及跟踪每个规则的挂起状态，并在数据库被修改时将其清除。

糟糕的是，每当数据库被修改时，清除挂起仍然可以允许相同的状况发生。如果数据库中的某些内容不断变化（通常情况下，每一帧都会将来自游戏世界的信息写入其中），但导致问题规则触发的数据项是稳定的，那么该规则将继续激发。某些实现会跟踪规则触发的各个数据项，并挂起一个已激发的规则，直到这些特定项更改为止。

2. 最近最少使用

链接的列表包含系统中的所有规则。与前面一样，该列表是按顺序考虑的，并且列表中第一个被触发的规则将得到激发。当规则激发时，它将从列表中的位置移除并添加到末尾。过了一会儿之后，该列表中包含的规则即与已使用的顺序相反，因此，选择第一个触发的规则类似于选择最近最少使用的规则。

这种方法针对循环性的问题特别有效。它确保了激发的机会尽可能地分布在所有规则上。

3. 随机规则

如果触发多个规则，则随机选择一个规则并允许其激发。

与以前的算法不同，这种仲裁者需要检查每个规则并获得所有已触发的规则的列表。通过这样的列表，它可以选择一个成员并进行激发。以前的算法只能遍历列表，直至找到第一个已触发的规则。该仲裁方案相应地效率较低。

4．最特殊的条件

如果规则的条件很容易满足，并且数据库会定期触发它，那么它很可能是在许多情况下都有用的一般性规则，但不是特殊的规则。另一方面，如果规则具有难以满足的条件，并且系统发现触发它也很困难，那么它对于当前状况来说可能是非常特殊的。因此，与更一般性的规则相比，应该优先考虑更特殊的规则。

在基于规则的系统中，如果条件以布尔组合子句表示，那么子句的数量就是规则特殊性的良好指标。

特殊性只能根据规则的结构来判断。优先级顺序可以在使用系统之前计算，并且可以按顺序排列规则。因此，仲裁者的实现与优先适用方法完全相同。我们只需要添加一个离线步骤即可根据条件中的子句数自动调整规则顺序。

5．动态优先级仲裁

任何数字优先级系统都与优先适用的方法相同，如果这些优先级在系统运行时不会改变。我们可以简单地按优先级的降序排列规则，然后运行第一个触发的规则。当简单的优先适用的方法在实践中应该相同时，在一些文档或书籍中，却误解了基于优先级的仲裁，并且毫无作用地描述了静态优先级的优先级仲裁算法。当然，如果它们是动态的，那么优先级可以是非常有用的。

每个规则可以根据其动作在当前状况下的重要性返回动态优先级。例如，假设我们有一个匹配"缺乏医疗包"的规则，并安排一个动作来发现医疗包。当角色的生命值很高时，规则可能会返回非常低的优先级。如果有任何其他规则被触发，发现医疗包的规则将被忽略，因此角色将继续执行它正在做的事情，并且只有在无法找到替代方案时才会去寻找医疗包。但是，当角色接近死亡时，该规则将返回一个非常高的优先级：角色将停止它正在做的事情并去寻找医疗包以便恢复自己的生命值。

我们可以使用若干个规则来实现动态优先级（例如，一个用于"缺乏医疗包 AND 生命值很低"，另一个用于"缺乏医疗包 AND 生命值很高"）。但是，使用动态优先级可以使规则逐渐变得更加重要，而不是突然成为最高优先级。

仲裁者检查所有规则并编译触发的规则列表。它请求列表中每个规则的优先级，并选择优先级最高的规则进行激发。

就像随机规则选择一样，这种方法涉及在决定触发哪个规则之前搜索所有可能的规则。它还添加了一个方法调用，该方法可能涉及搜索数据库的规则以获取指导其优先级计算的信息。这是迄今为止所介绍的 5 种算法中最灵活，但是最耗时的仲裁算法。

5.8.6　统一

假设在我们之前的例子中，通信专家威士科最终死亡，她的同事塞伊尔接管了无线电设备。现在假设塞伊尔受到严重伤害，需要由其他人来携带无线电设备。我们可以简单地为每个人制定在受伤和携带无线电设备时匹配的规则。

我们可以改为引入一个规则，其模式包含通配符：

```
1  (?person (health 0-15))
2  AND
3  (Radio (held-by ?person))
```

?person 名称可以与任何人的名字匹配。这些通配符的行为与传统通配符（我们在上面的"项目匹配"小节中介绍的那种）略有不同。如果它们是普通的通配符，那么该规则将匹配数据库：

```
1  (Johnson (health 38))
2  (Sale (health 15))
3  (Whisker (health 25))
4  (Radio (held-by Whisker))
```

?person 将首先匹配 Sale，而第二个匹配的则是 Whisker。这不是我们想要的结果。我们想要两个人都是同一个人。

在统一（Unification）算法中，将匹配一组通配符，以便它们都指向相同的事物。在我们的示例中，规则与上述数据库不匹配，但它将匹配以下内容：

```
1  (Johnson (health 38))
2  (Sale (health 42))
3  (Whisker (health 15))
4  (Radio (held-by Whisker))
```

其中，两个通配符都匹配相同的事物：Whisker。

如果我们想要将不同的人与每个通配符匹配，可以通过为每个通配符提供不同的名称来请求。例如，可以使用以下形式的模式：

```
1  (?person-1 (health 0-15))
2  AND
3  (Radio (held-by ?person-2))
```

统一算法是非常重要的，因为它使规则匹配变得更加强大。在没有统一算法的情况下，为了获得相同的效果，我们在示例中需要 4 个规则。还有其他一些情况，例如，以下模式：

```
1  (Johnson (health ?value-1))
2  AND
3  (Sale (health ?value-2))
4  AND
5  ?value-1 < ?value-2
```

如果统一算法不可用，那么这几乎需要有无限数量的常规规则（假设生命值是浮点数，则需要的规则数仅略少于 2^{32} 个，这样当然太多而不实用）。

为了利用这种额外的功能，可以让基于规则的系统支持使用统一算法的模式匹配。

糟糕的是，统一算法有一个缺点：最明显的实现是以计算的方式进行复杂的处理。例如，要匹配以下模式：

```
1  (Whisker (health 0))
2  AND
3  (Radio (held-by Whisker))
```

我们可以将该模式分成两个部分，即所谓的子句（Claus）。可以针对数据库单独检查每个子句。如果两个子句发现匹配，则整个模式匹配。

表达式的每个部分最多需要一个 $O(n)$ 搜索，其中，n 是数据库中的项数。因此，具有 m 个子句的模式在最坏的情况下是 $O(nm)$ 过程。我们说最坏的情况是因为，正如我们在决策树中所看到的那样，我们可能要避免多次测试同一事物并达到 $O(m \log_2 n)$ 过程。

在具有连接通配符的模式中，例如：

```
1  (?person (health < 15))
2  AND
3  (Radio (held-by ?person))
```

这两个子句不能拆分。第一个子句的结果将直接影响第二个子句中的模式。所以，如果匹配第一个子句返回：

```
?person = Whisker
```

那么第二个子句将搜索：

```
(Radio (held-by Whisker))
```

第一个子句可能与数据库中的若干个项匹配，而这些匹配项中的每一个都需要使用第二个子句进行尝试。

使用这种方法之后，双子句搜索可能需要 $O(n^2)$ 的时间，而带有 m 个子句的模式可能需要 $O(n^m)$ 的时间。原来的模式为 $O(nm)$，所以它有显著增加。尽管存在用于统一的 $O(nm)$ 线性算法（至少前文已经介绍了一种统一类型），但它们比没有通配符的模式所使用的简单的分而治之（Divide and Conquer）的方法要复杂得多。

我们不会花太多的时间在这里列举每一个独立的统一算法。它们并不常用于这种基于规则的系统。相反，我们可以利用不同的方法来完全匹配，这使我们能够在加速激发所有规则的同时执行统一算法，这个方法就是 Rete。

5.8.7　Rete 算法

Rete 算法是用于将规则与数据库匹配的 AI 行业标准。它并不是最快的算法，而且有若干篇论文都详述了更快的方法。但是，由于专家系统具有商业价值，因此它们不太愿意提供完整的实现细节。[①]

大多数商业专家系统都基于 Rete，我们在游戏中看到的一些比较复杂的基于规则的系统都使用了 Rete 匹配算法。它是一种相对简单的算法，为更复杂的优化提供了基本的起点。

1．算法

该算法的工作原理：在单个数据结构 Rete 中表示所有规则的模式。Rete 是一个有向非循环图[②]（有关此结构的完整描述，请参见本书第 4.1 节"路径发现图形"）。图中的每个节点表示一个或多个规则中的单个模式。通过图形的每条路径代表一个规则的完整模式集。在每个节点，我们还将存储数据库中与该模式匹配的所有事实（Fact）的完整列表。

图 5.48 显示了以下规则的 Rete 的简单示例：

```
1  Swap Radio Rule:
2     IF
3        (?person-1 (health < 15))
4        AND
5        (radio (held-by ?person-1))
6        AND
7        (?person-2 (health > 45))
```

[①] 你还应该小心专有算法，因为许多算法都是有专利的。仅仅因为算法已公开并不意味着它没有获得专利。即使你从头开始编写源代码，最终也可能需要为实现支付许可费。我们不是律师，所以，如果你有任何疑问，建议先咨询知识产权律师。

[②] Rete 的中文意思是"网"或"丛"，它本意只是网络（Network）的一个奇特的结构学上的名称。

```
 8      THEN
 9          remove(radio (held-by ?person-1))
10          add(radio (held-by ?person-2))
11
12  Change Backup Rule:
13      IF
14          (?person-1 (health < 15))
15          AND
16          (?person-2 (health > 45))
17          AND
18          (?person-2 (is-covering ?person-1))
19      THEN
20          remove(?person-2 (is-covering ?person-1))
21          add(?person-1 (is-covering ?person-2))
```

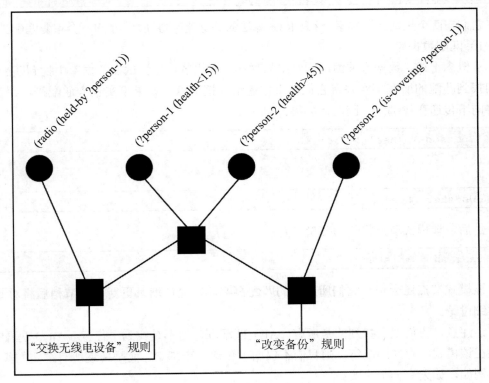

图 5.48　Rete

第一条规则与以前一样：如果携带无线电设备的人接近死亡，则将无线电设备转让给相对健康的人。第二个规则是相似的：如果一个带头的士兵接近死亡，则应该交换他们的位置，让士兵的同伴带头（如果你觉得这样做有点冷酷无情，你可以反驳，但是我们认为：虚弱的士兵应该被送出前线）。

Rete 图中有 3 种节点。位于网络顶部的是表示规则中的各个子句的节点，也就是所谓的模式节点（Pattern Node）。表示 AND 运算的组合节点被称为连接节点（Join Node）。最后，底部节点代表可以激发的规则：Rete 上的许多文本不包括网络中的这些规则节点，尽管它们必须存在于你的实现中。请注意这些子句：

```
(?person-1 (health < 15))
```

和

```
(?person-2 (health > 45))
```

它们在两个规则之间共享。这是 Rete 算法的关键速度特性之一，它不会重复匹配工作。

1）匹配数据库

从概念上讲，数据库被馈送到网络的顶部。模式节点将尝试在数据库中找到匹配项。它们找到匹配的所有事实并将它们向下传递给连接节点。如果事实包含通配符，则节点也将向下传递变量绑定。因此，如果：

```
(?person-1 (health < 15))
```

匹配：

```
(Whisker (health 12))
```

然后，该模式节点将传递变量绑定：

```
?person = Whisker
```

该模式节点还会记录它们所给出的匹配事实，以允许增量更新，本节稍后将对此进行详细讨论。

请注意，我们现在找到的是所有（All）匹配项，而不是找到了任意（Any）匹配项。如果在该模式中存在通配符，则我们不仅向下传递一个绑定，而是传递所有绑定的集合。

例如，如果有一个事实：

```
(?person (health < 15))
```

和一个包含以下事实的数据库：

```
1   (Whisker (health 12))
2   (Captain (health 9))
```

然后有两组可能的绑定：

```
?person = Whisker
```

和

```
?person = Captain
```

当然，两者不可能同时都为 true，但我们还不知道哪一个会有用，所以我们将两者都向下传递。如果该模式不包含通配符，那么我们只关心它是否匹配任何东西。在这种情况下，我们可以在找到第一个匹配后继续前进，因为我们不会传递绑定列表。

连接节点将确保它的两个输入都匹配，并且任何变量都一致。

图 5.49 显示了 3 种情况。在第一种情况下，每个输入模式节点中都有不同的变量。两个模式节点都匹配并传入其匹配项。连接节点将传递其输出。

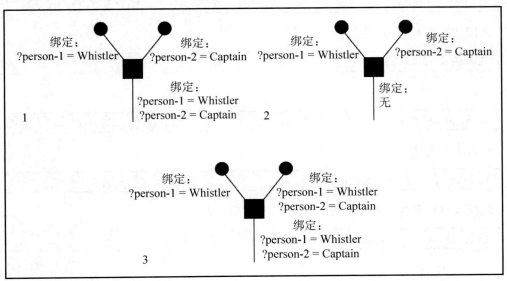

图 5.49　带有变量冲突的连接节点，另外两个则没有

在第二种情况下，连接节点将接收来自其输入的匹配，这和前面是一样的，但由于变量绑定发生冲突，因此它不会生成输出。在第三种情况下，在两种模式中都找到了相

同的变量，但是有一组匹配不会发生冲突，所以连接节点可以正常输出它。

连接节点将生成自己的匹配列表，其中包含它接收的匹配输入事实和变量绑定列表。它将 Rete 向下传递给其他连接节点或规则节点。

如果连接节点从其输入接收到多个可能的绑定，那么它需要计算出可能正确的所有可能的绑定组合。现在仍采用前面的示例，假设我们将处理以下 AND 连接：

```
1   (?person (health < 15))
2   AND
3   (?radio (held-by ?person))
```

对比以下数据库：

```
1   (Whisker (health 12))
2   (Captain (health 9))
3   (radio-1 (held-by Whisker))
4   (radio-2 (held-by Sale))
```

来看下面的模式：

```
(?person (health < 15))
```

该模式有两种可能的匹配：

```
?person = Whisker
```

和

```
?person = Captain
```

再来看下面这个模式：

```
(radio (held-by ?person-1))
```

该模式也有两种可能的匹配：

```
?person = Whisker, ?radio = radio-1
```

和

```
?person = Sale, ?radio = radio-2
```

因此，连接节点有两组可能的两个绑定，因此有 4 种可能的组合，但只有一种是有

效的:

```
?person = Whisker, ?radio = radio-1
```

所以这是唯一向下传递的绑定。如果多个组合有效，那么它将传递多个绑定。

如果你的系统不需要支持统一算法，那么连接节点就可以简单得多：变量绑定永远不需要传入，并且如果 AND 连接节点接收到两个输入，那么它将始终输出。

我们不必将自己限制为 AND 连接节点。我们可以为不同的布尔运算符使用其他类型的连接节点。其中一些运算符（如 AND 和 XOR）需要额外的匹配来支持统一算法，但是另外一些运算符（如 OR）则不需要并且具有简单的实现，或者，无论是否使用统一算法，这些运算符都可以在 Rete 的结构中实现，AND 连接节点足以表示它们。这与我们在决策树中看到的完全相同。

最终，降序数据将停止（当没有更多的连接节点或模式节点有要发送的输出时），或者它们将达到一个或多个规则。所有接收输入的规则都将触发。我们保留了当前触发的规则列表，以及触发它的变量绑定和事实。我们称为触发记录（Trigger Record）。如果规则从连接节点或模式接收到多个有效变量绑定，则规则可能具有多个带有不同变量绑定的触发记录。

某些规则仲裁系统需要确定哪个触发规则将继续激发。（这不是 Rete 算法的一部分，它可以像以前一样处理。）

2）示例

现在来将初始 Rete 示例应用于以下数据库：

```
1   (Captain (health 57) (is-covering Johnson))
2   (Johnson (health 38))
3   (Sale (health 42))
4   (Whisker (health 15) (is-covering Sale))
5   (Radio (held-by Whisker))
```

图 5.50 显示了一个网络，它在每个节点都有存储的数据。

请注意，每个模式节点都将向下传递它匹配的所有数据。每个连接节点都充当过滤器。使用此数据库，只有"交换无线电设备"规则处于活动状态，而不会触发"更改备份"规则，因为紧邻其上方的连接节点没有无冲突的输入集合。"交换无线电设备"规则获得一组完整的变量绑定，并告知要激发。

我们可以通过每次都插入完整的数据库来使用 Rete 并查看哪些规则会被激发。这是一种简单的方法，但在许多应用程序中，数据从迭代到迭代的变化不大。

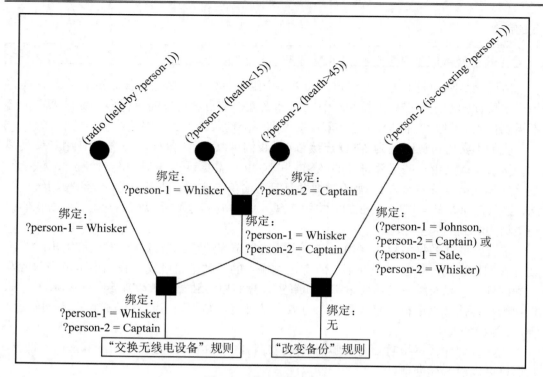

图 5.50　带有数据的 Rete

Rete 旨在保留数据并仅更新需要它的节点。每个节点都保留一个匹配的数据库事实列表，或者它可以成功连接的事实。在连续迭代中，仅处理已更改的数据，并通过向下传递 Rete 来处理连锁效应。

更新过程包括一个删除数据库事实的算法和一个添加数据库事实的算法。（如果值已更改，则数据库事实将被删除，然后使用正确的值添加回来。）

3）删除事实

要删除一个事实，可以将删除请求发送到每个模式节点。该请求标识已经被删除的事实。如果该模式节点已经存储了匹配的事实，则删除该匹配，并且删除请求将向下发送其输出到任何连接节点。

当连接节点接收到删除请求时，它会查看其匹配列表。如果有任何条目使用已删除的事实，则会从列表中删除它们并将删除请求向下传递。

如果规则节点接收到删除请求，那么它将从包含已删除事实的触发列表中删除其任何触发记录。

如果任何节点在其存储中都没有给定的事实，那么它就不需要执行任何操作，它不会向下传递任何请求。

4）添加事实

添加事实与删除事实非常相似。每个模式节点都将发送一个包含新事实的添加请求。与事实匹配的模式将其添加到它们的列表中，并将新匹配的通知向下传递给 Rete。

当连接节点接收到新匹配时，它会使用新事实检查它是否有可以创建的任何新的非冲突输入集合。如果有，便将它们添加到其匹配列表中并向下发送新匹配的通知。请注意，与删除请求不同，它向下发送的通知与接收到的通知不同。它将向下发送一个或多个全新匹配的通知：一个完整的输入集合和涉及新事实的变量绑定。

如果规则节点接收到通知，那么它会将一个或多个触发记录添加到包含其收到的新输入的触发列表中。

和删除事实一样，如果事实不更新节点，则不需要传递添加请求。

5）管理更新

每次迭代时，更新例程都会向模式节点发送相应的一系列添加和删除请求。它不检查在此过程中是否触发规则，但允许它们全部处理。一般来说，首先执行所有删除然后再执行所有新添加更有效。

在执行所有更新之后，已触发列表包含所有可能被激发的规则（以及导致它们触发的变量绑定）。规则仲裁者可以决策应该使用哪个规则。

6）更新示例

我们将使用前面的示例来说明更新过程。假设自上次更新以来，威士科已经使用了医疗包而塞伊尔却已经被敌人击中了，则需要做出 4 项修改，即两项添加和两项删除。具体如下：

```
1  remove (Whisker (health 12))
2  add (Whisker (health 62))
3  remove (Sale (health 42))
4  add (Sale (health 5))
```

首先，将删除请求发送给所有模式。检查发现威士科在其匹配列表中仅具有很低的生命值，这将被删除，并传递删除请求。连接节点 A 接收请求，从其匹配列表中删除涉及威士科的匹配，并传递该请求。连接节点 B 也是如此。规则节点现在接收到删除请求，并从触发列表中删除相应的条目。删除塞伊尔的生命值的操作也会发生相同的过程，最终的 Rete 如图 5.51 所示。

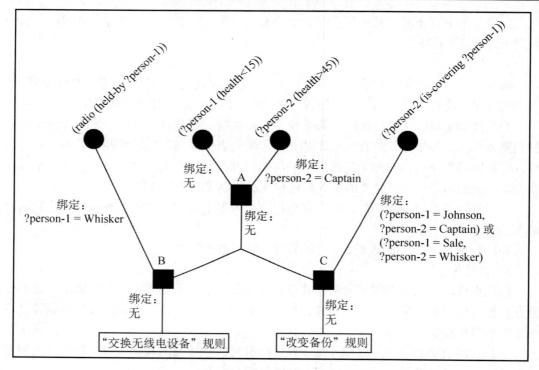

图 5.51　更新过程中的 Rete

现在我们可以添加新数据。首先，添加威士科的新生命值。这将匹配以下模式：

```
(?person (health > 45))
```

它将适当地输出其新匹配的通知。连接节点 A 接收到通知，但找不到新匹配，因此更新就此停止。其次，我们将添加塞伊尔的新生命值。以下模式将匹配并向下发送通知到连接节点 A。

```
(?person (health < 15))
```

现在，连接节点 A 确实具有有效匹配，并且它会向下发送通知到 Rete。连接节点 B 无法进行匹配，但是连接节点 C（之前它是不活动的）现在可以进行匹配。它将通知发送到"更改备份"规则，该规则将其新触发的状态添加到触发列表。最终状况如图 5.52 所示。

更新管理算法现在可以从列表中选择一个触发规则来进行激发。在我们的例子中，由于只有一个可供选择，所以它将被激发。

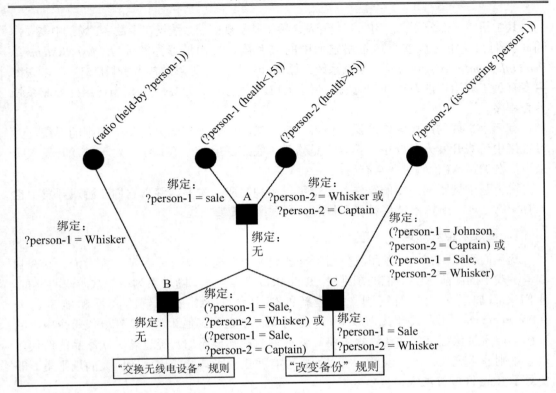

图 5.52 更新之后的 Rete

2. 性能

Rete 方法在时间上的性能是 O(nmp)，其中，n 是规则数，m 是每个规则的子句数，p 是数据库中的事实数。如果可能存在大量的通配符匹配，则统一连接节点中绑定的过程可以接管性能。当然，在大多数实际系统中，这都不是什么大问题。

Rete 在内存中的性能是 O(nmq)，其中，q 是每个模式的不同通配符匹配的数量，这明显高于我们第一次开发的基本规则匹配系统。此外，为了利用快速更新的优势，我们需要在迭代之间保持数据。正是这种高内存使用率提供了速度优势。

5.8.8 扩展

早期人工智能研究中基于规则的系统无处不在，导致了大量不同的扩展、修改和优化。应用基于规则的系统的每个领域（例如，语言理解、控制工业过程、诊断机械故障等）都有其自己的一套常用技巧。

其中很少一部分可直接用于游戏开发。鉴于基于规则的系统仅在少数 AI 场景中需要，因此我们在这里可以安全地忽略它们中的大多数。我们推荐你阅读 *Expert Systems：Principles and Programming*（专家系统：原理和编程，详见附录参考资料[15]），以获得更多有关工业用途的背景知识。它附带了 CLIPS 的副本，这是一个相当通用的专家系统外壳程序。

有两个扩展的应用非常广泛，值得一提。第一个可管理庞大的基于规则的系统，并可直接由游戏开发人员使用。第二个是修正，它广泛用于专家系统，对于游戏开发人员来说，在调试 AI 代码时非常有用。

对于基于规则的系统的算法，完全可以单独写成一本书。鉴于它们在游戏开发中也占有一席之地，所以本节将对每个扩展做出适当的简要概述。

1. 管理大型规则集

就我们所知，有一开发团队使用了基于规则的系统来控制一系列二维（2D）回合制战争游戏中的团队 AI。他们的规则集（Rule Set）非常巨大，随着系列中每款游戏的发布，他们又添加了大量的新规则。某些新的规则允许 AI 处理新的武器和能量药丸（Power-ups），并且由于先前版本的玩家反馈而创建了其他新规则。在开发每个版本的过程中，质量保证部门的错误报告将导致更多的规则被添加。经过若干次产品的迭代，这套规则非常庞大，难以管理。它对性能也有严重的影响：使用如此巨大的规则集，即使对于 Rete 匹配算法来说也是太慢了。

解决方案是将规则组合在一起。可以根据需要打开和关闭每个规则集。只有活动的集合中的规则才会被考虑用于触发。禁用的集合中的规则绝不会被赋予触发机会。这使得系统在任何时候都不超过一百条活动规则（从几千条规则降下来）。

这是许多基于规则的大型系统中使用的技术。

基于规则的系统包含始终打开的单个规则集。在此规则集内部是任意数量的规则和任意数量的其他规则集。可以打开或关闭此级别或更低级别的规则集。这种切换可以直接通过游戏代码或其他规则的 THEN 动作来执行。

一般来说，每个高级规则集都包含若干个规则和一些规则集。规则仅用于打开和关闭包含的集合。这是按分层结构排列的，最低级别的集合包含执行工作的有用规则。

在基于规则的系统的每次迭代中，顶级集合被要求提供一个已触发的规则（该规则将被激发）。该集合将查看其所有组成规则，以正常方式搜索触发器。它还会将相同的查询委托给它包含的任何集合：提供一个应该被激发的已触发规则。每个集合使用一种仲裁算法来决定返回哪一个规则，以便进行激发。

如图 5.53 所示，在我们这个过程的实现中，可以为分层结构的每个集合设置不同的仲裁例程。但是最终并没有使用这种灵活性，而是所有集合都采用了最具体的策略。

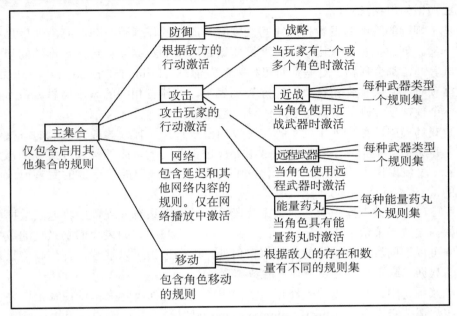

图 5.53 游戏中规则集的示意图

集合的分层结构允许很大的灵活性。在分层结构中的某一点，我们使用了一个规则集来处理与游戏中每种武器的特性相对应的所有规则。任何时候只启用这些集合中的一个集合：与角色持有的武器相对应的集合。启用适当的集合由游戏代码处理。

在分层结构的另一个点上，有一些集合包含根据敌人的存在和数量确定移动或自由移动的规则。因为无论如何都有关于附近敌人的信息被添加到数据库中，所以我们可以在这两个集合之间切换。这使用了 5 个规则，并且这些规则都放置在包含它们的集合中。

规则集的概述示意图如图 5.53 所示。

2．专家系统中的修正

大体而言，所谓的专家系统（Expert System）就是这样一种人工智能系统：它编码来自人类专家的知识并执行该专家的工作。大多数专家系统都是使用基于规则的系统实现的。严格来说，专家系统是最终产品，即算法和对专家的知识进行了编码的规则的组合。算法本身是基于规则的系统，也称为专家系统外壳程序（Expert System Shell），有时也被称为生产系统（Production System），在这里，术语生产（Production）指的是算法的前向链接特性：它从现有数据中产生新知识。

有一种对基于规则的基本系统的通用扩展已被纳入许多专家系统外壳程序中，即对如何添加知识的审核记录。

当基于规则的系统激发数据库重写规则时，添加的任何数据都会有附加信息和它们存储在一起。创建数据的规则、规则匹配的数据库中的数据项、这些数据项的当前值以及时间戳等通常都会保留。这些信息可称为激发信息（Firing Information）。类似地，当移除数据项时，它会被保留在"已删除"列表中，并伴有相同的激发信息。最后，如果修改了一个数据项，则其旧值与激发信息一起保留。

在游戏环境中，数据库中的数据也可以由游戏直接添加或修改。类似的审核信息也被保留，并添加一个指示，表明数据是由外部过程改变的，而不是通过规则的激发。显然，如果一段数据在每一帧中都有变化，那么保留它所采用的每个值的完整记录可能是不明智的。

然后可以查询数据库中的任何数据片段，并且专家系统外壳程序将返回数据如何获得以及如何设置当前值的审核记录。此信息可以是递归的。如果我们感兴趣的数据来自规则，则可以询问触发该规则的匹配来自何处。这个过程可以继续，直到我们只剩下游戏添加的数据项或者从一开始就存在的数据项。

在专家系统中，这可以用于修正系统做出的决策。如果专家系统控制工厂并选择关闭生产线，那么修正系统（Justification System）可以给出其决策的原因。

在游戏环境中，我们不需要修正玩家做出的决策，但在测试过程中，拥有一种修正角色行为的机制通常非常有用。基于规则的系统可能比本章先前的决策制定技术复杂得多。找出看起来很奇怪的行为的详细信息和长期原因可以节省数天的调试时间。

我们专门建立了一个可以包含在游戏中的专家系统外壳程序。在经历了一系列的问题之后，我们在开发周期的后期添加了一个修正系统，所产生的调试效果的差异是非常明显的。输出的样本部分如下（完整输出大约 200 行）。

```
1   Carnage XS. V104 2002-9-12.
2   JUSTIFICATION FOR <Action: Grenade (2.2,0.5,2.1)>
3    <Action: grenade ?target>
4     FROM RULE: flush-nest
5     BINDINGS: target = (2.2,0.5,2.1)
6     CONDITIONS:
7      <Visible: heavy-weapon <ptr008F8850> at (2.2,0.5,2.1)>
8       FROM RULE: covered-by-heavy-weapon
9       BINDINGS: ?weapon = <ptr008F8850>
10      CONDITIONS:
```

```
11      <Ontology: machine-gun <ptr008F8850>>
12       FROM FACT: <Ontology: machine-gun <ptr008F8850>>
13      <Location: <ptr008F8850> at (312.23, 0.54, 12.10)>
14       FROM FACT: <Location: <ptr008F8850> at (2.2,0.5,2.1)>
15    <Visible: enemy-units in group>
16     ...
```

为了确保最终游戏没有使用大量的内存来存储激发数据，修正代码进行了有条件的编译，因此它不会存在于最终产品中。

5.8.9　发展前瞻

本节中基于规则的系统代表了本书介绍的最复杂的非学习决策程序。具有修正系统和大型规则集支持的完整 Rete 实现虽然是一项非常棘手的编程任务，但是它却可以支持令人难以置信的复杂行为。它可以支持比当代游戏中看到的 AI 更高级的 AI，不过它的主要缺点是难以编写良好的规则集，即所谓的知识获取（Knowledge Acquisition）困难。这也是状态机和行为树之类的技术大行其道（它们很容易在图形编辑器中使用），而基于规则的系统却少人问津的原因（强大却难以实现）。

本章的其余部分将讨论从不同角度制定决策的问题，研究将不同决策程序组合在一起的方法，以直接从代码编写脚本行为，并且执行任何决策制定算法所要求的操作。

5.9　黑　板　架　构

黑板系统本身不是决策制定工具。它是协调多个决策程序的动作的机制。

个人决策系统可以按任何方式实现：从决策树到专家系统，甚至是学习工具（例如，将在第 7 章"学习"中讨论的人工神经网络）。正是这种灵活性使得黑板架构颇具吸引力。

在人工智能文献中，黑板系统一般来说非常庞大且难以处理，需要大量的管理代码和复杂的数据结构。出于这个原因，它们在游戏 AI 程序员中有一些不太好的反响。与此同时，许多开发人员实现了使用相同技术的 AI 系统，但是却没有将它们与术语黑板架构（Blackboard Architecture）联系起来。

5.9.1　问题

开发人员希望能够协调几种不同技术的决策。每种技术都可以就下一步做什么提出建议，但只有它们合作时才能做出最终决策。

例如，我们可能有专门针对敌方坦克的决策技术。在敌方的坦克被选定之前，无法完成它的炮弹装填任务并发射。另有一种不同类型的 AI 用于选择一个发射目标，但 AI 的那一部分不能射击它自身。类似地，即使已经选定了目标坦克，我们也可能处于一个无法发射的位置。瞄准目标的 AI 需要等到路线规划 AI 可以移动到合适的发射地点。

我们可以简单地将 AI 的每个部分放在一个链中。目标选择器 AI 负责选择目标，移动 AI 负责移动到发射位置，弹道 AI 负责计算发射的解决方案。这种方法很常见，但缺点是不允许信息以相反的方向传递。例如，如果弹道 AI 计算出无法进行准确射击，那么目标瞄准 AI 可能需要计算新的解决方案。另一方面，如果弹道 AI 可以计算出射击方案，那么甚至不需要考虑移动 AI，因为很明显，路途中的任何物体都不会影响炮弹的轨迹。

因此，开发人员希望有一种机制，使得每个 AI 都可以自由地进行通信，而无须明确地设置所有通信的通道。

5.9.2　算法

黑板系统的基本结构有 3 个部分：一个不同决策工具的集合，这在黑板系统中称为专家（Experts），以及黑板和仲裁者（Arbiter），如图 5.54 所示。

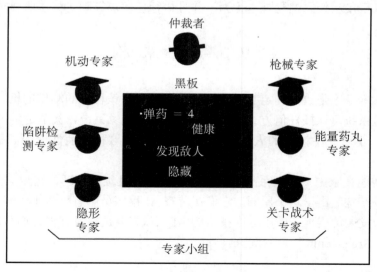

图 5.54　黑板架构

黑板是内存的一个区域，任何专家都可以使用它来读取和写入。每个专家都需要用大致相同的语言进行读取和写入，尽管黑板上通常会有不是每个专家都能理解的信息。

　　每位专家都会看着黑板并决策是否有任何可以使用的信息。如果有，他们会请求允许使用粉笔和黑板擦一段时间。当他们获得控制权时，可以做一些思考，从黑板上删除信息，并在他们看到合适的时候写入新的信息。在很短的时间之后，专家将放弃控制权并把机会留给其他专家。

　　仲裁者选择每一轮由哪个专家获得控制权。专家需要有一些机制来表明他们有一些有趣的话要说。仲裁者一次选择一个并给予控制权。多数时候可能没有或只有一位专家想要控制权，因此仲裁者并不是必需的。

　　该算法将按以下顺序迭代。

　　（1）专家们查看黑板并表明他们的兴趣。

　　（2）仲裁者选择由某个专家获得控制权。

　　（3）专家做了一些工作，可能修改了黑板。

　　（4）专家自愿放弃控制权。

　　仲裁者使用的算法在每个实现中都是不一样的。我们将使用的是一种简单而通用的方法，它要求专家使用数字的坚持值的形式表明他们想法的有用程度，然后仲裁者可以简单地选择具有最高坚持值的专家。在出现平局的情况下，可以随机选择专家。

　　建议的动作可以由专家写入黑板，就像他们写任何其他信息一样。在迭代结束时（或者如果系统运行的时间更长，则进行多次迭代），放在黑板上的动作可以被删除，也可以使用本章末尾的动作执行技术来执行。

　　一般来说，在经过适当的通盘考虑之前，即可在黑板上提出一个动作。在我们的坦克示例中，瞄准专家可以在黑板上发布一个"射击坦克 15"的动作。如果算法在那时停止，那么将在未获得弹道学专家和移动专家同意的情况下执行该动作。

　　有一个简单的解决方案是存储潜在的动作以及一组同意标签。只有所有相关专家都同意，黑板上的动作才会被执行。这并不一定是系统中的每个专家，只要能够找到不执行该动作的理由就可以。

　　在我们的示例中，"射击坦克 15"动作将有一个同意的位置，该位置属于弹道学专家。只有弹道学专家给出了同意的意见，该动作才会执行。弹道学专家也可以选择拒绝，删除该动作或添加一个新动作"移动进入坦克 15 的射击位置"。由于"射击坦克 15"动作仍然在黑板上，弹道学专家可以等待，直至到达射击位置才同意该动作。

5.9.3　伪代码

　　下面的 blackboardIteration 函数将黑板和一组专家作为输入。它返回黑板上已传递执行的动作列表。该函数作为一个仲裁者，遵循上面给出的最高坚持值的算法。

```
1   function blackboardIteration(blackboard: Blackboard,
2                                experts: Expert[]) -> Action[]:
3       # 遍历每个专家，获取其坚持值
4       bestExpert: Expert = null
5       highestInsistence: float = 0
6
7       for expert in experts:
8           # 获取专家的坚持值
9           insistence: float = expert.getInsistence(blackboard)
10
11          # 检查对比到目前为止所获得的最高坚持值
12          if insistence > highestInsistence:
13              highestInsistence = insistence
14              bestExpert = expert
15
16      # 确认某个专家的坚持值
17      if bestExpert:
18          # 将控制权赋给最高坚持值的专家
19          bestExpert.run(blackboard)
20
21      # 返回从黑板传递的所有动作
22      return blackboard.passedActions
```

5.9.4　数据结构和接口

blackboardIteration 函数依赖于 3 种数据结构：条目、专家列表和黑板。黑板是由条目和专家列表组成的。

Blackboard 具有以下结构：

```
1   class Blackboard:
2       entries: BlackboardDatum[]
3       passedActions: Action[]
```

它有两个组件：黑板条目列表和准备执行的动作列表。黑板条目列表未在上述仲裁代码中使用，在稍后介绍黑板语言时将会进行详细的讨论。动作列表包含准备执行的动作，也就是说，这些动作都已经获得了（对于它们来说是必需的）专家的同意。它可以被视为黑板的一个特殊部分：待办事项列表，其中只包含经过同意的动作。

更复杂的黑板系统还会向黑板添加元数据，以控制其执行、记录性能或提供调试信息。就像基于规则的系统一样，我们也可以添加数据来保存条目的审核记录：哪一个专家在什么时候添加了它们。

其他黑板系统仅将动作保存为黑板本身的另一个条目，没有特殊部分。为简单起见，我们选择使用单独的列表，每个专家都有责任在准备好执行某个操作时写入"动作"部分，并将未确认的动作从列表中删除。这使得执行动作的速度更快。我们可以简单地遍历执行完这个列表而不是在主黑板上搜索代表已确认动作的项。

专家可以按需要的任何方式实现。为了可以通过代码中的仲裁者管理，专家的实现需要符合以下接口：

```
1  class Expert:
2      function getInsistence(blackboard: Blackboard) -> float
3      function run(blackboard: Blackboard)
```

如果专家认为它可以对黑板做某些事，则 getInsistence 函数会返回一个坚持值（大于零）。为了根据该坚持值做出决策，通常需要查看黑板的内容。因为需要为每个专家调用此函数，所以不应该从该函数更改黑板。例如，专家可能会返回一些实例，只是为了让另一位专家从黑板上删除有趣的东西。当最初的专家获得控制权时，其不需要再做什么。

getInsistence 函数也应该尽可能快地运行。如果专家花了很长时间来决定它是否有用，那么它应该始终声称是有用的。当它获得控制权时，它可以花时间计算细节。在坦克示例中，射击解决方案专家可能需要一段时间来决定是否有办法进行射击。在这种情况下，专家只是在黑板上查找目标，如果它看到一个，那么它将声称是有用的。稍后它可能会发现无法真正命中此目标，但是当专家具有控制权时，最好在 run 函数中完成该处理。

当仲裁者赋予专家以控制权时，run 函数即被调用。该函数将执行它需要的处理，在适合的时候读取和写入黑板，并且返回。一般来说，专家最好花尽可能少的时间来运行。如果专家需要大量时间，那么在计算过程的中途停止并在下一次迭代中返回非常高的坚持值是很有帮助的。这样的话，专家就可以将其时间分成片，允许处理游戏的其余部分。本书将在第 10 章详细介绍这种调度和时间切片。

到目前为止，我们还没有关注黑板上的数据结构。除了本章中的任何其他技术，黑板的格式将取决于应用程序。例如，黑板架构可以用于转向角色，在这种情况下，黑板将包含三维（3D）位置、机动组合或动作。当它用作决策架构时，可能包含有关游戏状态、敌人或资源位置以及角色内部状态的信息等。

　　但是，这里有必要记住黑板语言的一般特性，因为黑板的目标是允许代码的不同部分无缝地相互通信，所以黑板上的信息至少需要 3 个组件：值、类型标识和语义标识。

　　数据片段的值是不言自明的。黑板通常必须处理各种不同的数据类型，当然也包括结构。例如，它可能包含表示为整数的生命值和表示为 3D 向量的位置。

　　由于数据可以是多种类型的，因此需要识别其内容。这可以是简单的类型代码，它旨在允许专家使用适当的数据类型（在 C/C++中，这通常可以通过将值类型转换为适当的类型来完成）。黑板条目可以通过多态来实现：使用具有 FloatDatum、Vector3DDatum 等子类的通用 Datum 基类，或者使用 C++等语言的运行时类型信息（Runtime Type Information，RTTI），或包含类型标识符的子类。当然，更常见的是，显式创建一组类型代码以识别数据，无论是否使用 RTTI。

　　类型标识符可以将数据的格式告诉专家，但它不能帮助专家了解如何处理它，还需要某种语义标识。语义标识符（Semantic Identifier）将告诉每个专家这个值意味着什么。在制作黑板系统中，这通常实现为字符串（表示数据的名称）。在游戏中，使用大量字符串比较可能会降低执行速度，因此经常使用某种数字。

　　因此，黑板项目将如下所示：

```
1   class BlackboardDatum:
2       id: string
3       type: type
4       value: any
```

整个黑板包含一系列此类实例。

　　在这种方法中，复杂的数据结构以与内置类型相同的方式表示。角色的所有数据（如生命值、弹药、武器、装备等）可以在黑板上的一个条目中表示，也可以作为一整套独立的值来表示。

　　通过采用类似于在基于规则的系统中使用的方法，我们可以使系统更加通用。采用分层数据表示使我们能够有效地扩展复杂的数据类型，并允许专家理解它们的一部分，而无须硬编码来操作类型。在诸如 Java 之类的语言中，代码可以检查类型的结构，这一点就显得不那么重要了。在 C++中，它可以提供很多的灵活性。例如，专家可能只关心查找有关武器的信息，但如果武器掉在地面上、在角色的手中或当前正在打造中，则无须关心。

　　虽然非游戏 AI 中的许多黑板架构都遵循这种方法，但使用嵌套数据来表示其内容，我们还没有在游戏中看到过。分层数据往往与基于规则的系统相关联，并且与黑板系统的标记数据的列表相关。当然，这两种方法有所重叠，下文将会介绍。

5.9.5 性能

黑板仲裁者不使用内存并在 $O(n)$ 时间内运行，其中 n 是专家的数量。一般来说，每个专家都需要扫描黑板以找到它可能感兴趣的条目。如果条目列表存储为简单列表，则每个专家需要的时间是 $O(m)$，其中 m 是黑板上的条目数。如果黑板条目存储在某种哈希中，那么时间几乎可以减少到 $O(1)$。哈希必须支持基于数据语义的查找，因此专家可以快速判断是否存在有趣的内容。

在 blackboardIteration 函数中花费的大部分时间应该花在获得控制权的专家的 run 函数上。除非使用大量专家（或者他们正在搜索遍历大型线性黑板），否则每个 run 函数的性能就是算法整体效率中最重要的因素。

5.9.6 其他的黑板系统

在描述黑板系统时，我们可以说它有 3 个组成部分：一个包含数据的黑板、一组读取和写入黑板信息的专家（可以按任何方式实现），以及一个控制哪个专家获得控制权的仲裁者。但是，拥有这些组件并不是唯一的要件。

1．基于规则的系统

按照上面有关黑板系统的描述，基于规则的系统同样具有上述 3 个组成部分中的每一个：它们的数据库包含数据，每个规则就像是一个专家（它可以读取数据库记录或者将数据写入数据库），并且由一个仲裁者控制哪个规则可以激发。规则的触发类似于专家注册他们的兴趣，仲裁者在这两种情况下的工作方式也是相同的。

这种相似性并非巧合。黑板架构最开始就是作为一种基于规则的系统的泛化应用而提出的：规则的泛化使得它可以具有任何类型的触发器和任何类型的规则。

这样做的副作用是，如果你打算在游戏中同时使用黑板系统和基于规则的系统，则只能实现黑板系统，然后创建由简单规则形成的"专家"：黑板系统将能够管理它们。

当然，黑板语言必须能够支持你打算执行的基于规则的匹配。但是，如果你计划实现我们之前讨论过的基于规则的系统所需的数据格式，那么它将可用于更灵活的黑板应用程序。

如果你的基于规则的系统相当稳定，并且正在使用 Rete 匹配算法，那么这种相似性将会被打断，因为黑板架构是基于规则的系统的超集（Super-Set），所以它不能从特定的规则处理优化中受益。

2．有限状态机

虽然不太明显，但有限状态机其实也是黑板架构的一个子集（实际上它们是基于规则的系统的子集，因此也是黑板架构的子集）。在有限状态机中，黑板由单一状态取代。专家被转换所取代，根据外部因素决定是否采取动作，并在决定采取动作时重写黑板上的唯一项。在本章的状态机讨论中，我们没有提到仲裁者，只是假设第一个触发的转换将会激发。这实际上就是优先适用的仲裁算法。

在任何状态机中都可以使用其他仲裁策略。开发人员可以使用动态优先级、随机算法或任何类型的排序。它们一般都不会被使用，因为状态机本身就追求算法的简单性。如果状态机不支持开发人员想要使用的行为，那么仲裁自然也不太可能成为问题。

状态机、基于规则的系统和黑板架构形成了一种分层结构，在该结构中，表现的能力和复杂性都逐渐递增。状态机速度快、易于实现但有一定的局限性，而黑板架构通常看起来太笼统而不实用。因此，正如在前文所看到的那样，基于一般性规则的系统是相对比较合用的、支持开发人员所需表现的最简单的技术。

5.10　动　作　执　行

在本章中，我们已经讨论过动作（Action）。从决策树到基于规则的系统，所有技术都会产生动作，我们没有刻意去区分它们可能采用的格式。

许多开发人员都不会将动作视为一个独特的概念。每个决策制定技术的结果只是一段代码，这些代码将调用一些函数，调整一些状态变量，或者要求游戏的不同部分（AI、物理、渲染之类的）来执行某项任务。

另一方面，通过中心代码处理角色的动作可能是有益的。它使得角色的功能显而易见，使游戏更加灵活（你可以轻松添加和删除新类型的动作），并且可以极大地帮助调试 AI。这需要一个独特的动作概念，使用不同的算法来管理和运行它们。

本节将介绍一般意义上的动作，以及如何通过常规动作管理器安排和执行这些动作。关于如何执行不同类型的动作的讨论也与此有关，即使对于那些不使用中央执行管理器的项目来说也是如此。

5.10.1　动作的类型

我们可以将 AI 决策产生的动作分为 5 个方面：状态改变动作、动作、移动、AI 请求和界面命令。

❏ 状态改变动作（State Change Actions）是最简单的动作类型，只是改变游戏状态的某些部分。它通常不会直接对玩家可见。例如，角色可能会更改其武器的射击模式，或使用其医疗包之一。在大多数游戏中，当玩家执行这些更改时，这些更改仅具有关联的动作或视觉反馈。对于其他角色，它们只需要在游戏状态的某处更改变量。

❏ 动作（Animation）是最原始的视觉反馈类型。当角色施放咒语或快速变换手势表示重新装填武器时，这可能是粒子效果。通常情况下，战斗只是一个动作问题，无论是枪炮的后坐力、盾牌防御和冲击，还是华丽的光剑攻击组合，这些都可以通过动作表现出来。

动作可能更加壮观。我们可能会请求一个引擎内的过场动画，将摄像机沿着一些预先定义的轨道发送并协调许多角色的移动。

❏ 动作也可能要求角色在游戏关卡中进行一些移动（Movement）。虽然并不总是很清楚动作在哪里停止并且移动开始，但我们将考虑更大规模的运动。决策程序告诉角色跑步寻找掩体、收集附近的能量药丸或追逐敌人等都将产生一个移动动作。

在关于移动算法的第 3 章中，我们看到了将这种高级移动请求转换为原始动作的 AI（有时称为分阶段），然后 AI 将这些原始动作（例如，在某个方向上应用这样或那样的力）传递给游戏物理参数或动作控制器来执行。

虽然这些移动算法通常被认为是 AI 的一部分，但在这里将它们视为可以执行的单个动作。在游戏中，它们将通过调用适当的算法并将结果传递到物理层或动作层来执行。换句话说，它们通常将根据下一类动作来实现。

❏ 在复杂角色的 AI 请求（AI Request）中，高级决策程序可能负责决定使用哪个较低级别的决策程序。例如，在某个实时战略游戏中，AI 负责控制一个团队，它可能会决定建筑物建造的时间。不同的 AI 可能真正决定建造哪个建筑物。又如，在基于小队的游戏中，可能有若干层 AI，在一个层级上的输出将引导下一层的动作（本书第 6 章"战略和战术 AI"将介绍相关的战术和战略 AI 技术）。

❏ 界面命令（Interface Commands）不会改变游戏状态，但是会向用户演示正在发生的事情。命令可能会播放声音效果，显示对话片段或安排粒子系统。

1. 单一动作

从决策制定工具输出的动作可以组合上述 5 个方面中的任何一个或全部。事实上，大多数动作至少在这 5 个方面中占有 2 个。

例如，重新装填武器涉及状态变化（从角色外套中取出子弹补充到枪械中）以及动作（变换手势）；跑步寻找掩体可能涉及 AI 请求（路径发现程序）、移动（跟随路径）和动作（在恐慌状态中挥动手掌）；决定建造某些东西可能涉及更多的 AI（选择要建造什么建筑物）和动作（建筑场地的烟囱开始冒烟）。

涉及任何动画或移动的动作都需要时间。状态变化可能是立即的，并且 AI 请求可以立即兑现，但大多数动作都需要一些时间才能完成。

一般的动作管理程序需要处理花时间的动作，我们不能简单地在瞬间完成动作。

许多开发人员设计他们的 AI，以便决策程序在每一帧（或每次调用它）保持安排相同的动作，直到动作完成。这样做的好处是可以随时中断动作（参见下一小节"中断动作"），但这意味着决策系统正在不断处理，可能比正常状态还要更复杂。

例如，假设状态机具有睡眠和值班警戒状态。当角色醒来时，它需要执行"醒来"动作，这可能涉及动作和某些移动。同样，当一个角色决定小憩时，它将需要一个"去休息"的动作。如果每帧都需要持续"醒来"或"去休息"状态，那么状态机实际上需要 4 种状态，如图 5.55 所示。

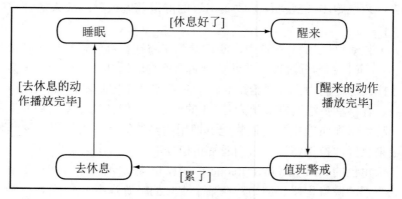

图 5.55　具有转换状态的状态机

当只有两个状态进行转换时，这不是问题，但允许 5 个状态之间的转换将涉及 40 个额外的转换状态。它很快就会失控。

如果可以支持具有一定持续时间的动作，则仅在退出睡眠状态时请求"醒来"动作。当进入睡眠状态时，同样将执行"去休息"的动作。在这种情况下，状态机不需要连续处理。在它发出即将醒来的信号之后，我们可以等到角色播放其醒来的动作之后再做下一件事。

2．中断动作

因为动作需要花费时间，所以在开始的时候看起来很明智的事情，但在动作尚未结束之前很长一段时间就可能会变得很愚蠢。例如，如果一个角色要去捡一个能量药丸，那么当它发现有一群敌人小队在途中伏击之后仍然继续坚持要去捡那个能量药丸就显得愚蠢了，因为现在必须立即停止去追能量药丸而寻路逃跑。

如果决策系统决定需要采取重要动作，那么它的重要性应该能够超越当前正在执行的其他动作。大多数游戏都允许这种紧急情况甚至可以打破动作的一致性。例如，虽然在正常情况下会播放整个动作，但如果角色需要快速向后转，动作可以被另一个动作中断（可能在它们之间有几帧混合以避免明显的跳跃）。

动作管理器应该允许具有更高重要性的动作来中断其他动作的执行。

3. 复合动作

游戏中的角色很少一次只做一件事。角色的动作通常是分层的。例如，它们可能一边使用医疗包，一边追逐敌人，一边围绕关卡移动。

将这些动作分开是一种常见的实现策略，因此它们由不同的决策过程生成。我们可能会使用一个简单的决策程序来监控健康水平（生命值），并在状况看起来很危险时安排使用医疗包。我们可能会使用另一个决策程序来选择追击哪个敌人。然后，这可以切换到路径发现例程以制定追踪路线。反过来，这可能会使用其他一些 AI 来计算如何遵循路线和另一段代码来安排正确的动作。

在这种情况下，每个决策系统都将输出一个特殊形式的动作。动作管理器需要累积所有这些动作并确定哪些动作可以分层。

另一种方法是让决策程序输出复合动作。在策略游戏中，可能需要协调多个动作才能获得成功。例如，决策系统可能会决定在敌人防御力很强的正面发动一次小型攻击作为佯攻，同时对敌人的侧翼进行全力突袭进攻。这两种动作需要一起进行。协调单独的决策程序以获得这种效果显然是比较困难的。

在这些情况下，决策系统返回的动作需要由若干个细分动作组成，而所有这些动作都将同时执行。

这是一个很明显的要求，但它符合我们的思路。我们知道有一个游戏 AI 系统在开发计划的最后阶段忽略了复合动作的需要。最终，决策制定工具（包括其加载和保存格式，与其余游戏代码的连接以及与脚本语言和其他工具的绑定）需要重写，这是开发人员本可以避免的一个主要问题。

4. 脚本动作

开发人员和（更常见的）游戏记者偶尔会以与脚本语言无关的方式谈论"脚本化 AI"。在此语境中的脚本 AI 通常意味着一组预先编程的动作，这些动作将始终由角色按顺序执行。没有涉及决策，脚本始终从头开始运行。

例如，可以将某个科学家角色放在房间里。当玩家进入房间时，脚本开始运行。角色冲向计算机，启动自毁序列，然后跑到门口逃跑。

以这种方式编写的行为脚本使得开发人员的 AI 给玩家留下更加深刻的印象，比角色需要做出自己的决策要好。角色可以被编写为恶意、鲁莽或秘密行为，并且所有这些都无须做出任何 AI 上的努力。

这种脚本行为在当前游戏中并不常见，因为玩家在了解过程之后通常会不按常理出牌，进而破坏该动作。例如，在前面的示例中，如果玩家立即跑向门口并堵在那里，那么科学家角色可能就无法逃脱，但脚本不允许科学家对这种堵门战术做出明智的反应。出于这个原因，这些脚本动作通常仅限于游戏内过场动画。

脚本行为已经以不同的形式使用多年，它使得角色不需要做出自己的决策。

原始动作（例如，移动到某个点，播放动作或射击）可以组合成较短的脚本，然后可以将其视为单个动作。决策系统可以决定执行决策脚本，然后对许多原始动作进行排序。

例如，在射击游戏中，敌人角色在交战中往往可以正确地使用掩体。角色会首先进行一段火力压制，然后翻滚冲出掩体，迅速跑到下一个掩体。这个脚本顺序（射击、翻滚、跑动）可以作为一个整体来对待，决策系统可以请求整个序列。

就决策制定技术而言，动作序列成为单一动作。它不需要依次请求每个组件。"跑步到新掩体"动作将包含每个元素。

这种方法提供了脚本化 AI 方法的一些优点，同时不会使角色受到不断变化的游戏环境的影响。如果角色在其脚本中间被堵塞或阻止，那么它总是可以使用其决策算法来选择另一套动作方案。

脚本动作类似于复合动作，但它们的元素会按顺序执行。如果我们允许复合动作成为序列的一部分，那么角色就可以在同一时间执行任意数量的动作，并且还可以按顺序执行任意数量的动作。这为开发人员提供了一个非常强大的机制。

我们将在本书第 6 章"战略和战术 AI"中讨论脚本化的动作。当涉及同时协调多个角色的动作时，脚本化动作可能是一项关键技术，但它们需要具有若干个特性，第 6.4.3 节"编写群体动作的脚本"将详细讨论这些特性。

5．关于脚本的题外话

在我们看来，这种动作脚本是现代游戏 AI 开发的基本要素。虽然看起来是我们在这里铺陈了一个很明显的观点，但业界知道脚本已经很长时间了，它们并不是什么新鲜事物，也不会显得更高明，那么究竟有什么可激动的呢？

根据我们的经验，开发人员经常试图研究新技术，以便通过这种"低层次技术"方法提供成本更低、更可靠的结果。我们见过的许多开发人员都已经尝试过更高级别的决策制定技术,旨在提供更深层次智能的假象(如神经网络、情感和认知建模),但这些到目前都还没有给出令人信服的结果。

虽然它们可能被视为一种取巧的方法,但很难高估它们的实用价值,特别是考虑到它们实现的难易程度。由于脚本 AI 的名声不佳,它们经常被放弃考虑。我们的建议是根据产品的具体情况自由使用它们,但是不要在产品广告上将其作为一项噱头来吹嘘。

5.10.2 算法

我们将处理 3 种不同类型的动作。原始动作表示状态变化、动作、移动、AI 请求和界面命令。在此实现中,该动作负责执行其效果。稍后讨论的实现说明更详细地讨论了该假设。除原始动作外,我们还将支持两种类型的复合动作:动作组合和动作序列。

动作组合提供了应该一起执行的任何动作集。例如,重新加载动作可以包括一个动画动作(例如,播放变换手势的动作)和状态改变动作(重置当前武器中的弹药)。我们假设组合中的所有动作可以同时执行。

动作序列在结构上与动作组合相同,但是它作为一系列连续的动作一个接一个地进行处理。序列要一直等到其第一个动作完成之后才继续执行。动作序列可用于诸如"拉门杠"之类的动作,其涉及移动(走到门杠的位置),然后是动作(拉动门杠),最后是状态改变(改变门的锁定状态)。动作序列中的动作可以是动作组合,即一起执行一系列动作,然后是另一组动作,等等。复合动作可以嵌套到任意组合,并且可以嵌套任何深度。

每个动作(无论是原始动作还是组合动作)都有一个到期时间和一个优先级。到期时间控制动作在被丢弃之前应排队多长时间,优先级控制动作是否优先于另一个动作。此外,它还有一些方法可用于检查动作是否已经完成,是否可以与另一个动作同时执行,或者是否应该中断当前正在执行的动作。动作序列将记录当前处于活动状态的组成动作,并在每个后续动作完成时负责更新此记录。

动作管理器包含两组动作:一组是队列;一组是活动集。队列是最初放置动作的地方,它们将等待执行,而活动集则是当前正在执行的一组动作。

来自任何源的动作都将传递给动作管理器,在这个管理器中,它们将加入队列。该队列将被处理,并将高优先级动作移动到活动集,尽可能多地在同一时间执行,并按优先级递减顺序。在每一帧处执行活动的动作,如果完成,则从集合中将它们删除。

对于某项已添加到队列中并希望中断当前正在执行的动作,则检查其优先级。如果它的优先级高于当前正在执行的动作,则允许它中断并置于活动集中。

如果当前没有正在执行的动作（它们都已完成），则将最高优先级动作移出队列到活动集中。然后，如果可以同时执行，则管理器添加下一个最高优先级动作，以此类推，直到不再向当前活动集添加动作为止。

5.10.3　伪代码

动作管理器的实现如下：

```
 1  class ActionManager:
 2      # 保存挂起动作的队列
 3      queue: Action[]
 4
 5      # 当前正在执行的动作
 6      active: Action[]
 7
 8      # 添加一个动作到队列中
 9      function scheduleAction(action: Action):
10          # 将它添加到队列
11          queue += action
12
13      # 处理管理器
14      function execute():
15          currentTime = getTime()
16          priorityCutoff = active.getHighestPriority()
17
18          # 删除队列中已过期的动作
19          for action in copy(queue):
20              if action.expiryTime < currentTime:
21                  queue -= action
22
23          # 遍历队列
24          for action in copy(queue):
25              # 如果优先级低于活动动作的优先级，则放弃
26              if action.priority <= priorityCutoff:
27                  break
28
29              # 如果有一个中断器，则执行
30              if action.interrupt():
31                  queue -= action
32
33                  # 现在中断器是唯一活动的
```

```
34                      # 先前活动的已经被丢弃
35                      active = [action]
36                      priorityCutoff = action.priority
37
38              else:
39                      # 检查是否可以添加该动作
40                      canAddToActive = true
41                      for activeAction in active:
42                          if not activeAction.canDoBoth(action):
43                              canAddToActive = false
44                              break
45
46                      # 如果两个动作都可以执行，则执行组合动作
47                      if canAddToActive:
48                          queue -= action
49                          active += action
50                          priorityCutoff = action.priority
51
52          # 删除或运行活动的动作
53          for activeAction in copy(active):
54              if activeAction.isComplete():
55                  active -= activeAction
56              else:
57                  activeAction.execute()
```

execute 函数将执行所有调度、队列处理和动作执行。scheduleAction 函数只是向队列中添加一个新动作。

copy 函数将创建动作列表的副本（队列或活动集）。这在过程函数中的两个顶层循环中都是必需的，因为可以从循环内的列表中删除项。

5.10.4　数据结构和接口

动作管理器依赖于具有以下接口的常规动作结构：

```
1   class Action:
2       expiryTime: float
3       priority: float
4
5       function interrupt() -> bool
6       function canDoBoth(other: Action) -> bool
7       function isComplete() -> bool
```

基本动作针对每种方法具有不同的实现。复合动作可以实现为此 Action 基类的子类。
动作组合可以实现为：

```
 1  class ActionCombination extends Action:
 2      # 保存子动作
 3      actions: Action[]
 4
 5      function interrupt() -> bool:
 6          # 如果有任何子动作可以中断，则中断该动作
 7          for action in actions:
 8              if action.interrupt():
 9                  return true
10          return false
11
12      function canDoBoth(other: Action) -> bool:
13          # 如果所有子动作都可以执行，则执行组合动作
14          for action in actions:
15              if not action.canDoBoth(other):
16                  return false
17          return true
18
19      function isComplete() -> bool:
20          # 如果所有子动作都已完成，则可以认为动作已经完成
21          for action in actions:
22              if not action.isComplete():
23                  return false
24          return true
25
26      function execute():
27          # 执行所有子动作
28          for action in actions:
29              action.execute()
```

动作序列同样很简单。它们一次只公开一个子动作，可以实现为：

```
 1  class ActionSequence extends Action:
 2      # 保存子动作
 3      actions: Action[]
 4
 5      # 保存当前执行的子动作的索引
 6      activeIndex: int = 0
 7
```

```
8      function interrupt() -> bool:
9          # 如果第一个子动作可以中断，则中断它
10         return actions[0].interrupt()
11
12     function canDoBoth(other: Action) -> bool:
13         # 如果所有子动作都可以执行，则执行组合动作
14         # 如果仅测试了第一个，则可能会出现一种危险
15         # 即在序列中间突然发现不兼容的情况
16         for action in actions:
17             if not action.canDoBoth(other):
18                 return false
19         return true
20
21     function isComplete() -> bool:
22         # 如果所有子动作都已完成，则可以认为动作已经完成
23         return activeIndex >= len(actions)
24
25     function execute()
26         # 执行当前动作
27         actions[activeIndex].execute()
28
29         # 如果当前动作已经完成，则跳转到下一个动作
30         if actions[activeIndex].isComplete():
31             activeIndex += 1
```

除动作结构外，管理器算法还有两个列表结构：active 和 queue。这两者都始终以优先级顺序的降序保持其组成动作。对于具有相同优先级值的动作，其顺序未定义。通过增加到期时间来对相同优先级进行排序（即接近到期的那些动作更接近列表的前面），可以获得更好的性能。

除了其类似列表的行为（例如，添加和删除项、clear 方法），该活动列表还有一个方法：getHighestPriority，返回最高优先级动作（即列表中的第一个）的优先级。

5.10.5　实现说明

活动和队列列表应实现为优先级堆：始终按优先级顺序保留其内容的数据结构。优先级堆（Priority Heap）是任何算法文本中详述的标准数据结构。本书第 4 章 "路径发现"对此进行了更详细的讨论。

我们在此算法中假设可以通过调用其 execute 方法来执行动作，这遵循了本书中用于算法的多态结构。创建一个动作管理器似乎很奇怪，这样会使得决策程序不运行任意代

码，只会让动作调用不透明的方法。

正如我们在本节开头所看到的那样，动作通常有 5 个方面。完整的实现有 5 种类型的动作，每个方面一种动作。游戏以不同的方式执行每种类型的动作：状态更改仅应用于游戏状态，动作由动作控制器处理，移动由移动算法处理，AI 请求可以由任何其他决策程序处理，而界面动作则将传递给渲染程序。

通过中心点引导所有角色动作的一个主要优点是能够添加简单的报告和日志记录以进行调试。在每个动作类的执行方法中，我们可以添加输出日志数据的代码：动作可以携带任何可能有助于调试的信息（例如，引起动作的决策程序、它被添加到队列中的时间，以及它是否完成等）。

在尝试调试去中心化（Decentralized）AI 时的经验使我们在很多情况下都回到了集中式（Centralized）动作系统。我们认为调试是始终使用某种集中式方法的最佳理由，无论是上述方法还是简单的先进先出（First In First Out，FIFO）队列。

5.10.6　性能

该算法在内存中的性能为 $O(n)$，其中，n 是队列中的最大动作数。该算法假定动作生成器表现良好。如果动作生成器每帧都在队列中转储一个动作，那么队列可能会迅速变得笨拙。到期时间机制会有所帮助，但可能还不够快。最好的解决方案是确保管理器的贡献因素不会大量泛滥。在无法保证的环境中（例如，当管理器从用户脚本接收动作时），可以对队列的大小进行限制。将新动作添加到完整队列时，将删除最低优先级元素。

该算法在时间上的性能为 $O(mh)$，其中，m 是活动集中的动作数，包括复合动作的子动作，h 是队列中的动作数，同样包括子动作（上一段中的 n 是指队列中不包括子动作的动作）。这个时间是由 canDoBoth 测试引起的，该测试尝试队列中的所有项组合与活动集中的项组合。当两个列表中都有许多动作时，这可能会成为一个主要问题。

在这种情况下，开发人员可以略微降低一些算法的灵活性，取消在活动列表中组合动作的能力，并且可以强制所有同时发生的动作都被明确请求，方法是将它们嵌入动作组合结构中。这可以将算法在时间上减少到 $O(h)$。

但是，通常情况下，管理器在同一时间内都只会出现很少一些动作，并且这些检查也不会造成很大的问题。

5.10.7　综述

图 5.56 显示了使用动作管理器的完整 AI 结构。

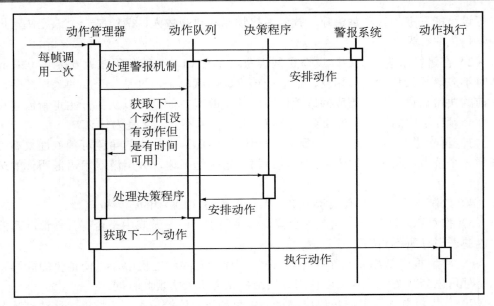

图 5.56 完整 AI 结构中的动作管理器

警报机制每一帧都会更新，并可根据需要安排紧急动作，动作队列将随之重新排队。有一个决策制定系统，只要动作队列为空（它可能由许多组成的制定决策工具组成），就会调用它。当有效动作在队列中时，将发送它以执行。执行的方法包括向游戏状态、动作控制器、移动 AI 或一些辅助决策程序发送请求。如果系统在将动作添加到队列之前耗尽了处理的时间，那么它将不做任何事情直接返回。

这种结构代表了构建复杂角色的综合架构。辅助角色通常只需要简单的、快速实现的 AI，所以这种结构对于辅助角色而言有点大材小用。它提供的灵活性在 AI 开发过程中非常有用，因为很多角色不可避免地需要更复杂的行为。

5.11 练　习

（1）以下是角色的 AI 规则的一部分：

当他们的生命值低于 50%时，他们应该进行治疗，除非敌人在他们的 20 m 内，在这种情况下，他们应该进攻。

如果他们的生命值低于 10%，则无论敌人的远近程度如何，都应该立即进行治疗。

如果角色有急救包，则应该使用它来治疗，否则，他们应该找到最近的治疗物品。

假设可能采取的行动是治疗、找到治疗物品和攻击敌人，请绘制一个二元决策树以实现该角色的行为。

（2）在进行游戏测试后，反馈意见认为，练习（1）中的角色在敌方接近（20 m 以内）时不应寻找治疗物品，相反，他们应该立即隐藏起来，这是一个新的动作。你可以对先前的决策树进行最小幅度的修改以适应此更改吗？如果可以从头开始重新创建决策树，你会设计不同的树吗？如果会，是为什么？如果不会，又是为什么？

（3）再次进行游戏测试后，反馈意见认为，练习（2）中的角色可预测性太高了。请选择一个位置以将随机性添加到该决策树。绘制结果树，并用游戏术语证明你的选择合理。

（4）绘制一个简单的有限状态机，以实现练习（1）中的行为规范。

（5）你对练习（1）和（4）的回答均满足要求，但是游戏中是否有其他情况可能导致角色的表现有所不同？

（6）将警报机制添加到你在练习（3）创建的有限状态机中，以便角色的武器弹药消耗完时角色会重新装填。可以使用分层结构状态机来实现此目的。

（7）代表机器人管家的角色可以执行 4 个动作：捡拾垃圾、扔垃圾、移动到某个位置以及自行充电。围绕不同层次有若干个充电点。请使用状态机来描述该行为，并使用决策树来确定其状态转换（至少一个状态转换）。

（8）假设在游戏世界中移动和领取急救包是单独的基本动作，请将练习（1）中角色规范的实现描绘为行为树。你应该至少使用一个序列节点。

（9）在本章中，以下伪代码被实现为行为树：

```
1  if isLocked(door):
2      moveTo(door)
3      open(door)
4      moveTo(room)
```

如何将其实现为决策树？哪种方法更适合这种行为？为什么？

（10）在第 2.1.1 节"简单的 AI 也能做得很好"中详细描述了《吃豆人》游戏中幽灵怪物的行为。你认为应该使用哪一种决策工具来实现它们？请给出 4 个幽灵 Blinky、Pinky、Inky 和 Clyde 的设计草图。

（11）在《吃豆人》游戏的后续版本中，游戏设计师为关卡增加了门。幽灵可以打开门，但这需要时间。你在练习（10）中创建的设计将如何进行更改以适应这种情况？

（12）角色在模糊状态下具有以下隶属程度：

状 态	隶 属 程 度	移 动 速 度
自信	0.4	5
谨慎	0.6	3
担心	0.2	2
惊慌	0.0	1

每种状态都有其对应的移动速度。使用以下解模糊化方法，人物的最终移动速度是多少？

① 使用最高的隶属程度值。

② 基于隶属程度的混合。

③ 重心。

（13）如果角色处于冲突状态，既自信又担心（用 AND 连接），或者还有一点恐慌（用 OR 连接），请计算练习（12）中角色冲突状态的隶属程度。

（14）用梳子方法重写练习（13）中给出的冲突状态的规则。请检查同一角色的隶属程度。它们应该是一样的吗？

（15）在一款策略游戏中，以下向量表示一个国家与其邻国的友好程度：

$$\begin{bmatrix} 0.7 \\ 0.4 \\ 0.5 \\ 0.4 \end{bmatrix}$$

当没有任何国家采取合作或侵略行动时，这些友好程度会根据以下马尔可夫矩阵发生变化：

$$M = \begin{bmatrix} 0.7 & 0.1 & 0.1 & 0.1 \\ 0.1 & 0.7 & 0.1 & 0.1 \\ 0.1 & 0.1 & 0.7 & 0.1 \\ 0.1 & 0.1 & 0.1 & 0.7 \end{bmatrix}$$

如果游戏在没有合作或攻击行为的情况下继续进行，那么该友好程度向量的长期稳定值将是什么？

（16）使用练习（15）中的马尔可夫矩阵，如果起始的友好程度向量变成如下：

$$\begin{bmatrix} 0.9 \\ 0.7 \\ 0.5 \\ 0.3 \end{bmatrix}$$

那么其相应的稳定值是多少？是否可以设计一个马尔可夫矩阵，使得无论起始的友好程度向量如何变化，稳定值都是相同的？

（17）在计算机图形学中，乘以一个矩阵也可用于对向量进行加法或减法。为此，可以将向量中的附加行设置为 1，并且矩阵具有附加的行和列（在数学上，这其实就是使用"同质"坐标）。如果我们的友好程度向量是：

$$\begin{bmatrix} 0.9 \\ 0.7 \\ 0.5 \\ 0.3 \\ 1 \end{bmatrix}$$

其中，最后一项始终是 1，并且不表示友好程度，马尔可夫矩阵的形式如下：

$$M = \begin{bmatrix} a & b & b & b & c \\ b & a & b & b & c \\ b & b & a & b & c \\ b & b & b & a & c \\ 0 & 0 & 0 & 0 & 1 \end{bmatrix}$$

如何始终对每个友好程度给予 0.5 的稳定值？（提示：有多种解，找到一种即可。）

（18）机器人角色的目标是自我充电。它可以通过两种方式实现这一目标：一种是返回充电点进行一分钟的完全充电（包括移动时间）；另一种是使用电池充电 25%，耗时 30 s。在正常运行模式中，机器人每分钟会损失 5%的电量。那么在哪个充电水平上，整体效用 GOB 会选择让机器人返回充电点？

（19）在练习（18）中，如何调整各种方法的充电百分比和充电时间，以使机器人更多地使用电池？

（20）假设我们有一个完美的启发式算法，并且在两种情况下都使用相同的图形，那么仅就状态的数量而言，IDA*算法和常规 A*算法的性能孰优孰劣？

（21）游戏设计文件中包含角色 AI 的以下规则：

角色将在他们的路线上执行常态巡逻。

如果仅看到一个玩家，角色将回到他们的位置并开始进攻。

如果玩家有同伴，则角色将改为发出警报，然后等待直到他们自己的队伍到达。

假设要使用基于规则的系统实现该行为，请编写一系列规则。

（22）在练习（21）中创建的规则是否取决于特定的仲裁策略？如果是，那么哪些策略是有效的？

第 6 章　战略和战术 AI

我们在第 5 章中讨论的决策制定技术有两个重要的局限性：它们旨在供单个角色使用，并且它们不会试图从知识中推断出它们对整体状况的预测。

这些限制中的每一个都大致属于战略（Strategy）和战术（Tactics）类别。本章将介绍为角色提供战略和战术推理框架的技术。它包括从粗略信息中推断出战术情境，使用战术情境做出决定以及在多个角色之间进行协调的方法。

在我们迄今为止所使用的游戏 AI 模型中，这属于系统的第三层，如图 6.1 所示。

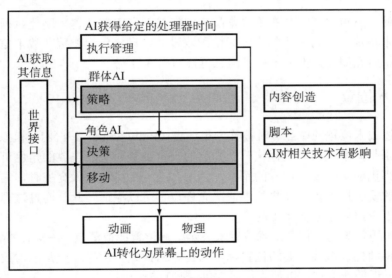

图 6.1　游戏 AI 模型

我们要再次强调，并非每个游戏都需要模型的所有部分。特别是，在许多游戏类型中根本不需要战略和战术 AI。玩家期望看到可预测的行为（例如，在二维射击游戏或主机游戏中），面对更复杂的行为可能会让他们倍感挫败。

纵观游戏 AI 的发展情况，我们可以很清楚地看到，战略和战术 AI 将成为未来的关键领域之一。在过去 10 年中，我们已经看到 AI 控制角色的战术能力迅速提升，并且鉴于我们所知道的目前正在研究的技术，我们相信这种趋势会继续下去。

6.1　航　点　战　术

航点（Waypoint）是游戏关卡中的单个位置。我们在第 4 章中就遇到了航点，当然在本章中它们被称为"节点"或"代表性点"。路径发现技术使用节点作为通过关卡的路线的中间点，这是航点的最初使用，本节中的技术将自然地从扩展路径发现所需的数据发展为允许其他类型的决策制定。

当我们在路径发现中使用航点时，它们表示路径发现图形中的节点，以及算法所需的相关数据：连接（Connection）、量化区域（Quantization Region）和成本（Cost）等。要在战术上使用航点，我们需要向节点添加更多数据，我们存储的数据将取决于使用航点的方式。

本节将使用航点来表示具有不寻常战术特征的关卡中的位置，因此占据该位置的角色将利用战术特征。最初，我们将考虑由游戏设计师设定包含位置和战术信息的航点，然后，我们将研究如何先推断出战术信息再推断出其位置。

6.1.1　战术位置

用于描述战术位置的航点有时被称为集结点（Rally Point）。它们在模拟中的早期用途之一（特别是军事模拟）是标记一个固定的安全位置，交战失败的角色可以撤退到这里。这种原则也应用在现实世界的军事计划中。当一个排与敌人交战时，它将至少有一个预先确定的安全撤离点，如果战术情况允许，它可以撤退至此。通过这种方式，即使战斗失败也不一定会导致全面溃败。

在游戏中更常见的是使用战术位置来表示防御位置或掩藏点。在游戏的静态区域中，设计者通常将圆桶或城墙后面的位置标记为良好的掩藏点。当一个角色与敌人交战时，它将移动到最近的掩藏点，以便为自己提供一些庇护场所。

还有其他一些流行的战术位置。狙击手的位置在基于小队的射击游戏中尤为重要。关卡设计师会将某些位置标记为适合狙击手使用，然后使用远程武器的角色可以前往那里找到掩护和射杀敌人的位置。

在秘密潜入类的游戏中，秘密移动的角色需要被给定一组存在强烈阴影的位置。然后，只要敌人的视线被转移（在本书第 11 章"世界接口"中讨论了感官知觉的实现），角色就可以通过在阴影区域之间的移动来控制它们的行动。

使用航点来表示战术信息的方式有无限多种。我们可以标记火力点（该点可以进行大范围的射击）、能量药丸点（该点可能重新生成能量药丸）、侦察点（该点可以轻松侦查大范围区域）、快速出口点（角色如果找到它们则可以隐藏起来或有许多逃生选项）等。战术点甚至也可以是要避免的位置，如埋伏点、暴露区域或流沙地带等。

根据要创建的游戏类型，开发人员的角色可以遵循若干种战术。对于这些战术中的每一种，游戏中可能存在相应的战术位置，无论是积极的（有助于战术施行的位置）还是消极的（阻碍战术施行的位置）。

1. 一组位置

大多数使用战术位置的游戏并不会将它们自己局限于一种战术类型。游戏关卡包含大量的航点，每个航点都标有其战术特质（Quality）。如果航点也用于路径发现，那么它们还将具有路径发现数据，如连接和附属的区域。

在实践中，掩体和狙击手的位置作为路径发现图形的一部分并不是非常有用。图 6.2 说明了这种情况。虽然最常见的是组合两组航点，但它可以提供更有效的路径发现，以便拥有一个单独的路径发现图形和战术位置集。当然，如果开发人员使用不同的方法来表示路径发现图形，如导航网格或基于图块的世界，则必须这样做。

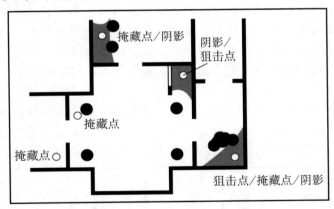

图 6.2 战术点不是最佳的路径发现图形

本节的大部分内容将假设我们感兴趣的位置不一定是路径发现图形的一部分。稍后，我们将看到一些情况，即将两者合并在一起可以提供非常强大的行为，并且几乎不需要额外的努力。但是，一般而言，没有理由将这两种技术联系起来。

图 6.2 显示了游戏关卡区域的一组典型的战术位置。它结合了 3 种类型的战术位置：掩藏点、阴影和狙击点。有些点有一个以上的战术属性。例如，大多数阴影点也是掩藏点。每个这样的位置都只是一个战术位置，但它有两个属性。

标记所有有用的位置可以在关卡中产生大量的航点，为了获得非常高质量的行为，这对于关卡设计师来说是必要的，但也是很耗时的。在本节的后面部分，我们将介绍一些自动生成航点数据的方法。

2. 原始战术和复合战术

在大多数游戏中，拥有一套预先定义的战术特质（如狙击手、阴影、掩体等）足以支持有趣和智能化的战术行为。本节后面讨论的算法将根据这些固定的分类做出决策。

当然，我们也可以使模型更复杂。例如，当讨论狙击手的位置时，我们提到过狙击手的位置会有很好的遮挡，并能提供观察敌人的广阔视野。我们可以将其分解为两个单独的要求：隐藏和观察敌人。如果我们在游戏中支持掩藏点和高可见性点，那么就不需要指定具体的狙击手位置。我们只需要简单地将狙击手位置指定为同时满足掩藏点和侦察点特质的点。这样，狙击手的位置便具有复合战术的特质，它们由两种或更多原始战术组成。

我们不需要将自己限制在具有两个属性的单个位置。例如，当角色在交战中处于攻势时，它需要找到一个很好的掩藏点，并且非常接近提供清晰射击视野的位置；角色可以进入掩藏点进行休整（重新装填弹药），或者当敌方的火力特别密集时，转移到另外一个射击点以攻击敌人。我们可以将某个防御掩藏点指定为一个非常靠近射击点的掩藏点（通常在角色横向滚动的半径范围内，方便用于进入和退出掩体的定型动画）。

同样地，如果我们正在寻找可以设计伏击的好位置，则可以寻找附近有良好藏身之处的暴露位置。"良好的藏身之处"本身就是复合战术，它是结合了良好掩藏点和阴影这两个特质的地点。

图 6.3 显示了一个示例。在走廊中，标记了掩藏点、阴影和暴露点。我们认为一个好的伏击点就是同时包含掩藏点和阴影特质的那一个点，它就在暴露点旁边。如果敌人进入了暴露点，而角色正在阴影中，那么它就可以从容进行攻击。图 6.3 标出了良好的伏击点。

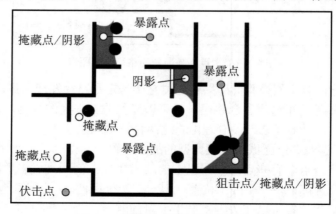

图 6.3　伏击点可以从其他位置派生

开发人员可以通过仅存储原始特质来利用这些复合战术。在上面的例子中，我们存储了 3 个战术特质：掩藏点、阴影和暴露点。从这些战术特质我们可以计算出最好的占位或避免遭遇伏击。通过限制不同战术特质的数量，我们可以支持大量不同的战术，而不会使关卡设计师的工作变得过于繁重，或者只需要使用很少的航点数据，避免占用过多的内存。另一方面，我们获得了在内存方面的改善，却失去了速度优势。为了计算出最近的伏击点，我们需要寻找在阴影中的掩藏点，然后检查每个掩藏点附近的暴露点，以确保它在我们寻找到的掩藏点的半径范围内。

在绝大多数情况下，这种额外处理并不重要。例如，如果某个角色需要找到一个伏击位置，那么很可能会考虑到若干个帧。基于战术位置的决策并不是某个角色在每一帧中需要做的事情，因此对于合理数量的角色来说，时间并不重要。

当然，对于有许多角色或者条件集非常复杂的情况，可以对航点集（Waypoint Set）进行离线预处理，并且可以识别所有复合特质。这在游戏运行时固然会消耗大量内存，但它不需要关卡设计师指定每个位置的所有特质。该方法还可以更进一步，使用算法来检测原始特质。本节后面将回过头来介绍自动检测原始特质的算法。

3．航点图和拓扑分析

到目前为止，我们看到的航点都是分开的、孤立的位置，没有关于是否可以从一个航点到达另一个航点的信息。我们在本节开头提到了航点和路径发现图形中的节点的相似性，所以当然可以将路径发现图形中的节点用作战术位置（但是它们并不总是最合适的。本章将在第 6.3 节讨论战术性路径发现）。

但即使开发人员不使用路径发现图形，也可以将战术位置连接在一起，以便能采用更为复杂的复合战术。

现在假设我们正在寻找一个理想的战术位置，能够执行一种打完就跑（Hit and Run）的战术。图 6.4 中的一组航点就显示了可以考虑的关卡的一部分。当一个航点可以直接从另一个航点到达时，可以连接航点。例如，没有任何连接是穿墙而过的。在阳台上，我们有一个位置（A），它有很好的房间可见性，可以作为攻击的候选点。同样，在小前厅（B）中还有一个可能很有用的位置。

在本示例中，阳台明显比前厅好，因为它有 3 个出口，其中只有一个通向房间。如果我们希望执行"打完就跑"的战术攻击，那么我们就需要找到具有良好可见性的位置，并且还要有很多出口路线。

这就是拓扑分析（Topological Analysis）。它通过查看航点图的属性来推断关卡的结构。它是一种复合战术，但是它利用了航点之间的连接以及它们的战术特质和位置。

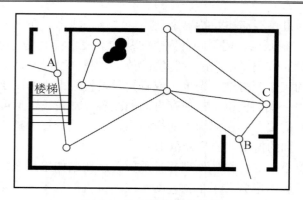

图 6.4　航点图的拓扑分析

可以使用路径发现图形执行拓扑分析，也可以在基本战术航点上执行拓扑分析。但是，它无论如何都需要在航点之间建立连接。没有这些连接，我们就不知道附近的航点是否构成出口路线或它们之间是否有隔离墙。

糟糕的是，这种拓扑分析很快就会变得复杂。它对航点的密度极为敏感。取图 6.4 中的位置 C，在该射击位置同样有 3 条出口路线。但是，在这种情况下，它们都会通向周边地区立即逃脱的位置。角色在寻找执行"打完就跑"战术的位置时，如果仅根据出口路线的数量这个单一的指标，就可能错误地将其攻击位置安排在房间的中间。

当然，我们可以使拓扑分析算法更加复杂。我们不仅可以查看连接数，还可以查看这些连接所通向的位置，等等。

根据我们的经验，这种分析的复杂度是巨大的，超出了大多数开发人员希望花时间实现和调整的程度。我们认为，开发一个全面的拓扑分析系统和让关卡设计师简单地指定适当的战术位置之间并不是什么两难选择。因为对于最简单的分析来说，关卡设计师每次都能轻松完成这份工作。

在很多书籍和论文中会不时出现自动拓扑分析。我们的建议是谨慎对待它，除非你可以花几个月的时间来完成它。从长远来看，手动方式也不会那么痛苦。

4．连续战术

为了支持更复杂的复合战术，我们可以摆脱简单的布尔状态。例如，我们不是将位置标记为"掩藏点"或"阴影"，而是为每个位置提供数值。对于"掩藏点"和"阴影"来说，其航点具有不同的值。

这些值的含义取决于游戏，它们可以有任何范围，只要方便即可。当然，为了清楚起见，我们假设这些值是范围(0, 1)中的浮点数，其中值为 1 表示航点具有最大属性量（例如，掩藏点的最大量或阴影的最大量）。

就这些值自身而言，我们可以使用这些信息来简单地比较航点的特质。例如，如果某个角色试图找到一个掩藏点，并且它已经找到了两个航点，这两个航点具有相同的可到达属性，但是掩藏点属性 cover 则不相同，其中一个航点 cover = 0.9，另外一个航点 cover = 0.6，那么该角色应前往 cover = 0.9 的航点。

开发人员还可以将这些值解释为模糊集的隶属程度（本书第 5 章"决策"中已经讨论了模糊逻辑的基础知识）。cover 值为 0.9 的航点在掩藏点位置集合中具有很高的隶属程度。

将值解释为隶属程度允许开发人员使用模糊逻辑规则生成复合战术的值。回想一下，我们前面曾经将狙击手（Sniper）位置定义为一个既能看到敌人又有良好掩护的航点。换句话说，就是：

狙击手位置 = 掩藏点 AND 可见性

如果有一个航点，它的掩藏点属性 cover = 0.9 且可见性属性 visibility = 0.7，则可以使用以下模糊规则：

$$m_{(A \text{ AND } B)} = \min(m_A, m_B)$$

其中，m_A 和 m_B 是 A 和 B 的隶属程度。添加到我们的数据中，即可得到：

$$m_{\text{sniper}} = \min(m_{\text{cover}}, m_{\text{visibility}})$$
$$= \min(0.9, 0.7)$$
$$= 0.7$$

因此，我们可以推导出狙击手位置的特质，并将其作为角色战术行动的基础。这个例子很简单，只使用了 AND 来组合它的分量。正如我们在前面所看到的，开发人员可以为复合战术设计更复杂的条件。将这些值解释为模糊状态中的隶属程度，使得开发人员能够处理由许多子句组成的最复杂的定义。它提供了一种不断进行尝试和检测的机制，最终可以获得一个可靠的值。

使用这种方法的缺点是每个航点都需要为其存储一整套值。如果我们要记录 5 种不同的战术属性，那么对于非数字情况来说，我们只需要在每组中保留一个航点列表，没有浪费的存储空间。另一方面，如果我们为每个战术属性存储一个数值，那么每个航点将有 5 个数字。

我们可以通过不存储零值来略微减少存储的需求，但是这会使事情变得更复杂，因为我们需要一种可靠的方法来存储该值和该值的含义（如果我们总是存储 5 个数字，那么就可以通过每个数字在数组中的位置了解它的意义）。

对于大型户外世界，例如，对于即时战略游戏或大型多人游戏的大型户外世界，开发人员可能需要考虑节省内存的问题。但是，在大多数射击游戏中，这些额外的内存不太可能引起问题。

5. 环境敏感性

当然，到目前为止，我们所描述的标记战术位置的方式仍然是有问题的。位置的战术属性几乎总是对角色的动作或游戏的当前状态敏感。

例如，躲在圆桶后面的角色只有在蹲下时才会产生掩护的效果。如果角色站在圆桶后面，那么它就是一个非常惹眼的目标，很容易被集火攻击。同样，如果敌人在你身后，那么躲在突出的岩石后面是没有用的。开发人员的目标应该是在角色和敌方进攻的火力之间放置一块大石头。

这个问题并不仅限于掩藏点。在某些情况下，本节中的任何战术位置都可能无效。例如，如果敌人设法发动了一次侧翼攻击，那么现在前往撤离位置可能就没什么作用了，因为该撤离位置可能正在敌方掌控中。

某些战术位置可能具有更复杂的环境背景。例如，如果每个人都知道狙击手的扎营位置，那么该狙击点很可能毫无用处，除非它恰好是一个难以捉摸的藏身之处。狙击手的位置在某种程度上取决于其保密性。

实现环境敏感性有两种选择。第一种方法是可以为每个节点存储多个值。例如，一个用于掩藏的航点可能有 4 个不同的方向。对于任何给定的掩藏点，仅掩藏其中一些方向。我们将这 4 个方向称为航点的状态。对于掩藏点，我们有 4 个状态，每个状态可能具有完全独立的掩藏特质值（如果我们不使用连续的战术值，则只有不同的 yes/no 值）。我们可以使用任意数量的不同状态。可能还有一个额外的状态，指示角色是否需要躲避以接受掩护，或者指示敌人不同武器的附加状态。例如，一段矮墙可以为角色提供掩护，使得敌方的手枪或步枪攻击无效，但是如果敌方使用的是 RPG 火箭筒，那么角色显然需要另寻掩藏点。

对于一组状态相当明显的战术，如掩藏点或射击点（我们同样可以使用 4 个方向作为射击弧），这是一个很好的解决方案。对于其他类型的背景敏感性，如前面提到的撤退位置示例，则很难提出一组合理的不同状态，因为那是由敌人控制的地区。

第二种方法是每个航点只使用一个状态，正如我们在本节中所见。我们不是将这个值视为关于航点战术特质的最终真值，而是添加一个额外的步骤来检查它是否合适。该检查步骤可以包括对游戏状态的任何检查。在掩藏点示例中，我们可能会检查与敌人的视线。在撤退示例中，我们可能会检查一个影响图（参见本章后面第 6.2.2 节有关影响图的内容），以查看该位置当前是否处于敌人控制之下。

在狙击手示例中，我们可以简单地保留一个布尔标记列表，以记录敌人是否曾经向狙击手位置射击（如果敌人知道位置在那里则是近似的简单启发式算法）。这个后处理

（Post-Processing）步骤与用于自动生成航点的战术属性的处理具有相似性。我们稍后会回来讨论这些技术。

现在可以为上述两种方法各设计一个示例。假设有一个角色，需要选择一个掩藏点，以便在交战过程中休整（重新装填弹药）。附近有两个可供选择的掩藏点，如图 6.5 所示。

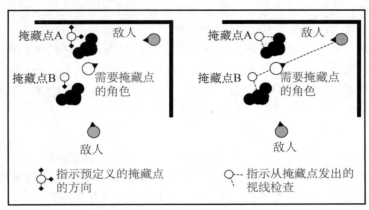

图 6.5　角色以两种不同的方式选择掩藏点

在图 6.5 的左图中，显示了 A、B 两个掩藏点，它们在 4 个方向的每个方向上都具有掩藏点特质。角色计算出了每个敌人的方向并确定它需要获得南方和东方这两个方向上的掩护。因此角色会检查每个掩藏点所提供的掩护。掩藏点 B 符合要求，因此它会选择该点。

在图 6.5 的右图中，我们使用了后处理步骤。角色检查从两个掩藏点到两个敌人的视线。它确定掩藏点 A 对两个敌人都没有视线，而掩藏点 B 则能看到其中一个敌人，因此选择掩藏点 B 更有利。

具体应该使用这两种方法之中的哪一种，取决于特质、内存和执行速度。每个航点使用多个状态可以快速制定决策。开发人员不需要在游戏期间进行任何战术计算，只需要找出感兴趣的状态即可。另一方面，为了获得非常高质量的战术，可能需要大量的状态。例如，如果需要 4 个方向的掩护，无论是站立还是蹲伏，对抗任何 5 种不同类型的武器，那么将需要 40（4×2×5）个状态才能获得掩藏点的航点。显然，这很快就会让状态变得太多而造成内存和执行速度上的负担。

执行后处理步骤可以使开发人员更加灵活。它允许角色利用环境中的特征或巧合之处。例如，除了来自特定通道的攻击，掩藏点可能不会提供北方的掩护，但游戏中屋顶大梁的位置会为角色提供其北方的掩护，所以如果敌人就在那条特定通道上攻击，则该掩藏点仍然是有效的。相反，如果使用简单的状态掩护来自北方的攻击，则不允许角色利用这一点。

另一方面，后处理非常消耗时间，特别是如果需要通过关卡几何进行大量的视线检查则更是如此。在我们已经看到的几款游戏中，战术视线检查占据了游戏中使用的所有 AI 时间的大部分，在某些情况下超过总处理器时间的 30%。如果你有很多角色需要对不断变化的战术情况做出快速反应，这可能是不可接受的。如果角色能够花费几秒钟来衡量它们的选择，那么这不太可能成为一个问题。

在我们看来，真正受益于良好战术玩法的游戏，如基于小队的射击游戏，更需要采用后处理方法。对于其他不以战术为重点的游戏，则使用少量的状态就足够了。我们知道有一个开发人员在同一款游戏中结合使用了这两种方法，并取得了很大的成功：多个状态提供了一种过滤机制，减少了需要视线检查的不同掩藏航点的数量。

6. 综述

我们已经考虑了战术航点的一系列复杂性，从一个位置的战术特质的简单标签到基于模糊逻辑的复合的、对环境敏感的战术。在实践中，大多数游戏不需要考虑全部战术。

很多游戏都只需要使用简单的战术标签。如果这会产生奇怪的行为，那么实现的下一个阶段就是环境敏感性，这会大大提高 AI 的能力。

接下来，我们建议尝试添加连续的战术值，并允许角色根据航点的特质做出决策。

对于高度强调战术的游戏来说，其中战术玩法的质量是游戏的卖点，使用复合战术（以及模糊逻辑）将允许开发人员支持新的战术，而无须添加或更改关卡设计师需要创建的信息。到目前为止，我们尚未开发出做到这一步的游戏，尽管它在军事模拟领域并不新鲜。

6.1.2　使用战术位置

到目前为止，我们已经研究了如何通过战术航点来增强游戏关卡。但是，就它们自身而言，它们只是一些值而已。我们需要一些机制将它们的数据纳入决策。

我们将讨论 3 种方法。第一种方法是一个非常简单的过程，它将控制战术移动；第二种方法可以将战术信息纳入决策过程；第三种方法则会在路径发现过程中使用战术信息来产生始终具有战术意识的角色移动。这 3 种方法都不是新算法或技术。它们只是将战术信息引入本书前面章节中讨论过的算法的简单方式。

目前，我们会将重点放在单个角色的决策上。在后面的第 6.4 节"协调动作"中，我们将回来讨论协调多个角色的动作的任务，同时确保它们保持战术意识。

1. 简单的战术移动

在大多数情况下，角色的决策过程意味着它需要什么样的战术位置。例如，我们可能会有一个决策树，它会查看角色的当前状态、生命值和弹药供应，以及敌人的当前位置。当决策树运行时，角色可能会决定它需要重新装备武器或填充弹药。

决策系统生成的动作是"重新装载"，这可以通过播放重新装载动画并更新角色武器中的子弹数量来实现。或者，可以采用更具战术意义的方式，选择找到一个合适的掩藏点，这样就可以在有掩护的情况下简单休整，重新装填弹药。

这可以通过查询附近的战术航点来实现。在找到合适的航点（在我们的例子中，也就是提供掩护的航点）之后，即可采取任何后处理步骤以确保它们适合于当前环境。

然后角色会选择一个合适的位置并将它用作移动的目标。这里的选择可以非常简单，即"最接近的合适位置"。在这种情况下，角色可以从最近的航点开始，并按照距离增加的顺序检查它们，直至找到匹配。或者，我们也可以使用某种数字衡量位置的好坏。如果我们使用连续值来表示航点的特质，那么这可能就是我们所需要的。但是，我们并不一定对选择整个关卡中的最佳节点感兴趣。在地图上一直奔跑只为了找到一个真正安全的位置来简单休整（重新装填弹药）是没有意义的。相反，我们需要平衡航点的距离和特质。

这种方法将首先独立于战术信息而做出动作决策，然后应用战术信息来完成其决策。它本身就是一种强大的技术，是大多数基于小队的游戏 AI 的基础。这是射击游戏能一直红火到现在的压箱底的手段。

但是，它确实有一个重要的限制。由于在决策过程中没有使用战术信息，我们最终可能会在做出决定后才发现这个决定是愚蠢的。例如，我们可能会发现，在做出重新装载的决定之后，角色无法在附近找到安全的地方。在这种情况下，如果是现实生活中的人，那么他会尝试不同的选择，例如，他可能会选择逃跑。但是，游戏中的角色却没有这样的变通思维，一旦做出决定却无法完成，那么它将被卡住或显得很愚蠢。

游戏很少允许 AI 检测这种情况并返回重新考虑该决定，因此它可能会导致出现问题。

在大多数游戏实践中，这并不是一个很明显的问题，特别是如果关卡设计师能够获得足够提示的话。游戏中的每个区域通常都有若干种类型的战术点（除狙击点外，我们通常不介意角色是否会长时间漫游以找到这些）。

当然，当问题出现时，我们需要考虑原始决策过程中的战术信息。

2．像使用任何其他数据一样使用战术信息

将战术信息纳入决策过程的最简单方式是让决策程序以与访问有关游戏世界的其他信息相同的方式访问战术信息。

例如，如果想要使用决策树，那么可以允许根据角色的战术环境做出决策。我们可以根据最近的掩藏点做出决定，如图 6.6 所示。在有充足弹药的情况下，角色不会决定前往掩藏点，然后在可以看到敌人但发现没有合适掩藏点的情况下，会直接攻击敌人。此外，移动到掩藏点的决定需要考虑到作为移动目标的掩藏点的可用性。

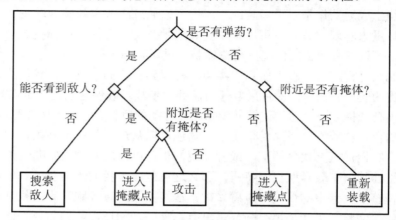

图 6.6　在决策树中的战术信息

同样，如果我们使用状态机，那么可能仅根据航点的可用性触发某些转换。

在这两种情况下，我们应该记录在决策过程中发现的任何合适的航点，以便可以在做出决定后使用它们。如果上面例子中的决策树最终建议采取"进入掩藏点"动作，那么我们将需要确定哪个掩藏点可以进入。

这涉及我们之前使用简单的战术移动方法时对附近决策点的相同搜索。为避免重复工作，我们可以缓存在决策树处理期间找到的掩藏点，然后在移动 AI 中就可以使用该目标并直接朝向它移动而无须进一步搜索。

3．模糊逻辑决策中的战术信息

对于决策树和状态机，开发人员可以将战术信息用作 yes 或 no 条件，它们要么出现在决策树中的决策节点处，要么可以作为进行状态转换的条件。

在这两种情况下，开发人员都有兴趣找到满足某些条件的战术位置（例如，可能需要找到一个角色可以掩藏的战术位置）。对于战术位置的特质则不感兴趣。

我们可以更进一步，允许决策过程在做出决定时考虑到战术位置的特质。想象一下，某个角色正在权衡两种战术。它可以选择在掩体后露营，并提供压制火力，也可以占据阴影中的有利位置，准备伏击路过的不知情的敌人。我们对每个位置使用连续的战术数据，掩体特质为 0.7，而阴影特质为 0.9。

使用决策树，我们只需检查是否有掩藏点，并且在发现有掩藏点时，角色将遵循压制火力的策略。这时权衡每个选项的利弊是没有意义的。

但是，如果我们使用模糊决策系统，则可以直接在决策过程中使用特质值（Quality Value）。如本书第 5 章所述，模糊决策系统有一套模糊规则。这些规则可以将若干个模糊集的隶属程度组合成值，以指示哪个动作是首选的。

我们可以将这些战术值直接纳入这种方法，作为另一种隶属程度值。

例如，我们可能有以下规则：

```
IF 发现掩藏点 THEN 布置压制火力
IF 找到阴影点 THEN 布置埋伏陷阱
```

对于上面给出的战术值，我们得到以下结果：

```
布置压制火力：隶属程度 = 0.7
布置埋伏陷阱：隶属程度 = 0.9
```

如果这两个值是独立的（即假设不能同时做到这两点），那么我们将选择"布置埋伏陷阱"作为要采取的动作。

当然，规则可能会更加复杂：

```
IF 发现掩藏点 AND 友军正在赶来增援 THEN 布置压制火力
IF 找到阴影点 AND 无法看到敌人 THEN 布置埋伏陷阱
```

现在，如果我们有以下隶属程度值：

```
友军正在赶来增援：隶属程度 = 0.9
无法看到敌人：隶属程度 = 0.5
```

我们最终会得到以下结果：

```
布置压制火力：隶属程度 = min(0.7, 0.9)= 0.7
布置埋伏陷阱：隶属程度 = min(0.9, 0.5)= 0.5
```

因此，正确的动作就是布置压制火力。

毫无疑问，还有许多其他方法可以将战术值纳入决策过程中。我们可以使用它们来计算基于规则的系统中规则的优先级，或者也可以将它们包含在学习算法的输入状态中。这种方法使用基于规则的模糊逻辑系统，提供了一种简单的实现扩展，可以提供非常强大的结果。但是，它并不是一种很好用的技术，所以，大多数游戏在决策制定过程中都依赖于更简单地使用战术信息。

4．生成附近的航点

如果开发人员使用这些方法中的任何一种，那么将需要一种快速生成附近航点的方法。给定角色的位置，在理想情况下，开发人员需要一个按距离顺序列出的合适的航点列表。

　　大多数游戏引擎提供了一种快速计算出附近物体的机制。诸如四叉树或二叉空间分区（Binary Space Partition，BSP）树的空间数据结构通常用于冲突检测。诸如多分辨率图（即基于图块的方法，具有不同图块大小的分层结构）的其他空间数据结构也是合适的。对于基于图块的世界，还可以使用存储的图块图案来表示不同的半径，只需将图案叠加在角色的图块上，然后搜索该图案中的图块以找到合适的航点。

　　正如本书第 3 章所述，空间数据结构的接近和碰撞检测超出了本书的讨论范围。本系列中还有另一本书讨论了该主题（详见附录参考资料[14]）。感兴趣的读者可以参考附录列出的图书或其他合适的资源。

　　当然，距离并不是唯一要考虑的因素。图 6.7 显示了一个走廊中的角色。最近的航点在相邻的房间中，但它作为掩藏点是完全不切实际的。如果仅根据距离选择掩藏点，我们会看到角色跑到另一个房间去休整并重新装填弹药，而不是使用靠近走廊尽头的箱子。

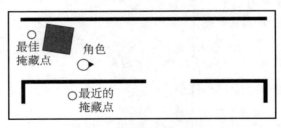

图 6.7　掩藏点选择的距离问题

　　开发人员可以通过仔细的关卡设计来尽量减少出现这种问题。例如，在游戏关卡中不使用很薄的墙壁通常就是一个不错的想法。正如我们在第 4 章中所看到的，这也会混淆量化（Quantization）算法。当然，有时候它是不可避免的，所以需要更好的解决方案。

　　另一种方法是通过执行路径发现步骤来生成距离，以确定每个战术航点的距离远近。这自然会考虑到关卡的结构，而不是使用简单的欧几里得距离。在上面的示例中，当意识到隔壁房间内的掩藏点将比到目前为止找到的最近航点的路径更长时，即可中断路径发现。当然，即使进行了这样的优化，也会增加大量的处理开销。

　　幸运的是，开发人员可以在一个步骤中执行路径发现操作并搜索最近的目标。这也解决了很薄的墙壁造成混淆和发现附近航点的问题。它还有一个额外的好处：它返回的路线可以用来使角色移动，同时不断考虑它们的战术状况。

5．战术性路径发现

　　战术航点也可用于战术性路径发现。战术性路径发现是游戏 AI 中的热门话题，但它是基本 A*路径发现算法的相对简单的扩展。当然，它不是找到最短或最快的路线，而是考虑游戏的战术情况。

但是，战术性路径发现通常与战术分析相关联，因此我们将在本章后面的第 6.3 节"战术性路径发现"中回过头来进行完整的讨论。

6.1.3　生成航点的战术属性

到目前为止，我们的假设都是游戏的所有航点已经创建完成，并且每个航点都被赋予了适当的属性：一组用于其位置的战术特征的标签，以及可能用于战术位置的特质的附加数据，或者与环境相关的信息。

在最简单的情况下，上述这些内容通常都由关卡设计师创建。关卡设计师可以放置掩藏点、阴影点、具有高可见性的位置以及出色的狙击位置。如果只有几百个掩藏点，那么这个任务就不算烦琐。这也是很多射击游戏中经常使用的方法。当然，除了一些比较简单的游戏，关卡设计师的任务可能会急剧增加。

如果关卡设计师必须放置与环境相关的信息或设置某个位置的战术特质，那么该工作将变得非常困难，支持设计师所需的工具也必将变得更加复杂。对于与环境相关的信息、连续赋值的战术航点，我们可能需要设置不同的环境状态，并能够为每一个战术航点都输入数值。为了确保这些值都是合理的，我们需要某些类型的可视化。

虽然设计师可以放置航点，但所有额外的负担使得关卡设计师不太可能负责设置战术信息，除非它是最简单的布尔类型。

对于其他游戏来说，我们可能不需要手动放置位置，它们可能从游戏结构中自然产生。例如，如果游戏依赖于基于图块的网格，则游戏中的位置通常位于相应的图块处。虽然我们知道位置在哪里，但我们不知道每个位置的战术属性。如果游戏关卡是由预制部分构建的，那么我们可以在预制工厂中放置战术位置。

在这两种情况下，我们都需要一些机制来自动计算每个航点的战术属性。

这通常需要使用离线预处理步骤来执行，尽管它也可以在游戏期间执行。后一种方法允许我们在当前游戏环境中生成航点的战术属性，这反过来可以支持更加微妙的战术行为。然而，正如前文关于"环境敏感性"小节所述，这对性能有显著影响，特别是如果需要考虑大量航点的话。

计算战术特质的算法取决于开发人员感兴趣的战术类型。战术类型有多少，计算就会有多少。本章将讨论到目前为止我们所使用过的航点类型，以了解涉及的处理类型。其他战术往往与这些类型相似，但可能需要一些修改。

1．掩藏点

要计算掩藏点（Cover Point）的特质，可以测试有多少不同的进入攻击可能成功。我们执行了许多不同的模拟攻击，下面来看看有多少攻击可以通过。

我们可以运行完整的模拟攻击，但这需要时间。一般来说，通过视线测试来模拟攻击是最容易的，即投射通过关卡几何体的光线。

对于每次攻击来说，我们可以从选择候选掩藏点附近的位置开始。该位置通常与掩藏点位于相同或相邻的房间。当然，我们也可以从关卡的任何地方进行测试，但这显然很浪费，因为大多数攻击都不会成功。在室外关卡中，我们可能需要在武器攻击范围内的任何地方进行测试，这可能是一个很耗时的过程。

执行该测试的方法之一是，围绕该点以常规角度检查攻击。我们需要首先确保检查的位置与它试图攻击的点在同一个房间或区域。例如，在走廊中间的某个点可以从走廊的任何地方被击中。但是，如果走廊比较薄，则使用周围的所有角度将提供较高的掩藏值：大多数角度都被走廊的墙壁所掩藏。当然，测试可以占用的附近位置将正确显示该点是 100%暴露的。

但是，过于强调常规角度也会导致出现问题。例如，如果我们只测试与该点相同高度的点的周围位置，那么我们可能会得到错误的值。站在圆桶后面的角色在受到关卡地面位置的攻击时可能会获得掩护；但是如果攻击来自肩部高度的枪支，那么该角色就是暴露的。我们可以通过多次检查每个角度来解决这个问题，使用很小的随机偏移值和不同的高度来检测。

从我们选择的位置，可以向候选掩藏点投射光线。至关重要的是，该光线是投射到候选掩藏点处人体大小的体积中的随机点。如果只针对一个点，那么我们可能只会检查到地板上的某个小点是否被掩藏，而不是一个角色应占据的区域。

该过程可以从不同位置重复多次。我们将记录击中人体大小的体积的光线比例。

执行这些检查的伪代码如下：

```
 1  function getCoverQuality(location: Vector,
 2                           iterations: int,
 3                           characterSize: float) -> float:
 4      # 设置初始角度
 5      theta = 0
 6
 7      # 从无命中开始
 8      hits = 0
 9
10      # 不是所有的光线都是有效的
```

```
11      valid = 0
12      for i in 0..iterations:
13          # 创建 from 位置，即攻击的来源位置
14          from = location
15          from.x += RADIUS * cos(theta) + randomBinomial() * RAND_RADIUS
16          from.y += random() * 2 * RAND_RADIUS
17          from.z += RADIUS * sin(theta) + randomBinomial() * RAND_RADIUS
18
19          # 检查有效的 from 位置
20          if not inSameRoom(from, location):
21              continue
22          else:
23              valid++
24
25          # 创建 to 位置，即模拟接受攻击的人体位置
26          to = location
27          to.x += randomBinomial() * characterSize.x
28          to.y += random() * characterSize.y
29          to.z += randomBinomial() * characterSize.z
30
31          # 执行检查
32          if doesRayCollide(from, to):
33              hits++
34
35          # 更新攻击的角度
36          theta += ANGLE
37
38      return float(hits) / float(valid)
```

在这段代码中，我们使用了一个 doesRayCollide 函数来执行实际的光线投射。rand 函数将返回一个 0～1 的随机数，randomBinomial 创建一个二项式分布的随机数，其取值范围为-1～1。inSameRoom 函数将检查两个位置是否在同一个房间，这可以通过分层路径发现图非常容易地完成，或者可以使用路径发现程序来计算。

函数中有许多常量。RADIUS 常量可以控制从攻击的点开始的距离。这应该足够远，使得攻击不是一件轻而易举的事，但并不是说要让攻击保证在另一个房间中。这取决于游戏关卡几何体的比例。RANDOM_RADIUS 常量控制添加到 from 位置的随机性大小，这应该小于 RADIUS*sin(ANGLE)，否则，我们将移动得更远一点以检查下一个角度，并且我们将无法正确覆盖所有角度。ANGLE 常量控制着点周围的样本数量。应该设置它以使每个角度被考虑多次（即迭代次数越小，ANGLE 应该越大）。

可以采用与上面相同的方式计算环境敏感值。我们需要计算从每个方向命中的光线投射的比例，或者根据我们感兴趣的背景来计算命中蹲伏或站立的角色体积的比例，而不是将所有结果混为一谈。

如果我们在游戏中运行该处理过程，则没有理由选择随机方向进行测试。相反，我们可以使用 AI 试图发现掩藏点来源的敌方角色来检查击中掩藏点的可能性。当然，使用不同的随机偏移值重复测试几次仍然是个好主意。如果时间是一个关键问题，则可以跳过它只检查直接的视线，这会使得算法更快，但这样做也有缺陷，那就是很薄的墙壁结构可能会恰好阻挡了测试的唯一光线，使得测试失败。

2. 可见性点

可见性点（Visibility Point）的计算方式与掩藏点类似，它们都可以使用多条视线进行测试。对于每一根投射的光线，都可以选择掩藏点附近的位置。这一次我们从航点投射出光线（实际上就是从角色的眼睛位置开始，如果角色已经占据了航点），并且不需要围绕航点周围添加随机分量，我们可以直接使用角色的眼睛位置。

航点的可见性特质与发出的光线的平均长度（即它们在撞击物体之前行进的距离）有关。由于光线是被投射出去的，所以我们可以近似从航点能够看到的关卡的体积，这可以作为衡量观察或瞄准敌人的位置有多好的一项指标。

通过将光线测试分组为多个不同的状态，可以按相同的方式生成与环境相关的值。

乍看之下，可见性和掩藏点似乎只是对立面。如果某个位置是一个很好的掩藏点，那么它就应该是一个可见性很差的点。但是，由于光线测试的执行方式，使得情况并非如此。图 6.8 显示了一个点，它既是良好的掩藏点，又兼具合理的可见性。这与人们通过钥匙孔窥探房门外是一样的逻辑：他们可以看到很多东西，但同时又保持低可见性。

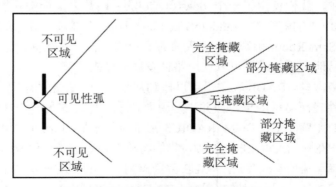

图 6.8　良好的掩藏点兼具合理的可见性

3．阴影点

阴影点（Shadow Point）需要根据关卡的照明模型计算。大多数工作室现在使用某种全局照明（辐射度）算法作为预处理步骤来计算游戏中使用的光照贴图。对于涉及大量隐身的图块，可以在运行时使用动态阴影模型来渲染从静态和移动灯光投射的阴影。

为了确定阴影点的特质，可以从航点周围的角色大小的体积中采集若干个样本。对于每个样本来说，可以测试该点的光量。这可能涉及附近光源的光线投射以确定该点是否处于阴影中，或者可能涉及从全局照明模型中查找数据以检查间接照明的强度。

因为阴影点的目的是隐藏，所以我们将采取在采样中发现的最大亮度。如果我们取平均值，那么这个角色更喜欢一个能让它的身体处于非常暗的阴影中但是它的头部却处于直接光照中的位置，而不是一个让其身体所有部位都处于中等阴影的位置。隐藏位置的特质与角色最清晰部分的可见性有关，而不是其整体的平均可见性。

对于具有动态光照的游戏，需要在运行时执行阴影计算。然而，全局照明是一个非常缓慢的过程，并且最好能离线执行。将两者结合起来可能会有问题。开发人员才刚刚开始在下一代硬件中以交互式帧速率运行简单的全局照明模型。我们距离实时渲染的一般性解决方案还有几年的时间。

幸运的是，在许多当代隐形游戏中，运行时不会使用全局照明。环境只是简单地用直线照亮，全局照明用静态纹理贴图处理。在这种情况下，可以在若干帧上执行阴影计算而不会出现严重的减速。

4．复合战术

正如我们之前所看到的，复合战术是一种可以通过结合一套原始战术来评估的战术。狙击手的狙击点定位可能就是这样一种战术，它既是掩藏点，又具有良好的关卡可见性。

如果游戏中需要复合战术，则可以使用上面所述的原始计算的输出结果来生成它们，并作为预处理步骤的一部分，然后可以将结果存储为适当航点的战术信息的附加通道。这只有在它们使用的战术目前也可用的情况下才有效。开发人员无法根据游戏过程中会发生变化的信息预处理复合战术。

或者，我们也可以通过组合附近航点的实时战术数据来动态地计算复合战术信息。

5．生成战术属性和战术分析

以这种方式生成航点的战术属性使得我们非常接近将在第 6.1.4 节中介绍的技术。战术分析的工作方式也是类似的，即通过将不同的关注点结合在一起，尝试在游戏关卡中找到区域的战术和战略属性。

通过自动识别某个位置的战术属性，可以将战术航点的作用发挥到极致，这类似于针对游戏关卡进行战术分析。战术分析倾向于使用更大规模的属性（例如，力量或控制的平衡），而不是掩藏点的数量。

　　然而，很多开发人员并没有意识到它们之间的相似性。作为游戏 AI 中相当新的技术，它们都拥有各自的拥趸和研究人员。开发人员根据游戏设计的要求，最好能体会到这种相似性，甚至能结合两种方法中的最佳方法。

6.1.4　自动生成航点

　　在大多数游戏中，航点是由关卡设计师指定的。掩藏点、易于伏击的区域和阴影角落等都更容易被人类识别而非算法识别。

　　有些开发人员已经尝试过自动放置航点。我们看到过的最有希望的方法类似于在路径发现时自动标记关卡所使用的方法。

1．观察人类玩家

　　如果你的游戏引擎支持，那么记录人类玩家的行为方式可以提供有关在战术上重要位置的良好信息。每个角色的位置存储在每帧或每几帧中。如果角色连续在若干个样本中保持大致相同的位置，或者如果在游戏过程中多个角色重复使用相同的位置，那么该位置很可能在战术上非常重要。

　　通过一组候选位置，开发人员可以评估它们的战术特质，使用算法来评估我们在第 6.1.3 节中讨论到的战术特质。具有足够特质的位置将保留下来作为要在 AI 中使用的航点。

　　在生成候选位置时，最好能远远超过最终要使用的地点。然后，可以通过对战术特质的评估从余下的航点中筛选出最佳的航点。例如，开发人员可能需要仔细选择最好的 50 个航点，因为它们可能集中在关卡的某个部分，而在更具战术性的区域中却没有留下战术位置（事实上，这些地方却可能更重要）。

　　更好的方法是确保在特定区域中为每种战术均保留若干最佳位置。这可以使用简化算法（参见第 6.1.5 节"简化算法"）来实现，这种技术也可以单独使用，而不必通过观察人类玩家的行为来生成候选的位置。

2．简化航点网格

　　我们不会试图去预测游戏关卡中的最佳位置，而是要测试关卡中（几乎）每一个可能的位置并选择最佳位置。

　　这通常可以通过将密集网格应用于关卡中的所有地面区域并对每个区域进行测试来完成。首先，对位置进行测试以确保它们是角色可以占据的有效位置。太靠近墙壁或障碍物下方的位置将被丢弃。

然后，按照我们在第 6.1.3 节中看到的相同方式评估有效位置的战术特质。为了执行简化步骤，我们需要使用实值的战术特质。简单的布尔值将不会受到影响。

一般来说，我们可以为每个战术属性保留一组阈值。如果某个位置没有任何属性的评分，则可以立即将其丢弃。这可以使简化步骤更快。

阈值水平应该足够低，以便有比可能需要的更多的位置通过。这是为了避免丢弃重要的位置，而只是略微放弃一些。在一个几乎没有掩藏点的房间里，一个极差的掩护位置也可能是最好的防御地点。

然后，余下的位置将进入简化算法，该算法在每个区域中对于每个战术属性最终仅有少量的重要位置。如果我们使用上面的"观察人类玩家"技术，那么产生战术位置的方式可以与网格中余下位置的简化方式相同。因为它在若干种情况下都很有用，所以值得更详细地讨论一下简化算法。

6.1.5　简化算法

简化（Condensation）算法的工作原理是让战术位置相互竞争以获得最终的战术位置集合。我们希望保留的位置要么具有很高的特质，要么与其他相同类型的航点保持很长的距离。

对于每对位置，我们将首先检查角色是否可以轻松地在位置之间移动。这几乎总是使用视线测试来完成，尽管允许轻微偏差会更好。如果移动检查失败，则这对位置不能彼此竞争。包括此检查将确保我们不会移除在墙的一侧的航点，因为在另一侧有更好的位置。

如果移动检查成功，则比较每个位置的特质值。如果值之间的差异大于位置之间的加权距离，则丢弃具有较低值的位置。对于加权值没有硬性和快速的规则可供使用。它取决于关卡的大小、关卡几何的复杂程度，以及战术属性的特质值的比例和分布。算法应选择权重，使其提供正确数量的输出航点，这意味着手动调整可以使其看起来正确。如果使用较低的权重值，则特质差异将更加重要，留下更少的航点。更高的权重同样会产生更多的航点。

如果有大量的航点，那么将需要考虑很多的航点对。因为最终检查取决于距离，所以我们可以通过仅考虑相当接近的位置对来显著加快这一点。如果我们使用网格表示，这很简单，否则，我们可能不得不依赖其他一些空间数据结构来提供合理的航点对进行测试。

该简化算法高度依赖于位置对的考虑顺序。以图 6.9 为例，它显示了 3 个位置，如果我们在位置 A 和 B 之间进行竞争，则丢弃 A；然后再比较 B 和 C，在这种情况下，C 获胜。我们最终只有位置 C。如果首先检查 B 和 C，则 C 胜出。A 现在距离 C 太远，C 不能击败它，因此 C 和 A 都获得保留。

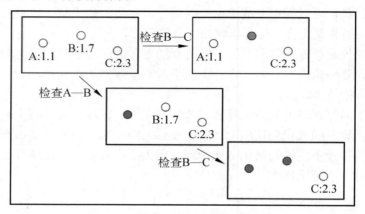

图 6.9　在简化检查中的顺序独立性

为了避免以这种方式移除一系列航点，我们从最强的航点开始，然后向最弱的航点发展。对于每一个这样的航点，我们都会让它与从最弱到最强的其他航点进行竞争。因此，第一个航点检查就是在最强航点和最弱航点之间。因为我们只会考虑彼此非常接近的航点对，所以第一次检查可能在整体最强航点和附近最弱的航点之间进行。

应针对每种不同的战术属性执行简化阶段。例如，因为附近有一个很好的伏击位置，所以没有必要丢弃一个掩藏点。算法最终获得的战术位置也是任何属性在简化之后留下的位置。

1. 伪代码

该算法可以通过以下方式实现：

```
 1  function condenseWaypoints(waypoints: WaypointList,
 2                             distanceWeight: float):
 3      # 该算法仅需要加权平方值，所以现在来计算它
 4      distanceWeightSq = distanceWeight * distanceWeight
 5
 6      # 按降序排序列表
 7      waypoints.sortReversed()
 8
 9      # 循环遍历
10      while current:
```

```
11          # 获取下一个航点
12          current: Waypoint = waypoints.next()
13
14          # 查找并排序其邻居
15          neighbors: WaypointList = waypoints.getNearby(current)
16          neighbors.sort()
17
18          # 轮流检查每个航点
19          while neighbors:
20              target: Waypoint = neighbors.next()
21
22              # 如果该目标的值高于现有值
23              # 则意味着已经执行了该检查
24              # （当目标已经变成了当前值）
25              # 所有后续检查都在邻居上进行
26              if target.value > current.value:
27                  break
28
29              # 检查是否能轻松移动
30              if not canMove(current, target):
31                  continue
32
33              # 执行竞争计算
34              deltaPos = current.position - target.position
35              deltaPosSq = deltaPos * deltaPos * distanceWeightSq
36              deltaVal = current.value - target.value
37              deltaValSq = deltaVal * deltaVal
38
39              # 检查该差异值是否很明显
40              if deltaPosSq < deltaValSq:
41                  # 它们足够近，所以 target 失败
42                  neighbors.remove(target)
43                  waypoints.remove(target)
```

2. 数据结构和接口

该算法假设我们可以从航点获得位置和值。它们应具有以下结构：

```
1  class Waypoint:
2      # 航点的位置
3      position: Vector
4
```

```
5          # 要简化的战术航点的位置
6          value: float
```

航点以数据结构的形式呈现，允许算法按顺序提取元素并执行空间查询，以使附近的航点到达任何给定的航点。元素的顺序是通过调用 sort 或 sortReversed 来设置的，它们分别通过增加或减少值来对元素进行排序。其接口如下：

```
1   class WaypointList:
2       # 初始化迭代器
3       # 以便按递增值的顺序移动
4       function sort()
5
6       # 初始化迭代器
7       # 以便按递减值的顺序移动
8       function sortReversed()
9
10      # 返回一个包含这些航点的新航点列表
11      # 这些航点均靠近给定的航点
12      function getNearby(waypoint: Waypoint) -> WaypointList
13
14      # 返回迭代中的下一个航点
15      # 迭代需要调用其中一个 sort 函数进行初始化
16      # 请注意该函数的工作方式
17      # 它应该可以在两次调用 next() 之间调用 remove()
18      # 并且不会出现问题
19      function next() -> Waypoint
20
21      # 从列表中删除给定的航点
22      function remove(waypoint: Waypoint)
```

3. 权衡

观察玩家的动作可以产生比简单地简化网格更好的战术航点。另一方面，它需要额外的基础架构来捕捉玩家的动作以及测试人员的大量游戏时间。为了使用简化获得类似的特质，我们需要从一个特别密集的网格开始（对于普通的人形大小角色，按每 10 cm 的游戏空间的顺序）。这也有时间影响。对于合理大小的关卡，可能需要检查数十亿个候选位置。这可能需要几分钟或几小时，具体取决于所使用的战术评估算法的复杂度。

这些算法的结果在鲁棒性方面不如路径发现网格的自动生成结果（路径发现网格可以在没有人工监督的情况下使用），因为位置的战术属性适用于这么小的区域。自动生成航点涉及生成位置并测试它们的战术属性。如果生成的位置略微偏离，那么其战术属性可能会非常不同。例如，靠近支柱侧面的位置没有掩藏点，但是，如果它紧靠支柱的后面则可以提供完美的掩藏效果。

当我们生成路径发现图形时，同样的小错误很少会产生任何差异。

正因为如此，我们并不认为有任何算法可以在缺乏一定程度的人为监督的情况下，能够可靠地使用自动战术航点生成。自动算法可以提供对战术位置的有用的初始猜测，但开发人员可能需要在关卡设计工具中添加一些功能，以允许关卡设计人员调整位置。

在开始实现自动系统之前，请仔细衡量是否值得为在关卡设计中节约的时间来实现该功能。如果你正在设计巨大的、战术上很复杂的关卡，那么可能值得进行这样的实现；如果一个关卡中每种类型只有几十个航点，那么最好去手动调整路线。

6.2　战　术　分　析

各种类型的战术分析有时被称为影响地图（Influence Map）。

影响映射（Influence Mapping）是一种技术，在即时战略游戏中开创并广泛应用，其中的游戏 AI 将跟踪双方军事影响的区域。类似的技术也已经推展到基于小队的射击游戏和大型多人游戏。本章，我们将把一般性方法称为战术分析（Tactical Analysis），以强调军事影响是唯一的战术基础。

在军事模拟中，几乎相同的方法通常被称为地形分析（Terrain Analysis），这也是在游戏 AI 中会使用的一个短语，并且它也更恰当地指出这仅仅是一种类型的战术分析。本节将同时介绍影响映射和地形分析，以及一般性的战术分析架构。

战术航点方法和战术分析之间没有太大区别。总的来说，虽然关于人工智能的论文和观点更愿意将它们视为两种不同的事物，并且无可否认，这些技术问题会根据要实现的游戏类型而有所不同。但是，一般性的理论非常相似，并且某些游戏（特别是射击类游戏）的限制意味着实现这两种方法会产生几乎相同的结构。

6.2.1　表示游戏关卡

对于战术分析，我们需要将游戏关卡分成几个块（Chunk）。每个块中包含的区域应该具有与我们感兴趣的任何战术大致相同的属性。例如，如果我们对阴影感兴趣，那么块内的所有位置应该具有大致相同的照明量。

分割关卡有很多种不同的方法。该问题与路径发现要解决的问题完全相同（在路径发现中，我们对具有相同移动特征的块感兴趣），并且可以使用所有相同的方法，如狄利克雷域（Dirichlet Domain）、地面多边形（Floor Polygon）等。

　　由于战术分析发源于即时战略游戏，所以当前绝大多数实现的基础都是基于图块（Tile）的网格。这可能会在未来几年内发生变化，因为该技术适用于更多的室内游戏，但大多数现有的论文和书籍都只谈论基于图块的表示方式。

　　当然，这并不意味着关卡本身必须以图块为基础。虽然即时战略游戏、射击游戏和其他类型游戏的室外部分通常使用基于网格的高度场来渲染地形，但很少有即时战略游戏是完全基于图块的。对于非基于图块的关卡来说，开发人员可以在几何体上施加网格并使用网格进行战术分析。

　　我们没有涉及使用狄利克雷域进行战术分析的游戏，但我们的理解是，一些开发人员已经尝试过这种方法并取得了部分成就。采用更复杂的关卡表示方式的缺点是，它需要平衡更少、更均匀的区域。

　　我们的建议是在开始时使用网格表示方式，以便于实现和调试，然后在核心代码足够稳定可靠时尝试使用其他表示方式。

6.2.2　简单的影响地图

　　影响地图记录了关卡中每个位置上军事影响的当前平衡。有许多因素可能会影响军事影响：军事单位的接近程度、守卫基地的距离、单位最后占据一个地点的持续时间、周围地形、每一方军事力量的当前财政状况、天气状况等。

　　在创建战术或战略 AI 时，固然可以利用各种不同的因素。然而，大多数因素都只有很小的影响。例如，降雨就不太可能显著影响游戏中的力量平衡（尽管它在现实世界的冲突中经常会产生惊人的显著影响）。我们可以从许多不同的因素中建立复杂的影响地图以及其他的战术分析，本节后面将返回讨论这个组合过程。现在，让我们关注最简单的影响地图，按照我们的估计，它们负责游戏中 90%的影响映射。

　　大多数游戏通过应用简化的假设来使影响映射更容易：军事影响主要是敌方单位和基地及其相对军事力量的接近因素。

1．简单的影响

　　如果一支战斗队伍中的 4 名步兵在某个战场上露营，那么这个战场肯定会受到他们的影响，但可能不是很强烈。即使是中等程度的力量（如单个排）也能够轻松应对。如果我们将武装直升机悬停在同一个角落，那么这个战场将更加受其控制。如果战场的角落被防空高射炮炮兵连占据，那么影响可能介于两者之间（高射炮对地面武力不是那么有用）。

　　影响会随着距离而下降。例如，这支仅有 4 名步兵的战斗队伍的决定性影响并不会明显延伸到下一个战场。阿帕奇武装直升机是高机动性的，所以它相应地可以影响更广泛的区域，但是当它驻扎在一个地方时，它的影响就只有一英里左右。防空高射炮炮兵连可能具有更大的影响半径。

如果我们将军事力量视为数字化的量，则该力量值将随着距离而下降：距离军事单位越远，其影响值就越小。最终，它的影响会很小，直至感觉不到。

我们可以使用线性下降来为此建立模型，即距离翻倍，影响也将下降一半。该影响的计算公式为

$$I_d = \frac{I_0}{1+d}$$

其中，I_d 是给定距离 d 的影响；I_0 是距离为 0 的影响。这相当于该单位的固有军事力量。我们可以使用更快速的初始下降，但具有更长的影响范围，例如：

$$I_d = \frac{I_0}{\sqrt{1+d}}$$

或者，也可以是刚开始比较平稳，在到达一定距离时快速下降：

$$I_d = \frac{I_0}{(1+d)^2}$$

对于不同的单元也可以使用不同的下降方程。但是，在实践中，线性下降是完全合理的，并且给出了良好的结果，其处理的速度也更快。

为了使这种分析有效，我们需要为游戏中的每个单位分配一个军事影响值。这可能与单位的进攻或防守强度有所不同。例如，侦察部队虽然战斗力很低，但它却可能有很大的影响值，因为它可以指挥炮击。

这些值通常应由游戏设计师设定。因为它们可以相当大地影响 AI，所以几乎总是需要进行一些调整以使其平衡正确。在此过程中，通常可以将影响地图可视化作为图形叠加到游戏中，以确保通过战术分析获取明显位于单位影响范围内的区域。

根据给定的远距离导致的影响下降的公式和每个单位的固有军事力量，开发人员可以计算出游戏中每一方在每个位置的影响：谁控制了那里以及控制了多少。一个单元在一个位置的影响可由上面的下降公式给出。通过简单地汇总属于某一方的每个单元的影响，可以发现某一方的整体影响。

对某个位置影响最大的一方可以被认为是取得了对该位置的控制权，控制的程度就是其在影响值上获胜的一方与第二方的影响值之间的差异。如果这个差异值非常大，那么该位置被认为是安全的。

最终结果是一幅影响地图：通过一组值显示游戏中每个位置的控制方和影响程度（以及可选的安全程度）。

图 6.10 显示了为小型即时战略游戏地图上的所有位置计算的影响地图。该地图有黑

（B）、白（W）两方，每一方都有若干个单位。每个单位的军事影响都显示为一个数字。此外，该地图还显示了每一方控制的区域之间的边界。

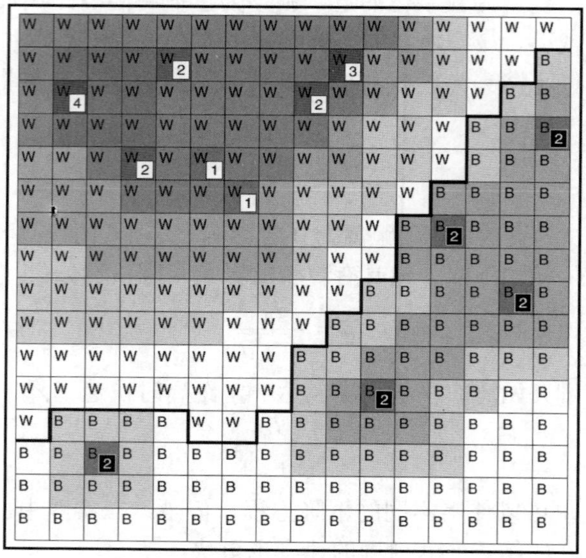

图 6.10　影响地图示例

2．计算影响

为了计算地图的影响，我们需要为关卡中的每个位置考虑游戏中的每个单元。除非游戏的关卡非常小，否则这显然是一项艰巨的任务。如果游戏拥有一千个单位和一百万个位置（在当前即时战略游戏中，这很常见），那么它将需要十亿次计算。实际上，其执行时间是 O(nm)，在内存中则是 O(m)，其中，m 是关卡中的位置数，n 是单位数。

我们可以使用 3 种方法来改善这些问题：有限的影响半径、卷积滤镜（Convolution Filter）和地图覆盖（Map Flooding）。

1）有限的影响半径

第一种方法是限制每个单元的影响半径。除基本的影响外，每个单元都有一个最大半径。超过这个半径，则单位都不能施加影响，无论它多么微弱。可以为每个单元手动设置最大半径，或者使用阈值。如果我们使用影响的线性下降公式，并且如果有一个影响阈值（超过该阈值的影响被认为是零），那么影响的半径可由下式给出：

$$r = \frac{I_0}{I_t - 1}$$

其中，I_t 是影响的阈值。

这种方法允许开发人员遍历游戏中的每个单元，仅将其贡献添加到其半径内的那些位置。最终在时间上的性能为 $O(nr)$，在内存中的性能为 $O(m)$，其中，r 是单位的平均半径内的位置数。r 将远小于 m（关卡中的位置数），这将使执行时间显著减少。

这种方法的缺点是，小的影响不会累积很长的距离。例如，假设有 3 个步兵单位，虽然他们每个人单独的影响很小，但是可以共同为他们之间的位置提供合理的影响，如果使用了半径并且目标位置在此范围之外，那么即使这 3 个步兵可以轻松包围该目标位置，也不会对该位置产生影响。

2）卷积滤镜

第二种方法应用了计算机图形学中更常见的技术。我们可以从影响地图开始，该地图中唯一标记的值是单位实际所在的值。开发人员可以把它们想象成在某个关卡中的影响点（只是没有影响值而已）。算法将遍历计算每个位置并更改其值，使其不仅包含自身的值，还包含邻居的值。这种具有模糊初始点的效果，可以形成渐变伸展。较高的初始值还会进一步模糊。

这种方法将使用滤镜，该滤镜实际上是一个规则，它假设位置的值如何受其邻居的影响。根据滤镜的不同，我们可以获得不同的模糊效果。最常见的滤镜称为高斯滤镜（Gaussian Filter），它很有用，因为它具有数学特性，更容易计算。

要执行过滤，需要使用此规则更新地图中的每个位置。为了确保影响扩散到地图的极限，我们需要重复更新若干次。如果游戏中的单位明显少于地图中的位置，那么这种方法甚至比我们最初的原生算法的成本还要高。但是，由于它是图形算法，因此使用图形技术很容易实现。

我们将在本章后面讨论过滤问题，包括完整的算法。

3）地图覆盖

最后一种方法使用了一个更为显著的简化假设：每个位置的影响等于任何单位贡献的最大影响。在这个假设中，如果一辆坦克的火力覆盖了一条街道，那么即使有 20 名士兵到达并掩藏在该街道，该街道上的影响也是相同的。很明显，这种方法可能会导致一些错误，因为人工智能假设大量较为弱小的部队可以被单个强大的单位打败（在很多情况下，这是一个非常危险的假设）。

另一方面，基于我们在本书第 4 章"路径发现"中看到的迪杰斯特拉算法，存在一种非常快速的计算影响值的算法。该算法可以使用值覆盖地图，从游戏中的每个单元开始并将其影响传播出去。

地图覆盖通常可以在大约 $O(\min[nr, m])$ 时间内执行，并且如果许多位置在若干个单位的影响半径内，则可以超过 $O(nr)$ 时间；在内存中则仍然为 $O(m)$。由于它易于实现且运行速度快，因此有些开发人员喜欢这种方法。该算法很实用，除了简单的影响映射，还可以在执行计算时结合地形分析。我们将在第 6.2.6 节"关于地图覆盖"中对此进行更深入的分析。

无论使用什么算法来计算影响地图，都需要一点时间。关卡上的力量平衡很少在帧与帧之间发生显著变化，因此，影响映射算法在许多帧的过程中运行是正常的。所有算法都可以轻松中断。虽然当前的影响地图可能永远不会完全是最新的，但即使以每 10 s 一次的速率遍历该算法，数据通常也是最近的，因为这对于角色 AI 来说看起来很合理。

在研究了除影响映射之外的其他类型的战术分析之后，我们还将在本章后面返回来讨论这个算法。

3．应用

影响地图允许 AI 查看游戏的哪些区域是安全的、要避开哪些区域，以及团队之间的边界、哪一个区域是最弱的（即哪个区域双方的影响值差异较小）。

图 6.11 显示了我们之前讨论的同一地图中每个位置的安全性。通过已画圈标记的区域可以看到，尽管白色一方在这个领域具有优势，但它的边界不太安全。黑色单位附近的区域比边界对面的区域具有更高的安全性（更浅的颜色）。这是发动攻击的一个有利点，因为此时白色一方的边界比黑色一方的边界要弱得多。

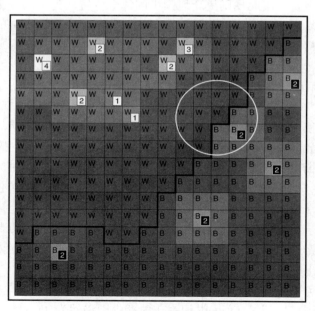

图 6.11　影响地图的安全级别

　　影响地图可用于规划攻击位置或指导移动。例如，决定"攻击敌方领土"的决策系统可能会查看当前的影响地图并考虑边界上由敌人控制的每个位置。具有最小安全值的位置通常是发起攻击的好地方。更复杂的测试可能会寻找这些弱点的连接序列，以指示敌人防御中的弱区域。这种方法的一个（通常是有益的）特征是，在这种分析中，侧翼经常显示为弱点。攻击最弱点的游戏 AI 算法自然会倾向于侧翼攻击。

　　影响地图也非常适合战术性路径发现（本章稍后将详细介绍）。当需要时，通过将其结果与其他类型的战术分析（稍后将详细讨论）相结合，它也会变得更加复杂。

4．处理未知区域

　　如果我们仅对可以看到的单位进行战术分析，那么就有可能低估敌军。一般来说，游戏不允许玩家看到游戏中的所有单位。在室内环境中，我们可能只能看到直接视线中的角色。在室外环境中，单位通常可以看到它们视野内的最远距离，并且它们的视觉可能还受到丘陵或其他地形特征的限制。这在游戏中通常被称为"战争迷雾"（但与军事用语中的"战争迷雾"含义不同）。

　　图 6.12 左侧的影响地图仅显示白色一方可见的单位。包含问号的方块显示了白色一方无法看到的区域。从白色一方的角度制作的影响地图（错误地）显示它们控制了大部分地图。但如果我们了解全部的信息，就会创建右边的影响地图。

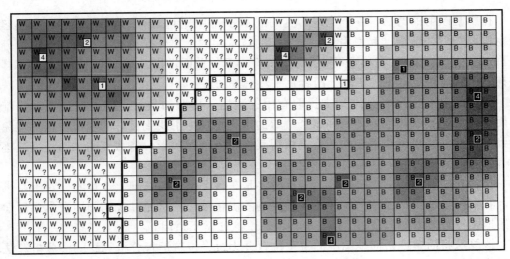

图 6.12　缺乏知识所产生的影响地图的问题

　　缺乏知识的第二个问题是每一方都有不同的整体知识子集。在上面的示例中，白色一方意识到的单位与黑色一方意识到的单位有很大的不同。它们都创建了非常不同的影响地图。我们需要使用这一部分的信息，对游戏中的每一方进行一组战术分析。对于地形分析和许多其他战术分析，每一方都有相同的信息，但是我们只能使用各自一方的数据集合。

　　有些游戏通过允许所有 AI 玩家知道所有信息来解决这个问题。这允许 AI 仅构建一个影响地图，这个影响地图对于所有各方都是准确和正确的。这样，AI 就不会低估对手的军事力量。但是，这种方法被广泛视为作弊，因为 AI 可以访问人类玩家所不具备的信息。它可能使游戏变得完全没有意思。如果某个玩家秘密地在关卡一个隐藏得很好的区域中建立了一个非常强大的单位，而 AI 却可以"料事如神"般地针对隐藏的超级武器直接发动大规模攻击，那么玩家会感到非常沮丧，显然 AI 知晓了一切信息。为了应对避免犯规的呼声，开发人员开始远离 AI 全知的模式，根据正确的游戏情况建立各方的影响地图。

　　当人类只看到一部分信息时，他们会根据自己对看不到的单位的预测来进行力量估计。例如，如果玩家在中世纪的战场上看到一排枪兵，那么他可能会认为后面某处有一排弓箭手。糟糕的是，创建可以准确预测无法看到的力量的 AI 非常困难。一种方法是使用具有赫布型学习（Hebbian Learning）的神经网络。本书第 7 章"学习"给出了这个示例的详细介绍。

6.2.3　地形分析

　　在影响映射的背后，下一个最常见的战术分析形式涉及游戏地形的属性。虽然它不一定需要与户外环境一起使用，但本节中的技术起源于室外模拟和游戏，因此地形分析（Terrain Analysis）的名称可谓非常贴切。在本章的前面，我们深入探讨了航点战术，这些在室内环境中更常见，实际上两者几乎没有差别。

　　地形分析试图从场景结构中提取有用的数据。提取的最常见的数据是地形的难度（用于路径发现或其他移动）和每个位置的可见性（用于找到良好的攻击位置并避免被看到）。此外，也可以按相同的方式获得其他数据，如阴影、掩藏点的隶属程度或逃跑的容易程度。

　　与流量映射不同，大多数地形分析始终是在逐个位置的基础上计算的。对于军事影响，我们可以使用从原始单位开始扩散影响的优化技巧，这允许我们使用在本章后面介绍的地图覆盖技术。但是对于地形分析而言，这通常不适用。

　　该算法将简单地访问地图中的每个位置并为每个位置运行分析算法。该分析算法取决于我们尝试提取的信息类型。

1．地形难度

也许提取的最简单且有用的信息是某个地点的地形难度（Terrain Difficulty）。许多游戏在关卡的不同位置具有不同的地形类型，这可能包括河流、沼泽地、草原、山脉或森林。游戏中的每个单元在穿越每种地形类型时将面临不同的难度级别。我们可以直接使用这种难度，但它没有资格作为地形分析，因为没有分析要做。

除地形类型外，考虑到该位置的坚固性通常也很重要。例如，如果该位置是四分之一坡度的草地，那么它将比牧场上的平缓草地更难以驾驭。

如果位置对应于高度场中的单个高度样本（室外关卡的很常见的方法），那么可以通过将位置的高度与相邻位置的高度进行比较来很容易地计算梯度。如果该位置覆盖相对大量的关卡（如室内的房间），则可以通过在该位置内进行一系列随机高度测试来估计其梯度。最高和最低样本之间的差异提供了对位置的粗糙度的近似。开发人员还可以计算高度样本的方差，如果进行了很好的优化，那么它也可能更快。

无论我们使用哪一种梯度计算方法，每个位置的算法都需要恒定的时间（假设我们使用该技术，并且每个位置的高度检查数量恒定）。这对于地形分析算法来说相对较快，并且结合了离线运行地形分析的能力（只要地形不变，就可以离线运行），它使得地形难度成为一项很易用的技术而不需要大量优化代码。

利用地形类型的基础值和位置梯度的附加值，我们可以计算出最终的地形难度。该组合可以使用任何类型的函数，如加权线性和，或者基本值和梯度值的乘积。这相当于具有两种不同的分析（基本难度和梯度），并应用多层分析方法。我们将在后面的"多层分析"小节中结合分析来研究更多问题。

没有什么可以阻止我们将其他因素纳入地形难度的计算中。如果游戏支持装备的损耗，我们可能会增加一个地形惩罚的因素。例如，沙漠可能很容易穿过，但它可能会对机器产生影响。可能性仅受开发人员希望在游戏设计中实现的功能类型的限制。

2. 可见性地图

我们使用的第二个最常见的地形分析是可见性地图（Visibility Map）。有许多种战术都需要估计一个位置的暴露程度。如果 AI 正在控制一个侦察部队，它需要知道一个可以看得很远的位置。如果它试图移动而不被敌人看到，那么它需要使用隐藏得很好的位置。

可见性地图的计算方法与我们计算航点战术的可见性的方式相同，即我们将检查位置与关卡中其他重要位置之间的视线。

详尽的测试将测试位置与关卡中所有其他位置之间的可见性。然而，这是非常耗时的，特别是对于非常大的关卡而言，这可能需要花费很长时间。有些算法用于渲染大型场景，可以执行一些重要的优化，剔除关卡中无法看到的大部分区域。在室内，情况通常会更好，甚至有更全面的工具来剔除无法看到的位置。这些算法超出了本书的讨论范围，但大多数关于编程渲染引擎的文章都会涉及这些算法。

另一种方法是仅使用位置的子集。我们可以使用随机选择的位置，只要选择足够的样本就可以给出正确结果的良好近似值。

我们还可以使用一组"重要"位置。这通常仅在游戏执行期间在线执行地形分析时完成。在这里，重要的位置可以是关键的战略位置（可能由影响地图决定）或敌军的位置。

最后，我们可以从正在测试的位置开始，以固定的角度间隔投射光线，并测试它们行进的距离，就像前面所看到的航点可见性检查一样。这对于室内关卡来说是一个很好的解决方案，但对于室外关卡来说则效果不是很好，因为如果没有投射大量的光线就不容易考虑到丘陵和山谷之类的地形。

无论选择何种方法，最终都需要从某个位置出发估计地图的可见程度。这通常表示为可以看到的其他位置的数量，但如果我们以固定角度投射光线，那么它也可以表示为平均光线长度。

6.2.4　用战术分析学习

到目前为止，我们已经进行了涉及发现游戏关卡信息的分析，并通过分析游戏关卡及其内容来计算结果地图中的值。

开发人员已成功使用一些略微不同的方法来支持在战术 AI 中的学习。我们将从空白的战术分析开始，不进行任何计算即可设置其值。在游戏过程中，每当有趣的事件发生时，我们都会更改地图中某些位置的值。

例如，假设我们试图通过模拟被伏击来避免我们的角色反复陷入同一个陷阱。我们想知道玩家最有可能陷入困境的位置以及能够避免的最佳位置。虽然我们可以对掩藏点位置或伏击的航点进行分析，但是人类玩家所采用的方式通常比我们的算法更加巧妙，并且可以找到创造性的方式来设置埋伏。

为了解决这个问题，我们创建了一个杀伤地图（Frag-Map）。该地图最初包含一个分析，其中每个位置都为零。每当 AI 看到一个角色被击中（包括它自己）时，它就会在地图上从与受害者相对应的位置减去一个数字。要减去的数字可能与损失的生命值数量成正比。在大多数实现中，开发人员只需在每次角色被杀死时使用固定值（毕竟玩家通常不知道当其他玩家被击中时丢失的生命值总量，因此，如果直接向 AI 提供该信息则形同作弊）。我们也可以使用较小的值来表示非致命的命中。

类似地，如果 AI 看到一个角色击中了另一个角色，它会增加与攻击者相对应的位置的值。这种增加值同样可以与它造成的损害成比例，或者它可以是杀死或非致命命中的单个值。

　　随着时间的推移，我们将为游戏中的位置构建一幅图片，其中存在危险的地方（具有负值的那些位置），也有可用于挑选敌人的有用位置（具有正值的那些位置）。"杀伤地图"独立于任何分析。它是从经验中学习的一组数据。

　　对于非常详细的地图，可能需要花费大量的时间来建立最佳和最差位置的准确图像。如果我们在某个位置有多次战斗经验，则可以为该位置找到合理的值。我们可以使用过滤（参见本节后面部分）来获取我们所知道的值，并将这些值扩展开来，以便能够对尚未遇到过的位置产生一些估计值。

　　"杀伤地图"适合于离线学习。它们可以在测试期间编译，以建立一个关卡潜在状况的良好近似值。在最终的游戏中，它们将被固定。

　　或者，它们也可以在游戏执行期间在线学习。在这种情况下，通常采用预先学习的版本作为基础，以避免从头开始学习一些非常明显的事情。在这种情况下，将地图中的所有值逐渐向零移动也很常见。随着时间的推移，这样可以有效地"忘记"杀伤地图中原有的战术信息。这样做是为了确保角色适应玩家的游戏风格。

　　游戏刚开始的时候，角色将很好地了解预编译版本地图中的热点和危险位置。玩家可能会对此知识做出反应，尝试进行攻击以暴露热点位置的漏洞。如果这些热点位置的起始值太高，那么在 AI 意识到该位置不值得使用之前，将遭遇大量的失败。这对于玩家来说可能看起来很愚蠢：AI 反复使用明显会失败的战术。

　　如果我们逐渐削减所有这些值直至回归为零，那么一段时间之后，所有角色的知识都将基于从玩家学到的信息，因此角色将更加难以击败。

　　图 6.13 显示了这一过程。在第一幅示意图中，我们看到一个关卡的一小部分，其中包含从游戏测试中创建的危险值。可以看到，伏击的最佳位置是 A，另外两个方向（位置 B 和 C）也有暴露。假设 AI 角色在位置 A 被杀死了 10 次，从位置 B 和 C 各有 5 次攻击。第二幅地图显示了在未忘记的情况下会产生的结果值：A 仍然是要占据的最佳位置。在 A 位置的杀伤将为攻击者的位置提供+1 点，为受害者的位置提供-1 点。在角色吸取教训之前，它将受到另外 10 点杀伤值。第三幅地图显示了在记录每个位置的杀伤值之前，如果所有值都乘以 0.9 将导致的结果值。在这种情况下，AI 将不再使用位置 A，它从失败中吸取了教训。在真实的游戏中，以更快的速度"忘记"可能是有益的。例如，玩家可能会很沮丧地发现，AI 只要在某个位置受到 5 点杀伤就知道该位置容易受到攻击。

　　如果游戏 AI 能在运行过程中不断学习，同时逐渐忘记，那么尝试将角色在以前没有遇到过的区域所了解到的内容概括为知识就变得至关重要。本节后面的过滤技术提供了有关如何执行此操作的更多信息。

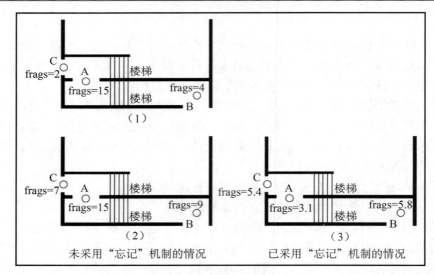

图 6.13　学习的杀伤地图

6.2.5　战术分析的结构

到目前为止，我们已经研究了两种最常见的战术分析：影响映射（确定每个位置的军事影响）和地形分析（确定每个位置的地形特征的影响）。

然而，战术分析并不仅限于这些问题。就像前面讨论的战术航点一样，还有很多数量的不同片段的战术信息，它们同样是制定决策时要考虑的因素。例如，我们可能有兴趣建立一个拥有大量自然资源的地区地图，以方便在即时战略游戏中进行采伐/采矿活动。我们可能对在航点上看到的同样的问题感兴趣：记录游戏中的阴影区域以帮助角色进行隐身移动。总之，这种可能性是无穷无尽的。

我们可以根据需要更新的时间和方式来区分不同类型的战术分析。图 6.14 对这些差异进行了图示说明。

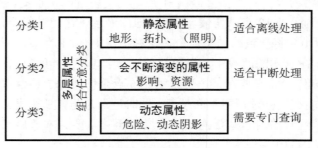

图 6.14　区分复杂度的战术分析

分类 1 中的分析将计算关卡中不会变化的属性。这些分析可以在游戏开始之前离线执行。除非可以改变场景（一些即时战略游戏允许改变场景），否则室外场景中的梯度不会改变。如果某个关卡中的照明是恒定的（即开发人员不能投射光线或关闭它们），那么通常可以离线计算出阴影区域。如果游戏支持来自可移动对象的动态阴影，那么离线计算阴影区域就是不可能的。

分类 2 中的分析是指对在游戏过程中会发生缓慢变化的属性的分析。可以使用非常缓慢的更新来执行这些分析，可能仅重新考虑每个帧处的少数位置。通常可以通过这种方式处理即时战略中的军事影响。城市模拟游戏中的火力和警察的覆盖范围也可能发生缓慢的变化。

在分类 3 中，游戏的属性变化非常快。为了跟上这种变化，几乎整个关卡的每一帧都需要更新。这些分析通常不适用于本章的算法。我们需要有所区别地处理快速变化的战术信息。

在每个帧上更新几乎整个关卡的所有战术分析太耗费时间。即使对于适度大小的关卡来说，它也是显而易见的。对于具有较大关卡大小的即时战略游戏来说，通常无法在一帧的处理时间内重新计算所有关卡。没有任何优化技术可以解决这个问题，这是该方法的一个基本限制。

但是，为了要取得一些进展，开发人员可以将重新计算限制在计划要使用的那些区域。我们只需重新计算最重要的区域，而不必重新计算整个关卡。这是一个特定解决方案：我们推迟处理任何数据，直到我们知道某些数据是必需的。确定哪些位置很重要，这取决于战术分析系统的使用方式。

确定重要性的最简单方法是考虑由 AI 控制的角色的邻域。例如，如果 AI 正在寻找一个远离敌人视线的防御位置（敌人的视线会随着敌人进出掩藏点而迅速变化），那么我们只需要重新计算那些潜在的角色移动位置区域。如果潜在位置的战术特质变化足够快，那么我们需要将搜索限制在附近的位置（否则，当我们到达目的地时，目标位置可能最终会在视线范围内）。这会将我们需要重新计算的区域限制到少数邻近位置。

确定最重要位置的另一种方法是使用第二级战术分析，这种分析可以逐步更新，并且可以给出第三级分析的近似值。然后可以在更深入的层次中检查来自近似值的感兴趣区域，以做出最终决定。

例如，在即时战略游戏中，我们可能要寻找一个良好的位置来让超级单位保持隐藏状态。敌人的侦察机可以很容易地揭开秘密。一般性分析可以跟踪良好的隐藏位置。这可能是一个第二级分析，该分析将考虑到敌方装甲和雷达塔的当前位置（雷达塔是不经常移动的东西）；或仅使用关卡地形来计算低可见性点的第一级分析。在任何时候，游戏都可以从较低级别的分析中检查候选位置，并运行更完整的隐藏分析，该分析考虑了当前侦察飞机的移动。

1．多层分析

对于每一次的战术分析，最终结果是基于每个位置的一组数据：影响地图提供了影响关卡、各方和可选的安全级别（一个或两个浮点数以及表示各方的整数）；阴影分析提供了每个位置的阴影强度（单个浮点数）；梯度分析提供了一个值，表示移动通过某个位置的难度（同样是单个浮点数）。

在第 6.1 节"航点战术"中讨论了将简单战术与更复杂的战术信息相结合的方法。战术分析可以采用相同的过程，这有时被称为多层分析（Multi-Layer Analysis），我们在战术分析的示意图（见图 6.14）中将其显示为跨越所有 3 个分类：任何类型的输入战术分析都可用于创建复合信息。

想象一下，我们有一个即时战略游戏，雷达塔的放置对成功至关重要。单独的单位看不到很远。为了获得良好的态势感知，我们需要建立远程雷达。我们需要一种很好的方法来确定放置雷达塔的最佳位置。

例如，假设最佳雷达塔位置具有以下属性。

❏　大范围的可见性（以获得最大的信息）。

❏　在非常安全的位置（雷达塔通常容易被破坏）。

❏　远离其他雷达塔（没有必要重复建设雷达塔）。

在实践中，可能还有其他问题，但我们目前仍会坚持这些属性假设。这 3 个属性中的每一个都是其自身战术分析的主题。例如，可见性战术是一种地形分析，而安全性则基于常规的影响地图。

与其他雷达塔的距离也可以通过一种影响地图来表示。开发人员可以创建这样一幅地图，其中，位置的值由到其他雷达塔的距离给出。这可能只是到最近的雷达塔的距离，或者它也可能是若干个塔的某种加权值。开发人员可以简单地使用前面介绍的影响地图功能来组合若干个雷达位置的影响。

上述 3 个基本战术分析最终可以组合成一个单独的值，以显示雷达基地位置的好坏程度。

该组合可能是以下形式：

特质（Quality）= 安全性（Security）×可见性（Visibility）×距离（Distance）

其中，"安全性"是衡量位置安全程度的值。如果该位置由另一方控制，则该值应为零。"可见性"是衡量从该位置可以看到多大地图范围的值，"距离"是指距离最近的雷达塔的距离。如果开发人员使用影响公式来计算附近雷达塔的影响，而不是与它们之间的距离，那么该公式可以是以下形式：

$$特质 = \frac{安全性 \times 可见性}{雷达塔的影响}$$

当然，我们需要确保雷达塔的影响值永远不为零。

图 6.15 显示了 3 个独立的分析以及将它们组合成雷达塔位置的单个值的方式。即使关卡非常小，我们也可以看到下一个雷达塔的位置明显胜出。

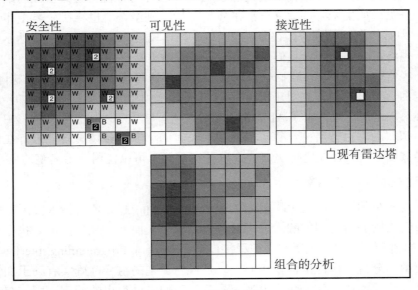

图 6.15　组合的分析

将这 3 个术语结合起来的方式并没有什么特别之处。可能有更好的方法将它们组合在一起，例如，使用加权和（尽管需要注意不要试图建立在另一方的领土上）。组合层的公式需要由开发人员创建。在真实游戏中，它将涉及精细调整问题。

我们在整个 AI 开发过程中发现，每当需要调整某些东西时，必须能够在游戏中对其进行可视化。在这种情况下，我们将支持这样一种模式，即可以在游戏中随时显示雷达塔的位置值（这应该只是调试版本的一部分，而不是最终版本），这样我们就可以看到组合每个特征的结果。

2. 组合时机

战术分析的组合与使用具有航点的复合战术完全相同：开发人员都可以选择执行组合步骤的时机。

如果基本分析全部是离线计算的，那么开发人员也可以选择离线执行组合并简单地存储其结果。这可能是对地形难度进行战术分析的最佳选择。例如，组合梯度、地形类型和暴露于敌人的火力。

如果在游戏过程中更改了任何基础分析，则需要重新计算组合值。在上面的示例中，安全级别和到其他雷达塔的距离都会在游戏过程中发生变化，因此整个分析也需要在游戏过程中重新计算。

考虑到我们之前介绍的战术分析的层次结构，组合的分析将与其依赖的最高基础分析属于同一分类。如果所有基础分析都在分类 1 中，则组合值也将在分类 1 中。如果我们在分类 1 中有一个基础分析，在分类 2 中有两个基础分析（如我们的雷达示例），那么整体分析也将在分类 2 中。我们需要在游戏过程中更新它，但不是很快。

对于不经常使用的分析，我们也可以仅在需要时计算其值。如果基本分析随时可用，我们可以查询一个值并动态地创建它。当 AI 在某一次使用分析位置时（例如，用于战术性路径发现），这很有效。如果 AI 需要同时考虑所有位置（以找到整个图形中最高的得分位置），那么动态执行所有计算可能需要很长时间。在这种情况下，最好在后台执行计算（可能需要数百帧才能完全更新），以便在需要时可以使用一组完整的值。

3．构建战术分析服务器

如果开发人员的游戏在很大程度上依赖于战术分析，那么值得投入实现时间来构建可以应对每种不同分析类别的战术分析服务器。就个人而言，我们只需要执行一次这样的操作，但构建一个通用的应用程序编程接口（Application Programming Interface，API）、允许任何类型的分析（作为插件模块），以及任何类型的组合，确实有助于加快添加新的战术问题，使战术调试问题变得更加容易。与我们之前给出的示例不同，在此系统中仅支持加权线性分析组合。这使得构建简单的数据文件格式变得更加容易，该格式显示了如何将原始分析组合成复合值。

战术分析服务器应支持在多个帧上分布更新，离线计算某些值（或在关卡加载期间计算），并仅在需要时计算值。这可以很轻松地以时间切片和资源管理系统为基础实现（这是我们的方法，并且运行良好）。本书第 10 章"执行管理"中对此有详细讨论。

6.2.6　关于地图覆盖

本书第 4 章"路径发现"中介绍的技术可用来将游戏关卡划分为区域（Region），尤其是图块或狄利克雷域被广泛使用，而可见点和导航网格则不太实用。基于图块的游戏中的单个图块可能太小而无法进行战术分析，并且图块可能会受益于将它们组合在一起而分成更大的区域。

开发人员可以使用相同的技术来计算影响地图中的狄利克雷域。但是，当我们具有基于图块的关卡时，这两个不同的区域集合可能难以协调。幸运的是，有一种技术可以在基于图块的关卡上计算狄利克雷域，这就是地图覆盖，它可以用于确定哪些图块位置比任何其他图块更接近给定位置。除狄利克雷域外，地图覆盖可用于在地图周围移动属性，因此可以计算中间位置的属性。

从一组具有某些已知属性的位置（例如，有一个单元的位置集）开始，我们想要计算每个其他位置的属性。作为一个具体的示例，我们不妨来考虑即时战略游戏的一幅影响地图：游戏中的某个位置属于拥有该位置最近城市的玩家。对于地图覆盖算法来说，这将是一项简单的任务。为了展示算法可以做什么，我们可以通过添加一些复杂性来使事情更困难。

❑ 每个城市都有实力（Strength），强大的城市往往比实力较弱的城市有更大的影响范围。

❑ 城市的影响区域应该从连续区域的城市延伸出来。它不能分成多个区域。

❑ 城市的最大影响半径取决于城市的实力值。

我们想要计算该地图的地区。对于每个位置而言，我们需要知道它所属的城市（如果有）。

1. 算法

我们将使用在第 4 章"路径发现"中讨论过的迪杰斯特拉算法的变体。

该算法从城市位置集开始，被称为开放列表。在内部，我们将记录控制城市和关卡中每个位置的影响力。

在每次迭代时，算法将获取具有最大 strength 值的位置并对其进行处理。我们称为当前位置（Current Location）。处理当前位置涉及查看该位置的邻居并计算当前节点中记录的城市的每个位置的影响实力值。

开发人员可以使用任意算法计算此强度（即我们不关心它是如何计算的）。在大多数情况下，它将是我们在本章第 6.2.2 节"简单的影响地图"中看到的那种下降方程式，但它也可以通过考虑当前位置和相邻位置之间的距离来生成。如果邻近位置超出了城市影响的半径（一般来说，可以通过检查实力是否低于某个最小阈值来实现），则忽略它并且不做进一步处理。

如果相邻位置已经为其注册了不同的城市，则将当前记录的实力值与来自当前位置的城市的影响实力进行比较。最高的实力将获胜，并相应地设定其城市和实力。如果没有现成的城市记录，则记录当前位置的城市及其影响实力。

在处理完当前位置后，它将被放置到一个新列表中，该列表被称为封闭列表。当相邻节点设置了城市和实力值时，它将被放置在开放列表中。如果它已经在封闭列表中，则首先将其从那里删除。与路径发现版本的算法不同，我们无法保证更新位置不会在封闭列表中，因此我们必须考虑删除它，这是因为我们将使用任意算法来计算影响的实力。

2. 伪代码

除了命名法的变化，该算法与路径发现迪杰斯特拉算法非常相似。

```
1    # strength 实力函数的形式如下
2    function strengthFunction(city: City, location: Location) -> float
3
4    # 该结构被用于记录
5    # 每个位置所需要的信息
6    class LocationRecord:
7        location: Location
8        nearestCity: City
9        strength: float
10
11   function mapfloodDijkstra(map: Map,
12                             cities: City[],
13                             strengthThreshold: float,
14                             strengthFunction: function)
15                             -> LocationRecord[]:
16
17       # 初始化开放列表和封闭列表
18       open = new PathfindingList()
19       closed = new PathfindingList()
20
21       # 初始化开始节点的记录
22       for city in cities:
23           startRecord = new LocationRecord()
24           startRecord.location = city.getLocation()
25           startRecord.city = city
26           startRecord.strength = city.getStrength()
27           open += startRecord
28
29       # 迭代遍历处理每个节点
30       while open:
31           # 查找开放列表中的最大元素
32           current = open.largestElement()
33
34           # 获取其邻居位置
```

```
35          locations = map.getNeighbors(current.location)
36
37          # 循环遍历每个位置
38          for location in locations:
39              # 获取末尾节点的实力
40              strength = strengthFunction(current.city, location)
41
42              # 如果该实力太低，则跳过
43              if strength < strengthThreshold:
44                  continue
45
46              # 或者，如果它是封闭的
47              # 并且我们已经发现了一条更差的路线
48              else if closed.contains(location):
49                  # 查找封闭列表中的记录
50                  neighborRecord = closed.find(location)
51                  if neighborRecord.city != current.city and
52                          neighborRecord.strength < strength:
53                      continue
54
55              # 或者，如果它是开放的
56              # 并且我们已经发现了一条更差的路线
57              else if open.contains(location):
58                  # 查找开放列表中的记录
59                  neighborRecord = open.find(location)
60                  if neighborRecord.strength < strength:
61                      continue
62
63              # 否则，我们就知道已经获得了一个未访问的节点
64              # 因此记录它
65              else:
66                  neighborRecord = new NodeRecord()
67                  neighborRecord.location = location
68
69              # 如果需要更新节点则会转至此处
70              # 更新成本和连接
71              neighborRecord.city = current.city
72              neighborRecord.strength = strength
73
74              # 将它添加到开放列表
75              if not open.contains(location):
76                  open += neighborRecord
```

```
77
78              # 我们已经搜索完当前节点的邻居
79              # 所以可将它添加到封闭列表
80              # 并且将它从开放列表中删除
81              open -= current
82              closed += current
83
84          # 封闭列表现在包含所有属于任何城市的位置
85          # 以及这些位置所属的城市
86          return closed
```

3. 数据结构和接口

此版本的迪杰斯特拉算法将一个地图作为输入，该地图能够生成任何给定位置的相邻位置。它应该是以下形式：

```
1   class Map:
2       # 返回给定位置的邻居的列表
3       function getNeighbors(location: Location) -> Location[]
```

大多数地图都是基于网格的，在这种情况下，这是一个可以实现的简单算法，甚至可以直接包含在迪杰斯特拉实现中以提高速度。

该算法需要能够找到传入的每个城市的影响的位置和实力。为简单起见，我们假设每个城市都是某个城市类的实例，能够直接提供这些信息。该类具有以下格式：

```
1   class City:
2       # 城市的位置
3       function getLocation() -> Location
4
5       # 城市施加影响的实力
6       function getStrength() -> float
```

最后，开放列表和封闭列表的行为就像我们使用它们执行路径发现算法时一样。有关其结构的完整说明，请参阅第 4.2 节 "迪杰斯特拉算法"。唯一的区别是使用 largestElement 方法替换了 smallestElement 方法。在执行路径发现算法的情况下，我们感兴趣的是具有最小路径的位置（即最靠近起点的位置）。但是在此算法中，我们感兴趣的是具有最大影响实力的位置（也是最接近起始位置之一的位置：城市）。

4. 性能

就像路径发现版本的迪杰斯特拉算法一样，这个算法本身在时间中为 $O(nm)$，其中，

n 是属于任何城市的位置数，m 是每个位置的邻居数。

与以前不同的是，该算法最坏情况下的内存要求仅为 O(n)，因为我们将忽略任何不在城市影响半径内的位置。

当然，就像在路径发现版本中一样，其数据结构使用了并不简单的算法。有关列表数据结构的性能和优化的更多信息，请参考第 4.3 节 "A*算法"。

6.2.7　卷积滤镜

图像模糊算法（Image Blur Algorithm）是一种非常流行的更新分析方法，涉及从其来源传播值。在影响地图中，这种特征尤其明显，其他有关接近性的度量也是如此。地形分析有时是有益的，但它们通常不需要扩散行为。

类似的算法也在游戏之外使用。它们在物理学中用于模拟许多不同类型的场的行为，并形成围绕物理分量的热传递模型的基础。

设计师比较喜爱的图像编辑软件包中的模糊效果就是卷积滤镜（Convolution Filter）系列中的一种。卷积是一种数学运算，本书不需要考虑它们。有关该滤镜背后数学的更多信息，推荐阅读 *Digital Image Processing*（数字图像处理，详见附录参考资料[17]）。根据你所熟悉的领域，卷积滤镜也有其他各种名称：内核滤镜（Kernel Filter）、脉冲响应滤波器（Impulse Response Filter）、有限元模拟（Finite Element Simulation）[1]和其他各种名称等。

1．算法

所有卷积滤镜都具有相同的基本结构：我们将定义一个更新矩阵，告诉我们地图中一个位置的值如何根据自己的值和邻居的值进行更新。对于基于方形图块的关卡，我们可能有一个如下所示的矩阵：

$$M = \frac{1}{16} \begin{bmatrix} 1 & 2 & 1 \\ 2 & 4 & 2 \\ 1 & 2 & 1 \end{bmatrix}$$

我们通过将矩阵中的中心元素（因此，必须具有奇数个行和列）作为我们感兴趣的区块来解释这一点。从该位置及其周围区块的当前值开始，我们可以通过将地图中的每个值乘以矩阵中的相应值并对结果求和来计算出新值。滤镜的大小是每个方向上的邻居数量。在上面的例子中，滤镜的大小为 1。

---

[1] 卷积滤镜严格地说只是有限元模拟中使用的一种技术。

因此，如果我们的地图部分如下所示：

$$5 \quad 6 \quad 2$$
$$1 \quad 4 \quad 2$$
$$6 \quad 3 \quad 3$$

现在要为当前值为 4 的图块计算出一个新值（称为 v），则可以执行以下计算：

$$v = \begin{pmatrix} 5 \times \dfrac{1}{16} & + & 6 \times \dfrac{2}{16} & + & 2 \times \dfrac{1}{16} & + \\[2mm] 1 \times \dfrac{2}{16} & + & 4 \times \dfrac{4}{16} & + & 2 \times \dfrac{2}{16} & + \\[2mm] 6 \times \dfrac{1}{16} & + & 3 \times \dfrac{2}{16} & + & 3 \times \dfrac{1}{16} & \end{pmatrix} = 3.5$$

我们对地图中的每个位置重复此过程，应用矩阵并计算新值。但是，我们需要小心的是，如果只是从地图的左上角开始并按照阅读顺序（即从左到右，然后从上到下）计算并遍历，那么地图左侧、上方以及对角线上方和左侧等位置将会一直使用新值，但地图的其余位置则使用的是旧值。这种不对称性是可以接受的，但非常少见。最好按相同的方式处理所有值。

为此，我们需要有两份地图副本。第一份是源副本，它包含旧值，仅从中读取数据。当计算每个新值时，它将被写入地图的新目标副本。在该过程结束时，目标副本包含值的准确更新。在前面的示例中，这些值（取小数点后 3 位）将是：

$$3.875 \quad 4.25 \quad 3.813$$
$$3.188 \quad 3.5 \quad 3.438$$
$$3.625 \quad 3.625 \quad 3.438$$

为了确保影响从一个位置传播到地图中的所有其他位置，我们需要多次重复此过程。在每次重复之前，我们设置每个存在战斗单位的位置的影响值。

如果地图上的每个方向都有 n 个图块（假设是基于方形图块的地图），那么最多需要遍历 n 个滤镜以确保所有值都正确。如果源值位于地图的中间，那么可能只需要这个数字的一半。

如果矩阵中所有元素的总和是 1，那么地图中的值最终会稳定下来，而不会随着更多的迭代而发生变化。一旦值稳定下来，那么就不再需要迭代了。

在特别强调时间的游戏中，开发人员不希望花费很长的时间反复应用滤镜来获得正确的结果。我们可以限制滤镜遍历迭代的次数。通常情况下，开发人员可以通过每帧应用一次滤镜遍历来勉强应对，并使用前一帧中的值。以这种方式，模糊将可以分布在多个帧上。但是，如果地图上有快速移动的角色，则移动后很久可能仍会模糊它们的旧位置，这可能会导致出现问题。当然，这种方法还是值得尝试的，至少我们所了解的绝大多数使用滤镜的开发人员一次只应用一次遍历。

2．边界

在实现算法之前，我们需要考虑在地图边缘发生的事情。这里我们不再能够应用矩阵，因为边缘图块的某些邻居并不存在。

有两种解决此问题的方法：修改矩阵或修改地图。

我们可以修改边缘处的矩阵，使其仅包含存在的邻居。例如，在左上角，模糊矩阵可以变为：

$$\frac{1}{9}\begin{bmatrix} 4 & 2 \\ 2 & 1 \end{bmatrix}$$

在底部边缘，模糊矩阵可以变为：

$$\frac{1}{12}\begin{bmatrix} 1 & 2 & 1 \\ 2 & 4 & 2 \end{bmatrix}$$

这种方法是最正确的，并且会给出好的结果。糟糕的是，它涉及使用 9 个不同的矩阵并按正确的时间在它们之间切换。下面给出的常规卷积算法可以进行非常全面的优化，以利用单指令多数据（Single Instruction Multiple Data，SIMD），同时处理多个位置。如果需要保持切换矩阵，那么这些优化就不再容易实现，并且我们失去了很大的速度优势（在本书的基本实验中，矩阵切换版本可能需要 1.5 到 5 倍长的时间）。

第二种方法是修改地图。开发人员可以通过在游戏位置周围添加边框并强制它们接受其值来实现这一点（即它们在卷积算法期间从不处理，因此，它们永远不会改变它们的值）。然后，地图中的位置就可以使用常规算法，并从仅存在于此边框中的图块中取得数据。

这是一种快速而实用的解决方案，但它可以产生边缘假象。因为我们无法知道应该设置什么边界值，所以我们选择一些任意值（假设为零）。与边界相邻的位置将始终具有添加到它们的任意值的贡献。例如，如果边界全部设置为零，并且旁边有一个高影响值的角色，则其影响将被拉低，因为边缘位置将从不可见边框接收零值贡献。

这是一个常见的假象。如果将影响地图可视化为颜色密度，则边缘周围似乎有一个较浅的颜色晕。无论为边框选择的值如何，都会发生同样的事情。可以通过增加边框的大小并允许一些边框值正常更新（即使它们不是游戏关卡的一部分）来缓解这一现象。这虽然不能彻底解决问题，但可以使其不太明显。

3．伪代码

卷积算法可以通过以下方式实现：

```
1   # 对源矩阵执行卷积
2   function convolve(matrix: Matrix,
3                     source: Matrix,
4                     destination: Matrix):
5       # 查找矩阵的大小
6       matrixLength: int = matrix.length()
7       size: int = (matrixLength - 1) / 2
8
9       # 查找源的大小
10      height: int = source.length()
11      width: int = source[0].length()
12
13      # 遍历每个目标节点
14      # 忽略的边框等于矩阵的大小
15      for i in size..(width - size):
16          for j in size..(height - size):
17              # 在 destination 目标中从零开始
18              destination[i][j] = 0
19
20              # 遍历矩阵中的每一项
21              for k in 0..matrixLength:
22                  for m in 0..matrixLength:
23                      # 添加分量
24                      destination[i][j] +=
25                          source[i + k - size][j + m - size] *
26                          matrix[k][m]
```

要应用此算法的多次迭代，我们可以使用如下所示的驱动程序函数：

```
1   function convolveDriver(matrix: Matrix,
2                           source: Matrix,
3                           destination: Matrix,
4                           iterations: int):
5       # 将源和目标赋值给变量
6       # 将它们赋给可交换的变量
7       # （通过引用，而不是通过值）
8       if iterations % 2 > 0:
9           map1: Matrix = source
10          map2: Matrix = destination
11      else:
12          # 将源数据复制到目标中
13          # 所以，在经过偶数次的卷积之后
```

```
14              # 在目标数组中
15              # 最终将获得目标数据
16              destination = source
17              map1: Matrix = destination
18              map2: Matrix = source
19
20      # 循环遍历迭代
21      for i in 0..iterations:
22              # 运行卷积
23              convolve(matrix, map1, map2)
24
25              # 交换变量
26              map1, map2 = map2, map1
```

当然，正如我们已经看到的，这种方式并不常用。

4．数据结构和接口

此代码不使用特殊的数据结构或接口。它需要矩阵和源数据作为数组的矩形阵列（包含开发人员需要的任何类型的数字）。矩阵参数应是方形矩阵，但源矩阵可以是任何大小。与源矩阵大小相同的目标矩阵也会被传入，并改变其内容。

5．实现说明

该算法是使用 SIMD 硬件进行优化的主要候选者，特别是传递给 GPU。我们将对不同的数据执行相同的计算，并且这还可以并行化（Parallelize）。一款可以利用 SIMD 处理的优秀的优化编译器可能会自动为开发人员优化这些内部循环。

6．性能

该算法在时间上的性能为 $O(whs^2)$，其中，w 是源数据的宽度，h 是其高度，s 是卷积矩阵的大小。该算法在内存中的性能是 $O(wh)$，因为它需要一个源数据的副本来写入更新之后的值。

如果内存有问题，则可以将其拆分并使用较小的临时存储数组，一次计算源数据的一块卷积。这种方法涉及重新访问某些计算，从而降低执行速度。

7．滤镜

到目前为止，我们只看到了一个可能的滤镜矩阵。在图像处理中，可以通过不同的滤镜实现大量不同的效果。其中大多数在战术分析中都没什么用途。

本节将讨论两个具有实际用途的滤镜：高斯模糊和锐化滤镜。附录参考资料[17]包含了更多的滤镜示例，并且对某些矩阵如何以及为何会产生某些效果提供了综合数学解释。

8．高斯模糊

我们之前看到的模糊滤镜是一个称为高斯滤镜（Gaussian Filter）的系列之一。它们会围绕层级扩散模糊的值，因此，它们非常适合在影响地图中扩散影响。

对于任何大小的滤镜，都有一个高斯模糊滤镜。通过采用由二项式系列的元素组成的两个向量，可以找到矩阵的值。例如，假设最初存在以下几个值：

$$[1 \quad 2 \quad 1]$$
$$[1 \quad 4 \quad 6 \quad 4 \quad 1]$$
$$[1 \quad 6 \quad 15 \quad 20 \quad 15 \quad 6 \quad 1]$$
$$[1 \quad 8 \quad 28 \quad 56 \quad 70 \quad 56 \quad 28 \quad 8 \quad 1]$$

然后我们计算它们的外积。因此，对于大小为 2 的高斯滤镜，可以得到：

$$
\begin{bmatrix} 1 \\ 4 \\ 6 \\ 4 \\ 1 \end{bmatrix} \times [1 \quad 4 \quad 6 \quad 4 \quad 1] =
\begin{bmatrix}
1 & 4 & 6 & 4 & 1 \\
4 & 16 & 24 & 16 & 4 \\
6 & 24 & 36 & 24 & 6 \\
4 & 16 & 24 & 16 & 4 \\
1 & 4 & 6 & 4 & 1
\end{bmatrix}
$$

我们可以使用它作为矩阵，但是地图中的值每次遍历时都会显著增加。为了使它们保持在相同的平均水平，并确保值稳定下来，我们将它们遍历除以所有元素的总和。在上面的示例中，这个总和是 256：

$$
M = \frac{1}{256}
\begin{bmatrix}
1 & 4 & 6 & 4 & 1 \\
4 & 16 & 24 & 16 & 4 \\
6 & 24 & 36 & 24 & 6 \\
4 & 16 & 24 & 16 & 4 \\
1 & 4 & 6 & 4 & 1
\end{bmatrix}
$$

如果在一组不变的单位影响值上反复运行这个滤镜，那么最终会得到整个关卡相同的影响值（这将是较低的值）。模糊的作用是消除差异，直到最终没有任何差异。

我们可以在每次遍历该算法时添加每个单位的影响。这将产生一个类似的问题：影响值会在每次迭代时增加，直到整个关卡与添加的单位具有相同的影响值。

为了解决这些问题，我们通常会引入一个偏差：相当于我们之前在杀伤地图中使用的忘记参数。在每次迭代中，我们将添加我们所知道的单位的影响，然后从所有位置移除少量的影响。被移除的影响的总量应与已添加的影响总量相同。这确保了在整个关卡上没有净增益或损失，但是影响将正确地扩散并且稳定到稳态值。

图 6.16 显示了一个大小为 2 的高斯模糊滤镜对影响地图的效果。算法反复运行（每

次添加单位影响并删除少量值）直到值稳定下来。

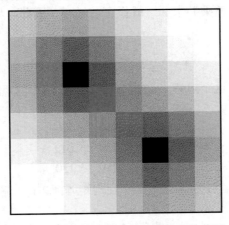

图 6.16　在影响地图上的高斯模糊的截屏

9. 可分离的滤镜

高斯滤镜具有一个重要的属性，我们可以使用它来让算法加速。当创建滤镜矩阵时，使用了两个相同向量的外积来实现：

$$\begin{bmatrix} 1 \\ 4 \\ 6 \\ 4 \\ 1 \end{bmatrix} \times \begin{bmatrix} 1 & 4 & 6 & 4 & 1 \end{bmatrix} = \begin{bmatrix} 1 & 4 & 6 & 4 & 1 \\ 4 & 16 & 24 & 16 & 4 \\ 6 & 24 & 36 & 24 & 6 \\ 4 & 16 & 24 & 16 & 4 \\ 1 & 4 & 6 & 4 & 1 \end{bmatrix}$$

这意味着，在更新期间，地图中位置的值将通过一组纵向计算和横向计算的组合动作来计算。更重要的是，纵向和横向计算是相同的。我们可以将它们分成两个步骤：第一步是基于相邻纵向值的更新，第二步是使用相邻横向值。

例如，让我们回到原来的示例。假设该地图有一部分如下所示：

$$\begin{matrix} 5 & 6 & 2 \\ 1 & 4 & 2 \\ 6 & 3 & 3 \end{matrix}$$

现在知道的是具有以下矩阵的高斯模糊：

$$\boldsymbol{M} = \frac{1}{16}\begin{bmatrix} 1 & 2 & 1 \\ 2 & 4 & 2 \\ 1 & 2 & 1 \end{bmatrix} = \frac{1}{4}\begin{bmatrix} 1 \\ 2 \\ 1 \end{bmatrix} \times \frac{1}{4}\begin{bmatrix} 1 & 2 & 1 \end{bmatrix}$$

我们将使用两步过程替换原始的更新算法。首先，处理每一列并仅应用垂直向量，使用这些分量与表中的值相乘并求和，就像之前一样。因此，如果示例中的 1 值称为 w，则 w 的新值可由下式给出：

$$v = 5 \times \frac{1}{4} + 1 \times \frac{2}{4} + 6 \times \frac{1}{4} = 3.25$$

我们对整个地图重复这个过程，就像有一个完整的滤镜矩阵一样。在此更新后，我们最终可以得到：

$$5.000 \quad 4.750 \quad 3.500$$
$$1.750 \quad 2.750 \quad 3.500$$
$$4.250 \quad 3.750 \quad 3.250$$

在此更新完成之后，再次对横向值（即使用矩阵[1 2 1]）遍历执行等效计算。最终得到以下结果：

$$3.875 \quad 4.25 \quad 3.813$$
$$3.188 \quad 3.5 \quad 3.438$$
$$3.625 \quad 3.625 \quad 3.438$$

这和前面是完全一样的。

此算法的伪代码如下：

```
1    # 对给定的来源执行矩阵的卷积
2    # 该矩阵是给定向量的外积
3    function separableConvolve(hvector: Vector,
4                               vvector: Vector,
5                               source: Matrix,
6                               temp: Matrix,
7                               destination: Matrix):
8        # 发现向量的大小
9        vectorLength: int = hvector.length()
10       size: int = (vectorLength - 1) / 2
11
12       # 发现来源的大小
13       height: int = source.length()
14       width: int = source[0].length()
15
16       # 遍历每个目标节点
17       # 忽略的边框等于向量的大小
18       for i in size..(width - size):
19           for j in size..(height - size):
20               # 在 temp 数组中从零开始
```

```
21              temp[i][j] = 0
22
23              # 遍历向量中的每一个条目
24              for k in 0..vectorLength:
25                  # 添加分量
26                  temp[i][j] += source[i][j + k - size] * vvector[k]
27
28      # 再次遍历每一个目标节点
29      for i in size..(width - size):
30          for j in size..(height - size):
31              # 在 destination 目标中从零开始
32              destination[i][j] = 0
33
34              # 遍历向量中的每一个条目
35              for k in 0..vectorLength:
36                  # 添加分量
37                  # 请注意，要从 temp 数组中获取数据
38                  # 而不是从来源数组获取
39                  destination[i][j] += temp[i + k - size][j] * hvector[k]
```

　　我们将传入两个向量，这两个向量的外积给出了卷积矩阵。在上面的例子中，每个方向的向量都已经是相同的，尽管它也可能是不同的。我们还传入了另一个数组，称为 temp，同样，其大小与源数据相同，这将在更新过程中用作临时存储。

　　对于地图中的每个位置，我们并没有执行 9 次计算（在每一次计算中都执行乘法和加法），而只是执行了 6 次：3 次纵向和 3 次横向。对于较大的矩阵，节省的次数甚至会更多。例如，大小为 3 的矩阵需要计算 25 次，如果可分离则只需要 10 次。因此，该算法在时间上的性能是 $O(whs)$，而不是之前版本的 $O(whs^2)$。虽然该算法将所需的临时存储空间增加了一倍，但在内存中其性能仍然是 $O(wh)$。

　　实际上，如果仅限于使用高斯模糊，那么可以整合实现更快的算法（该算法被称为 SKIPSM，具体讨论详见附录参考资料[75]），并在 CPU 上快速运行。但是，它并不是为了充分利用 SIMD 硬件而设计的。因此，在实践中，上述算法的良好优化版本同样会表现得很好并且将更加灵活。

　　虽然大多数卷积矩阵是不可分离的，但可分离的并不仅限于高斯模糊。如果开发人员正在编写可以尽可能广泛使用的战术分析服务器，则应该考虑支持这两种算法。本章中的其余滤镜都不可分离，因此它们需要的算法版本都比较长。

10．锐化滤镜

　　我们可能想要集中注意力而不是模糊不清。如果我们需要了解影响的中心枢纽（例

如，确定在哪里建立基地），可以使用锐化滤镜。锐化滤镜的作用方式与模糊滤镜相反：将值集中在已经拥有最大值的区域。

用于锐化滤镜的矩阵具有由负值包围的中心正值。例如：

$$\frac{1}{2}\begin{bmatrix} -1 & -1 & -1 \\ -1 & 18 & -1 \\ -1 & -1 & -1 \end{bmatrix}$$

从更一般的角度来说，可以归纳为以下形式的任何矩阵：

$$\frac{1}{a}\begin{bmatrix} -b & -c & -b \\ -c & a(4b+4c+1) & -c \\ -b & -c & -b \end{bmatrix}$$

其中，a、b 和 c 是任何正实数，并且一般来说 $c < b$。

以与高斯模糊相同的方式，可以将相同的原理扩展到更大的矩阵。在每种情况下，中心值都是正数，而围绕它的那些值都将是负数。

图 6.17 显示了上述示例中第一个锐化矩阵的效果。在图 6.17 左侧的第一部分中，影响地图仅被锐化一次。

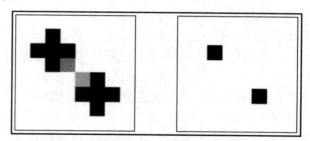

图 6.17　在影响地图上的锐化滤镜的截屏

因为锐化滤镜的作用是减少影响的分布，如果多次运行它，那么很可能会得到一个意义不大的结果。在图 6.17 右侧的第二部分中，算法运行了更多次的迭代（每次添加单位影响并移除一个偏差量），直到该值稳定下来。开发人员可以看到，任何影响的唯一剩余位置是那些有战斗单位在其中的位置（即那些我们已经知道影响的位置）。

锐化滤镜可用于地形分析，它们通常只应用少量几次，很少会运行到稳定状态。

6.2.8　细胞自动机

细胞自动机（Cellular Automata，也称为元胞自动机）是为模拟包括自组织结构在内的复杂现象提供的一个强有力的方法。细胞自动机模型的基本思想是：自然界里许多复杂结构和过程，归根到底只是由大量基本组成单元的简单相互作用所引起。细胞自动机主要研究由小的计算分量，按邻域连接方式连接成较大的、并行工作的计算分量的理论模型。

细胞自动机是更新规则，它将基于其他周围位置的值在地图中的一个位置处生成值。这是一个迭代过程：在每次迭代时，将根据前一次迭代的周围值计算值。这使得它成为一个比地图覆盖更灵活的动态过程，并且可以产生有用的新效果。

在学术界，细胞自动机作为一种生物学上合理的计算模型而备受关注（尽管许多评论家随后都说明了为什么它们在生物学上并不合理），但几乎没有实际应用。

根据我们的了解，它们仅被用于少数游戏，主要是城市模拟类游戏，典型的例子就是 *SimCity*（中文版名称《模拟城市》，详见附录参考资料[135]）。在《模拟城市》中，它们并没有特别用于 AI，而是用于在城市发展方式中建立变化的模型。

我们已经使用细胞自动机在小型模拟中识别狙击手的战术位置，我们也有理由相信：它们可以在战术分析中得到更广泛的应用。

图 6.18 显示了细胞自动机中的一个细胞。它有多个位置的邻居，该细胞的值将依赖于这些邻居的值。该更新规则可以是从简单的数学函数到复杂的规则集的任何规则。该图显示了一个中间状态的示例。

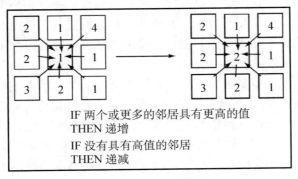

图 6.18 细胞自动机

特别要注意的是，如果我们要处理在每个位置上的数值，并且更新规则是单个数学函数，那么我们将会有一个卷积滤镜，就像我们在第 6.2.7 节中看到的那样。实际上，卷积滤镜只是细胞自动机的一个例子。这并未得到广泛认可，大多数人倾向于仅根据每个位置的离散值和更复杂的更新规则来考虑细胞自动机。

一般来说，每个周围位置的值首先被分成不连续的类别。它们可以是从枚举值开始（例如，城市模拟游戏中的建筑类型，或室外即时战略游戏的地形类型，都可以从枚举值开始），或者，我们可能必须将实数分成若干个类别（例如，可以将地形梯度分成"平坦""缓坡""高坡""陡峭"等类别）。

给定一个地图，其中每个位置都标有我们集合中的一个类别，我们可以对每个位置应用更新规则，以便为下一次迭代提供类别。一个位置的更新仅取决于上一次迭代的位置值。这意味着算法可以按任何顺序更新位置。

1. 细胞自动机规则

最著名的细胞自动机种类有一个更新规则，即根据每个位置中的邻居数量给出输出类别。在学术派的细胞自动机中，类别通常为 off 和 on，并且规则将根据其所在的邻居的数量来切换位置（也就是所谓的"细胞"）的 on 或 off 状态。

图 6.18 仅显示了两个类别的规则。在该规则中，它指出：与至少 4 个安全位置相邻的位置应被视为安全的。

在地图中的所有位置上运行相同的规则允许开发人员将不规则的安全区域（其中，AI 可能错误地将战斗单位发送到低洼地中，这会使敌人可以更轻松地对它们发动侧翼攻击）变成更凸的图案。

可以创建细胞自动机规则以考虑 AI 可用的任何信息。但是，它们被设计得非常本地化。一个简单的规则是，仅基于其直接邻居来决定位置的特征。整个自动机的复杂性和动态性源于这些本地规则的交互方式。如果两个相邻位置基于彼此改变其类别，则这些改变可以向后和向前振荡。在许多细胞自动机中，甚至可能会出现更复杂的行为，包括涉及整个地图变化的无限序列。

大多数细胞自动机都不是方向性的。它们不会以任何其他方式对待一个邻居。如果城市游戏中的某个位置有 3 个相邻的高犯罪率区域，那么我们可能会有一条规则说该位置也是一个高犯罪区域。在这种情况下，只要将数字加起来即可，该位置的邻居中哪一个是高犯罪率区域并不重要。这使得该规则可以在地图上的任何位置中使用。

但是，边缘可能会造成问题。在学术派的细胞自动机中，该图被认为是有限的或环形的（即顶部和底部是连接的，左边缘和右边缘也是连接的），这两种方法给出的地图其每个位置都有相同数量的邻居，但是在真实的游戏中，情况并非如此。实际上，很多时候我们根本不会处理基于网格的地图，因此邻居的数量可能会因位置不同而有所差异。例如，普通位置有 8 个邻居，边上的位置只有 5 个邻居，而地图的 4 个边角甚至只有 3 个邻居。

为了避免在不同位置有不同的行为，我们可以使用基于邻居比例的规则而不是基于绝对数字。例如，我们可能会有一条规则，如果某个位置至少有 25% 的邻近地点是高犯罪率地区，那么这个位置也是高犯罪率地区。在这种情况下，地图的 4 个边角只要有一

个邻居是高犯罪率地区，那么该边角也是高犯罪率地区，因为其高犯罪率邻居的比例是
1/3，约为 33%。

2. 运行细胞自动机

我们需要两份战术分析副本才能让细胞自动机更新。一个副本存储上一次迭代的值，
另一个副本存储更新之后的值。可以交替使用副本并重复使用相同的内存。

我们可以按照所见的任何顺序考虑每个位置，从其相邻位置获取其输入并将其输出
放在分析的新副本中。

如果需要将实值分析分为若干个分类，那么通常首先将其作为预处理步骤来完成。
地图的第三个副本将被保留，其中包含表示枚举类别的整数。在每个位置中将填充正确
的类别（使用实数形式的源数据）。最后，细胞自动机更新规则正常运行，将其类别输
出转换为实数，以便写入目标地图。该过程如图 6.19 所示。

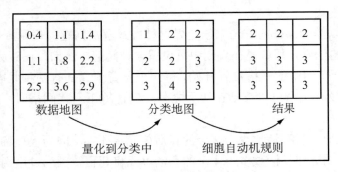

图 6.19 更新细胞自动机

如果更新函数是其输入的简单数学函数，没有分支，那么它通常可以写为可以在图
形卡或专用向量数学单元上运行的并行代码。这可以大大加快执行速度，只要在这些芯
片上有一些空间即可（如果图形处理占用了全部的功率，那么当然也可以在 CPU 上运行
模拟）。

然而，在大多数情况下，细胞自动机的更新函数往往是高度分支的。它们包含大量
的 switch 或 if 语句。这种处理不容易并行化，因此通常在主 CPU 上以串行方式执行，相
应的性能也会随之降低。

一些细胞自动机规则集（特别是康威的生命游戏规则集：这是最著名的规则集，但
在游戏应用程序中几乎无用）可以很容易地在没有分支的情况下重写，并且已经以高效
的并行方式实现。糟糕的是，这样做并不总是明智的，因为重写规则集可能比一个好的
分支实现需要更长的时间。

3．细胞自动机的复杂度

细胞自动机的行为可能非常复杂。实际上，对于某些规则，其行为可能非常复杂，以至于值的模式变成可编程的计算分量。这是使用该方法具有吸引力的一部分：我们可以创建规则集合，以产生任何我们喜欢的模式。

糟糕的是，由于行为非常复杂，我们无法准确预测任何给定规则集的内容。对于一些简单的规则，它可能很明显。但是，即使是非常简单的规则也可能导致极其复杂的行为。康威（Conway）著名的生命游戏（The Game of Life）规则非常简单，但却产生了完全不可预测的模式。[①]

在游戏应用程序中，我们不需要这种复杂性。对于战术分析来说，我们只对从邻近位置生成一个位置的属性感兴趣。我们希望得到的分析是稳定的。过了一小段时间之后，如果基础数据（例如，战斗单位的位置或关卡的布局）保持不变，那么地图中的值应该会稳定在一致的模式。

虽然没有可以作为保证的方法来创建以这种方式解决问题的规则，但我们已经发现了一个简单的经验法则，那就是在规则中只设置一个阈值。例如，在康威的"生命游戏"规则中，游戏从一个两维的网格位置开始，每一个位置单元都有两种状态：存活或死亡。网格是有限的，没有生命可以存活在边界之外。当计算下一代网格时，需要遵循以下 4 个规则。

（1）任何四周邻居存活数少于 2 个的存活单元将死亡，因为人口稀少。

（2）任何四周邻居存活数多于 4 个的存活单元将死亡，因为过度拥挤。

（3）任何四周邻居存活数等于 2 个或 3 个的存活单元将在下一代中继续存活。

（4）对于任何已经死亡的单元，如果其周围邻居存活数为 3 个，将重新复活。

网格中每个单元都有 8 个邻居。正是这个由 2～3 个邻居组成的"条带"导致了复杂和不可预测的行为。如果规则只是规定位置单元在有 3 个或更多邻居时存活，那么整个地图将被迅速填满（大多数起始配置都是这样）并且会非常稳定。

请记住，开发人员不需要通过复杂的规则将这种动态机制引入游戏中。随着玩家的影响，游戏的情况将会发生变化。一般来说，开发人员只需要相当简单的细胞自动机规则，即如果自动机是游戏中唯一运行的东西，则会导致无聊行为的规则。

4．应用程序和规则

细胞自动机是一个广泛的主题，它们的灵活性会导致选项瘫痪。开发人员有必要来

[①] 这些在字面上是不可预测的，因为发现将要发生的事情的唯一方法就是运行细胞自动机。

讨论一些它们的应用程序和支持它们的规则。

1）安全区域

在本章的前面部分，我们研究了一组细胞自动机规则，这些规则扩展了安全区域，使其更加平滑，不易出现明显的单位放置错误。它不适合在防守方的控制区使用，但对攻击方有用，因为它避免了一些简单的反击战术的失败。

该规则很简单：

如果其 8 个邻居中至少有 4 个（或对于边缘来说就是 50%）是安全的，则该位置就是安全的。

2）建设城市

《模拟城市》游戏使用了细胞自动机来根据邻域计算建筑物的变化方式。例如，在破败区域中间的住宅建筑将不会繁荣并且可能会被废弃。《模拟城市》的城市模型复杂且具有高度的专有性。虽然我们可以猜测一些规则，但并不知道它们的确切实现。

有一款鲜为人知的游戏，如 *Otostaz*（中文版名称《盖盖乐》，详见附录参考资料[178]）就使用了完全相同的原则，但其规则更简单。在该游戏中，当一个建筑物有一个包含水的正方形和一个包含树木的正方形时，它就会出现在一块空地上。这是一个一层的建筑物。当正方形与另外两座（也可以是 3 座或 4 座）小一些的建筑物接壤时，会出现更高的建筑物。

因此，当有两个相邻的一层建筑物时，就会有 1 个二层建筑物出现在一片土地上。三层建筑物需要两个二层建筑物或 3 个一层建筑物相邻，以此类推。现有建筑物本身不会降级（尽管玩家可以将其移除），即使导致其生成的建筑物被移除。这提供了稳定性以避免地图上出现不稳定的图案。

这是一种游戏的玩法，而不是在游戏中使用的 AI，但可以在即时战略游戏中实现同样的事情以构建一个基地。一般来说，即时战略游戏拥有大量资源，玩家需要收集原材料，并且需要在防御位置、制造工厂和研究设施之间取得平衡。

对于这种情况，开发人员可以设定一组规则，例如：

（1）靠近原材料的位置可用于建造防御性建筑。

（2）和两个防御位置接壤的位置可用于建造任何类型（训练、研究和制造）的基地建筑。

（3）由两个基地建筑物限定的位置可能变成不同类型的高级建筑物（因此我们不会将所有相同类型的技术放在同一个地方，这样容易受到单一攻击）。

（4）非常有价值的设施应该与两座高级建筑物接壤。

6.3　战术性路径发现

战术性路径发现（Tactical Pathfinding）是当前游戏开发的热门话题，它组合了本章前面介绍的战术性分析和第 4 章介绍的路径发现技术。当游戏中的角色移动时，它将考虑自身的战术环境，保持住掩藏点，避免与敌人的主力交火并躲开常见的埋伏点。总之，战术性路径发现技术可以给玩家留下非常深刻的印象。

有些人在谈到战术性路径发现技术时，可能会觉得它高深莫测，好像比常规路径发现技术复杂得多，这其实是一种误解，因为它与常规路径发现技术完全没有区别。相同的路径发现算法将用于相同类型的图形表示，而唯一的修改则是将成本函数扩展到包括战术信息以及距离或时间。

6.3.1　成本函数

在图形中沿着连接移动的成本应该基于距离和时间（否则，我们可能会开始特别长的路线）以及机动性在战术意义上的敏感程度。

连接的成本（Cost）由以下类型的公式给出：

$$C = D + \sum_i w_i T_i$$

其中，D 是连接的距离（或时间或其他非战术成本函数。我们将此称为连接的基本成本）。w_i 是游戏中支持的每种战术的加权因子；对于每种战术来说，T_i 都是连接的战术特质，而 i 则是支持的战术数量。我们将回到加权因子的选择。

这里唯一的复杂因素是战术信息存储在游戏中的方式。正如我们在本章中所见，战术信息通常会存储在每个位置的基础信息中。我们可能会使用战术航点或战术分析，但在任何一种情况下，每个位置都会保持战术特质。

要将基于位置的信息转换为基于连接的成本，我们通常会对所连接的每个位置的战术特质进行平均。这是假设角色将在每个区域花费其一半的时间，因此应该受到每个区域一半战术属性的好处或坏处影响。

对于大多数游戏来说，这个假设已经足够好了，尽管它有时会产生相当差的结果。图 6.20 显示了两个具有良好掩藏点的位置之间的连接。但是，这种连接是非常暴露的，并且在实践中更长的路线可能会好得多。

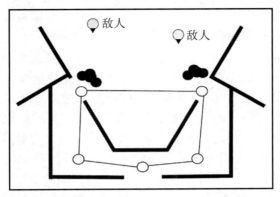

图 6.20 平均连接成本有时可能会导致问题

6.3.2 战术权重和关注事项的混合

在连接成本的计算公式中，每个战术的实数值特质乘以加权因子，然后汇总计入最终成本值。因此，加权因子的选择将控制角色所采取的路线类型。

我们也可以使用加权因子作为基础成本，但这相当于改变每种战术的加权因子。例如，通过将每个战术权重乘以 2，可以实现 0.5 基础成本的权重。在本章中，我们不会对基础成本使用单独的权重，但开发人员可能会发现，在实现中拥有一个权重会更方便。

如果某个战术具有较高的权重，则角色将避免具有该战术属性的位置。例如，伏击位置或困难地形就具有很高的权重，角色会避免进入这样的位置。相反，如果权重是一个较大的负值，那么角色将倾向于具有该属性的高值的位置。例如，这对于掩藏点位置或在友军控制下的区域就是明智的。

需要注意的是，在图形中没有可能的连接时，这可能具有一个负的总体权重。如果战术具有较大的负权重并且连接具有较小的基础成本和较高的战术值，则所得的总成本可能为负。正如我们在第 4 章"路径发现"中看到的那样，正常的路径发现算法（如 A[*] 算法）不支持负成本。开发人员可以选择权重，以使总成本不会出现负值，这说起来容易但做起来难。为确保安全，我们还可以特别限制返回的成本值，使其始终为正数。这会增加额外的处理时间，也会丢失大量的战术信息。如果权重选择得很差，可能会将许多不同的连接映射到负值：简单地限制它们以便它们给出正值的结果，这会丢失那些连接比其他连接更好的信息（因为它们看起来都具有相同的成本）。

从我们的经验出发，建议开发人员至少包含一个断言或其他调试消息，以告诉开发人员连接是否出现了负成本。由负权重导致的错误很难追踪（通常导致路径发现永远不会返回结果，但它也会导致更微妙的错误）。

　　我们可以提前计算每个连接的成本，并将其与路径发现图形一起存储。每组战术权重将有一组连接成本。

　　这适用于游戏的静态功能，如地形和可见性。它不能考虑战术形势的动态特征，如军队影响的平衡、来自已知敌人的掩藏点等。为此，我们需要在每次请求连接成本时应用成本函数（当然，我们可以在同一帧中缓存多个查询的成本值）。

　　在需要时执行成本计算会显著减慢路径发现的速度。连接的成本计算在路径发现算法的最底层循环中，并且任何减速通常都非常明显。因此，这里需要进行一个权衡，即对于角色来说，更好的战术路线的优势是否超过了它们在第一个位置中规划路线所需的额外时间。

　　除了响应不断变化的战术情况，为每一帧执行成本计算还可以灵活地模拟不同角色的不同个性。

　　例如，在即时战略游戏中，我们可能拥有侦察单位、轻型步兵和重型火炮。对游戏地图的战术分析可能会提供有关地形难度、可见性和敌方单位的接近度等方面的信息。

　　侦察单位可以在任何地形上相当有效地移动，因此，它们可以通过较小的正值权重来对地形的难度加权。它们相当关心避开敌方单位，所以它们会使用较大的正值来给敌方单位的接近程度进行加权。最后，它们还需要找到具有较大可见性的位置，因此，它们会以较大的负值来对其进行加权。

　　轻型步兵单位在比较艰苦的地形上会稍微困难一些，因此它们在对地形的难度加权时同样会采用一个较小的正值，并且高于侦察部队的权重。它们的目的是与敌人交战，但是，它们也会尽量避免不必要的交战，所以它们将对敌人的接近度使用一个很小的正值权重（如果它们积极寻求战斗，则可以在这里使用负值权重）。它们更愿意在不被敌方看到的情况下移动，因此可以使用很小的正值权重来提高可见性。

　　重型火炮单位同样可以设置不同的权重。它们无法应对崎岖的地形，因此它们对地图的艰苦区域将使用很大的正值权重。它们也不擅长近距离的接触战，所以它们对敌人的接近度也将使用很大的权重。如果重型火炮部队被暴露，那么它们必然是敌方主要的攻击目标，所以，它们的移动不应该被看到（它们可以非常成功地从山后攻击），因此，它们将使用很大的正值来提高可见性的权重。

　　如图 6.21 所示是一个三维关卡的屏幕截图。图中的黑点显示了敌方单位的位置。我方的侦察单位、轻型步兵和重型火炮基于不同的战术权重规划了不同的移动路线。

　　每种战斗单位类型的权重不需要是静态的。开发人员可以根据单位的攻击量身定制其权重。例如，如果步兵单位非常健康、士气正旺，那么它们可能不会介意与敌人的正面接触战，但是如果它们受伤严重、士气低落，就需要增加敌人的接近度的权重。这样，如果玩家命令某个战斗单位回基地进行治疗，该单位自然会采取更保守的回家路线。

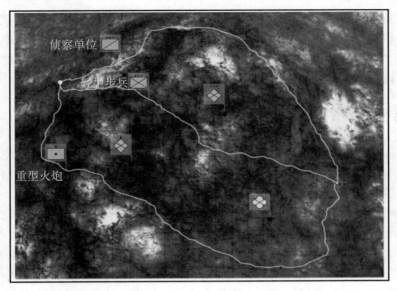

图 6.21　显示战术性路径发现技术的路线规划系统截图

　　使用相同的源数据、相同的战术分析和相同的路径发现算法，但不同的权重，我们可以产生完全不同的战术移动风格，显示角色之间在优先级方面的明显差异。

6.3.3　修改路径发现启发式算法

　　如果开发人员在连接成本中添加和减去一些修改量，那么就有可能使启发式算法无效。如前文所述，启发式算法用于估计两点之间的最短路径的长度，它应该始终返回小于实际最短路径的长度。否则，路径发现算法可能会勉强接受次优路径。

　　我们通过使用两点之间的欧几里得距离来确保启发式算法是有效的：任何实际路径将至少与欧几里得距离一样长并且一般来说会更长。通过战术性路径发现技术，我们不再使用距离作为沿着连接移动的成本：减去连接的战术特质可能会使连接的成本低于其距离。在这种情况下，欧几里得启发式算法将不起作用。

　　在实践中，我们只遇到过一次这个问题。在大多数情况下，成本的加法超过了大多数连接的减法（开发人员当然可以设计权重，使它变成真的）。路径发现程序将不成比例地倾向于避免加法不超过减法的区域。这些区域与非常好的战术区域相关联，并且具有降低角色使用它们的倾向的效果。因为这些区域在战术上可能特别好，所以角色将它们视为非常好（不是特别好），这一事实通常对玩家来说并不明显。

　　我们发现问题的情况是，角色对大部分战术关注事项的权重都使用了相当大的负权重值。这个角色似乎错过了明显优秀的战术位置，并且可以勉强接受很平庸的地点。

在这种情况下，我们将使用缩放的欧几里得距离作为启发式算法，简单地将其乘以 0.5。这产生了稍多一些的填充（有关填充的更多信息，请参阅本书第 4 章"路径发现"），但它解决了错过良好位置的问题。

6.3.4　路径发现的战术图形

影响地图（或任何其他类型的战术分析）是指导战术性路径发现的理想选择。战术分析中的位置形成了游戏关卡的自然表示方式，尤其是在室外关卡中。在室内关卡或没有战术分析的游戏中，开发人员可以使用本章开头介绍的航点战术。

在任何一种情况下，单独的位置都不足以进行路径发现。我们还需要记录它们之间的连接。对于包含拓扑战术的航点战术来说，我们可能已经拥有这些战术。对于常规的航点战术和大多数战术分析来说，我们不太可能有一组连接。

开发人员可以通过在航点或地图位置之间运行移动检查或视线检查来生成连接。可以简单地在两者之间移动的位置是在规划路线中进行机动的候选者。本书第 4 章"路径发现"详细介绍了各组位置之间连接的自动构建方法。

战术性路径发现最常见的图形是即时战略游戏中使用的基于网格的图形。在这种情况下，可以非常简单地生成连接：如果位置相邻，则在两个位置之间存在连接。要切断它们之间的连接，可以设计两个位置之间的梯度，使其变得非常陡峭（超过某个阈值）而难以翻越，或者使用障碍物阻挡其中一个位置的通路。有关基于网格的路径发现图形的更多信息也可以在本书第 4 章中找到。

6.3.5　使用战术航点

与战术分析地图不同，战术航点的战术属性指的是游戏关卡的一个非常小的区域。正如我们在自动放置战术航点的小节中所看到的那样，从航点开始的小型移动可能会让该位置的战术特质产生巨大变化。

为了制作合理的路径发现图形，几乎总是需要在没有特殊战术属性的位置添加额外的航点。图 6.22 显示了一个关卡的部分战术位置。其中任何一个位置都不容易彼此到达。该图显示了连接战术位置和形成路径发现的合理图形所需添加的额外路径点。

实现这一目标的最简单方法是将战术航点叠加到常规路径发现图形上。战术位置需要链接到它们相邻的路径发现节点，但基本图形则提供了在关卡的不同区域之间轻松移动的能力。

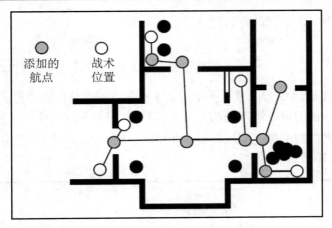

图 6.22　添加在战术上没有意义的航点

我们已经看到过，开发人员在使用室内战术性路径发现技术时，其所有战术航点的放置工作与路径发现的节点放置工作一样，都是在相同的关卡设计过程中处理（通常使用狄利克雷域进行量化）的。通过允许关卡设计人员使用战术信息标记路径发现节点，使其产生的图形既可以用于简单的战术决策，又可以用于全面的战术性路径发现。

6.4　协 调 动 作

到目前为止，本书已经研究了在控制单个角色的情境中使用的技术。但是，我们越来越多地看到必须由多个角色合作才能完成其任务的游戏。例如，在实时战略游戏中的整支部队或射击游戏中的小队都需要相互配合才能赢得胜利。

在讨论这个问题时，还有一个变化是 AI 与玩家合作的能力。让一队敌人角色进行团队合作已经不够了，现在许多游戏需要 AI 角色来扮演由玩家带领的小队。到目前为止，这主要是通过玩家发布命令的方式来完成。例如，在即时战略游戏中可以看到玩家控制自己团队中的许多角色。玩家发出命令，一些较低级别的 AI 会解决如何执行它的问题。

我们看到过很多需要角色在没有任何明确命令的情况下进行合作的游戏，并且这样的游戏也越来越多。角色需要检测玩家的意图并采取行动来支持它。这是一个比简单的合作更困难的问题。一组 AI 角色可以准确地告诉彼此它们正在计划什么（例如，通过某种消息传递系统），而玩家则只能通过他的动作来表明他的意图，然后由 AI 来理解这些意图。

游戏玩法重点的这种变化给游戏 AI 增加了负担。本节将介绍一系列可以单独使用或协同使用以获得更可信的团队行为的方法。

6.4.1　多层 AI

多层（Multi-Tier）AI 方法具有多个层次的行为。每个角色都有自己的 AI，角色以班为单位组合在一起将拥有一组不同的集体 AI 算法，而对于班的小组（如排）甚至整个团队可能还有其他更高的层级（如连、营、团等）。图 6.23 显示了典型的基于小队的射击游戏的 AI 分层结构示例。

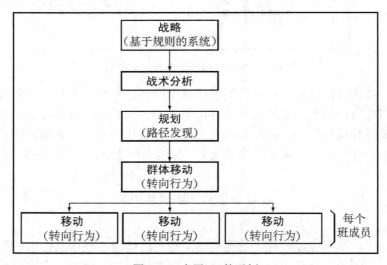

图 6.23　多层 AI 的示例

我们在本章前面讨论航点战术和战术分析时假设了这种格式。这里的战术算法通常在多个角色之间共享，它们试图了解游戏情况并允许做出整体决策。之后，个人角色可以根据整体决策情况做出自己的特定决策。

多层 AI 可以通过一系列的方式发挥作用。它从一个端点开始，最高层级的 AI 做出决定，将其向下传递到下一级，然后在该层级上使用指令做出自己的决定，以此类推到最低级别，这称为自上而下（Top-Down）的方法。如果从另一个端点开始，最低层级的 AI 算法采取主动，使用更高层级的算法来提供信息，以作为其采取动作的基础，这就是一种自下而上（Bottom-Up）的方法。

在军事方面的分层结构基本上是一种自上而下的方法：政治家给将军发出指示，将军将这些指示转为军事命令，命令逐级向下传达，在每个层级进行解释和放大，直到它们到达战场上的士兵。也有一些信息会逐级向上传递，这反过来又会影响可以做出的决定。例如，一名士兵可能会在战场上侦察到一种重型武器（例如，一种核弹级的大规模杀伤性武器），这将导致侦察班采取完全不同的行动，当消息逐级向上传递到最高层时，可能会改变国际关系层面的政治战略。

完全自下而上的方法将涉及由个体角色自主决策，其中一组更高层级的算法将提供对当前游戏状态的解释。从最底层这个极端开始的算法在很多战略游戏中都可以看到，但它并不是开发人员一般意义上所说的多层 AI。它与自发合作机制有更多的相似之处，我们将在后面再回来讨论其细节。

多层 AI 通常使用完全自上而下的方法，并显示其做出决策的角色的下降层级。

在分层结构的不同层级上，我们可以看到 AI 模型中 AI 的不同方面，这在图 6.1 中已经有所体现。在更高层次上，我们有决策或战术工具。向下则有路径发现和移动行为，它们将执行高层次上发出的命令。

1. 群体决策

群体决策所使用的决策制定工具与我们在第 5 章中看到的相同。群体决策算法没有特殊需求。它将采用关于世界的输入并提出一个动作，就像我们看到的个体角色一样。

在最高层次上，它通常是某种战略推理系统。这可能涉及决策制定算法，如专家系统或状态机，但通常还涉及战术分析或航点战术算法。这些决策工具可以确定移动的最佳位置、应用掩藏点或保持不被发现。然后，其他决策工具必须决定在当前情况下移动、进入掩藏点或保持不被发现是否是合理的事情。

群体决策与个体决策的不同之处在于其动作的执行方式。它们通常以命令的形式向下传递到层次结构中的较低层级并保证执行，而不是按角色的安排来执行。中间层次的决策制定工具将从游戏状态和从上面给出的命令获取输入，但决策制定算法通常也是标准的。

2. 群体移动

在本书第 3 章中，我们研究了能够同时移动多个角色的运动系统，使用的行为包括转向系统（例如，成群结队和蜂拥而至）或中间编队转向系统等。

第 3.7 节"协调移动"中讨论的编队转向系统就是多层次的。在较高层次中，系统控制整个班甚至由班组合而成的排。在最低层级，个体角色将移动以保持其编队，同时考虑其环境因素以避开局部障碍。

虽然编队移动变得越来越普遍，但在分层结构的更高层次中，更为常见的是没有移动算法。在最低层次上，决策变为移动指令。如果这是你选择的方法，那么请注意确保在实现较低层级移动时出现的问题不会导致整个 AI 崩溃。如果高层次的 AI 决定攻击特定位置，但移动算法无法从其当前位置到达该点，则可能使角色陷入困境。

在这种情况下，有必要考虑让决策制定系统从移动算法得到一些反馈，这可以是一个简单的"卡住"警报消息（有关消息传递算法的详细信息，请参阅第 11 章"世界接口"），也可以将其合并到任何类型的决策制定工具中。

3. 群体路径发现

针对群体的路径发现一般来说并不比单个角色更困难。大多数游戏的设计都给角色要通过的区域留下了足够大的空间，多个角色移动时并不会卡在一起。例如，在基于小队的游戏中，可以留意大多数走廊的宽度，它们通常明显大于一个角色的宽度。

在使用战术性路径发现技术时，通常在一个小队中会拥有一系列不同的单位。总的来说，它们需要对路径发现的战术关注事项进行不同的混合，这和任何单独个体的情况都不一样。在大多数情况下，这可以通过最薄弱角色的启发式算法来近似：整个小队应该使用它们最弱成员的战术关注事项。如果存在多种实力或弱点的分类，则新混合的结果将是从所有分类中选择最差的。来看表 6.1 所示的示例。

表 6.1　战斗小队示例

地 形 乘 数	侦 察 单 位	重 型 火 炮	轻 型 步 兵	战 斗 小 队
梯度	0.1	1.4	0.3	1.4
敌人接近度	1.0	0.6	0.5	1.0

由表 6.1 可见，战斗小队中有一个侦察单位、一个重型火炮单位和一个轻型步兵单位。侦察单位最害怕和敌人接触，所以它的"敌人接近度"战术权重是最大的（1.0），但它可以在任何地形上移动，所以其"梯度"战术权重是最小的（0.1）。重型火炮单位最害怕崎岖陡峭的地形，所以其"梯度"战术权重是最大的（1.4），但它并不特别害怕交战，所以它的"敌人接近度"战术权重低于侦察单位（0.6）。为了确保整个战斗小队是安全的，所以战斗小队的"梯度"战术权重为 1.4，"敌人接近度"战术权重为 1.0，均为最大值，这意味着我们需要尝试找到一条路线，既要避开敌人，又不能是崎岖地形。

或者，我们也可以使用某种混合权重，允许整个小队穿过地形相对较差并且距离敌人相当远的区域。当约束仅仅是偏好时，这是无关紧要的，但在许多情况下，它却是严格的约束（例如，重型火炮单位不能穿过林地），因此最弱的成员启发式算法通常是最安全的。

在某些情况下，整个小队在路径发现方面的限制与任何个体在路径发现方面的限制是不同的，这在考虑空间因素时最为常见，一大群角色可能无法穿过任何一个成员可以轻松单独穿过的狭窄区域。在这种情况下，我们需要实现一些规则来确定一个小队基于其成员的战术考虑因素的混合。这通常是专用的代码块，但也可以包括决策树、专家系统或其他决策制定技术。此算法的内容完全取决于开发人员在游戏中尝试实现的效果，以及正在使用的约束类型。

4. 将玩家包含在内

虽然多层 AI 设计非常适合大多数基于小队和基于团队的游戏，但当玩家成为团队的一员时，它们并不能很好地应对。图 6.24 就显示了一种情况，高层次已经做出了一种决策，但是和玩家偏好选择的路线却南辕北辙。在这种情况下，AI 队友的行动对于玩家来说非常糟糕。毕竟，玩家的决定才是明智的。AI 的多层架构导致了这种情况下的问题。

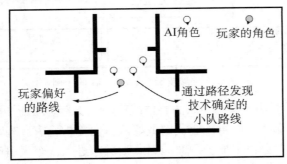

图 6.24 多层 AI 队友和玩家的决策南辕北辙

一般来说，玩家总是会为整个团队做出决定。游戏设计可能涉及给予玩家命令，但最终负责确定如何执行的却是玩家。如果玩家通过关卡必须遵循某个固定路线，那么他可能会发现游戏令人沮丧：早期他可能没有能力遵循该路线，而后期他将发现这种线性的局限性。游戏设计师通常会通过在关卡设计中强制限制玩家来克服这种困难。通过明确哪条路是最佳路线，可以在合适的时间将玩家引导到正确的位置。但是，如果这样做太强烈，那么它仍然会带来糟糕的游戏体验。

在游戏中的任何时刻都应该没有比玩家更高的决策。如果我们将玩家置于顶层的分层结构中，那么其他角色将纯粹基于它们认为玩家想要的行为而不是基于更高决策层的愿望。这并不是说它们能够理解玩家想要什么，当然，只是它们的行为不会与玩家冲突。图 6.25 显示了一个多层 AI 的架构，涉及基于小队的射击游戏中的玩家。

请注意，玩家和其他小队成员之间仍然存在 AI 的中间层。AI 的第一个任务是解释玩家将要做什么，这可能就像查看玩家当前的位置和移动方向一样简单。例如，如果玩家沿着走廊向下移动，那么 AI 可以假设他将继续沿着走廊向下移动。

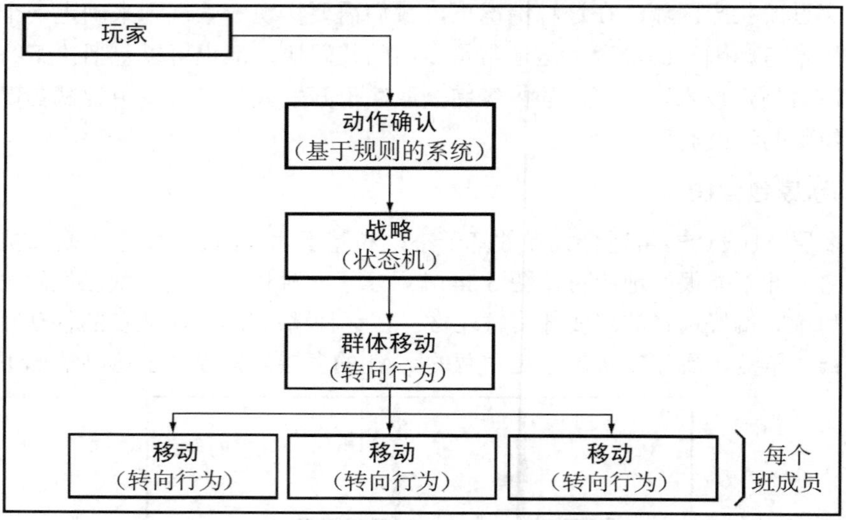

图 6.25　涉及玩家的多层 AI 的示例

在下一层，AI 需要决定整个小队的整体战略，以支持玩家所期望的动作。如果玩家沿着走廊向下移动，那么小队可能会决定最好从后面掩护玩家。当玩家走向走廊的交叉点时，小队成员也可能会决定掩护侧面通道。当玩家进入一个大房间时，小队成员可能会掩护玩家的侧翼或保护房间的出口。这种决策层次可以通过第 5 章中的任何决策制定工具来实现。决策树对于这里的例子来说应该是足够的。

在这个整体战术中，个体角色做出了自己的移动决策。它们可能会在玩家背后向后走，以便给玩家断后；或者找到一条最快的路线穿过一个房间，以到达它们想要掩护的出口。这个层次的算法通常是某些类型的路径发现或转向行为。

5．明确的玩家命令

将玩家纳入多层 AI 的另一种方法是让它们能够安排特定的命令。这是即时战略游戏的实现方式。在玩家方面，玩家位于 AI 的最顶层。他们可以发出每个角色将执行的命令。较低级别的 AI 将接受此命令并找出最佳实现方式。

例如，某个单位可能会被命令攻击敌人的位置。较低层次的决策系统可以确定使用哪种武器，以及为了执行攻击而需要接近敌人的范围。下一个较低层次将获取此信息，然后使用路径搜索算法提供路径，并且转向系统将跟随该路径。这也是多层 AI，最顶层的玩家发出特定的命令。玩家不会通过游戏中的任何角色表示，他纯粹作为将军存在，发出命令。

　　但是，射击游戏通常会让玩家产生身临其境的代入感。此外，它也有可能纳入玩家的命令。像 *SOCOM: U.S. Navy SEALS*（中文版名称《海豹突击队》，详见附录参考资料[200]）这样的基于小队的游戏，就允许玩家发出一般性命令，提供有关其意图的信息。

　　例如，玩家可以请求游戏关卡中的特定位置的防御、掩护战斗或全面进攻。虽然这些命令都很简单，但是角色仍然需要做大量的解释才能合理地行动（并且在该游戏中，这些角色的表现往往无法令人信服）。

　　在 *Full Spectrum Warrior*（中文版名称《全能战士》，详见附录参考资料[157]）中可以看到不同的平衡点，其中，即时战略风格的命令构成了游戏玩法的大部分，但在某些情况下，角色的个别动作也可以直接控制。

　　对玩家意图的识别非常困难，如果开发人员发现很难让小队与玩家合作，则可以考虑是否能将某种明确的玩家命令纳入基于小队的游戏中。

6. 构建多层 AI

多层 AI 需要以下两个基础架构组件才能运行良好。

❑　一种通信机制，可以将层次结构中较高层次的命令向下传递。这需要包括有关整体战术、个别角色的目标等信息以及一般性的其他信息。例如，要避开哪些区域（因为其他角色将在那里），以及完整的路线等。

❑　分层调度系统，可以在正确的时间以正确的顺序执行正确的行为，并且仅在需要它们时才会执行。

　　本书第 11 章"世界接口"将更详细地讨论通信机制。多层 AI 不需要复杂的通信机制。通常只会传递少量不同的可能消息，这些消息可以简单地存储在较低层次的行为可以轻松找到的位置。例如，我们可以简单地使每个行为都有一个"公文柜"，其中可以存储某些命令。然后，更高层次的 AI 可以将其命令写入每个较低层次行为的"公文柜"中。

　　调度通常更复杂。本书第 10 章"执行管理"讨论了一般性的调度系统，第 10.1.4 节"分层调度"着眼于将这些系统组合成分层调度系统。这很重要，因为通常较低层次的行为可以运行若干种不同的算法，具体取决于它们接收到的命令。如果高层次 AI 告诉角色要保护玩家，那么它们可能会使用编队运动转向系统。如果高层次 AI 想要角色探索地图，那么它们可能需要路径发现并且可能需要进行战术分析以确定要探索的位置。这两组行为都需要始终可供角色使用，我们需要一些稳定可靠的方式在正确的时间编组行为，而不会导致帧速率闪烁，并且不需要编写大量的特殊代码。

　　图 6.26 显示了一个分层调度系统，它可以运行在本节前面看到的基于小队的多层 AI。有关如何实现该图中元素的更多信息，请参见本书第 10 章"执行管理"。

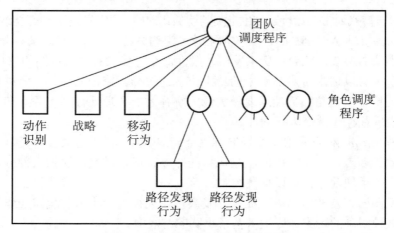

图 6.26　多次 AI 的分层调度系统

6.4.2　自发合作

到目前为止，我们已经研究了合作机制，其中，个体角色将服从某种指导控制。这种控制可能是玩家的明确命令、战术决策制定工具，或代表整个群体运作的任何其他决策程序。

这是一种强大的技术，可以自然地适应我们对群体目标的思考方式以及执行这些目标的命令。当然，它也存在弱点，这取决于高层次决策的质量。如果角色由于某种原因而不能服从更高层次的决定，那么它将被剩下而不会采取任何进一步的行动。

我们可以使用较少集中的技术来使许多角色看起来一起工作。它们不需要以与多层 AI 相同的方式进行协调，但是通过考虑彼此正在做的事情，它们看起来可以作为一个连贯的整体。这是大多数基于小队的游戏所采用的方法。

每个角色都有自己的决策，但决策考虑了其他角色正在做的事情。这可能就像移动到其他角色一样简单（其效果是角色看起来粘在一起），或者它可能更复杂，例如，选择另一个角色来保护和操纵，以始终掩护它们。

图 6.27 显示了一个战斗团队中 4 个角色的有限状态机示例。这个有限状态机的 4 个角色将作为一个团队，提供相互掩护并且看起来是一个连贯的整体。该图并没有提供更高层次的指导。

如果团队中有任何成员被移除，则团队中的其他成员仍将表现得相对有效，保持他们自身的安全并在需要时提供攻击性能力。

开发人员可以扩展这个合作机制并为每个角色生成不同的状态机，以增加他们的团队专长。例如，可以选择投弹兵来攻击光罩后面的敌人，指定的军医可以对受伤的战友采取救护措施，无线电通信兵可以呼叫空中袭击以打击敌方的主力部队。所有这些都可以通过单个状态机来实现。

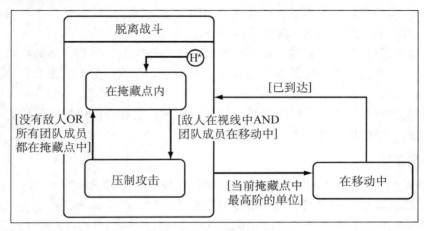

图 6.27　自发战斗团队行为的状态机

1．可扩展性

当开发人员向一个自发合作的群体添加更多角色时，这将在复杂度上达到一个阈值。也就是说，可增加的角色数量是有限制的。除此之外，控制小组的行为也将变得更困难。发生这种情况的确切点取决于每个个体行为的复杂度。

例如，Reynolds 的蜂拥（Flocking）算法可以扩展到数百个个体，只需对算法进行微调即可。本节前面的战斗团队的行为最多可达 6～7 个角色，因此该算法的实用性就略有下降。可扩展性似乎取决于每个角色可以显示的不同行为的数量。只要所有行为都相对稳定（例如，在蜂拥算法中），整个群体就可以稳定行为，即使它看起来非常复杂。当每个角色都可以切换到不同的模式时（如在有限状态机示例中），我们最终会迅速进入各行其是的状态。

当一个角色改变其行为时，会导致另一个角色也改变行为，然后是第三个角色，然后又会再次改变第一个角色的行为，以此类推。决策中某种程度的滞后可能会有所帮助（也就是说，即使情况发生变化，角色也会一直做着它已经做了一段时间的事情），但它只会给我们带来一点时间而无法解决该问题。

要解决这个问题，开发人员有两个选择。首先，可以简化每个角色遵循的规则。这适用于具有大量相同角色的游戏。例如，在射击游戏中，如果要对抗 1000 个敌人，那么它们每个都相当简单，并且挑战将来自于它们的数量而不是它们个体的智能。另一方面，如果在处理两位数的角色之前就遇到可扩展性问题，那么这将是一个更重要的问题。

最好的解决方案是建立一个具有不同层次的自发合作行为的多层 AI。我们可以有一组非常类似于状态机示例的规则，其中每个个体都是整个小队而不是单个角色。然后在每个小队中，角色可以响应自发合作层次给出的命令，要么直接服从命令，要么将其作为决策制定过程的一部分，以使角色更具适应性。

当然，如果目标是纯粹自发，这在某种程度上就是作弊。但是，如果我们的目标是获得具有动态性和挑战性的优秀 AI（事实上，它就应该是这样的），那么它往往是一个很好的妥协方案。

根据我们的经验，许多大肆渲染自发行为的开发人员都会很快碰到可扩展性问题，并最终采用这种更实用的方法的一些变体。

2．可预测性

这种自发行为的副作用是，开发人员经常得到他没有明确设计的群体动态。这是一把双刃剑，在群体中看到自发行为的智慧可能是有益的，但这并不经常发生（不要相信你读到的有关这些东西的炒作）。最可能的结果是该群体开始做一些非常讨人厌的事情，看起来并不聪明。通过调整个体角色的行为来消除这些动态是非常困难的。

要弄清楚如何创建个体行为，使这些行为完全符合开发人员梦寐以求的群体表现，这几乎是不可能的。根据我们的经验，开发人员可以期待的最佳结果是尝试使用变体，直到获得合理的群体行为并且进行适当调整。这可能才是开发人员想要的。

如果开发人员追求的是具有很高智能的高层次行为，那么他最终还是要明确地实现它而不能仅依靠这种自发合作。自发行为虽然很有用，实现起来也比较有趣，但如果想通过它仅付出很少的努力就获得优秀 AI，显然是不切实际的。

6.4.3　编写群体动作的脚本

要确保一个群体的所有成员都配合在一起，仅凭优先原则是很难做到的。一个强大的工具是使用脚本，该脚本显示需要以什么顺序来应用哪些动作，并且由哪个角色来执行。在本书第 5 章"决策"中，我们已经讨论过动作执行和脚本动作，它们被视为一系列可以一个接一个地执行的原始动作。

开发人员可以将它扩展到角色群体，每个角色都有一个脚本。但是，与单个角色不同的是，由于时间上的复杂性，使得在多个角色之间进行合作的错觉难以维持。图 6.28 显示了美式橄榄球游戏中两个角色需要合作才能成功达阵得分的情况。如果使用该图显示的简单动作脚本，那么整个动作在第一个实例中是成功的，在第二个实例中则是失败的。

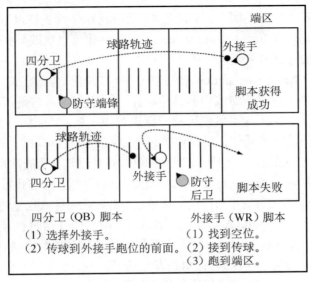

图 6.28　动作序列需要计时数据

为了使协作脚本具有可执行性，我们需要添加脚本相互依赖的概念。一个角色正在执行的动作需要与其他角色的动作同步。

开发人员可以通过使用信号来实现这一目标，这是最简单的方式。要代替序列中的动作，可以使用以下两种新的实体。

❑　信号（Signal）：信号有一个标识符。它是发送给任何对它感兴趣者的消息。这通常是任何其他 AI 行为，但如果需要进行更精细的控制，它也可以通过第 11 章"世界接口"中的事件或感知模拟机制发送。

❑　等待（Wait）：等待也有一个标识符。它会阻止脚本的任何元素前进，除非它收到匹配的信号。

我们可以进一步添加其他编程语言结构，如分支、循环和计算。这将为我们提供一种能够支持任何逻辑的脚本语言，但代价是显著增加了实现的难度，并且对必须创建脚本的内容创建者造成了更大的负担。

开发人员在添加了信号和等待之后，使用简单的动作序列即可在多个角色之间实现协作动作。

除了这些同步元素，一些游戏还允许需要多个角色参与的动作。例如，在基于小队的射击游戏中，两名士兵可能需要翻过一道围墙：一人攀爬，而另外一个人则提供帮助。在这些情况下，序列中的一些动作可以在多个角色之间共享。可以使用等待来处理计时，但通常会特别标记动作，以便每个角色都意识到它是在一起执行动作，而不是独立行动。

加入本书第 5 章"决策"中讨论过的元素，协作动作序列支持以下原语（Primitive）。

❑ 状态改变动作（State Change Action）：此动作可以更改某些游戏状态，而无须任何角色的任何特定活动。

❑ 动画动作（Animation Action）：这是一个在角色上播放动画并更新游戏状态的动作。它通常独立于游戏中的其他动作。一般来说，这是可以同时由多个角色执行的唯一动作。它可以使用唯一标识符来实现，因此，不同的角色可以理解何时需要一起执行动作，以及何时只需要同时执行相同的动作。

❑ AI 动作（AI Action）：这是一个运行其他 AI 的动作。这通常是一个移动动作，它使角色采用特定的转向行为。可以对此行为进行参数化。例如，具有其目标集的到达（Arrive）行为。它也可能用于让角色寻找射击目标或规划到达目标的路线。

❑ 复合动作（Compound Action）：这需要一组动作并同时执行它们。

❑ 动作序列（Action Sequence）：这需要一组动作并按顺序执行。

❑ 信号（Signal）：这会向其他角色发送信号。

❑ 等待（Wait）：等待来自其他角色的信号。

本书第 5 章"决策"讨论了前 5 种类型的实现，包括复合动作和动作序列的伪代码。为了使动作执行系统支持同步动作，我们需要实现信号和等待。

1. 伪代码

等待动作可以通过以下方式实现：

```
 1  class Wait extends Action:
 2      # 保存此等待动作的唯一标识符
 3      identifier: string
 4
 5      # 保存在等待的同时要执行的动作
 6      whileWaiting: Action
 7
 8      function canInterrupt() -> bool:
 9          # 可以在任何时间中断此动作
10          return true
11
12      function canDoBoth(otherAction: Action) -> bool:
13          # 在同一时间不能执行任何其他动作
14          # 否则，无论是否在等待
15          # 后面的动作都可以执行
16          return false
17
```

```
18      function isComplete() -> bool:
19          # 检查标识符是否已经完成
20          if globalIdStore.hasIdentifier(identifier):
21              return true
22
23      function execute():
24          # 执行等待动作
25          return whileWaiting.execute()
```

请注意，我们并不希望角色在等待时就一动不动，所以在类中添加了一个等待的动作，这是角色在等待时可以执行的。

信号实现甚至更简单。它可以通过以下方式实现：

```
1   class Signal extends Action:
2       # 保存该信号的唯一标识符
3       identifier: string
4
5       # 检查该信号是否已经被发送
6       delivered: bool = false
7
8       function canInterrupt() -> bool:
9           # 可以随时中断此动作
10          return true
11
12      function canDoBoth(otherAction: Action) -> bool:
13          # 在执行此动作的同时可以执行任何其他动作
14          # 完全不必等待此动作
15          # 并且不应该等待其他帧以执行此动作
16          return true
17
18      function isComplete() -> bool:
19          # 仅在发送其信号之后
20          # 该事件才算是完成
21          return delivered
22
23      function execute():
24          # 发送该信号
25          globalIdStore.setIdentifier(identifier)
26
27          # 记录发送已经完成
28          delivered = true
```

2．数据结构和接口

在此代码中，我们假设存在一个可以检查对比的信号标识符的中央存储，也就是所谓的 globalIdStore。这可以是一个简单的哈希集，但应该不时清空陈旧的标识符。它有以下接口：

```
1  class IdStore:
2      function setIdentifier(identifier: string)
3      function hasIdentifier(identifier: string) -> bool
```

3．实现说明

这种方法的另一个复杂因素是信号的不同事件之间的混淆。如果一组角色执行相同的脚本超过一次，那么从上一次开始，存储中将存在现有信号，这可能意味着没有任何等待动作会真正等待。

出于这个原因，让脚本在运行之前从全局存储中删除它打算使用的所有信号是明智的。如果同时运行的脚本副本超过一个（例如，如果有两个小队都在不同位置执行相同的一组动作），则需要进一步消除标识符的歧义。如果在游戏中出现这种情况，则可能值得在每个小队中采用更细粒度的消息传递技术，如本书第 11 章"世界接口"中介绍的消息传递算法。每个小队然后只与小队中的其他人传递信号，从而消除所有歧义。

4．性能

信号和等待动作在时间和内存上的性能都是 $O(1)$。在上面的实现中，Wait 类需要访问 IdStore 接口来检查信号。如果存储是一个哈希集（这是它最可能的实现），那么这将是一个 $O(n/b)$ 过程，其中，n 是存储中的信号数，b 是哈希集中的存储桶（Bucket）。

虽然等待动作可以导致动作管理器停止处理任何进一步的动作，但算法将在每一帧的常量时间内返回（假设等待动作是唯一正在处理的动作）。

5．创建脚本

运行脚本的基础结构仅占实现任务的一半。在完整引擎中，我们需要一些机制来允许关卡设计师或角色设计师创建脚本。

最常见的创建脚本方法是使用简单的文本文件完成，其中包含表示各种动作、信号和等待等的自然语言。本书第 13.3 节"创建语言"提供了一些有关如何创建解析器以读取和解释数据文本文件的高级信息。另外，也有一些公司使用可视化工具来允许设计人员使用可视组件构建脚本。本书第 12 章"工具和内容创建"提供了有关将 AI 编辑器合并到游戏制作工具链中的更多信息。

第 6.4.4 节在关于军事战术的讨论中，提供了一组可以在真实游戏场景中使用的协作动作的示例脚本。

6.4.4　军事战术

到目前为止，我们已经研究了实现战术或战略 AI 的一般性方法。大多数技术要求都可以使用本书所讨论技术的常识应用来实现。对于这些实现，我们添加了特定的战术推理算法，以更好地了解一个角色群体所面临的整体情况。

与所有游戏开发一样，我们既需要支持行为的技术，也需要行为本身的内容。虽然这将因为游戏的类型和角色的实现方式而有很大的不同，但是仍然有很多可用于军事单位战术行为的资源。

特别是，美国军方和其他北约国家都有大量关于特定战术的免费信息。该信息由供常规部队使用的培训手册组成。

特别是美国步兵训练手册，可以成为实现军事特色战术的宝贵资源，适用于从"二战"历史题材到遥远的未来科学幻想或中世纪奇幻题材的任何类型游戏中。它们包含完成各种目标所需的事件序列的信息，包括城区军事行动（Military Operation in Urban Terrain，MOUT）、穿越荒野地区、狙击、重型武器的使用、清除室内或建筑物，以及建立防御营地等。

我们发现这种信息最适合于合作脚本方法，而不是开放式多层 AI 或自发合作 AI。我们可以创建一组脚本来表示行动的各个阶段，然后将这些脚本制作成更高层次的脚本来协调更低层次的事件。与所有脚本行为一样，我们需要一些反馈来确保在整个脚本执行过程中行为始终合理。最终的结果可能会让玩家感到非常不可思议：他们将看到角色组成了一个配合娴熟的战斗团队，并能按时间顺序执行一系列复杂动作来实现它们的目标。

接下来就让我们来看一个基于小队的室内射击游戏的实现，它是典型情况下所需的这种脚本类型的一个示例。

案例研究：反恐精英室内作战

假设有一款以现代军事环境为背景的游戏，AI 团队是一支由专门从事反恐战斗的特种部队士兵组成的小队。他们的目标是迅速占领一所房子，并以急速进攻的雷霆手段来确保其占有者的威胁尽快得到解除。在该模拟战斗中，玩家不是团队的成员，而是一个控制操作员，负责调度若干个这样的特种部队单位的活动。

该项目的原始资料是 *U.S. Army Field Manual 3-06.11 Combined Arms Operations in Urban Terrain*（中文版名称《美国陆军野战手册 3-06.11 城市地形联合武装行动》，详见

附录参考资料[72]）。本特定手册包含沿着走廊移动、清除室内之敌、移动通过交叉路口以及在室内进行一般性战斗的逐步示意图。

　　图 6.29 显示了清除室内之敌的顺序。首先，团队在门口的走廊上集结；其次，将手榴弹扔进房间。如果房间内可能包含非战斗人员，可使用震爆弹（在制服对方的同时尽可能不造成永久性的身体伤害），否则使用手榴弹。第一名士兵贴墙移动进入房间，占据角落中的一个位置，在房间中建立一个火力掩护点。第二个士兵按同样的方式占据一个相邻的角落。其余的士兵形成房间中心的火力掩护。每个士兵将射杀他在此移动过程中看到的任何目标。

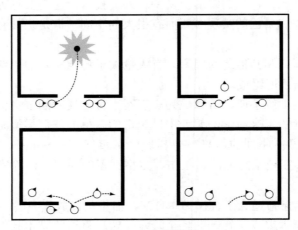

图 6.29　占领房间

该游戏将使用 4 个脚本。
- ❑　移动到门外的位置。
- ❑　投掷手榴弹。
- ❑　进入房间的一角。
- ❑　在门口内侧做侧翼掩护。

　　顶层脚本将依次协调这些动作。该脚本需要先计算清除敌人所需的两个角落。这些是最靠近大门的两个角落，但排除太靠近门口以至于无法建立掩护位置的角落。在这个游戏的实现中，已经使用了一个航点战术系统来识别游戏中所有房间的所有角落，以及门的内外两侧位置和门的航点。

　　以这种方式确定最近的角落，意味着可以在所有不同形状的建筑物上使用相同的脚本，如图 6.30 所示。

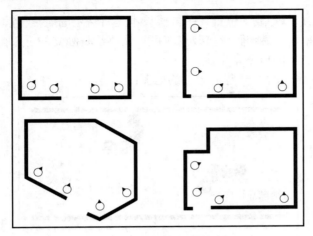

图 6.30 占领不同形状的房间

脚本之间的交互（使用我们之前看到的 Signal 和 Wait 实例）允许团队等待手榴弹爆炸并以协调的方式移动到目标位置，同时保持对整个房间的火力掩护。

可以使用不同的顶级脚本来处理 2 人或 3 人的清除室内之敌的战斗（在一个或多个团队成员被淘汰的情况下），当然较低层次的脚本在每种情况下都是相同的。在 3 人脚本中，门口将只留下一个人（前两个人仍在角落处）。在双人脚本中，只有角落被占据，门被留下。

6.5 习　题

（1）以下是一张带有一些未标记战术点的地图：

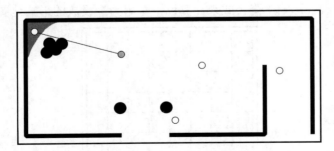

请在该图中标记出应该提供掩藏的点、暴露的点，以及可以形成良好伏击位置的点等。

（2）在第 6.1.1 节"战术位置"中，假设不是将给定的航点值解释为隶属程度，而是将它们解释为概率，然后，假设掩藏点和可见性值都是独立的，那么在图 6.3 中，各位置是一个良好的狙击点的概率是多少？

（3）以下是一张包含有一些掩藏点的地图：

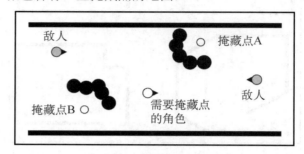

请预先确定掩藏点的方向，然后将结果与使用视线测试指示敌人的后处理步骤进行比较。

（4）请设计一个状态机，它将产生类似于图 6.6 中决策树的行为。

（5）使用问题（3）中的地图计算两个潜在掩藏点的运行时掩藏特质。为什么尝试使用掩藏点 B 周围的一些随机偏移量进行测试更可靠？

（6）假设在图 6.9 中，航点的值是 A：1.7；B：2.3 和 C：1.1。应用简化算法的结果是什么？结果是否可取？

（7）将以下滤镜与第 6.2.7 节"卷积滤镜"中出现的地图的 3×3 部分进行卷积计算。

$$M = \frac{1}{9}\begin{bmatrix} 1 & 1 & 1 \\ 1 & 1 & 1 \\ 1 & 1 & 1 \end{bmatrix}$$

滤镜有什么作用？为什么它可能有用？边缘会出现什么问题，如何才能修正该问题？

（8）请使用线性影响下降公式来计算以下军事力量投放的影响地图：

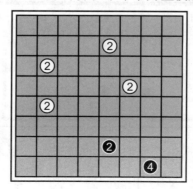

　　如果你是手动做这个练习，那么为了简单起见，可以使用曼哈顿距离来计算所有距离，并假设最大半径为 4 的影响。如果你正在编写代码，则可以试验不同的距离设置、影响下降公式和最大半径。

　　（9）请使用你在问题（8）中计算的影响地图来确定安全等级。确定黑色可能认为可以攻击的边界区域。

　　（10）如果在问题（9）中只需要计算边界的安全等级，则可以安全地忽略哪些军事单位（如果有的话），为什么？

　　（11）重复问题（9），但这次从白色一方的角度计算安全等级，假设白色一方不知道黑色一方的实力为 2 的军事单位。

　　（12）假设白色一方使用问题（11）的答案来发动攻击，沿着网格底部从右向左移动，那么杀伤地图如何帮助推断出未知敌方单位的存在？

　　（13）如果黑色一方知道白色一方有不正确的信息，如问题（11），那么黑色一方怎样才能利用它来发挥优势呢？特别是，设计一个方案，基于单元提供的掩藏点计算单元的特质，并以此来确定隐藏单位的最佳位置（更好的掩藏点增加了单位保持隐藏的机会）、单元的实际安全性，以及从敌人角度来看（不正确的）的安全感。

　　（14）使用问题（8）中的地图，然后使用第 6.2.7 节"卷积滤镜"开头给出的相同 3×3 卷积滤镜计算影响地图。你可能需要使用计算机来帮助回答此问题。

第 7 章 学　　习

机器学习（Machine Learning，ML）简称为"学习"，是目前的人工智能技术和商业领域的热门话题。令人兴奋的是，它也已经渗透到游戏中。从原理上来说，学习 AI 有潜力适应每个玩家，学习他们的游戏技巧和操作技术，并对玩家提出挑战。它有可能产生更可信任的角色：可以了解其环境并最大限度地发挥它的角色的作用。它还有可能减少创建特定于游戏的 AI 所需的工作量：角色应该能够了解其周围环境以及它们提供的战术选择。

当然，从实际层面来说，机器学习目前尚未表现出如传言中的神奇，仍在努力探索阶段。将机器学习应用于游戏需要仔细计划并了解其陷阱。目前，在构建学会玩游戏的学习型 AI 方面取得了一些进展，AI 玩家的表现令人印象深刻；但在提供引人注目的角色或敌人方面却进展缓慢，乏善可陈。

潜力股有时比白马股更具吸引力，因此，如果能对机器学习有更加深入的了解，并对如何运用它们抱有实用主义的态度，那么就完全有理由考虑在游戏中利用机器学习的优势。

从非常简单的数字调整到复杂的神经网络，都有各种各样的学习技术。尽管最近几年的注意力大多集中在"深度学习"（一种神经网络）上，但还有许多其他实用方法。每个机器学习算法都有自己的特质，并且可能适用于不同的游戏。

7.1　关于机器学习的基础知识

根据机器学习发生的时间、学习的内容以及学习对角色行为产生的影响，可以将机器学习技术划分为若干个类别。

7.1.1　在线或离线学习

机器学习可以在游戏期间（即玩家正在玩游戏）执行，这就是所谓的在线学习（Online Learning），它允许角色动态适应玩家的风格，并提供更一致性的挑战。当玩家玩得越来越多时，计算机可以更好地预测他的特征，并且角色的行为也可以调整为适应游戏的风格。学习 AI 的成熟可能会使游戏具有更大的挑战性和趣味性，或者它也可以用来为玩家提供他们喜欢玩的游戏剧情。

　　糟糕的是，在线学习也会产生可预测性和测试方面的问题。如果游戏不断变化，则很难复制错误和问题。在最糟糕的情况下，开发人员必须和玩家一样，玩完整个游戏的相同剧情，并且每次的玩法要和玩家完全一样，这样才能更好地测试 AI 中存在的问题。我们将在本节后面再讨论这个问题。

　　游戏 AI 中的大多数学习都是离线（Offline）完成的，这可能是在游戏关卡之间执行，当然更常见的是在游戏制作完成之前由开发工作室来执行。执行的方法是处理和真实游戏有关的数据，并尝试从中计算策略或参数。

　　这允许尝试更多不可预测的学习算法，并且对其结果进行详尽的测试。游戏中的学习算法通常是离线应用的，目前还很难找到使用任何在线学习技术的游戏。学习算法越来越多地用于离线学习多玩家地图的战术特征，以产生准确的路径发现和移动数据，并使用物理引擎引导交互。

　　在游戏关卡之间应用学习就是一种离线学习方法：角色并不是一边行动一边学习，但是却有许多与在线学习相同的缺点。我们需要保持简短（关卡的加载时间通常是游戏发行人或主机游戏制作人的游戏验收标准的一部分）。开发人员需要注意的是，错误和问题可以复制，无须数十次地重玩游戏。我们需要确保以适当的格式轻松获得游戏中的数据（例如，我们不能使用很长的后处理步骤从巨大的日志文件中挖掘数据）。

　　本章中的大多数技术既可以在线应用也可以离线应用，它们并不受限于在线或离线方式。如果要在线应用它们，那么它们用于学习的数据将来自在游戏过程中生成的结果。如果采用离线应用方式，那么其学习数据将被存储并在以后整体导入。

7.1.2　行为内学习

　　最简单的学习类型是改变角色行为的一小部分。它们不会改变行为的整个特质，只需稍微调整一下即可。这些行为内学习（Intra-Behavior Learning）技术易于控制，也易于测试。

　　例如，当通过精确物理学对抛射物进行建模时即可学习正确定位，围绕关卡可以学习最佳巡逻路线，在房间中可以学习使用掩藏点，以及学习如何成功追逐逃跑的角色等。本章中的大多数学习示例将演示行为内学习技术。

　　当角色需要做出一些不同寻常的事情时，行为内学习算法是无能为力的。例如，如果某个角色正在试图通过学习跑步和跳跃技巧到达高处的壁架，那么行为内学习算法不会告诉角色只要使用楼梯就可以了。

7.1.3　行为间学习

在游戏中，学习 AI 的前沿方向是对行为的学习。这里所说的行为（Behavior）是一种在本质上完全不同的动作模式。例如，某个角色学习到的杀死敌人的最佳方式是提前布置埋伏，又或者某个角色学习到的防止摩托骑士逃跑的方式是用绳子拦在大街上（著名的"走麦城"故事就是战力超群的关羽被不入流的武将马忠使用绊马索擒拿）。角色如果可以从头开始学习如何在游戏中行动，那么即使是最优秀的人类玩家也会感到头疼不已。

糟糕的是，这种 AI 目前几乎是纯粹的幻想。

随着时间的推移，角色可以在线或离线学习越来越多的行为。所以，角色可能还需要学习如何在一系列不同的行为之间进行选择（尽管基础行为仍然需要由开发人员实现）。学习一切行为是否经济合适？这是值得怀疑的。基本的移动系统、决策制定工具、可用行为套件和高层次决策会更容易、更快速地直接实现，然后可以使用行为内学习技术来调整参数和进行强化。

学习 AI 的前沿技术是决策。开发人员正在尝试使用学习系统替换第 5 章"决策"中讨论的技术。这是本章将要讨论的唯一一种行为间学习（Inter-Behavior Learning）：在固定的（可能是参数化的）行为之间做出决策。

7.1.4　对机器学习应用的警告

实际上，机器学习技术的应用范围并不像一般人想象的那样广泛，部分原因固然是学习技术的相对复杂性（至少与路径发现算法和移动算法相比是这样），但游戏开发人员始终需要掌握更复杂的技术，特别是在开发几何管理算法时，所以，学习算法的最大问题是可重复性和质量控制。

不妨设想一下有这样一款游戏，敌人角色经过若干个小时的游戏玩法课程，了解它们所处的环境并学习玩家的行动。在进入某个关卡游戏时，QA 团队注意到有一群敌人被困在一个洞穴中，而不是在整个地图上移动。这种情况可能只是由于它们学习到的特定事物而发生的。在这种情况下，开发人员需要找到错误并在以后测试它是否已经改正，不会再学习到同样的错误经验，而这通常是不可能的。

正是这种不可预测性严重限制了游戏角色的学习能力，这也是最常被引用的原因。很多开发行业学习 AI 的公司经常发现，要让 AI 避免学习"错误"的事情几乎是不可能的。

在很多大肆宣扬有关学习和游戏结合的论文中，经常会使用一些经过设计的戏剧性场景来说明学习角色在游戏玩法上的潜力。这个时候开发人员需要问一问自己，如果这个角色可以学到如此戏剧性的行为变化，那么它是否也可以学到极其糟糕的行为？例如，角色所学习到的行为固然可能会完成自己的目标，但是却会产生很糟糕的游戏玩法。古语有云：鱼与熊掌不可兼得。角色的学习越灵活，开发人员对游戏玩法的控制就越少。

解决这个问题的正常方法是限制游戏中可以学习的事物类型。例如，将特定的学习系统限制在计算和寻找掩藏点这一方面就是明智的，然后可以测试该学习系统，以确保其识别的掩藏点看起来是正确的。这样角色的学习就不太可能会跑偏，因为它有一个可以轻松查看和检查的任务。

在这种模块化方法下，没有什么可以阻止应用若干种不同的学习系统（例如，一种用于寻找掩藏点，另一种用于学习准确定位目标等）。必须注意确保它们不能以令人讨厌的方式进行交互。例如，当定位目标 AI 正在学习射击时，往往有可能意外地命中正在学习寻找掩藏点的 AI 所选择的掩藏点。

7.1.5　过度学习

大多数有关 AI 学习文献中确定的一个常见问题是过拟合（Over Fitting）或过度学习（Over Learning）。这意味着如果学习 AI 从中学习并获得大量经验，它也仅可以对特定情况做出响应（相当于人类学习时的生搬硬套和刻舟求剑现象）。开发人员通常希望学习 AI 能够对有限的经验进行概括和抽象，以便能够举一反三，应对各种各样的新情况。

不同的算法对过拟合的情况具有不同的敏感性。如果错误地设置了参数或者对于当前学习任务来说神经网络太大，那么神经网络在学习过程中就会产生过度学习的问题。当我们依次考虑每个学习算法时，将回过头来讨论这些问题。

7.1.6　混杂的学习算法

本章将按逐渐增加复杂度（Complexity）和复杂性（Sophistication）的方式介绍学习算法。最基本的算法，如第 7.2 节中介绍的各种参数修改技术，通常不被认为是学习。

而在另一个方向上，我们将研究强化学习和神经网络，这两个领域都是活跃的人工智能研究领域。我们无法做到深入揭示每项技术，但希望能提供足够的信息来运行算法。更重要的是，开发人员要清晰地知道为什么它们在很多游戏 AI 应用程序中都不实用。

7.1.7　工作量的平衡

在所有学习算法中要记住的关键是工作量的平衡。学习算法很有吸引力，因为开发人员在实现时所要做的工作会变少。开发人员不需要预测每一种可能性，也不需要使角色 AI 尽善尽美。相反，开发人员只需要创建一个通用性的学习工具，并允许它有技巧性地找到各种问题的真正解决方案。这里所谓"工作量的平衡"是指：通过创建学习算法来完成一些工作，以使工作量变少，却能获得相同的结果。

糟糕的是，这通常是不可能的。学习算法可能需要大量一手掌握的数据，并且需要以正确的方式呈现数据，以确保结果有效，同时还要测试它们以避免它们学习错误的东西。

我们建议开发人员仔细考虑学习所涉及的工作量平衡。如果某种技术对于人类来说，要解决和实现非常棘手，那么对于计算机来说可能也是很棘手的。例如，如果人类无法可靠地学会保持汽车轮胎抓地力的极限转弯，那么当使用 vanilla 学习算法时，计算机也不太可能突然发现它很容易。

要获得更好的结果，开发人员可能需要做很多额外的工作。学术派的研究人员通过仔细选择需要解决的问题，并花费大量时间对解决方案进行微调，从而可以在学术论文中取得丰硕的成果。但对于游戏工作室的 AI 开发人员来说，时间和精力恰恰是他们无法承受的奢侈品。

7.2 参 数 修 改

最简单的学习算法是计算一个或多个参数值的算法。对于这类算法而言，在整个 AI 开发过程中都将使用数字参数。例如，用于转向计算的幻数（Magic Number）、用于路径发现的成本函数、用于混合战术问题的权重、决策中的概率以及许多其他领域中的参数等。

这些值通常会对角色的行为产生很大影响。例如，决策概率的微小变化可能会导致 AI 转变成一种非常不同的游戏风格。

这样的参数是学习的好选择。这在很多情况下都是通过离线完成的，但是一般来说也可以在线执行并进行控制。

7.2.1 参数地形

理解参数学习的常见方式是所谓的适应地形（Fitness Landscape）或能量地形（Energy Landscape）。想象一下，参数的某个值可以作为指定的位置。在单个参数的情况下，这是沿着一条线的某个位置；对于两个参数来说，它可以是平面上的某个位置。

对于每个位置（即对于参数的每个值）来说，存在一些能量值。该能量值（在一些学习技术中通常称为"适应值"）表示参数值对于游戏的好坏程度，可以把它想象成一个分数。

可以通过将能量值与参数值进行对比作图来显示能量值（见图 7.1）。

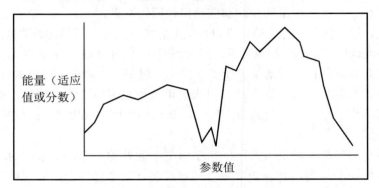

图 7.1　一维问题的能量地形

对于许多问题来说，该图的皱纹性质容易使人联想到地形，特别是当问题具有两个要优化的参数时（即它会形成三维结构）。因此，它通常被称为能量地形或适应地形。

参数学习系统的目的是找到参数的最佳值。能量地形模型通常会假设低能量更好，所以我们将尝试找到地形中的低谷值。适应地形通常是相反的，它们会试图找到峰值。

能量和适应地形之间的区别仅仅是术语问题：相同的技术适用于两者。开发人员只需交换搜索最大的适应值或最小的能量值即可。通常而言，开发人员会发现不同的技术更愿意使用不同的术语。例如，本节在讨论爬山算法时，多使用术语"适应地形"；而在模拟退火算法时，多使用术语"能量地形"。

能量和适应值可以由某些函数或公式生成。如果是一个简单的数学公式，则可以对其进行微分。如果公式是可微分的，则可以明确地找到其最佳值。在这种情况下，不需要进行参数优化。我们可以简单地找到并使用最佳值。

但是，在大多数情况下，并不存在这样的公式。找出参数值适用性的唯一方法是在游戏中试一试，看看它的表现如何。在这种情况下，需要一些代码来监控参数的性能，并提供适应或能量分数。本节中的技术都依赖于产生这样的输出值。

例如，如果开发人员试图为决策概率生成正确的参数，那么我们可能会让角色试玩几次游戏并看看它是如何得分的。适应值将是一个分数，而高分则表示良好的结果。

在每种技术中，我们将查看需要尝试的若干组不同参数。如果每组必须有 5 分钟的游戏时间，那么学习可能需要很长时间。通常必须有一些机制来快速确定一组参数的值。例如，这可能涉及允许游戏以正常速度多次运行，而无须在屏幕上显示输出；或者，我们也可以使用一组启发式算法，根据某些评估标准生成一个值，而无须运行游戏。如果除了让玩家运行游戏之外没有其他方式可以执行检查，则本章中的技术可能不太实用。

没有什么可以阻止能量或适应值随着时间的推移而变化或包含某种程度的猜测。一般来说，AI 的表现取决于玩家的行为。对于在线学习而言，这正是我们想要达成的效果。当玩家在游戏中表现不同时，最佳参数值将随时间而变化。本节中的算法可以很好地应对这种不确定和不断变化的适应或能量分数。

在所有情况下，我们将假设有一些函数可以给出一组参数值，它将返回这些参数的适应或能量值。这可能是一个快速的过程（使用启发式算法），也可能需要运行游戏并测试结果。当然，为了参数修改算法，可以将其视为一个黑盒子：在盒子中运行参数，然后输出得分。

7.2.2　爬山算法

开发人员最初需要猜测一个最佳参数值，这可以是完全随机的。它可以基于程序员的直觉，甚至可以基于算法之前运行的结果。评估此参数值将获得一个分数。

然后，算法将尝试计算出在哪个方向上改变参数以提高其得分。它通过查看每个参数的附近值来完成此操作。它将依次改变每个参数，而其他参数则保持不变，并检查每次修改之后的分数。如果它看到分数在一个或多个方向上增加，则它将向上移动最陡的梯度。图 7.2 显示了爬山（Hill Climbing）算法缩放的适应地形。

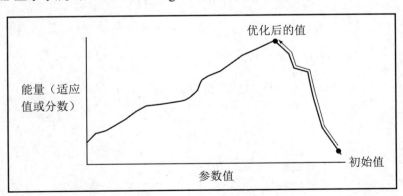

图 7.2　爬山算法攀上了适应地形

在单参数情况下，两个相邻值足够，在当前值的每一侧都有一个。而对于两个参数来说，则需要使用 4 个样本。虽然在围绕当前值的范围中使用更多的样本可以提供更好的结果，但代价则是需要更多的评估时间。

爬山算法是一种非常简单的参数优化技术。它运行速度快，通常可以产生非常好的效果。

1. 伪代码

使用以下实现可以运行算法的其中一个步骤：

```
 1  function optimizeParameters(parameters: float[], func) -> float[]:
 2      # 到目前为止的最佳参数修改
 3      bestParameterIndex: int = -1
 4      bestTweak: float = 0
 5
 6      # 最初的最佳值就是当前参数的值
 7      # 没有必要改为更糟糕的集合
 8      bestValue: float = func(parameters)
 9
10      # 循环遍历每个参数
11      for i in 0..parameters.size():
12          # 存储当前参数值
13          currentParameter: float = parameters[i].value
14
15          # 从向上和向下两个方向进行调整
16          for tweak in [-STEP, STEP]:
17              # 应用该调整
18              parameters[i].value += tweak
19
20              # 获得函数的值
21              value: float = func(parameters[i])
22
23              # 检查该值是否为最佳
24              if value > bestValue:
25                  # 如果是最佳，则存储该值
26                  bestValue = value
27                  bestParameterIndex = i
28                  bestTweak = tweak
29
30              # 重置参数到它以前的值
31              parameters[i].value = currentParameter
32
33      # 已经遍历完成每一个参数
34      # 检查是否已经找到一个最好的集合
35      if bestParameterIndex >= 0:
36          # 如果已经找到，则永久改变参数
37          parameters[bestParameterIndex] += bestTweak
```

```
38
39        # 如果找到更好的集合则返回已修改的参数
40        # 否则，返回最开始的参数
41        return parameters
```

optimizeParameters 函数中的 STEP 常量决定了可以进行的每一次调整的大小。开发人员可以用数组替换它，如果参数需要不同的步长，则每个参数使用一个值。然后可以连续多次调用 optimizeParameters 函数以给出爬山算法。在每次迭代时，给出的参数是上一次调用 optimizeParameters 的结果。

```
1   function hillClimb(initial: float[], steps: int, func) -> float[]:
2       # 设置初始参数
3       parameters: float[] = initial
4
5       # 找到初始参数最开始的值
6       value: float = func(parameters)
7
8       # 遍历一系列的步骤
9       for i in 0..steps:
10          # 获取新参数设置
11          newParameters: float[] = optimizeParameters(parameters, func)
12
13          # 获取新的值
14          newValue: float = func(newParameters)
15
16          # 如果不能改进，则结束
17          if newValue <= value:
18              break
19
20          # 存储下一次迭代的新值
21          value = newValue
22          parameters = newParameters
23
24      # 已经遍历完所有步骤，或者无法改进则返回参数
25      return parameters
```

2. 数据结构和接口

参数列表具有使用 size 方法访问的元素数。除此之外，不需要特殊的接口或数据结构。

3．实现说明

在上面的实现中，我们将基于同一组参数来评估驱动和优化函数。这实际上有点浪费，特别是如果评估函数很复杂或很耗时的话。

开发人员应该允许共享相同的值，方法是：要么缓存它（因此在再次调用评估函数时不必重新评估它），要么将值和参数从 optimizeParameters 传递回来。

4．性能

算法的每次迭代在时间上的性能都是 O(n)，其中，n 是参数的数量。它在内存中的性能是 O(1)。迭代次数由 steps 参数控制。如果 steps 参数足够大，则算法将在找到解决方案时返回（即它具有一组不能进一步改进的参数）。

7.2.3　基本爬山算法的扩展

上述算法描述中给出的爬山问题很容易解决。它从最高的适应值开始，在每个方向上都有一个斜率。沿着斜坡始终可以到达顶部。图 7.3 中的适应地形更加复杂。该爬山算法显示它永远找不到最佳参数值。它在通往主峰的路上卡在一个小的子峰上。

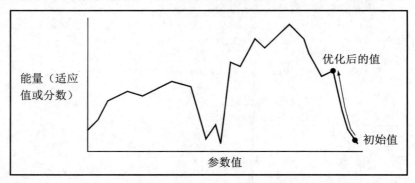

图 7.3　具有次优爬山效果的非单调性适应地形

该子峰称为局部最大值（Local Maximum），如果使用能量地形，则称为局部最小值（Local Minimum）。问题中存在的局部最大值越大，则算法求解的难度就越大。在最坏情况下，每个适应或能量值可能是随机的，并且根本不与附近的值相关，如图 7.4 所示。在这种情况下，并没有系统性的搜索机制能够求解该问题。

基本的爬山算法有若干个扩展，可以用来改善存在局部最大值时的表现。它们都没有形成一个完整的解决方案，并且当地形接近随机时它们都不起作用，但如果问题没有被次优选择所淹没，那么它们仍然可以有所帮助。

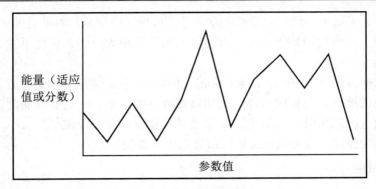

图 7.4　随机适应地形

1. 动量

在图 7.3（以及许多其他）的情况下，我们可以通过引入动量（Momentum）来求解该问题。如果搜索在一个方向上持续改进，那么它应该在该方向上持续一段时间，即使看起来事情似乎并没有改善。

这可以使用动量项来实现。当爬山算法向一个方向移动时，它会记录在该步骤中获得的分数改进。在下一步中，它会将改进的一部分添加到地形分数，并再次向相同方向移动，这会使算法偏向于再次向相同方向移动。

这种方法将故意超越目标，通过一些步骤计算出结果变得越来越糟，然后才反向。图 7.5 显示了在爬山算法中使用动量的前一个适应地形。请注意，达到最佳参数值需要花费更长的时间，但在通往主峰的路上不会那么容易被卡住。

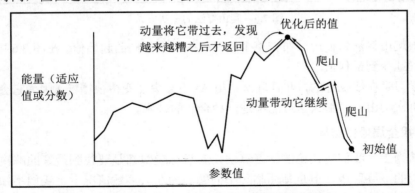

图 7.5　通过动量爬山效果求解的非单调性适应地形

2. 自适应求解方法

到目前为止，我们的假设都是参数在算法的每一步都改变了相同的量。当参数距离最佳值很远时，采取很小的步骤意味着学习速度很慢（特别是，如果通过让 AI 玩游戏来生成分数会需要一段时间）。而另一方面，如果步骤很大，那么优化可能总是超过并且永远不会达到最佳值。

自适应求解方法（Adaptive Resolution）通常用于在搜索的早期进行较长的跳跃，稍后则进行较小的跳跃。只要爬山算法成功获得改进的结果，它就会增加跳跃的长度。当它不再获得改进的结果时，就假定跳跃超过了最佳值，并降低跳跃的大小。这种方法可以与动量项结合使用，也可以在常规爬山算法中单独使用。

3. 多次试验

爬山的结果很大程度上取决于最初的猜测。如果初始猜测不在朝向最佳参数值的斜坡上，则爬山算法可能完全沿错误的方向移动并爬上较小的峰值。图 7.6 显示了这种情况。

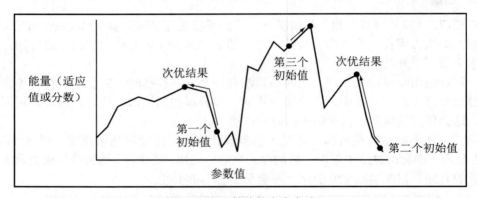

图 7.6　爬山算法的多次尝试

大多数爬山算法将使用分布在整个地形中的多个不同的起始值。在图 7.6 中，第三次尝试才正确地找到最佳值。

如果学习是在线执行的，并且玩家希望 AI 不会突然变得很糟糕（因为它会以新的参数值开始再次爬山），那么这可能不是一种合适的技术。

4. 寻找全局最优结果

到目前为止，我们所谈论的学习算法，其目标貌似都是要找到最好的解决方案。这无疑是我们的最终愿望，但是却面临一个问题，即在大多数情况下，我们不知道最佳解决方案是什么，甚至当我们发现它时也无法识别。

例如，假设在某即时战略游戏中，我们正在努力优化资源在建筑或研究中的最佳利用方式。我们可能会进行 200 次试验，并发现一组参数显然是最好的。但是，我们并不能保证它是所有可能的集合中最好的。即使最近的 50 次试验都得到了相同的值，我们也不能保证不会在下一次发现更好的参数集合。没有一个公式可以让我们知道目前所拥有的解决方案是否是最好的。

对于爬山算法的扩展（例如，动量、自适应求解方法和多次试验），并不能保证我们获得最佳解决方案，但与简单的爬山算法相比，它们几乎总能更快地找到更好的解决方案。在游戏中，我们需要平衡所花费的时间和解决方案的质量。最终，游戏需要停止查看并得出结论，它所拥有的解决方案将是它所使用的解决方案，无论是否有更好的解决方案。

这有时被称为"差强人意"（虽然这种说法对于不同的人有不同的含义）：我们将优化以获得满意的结果，而不是孜孜以求，找到最好的结果。

7.2.4　退火技术

退火（Annealing）原是一种物理过程，指的是将金属缓慢加热到一定温度，保持足够时间，然后以适宜速度冷却。其目的是降低硬度，改善切削加工性；消除残余应力，稳定尺寸，减少变形与裂纹倾向；细化晶粒，调整组织，消除组织缺陷。退火可以使熔融金属的温度缓慢降低，使其以高度有序的方式固化。突然降低温度会导致内部应力、弱点和其他不良影响。缓慢冷却则可以使金属发现其最低的能量配置。

作为一种参数优化技术，退火将使用随机项来表示温度。最初它可能很高，使得算法的行为非常随机。随着时间的推移，它会降低，算法会变得更加可预测。

退火技术将基于标准的爬山算法，虽然习惯上它将考虑能量地形而不是适应地形（因此，应用退火技术的爬山算法也就相应地变成了下坡算法）。

有许多方法可以将随机性引入下坡（Hill Descent）算法。原始方法将使用计算的玻尔兹曼概率系数（Boltzmann Probability Coefficient）。我们将在本节后面讨论这个问题。当然，对于简单的参数学习应用而言，更常见的实现是更简单的方法。

1. 直接方法

在每个爬山步骤中，可以将随机数添加到当前值的每个邻居的评估中。通过这种方式，最好的邻居更有可能被选中，但它也可能被一个大的随机数覆盖。随机数的范围最初很大，但会随着时间的推移而减小。

例如，假设随机范围是±10，当前值的评估是 0，其邻居的评估是 20 和 39。对于每次评估，按±10 的范围添加随机数。在这种情况下，第一个值（得分为 20）仍有可能被选择，但前提是第一个值得到随机数+10，而第二个值则得到随机数−10。当然，在绝大多数情况下，被选择的是第二个值。

若干个步骤之后，随机范围可能是±1，在这种情况下，第一个邻居绝无可能被选择。另一方面，在退火开始时，随机范围可能是±100，这样第一个邻居被选择的机会则很大。

1）伪代码

开发人员可以将退火技术直接应用于之前的爬山算法。值得注意的是，optimizeParameters 函数将由 annealParameters 代替。

```
1   function annealParameters(parameters: float[], func, temp) -> float[]:
2       # 到目前为止的最佳参数修改
3       bestParameterIndex: int = -1
4       bestTweak: float = 0
5
6       # 最初的最佳值就是当前参数的值
7       # 没有必要改为更糟糕的集合
8       bestValue: float = func(parameters)
9
10      # 循环遍历每个参数
11      for i in 0..parameters.size():
12          # 存储当前参数值
13          currentParameter: float = parameters[i].value
14
15          # 从向上和向下两个方向进行调整
16          for tweak in [-STEP, STEP]:
17              # 应用该调整
18              parameters[i].value += tweak
19
20              # 获得函数的值
21              value = func(parameters[i]) + randomBinomial() * temp
22
23              # 检查该值是否为最佳
24              # （请注意，现在是下坡算法）
25              if value < bestValue:
26                  # 如果是最佳，则存储该值
27                  bestValue = value
28                  bestParameterIndex = i
29                  bestTweak = tweak
30
31              # 重置参数到它以前的值
32              parameters[i].value = currentParameter
33
34      # 已经遍历完成每一个参数
35      # 检查是否已经找到一个最好的集合
```

```
36        if bestParameterIndex >= 0:
37            # 如果已经找到，则永久改变参数
38            parameters[bestParameterIndex] += bestTweak
39
40        # 如果找到更好的集合则返回已修改的参数
41        # 否则，返回最开始的参数
42        return parameters
```

randomBinomial 函数将实现为：

```
1    function randomBinomial() -> float:
2        return random() - random()
```

这和前文所述是一样的。

爬山函数现在应该调用 annealParameters 而不是 optimizeParameters。

2）实现说明

我们在算法中改变了比较运算的方向。因为退火算法通常是基于能量地形编写的，所以这里需要改变实现方式，以使它现在寻找更低的函数值。

3）性能

该算法的性能特征和前面爬山算法的性能特征是一样的，即在时间中是 O(n)，而在内存中为 O(1)。

2. 玻尔兹曼概率

在物理退火过程的启发下，原始模拟退火算法采用了一种更为复杂的方法，将随机因素引入爬山技术。它基于稍微复杂一些的爬山算法。

在我们的爬山算法中，将评估当前值的所有邻居并计算出哪一个方向是最好的移动方向，这通常被称为"最陡的梯度"爬山，因为它将向带来最佳结果的方向移动。对于更简单的爬山算法来说，只要它找到了具有更好分数的第一个邻居，就会移动。这可能不是移动的最佳方向，但仍然是一种进步。

退火技术与这种简单的爬山算法可以按以下方式结合。

❑　　如果找到一个分数更低的邻居（分数越低意味着越好），即正常选择它。

❑　　如果邻居的分数更差，则计算通过移动 ΔE 获得的能量。这种移动使用了概率比例：

$$e^{-\frac{\Delta E}{T}}$$

其中，T 是模拟的当前温度（与随机量相对应）。和前面的退火方式一样，在此过程中 T 值会降低。

1）伪代码

可以通过以下方式实现玻尔兹曼（Boltzmann）优化步骤：

```
1   function boltzmannAnnealParameters(parameters, func, temp):
2       # 存储初始值
3       initialValue = func(parameters)
4
5       # 循环遍历每一个参数
6       for i in 0..parameters.size():
7           # 存储当前参数值
8           currentParameter = parameters[i].value
9
10          # 从向上和向下两个方向进行调整
11          for tweak in [-STEP, STEP]:
12              # 应用该调整
13              parameters[i].value += tweak
14
15              # 获得函数的值
16              value = func(parameters[i])
17
18              # 检查该值是否为最佳
19              if value < initialValue:
20                  # 返回该参数
21                  return parameters
22
23              # 否则，检查是否应该无论如何都这样做
24              else:
25                  # 计算获得的能量和系数
26                  energyGain = value - initialValue
27                  boltzmannCoeff = exp(-energyGain / temp)
28
29                  # 随机决定是否接受它
30                  if random() < boltzmannCoeff:
31                      # 使用该修改，并返回它
32                      return parameters
33
34          # 重置参数到它以前的值
35          parameters[i].value = currentParameter
36
37      # 没有发现更好的参数，返回最开始的参数
38      return parameters
```

exp 函数将返回 e 值以其参数为指数的幂。它是大多数数学库中的标准函数。

这里的驱动程序函数与以前一样，但现在调用的函数是 boltzmannAnnealParameters，而不是 optimizeParameters。

2）性能

该算法的性能特征和以前相同，即在时间中为 O(n)，在内存中则为 O(1)。

3. 优化

就像常规的爬山算法一样，退火算法也可以与动量和自适应求解方法技术相结合，以进一步优化。当然，结合所有这些技术通常是一个试验和排查错误的问题。调整动量、改变步长和退火温度等方式都可以使它们协调工作，从而获得非常巧妙的效果。

根据我们的经验，很少有人能通过增加动量来对退火算法进行可靠的改进，但是自适应步长技术还是很有用的。

7.3　动　作　预　测

如果能够猜到接下来玩家会做什么，那么一般来说会很有用。无论是猜测玩家将要选择的通道、使用的武器，还是猜测他们将要选择的攻击路线，一款可以预测玩家行动的游戏可能会引发玩家更强烈的挑战兴趣。

众所周知，人类惯有的错觉之一就是认为自己可以做到率性而为。但是，心理学家已经对此进行了数十年的研究，并且已经证明，人类其实无法真正做到随机反应，即使对此进行特别的尝试也无能为力。精神魔术师和专业的扑克牌玩家通常会利用这一点。他们只要了解我们过去所做的事情或选择，往往就可以根据相对较少的一些经验，轻松地计算出我们接下来要做的事情或产生的想法。

很多时候，甚至不需要观察同一玩家的动作。人们共享的特征是如此之深，以至于只要学会预测一个玩家的行为，通常就可以更好地对抗看起来完全不同的玩家。

7.3.1　左还是右

扑克牌玩家钟爱的一个简单预测游戏是"左还是右"。表演者左手或右手藏着一枚硬币，玩家则试图猜测表演者将硬币藏在哪一只手中。

虽然在现场表演时，表演者会通过各种方式误导（或者也可以称之为"告诉"）猜测者，以使他们做出错误的选择，但事实证明，计算机在这样的游戏中也能获得相当好的分数。我们将使用它作为动作预测任务的原型。

在游戏语境中，这可能适用于从一组选项中选择任何项目，如通道、武器、战术或掩藏点的选择等。

7.3.2　原始概率

预测玩家选择的最简单方法是记录他选择每个选项的次数。然后，这将形成该玩家再次选择该动作的原始概率。

例如，在玩家通过一个关卡 20 次之后，如果第一个通道被选择了 72 次，而第二个通道被选择了 28 次，那么 AI 会预测该玩家将选择第一条路线。

当然，如果 AI 此后总是在第一条路线中"恭候"玩家，那么玩家也会很快发现，他将使用第二条路线。

这种原始概率预测很容易实现，但它给玩家提供了很多反馈，玩家可以利用反馈来做出更随机的决策。

在我们的示例中，角色很可能将它自己定位在最可能的路线上。玩家可能只会犯这一次错误，然后就会选择另一条路线。角色则没有那么灵活，它将继续守候在玩家未选择的路线上，直到概率平衡。最终，玩家将学会简单地交替使用不同的路线并且总是可以避开角色。

当选择仅进行一次时，这种预测可能是所有可选项。但如果能从许多不同的玩家那里获得概率，那么该预测就可以很好地指示新玩家将选择哪一条路。

一般来说，要获得更好的预测效果，AI 必须先获得一系列选择的数据，无论是重复的相同选择还是一系列不同的选择都可以。前期累积的选择经验越多，后期预测选择的能力就越强。我们可以比使用原始概率做得更好。

7.3.3　字符串匹配

当选择重复多次时（例如，当敌人攻击时选择掩藏点或武器），简单的字符串匹配算法可以提供良好的预测。

已经做出的选择序列可以存储为字符串（它可以是一串数字或对象，而不仅仅是一串字符）。在前面的"左还是右"游戏中，字符串可能为 LRRLRLLLRRLRLRR（L 表示左，R 表示右）。为了预测下一个选择，可以在字符串中搜索最后几个选项，并将通常遵循的选择用作预测。

在上面的示例中，最后两次选择是 RR。回顾序列，两次选择右边之后总是会选择左边，所以可以预测下一次玩家会选择左手。在这种情况下，我们查看的是最后两个动作，这称为窗口大小（Window Size）：我们使用的窗口大小为 2。

7.3.4 *N*-Gram 预测器

字符串匹配技术很少通过匹配字符串来实现，更常见的是使用与第 7.3.2 节介绍的原始概率类似的一组概率，这被称为 *N*-Gram 预测器（*N*-Gram Predictor），其中，*N* 比窗口大小参数大 1，因此，窗口大小为 2 的预测器就是 3-Gram。

在 *N*-Gram 中，我们将记录在前 *N* 次行动的所有选择组合下进行每一次行动的概率。因此，在"左还是右"游戏的 3-Gram 中，我们将记录给定 4 个不同序列（LL、LR、RL 和 RR）的左右概率。它们一共有 8 个概率，但每一对加起来必须为 1。

上面的行动序列可以精简为以下概率：

	..R	..L
LL	$\frac{1}{2}$	$\frac{1}{2}$
LR	$\frac{3}{5}$	$\frac{2}{5}$
RL	$\frac{3}{4}$	$\frac{1}{4}$
RR	$\frac{0}{2}$	$\frac{2}{2}$

原始概率方法等同于字符串匹配算法，只是窗口大小为零而已。

1．计算机科学中的 *N*-Gram

N-Gram 可用于各种统计分析技术，并不限于预测。它们特别适用于人类语言分析。

严格地说，*N*-Gram 算法记录的是每个序列的频率，而不是概率。换句话说，3-Gram 将记录看到 3 个选择的每个序列的次数。对于预测来说，前两个选项形成窗口，并且通过查看每个选项用于第 3 个选择的次数的比例来计算概率。

在我们的实现中，将通过存储频率而不是概率来遵循这种模式（它们还具有更易于更新的优势），当然，我们将通过仅允许使用选择的窗口进行查找来优化预测的数据结构。

2．伪代码

可以通过以下方式实现 *N*-Graram 预测器：

```
1  class NGramPredictor:
2      # 频率数据
3      data: Hashtable[any[] -> KeyDataRecord]
```

```
 4
 5      # 窗口大小 + 1，即 N 值
 6      nValue: int
 7
 8      # 使用预测器注册一组动作
 9      # 更新其数据
10      # 假设在这一组动作中已经包含明确的 nValue 个元素
11      function registerSequence(actions: any[]):
12          # 将序列拆分为 key 键和 value 值
13          key = actions[0..nValue]
14          value = actions[nValue]
15
16          # 确认已经获得存储
17          if not key in data:
18              keyData = data[key] = new KeyDataRecord()
19          else:
20              keyData = data[key]
21
22          # 添加到总计以及该值的次数统计中
23          keyData.counts[value] += 1
24          keyData.total += 1
25
26      # 从给定的一个结果中获取下一次很可能采取的行动
27      # 假定动作有 nValue - 1 个元素在其中
28      # 即窗口大小
29      function getMostLikely(actions: any[]) -> any:
30          # 获取 key 数据
31          keyData = data[actions]
32
33          # 找到最高的概率
34          highestValue = 0
35          bestAction = null
36
37          # 获取存储的动作列表
38          actions = keyData.counts.getKeys()
39
40          # 遍历动作列表中的每一个动作
41          for action in actions:
42              # 检查最高概率的值
43              if keyData.counts[action] > highestValue:
44                  # 存储该动作
45                  highestValue = keyData.counts[action]
```

```
46                        bestAction = action
47
48            # 已经遍历完所有的动作
49            # 如果仍然没有找到最佳动作
50            # 则可能是因为在给定窗口中无数据
51            # 否则将可以获得要采取的最佳动作
52            return bestAction
```

每次动作发生时，游戏都会使用 registerActions 方法注册最后 *n* 个动作，这意味着它会更新 N-Gram 的计数。当游戏需要预测接下来会发生什么时，它仅需要将窗口动作提供给 getMostLikely 方法，该方法将返回最可能的动作。但是，如果没有看到给定动作的数据，则该方法不会返回任何动作。

3．数据结构和接口

在此示例中，我们将使用哈希表来存储计数数据。数据哈希中的每个条目都是一个 key 数据记录，具有以下结构：

```
1  class KeyDataRecord:
2       # 每个后续动作的计数
3       counts: Hashtable[any -> int]
4
5       # 窗口已经看到的次数
6       total: int
```

每组窗口动作都有一个 KeyDataRecord 实例。它包含每个后续动作被看到的频率计数，以及一个 total 成员，它将记录在窗口中看到的总次数。

我们可以通过将其计数除以总数来计算任何后续动作的概率。这不用于上述算法，但可用于确定预测的准确程度。例如，如果某个角色非常肯定玩家将到达某个地方，那么它就可以在玩家的必经之路的危险位置提前布置埋伏。

在记录中，负责计数的 counts 成员也是由预测动作索引的哈希表。在 getMostLikely 函数中，我们需要找到 counts 哈希表中的所有 key。这是使用 getKeys 方法完成的。

4．实现说明

上面的实现将适用于任何窗口大小，并且可以支持两个以上的动作。当大多数动作组合从未见过时，它将使用哈希表来避免增长过大。

如果只有少量动作，并且可以访问所有可能的序列，那么用单个数组替换嵌套的哈希表将更有效。与本节开头的表示例一样，数组可以通过窗口动作和预测动作建立索引。初始化为零的数组中的值只是在注册序列时递增。然后可以搜索数组的一行以找到最高值，并因此找到最可能的动作。

5．性能

假设哈希表未满（即哈希分配和检索是恒定的时间过程），则 registerActions 函数在时间中的性能为 O(1)。getMostLikely()函数在时间中的性能为 O(m)，其中，m 是可能的动作数（因为我们需要搜索每个可能的后续动作以找到最佳动作）。可以通过保持按值排序的 counts 哈希表来交换它。在这种情况下，registerActions 函数的性能将为 O(m)，getMostLikely 函数的性能将为 O(1)。

但是，在大多数情况下，动作需要比预测更频繁地注册，因此给出的平衡是最佳的。

算法在内存中的性能为 O(m^n)，其中，n 是 N 值。N 值就是窗口中的动作数加 1。

7.3.5　窗口大小

增加窗口大小最初会提高预测算法的性能。但是，随着窗口中动作的增加，其对预测的增益效果也会逐渐减少，直至没有任何好处，并且如果继续增大窗口，那么预测的结果甚至还会变得更糟。如果窗口太大，那么最终做出的预测甚至还不如我们简单做的随机猜测结果。

这是因为，虽然未来的行动是通过我们之前的行动预测的，但这很少是一个长期的因果过程。我们被某些动作和短动作序列所吸引，但只有较长的序列才会出现，因为它们是由较短的序列组成的。如果在我们的行为中存在一定程度的随机性，那么很长的序列可能会在其中具有相当大程度的随机性。非常大的窗口大小可能包含更多的随机性，因此是一个很糟糕的预测器。

总的来说，这里有一个平衡问题，一方面，窗口需要足够大，能准确地捕捉我们的行为相互影响的方式；另一方面，窗口又不宜太长，否则容易被随机性所挫败。随着动作序列变得更随机，窗口大小也需要减小。

图 7.7 显示了在 1000 次试验（对于"左还是右"游戏）的序列中，不同窗口大小所呈现的 N-Gram 的准确性。可以看到，在 5-Gram 中获得的预测效果是最好的，在此之后，窗口大小越大，提供的预测结果却越糟糕。此外，5-Gram 的大部分预测能力在 3-Gram 中也同样有体现。如果我们只使用 3-Gram，那么将获得几乎最佳的性能，所以，开发人员不必训练如此多的样品。一旦超过 10-Gram，预测性能将非常糟糕。即使在这个非常有可预测性的序列中，使用超过 10-Gram 的窗口大小时，其预测的准确性也低于 50%，表现甚至还不如随机猜测。

图 7.7 是使用 N-Gram 实现生成的，它遵循了上面给出的算法。

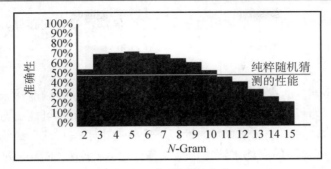

图 7.7　不同的窗口大小

在有两种以上可能选择的预测中，最小窗口大小需要增加一些。例如，图 7.8 显示了具有 5 种选择的游戏中预测能力的结果。在这种情况下，3-Gram 的预测能力明显低于 4-Gram。

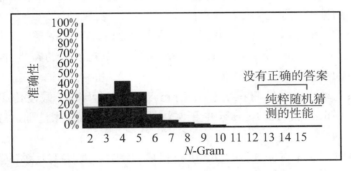

图 7.8　在具有 5 种选择的游戏中的不同窗口

在这个示例中还可以看到，对于更大的窗口大小，衰减更快：大的窗口大小比以前更快地变得更加糟糕。

有一些数学模型可以告诉开发人员 N-Gram 预测器预测序列表现好坏的程度。它们有时用于调整最佳窗口大小。但是，我们从未在游戏中看到过这种情况，并且因为它们依赖于能够找到输入序列中的某些不方便的统计特性，所以，我们建议开发人员不妨从 4-Gram 开始并反复试验和排除错误。

1.　内存问题

预测能力的高低与算法的内存和数据要求是息息相关的。对于"左还是右"游戏来说，窗口中每增加一个动作，它需要存储的概率数量将增加一倍（例如，如果有 3 个选择而不是 2 个选择，则数量乘以 3，以此类推）。存储要求的这种增加通常会失控，当然，诸如哈希表之类的"稀疏"数据结构由于不是每个值都需要分配存储，所以能适当缓解该问题。

2．序列长度

大量概率需要更多的样本数据才能完成。如果大多数序列以前从未见过，则预测器将不会非常强大。为了达到最佳预测性能，需要多次访问所有可能的窗口序列。这意味着学习需要更长的时间，并且预测器的性能可能看起来很差。这个最终问题在某种程度上可以使用 N-Gram 算法的变体来解决，这就是分层 N-Gram（Hierarchical N-Gram）。

7.3.6　分层 N-Gram

当 N-Gram 算法用于在线学习时，在学习的初始阶段，最大预测能力与算法性能之间存在一个平衡。较大的窗口大小可能会提高潜在的性能，但这意味着算法需要更长的时间才能达到合理的性能水平。

分层 N-Gram 算法可以有效地使用若干个并行工作的 N-Gram 算法，每个算法具有越来越大的窗口大小。例如，分层 3-Gram 将使用处理相同数据的常规 1-Gram（即原始概率方法）、2-Gram 和 3-Gram 算法。

当提供一系列动作时，它将在所有 N-Gram 中注册。例如，假设传递给分层 3-Gram 的是 LRR 序列，那么它将在 3-Gram 中正常注册，在 2-Gram 中注册为 RR，在 1-Gram 中则注册为 R。

当请求预测时，算法首先在 3-Gram 中查找窗口动作。如果有足够的窗口示例，那么它将使用 3-Gram 来生成其预测。如果还不够，那就看 2-Gram。如果仍然没有足够的示例，则从 1-Gram 中进行预测。如果 N-Grams 中没有任何一个具有足够的示例，则该算法不返回预测或仅返回随机预测。

究竟多少算是"足够"？这取决于应用程序。例如，如果 3-Gram 只有一个序列 LRL，那么仅根据一次出现进行预测就不会有意义。如果 2-Gram 有 4 个条目用于序列 RL，那么它可能更有置信度。可能的动作越多，准确预测所需的示例就越多。

对于预测置信度所需的条目数，并没有单一正确的阈值。在某种程度上，它需要通过反复试验和排除错误找到。但是，对于在线学习而言，AI 通常基于非常粗略的信息做出决策，因此置信度阈值可以很小（例如，3 或 4）。在一些关于 N-Gram 学习的文献中，置信度值要高得多。与 AI 的许多领域一样，游戏 AI 可以承担更多风险。

1．伪代码

分层 N-Gram 系统将使用原来的 N-Gram 预测器，可以像下面这样实现：

```
1   class HierarchicalNGramPredictor:
2       # 保存具有递增 n 值的 n-grams 数组
3       ngrams: NGramPredictor[]
4
5       # 保存最大窗口大小 + 1 值，即 n 值
6       nValue: int
7
8       # 保存在可以预测之前 n-gram 必须拥有的
9       # 最小样本数
10      threshold: int
11
12      function HierarchicalNGramPredictor(n: int):
13          # 存储最大 n-gram 大小
14          nValue = n
15
16          # 创建 n-grams 数组
17          ngrams = new NGramPredictor[nValue]
18
19          for i in 0..nValue:
20              ngrams[i].nValue = i+1
21
22      function registerSequence(actions: any[]):
23          # 遍历每一个 n-gram
24          for i in 0..nValue:
25              # 创建动作的子列表并注册它
26              subActions = actions[(nValue - i)..nValue]
27              ngrams[i].registerSequence(subActions)
28
29      function getMostLikely(actions: any[]) -> any:
30          # 以降序遍历每一个 n-gram
31          for i in nValue..0:
32              # 查找相关的 n-gram
33              ngram = ngrams[i]
34
35              # 获得窗口动作的子列表
36              subActions = actions[i..]
37
38              # 检查是否有足够的条目
39              if subActions in ngram.data and
40                      ngram.data[subActions].count > threshold:
41                  # 获取 ngram 以执行预测
42                  return ngram.getMostLikely(subActions)
```

```
43
44              # 如果到达这里，则是因为没有 n-gram 优于阈值
45              # 因此不返回任何动作
46              return null
```

我们在上面的算法中添加了一个显式构造函数，以显示 *N*-Grams 数组是如何构造的。

2．数据结构和实现

该算法使用了与以前相同的数据结构，并具有相同的实现注意事项：只要每一组可能的窗口动作都有一个 count 变量可用，那么它的组成 *N*-Grams 就可以按对应用程序来说性能最佳的方式实现。

3．性能

该算法在内存上的性能是 $O(n)$，在时间上的性能是 $O(n)$，其中，n 是 *N*-Gram 使用的最高编号。

registerSequence 方法使用了 *N*-Gram 类的 $O(1)$ registerSequence 方法，因此整体上的性能为 $O(n)$。getMostLikely 方法使用一次 *N*-Gram 类的 $O(n)$ getMostLikely 方法，因此整体上的性能为 $O(n)$。

4．置信度

我们已经使用样本数来指导我们是使用一个层次的 *N*-Gram 还是查看较低级别。虽然这在实践中提供了良好的行为，但它严格来说仅是近似值。我们感兴趣的是 *N*-Gram 在预测中所产生的置信度（Confidence）。置信度是概率论中定义的形式数量，它有若干个不同的版本，并且各有特点。样本数量只是影响置信度的一个因素。

一般来说，置信度可以衡量偶然发生情况的可能性。如果偶然发生情况的可能性很低，那么置信度就会很高。

例如，如果 RL 出现 4 次，并且所有 RL 后面都出现 R，则一般来说 RL 后很可能跟随着 R，那么选择下一个为 R 的置信度就很高。如果有 1000 次 RL 事件，后面总是跟着 R，那么预测 R 的置信度会高得多。反过来说，如果在 4 次出现 RL 后存在两种情况，一种情况是后面跟着 R（两次）；另一种情况是后面跟着 L（两次），那么我们就不知道哪一种更有可能。

实际置信度值可能会比上述假设更复杂。它们需要考虑较小窗口大小捕获正确数据的概率，而更准确的 *N*-Gram 将被随机变体所迷惑。

所有这些涉及的数学并不简洁，也不会增加任何性能。我们在这种算法中仅使用了简单的计数截止。在为本书做准备时，我们试验并改变了我们的实现，以考虑更复杂的置信度值，并且在其能力方面没有可衡量的改进。

7.3.7 在格斗游戏中的应用

到目前为止，*N*-Gram 预测的最广泛应用是在格斗游戏中。例如，街机游戏、剑斗游戏以及任何其他基于组合技能的近战游戏都涉及定时动作序列。使用 *N*-Gram 预测器允许 AI 预测玩家在行动序列开始时尝试做什么，然后 AI 可以选择适当的反制行动。

当然，这种方法非常强大，它可以提供无与伦比的 AI。这种游戏的一个共同要求是从 AI 中移除这种能力，以便玩家有公平的机会。

这种应用与 *N*-Gram 预测技术有着如此紧密的联系，以至于许多开发人员在其他情况下都不再考虑该技术。但是，玩家的位置、他们将使用的武器或攻击方式等，都是可以应用 *N*-Gram 预测的领域。开发人员应对此保持开放的心态。

7.4 决 策 学 习

到目前为止，我们已经研究了在相对受限制的领域上运行的学习算法，包括参数值的修改、从一组有限的选项中预测一系列玩家选择等。

为了实现学习 AI 的潜力，我们需要让 AI 学会做出决策。第 5 章概述了若干种决策方法，以下内容介绍如何根据它们的经验选择决策程序。

当然，这些方法并不能取代基本的决策制定工具。例如，状态机明确地限制了角色做出不适用于某种情况的决策的能力（例如，如果你的武器没有弹药，则没有必要选择射击）。学习是有概率的，通常会有一定概率（无论多小）执行每一个可能的行动。众所周知，AI 在学习上仍然有一些硬性限制，这让它很难学习到适于在智力上超越人类对手的一般性行为模式。

7.4.1 决策学习的结构

我们可以将决策学习过程简化为易于理解的模型。我们的学习角色有一些可供选择的行为选项集合。这些可能是战争游戏中的转向行为、动作或高级战略。此外，它还有一些可以从游戏关卡中获得的可观察值。这些可能包括与最近敌人的距离、剩下的弹药量、每个玩家的军队的相对强弱等。

我们需要学习将决策（以可选择的单一行为选项的形式）与观察结果联系起来。随着时间的推移，AI 可以了解哪些决策与哪些观察结果相关，并可以改善其性能。

为了提高性能，我们需要为学习算法提供反馈。这种反馈被称为监督（Supervision），并且有两种不同的监督，可用于不同的学习算法或相同学习算法的不同方面。

强监督（Strong Supervision）采取一系列正确答案的形式。AI 一系列观察结果中的每一个都与应该选择的行为相关联。学习算法在给定观察输入的情况下学习选择正确的行为。这些正确答案通常由人类玩家提供。开发人员可能会玩一段时间游戏并让 AI 观察。AI 记录观察结果的集合以及人类玩家做出的决定，然后学习以同样的方式行事。

弱监督（Weak Supervision）不需要一套正确的答案。相反，有一些反馈是关于它的动作选择有多好。这可以是开发人员给出的反馈，但更常见的是由监控 AI 在游戏中的性能的算法提供。如果 AI 被射杀，那么性能监视器将提供负面反馈；如果 AI 始终能击败敌人，那么反馈将是正面的。

强监督更容易实现，并且获得正确的结果，但它不太灵活：它需要有人教给算法什么是对错。弱监督可以自己学习对错，但更难以做到正确。

本章余下的每一个学习算法都适用于这种模型。它可以访问观察结果，并返回下一个要执行的动作，并且将受到弱监督或强监督。

7.4.2　应该学习的东西

对于任何真实游戏来说，可观察数据项的数量将是巨大的，并且动作的范围一般来说会在相当程度上被限制。在非常具体的情况下，AI 有可能学习非常复杂的动作规则。

角色要具备高水平的竞争能力，就必须进行细节上的学习，因为这正是人类行为的特征：周围环境的微小变化会极大地影响我们的行为。在这里可以举一个极端的示例，如果一边的路障是由实心钢制成的，而另一边的路障是由纸板箱制成的，人类玩家打算使用路障作为掩藏点，那么他毫无疑问会直奔前者而去。

另一方面，由于我们正处于学习过程中，因此需要花费很长时间才能了解各种特定情况的细微差别。我们需要快速制定一些行为的一般规则。它们通常是错误的（我们需要更具体），但总的来说它们至少看起来是合理的。

对于在线学习来说尤其如此，必须使用能够从一般性原则计算出特定规则的学习算法，善于进行合理尝试，以获得堪称聪明的 AI 表现。对于 AI 算法来说，"聪明"这个阶段通常是很难学会的，它们也许永远都无法达到这个高度，所以仍将不得不依赖一般性行为。

7.4.3　4 种技术

我们将在本章的余下部分介绍 4 种决策学习技术。这 4 种技术在游戏中都得到了一定程度的使用，但它们的采用并不是一成不变的。第一种技术是朴素贝叶斯分类（Naive

Bayes Classification），这是开发人员应该首先尝试的。它易于实现，并且可以为任何更复杂的技术提供良好的基础。基于这个理由，即使是研究新学习算法的学者也经常使用朴素贝叶斯作为合乎逻辑的检查手段。事实上，很多看似有前景的机器学习研究都因为无法在朴素贝叶斯问题上做得更好而陷入困境。

第二种技术是决策树学习（Decision Tree Learning），这也是一种非常实用的技术。它还具有重要的属性，开发人员可以查看学习的输出结果是否有意义。

另外两种技术分别是强化学习（Reinforcement Learning）和神经网络（Neural Networks），它们在游戏 AI 方面有一定的潜力，但是它们所涉及的领域过于广泛，本书只能择其要者提供大致的介绍。

显然，开发人员还可以在文献中阅读到许多其他的学习技巧。现代机器学习在很大程度上是基于贝叶斯统计和概率理论的，所以，从这个角度上说，本书对朴素贝叶斯的介绍有一个额外的好处，那就是提供了对该领域的介绍。

7.5　朴素贝叶斯分类算法

解释朴素贝叶斯分类算法（Naive Bayes Classifier）的最简单方法就是使用示例。假设我们正在编写一个赛车游戏，并且想要让 AI 角色来学习玩家绕过拐角的技巧风格。决定转弯风格的因素有很多，但为了简单起见，不妨来看一看玩家何时根据他们的速度和到拐角的距离决定减速。刚开始的时候，我们可以记录一些游戏玩法数据以供学习。表 7.1 显示了这些数据的一小部分。

表 7.1　游戏玩法数据（部分）

是 否 制 动	距 离 数 值	速 度 数 值
是	2.4	11.3
是	3.2	70.2
否	75.7	72.7
是	80.6	89.4
否	2.8	15.2
是	82.1	8.6
是	3.8	69.4

重要的是使数据中的模式尽可能明显，否则，学习算法将需要太多的时间和数据，而这是不切实际的。因此，在考虑将学习应用于任何问题时，需要做的第一件事就是查看数据。当查看表 7.1 中的数据时，可以看到一些明显的模式出现。玩家要么靠近拐角，

要么远离拐角，速度也有快有慢。我们可以将小于 20.0 的距离标记为"近"，其他的标记为"远"，并按照这种方式来整理。类似地，可以将小于 20.0 的速度标记为"慢"，其他的标记为"快"。在经过这样一番整理后，即可得到表 7.2 所示的二元离散属性（Binary Discrete Attribute）表。

表 7.2　二元离散属性表

是 否 制 动	距 离 数 值	速 度 数 值
是	近	慢
是	近	快
否	远	快
是	远	快
否	近	慢
是	远	慢
是	近	快

即使是人类，现在也更容易看到属性值和动作选择之间的联系。这正是我们所希望的，因为它将使学习变得更快而不需要太多数据。

在一个真实的示例中，显然还有很多需要考虑的因素，而且模式可能并不那么明显。但是，玩家对游戏的常识使得他知道如何简化事物，并且相当容易。例如，大多数人类玩家可以将对象分类为"在前面""在左侧""在右侧"或"在后面"。因此，类似的分类可能对学习是有意义的，而不必使用精确的角度。

还有一些统计工具可以提供帮助。这些工具可以找到集群，并可以识别统计意义上显著的属性组合，但它们不符合常识和实践。确保学习具有合理的属性是应用机器学习的艺术的一部分，并且错误是导致失败的主要原因之一。

现在需要准确指出我们想要学习的内容。我们要学习一个玩家决定制动的条件概率，考虑到玩家与拐角的距离和速度，公式如下：

$$P(制动? \mid 距离，速度)$$

下一步是应用贝叶斯规则：

$$P(A \mid B) = \frac{P(B \mid A)P(A)}{P(B)}$$

关于贝叶斯规则的重要观点是，它允许我们根据给定 A 条件下 B 的条件概率来表示给定 B 条件下 A 的条件概率。当我们尝试应用它时，将看到为什么这很重要。但首先我们要稍微重申一下贝叶斯规则：

$$P(A \mid B) = \alpha P(B \mid A)P(A)$$

其中，$\alpha = 1/P(B)$。正如我们稍后将解释的那样，这个版本对于我们将要使用的算法来说更容易使用。

以下是适用于我们示例的贝叶斯规则的重新说明版本：

$$P(制动? \mid 距离, 速度) = P(距离, 速度 \mid 制动?)P(制动?)$$

接下来，将应用与条件无关的朴素假设给出：

$$P(距离, 速度 \mid 制动?) = P(距离 \mid 制动?)P(速度 \mid 制动?)$$

如果你还记得任何概率理论，那么你可能在独立的定义中看到过一个部分类似的公式（但没有条件部分）。

将贝叶斯规则的应用和与条件无关的朴素假设结合在一起，给出了以下最终公式：

$$P(制动? \mid 距离, 速度) = \alpha P(距离 \mid 制动?)P(速度 \mid 制动?)P(制动?) \tag{7.1}$$

关于这个最终版本的好处是，我们可以使用之前生成的值表来查找各种概率。假设与拐角的距离为 79.2 且速度为 12.1，在这种情况下，我们可以考查一个 AI 角色的表现，看它是否决定制动。我们需要计算人类玩家在相同情况下制动并使用它来做出决定的条件概率。

无论是制动还是不制动，只有两种可能性，所以我们将依次考虑每一个。首先，可以来计算制动的概率：

$$P(制动? = 是 \mid 距离 = 79.2, 速度 = 12.1)$$

可以先将这些新值离散化，以给出：

$$P(制动? = 是 \mid 远, 慢)$$

现在可以使用上面推导出的式（7.1），给出：

$$P(制动? = Y \mid 远, 慢) = \alpha P(远 \mid 制动? = Y)P(慢 \mid 制动? = Y)P(制动? = Y)$$

从表 7.2 中可以算出，在玩家制动的 5 个案例中，有 2 个案例是他们处在距离拐角还很远的地方。所以可估计如下：

$$P(远 \mid 制动? = 是) = \frac{2}{5}$$

同样地，对于玩家在低速行驶时制动的情况，也可以统计出 5 个案例中有 2 个：

$$P(慢 \mid 制动? = 是) = \frac{2}{5}$$

从表 7.2 中还可以看出，总共 7 个案例中有 5 个案例玩家都在制动，所以可给出：

$$P(制动? = 是) = \frac{5}{7}$$

该值被称为先验（Prior）值，因为它表示在对当前情况有任何了解之前的制动概率。关于先验值的一个重点是，如果事件本身不太可能，那么先验值将是很低的。因此，即使叠加对当前情况的了解，总体概率值仍然很低。例如，埃博拉是一种罕见的疾病，因此普通人患上这种病的先验值几乎为零。所以，即使有人表现出其中一种症状，但是乘以先验值，结果仍然是他不太可能患这种疾病。

回到我们的制动示例，现在可以将所有这些计算放在一起，以计算人类玩家在当前情况下制动的条件概率：

$$P(制动? = 是 \mid 远, 慢) = \alpha \frac{4}{35}$$

但是 α 的值呢？事实证明它并不重要。为了说明原委，我们现在计算不制动的概率：

$$P(制动? = 否 \mid 远, 慢) = \alpha \frac{1}{14}$$

我们不需要 α 的原因是它可以被约消（它必须是正数，因为概率永远不会小于 0）：

$$\alpha \frac{4}{35} > \alpha \frac{1}{14} \Rightarrow \frac{4}{35} > \frac{1}{14}$$

因此制动的概率大于不制动的概率。如果 AI 角色想要表现得像被收集数据的人类，那么它也应该制动。

7.5.1　伪代码

NaiveBayesClassifier 类的最简单实现假设我们只有二元离散属性。

```
 1  class NaiveBayesClassifier:
 2      # 正面示例的数量，初始化为 0
 3      examplesCountPositive = 0
 4
 5      # 负面示例的数量，初始化为 0
 6      examplesCountNegative = 0
 7
 8      # 正面示例中每个属性为 true 的次数
 9      # 全部初始化为 0
10      attributeCountsPositive[NUM_ATTRIBUTES] = zeros(NUM_ATTRIBUTES)
11
12      # 负面示例中每个属性为 true 的次数
13      # 全部初始化为 0
14      attributeCountsNegative[NUM_ATTRIBUTES] = zeros(NUM_ATTRIBUTES)
15
16      function update(attributes: bool[], label: bool):
17          # 检查这是正面还是负面示例
18          # 相应地更新所有计数
19          if label:
20              # 使用对应元素的加法
```

```
21          attributeCountsPositive += attributes
22          examplesCountPositive += 1
23       else:
24          attributeCountsNegative += attributes
25          examplesCountNegative += 1
26
27    function predict(attributes: bool[]) -> bool:
28       # 在预测时必须标记
29       # 该示例是正面示例，还是负面示例
30       x = naiveProbabilities(attributes,
31             attributeCountsPositive,
32             float(examplesCountPositive),
33             float(examplesCountNegative))
34       y = naiveProbabilities(attributes,
35             attributeCountsNegative,
36             float(examplesCountNegative),
37             float(examplesCountPositive))
38       return x >= y
39
40    function naiveProbabilities(attributes: bool[],
41                                  counts: int,
42                                    m: float,
43                                    n: float) -> float:
44       # 计算先验值
45       prior = m / (m + n)
46
47       # 独立于条件的朴素假设
48       p = 1.0
49
50       for i in 0..NUM_ATTRIBUTES:
51          p /= m
52          if attributes[i]:
53             p *= counts[i]
54          else:
55             p *= m - counts[i]
56
57       return prior * p
```

　　将该算法扩展到非二元离散标记和非二元离散属性并不困难。我们通常还希望优化执行预测的 predict 方法的速度。在离线学习应用程序中尤其如此。在这种情况下，开发人员应该在更新方法 update 中预先计算尽可能多的概率。

7.5.2　实现说明

将小数字（如概率）乘在一起的问题之一是，在浮点数的有限精度下，它们很快就会失去精度并最终变为零。解决这个问题的常用方法是将所有概率表示为对数，然后使用加法而不是乘法。这就是在文献中经常会看到"对数似然"（Log-likelihood）的原因之一。

7.6　决策树学习

在本书第 5 章"决策"中研究了决策树技术，它通过一系列决策，根据一组观察结果生成一个动作。在树的每个分支处都考虑了游戏世界的某些方面，并选择了不同的分支。最终，一系列分支导致了一个动作（见图 7.9）。

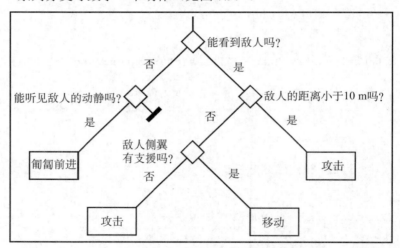

图 7.9　游戏中的决策树

具有许多分支点的树可以非常具体，并根据其观察的复杂细节做出决策。相应地，比较浅的树只有若干个分支，给出的是宽泛和一般性行为。

决策树在学习时更高效，因为它可以通过强监督提供的观察结果和动作动态构建，然后可以按正常方式使用构造的树在游戏过程中做出决定。

有一系列不同的决策树学习算法可用于分类、预测和统计分析。游戏 AI 中使用的学习算法通常基于 Quinlan 的 ID3 算法，本节将对此进行详细讨论。

7.6.1 ID3

ID3 的名称来源有两种说法,分别是归纳决策树算法 3(Inductive Decision tree algorithm 3,ID3)和迭代两分器 3(Iterative Dichotomizer 3,ID3)。它是一种易于实现、相对高效的决策树学习算法。

与任何其他算法一样,它也有大量优化版本,并且在不同情况下是很有用的。该算法的优化版本包括 C4、C4.5 和 C5 等,都已在行业 AI 中大量使用。本书将集中介绍基本的 ID3 算法,该算法为上述优化版本提供了基础。

1. 算法

基本 ID3 算法将使用一组观察结果-动作(Observation-Action)示例。ID3 中的观察结果通常称为属性(Attribute)。该算法将从决策树中的单个叶节点开始,并将一组示例分配给叶节点。

然后算法将其当前节点(最初是单个起始节点)拆分,以便将示例分为两个组(Group)。根据属性选择划分方式,选择的是可能产生最有效树的划分方式。当进行划分时,两个新节点中的每一个都被给予适用于它们的示例的子集,并且算法将针对它们中的每一个重复。

该算法是递归式的:它从单个节点开始,使用决策替换它们,直到创建了整个决策树。在创建每个划分方式时,它会将其子代中的一组示例分开,直到所有示例都同意相同的动作。此时可以执行动作,没有必要进一步划分。

拆分过程将依次查看每个属性(即影响做出决定的每种可能方式)并计算每个可能划分的信息增益(Information Gain),选择具有最高信息增益的划分方式作为该节点的决策。信息增益是一种数学属性,下文将进行详细介绍。

2. 熵和信息增益

为了确定在每个步骤应考虑哪个属性,ID3 将使用集合中动作的熵(Entropy)。熵是一组示例中信息的度量。在我们的示例中,它测量的是示例集中的动作彼此一致的程度。如果所有示例都具有相同的动作,则熵将为 0。如果动作均匀分布,则熵将为 1。信息增益仅仅是整体熵的减少。

可以将集合中的信息视为集合的隶属程度以确定输出。如果我们有一组包含所有不同动作的示例,那么在集合中并不会告诉我们要采取什么动作。理想情况下,我们希望达到这样一种状态:在集合中确切地告诉我们要采取的动作。

这可以通过一个示例来清楚地演示。假设我们有两种可能的动作:攻击(Attack,A)和防御(Defend,D)。另外还有 3 个属性:生命值、掩藏点和弹药。为简单起见,假设我们可以将每个属性划分为 true 或 false 值，即健康（Healthy）或受伤（Hurt）、掩藏（Cover）或暴露（Exposed），以及有弹药（Ammo）或空（Empty）枪。稍后我们将返回来讨论不仅仅包含 true 或 false 属性的情况。

我们的示例如下：

健康	掩藏	有弹药	攻击
受伤	掩藏	有弹药	攻击
健康	掩藏	空	防御
受伤	掩藏	空	防御
受伤	暴露	有弹药	防御

对于两种可能的输出结果：攻击和防御，一组动作的熵（E）由下式给出：

$$E = -p_A \log_2 p_A - p_D \log_2 p_D$$

其中，p_A 是示例集合中攻击动作的比例；p_D 是防御动作的比例。在我们的示例中，这意味着整个集合的熵是 0.971。

在第一个节点处，算法将依次查看每个可能的属性，划分示例集，并计算与每个划分方式相关联的熵。

划分方式如下：

健康	$E_{healthy} = 1.000$	$E_{hurt} = 0.918$
掩藏点	$E_{cover} = 1.000$	$E_{exposed} = 0.000$
弹药	$E_{ammo} = 0.918$	$E_{empty} = 0.000$

每个划分方式的信息增益从熵的方面来说，是减少从当前示例集（0.971）到子代集的熵。它可由下式给出：

$$G = E_S - p_\top E_\top - p_\perp E_\perp$$

其中，$p_\top$ 是属性为 true 的示例的比例；$E_\top$ 是这些示例的熵。类似地，$p_\perp$ 和 $E_\perp$ 指的是属性为 false 的示例的比例及其熵。该公式表明熵被乘以每个类别中的示例的比例。这使得搜索偏向平衡分支，其中相似数量的示例被移动到每个类别中。

在我们的示例中，现在可以通过划分每个属性来计算信息增益：

$$G_{health} = 0.020$$
$$G_{cover} = 0.171$$
$$G_{ammo} = 0.420$$

因此，在 3 个属性中，弹药是迄今为止我们需要采取什么行动的最佳指标（这是有道理的，因为我们不可能在没有弹药的情况下进行攻击）。通过优先学习最常用事物的原则，我们将弹药作为决策树中的第一个分支。

如果以这种方式继续，则将构建如图 7.10 所示的决策树。

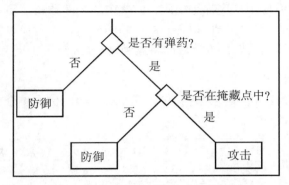

图 7.10 从简单示例中构建的决策树

请注意，此树中的角色的健康属性根本没有体现。从给出的示例来看，它与决定无关。如果我们有更多的示例，那么可能会发现它有关联的情况，决策树会使用它。

3．两个以上的动作

相同的过程适用于两个以上的动作。在这种情况下，熵计算可以归纳为：

$$E = -\sum_{i=1}^{n} p_i \log_2 p_i$$

其中，n 是动作的数量，p_i 是示例集中每个动作的比例。

大多数系统都没有专用的基数为 2 的对数。特定基数的对数 $\log_n x$ 由下式给出：

$$\log_n x = \frac{\log x}{\log n}$$

其中，对数可以使用任何基数（一般来说，基数 e 最快，但优化版本的实现可能会使用基数 10）。因此，只需将使用任何基数的对数除以 log(2)即可得到基数为 2 的对数。

4．非二元离散属性

当有两个以上的类别时，将有两个以上的子节点用于决策。

信息增益公式可以归纳如下：

$$G = E_S - \sum_{i=1}^{n} \frac{|S_i|}{|S|} E_{S_i}$$

其中，S_i 是属性的每个 n 值的示例集。

下面的伪代码可以自然地处理这种情况。它不会假设属性可以具有的值的数量。但糟糕的是，正如在本书第 5 章 "决策" 中所看到的那样，每个决策虽然可以具有两个以上的分支，但是这样的灵活性并不太实用。

当然，并不是所有应用程序都是如此。游戏中的大多数属性要么是连续的，要么具有许多不同的可能值，让每个属性都有一个单独的分支，这是很浪费的。开发人员需要扩展基本算法以应对连续属性。本节后面将返回讨论此扩展程序。

5. 伪代码

makeTree 函数的最简单实现是递归的。它执行一组示例的单个拆分，然后将其自身应用于每个子集以形成分支。

```
1   function makeTree(examples, attributes, decisionNode):
2       # 计算初始的熵
3       initialEntropy = entropy(examples)
4
5       # 如果没有熵，则可以进一步划分
6       if initialEntropy <= 0:
7           return
8
9       # 找到示例的数量
10      exampleCount = examples.length()
11
12      # 保存到目前为止找到的最佳拆分
13      bestInformationGain = 0
14      bestSplitAttribute
15      bestSets
16
17      # 遍历每个属性
18      for attribute in attributes:
19          # 执行该拆分
20          sets = splitByAttribute(examples, attribute)
21
22          # 找到总体熵和信息增益
23          overallEntropy = entropyOfSets(sets, exampleCount)
24          informationGain = initialEntropy - overallEntropy
25
26          # 检查到目前为止是否已经找到最佳
27          if informationGain > bestInformationGain:
28              bestInformationGain = informationGain
29              bestSplitAttribute = attribute
30              bestSets = sets
31
32      # 设置决策节点的测试
```

```
33        decisionNode.testValue = bestSplitAttribute
34
35        # 属性列表向下传递到树
36        # 已经使用的一个属性应该删除
37        newAttributes = copy(attributes)
38        newAttributes -= bestSplitAttribute
39
40        # 填充子节点
41        for set in bestSets:
42            # 找到该集合中属性的值
43            attributeValue = set[0].getValue(bestSplitAttribute)
44
45        # 创建树的子节点
46        daughter = new MultiDecision()
47
48        # 将它添加到树
49        decisionNode.daughterNodes[attributeValue] = daughter
50
51        # 递归该算法
52        makeTree(set, newAttributes, daughter)
```

这个伪代码依赖于 3 个关键函数。

❑　splitByAttribute 函数采用了一个示例列表和一个属性，并将它们划分成若干个子集，以便子集中的每个示例共享该属性的相同值。

❑　entropy 函数将返回一个示例的列表的熵。

❑　entropyOfSets 函数将（使用基本熵函数）返回列表的列表的熵。entropyOfSets 函数具有传递给它的示例总数，以避免必须累加每个列表的大小。正如我们将在下文所看到的，这使得实现要容易得多。

6. 按属性拆分

splitByAttribute 函数具有以下形式：

```
1   function splitByAttribute(examples, attribute):
2       # 创建列表的集合
3       # 这样就可以通过属性值访问每个列表
4       sets = {}
5
6       for example in examples:
7           sets[example.getValue(attribute)] += example
8
9       return sets
```

这个伪代码将 sets 变量视为列表字典（当它基于列表的值添加示例时）和列表的列表（当它在末尾返回变量时）。当它用作字典时，需要注意在尝试将当前示例添加到字典之前，应将先前未使用的条目初始化为空列表。

尽管对数据结构的需求经常发生，但这种二元性并不是数据结构的普遍支持要求。当然，它的实现其实非常容易。

7. 熵

entropy 函数具有以下形式：

```
 1  function entropy(examples):
 2      # 获取示例的数量
 3      exampleCount = examples.length()
 4
 5      # 检查是否仅有 1 个示例，如果是，则熵为 0
 6      if exampleCount == 0:
 7          return 0
 8
 9      # 否则，需要记录每种不同类型
10      # 动作的数量
11      actionTallies = {}
12
13      # 遍历每个示例
14      for example in examples:
15          # 递增计数
16          actionTallies[example.action]++
17
18      # 现在已经拥有集合中每个动作的计数
19      actionCount = actionTallies.length()
20
21      # 如果仅有一个动作，则熵为 0
22      if actionCount == 0:
23          return 0
24
25      # 从熵为 0 开始
26      entropy = 0
27
28      # 添加到每个动作的熵贡献中
29      for actionTally in actionTallies:
30          proportion = actionTally / exampleCount
31          entropy -= proportion * log2(proportion)
32
```

```
33        # 返回总熵
34        return entropy
```

在这个伪代码中，我们使用了 log2 函数，它给出了基数为 2 的对数。正如我们之前所介绍的，它可以实现为：

```
1    function log2(x: float) -> float:
2        return log(x) / log(2)
```

虽然这是完全正确的，但它并不是必需的。我们对找到确切的信息增益不感兴趣。我们只对找到最大的信息增益感兴趣。因为任何正幂的对数都将保持相同的顺序（也就是说，如果 $\log_2 x > \log_2 y$，那么同样地，$\log_e x > \log_e y$），我们可以简单地使用基本对数代替 $\log_2$，这样就不必计算浮点除法。

actionTallies 变量既可以作为由动作索引的字典（我们将递增其值），又可以作为列表（我们将迭代遍历其值）。这可以实现为基本哈希映射，但是在尝试递增它之前需要注意将先前未使用的条目初始化为零。

8. 集合的熵

开发人员可以通过以下方式实现函数来查找列表的列表的熵：

```
1    function entropyOfSets(sets, exampleCount):
2        # 从熵为 0 开始
3        entropy = 0
4
5        # 获取每个集合的熵的贡献
6        for set in sets:
7            # 计算集合中整体的比例
8            proportion = set.length() / exampleCount
9
10           # 计算熵的贡献
11           entropy -= proportion * entropy(set)
12
13       # 返回总体熵
14       return entropy
```

9. 数据结构和接口

除用于累积子集并在上述函数中保留动作计数的异常数据结构之外，该算法仅使用简单的示例列表。这些在创建后不会改变大小，因此可以将它们实现为数组。此外还需要创建附加集合，因为示例将会被分成更小的组。在 C 或 C++中，让数组通过指向一组示例的指针引用是有意义的，这样就不必不断地复制示例数据。

伪代码假定示例具有以下接口：

```
1  class Example:
2      action
3      function getValue(attribute)
```

其中，getValue 返回给定属性的值。

ID3 算法不依赖于属性的数量。毫不奇怪，action 保留了给定属性值时应采取的动作。

10．启动算法

该算法以一组示例开始。在开发人员可以调用 makeTree 之前，需要获取属性列表和初始决策树节点。属性列表通常在所有示例中都是一致的并且预先固定（即这是开发人员已经知道的将从中选择的属性）；否则，我们可能需要一个额外的依赖于应用程序的算法来计算出已使用的属性。

初始决策节点可以简单地创建为空。所以，该调用如下：

```
makeTree(allExamples, allAttributes, new MultiDecision())
```

11．性能

该算法在内存中的性能是 $O(a\log_v n)$，在时间中的性能是 $O(avn\log_v n)$，其中，a 是属性的数量，v 是每个属性的值的数量，n 是初始集合中示例的数量。

7.6.2　具有连续属性的 ID3

基于 ID3 的算法不能直接使用连续属性进行操作，并且当每个属性有许多可能的值时，它们并不实用。在任何一种情况下，属性值必须划分成少量离散类别（通常为两个）。这种划分方式可以作为独立的过程自动执行，并且在适当的类别下，决策树学习算法的其余部分将保持相同。

1．单个拆分

通过选择阈值级别，连续属性可以用作二元决策的基础。低于该级别的值属于一个类别，高于该级别的值属于另一个类别。例如，连续的生命值可以拆分为具有单个阈值的"健康"和"受伤"类别。

开发人员可以动态计算最佳阈值，以使用一个选择过程，这个过程和确定在分支中使用哪个属性的过程是类似的。

　　开发人员可以使用自己感兴趣的属性对示例进行排序。例如，将有序列表中的第一个元素放入类别 A，而剩余元素则放入类别 B。现在有一个划分方式，因此开发人员可以像以前一样执行拆分并计算信息增益。

　　开发人员可以重复以下过程：将类别 B 中的最低值示例移动到类别 A 并以相同方式计算信息增益。无论哪一种划分方式，只要它能获得最大的信息增益就可以被用作其划分方式。为了让不在集合中的未来示例能够由结果树正确分类，开发人员需要一个数值阈值。这是通过找出类别 A 中最高值的平均值和类别 B 中的最低值来计算的。

　　该过程将通过尝试每个可能的位置来设置阈值，该阈值将给出不同的子集示例。它会找到具有最佳信息增益的划分方式并使用。

　　最后一步将构造一个阈值，该阈值可以将示例正确地划分到其子集中。该值是必需的，因为当决策树用于做出决策时，我们无法保证获得与示例中相同的值：阈值用于将所有可能的值划分到类别中。

　　仍以类似于第 7.6.1 节中的情况为例，假设有一个"生命值"属性，可以取 0～200 的任何值。我们将忽略其他观察结果，并考虑一组仅具有此属性的示例。

50　防御

25　防御

39　攻击

17　防御

我们首先对示例进行排序，将它们分为两类，并计算信息增益，如表 7.3～表 7.5 所示。

表 7.3　计算信息增益（1）

类　　别	属　性　值	动　　作	信　息　增　益
A	17	防御	
B	25	防御	
	39	攻击	
	50	防御	0.12

表 7.4　计算信息增益（2）

类　　别	属　性　值	动　　作	信　息　增　益
A	17	防御	
	25	防御	
B	39	攻击	
	50	防御	0.31

表 7.5　计算信息增益（3）

类　别	属 性 值	动　作	信 息 增 益
A	17	防御	
	25	防御	
	39	攻击	
B	50	防御	0.12

　　从上面的表格中可以看到，如果将阈值设置在 25～39，则可以获得最多的信息增益。这两个值的中间值是 32，因此 32 为我阈值。

　　请注意，该阈值取决于集合中的示例。因为树中每个分支的示例集会变得更小，所以我们可以在树中的不同位置获得不同的阈值。这意味着没有设置固定的分界线，它将取决于具体情况。随着更多示例的出现，可以对阈值进行微调并使其更准确。

　　确定要在哪里拆分连续的属性，这一过程可以合并到熵检查中，以确定要基于哪一个属性进行拆分。在这种形式下，我们的算法与 C4.5 决策树算法非常相似。

2．伪代码

　　可以将此阈值计算步骤合并到之前伪代码的 splitByAttribute 函数中：

```
1   function splitByContinuousAttribute(examples, attribute):
2       # 创建一个列表的集合
3       # 这样就可以通过属性值访问每一个列表
4       bestGain = 0
5       bestSets
6
7       # 确认示例已经排序
8       setA = []
9       setB = sortReversed(examples, attribute)
10
11      # 计算示例数和初始的熵
12      exampleCount = len(examples)
13      initialEntropy = entropy(examples)
14
15      # 遍历除最后一个示例之外的每一个示例
16      # 将它移动到集合 A 中
17      while setB.length() > 1:
18          # 将最低值示例从 A 移动到 B
19          setB.push(setA.pop())
20
```

```
21              # 发现整体熵和信息增益
22              overallEntropy = entropyOfSets(setA, setB], exampleCount)
23              informationGain = initialEntropy - overallEntropy
24
25              # 检查信息增益是否是最佳的
26              if informationGain >= bestGain:
27                  bestGain = informationGain
28                  bestSets = [setA, setB]
29
30      # 计算阈值
31      setA = bestSets[0]
32      setB = bestSets[1]
33      threshold = setA[setA.length()-1].getValue(attribute)
34      threshold += setB[setB.length()-1].getValue(attribute)
35      threshold /= 2
36
37      # 返回该集合
38      return bestSets, threshold
```

sortReversed 函数将获取示例列表，并按给定属性的值递减的顺序返回示例列表。

在我们之前用于 makeTree 的框架中，没有使用阈值的工具（如果将每个不同的属性值发送到不同的分支，则不合适）。在这种情况下，我们需要扩展 makeTree，以便它接收计算出来的阈值，并为可以使用它的树创建一个决策节点。在本书第 5.2 节"决策树"中，我们讨论过一个适合这种情况的 FloatDecision 类。

3．数据结构和接口

在上面的代码中，我们使用了示例列表作为堆栈，然后使用 pop 方法将一个对象从列表中删除，并使用 push 方法将其添加到另一个列表中。许多集合数据结构都具有这些基本操作。例如，如果开发人员要使用链表实现自己的列表，则可以通过将 next 指针从一个列表移动到另一个列表来简单地实现。

4．性能

属性拆分算法，其性能在内存和时间中都是 $O(n)$，其中，n 是示例的数量。请注意，这对于每个属性来说都是 $O(n)$。如果开发人员在 ID3 中使用它，则需要为每个属性调用它一次。

5．实现说明

在本节中，我们研究了使用二元决策（或至少具有少量分支的决策）或阈值决策来构建决策树。

在真实游戏中，开发人员可能需要在最终树中结合使用二元决策和阈值决策。makeTree 算法需要检测最适合每种算法的类型，并调用 splitByAttribute 的正确版本，然后可以将结果编译到 MultiDecision 节点或 FloatDecision 节点（或者更合适的其他类型的决策节点，例如整数阈值）。此选择取决于开发人员将在游戏中使用的属性。

6．多个类别

并非每个连续值都最好基于单个阈值划分成两个类别。对于某些属性来说，可以有两个以上的明确区域需要不同的决策。例如，对于"生命值"属性来说，同样是受伤，一个角色仅仅是受到皮毛小伤，另外一个角色伤重到几乎死亡，那么它们的决策显然是不一样的。

开发人员可以使用类似的方法来创建多个阈值。但是，随着拆分数量的增加，必须计算其信息增益的不同场景的数量也呈指数增长。

对于最低熵而言，存在多种对于输入的数据进行多重拆分的算法。一般来说，使用任何分类算法（如神经网络）也可以实现相同的目的。

但是，在游戏应用程序中，需要多重拆分的情况是很少见的。当 ID3 算法递归遍历树时，它可以基于相同的属性值创建多个分支节点。由于这些拆分将具有不同的示例集，因此阈值将放置在不同的位置。这允许算法在两个或更多个分支节点上有效地将属性划分为两个以上的类别。额外的分支会略微减慢最终决策树的速度，但由于运行决策树是一个非常快速的过程，因此通常不会引起注意。

图 7.11 显示了当上述示例数据通过算法的两个步骤运行时创建的决策树。请注意，第二个分支被细分，将原始属性拆分为 3 个部分。

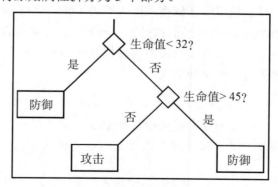

图 7.11　基于相同属性的两个序列决策

7.6.3 增量决策树学习

到目前为止，我们已经研究了在单一过程中的决策树的学习。我们提供了一组完整的示例，而算法则返回一个可供使用的完整决策树，这对于离线学习非常有用，可以一次性提供大量的观察结果——动作示例。学习算法只要花费很短的时间即可处理示例集以生成决策树。

但是，当在线使用时，将在游戏运行时生成新的示例，并且决策树应该随时间改变以适应它们。使用少量示例，只能看到粗略的扫描，并且树通常需要非常扁平。通过使用数百或数千个示例，算法可以检测到属性和动作之间的细微交互，并且树可能更复杂。

支持此扩展的最简单方法是每次提供新示例时重新运行该算法。这保证了决策树在每个时刻都是最好的。糟糕的是，我们已经看到，决策树的学习是一个效率不太高的过程。对于大型数据库示例来说，这可能非常耗时。

增量算法将基于新信息更新决策树，而无须重建整个树。

最简单的方法是采用新的示例，并使用其观察结果来遍历决策树。当到达树的终端节点时，开发人员可以将其中的动作与示例中的动作进行比较。如果它们是匹配的，则不需要更新，并且可以简单地将新示例添加到该节点处的示例集。如果动作不匹配，则以正常方式使用 SPLIT_NODE 将节点转换为决策节点。

这种方法就其本身而言是很不错的，但它总是在树的末尾添加更多示例，并且可以生成具有许多顺序分支的巨大树。理想情况下，我们希望创建尽可能扁平的决策树，尽可能快地确定要执行的动作。

1. 算法

最简单有用的增量算法是 ID4。顾名思义，它与基本的 ID3 算法有关。

我们从决策树开始，由基本的 ID3 算法创建。决策树中的每个节点还将记录到达该节点的所有示例。向下传递到树的不同分支的示例将存储在树的其他位置。图 7.12 显示了我们之前所介绍示例的树，它可用于 ID4 算法。

在 ID4 中，开发人员可以有效地将决策树与决策树学习算法相结合。为了支持增量学习，开发人员可以要求树中的任何节点在给定新示例的情况下更新自身。

当被要求更新自身时，可能会发生以下 3 种情况之一。

（1）如果该节点是终端节点（即它表示一个动作），并且如果添加的示例也共享相同的动作，则该示例将被添加到该节点的示例列表中。

（2）如果该节点是终端节点，但与示例的动作不匹配，则将该节点做成决定并使用

ID3 算法来确定要进行的最佳划分方式。

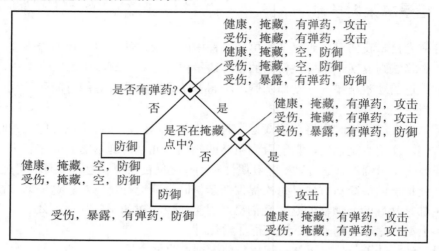

图 7.12　ID4 格式的简单树

（3）如果该节点不是终端节点，那么它已经是一个决定。开发人员将确定最佳属性并基于此属性做出决定，将新示例添加到当前列表中。最佳属性是使用信息增益指标确定的，这和前面 ID3 中的做法是一样的。

❑　如果返回的属性与决策的当前属性相同（并且大多数时候都是如此），那么开发人员可以确定新示例将映射到哪个子节点，并使用新示例更新该子节点。

❑　如果返回的属性不同，则表示新示例做出了不同的最佳决策。如果我们在此时更改决策，那么从当前分支向下都将无效。因此，可以删除从当前决策向下的整个树，并使用当前决策的示例加上一个新示例执行基本 ID3 算法。

请注意，当我们重新考虑最佳属性（决策将基于该属性做出）时，可能会有若干个属性提供相同的信息增益。如果其中一个是在当前决策中使用的属性，那么我们倾向于避免不必要地重建决策树。

总之，在树中的每个节点处，ID4 将根据新示例检查决策是否仍然能提供最佳信息增益。如果是，则将新示例向下传递给适当的子节点；如果不是，则从该点重新计算整个树。这可以确保树尽可能保持扁平。

事实上，由 ID4 生成的树将始终与 ID3 为相同的输入示例生成的树相同。在最坏的情况下，ID4 必须执行与 ID3 相同的工作来更新树。充其量，它与简单的更新程序一样有效。在实践中，对于合理的示例集，ID4 比每次重复调用 ID3 要快得多，并且从长远来看将比简单的更新过程更快（因为它产生了更扁平的树）。

2．示例

枯燥地描述算法可能很难直观地说清楚 ID4 的工作原理，所以，接下来我们用一个示例来帮助理解。

假设现在有 7 个示例，前 5 个与之前使用的相似：

健康	暴露	空	逃跑
健康	掩藏	有弹药	攻击
受伤	掩藏	有弹药	攻击
健康	掩藏	空	防御
受伤	掩藏	空	防御

现在使用它们来创建初始决策树，如图 7.13 所示。

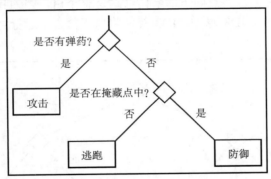

图 7.13　在 ID4 之前的决策树

下面使用 ID4 添加两个新的示例，每次添加一个：

受伤	暴露	有弹药	防御
健康	暴露	有弹药	逃跑

第一个示例进入第一个决策节点中。ID4 使用新示例以及现有的 5 个示例来确定"弹药"是用于决策的最佳属性。这与当前决策是匹配的，因此该示例被发送到适当的子节点。

目前，子节点是一个动作：攻击。该动作不匹配（因为新示例的动作是"防御"），因此我们需要在此处创建新决策。使用基本的 ID3 算法，我们决定基于掩藏点来做出决定。这个新决定的每个子代只有一个示例，因此是动作节点。

于是，当前的决策树将如图 7.14 所示。

现在添加第二个示例，再次进入根节点。ID4 确定此时不能使用"弹药"属性，因此"掩藏点"属性是此决策中使用的最佳属性。

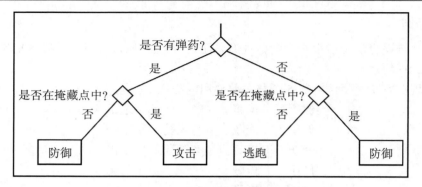

图 7.14　在 ID4 处理过程中的决策树

因此，我们可以抛弃从该点向下的子树（这是整个树，因为我们是在第一个决策位置）并使用所有示例运行 ID3 算法。ID3 算法将以正常方式运行并使树完整，如图 7.15 所示。

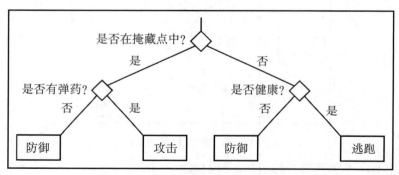

图 7.15　在 ID4 处理之后的决策树

3．ID4 的问题

ID4 和类似算法在创建最优决策树方面非常有效。随着最初的几个示例的出现，树在每一步都将在很大程度上重建。但是随着示例数据库的增长，对树的更改通常会减小，从而保持较高的执行速度。

但是，也有一种可能，树中对示例集合的属性测试顺序是病态的，这会导致几乎每一步都继续重建树，最终结果是它比每一步仅运行 ID3 还慢。ID4 有时被认为无法学习某些概念。当然，这并不意味着它生成的树是无效的（它生成与 ID3 相同的树），而是意味着树在提供了新的示例时不够稳定。

在实践中，我们还没有遇到过 ID4 的这个问题。实际数据确实会快速趋于稳定，而

ID4 最终也会比每次使用 ID3 重建树的速度要快得多。

其他增量学习算法，如 ID5、ITI 及其相关算法，都将使用这种转换，每个决策节点的统计记录或其他树都将重新构建操作来帮助避免重复重建树。

4．启发式算法

严格来说，ID3 是一种启发式算法：信息增益值是决策树中分支效用的一个很好的估计，但它可能并不是最好的。目前也有一些其他方法来确定在分支中使用哪些属性，最常见的方法之一就是增益比（Gain-Ratio），这是 ID3 的最初发明者 Quinlan 提出的。

一般来说，该数学比 ID3 中的数学要复杂得多，并且，虽然它已经进行了改进，但其结果往往与特定领域高度相关。因为在游戏 AI 中运行决策树的成本非常小，所以几乎不值得做额外的努力。就我们所知，很少有开发人员愿意投入精力去对 ID3 方案进行除简单优化之外的任何开发。

在进行在线学习时，可以通过增量更新算法实现更明显的加速。启发式算法还可用于提高增量算法的速度和效率。该方法用于诸如 SITI 和其他更奇特的决策树学习版本的算法中。

7.7　强 化 学 习

强化学习（Reinforcement Learning）是指基于经验的一系列学习技术。在最一般的形式中，强化学习算法有 3 个组成部分：在游戏中尝试不同动作的探索策略，能提供每个动作的好坏程度的反馈信息的强化函数，以及将两者联系在一起的学习规则。每个元素都有若干种不同的实现和优化，具体取决于应用程序。

强化学习是游戏 AI 中的热门话题，有些 AI 中间件供应商甚至将其作为支持下一代游戏玩法的关键技术。

在本节的后面部分，我们将简要介绍一系列强化学习的技术。但是，在游戏应用程序中，有一个很好的起点是 Q-Learning 学习算法。Q-Learning 算法易于实现，已经在非游戏应用程序上进行了广泛测试，并且可以在不深入理解其理论属性的情况下进行调整。

7.7.1　问题

开发人员希望游戏角色随着时间的推移选择更好的动作。但是，设计师很难预测如何能做出优秀动作。它可能取决于玩家的游戏方式，也可能取决于随机地图的结构，而这些都是无法事先设计的。

　　开发人员希望能够在任何情况下让角色自由选择任何动作，并确定哪些动作最适合哪些给定的情况。

　　糟糕的是，在采取动作时，动作的质量通常不明确。例如，如果要编写一种算法，使得当角色收集能量药丸或杀死敌人时，该算法可以提供良好的反馈，这是相对比较容易的，但是，实际杀死敌人的动作却可能是 100 个动作里面的 1 个，其中每一个动作都需要正确地衔接。

　　因此，我们希望能够提供非常片段化的信息：只有在发生重大事件时才能提供反馈。角色应该知道导致事件发生的所有动作都是要去做的有利的事情，即使在执行它们时没有给出任何反馈。

7.7.2　算法

　　Q-Learning 算法依赖于以特定方式表示问题。有了这种表示方式，它才可以在探索可能采取的动作时存储和更新相关信息。下面先来讨论一下其表示方式。

1．Q-Learning 表示世界的方式

　　Q-Learning 将游戏世界视为状态机。在任何时间点，算法都处于某种状态中。状态应该对有关角色的环境和内部数据的所有相关细节进行编码。

　　因此，如果角色的"生命值"是明显需要学习的属性，并且如果角色发现自己在两种相同的情况下具有两种不同的健康水平，那么角色将认为它们是不同的状态。未包括在状态内的任何东西都无法学习。如果我们没有将生命值纳入状态的一部分，那么就不可能学习在决策中考虑健康状况。在游戏中，状态由许多因素组成，如位置、敌人的接近程度、健康水平等。Q-Learning 不需要理解某个状态的组成部分，对于算法来说，它关注的状态只能是一个整数值：状态数字。

　　另一方面，游戏需要能够将游戏的当前状态转换为单个状态数字以供学习算法使用。幸运的是，算法永远不需要反过来：开发人员不必将状态数字转换回游戏项目（就像我们在路径发现算法中所做的那样）。

　　Q-Learning 算法被称为无模型算法（Model-Free Algorithm），因为它不会尝试建立一个世界如何运作的模型。它只是将一切视为状态。无模型之外的其他算法都试图从所访问的状态重建游戏中发生的事情。因此，无模型算法（如 Q-Learning 算法）往往更容易实现。

　　对于每个状态来说，算法需要了解可用的操作。在许多游戏中，所有操作都始终可用。但是，对于更复杂的环境而言，某些动作可能仅在满足特定条件时可用，包括角色

位于特定位置（例如，拉动杠杆需要角色站在杠杆旁边）、具有特定对象（例如，打开锁着的宝箱需要有特定的钥匙）或此前已经执行过其他动作（例如，在通过紧闭的密室之前需要先破解其机关）等。

角色在当前状态下执行一个动作之后，强化学习函数应该给它一个反馈。该反馈可以是正面的，也可以是负面的，如果没有明确指示该动作的好坏程度，则通常为零。虽然函数可以返回的值没有限制，但通常假设它们将在[-1, 1]范围内。

每次在特定状态下执行动作时，都不要求增强值相同，因为可能存在未用于创建算法状态的其他背景环境信息。正如我们之前所看到的，如果背景环境不是其状态的一部分，则该算法无法学习利用这样的背景环境，但它将容忍其效果并了解动作的整体成功，而不是仅仅基于一次尝试的成功。

执行动作之后，角色可能会进入新状态。在完全相同的状态下执行相同的动作可能并不总是导致相同的游戏状态。其他角色和玩家也会影响游戏的状态。

例如，假设第一人称射击类（First Person Shooter，FPS）游戏中的某个角色试图找到一个医疗包并避免接战。这个角色正躲在一个柱子后面。在房间的另一边，一个敌人正站在门口环顾四周。因此，角色的当前状态可以对应于：在室内 1 中、隐藏、附近有敌人、接近死亡。它选择了"隐藏"动作以继续躲避。敌人留下来，所以"隐藏"动作导致回到相同状态，所以它再次选择相同的动作。这一次敌人离开，所以"隐藏"动作现在导致另一个状态，对应于：在室内 1 中、隐藏、附近无敌人、接近死亡。

Q-Learning 算法（以及大多数其他强化算法）的强大特性之一是：可以应对这种类型的不确定性。

始状态（State）、采取的动作（Action）、强化（Reinforcement）值和结果状态（Resulting State）这 4 个元素被称为经验元组（Experience Tuple），通常写作$<s, a, r, s'>$。

2．进行学习

Q-Learning 以其关于每个可能的状态和动作的质量信息（Q 值）的集合命名。该算法为每个状态和它已尝试的动作保留一个值。Q 值表示在该状态下它认为采取该动作所获得的好坏程度。

经验元组分为两个部分。前两个元素（状态和动作）用于查找存储中的 Q 值。后两个元素（强化值和新状态）用于根据动作的好坏以及下一个状态的好坏来更新 Q 值。

更新由 Q-Learning 规则处理：

$$Q(s,a) = (1-\alpha)Q(s,a) + \alpha(r + \gamma \max(Q(s',a')))$$

其中，α 是学习率（Learning Rate）；γ 是折扣率（Discount Rate）。两者都是算法的参数。该规则有时也会以略微不同的形式编写，使用$(1-\alpha)$乘法输出。

3．工作原理

Q-Learning 规则使用学习率参数 α 将两个分量混合在一起以控制线性混合。用于控制混合的学习率参数在[0, 1]范围内。

第一个分量 $Q(s, a)$ 只是状态和动作的当前 Q 值。以这种方式保持当前值的一部分意味着开发人员永远不会丢弃之前发现的信息。

第二个分量有两个独立的元素。r 值是经验元组的新增强。如果强化规则如下：

$$Q(s,a) = (1-\alpha)Q(s,a) + \alpha r$$

那么它将把旧的 Q 值与动作的新反馈混合在一起。

第二个元素 $\gamma \max(Q(s',a'))$ 将从经验元组中查看新状态。它查看了可以从该状态获取的所有可能动作，并选择最高的相应 Q 值，这有助于将后续动作的成功（即 Q 值）带回到先前的动作：如果下一个状态是好的，那么这个状态应该分享它的一些经验。

折扣率参数控制当前状态和动作的 Q 值，这取决于它所导致的状态的 Q 值。非常高的折扣对于良好的状态来说有巨大的吸引力，而非常低的折扣只会给那些接近成功的状态赋予值。折扣率应在[0, 1]范围内。大于 1 的值可能导致不断增长的 Q 值，并且学习算法永远不会收敛于最佳解决方案。

因此，总而言之，Q 值是其当前值和新值之间的混合，它结合了动作的强化和动作所导致的状态的质量。

4．探索策略

到目前为止，我们已经讨论了强化函数、学习规则和算法的内部结构。我们知道如何更新从经验元组获得的学习结果以及如何从状态和动作生成这些经验元组。强化学习系统还需要一种探索策略（Exploration Strategy）：用于选择在任何给定状态下采取哪些动作的策略。它通常简称为策略（Policy）。

探索策略从严格意义上来说并不是 Q-Learning 算法的组成部分。虽然下面概述的策略在 Q-Learning 算法中很常用，但还有其他一些技术也各有自己的优势和弱点。在游戏中，有一种很强大的替代技术是结合玩家的动作，根据玩家的玩法产生经验元组。本节后面将讨论这个思路。

基本的 Q-Learning 探索策略是部分随机的。在大多数情况下，算法将从当前状态中选择具有最高 Q 值的动作。至于余下部分，算法将选择随机动作，随机的程度可以通过参数来控制。

5．收敛和结束

如果问题总是保持不变，并且奖励是一致的（如果它们依赖于游戏中的随机事件，那么它们通常不是这样的），那么 Q 值最终会收敛。进一步运行学习算法也不会让 Q 值有任何改变。此时算法已经完全学习了这个问题。

对于非常简单的问题来说，这可以在几千次迭代中实现，但在实际问题中，它可能需要大量的迭代。在 Q-Learning 的实际应用中，没有足够的时间来达到收敛，因此将在 Q 值稳定之前使用。在学习完成之前，通常在已学习的值的影响下开始行动。

7.7.3　伪代码

通用的 Q-Learning 系统具有以下结构：

```
1    # 保持 Q 值的存储
2    # 使用它作为学习决策的基础
3    store = new QValueStore()
4
5    # 通过调查问题更新该存储
6    function QLearning(problem, iterations, alpha, gamma, rho, nu):
7        # 获得开始状态
8        state = problem.getRandomState()
9
10       # 重复一定的次数
11       for i in 0..iterations:
12           # 每隔一小段时间就拾取一个新状态
13           if random() < nu:
14               state = problem.getRandomState()
15
16           # 获取可用动作列表
17           actions = problem.getAvailableActions(state)
18
19           # 这一次是否应该使用随机动作
20           if random() < rho:
21               action = oneOf(actions)
22
23           # 否则拾取最佳动作
24           else:
25               action = store.getBestAction(state)
26
27           # 执行动作
28           # 检索奖励和新状态
29           reward, newState = problem.takeActions(state, action)
30
```

```
31        # 从存储中获取当前 Q 值
32        Q = store.getQValue(state, action)
33
34        # 从新状态获取最佳动作的 Q 值
35        maxQ = store.getQValue(
36            newState, store.getBestAction(newState))
37
38        # 执行 Q-Learning
39        Q = (1 - alpha) * Q + alpha * (reward + gamma * maxQ)
40
41        # 存储新 Q 值
42        store.storeQValue(state, action, Q)
43
44        # 更新该状态
45        state = newState
```

在上面的伪代码中，假设随机函数 random 将返回 0～1 的浮点数，而 oneOf 函数则可以随机从列表中选择一个项目。

7.7.4　数据结构和接口

算法需要理解问题——它处于什么状态，它可以采取什么动作——并且在采取动作之后访问适当的经验元组。上面的代码将通过以下形式的接口执行此操作：

```
1  class ReinforcementProblem:
2      # 选择问题的随机开始状态
3      function getRandomState()
4
5      # 获取给定状态的可用动作
6      function getAvailableActions(state)
7
8      # 采取给定的动作和状态
9      # 然后返回奖励和新状态
10     function takeAction(state, action)
```

此外，Q 值存储在由 state 状态和 action 动作索引的数据结构中。在我们的示例中，它具有以下形式：

```
1  class QValueStore:
2      function getQValue(state, action)
```

```
3          function getBestAction(state)
4          function storeQValue(state, action, value)
```

getBestAction 函数返回给定状态具有最高 Q 值的动作。可以通过使用 getBestAction 的结果调用 getQValue 来找到最高的 Q 值（学习规则中需要）。

7.7.5 实现说明

如果 Q-Learning 系统被设计为在线运行，那么应该重写 Q-Learning 函数，使得它一次仅执行一次迭代，并记录其在数据结构中的当前状态和 Q 值。

存储可以实现为由动作-状态对（Action-State Pair）索引的哈希表。只有与值一起存储的动作-状态对包含在数据结构中，所有其他索引的隐含值为零。因此，如果给定的动作-状态对不在哈希表中，则 getQValue 将返回零。这是一个简单的实现，对于进行简短的学习是非常有用的。它遇到的问题是，getBestAction 不会总是返回最佳动作。如果来自给定状态的所有被访问动作具有负 Q 值并且并未访问所有动作，那么它将选择最高负值，而不是来自该状态中的一个未访问动作的零值。

Q-Learning 旨在遍历所有可能的状态和动作，这可能需要若干次（下文将讨论其可行性）。在这种情况下，哈希表将造成时间上的浪费。更好的解决方案是利用由状态索引的数组。此数组中的每个元素都是一个 Q 值数组，并通过动作建立索引。所有数组都初始化为零 Q 值。现在可以立即查找 Q 值，因为它们都已存储。

7.7.6 性能

Q-Learning 算法的性能将基于状态和动作的数量以及算法的迭代次数变化。最好运行该算法并使其多次访问所有状态和动作。在这种情况下，它在时间中的性能是 $O(i)$，其中，i 是学习的迭代次数。它在内存中的性能是 $O(as)$，其中，a 是动作的数量，s 是每个动作的状态数。在本示例中，假设该数组用于存储 Q 值。

如果 $O(i)$ 远小于 $O(as)$，那么使用哈希表可能更高效；但是，预计执行时间会相应增加。

7.7.7 适应性调整参数

Q-Learning 算法具有 4 个参数，它们在上面的伪代码中分别具有变量名称 alpha、gamma、rho 和 nu。前两个对应于 Q-Learning 规则中的 α 和 γ 参数。这些参数中的每一个对算法的结果都有不同的影响，因此值得详细研究。

1．alpha：学习率

学习率控制当前反馈值对存储的 Q 值的影响程度。它的取值范围是[0, 1]。

如果学习率的值为 0，这意味着算法不会进行学习，因为存储的 Q 值是固定的，没有新信息可以改变它们。学习率的值为 1 将不会影响以前的任何经验。每当生成经验元组时，可单独使用该元组来更新 Q 值。

根据我们的经验和实验，该值为 0.3，是一个非常合理的初始猜测，尽管它也可能需要进行调整。一般而言，开发人员在状态转换中的高度随机性（即通过采取动作达到的奖励或结束状态每次都明显不同）需要较低的 alpha 值。另一方面，该算法允许执行的迭代次数越少，alpha 值就越高。

许多机器学习算法中的学习率参数会随着时间的推移而发生变化，并且这是有益的。最初，学习率参数可以设置得相对较高（如 0.7）。随着时间的推移，该值可以逐渐减小，直到低于正常值（如 0.1）。这允许学习算法在有少量信息要存储时快速改变 Q 值，同时也要保护来之不易的学习成果。

2．gamma：折扣率

折扣率将基于单个或多个状态所导致的 Q 值控制动作的 Q 值。它的取值范围是[0, 1]。

如果折扣率的值为 0，则仅根据动作直接提供的奖励对每个动作计算评级。该算法不会学习涉及一系列动作的长期策略。如果折扣率的值为 1，则会将当前动作的奖励评定为与其所导致的状态质量同等重要。

更高的值有利于更长的动作序列，但相应地也需要更长的时间来学习。更低的值稳定得更快，但一般来说仅支持相对较短的序列。可以选择提供奖励的方式来增加序列长度（参见后面有关奖励值的小节），但这又使得学习的时间更长。

根据我们的经验和实验，0.75 是一个很好的初始值。使用此值，奖励为 1 的动作将对序列中前 10 个步骤的动作的 Q 值贡献 0.05。

3．rho：探索的随机性

rho 参数可以控制算法将采取随机动作而不是到目前为止所知的最佳动作的频率。它的取值范围是[0, 1]。

如果探索的随机性值为 0，则将提供纯粹的开发策略：算法将利用其当前的学习，强化它已经知道的东西。如果探索的随机性值为 1，则将给出一个纯粹的探索策略：算法将始终尝试新事物，而不是从其现有知识中获益。

这是学习算法的经典权衡：开发人员应该在多大程度上尝试学习新事物（新的学习结果也可能比目前已有的知识更糟糕），以及应该在多大程度上利用学习所获得的知识。

选择一个值的最大考虑因素是：学习是在线还是离线进行的。

如果学习是在线进行的，那么玩家将希望看到某种智能行为。学习算法应该利用它的知识。如果使用值为 1，那么算法将永远不会使用其学习到的知识，并且看起来总是随机做出决策（事实上也正是如此）。因此，在线学习需要较低的值（0.1 或更低应该是最好的）。

但是，对于离线学习来说，我们只想尽可能多地学习。尽管更高的值是比较好的，但仍然需要进行权衡。

一般来说，如果一个状态和动作非常好（具有高 Q 值），那么其他类似的状态和动作也将是好的。例如，如果我们已经学会了一个具有高 Q 值的杀死敌人角色的动作，那么也可能会有一个具有很高 Q 值的动作来让角色接近死亡。因此，发现已知的高 Q 值通常是找到具有良好 Q 值的其他动作-状态对的良好策略。

需要多次迭代才能使高 Q 值沿着动作序列传播回来。要分配 Q 值以便遵循一系列动作，需要在同一区域中进行若干次算法迭代。

遵循已知的动作有助于解决这两个问题。在离线学习中，这个参数的一个很好的起点是 0.2。这个值是我们从以前的经验中获得的最喜欢的初步猜测。

4．nu：游走的长度

游走（Walk）的长度可以控制将在一系列连接的动作中执行的迭代次数。它的取值范围是[0, 1]。

如果游走的长度值为 0，则意味着算法将始终使用在前一次迭代中达到的状态作为下一次迭代的起始状态。这样设置的好处是，算法可以看到可能最终导致成功的一系列动作。它的缺点是可能会使算法获得的状态相对较少，这些状态无法演变或虽然演变但只有一系列具有很低 Q 值的动作（因此不太可能被选择）。

如果游走的长度值为 1，则意味着每次迭代都从随机状态开始。如果所有状态和所有动作都具有相同的可能性，则这是最佳策略：它在尽可能短的时间内涵盖尽可能广泛的状态和动作。但是，实际上，有一些状态和动作更为普遍。一些状态会充当吸引子（Attractor），大量不同的动作序列将导致吸引者。这些状态应该比其他状态优先探索，并允许算法沿着完成该探索的动作序列进行漫游。

强化学习中使用的许多探索策略都没有此参数，并且假设它的值为 0。它们总是在一系列连接的动作中漫游。当应用在线学习时，该算法使用的状态直接受到游戏状态的控制，因此无法移动到新的随机状态。在这种情况下，将强制使用 0 值。

在使用强化学习的实验中，特别是在只能进行有限次数迭代的应用中，该参数大约取值为 0.1 是合适的。这将平均产生连续约 9 个动作的序列。

5．选择奖励

强化学习算法对用于指导它们的奖励（Reward）值非常敏感。重要的是，要考虑在使用算法时如何使用奖励值。

一般情况下，提供奖励有两个原因：达到目标和执行其他一些有益的动作。类似地，当游戏失败（例如，角色死亡）或角色执行了一些不符合期望的动作时，可以给出负强化值。这似乎是一种人为的区分。毕竟，达到目标正是一个（非常）有益的动作，而角色应该也会发现自己的死亡并不是它所期望的。

大多数关于强化学习的文献都假设问题有一个解决方案，达到目标状态是一个明确的动作。在游戏（以及其他若干种应用）中，情况并非如此。可能存在许多不同质量的不同解决方案，并且可能根本没有最终解决方案，而是有数百或数千种有益或有问题的不同动作。

在具有单一解决方案的强化学习算法中，我们可以给导致解决方案的动作赋予大量奖励（假设为 1），并且不对任何其他行动给予奖励。经过足够的迭代后，将会有一系列 Q 值引导出解决方案。

图 7.16 显示了在小问题上标记的 Q 值（表示为状态机图）。Q-Learning 算法已经运行了很多次，因此 Q 值已经收敛，并且不会随着额外的执行而改变。

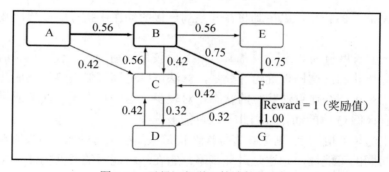

图 7.16　已经运行学习算法的状态机

从节点 A 开始，我们可以简单地跟踪增加 Q 值的轨迹以获得解决方案。以前文所述的搜索语言来说，我们正在使用爬山算法，远离 Q 值非常小的解决方案，但这不是问题，因为这些值中的最大值仍指向正确的方向。

如果添加额外奖励，情况可能会发生变化。图 7.17 显示了另一个学习练习的结果。

如果从状态 A 开始，则将进入状态 B，因此可以从导致 C 的动作中得到一点奖励。但是，这还远远不能解决最佳动作的问题。回到 B 并再次得到小奖励。在这种情况下，爬山算法将导致我们采取次优策略，即不断获取小奖励而不是寻求最佳解决方案。如果只有一座小山，则可以说这个问题是单一模式的；如果有多座小山，则可以说这个问题是多模型的。爬山算法在多模型问题上表现不佳，Q-Learning 也不例外。

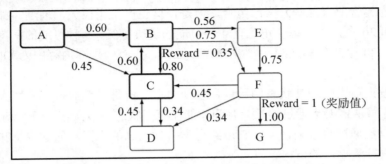

图 7.17 添加了额外奖励的已经运行学习算法的状态机

多个解决方案或者许多奖励点会使情况变得更糟。虽然增加奖励可以加快学习速度（开发人员可以通过奖励某一条路径来引导学习朝向解决方案），但它往往导致学习完全失败。所以，开发人员需要实现微妙的平衡。对非解决方案奖励使用非常小的值也许会有所帮助，但是并不能完全消除问题。

一般来说，开发人员可以尝试简化学习任务，以便只有一个解决方案，因此开发人员不应给予任何非解决方案奖励。只有在学习时间过长或结果不佳的情况下，才能添加其他解决方案和小奖励。

7.7.8 弱点和现实应用

虽然强化学习尚未广泛应用于游戏开发中，但是，它是新一批有前景的技术之一，受到了业界极大的关注。

像许多此类新技术一样，它也有"盛名之下，其实难副"的问题，因为它并不像一些炒作文章所宣称的那样实用。游戏开发网站和行业外人士撰写的文章可能对其大力宣扬，但是开发人员应该冷静地正视它们的真实适用性。

1．该算法的局限性

Q-Learning 要求将游戏表示为通过动作链接的一组状态。该算法的内存需求对状态和动作的数量非常敏感。游戏的状态通常非常复杂。如果角色的位置被表示为三维（3D）向量，则存在无限数量的有效状态。显然，开发人员需要将状态集组合在一起，然后发送到 Q-Learning 算法。

就像路径发现技术一样，我们可以将游戏关卡划分为多个区域，还可以量化生命值、弹药等级和其他状态位，以便可以用少量不同的离散值来表示它们。同样，我们也可以用离散近似值来表示灵活的动作（如二维中的移动）。

游戏状态包含所有这些元素的组合，但是，这也产生了巨大的问题。如果游戏中有 100 个位置和 20 个角色，每个角色有 4 种可能的健康等级、5 种可能的武器和 4 种可能的弹药等级，20 个角色总共约 10^{50} 个状态。显然，没有一个在内存中为 $O(as)$ 的算法是可行的。

即使开发人员大幅削减状态的数量，以使内存不再是一个瓶颈，开发人员还会遇到一个问题，即算法需要运行足够长的时间才能在每个状态下多次尝试每个动作。事实上，算法的质量只能通过收敛来证明：它最终会学习到正确的东西，而这也意味着可能需要对每个状态进行数百次的访问。

实际上，开发人员一般可以通过调整学习率参数，使用额外的奖励来指导学习并应用极少的迭代。

经过一些实验，我们估计该技术实际上受限于大约 100000 个状态，每个状态有 10 个动作。我们可以运行大约 5000000 次迭代算法以获得可行（但不是很好）的结果，这可以在合理的时间范围（几分钟）内和合理的内存（大约 10 MB）中完成。显然，离线使用专用或大型机一次求解问题可能会稍微增加一些大小（即状态和动作的上限可以略微大一些），但最多也只能多给我们一个额外的数量级而已。

考虑到可以探索的状态的速度是如此有限，在线学习可能仅限于 100 个状态以下的问题。

2．应用

强化学习最适合离线学习。它适用于具有许多不同交互分量的问题，例如，优化一组角色的行为或查找依赖于顺序的动作的序列。它的主要优势在于，能够无缝地处理不确定性。这使得开发人员能够简化暴露给它的状态，不需要把所有事情都告诉算法。

它不适用的问题包括能够轻松地查看解决方案的接近程度的问题（开发人员可以在此处使用某种类型的规划）、存在太多状态的问题，或者成功策略会随时间变化的问题（即它需要很好的稳定性才能工作）。

它可以应用于：基于对敌人动作的了解选择战术（见下文）、为一个简单的角色引导整个角色 AI（我们简单地给它一个目标和一系列动作）、对角色或车辆移动的有限控制、学习如何在多人游戏中进行社交互动、确定如何以及何时应用一种特定行为（例如，学习准确跳跃或学习武器射击）以及许多其他实时应用。

事实证明，它在棋盘游戏 AI 中表现得特别强大，可以评估棋盘位置的优劣。通过扩展，它可以在回合制游戏和其他缓慢移动的战略游戏的战略设置中发挥重要作用。

它也可以用于学习玩家的游戏方式和模仿玩家的玩法风格，使其成为实现动态演示模式的一种选择。

3. 案例研究：选择战术防御位置

假设有一个关卡，其中 3 个角色的哨兵团队正在守卫军事设施的入口。该团队可以占据一系列防守位置（共 15 个）。尽管我们会尽量避免每个角色同时移动，但每个角色都可以随意移动到任何空位。我们想要确定角色移动的最佳策略，以避免玩家安全地进入入口。

该问题的状态可以由以下项目来表示：每个角色占据的防守位置（或者如果它在移动中则没有位置）、每个角色是否还活着，以及说明任何角色是否可以看到玩家的标志。因此，每个角色有 17 个可能的位置状态（15+移动+死亡）和 2 个目击状态（玩家可见或不可见）。由此，每个玩家有 34 个状态，总共有 40000 个状态。

在每个状态中，如果没有角色在移动，那么一个角色可以改变位置。在这种情况下，有 56 种可能的动作，并且任何角色处于移动中时都没有可能的动作。

如果玩家死亡（假设角色看到并射杀了玩家），则通过奖励函数提供奖励。如果有任何角色被杀或者玩家进入入口，则给予负面奖励。请注意，我们并未表示玩家被看到时在何处。尽管玩家所处的位置很重要，但是当玩家通过入口时，负面奖励意味着战略应该知道靠近入口看到玩家更具风险。

可以针对此问题运行强化学习算法。游戏将模拟简单的玩家行为（例如，到达入口的随机路线）并基于当前游戏情况为算法创建状态。

由于无须渲染图形，因此可以快速执行单个场景的运行。

我们使用之前建议的 0.3 alpha、0.7 gamma 和 0.3 rho 值。由于状态与活动游戏状态相关联，因此 nu 参数的值将为 0（我们无法从随机状态重新启动，并且将始终从相同状态重新启动，以及仅在玩家死亡或已到达入口时重启）。

7.7.9　强化学习中的其他思路

强化学习是一个很宏大的主题，但是我们不想在这个主题上用更多的篇幅进行讨论。因为游戏中强化学习的使用很少，所以很难假设最重要的变化会是什么。

Q-Learning 是强化学习中一个构建非常完善的标准，并已应用于各种各样的问题。本节提供了其他算法和应用的简要概述。

1. TD 算法

Q-Learning 是所谓的时间差分（Temporal Difference，TD）算法的强化学习技术系列中的算法之一。TD 算法具有学习规则，将基于强化信号和先前在相同状态下的经验来更新其值。

基本 TD 算法以每个状态为基础存储值，而不是使用动作-状态对。因此，如果每个状态有很多动作，那么它们可以显著减轻在内存使用方面的负担。

因为我们将不会存储动作以及状态，所以算法更依赖于导致明确的下一个状态的动作。Q-Learning 可以在状态之间的转换中处理比 vanilla TD 更大程度的随机性。

除这些特性外，TD 与 Q-Learning 非常相似：具有非常相似的学习规则，具有 alpha 和 beta 参数，并且响应类似于它们的调整。

1）脱离策略和连接策略算法

Q-Learning 是一种脱离策略（Off-Policy）算法。选择要采取的动作的策略不是算法的核心部分。可以使用替代策略，并且只要它们最终访问所有可能的状态，该算法仍然有效。

连接策略（On-Policy）算法将它们的探索策略作为学习的一部分。如果使用不同的策略，则该算法可能无法达到合理的解决方案。TD 的原始版本具有此属性。它们的策略（选择最有可能导致具有高值的状态的动作）与其操作有着内在的联系。

2）在棋盘游戏 AI 中的 TD 算法

1959 年，IBM 公司的塞缪尔（Samuel）编制了一个具有自学能力的跳棋程序，这属于计算机在人工智能方面的应用，也是 AI 历史上最著名的程序之一。塞缪尔在跳棋程序中使用了简化版的 TD 算法。虽然缺乏后来人们在强化学习方面取得的一些研究进展（这也构成了今日的常规 TD 算法），但采用的方法却是一样的。

1992 年，IBM 公司的 Gerry Tesauro 使用强化学习技术构建了一个西洋双陆棋自学程序，这是 TD 算法的另一个修改版本，它成功地达到了国际级的游戏水平，并为专业级玩家开拓西洋双陆棋的玩法理论提供了独特的视野。Tesauro 结合使用了强化学习算法和神经网络。

2. 存储神经网络

正如前文所述，对于强化学习问题的规模来说，内存是一个重要的限制因素，但是这个问题是可以解决的。开发人员可以使用神经网络作为 Q 值的存储媒介。请注意，在常规 TD 算法中，Q 值被称为状态值（State Value），简称 V 值。

神经网络（将在第 7.8 节详细讨论）也能够概括和发现数据中的模式。前文我们提到过，强化学习不能从其经验中归纳总结出一般性知识。例如，虽然强化学习能够学习到在一种情况下射杀守卫是一件好事，但是它并不会立即认为在另一种情况下射杀守卫也是一件好事。使用神经网络则可以允许强化学习算法执行这种一般性的归纳总结。如果神经网络被告知在若干种情况下射击敌人具有高 Q 值，则它可能会归纳总结并认为在其他情况下射杀敌人也是值得去做的一件好事。

当然也有不利的方面，神经网络不太可能返回给予它们的相同 Q 值。动作-状态对的 Q 值在学习过程中会有波动，即使它没有被更新（特别是如果它在事实上没有被更新）也会如此。因此，不能保证 Q-Learning 算法得到合理的结果。神经网络倾向于使问题更具多模型（Multi-Modal）。正如我们在前面所看到的，多模型问题往往会产生次优的角色行为。

到目前为止，我们还没有发现任何已成功使用此组合的开发人员，尽管其在 TD 西洋双陆棋程序中的成功已经表明其复杂性可以被驯服。

3．Actor-Critic 方法

Actor-Critic 方法保留了两个独立的数据结构，即在学习规则中使用的值之一（Q 值或 V 值，具体叫法取决于学习算法，在 Q-Learning 算法中称为 Q 值，在常规 TD 算法中称为 V 值）和策略中使用的另一个集合。

Actor 的本意是"演员"，但在这里可以将它看作探索策略（Exploration Strategy）的同义词，指的是控制选择哪些动作的策略；Critic 的本意是"评论家"，但在这里可以将它看作值函数（Value Function）的同义词，指的是通常的学习算法。策略从算法那里得到了自身的反馈集合，因此，当奖励被赋予该算法时，它们被用于指导评论家的学习，然后评论家将信号（有时也被称为"评论"）传递给演员，演员使用它来指导更简单的学习形式。

演员可以按一种以上的方式实现，支持评论机制的策略也有很强的候选者。评论家通常使用基本的 TD 算法来实现，尽管 Q-Learning 也是合适的。

有些开发人员已经建议将 Actor-Critic 方法用于游戏。它们对学习和动作的分离在理论上可以更好地控制决策，但在实践中，我们觉得它所带来的好处非常有限，当然也期待开发人员通过一个特别成功的实现来证明我们的感觉是错误的。

7.8　人工神经网络

人工神经网络（Artificial Neural Networks，ANN）简称神经网络（Neural Networks），是 20 世纪 70 年代以来新的生物启发（Biologically Inspired）计算技术的先锋。它们被广泛应用于大量的应用程序中。尽管如此，它们却一直默默无闻，这种情况持续到 21 世纪 10 年代中期，当它们成为深度学习的主要技术时才声名鹊起。

生物启发技术统称为自然计算（Natural Computing，NC）。和很多生物启发技术一样，人工神经网络已经成为大量无理炒作的主题。自 20 世纪 60 年代获得成功以来，人工智能一直处在改变世界的边缘。深度学习这一技术的深耕发展，确实使该领域备受瞩目。

在游戏领域，神经网络也吸引了一些随声附和的专家，特别是在网站和论坛上，他们认为神经网络技术是解决人工智能问题的灵丹妙药。

开发人员已经尝试使用神经网络进行大规模的行为控制，但这也无疑暴露出该方法的弱点。无脑炒作和失望情绪的混杂让该技术蒙上了阴影。对人工智能抱有莫大期望的业余爱好者无法理解为什么这个行业没有更广泛地使用神经网络，而开发人员却经常吐槽该技术的不切实际，并且认为它们的应用行不通。

就个人而言，我从未在游戏中使用过神经网络。我们为若干个 AI 项目构建了神经网络原型，但没有一个能够制作成最终可用的程序。当然，我们认可它们是开发人员工具箱中的一种有用的技术。特别是，我们强烈考虑将它们用作分类技术——这是它们的主要优势。

不可否认，最近 10 年是基于神经网络的 AI 有趣的 10 年。游戏行业的现实情况是，一两个著名工作室的巨大成功可以改变人们对某项技术的看法。深度学习可能会超越其在棋盘游戏和游戏玩法中取得的巨大成绩，转而成为角色设计中的可靠技术。

当然，也有一些开发人员可能会继续使用更简单的算法，因为他们感觉这些简单算法已经足够且易于管理。

当我们撰写本书的第 1 版时，根本没想到深度学习的到来，而当本书编写到第 4 版时，也许深度学习已经不能说是最新的技术了。所以，技术的更新换代和时代的发展一样，都是不可阻挡的潮流。有鉴于此，我个人选择将深度学习保留在自己的工具箱中。

本节将讨论神经网络和深度学习的基础知识。神经网络是一个相当丰富的主题，充满了各种网络和专门针对极少量任务的学习算法。但是，很少有神经网络理论适用于游戏。因此，我们将坚持讨论最有用的基本技术。关于深度学习，本章将仅做大概介绍，重点是深度神经网络。本书将在第 9 章中详细讨论深度学习在棋盘游戏中的应用。

深度学习建立在神经网络的基本算法之上，因此，本节将以最简单的方式讨论神经网络，然后返回介绍深度学习。

现在有一系列令人眼花缭乱的不同神经网络。它们已经发展出专门用途，给出了一个令人生畏的足够深的分支家谱。实际上，我们可以想到的关于神经网络的所有内容都有以讹传讹的成分。关于神经网络，普罗大众能够说得出来的事情几乎没有几件是完全真实的。

所以我们将转向一个更明智的做法，那就是接下来将详细讨论一个特定的神经网络：

多层感知器（Multi-Layer Perceptron，MLP）。我们将描述一个特定的学习规则：反向传播算法（Backpropagation Algorithm，简写作 Backprop）。

多层感知器是否最适合游戏应用？这是一个悬而未决的问题。但是，它们却是人工神经网络最常见的形式。在开发人员发现一个明显是神经网络的"杀手级应用"的应用程序之前，我们认为最好从最普遍的技术开始。

7.8.1　概述

神经网络由大量相对简单的节点组成，每个节点运行相同的算法。这些节点是人工神经元，最初旨在模拟单个脑细胞的操作。每个神经元与网络中其他人工神经元的子集通信。它们以神经网络类型的特征模式进行连接。这种模式是神经网络的架构或拓扑。

1. 架构

图 7.18 显示了多层感知器（MLP）网络的典型架构。感知器（使用特定类型的人工神经元）按层排列，其中每个感知器均连接到紧接在其前后的层中的所有感知器。

图 7.18 右侧的架构显示了不同类型的神经网络：霍普菲尔德网络（Hopfield Network）。在这里，神经元排列在网格中，并且在网格中的相邻点之间建立连接。

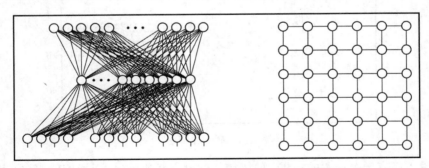

图 7.18　人工神经网络架构（多层感知器和霍普菲尔德网络）

2. 前馈和循环

在许多类型的神经网络中，某些连接被专门指定为输入而其他连接则是输出。多层感知器从前一层中的所有节点获取输入，并将其单个输出值发送到下一层中的所有节点。有鉴于此，它被称为前馈网络（Feedforward Network）。最左边的层也称为输入层（Input Layer），由程序员提供输入；最右边的层也称为输出层（Output Layer），它的输出最终将用于执行某些有用的操作。

前馈网络可以具有循环：从较后面的层返回到较前面层的连接。这种架构称为循环网络（Recurrent Network）。循环网络可能具有非常复杂和不稳定的行为，并且通常更加难以控制。

其他神经网络没有指定的输入和输出。每个连接都是同时输入和输出。

3．神经元算法

除了架构，神经网络还指定了一种算法。在任何时候神经元都有某种状态，可以将其视为神经元的输出值（通常表示为浮点数）。

该算法控制神经元如何根据其输入生成其状态。在多层感知器网络中，状态作为输出传递到下一层。在没有指定输入和输出的网络中，算法将基于连接的神经元的状态生成状态。

该算法由每个神经元并行运行。对于没有并行功能（至少不是正确类型）的游戏机，可以通过让每个神经元依次执行算法来模拟并行性。使不同的神经元具有完全不同的算法是可能的，但并不常见。

开发人员可以将每个神经元视为运行其算法的单个实体。图 7.19 以比喻的方式演示了感知器算法。

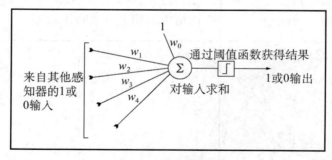

图 7.19　感知器算法

每个输入都有一个相关的权重。输入值（假设为 0 或 1）乘以相应的权重，再加上额外的偏置（Bias）权重（它相当于另一个输入值始终为 1 的输入），最后求和并传递，通过阈值函数获得结果。如果总和小于零，则神经元为 off（具有 0 值），否则为 on（其值为 1）。

阈值函数可以将输入加权求和结果转换为输出值。我们已经使用了硬性阶跃函数（即它从 output = 0 跳转到 output = 1），但是也可以使用大量不同的函数。为了使学习成为可能，多层感知器算法将使用稍微平滑的函数，其中，靠近步骤的值将被映射到中间输出值。下面将详细讨论该问题。

4. 学习规则

到目前为止，我们还没有谈到学习。神经网络在实现学习的方式上有所不同。对于某些网络而言，学习与神经元算法密切相关，无法将它们分开。但是，在大多数情况下，两者是完全分开的。

多层感知器可以按两种模式操作。正常感知器算法用于推动网络的应用。网络在其输入层中提供输入，每个神经元都会执行其操作，然后从输出层读取输出。这通常是一个非常快速的过程，不需要学习。相同的输入将始终提供相同的输出（对于循环网络来说则不是这样，但目前我们将忽略这种情况）。

为了便于学习，多层感知器网络处于特定的学习模式中。学习算法的任务是发现哪些权重有助于获得正确答案，哪些权重不起作用，然后可以增强正确的权重（或可能保持原样），并且可以修改不正确的权重。糟糕的是，对于网络的某些输入，当将所需的输出与实际的输出进行比较时，很难确定哪些权重对于生成输出很重要，这就是所谓的信用分配问题（Credit Assignment Problem，CAP）。网络的中间层越多，找到发生错误的地方就越困难。

多层感知器有多种学习规则，但是信用分配问题特别复杂，以至于没有一种适用于所有情况的最佳规则。我们介绍的"反向传播"就是其中一种最常见的规则，它也是许多变化规则的基础。

在网络正常前馈的情况下，每层都获得上一层生成的输出，而反向传播则沿相反的方向进行，输出向后传播。

在本节的末尾，还将讨论赫布学习（Hebbian Learning）规则，这是一个完全不同的学习规则，可能在游戏中很有用。接下来，将首先讨论多层感知器算法和反向传播。

7.8.2　问题

假设开发人员想要将一组输入值（如与敌人的距离、友方单位的生命值或弹药等级）组合在一起，以便可以针对每个组采取不同的动作。例如，我们可能会有一组"安全"的状况，其中，生命值和弹药都很多，敌人的距离还很远。在这种情况下，我们的 AI 可以去寻找能量药丸或布置陷阱。另外还有一组可能代表危及生命的情况，其中，弹药消耗一空、角色生命值极低、敌人暂时被压制。这对于盲目恐慌者来说，可能是一个逃跑的好时机。到目前为止，这都很简单（决策树足够了）。当然，我们也可以假设一组"勇敢战斗"的情况。例如，如果角色是健康的、弹药充足、敌人就在附近，那么它自然会去寻找战机；但是如果它处于死亡的边缘，同时还有一些弹药，那么它可能会坚持战斗到底，甚至它也可能毅然留下来断后，以便让其他小队成员逃脱。它可能在最后殊死一搏，但决策的结果都是一样的。

随着这些情况变得更加复杂，交互也越来越复杂，因此为决策树或模糊状态机创建规则变得很困难。

我们想要从示例中学习方法（就像决策树学习一样），就需要给出数十个示例。该算法应该从示例中归纳总结出一般性知识以涵盖所有可能性。它还应该允许我们在游戏过程中添加新的示例，以便我们可以从错误中吸取教训。

我们可以使用决策树学习来解决这个问题：输出值对应于决策树的叶子，输入值用于决策树测试。如果我们使用增量算法（如 ID4），那么也可以在游戏期间从错误中学习。对于像这样的分类问题，决策树学习和神经网络都是可行的替代方案。

决策树是准确的。它们给出了一棵可以从给定的示例中正确分类的树。要做到这一点，它们会做出困难而快速的决定。当看到在示例中没有表现出来的情况时，它们会根据这种情况做出决定。因为它们的决策是如此困难而快速，所以它们并不擅长通过推断到示例之外的灰色区域而进行归纳总结。神经网络不那么准确。它们甚至可能对所提供的示例给出错误的答复。但是，它们能更好地推断（有时表现得很明智）进入那些灰色区域。

准确性和归纳总结之间的这种权衡是在考虑要使用哪一种技术时必须做出的决定的基础。在我们的工作中，偏向的是准确性一侧，但每个应用程序都有自己的侧重点。

7.8.3　算法

作为该算法的一个示例，我们将使用之前讨论的战术情况的变化版本。AI 控制的角色将使用 19 个输入值：到最近的 5 个敌人的距离、到最近的 4 个队友的距离以及它们的生命值和弹药，还有 AI 的生命值和弹药。我们将假设存在 5 种不同的输出行为：逃跑、勇敢战斗、治疗队友、猎杀敌人和寻找能量药丸。假设有一个 20～100 个场景的初始集合，每个场景都有一组输入，我们希望看到输出。

我们使用具有 3 层的网络：输入层和输出层（如前文所述），加上中间（隐藏）层。这被称为浅层学习（Shallow Learning）神经网络，它可能是完成此任务的最佳方法。

输入层具有的节点数与我们问题中值的数量相同：19。输出层具有的节点数与可能的输出的数量相同：5。隐藏层通常至少与输入层一样大并且一般来说会更大。结构如图 7.20 所示，为清楚起见，图中省略了一些节点。

每个感知器都在前一层中的每个神经元上拥有一组权重。此外，它还可以具有偏置权重（Bias Weight）。输入层神经元没有任何权重。它们的值仅由游戏中的相应值设定。

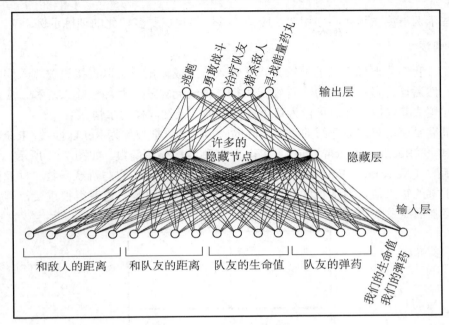

图 7.20 多层感知器架构

我们将场景分为两组：训练集（用于学习）和测试集（用于检查学习的成果）。对于这个问题，最少需要 10 个训练示例和 10 个测试示例。如果每个集合中有 50 个示例，那么效果会好得多。

1．初始设置和框架

首先可以将网络中的所有权重初始化为很小的随机值。

我们执行了学习算法的许多次迭代（通常是数百或数千次）。对于每次迭代来说，都可以从训练集中选择一个示例场景。一般来说，示例是依次选择的，在所有示例都使用之后即可循环回到第一个示例。

在每次迭代过程中，我们将执行两个步骤。前馈采用输入并猜测输出，而反向传播则基于实际输出和猜测来修改网络。

在迭代完成并且网络已经学习之后，可以测试学习是否成功。我们将通过在示例测试集上运行前馈过程来完成此操作。如果猜测的输出与我们正在寻找的输出相匹配，则表明神经网络已正确学习，这是一个好现象。如果没有正确学习，则可能需要运行更多的算法。

如果该网络不断地在测试集中获得错误的结果，则表明训练集中没有足够的示例，或者这些示例与测试示例不够相似，应该给该网络提供更多样化的训练示例。

2．前馈

首先，我们需要以正常的前馈方式从输入值生成输出。可以直接设置输入层神经元的状态，然后让隐藏层中的每个神经元执行其神经元算法：对加权输入求和，应用阈值函数，并生成其输出。此后可以为每个输出层神经元做同样的事情。

这里需要使用与前面介绍的略有不同的阈值函数，它被称为 ReLU 函数，ReLU 是修正线性单元（Rectified Linear Unit）的缩写，又称线性整流函数。如图 7.21 所示，它是一种激活函数（Activation Function），对于小于零的输入值，它与阶跃函数一样返回零；对于大于零的输入值，激活按线性方式增加。当涉及学习时，这变得很重要，因为通过它可以将强烈激发的神经元与对决定犹豫不决的神经元区分开。

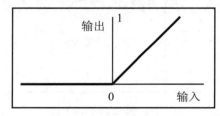

图 7.21　ReLU 函数

这将是用于学习的函数。其公式为

$$f(x) = \max(0, x)$$

在某些情况下，会采用稍微平滑一些的版本，它们有时称为 softplus，但通常仍简称为 ReLU，与上面使用 max 的版本一样：

$$f(x) = \log(1 + e^x)$$

ReLU 于 2011 年推出（详见附录参考资料[16]），取代了数十年来一直沿用的 Sigmoid 函数。ReLU 在大型神经网络有效学习能力方面产生了巨大变化。Sigmoid 函数则仍然可以在较小的网络上使用，但是随着中间层数量的增加和浅层网络的不断变深，ReLU 函数现在已经占据了主导地位。

ReLU 的主要限制在于它是不受约束的。与阶跃函数（Step Function）不同，ReLU 的神经元可以产生多少激活是没有上限的。在某些情况下，这可能会导致网络变得饱和，并且学习陷入僵局。在这种情况下，可能需要使用其他方法。

鉴于许多神经网络文献仍然假设使用 Sigmoid 函数，因此，虽然 Sigmoid 函数的使用已经不如从前那样普遍，但这里还是有必要来介绍一下。

图 7.22 显示了 Sigmoid 函数（Sigmoid Function）。Sigmoid 函数具有单增以及反函

数单增等性质，对于远离零的输入值，它的作用就像阶跃函数一样；对于接近零的输入值，它更平滑，可以给出中间值。该函数的公式为

$$f(x) = \frac{1}{1 + e^{-hx}}$$

其中，h 是一个可调整的参数，可用于控制函数的形状。h 的值越大，越接近阶跃函数。h 的最佳值取决于每层神经元的数量和网络中权重的大小。这两个因素都倾向于减小 h 值。优化 h 值比较困难，而学习结果的正确与否又高度依赖 h 值，这也是研究人员选择使用 ReLU 函数的另一个原因。

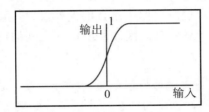

图 7.22　Sigmoid 阈值函数

3. 反向传播

为了学习，可以将输出节点的状态与当前模式进行比较。对于所有输出节点来说，期望的输出为 0，除非该节点对应的是我们需要的动作。我们从输出层向后传播，一次一层，更新所有权重。

设神经元状态集合为 o_j，其中，j 是神经元，而 w_{ij} 是神经元 i 和 j 之间的权重。更新的权重值的公式为

$$w'_{ij} = w_{ij} + \eta \delta_j o_i$$

其中，η 是增益项；δ_j 是误差项。下文将讨论这两项。

该公式假设计算神经元当前输出中的误差，并根据影响它的神经元更新其权重。因此，如果一个神经元出现不好的结果（即有一个负的误差项），则可以回过头来看看它的所有输入。对于导致不好的输出结果的那些输入，可以降低其权重。另一方面，如果结果非常好（正误差项），则可以返回并加强帮助过它的神经元的权重。如果误差项位于中间的某个位置（大约为零），则只需对权重进行很小的调整。

4. 误差项

根据我们是在考虑输出节点（模式将给出我们想要的输出），还是隐藏节点（我们必须在其中推导出误差），误差项 δ_j 的计算方式略有不同。

对于输出节点，误差项可以由下式给出：

$$\delta_j = o_j(1-o_j)(t_j-o_j)$$

其中，t_j 是节点 j 的目标输出。对于隐藏节点来说，误差项关联了下一层的误差：

$$\delta_j = o_j(1-o_j)\sum_k w_{jk}\delta_k$$

其中，k 是下一层中的节点集。该公式假设神经元的误差等于它贡献给下一层的总误差。贡献给另一个节点的误差是 $w_{jk}\delta_k$，即该节点的权重乘以该节点的误差。

例如，假设神经元 A 的状态为 on，它对神经元 B 有很大的贡献，并且神经元 B 的状态也是 on。在这种情况下，我们发现神经元 B 的误差很大，那么，神经元 A 必须承担起影响神经元 B 并使其产生误差的责任。因此，A 和 B 之间的权重需要减弱。

5. 增益项

增益项 η 可以控制学习进度的快慢。如果它接近于零，那么新的权重将与旧的权重非常相似。如果权重变化缓慢，则学习也会相应很慢。如果 η 是一个较大的值（它很少大于 1，尽管它可以如此），那么权重会以更大的比率变化。

低增益项将产生相对稳定的学习。从长远来看，它们会产生更好的效果。学习时网络不会那么快出现结果，也不会对单个示例做出重大调整。在多次迭代中，网络将根据其多次看到的误差进行调整。单个误差值只有很小的影响。

高增益项可以让开发人员更快地完成学习，并且可以完美地使用。当然，它存在基于单个输入/输出示例不断对权重进行大幅更改的风险。

初始增益可以使用值 0.3 作为起点。

另一个很好的折中方案是最初使用高增益（如 0.7），以使权重进入正确值附近范围，然后逐渐降低增益（如降低到 0.1），以进行精确调节并逐步稳定。

7.8.4 伪代码

开发人员可以按以下形式实现多层感知器的反向传播算法：

```
1  class MLPNetwork:
2      # 保存输入层感知器值
3      inputPerceptrons
4
5      # 保存隐藏层感知器值
6      hiddenPerceptrons
7
8      # 保存输出层感知器值
```

```
9          outputPerceptrons
10
11         # 学习给定输入的给定输出
12         function learnPattern(input, output):
13             # 生成未学习的输出
14             generateOutput(input)
15             # 执行反向传播
16             backprop(output)
17
18         # 生成给定输入集的输出
19         function generateOutput(input):
20             # 遍历每个输入感知器并设置其状态
21             for index in 0..inputPerceptrons.length():
22                 inputPerceptrons[index].state = input[index]
23
24             # 遍历每个隐藏感知器和前馈
25             for perceptron in hiddenPerceptrons:
26                 perceptron.feedforward()
27
28             # 为输出感知器执行相同的操作
29             for perceptron in outputPerceptrons:
30                 perceptron.feedforward()
31
32         # 运行反向传播学习算法
33         # 假设输入已经呈现
34         # 并且前馈步骤已经完成
35         function backprop(output):
36             # 遍历每一个输出感知器值
37             for index in 0..outputPerceptrons.length():
38                 # 寻找它生成的状态
39                 perceptron = outputPerceptrons[index]
40                 state = perceptron.state
41
42                 # 计算其误差项
43                 error = state * (1-state) * (output[index]-state)
44
45                 # 获取感知器值以调整其权重
46                 perceptron.adjustWeights(error)
47
48             # 遍历每一个隐藏感知器值
49             for index in 0..hiddenPerceptrons.length():
50                 # 寻找它生成的状态
```

```
51          perceptron = outputPerceptrons[index]
52          state = perceptron.state
53
54          # 计算其误差项
55          sum = 0
56          for output in outputs:
57              weight = output.getIncomingWeight(perceptron)
58              sum += weight * output.error
59          error = state * (1-state) * sum
60
61          # 获取感知器值以调整其权重
62          perceptron.adjustWeights(error)
```

7.8.5　数据结构和接口

上面的代码将单个神经元的操作包装到 Perceptron 类中，并让感知器更新自己的数据。 该类可以通过以下方式实现：

```
1   class Perceptron:
2       # 每个进入感知器的输入需要 2bit 的数据
3       # 保存在结构中
4       class Input:
5           # 作为输入来源的感知器
6           inputPerceptron
7
8           # 输入的权重
9           # 初始化为很小的随机值
10          weight
11
12      # 保存感知器的输入列表
13      inputs
14
15      # 保存感知器的当前输出状态
16      state
17
18      # 保存感知器输出中的当前误差
19      error
20
21      # 执行前馈算法
22      function feedforward():
23          # 遍历每个输入并对其贡献求和
```

```
24          sum = 0
25          for input in inputs:
26              sum += input.inputPerceptron.state * input.weight
27
28          # 应用该阈值函数
29          this.state = threshold(sum)
30
31      # 执行反向传播算法中的更新
32      function adjustWeights(currentError):
33          # 遍历每个输入
34          for input in inputs:
35              # 查找必需权重中的修改
36              state = input.inputPerceptron.state
37              deltaWeight = gain * currentError * state
38
39              # 应用权重修改
40              input.weight += deltaWeight
41
42          # 存储该误差
43          # 前一层中的感知器将需要它
44          error = currentError
45
46      # 查找派生自给定感知器的输入的权重
47      # 它将被用于隐藏层中
48      # 以计算产生的误差贡献
49      function getIncomingWeight(perceptron):
50          # 查找输入中第一个匹配的感知器
51          for input in inputs:
52              if input.inputPerceptron == perceptron:
53                  return input.weight
54
55          # 否则将没有权重
56          return 0
```

在这段代码中，我们假设存在一个可以执行阈值处理的 threshold 函数。这可以是一个简单的 ReLU 函数，其实现方式如下：

```
1   function threshold(input):
2       return max(0, input)
```

其中，width 是指示阈值明显变化程度的参数。为了支持其他类型的阈值处理（如后文介绍的径向基函数），开发人员可以使用不同的公式代替它。

该代码还引用了一个 gain 变量，它是网络的全局增益项。

7.8.6　实现警告

在生产系统中，将 getIncomingWeight 实现为遍历每个输入的顺序搜索是不可取的。大多数情况下，连接权重排列在数据数组中。神经元被编号，并且可以通过索引从数组直接访问权重。但是，直接数组访问使算法的整体流程更加复杂。伪代码说明了每个阶段发生的事情。伪代码也没有假设任何特定的架构。每个感知器都没有要求哪些感知器形成其输入。

除优化数据结构外，神经网络也应该是并行的。改变我们的实现方式，可以节省大量时间。通过在单独的数组中表示神经元的状态和权重，开发人员可以使用单指令多数据（Single Instruction Multiple Data，SIMD）操作编写前馈和反向传播步骤的代码。这样做不仅一次能处理 4 个神经元，而且还可以确保相关数据存储在一起。对于大型网络来说，使用显卡实现几乎是必不可少的，这样可以利用硬件的多核心和大规模并行化处理的优势。

7.8.7　性能

该算法在内存中的性能是 O(nw)，其中，n 是感知器的数量，w 是每个感知器的输入数量。前馈（指的是 generateOutputs 函数）和反向传播（指的是 backprop 函数）在时间中的性能也是 O(nw)。

如前面的伪代码所示，我们忽略了在 Perceptron 类的 getIncomingWeights 方法中对搜索的使用，原因正如第 7.8.6 节"实现警告"中所述，这段代码通常会被优化掉。

7.8.8　其他方法

我们固然可以使用神经网络理论来撰写一本像砖头那样厚的书，但其中大部分都只是在游戏边边角角方面的应用。通过仔细挑选和参考其他领域的应用，我们认为值得讨论的还有其他 3 种技术：径向基函数（Radial Basis Function，RBF）、弱监督学习（Weakly Supervised Learning）和赫布学习（Hebbian Learning）。我们实际使用过前两个，而第三个则是我们以前的同事所钟爱的技术。

1．径向基函数

第 7.8.3 节"算法"中介绍的阈值函数也可称为 ReLU 基函数（ReLU Basis Function）。

所谓"基函数"只是用作人工神经元行为基础的函数。

ReLU 基函数的作用是将其输入分为两类。高值给出高输出，低值给出低输出。两个类别之间的分界线始终为零。该函数将执行简单的分类，它区分高值和低值。

到目前为止，我们已经引入了一个偏置权重，作为在阈值处理之前求和计算的一部分。从实现的角度来看，这是有道理的，但我们也可以将该偏置值视为改变分界线的位置。例如，假设有一个采用单个输入的感知器。

为说明起见，不妨回过头来看一下 Sigmoid 函数（因为它与稍后将介绍的径向基函数有更多相似性）。图 7.23（左图）显示了当偏置为 0 时感知器的输出，而图 7.23（右图）则显示了当偏置为 1 时来自同一感知器的相同输出。因为偏置总是被加到加权输入中，所以它会使结果偏移。

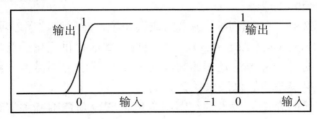

图 7.23　偏置和 Sigmoid 基函数

当然，这是故意设计的。开发人员可以将每个神经元视为决策树中的决策节点：它查看输入并确定输入在两个类别的哪一个类别中。请注意，始终将决策以 0 值划分是没有意义的。例如，我们可能希望 0.5 在一个类别中，而 0.9 在另一个类别中。使用偏置值将允许开发人员在任意一点划分输入。

但是，分类并不总是在一个点上进行。一般来说，开发人员需要以不同的方式处理一系列输入。只有在该范围内的值，其输出值才应该为 1。更高或更低的值得到的输出值都应该为 0。一个足够大的神经网络总能应对这种情况。一个神经元充当下界，另一个神经元充当上界。当然，这也确实意味着开发人员需要所有额外的神经元。

径向基函数通过使用如图 7.24 所示的基函数来解决此问题（详见附录参考资料[6]）。

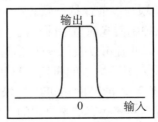

图 7.24　径向基函数

这里的范围是明确的。如前所述，神经元使用偏置权重来控制范围。扩展（输出大于 0.5 的最小和最大输入之间的距离）由权重的整体大小控制。如果输入权重都很大，则范围将被压扁。如果权重很小，则范围将变宽。通过单独改变权重（包括偏置权重），可以学习任何最小值和最大值。

径向基函数可以具有各种数学定义，大部分如图 7.24 所示，是一对镜像的 Sigmoid 基函数的组合。像 Sigmoid 函数一样，它们的学习速度也可能很慢，但是相反，对于某些问题，它们更拟合数据，从而使网络更小、更高效。

2．弱监督学习

前面介绍的算法需要以一组示例为基础。这些示例可以由开发人员手动构建，也可以在游戏过程中由经验生成。

在反向传播步骤中，我们使用示例来生成误差项，然后通过误差项来控制学习过程。这称为监督学习（Supervised Learning）：我们将为算法提供正确的答案。

在线学习使用的另一种方法是弱监督学习。弱监督学习不需要一组示例，它将使用一种直接计算输出层误差项的算法来代替它们。

例如，仍然以前面介绍的战术神经网络为例，假设角色围绕关卡移动，它将根据附近的队友和敌人做出决定。有时它做出的决定会很糟糕：它可能会在敌人突然发动攻击时试图治愈一个队友，或者它可能会因为试图寻找能量药丸而进入敌人的伏击圈。有监督的学习方法会尝试计算角色在每种情况下应该做什么，然后通过学习这个示例以及之前的所有示例来更新网络。

弱监督学习方法则意识到，说这个角色应该做什么并不容易，但是说角色所做的事情是错误的则很容易。它没有提出解决方案，而是根据 AI 受到处罚的严重程度来计算误差项。例如，如果 AI 及其所有队友都被杀死，则该误差将非常大。如果只是遭受了寥寥几次打击，那么误差就会很小。我们可以为成功做同样的事情，为成功的选择提供正面的反馈。

学习算法的工作方式与以前相同，但使用生成的误差项作为输出层，而不是根据示例计算出误差项。隐藏层的误差项与以前保持一致。

我们已经使用弱监督学习来控制游戏原型中的角色（旨在模拟军事训练）。它被证明是一种引导角色行为的简单方法，并且可以获得一些有趣的变化而无须编写大型行为库。

弱监督学习有可能学习开发人员不知道的事情。这种潜力无疑是令人兴奋的，但它也有一个堪称邪恶的"孪生兄弟"。神经网络可以轻松地学习开发人员不希望它知道的事情——开发人员可以清楚看到的那些事情是错误的。特别是，它可以学习以无聊和可预测的方式进行游戏。在第 7.8.2 节"问题"中，我们提到了一个角色在其生存可能性很小的情况下做出最后殊死一搏的选择。这是一个对抗起来能让玩家感到愉悦的 AI，因为它的表现像是一个非常有个性的角色。但是，如果角色仅仅根据结果进行学习，那么它永远都不会这样做，它会逃跑。在这种情况下（绝大多数游戏都是如此），游戏设计师对此了如指掌。

3．赫布学习

赫布学习（Hebbian Learning）以 Donald Hebb 的名字命名，这是他在 1949 年提出的（详见附录参考资料[22]），生物神经元遵循这种学习规则。目前尚不清楚有多少生物神经网络符合赫布学习规则，但它被认为是人工神经网络在生物学上最具可行性的技术之一。它也被证明是实用的，并且实现起来非常简单。

赫布学习是一种无监督学习技术。它既不需要示例，也不需要任何生成的误差值。它试图仅根据它看到的模式对输入进行分类。

虽然它可以在任何网络中使用，但赫布学习最常用于网格架构，其中每个节点都连接到它的邻居（见图 7.25）。

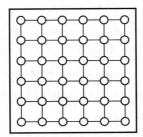

图 7.25　赫布学习的网格架构

神经元具有与前文所述相同的非学习算法。它们将对一组加权输入求和，并根据阈值函数确定其状态。在这种情况下，它们将从邻居那里获取输入，而不是从前一层中的神经元那里获取输入。

赫布学习规则表明，如果一个节点倾向于具有与邻居相同的状态，那么这两个节点之间的权重应该增加；如果它倾向于具有不同的状态，那么权重应该减少。

这样的逻辑很简单。如果两个相邻节点通常具有相同的状态（两者要么都为 on，要么都为 off），那么就可以合理地认为它们是相关的。如果其中一个神经元为 on，那么我们应该通过增加权重来提高另一个神经元为 on 的机会。如果没有相关性，那么神经元多半不具有相同的状态，并且它们的连接权重也将随着每一次的减少而有所增加。也就是说，连接不会全面加强或削弱。这就是所谓的赫布规则（Hebb's Rule）。

Donald Hebb 基于对真实神经活动的研究（在 ANN 发明之前）提出了赫布学习规则，

该规则被认为是生物学上最合理的神经网络技术之一。

赫布学习可用于查找数据中的模式和相关性，而不是生成输出。它可用于重新生成数据中的间隙。

例如，图 7.26 显示了即时战略游戏中的某一方对敌军的结构具有不完整的理解（因为战争迷雾的关系）。我们可以使用基于网格的神经网络与赫布学习。网格代表游戏地图。如果游戏是基于图块的，则每个节点可能使用 1、4 或 9 个图块。

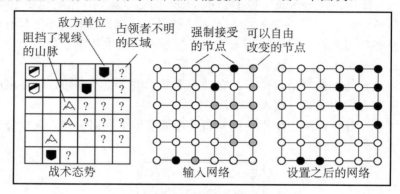

图 7.26　使用赫布学习的影响地图

每个神经元的状态指示游戏中的相应位置是否安全。在充分了解游戏的情况下，可以通过每回合提供一套完整的安全和危险图块来训练网络（例如，通过影响地图生成——参见本书第 6 章"战略和战术 AI"）。

经过大量的游戏之后，网络可以用来预测安全模式。AI 将设置图块的安全性，它可以看作神经元网格中的状态值。这些值被强制接受，不允许更改。网络的其余部分则可以遵循其正常的求和-阈值（Sum-and-Threshold）算法。这可能需要一段时间才能获得稳定模型，但其结果将表明哪些不可见区域可能是安全的，哪些应该避免。

7.9　深 度 学 习

从 21 世纪 10 年代中期开始，深度学习从学术领域进入了新闻媒体的聚光圈，造成了全球舆论的轰动。随着 Google 和 Deep Mind（后来被 Google 收购）等公司的杰出研究，深度学习（Deep Learning，DL）在新闻舆论方面得到了广泛传播，目前，这一术语已经成为 AI 的代名词。

虽然"深度学习"被捧上了神坛，但是，在专业 AI 文献之外，却很难获得关于真正的深度学习的直接答案。这种受欢迎程度是否可以转化为长久存在还有待观察，或许它也会像 AI 的前一个周期（即 20 世纪 80 年代的专家系统）那样，当技术的局限性逐渐变得清晰时，可能会经历一段幻灭期。

作为一种工程方法，深度学习非常强大。在许多游戏开发工作室中，它是一个活跃的研究领域，如果在未来几年中，游戏程序还没有涉及深度学习的应用，那倒确实称得上是怪事一桩。当然，对游戏而言，深度学习最有用的地方目前尚不清晰。像所有 AI 技术一样（例如当初人们对专家系统或神经网络的兴趣），了解这种机制有助于将其置于各种不同的应用环境中。总之，这是一个非常活跃且瞬息万变的研究领域。你可以通过阅读附录参考资料[18]和[21]获得更多有用的信息。

7.9.1 深度学习的定义

到目前为止，我们已经讨论了浅层人工神经网络的示例。它们的输出和输入之间只有很少的几层神经元。多层感知器显示为具有单个隐藏层，由于其输出感知也是自适应的，所以算起来总共有两个。上面介绍的赫布学习网络更是仅包含一个层。

顾名思义，深度神经网络比浅层网络更深，所以它具有更多的层。至于浅层变深的数量其实并没有公认的标准，但是深度神经网络模型可能有六层或更多。

与多层感知器不同，在某些网络架构中，要确切地说出有多少层并不容易（例如，在循环神经网络，层是循环的）。根据不同的计算方式，它可能有数百甚至数千层。

尽管深度学习现在几乎成了神经网络的同义词，但事实并非完全如此。开发人员也可以使用其他自适应过程（例如在本章前面讨论过的决策树学习），或与神经网络学习一起使用其他算法。例如，在棋盘游戏 AI 中使用的蒙特卡洛树搜索（Monte Carlo Tree Search）。当然，该领域的绝大多数工作都基于人工神经网络，即使它采用了其他技术也是如此。

接下来我们将重点介绍深度神经网络。

图 7.27 为深度学习系统示意图。每层都可以由任何种类的可参数化结构组成，它可以是感知器阵列、图像过滤器（也称为卷积，卷积神经网络正是由此得名），甚至是人类语言的概率模型（用于语音识别和翻译）。

对于这样一个深度系统来说，无论成功还是失败，都是一个整体。反过来，这也意味着必须将学习算法应用于整体。在学习期间，所有层中的所有参数都会改变。在实际应用中，可能会结合使用这种全局参数化和局部学习算法（有时称为逐层贪婪训练方法），由局部学习算法执行某些局部更改，但是整体上的全局学习才使得系统具有了"深度"。

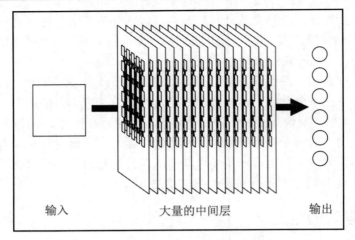

图 7.27　深度学习系统的示意图

7.9.2　数据

在第 7.8 节 "人工神经网络" 中介绍了信用分配问题（Credit Assignment Problem，CAP）。对于有监督学习来说，运行网络、生成输出并判断输出的质量，需要比较一系列已知的正确示例；对于弱监督或无监督学习来说，这可能意味着需要在实践中测试输出并查看其成功与否。无论哪种情况，要进行学习，都需要从评分和生成评分的参数向后回溯，直至找到新的一组参数，这组参数有可能会表现更好。确定要更改哪些参数的问题就是信用分配问题。要更改的参数的层数称为信用分配路径深度（Credit Assignment Path Depth）。几十年来，人们普遍认为学习一个深度 CAP 是很困难的。这种情况在 21 世纪初才有所改变，其原因有以下 3 点。

（1）研究人员开发了神经网络中的新技术，如对感知器使用 ReLU 函数而不是原来普遍使用的 Sigmoid 函数，或者干脆丢弃（Dropout）：在反向传播过程中随机重置神经元。

（2）计算机算力增强，这部分原因是摩尔定律在发挥作用，CPU 的算力大大提高，另外一个原因是开发了可利用显卡（GPU）进行并行计算的算法。

（3）由于网络的大规模索引以及用于生物技术信息收集的更多自主工具，现在可以采集和使用更大的数据集。

对于游戏而言，通常是最后一个原因限制了它使用深度学习的能力。深度学习有很多参数需要更改，而成功学习需要的数据要比参数多得多。

以图 7.28 所示的情形为例，在这里，我们试图确定有危险的敌人。该图特意简化了局面以使其适合图形表示。它显示了 8 种情况，每种情况都标明了是否有危险。

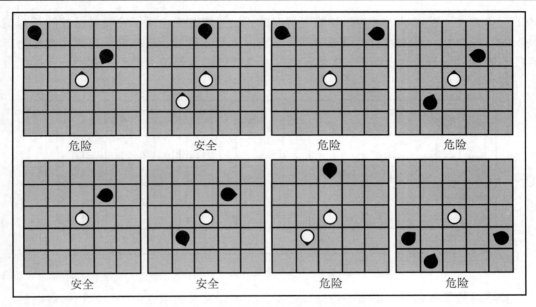

图 7.28　需要学习战略威胁评估的情况

　　图 7.29 显示了我们正在使用的学习网络：它的中间层有 8 个节点（为简单起见，该图显示为浅层神经网络，如果有十几层，则问题将更加严重）。

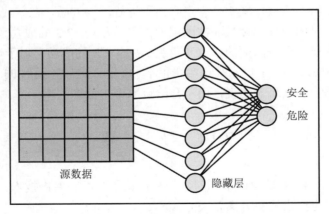

图 7.29　神经网络学习战略威胁评估

　　在进行训练直至学习网络可以正确对给定情况分类之后，我们将图 7.30 中的情况呈现给网络，由它来对这种情况分类。对于这种情况，学习网络很可能会进行错误分类。这不是学习算法的失败，也不是实现上的错误。这是由于数据非常稀疏，以至于隐藏层中的每个神经元都仅学习了对一种输入情况的正确答案。当出现了它没有见过的新测试情况时，网络举一反三的能力很弱，其输出实际上是随机的。这样的学习网络被称为出现了对数据的过拟合（Overfit）现象。它只是学会了输入而没有学会具有举一反三能力的一般性规则。

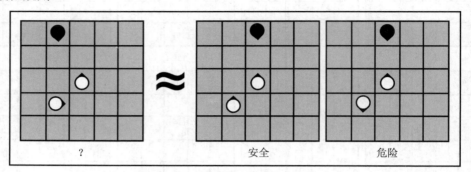

图 7.30　经过全面培训的网络战略威胁评估失败

　　要学习的参数越多，需要的数据就越多。如果开发人员依赖于手动标记的数据集，或者测试神经网络涉及玩游戏或模拟游戏的一部分，则可能会出现问题。在附录参考资料[32]中，描述了深度学习的突破之一，即通过使用一个包含 650000 个神经元的 5 层的网络，在有标记的包含 120 万数据的 ImageNet 语料库上获得了大约 2/3 的成功率。这样的成绩如果应用于游戏领域，其实是有点吃力不讨好。一方面，在游戏中想要为角色 AI 采集和验证这样大量的数据无疑是非常困难的；另一方面，2/3 的成功率根本无法给惯于发现和利用失败的玩家留下深刻的印象（角色 AI 的 2/3 的成功率对于玩家来说就是 2/3 的失败，而 2/3 的失败率对于玩家来说实属正常）。也就是说，这样的 AI 学习成功率太低，开发人员的努力会被玩家忽视，而不会给玩家带来惊艳的感觉。

7.10　习　　题

　　（1）本书在第 3.5.1 节"瞄准和射击"中讨论了瞄准和射击技术。那么，如何才能使用爬山算法来确定射击解决方案？

　　（2）请实现一个爬山算法，以确定一些简单问题的射击方案。

　　（3）在速度和准确性方面，将从问题（2）的实现中获得的结果与从第 3 章给出的公式中分析得到的解决方案进行比较。使用该结果解释：为什么对于许多问题而言，使用爬山算法或任何其他学习技术来发现射击解决方案很可能是无意义的？

（4）假设游戏中的 AI 角色可以指挥炮兵在战场上的炮击。角色想要引起爆炸，使敌人的损失最大化，并将友军单位的风险降至最低。爆炸被建模为具有固定致命爆炸半径 r 的圆。假设所有敌人和友方单位的位置已知，请编写一个函数，计算爆炸在 2D 位置 (x, y) 的预期奖励。

（5）请修改在问题（4）中编写的函数，以考虑误击友军事件对士气的潜在影响。

（6）请解释为什么简单的爬山算法可能无法在为问题（4）编写的函数中找到全局最优值。可以使用什么技术来代替它？

（7）许多格斗游戏都可以通过按特定顺序的按钮产生特殊动作（即所谓的"组合技"）。例如，按 BA 键可能会产生"抓住并抛出"组合技，而按 BAAB 键可能会产生"飞踢"组合技。如何才能使用 N-Gram 来预测玩家的下一次按键？为什么用这种方法创建对手 AI 可能是浪费时间？哪些应用可能是很有意义的？

（8）在某些格斗游戏中，如果控制角色处于蹲伏位置，然后执行组合技，那么所获得的效果将与角色站立时的效果大不一样。问题（7）中介绍的方法是否解决了这一问题？如果没有，那么该如何修改？

（9）假设我们已经编写了一款包含语音识别程序的游戏，用于以下设置词：go、stop、jump 和 turn。在游戏发布之前的游戏测试期间，已经统计出测试者说出的每个单词的频率，具体如下表所示：

设　置　词	频　　率
go	100
stop	125
jump	25
turn	50

请使用这些数据构建 P(word) 的先验值。

（10）继续问题（9），进一步假设，在游戏测试期间，我们计算出玩家说出每个单词需要的时间长度，并且发现这个时间长度是判断玩家说出哪个单词的一个很好的指示。例如，下表列出了给定的玩家说出单词花费的时间超过 0.5 s 的条件概率：

设　置　词	P(length(signal) > 0.5|word)
go	0.1
stop	0.05
jump	0.2
turn	0.1

现在假设在游戏过程中，我们计算玩家说出一个单词需要的时间。给定 0.9 s 的时间，玩家最可能说出的单词是什么？概率是多少？提示：可以应用贝叶斯规则。

$$P(A \mid B) = \alpha P(B \mid A) P(A)$$

其中，α 是归一化常数，然后使用问题（9）中构造的先验值和给定的条件概率。

（11）假设我们正在尝试根据玩家决定射击的时间来学习不同的游戏风格。下表代表我们在特定玩家那里收集到的数据：

是否射击（shoot?）	目标距离（distanceto-target）	武器类型（weapon-type）
是	2.4	手枪
是	3.2	步枪
否	75.7	步枪
是	80.6	步枪
否	2.8	手枪
是	82.1	手枪
是	3.8	步枪

请使用 distanceToTarget 的适当离散化/量化，填写一个更容易学习的新数据表：

是否射击（shoot?）	目标距离离散化（distance-to-target-discrete）	武器类型（weapon-type）
是		手枪
是		步枪
否		步枪
是		步枪
否		手枪
是		手枪
是		步枪

（12）使用在问题（11）中填写的新数据表，假设我们想要构建一个朴素贝叶斯分类算法来决定 NPC 是否应该在任何给定情况下进行射击。也就是说，我们想要计算：

$$P(\text{shoot?} \mid \text{distance-to-target-discrete}, \text{weapon-type})$$

（对于 shoot = Y 和 shoot = N）选择对应于较大概率的决定。

（13）在问题（12）中，只需要计算射击与不射击的相对条件概率，本题要求解的是：它们实际的条件概率是多少？（提示：请记住，概率总和必须为 1。）

（14）在问题（12）中假设给定射击动作，到目标的距离和武器类型是有条件独立的。你认为这个假设是合理的吗？请解释你的答案。

（15）请使用对数重新实现第 7.5 节"朴素贝叶斯分类算法"中给出的朴素贝叶斯分

类算法类，以避免出现浮点数下溢的问题。

（16）假设有一组如下所示的示例：

健康	暴露	有弹药	在小组中	距离很近	攻击
健康	掩藏	有弹药	在小组中	距离很近	攻击
健康	掩藏	有弹药	独自一人	距离很远	攻击
健康	掩藏	有弹药	独自一人	距离很近	防御
健康	掩藏	无弹药	独自一人	距离很近	防御
健康	暴露	有弹药	独自一人	距离很近	防御

请使用信息增益从这些示例中构建决策树。

（17）请编写一个简单的规则，该规则对应于为问题（16）构建的决策树。它是否有意义？

（18）请实现本书第 3.3.15 节"避开障碍物和避免撞墙"中介绍的躲避障碍物行为，并使用它生成一些数据。该数据应记录有关环境和角色转向选择的相关信息。

（19）请仔细研究一下在完成问题（18）时生成的数据。你认为该数据的学习难易度如何？如何表示数据以使学习问题尽可能易于处理？

（20）使用在完成问题（18）时生成的数据，尝试使用神经网络学习躲避障碍物。这个问题可能比你想象的要难，所以如果无法完成，请重新考虑问题（19）提出的要点。请记住，你需要测试在未训练情况下的设置，以确保学习算法真正有效。

（21）躲避障碍物的行为天然地有助于根据发生的碰撞次数创建一个误差项。请尝试一种弱监督的方法，注意不要使用在问题（20）中尝试学习躲避障碍物的强监督方法。

（22）尝试完全无监督的强化学习方法。注意不要使用在问题（21）中尝试学习躲避障碍物的弱监督方法。奖励函数应该奖励导致无碰撞移动的动作选择。请记住，你始终需要测试未用于训练的设置，这样做是为了防止出现过拟合的情况。

（23）假设通过手工编码方式即有可能获得可靠的躲避障碍物的行为，那么是否有必要尝试使用可能产生碰撞或迷路结果的机器学习算法？请分析其利弊。

第 8 章　程序化内容生成

程序化内容生成（Procedural Content Generation，PCG）是游戏开发中的热门话题，但它并不是什么新鲜事物。

它的使用可以追溯到 20 世纪 80 年代的 8 bit 计算时代。其时的 *Elite*（中文版名称《精英》，详见附录参考资料[82]）和 *Exile*（中文版名称《放逐》，详见附录参考资料[181]）都有相当一部分内容是生成的。在 *Elite* 游戏中，生成的是整个星系，而在 *Exile* 游戏中，生成的是地下洞穴系统。每次玩游戏时，这两个游戏都各有一部分内容是相同的，但是由于游戏内容太大，无法纳入当时只有 32 KB 的可用 RAM，因此，开发人员使用了程序化内容生成的方式作为一种内容压缩的手段。事实证明，*Elite* 游戏的这一做法产生了很大的影响力，后来有很多游戏都纷纷仿效，如 *Spore*（中文版名称《孢子》，详见附录参考资料[137]）、*Elite: Dangerous*（中文版名称《精英：危机四伏》，详见附录参考资料[118]）和 *No Man's Sky*（中文版名称《无人深空》，详见附录参考资料[119]）等。

20 世纪 80 年代初，*Rogue*（详见附录参考资料[139]）作为大型机的免费软件首次发布。它的特色是程序化生成的地牢，每次游戏时生成的结果都不相同，因此玩家在被击败之前不能一遍又一遍地重复刷某个关卡。

Rogue 催生了许多其他的非商业性和业余爱好者类型的游戏，这些游戏通常使用类似的纯文本界面。该游戏形成了一个流派，被称为 Rogue-likes。

总而言之，Rogue-likes 游戏包含了不可挽回性、生成随机性、进程单向性和游戏非线性等特点。

程序化内容生成和永久死亡（Permadeath）模式（所谓"永久死亡"模式，就是指无法重复刷关卡，死了只能重来）后来进入了独立的商业游戏，并成为一种现象，如 *The Binding of Isaac*（中文版名称《以撒的结合》，详见附录参考资料[138]）和 *Spelunky*（中文版名称《洞窟探险》，详见附录参考资料[146]），这些衍生的流派后来被称为 Rogue-lites。[①]

Rogue-lites 游戏往往会把 Rogue-likes 中对菜鸟玩家很不友好的"永久死亡"机制（不可挽回性）删掉，而保留比较有趣的"随机生成地图"特性。

程序化地牢的生成甚至产生了一些 AAA 级的优秀作品，如 *Diablo*（中文版名称《暗

---

① 这个流派的名称 Rogue-lites 还有一段有趣的历史，原先这类游戏也自称是 Rogue-likes，但是这引起了早期 Rogue-likes 游戏爱好者的不满，他们热心发起了 Rogue-likes 正名运动，这才迫使前者另外采用了 Rogue-lites 的名称。也有人曾经建议使用 Rogue-like-likes 之类的流派名称，但是因为太啰唆而未被采纳。

黑破坏神》，详见附录参考资料[88]）和 *Bloodborne*（中文版名称《血源诅咒》，详见附录参考资料[116]）的圣杯地牢。

Spore（中文版名称《孢子》）游戏还借鉴了程序化内容生成的另一条线：演示场景（Demo Scene）。它发布了一项竞赛，要求参加者在极其有限的程序大小的基础上制作最壮观的视听节目。这通常要求既通过手工优化的汇编代码来削减可执行文件的大小，又通过程序化内容生成来生成音频和大部分视觉效果的结合。*Spore* 游戏的创造者 Will Wright 聘请了著名的演示场景开发人员来帮助开发该游戏。

后来，诸如 *Civilization*（中文版名称《文明》，详见附录参考资料[147]）及其续集之类的战略游戏都使用了程序化关卡生成来为多人游戏创建各种地图。风景生成更是无处不在，即使是在采用固定关卡的游戏中，大多数游戏美工也会使用某种类型的内容生成（可能要经过人工修改）来创建地形（Landscape）。当然，这是在游戏工作室中使用的程序化内容生成，而不是在游戏机上运行的。

Minecraft（中文版名称《我的世界》，详见附录参考资料[142]）更进一步，直接将游戏中的地形和世界生成功能赋给了广大玩家。玩家可以自己建造、挖掘和探索千变万化的 *Minecraft* 地形，从而产生创造的乐趣。

Minecraft 游戏的开发商是 Mojang，这是一个以开发沙盒游戏而成名的工作室，其作品都是建立在一个简单的基于块的结构上，随着时间的推移，增加了生成例程，以创建矿山、村庄、寺庙和其他结构，每个结构都旨在唤起人造物的感觉。

最后，在谈到程序化内容生成时，还有一款游戏是不得不提的，那就是 *Dwarf Fortress*（中文版名称《矮人要塞》，详见附录参考资料[81]）。如果说，在此类游戏的开发方面，*Rogue* 开了一代先河，那么 *Dwarf Fortress* 则堪称集大成者，它将程序化内容生成运用到所有系统中。它的整个世界都是生成的，地牢、角色、背景故事、文明，甚至剧情和道具也莫不如此。本系列中有一本图书（详见附录参考资料[58]）包含了程序化内容生成建议，它就是由 *Dwarf Fortress* 的共同作者联合编写的。

总结一下，上述对程序化内容生成发展历史的介绍说明了它具有以下两个主要特性。

❑　　在游戏中，它能生成多样性。

❑　　在开发过程中，它可以使游戏资产具有更高的保真度或更低的创建成本。

在这两种情况下，它都替代了本来需要由设计师或游戏美工完成的工作。因此，这是一项 AI 任务。毫不奇怪，它使用的技术与本书已经介绍的技术类似。

本章不会介绍用于程序化合成或音乐创作的技术，因为它们更多的是需要音频和音乐方面的理论知识。类似地，游戏纹理通常是通过程序方式生成的，但是实现这一目标的方法是基于图像滤镜和图形编程技术的。

从另一个角度来说，诸如 *Left 4 Dead*（中文版名称《求生之路》，详见附录参考资料[196]）和 *Earthfall*（中文版名称《地球陨落》，详见附录参考资料[120]）之类的游戏通常使用类似"导演"的 AI 来生成游戏玩法：决策制定可以分析游戏的状态并安排新的敌人和遭遇战，以保持游戏的趣味性并对玩家形成挑战。这种内容生成将使用本书已经介绍过的技术，特别是第 5 章"决策"和第 6 章"战略和战术 AI"中讨论的技术。

因此，本章将从多个角度讨论程序化内容生成的方法，具体包括简单的随机数生成、地形生成、地下城和迷宫生成、形状语法等，开发人员可以单独使用或组合使用这些技术以创建引人入胜的内容。

8.1　伪随机数

本书已经多次出现与随机数相关的内容，每次使用它们时只需调用 random 函数即可，非常简单。在编程中，可以将随机数分为 3 类。

（1）真正的随机数需要专门的硬件来采样热噪声、核衰变或其他随机物理现象。

（2）密码随机数并不是真正的随机数，但是由于不可预测和不可重复，使它们可以用作密码软件的基础。

（3）常规的伪随机数（例如由 random 函数返回的伪随机数）是基于种子值的，对于同一种子来说将始终返回相同的随机数。生成伪随机数的许多算法也是可逆的：给定一个随机数，就可以推断出种子。

尽管从历史上看，操作系统或语言运行中的默认随机数生成器一直是伪随机的，但对计算机安全性的日益关注已促使一些开发人员将加密随机数用作标准。在这种情况下，通常会在库中提供一个简单的伪随机数生成器。当然，目前 C/C++、JavaScript 和 C#使用的仍是非加密随机数生成器。因此，如果你是在其他环境中进行开发，则可能需要检查这方面的应用情况。

在大多数游戏代码中，开发人员都不关心随机数是如何生成的。但是，有时生成具有稍微不同属性的数字是很有用的。有些值可以重复，有些值则可以形成一个聚类（Cluster），这两种值分别对应着不同的属性。

8.1.1　数值混合和游戏种子

严格来说，使用种子的伪随机数生成器其实是一个"混合"函数，给定一个种子值，它将返回一个关联的数字。之所以称其为混合函数，是因为种子值中的任何信息都应在整个结果随机数中进行混合。假设有两个种子值，它们仅在第一个 bit 上有区别，但即便如此，返回的随机数结果也应该在一个以上的 bit 位置上有所不同。

　　当然，两个相同的种子值将始终返回相同的结果，这应用在许多包含随机关卡的游戏中，以允许玩家共享其运行的种子，让其他玩家也尝试相同的挑战。

　　但是，在游戏中，开发人员会希望使用多个随机数。可以继续调用 random 函数以获得更多值。在幕后，种子值将会更新。伪随机数生成器执行以下更新：

$$s_0 \rightarrow s_1, r$$

其中，s 是种子（seed），下标表示时间，r 是伪随机结果（result）。更新的种子 s_1 也完全由初始种子 s_0 确定。因此，从特定种子开始的随机数序列将始终相同。

　　使用它来产生游戏可重复性的棘手部分是确保每次都执行相同数量的调用。想象一下，系统从初始种子生成随机关卡的地牢。我们可能并不希望游戏预先生成所有关卡，因为这会浪费玩家的时间。另一方面，如果玩家在第一关时未进行任何战斗就到达了关底（因此也就不会有随机命中掷骰的事情），那么开发人员并不希望在以不同方式创建的第二关中，使用相同种子值的玩家与所有敌人作战。

　　这可以通过使用多个随机数生成器（通常封装为 Random 类的实例）来实现。我们仅需要向主生成器提供游戏种子，所有其他的种子均以特定顺序从中创建。主生成器生成的数字就是其他生成器的种子。其代码设计大致如下：

```
1    class Random:
2        function randomLong(): long
3
4    function gameWithSeed(seed):
5        masterRNG = new Random(seed)
6        treasureRNG = new Random(masterRNG.randomLong())
7        levelsRNG = new Random(masterRNG.randomLong())
8
9    function nextLevel():
10       level += 1
11       thisLevelRNG = new Random(levelsRNG.randomLong())
12
13       # 使用 thisLevelRNG 创建关卡...
```

　　尽管操作系统和语言运行时可提供伪随机数生成器（通常作为可实例化的类），但某些开发人员也会使用自己的生成器。有很多不同的算法在性能和偏差之间提供了不同的权衡。如果你需要让自己的游戏可以在多个平台上运行，或者希望将来在不使先前种子无效的情况下对游戏进行修补或升级，则这一点尤其重要。

　　例如，Web 浏览器可以选择 JavaScript 的 Math.random 的实现方式（尽管在编写流行的浏览器时，使用的是相同的算法：xorshift）。其他平台可能会随着时间的流逝而更改其实现，即使是很小的修改也会导致失去对重复性的保证。

因此，找到并坚持使用同一种实现是更安全的做法。最常见的算法是 Mersenne Twister。在这里没必要给出它的伪代码，因为所有平台和语言的实现都是随时可用的。我个人使用 Boost C++库中的实现（详见附录参考资料[4]）已有很多年，即便如此，我在实际开发时仍会将源代码复制到使用它的每个游戏的版本控制存储库中，以免受版本变化的影响。

8.1.2　霍尔顿序列

随机数经常以看起来不自然的方式结块聚集在一起。当使用数字放置随机对象时，这种结块聚集可能会是一个问题。因此，开发人员多半希望能够选择看起来有些随机的点，但这些点在空间上的分布更平滑。要实现这一目标，最简单的方法是使用霍尔顿序列（Halton Sequence）。图 8.1 显示了根据随机数分布的一系列点，以及通过霍尔顿序列分布的相同点。

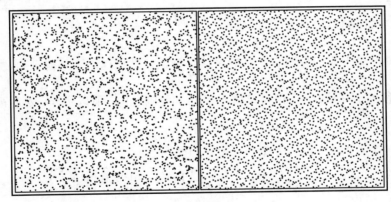

图 8.1　霍尔顿序列可减少结块

该序列由较小的互质数（Coprime Number）控制。所谓"互质数"，就是指不共享任何大于 1 的公因数的整数。例如，2 和 3，它们的公因数只有 1，所以是互质数。

在霍尔顿序列中，每个维度分配一个数字。因此，对于二维来说，就需要两个数字。每个维都形成自己的 0 到 1 间的分数序列。

举例来说，假设我们的序列有一个控制数为 $n=3$。

首先将范围$(0, 1)$按 $n=3$ 拆分出一个 $\frac{1}{3}$ 部分，剩下的就只有 $\frac{2}{3}$，它们都按顺序使用。

所以到目前为止的序列是：

$$\frac{1}{3}, \frac{2}{3}$$

然后，再次将范围(0, 1)按 $n^2= 9$ 拆分出 $\frac{1}{9}$ 部分，并再次按特定的顺序使用，那么到目前为止，生成的序列是：

$$\frac{1}{3},\frac{2}{3},\frac{1}{9},\frac{4}{9},\frac{7}{9},\frac{2}{9},\frac{5}{9},\frac{8}{9}$$

你可能会奇怪，这个序列中并没有 $\frac{3}{9}$ 和 $\frac{6}{9}$。注意，拆分的数字放在序列中有一个前提条件，那就是之前的序列中未返回过该值。$\frac{3}{9}=\frac{1}{3}$，$\frac{6}{9}=\frac{2}{3}$，它们在之前的序列中已经出现了，所以就不能再出现了。

有些心思缜密的人可能会想到另外一个问题：为什么该序列在 $\frac{1}{9}$ 之后就是 $\frac{4}{9}$ 呢？难道不应该是 $\frac{2}{9}$ 吗？

请注意，该序列是按 $\frac{1}{3}$ 递增的。

也就是说，对于 $\frac{k}{9}$ 部分而言，其顺序从 $\frac{1}{9}$ 开始，然后递增 $\frac{1}{3}$，得到 $\frac{4}{9}$，再递增 $\frac{1}{3}$，得到 $\frac{7}{9}$，再递增 $\frac{1}{3}$，得到 $\frac{10}{9}$，但是该值不在(0, 1)范围之内，所以舍弃，然后再从 $\frac{2}{9}$ 开始，以此类推。

使用控制数字 2 和 3 的二维序列开始部分如下所示：

$$\left(\frac{1}{2},\frac{1}{3}\right),\left(\frac{1}{4},\frac{2}{3}\right),\left(\frac{3}{4},\frac{1}{9}\right),\left(\frac{1}{8},\frac{4}{9}\right),\left(\frac{5}{8},\frac{7}{9}\right),\left(\frac{3}{8},\frac{2}{9}\right),\left(\frac{7}{8},\frac{5}{9}\right)$$

该序列的实现比解释它更容易。其一维实现的伪代码如下：

```
1  function haltonSequence1d(base, index):
2      result = 0
3      denominator = 1
4
5      while index > 0:
6          denominator *= base
7          result += (index % base) / denominator
8          index = floor(index / base)
9
10     return result
```

在上面的代码中，floor 函数可以将值四舍五入到最接近的整数。

两维实现的伪代码如下：

```
1  function haltonSequence2d(baseX, baseY, index):
2      x = haltonSequence1d(baseX, index)
3      y = haltonSequence1d(baseY, index)
4      return x, y
```

较大的控制数字会产生明显的伪像。例如，控制数字 11 和 13 的开始部分如下所示：

$$\left(\frac{1}{11},\frac{1}{13}\right),\left(\frac{2}{11},\frac{2}{13}\right),\left(\frac{3}{11},\frac{3}{13}\right),\left(\frac{4}{11},\frac{4}{13}\right),\left(\frac{5}{11},\frac{5}{13}\right),\left(\frac{6}{11},\frac{6}{13}\right)$$

为避免这种情况，通常至少跳过由数字 n 控制的序列的前 n 个数字。在模拟应用程序中，通常会跳过更多的初始值，有时甚至会跳过数百个初始值，在某些情况下，只会使用每 k 个值，其中 k 是与 n 互质的数字。不过，对于程序化内容生成来说，基本上不必这样做，只要使用较小的控制编号并从第 n 个值开始就足够了。

霍尔顿序列既不是随机的也不是伪随机的，它被称为准随机（Quasi-Random）：它看起来是随机的，并且其无偏性足以在某些统计模拟中使用，但是它并不依赖于种子，并且每次都是一样的。

为了避免重复，可以使用不同的控制数字，尽管如上所示，较大的值会显示明显的伪像。或者，开发人员也可以考虑为这两个维度添加随机偏移。图 8.2 左侧显示了平铺的霍尔顿序列；中间的图片是使用了较大的控制数字所产生的结果，可以看到明显产生了伪像；右侧图片是为两个维度添加随机偏移之后的结果。事实上，这 3 幅图片都表现出不同程度的伪像，在某些应用中可能会出现问题。因此，对于霍尔顿序列来说，最好能使用较小的控制数字，并从一个较大的区域开始，而不是将其分成单独的块。

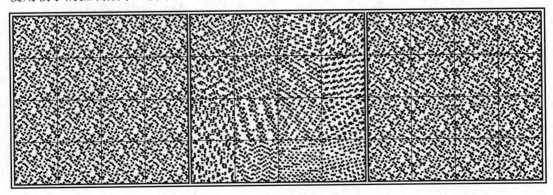

图 8.2　重复的霍尔顿序列表现出来的重复现象

8.1.3　叶序的角度

霍尔顿序列在二维上给出了令人愉悦的对象排列。为了以看起来很自然的方式围绕中心轴按径向定位对象（如叶子或花瓣），其使用了一种"金属"比例。其中，最著名的便是黄金分割比例 ϕ：

$$\phi = \frac{1+\sqrt{5}}{2} \approx 1.618033989$$

这是斐波纳契数列（Fibonacci Sequence）中相除的连续数收敛的比例。除黄金比例（Golden Ratio）外，其他"金属"比例还包括白银比例（Silver Ratio）、铂金比例（Platinum Ratio）和青铜比例（Bronze Ratio）等，只不过它们不太常用，但都是由斐波那契数列的其他变体给出的。

图 8.3 显示了以 $\frac{2\pi}{\phi}$ 弧度（约 222.4°）的间隔放置的叶子，其位置的间隔是 $\frac{2\pi}{\phi} \pm r$，其中 r 是一个很小的随机数（在图中最大为 $\frac{\pi}{12}$ 弧度）。很小的随机偏移量会使它不会因为太完美而看起来像是人造的（我们要营造的是看上去比较自然的结果），但是实际的树叶又要求这个角度变化不能太大：较大的随机偏移量会完全破坏效果。

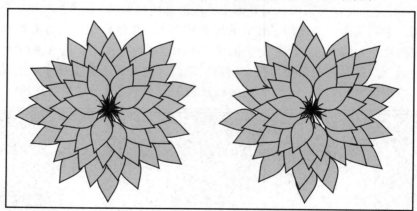

图 8.3　具有黄金比例的叶子位置

叶序（Phyllotaxis）的角度并不是随机的，除非像上面的示例一样将某些随机分量添加到黄金比例中。但是像霍尔顿序列一样，它倾向于以可以随时停止的方式填充可用空间。天然植物的发育在叶片的放置过程中显示出了这些间隔。

8.1.4 泊松圆盘

当随机放置物品时，通常重要的是不要让它们重叠。霍尔顿序列会以一种视觉上不会结块的方式将对象分布在空间上，但无法保证不会重叠。一个简单的解决方案是测试每个新位置，并拒绝与现有位置重叠的位置。使用霍尔顿序列和随机位置都可以执行此操作，其结果称为泊松圆盘分布（Poisson Disk Distribution），如图 8.4 所示，这是一个纯随机分布。

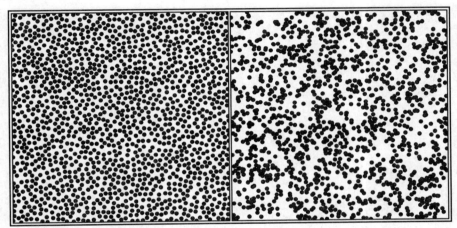

图 8.4 泊松圆盘分布（左）与随机位置（右）的比较

就程序化内容生成而言，霍尔顿序列可能适合放置一蓬草地或一簇头发，而泊松圆盘分布则适合放置岩石或建筑物等。

当然，以这种方式生成分布可能会很慢。如果已知这是我们的目标，则可以使用 Robert Bridson 在 2007 年提出的算法直接生成位置（详见附录参考资料[5]）。

1. 算法

该算法从一个点开始，即第一个圆盘位置的中心。该点既可以指定（通常在需要填充的区域的中心），也可以随机生成。该位置存储在称为活动列表（Active List）的列表中，然后以迭代方式继续寻找其他点。

在每次迭代中，都将从活动列表中选择一个圆盘（称之为活动圆盘），然后迭代生成一系列周围的圆盘位置，每个位置与活动圆盘之间的距离在 $2r$ 和 $2r + k$ 之间，其中，r 是圆盘的半径，k 是控制填充密度的参数。

我们将检查每个生成的位置，以查看它是否与任何已放置的圆盘重叠。如果没有重叠，则在该位置放置圆盘并添加到活动列表中；否则，放弃该位置并考虑下一个候选圆盘。

如果经过若干次尝试，无法在其周围放置圆盘，则将活动圆盘从活动列表中删除，然后迭代结束。发生这种情况之前的失败次数是算法的参数，它在某种程度上取决于 k。如果 k 值很小，则可以限制只检查几次（例如 6 次）；如果 $k \approx r$，则检查 12 次左右可能会产生更好的结果。

2．伪代码

该算法将初始圆盘位置和半径作为输入。当活动列表中没有更多位置时，它将终止。

```
1   class Disk:
2       x: float
3       y: float
4       radius: float
5
6   function poissonDisk(initial: Disk) -> Disk[]:
7       active = new ActiveList()
8       placed = new PlacedDisks()
9
10      active.add(initial)
11      placed.add(initial)
12
13      # 始终使用相同的半径
14      radius = initial.radius
15
16      outer: while not active.isEmpty():
17          current = active.getNext()
18
19          for i in 0..MAX_TRIES:
20              # 创建新的后续圆盘
21              angle = i / MAX_TRIES * 2 * pi
22              r = 2 * radius + separation * random()
23              disk = new Disk(
24                  current.x + r * cos(angle),
25                  current.y + r * sin(angle),
26                  radius
27                  )
28
29              # 查看它是否合适
30              if placed.empty(disk):
31                  placed.add(disk)
32                  active.add(disk)
```

```
33                      continue outer
34
35          # 无法围绕当前圆盘放置子圆盘
36          active.remove(current)
37
38      return placed.all()
```

3. 数据结构

该算法需要两个数据结构：一个用于存储活动位置的列表；一个用于保存放置的圆盘并检测重叠情况的数据结构。

活动列表具有以下结构：

```
1   class ActiveList:
2       function add(disk: Disk)
3       function remove(disk: Disk)
4       function isEmpty() -> bool
5       function getNext() -> Disk
```

这可以使用语言的常规可增长数组来实现，并在每次迭代中选择一个随机元素；也可以将其实现为大多数语言都提供的先进先出（First-In First-Out，FIFO）队列。在后一种情况下，早放置的圆盘将首先被处理，因此其放置方式是从中心开始增大的。

用于保存已放置的圆盘的数据结构：

```
1   class PlacedDisks:
2       function add(disk: Disk)
3       function empty(disk: Disk) -> bool
4       function all() -> Disk[]
```

其性能的关键部分是检查重叠情况。通常将其实现为网格（Grid），网格中放置圆盘并存储其位置和半径的记录，以检查重叠情况。

由于圆盘一旦放置就不会被删除，因此可以使用两个数据结构来实现此目的：一个是用于检查重叠情况的网格，另一个是用于在算法完成后返回放置圆盘的简单数组。具体实现如下：

```
1   class PlacedDisks:
2       cells: bool[GRID_WIDTH * GRID_HEIGHT]
3       disks: Disk[]
4
5       # 返回给定圆盘的单元索引
6       function allCells(disk: Disk) -> int[]
```

```
 7
 8    function add(disk: Disk):
 9        # 在泊松圆盘实现中检查为空
10        for cell in allCells(disk):
11            cells[cell] = true
12        disks.add(disk)
13
14    function empty(disk: Disk) -> bool:
15        for cell in allCells(disk):
16            if cells[cell]:
17                return true
18        return false
19
20    function all() -> Disk[]:
21        return disks
```

4．性能

该算法的性能为 O(n)，其中，n 是放置的圆盘数。尽管在将圆盘从活动列表中删除之前可能会多次检查重叠情况，但是在 k 边距内，周围的放置位置只有这么多，并且该数目并不取决于圆盘的数目。

该算法的性能与重叠情况检查的性能息息相关，因为重叠情况检查将花去大多数的时间。该算法的总体性能为 O(n)，如果使用足够精细的网格，则性能将为 O(1)；但是在最坏的情况下（数据结构是简单列表），算法的性能将为 O(n^2)。如果是这样的话，那么问题会很大，因为在游戏应用程序中，n 可能会很大（例如，n 可能是森林中树木的数量）。

5．可变半径

在上面的代码中，已经假设要放置的所有圆盘都具有相同的大小。一般来说，实际情况并非如此。该算法可用于在游戏关卡中放置要素（例如石头或植物），这些要素的大小自然会有所不同。该算法很容易扩展以适应这种情况。圆盘可以既作为位置又作为半径存储（通常带有附加标识符以说明圆盘放置的位置），并且环绕圆盘的位置是在距活动圆盘 r_1+r_2 和 r_1+r_2+k 之间的距离处生成的。这样，内循环第一部分的伪代码应做如下修改：

```
1   # 创建新的候选圆盘
2   angle = i / MAX_TRIES * 2 * pi
3   nextRadius = randomRange(MIN_RADIUS, MAX_RADIUS)
4   r = curent.radius + nextRadius + separation * random()
5   disk = new Disk(
6       current.x + r * cos(angle),
7       current.y + r * sin(angle),
```

```
8        nextRadius
9        )
```

该函数还可以根据应用程序的需要进一步扩展或调整。例如，开发人员可能会希望在某些物体周围有更大的空间，或者重要的是不要让两个物体彼此相邻，甚至可以根据要放置的相邻要素使用不同的边距。

对该算法进行一些简单修改即可将其作为某些商业生态系统生成器的基础。

8.2　Lindenmayer 系统

在第 8.1 节中讨论了一种可以按实际方式定位植物的算法。泊松圆盘分布可用于放置树，但是树本身仍需要以其他方式建模或创建。目前，有若干种可用于编写树的商业软件包，其中一些软件包具有用途很广的运行时组件，可以在游戏中绘制树。

SpeedTree 就是这样一款被广泛使用的软件，它包含用于主要游戏引擎的插件，并且可以轻松地与自定义代码集成。

为了通过代码构建一棵树，这里使用了一种称为 Lindenmayer 系统（Lindenmayer System，或简称为 L 系统）的递归方法。它是递归方法的简化版本，本章在末尾处讨论形状语法时，将返回来研究这个递归方法。这些方法能够生成更广泛的对象。L 系统非常适合以这种简单的形式生成树和其他分支结构。

8.2.1　简单的 L 系统

最初的 L 系统模型是由 Aristid Lindenmayer 在 1968 年提出的（详见附录参考资料[37]），用于描述藻类的生长。

L 系统包含一系列不同形式的正规语法规则，可用于植物生长过程建模，也可用于模拟各种生物体的形态。L 系统也能用于生成自相似的分形，在应用于树木时，它代表一系列规则，可表示分支的自我相似性（即树干分裂成树枝、分支和树枝的方式）。

其规则如下所示：

（1）根部 → 分支（1 m 长）

（2）分支（x 长）→ 分支（$\dfrac{2x}{3}$ 长，−50°），分支（$\dfrac{2x}{3}$ 长，+50°）

在这里，规则（1）的左侧为"根部"，因此代表起始规则。规则（2）显示了如何从第一个分支开始进行连续分支。运行此算法将在图 8.5 的第一部分中生成树状形状。第二个形状以相同的方式生成，但对第二个规则略有修改：

（2）分支（x 长）→ 分支（$\dfrac{2x}{3}$ 长，−25°），分支（$\dfrac{1x}{2}$ 长，+55°）

图 8.5 中的两个形状都以抽象的方式呈现了树的形状，但它们还不够逼真，仅适用于高度风格化的游戏。本节将专注于讨论这个简单的模型，然后对其执行进一步的扩展以产生更复杂的结果。

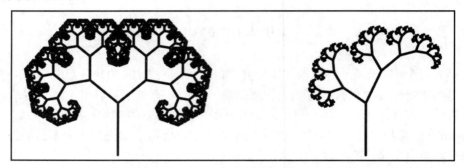

图 8.5　由简单的二维 L 系统生成的两棵树

请注意，这些规则本身不会终止，所以这棵树会不断分支和持续生长。为了避免这种情况，我们需要某种终止条件，以停止生成新分支。在这种情况下，我们可能希望在分支足够小时停止（下面将看到让它停止的其他原因）。这可以通过将标准直接编码到算法中或通过使用另一条规则来实现：

（3）分支（< $\dfrac{1}{10}$ m 长）→

该规则终止了规则集，因为它的右侧没有分支。通常要在一定数量的迭代之后而不是在一定的分支长度下终止算法。要使用规则执行此操作，必须在每个新分支中存储先前分支的数量以及长度和角度。

在实践中，这两种方法都有使用。有一些应用的标准可能需要美观，这会影响到整棵树，或涉及所生成的模型与其周围环境的相互作用。这些标准很难纳入规则中。全局测试已添加到规则生成函数。

1．算法

该算法从仅包含根的活动分支列表开始，反复进行。每次迭代时，删除列表中的第一项，找到匹配的规则，然后将匹配规则的右侧添加到活动列表中。

该算法将继续进行，直到活动列表为空，或者直到满足全局终止条件为止。

算法完成后，树将包含所有已生成的分支。

2．伪代码

规则由以下代码执行：

```
1   function lSystem(root: Branch, rules: Rule[]) -> Branch[]:
2       tree = [root]
3       active = [root]
4
5       while active:
6           current = active.popHead()
7           tree.push(current)
8
9           # 查找并执行第一个匹配规则
10          for rule in rules:
11              if rule.matches(current):
12                  # 添加新分支
13                  results = rule.rhs(current)
14                  for result in results:
15                      active.push(result)
16
17                  break
18
19      return tree
```

3．数据结构

该代码不假设分支对象的结构。对于建造树木，我们需要位置、方向、长度以及可能的其他视觉信息，例如粗细、颜色和纹理等。要生成如图 8.5 所示效果，可使用一个简单的 Branch 对象，具体如下：

```
1   class Branch:
2       position: Vector2
3       orientation: float
4       length: float
```

大部分工作都由 Rule 对象执行，Rule 对象可以确定它们是否与当前活动分支相匹配，并可以按它们选择的任何方式生成结果分支。Rule 类具有以下结构：

```
1   class Rule:
2       function matches(branch: Branch) -> bool
3       function rhs(branch: Branch) -> Branch[]
```

以上示例给出的规则可以实现为：

```
 1  class Rule2a:
 2      function matches(branch: Branch) -> bool:
 3          return true
 4
 5      function rhs(branch: Branch) -> Branch[]:
 6          a = new Branch(
 7              branch.end(),
 8              branch.orientation - 45 * deg,
 9              branch.length * 2 / 3)
10          b = new Branch(
11              branch.end(),
12              branch.orientation + 45 * deg,
13              branch.length * 2 / 3)
14          return [a, b]
15
16  class Rule2b:
17      function matches(branch: Branch) -> bool:
18          return true
19
20      function rhs(branch: Branch) -> Branch[]:
21          a = new Branch(
22              branch.end(),
23              branch.orientation - 25 * deg,
24              branch.length * 2 / 3)
25          b = new Branch(
26              branch.end(),
27              branch.orientation + 55 * deg,
28              branch.length / 2)
29          return [a, b]
```

当分支变得太小时应该终止，该规则的实现如下：

```
 1  class Rule3:
 2      function matches(branch: Branch) -> bool:
 3          return branch.length < 0.1
 4
 5      function rhs(branch: Branch) -> Branch[]:
 6          return []
```

活动分支的列表保存在先进先出（FIFO）队列中。这些是大多数语言都提供的，或者在标准库中也可以找到。在代码中，add 函数将一个分支添加到队列的末尾，而 remove

函数则将删除一个分支并返回它开始的地方。

使用先进先出（FIFO）队列意味着该算法是广度优先的：在一个递归级别上的所有分支都在下一个递归级别上的分支之前进行处理。这与 Lindenmayer 论文中描述的 L 系统的原始数学模型是一致的。当我们稍后返回讨论以基于语法的方法生成程序化内容时，会发现这很重要。但是，在目前这个示例中，它并不是必需的。除全局终止函数外，无论是广度优先还是深度优先，该算法的行为都是一样的。

要进行深度优先操作，可以使用先进后出（First-In Last-Out，FILO）堆栈替换先进先出（FIFO）队列。在这种情况下，在考虑下一个分支之前，会将一个分支扩展到最大程度。这是一个显著区别，因为堆栈能比队列更有效地利用内存，并且深度优先算法通常比广度优先算法需要更少的内存。假设从树木的根部发展出两个分支，每个分支又发展 10 次，则队列中最多有 $2^{10} = 1024$ 个条目（在终止分支之前），而堆栈中最多只有 11 个条目。当然，在实践中，10 次拆分已经很多了，所以这个问题并不是很大，但也值得牢记。

上面特意指出，这不包括全局终止函数，因为它的编码方式可能使我们需要几乎完整的树来做出终止决策。如果希望在树上有一定数量的分支时终止，那么可能希望这些分支靠近根：如果将树干附近的树枝留为树桩，则这样的树可能看起来不对称。开发人员实现此函数的方式可能决定了用于活动列表的数据结构类型。

首次创建分支时，所有分支都存储在可增长的数组中。

4．性能

该算法的性能在时间上为 $O(kn)$，在空间中为 $O(n)$，其中，n 是创建的分支数，k 是规则数。

对于树来说，通常只有固定的少数规则，并且与结果树的大小无关，因此该算法的性能在时间和空间上均为 $O(n)$。

8.2.2　将随机性添加到 L 系统

通过上面的代码生成的树过于规则。为了让树看起来更真实，同样需要某种程度的随机性。它可以出现在两个位置：一个位置是向规则中添加随机性度量，以使它们输出的分支略有不同；另一个位置是可以有多个规则匹配并随机应用其中的一个。

对于第一种情况，可以使用已有的代码来完成：

```
1  class RuleRandom:
2      function matches(branch: Branch) -> bool:
```

```
 3          return true
 4
 5      function rhs(branch: Branch) -> Branch[]:
 6          a = new Branch(
 7              branch.end(),
 8              branch.orientation + randomRange(-55, -25) * deg,
 9              branch.length * randomRange(0.4, 0.8))
10          b = new Branch(
11              branch.end(),
12              branch.orientation + randomRange(25, 55),
13              branch.length * randomRange(0.4, 0.8))
14          return [a, b]
```

对于第二种情况，则需要稍微修改一下算法，因为我们不再始终使用匹配的第一个规则，而是构建一个与活动分支匹配的规则列表，并随机选择一个：

```
 1  function lSystem(root: Branch, rules: Rule[]) -> Branch[]:
 2      tree = [root]
 3      active = [root]
 4
 5      while active:
 6          current = active.popHead()
 7          tree.push(current)
 8
 9          # 找到所有匹配的规则
10          matching = []
11          for rule in rules:
12              if rule.matches(current):
13                  matching.push(rule)
14
15          if matching:
16              # 随机选择一个规则
17              rule = randomChoice(rule)
18
19              # 添加新分支
20              results = rule.rhs(current)
21              for result in results:
22                  active.push(result)
23
24              break
25
26      return tree
```

　　如果你觉得这段代码的开头看起来很熟悉，那就对了，因为我们正在迭代构建基于规则的系统，而这在第 5.8 节 "基于规则的系统" 中已经介绍过了，所以，这不是巧合。Lindenmayer 系统是语法的一种形式，而语法可以看作基于规则的系统的一种特殊形式。

　　与树的程序化生成相关的 L 系统实现仍然很有用，即使决策 AI 具有完整的基于规则的系统也是如此。部分原因是决策需要对各种复杂的数据进行操作，而在本示例中，分支数据结构可以更简单，这有一部分原因是固定格式更容易为游戏美工和关卡设计师创建调整树的工具。

8.2.3　特定阶段的规则

　　为了便于编辑，通常会进一步限制此算法，因此可能需要若干套不同的规则。每一组规则仅用于一次分裂。因此，对于第一次分裂（当树干分裂成树枝时）有一套规则，对于第二次分裂（当树枝分裂成枝杈时）则有另一套规则，并且通常还有一套最终规则来完成树（将枝杈分裂成树梢和叶子簇）。某些工具允许根据需要指定更多的步骤，但仍将规则限制为单个步骤。

　　为支持上述操作，可以从规则中返回不同的对象：

```
1  class BoughRule:
2      function matches(branch: Branch) -> bool:
3          return branch isinstance Trunk
4
5      function rhs(branch: Branch) -> Branch[]:
6          a = new Bough(
7              branch.end(),
8              branch.orientation + randomRange(-55, -25) * deg,
9              branch.length * randomRange(0.4, 0.8))
10         b = new Bough(
11             branch.end(),
12             branch.orientation + randomRange(25, 55),
13             branch.length * randomRange(0.4, 0.8))
14         return [a, b]
```

也可以存储分支内的分裂次数，并保留多个规则集：

```
1  class Branch:
2      level: int
3      position: Vector2
4      orientation: float
5      length: float
```

```
 6
 7  function lSystem(root: Branch, rules: Rule[][]) -> Branch[]:
 8      tree = [root]
 9      active = [root]
10      while active:
11          current = active.popHead()
12          tree.push(current)
13
14          # Find and execute a rule from the correct level.
15          for rule in rules[current.level]:
16              # Remaining algorithm as before.
17              if rule.matches(current):
18                  results = rule.rhs(current)
19                  for result in results:
20                      active.push(result)
21                  break
22      return tree
```

　　图 8.6 显示了以这种方式创建的树的结果，经过修剪的结果几何图形和纹理映射到 3D 建模包中，可以在游戏中使用。不难发现，生成模型结构的 L 系统具有随机性和弯曲的分支特征，并且在树干、树枝、枝杈和树梢之间存在 3 套规则。

图 8.6　由部分随机的三维 L 系统生成的树

8.3 地形生成

本节将讨论把对象放置在环境中的技术，如果这些对象是有机的，则是令其生长并放置叶子的技术。在考虑生成人造结构之前，将对象放置在一个让玩家感觉到非常逼真可信的地形中是很有用的。

现实世界的地形是由地质和气候之间复杂的相互作用所产生的。例如，岩石层具有不同的物理特性：密度、硬度、重量、可塑性和熔点点。随着地壳的运动，力、温度和压力都会发生变化，从而导致岩石层相互移动、挤压、折叠和滑动。同时，风、温度变化和降水造成的侵蚀破坏了地表岩石，使岩石突出地表，又通过河流和冰川对其进行了地貌的重塑。在某些情况下，可以看到岩层并推断出岩层的形成过程，但是，从物理上来说，这是非常复杂的变化，只能在最粗略的范围内对其进行推测。因此，尽管我们也可以利用一些已知的物理过程来制作地形，但这样做仅仅是出于美学效果。

8.3.1 修饰器和高度图

因为我们并不尝试模拟地形的产生，所以物理过程的应用只是作为一种修饰器（Modifier）。给定一个地形，我们可以对其应用降雨侵蚀。或者我们还可以使用另一个修饰器，它将添加断层线，而还有一个修饰器则可以生成冰川谷。可以按不同的顺序应用这些修饰器，以产生不同的效果。

除了基于物理意义的修饰器之外，还可以创建其他修饰器。例如，要产生一个岛屿，可以将地图边缘的高度下沉，使之移动到海平面以下。这与真正形成岛屿的过程并不相符，但是却可以为综合地形带来非常好的效果。

因此，地形的生成倾向于由一系列独立的修饰器组成，这些修饰器均作用于相同的数据结构。该类数据有两种常见的结构。

对于诸如 *Minecraft*（中文版名称《我的世界》）或 *Dwarf Fortress*（中文版名称《矮人堡垒》）之类的游戏来说，玩家可以在地下挖掘并揭示其下层构造，其地形数据结构将是一个三维数组。数组中的每个元素代表一个立方体空间，其中包含岩石的类型，或者是洞穴表面或内部的空白空间。当然，游戏中这样的设置是不常见的，它非常消耗资源，使得地貌只能以比较粗糙甚至是块状的方式显示。

绝大多数游戏将其地形生成为高度图（Height-Map），即表面特征的二维网格。尽管高度图一般仅显示高程，但它也可能包含以下几层数据。

（1）高程（Elevation）：这也是高度图名称的由来。在现实世界多称 Elevation 为"海拔"，而在游戏世界则称为"高程"，因为游戏世界模拟的并不一定是地球世界。

（2）表面纹理：该图块是岩石、草皮还是水下？

（3）水流：该位置有多少水流过？流向何处？

（4）X-Z 偏移量：允许位置沿上下方向以外的其他方向少量移动，以支撑悬垂或陡峭的悬崖。

（5）游戏数据：该位置是可以行走的吗？可以在其上修建特定的建筑物吗？等等。

高度图也可能包含其他数据，具体取决于所使用的地形生成算法。当然，并非所有的层都会出现在每个系统中。许多简单的地形生成器仅提供高程数据，而纹理或河流是依赖其他工具或通过游戏美工的参与来添加的。尽管大多数商业生成器都可能依赖单独的修饰器来生成高程和纹理，但它们仍会导出一些纹理信息。

本节将介绍一个相当灵活的系统。它是一个正方形的高度图，带有任意一组命名层（这里仅需要高程数据）：

```
1  class Landscape:
2      size: int
3      elevation: float[size][size]
4      # 可选的其他数据层
```

要创建地形，可使用一套可以修改数据的修饰器。接下来我们将讨论一些重要示例。

8.3.2 噪声

地形的变化并无平滑处理。在所有尺度上都可以有高程上的变化。如果仔细观察，甚至看似水平的田地都将由无数个凸起组成，其中一些是合乎逻辑的。例如，排水沟或生长在土丘上的树木，但大多数则没有明显的原因，它们实际上是随机的。

这种随机性或噪声表现为局部高程的变化。

最简单的一种噪声修饰器（Noise Modifier）将通过从给定范围绘制的随机高程变化来调整每个位置。这很容易实现，其结果如图 8.7 所示。该图右上角的框中将高程显示为高度图，其中较深的阴影表示较低的区域。该图的主图则显示了相同的高度图在 3D 中的外观效果。

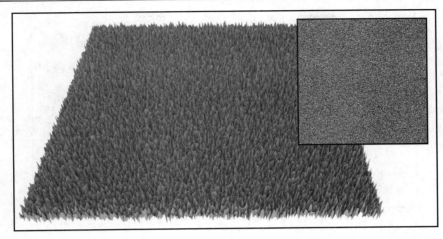

图 8.7　高程噪声，右上角为高度图

8.3.3　佩林噪声

　　上面介绍的简单噪声不是很逼真。它有一定的用途，特别是在按比例缩小时，它仅产生最小的高程变化。其问题在于它是不相关的。

　　一个位置的高程与其附近的高程无关。这不是自然界中噪声的工作方式。1985 年，Ken Perlin（肯·佩林）在制作电影 *Tron*（中文译名《特隆》）时提出了一种更逼真的方法（详见附录参考资料[47]）。现在，该方法已广泛用于计算机图形学，从烟雾和云彩效果，到尘土和风化模拟，到处都有该方法的应用示例。由于该方法大行其道，以至于 Perlin 本人在 1997 年因其技术成就而获得了奥斯卡奖。

　　佩林噪声从一个比目标粗糙的网格开始。例如，如果地形具有 1024×1024 单元，则可以在 64×64 网格上创建佩林噪声。在较小网格的每个位置处，将创建一个随机梯度（Random Gradient），即三维中噪声的斜率（Slope）。对于原始网格中的每个位置，都从小网格上 4 个最近的位置插值该梯度，然后使用此插值梯度来计算高度，而这个高度则可以重新映射到所需的范围。

　　小网格的大小将确定最终噪声中有多少细节。通常在连续倍频（Octaves）时合并佩林噪声。因此，具有 $2^n \times 2^n$ 大小的风景很有用，这样倍频将使用大小为 1, 2, 4, … n^{n-1} 的网格。随着倍频增大，噪声对最终结果的影响逐渐减小。

　　通常会有一个参数来限制创建哪些倍频，或用于组合它们的相对权重。图 8.8 显示了使用包含所有倍频的佩林噪声生成的地形。可以看到，对数据进行预处理（如生成地形）时，使用多组倍频叠加的效果是很棒的。

图 8.8　使用佩林噪声作为高度图，包含所有倍频组合

1. 伪代码

基本的二维佩林噪声算法可以实现为：

```
 1  class PerlinOctave:
 2      gradient: float[][][2]
 3      size: int
 4
 5      function PerlinOctave(size: int):
 6          this.size = size
 7
 8          # 创建随机梯度变量的网格
 9          gradient = float[size + 1][size + 1][2]
10          for ix in 0..(size + 1):
11              for iy in 0..(size + 1):
12                  gradient[ix][iy][0] = randomRange(-1, 1)
13                  gradient[ix][iy][1] = randomRange(-1, 1)
14
15      function scaledHeight(
16              ix: int, iy: int,
17              x: float, y: float) -> float:
18          # 计算跨越单元格的距离
19          dx: float = x - ix;
20          dy: float = y - iy;
21
22          # 跨单元格和梯度的向量的点积
23          return  dx * gradient[ix][iy][0] +
24                  dy * gradient[ix][iy][1]
```

```
25
26    function get(x: float, y: float) -> float:
27        # 计算在哪一个单元格中，并且跨度有多远
28        ix = int(x / size)
29        iy = int(y / size);
30        px = x - ix;
31        py = y - iy;
32
33        # 插入边角高度
34        tl = scaledHeight(ix, iy, x, y);
35        tr = scaledHeight(ix + 1, iy, x, y);
36        t = lerp(tl, tr, px);
37        bl = scaledHeight(ix, iy + 1, x, y);
38        br = scaledHeight(ix + 1, iy + 1, x, y);
39        b = lerp(bl, br, sx);
40        return lerp(t, b, sy)
```

倍频组合的伪代码如下：

```
1    class PerlinNoise:
2        octaves: PerlinOctave[]
3        weights: float[]
4
5        function PerlinNoise(weights: float[]):
6            this.weights = weights
7
8            # 创建随机倍频大小
9            size = 1
10           for _ in weights:
11               octaves.push(PerlinOctave(size))
12               size *= 2
13
14       function get(x: float, y: float) -> float:
15           result = 0
16           for i in 0..octaves.length():
17               weight = weights[i]
18               height = octaves[i].get(x, y)
19               result += weight * height
20           return result
```

在上面的代码中，假设 weights 是每个倍频的权重数组。

2. 性能

二维佩林噪声的生成时间为 $O(n^2)$，其中，n 是正方形地形的一条边的尺寸（在上述

示例中为 1024）。这是对于每个倍频而言的。一个完整的集合将有 $\log_2 n$ 个倍频，所以它在时间中的性能为 $O(n^2 \log n)$。

我们还需要将随机梯度存储在粗糙网格中，这意味着在空间中的最大值为 $O(n^2)$。多个倍频可以重复使用同一存储。

8.3.4　断层

地质断层（Fault）是指岩石中的裂缝，裂缝的两侧相互滑动。在三维中，这是一个平面，但是如果从二维高度图中的上方看，它可以表示为一条线。这条线的一侧地面是抬升的，另一侧地面则是下低的。

在真实的地形中，通常可以通过断层上方的岩石层或裸露表面的风化来平滑这种陡峭的高程变化。在模拟环境中，通常会在其他可平滑过渡的修饰器之前添加断层。

最简单的断层修饰器会在整个地形上随机绘制一条线，将一侧的所有位置升高，而另一侧的位置降低。升高和降低的量可以是算法的参数，也可以是一些随机量。具体的伪代码如下：

```
1   function faultModifier(landscape: Landscape, depth: float):
2       # 创建随机断层震中和方向向量
3       cx = random() * landscape.size
4       cy = random() * landscape.size
5       direction = random() * 2 * pi
6       dx = cos(direction)
7       dy = sin(direction)
8
9       # 应用断层
10      for x in 0..landscape.size:
11          for y in 0..landscape.size:
12              # 包含断层的位置的点积
13              ox = cx - x
14              oy = cy - y
15              dp = ox * dx + oy * dy
16
17              # 正点积抬升地面，负点积降低地面
18              if dp > 0:
19                  change = depth
20              else:
21                  change = -depth
22              landscape.elevation[x][y] += change
```

如果要对地形应用一些严重的断层，可以使用此修饰器的一种变体，其中高程变化

量 change 与断层线的方向相关：

```
1   function faultDropoffModifier(landscape: Landscape,
2                                 depth: float, width: float):
3       # 创建随机断层震中和方向向量
4       cx = random() * landscape.size
5       cy = random() * landscape.size
6       direction = random() * 2 * pi
7       dx, dy = cos(direction), sin(direction)
8
9       # 应用断层
10      for x in 0..landscape.size:
11          for y in 0..landscape.size:
12              # 包含断层的位置的点积
13              ox, oy = cx - x, cy - y
14              dp = ox * dx + oy * dy
15
16              # 正点积抬升地面，负点积降低地面
17              if dp > 0:
18                  change = depth * width / (width + dp)
19              else:
20                  change = -depth * width / (width - dp)
21              landscape.elevation[x][y] += change
```

通过使用大量的小断层，原始版本可以基于其自身生成非常有用的地形。图 8.9 显示了以此方式生成的具有其特征线性元素的地形。

图 8.9 由数百个断层产生的地形

8.3.5　热侵蚀

让玩家觉得非常逼真的地形的侵蚀主要有两种：热侵蚀（Thermal Erosion）和水力侵蚀（Hydraulic Erosion）。

其中，热侵蚀要简单得多。根据观察，颗粒状材料的堆垛易于散布并形成具有恒定斜率的结构，这就是材料的特征。材料越细，堆垛与这些斜率的贴合度就越高。该斜率的角度也称为休止角（Angle of Repose），具有此角度的地形特征称为斜面坡（Talus Slope）或卵石坡（Scree Slope）。

热侵蚀通过加热和冷却的循环使岩石破裂，特别是在水渗入裂缝和冻结的情况下。这种侵蚀产生了颗粒状的材料，从而形成了斜面坡。在山区，它们是岩层的典型下坡。

为了模拟热侵蚀，可以根据休止角计算两个相邻单元格的高度差。如果角度为 θ，并且两个单元格之间的距离为 d，则高度阈值将为：

$$\Delta h = d \tan\theta$$

对于地形中的每个单元格，可以查看 4 个相邻的高程。如果这些邻居都比较低，超过了高度阈值，则高程会从原始单元格转移到它们。转移的高程量与超出阈值的附加高度成比例。它绝不会导致低点升高得太高，也不会导致高点降低得太多。

这可以使用以下修饰器来实现：

```
 1  function thermalErosion(landscape: Landscape, threshold: float):
 2      neighbors = [ (1, 0), (-1, 0), (0, 1), (0, -1) ]
 3
 4      # 创建数据的副本以便在更新时读取
 5      elevation = copy(landscape.elevation)
 6
 7      for x in 1..(landscape.size - 1):
 8          for y in 1..(landscape.size - 1):
 9              height = landscape.elevation[x][y]
10              limit = height - threshold
11
12              for (dx, dy) in neighbors:
13                  nx = x + dx
14                  ny = y + dy
15                  nHeight = landscape.elevation[nx][ny]
16
17                  # 该邻居是否在阈值之下
18                  if nHeight < limit:
```

```
19          # 某些高度将转移，转移的幅度从 0 到阈值的 1/4
20          # 具体取决于高差
21          delta = (limit - nHeight) / threshold
22          if delta > 2:
23              delta = 2
24          change = delta * threshold / 8
25
26          # 写入副本
27          landscape.elevation[x][y] -= change
28          landscape.elevation[nx][ny] += change
29
30      # 更新原始数据
31      landscape.elevation = elevation
```

图 8.10 显示了使用佩林噪声生成的地形，该噪声通过简单的热侵蚀进行了柔化。

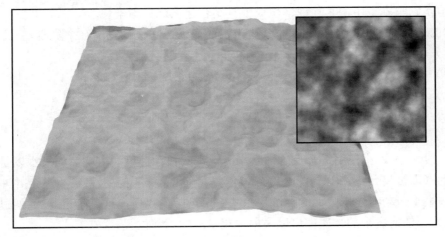

图 8.10　简单侵蚀对随机地形的影响

由于斜面坡度往往是山脉基础的特征，因此可以修改此算法，使其仅适用于较低的坡度，具体取决于地形的比例。对于生成国家或大洲这样的大区域，这是没有必要的。但是如果将它应用于代表方圆几千米的地图，那么它可能会增加逼真程度和可信度。

8.3.6　水力侵蚀

上面的热侵蚀修饰器并未尝试模拟物理过程本身，而是复制了该过程的效果。结果是一种平滑处理，使人联想到现实世界中的侵蚀过程，但计算起来更简单。

使用该工具无法生成水道及其相关结构（例如河谷），因此，开发人员需要一个更符合实际的修饰器。水力或河流侵蚀模拟了降雨在地形上的运动，以及由此产生的表面侵蚀和沉积的物质。

虽然有若干种方法均可以实现此目的，但是如何高效地执行该操作仍然是一个活跃的研究领域。完整的解决方案很复杂，一般来说很慢，并且需要大量的微调。商业地形生成工具实现了自定义的水力侵蚀修饰器，这些修饰器构成了其知识产权的重要组成部分。

本节将介绍一种简单的方法，它可以作为应用和研究的起点。

本方法将使用有限元方法（Finite Element Method，FEM），该方法可模拟地形中每个位置的水和悬浮物质的运动。这可以与我们已经定义的地形数据结构很好地进行配合。

还有一种方法是使用折线表示河流并将流域盆地扩展为多边形。这在附录参考资料[28]中有详细的描述，并且非常有效（特别是如果需要在地图上而不是在 3D 地形上生成河流），但是它与本章中的其他地形生成工具结合起来比较困难。

在 FEM 方法中，可以按迭代方式模拟水的运动，它包括以下几个阶段。

（1）雨水横贯流淌整个地形。

（2）根据水位和地形高度计算出到邻近位置的水流量。

（3）物质受水力侵蚀或产生沉积。

（4）水和所有悬浮物一起流过地形。

（5）水蒸发。

在阶段（2），将使用每个点的梯度来确定水的移动速度和方向。如果水以足够高的速度移动（即坡度足够高），那么将从该位置移除高程（代表水将物质卷走并冲刷到下游）。如果水运动缓慢，则可能会沉积一些它所携带的物质，这是阶段（3）的过程。在阶段（4），任何剩余的物质都可以根据水流量流向相邻位置。

因此，对于地形中的每个位置，都需要以下数据。

❑　　地形高程。

❑　　水量。

❑　　水中的物质总量。

此外，在阶段（2）中还需要计算以下数据。

❑　　流向每个相邻单元格的水。

❑　　水流经单元格的总速度。

图 8.11 显示了经过水力侵蚀的地形，并显示了不同的水道格局。

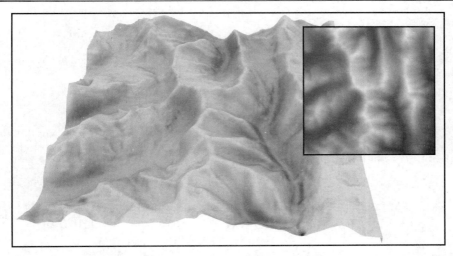

图 8.11　水力侵蚀对地形的影响

1. 伪代码

水力侵蚀修饰器的所有步骤都高度依赖于恰当的调整，例如以下几种情况。

❑　降雨和蒸发量适中。

❑　水流所卷走和沉积的物质量（这取决于坡度）适中。

❑　根据地形比例计算水流量（无论横向还是纵向），它取决于是平缓起伏的丘陵还是陡峭的山沟。

水流量和物质的精确计算会有所不同，但是基本结构可以按以下方式实现：

```
1   class WaterData:
2       size: int
3
4       # 原始数据
5       elevation: float[size][size]
6       water: float[size][size]
7       material: float[size][size]
8
9       # 复制一个副本，以防止覆盖
10      previousMaterial: float[size][size]
11
12      # 计算数据
13      waterFlow: float[size][size][4]
14      totalFlow: float[size][size]
15      waterVelocity: Vector2[size][size]
```

```
16
17      # 步骤 1（步骤对应上面介绍的阶段），按每个位置计算
18      function rain(x: int, y: int):
19          water[x][y] += RAINFALL
20
21      # 步骤 2，按每个位置计算
22      function calculateFlow(x: int, y: int):
23          dirns = [(0, 1, 0), (1, 0, 1), (2, 0, -1), (3, -1, 0)]
24          # 流到每个相邻位置
25          totalFlow[x][y] = 0
26          for i, dx, dy in dirns:
27              dh = elevation[x][y] - elevation[x + dx][y + dy]
28              dw = water[x][y] - water[x + dx][y + dy]
29              waterFlow[x][y][i] += FLOW_RATE * (dh + dw)
30              if waterFlow[x][y][i] < 0:
31                  waterFlow[x][y][i] = 0
32              totalFlow[x][y] += waterFlow[x][y][i]
33
34          # 没有更多的水了
35          if totalFlow[x][y] > water[x][y]:
36              prop = water[x][y] / totalFlow[x][y]
37              for i in 0..4:
38                  waterFlow[x][y][i] *= prop
39
40          # 全面流过
41          hOut = waterFlow[x][y][0] - waterFlow[x][y][3]
42          hIn = waterFlow[x+1][y][3] - waterFlow[x-1][y][0]
43          vOut = waterFlow[x][y][1] - waterFlow[x][y][2]
44          vIn = waterFlow[x][y+1][2] - waterFlow[x][y-1][1]
45          waterVelocity[x][y] = Vector2(hOut + hIn, vOut + vIn)
46
47      # 步骤 3，按每个位置计算
48      function erodeDeposit(x: int, y: int):
49          waterSpeed = waterVelocity[x][y].magnitude()
50
51          if waterSpeed > PICK_THRESHOLD:
52              pick = waterSpeed * SOLUBILITY
53              material[x][y] += pick
54              elevation[x][y] -= pick
55
56          elif waterSpeed < DROP_THRESHOLD:
57              prop = (DROP_THRESHOLD - waterSpeed) / DROP_THRESHOLD
```

```
58              drop = prop * material[x][y]
59              material[x][y] -= drop
60              elevation[x][y] += drop
61
62      # 步骤 4，按每个位置计算
63      function flow(x: int, y: int, srcMat: float[int][int]):
64          dirns = [(0, 1, 0), (1, 0, 1), (2, 0, -1), (3, -1, 0)]
65          # 对每个相邻位置应用水流
66          for i, dx, dy in dirns:
67              waterFlow = waterFlow[x][y][i]
68              prop = waterFlow / totalFlow[x][y]
69              materialFlow = prop * srcMat[x][y]
70
71              water[x][y] -= waterFlow
72              water[x + dx][y + dy] += waterFlow
73              material[x][y] -= materialFlow
74              material[x + dx][y + dy] += materialFlow
75
76      # 步骤 5，按每个位置计算
77      function evaporate(x: int, y: int):
78          water[x][y] *= (1 - EVAPORATION)
79
80
81  function hydraulicErosion(landscape: Landscape, rain: float):
82      data = new WaterData(landscape.size)
83      data.elevation = landscape.elevation
84
85      for _ in ITERATIONS:
86          # 在每个单元格自己的循环中运行以下迭代
87          # 地形中的每个单元格都需要运行
88          data.rain(0..size, 0..size)
89          data.calculateFlow(0..size, 0..size)
90          data.erodeDeposit(0..size, 0..size)
91          srcMaterial = copy(material) # 避免修改中间更新值
92          data.flow(0..size, 0..size, srcMaterial)
93          data.evaporate(0..size, 0..size)
94
95      # 更新原始数据
96      landscape.elevation = data.elevation
```

在上面的伪代码中，算法的参数以常量形式给出，并以全大写字母的变量名表示。例如，EVAPORATION 表示水蒸发。

　　flow 方法是唯一一种对单元格位置本身进行读写的方法，特别是 material 数组。开发人员要避免第二次迭代更改第一次迭代的值，然后第三次迭代又改变第二次迭代的值，如此等等。总之，要避免修改中间更新值，这样才能有效地使物质（Material）在一次迭代中流经整个级别。因此，需要创建 material 数组的副本，并将此副本传递到每个调用中。在 flow 中，我们总是从副本中读取并写入当前数组。

2. 性能

　　该修饰器在内存中的性能为 $O(n^2)$，其中，n 是正方形地形的一条边的大小。它在时间上的性能为 $O(kn^2)$，其中，k 为迭代次数。如果假设必须允许水在整个地形中流淌，则 $k \geqslant n$。

　　实际上，如上面的代码所示，每次迭代都会引入新的降雨，并且该算法只需运行所需的次数即可产生令人愉悦的结果。在这种情况下，k 通常远远大于 n，并且该算法在时间上的性能为 $O(n^3)$。

3. 为追求逼真而进行的调整

　　就目前而言，该算法仍仅能呈现相当粗略的降雨和河流流量模型。开发人员可以通过更紧密地对物理过程进行建模来使其更加复杂。

　　例如，可以模拟地区常刮的大风，而不是在整个地形范围内均匀降雨，这样，在斜坡的上风侧则会有更多的降雨。经过这样的调整之后，可以在大陆范围内生成更加逼真的山脉，当然，如果你的地形仅代表几平方千米，那么这看起来就会有点别扭。

　　还可以将水的动量及其数量和携带的物质的数量存储起来，而水的速度也不仅仅取决于位置的梯度，这些调整可能会在小山之间开辟出溪流或瀑布等不同形态的水道。

　　随着时间的推移，悬浮在水中的沉积物趋于软化，这影响沉积和侵蚀的速率。在上面的代码中，这些参数是恒定的，因此，可以对这些参数进行调整，允许它们根据沉积物移动的距离而发生变化。

　　如果在地图上使用不同类型的岩石以生成不同的区域，那么这些岩石可能具有不同的侵蚀特征，而不再使用全局参数。这将产生具有不同外观的不同区域的地形。

　　上述调整仅仅是一些建议，当然还会有许多其他可能的修改。开发人员可以通过一些参数调整，使上述基本算法产生可用的结果。要想使它变得更加复杂，这是一个探索性的过程，并取决于开发人员要寻求的逼真程度目标。

8.3.7　高地过滤

　　对于河谷地形来说，可能需要更加逼真的物理模拟，但开发人员其实可以通过更简单的方法生成包含许多其他特征的地形。有一种很灵活的方法是过滤或绘制高地，即将某些函数应用于每个高程。这对于生成典型游戏关卡规模的地形（每条边大概有几公里长的区域）特别有用。当然，使用这种方法生成整个大陆的地形会很困难。

例如，我们可以生成一个带有大致平坦的沙漠平面的地形，该平面偶尔也会出现风干的岩石群落或其他凸出地表的诸如砂砾堆之类的东西（想象一下你从许多西部片或以古埃及为背景的游戏中看到的风景）。这可以使用修饰器来完成，例如：

```
1   class DesertFilter:
2       # 在地形的每个单元格上迭代
3       function filter(landscape: Landscape):
4           for x in 0..landscape.size:
5               for y in 0..landscape.size:
6                   height = landscape.elevation[x][y]
7                   landscape.elevation[x][y] = newHeight(x, y, height)
8
9       # 计算一个位置的新高度
10      function newHeight(x: int, y: int, height: float) -> float:
11          # 使用 logistic 函数获得 S 曲线
12          halfMax = MAX_HEIGHT / 2
13          scaledHeight = SHARPNESS * (height - halfMax / halfMax)
14          logistic = 1 / (1 + exp(scaledHeight))
15          return MAX_HEIGHT * (1 + logistic / 2)
```

这会使较低的区域变平，使较高的区域变为高原，并使中间区域逐渐变换为特征性的凹面坡度。图 8.12 的第一部分显示了该地形生成的结果。

可以使用以下修饰器来实现具有圆形底部特征的冰川谷：

```
1   class GlacierFilter:
2       # filter()函数和前面一样
3
4       function newHeight(x: int, y: int, height: float) -> float:
5           # 使用一半的 logistic 函数以获得 U 型冰川谷地
6           scaledHeight = SHARPNESS * (height - MAX_HEIGHT / MAX_HEIGHT)
7           logistic = 1 / (1 + exp(scaledHeight))
8           return MAX_HEIGHT * (1 + logistic / 2)
```

这里的低洼区域是圆形的，因此 V 形山谷变成了 U 形。图 8.12 的第二部分显示了该地形生成的结果。

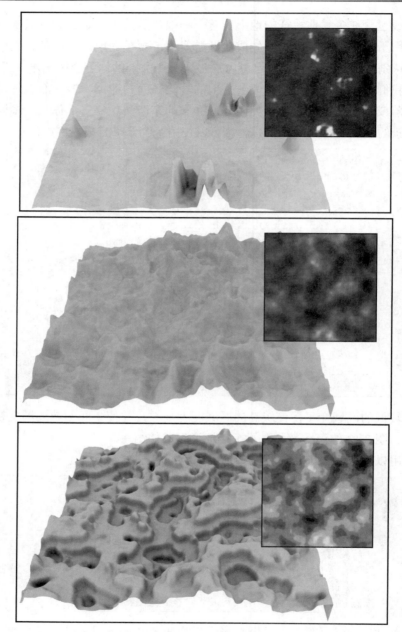

图 8.12 使用不同高度过滤器的 3 个地形示例

最后，还可以通过以下函数实现分层地形：

```
1   class TieredFilter:
2       # filter()函数和前面一样
3
4       function newHeight(x: int, y: int, height: float) -> float:
5           # theta - sin(theta)是平滑过渡值
6           # 在正确范围内使用可以形成内外台阶
7           stepProportion = height / MAX_HEIGHT * TIERS
8           theta = stepProportion * 2 * pi
9           newHeight = theta - sin(theta)
10          return newHeight / 2 / pi / TIERS * MAX_HEIGHT
```

上述伪代码使用了一系列的线来过渡附近的高程，因此平滑的坡度就变成了一系列的台阶。这可以通过量化值，将每个高地过渡到其最近的洼地来实现，其平滑的效果更令人愉悦。图 8.12 的最后一部分显示了该地形生成的结果。

在第 8.3.1 节 "修饰器和高度图" 中，我们提到可以将地形的边缘下沉，拉到海平面以下以形成一个小岛，这里介绍的就是一个类似的修饰器，它同时使用了高度和 x, y 位置。代码如下：

```
1   class IslandFilter:
2       # filter()函数和前面一样
3
4       function newHeight(x: int, y: int, height: float) -> float:
5           halfSize = landscape.size / 2
6           cx = x - halfSize
7           cy = y - halfSize
8           r = sqrt(cx * cx + cy * cy) / halfSize
9
10          # 下降到半径的最后四分之一为0
11          p = (1 - r) * 4
12          if p < 0:
13              return 0
14          elif p >= 1:
15              return height
16          else:
17              return p * height
```

根据要生成的地形类型，还有许多其他有用的过滤函数。我们曾经使用过的一种效果很好的方法是通过现有的高度场（**Height Field**）的位图修改高度。如果高度场是从现实世界的地理数据中获取的，则可以使最终地形具有逼真的外观，而不必让地形完全基于实际位置。这可以简单实现为：

```
1  class BitmapFilter:
2      # filter()函数和前面一样
3
4      function newHeight(x: int, y: int, height: float) -> float:
5          # 混合控制变化的量
6          return blend * bitmap[x][y] + (1 - blend) * height
```

其中，bitmap 是加载的高度数组，与地形的大小相同。图 8.13 显示了应用该方法之后生成的地形结果。

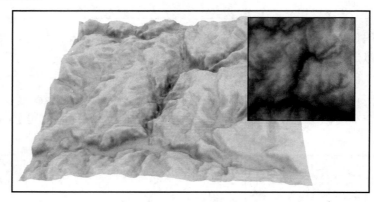

图 8.13　使用现实世界的高度数据生成的地形

8.4　地下城与迷宫的生成

到目前为止，我们一直专注于代表自然结构的内容，特别是植物和地形，这是许多游戏中程序化内容生成的全部。但是，有些游戏还需要添加人造结构，这通常使用本章开头介绍的算法之一，而程序化内容生成仅用于放置它们。

人工智能可以做更多的事情。在第 8.5 节中，我们将研究如何通过它创建任意建筑物，而目前我们的任务是专注于讨论最古老的程序化内容生成任务之一：创建迷宫或其他地下结构。它们可能代表不同的环境，如洞穴系统、矿井、污水系统，甚至是建筑物中的房间。本章将它们统称为地下城或地牢（Dungeons），这个名称来源于颇具影响力的幻想角色扮演游戏 *Dungeons & Dragons*（中文版名称《龙与地下城》）。

以程序化方式生成的地牢可以追溯到 Rogue，并且在最近 Rogue-lite 游戏的复兴中占有重要地位。地下城的生成有许多不同的算法和变体，它本身就足够写一本厚厚的图书。在我们所熟知的实现方式中，每种方式都是不一样的，并且针对特定游戏还需要进行调整。本节将提供不同方法的代表性示例。

8.4.1　深度优先的回溯迷宫

对于地下迷宫而言，将要构建的结构可分为两个要素：房间和走廊。

当然，并非每个游戏都会同时使用两者，例如，像 *Spelunky*（中文版名称《洞窟探险》）和 *The Binding of Isaac*（中文版名称《以撒的结合》）之类的游戏就将房间连接在一起以形成一个网格（对于 *Spelunky* 而言，它们可能不会显示为玩家的房间，因为连接的宽度足以使它们看起来像是在同一空间中）。

另一方面，开发人员也可能会创建一个仅包含走廊的游戏关卡。这其实是一个迷宫。严格来说，走廊网络只有在有环路或死角的情况下才称得上是迷宫（Maze），那些从头到尾只是比较蜿蜒曲折而没有分岔的复杂路径则只能称之为曲径（Labyrinth）。当然，一般情况下，它们是不作区分的，本节也将忽略此区别，统称"迷宫"。

要创建迷宫，可以使用简单的回溯算法（Backtracking Algorithm），将关卡分为多个单元格；所有单元格最初都是未使用的。刚开始的时候，入口单元格被发现，这成为当前单元格，然后该算法迭代进行。在每次迭代中，随机选择当前单元格的未使用的邻居。当前单元格连接到该邻居，并且邻居成为新的当前单元格。如果没有未使用的邻居，则返回考虑先前的当前单元格。当按这种方式回到起始单元格，并且它也不再有未使用的邻居时，算法就完成了。

在该算法中，单元格被存储在堆栈中。当新邻居成为当前单元格时，它将被推到堆栈的顶部。如果当前单元格中没有未使用的邻居，则将其从堆栈中弹出。

一般来说，迷宫都会有出口和入口。如果是这样，则在算法运行时，出口将显示为普通的未使用单元格，然后在算法完成后将其连接。该算法会确保将迷宫扩散到网格中所有可到达的位置，包括出口。

图 8.14 显示了基于两种不同大小的网格以这种方式生成的迷宫的示例。

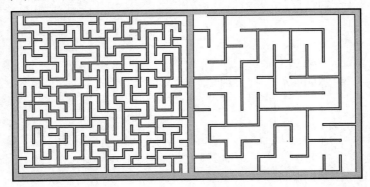

图 8.14　生成的迷宫

1. 伪代码

回溯算法的伪代码如下：

```
1   function maze(level: Level, start: Location):
2       # 可以产生分支的位置的堆栈
3       locations = [start]
4       level.startAt(start)
5
6       while locations:
7           current = locations.top()
8
9           # 尝试连接到邻近的位置
10          next = level.makeConnection(current)
11          if next:
12              # 如果成功，则使用它执行下一次迭代
13              locations.push(next)
14          else:
15              locations.pop()
```

2. 数据结构

构建迷宫的环境具有以下结构：

```
1   class Level:
2       function startAt(location: Location)
3       function makeConnection(location: Location) -> Location
```

它可以实现为：

```
1   class Location:
2       x: int
3       y: int
4
5   class Connections:
6       inMaze: bool = false
7       directions: bool[4] = [false, false, false, false]
8
9   class GridLevel:
10      # dx、dy 和索引都纳入 Connections.directions 数组
11      NEIGHBORS = [(1, 0, 0), (0, 1, 1), (0, -1, 2), (-1, 0, 3)]
12
13      width: int
```

```
14          height: int
15          cells: Connections[width][height]
16
17          function startAt(location: Location):
18              cells[location.x][location.y].inMaze = true
19
20          function canPlaceCorridor(x: int, y: int, dirn :int) -> bool:
21              # 必须是在边界内并且尚未成为迷宫的一部分
22              return  0 <= x < width and
23                      0 <= y < height and
24                      not cells[x][y].inMaze
25
26          function makeConnection(location: Location) -> Location:
27              # 以随机顺序选择相邻的单元格
28              neighbors = shuffle(NEIGHBORS)
29
30              x = location.x
31              y = location.y
32              for (dx, dy, dirn) in neighbors:
33
34                  # 检查该位置是否有效
35                  nx = x + dx
36                  ny = y + dy
37                  fromDirn = 3 - dirn
38                  if canPlaceCorridor(nx, ny, fromDirn):
39
40                      # 执行连接
41                      cells[x][y].directions[dirn] = true
42                      cells[nx][ny].inMaze = true
43                      cells[nx][ny].directions[fromDirn] = true
44                      return Location(nx, ny)
45
46              # 没有任何相邻单元格是有效的
47              return null
```

3. 性能

该算法的执行时间为 O(n)，其中，n 是网格中的单元格数。它在空间中的性能是 O(k)，其中，k 是迷宫中的最长路径（通常这不是从目标到终点的路径，尽管这可能是玩家经过的最长路径）。尽管 $k \propto n$ 是可能的，但如果网格几乎是一条直线，则更常见的是 $k \propto \log n$，并且它在空间中的性能可以表示为 O($\log n$)。

4. 洞穴

请注意，以上迷宫算法的伪代码中没有假设网格的元素，迷宫关卡界面中也没有任何元素。迷宫关卡的实现是基于网格的，但是该算法也适用于其他结构。

除了使用网格生成邻居外，还可以使用类似于泊松圆盘算法（详见第 8.1.4 节）中的方法。开发人员可以尝试沿任意方向在走廊中向前移动。

关卡接口可以按以下方式实现：

```
 1  class Location:
 2      x: float
 3      y: float
 4      r: float
 5      passageFrom: Location = null
 6
 7  class CavesLevel:
 8      locations: Location[]
 9      collisionDetector # 检查洞穴是否被堵塞
10
11      function startAt(location: Location):
12          locations.push(location)
13          collisionDetector.add(location)
14
15      function makeConnection(location: Location) -> Location:
16          # 按随机方向开始检查
17          initialAngle = random() * 2 * pi
18
19          # 下一个洞穴将具有随机大小
20          nextRadius = randomRange(MIN_RADIUS, MAX_RADIUS)
21          offset = r + nextRadius
22
23          x = location.x
24          y = location.y
25          r = location.r
26          for i in 0..ITERATIONS:
27
28              # 尝试放置下一个洞穴
29              theta = 2 * pi * i / ITERATIONS + initialAngle
30              tx = x + offset * cos(theta)
31              ty = y + offset * sin(theta)
32
33              # 如果碰撞检测器中有空间
34              # 则将其添加到洞穴位置列表中
35              candidate = new Location(tx, ty, nextRadius, location)
```

```
36              if collisionDetector.valid(candidate):
37                  collisionDetector.add(candidate)
38                  locations.push(candidate)
39                  return candidate
40
41          return null
```

图 8.15 显示了以此方式生成的类似洞穴的迷宫的示例。

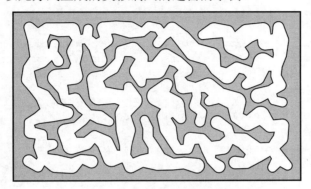

图 8.15 使用迷宫算法创建的洞穴系统

5. 房间

到目前为止，我们都是从未使用的位置开始使用该算法，但是算法本身并没有这方面的任何要求或限制。开发人员可能会想从无法到达的区域开始（这些区域包含可开采的资源，或者仅用于对迷宫结构添加兴趣点）。同样，对于代表走廊的各个部分的位置也没有什么限制。只要关卡数据结构可以将它们视为单个的位置，就可以在该位置上放置房间，并生成迷宫将它们连接起来。

在伪代码中，这可能类似于：

```
1  class Room:
2      width: int
3      height: int
4
5  class GridLevelWithRooms extends GridLevel:
6      unplacedRooms: Room[]
7
8      function canPlaceRoom(room: Room, x: int, y: int) -> bool:
9          inBounds = (
10             0 <= x < (width - room.width) and
11             0 <= y < (height - room.height))
```

```
12          if not inBounds:
13              return false
14
15          for rx in x..(x + room.width):
16              for ry in y..(y + room.height):
17                  if cells[rx][ry].inMaze:
18                      return false
19
20          return true
21
22      function addRoom(room: Room, location: Location):
23          for x in location.x..(location.x + room.width):
24              for y in location.y..(location.y + room.height):
25                  cells[x][y].inMaze = true
26                  # 如果要使用连接来确定墙壁的绘制位置
27                  # 则可以在房间中设置所有连接
28
29      function makeConnection(location: Location) -> Location:
30          # 尝试纳入房间
31          if unplacedRooms and random() < CHANCE_OF_ROOM:
32              x = location.x
33              y = location.y
34
35              # 选择一个房间并计算其来源
36              room = unplacedRooms.pop()
37              (dx, dy, dirn) = randomChoice(NEIGHBORS)
38              nx = x + dx
39              ny = y + dy
40              if dx < 0: nx -= room.width
41              if dy < 0: ny -= room.height
42
43              if canPlaceRoom(room, nx, ny):
44                  # 填充该房间
45                  addRoom(room)
46
47                  # 执行连接
48                  cells[x][y].directions[dirn] = true
49                  cells[x + dx][y + dy].directions[3 - dirn] = true
50
51                  # 如果房间不是主迷宫的一部分则不返回任何东西
52                  # 否则返回房间出口
53                  return null
54
```

```
55              # 否则像以前一样遍历相邻位置
56              return super.makeConnection(location)
```

图 8.16 左侧显示了不可到达的位置，右侧显示了包括房间在内的最终迷宫。

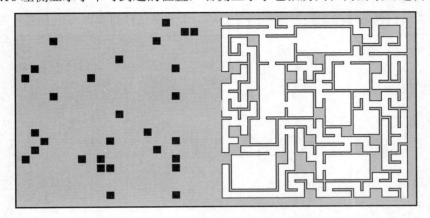

图 8.16　无法到达的区域和最终迷宫

6. 仅包含房间

在仅包含房间的迷宫中，网格不代表走廊的方形部分，它的每个位置都可以是一个房间。然后，迷宫由带有相邻门的房间组成。这类似于早期 *Zelda*（中文版名称《塞尔达传说》）或 *The Binding of Isaac*（中文版名称《以撒的结合》，它受《塞尔达传说》的影响很大）游戏中的地牢。然后，可以将每个房间分配给不同的角色，或分配一系列可能的内容。最终关卡的效果如图 8.17 所示。

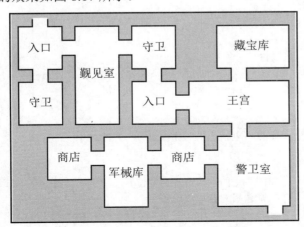

图 8.17　仅包含房间而没有走廊的迷宫

7．预制元素

　　如前文所述，将房间放置在网格上并没有什么特别的限制和要求。如果有一组预制的房间或走廊部分，并且每个房间都有一个可能的出口列表，则关卡接口的实现很简单，只要针对当前位置的每个出口检查房间是否适合即可。这样的实现可能看起来如下所示：

```
1   class Position:
2       x: float
3       y: float
4       orientation: float
5
6   class Prefab:
7       function getExits(position: Position): Position[]
8       function originFromEntry(position: Position): Position
9
10  class Location:
11      origin: Position
12      prefab: Prefab
13      passageFrom: Location = null
14
15  class PrefabLevel:
16      prefabs: Prefab[]
17      locations: Location[]
18      collisionDetector # 检查预制元素是否被堵塞
19
20      function startAt(location: Location):
21          locations.push(location)
22          collisionDetector.add(location)
23
24      function makeConnection(location: Location) -> Location:
25          # 以随机顺序检查出口
26          exits = location.prefab.getExits(location.origin)
27          exits = shuffle(exits)
28          for exit in exits:
29              # 随机选择预制元素
30              # 也可以按随机顺序尝试每个预制元素
31              prefab = randomChoice(prefabs)
32
33              # 如果它的入口位于当前位置的给定出口处
34              # 则查找它合适的位置
35              origin = prefab.originFromEntry(exit)
36
```

```
37              # 检查该预制元素是否适合
38              # （该代码和洞穴迷宫生成器是一样的）
39              candidate = new Location(origin, prefab, location)
40              if collisionDetector.valid(candidate):
41                  collisionDetector.add(candidate)
42                  locations.push(candidate)
43                  return candidate
44
45          return null
```

生成的迷宫以一种更加逼真可信的方式结合了预制元素和随机元素，如图 8.18 所示。

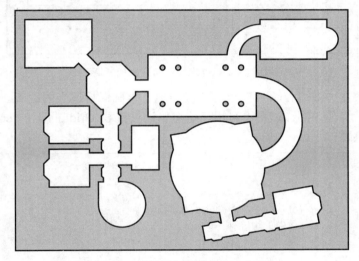

图 8.18　由预制房间组合的一个迷宫

8. 加厚墙

使用网格关卡环境的基础迷宫算法将链接相邻单元格。走廊无须连接即可紧挨着放置，从而产生墙壁很薄的迷宫。尽管这对于某些情况（例如，制作树篱迷宫）是可以接受的，但是在大多数情况下，我们仍然希望墙壁能够更厚。

这可以通过不同的方式来实现。最简单的方法是采用已生成的网格并在每个现有对之间添加额外的行或列。如果两个现有单元格已经连接，则会在它们之间的新行或新列中放置一个额外的走廊位置，如图 8.19 所示。请注意，在添加的行或列中没有死角或延伸的走廊，只有白色原始走廊位置之间的过渡。对于简单的迷宫，此方法效果很好，但是如果在迷宫中放置了房间或其他预制空间，则更改网格比例可能会使它们变形。

图 8.19　通过添加行和列来加厚墙

　　一种替代解决方案是仅将新的走廊路段与现有走廊保持适当的距离。如果放置走廊位置会导致墙壁变薄，则该位置不可用。这可以通过重载 GridLevel 的 canPlaceCorridor 方法来执行，具体如下：

```
class ThickWallGridLevel extends GridLevel:

    function canPlaceCorridor(x: int, y: int, dirn: int) -> bool:
        # 所有邻居（包括对角线）都必须是空的
        # 当前位置的边除外
        from_dx, from_dy, _ = NEIGHBORS[dirn]
        for dx in (-1, 0, 1):
            if dx == from_dx: continue
            for dy in (-1, 0, 1):
                if dy == from_dy: continue
                if not super.canPlaceCorridor(x + dx, y + dy):
                    return false

        return true
```

　　这提供了更有趣的迷宫，其中的走廊不仅限于连接其他所有网格单元格。另一方面，该算法不再保证填充该空间。如果你的目标是特定端点，则此方法可能使其无法到达。

9. 部分生成的迷宫

　　在许多游戏中，开发人员都不希望迷宫填满整个可用区域。实际上，开发人员可能根本不在乎区域的边界，因为只要能够提供用于生成关卡所需的有效空间即可。反过来讲，停止生成建筑物则可以有一些替代标准。这些标准如下。

❑　关卡的最小或最大尺寸。

❑　最小或最大分支数。

❑　必须放置在某个地方的一组固定房间。

❑　最小或最大死角数。

这些标准可用于通过跟踪有关迷宫的数据来终止迷宫的生成。

要跟踪关卡的大小，可使用以下方式：

```
1   class SizeLimitedGridLevel extends GridLevel:
2       size: int = 0
3
4       function makeConnection(location: Location) -> Location:
5           result = super.makeConnection(location)
6           if result:
7               size += 1
8           if canTerminate(now, next):
9               return false
10          return result
11
12      function canTerminate(now: Location, next: Location) -> bool:
13          return size >= MAX_SIZE
```

在上述伪代码中，canTerminate 可以测试所添加的连接的详细信息，或者测试整个关卡上的所有数据。它返回 true 或 false 以指示其决定。

8.4.2　最小生成树算法

回溯算法快速且易于实现，它们允许一定程度的自定义。在上面显示的实现中，可以自定义关卡数据结构，并且可以对主算法进行修改以存储数据，还演示了一个尽早终止算法的示例。当然，有时还需要执行更多的自定义，特别是在开发人员需要更注重某些连接的情况下。

最小生成树（Minimal Spanning Tree，MST）算法需要加权图（Weighted Graph）才能进行工作，这类似于在第 4 章 "路径发现" 和第 6 章 "战略和战术 AI" 中讨论过的算法。加权图中的边代表迷宫中每个可能的连接，其权重代表将连接中的一部分作为输出的成本。加权图中的节点表示可能存在分支的点，这一般来说是房间。

最小生成树算法从单个点（通常是迷宫的入口）开始，并计算从该点扩展到图中所有节点的网络，以使树包括最小的总边际成本。

如果从一组房间开始，并希望计算连接它们的走廊，那么这将特别有用。值得一提的是，最小生成树算法无助于房间的放置，也无助于计算房间之间所有可能的连接。

在地牢逃脱类游戏 *TinyKeep*（中文版名称《小小地牢》，详见附录参考资料[158]）中，使用了一种方法（详见附录参考资料[2]），该方法将房间放置在彼此的顶部，并使用游戏物理引擎的碰撞响应将它们分离。然后，在图中将相邻的房间连接起来，并运行最小生成树算法。随机放置房间也没问题，这样可以尝试不同的位置，直到房间适合为止（尽管这样可能会使房间之间的间隔更大）。也可以将房间添加到网格中，或使用回溯算法放置房间。在第 8.4.3 节中还将研究另一种布置房间的方法：递归细分。

在编制权重图时，通常会根据距离来计算成本。但是，正如我们在讨论寻路图时所看到的那样，也可以纳入战术的考虑。如果在两个房间之间的连接上有相当强大的敌人，则该连接可能会被赋予较高的权重，以使最终布局能够放置一些中间位置，从而使玩家在明知不敌的情况下有回旋的余地。在放置房间后，权重图可能看起来如图 8.20 所示。

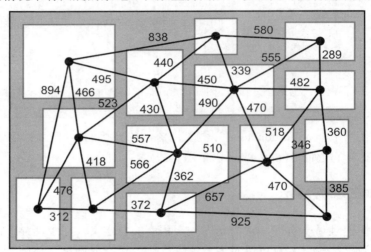

图 8.20　适合构建最小生成树的房间图

1. 算法

构造最小生成树有若干种不同的算法。最常用的算法是 Prim 算法（详见附录参考资料[50]）和 Kruskal 算法（详见附录参考资料[33]）。

如果权重图只包含一棵最小生成树（即只有一棵树的总成本最小），则所有算法都会产生相同的结果；而如果有多个连接，并且需要通过连接成本计算成本值相对较少的树，则很可能有多个可能的树产生相同的总成本。在这种情况下，不同的算法将产生不同的结果。开发人员可能需要实现多个算法，才能获得感兴趣的确切外观。

接下来将演示 Prim 算法，它不但很容易实现，而且也常被引用。

该算法首先将图中的所有节点（起始节点除外）添加到未访问的列表中。起始节点被添加到树中，该树将增长为最终结果。

Prim 算法以迭代方式处理。在每次迭代中，都将考虑从树中的节点到未访问节点的所有图边，并选择成本最低的边。边和未访问的节点都被添加到树，然后将未访问的节点从未访问列表删除。如果有多个边具有相同的最小成本，则可以选择任何边，这可以随机选择，而在实际实现中，只要使用找到的第一个边即可。当访问完所有节点后，该算法终止。如果没有更多要考虑的边，却仍然有未访问的节点，则说明这些节点是不可到达的。

以图 8.20 的权重图为例，图 8.21 显示了 Prim 算法的逐步结果。该图显示了前 5 个步骤以及最后的树。空的圆圈表示未访问的节点，实线表示逐步生成的最小生成树。

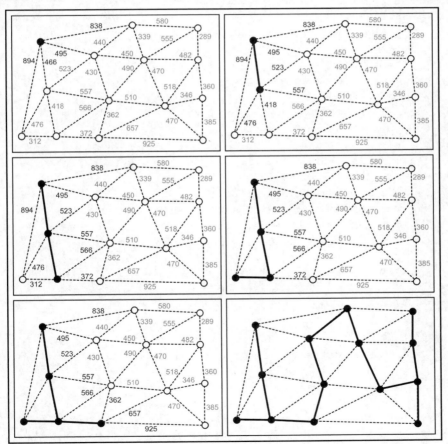

图 8.21 Prim 算法构建最小生成树的步骤

2．伪代码

Prim 算法的实现如下：

```
1   # 基础权重图接口
2   class Edge:
3       from: Node
4       to: Node
5       cost: float
6
7   class Node:
8       edges: Edge[]
9
10  class Graph:
11      nodes: Node[]
12
13  # Prim 算法的数据
14  class UnvisitedNodeData:
15      node: Node
16      minCostToTree: float = infinity
17      minCostEdge: Edge = null
18
19  class UnvisitedNodeList:
20      function add(node: Node)
21      function remove(node: Node)
22      function getLowestMinCost() -> UnvisitedNodeData
23      function getData(node: Node) -> UnvisitedNodeData
24      function setData(node: Node, cost: float, edge: Edge)
25
26  function primsMST(graph: Graph, start: Node) -> Edge[]:
27      unvisited = new UnvisitedNodeList()
28      tree: Edge[] = []
29
30      # 辅助函数
31      function addNodeToTree(node: Node):
32          unvisited.remove(node)
33          for edge in node.edges:
34              data = unvisited.getData(edge.to):
35              if data and edge.cost < data.minCostToTree:
36                  unvisited.setData(edge.to, edge.cost, edge)
37
```

```
38        # 创建初始数据，目前尚无连接
39        for node in graph.nodes:
40            unvisited.add(node)
41        addNodeToTree(start)
42
43        while unvisited:
44            next: UnvisitedNodeData = unvisited.getLowestMinCost()
45            if next:
46                tree.push(edge)
47                addNodeToTree(edge.to)
48            else:
49                # 权重图未完全连接
50                # 可以使用 addNodeToTree 添加返回的节点
51                # 给出多个未连接节点的图形结果
52                # 或者就此终止算法
53                break
54
55        return tree
```

3．性能

　　该算法的性能取决于用于保存未访问节点的 UnvisitedNodeList 结构及其成本。使用原生实现搜索数组中成本最低的节点时，在时间上的性能为 $O(n^2)$，其中，n 是节点数。这和寻路算法中的未访问列表类似。

　　正如在第 4 章"路径发现"中讨论过的那样，使用替代数据结构可以极大地提高性能。许多编程环境提供的优先级队列可以将时间上的性能提高到 $O(e\log n)$，其中，e 是权重图中的边数。原生实现的最佳空间需求是 $O(e + n)$，但是随着其他数据结构的增加，这种需求也可能会增加。

4．创建最终关卡

　　最小生成树算法仅确定连接了哪些节点，它们没有指定连接走廊的形状，这需要作为附加步骤执行。因此，开发人员可以简单地沿连接方向开拓出一个走廊路线，直至遇到目标房间为止。如果两个端点不在一条直线上，则添加一个角。图 8.22 显示了使用此方法从图 8.20 和图 8.21 生成的最终关卡。

　　如果游戏要求更复杂的几何形状，则可以沿路线放置中间结构。前面提到过的示例 *TinyKeep*（中文版名称《小小地牢》）就在走廊上添加了包含偶然相遇的房间，其中权重图的节点代表了关卡的主要部分。

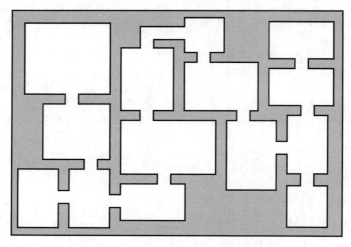

图 8.22　使用 Prim 算法生成的完整关卡

8.4.3　递归细分

生成地牢风格关卡的前两种方法是自下而上进行的：它们从大量可能性开始（指放置走廊或房间的位置可以有很多选择），并逐渐使用内容填充空间。这是一项功能强大的技术，但会产生可显示随机特征的结果，即将元素放置到环境中的方式对于整体来说并不总是有意义的。或者换个方式，开发人员也可以自上而下地进行，先从整体空间开始，然后将其细化为越来越小的区域。

最常见和最简单的自上而下的方法是递归细分（Recursive Subdivision）。就像最小生成树算法一样，递归细分可用于布置房间，然后通过走廊将它们连接起来。该算法包含一种确定连接的简单方法，尽管它看起来可以预测。或者，为了获得更多控制，可以计算最小生成树。这两种技术可以很好地协同工作。

1. 算法

该算法分两个阶段运行。在第一个阶段中，可以细分空间来放置房间；在第二个阶段中，可以使用走廊将它们连接起来。如果使用其他连接方法（如最小生成树算法或回溯算法），则可以忽略第二部分。

1）细分

细分阶段可以从整个关卡开始，然后递归进行。在每一步中，可以将当前空间随机分为两个部分。如果两个细分均符合某些质量标准（详见下面的介绍），则依次递归每个细分。当执行返回到根空间时，算法终止。

质量标准通常与大小有关。如果目标是将房间放置在这些细分的空间中，则空间必须足够大以容纳房间，并具有适当的形状。一般来说，这还涉及周围的边界，因为还需要在其中放置连接的走廊。

要在房间之间建立走廊网络，每个细分的空间都应该跟踪它所划分的较小空间。因此，细分将形成树形结构，如图 8.23 所示。

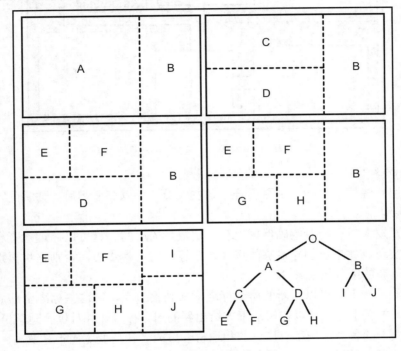

图 8.23 将区域细分为房间

2）连接

空间树表示连接。当两个叶空间（即不会进一步细分的空间）具有相同的父代时，走廊会直接将它们连接起来。走廊代表共同的父母。两个非叶空间可以通过其内部的房间或走廊来连接。

这也可以按递归方式执行。连接从根节点开始。首先确保两个子节点自己都联系在一起，根据需要递归到每个子节点。叶空间被视为已连接。

然后，使用走廊将子节点连接起来。该走廊可以连接到子节点的房间（如果是叶节点的话，则连接到唯一的房间；如果在子树内，则可以连接到任何房间）或其走廊。

当根节点的子节点都已经完成连接时，该算法终止。对于图 8.23 中生成的树，此过程如图 8.24 所示。

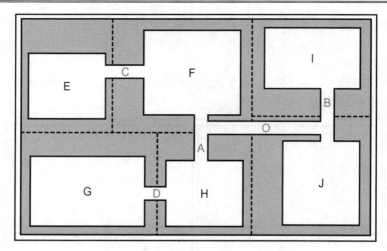

图 8.24　递归连接细分的房间

3）附加质量标准

除了使用一些标准来确定是否拆分，开发人员还可以在递归后评估空间，以确定子树是否满足要求。

例如，开发人员可能希望确保树上有一定数量的房间。这可以通过检查算法何时递归回到根来实现。如果已创建足够的房间，该算法将正常终止，否则它将再次使用，从而有效地创建新的细分树。

在上面的示例中，可以将新的质量标准附加到根节点，当这些标准全部满足时，将创建一个全新的关卡；也可以在树的下方给出新的质量标准，并且仅重建该子树。例如，可以确保该关卡的各个区域都有广泛的相遇机会，或者让树变宽而不是变高。

该算法的递归性质意味着它可以轻松地回溯直至满足这些质量标准。当然，开发人员必须确保这些标准是可以满足的，否则递归将永远继续。

2．伪代码

细分可以通过以下代码执行：

```
1  function subdivide(space: Space):
2      while true: # 或设置最大尝试次数
3          # 执行拆分
4          splits = space.split()
5          if not splits:
6              return
7
```

```
8          # 测试个体质量
9          If not splits[0].validSpace() or
10             not splits[1].validSpace():
11             continue
12
13          # 测试总体质量
14          if candidates:
15             space.children = candidates
16             if space.validSubtree():
17                 return
18
19      space.children = []
```

连接方式如下：

```
1   function connect(space: Space):
2       if not space.children:
3           space.corridor = null
4           return
5
6       children = space.children
7       children[0].connect()
8       children[1].connect()
9
10      space.corridor = new Corridor(
11          children[0].getConnectionPoint(children[1]),
12          children[1].getConnectionPoint(children[0]))
```

3. 数据结构

对于细分，Space 具有以下接口：

```
1   class Space:
2       width: int
3       height: int
4       parent: Space = null
5       children: Space[] = []
6
7       # 该空间单独的质量标准
8       function validSpace() -> bool
9
10      # 添加子节点的质量标准
11      function validSubtree() -> bool
```

```
12
13        # 如果可能的话，将空间拆分为两个随机的子空间
14        function split() -> Space[2]
```

在上面的伪代码中，细分的质量标准通过 validSpace 方法进行检查，而子树的质量标准则由 validSubtree 方法给出。

为了支持连接，可对 Space 进行以下扩展：

```
1    class Corridor extends Room:
2        from: Room
3        to: Room
4
5    class Space:
6        # 其他实现和前面一样
7        room: Room
8        corridor: Corridor
9
10       function getConnectionPoint(other: Space) -> Room:
11           if not corridor:
12               return room
13           else:
14               # 返回走廊
15               # 也可以使用某些标准（如最小化距离）以返回：
16               # children[0].getConnectionPoint(other)或
17               # children[1].getConnectionPoint(other)
18               return corridor
```

如果使用了不同的算法来连接房间，则可能并不需要此扩展。

4．性能

如上所述，当不满足质量标准时，重复细分可能意味着该算法永远不会终止，因此无法计算其理论性能。但是，在没有这些条件的情况下，算法的时间性能为 $O(n)$，其中，n 是最终结果中的房间数。如果具有其他质量标准，只要满足标准，$O(n)$ 就会成为最佳情况。

在这两种情况下，该算法在存储中的性能均为 $O(n)$。

8.4.4　生成和测试

尽管可以在生成迷宫时强制执行某些条件，但是不可避免地会有一些条件不能执行，或者无法轻易执行。即使使用递归细分，也可能存在跨越不同子树的条件。例如，开发人员可能希望确保警卫室与军械库之间的距离在走廊空间的一定范围内（以策应军械库

的安全），或者迷宫从开始到结束位置必须至少具有一定数量的死角（以增加游戏难度或添加一些特殊的 NPC）。根据所使用的算法，开发人员可能会设计出始终使用这些属性生成关卡的规则，但是如果以后要修改参数，则可能很困难且不可靠。

反过来，开发人员可以考虑使用本章所介绍的随机程序化内容生成算法。以下是一种通用的生成和测试（Generate-and-Test）方法：

```
1  function generate():
2      while true:
3          candidate = generateCandidate()
4          if checkQuality(candidate):
5              return candidate
```

这种方法的危险是 while 循环。至于重复细分，如果随机算法从不或很少生成合适的输出，则会形成无限重复。对于这种情况，并没有简单的方法可以避免。因此，开发人员需要仔细测试游戏中可能存在的所有参数。

8.5　形状语法

本章描述了游戏中程序性内容生成的两种常见用法的技术。这两种用法是纹理生成和动作合成。纹理生成很少使用 AI 算法：最新技术是按照美工创作的顺序应用随机图像滤镜。动作合成确实需要使用 AI，尤其是神经网络，其骨骼模型依赖于物理模拟。动画合成是一个非常棘手的特定领域，本章不会对此进行介绍。在技术方面，第 7 章"学习"描述了神经网络算法，而物理模拟则超出了本书的讨论范围。

因此，本节将仅介绍纹理生成的最新技术。本章先前介绍的技术要么是有机的（例如用于生成树木的 L 系统），要么是大规模的（例如放置房间、构建地形或分配对象）。我们已经讨论了可用于放置建筑物的工具，但是无法创建建筑物本身。

形状语法（Shape Grammar）就是可用于创建建筑物的一种方法。但需要强调的是，该方法只是试验性的，它们已用于技术演示和演示场景中，但很少用于生产游戏中。该方法有一种变体，用于在 *Spore*（中文版名称《孢子》，详见附录参考资料[137]）中创建城市，还曾用于在 *Republic: The Revolution*（中文版名称《共和国：革命》，详见附录参考资料[109]）中创建建筑物，但是这两款游戏的图形都比现代游戏原始得多。

游戏资产的程序化内容生成是一个令人兴奋但又让人越陷越深难以自拔的问题。据我所知，有多个开发人员都在这个问题上栽了跟头，最终花费的时间远远超过了他们直接制作资产所需的时间，甚至导致他们根本无法交付游戏。所以，对于开发人员来说，这就是一个陷阱，一个巨大的陷阱，要小心。

　　形状语法最初是针对绘画和雕塑进行描述的（详见附录参考资料[64]）。后来这个想法被建筑师采纳为"描述"建筑设计的一种方式（详见附录参考资料[42]）。在此语境下，描述（Describe）成为一个很重要的单词：形状语法通常被用作理解或修改结构的一种方式，而不是从头开始生成。

　　形状语法的命名模拟的是自然语言的语法，并且对应关系也适用。使用语法来理解语言比通过程序了解语言要容易得多。

　　本章已经讨论了一种形状语法：Lindenmayer 系统。回想一下，L 系统从最初的根开始，应用一系列规则生成树干、树枝、枝杈和树叶。形状语法概括了这个思路。我们从初始的根开始——当然，在不生成树时，可以将初始的根转换为更具适应性的称呼。我们应用了一系列规则，这些规则具有某些可匹配的特征，以及一些确定其何时适用的附加标准，并且可以在应用时对结构执行某些操作。正如第 8.2 节所述，这也使它们成为基于规则的系统的一种形式（详见第 5.8 节"基于规则的系统"）。

　　例如，假设要创建一幢摩天大楼（这是形状语法迄今为止最常见的用法），可以从建筑物的占地面积开始——这可以称为地基（Foundation），并应用以下规则集：

　　（1）地基→地面（+4 m）+ 顶层
　　（2）顶层→楼层（+3 m）+ 顶层
　　（3）顶层（如果足够大）→顶层 | 屋顶
　　（4）顶层→屋顶

　　其中，加号（+）表示层叠在一起，而竖线（|）则表示两个元素并排放置。当多个规则匹配时，将随机选择一个。这些规则一起可以产生类似于图 8.25 所示的建筑物。

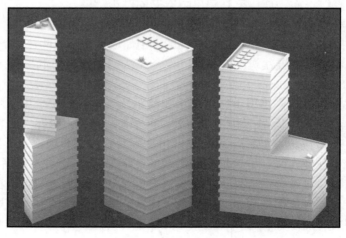

图 8.25　使用形状语法构建的摩天大楼

这套规则对建筑物进行了布局，但是并没有确定建筑物的外观。因此，需要进一步的规则来做到这一点：

（5）楼层→外墙...

（6）外墙→窗户空间（3 m）...

（7）窗户空间→

（8）窗户空间→观景窗

（9）窗户空间→实用窗

其中，英文省略号（...）表示可以返回该类型的多个对象。我们希望以此来生成图 8.26 左侧所示的楼层，但有可能生成图 8.26 右侧所示的楼层。为了获得理想的效果，需要一些标准来确保实用窗仅出现在一致的位置。

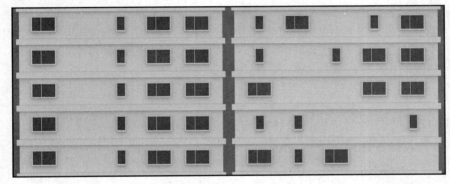

图 8.26　窗户在楼层上的放置位置：左侧为期望位置，右侧为实际位置

该规则集还可以进一步微调，例如，使实用窗每隔两个楼层出现一次。此过程通常是手动降低随机性以获得更可信的结果。获得所需的输出涉及大量的调整和可视化。

（7）窗户空间（如果是墙壁上的第二个窗户）→

（8）窗户空间（如果不是墙壁上的第二个或第三个窗户）→观景窗

（9）窗户空间（如果是墙壁上的第三个窗户）→实用窗

开发人员可以继续指定规则，以精确指定窗户的构造方式，一直到其组成的多边形和纹理（窗户由一定数量的窗格和窗框组成；一些窗格是滑动打开的，一些窗格是铰接的，还有一些窗格是固定的；窗框有窗台；等等）。但是，更常见的是通过放置一个预制元素来结束：这个预制元素就是一个来自窗户库的预制窗户。

预制元素可能具有一些参数。例如，它可以在一定范围内沿宽度方向缩放，但是，一般来说，让美工创建这些元素比尝试创建从头开始构建的规则要容易得多。因此，开发人员需要在程序化内容生成的成本与构建语法的复杂性之间取得平衡。

8.5.1　运行语法

基于视觉查询的形状语法适合于实时绘制图形，因此，它非常适用于游戏元素的渲染。接下来就来看一下它的算法和规则实现。

1. 算法和规则实现

要运行形状语法，需要一个基于前向链接规则的系统。第 5.8 节"基于规则的系统"介绍了实现此目的的算法。这里的困难不在于算法本身，而在于如何表示规则。

开发人员通常需要处理游戏策划文本中那些没有简单表示的内容，因此，必须使用自定义视觉格式来指定规则（相应地，很难创建编辑器来编写规则），或者更常见的是，必须将规则细化为代码（不利之处是，这需要由程序员来创建，而美工则无能为力）。

为了创建工具，指定规则将要执行的操作，我们进行了一些尝试，[①] 但是我还没有发现任何不限于生成某个特定事物的完整解决方案。目前看起来似乎别无选择，只能求助于某种形式的代码。

2. 伪代码

基于规则的系统可以按以下方式实现：

```
 1  class Grammar:
 2      rules: Rule
 3      object: Object
 4
 5      function getTriggeredRules() -> Rule[]:
 6          triggered = []
 7          for rule in rules:
 8              if rule.triggers(object):
 9                  triggered.push(rule)
10          return triggered
11
12      # 激发一项规则并返回它
13      function runOne() -> Rule:
14          triggered = getTriggeredRules()
```

[①] 工具 .werkkzeug 可用于创建演示场景，以演示一些基本操作，这些操作足以让作者使用它创建第一人称射击游戏 kkreiger 的关卡（仅作为概念验证目的）。由于这种独特的开发方式，kkreiger 的容量小得惊人，只有 96 KB（2004 年版本），整个游戏制作未使用任何素材，全都依靠 CPU 即时计算形成画面。当然，其实际限制还是比表面上看到的要多。该工具的更高版本专注于纹理生成，现在基本上已成为历史。

```
15          if not triggered:
16              return null
17
18          rule = randomChoice(triggered)
19          rule.fire(object)
20          return Rule
21
22      function run():
23          while runOne():
24              pass
```

3．数据结构

在上述实现中，大部分复杂性被转移到普通对象中。这些规则可以执行其希望的任何检查（在通知系统它们可以激发之前）。如果它们被激发，则可以按选择的任何方式更改内容。它们具有以下形式：

```
1   class Rule:
2       function triggers(object: Object) -> bool
3       function fire(object: Object)
```

规则以这种方式实现比较灵活，但它隐藏了语法风格的结构。例如，当看见"窗户空间"时，并不清楚规则是否会触发，也不清楚是否会因此而产生"观景窗"。

因此，我们可以实现一个中间解决方案，使用一个数据结构来表示要创建的对象：

```
1   class Object:
2       string: Token[]
```

规则中的 target 字段将保留要匹配的名称，result 字段将保留其替换结果。然后，可以将 triggers 和 fire 方法通用化以搜索和替换这些名称：

```
1   class TargetRule extends Rule:
2       target: String
3       result: String[]
4
5       function triggers(object: Object) -> bool:
6           index = object.string.find(target)
7           return index >= 0
8
9       function fire(object: Object):
10          # 修改字符串
11          index = object.string.find(target)
```

```
12          object.string.remove(index)
13          object.string.insert(index, result)
14
15          # 执行原始操作
16          super.fire(object)
```

当然，我们要的并不仅仅是一个名称列表。最终结果将是一些更复杂的数据结构（3D 模型或其他游戏内容）。开发人员需要运行任意代码来检查规则是否会触发，并在触发时检查更多的任意代码。上面的第一个实现比较简单，而替代方法相形之下并不会更明确，因此我们将继续假设使用第一个版本。

4. 偏置规则

在上面的代码中，假设了所有可被触发的规则都有同样的可被选择触发的概率。要扩展该方法，可以从 trigger 函数返回一个"重要性"值，而不是返回 true 或 false。然后就可以按重要性加权随机选择要触发的规则：

```
1   class Rule:
2       function triggers(object: Object) -> float
3       function fire(object: Object)
4
5   class Grammar:
6       # 其他实现和前面一样
7
8       function runOne() -> bool:
9           triggered = []
10          totalImportance = 0
11          for rule in rules:
12              importance = rule.triggers(object):
13              if importance > 0:
14                  totalImportance += importance
15                  triggered.push((totalImportance, rule))
16
17          if not triggered:
18              return false
19
20          _, rule = binarySearch( triggered, random() * totalImportance)
21          rule.fire(object)
22          return true
```

5. 性能

该算法的执行时间为 $O(n)$，其中，n 是用于创建最终结果的规则数。原始版本没有保存状态，支持加权触发的版本在内存中为 $O(k)$，其中，$k \leqslant n$，并且是在某个时间触发的规则数。

8.5.2　规划

语法规则的执行可以看作构建一棵树。图 8.27 以树的形式说明了来自摩天大楼示例的规则。这类似于分析句子时从语法创建的解析树。它既显示了最终对象中每个事物的身份，又显示了它的来源。

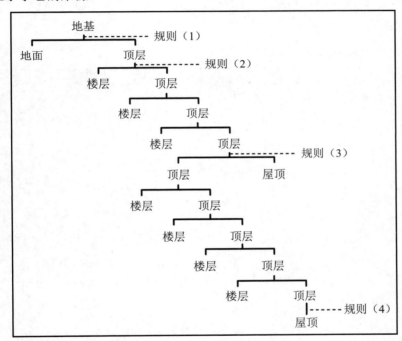

图 8.27　摩天大楼作为树木建造的规则

初始代码稍微复杂一些。我们允许在规则上使用任意条件，其中，示例在左侧始终只有一个项目。规则可能仅在已经完成多件事时才触发（例如，只有在门面和窗户俱全的情况下才添加遮阳篷）。在这种情况下，规则将形成一幅图形而不是一棵树，但是图形仍然基于根的形式。我们将从单个项目（如建筑物的地基）开始，然后将其分解为各个部分（如楼层、窗户和屋顶等）。

上面的语法实现假定我们将始终能够选择规则并构建所需的对象。实际上，这种假定只有在对象完成时才会触发任何规则。随着约束变得越来越复杂，该算法有可能会进入死胡同：无法触发更多规则，但是我们创建的对象仍然不完整。

在这种情况下，我们需要进行规划（**Plan**），即在所有可能的激发规则序列中寻找解决方案。

如果问题很少，则可以使用如前文所述"生成和测试"的方式来实现规划。但是，如果问题较多，则需要使用更系统性的规划方法。

本书讨论过的若干种搜索算法都可以使用。例如，从简单出发，可以使用深度优先搜索；对于较大的问题，可以使用迪杰斯特拉算法；如果可以计算启发式函数来估计完整的解决方案，那么 A^* 算法可能是一个很实际的选择。

1. 伪代码

该算法是通过以下方式实现的：

```
1   class GrammarPlanner extend Grammar:
2       # 如果成功则返回 true
3       function plan(object: Object) -> bool:
4           progress = []
5           topRule = null
6           do:
7               # 修改对象并检索所有规则的列表
8               # 这些规则都是可以触发的
9               # 并且也是回溯时需要的
10              objectAfterRule = object.clone()
11              triggered = runOne(objectAfterRule, triggered)
12
13              if triggered:
14                  if not topRule: topRule = triggered.peek()
15
16                  # 删除刚刚激发的规则
17                  # 因为它已经不再是回溯所需要的
18                  triggered.pop()
19
20                  # 存储余下的规则
21                  # 以防需要回溯
22                  progress.push((object, triggered))
23
24                  # 为下一次迭代做准备
25                  object = objectAfterRule
26                  triggered = null
27
28              elif progress:
```

```
29                    # 回溯
30                    object, triggered = progress.pop()
31
32            else:
33                return false
34
35      while not topRule.complete(object)
36
37      return true
38
39  # 运行给定触发列表中的下一个规则
40  # 否则从所有规则中选择
41  function runOne(object: Object,
42                  triggered: Rule[]) -> Rule[]:
43
44      if not triggered:
45          triggered = getTriggeredRules(object: Object)
46          if not triggered:
47              return null
48          triggered.shuffle()
49
50      rule = triggered.peek()
51      rule.fire(object)
52      return triggered
```

2. 数据结构

我们构建的对象现在有一个 clone 方法，可以尝试多种不同的规则：

```
1  class Object:
2      function clone() -> Object
```

可以通过 complete 函数询问规则本身是否成功：

```
1  class Rule:
2      function complete(object: Object) -> bool
3      function triggers(object: Object) -> bool
4      function fire(object: Object)
```

如果规则表示的任务已经完成，则 complete 应该返回 true。目前这仅用于确定总体计划任务是否已经完成。

该代码可以进行扩展，以存储和重用部分规划，这些规划将在执行过程中满足规则。例如，当摩天大楼的所有细化均已添加到对象（即窗户已经创建或门已放置完毕）时，代表摩天大楼楼层的规则就已经完成。

当对象尚未启动时即可触发的规则代表了整个任务。如果它们从 complete 返回 true，则可以认为该对象已成功构建，算法终止。

3．性能

我们试图解决的问题有可能是无法确定的。我们可以构造一系列具有触发条件和激发效果的规则，这些规则将导致该算法永不终止。原则上，深度优先搜索的执行时间为 O(n)，其中，n 是搜索空间的大小（也就是可以通过规则构建的可能对象的数量）。对于许多规则集来说，这实际上是无限的。

同样，深度优先搜索的内存需求为 O(k)，其中，k 是可应用于对象的规则数，而这又可能是无限的。

找到成功的结果后，搜索将终止。只要规则不至于因受限而找不到任何解决方案，那么这就是有效的。实际上，这意味着开发人员需要使用规则集来平衡最终结果和搜索效率。

4．分层任务网络

分解后的任务和通用限制的结构类似于 AI 规划技术中的分层任务网络（Hierarchical Task Networks，HTN）结构。因为它们非常相似，所以使用分层任务网络（HTN）规划似乎是一个显而易见的选择。

当然，它们之间还是有一些区别的。在 HTN 网络中，规则代表任务，而不是结果对象的属性。任务既可以代表要执行的任务，也可以代表能够分解为其他任务的复合任务。在大多数 HTN 系统中，复合任务本身都没有什么效果，它们的存在只是为了分解。而在我们的示例中，所有规则都是有效果的，它们可能代表结构的一部分（如窗户），而不只是一个任务（如构建窗户）。我们要寻找的最终规划是一个图形（见图 8.27）。而在 HTN 网络中，这通常是一系列要执行的动作。

要调整上面的方法，使之与 HTN 网络的对应关系更加明显，可以对某些规则稍做修改。例如，可以将以下规则：

（2）顶层→楼层（+3 m）+ 顶层

替换为：

（2）封顶→抬高屋顶，加盖楼层，封顶

HTN 方法的优势之一是使排序约束更加明确。在程序化内容生成中，规则的标准和效果通常更多地与美学品质有关，而与任务排序无关。

用于 HTN 规划的最常见搜索算法是在分解顺序中进行深度优先搜索，这也称为全序正向分解（Total-order Forward Decomposition，TFD）。

　　HTN 网络是一种常见的用于角色决策的技术，但也有些开发人员已将 HTN 用于程序化内容生成，尤其是当他们已经有要重用的规划程序（Planner）时。

　　当然，在我们看来，如果开发人员更注重顺序约束，则会使得用于程序化内容生成的代码不够清晰，并且更难以调整。

8.6　练　　习

　　（1）本章已经介绍过，如果能够有若干个伪随机数生成器负责创建游戏的不同部分，那么这是很有用的。但是，一般来说不建议使用多个密码随机数生成器，为什么？

　　（2）如果使用随机数生成器生成随机极坐标（角度 0°～360°，距离 0～1），那么结果会均匀地分布在单位圆上吗？如果会，为什么？如果不会，又是为什么？

　　（3）使用控制数字 29、31 计算并绘制霍尔顿序列的前 31 个值。为什么它们会形成这种模式？使用更高的控制数字会有所帮助吗？

　　（4）图 8.2 的第二部分显示了成对的较大控制数字的不同模式，即使跳过了许多初始点也是如此。要让这些模式消失需要跳过多少点？为什么？

　　（5）使用白银比例而不是黄金比例绘制植物茎周围的叶子外观。白银比例为：

$$\delta_S = \frac{2+\sqrt{8}}{2}$$

　　叶子之间的角度近似度数是多少？

　　（6）使用 Bridson 算法生成泊松圆盘分布，并在 $2r$ 和 $2r+k$（其中，r 是每个圆盘的半径，k 是某个常数）之间均匀采样偏移量，大约有多少比例的空间将留空？

　　（7）如果不以随机角度测试相邻圆盘的位置，而是按规则间隔系统性地测试空间。对于距离为 k 的圆盘，应测试多少个角度，可以使测试位置接触但不重叠？

　　（8）对 Bridson 算法进行很小的修改即可产生如图 8.15 所示的洞穴迷宫。如何确定哪些洞穴与通道相连？

　　（9）如果没有终止 L 系统的规则，那么一棵树将持续不断地开枝散叶进行永久细分。为什么图 8.5 中显示的树没有无限长大？如果分支始终是其父节点大小的一半，那么分支链可以达到的最大长度是多少？

　　（10）假设某个 L 系统给出了以下规则：

① 根部→分支（1 m 长）

② 分支（x 长）→分支（$\frac{2x}{3}$ 长，−25°），分支（$\frac{1x}{2}$ 长，+55°）

较长的分支始终在右侧。请重写该规则，必要时可以添加规则和条件，使得较长的分支始终指向上方。

（11）使用网格大小等于地形大小且没有其他倍频的佩林噪声会产生什么影响？

（12）断层模型可以使用非线性断层线。假设断层是由(x, y, r)给定的圆，请修改 faultModifier 的伪代码。

（13）风侵蚀具有与热侵蚀类似的效果，但在地区常刮风向上更为突出。如何修改热侵蚀修饰器以体现出这一点？（提示：代码中已经考虑了方向）

（14）作为正常执行的一部分，水力侵蚀修饰器决定了地形中湖泊和河流的形成位置。哪些数据保存此信息？

（15）裂隙峡谷的侧面狭窄且陡峭。请设计一个高地过滤函数来生成它们。

（16）由回溯算法产生的迷宫总是可以通过始终沿着左侧墙壁行走来走出迷宫。要使该策略无效，需要进行哪些修改？

（17）在 *The Binding of Isaac: Rebirth*（中文版名称《以撒的结合：重生》）游戏的关卡中，房间大小包括：1×1、2×1、2×2 和 L 形 2×2（其右上角的 1×1 被移除，从而产生 L 形）。它们直接通过门相连，没有中间走廊。使用回溯算法生成迷宫时，如何生成这样的关卡？请给出用于关卡数据结构的伪代码。

（18）使用 Prim 算法，为第 4.1.2 节 "加权图形" 中的图 4.3 "加权图形示例" 计算最小生成树。

（19）在生成和测试时，可以从质量检查中返回一个数字，而不是返回 true 或 false。请调整生成和测试工具以适应此情况，并返回发现超出特定质量阈值时的第一个解决方案。这如何使我们能够避免无限重复生成和测试？

（20）第 8.5 节 "形状语法" 中给出的窗户更换规则如下：

① 窗户空间（如果是墙壁上的第二个窗户）→
② 窗户空间（如果不是墙壁上的第二个或第三个窗户）→观景窗
③ 窗户空间（如果是墙壁上的第三个窗户）→实用窗

其具体外观效果如图 8.26 左侧所示。如果需要楼层可以容纳 7 个而不是 5 个窗户，请描绘出该楼层的外观。

（21）这些规则是非随机的。对其进行调整，使其具有一定程度的随机性，而不会产生如图 8.26 右图所示的错误。

（22）请为能够生成地牢的形状语法设计一套规则。可以通过复制回溯迷宫生成算法或细分算法来解答此问题。

第9章 棋盘游戏

人工智能在计算机游戏中的最早应用是在普通棋盘游戏模拟版中作为玩家的对手。在西方，国际象棋是典型的棋盘游戏，在过去 40 年里，人们已经看到在国际象棋领域，计算机的游戏能力急剧增加，甚至已经到了可以"打遍天下无敌手"的地步。

在同一时间范围内，其他游戏如 Tic-Tac-Toe（三连棋）、Connect Four（四子连珠）、Reversi（翻转棋，又叫奥赛罗棋或黑白棋）和围棋（英文译作 Go）都已经被研究过，并且已经创建了各种质量的 AI。最高水平的 AI 已经可以在各种棋类的棋力上碾压人类顶尖棋手。

制作计算机玩棋盘游戏所需的人工智能技术与本书中的其他技术有很大的不同。对于以图形为主导的实时游戏，这种 AI 的适用性有限。它偶尔被用作战略层面，在战争游戏中负责做出长期决策。但即使如此，也只有在该游戏被设计为类似于棋盘游戏的情况下，它们才比较有用。

围棋、国际象棋、国际跳棋、西洋双陆棋和翻转棋的最佳 AI 对手（可以轻松击败顶尖人类玩家）都使用了专门针对其策略差异而设计的专用硬件、算法或优化。不过，这种情况可能正在改变。随着深度学习棋盘游戏 AI 的出现，特别是由 Deep Mind 公司创建的 AI 的出现，有迹象表明其精英级方法可以应用于多种游戏。在本书写作时，该方法是否可以由他人复制成功或通过进一步的专业设计是否可以获得更好的结果还有待观察。

当然，这些棋盘游戏 AI 基本的底层算法是共同的，并且可以在任何棋盘游戏中找到其应用。本章将介绍 Minimax 算法系列，这是最流行的棋盘游戏 AI 技术。最近，还有一个新的算法系列也已被证明在许多应用中都是很优越的，即内存增强型测试驱动程序（Memory-enhanced Test Driver，MTD）算法。Minimax 和 MTD 都是树搜索（Tree-Search）算法：它们需要游戏的特殊树表示。

这些算法非常适合在棋盘游戏中实现 AI，但是两者都依赖于一些游戏知识。在棋盘游戏中，算法旨在搜索最佳的着法（Move，也称为移动），但是计算机无法通过直觉理解"最佳"的含义，而是需要被告知。从最简单的方面来说，这样的告知可以是"能够获胜的最佳着法"，在 Tic-Tac-Toe（三连棋）这样的游戏中，就需要这样的告知，因为在此类游戏中，Minimax 或 MTD 可以搜索每个可能的着法（移动）顺序。但是，对于大多数游戏来说，并没有足够的计算机能力来搜索直到游戏结束，因此需要一些有关中间状态的知识：最佳移动会导致最佳位置（或者按棋盘游戏术语：最佳着法会导向最佳局面），那么，如何确定局面（Position，也称为位置）的好坏？我们需要使用一个静态评估函数（Static Evaluation Function）。

在第 1.1.1 节"学术派 AI"中讨论符号系统时，介绍了"AI 的黄金法则"：拥有的知识越多，针对答案所需要进行的搜索就越少；可以进行的搜索越多（即搜索速度越快），需要的知识就越少。在棋盘游戏相当复杂的情况下，我们可以进行的搜索量受到可用的计算机算力的限制，更好的搜索算法带来的增益是有限的。因此，AI 的质量将更多地取决于静态评估函数的质量。这在有关 Minimax 算法的小节中有所介绍，并且在本章后面还有更详细的说明。

本章的最后一部分将探讨为什么商业回合制战略游戏无法利用这种人工智能，这涉及本书其余部分所讨论的一些技巧。

如果你对棋盘游戏 AI 不感兴趣，则完全可以跳过本章。

9.1　博　弈　论

博弈论（Game Theory）是一门涉及抽象、理想化博弈研究的数学学科。博弈论在实时计算机游戏中的应用非常少见，但回合制游戏中使用的术语多半都源自它。本节将介绍有关博弈论的基础知识，让开发人员能够理解并实现基于回合制的 AI，而不会陷入更精细的数学观点泥淖中。有关博弈论的全面介绍，详见附录参考资料[67]；有关博弈论更易于使用的方法，详见附录参考资料[61]。

9.1.1　游戏类型

博弈论可以根据玩家的数量、玩家拥有的目标种类以及每个玩家所拥有的游戏的信息来对游戏进行分类。

1. 玩家人数

激发回合制 AI 算法的棋盘游戏几乎都有两个玩家。因此，大多数流行的算法仅限于最基本形式的两个玩家。它们可以适用于更多数量的玩家，但是很难找到除了两个玩家之外的对算法的描述。

此外，这些算法的大部分优化都假设只有两个参与者。虽然基本算法是可适用的，但大多数优化都不能轻易使用。

2. 层数、步数和回合数

在博弈论中常见的是将一个玩家的回合称为游戏的层（Ply）。所有玩家轮流行动一次被称为步（Move，也称为"移动"或"着法"）。

这起源于国际象棋，其中，一步包括每个玩家轮流走一次棋。因为大多数回合制 AI 都是基于国际象棋游戏程序的，所以，在这种语境下经常使用"着法"这个词。

但是，还有更多的游戏则是将每个玩家的回合视为单独的一步，并且它已经成为常在回合制策略游戏中使用的术语。本章交替使用回合（Turn）和着法（Move）这两个词，根本不使用层（Ply）这个词。你可能需要注意其他书籍或论文的术语用法。此外，本章还多处采用了"着法（移动）"和"局面（位置）"这样的对照形式，也是为了对应伪代码中的 Move 和 Position 一词。在某些游戏（如中国象棋）中，Move 称为"着法"，Position 称为"局面"；而在另外一些游戏（如西洋双陆棋）中，Move 称为"移动"，Position 称为"位置"。

3．游戏的目标

在大多数策略游戏中，目标就是获胜。作为一名玩家，如果所有对手都失败了，那么你就赢了，这被称为零和游戏（Zero-Sum Game）：你的胜利就意味着你的对手的失败。如果你获胜得分为 1，那么失败就意味着得分为−1。当然，很多时候情况并非如此，例如，在赌博游戏中，你可能一次就输得精光。

在零和游戏中，游戏的思路究竟是全力争取自己获胜还是千方百计让对手失败这并不重要，因为其结果是一样的；但是对于非零和游戏来说，玩家可能双赢也可能双双失败，所以你需要专注于自己的胜利，而不是寄望对手的失败（除非你想采用损人不利己的玩法）。

如果游戏有两名以上的玩家，那么情况会更加复杂。即使在零和游戏中，最好的策略也并不总是让每个对手都失败。更好的思路是联合起来对付最强的敌人，适当扶持较弱的对手，留待以后再将其击败。

4．信息

在国际象棋、国际跳棋、围棋和翻转棋等游戏中，两位玩家都知道有关游戏状态的所有信息。他们知道每一步的结果是什么，以及下一步行动的选择是什么。他们从比赛一开始就知道这一切。这种博弈被称为完全信息（Perfect Information）博弈。虽然你不知道对手会选择走哪一步，但你完全了解对手可能走出的每一步以及它可能产生的效果。

在像西洋双陆棋这样的游戏中，有一个随机元素。你事先并不知道自己掷出的骰子的点数能让你移动多少步。同样地，你也无法知道对手能移动多少步，因为你无法预测对手掷骰子的点数。这种博弈被称为不完全信息（Imperfect Information）博弈。

大多数回合制策略游戏都属于不完全信息博弈类型。这种类型的游戏在执行动作时有一些随机因素（例如，战斗中的技能检定或随机性）。当然，完全信息博弈通常更容易分析。基于回合的 AI，其许多算法和技术都假设拥有完美的信息。它们可以适用于其他类型的游戏，只是结果往往表现得很糟糕。

5．应用算法

基于回合制游戏的最著名和最先进的算法旨在处理两个玩家、零和、完全信息博弈。

如果开发人员正在编写国际象棋游戏 AI，那么这正是他所需要的实现。但许多回合制计算机游戏更复杂，涉及更多玩家和不完全信息。

本章将以最常见的形式（两个玩家、完全信息博弈）介绍适用的算法。正如我们所看到的，它们需要适应其他类型的游戏。

9.1.2　博弈树

任何回合制游戏都可以表示为博弈树（Game Tree，也称为"游戏树"）。图 9.1 显示了 Tic-Tac-Toe（三连棋）博弈树的一部分。树中的每个节点代表一个棋盘局面，每个分支代表可能的一步。每走一步都可以从一个棋盘局面转到另一个棋盘局面。

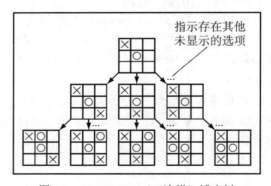

图 9.1　Tic-Tac-Toe（三连棋）博弈树

每个玩家都可以在树的交替层上走一步。因为游戏是基于回合的，所以只有当玩家走了一步时，棋盘才会改变。

每个棋盘的分支数量等于玩家可以走的步数。例如，对于 Tic-Tac-Toe（三连棋）游戏来说，在第一个玩家的回合中这个数字是 9，然后是 8，以此类推。在许多游戏中，每个玩家可能走数百甚至数千步。

某些棋盘局面没有任何移动的可能，这些被称为终结局面（Terminal Position），它们代表游戏的结束。出现终结局面之后，可以给每个玩家一个最终的得分。这个给分可以非常简单，例如，胜利者得+1 分，失败者得−1 分；或者它也可以反映胜利的大小，还允许平局，平局得 0 分。在零和游戏中，每个玩家的最终得分加起来为 0。在非零和游戏中，分数将反映每个玩家个人赢或输的大小。在目前这个阶段，我们仅表示游戏结束时局面的最终得分。稍后将回到为中间棋盘局面分配分数的思路。

最常见的是，博弈树以抽象形式表示，没有棋盘示意图，但显示最终得分。图 9.2 假设该游戏是零和游戏，所以它仅显示玩家 1 的得分。

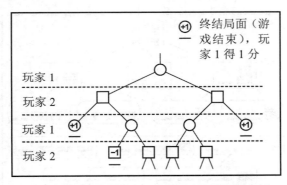

图 9.2　显示终结局面和玩家移动的抽象博弈树

1．分支因子和深度

树中每个分支点的分支数称为分支因子（Branching Factor），它是一个很好的指示器，可以指示计算机发现它进行游戏的难度。

不同的游戏也有不同的树深度，即不同的最大回合数。在 Tic-Tac-Toe（三连棋）中，每个玩家轮流将他们的符号添加到棋盘上。棋盘上有 9 个格子，因此最多有 9 轮。在翻转棋中也会发生同样的事情，它是在 8×8 的棋盘上进行的。在翻转棋中，游戏开始时棋盘上有 4 个棋子，所以最多可以有 60 个回合。像国际象棋这样的游戏可以有几乎无限的回合数（当然，国际象棋比赛中的 50 步规则限制了这一点）。但即使分支因子相对较小，这种游戏的游戏树也会非常深。围棋游戏中可以有 10^{48} 个着法，最大分支因子为 19×19 = 361。

假如有两款游戏，一款具有较小分支因子和很深的树，另一款具有巨大分支因子但是树很浅，则计算机对于前者更加得心应手。理想的可搜索游戏应该是具有较小的分支因子和较浅的深度（例如 Tic-Tac-Toe 游戏），尽管此类游戏通常对于人类玩家来说也比较无趣。最有趣的游戏通常既具有很大的分支因子又具有很深的树。

2．换位

在许多游戏中，可以在游戏中多次到达相同的棋盘局面。在更多游戏中，可以通过不同的移动组合到达相同的局面。

从不同的移动序列中获得相同的棋盘局面称为换位（Transposition）。这意味着在大多数游戏中，博弈树根本就不是树，它的分支可以合并以及拆分。

Split-Nim 是中国拈子游戏的一种变体，从一堆硬币开始。在每个回合中，玩家交替行动，必须将一堆硬币分成两个不相等的堆。最后一个仍然能够移动的玩家将获胜。图 9.3 显示了 7-Split-Nim 游戏的完整博弈树（从堆中的 7 枚硬币开始）。你可以看到存在大量不同的合并分支。

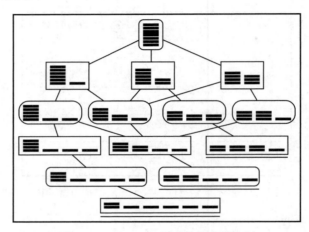

图 9.3　　7-Split-Nim 游戏的完整博弈树

基于 Minimax 的算法（将在第 9.2 节中介绍这些算法）旨在处理纯粹的博弈树。它们可以使用合并分支，但是它们会为每个合并分支复制它们的工作，所以它们需要使用置换表（Transposition Table）进行扩展，以避免在分支合并时重复工作。本章中，第二组关键算法 MTD 在设计时即考虑了换位问题。

9.2　极小极大化算法

计算机玩这种回合制游戏的方法是：查看本次移动的可用着法，然后选择其中的一个。为了选择其中一个着法，它需要知道什么着法比其他着法更好。开发人员可以使用称为静态评估函数（Static Evaluation Function）的启发式方法将该知识提供给计算机。

9.2.1　静态评估函数

在回合制游戏中，静态评估函数的工作是查看棋盘的当前状态，并从一个玩家的角度对其进行评分。

如果该棋盘局面是树中的终结局面，则此时的得分将是游戏的最终得分。因此，如果棋盘显示为黑棋获胜，则其评分将给执黑棋一方的玩家+1 分（或设定的任何获胜分数），而白棋一方的得分则为−1。获胜局面的评分很容易：一方获得最高的可能分数；另一方获得最低的可能分数。

在游戏的中间局面，评分要困难得多。分数应该反映玩家从该棋盘局面赢得比赛的可能性。因此，如果棋盘局面对一名玩家来说表现出压倒性的优势，那么该玩家应该得到非常接近获胜分数的评分。在大多数情况下，局面的输赢判断可能并不是那么明确。

本章将在后面的第 9.8 节"游戏知识"中对静态评估函数及其对游戏知识的编码方式进行更全面的讨论。

1．评分值

原则上，评估函数可以返回任何数量的任何大小。但是，在大多数实现中，它将返回一个有符号整数。本章中的几种最常见的算法依赖于整数的评估函数。此外，在大多数机器上，整数运算比浮点运算更快。

可能值的范围不是太重要。当值的范围很小（例如，−100～+100）时，某些算法工作得更好，而有些算法则更喜欢更大的范围。关于回合制 AI 的大部分工作都来自国际象棋程序。国际象棋中的分数通常根据兵卒的"价值"给出。假设一个兵卒的"价值"按 10 点计算，那么输赢的常见范围就是±1000。

返回的分数范围应小于输赢的分数。例如，如果静态评估函数对于非常接近获胜的局面返回+1000 的分数，而获胜却仅返回+100 的分数，则 AI 将尝试不赢得游戏，因为接近获胜的局面似乎更具有吸引力。

2．简单的着法选择

有了设计良好的静态评估函数，计算机就可以先对每一个可能的着法在走棋之后形成的局面进行评分，然后选择最高评分的着法来走棋。图 9.4 显示了玩家可能的着法选择，以及使用评估函数获得的评分。显然，第二个着法（评分为 7）将获得最佳的棋盘局面，因此，它就是玩家应该走出的着法。

图 9.4　一步棋的决策过程

如果有这样一个完美的评估函数，那么 AI 要做的事情就非常简单：查看每一个可能的着法的结果并选择获得最高评分的着法。糟糕的是，完美的评估函数只是纯粹的幻想。使用这种方式时，即使最好的实际评估函数也会发挥不佳。计算机需要搜索、查看其他玩家的可能应对，以及对这些应对的应对等。

这是人类玩家在预测一个或多个着法时执行的过程。与能够通过直觉来判断谁将获胜的人类玩家不同，计算机启发式算法通常相当狭窄、有限而且效果较差。因此，计算机需要能比人预测到更多的着法。

最著名的博弈搜索算法是 Minimax。直到 20 世纪 90 年代中期，它都以各种形式主导了回合制游戏的 AI。

9.2.2　关于极小极大化

如果让我们来选择一个着法，多半会选择一个能产生良好局面的着法。开发人员可以假设玩家将选择能够为他带来最佳局面的着法。换句话说，在轮到我们走棋时，我们将尝试让自己获得的评分最大化（见图 9.5）。

但是，当轮到我们的对手走棋时，假设他们将选择让我们处于最差局面的着法。也就是说，我们的对手将努力降低我们的评分（见图 9.6）。

图 9.5　一步棋的树，我们选择的着法　　　图 9.6　一步棋的树，对手选择的着法

当我们搜索对手应对我们的应对时，需要记住：我们要努力最大化（Maximizing）我们的得分，而我们的对手要努力最小化（Minimizing）我们的得分。当搜索博弈树时，这种最大化和最小化之间的变化被称为极小极大化（Minimaxing）。

图 9.5 和图 9.6 中的游戏树只有一步棋的深度。为了弄清楚最好的着法选择是什么，还需要考虑对手的反应。

在图 9.7 中，每个棋盘局面都显示了两步棋深度之后的评分。如果选择左侧的第一步棋，那么就有可能会获得最终评分为 10 的情况。但是，我们必须假设我们的对手不会让我们拥有它，并且会选择让我们仅得到局面评分为 2 的着法。所以，对我们来说，第一步棋的评分就只有 2 分。如果选择走左侧的第一步棋，那么可以预见的就是这个结果。另一方面，如果选择的是中间的第二步棋，那么，虽然我们没有得到评分为 10 的希望，但无论我们的对手做什么，我们最终都会至少得到评分为 4 的局面。所以，如果选择走中间的第二步棋，那么可以期待得到的评分为 4。因此，中间的第二步棋要比左侧的第一步棋好，但是它仍然不如右侧的第三步棋（它最终至少会得到评分为 5 的局面），所以，第三步棋才是最佳选择。

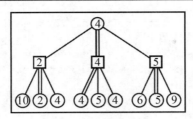

图 9.7 两步棋的博弈树

从树的底部开始，根据极小极大规则（Minimax Rule）对分数进行向上冒泡：在轮到我们时，我们冒出最高分；在我们的对手的回合中，我们冒出最低分。最终，我们对每个可用着法的结果都有准确的评分，我们只选择其中最好的。

这个对树进行向上冒泡评分的过程就是极小极大化算法所做的。为了确定着法的好坏程度，它会搜索应对以及对这些应对的应对，直至它搜索不到进一步的结果为止。此时它依赖于静态评估函数，然后会反向冒泡这些分数，以获得每个可用着法的评分。即使对于仅仅预测几步棋的搜索，极小极大化算法提供的结果也要比单纯依靠启发式算法提供的结果要好得多。

9.2.3 使用极小极大化算法

我们在这里所讨论的 Minimax 算法是递归的。每次递归时，它都会尝试计算当前棋盘局面的正确值。

它可以通过查看当前棋盘局面下的每一个可能的着法来做到这一点。对于每一步棋，它都将计算得到的棋盘局面并递归，以找到该局面的值。

为了避免搜索永不停止（在树非常深的情况下），算法具有最大搜索深度。如果当前棋盘局面已经处于最大深度，那么它将调用静态评估函数并返回结果。

如果算法正在考虑当前玩家要走的着法（移动的位置），那么它将返回它所看到的最高分；否则，它将返回最低分（因为轮到对手走棋）。这就是在最小化和最大化着法得分之间的交替过程。

如果搜索深度为零，那么它也将存储找到的最佳着法，这将是要走的着法。

1. 伪代码

可以通过以下方式实现 Minimax 算法：

```
1   function minimax(board: Board,
2                    player: id,
3                    maxDepth: int,
```

```
 4                           currentDepth: int) -> (float, Move):
 5       # 检查是否已经完成递归
 6       if board.isGameOver() or currentDepth == maxDepth:
 7           return board.evaluate(player), null
 8
 9       # 否则，从下往上冒泡值
10       bestMove: Move = null
11       if board.currentPlayer() == player:
12           bestScore: float = -INFINITY
13       else:
14           bestScore: float = INFINITY
15
16       # 遍历每一个着法（移动）
17       for move in board.getMoves():
18           newBoard: Board = board.makeMove(move)
19
20           # 递归
21           currentScore, currentMove = minimax(
22               newBoard, player, maxDepth, currentDepth+1)
23
24           # 更新最佳评分
25           if board.currentPlayer() == player:
26               if currentScore > bestScore:
27                   bestScore = currentScore
28                   bestMove = move
29           else:
30               if currentScore < bestScore:
31                   bestScore = currentScore
32                   bestMove = move
33
34       # 返回评分和最佳着法（移动）
35       return bestScore, bestMove
```

在这段代码中，我们假设 minimax 函数可以返回两个东西：最佳着法及其评分。对于只能返回单项的编程语言，可以通过指针传回着法或返回一个结构。

INFINITY 常量应大于 board.evaluate 函数返回的任何值。它用于确保始终找到最佳着法，无论它是多么糟糕。

minimax 函数可以从一个更简单的函数驱动，并且该函数只返回最佳着法（移动）：

```
 1  function getBestMove(board: Board, player: id, maxDepth: int) -> Move:
 2      # 获取 minimax 函数的运行结果并且返回最佳着法（移动）
```

```
3      score, move = minimax(board, player, maxDepth, 0)
4      return move
```

2. 数据结构和接口

上面的代码让棋盘完成计算允许移动和应用它们的工作。Board 类的实例代表游戏中的一个局面。该类应具有以下形式：

```
1  class Board:
2      function getMoves() -> Move[]
3      function makeMove(move: Move) -> Board
4      function evaluate(player: id) -> float
5      function currentPlayer() -> id
6      function isGameOver() -> bool
```

其中，getMoves 将返回一个移动对象列表（可以有任何格式，这对算法来说并不重要），这些对象对应可以从棋盘局面进行的移动。makeMove 方法接受一个移动实例并返回一个全新的棋盘对象，该对象表示移动后的局面。evaluate 是静态评估函数，它从给定玩家的角度返回当前局面的评分。currentPlayer 返回在当前棋盘局面下轮到走棋的玩家，这可能与我们试图为其找到最佳着法的玩家并不相同。最后，如果棋盘当前的局面是终结局面，则函数 isGameOver 将返回 true。

这种结构适用于从 Tic-Tac-Toe（三连棋）到国际象棋的任何两个玩家的完全信息游戏。

3. 超过两个玩家

开发人员可以扩展相同的算法来处理 3 个或更多玩家的情况，只不过现在不再是交替最小化和最大化，而是当没有轮到我们的回合时最小化，轮到我们下棋时则最大化。前面的代码可以正常处理这个问题。如果有 3 个玩家，那么以下语句将在三分之一步骤中返回 true：

```
board.currentPlayer() == player
```

所以我们将得到一个最大化步骤，然后是两个最小化步骤。

4. 性能

该算法在内存中的性能是 $O(d)$，其中，d 是搜索的最大深度（或者，如果树的深度更小，则是树的最大深度）。

该算法在时间中的性能是 $O(nd)$，其中，n 是在每个棋盘局面下可能的着法的数量。

如果搜索树既宽又深，那么这可能是非常低效的。在本节的其余部分，我们将探讨优化其性能的方法。

9.2.4　负值最大化算法

Minimax 例程将基于一个玩家的视角持续对着法（移动）进行评分。它涉及使用特殊代码来记录着法是属于哪一方的，并且应该根据着法归属对其进行最大化或最小化冒泡。对于某些类型的游戏，需要这种灵活性，但在某些情况下我们也可以进行改进。

如果有两个玩家玩的是零和游戏，那么就可以知道：一个玩家的收益是另一个玩家的损失。如果某个玩家得–1 分，那么他的对手就应该得+1 分。开发人员可以利用这个事实来简化 Minimax 算法。

在向上冒泡的每个阶段，现在不用选择最小的或最大的，所有来自前一层的分数都改变了它们的符号。然后，对于该次移动的玩家，这些分数是正确的（即它们不再代表进行搜索的玩家的正确分数）。因为每个玩家都会尝试最大化他的分数，所以每次都可以选择这些值中最大的一个。

因为在每次向上冒泡时我们都反转得分并选择最大值，所以该算法被称为负值最大化（Negamax）。它给出与 Minimax 算法相同的结果，但每个层次的冒泡都是相同的，这样就没有必要记录它的着法的归属并采取不同的动作。

图 9.8 显示了博弈树中每个层次的向上冒泡示例。请注意，在每个阶段，反转过的评分的值在下一个层次是最大的。

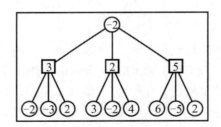

图 9.8　博弈树中向上冒泡的 Negamax 值

1．Negamax 和静态评估函数

静态评估函数将基于一个玩家的视角对棋盘进行评分。在基本极小极大算法的每个层次，使用相同的视角来计算评分。为了实现这一点，评分函数需要接受要考虑其视角的玩家。

因为 Negamax 算法在每个回合交替玩家之间的视角，所以评估函数总是需要从当前棋盘上的着法所属玩家的角度来评估得分。因此，视角将会在每次移动的玩家之间交替。

为了实现这一点,评估函数不再需要接受视角作为输入,它只要简单地看看轮到谁下棋就可以了。

2. 伪代码

极小极大化算法的负值最大化修改版本如下:

```
1   function negamax(board: Board,
2                    maxDepth: int,
3                    currentDepth: int) -> (float, Move):
4       # 检查是否已经完成递归
5       if board.isGameOver() or currentDepth == maxDepth:
6           return board.evaluate(), null
7
8       # 否则从下面向上冒泡值
9       bestMove: Move = null
10      bestScore: float = -INFINITY
11
12      # 遍历每一个着法
13      for move in board.getMoves():
14          newBoard: Board = board.makeMove(move)
15
16          # 递归
17          recursedScore, currentMove = negamax(
18              newBoard, maxDepth, currentDepth + 1)
19          currentScore = -recursedScore
20
21          # 更新最佳评分
22          if currentScore > bestScore:
23              bestScore = currentScore
24              bestMove = move
25
26      # 返回评分和最佳着法
27      return bestScore, bestMove
```

请注意,因为我们不再需要将它传递给 evaluate 方法,所以根本不需要 player 参数。

3. 数据结构和接口

因为我们不必将 player 传递到 Board.evaluate 方法中,所以 Board 接口现在如下:

```
1   class Board:
2       function getMoves() -> Move[]
3       function makeMove(move: Move) -> Board
```

```
4        function evaluate() -> float
5        function currentPlayer() -> id
6        function isGameOver() -> bool
```

4．性能

Negamax 算法的性能特征与 Minimax 算法相同。它在内存中的性能也是 O(d)，其中，d 是搜索的最大深度。它在时间中的性能是 O(nd)，其中，n 是每个棋盘局面下的着法的数量。

尽管它实现起来更简单，执行速度更快，但它与大型树的扩展方式相同。

5．实现说明

可以应用于负值最大化算法的大多数优化都可以用于严格的极小极大化方法。本章的优化将以 Negamax 的形式介绍，因为它在实践中被广泛使用。

当开发人员谈论极小极大化时，他们经常在实践中使用基于 Negamax 的算法。Minimax 通常用作通用术语，包括一整套优化。特别是，如果你在一本描述游戏玩法 AI 的图书中读到 Minimax 这个术语，那么它很可能会引用一种名为 Alpha-Beta(AB) Negamax 的 Negamax 优化。接下来将讨论 AB 优化。

9.2.5　AB 修剪

负值最大化算法固然是有效的，但检查的棋盘局面有很多都是不必要的。AB 修剪（AB Pruning，也称为"AB 剪枝"）允许算法忽略那些不可能包含最佳着法的树的部分。它由两种修剪组成：Alpha 修剪和 Beta 修剪。

1．Alpha 修剪

图 9.9 显示了在完成任何冒泡之前的博弈树。为了更容易地看到如何处理评分，我们将使用 Minimax 算法对此进行说明。

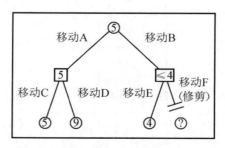

图 9.9　可优化的分支

我们以与以前相同的方式开始向上冒泡过程。如果玩家 1 选择走出着法 A（即移动 A），那么他的对手将以移动 C 应对，给予玩家的评分为 5 分，所以冒出 5。现在算法来考虑移动 B 的情况。它看到对移动 B 的第一个应对是移动 E，评分为 4。现在移动 F 的值是什么都没关系，因为对手总是可以强制值为 4。现在即使不考虑移动 F，玩家 1 也知道移动 B 是错误的：他可以从移动 A 获得评分为 5，而从移动 B 获得的评分最多为 4，甚至更少。

要以这种方式修剪，需要记录我们所知道的能达到的最佳分数。事实上，这个值形成了我们可以达到的分数的下限。我们可能会在搜索后期找到更好的移动序列，但永远不会接受一系列让我们得分较低的移动。这个下限被称为 Alpha 值（有时会写为希腊字母 α，但是比较少见），所以该修剪称为 Alpha 修剪（Alpha Pruning）。

通过记录 Alpha 值，我们可以避免考虑那些让对手有机会使评分变得更糟的任何移动。我们不需要担心对手能让评分变得有多低，因为我们已经知道我们不会给他机会。

2．Beta 修剪

Beta 修剪以相同的方式工作。Beta 值（同样，它有时会写为希腊字母 β，只是比较少见）记录我们希望得分的上限。当找到对手可以强迫我们进入的一系列着法（移动）时，我们会更新 Beta 值。

在某个点上，我们已经知道没有办法使得分超过 Beta 值，但可能发现还有更多的序列是对手可以用来进一步限制我们的。如果我们找到一系列得分大于 Beta 值的移动，那么我们就可以忽略它，因为我们知道我们永远不会有机会获得它们。

Alpha 和 Beta 值一起提供了可能得分的窗口。我们永远不会选择得分低于 Alpha 值的得分，而我们的对手也永远不会让我们的得分超过 Beta 值。所以，我们最终取得的分数只能介于两者之间。在搜索树时，会更新 Alpha 和 Beta 值。如果已经找到的树的分支超出这些值，则可以修剪该分支。

由于每个玩家的最小化和最大化之间的交替，现在每个棋盘局面只需要检查一个值。在轮到对手的棋盘局面时，我们需要最小化评分，因此只有最小分数可以改变，这样我们就只需要检查对比 Alpha 值。如果轮到我们下棋，而我们需要最大化评分，因此只需要进行 Beta 值检查即可。

3．AB Negamax 算法

虽然在 Minimax 算法中理解 Alpha 和 Beta 修剪之间的区别更简单，但它们最常结合使用的仍然是 Negamax。AB Negamax 不是在每个连续回合处交替检查对比 Alpha 和 Beta 值，而是交换并反转 Alpha 和 Beta 值（与反转从下一层次获得评分的方式相同）。它仅针对 Beta 值进行对比检查和修剪。

　　结合使用 AB 修剪和负值最大化算法，可以获得最简单的实用棋盘游戏 AI 算法。它将构成本节所有进一步优化算法的基础。

　　图 9.10 显示了在游戏树中每个节点传递给 Negamax 算法的 Alpha 和 Beta 参数以及算法产生的结果。可以看到，当算法在树中从左到右搜索时，Alpha 和 Beta 值变得更加接近，从而限制了搜索。此外，该图中还可以看到 Alpha 和 Beta 值在树的每个层次改变符号和交换位置的方式。

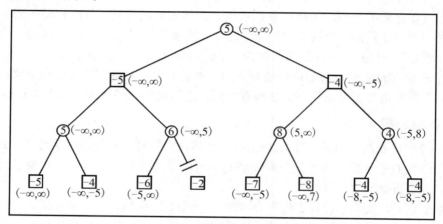

图 9.10　　在博弈树上调用的 AB Negamax 算法

4．伪代码

AB Negamax 算法的结构如下：

```
1   function abNegamax(board: Board,
2                       maxDepth: int,
3                       currentDepth: int,
4                       alpha: float,
5                       beta: float) -> (float, Move):
6       # 检查是否已经完成递归
7       if board.isGameOver() or currentDepth == maxDepth:
8           return board.evaluate(player), null
9
10      # 否则从下向上冒泡值
11      bestMove: Move = null
12      bestScore: float = -INFINITY
13
```

```
14        # 遍历每一个着法（移动）
15        for move in board.getMoves():
16            newBoard: Board = board.makeMove(move)
17
18            # 递归
19            recursedScore, currentMove = abNegamax(
20                newBoard, maxDepth, currentDepth + 1,
21                -beta, -max(alpha, bestScore))
22            currentScore = -recursedScore
23
24            # 更新最佳评分
25            if currentScore > bestScore:
26                bestScore = currentScore
27                bestMove = move
28
29            # 如果超出了边界则修剪，立即退出
30            if bestScore >= beta:
31                break
32
33    return bestScore, bestMove
```

这可以从以下形式的函数驱动：

```
1    function getBestMove(board: Board, maxDepth: int) -> Move:
2        # 获得 minimax 运行的结果并返回着法（移动）
3        score, move = abNegamax(board, maxDepth, 0, -INFINITY, INFINITY)
4        return move
```

5. 数据结构和接口

这种实现依赖于与常规 Negamax 算法相同的游戏 Board 类。

6. 性能

该算法的性能特征与 Minimax 算法仍然是一样的。它在内存中的性能也是 $O(d)$，其中，d 是搜索的最大深度。它在时间中的性能是 $O(nd)$，其中，n 是在每个棋盘局面下的着法的数量。

既然性能特征是一样的，那么所谓的"优化"表现在哪里呢？

虽然性能可能是相同的，但在几乎所有情况下，AB Negamax 都会胜过常规的 Negamax。唯一不会出现的情况是，如果这些着法（移动）是有序的，那么就不可能进行修剪。在这种情况下，算法将进行额外的比较，而这种比较永远不会成立，因此会更慢。

只有在着法（移动）故意排序时，这种情况很可能会发生。在绝大多数情况下，该算法的性能要比基本算法好得多。

9.2.6　AB 搜索窗口

AB 算法中 Alpha 和 Beta 值之间的间隔称为搜索窗口（Search Window）。仅考虑在此窗口中具有评分的新着法（移动）序列。所有其他的着法（移动）都将被修剪。

搜索窗口越小，分支被修剪的可能性越大。最初，调用 AB 算法使用的是无限大的搜索窗口：$(-\infty, +\infty)$。当它们工作时，搜索窗口是缩小的。任何能够尽快缩小搜索窗口的东西都会增加剪枝的数量并加快算法的速度。

1. 移动的顺序

如果优先考虑的就是最有可能的着法（移动），那么搜索窗口将更快收缩。可能性较小的着法放在后面考虑，它们更有可能被修剪。

当然，确定哪些着法（移动）更好，这正是 AI 的重点。如果我们知道最佳着法，那么就不需要运行算法了。因此，在能够减少搜索（通过事先知道哪些着法可能最佳）和只能拥有较少知识（这意味着必须搜索更多）之间存在权衡。

在最简单的情况下，可以对着法（移动）使用静态评估函数来确定正确的顺序。因为评估函数给出了棋盘局面好坏情况的近似指示，所以通过 AB 修剪可以有效地减小搜索的大小。然而，通常情况是，以这种方式重复调用评估函数会减慢算法的速度。

但是，更有效的排序技术是使用先前的极小极大化搜索的结果。它可以是使用迭代加深算法时在先前深度处搜索的结果，或者是前一轮的极小极大搜索的结果。

内存增强型测试系列的算法可以明确地使用这种方法，在考虑之前对着法（移动）进行排序。某些形式的着法（移动）排序也可以添加到任何 AB Minimax 算法中。

即使没有任何形式的着法（移动）排序，AB 算法的性能也可以比单独的极小极大化算法好 10 倍。凭借出色的着法（移动）排序，它可以再次快 10 倍以上，这意味着它要比常规的极小极大化算法快 100 倍。当搜索树的深度达到好几轮时，即可显示出这种差异。

2. 渴望搜索算法

拥有一个很小的搜索窗口，将给算法带来巨大的加速，因此，即便是人为地限制窗口也值得一试。调用算法时，建议不要使用 $(-\infty, +\infty)$ 的范围，而是使用估计的范围。这种范围被称为渴望（Aspiration），而以这种方式调用的 AB 算法有时被称为渴望搜索算法（Aspiration Search Algorithm，有些文献也称为"期望搜索算法"）。

这个更小的范围将导致更多的分支被修剪，从而加快了算法的速度。另一方面，在给定值的范围内可能没有合适的着法（移动）序列。在这种情况下，算法将返回失败：未找到最佳移动。然后可以用更宽的窗口重复搜索。

渴望搜索通常基于先前搜索的结果。如果在之前的搜索中，棋盘局面评分为 5，那么当玩家在棋盘上查找自己的着法时，它将使用(5－窗口大小, 5＋窗口大小)执行渴望搜索。窗口大小取决于评估函数可以返回的评分范围。

可以执行渴望搜索的简单驱动程序函数看起来如下：

```
1   function aspiration(board: Board, maxDepth: int, prev: float) -> Move:
2       alpha = prev - WINDOW_SIZE
3       beta = prev + WINDOW_SIZE
4
5       while true:
6           result, move = abNegamax(board, maxDepth, 0, alpha, beta)
7           if result <= alpha:
8               alpha = -NEAR_INFINITY
9           else if result >= beta:
10              beta = NEAR_INFINITY
11          else:
12              return move
```

9.2.7　负值侦察

缩小搜索窗口可以达到极限，产生零宽度的搜索窗口。此搜索将修剪树中的几乎所有分支，从而实现非常快速的搜索。糟糕的是，它将修剪所有有用的分支以及无用的分支。因此，除非使用正确的结果开始算法，否则它将失败。零窗口大小可视为一项测试，它测试实际评分是否等于猜测。正因为如此，这种形式被称为"测试"。

到目前为止，我们所考虑过的 AB Negamax 版本有时也被称为 Fail-Soft 版本，意思是如果失败，则返回到目前为止的最佳结果。AB Negamax 的最基本版本只有在失败时才会返回 Alpha 或 Beta 作为其评分（这取决于它是高失败值，还是低失败值）。Fail-Soft 版本中的额外信息可以帮助找到解决方案，它允许我们移动我们的初始猜测，并使用更合理的窗口重复搜索。没有 Fail-Soft，开发人员就不知道移动猜测到多远。

原始侦察（Scout）算法可以将 Minimax 搜索（使用 AB 修剪）与零宽度测试的调用结合在一起，但是因为它依赖于 Minimax 搜索，所以它没有被广泛使用。负值侦察（Negascout）算法则可以使用 AB Negamax 算法来驱动该测试。

　　负值侦察算法的工作原理是对每个棋盘局面的第一个着法进行全面检查。这是通过广泛的搜索窗口完成的，因此算法不会失败。后续着法的检查也可以使用同样的侦察算法通道（使用的窗口是基于第一个着法评分的窗口）。如果此通道失败，则使用完全宽度的窗口重复（与常规 AB Negamax 算法相同）。

　　从第一个着法开始的初始宽度窗口搜索为侦察测试建立了良好的近似。这避免了太多的失败，并利用了侦察测试修剪大量分支的事实优点。

1. 伪代码

　　将渴望搜索驱动程序与负值侦察算法相结合，可以产生强大的游戏玩法 AI。渴望负值侦察（Aspiration Negascout）算法是世界上最好的游戏软件的核心算法，包括可以击败人类顶尖玩家的国际象棋、跳棋和翻转棋程序。渴望驱动程序与之前实现的相同：

```
 1  function abNegascout(board: Board,
 2                        maxDepth: int,
 3                        currentDepth: int,
 4                        alpha: float,
 5                        beta: float) -> (float, Move):
 6      # 检查是否已经完成递归
 7      if board.isGameOver() or currentDepth == maxDepth:
 8          return board.evaluate(player), null
 9
10      # 否则从下向上冒泡值
11      bestMove: Move = null
12      bestScore: float = -INFINITY
13
14      # 记录测试窗口值
15      adaptiveBeta: float = beta
16
17      # 遍历每一个着法（移动）
18      for move in board.getMoves():
19          newBoard: Board = board.makeMove(move)
20
21          # 递归
22          recursedScore, currentMove = abNegamax(
23              newBoard, maxDepth, currentDepth + 1,
24              -adaptiveBeta, -max(alpha, bestScore))
25          currentScore = -recursedScore
26
27          # 更新最佳评分
28          if currentScore > bestScore:
```

```
29          # 如果窗口比较窄则可以加宽
30          # 然后执行常规 AB Negamax 搜索
31          if adaptiveBeta == beta or currentDepth >= maxDepth - 2:
32              bestScore = currentScore
33              bestMove = move
34
35          # 否则可以进行以下测试
36          else:
37              negativeBestScore, bestMove = abNegascout(
38                  newBoard, maxDepth, currentDepth,
39                  -beta, -currentMoveScore)
40              bestScore = -negativeBestScore
41
42          # 如果超出了边界则修剪, 立即退出
43          if bestScore >= beta:
44              return bestScore, bestMove
45
46          # 否则, 更新窗口位置
47          adaptiveBeta = max(alpha, bestScore) + 1
48
49      return bestScore, bestMove
```

2．数据结构和接口

此伪代码使用与之前相同的游戏 Board 接口，可应用于任何游戏。

3．性能

可以预见，该算法在内存中的性能也是 O(d)，其中，d 是搜索的最大深度。它在时间中的性能是 O(nd)，其中，n 是每个棋盘局面下的可能着法的数量。

图 9.11 显示了用于引入 AB Negamax 算法的博弈树。Alpha 和 Beta 值似乎比 Negamax 中的更跳跃，但是在 Negascout 算法之后则消除了搜索中的额外分支。一般来说，Negascout 支配 AB Negamax，它总是检查相同或更少的棋盘。

直到最近，Aspiration Negascout 才成为博弈算法无可争议的冠军。基于内存增强型测试（Memory-enhanced Test，MT）方法的一些新算法在许多情况下被证明是更好的。两者在理论上没有更好，但 MT 方法报告在速度上有明显的提升。本章后面将详细介绍 MT 算法。

4．移动顺序和负值侦察算法

负值侦察算法依靠从每个棋盘局面的第一个着法（移动）评分来指导侦察通道。因

此，在对着法（移动）排序时，它比 AB Negamax 具有更好的加速效果。如果最佳的着法（移动）序列是第一个，那么初始的宽窗口通道将是非常准确的，并且侦察通道将更少失败。

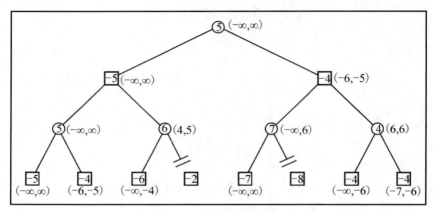

图 9.11　包含 Negascout 调用的博弈树

此外，由于需要重新搜索博弈树的部分内容，因此可以从内存系统（参见第 9.3 节）中大大增强负值侦察算法，该内存系统可以重新调用先前搜索的结果。

5. 主要变例搜索

负值侦察（Negascout）算法与主要变例搜索（Principal Variation Search，PVS）算法密切相关。如果负值侦察在其侦察通道上失败，那么它将使用更宽的窗口调用自己以重复搜索。在这种情况下，主要变例搜索将使用 AB Negamax 调用。PVS 与 Negamax 也有许多细微差别，但总的来说，负值侦察算法在实际应用中表现得更好。值得一提的是，主要变例搜索常被误解为负值侦察算法。

9.3　置换表和内存

到目前为止，我们所研究的算法都假设每次着法（移动）会导致独特的棋盘局面。正如前文所述，由于不同的着法（移动）组合可能会出现相同的棋盘局面。在许多游戏中，相同的棋盘局面甚至可以在同一游戏中多次出现。

为了避免做无用功、出现多次搜索相同棋盘局面这样的情况，算法可以使用置换表（Transposition Table）。

虽然置换表旨在避免重复换位工作，但它还有额外的好处，有若干种算法都依赖于置换表作为已考虑的棋盘局面的工作内存。例如，内存增强型测试、迭代深化和基于对手的回合思考等技术都使用了相同的置换表（本章将介绍所有这些技术）。

置换表记录了棋盘局面以及从该位置搜索的结果。当算法给出了一个棋盘局面时，它首先检查该棋盘局面是否在内存中，如果存在，则使用存储的值。

对完整的游戏状态进行比较是一个成本很高的过程，因为游戏状态可能包含数十或数百项的信息。将这些信息与内存中存储的状态进行比较需要很长时间。为了加快置换表检查的速度，可以使用哈希值（Hash Value，也称为"散列值"）。

9.3.1 哈希游戏状态

虽然原则上任何哈希算法都可以工作，但是对于置换表来说，哈希游戏状态有一些特殊的特性。在棋盘游戏中，棋盘的大多数可能状态都不太可能发生。它们代表非法或奇怪的着法（移动）序列的结果。良好的哈希方案将遍历哈希值的范围，以尽可能广泛地扩展可能的局面。此外，因为在大多数游戏中，棋盘的每次着法（移动）之间的变化很小，所以当仅对棋盘进行少量更改时，使哈希值发生广泛变化很有用，这降低了两个棋盘局面在同一搜索中发生冲突的可能性。

1. Zobrist 键

置换表哈希有一种常用算法称为 Zobrist 键（Zobrist Key）。Zobrist 键是一组固定长度的随机位模式，存储了棋盘上每个可能位置的每个可能状态。国际象棋有 64 个方格，每个方格可以是空的，也可以有 6 个不同棋子（王、后、车、象、马、兵）中的 1 个，每个棋子都有两种可能的颜色（黑、白）。国际象棋游戏的 Zobrist 键需要 64×2×6 = 768 个条目。

对于每个非空方块，查找 Zobrist 键并使用运行的哈希总计进行异或（XOR）运算。

对于游戏状态的不同元素，可能存在额外的 Zobrist 键。例如，西洋双陆棋中双倍死亡的状态需要一个 6 元素的 Zobrist 键；国际象棋中需要许多其他 Zobrist 键来表示 3 次重复和棋规则、50 步和棋规则和其他一些精妙细节。一些实现省略了这些附加键，以便在绝大多数情况下能更快地进行哈希。当然这也产生了一些问题，因为需要这些附加键的机会虽然很少，但是却有可能导致软件在偶然状态之间出现模棱两可的情况。置换表的这个问题和其他问题将在后面详细讨论。

其他 Zobrist 键以相同的方式使用：它们的值被查找出来，并与运行的哈希值进行异或运算。这将产生最终的哈希值。

对于实现而言，Zobrist 键中哈希值的长度将取决于棋盘的不同状态的数量。国际象棋游戏可以使用 32 位，但最好使用 64 位键。跳棋使用 32 位就足够了，有一些更复杂的回合制游戏则可能需要 128 位。

Zobrist 键需要使用适当大小的随机位串（Random bit-string）进行初始化。

C 语言 rand 函数存在已知问题（在许多语言中经常以 random 函数的形式出现），并且一些开发人员在使用它来初始化 Zobrist 键时报告出现了问题，其他开发人员已报告成功使用 rand。由于随机数生成质量的问题很难调试（它们往往会降低难以追踪的性能），因此使用许多可自由使用的随机数发生器中的一个可能比使用 rand 函数更可靠、更安全。

2．哈希实现

此实现显示了 Tic-Tac-Toe（三连棋）的 Zobrist 哈希的简单情况。9 个方格中的每一个都可以是空的，或者是两个棋子中的一个，因此，数组中有 9×2 = 18 个元素。

```
1   # Zobrist 键
2   zobristKey: int[9 * 2]
3
4   # 初始化键
5   function initZobristKey():
6       for i in 0..(9 * 2):
7           zobristKey[i] = randomInt()
```

在 64 位机器上，此实现将使用 64 位键（16 位对于 Tic-Tac-Toe 来说已经足够大，但 64 位算术通常更快）。它依赖于函数 randomInt，该函数将返回一个随机值。

设置键之后，可以对棋盘进行哈希处理。哈希函数的这种实现将使用一个棋盘数据结构，该结构包含一个 9 元素数组，表示棋盘上每个方块的内容：

```
1   # 计算哈希值
2   function hash(ticTacToe: Board) -> int:
3       # 从清除位串开始
4       result: int = 0
5
6       # 对每一个被占的位置轮流进行异或运算
7       for i in 0..9:
8           # 发现拥有的棋子
9           piece = board.getPieceAtLocation(i)
10
11          # 如果它未被占用，则查找哈希值并对其进行异或运算
12          if piece != UNOCCUPIED:
13              result = result xor zobristKey[i * 2 + piece]
14
15      return result
```

3．增量的 Zobrist 哈希

Zobrist 键的一个特别好的功能是它们可以按增量的方式更新。因为每个元素都进行了异或运算，所以添加元素就像对另一个值进行异或运算一样简单。在上面的示例中，添加新的棋子就像对新棋子进行 Zobrist 键的异或运算一样简单。

在诸如国际象棋之类的游戏中，着法（移动）包括从一个位置移除一个棋子并将其添加到另一个位置，异或运算符（XOR）的可逆性质意味着更新仍然可以是增量的。该棋子的 Zobrist 键和旧方格使用哈希值进行异或运算，然后是该棋子的键和新方格。

以这种递增方式更新的哈希可以比从第一原理（First Principle）计算哈希快得多，特别是在同时具有数十或数百个棋子的游戏中。

4．游戏中的 Board 类和重新访问

为了支持哈希，特别是增量的 Zobrist 哈希，我们一直在使用的 Board 类可以扩展为提供一般的哈希方法：

```
class Board:
    # 保存该棋盘当前的哈希值
    # 该存储结果每次需要时都会重新计算
    hashCache: int

    function hashValue() -> int
    function getMoves() -> Move[]
    function makeMove(move: Move) -> Board
    function evaluate() -> float
    function currentPlayer() -> id
    function isGameOver() -> bool
```

哈希值现在可以存储在类实例中。当执行移动时（在移动方法中），可以按递增方式更新哈希值，而无须完全重新计算。

9.3.2　哈希表中存储的内容

哈希表存储与棋盘局面关联的值，因此不需要重新计算。由于在负值最大化算法中评分在树上冒泡的方式，我们也知道每个棋盘局面的最佳着法（它就是产生的棋盘局面具有最高反向得分的着法）。此着法（移动）也可以存储，因此我们可以根据需要直接移动。

搜索的目的是提高静态评估函数的准确性。棋盘的极小极大值取决于搜索深度。如

果我们正在搜索 10 个着法（移动）的深度（即在下棋时算度到 10 步棋之后的局面），那么我们将不会对一个仅搜索前 3 个着法（移动）深度并保持其值的表条目感兴趣，因为它不够准确。除了表条目的值，我们还将存储用于计算该值的深度。

当使用 AB 修剪进行搜索时，我们对计算每个棋盘局面的准确评分不感兴趣。如果分数在搜索窗口之外，则忽略该分数。当我们在置换表中存储值时，可能存储的是一个准确的值，或者也可能存储由修剪的分支产生的 Fail-Soft 值。记录值是否准确、是低失败值（Alpha 修剪）还是高失败值（Beta 修剪）非常重要。这可以通过简单的标记来完成。

哈希表中的每个条目如下：

```
1  class TableEntry:
2      enum ScoreType:
3          ACCURATE
4          FAIL_LOW
5          FAIL_HIGH
6
7      # 保持该表条目的哈希值
8      hashValue: int
9
10     # 保存已存储评分的类型和值
11     scoreType: ScoreType
12     score: float
13
14     # 保存最佳着法（移动）
15     # 该着法是在前一次计算中发现的
16     bestMove: Move
17
18     # 保存计算的深度
19     # 该深度正是发现评分的深度
20     depth: int
```

9.3.3　哈希表实现

就速度而言，使用的哈希表实现通常是哈希数组。

通用哈希表有一个列表数组，这些数组通常称为存储桶（Bucket）。当元素经过哈希处理时，哈希值会查找正确的存储桶，然后检查存储桶中的每个项目以查看它是否与哈希值匹配。存储桶的数量几乎总是比可能的键少。键经过模数乘以存储桶的数量，新值是要检查的存储桶的索引。

虽然可以在任何 C++标准库中找到更高效的哈希表实现，但它应具有以下一般形式：

```
1   class BucketItem:
2       # 在该位置的表条目
3       entry: TableEntry
4
5       # 存储桶中的下一项
6       next: BucketItem
7
8       # 返回来自该存储桶的匹配条目
9       # 即使它会向下深入列表
10      function getElement(hashValue):
11          if entry.hashValue == hashValue:
12              return entry
13          if next:
14              return next.getElement(hashValue)
15          return null
16
17  class HashTable:
18      # 保存表的内容
19      buckets: BucketItem[MAX_BUCKETS]
20
21      # 查找值存储所在的桶
22      function getBucket(hashValue: int) -> BucketItem:
23          return buckets[hashValue % MAX_BUCKETS]
24
25      # 从表中检索条目
26      function getEntry(hashValue: int) -> TableEntry:
27          return getBucket(hashValue).getElement(hashValue)
```

这里的目标是拥有尽可能多的其中只有一个条目的存储桶。如果存储桶太满，则会减慢查找速度并指示需要更多的存储桶。如果存储桶太空，那么就有多余空间，可以使用更少的存储桶。

在搜索着法（移动）时，更重要的是哈希查找速度快，而不是保证哈希表的内容是永久性的。在哈希表中存储不太可能再次访问的局面没什么意义。

因此，使用哈希数组实现，其中每个存储桶的大小为 1。这可以直接实现为记录数组，并将上述代码简化为：

```
1   class HashArray:
2       # 表条目
3       entries: TableEntry[MAX_BUCKETS]
```

```
 4
 5          # 检索来自表的条目
 6          function getEntry(hashValue: int) -> TableEntry:
 7              entry = entries[hashValue % MAX_BUCKETS]
 8              if entry.hashValue == hashValue:
 9                  return entry
10              else:
11                  return null
```

9.3.4　替换策略

由于每个存储桶只能存在一个存储条目，因此需要一些机制来确定在发生冲突时如何以及何时替换已存储的值。

最简单的技术是始终覆盖。无论何时，只要有需存储的冲突条目，就会替换表条目的内容。这很容易实现，而且一般来说已经足够了。

另一种常见的启发式方法是，只要碰撞节点是用于更后面的着法（移动）则进行替换。因此，如果着法 6 处的棋盘与着法 10 处的棋盘冲突，则使用着法 10 处的棋盘。这是基于这样一种假设：着法 10 处的棋盘算度更深远，将比着法 6 处的棋盘更有用。

还有许多更复杂的替换策略，但究竟哪一个是最好的，目前尚未有统一意见。不同的游戏似乎有不同的最优策略，这可能需要进行实验。通过使用一系列策略保留多个置换表，有些程序取得了成功。每个置换表将轮流检查以进行匹配，这似乎也抵消了每种方法相对其他方法的弱点。

9.3.5　完整的置换表

完整置换表的伪代码如下：

```
 1  class TranspositionTable:
 2      tableSize: int
 3      entries: TableEntry[tableSize]
 4
 5      function getEntry(hashValue: int) -> TableEntry:
 6          entry = entries[hashValue % tableSize]
 7          if entry.hashValue == hashValue:
 8              return entry
 9          else:
10              return null
```

```
11
12      function storeEntry(entry: TableEntry):
13          # 始终替换当前条目
14          entries[entry.hashValue % tableSize] = entry
```

1．性能

上面实现的 getEntry 方法和 storeEntry 方法在时间和内存中的性能都是 O(1)。此外，表本身在内存中的性能是 O(n)，其中，n 是表中条目的数量。这应该与游戏的分支因子和使用的最大搜索深度有关。如果棋盘局面检查的数量很大，则相应地需要一个很大的表。

2．实现说明

如果实现此算法，我们强烈建议开发人员向其添加一些调试数据，以测量在任何时间点使用的存储桶数、覆盖某些内容的次数以及在获取之前已添加的条目时的未命中数。这将使得开发人员可以了解置换表的执行情况。

如果很少在表中找到有用的条目，那么可能是因为表的参数设置不当（例如，存储桶的数量可能太小，或者替换策略可能不适合等）。根据我们的经验，当 AI 没有达到开发人员所希望的那种程度时，这种调试信息是非常宝贵的。

9.3.6　置换表的问题

置换表是从回合制 AI 获得可用速度的重要工具。但是，它们也不是能解决所有问题的万灵丹，它们也有自己的问题。

1．路径依赖

某些游戏需要基于着法（移动）的顺序进行评分。例如，在国际象棋中，重复相同的一组棋盘局面会导致平局。棋盘局面的评分将取决于它是第一次还是最后一次这样的序列。保持置换表意味着这样的重复将始终获得相同的评分。这可能意味着 AI 通过重复顺序错误地抛弃了可能获胜的局面。

在这种情况下，可以通过在哈希函数中引入用于“重复次数”的 Zobrist 键来解决该问题。以这种方式，连续重复将具有不同的哈希值并且被单独记录。

当然，一般而言，对于依赖着法（移动）顺序进行评分的游戏来说，需要在搜索算法中使用更复杂的哈希或特殊代码来检测这种情况。

2．不稳定性

当存储的值在同一搜索期间波动时，更困难的问题是不稳定性。由于每个表条目可能会在不同时间被覆盖，因此无法保证每次查找局面时都会返回相同的值。

例如，在搜索中第一次考虑节点时，可以在置换表中找到它，并查找其值。稍后在同一搜索中，表中的位置被新的棋盘局面覆盖，甚至在后面的搜索中，棋盘局面也会返回（通过不同的着法序列或在负值侦察算法中重新搜索）。这次在表中找不到该值，并通过搜索计算。此搜索返回的值可能与查找值不同。

虽然这是非常罕见的，但是可能存在这样的情况：棋盘的评分在两个值之间振荡，导致某些版本的重新搜索算法（尽管不是基本的负值侦察算法）无限循环。

9.3.7　使用对手的思考时间

置换表可用于允许 AI 在人类玩家思考时改进其搜索。

在轮到人类玩家的回合时，计算机可以搜索人类玩家可能选择的着法（移动）。处理此搜索的结果时，它们将存储在置换表中。当接下来轮到 AI 的回合时，它的搜索速度会更快，因为很多棋盘局面已经被考虑和存储了。

大多数商业棋盘游戏程序都可以使用对手的思考时间来进行额外的搜索，并将结果存储在内存中。

9.4　内存增强型测试算法

内存增强型测试（Memory-enhanced Test，MT）算法将依赖于高效置换表的存在，它可以充当算法的内存。

MT 只是一个零宽度的 AB Negamax 算法，它使用置换表来避免重复的工作。内存的存在意味着算法可以在搜索树周围跳跃，首先查看最有希望的移动。Negamax 算法的递归性质意味着它不能跳跃，它必须冒泡并递减。

9.4.1　实现测试

由于测试的窗口大小始终为零，因此通常会重写测试以接受仅一个输入值（A 值和 B 值相同）。我们称这个值为 Gamma（实际上就是希腊字母表的第三个字母 γ）。

Negamax 算法使用了相同的测试，但在这种情况下，Negamax 算法将调用它自己作为测试并作为常规 Negamax，因此需要单独的 Alpha 和 Beta 参数。

添加到简化 Negamax 算法的是置换表访问代码。实际上，这段代码中有相当大一部分只是内存访问。

1. 伪代码

test 函数可以通过以下方式实现：

```
 1  function test(board: Board,
 2                maxDepth: int,
 3                currentDepth: int,
 4                gamma: float) -> (float, Move):
 5      if currentDepth > lowestDepth:
 6          lowestDepth = currentDepth
 7
 8      # 从置换表中查找条目
 9      entry: TableEntry = table.getEntry(board.hashValue())
10
11      if entry and entry.depth > maxDepth - currentDepth:
12          # 已存储局面的先期输出
13          if entry.minScore > gamma:
14              return entry.minScore, entry.bestMove
15          else if entry.maxScore < gamma:
16              return entry.maxScore, entry.bestMove
17          else:
18              # 需要创建条目
19              entry.hashValue = board.hashValue()
20              entry.depth = maxDepth - currentDepth
21              entry.minScore = -INFINITY
22              entry.maxScore = INFINITY
23
24      # 现在有了条目，就可以继续使用文本
25      # 检查是否已经完成递归
26      if board.isGameOver() or currentDepth == maxDepth:
27          entry.minScore = entry.maxScore = board.evaluate()
28          table.storeEntry(entry)
29          return entry.minScore, null
30
31      # 现在进入冒泡模式
32      bestMove: Move = null
33      bestScore: float = -INFINITY
34      for move in board.getMoves():
35          newBoard: Board = board.makeMove(move)
36
37          # 递归
38          recursedScore, currentMove = test(
39              newBoard, maxDepth, currentDepth + 1, -gamma)
```

```
40          currentScore = -recursedScore
41
42          # 更新最佳评分
43          if currentScore > bestScore:
44              # 记录当前最佳着法（移动）
45              entry.bestMove = move
46              bestScore = currentScore
47              bestMove = move
48
49      # 如果已经剪枝，则获得的是最小评分
50      # 否则获得的是最大评分
51      if bestScore < gamma:
52          entry.maxScore = bestScore
53      else:
54          entry.minScore = bestScore
55
56      # 存储条目，并且返回最佳评分和着法（移动）
57      table.storeEntry(entry)
58      return bestScore, bestMove
```

2．置换表

此版本的测试需要使用一个略有不同的表条目数据结构。如前文所述，在 Negamax 框架中，表条目的评分可能是准确的，或者它可能是 Fail-Soft 搜索的结果。由于内存增强型测试算法中的所有搜索都有零宽度窗口，因此我们不太可能获得准确的评分，但我们可能会在若干次搜索中建立可能的分数范围。置换表将记录最小和最大分数。这些行为与 AB 修剪算法中的 Alpha 和 Beta 值类似。

因为只需要存储这两个值，所以不需要存储分数类型。新的表条目结构应如下：

```
1  class TableEntry:
2      hashValue: int
3      minScore: float
4      maxScore: float
5      bestMove: Move
6      depth: int
```

9.4.2　MTD 算法

MT 例程可以从驱动例程重复调用。这里所谓的驱动例程（Driver Routine），将负责

重复使用 MT 来锁定正确的 Minimax 值，并计算出该过程的下一个着法（移动）。这种类型的算法称为内存增强型测试驱动程序（Memory-enhanced Test Driver，MTD）。

第一个 MTD 算法的结构有很大的不同，它使用了复杂的特殊案例代码集和搜索排序逻辑。SSS* 和 DUAL* 是其中最著名的两个算法，它们都被证明可以简化 MTD 算法的特殊情况。简化过程还解决了原始算法的一些突出问题。

常见的 MTD 算法如下。

（1）记录分数值的上限。调用此 Gamma（以避免与 Alpha 和 Beta 混淆）。

（2）让 Gamma 成为评分的第一个猜测值。这可以是任何固定值，也可以从先前的算法运行中获得。

（3）通过调用当前棋盘局面上的测试、最大深度、当前深度的零宽度窗口和 Gamma 值来计算另一个猜测值（通常使用略小于 Gamma 的值：Gamma $-\epsilon$，其中，ϵ 小于评估函数的最小增量。这使得测试例程可以避免使用 == 运算符，因为在递归过程中，玩家的视角和评分的符号一起被反转，使用 == 运算符会导致不对称）。

（4）如果猜测值与 Gamma 值不同，则再次返回步骤（3）。这样可以证实猜测值现在是准确的。偶尔，数值的不稳定性可能导致这种情况永远不会成立，所以通常需要对迭代的次数进行一定的限制。

（5）将猜测值作为分数返回，它是准确的。

MTD 算法采用猜测参数。这是对算法预期的 Minimax 值的第一次猜测。这个猜测值越准确，MTD 算法运行得越快。

1. MTD 变体

SSS* 算法已经被证明与 MTD 相关，它从正无穷值猜测开始（称为 MT-SSS 或 MTD $+\infty$）。类似地，可以通过使用负无穷值作为初始猜测（MTD $-\infty$）来模拟 DUAL* 算法。最强大的通用 MTD 算法是 MTD-f，它将使用基于先前搜索结果的猜测值。

还有一种 MTD 变体是 MTD-best，它不会计算每个棋盘局面的准确评分，但可以返回最佳着法（移动）。它比 MTD-f 算法略快，但是要复杂得多，并且不能确定着法（移动）的好坏程度。在大多数回合制游戏中，重要的是要知道着法（移动）的好坏程度，因此 MTD-best 算法并不常用。

2. 内存大小

MTD 算法依赖于大量的内存。当置换表中发生冲突并且不同的棋盘局面映射到同一表条目时，其性能将严重下降。在最坏情况下，如果它所需要保持的存储被覆盖，则该算法将无法返回结果。

所需表的大小取决于分支因子、搜索深度和哈希方案的质量。对于具有深度搜索的国际象棋游戏 AI 来说，几十兆字节的表是很常见的（包含几百万个表条目）。较小的搜索或更简单的游戏则可能需要少几个数量级。

与所有内存问题一样，开发人员需要注意切勿轻忽大型数据结构常见的内存性能问题。使用超过一兆字节的数据结构来正确管理 64 位 PC 的缓存性能是很困难的。

9.4.3　伪代码

MTD 实现的伪代码可以与先前给出的测试代码一起使用，具体如下：

```
1   function mtd(board: Board, maxDepth: int, guess: float) -> Move:
2       for i in 0..MAX_ITERATIONS:
3           gamma: float = guess
4           guess, move = test(board, maxDepth, 0, gamma-1)
5
6           # 如果没有更多的改进，则停止查看
7           if gamma == guess:
8               break
9
10      return move
```

在这种形式中，MTD 可以使用无穷值调用并作为第一个猜测值（MT-SSS），或者它也可以作为 MTD-f 运行，使用基于先前搜索结果的猜测值。为此，可以使用静态着法（移动）评估，或者也可以将其作为迭代加深算法的一部分来驱动，迭代加深算法可以记录每次搜索的猜测值。第 9.7.1 节"迭代加深"将更全面地讨论迭代加深算法。

该算法的性能仍然与先前的算法相同。它在时间中的性能是 O(nd)，其中，n 是每个棋盘局面的着法（移动）数量，d 是树的深度。它在内存中的性能是 O(s)，其中，s 是置换表中的条目数。

MTD-f 和渴望负值侦察（Aspiration Negascout）算法都号称是最快的博弈树搜索算法。测试表明，MTD-f 通常要快得多，但这仍然是有争议的，因为每种算法都仍然有可能进一步优化以改善其性能。尽管许多顶级棋盘游戏程序都使用了负值侦察算法，但大多数现代 AI 现在都依赖于 MTD 核心。

与 AI 中的所有性能问题一样，唯一确定哪种方式在游戏中更快的方法就是尝试两种方式并对其进行分析。幸运的是，两种算法都不复杂，并且都可以使用相同的底层代码（包括置换表、AB Negamax 函数和 Board 类等）。

9.5 蒙特卡洛树搜索

Minimax 方法对于分支因子较小的游戏效果很好，因为在分支因子较小时，可以使用高质量的静态评估函数。但是，很多棋盘游戏并不满足这两个标准（指分支因子较小和树的深度较浅）。1987 年，Bruce Abramson 提出了另一种随机方法（详见附录参考资料[1]），后来被称为蒙特卡洛树搜索（Monte Carlo Tree Search，MCTS）。尽管它有一些优势，但是它的光芒一度被 Minimax 方法掩盖，只能束之高阁，直到它被成功地发掘出来用作 Alpha Go 深度学习技术的一部分，并击败了人类顶尖的围棋棋手，从此"一朝成名天下知"。蒙特卡洛树特别适用于深度学习，但又不限于此——它已单独用于棋盘游戏和策略游戏中的 AI 玩法。

9.5.1 纯蒙特卡洛树搜索

蒙特卡洛方法是随机的，其名称缘于 Monaco（摩纳哥）著名的赌场。他们寻求通过进行大量随机试验来获得总体结果。对于蒙特卡洛树搜索（MCTS）来说，试验（Trial）就是游戏的玩法，也称为推演（Playout），我们寻求的结果是最好的着法。

面对一系列可能的着法，我们可以依次尝试，然后执行一系列的推演。推演就是指从当前局面开始，经过一次快速模拟走子（Rollout）直到终局，获得一个胜负结果的过程。这些推演的赢/输记录可以逼近着法的好坏。

因此，像这样的方法不需要静态评估函数，因为赢/输记录已经告诉我们着法（移动）的好坏，这其实就是非常有效的评估函数。

当然，这种方法也存在问题，因为真正的游戏并不会通过选择随机着法来进行，否则可能会错过最佳着法（对手也是如此，他也不可能选择随机着法）。执行推演时，我们希望模拟能够比纯粹随机选择着法要准确一些。

这可以通过以递归方式执行相同的过程来实现。在确定对手的反应可能是什么时，我们会查看其着法（移动）的赢/输统计数据。这些数据又会成为我们接下来的着法的依据。最终，我们用完了这些数据，然后才随机执行推演。

图 9.12 展示了一个不能以平局（Draw）结束的游戏的示例树，在每个节点上都标记了赢/输的统计数据。

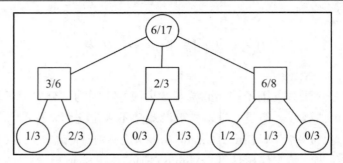

图 9.12　标记了赢/输统计信息的游戏树

在每一种情况下，节点都是为将要移动（下棋）的玩家而设计的，而获胜的总值来自于他们这一方的判断。如果节点的 $i = 1..n$ 子节点具有的获胜值为 w_i / p_i，则该节点的获胜总值为 w/p，其中，w 的计算公式为

$$w = p - \sum_{i=1}^{n} w_i$$

p 的计算公式为

$$p = \sum_{i=1}^{n} p_i$$

可以看到，图 9.12 中仅包含具有统计信息的节点。算法处理的树是整个游戏树的子集，即具有可用统计信息的子集。

1. 算法

该算法是迭代运行的，可以根据需要运行多次。迭代次数越多，执行效果越好。一般来说，它会一直运行直到某个时间限制到期，然后使用最佳结果。

每次迭代分为 4 个步骤。

（1）选择。沿着树向下走，根据到目前为止的总计数据选择一个着法（移动），直至到达一个尚未完全探索的节点（即其子节点没有任何统计信息）。

（2）扩展。随机选择一个未探索过的着法（移动），并将其作为新节点添加到子树中。

（3）模拟。从新节点推演一次纯粹随机的游戏。

（4）反向传播。根据推演结果的赢/输，更新树中的总计数据。

以图 9.12 中的树为例，图 9.13 说明了这 4 个步骤。

随着时间的推移，该算法在最有前途的分支中搜索得越来越深。成功统计信息冒泡回到顶部，从而改进了当前位置（子树的顶部）下对最佳着法（移动）的评估。

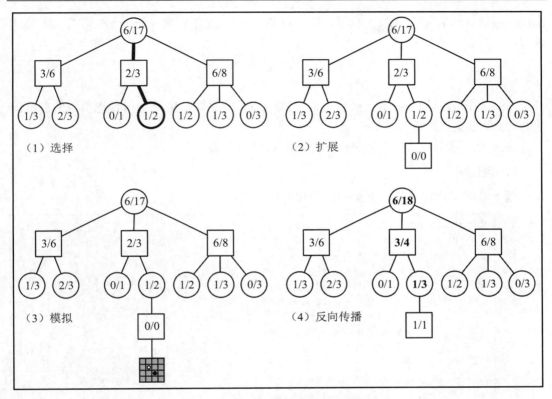

图 9.13 纯蒙特卡洛树搜索的一次迭代

2．选择一个着法

在算法的选择步骤中，我们将沿着树向下走，根据到目前为止的获胜统计数据选择着法（移动），这里有一个平衡点。一方面，我们想更仔细地分析看起来很有潜力的着法；另一方面，我们又想确保充分探索替代方案。

随着获得的数据变多，我们对着法（移动）的统计数据更加充满信心，也有理由对我们的搜索进行偏向以进行更深入的研究。但是，我们也不能抛弃算法的随机性这一利器，而只是沿着某个分支向下深掘，因为也可能这个分支只是一开始看起来很成功。棋类游戏中这样的例子很多，例如，在象棋游戏中，往往会出现红方子力大优，却被黑方少数几个占位极佳的子力绝杀的情况。早期的棋类 AI 就有这种局限性，非常贪吃（因为这样看起来很"成功"），因此很容易落入人类棋手弃子攻杀的陷阱。

这是在探索新知识与利用我们已经拥有的知识之间的权衡。做出这样的权衡有多种方法。最简单和最常见的一种方法称为应用于树的置信度上限（the Upper Confidence

bound applied to Trees，UCT）权重，每个可能着法的 UCT 权重（记为 u_i）可按以下公式
计算：

$$u_i = \frac{w_i}{n_i} + k\sqrt{\frac{\ln N}{n_i}}$$

其中，w_i 是该节点的获胜数，p_i 是推演（Playout）的次数，N 是所有候选节点的总推演
次数，k 是控制探索量的常数。

在遍历的每个步骤中，将选择具有最大 u_i 值的节点。

3．伪代码

以下是用于执行蒙特卡洛树搜索迭代的伪代码：

```
1   function mcts(board: Board):
2       # 1. 选择
3       current: Board = board
4       moveSequence: Board[] = [current]
5       while current.fullyExplored():
6           move: Move = current.selectMove()
7           current = current.makeMove(move)
8           moveSequence.push(current)
9
10      # 2. 扩展
11      move = current.chooseUnexploredMove()
12      current = current.makeMove(move)
13      moveSequence.push(current)
14
15      # 3. 模拟
16      winner: id = playout(current)
17
18      # 4. 反向传播
19      for current in moveSequence:
20          if winner == current.currentPlayer:
21              current.wins += 1
22          current.playouts += 1
```

函数 playout 从给定的棋盘局面开始对游戏执行纯粹的随机推演，并返回结果。

如果使用蒙特卡洛树搜索来返回 AI 所要采取的着法（移动），则可以使用以下简单
的驱动程序：

```
1   function mctsDriver(board: Board, thinkingTime: float) -> Move:
2       deadline = time() + thinkingTime
```

```
3    while time() < deadline:
4        mcts(board)
5
6    # 选择一个着法
7    return board.selectMove(0)
```

4. 数据结构

需要为每个棋盘位置（局面）存储获胜的次数和推演次数。上面的伪代码假定 Board 类具有以下结构：

```
1    class Board:
2        wins: int = 0
3        playouts: int = 0
4
5        function fullyExplored() -> bool
6        function selectMove(exploreCoeff: float = EXPLORE) -> Move
7        function chooseUnexploredMove() -> Move
8
9        function getMoves() -> Move[]
10       function makeMove(move:Move) -> Board
```

如果从当前棋盘开始的所有着法（移动）都将导致获胜统计的位置（局面），则 fullyExplored 函数将返回 true。它可以简单地按以下方式实现：

```
1    class Board:
2        function fullyExplored() -> bool:
3            for move in getMoves():
4                next = makeMove(move)
5                if next.playouts == 0:
6                    return false
7            return true
```

selectMove 函数负责选择着法（移动），它使用了 UCT 计算：

```
1    class Board:
2        function selectMove(exploreCoeff: float = EXPLORE) -> Move:
3            lnN = ln(playouts)
4            bestMove = None
5            bestUCT = 0
6            for move in getMoves():
7                next = makeMove(move)
8                uct = next.wins / next.playouts +
```

```
 9                        exploreCoeff * sqrt(lnN / next.wins)
10            if uct > bestUCT:
11                bestUCT = uct
12                bestMove = move
13        return bestMove
```

在此实现中，探索系数（Exploration Coefficient）可以作为函数参数传入，尽管默认情况下它被设置为全局值。这允许使用相同的函数来返回上述 mctsDriver 函数找到的最佳着法（即探索系数为零的 UCT）。

最后，通过 chooseUnexploredMove 函数选择一个随机的新着法（移动）来进行探索：

```
1  class Board:
2    function chooseUnexploredMove() -> Move:
3        unexplored = []
4        for move in getMoves():
5            next = makeMove(move)
6            if next.playouts == 0:
7                unexplored.push(move)
8        return randomChoice(unexplored)
```

Board 接口中的其余函数与前面的相同。当然，实现方式可能有所变化。与以前不一样的是，不能在每次需要时生成棋盘局面，因为它们必须保留自己的获胜数据。对相同的棋盘（Board 类）应用相同的着法应返回相同的棋盘对象。

对于其他树搜索，返回具有相同哈希值的内容就足够了。使用该算法是可行的，但是获胜统计数据需要存储在哈希表中，而不是存储于棋盘结构本身。

5. 性能

蒙特卡洛树搜索在内存中的性能为 $O(n)$，其中，n 是树中可获取胜利数据的节点数。执行时间是不确定的，它取决于推演游戏所需的时间长度。从理论上讲，这可能是无限的（当然，实际的实现应以游戏是否会获胜的最佳猜测来终止）。

如果排除推演时间（即假设推演时间是恒定的），则该算法在时间中的性能为 $O(\log n)$，因为它涉及沿着树向下走和数据的反向传播两个过程。

9.5.2　添加知识

如前文所述，纯蒙特卡洛树搜索是一种无知识的算法。除了推演是否以获胜结束，它不需要了解有关游戏的任何知识。这对于引导 AI 非常有吸引力，因为它有利于快速制作可以玩游戏的程序，或用于支持某些知识获取困难的游戏。

当然，这也不是什么灵丹妙药。AI 的黄金法则仍然是适用的：我们提供的知识越少，要做的搜索就越多。

在实践中，我们可以在若干个方面为系统引入更多的知识，减少搜索并有可能提高最终 AI 的质量。

1. 重推演

与其纯粹使用随机着法来执行推演，不如选择更可能的着法来进行推演。在推演期间为选择着法所做的操作越复杂，推演就越重（Heavy）。

在最重的时候，我们甚至可以通过让 Minimax 算法与自己进行对战，在每个回合中寻找最佳的着法来执行推演。

在没有搜索的情况下，使用启发式方法更为常见。我们可以考虑每一个可能的着法，并仅选择最佳着法。前面我们已经介绍了一种机制：静态评估函数。对于重推演（Heavy Playout）的评估启发式方法通常比在 Minimax 树搜索中使用的静态评估函数要简单得多，但这只是程度的差异。在这两种情况下，我们都将评估棋盘局面并返回一个数字。

除了评估棋盘局面，还可以创建仅在移动时执行的启发式算法，其效果取决于具体的游戏。对于象棋这样的游戏来说，它的效果就谈不上好。

2. 胜率先验值

在蒙特卡洛树搜索中引入知识的另一种方法是，将包含获胜统计数据的现有值的节点添加到子树。这被称为对它们的先验值进行偏置，因为它会影响在算法的选择阶段中选择着法（移动）的可能性。

如果使用 UCT 或类似标准选择着法，则获胜次数和推演次数都是很重要的。胜率表示着法（移动）的好坏程度，而推演次数则表示我们对该评估的置信度。

我们可以按相同的方式计算先验值，以使用上述偏置的重推演：使用着法的启发式算法或简化的静态评估函数。

这是一项强大的技术，但必须小心。如果先验知识与事实相去甚远，则 MCTS 将需要花费大量迭代来纠正错误。例如，在象棋中，存在大量的例胜、例和局面（如三高兵必胜士象全、单车必胜马双士等），这些先验知识都是确定无误的，所以对于 AI 偏置推演有很大的帮助（AI 会极力将棋型导向例胜局面）；而在围棋中也存在大量的定式，但是 Alpha Go 的 AI 已经证明有些定式的结论并不正确，很多定式的存在只是因为人类棋手的算度能力不够深而已。

3. 静态评估函数

如果使用评估函数评估着法（移动），则可以将该评估直接应用于蒙特卡洛树搜索

的选择阶段，而不必使用获胜统计数据作为中间值。这涉及更改 UCT 的计算以加入评估功能。新的 u_i 计算公式为

$$u_i = \frac{w_i}{n_i} + k\sqrt{\frac{\ln N}{n_i}} + ce(B_i)$$

其中，$e(B_i)$ 是棋盘上着法 i 之后评估函数的值，而 c 则是一个常数，用于控制 u_i 对于着法选择的重要性。平衡此公式中的 c 和 k 值需要进行实验。

9.6　开局库和其他固定进攻战术

在许多游戏中，一代又一代的专业棋手已经积累了大量的玩法和经验，包含在游戏开局时采用哪些着法（移动）会更加有利。这一点在国际象棋的开局库（Opening Book）中更为明显。专业玩家会研究固定开局组合的庞大数据库，学习对着法（移动）的最佳应对。对于国际象棋游戏来说，提前规划最初 20～30 步着法的情况并不少见。

开局库是着法（移动）序列的列表，以及一些关于使用这些着法序列的平均结果好坏的指示。使用这些规则集后，计算机就不需要使用极小极大化算法进行搜索以确定最佳着法（移动）。它可以简单地从序列中选择下一个移动，只要序列的最终结果对它是有利的。

开发人员可以下载和使用若干种不同游戏的开局数据库。有些很著名的游戏（如国际象棋）也有商业数据库可用，并且可以许可到新游戏中。对于原始回合制游戏，如果需要的话也可以手动生成一个开局库。

9.6.1　实现开局库

一般来说，开局库可以被实现为非常类似于置换表的哈希表。可以将移动序列的列表导入软件中并进行转换，以使每个中间局面都具有其所属的开局路线的指示以及每条开局路线的强度。

请注意，与常规置换表不同，每个棋盘局面可能会有多个推荐的着法（移动）。棋盘局面通常可以属于许多不同的开局路线，并且是开放的，和游戏的其余部分一样，可以按树的形式产生分支。

此实现可以自动处理换位：AI 在开局库中查找当前的棋盘局面，并找到一组可能的着法（移动）来下棋。

开局库除了可以用作特殊工具，还可以结合到通用搜索算法中。开局库通常被实现为静态评估函数的一个元素。如果当前棋盘局面记录的是开局库的一部分，则静态评估

函数会严重加权其着法（移动）建议。当游戏进展超出了开局库的记录时，它将被忽略，并且使用该函数的其他元素。

9.6.2 学习开局库

某些程序会使用初始开局库并添加学习层。学习层将更新分配给每个开局库序列的评分，以便可以选择更好的开局。

这可以通过两种方式之一完成。最基本的学习技巧是保存程序每次采用开局库中的每个获胜的统计记录。如果某个开局被列为优秀，但程序却始终输棋，则可以改变它的评分，以避免将来选择这种开局。

在商业数据库中，每个开局路线还赋予许多处理、经验和分析到评分中。大部分评分都是基于国际专业棋手比赛的悠久历史。这些都不太可能出错，可以说超越了所有的玩家。但是，每个玩游戏的 AI 仍会有不同的特征。在数据库中列为优秀的开局可能会进入紧张相持的残局阶段，在这个阶段人类可以很好地发挥，而计算机却有可能遭受大量的地平线效应（后文将详细解释该效应）。因此，包含统计学习层将允许计算机发挥其独特的优势。

有些游戏本身也会学习序列。在许多游戏中，某些开局路线会一次又一次地出现。最初，计算机可能不得不依靠其搜索来对它们进行评分，但随着时间的推移，这些评分可以被平均（连同关于其统计获胜可能性的信息）并被记录。

较大的国际象棋开局数据库，以及大多数不太流行的游戏的开局数据库，都是以这种方式生成的：一台强大的计算机自己和自己玩并记录最有利的开局路线。

9.6.3 固定进攻战术库

虽然固定进攻战术（Set Play，在象棋术语中也叫"套路"）着法（移动）序列在游戏开局时最常见，但也不乏在游戏中局以后应用的情况。许多游戏的固定进攻战术都在游戏中后期出现，尤其是在残局阶段。

然而，对于几乎所有游戏而言，游戏中间阶段可能出现的棋盘局面数量是非常惊人的。任何特定的棋盘局面都不太可能与数据库中的局面完全相同，因此需要更复杂的模式匹配：在整个棋盘结构中寻找特定模式。

此类数据库最常见的应用是棋盘的局部。例如，在黑白棋中，沿着棋盘每条边缘的强劲发挥是关键。许多黑白棋项目都拥有全面的边缘配置数据库，以及它们的强大程度评分。可以轻松提取棋盘的 4 条边缘的配置，并查找数据库条目。在游戏的中局，这些边缘评分在静态评估函数中被高度加权，在游戏的后期它们则不太有用（大多数黑白棋程序可以完全搜索游戏的最后 10～15 个着法，因此不需要评估函数）。

　　一些程序已经尝试使用复杂的模式识别来使用固定进攻战术，特别是在围棋和国际象棋游戏中。到目前为止，还没有出现在所有棋盘游戏中普遍使用的主导方法。

　　在一些游戏（如国际象棋、西洋双陆棋或西洋跳棋）中，棋盘局面很晚才简化下来。通常，可以在此阶段进行开局库风格的查找。

　　国际象棋有若干个商业残局数据库，通常称为残局库（End Game Table Bases，EGTB），涵盖了强制配对不同棋子组合例胜、例和的最佳方式。但是，这些在专业游戏中很少需要，因为玩家在进入已知即将失败的残局时往往会自动认负。

9.7　进一步优化

　　虽然每一个基本的游戏算法都相对简单，但它们有一系列令人眼花缭乱的不同优化。其中一些优化（例如，AB 修剪和置换表）对于良好的性能至关重要。还有一些优化对于榨取最后一点性能也非常有用。

　　本节将介绍用于回合制 AI 的其他几种优化，但是没有足够的篇幅来讨论大多数实现的细节。本书附录提供了有关实现的更多信息的指示。此外，本节也不包括仅在相对较少数量的棋盘游戏中使用的特定优化，特别是国际象棋游戏，它有一大堆特定的优化，只在少数一些情况下有用。

9.7.1　迭代加深

　　搜索算法的博弈能力取决于它可以预见的着法（移动）的数量。对于具有很大分支因子的博弈，可能需要很长时间才能预见到前面的一些着法（移动）。虽然修剪削减了大量搜索，但大多数棋盘局面仍需要考虑。

　　对于大多数游戏而言，计算机并不具备随心所欲地思考这样的奢侈能力。诸如国际象棋这样的棋盘游戏使用了计时机制，而现代计算机游戏可以让玩家以自己的速度玩游戏。由于极小极大化算法搜索固定深度，因此无法保证在轮到计算机走棋时完成了自己的搜索。

　　为了避免陷入轮到走棋却没有足够的时间计算出着法的状况，可以使用称为迭代加深（Iterative Deepening）的技术。迭代加深的极小极大化搜索将使用逐渐增加的深度执行常规 Minimax 算法。最初，算法搜索仅预见向前一步的着法，然后如果还有时间则搜索向前两步的着法，以此类推，直到时间用完为止。

如果在搜索完成之前时间用完，那么它将使用前一深度的搜索结果。

1. MTD 实现

使用迭代加深技术的 MTD 算法，MTD-*f* 似乎是用于博弈搜索的最快的通用算法。之前讨论的 MTD 实现可以从以下迭代深化框架中调用：

```
 1  function mtdf(board: Board, maxDepth: int) -> (float, Move):
 2      guess: float = 0
 3
 4      # 以迭代的方式加深搜索
 5      for depth in 2..maxDepth:
 6          guess, move = mtd(b, depth, guess)
 7
 8          # 如果时间用尽，则输出结果
 9          if outOfTime():
10              break
11
12      return guess, move
```

迭代加深的初始深度是 2。初始的一级深度搜索通常没有速度优势，这个级别没有什么有用的信息。但是，在一些具有大分支因子或时间短的游戏中，应该包括一级深度搜索。如果不应继续搜索，则函数 outOfTime 返回 true。

2. 历史记录启发式方法

在使用置换表或其他内存的算法中，迭代加深对于算法可以是积极的优势。通过首先考虑最佳着法（移动），可以显著改善诸如 Negascout 和 **AB Negamax** 之类的算法。使用内存的迭代加深技术允许在浅层快速分析着法（移动），然后返回到更深层。浅层搜索的结果可用于对着法（移动）排序，以便进行更深层的搜索，这样增加了可以做出修剪的数量，并且可以加快算法的速度。

使用先前迭代的结果来对着法（移动）进行排序，这种方法被称为历史记录启发式方法（History Heuristic）。之所以称它为一种启发式方法，是因为它依赖于经验法则，前一次迭代将对最佳着法（移动）产生良好的估计。

9.7.2 可变深度算法

AB 修剪是可变深度算法（Variable Depth Algorithm）的示例。并非所有分支都搜索

到相同的深度。如果计算机决定不再需要考虑它们，则可以修剪一些分支。

但是，一般而言，搜索有固定的深度。搜索中的条件将检查是否已达到最大深度并终止该部分算法。

可以改变算法以允许在任何数量的基础上进行可变深度搜索，并且用于修剪搜索的不同技术具有不同的名称。它们不是新算法，而只是关于何时停止搜索分支的指南。

1．扩展

回合制游戏的计算机玩家，其主要弱点是地平线效应（Horizon Effect）。当固定的着法（移动）序列最终看起来是一个大优的局面，但是继续再走一步棋之后却表明该局面实际上非常糟糕时，就会出现地平线效应。

例如，在国际象棋中，计算机可能会发现一系列着法，可以吃掉对方的"后"。糟糕的是，吃掉之后却会立即被对方将死。如果计算机搜索的深度稍微扩大一点，那么就会看到这个结果，从而不会选择这样致命的败着。

无论计算机看起来多深，这种效果仍可能存在。但是，如果搜索非常深，那么当最终看到问题时，计算机将有足够的时间选择更好的着法。

如果由于高分支导致搜索无法继续深入，并且如果地平线效应明显，那么 Minimax 算法可以使用一种称为扩展（Extensions）的技术。

扩展是一种可变深度技术，其中，少数最有希望的着法（移动）序列将被搜索到更大的深度。通过仅选择在每个回合中考虑的最可能的着法（移动），扩展可以深入到多个级别的深度。例如，可以在进行了 8 步或 9 步着法（移动）的基本搜索深度之后，再考虑 10～20 步着法（移动）的扩展。

扩展技术通常可以使用迭代加深方法来搜索，其中只有来自前一次迭代的最有希望的着法（移动）被进一步扩展。虽然这通常可以解决地平线效应问题，但它在很大程度上依赖于静态评估函数，而糟糕的评估可能导致计算机沿着无用的选项集扩展。

2．静止修剪

在许多游戏中，即使受到每个回合的限制，但是仍然会有很多玩家在上一步看起来形势大好但是下一步却风云突变迅速落败的情况。在这些游戏中，地平线效应非常明显，并且可以使基于回合制的 AI 实现变得非常困难。一般来说，这些领先优势的骤然变化只是暂时的，最终仍会产生稳定的棋盘局面，并有明确的局面占优者。

当进入相对平静的局面时，更深入的搜索通常不会提供额外的信息。使用计算机时间搜索树的另一个区域或搜索最有希望的线路上的扩展可能会更好。根据棋盘的稳定性修剪搜索称为静止修剪（Quiescence Pruning）。

如果分支的启发值在连续的搜索深度上没有太大变化，则将修剪该分支。这可能意味着启发式值是准确的，并且继续在那里搜索没有什么意义。结合上面介绍的扩展技术，静态修剪将使大部分搜索工作集中在对于良好的游戏着法来说最关键的树区域，这样会产生一个更高明的计算机对手。

9.8　游戏知识

到目前为止，本章重点介绍的算法是搜索算法。它们有效地考虑了可能的着法（或者可以做到像复杂的游戏树那样高效）。当然，它们本身只能玩最简单的游戏。它们依靠知识，特别是，它们使用两种知识来源，一种是必不可少的，另一种是可选的，这两种知识使算法能够对游戏进行推理。

（1）静态评估函数可以从一个玩家的角度表示有关棋盘局面（位置）好坏的知识。

（2）着法（移动）的顺序可以通过首先考虑最有前途的着法来极大地提高搜索性能。而这个"最有前途"的地方在哪里？就需要通过游戏知识来判断了。

着法（移动）的顺序是可选的，因为它始终可以通过静态评估函数指定：最有前途的着法（移动）就是导致棋盘得分更高的做法（移动）。直到最近，拥有单独的专用着法顺序函数还是很罕见的，而且尚不清楚它对大多数棋盘游戏是否有任何好处。对于诸如围棋之类的游戏中的大树，已经证明不同的着法顺序启发法可以改善整体性能，即最有前途的着法是对手最有可能选择的着法。但是，根据静态评估函数的判断，这可能与最佳着法并不相同。例如，在围棋等需要与人类顶尖棋手进行比赛的游戏中，它们通常就是不一样的。人类棋手往往经过了长期的训练，形成了对定式的依赖（定式从某种程度上也可以说是"思维固化"，所以，人类棋手很可能会找到最有前途的着法，但它却可能并非最佳着法）。

如果将着法（移动）顺序与静态评估函数分开，则它是第二个知识来源。

1. 概率与评估

静态评估函数返回的值是对局面（位置）好坏的概率评估。它可以同时对局面（位置）的好坏以及计算机或函数作者对该事实的确信程度进行编码。假设 1 代表一定获胜，0 代表一定失败，则接近 1/2 的值既代表平局，也代表对其他任何结果的信心不足。这是有道理的：在进行棋盘游戏比赛时，假设任何一方都可以获胜，则双方都享有平等的机会。在允许平局的游戏（如中国象棋）中，这也是最可能的结果。

在有两个玩家的完美信息游戏中，完美的静态评估函数将为每个局面（位置）分配 0、

1/2（如果游戏允许平局的话）或 1 值。在 Tic-Tac-Toe（三连棋）游戏中，如果两个玩家在每个回合中都走出最佳着法，则游戏将始终以平局结束。空白棋盘的值为 1/2。实际上，该树中的每个棋盘局面都将具有相同的值，除非它走出错误的着法，如图 9.14 所示。

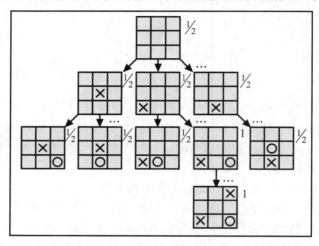

图 9.14　部分 Tic-Tac-Toe 游戏树——显示了完美信息的评估

如果我们已经知道起始位置的分数，即在玩游戏前已经知道完美信息玩法是否会导致赢、输或平局，则可以说游戏已经被解决，这称为弱解决（Weakly Solved）。Tic-Tac-Toe（三连棋）游戏已经解决，跳棋（平局）和四子连珠（第一个玩家获胜）也已经解决。还有一种称为强解决（Strongly Solved），强解决的游戏可以确定任何棋盘局面（位置）的最佳着法（移动），这等效于能够确定任何局面（位置）的完美静态评估函数。

解决适度复杂的游戏是一个非常困难的数学挑战。例如，跳棋和四子连珠游戏的求解就花了好几年的时间，大多数专家都认为，对于国际象棋的求解可能没那么快。对于绝大多数被强解决的游戏和被弱解决的所有游戏来说，实际 AI 都有一个概率问题。静态评估函数中的值包括局面（位置）质量和算法置信度。

2. 评分函数范围

Minimax 算法使用 0 表示失败，使用 1 表示获胜，而 Negamax 算法则假定赢和输具有相同的值，只是符号不同。常见的是在获胜时得分为+k，在失败时得分为–k，0 表示平局或缺乏信心，±k 为函数范围。

如前文所述，某些搜索算法要求静态评估函数使用整数值，特别是那些将正确的值用上限和下限括起来的值，并在这些限制收敛时终止。在实践中，为获胜评分+1 而为失败评分–1 可能没什么作用。因此，通常使用更大的值。当值的范围较小（如±100）时，某些搜索算法会更好地工作，而有些算法则更喜欢更大的范围。

设置较小的范围时，重要的是要有足够的可能值来表示棋盘局面（位置）好坏的细微变化。该算法只能区分不同的值：范围越大，可能的中间值就越多。

回合制 AI 的许多工作都来自国际象棋程序。国际象棋中的分数通常根据棋子的“值”给出。例如，普通兵卒（Pawn）的值分配为 100，这使得策略性评分可以达到兵卒值百分之一的水平，也就是说，其最小单位可以是百分之一兵（Centipawn）。在这个比例上，获胜或失败的值必须超出静态评估函数可以返回的值。如果该函数仅按常规值计数（马和象价值 3 个兵，车价值 5 个兵，王后价值 8 个兵），那么获胜的得分必须超过 30 个兵（即胜败范围为±3000 个百分之一兵）。

在实践中，可以使用更大的值以适应战略和战术评分以及棋子（Piece）拼图，例如，使用±10000 或更大的范围就是一个不错的选择。

接下来将重点讨论静态评估函数。

9.8.1 创建静态评估函数

在机器学习获得最新发展之前，静态评估函数通常都是直接编程的。使用机器学习并不是什么新鲜事。棋盘游戏 AI 的早期成功作品之一是 Arthur Samuel 的 Checkers（国际跳棋）程序，该程序于 1956 年完成（详见附录参考资料[55]）。他使用了一种简单的机器学习形式来使策略适应对手。当然，这些策略本身是手工编码的。

自 2010 年以来，用于顶级游戏 AI 的评估函数已成为神经网络的天下，尤其是深度神经网络，它使用了独立于主树搜索算法的嵌入式树搜索功能。

本节将重点介绍手工创建评估函数。

1. 知识获取

为棋盘游戏创建静态评估函数其实是一项知识获取任务。它需要采用优秀的人类玩家对游戏的理解，并将其转换为代码。一般来说，程序员只是游戏编程领域的专家，而不是棋盘上的顶级棋手，因此，在大多数情况下，他们都需要其他领域的顾问。

知识获取一直是 AI 的长期难题，尤其是在专家系统中（专家系统旨在封装主题专家对某个领域的知识的理解）。

由于创建包含专家所有知识的单一评估函数非常困难，因此很少有人去尝试这样做，而是编写了一系列评估函数的代码，每个评估函数都捕获了战术或战略局势中的一个要素。例如，在国际象棋中，可能有一个函数可以返回每个玩家当前的棋子数；另一个函数给出了每个玩家对中心控制权的数字估计（国际象棋的中心指的是棋盘最中间的 4 个方块。控制中心非常重要，因此，玩家对中心控制权的数字估计反映的是重要的战术考虑）；还有一个函数则将王的安全放在首位；等等。最终可能有数十甚至数百个评估函数。图 9.15 显示了 Samuel Checkers（国际跳棋）程序的原始文件中的一个选择，Samuel 在论文中将其称为参数（Parameters）。

APEX (Apex)
The parameter is debited with 1 if there are no kings on the board, if either square 7 or 26 is occupied by an active man, and if neither of these squares is occupied by a passive man.

BACK (Back Row Bridge)
The parameter is credited with 1 if there are no active kings on the board and if the two bridge squares (1 and 3, or 30 and 32) in the back row are occupied by passive pieces.

CENT (Center Control I)
The parameter is credited with 1 for each of the following squares: 11, 12, 15, 16, 20, 21, 24 and 25 which is occupied by a passive man.

CNTR (Center Control II)
The parameter is credited with 1 for each of the following squares: 11, 12, 15, 16, 20, 21, 24 and 25 that is either currently occupied by an active piece or to which an active piece can move.

which the active side may advance a piece and, in so doing, force an exchange.

EXPOS (Exposure)
The parameter is credited with 1 for each passive piece that is flanked along one or the other diagonal by two empty squares.

FORK (Threat of Fork)
The parameter is credited with 1 for each situation in which passive pieces occupy two adjacent squares in one row and in which there are three empty squares so disposed that the active side could, by occupying one of them, threaten a sure capture of one or the other of the two pieces.

GAP (Gap)
The parameter is credited with 1 for each single empty square that separates two passive pieces along a diagonal, or that separates a passive piece from the edge of the board.

GUARD (Back Row Control)

图 9.15　Samuel 著名的 Checkers 论文中 38 种策略的选择

将每个评估函数限制在某个域中使得编码和测试变得更加容易。但是，搜索算法需要的是单个值，因此，如何将多个评估函数返回的值组合为一个值就变得很重要。我们将很快回来讨论这个问题。

如果要创建自己的静态评估函数，则以这种方式进行分解是很明智的。该方法还有一个优点，开发人员可以使用最明显的策略与计算机对战并测试 AI，使得游戏 AI 的缺点暴露出来，然后有针对性地添加更多静态评估函数。

2. 上下文敏感度

静态评估函数一词中的"静态"是指该函数对于相同的棋盘局面（位置）应返回相同的值。但是，这并不意味着相同的评估代码每次都以相同的方式运行。特别是当评估函数结合了更简单的函数时，这些组成部分的重要性会根据游戏中的发展程度而改变。

例如，在黑白棋游戏中，以棋子数目来计算胜负，棋子多的一方获胜。因此，玩家颜色的棋子数偏多似乎是一件好事，但是，在游戏过程中，最好的策略却是使自己颜色的棋子数最少，因为这可以让玩家控制游戏中的主动性。黑白棋玩家称这种控制为移动性。当然，该游戏还有其他一些技巧，例如，4 个角是必须争取占据的好位置，因为这些位置上的棋子是无法翻转的。这些技巧都可以作为一般规则编写为静态评估函数。

如果我们想在游戏中局获得点数更少的局面，而在结束时尽量获得最多的点数，那么我们有两种选择。我们可以编写一个函数，对于终局时获得最多点数给予很高的评分，而对于游戏过程中很早就获得更多的点数给予惩罚。或者，我们也可以在代码中将这种复杂性上移一个层次，使得点数评分函数始终返回相同的值，但是随着时间的推移，我们对其赋予不同的加权。在实践中，最佳方法通常是上述两种方法的某种组合。结合上下文敏感度，某些函数更易于编码，而合并时，其他函数更易于调整。

3．组合评分函数

如前文所述，由于知识获取非常困难，因此，开发人员可以分解使用多个静态评估函数，这意味着将会有大量不同的评分机制同时发挥作用。例如，在黑白棋游戏中，可以添加一个静态评估函数查看每条边控制的单位数量，添加另一个静态评估函数查看用于区域控制的模式，再添加一个评估函数查看特定的陷阱和危险区域。在更为复杂的游戏中，可能会有数十个甚至数百个评分机制。

所有这些不同的评分函数都需要组合为一个值，这样才能为搜索算法所用。

要将多个评估函数返回的值组合为一个值，最简单的方式就是对每个分数都使用固定的权重，然后再将它们相加在一起。这里面比较困难的部分是确定权重。

上面提到的 Samuel 的 Checkers（国际跳棋）程序就使用了加权总和来组合其评分机制，然后添加了一个简单的学习算法，该算法可以根据其学习到的经验改变权重。这是一个很好的初始方法，但是通常仍然需要手动调整参数。下文将详细讨论学习权重。

前面我们描述了在游戏过程中会发生变化的评估函数，并说过这些函数通常是通过改变权重而不是函数本身来实现的。例如，在黑白棋游戏中，终局获得很高的点数至关重要（因为点数多者获胜），但是如果在中局获得很高的点数，则很可能会出现问题。又如，在国际象棋中，更强调在游戏开局时就抢夺对中心方块的控制权，而在终局时中心方块的控制权意义就差多了。在这种情况下，改变"受控制的中心方块数"评估函数在整个游戏过程中的输出分数是没有意义的，改变权重更有意义。再如，在中国象棋游戏中，开局时兵卒的价值为 1 分，马的价值为 4 分，炮的价值为 4.5 分，但是，随着游戏的进行，如果兵卒已经过河，那么它的价值可以增加到 2 分。如果已经进入残局，并且兵卒已经进入九宫，则其价值可以达到 3 分甚至 4 分（棋谚有云："过河卒子赛如车"）。而在残局阶段，马的威力比炮要大（棋谚有云"残棋马胜炮"），所以马的价值升高为 4.5 分，而炮的价值跌落到 4 分。所有这些子力价值评分的修改都不应该针对评分函数的基础值（例如，兵卒的基础价值始终为 1 分），而仅应随着游戏阶段的变化修改其权重。

评分函数的叠加集类似于第 6 章"战略和战术 AI"中的战术分析，即将原始战术组合到更复杂的视图中。因此，关于如何将它们组合在一起的建议同样适用于棋盘游戏。

我们成功开发了用于黑白棋的 AI，其简单的结构如图 9.16 所示。一些评估函数的结果被求和，而另一些函数则通过乘法相结合。一个函数可以代表棋盘的战略关注点（例如，受控制的中心方块数），另一个函数可以代表该关注点的重要性（例如，在黑白棋的中局，点数高的评分为负，而在终局时，点数高的评分为正）。通过这种方式，我们可以轻松组合函数，使得在计算策略时可以直观地看到结果。

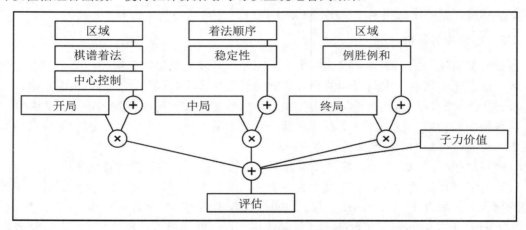

图 9.16　将多种上下文相关策略组合到静态评估函数中

9.8.2　学习静态评估函数

手动编码静态评估函数既烦琐又容易出错。因此，在 Samuel 的国际跳棋游戏程序（这也是第一个游戏 AI）中，使用了机器学习机制，这样做的好处是很明显的。

早期的方法是将机器学习应用于各个策略的权重。这些策略本身很简单（例如，仅考虑每个玩家的棋子数量或受控中心方块的数量），并且每个策略都是手动实现的。然后，学习算法决定了每个策略的重要性。这种方法功能强大，足以使国际跳棋程序很快就获得胜利（详见附录参考资料[55]）。

当 Tesauro 为西洋双陆棋实现评估函数时（详见附录参考资料[68]），他并不依赖一套手工编码的策略，相反，他使用了浅层神经网络从头开始学习评估函数。这一成功使其编写的 TD-Gammon 程序能够挑战优秀的人类玩家，但是这一方法并未普及。

当 IBM 的 Deep Blue（深蓝）机器击败当时的国际象棋冠军 Gary Kasparov（加里·卡斯帕罗夫）时，该公司不愿意透露太多内部运作细节（当然，运行硬件的细节除外，这对于当时需要销售硬件的公司来说并不奇怪）。他们只说它的评估函数是"复杂的"（详见附录参考资料[24]），部分运行在硬件中，部分运行在软件中。但是，根据当时的新闻报道，该项目聘请了大量的国际象棋大师顾问，因此，无论是否使用了学习来调整参数，都可以想见该项目在很大程度上依赖于专家知识的获取。

2017 年 5 月，随着 Alpha Go 程序在人机大战中击败世界排名第一的人类顶尖棋手柯洁，开发人员已经成功解决了围棋游戏 AI 的问题。长期以来，围棋被称为 AI 领域难以逾越的高山，它是计算机上最具挑战性的主流游戏。开发困难的部分原因是无法将围棋策略分解为单独的问题。在围棋术语中，像"势"和"地"这样的描述在最近着法推演中的具体含义是不明确的。专业棋手所说的"取势"和"实地"，甚至某个棋型的"美"和"丑"，这些都是虚无缥缈的很主观的判断，很难转换为代码。而且由于没有强大的组合策略，通过机器学习来调整参数也不是很有用。Alpha Go 的创新在于它开发了棋盘游戏特定的深度学习技术，以根据棋盘的描述来产生整个静态评估函数（详见附录参考资料[59]和[60]）。

本节将同时介绍权重参数优化和深度学习方法。以我们的经验，简单方法仍然是有用的，尤其是对于简单的棋盘游戏而言。

1. 权重参数优化

给定一组单独的策略，每个策略都将返回一个数值，我们需要学习一系列相应的权重。每个策略的值乘以其相应的权重，然后将结果相加，以形成静态评估函数的输出。

这种学习可以通过多种方式执行，本书第 7 章"学习"中介绍的几乎所有技术都可以应用于此（当然也可以采用其他技术）。无论哪种方法都将受到弱监督。我们不知道静态评估函数的正确值，唯一的判断标准就是 AI 的成功程度。所以，我们的假设是：权重集越好，静态评估函数就越接近完美值，AI 游戏的水平也就越高。

以下两种方式都可以保证学习的成功。

（1）我们可以在游戏中继续玩下去，看看局面（位置）的值是否变得更清晰，然后使用较晚的值来更新较早的权重。

（2）我们可以让两个版本的 AI 相互抗衡，使用不同的权重，然后看看谁能够获胜。

上述方法（1）实际上就是 Samuel 的国际跳棋程序中使用的一种方法，在其论文中，该方法被称为备份（Backup）。它能够有效地使用树搜索（本章中的任何算法都可用）进行改进。如果向前搜索几步就可以提高性能，那么也许我们可以学习让评估函数立即返回它将在几步搜索中返回的结果。

这样做既有效且高效，但也存在着严重的引导问题。如果权重设置不妥，导致函数的效果很糟糕，那么我们学习到的只不过是糟糕的评估函数的预期值。这就好像我们在现实中学棋，如果拜一个棋艺水平低下的人为师，那结果是显而易见的。为了避免这种情况，通常会固定一些权重。例如，在 Samuel 的国际跳棋程序中，固定了子力计数的权重；而在国际象棋游戏中，也可以固定子力总价值的权重。在这两种情况下，固定值都会锚定评估函数，并使之起作用，因此如果当前版本的效果很糟糕，那么它会反映在学习中。

与 20 世纪 50 年代相比，现在，效率不再是一个问题。我们可以轻松地在消费级硬件上每秒运行数百个完整游戏（假设游戏仅进行有限的搜索），这为方法（2）的应用提供了便利条件。

在第 7.2.2 节"爬山算法"中介绍了一种非常简单的参数优化技术。回想一下，我们可以将优化看作找到合适的高点或找到能量的低点。找能量低点的情况更常见，这种算法通常称为梯度下降（Gradient Descent）。简而言之，该算法的应用过程就是：从初始的一组随机权重开始，依次改变每个权重，并与原始权重进行对抗游戏，找出导致最大改进的突变，然后算法重新开始。如果所有改变的效果均较差，则存储当前的权重集，然后从新的随机权重开始。

要使用此方法，最好 AI 和游戏都不要采用非常大的随机性。如果某个实际上很糟糕的突变依靠偶然因素获胜，则在偶然因素消失之后，该算法更有可能进入状态空间的较差区域，或在等效权重之间循环。这一点其实不难理解，例如，在中国象棋游戏中，很多冒险激进的玩家很喜欢采用弃子攻杀的手段，但是，它是建立在对手贪吃不察的基础上的，如果对手接受弃子且能有效应对，那么弃子攻杀方的局面很容易衰竭变坏。

实际上，方法（2）的技术支持随机性，正如在第 7.2.4 节"退火技术"中看到的那样，稍微的随机性可以帮助避免局部最小值。但是随机性越大，算法收敛到最佳权重的速度就越慢。

在实践中，这两种方法经常结合在一起。系统将通过与自身对抗来学习权重，但也允许通过超前搜索以较小的方式调整这些权重。

搜索本身也可以嵌入作为学习的一部分，接下来将讨论神经网络和深度学习。

2. 神经网络与深度学习

前面我们描述了从单个策略评估向量中学习静态评估函数。每个组成的评估函数都在当前棋盘局面（位置）上进行运行以返回一个数字。在许多情况下，这是最实用的方法，因为它可以使专家知识为 AI 的质量做出贡献。但是，借助神经网络，尤其是深度学习技术，可以消除这些中间评估，而让 AI 负责直接从棋盘局面（位置）学习评估函数。

前面介绍过的 TD-Gammon 程序是 20 世纪 90 年代开发的西洋双陆棋游戏 AI，它就成功使用了这种方法。它应用了时序差分（Temporal Difference，TD）学习（一种神经网络），结合了动态规划和蒙特卡洛方法。如前文所述，蒙特卡洛方法是推演一段序列，在序列结束后，根据序列上各个状态的价值，来估计状态值；而时序差分学习则是推演一段序列，每行动一步（或者几步），即根据新状态的价值，估计执行前的状态价值。

遗憾的是，似乎只有西洋双陆棋的随机性特别适合这种方法，当尝试将时序差分学习应用于其他游戏（尤其是完美信息游戏）时，获得的成功率却很低。所以，该方法并未推广开来。后来，Deep Mind 的围棋 AI 出现，最终产生了 AlphaZero（Zero 代表"零知识"，即，它从零开始学习一切），证明了这种方法可以轻松胜过围棋和象棋的一系列手动优化策略（详见附录参考资料[60]）。

Alpha Go Zero 使用了深层神经网络（Deep Neural Network，DNN），该网络由多层卷积滤波器组成，这些卷积滤波器可获取有关棋盘的数据并将其转换为参数。这与第 6 章"战略和战术 AI"中描述的卷积滤镜方法类似（提示：卷积滤镜和卷积滤波器其实是一回事，其英文均为 Convolutional Filter，只不过在应用于图像时常称为滤镜，在神经网络中常称为滤波器）。Alpha Go 论文描述了这个特定的网络架构，但它本身既不是革命性的，也没有什么特别的地方。其创新之处在于训练网络的方式，如图 9.17 所示。

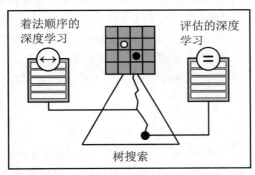

图 9.17　Alpha Go 学习算法的示意图

该网络可以获取棋盘的表示并返回评估函数。它还会返回可能的着法顺序（如前文所述，着法顺序对搜索的性能很重要），这些代表每个着法被选择的概率。

该算法使用神经网络反复和自己下棋。每次行棋时，它都会执行蒙特卡洛树搜索。树搜索将计算着法的顺序，即它们的相对质量。它不需要当前局面的整体值。该网络将进行训练，以使其生成的着法顺序更紧密地匹配由树搜索返回的着法顺序。这间接改善了评估函数，但由于它与一组更大的标准匹配，因此可使得系统的学习更快。

Alpha Go Zero 代表了棋盘游戏 AI 的最新技术。该论文提供了足够的细节，可以使用一种免费的深度学习工具包（例如 Keras 和 Google 自己的 TensorFlow）进行复制。GitHub 上提供了多个副本的源代码，但是截至本文撰写时，还没有一个围棋程序能够达到与论文报告的性能相同的水平。

在棋盘游戏 AI 上，Alpha Go 的成功掀开了一个令人兴奋的篇章，但是这个领域瞬息万变。例如，尚不清楚这些方法是否会完全取代基于专家知识的手动调节引擎。纯粹从直觉上来说，也许零知识深度学习和专家知识的融合可能会更强大。

9.9　回合制策略游戏

本章重点介绍的是棋盘游戏 AI。从表面上看，棋盘游戏 AI 与回合制策略游戏有许多相似之处。但是，商业策略游戏很少使用本章介绍的树搜索技术作为其主要的 AI 工具。这些游戏的复杂性意味着搜索算法在能够做出任何合理决策之前就将陷入困境。

大多数树搜索技术都是针对双人、零和、完全信息博弈而设计的，并且许多最佳优化不能适用于一般策略游戏。

当然，也有一些简单的回合制策略游戏可以直接从本章的树搜索算法中获益。例如，科技研究和建筑施工、部队移动和军事行动等都可以成为可能行动的一部分。在回合期间，棋盘局面将保持静止。理论上，上面给出的游戏接口可以实现最复杂的回合制游戏。然后，可以将该实现的接口与常规树搜索算法一起使用，特别是使用蒙特卡洛树搜索，因为它不必探索整个树。当无法穷举搜索时，它的性能会更好。

9.9.1　不可能的树大小

糟糕的是，除了复杂游戏的小型子系统，对于本章中的任何技术而言，树的大小都变得太大了。蒙特卡洛树搜索（MCTS）仅在可以探索可用分支的合理比例时才有帮助，超过特定点时，数据将变得非常稀疏，其效果并不比猜测更好。

例如，在世界建设策略游戏中，假设玩家拥有 5 座城市和 30 个单位的部队。每个城市都可以将一些经济属性转换为大范围的值（假设有 5 个属性，每个属性可以设置为 100 个值，这样每个城市就有 500 个不同的选项，总共有 2500 个选项）。每个部队最多可以有 5 或 6 个提升空间（每个单位可以提升 500 个左右，这意味着可以产生 15000 个不同的提升）。最后，游戏的每一方势力都有一系列可能的举措，如下一步的科技研究、全国税收水平、是否改变政府等。所以，可能有 20000 种不同的可能举措。

但这些仍然只是一个开始。在一个回合中，玩家可以为不同的部队单位和城市选择任何移动组合。虽然并非所有 20000 次移动都可以同时进行，但我们的封闭计算结果表明，每个回合会有大约 10^{90} 种不同的可能移动组合。

由此可见，如果使用普通的 Minimax 算法，那么即使是一个回合的可能性，任何计算机也都应付不了。

1. 分治法

通过将可能的移动组合在一起以减少每个回合的选项数量，可以取得一些进展。

可以考虑用一般性策略来代替个别动作。例如，玩家可能会选择攻击邻国。在这种情况下，棋盘游戏 AI 可以充当多层 AI 中的最顶层。

为了实现顶层动作，较低层次的 AI 可能需要采取 20 种不同的原子动作，高层战略决定了它将采取哪些举措。

在这种情况下，极小极大化算法可以在如图 9.18 所示的策略博弈树层次起作用。

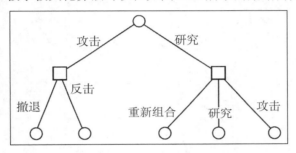

图 9.18　显示了策略的博弈树

这种方法同样适用于实时游戏，它可以通过抽象的方式隔离特定的动作并从总览全局的高度去查看游戏的各个方面。

2. 启发式算法

即使采取积极的分治法，这个问题仍然存在。策略游戏 AI 必须在很大程度上基于启发式算法，以至于开发人员经常放弃使用 Minimax 前瞻，仅使用启发式算法来指导游戏过程。

启发式算法可能应用的领域包括领地控制、与敌军的接近程度分析、技术优势研究和人口满足程度等。

9.9.2　回合制游戏中的实时 AI

大多数情况下，基于回合制的策略游戏的 AI 非常类似于它们的即时战略游戏对应物（更多细节见本书第 6 章 "战略和战术 AI"）。

第 6 章中的大多数算法都直接适用于回合制游戏。特别是，地形分析、影响地图、战略脚本和高级规划等系统都适用于回合制游戏。影响地图最初就是用于回合制游戏的。

9.10　习　　题

（1）请为 Tic-Tac-Toe（三连棋）设计一个评分函数。

（2）请说明在下面的树上冒泡 Minimax 值的方式。

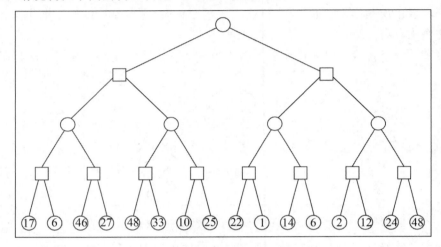

（3）请说明问题（2）中树的 Negamax 值的冒泡方式。

（4）请说明问题（2）中树的 AB Minimax 值的冒泡方式。

（5）请说明问题（2）中树的 AB Negamax 值的冒泡方式。

（6）请说明问题（2）中树使用范围(5, 20)的渴望搜索值的冒泡方式，并解释结果。

（7）请说明 Negascout 算法在问题（2）中树的运行方式。

（8）为游戏 Connect Four（中文名为"四子棋"或"四子连珠"）设计一个 Zobrist 哈希方案。（提示：四子棋是一种供两人对弈的棋类游戏。红、黄两方在 8×8 的格子内依次落子。落子规则为，每一列必须从最底下的一格开始。依次可向上一格落子。一方落子后另一方落子，直到游戏结束。在棋盘中，任何一方先令自己 4 颗棋子在横、竖或斜方向联成一条直线，即可获胜。在设计该方案时，可以通过指定每个位置是包含红色棋子、黄色棋子还是空白来描述棋盘局面。）

第 3 部分

支 持 技 术

第 10 章 执 行 管 理

游戏可以使用的处理器资源是有限的。传统上，大多数这样的资源被用来创造出色的图形效果，这也是大众市场游戏的主要推动力。大多数图形处理任务交给了显卡，当然，这种情况也不能一概而论。更快的 CPU 也使分配给 AI 开发人员的处理器预算稳定增长，这意味着成本很高的技术现在即使是在中等移动硬件上也可以实现。AI 拥有超过50%的处理器时间并不是闻所未闻，当然，5%~25%是更常见的范围。

即使有更多的执行时间，处理器时间也很容易被路径发现、复杂的决策机制和战术分析等所吞噬。AI 本质上也是不一致的。例如，有时开发人员需要很多时间来做出决定（如规划一条路线），有时候预算很少（沿着路线移动），有时候开发人员的所有角色可能需要同时进行路径发现，又或者可能有数百个帧，其中的 AI 都没有发生任何变化。

良好的 AI 系统需要有能够充分利用有限处理时间的设施。这有 3 个主要元素：在需要计算资源的 AI 之间划分执行时间；让算法可以在若干帧上每次工作一点点；当资源稀缺时，对重要角色给予优先处理。本章将介绍这些性能管理问题，以帮助开发人员构建全面的 AI 调度工具。

这样的解决方案是由 AI 推动的，如果没有复杂的 AI，则很少需要它。但具有良好AI 调度系统的开发人员也倾向于将其用于许多其他目的。我们已经看到了 AI 调度系统的一系列应用，如关卡新区域的增量加载、纹理管理、游戏逻辑、音频调度和物理更新等，它们都可以由最初为 AI 设计的调度系统所控制。

10.1 调 度

游戏中的许多元素变化很快，必须按每帧进行处理。屏幕上的角色通常是动态的，需要更新几何图形以显示每个帧。物理系统将处理世界中物体的位置和运动，这需要经常更新以在空间中正确移动对象并让它们弹跳和正确交互。为了获得流畅的游戏体验，需要快速处理用户的输入并在屏幕上提供反馈。

相比之下，控制一些角色的 AI 变化的频率要低得多。如果一个军事单位在整个游戏地图上移动，则 AI 只需要计算其路线一次，然后跟踪路径，直至到达目标。在空战"狗斗"中，AI 飞机可能必须始终进行复杂的运动计算，以紧盯其猎物。但是一旦飞机决定了追击者，它就不需要经常在战术和战略上进行思考。

调度系统可以管理哪些任务在何时运行。它可以应对不同的执行频率和不同的任务持续时间。它应该有助于平滑游戏的执行配置，从而不会出现大的处理高峰。我们在本节中构建的调度系统对于大多数游戏应用程序、AI 和其他方面都足够通用。

调度程序设计的一个关键特性是速度。我们不希望花费大量时间来处理调度程序代码，特别是在它将不断运行，每帧执行数十而不是数百或数千个管理任务的情况下。

10.1.1　调度程序

调度程序（Scheduler）的工作原理：根据任务需要时间的情况，将一堆执行时间分配给不同的任务。

不同的 AI 任务可以而且应该以不同的频率运行。我们可以简单地安排一些任务每几帧运行一次，而其他任务则更频繁地运行。我们可以将整个 AI 分片（Slice）并随着时间的推移将其分发。这是一种强大的技术，可以确保游戏不会占用太多的 AI 时间，并且可以让更复杂的任务不要频繁运行。图 10.1 以图解方式显示了 AI 分片原理。

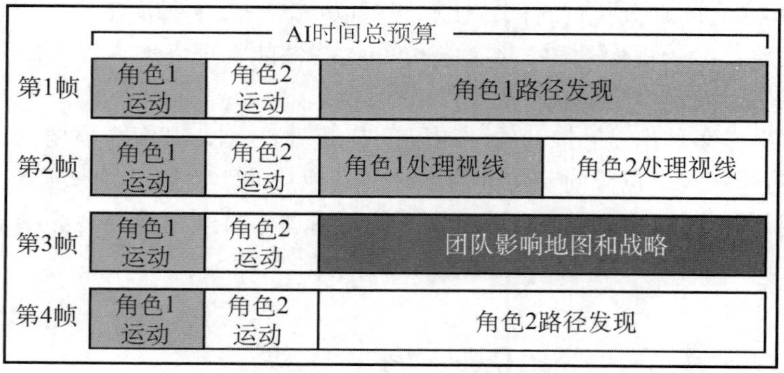

图 10.1　AI 分片原理

这符合我们通常对智能角色的期望。我们可以做出简单的瞬间决策，如基本的运动控制。我们需要更长的时间来处理感官信息（如对来袭的抛射物做出反应），但这个处理需要更长的时间才能完成。同样，我们也不会频繁做出大规模的战术和战略决策：最多每隔几秒才运行一次。这些大规模决策通常是最耗时的。

当游戏中有很多角色，每个角色都有自己的 AI 时，我们可以使用相同的分片技术来执行每帧上的一些角色。如果 100 个角色必须每 30 帧（每秒一帧）更新其状态，那么我们可以在每个帧上处理 3 个或 4 个角色。

1. 频率

调度程序接受任务，每个任务都具有确定何时应该运行的相关频率。

在每个时间帧中，都可以调用调度程序来管理 AI 时间总预算。它将决定需要运行哪些行为并调用它们。

这是通过保持经过的帧数计数来完成的。每次调用调度程序时它都会递增。通过检查帧计数是否可被频率整除，可以很轻松地测试是否应该运行每个行为。虽然整数的模除法运算（%）被公认为大多数硬件上最慢的整数数学运算之一，但是由于它是在硬件上提供的，并且其需要相对较少，因此对于这种用法，它仍足够快。

就其本身而言，这种方法会受到分块（Clump）的影响：某些帧可能没有任何任务在运行，而另外一些帧中却有多个任务在共享预算。

在图 10.2 中，我们可以看到这种情况会产生的问题。图中有 3 种行为，频率分别为 2、4 和 8。每当行为 B 运行时，A 总是在运行。同样，只要行为 C 运行，B 和 A 都在运行。如果调度的目的是分散负载，那么这显然是一个糟糕的解决方案。

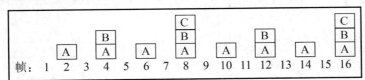

图 10.2　阶段中的行为

在这种情况下，频率会发生冲突，因为它们有一个公约数（除数是一个可以被另一个整数整除的数字）。所以，1、2 和 3 是 6 的唯一除数。公约数是一个能被若干个整数同时整除的整数。所以，8 和 12 有 3 个公约数：1、2 和 4。所有数字都有 1 作为除数，但这与此无关。导致问题的是更大的数字。

解决问题的第一步是尝试选择相对素数的频率，也就是说，没有一个数字能够整除它们（当然，1 除外）。

在图 10.3 中，我们已经使行为 B 和 C 更频繁，但是得到的冲突问题却更少，因为它们是相对素数。

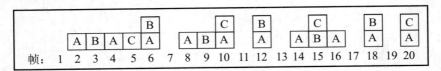

图 10.3　相对素数

2. 阶段

当然，采用相对素数的频率仍然会发生冲突。图 10.3 的示例显示了频率分别为 2、3 和 5 的 3 种行为。每 6 帧，行为 A 和 B 发生冲突，每 30 帧，所有这些帧都会发生冲突。选择相对素数作为频率使得冲突点不那么频繁，但无法消除它们。

为了解决这个问题，我们为每个行为添加了一个额外的参数。此参数称为阶段（Phase），它不会更改频率，但会在行为被调用时进行偏移。假设有 3 种行为，它们的频率都是 3。在原始调度程序下，它们将同时运行，即每 3 帧运行一次。如果我们可以偏移，那么它们就可以在连续的帧上运行，因此每个帧都将有一个行为在运行，但是所有的行为都仍将每 3 帧运行一次。

3. 伪代码

可以通过以下方式实现基本调度程序：

```
 1  class FrequencyScheduler:
 2      # 保存每个行为要调度的数据
 3      class BehaviorRecord:
 4          thingToRun: function
 5          frequency: int
 6          phase: int
 7
 8      # 保存行为记录的列表
 9      behaviors: BehaviorRecord[]
10
11      # 保存当前帧编号
12      frame: int
13
14      # 将行为添加到列表
15      function addBehavior(func: function, frequency: int, phase: int):
16          # 编译和添加记录
17          record = new Record()
18          record.functionToCall = func
19          record.frequency = frequency
20          record.phase = phase
21          behaviors += record
22
23      # 每帧调用一次
24      function run():
25          # 递增帧编号
26          frame += 1
```

```
27
28          # 遍历每个行为
29          for behavior in behaviors:
30              # 如果已经到期，则运行它
31              if behavior.frequency % (frame + behavior.phase):
32                  behavior.thingToRun()
```

4. 实现说明

在执行取模运算之前，可以将阶段值添加到时间值。这是合并阶段的最有效方式。检查以下内容可能会更清楚：

```
time % frequency == phase
```

但是，添加 phase 阶段参数之后，将允许我们使用大于频率的阶段值。如果需要安排 100 个代理每 10 帧运行一次，则可以执行以下操作：

```
1   for i in 1..100:
2       behavior[i].frequency = 10
3       behavior[i].phase = i
```

这不容易出错，如果开发人员改变频率但不改变阶段，则行为不会突然停止执行。

5. 性能

该调度程序在内存中的性能是 $O(1)$，在时间中的性能是 $O(n)$，其中，n 是被管理的行为的数量。

6. 直接访问

该算法适用于存在合理数量的行为（数十或数百）且频率相当小的情况。需要进行检查以确保需要的每个行为都可以运行。可能有若干种行为总是一起运行（如前面实现说明中的 100 个代理示例）。在这种情况下，检查 100 个可能是浪费。

如果开发人员的游戏只有固定数量的角色并且它们都具有相同的频率，则开发人员可以简单地设置一个数组，其中，所有一起运行的行为都将存储在数组的一个元素的列表中。可以使用固定频率直接访问元素，并运行所有行为。这在时间中的性能将是 $O(m)$，其中，m 是要运行的行为的数量。

7. 伪代码

这可能如下所示：

```
1   class DirectAccessFrequencyScheduler:
2       # 保存行为集的数据
3       # 该行为集具有一个频率
4       class BehaviorSet:
5           functionLists: function[]
6           frequency: int
7
8       # 保存多个行为集，每个频率需要一个集合
9       sets: BehaviorSet[]
10
11      # 保存当前帧编号
12      frame: int
13
14      # 添加行为到列表中
15      function addBehavior(func: function, frequency: int, phase: int):
16          # 找到当前集合
17          set: BehaviorSet = sets[frequency]
18          # 添加函数到列表
19          set.functionLists[phase] += func
20
21      # 每帧调用一次
22      function run():
23          # 递增帧编号
24          frame += 1
25
26          # 遍历每个频率集合
27          for set in sets:
28              # 计算该频率的阶段
29              phase: int = set.frequency % frame
30
31              # 运行数组中
32              # 恰当位置的行为
33              for func in functionLists[phase]:
34                  func()
```

1）数据结构和接口

set 的数据成员包含 BehaviorSet 的实例。在最初的实现中，我们使用了 for...in... 操作以任何顺序获取集合的元素。在此实现中，开发人员还可以使用 set 作为哈希表，通过其频率值查找条目。

如果有一个完整的频率集达到最大值（例如，如果最大频率为 5，并且有频率为 4、3 和 2 的 BehaviorSet 实例），那么开发人员就可以按频率使用数组查找，而不用通过哈

希表。

2）性能

该实现在时间中的性能为 $O(fp)$，其中，f 是不同频率的数量，p 是每个阶段值的行为数量。如果所有数组元素都具有某些内容（即所有阶段都具有相应的行为），那么这将如它所承诺的，等于 $O(m)$。

该实现在内存中的性能是 $O(fFp)$，其中，F 是使用的平均频率。

对于固定数量的行为，这可能是一个很好的解决方案，但是当存在大量不同的频率和使用的阶段值时，它会耗尽内存并且不能达到良好的性能提升目的。

在这种情况下，在原始实现的基础上，采用某种分层调度技术（本节后面将详细讨论）可能是最佳的。

8. 阶段质量

计算良好的阶段值以避免尖峰可能会很困难，这是因为：一组特定的频率和阶段值是否会导致常规尖峰，这并不是一目了然的。期望整合游戏组件的开发人员能够设置最佳阶段值，这也是不现实的。当然，开发人员通常会对相对频率需要的东西有更好的理解。

开发人员可以创建一个度量标准来衡量频率和阶段实现中将发生的分块的总量，这给出了关于调度程序的预期质量的反馈。

我们只需要对大量不同的随机时间值进行采样，并累计正在运行的行为数量的统计信息。仅需几秒钟即可为数十个任务采集数百万帧的调度。我们可以获得最小值、最大值、平均值和分布统计信息。最优调度将具有很小的分布，最小值和最大值接近平均值。

9. 自动分阶段

即使有高质量的反馈，改变阶段值也并不直观。所以，让开发人员来承担设置阶段值的任务会更好。

可以使用不同的频率为任务集计算良好的阶段集，这使得调度程序可以公开原始实现，仅为每个任务设置频率。

10. Wright 的方法

Wright 和 Marshall 首次编写了调度程序（详见附录参考资料[77]），调度程序提供了一种简单而强大的分阶段算法。

当一个新的行为被添加到调度程序，频率为 f 时，我们将执行调度程序（使用将来的固定数量的帧）的模拟运行。我们只计算执行的次数，而不是在这种模拟运行中执行行为。我们将找到运行行为最少的帧。行为的阶段值被设置为此最小值出现的前方帧数。

固定的帧数通常是通过实验找到的手动设置的数字。理想情况下，它将是调度程序中使用的所有频率值的最小公倍数（Least Common Multiple，LCM）。然而，通常情况下，这是一个很大的数字，并且会不必要地减慢算法的速度（例如，对于频率 2、3、5、7 和 11，最小公倍数为 2310）。

图 10.4 显示了这个操作。添加的行为的频率为 5 帧。我们可以看到，在接下来的 10 帧（包括当前帧）中，帧 3 和帧 8 具有最少的组合行为。因此我们可以使用阶段值 3。

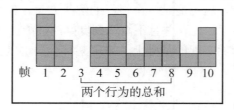

图 10.4　Wright 的分阶段算法

这种方法在实践中非常出色。如果前瞻值不是至少与最小公倍数的大小一样，那么理论上它仍会产生很严重的尖峰值。

11. 单任务峰值

在采用了相对素数频率和计算的阶段偏移之后，开发人员可以通过分布困难作业来最小化 AI 时间中出现峰值的帧数。

对于大多数情况来说，这种方法足以调度 AI，并且它对于仅需要偶尔执行的游戏的其他元素也非常有用。但是，在某些情况下，一段代码运行起来可能需要非常高的成本，所以如果让它在一个帧内运行，它将自动导致出现峰值。

更高级的调度程序允许跨多个帧运行进程，这些是可中断的进程。

10.1.2　可中断进程

可中断的进程是可以在需要时暂停和恢复的进程。理想情况下，诸如路径发现之类的复杂算法应在每帧上运行一小段时间。经过足够的总时间后，结果将可供使用，但它无法在开始时的那一帧上完成。对于许多算法来说，算法所使用的总时间对于一帧来说太长了，但是将它细分就不会危及预算。

1. 线程

已经有一种通用的编程工具来实现任何类型的可中断过程。所有游戏机都可以使用线程（Thread）。当然，那些功能非常有限的各种嵌入式处理器除外，在任何情况下，开发人员都不可能指望它们运行复杂的 AI。线程允许暂停代码块并在以后返回。

大多数线程系统使用称为抢先式多任务处理（Preemptive Multitasking）的机制自动在线程之间切换。这是一种暂停代码的机制，无论它在做什么，它将保存所有设置，然后将另一个代码加载到处理器中。此工具在硬件级别实现，通常由操作系统管理。

开发人员可以通过将耗时的任务放在自己的线程中来充分利用线程功能，这样就可以避免使用特殊的调度系统。糟糕的是，尽管这一思路实现起来很简单，但它通常并不是一个明智的解决方案。

在线程之间切换涉及卸载现有线程的所有数据并重新加载新线程的所有数据，所以，采用上述思路显然需要增加大量的时间，而每一次切换都涉及冲刷内存缓存并进行大量的内部管理，所以，许多开发人员都正确地选择了避免使用大量线程。虽然几十个线程可能不会导致 PC 性能的明显下降，但在即时战略游戏中，如果为每个角色的路径发现算法使用线程，显然是多余的。

2．软件线程

对于大量同时行为，手动调度程序是最常见的解决方案。这需要写入行为，以便在处理一小段时间后返回控制。虽然硬件可以手动操作并引导线程进程，但是调度程序将依赖于它的良好表现，并且会在短暂的处理之后放弃控制。

这具有以下优点：调度程序不需要管理线程更改的清理和内部管理作业，它假定任务在返回控制之前保存了所需的所有数据（并且只保存了所需的数据）。

这种调度方法称为软件线程（Software Threads）或轻量级线程（Lightweight Threads），当然，后者也用于表示微线程，详见下文介绍。

整体方法称为合作多任务（Cooperative Multitasking）。

到目前为止，我们已经研究过的调度系统可以在不进行修改的情况下处理可中断的进程。困难在于编写要调度的行为。每个帧都会调用频率为 1 的行为。如果代码编写可以达到这样的效果：只需要很短的时间却可以进行更多的处理并且在随后返回，那么重复调用代码即可获得足够的完成时间。

3．微线程

虽然操作系统支持线程，但它们通常会增加大量额外的处理和开销。这种开销使它们能够更好地管理线程切换，跟踪错误或支持高级内存管理。

这种开销在游戏中是不必要的，并且许多开发人员已经尝试编写自己的线程切换代码，有时称这种代码为微线程（Micro-Thread），而容易让人搞混的是，微线程有时也被称为轻量级线程。

通过减少线程开销，可以实现相对快速的线程实现。如果每个线程中的代码都知道线程切换的方式，那么它就可以避免暴露仓促执行的操作。

这种方法可以产生非常快的代码，但调试和开发也非常困难。虽然它可能适合运行少量关键系统，但以这种方式开发整个游戏可能是一场噩梦。就个人而言，我总是对它敬而远之，但部分 AI 开发人员非常乐于将该方法与本节中的其他一些调度技术相结合。

4．超线程和多核心

在 PC 和新一代的游戏平台上，正在使用一种新的线程方法。现代 CPU 具有许多独立的处理管道，每个管道同时工作。最新的 PC 和当前的游戏机均具有多个核心：在一个硅片上有多个完整的 CPU。

在正常操作中，CPU 将其执行任务拆分为块（Chunk）并向每个管道发送一个块。然后获取结果并将它们合并在一起（有时意识到需要将其返回并再次执行某些操作，因为一个管道的结果与另一个管道的结果相冲突）。

超线程（Hyper-Threading）是一种技术，通过这种技术可以为这些管道提供要处理的线程。不同的线程名义上是同时运行的。在多核心机器上，每个处理器都可以拥有自己的线程。

很明显，这种并行架构将在 PC、游戏机和掌上游戏机中越来越普遍。它可能非常快。但是，线程仍然以正常方式切换，因此对于大量线程来说，这仍然不是最有效的解决方案。

5．服务品质

游戏平台制造商有一套严格的要求，需要在发布游戏之前完成。帧速率对于游戏玩家来说就是游戏品质的明显标志，所有游戏平台制造商都指定帧速率应该稳定。[①] 30 Hz、60 Hz 或 90 Hz 的帧速率是最常见的（VR 设备多使用 90 Hz 的帧速率），并且要求所有游戏处理都应该在 33 ms、16 ms 或 11 ms 内完成。

以 60 Hz 而言，如果整个处理使用 16 ms，那么一切都很好。如果在 15 ms 内完成，那也很好，但游戏平台在等待多出来的额外毫秒时并不会做什么。所以，这个时间可以考虑用来使游戏令人印象更深刻，例如，可以创建额外的视觉效果、服装模拟或角色骨架中的一些骨骼数据等。

因此，时间预算通常会尽可能接近极限。为了确保帧速率不会下降，关键是要限制花在图形、物理和 AI 上的时间长度。拥有一个能长期稳定运行的组件通常比一个大范围

---

① 在主机游戏平台，技术要求的帧速率曾经被非常严格地执行过。在过去的十年中，对于它的强调变得不那么重要。现在丢帧的情况或进入某个游戏区域即出现帧速率较低的情况越来越少见。但是，这些要求尚未取消，因此不能完全忽略。

波动的组件更容易让人接受。

到目前为止，我们所讨论的调度系统均预计行为会在短时间内运行。它们相信运行时间的波动将最终达到任何差异上的平衡，以提供稳定的 AI 时间。在许多情况下，这还不够好，需要更多的控制。

线程很难同步。如果一个行为总是在它返回结果之前被中断（即通过一个线程切换），那么它的角色可能会静止不动，什么也做不了。处理量的微小变化通常会引起这种问题，并且这种问题非常难以调试，甚至更难以纠正。理想情况下，开发人员希望系统允许控制总执行时间，同时能够保证行为的运行。此外，开发人员还希望能够访问统计数据，以帮助了解处理时间被用在什么地方，以及行为是如何占据它们的份额的。

10.1.3 负载平衡调度程序

负载平衡调度程序可以了解它必须运行的时间，并将该时间分配给需要运行的行为。开发人员可以通过添加简单的时序数据将现有的调度程序转换为负载平衡调度程序。

调度程序可以根据必须在此帧上运行的行为数来分割给定的时间。被调用的行为将传递计时信息，因此它们可以决定何时停止运行和返回。

因为这仍然是一个软件线程模型，所以，只要它想要，没有什么可以阻止行为运行。调度程序相信它们会表现良好。为了调整行为运行时间中的小错误，调度程序会重新计算每个行为运行后剩余的时间。这意味着，如果有超过运行时间的行为，那么将减少在同一帧中运行的其他行为的时间。

1．伪代码

负载平衡调度程序可按以下方式实现：

```
1  class LoadBalancingScheduler:
2      # 保存要调度的每个行为的数据
3      class BehaviorRecord:
4          thingToRun: function
5          frequency: int
6          phase: int
7
8      # 保存行为记录的列表
9      behaviors: BehaviorRecord[]
10
11     # 保存当前帧编号
12     frame: int
13
```

```
14        # 添加行为到列表
15        function addBehavior(func: function, frequency: int, phase: int):
16            # 编译并添加记录
17            record = new Record()
18            record.functionToCall = func
19            record.frequency = frequency
20            record.phase = phase
21            behaviors += record
22
23        # 每帧调用一次
24        function run(timeToRun: int):
25            frame += 1
26            runThese: BehaviorRecord[] = []
27
28            # 遍历每一个行为
29            for behavior in behaviors:
30                # 如果已经到期，则调度它
31                if behavior.frequency % (frame + behavior.phase):
32                    runThese.append(behavior)
33
34            # 保存当前时间记录
35            currentTime: int = time()
36
37            # 遍历要运行的行为
38            numToRun: int = runThese.length()
39            for i in 0..numToRun:
40                # 找到上一次迭代所用的时间
41                lastTime = currentTime
42                currentTime = time()
43                timeUsed = currentTime - lastTime
44
45                # 将剩余的时间分布给余下的行为
46                timeToRun -= timeUsed
47                availableTime = timeToRun / (numToRun - i)
48
49                # 运行行为
50                runThese[i].thingToRun(availableTime)
```

2. 数据结构

我们将要注册的函数现在应该采用 time 值，表示它们应该运行的最长时间。
我们已经假设要运行的函数列表有一个获取元素数量的 length 方法。

3. 性能

该算法在时间中的性能仍然为 $O(n)$，其中，n 是调度程序中的行为总数，但是现在内存中的性能为 $O(m)$，其中，m 是将要运行的行为的数量。我们不能将两个循环组合起来给出 $O(1)$内存，因为在计算允许的时间之前，我们需要知道将运行多少行为。

这些值排除了行为的处理时间和内存。我们使用该算法的整体目标是：被调度的行为所使用的处理资源远远大于调度它们的资源。

10.1.4 分层调度

虽然单个调度系统可以控制任意数量的行为，但使用多个调度系统通常很方便。角色可能有许多不同的行为要执行。例如，通过路径发现技术找到一条路线，更新其情绪状态，以及做出局部的转向决策等。如果我们可以将角色作为一个整体运行，那么调度和分配单个分量将会很方便。然后我们可以有一个顶层的调度程序，为每个角色提供时间，然后根据角色的构成划分时间。

分层调度（Hierarchical Scheduling）技术允许调度系统作为另一个调度程序的行为运行，可以分配调度程序来运行一个角色的所有行为。如图 10.5 所示，另一个调度程序可以在每个角色的基础上分配时间。这使得升级角色的 AI 变得非常容易，而且不会破坏整个游戏计时的平衡。

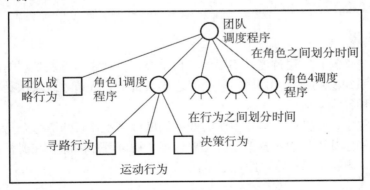

图 10.5　在分层调度系统中的行为

使用分层方法后，不同层次的调度程序没有必要保持为同一类型。例如，可以对整个游戏使用基于频率的调度程序，而对单个角色则可以使用基于优先级的调度程序（后文将有详细介绍）。

1. 数据结构和接口

为了支持分层调度功能，开发人员可以从调用函数的调度程序转移到使用所有行为的通用接口：

```
1  class Behavior:
2      function run(time)
```

任何可以调度的东西都应该公开这个接口。如果我们想要分层调度，那么调度程序本身也需要公开这个接口（上面介绍的负载平衡调度程序有正确的方法，它只需要显式派生自 Behavior）。开发人员可以通过以下方式修改 LoadBalancingScheduler 类来使自己的调度程序工作：

```
1  class LoadBalancingScheduler (Behavior):
2      # ... 所有内容和前面一样 ...
```

由于行为现在是类而不是函数，所以开发人员还需要改变它们的调用方式。以前使用的是函数调用，现在需要使用方法调用，所以，在 LoadBalancingScheduler 类中：

```
entry(availableTime)
```

应该变为：

```
entry.run(availableTime)
```

2. 行为选择

就调度本身而言，分层调度并不提供任何单个调度程序所无法处理的内容。当与后面介绍的细节系统层次结合使用时，就会显示出其价值。细节系统层次是行为选择器，它们只选择一种行为来运行。

在分层结构中，这意味着运行整个游戏的调度程序不需要知道每个角色正在运行的行为。扁平结构意味着每次选择改变时都要使用主调度程序删除和注册行为。这容易出现运行时错误、内存泄漏和难以跟踪的错误。

10.1.5　优先级调度

基于频率的调度系统有许多改进，最明显的是允许不同的行为获得不同的可用时间份额。为每个行为分配优先级（Priority）并据此分配时间是一种很好的方法。

实际上，这种偏差（通常称为"优先级"）只是可以实现的许多时间分配策略之一。

如果我们使用优先级再进一步，则可以完全取消对频率的需求。

每个行为将根据其优先级接收一定比例的 AI 时间。

1. 伪代码

优先级调度的实现如下：

```
1   class PriorityScheduler:
2       # 保存要调度的每个行为的数据
3       class BehaviorRecord:
4           thingToRun: function
5           frequency: int
6           phase: int
7           priority: float
8
9       # 保存行为记录的列表
10      behaviors: BehaviorRecord[]
11
12      # 保存当前帧编号
13      frame: int
14
15      # 添加行为到列表
16      function addBehavior(func: function,
17                           frequency: int,
18                           phase: int,
19                           priority: float):
20          # 编译和添加记录
21          record = new Record()
22          record.functionToCall = func
23          record.frequency = frequency
24          record.phase = phase
25          record.priority = priority
26          behaviors += record
27
28      # 每帧调用一次
29      function run(timeToRun: int):
30          # 递增帧编号
31          frame += 1
32
33          # 保存要运行的行为的列表
34          # 以及它们的总体优先级
35          runThese: BehaviorRecord[] = []
36          totalPriority: float = 0
```

```
37
38            # 遍历每一个行为
39            for behavior in behaviors:
40                # 如果已经到期，则调度它
41                if behavior.frequency % (frame + behavior.phase):
42                    runThese.append(behavior)
43                    totalPriority += behavior.priority
44
45            # 保存当前时间记录
46            currentTime: int = time()
47
48            # 遍历要运行的行为
49            numToRun: int = runThese.length()
50            for i in 0..numToRun:
51                # 找到上一次迭代所用的时间
52                lastTime = currentTime
53                currentTime = time()
54                timeUsed = currentTime - lastTime
55
56                # 基于优先级将剩余的时间分布给余下的行为
57                timeToRun -= timeUsed
58                availableTime =
59                    timeToRun * behavior.priority / totalPriority
60
61                # 运行行为
62                runThese[i].thingToRun(availableTime)
```

2．性能

该算法与负载均衡调度程序具有相同的性能特征：在时间中为 $O(n)$，在内存中为 $O(m)$，不包括调度行为使用的处理时间和内存。

3．其他策略

我们使用的一个基于优先级的调度程序根本没有频率数据。它仅使用优先级来划分时间，并且所有行为都安排在每一帧运行。调度程序假定每个行为都是可中断的，如果没有完成，它将继续在后续帧中进行处理。在这种情况下，即使在短时间内运行所有行为也是有意义的。

或者，我们也可以使用一种策略，其中每个行为都要求一定的时间量，并且调度程序会将其可用时间拆分开，以便行为能得到它们要求的时间。如果某个行为要求的时间超过可用时间，则可能必须在获得其请求之前等待另一帧。这通常要与某种优先顺序相

结合，因此在分配时间预算时，重要行为将是首选。

又或者，我们可以根据偏差分配时间，然后计算出行为所花费的实际时间长度，并改变它们的偏差。例如，总是超出分配时间的行为可能会尝试花费更少的时间，以确保不会挤占其他行为的时间。

毫无疑问，这里的调度策略并没有什么限制，但也存在一些实际问题。如果游戏处于高负荷状态，那么可能需要进行一些调整才能找到划分时间的完美策略。任何一款足够复杂的游戏，其中的 AI 都可以从某种调度中受益（当然，如果游戏 AI 太简单，以至于总是可以在一帧中运行所有内容则除外）。该机制通常需要一些调整。

4. 优先问题

基于优先级的方法通常会存在一些微妙的问题。有些行为可能需要定期运行，而有些行为则不需要；一些行为可以被切割成很小的时间段，而另外一些行为则可能需要一次性的时间；某些行为可以从空闲时间中受益，而其他行为则可能无法因此受益。优先级和频率调度之间的混合方法可以解决其中一些问题，但并不是全部。

实现线程的硬件和操作系统开发人员也会遇到同样的问题。线程可以具有优先级、不同的分配策略和不同的频率。如果开发人员需要一个非常基础性的调度方法，请查找有关实现线程的信息。根据我们的经验，大多数游戏都不需要复杂的调度。一个简单的方法，如本节前面的频率实现就已经足够强大。

10.2 随 时 算 法

可中断算法的问题在于它们可能需要很长时间才能完成。例如，假设一个角色试图在非常大的游戏关卡中规划一条路线，以每帧几百微秒的速度，可能需要几秒钟才能完成。

玩家将看到角色站立不动，几秒钟内什么都不做，然后才带着规划完成的目标出发。如果感知窗口不是很大，这将立即警示玩家，并且角色将显得不够聪明（有点像反应慢半拍）。具有讽刺意味的是，正在进行的处理越复杂，AI 越复杂，所需的时间就越长，角色看起来愚蠢的可能性也就越大。

当人类在做同样的事情时，经常会在完成思考之前开始行动。这种行动和思维的交错依赖于人类生成较差但速度很快的解决方案的能力，并且会随着时间的推移重新定义它们以获得更好的解决方案。例如，人类可能会朝着目标的大方向前进。在最初的几秒钟内，就可以制定出完整的行动路线。我们最初的猜测很可能大体上是对的，所以也没有什么出格的地方，但偶尔我们也会遗漏一些关键点，并且会受到加倍惩罚（例如，在车行到一半时，我们可能会意识到自己忘拿钥匙）。

具有相同属性的 AI 算法可称为随时算法（Anytime Algorithm）。到目前为止，开发人员可以随时请求最佳思路，但会让系统运行时间更长，而结果将得到改善。

将随时算法放入我们现有的调度程序中不需要修改，这是因为在编写行为时应该达到这样的效果：在将控制权返回给调度程序之前，始终可以做出最佳猜测。这样，另一种行为就可以按照猜测开始行动，而随时算法则不断改进其解决方案。

随时算法的常见用途是用于移动或路径发现。这通常是最耗时的 AI 过程。常见路径发现技术的某些变体可以很容易地加入随时算法中。其他适合的候选技术还包括回合制 AI、学习、脚本语言解释器和战术分析等。

10.3　细　节　层　次

在本书第 2 章 "游戏 AI" 中，我们研究了感知窗口：玩家的注意力在游戏过程中会有选择性地游移。在任何时候玩家都可能只关注游戏关卡的一小部分区域，确保这个区域看起来很好并且包含逼真的角色是有意义的，即使牺牲关卡的其他部分也是可以接受的。

10.3.1　图形细节层次

细节层次（Level Of Detail，LOD）算法已在图形编程中使用多年。我们的想法是将最多的计算工作花在游戏中对玩家最重要的区域。例如，特写镜头、绘制的对象应该比远处的物体具有更多的细节。

在大多数图形 LOD 技术中，细节是几何复杂度的函数，即在模型中绘制的多边形的数量。在远处，即使只是一些多边形也可以给人一种物体的印象；而对于特写镜头来说，同一个物体可能需要数千个多边形。

另一种常见方法是将 LOD 用于纹理细节。大多数图形卡的硬件都支持此功能。纹理是 MIP 映射（MIP-Mapping）的：MIP 映射的核心特征是当物体的景深方向位置发生变化时，将根据距离的远近来贴不同大小的材质贴图，如近处物体贴 512×512 的大贴图，而远端物体则贴较小的贴图。这样不仅可以产生更好的视觉效果，同时也节约了系统资源。纹理存储在多个 LOD 中，远处的物体将使用较低分辨率的版本。除了纹理和几何，还可以简化其他视觉瑕疵：特殊效果和动画通常都可以减少或移除远处的物体。

细节层次通常基于距离，但又不限于此。例如，在许多地形渲染算法中，远处的山丘轮廓绘制的细节比紧邻玩家的一块地面反而要更精细。距离只是一种启发，可察觉性才是重要的。实际上，任何对玩家来说更明显的东西都需要更多的细节。

例如，旧摩托车上的半球形前灯如果仅由少量多边形组成，就会很刺眼（因为人眼很容易检测到生硬的包角）。所以，它可能最终要占整个摩托车多边形的 15%，仅仅是因为我们不希望看到球形物体上的生硬的包角。然而，在摩托车的内部，虽然在现实中有更多包含细节的地方，但是开发人员却可以使用更少的多边形，因为人的眼睛会期望看到有棱有角的机械，这样显得更有型。

这里有两个一般性原则。首先，将最多的精力放在将被注意的事情上；其次，将精力花在那些无法轻易接近的事物上。

10.3.2 关于 AI 中的细节层次技术

AI 中的细节层次算法与图形中的细节层次并没有什么不同：从玩家的角度来看，它们会优先将计算时间分配给最重要的角色或对出错最敏感的角色。

例如，如果远方的汽车没有沿着道路行驶，那么它就不需要正确地遵循道路规则，玩家也不太可能注意到它们是否随机改变了车道。距离很远时，玩家甚至不太可能注意到是否有很多车正在彼此交错通过。类似地，如果远方的角色需要用 10 s 来决定下一步移动到哪里，那么与附近角色在同一时间内的突然停止相比，它将更加不明显。

尽管有这些例子，但 AI 中的细节层次技术也不主要是由距离推动的。我们可以从远处观察角色，并且仍然可以很好地了解它们正在做什么。即使看不到它们，我们也希望角色能够一直有所动作。如果仅在角色出现在屏幕上时应用 AI，那么当玩家转身离开一段时间，然后中途沿路返回时，会发现同一个角色待在完全相同的位置，好像刚活过来一样，这会显得很奇怪，完全不符合玩家对智能角色的预期。除了距离，我们还要考虑玩家观察角色或看一看它是否会移动的可能性，这取决于角色在游戏中的身份或它们所起的作用。

AI 的重要性通常取决于游戏的剧情。游戏中往往会添加许多角色以供各方面使用。例如，游戏中可能会出现一些角色，始终以固定的模式在城里散步，这样的角色当然无关紧要，因为只有极少数玩家会注意到这一点。曾经有一个铁杆玩家在论坛上说："我一直跟着城里的铁匠，他总是沿着同样的路走来走去，从不睡觉或上厕所。"这样"痴迷"的玩家毕竟是少数，对于大多数玩家来说，像铁匠之类的职业 NPC 根本不重要，它们也不太可能影响游戏的销售业绩。

反过来说，如果一个对游戏剧情至关重要的角色在主广场的祭坛中走来走去，那么大多数玩家都会注意到。这样的角色就值得给它设计更多的变化。当然，这必须与游戏玩法的关注点进行平衡。如果某个 NPC 具有关于玩家任务的重要信息，那么一般情况下，该 NPC 应该很容易被玩家找到，而不是让玩家找遍整个城市才能找到并接收下一个任务。

本节将假设重要性（Importance）是适用于游戏中每个角色的单个数值。正如我们所看到的，可以结合许多因素来创造重要性值。初始实现通常可以通过距离来开始，只需确保一切正常运行。

10.3.3　调度细节层次

简单而有效的 LOD 算法可以基于前面讨论的调度系统。开发人员可以简单地使用基于角色重要性的调度频率提供 LOD 系统。

通过更频繁的调度，重要角色可以比其他角色获得更多的处理时间。如果开发人员使用的是基于优先级的调度系统，则频率和优先级都取决于重要性。

这种依赖性可以借助于函数来实现。在函数中，可以实现为当重要性增加而频率值减小，或者它也可以按类别构造，其中某个范围内的重要性值将产生一个频率，而另外一个范围内的重要性则映射到不同的频率。由于频率是整数，所以使用后一种方法更有效（当然，如果有数百个可能的频率值，那么将它视为一个函数更有意义）。另一方面，优先级在上述两种方法中都是有效的。

在这种方案下，无论角色的重要性值是高还是低，角色都具有相同的行为。减少的可用时间对角色来说会有不同的影响，具体影响取决于使用的是基于频率的调度程序，还是基于优先级的调度程序。

1．频率调度程序

在基于频率的实现中，不那么重要的角色将更少做出决策。例如，假设有一些角色在城市中移动，在两次调用 AI 之间，这些角色可能会保持直线行走。如果 AI 不经常被调用，那么它们可能会超过自己的目标，从而不得不返回。或者，它们可能无法及时对与另一个行人的碰撞做出反应。

2．优先级调度程序

基于优先级的实现为重要行为提供了更多时间。所有行为都可以每帧运行，但重要的行为可以运行更长时间。假设当前使用的是"随时算法"，那么角色在 AI 处理完成之前就可以开始行动。

低重要性的角色往往会比重要性高的角色做出更糟糕的决定。例如，仍以上面所讲的在城市中移动的角色为例，它们可能不会超过自己的目标，但是可能会选择一条到达目的地的奇怪路线，而不是看起来很明显的捷径（即它们的路径发现算法可能没有足够的时间来获得最佳结果）。或者，当避开某个行人时，可能没有时间检查新路径是否畅通，从而导致与其他人发生碰撞。

3. 结合调度

结合频率和优先级的调度可以减少调度细节层次而引起的问题。优先级调度允许 AI 更频繁地运行（减少行为锁定，如超过目标），而频率调度允许 AI 运行更长时间（提供更好的质量决策）。

但是，这并不是一个良方。在上述两个示例中，低重要性角色可能会更频繁地与其他角色发生碰撞。结合调度方法无法绕过这样一个事实：对附近角色必不可少的避免碰撞行为需要大量的处理能力。因此，当角色的重要性下降时，整体改变角色的行为一般来说会更好。

10.3.4 行为细节层次

行为细节层次技术允许角色基于其重要性选择行为。也就是说，角色将根据其当前重要性一次选择一个行为。随着其重要性的改变，角色的行为可能会改变为另一个行为。行为细节层次的目标是：与较低重要性相关的行为需要较少的资源。

对于每个可能的重要性值来说，都存在相关联的行为；而在每个时间步骤中，都可以基于重要性值选择行为。

例如，以角色扮演游戏（RPG）中的某个流浪汉为例，如果这个角色很重要，那么他可能具有相当复杂的碰撞检测、障碍物躲避和路径跟随行为。这个流浪汉附近的其他流浪汉或路人（例如，在远处的通道上或从桥上看到的行人）则可以完全禁用其碰撞检测行为，因为他们自由地相互穿过并不会那么引人注目。

1. 进入和退出处理

行为具有内存以及处理器负载要求。对于具有许多角色的游戏（如角色扮演类或即时战略类游戏），不可能一次性在内存中保存所有角色的所有可能行为的数据。所以，开发人员希望细节层次机制能使行为的内存和执行时间要求尽可能比较低。

为了允许正确地创建和销毁数据，可以在行为进入和退出时执行代码。退出代码可以清除在先前细节层次中使用的任何内存，而进入代码则可以在准备好处理的新细节层次中正确设置数据。

为了支持这一额外步骤，细节层次系统需要记录上一次运行的行为。如果它打算运行的行为是一样的，则不需要进入或退出过程；如果行为不同，则调用当前行为的退出例程，然后调用新行为的进入例程。

2．行为压缩

低细节行为通常是高细节行为的近似。例如，路径发现系统可以让位于简单的"寻找"行为。存储在高细节行为中的信息对于低细节行为可能是有用的。

为了确保 AI 能够高效地利用内存，我们通常会在关闭行为时丢弃与行为相关的数据。在进入或退出步骤中，行为压缩（Behavior Compression）可以检索对新细节层次有用的数据，将其转换为正确的格式后进行传递。

想象一下，在角色扮演类游戏中，城市广场中的 NPC 角色包含复杂的目标驱动决策系统。当他们很重要时，他们会考虑自己的需求并制订行动计划来满足这些需要。当他们不那么重要时，他们会在市场摊位之间随机走动。使用行为压缩技术，可以减少行为之间的明显联接。当角色从低重要性变为高重要性时，他们前往的摊位就成为行动计划中的第一项目（以避免他们以中间步幅转向并朝向不同的目标）。当他们从高重要性变为低重要性时，他们不会立即做出随机选择，他们的目标是从计划的第一项设定的。

行为压缩提供了具有更高可信度的低重要性行为。高重要性行为运行的频率较低，并且可以具有较小的重要性值范围，因为它们是活动的。高重要性行为的缺点是开发工作量比较大，开发人员需要为可能按顺序使用的每对行为编写自定义例程。除非开发人员能保证重要性永远不会迅速改变，否则单一的进入和退出例程是不够的，每对行为都需要转换例程。

3．滞后

假设有一个角色，以距离玩家 10 m 作为切换其行为的标准。如果比这个距离更接近，则角色会有一个复杂的行为；如果比这个距离远，则角色将回归为比较笨拙的路人。在这种情况下，如果玩家恰好在角色后面行走，那么角色可能会不断地变换自己的行为。

如果行为之间的切换偶尔发生，可能不太会引起注意；但是如果快速切换，就会显得很突兀。如果切换的两个行为均使用随时算法，那么算法可能永远不会有足够的时间来生成合理的结果，它将不断被切换出来。如果行为切换具有相关的进入或退出处理步骤，则这种快速切换可能导致角色行为的处理时间更加不足。

与任何行为切换过程一样，引入滞后（Hysteresis）机制是一个好主意：根据基础值（在我们的示例中，这个基础值指的就是重要性值）是增加还是减少来设置不同的边界。

对于细节层次来说，每个行为在其有效的情况下将被赋予重要性值的重叠范围。每次角色运行时，它都会检查当前重要性值是否在当前行为的范围内。如果是，则运行该行为；如果不是，那么行为就会改变。如果只有一种行为可用，则可以选择它；如果有多个行为可用，那么我们需要一个仲裁机制来在它们之间进行选择。

接下来将讨论最常见的仲裁技术。

1）选择任何可用行为

这是最高效的选择机制。我们可以通过确保每个行为按其范围排序并执行二分搜索来找到任何可用行为。

该范围由两个值（最大值和最小值）控制，但排序不能考虑其控制，因此二分搜索可能无法给出正确的结果。如果初始行为不可用，则需要查看附近的范围。排序通常按范围中点的顺序排列来执行。

2）选择列表中的第一个可用行为

这是选择行为的高效方式，因为我们无须检查有多少行为是有效的。一旦我们找到一个，就会使用它。正如我们在第 5 章"决策"中看到的那样，它可以提供基本的优先级控制。通过按优先级顺序排列可能的行为，将可以选择最高优先级的行为。

这种方法也是最简单的实现方法，并将构成下面伪代码的基础。

3）选择最中心行为

我们将选择重要性值最接近其范围中心的可用行为。这种启发式方法往往会使新行为在被切换出之前持续时间最长。当进入和退出处理成本很高时，这是很有用的。

4）选择具有最小范围的可用行为

这种启发式方法更倾向于最具体的行为。假设某个行为只能在一个很小的范围内运行，那么当它可以时，就应该运行，因为它针对那个很小的重要性值集合进行了调整。

5）后备行为

上面所述第二种和第四种选择方法允许在没有其他行为可用时运行后备行为（Fallback Behavior）。后备行为应具有涵盖所有可能的重要性值的范围。在第二种方法中，如果另一个行为可用，则永远不会运行列表中的最后一个行为。在第四种方法中，后备行为的巨大范围意味着行为将始终被其他行为所推翻。

4. 伪代码

行为细节层次系统可以通过以下方式实现：

```
1  class BehavioralLOD extends Behavior:
2      # 保存行为记录的列表
3      records: BehaviorRecord[]
4
5      # 保存当前行为
6      current: Behavior = null
7
8      # 保存当前的重要性值
9      importance: float
```

```
10
11          # 找到要运行的正确记录，然后运行它
12      function run(time: int):
13          # 检查是否需要找到一个新行为
14          if not (current and current.isValid(importance)):
15
16              # 通过轮流检查，找到新的行为
17              next: BehaviorRecord = null
18              for record in records:
19                  # 检查该记录是否有效
20                  if record.isValid(importance):
21                      # 如果是，则使用它
22                      next = record
23                      break
24
25              # 我们将离开当前行为
26              # 因此通知接下来的去处
27              if current and current.exit:
28                  current.exit(next.behavior)
29
30              # 类似地，还要通知新行为的来源
31              if next and next.enter:
32                  next.enter(current.behavior)
33
34              # 将当前行为设置为已经找到的行为
35              current = next
36
37          # 决定要么使用前一个行为
38          # 要么使用找到的新行为
39          # 这两种方式都存储在当前变量中，所以运行它
40          current.behavior.run(time)
```

5．数据结构和接口

假设行为具有以下结构：

```
1   class Behavior:
2       function run(time: int)
```

这和以前是一样的。

该算法会管理行为记录，将额外信息添加到核心行为中。行为记录具有以下结构：

```
1    # 保存一个可能行为的数据
2    class BehaviorRecord:
3        behavior: Behavior
4        minImportance: float
5        maxImportance: float
6        enter: function
7        exit: function
8
9        # 检查该重要性值是否在正确的范围中
10       function isValid(importance: float) -> bool:
11           return minImportance >= importance >= maxImportance
```

enter 和 exit 成员保存了对一个函数的引用（它们也可以实现为要重载的方法，但是随后我们将需要处理多个行为记录的子类）。如果没有设置或需要中断，则其中任何一个都可以保留为不设置。

当相应的行为进入或退出时，将分别调用两个函数。其中，enter 调用 enterFunction 函数，exit 调用 exitFunction 函数，它们应具有以下形式：

```
1    function enterFunction(previous: Behavior)
2    function exitFunction(next: Behavior)
```

它们将下一个或上一个行为作为参数，以允许它们支持行为压缩。在行为的退出方法中，可以将适当的数据传递给已经给出的下一个行为。

这是首选的方法，因为它允许退出行为清除其所有数据。如果使用 enterFunction 函数来尝试询问先前行为的数据，则可能已经清除了数据。当然，我们可以交换两个调用的顺序，以便在退出之前调用进入函数。糟糕的是，这意味着两种行为的内存同时处于活动状态，而这可能会导致内存峰值，所以我们宁可谨慎一点。在具有耗时的垃圾收集的平台（例如 Unity）上，我们绝对希望内存保持稳定，并且应该重复使用预先分配的内存。通常在这方面我们很容易犯错，而且在这两种行为都未完全配置时，需要等待很短的时间。

6. 实现说明

上面的伪代码被设计为使得行为细节层次可以作为其自身的行为。如前所述，这允许我们将其用作分层调度系统的一部分。

在完整的实现中，我们还应该记录决定运行哪个行为所花费的时间，然后从我们传递给行为的时间中减去该持续时间。虽然细节层次技术的选择很快，但最好保持计时尽可能准确。

7. 性能

该算法在内存中的性能为 O(1)，在时间中的性能为 O(n)，其中，n 是由细节层次管理的行为的数量。这是我们选择的仲裁方案的一个函数。使用"选择任何可用行为"方案使得该算法在时间中接近 O(logn)，因为我们通常为每个角色处理很少的 LOD（根据我们的经验，一般来说，4 个是绝对最大值），所以不必担心 O(n)时间。

10.3.5　群体细节层次

即使每个角色使用的都是最简单的行为，大量角色也需要海量处理能力。在拥有数千个角色的游戏世界中，即使是简单的动作行为也可能因为需要的处理能力太大而无法有效地处理。虽然当某些角色不重要时可以忽略它们，但玩家很容易就会发现这一点。

更好的解决方案是添加较低的细节层次，将角色群体作为一个整体来处理，而不是作为大量的个体。

例如，在一款建设和管理 4 座城市的角色扮演游戏中，除玩家所在城市之外的其他城市中的所有角色都可以通过一种行为进行更新：修改个体的财富、创建幼童、杀死不同的市民，以及移动宝藏位置等。这些城市中每个居民的日常生活细节（例如，步行到市场去消费、买东西并带回家、交税、清除瘟疫等）都会丢失。但是，不断发展的社区的整体意识仍然存在。这正是游戏 *Republic: The Revolution*（中文版名称《共和国：革命》，详见附录参考资料[109]）中所使用的方法。

使用分层调度系统可以轻松实现切换到群体层次。在最高层次，行为 LOD 组件将选择如何处理整座城市。它可以使用单一的"经济"行为或模拟各个城市街区。如果它选择城市街区方法，那么它将控制调度系统，该调度系统可以将处理器时间分配给每个城市街区的一组行为 LOD 算法。反过来，这些算法也可以将它们的时间传递给调度系统，然后由调度系统单独控制每个角色，这也可能要使用另一种 LOD 算法。上述情形如图 10.6所示。

如果玩家当前在一个城市街区，那么该街区的个人行为将会运行，同一城市的其他街区也将出现"街区"行为，并且其他城市将会出现"经济"行为，如图 10.7 所示。

这可以与其他 LOD 或调度方法无缝结合。在我们的示例中，可以为层次结构的最低层次添加一个优先级 LOD 算法，该算法会将处理器时间分配给当前城市街区中的个人，具体取决于他们与玩家的距离。

到目前为止，群体 LOD 方法要求为游戏中的每个角色保留一些基础数据。这可以像年龄、财富和生命值之类的数据一样简单，也可以包括财产、家庭和工作地点以及该角色的行为动机等列表。

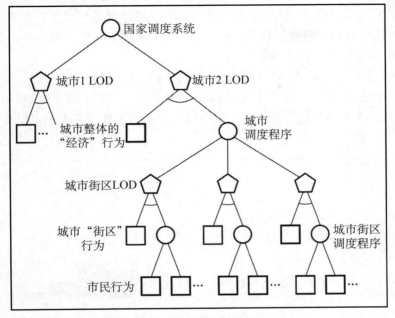

图 10.6　分层 LOD 算法

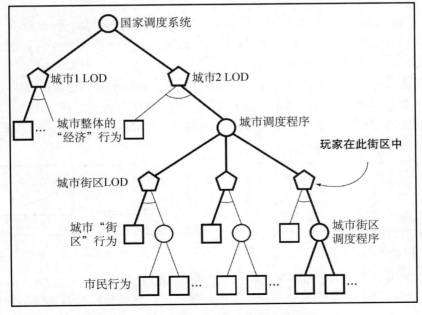

图 10.7　在分层 LOD 算法中运行的行为

如果游戏中包含非常多的角色，那么即使这种比较适度的存储也会令总量变得太大。最近，游戏开始使用将角色数据合并在一起的群体 LOD。它不是为每个角色存储一组值，而是存储每个值的角色数和分布情况。

在图 10.8 中，每组角色都有一个财富（Wealth）值。当角色合并时，它们的个人财富值会丢失，但分布情况会被保留。当需要高重要性值 LOD 时，压缩例程可以使用相同的分布情况以创建正确数量的新角色。虽然每个角色的个性都会丢失，但是社区的整体结构仍将保持一致。

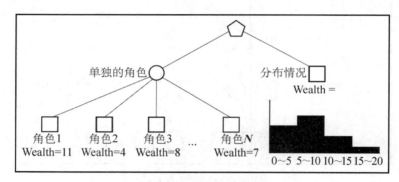

图 10.8　基于分布的群体 LOD

许多真实世界的数量都以钟形曲线分布，也就是所谓的正态分布（Normal Distribution）曲线（见图 10.9）。这可以用两个量表示：平均值（曲线最高点的平均值）和标准偏差（表示曲线的扁平程度的值）。

在非正态分布的数量中，幂率分布（Power Law Distribution）通常是最接近的情况。幂率分布的数量规律是：绝大多数人得分很低，而只有少数人得分高。例如，角色之间的资金分配就遵循幂律分布（见图 10.10）。幂律分布可以用单个值表示，即指数（指数也可以表示曲线的扁平程度）。

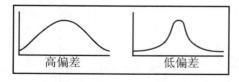

图 10.9　正态分布曲线

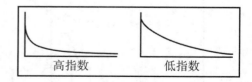

图 10.10　幂率分布曲线

因此，使用一个或两个数据项，就可以为整组角色生成实际的值分布。

要解压缩行为，通常就像创建单个角色一样容易，这些角色具有从概率分布中独立采样的属性。当然，这需要假定这些属性确实是独立的。例如，成人角色的年龄和身高可能是独立的，角色的年龄和他们的健康状况可能更为紧密相关。对于开发人员来说，组合分布是可能的，因此可以跟踪一个属性随另一个属性的变化，但是计算和存储这些数据很快会变得很棘手，概率分布不能解决所有问题。

还有一种更灵活的方法是在需要时使用第 8 章中介绍过的程序化内容生成技术来创建角色。显然，这些技术本身很耗时。不过，在这种情况下，除了最简单的程序化内容生成技术，开发人员似乎没有其他选择。

10.3.6 总结

本章我们研究了以不同频率执行行为或为每个行为分配不同处理器资源的调度系统。我们还讨论了根据角色对玩家的重要程度来改变频率、优先级或整个行为的机制。

在大多数游戏中，对调度的需求都是相当适中的。动作游戏在游戏关卡中可能有 200 个角色，它们的行为状态通常是要么"关闭"，要么"打开"，因此，开发人员不需要复杂的调度来处理这种情况，只需要简单地为当前行为处于"打开"状态的角色使用基于频率的调度程序即可。

在一个稍微复杂的层面上，例如，*Grand Theft Auto 3*（中文版名称《侠盗飞车3》，详见附录参考资料[104]）之类的城市模拟系统需要模拟数千人（理论上）中的少数角色，那么不在屏幕上的角色便没有身份（除了剧情中特定的少数几个角色）。随着玩家的移动，新的角色将不断产生（基于城市区域的一般性属性和一天中的时间）。这是群体 LOD 技术的一个相当基本的用法。

在一些全国性的即时战略游戏（如前面介绍的《共和国：革命》）中则更进一步，它们要求具有不同身份的角色。本章所讨论的群体 LOD 算法主要由 Elixir Studios 设计，可以应对《共和国：革命》游戏的巨大可扩展性。从那以后，该算法被用于许多即时战略游戏的变体。

10.4　习　　题

（1）对于图 10.2 中描述的情况，请确定新阶段和频率，以便各行为在运行时没有冲突，并且每个行为按最低频率运行。

（2）对于图 10.4 中描述的情况，如果新行为必须按每两帧运行一次的频率运行，那么使用的最佳阶段是什么？为什么在计算中包含第 10 帧可能是不公平的？

（3）请实现一个负载平衡调度程序。首先使用一些人工数据对其进行测试，然后，如果可以，尝试将其合并到一些真实的游戏代码中。

（4）请创建一个环境，在该环境中有许多角色随机游荡。实现一个 LOD 系统，该系统将导致相机附近的角色避免碰撞，而远距离的角色则允许无限制地相互穿透。如果角色在碰撞时会爆炸，那么这个方案会出现什么问题？

（5）假设使用以下直方图来表示当前远离玩家的区域内角色的职业分布。

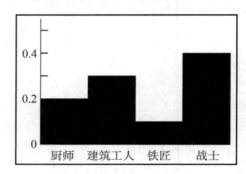

如果角色被突然传送到该区域，那么我们必须根据上述分布用角色填充该区域。随机选择 5 个角色后，他们全都是铁匠的概率是多少？产生 10 个角色后，没有士兵的概率是多少？这种结果会对游戏的故事情节产生什么影响？

第 11 章 世 界 接 口

作为 AI 开发人员，最难以做对的事情之一就是 AI 和游戏世界之间的互动。

每个角色都需要在适当的时间从游戏世界中获得他们可能了解或感知的信息，以便他们能够根据获取的信息采取行动。另外，某些算法需要以正确的方式表示来自世界的信息，以使其能够正确处理。

要构建一个通用的 AI 系统，我们需要一些基础设计，以便在正确的时间轻松地将正确的信息传递给正确的 AI 代码。对于专用的单一游戏的 AI，世界接口和 AI 代码之间可能没有分界线：如果 AI 需要一些信息，则可以去那里找到它。但是，在旨在支持多款游戏的 AI 引擎中，具有单个中心世界接口系统（Single Central World Interface System）对于稳定性和可重用性是必不可少的。即使是在一个游戏中，它也可以极大地帮助调试，以使所有信息流经中心系统，从而使其可以被可视化、记录和检查。

本章将介绍使用两种不同的技术构建可靠且可重用的世界接口，即事件传递（Event Passing）和轮询（Polling）技术。事件传递系统将扩展到包括感官知觉的模拟，这是当前游戏 AI 中的热门话题。

11.1 通 信

要实现一个专心只做自己的事情，对周围的世界和游戏中的其他角色都漠不关心的角色，这是很容易的，例如，守卫可以跟随巡逻路线，军队可以直接按命令移动，NPC 角色可以忽视玩家等。

但是这样的角色看起来不太逼真，或者略显无趣。游戏世界中的事件需要正确起作用，而密探之类的角色也需要知道自己以及他们的同事和敌人正在做什么。

通信允许正确的 AI 在正确的时间知道正确的事情。它对于简单的 AI 来说是必不可少的，但是，当多个角色需要协调它们的行为时，它就会自成一体。

从游戏世界获取信息的最简单方法是去寻找它。如果角色需要知道附近的警笛是否在发声，那么角色的 AI 代码可以直接查询警笛的状态并找出结果。

类似地，如果角色需要知道它是否会与另一个角色碰撞，它可以查看每个角色的位置并计算其轨迹。通过将该轨迹与其自身的路径进行比较，角色可以确定何时发生碰撞并且可以采取措施来避免碰撞。

11.1.1　轮询

寻找有趣的信息被称为轮询（Polling）。AI 代码将轮询游戏状态的各种元素，以确定是否有任何有趣的事情需要采取行动。

这个过程非常快速且易于实现。AI 确切地知道自己所感兴趣的内容，并且可以立即找到它。数据和需要它的 AI 之间没有特殊的基础结构或算法。

但是，随着潜在有趣事物的数量增加，AI 将花费大部分时间进行检查，这些检查将返回否定结果。例如，警报器多数情况下是关闭而不是打开的，角色不太可能每帧与多个其他角色碰撞。即使每次检查可能非常快，轮询的处理需求也会因为纯粹的数字累积而迅速增加。

如果需要在角色和许多类似信息源之间进行检查，则时间会迅速成倍增加。例如，对于具有 100 个角色的关卡来说，将需要 10000 个轨迹检查来预测任何碰撞。

因为每个角色都会在需要时请求信息，所以轮询技术可能很难跟踪信息在游戏中的传递位置。如果开发人员要对游戏进行调试，尝试找出信息到达的许多不同位置，那么这可能是一件很有挑战性的事情。

有一些方法可以帮助轮询技术变得更易于维护。轮询站点（Polling Station）可以用作所有检查都必须通过的中心位置。这可用于跟踪请求和响应以进行调试。它还可以用于缓存数据，这样，每个请求就不需要重复进行复杂的检查。本章后面将深入讨论轮询站点。

11.1.2　事件

在许多情况（如单个警报器示例）下，采用轮询方法可能是最佳的选择。但是，在碰撞示例中，每对角色都要检查两次：从第一个角色的角度检查一次，然后从第二个角色的角度再检查一次。即使这些已被缓存，轮询也不会达到最佳效果。有更快的方法可以一次性考虑整个角色组，并一次生成所有冲突，而不是按列表遍历每个代理。

在这些情况下，开发人员将需要一个中心检查系统，它可以在发生某些重要事件时通知每一个角色。这是一种事件传递机制（Event Passing Mechanism）。也就是说，有一个中心算法寻找感兴趣的信息，当它发现某些东西时，就会告诉所有可能从该知识中获益的代码。

事件传递机制也可以在警报器示例中使用。在警报器响起的每个帧中，检查代码会将该事件传递给声音所及范围内的每个角色。当开发人员想要更详细地模拟角色的感知时，即可使用这种方法。本章后面将详细讨论该方法。

事件传递机制原则上不比轮询快。轮询在速度方面向来为人诟病，但在许多情况下，事件传递机制同样效率低下。要确定是否发生了事件，就需要进行检查。事件机制和轮询一样，仍然需要进行检查。在许多情况下，事件机制可以通过立即进行每个人的检查来减少工作量。但是，当无法共享结果时，它所需要的时间和每个角色自身的检查时间是相同的。实际上，通过其额外的消息传递代码，事件管理方法将变得更慢。

想象一下警报器示例中的 AI。事件管理器（Event Manager）需要知道对警报器感兴趣的角色。当警报器响铃时，事件管理器将向该角色发送事件。该角色可能尚未运行需要了解警报器的确切代码，因此它将存储该事件。当它运行到相关部分时，它会找到存储的事件并对其做出响应。

也就是说，在事件传递机制中，开发人员通过发送活动添加了大量的处理任务。但如果采用的是轮询方法，那么仅当角色需要时才会通过轮询获得所需的信息。

因此，当无法共享检查的结果时，事件传递机制可能会明显变慢。

事件传递通常由一组简单的例程来管理，这些例程将检查事件，然后处理并分派事件。事件管理器会形成一个中心化机制，所有事件都通过该中心传递。它们将记录角色的兴趣（因此角色将仅获得对它们有用的事件），并且可以在多个帧上排队事件，以使处理器的使用更顺畅而不会拥挤。

中心化的事件传递机制在代码模块化和调试方面具有显著优势。由于所有状态都在中心位置进行检查，因此可以轻松存储所做检查的日志及其结果。传递给每个角色的事件可以很容易地显示或记录，这使得调试复杂的决策变得更加容易。

11.1.3　确定使用的方法

与所有事情一样，这里需要进行适当的权衡。一方面，轮询可以非常快，但它不能很好地扩展；另一方面，事件传递机制需要编写额外的代码，在比较简单的情况下，它显得有点小题大做。

就纯粹的执行速度而言，提供最佳性能的方法将取决于具体应用，很难提前预测。

作为一般性经验法则，如果许多相似的角色都需要知道同一条信息，那么使用事件通常会更快；但是，如果角色只需要偶尔知道信息（例如，当它们处于特定状态时），那么轮询方法将更快。

虽然一些轮询方法和一些事件传递的组合通常是最快的解决方案，但这对开发代码有影响。在这种情况下，信息将以多种方式收集和发送，并且很难弄清楚做事情的地方是在哪里。

无论速度如何，一些开发人员发现，仅使用事件来管理游戏信息更容易。例如，可以将所有事件打印到屏幕并使用它们进行调试。开发人员可以在游戏中设置特殊按键以手动激活事件并检查 AI 是否正确响应。事件机制具有额外的灵活性，并且其代码通常更容易更改和升级，这些事实意味着事件往往更受青睐，即使它们不是最快的方法。

但是，一般情况下，通常需要进行一些轮询以避免跳入愚蠢的获取信息进入 AI 的怪圈。如果所有余下的轮询都可以使用轮询站点作为必须通过的中心，那么可以获得速度和调试方面的显著改进。

11.2　事件管理器

基于事件的通信方法是中心化的。它有一个中心检查机制，当有感兴趣的事情发生时，它会通知任意数量的角色。执行此操作的代码称为事件管理器（Event Manager）。

事件管理器由以下 4 个元素组成。

（1）检查引擎（Checking Engine），该引擎可能是可选的。

（2）事件队列（Event Queue）。

（3）事件接收者的注册表（Registry of Event Recipients）。

（4）事件分配器（Event Dispatcher）。

对事件感兴趣，想要接收事件的角色通常被称为听众（Listener），因为它们正在监听事件的发生。这并不意味着它们只对模拟声音感兴趣。事件可以表示为视线、无线电通信、特定时间（例如，角色需要在下午 5 点回家）或任何其他一些游戏数据。

检查引擎（Checking Engine）需要确定其任何一个听众可能感兴趣的事情是否发生。它可以简单地检查所有游戏状态以查找任何角色可能感兴趣的事情，但这样做的工作量可能太大了。更高效的检查引擎会考虑其听众的兴趣。

检查引擎通常必须与游戏提供的其他服务保持联系。例如，如果角色需要知道它是否会撞到墙上，则检查引擎可能需要使用物理引擎或碰撞检测器来获得结果。

游戏中有许多可能的东西要检查，其中许多都以不同的方式进行检查。例如，可以通过查看单个布尔值（on 或 off）来检查警报器，可能必须通过几何算法来预测碰撞，语音识别引擎可能需要扫描玩家的语音输入以获取命令。因此，拥有专门的事件管理器是正常的，它只检查某些类型的信息（如冲突、声音或关卡中的开关状态）。在本章第 11.2.2 节"事件播送"中提供了关于窄播和广播的讨论。

在许多情况下，根本不需要进行检查。例如，在军队的班（Squad）级小队中，角色可以选择在战斗准备就绪时通知彼此。如果使用有限状态机实现角色，那么它们的"战斗状态"将变为活动状态，并且它们可以直接向事件管理器发送"准备战斗"的事件。这些事件放在事件队列中，并照常分派给适当的听众。

将检查机制与事件管理器分开也很常见。例如，采用一段单独的代码每隔几帧进行一次检查，如果检查到结果，它会直接向事件管理器发送一个事件。事件管理器然后正常处理它。该检查机制将轮询游戏状态（与角色可能轮询游戏状态的方式相同）并与任何感兴趣的角色共享其结果。

在第 11.2.2 节"事件播送"的事件管理器的实现中，包括一个方法，调用该方法可以直接将事件放入事件队列中。

除检查外，游戏代码也可能引发事件。例如，当分数增加时，执行增量的代码可能已经知道角色现在可以升级了。对于这种情况，单独进行检查是没有意义的。分数增量可以改为直接将事件发送到事件管理器。

对于事件队列（Event Queue）来说，一旦事件管理器知道某个事件（通过直接传递或通过检查的方式），就需要保存该事件直到可以直接分配它。该事件将表示为 Event 数据结构，后文将详细介绍其实现方式。

一个简单的事件管理器将在每个事件发生时分配它们，以便让事件的听众做出适当的响应，这是在事件管理器中最常用的方法。这样做既没有存储事件队列的存储开销，也不需要复杂的队列管理代码。

更复杂的事件管理器可以跟踪队列中的事件并在最佳时间将它们分发给听众，这使得事件管理器可以作为随时算法（参见第 10 章"执行管理"）运行，仅在 AI 在其处理预算中有剩余时间时才发送事件。在向大量角色广播大量事件时，这一点尤为重要。如果通知不能在多个帧上分割，那么一些帧将具有比其他帧更大的 AI 负担。

基于时间的事件排队可能非常复杂，其中的事件具有不同优先级和交付期限。例如，通知角色警报器的声音也许可以延迟几秒钟，但通知角色它已被射杀应该是瞬时的（特别是如果动画控制器依靠该事件以启动"死亡"动画）。

事件接收者的注册表允许事件管理器将正确的事件传递给正确的听众。

对于具有特定目的（如确定碰撞）的事件管理器，听众可能对管理器能够生成的任何事件感兴趣；而对于其他事件（如找出回家的时间），听众可能具有特定兴趣（即特定时间），并且其他事件可能是无用的。

例如，虽然士兵们需要知道什么时候离开他们的营房，但是他们并不想每一帧都被告知时间（现在是 12:01，现在是 12:02……），这样未免太浪费资源。可以创建注册表以接受关于听众兴趣的描述。这使得检查器能限制其查找的内容，并且允许分配器仅发送适当的事件，从而减少不必要的检查和消息发送浪费。

用于听众注册表的兴趣的格式可以像单个事件代码一样简单。例如，角色可以注册它们对"爆炸"事件的兴趣。此外，注册表还支持一定程度的控制，角色还能够注册更专注的兴趣，例如，"在我当前位置 50 m 范围内的手榴弹爆炸"。

更有辨识度的注册允许检查引擎更专注于它所寻找的内容，并减少不必要的事件的传递数量。不利的一面是，它也使得确定注册的听众是否应该被通知需要更长的时间，并且它使代码更复杂，更和游戏的特定内容相关（因为在各种游戏中听众感兴趣的事物往往是不一样的），从而减少了游戏之间的代码可重用性。

一般来说，大多数开发人员都会使用简单的基于事件代码的注册过程，然后使用某种窄播方法（参见第 11.2.2 节"事件播送"）来限制不需要的通知。

当事件发生时，事件分配器（Event Dispatcher）会将通知发送给相应的听众。

如果注册表包含有关每个听众的兴趣的信息，则分配器可以检查听众是否需要知道该事件。这可以充当过滤器，消除不需要的事件并提高效率。

将事件发送给听众的最常见方式是调用函数。在面向对象语言中，这通常是类的方法。在调用函数时，可以通过其参数传递有关该事件的信息。

在驱动大多数操作系统的事件管理系统中，事件对象本身通常被传递给听众。听众通常具有以下形式的接口：

```
1  class Listener:
2      function notify(event: Event)
```

11.2.1　实现

现在可以将上述所有思路组合在一起以获得事件管理器的实现。

1. 伪代码

事件管理器可以按以下方式实现：

```
1  class EventManager:
2      # 保存一个已注册听众的数据
3      # 相同的听众可以注册多次
4      class ListenerRegistration:
5          interestCode: id
6          listener: Listener
7
8      # 保存已注册听众的列表
9      listeners: Listener[]
10
```

```
11      # 保存等待处理的事件的队列
12      events: Event[]
13
14      # 检查新的事件，并将它们添加到队列中
15      function checkForEvents()
16
17      # 调度要尽快分配的事件
18      function scheduleEvent(event: Event):
19          events.push(e)
20
21      # 添加一个听众到注册表
22      function registerListener(listener: Listener, code: id):
23          # 创建注册结构
24          lr = new ListenerRegistration()
25          lr.listener = listener
26          lr.code = code
27
28          # 并且存储它
29          listeners.push(lr)
30
31      # 分配所有等待处理的事件
32      function dispatchEvents():
33          # 循环遍历所有等待处理的事件
34          while events:
35              # 获得下一个事件，并将它从队列弹出
36              event = events.pop()
37
38              # 遍历每一个听众
39              for listener in listeners:
40                  # 如果听众感兴趣，则给听众发送通知
41                  if listener.interestCode == event.code:
42                      listener.notify(event)
43
44      # 调用该函数以运行管理器
45      # 例如，从调度程序运行
46      function run():
47          checkForEvents()
48          dispatchEvents()
```

2. 数据结构和接口

事件听众应该实现 EventListener 接口，这样才能将它们自己注册到事件管理器，并

正确获得通知。

角色需要有关发生的事件的信息。如果角色向其团队报告已经发现敌人，则需要包括敌人的位置和状态。

在上面的代码中，我们假设有一个 Event 结构。基本的 Event 结构只需要能够识别自己。我们在该结构中使用了 code 数据成员：

```
1  class Event:
2      code: id
```

这是在许多窗口工具包中用于通知鼠标、窗口和按键消息应用的机制。

可以对 Event 类进行子类化，以创建具有自己的额外数据的一系列不同类型的事件：

```
1  class CollisionEvent:
2      code: id = 0x4f2ff1438f4a4c99
3      character1: Character
4      character2: Character
5      collisionTime: int
6
7  class SirenEvent:
8      code: id = 0x9c5d7679802e49ae
9      sirenId: id
```

在基于 C 语言的事件管理系统中，通过在事件数据结构中包括 void*可以实现相同的效果。然后，这可以用于将指针传递给任何其他数据结构，作为和事件相关的数据：

```
1  typedef class event_t
2  {
3      unsigned long long eventCode;
4      void *data;
5  } Event;
```

3．性能

事件管理器在时间中的性能为 $O(nm)$，其中，n 是队列中事件的数量，m 是已注册的听众数量。它在内存中的性能是 $O(n+m)$。这没有考虑听众处理事件所需的时间或内存。一般来说，听众中的处理将主导运行此算法所花费的时间。[①]

4．实现说明

可以对该类进行一些改进。最明显的是，允许听众接收多个事件代码会很好。这可

---

① 并不是所有的事件管理算法都是这种情况。后文介绍的感知管理系统本身就很耗时。

以通过使用不同的代码多次注册听众来完成上述代码。更灵活的方法可能会使用 2 的幂作为事件代码，并将听众的兴趣解释为位掩码（Bit Mask）。

11.2.2 事件播送

应用事件管理有两种不同的思路。开发人员可以使用一些非常通用的事件管理器，每个事件管理器向许多听众发送大量事件。听众有责任确定它们是否对此事件感兴趣。

或者，开发人员也可以使用许多专门的事件管理器。每个管理器只会有一部分的听众，但这些听众可能会对它产生的更多事件感兴趣。听众仍然可以忽略某些事件，但大多数事件则会正确传递。

上面介绍的第一种思路类似于大面积撒网或机关枪扫射，所以该方法也被称为广播（Broadcasting）；第二种思路针对特定目标，该方法被称为窄播（Narrowcasting）。

这两种思路都解决了确定哪些代理发送哪些事件的问题。广播的方法是：向听众发送所有内容并让它们自己找到自己需要的东西；窄播则将责任放在程序开发人员身上：AI 需要在正确的相关事件管理器中进行注册。

1．广播

开发人员可以考虑在注册表中添加额外数据，以便行为能够显示它们的兴趣所在。这不是一个简单的产生通用性的过程。很难设计一个具有足够细节的注册系统，以便能够识别具有特定需求的听众。

例如，AI 可能需要知道它何时撞到墙壁，并且该墙壁是由一组弹性材料中的哪一种制成的。为了支持该功能，注册表需要保留游戏世界中所有对象的所有可能材料，然后针对每个撞击点对比检查有效材料列表。

相反，如果 AI 只是要求被告知所有碰撞，那么这会更容易，因为这样可以剔除掉那些它不感兴趣的东西。

这种方法称为广播。广播事件管理器向其听众发送大量事件。一般来说，它用于管理各种事件，因此也有很多听众。

电视节目就是一种广播。它们通过有线或无线电信号发送，无论是否有人有兴趣观看它们。人们的客厅一直受到所有这些数据的轰炸。人们可以选择关闭电视机并忽略它，也可以选择要观看的节目。即使某人正在看电视，也不意味着他会在同一时间收看到达电视机的大部分信息。

所以，广播是一个浪费的过程，因为传递的大量数据对于接收者来说是无用的。

广播的优点是其灵活性。如果角色正在接收并丢弃大量数据，它可能会突然变得对某一事件有兴趣并且知道正确的数据立即可用。当角色的 AI 由脚本运行时，这一点尤其重要，最初的程序员并不知道脚本创建者可能想要使用哪些信息。

想象一下，有一个游戏角色在采摘蘑菇的巡逻区巡逻。我们有兴趣让角色知道玩家是否偷了采摘区的蘑菇。我们对关卡的大门是否已经打开不感兴趣。该角色在开发时就已经使得它忽略了所有开门事件，而只会对蘑菇被盗事件做出反应。

在开发过程的后期，关卡设计师将蘑菇采摘区的房子添加到关卡中，并希望编辑 AI脚本以便在玩家进入房屋时做出反应。

如果事件管理器广播事件，这将不会很困难。脚本可以响应开门事件。但如果事件管理器使用了窄播方法，则关卡设计人员必须让程序员将该角色注册为开门事件的听众。

当然，也有办法绕过这个问题。例如，可以将注册过程作为脚本的一部分（当然，这可能要让关卡设计人员勉为其难地操纵事件通道），但广播方式的灵活性总是更高。

2. 窄播

通过要求程序员对专门的事件管理器进行大量注册，窄播可以解决知悉哪些 AI 对哪些事件感兴趣的难题。

如果即时战略游戏中的单位团队（Teams of Unit）需要共享信息，那么它们每个单位都可以拥有自己的事件管理器。并且每个组（Group）都有一个事件管理器，任何事件只会发送给正确的个体。如果地图上有数百个团队，则需要有数百个事件管理器。

此外，这些团队还可以组成更大的组。这些较大的组拥有自己的事件管理器，它们分享营（Battalion）周围的信息。最终，每一方都有一个事件管理器，用于全局共享信息。

窄播是一种非常高效的方法。浪费的事件很少，信息针对的是正确的个体。不需要记录听众的兴趣。每个事件管理器都非常专门化，所有听众都可能对所有事件感兴趣。这再次提高了速度。

虽然使用窄播方法可以优化游戏内速度，但设置角色则要复杂得多。如果有数百个事件管理器，则需要有大量的设置代码来确定哪些听众需要连接到哪些事件管理器。

如果角色会随着时间的推移而发生变化，那么情况就更复杂了。在上面的即时战略示例中，大多数团队都可能会在战斗中丧生。其余成员需要被安排到新的团队中。这意味着动态更改注册。对于事件管理器的简单层次结构，这仍然是可以实现的。但是，如果事件管理器的混合更加复杂，每个管理器都要控制不同的不相关事件集，则可能有点得不偿失。

3. 妥协

事实上，在具有复杂注册信息的事件管理器与根本没有明确兴趣的事件管理器之间可以达成某种程度的妥协。同样，在窄播和广播之间也存在相关的妥协。

实际上，开发人员倾向于使用可以非常快速地被过滤的简单兴趣信息。在示例实现中，我们使用了事件代码。如果事件的代码与听众的兴趣相匹配，那么听众就会被通知。事件代码可用于表示任何类型的兴趣信息，而事件管理器无须知道代码在游戏中的含义，这使得在任何数量的情况下使用相同的事件管理器实现成为可能。

广播和窄播之间的妥协更多地取决于应用，尤其是可能产生的事件的数量。一般来说，没有足够的 AI 事件将使广播明显变慢。

根据经验，我们建议在游戏开发时使用广播方法，这将使得开发人员可以更轻松地使用角色行为。如果发现事件系统在开发过程中速度很慢，则可以在发布之前使用多个窄播管理器对其进行优化。

此经验法则的一个例外是具有非常特定功能的事件管理器。举例来说，需要在特定的游戏时间通知角色（如告诉士兵休息的时间）的事件管理器就很难与其他类型的事件一起并入广播管理器。

11.2.3　代理间通信

虽然 AI 需要的大部分信息来自玩家的行为和游戏环境，但游戏也倾向于越来越多地赋予角色彼此合作或交流的能力。

例如，一队警卫应该共同协作以包围入侵者。当入侵者的位置已知时，守卫可以掩藏在所有出口，保持等待，直到他们的队友全部就位才发动攻击。

协调这种动作的算法在本书第 6 章 "战略和战术 AI" 中已经讨论讨过。但是，无论使用何种技术，角色都需要了解其他人正在做什么以及它们打算做什么。这可以通过允许每个角色检查其他角色的内部状态或通过轮询它们的意图来实现。当然，这样做虽然速度很快，但它很容易出错，并且可能需要对角色 AI 的每次变化进行大量重写。所以，更好的解决方案是使用事件通知机制，允许每个角色告知其他人的意图。开发人员可以将此事件管理器视为在 AI 团队成员之间提供安全的无线电联系。

本章中的基本事件机制足以处理合作消息传递。为每个小队使用窄播事件管理器可确保数据快速到达正确的角色，并且不会混淆不同小队的成员。

11.3　轮 询 站 点

在某些情况下，轮询方法显然比事件传递机制更有效。例如，假设某个角色需要打开大门，它将向大门移动并检查大门是否被锁定。在这种情况下，每一帧都让大门发送"我已经被锁定"的消息没有任何意义。

但是，这样的检查有时也是耗时的。当检查涉及游戏关卡的几何时，尤其如此。巡逻警卫可能偶尔会检查从门口到控制室的控制面板的状态。如果玩家按下面板前面的一个盒子，视线将被阻挡。计算视线的成本是很高的。如果有多个警卫，则会浪费额外的计算。

在基于事件的系统中，可以对所有感兴趣的事物进行一次性检查。而在轮询系统中，每个角色将分别进行检查。

可喜的是，这里也有一种妥协的方式。如果已经可以确认轮询是最好的方法，但检查却很耗时，则可以使用所谓的轮询站点（Polling Station）结构。

轮询站点有两个目的。首先，它只是一个可由多个角色使用的轮询信息缓存；其次，它可以充当从 AI 到游戏关卡的中间人。因为所有请求都通过这个地方，所以可以更容易地监视它们并调试 AI。

开发人员可以使用若干种缓存机制来确保不会太频繁地重新计算数据。以下伪代码示例使用了帧编号计数器来标记数据陈旧。如有必要，数据可以每帧重新计算一次。如果数据在帧中未请求，则不会重新计算它们。

11.3.1　伪代码

可以通过以下方式实现特定的轮询站点：

```
 1  class PollingStation:
 2      # 保存游戏的布尔属性的缓存
 3      class BoolCache:
 4          value: bool
 5          lastUpdated: int
 6
 7      # 保存一个主题的缓存值
 8      isFlagSafe: BoolCache[MAX_TEAMS]
 9
10      # 在必要时更新缓存
11      function updateIsFlagSafe(team: int)
12          isFlagSafe[team].value = # 查询游戏状态
13          isFlagSafe[team].lastUpdated = getFrameNumber()
14
15      # 查询已缓存的主题
16      function getIsFlagAtBase(team: int) -> bool:
```

```
17                # 检查该主题是否需要更新
18                if isFlagSafe[team].lastUpdated < getFrameNumber():
19                    # 仅当该主题的缓存已经陈旧时才更新
20                    updateIsFlagSafe(team)
21
22                # 无论是已经更新，还是不必更新，均返回其值
23                return isFlagSafe[team].value
24
25        # 添加其他轮询主题
26
27        # 轮询的主题没有缓存
28        function canSee(fromPos: Vector, toPos: Vector) -> bool:
29            # 始终查询游戏状态
30            return not raycast(from, to)
```

11.3.2　性能

对于它支持的每个轮询主题，轮询站点在时间和内存中的性能都是 O(1)。这排除了轮询活动本身的性能表现。

11.3.3　实现说明

上面的实现针对的是特定的轮询站点，而不是通用系统。它显示了两个不同的轮询主题：getIsFlagAtBase 和 canSee。前者显示缓存结果的模式，后者在每次需要时计算。

代码的缓存部分依赖于 getFrameNumber 函数的存在来跟踪过时的项。在完整的实现中，对于不同的数据类型集合，将有若干个类似于 BoolCache 的额外缓存类。

一般来说，轮询站点也会简化 AI。在上面的代码中，一个角色只需要调用轮询站点的 canSee 函数，它不需要实现检查本身。在这种情况下，该函数总是重新计算视线的检查，它的值没有被缓存。

AI 不关心该结果是从先前的调用中存储的，还是需要重新计算。它也不关心如何获取结果。这允许程序员稍后更改和优化实现，而无须重写大量代码。

11.3.4　抽象轮询

上面列出的是最简单的轮询站点形式。一般来说，这些方法可以作为标准接口添加到游戏世界类中。它们的缺点是难以扩展，因为最终轮询站点将非常庞大并且拥有大量

数据。

可以通过添加中心请求方法来改进轮询站点，其中所有轮询都是直接的。该请求方法将采用一个请求代码，该代码指示需要哪个检查。此抽象轮询模型使得轮询站点可以在不更改其接口的情况下进行扩展，并且不必更改依赖于它的任何其他代码。它还有助于调试和日志工具，因为所有轮询请求都是通过中心方法引导的。

另一方面，还有一个额外的转换步骤来确定正在传递哪个请求，这会减慢执行速度。

该轮询站点的实现可以将这一思路进一步扩展到允许"可插拔"的轮询。可以向站点注册轮询任务的实例，每个实例表示可以轮询的一个可能的数据。缓存控制逻辑对于所有主题来说都是一样的（与先前相同的基于帧编号的缓存）。

```
1    # 抽象类：任何可轮询主题的基础
2    class PollingTask:
3        taskCode: id
4        value: any
5        lastUpdated: int
6
7        # 检查该缓存是否过期
8        function isStale() -> bool:
9            return lastUpdated < getFrameNumber()
10
11       # 更新缓存中的值，在子类中实现
12       function update()
13
14       # 获取轮询任务的正确值
15       function getValue() -> any:
16           # 如果有必要则更新内部值
17           if isStale():
18               update()
19
20           # 返回它
21           return value
22
23   class AbstractPollingStation:
24       # 将已注册的任务保存为哈希表
25       # 通过代码建立索引
26       tasks: HashTable[id -> PollingTask]
27
28       function registerTask(task: PollingTask):
29           tasks[task.code] = task
30
```

```
31      function poll(code: id) -> value:
32          return tasks[code].getValue()
```

在这一点上，我们几乎达到了事件管理系统的复杂度，两者之间的权衡变得相当模糊。实际上，很少有开发人员依赖这种复杂度的轮询站点。

11.4 感 知 管 理

到目前为止，我们已经介绍了将恰当的知识传递到可能感兴趣的角色手中的技巧。我们关心的是确保角色能够获得它想要的信息以帮助它做出适当的决定。

但是，众所周知，理想和现实是有差距的，现实世界中人们想要的东西与实际获得的东西可能不一样，游戏中也是如此，因此，我们需要确保角色能够获得它感兴趣的知识。

游戏环境至少在某种程度上模拟了现实物理世界。角色通过使用其感知获得有关其环境的信息。因此，检查角色是否可以在物理上感知信息是有意义的。如果在游戏中产生了巨大的噪声，我们也可以确定哪些角色听到了它：关卡另一端的角色可能就没有听到，而隔音窗后面的角色也不会听到。

敌人可能正在穿过房间的中央，但如果灯光熄灭或角色正朝着另外一个方向，那么它将不会看到敌人。

直到 20 世纪 90 年代中期，在游戏中模拟感官知觉都是很罕见的（最多进行光线检查以确定是否能够看到）。但正是从那时起，人们已经开发出越来越复杂的感官知觉模型。在诸如 *Splinter Cell*（中文版名称《细胞分裂》，详见附录参考资料[189]）、*Thief: The Dark Project*（中文版名称《神偷：暗黑计划》，详见附录参考资料[132]）和 *Metal Gear Solid*（中文版名称《合金装备》，详见附录参考资料[129]）之类的游戏中，AI 角色的感知能力构成了基础游戏玩法。

有迹象表明这种趋势将持续下去。在电影行业中使用的 AI 软件（例如 Weta 工作室的 Massive）和军事模拟都使用了全面的感知模型来驱动非常复杂的群体行为。[①] 似乎很清楚，感知革命将成为即时战略游戏、平台游戏以及第三人称动作游戏中不可或缺的一部分。

11.4.1　模拟才是王道

很明显，我们应尽可能采取一些捷径。模拟声音从角色头部耳机传入下方耳道的方式毫无意义。我们可以给角色一些知识。

---

① 很有趣的是，在这类系统中的 AI 模型往往都非常简单。它们行为的复杂性几乎完全是由感官模拟产生的。

即使对知识的传达存有疑问，我们也可以使用本章前面讨论的方法。例如，我们可以在每个房间使用事件管理器。房间内发生的声音可以传达给当前房间内的所有角色，并注册到事件管理器。在这里，我们使用事件管理器的方式与前面描述的方式略有不同。我们不依赖于其分发能力，而是依赖于这样一个事实，即听众无法获得未提供给事件管理器的信息。如果角色轮询数据，则不一定是这种情况（尽管我们可以添加过滤代码以限制对轮询站点的访问，从而获得相同的效果）。

为了使事件管理器能够用于声音通知，我们需要确保角色在房间之间移动时交换事件管理器。这可能适用于特定情况，例如，特定风格的游戏关卡或非常简单的游戏项目。但是，它无法成为一个逼真的模型，因为虽然在走廊上可能会听到嘈杂的声音，但一米之外可能连轻微的声音都听不到。

一个听觉尚且如此复杂，对其他感觉又该怎么做呢？视觉通常使用光线投射来检查视线，但如果许多角色试图看到许多不同的东西，这可能会迅速失控。

结果就是，我们需要一些专用的感知模拟代码。

11.4.2　内部知识和外部知识

角色可以访问游戏中的不同知识来源。本书第 5 章"决策"开头就已经提到过，知识可以分为两类：内部知识和外部知识。

角色的内部知识可以提供关于它自身的一些信息，如它当前的生命值、装备、心理状态、目标和移动。外部知识则涵盖了角色环境中的其他所有内容：敌人的位置、门是否打开、能量药丸的可用性以及小队成员是否仍然活着等。

内部知识基本上是自由的，角色应该直接和不受限制地访问它；外部知识则将根据游戏状态传递给角色。许多游戏都允许角色无所不知，例如，它们总是知道玩家在哪里。为了模拟某种程度的神秘感，可以设计角色的行为，使其看起来并不是全知全能。

例如，角色可能会不断地查看玩家的位置。当玩家足够接近时，角色会突然启动其"追逐"动作。在玩家看来，好像是角色在他足够靠近之前都无法看到玩家。这是 AI 设计的一个特征，而不是角色获得其知识的方式。

更复杂的方法是使用事件管理器或轮询站点，仅授予对游戏环境中实际人员可能知道的信息的访问权限。最终甚至还可以采用比较极端的做法，让感知管理器基于对世界的物理模拟来分发信息。

即使在具有复杂感觉管理的游戏中，使用混合方法也是有意义的。内部知识始终可用，而外部知识则可以通过以下 3 种方式访问：直接访问信息、仅通知所选信息和感知模拟。

本节的余下部分将仅关注最后一个要素：感知管理。到目前为止，本章已经完成了对其他要素的讨论。

虽然理论上可以实现基于轮询的感知管理系统，但我们从未在实践中看到过这种情况。例如，我们可以在每次轮询状态收到信息请求时测试感知过程，只有在测试通过时才传递数据。虽然这种方法没有任何本质上的错误，但是我们并不建议开发人员这样做。

感官知觉更像是一个输入过程：角色将通过感知信息来发现信息，而不是寻找所有信息并且感知不到大部分信息。在轮询结构中运行感知管理意味着绝大多数轮询请求都会失败，这在性能上是一个大大的浪费。

我们将专门为感知管理工具使用基于事件的模型。来自游戏状态的知识将被引入感知管理器中，并且那些能够感知它的角色将被通知。然后，它们可以采取任何适当的行动，例如，将其存储以供以后使用或立即采取行动。

11.4.3 感知形态

有 4 种自然人类感知（也称为"感觉"）适用于游戏：视觉、触觉、听觉和嗅觉。在使用顺序上它们基本上是递减的。此外，味觉构成了人类的第五感，但我们还没有看到有任何一款游戏让（甚至构思）一个角色通过味觉来获取有关其世界的知识。

我们将依次研究每种感知形态（Sensory Modality）。它们的特殊性构成了感知管理器的基本要求。

1. 视觉

视觉是最明显的感觉。玩家可以判断其模拟的好坏程度。反过来，这意味着我们需要更加努力地开发出令人信服的视觉模型。在我们支持的所有模式中，视觉需要最多的基础设施。

一系列因素都会影响我们看到某些东西的能力。

1）速度

光的传播速度接近 $3×10^8$ m/s。除非游戏在太空中涉及非常大的距离，否则光线将在不到一帧的时间内穿过游戏关卡。一般将视力视为即时的。

2）视锥

首先，我们有一个视锥（Sight Cone）。我们的视野仅限于前方的圆锥形状，如图 11.1 所示。

如果一个人的头部保持静止不动，那么他将拥有一个视锥，垂直角约为120°，水平角为220°左右。我们可以通过移动颈部和眼睛看到任意 360° 方向的事物，同时身体的其余部分仍保持静止。对于正在寻找信息的角色来说，这是可能的视锥。

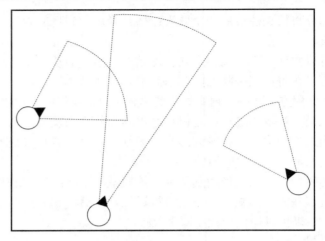

图 11.1　一组视锥

从事正常活动的人们一般只关注他们可视区域的一小部分。我们在意识上仅能够监测很小的一个角度的锥形，但是眼球运动会迅速扫过这个锥体，从而产生更宽视野的幻觉。

心理学研究表明，人们很难注意到他们没有特别寻找的东西。事实上，我们在注意到要寻找的东西方面，比我们想象得更糟糕。

有一个关于篮球练习视频的实验，一个穿着毛茸茸的毛皮大衣的男子走进球场。当被要求计算篮球运动员的传球次数时，大多数视频观众都没有注意到这个穿着毛皮大衣的男子正站在球场中心，挥舞着手臂。当让他们回忆视频内容时，大多数人只记得运动员的传球画面，对这个男子则没有任何印象。

为了模拟这些限制的效果，游戏开发通常使用大约 60° 的视锥。它考虑了正常的眼球运动，但有效地排除了角色虽然可以看到却不太可能引起注意的其他空间区域。

3）视线

视觉最具特色的是它无法绕过角落。要看到某些东西，必须要有一个直接的视线。

虽然这很明显，但并不完全正确。如果角色站在弯曲的黑暗走廊的一端，它将无法看到另一端的敌人。但是，一旦敌人开枪射击，那么角色就会看到反射的枪口闪光。就模拟而言，发光事件与不发光事件的表现不同。所有表面都会在一定程度上反射光线，使其很容易在角落周围反射。

我们参与的一种感知管理系统曾具有此功能。糟糕的是，由于效果太微妙，以至于好像对不住进行这种模拟处理所做的努力（据说发行人认为整个游戏都不值得付出，所以在发布之前就已经放弃了）。尽管项目失败了，但这个游戏中的感知模拟超出了我们所见过的任何其他项目，所以本节的其余部分将参考其中的一些功能。

出于本章的目的，我们假设视线仅以直线发生。要模拟光能传递或镜像等效果，开发人员需要扩展我们开发的框架。

4）距离

在以平均游戏关卡建模的比例上，人类对他们的视线没有距离限制。大气效应（如迷雾或烟尘）和地球的曲面限制了我们看到很长距离的能力，但是如果没有任何障碍，人类毫无疑问可以看到数百万光年之外。

当然，也有无数的游戏将距离用作视力限制。这并不总是坏事。例如，有一款平台游戏 *Jak and Daxter: The Precursor Legacy*（中文版名称《杰克和达斯特：旧世界的遗产》，详见附录参考资料[148]），在该游戏中，我们不希望绕过每个角落去发现敌人，而这些敌人来自空地另一边并且已经看到了我们。游戏通常使用一种惯例，即当玩家进入一定距离时敌人才会注意到玩家，而该游戏则故意给角色带来了比它们原本更糟糕的视线。

而不遵守这一限制的游戏，如 *Tom Clancy's Ghost Recon*（中文版名称《汤姆克兰西之幽灵行动》，详见附录参考资料[170]），则需要不同的游戏策略，这通常在很大程度上涉及隐身等。

对于距离来说，很重要的是被观察物体的大小。例如，所有动物只能看清楚那些在它看来足够大的物体（暂时忽略亮度和背景图案等），而以人类的比例而论，对于大多数游戏关卡来说，这都不是问题。例如，我们可以看清楚半英里以外的人类。

与视锥相同，能力和可能性之间也存在差异。虽然可以看清楚数百米之外的人类，但我们不太可能注意到那个距离的人，除非我们特别负责寻找他。即使在不限制角色可以看到的距离的游戏中，我们也建议使用一些距离阈值来注意小物体。

5）亮度

我们依靠光子到达眼睛才能看到东西。当光子撞击眼睛时，眼睛中的光敏细胞会被激发，并在接下来的几毫秒内逐渐放松。如果有足够的光子在它放松之前到达细胞，那么它将变得越来越兴奋并最终将其信号发送到大脑。

众所周知，在昏暗的灯光下很难看清楚东西，《细胞分裂》游戏即利用了人类视觉的这一特征来达到良好的效果。在该游戏中，玩家可以隐藏在阴影中并避免被警卫发现（即使玩家的角色有 3 个明亮的绿色火炬绑在前额上）。

实际上，我们很少处于足够黑暗的条件下，眼睛的光敏感度是我们视力的限制因素。我们在低光照条件下出现的绝大部分视力问题不是缺少光子，而是一个分辨问题。

6）分辨

人类的视力已经根据我们的生存需求而演变。我们在脑海中看到的外部世界图像实际上是一种由许多不同信号重建的幻觉。例如，当倾斜头部时，我们看到的图像不会跟着倾斜，我们的视觉系统中有专门的细胞，专门用于发现垂直，然后，来自视觉系统的其余部分的所有结果在输出到我们大脑之前都会内部先旋转回来。所以，我们大多数人都无法真正看出倾斜（这也是为什么大多数驾驶游戏都不会倾斜镜头的原因之一，尽管大多数驾驶员都会侧头或晃动脑袋）。

对感知管理最重要的适应性检测是我们的对比度检测器。我们拥有一系列专用于识别颜色或色调变化区域的细胞。这些细胞中有一些专用于在不同角度发现不同的线，而其他一些细胞则专用于在对比度发生变化的情况下找到斑点。一般来说，我们很难看到没有足够对比度变化的东西。对比度变化可以仅在一个颜色分量中发生。这是那些多斑点的色盲测试的基础。如果你无法检测到红色和绿色之间的差异，则无法检测到红色和绿色强度的同步但相反的变化，因此无法分辨出数字。

这意味着我们无法识别出没有与背景形成鲜明对比的物体。人类非常擅长看出对比的物体。所有迷彩伪装都遵循这一原则，它试图确保某物的边缘与其背景之间没有对比度变化。所以，我们在昏暗的灯光下看不清东西的原因是因为它的对比度不足，而不是因为光子没有到达我们的眼睛。

《汤姆克兰西之幽灵行动》游戏有很好的背景伪装实现。如果你的小队穿的是军绿色的着装，那么卧在树丛中，敌人就不会看到他们。如果穿同样的制服站在砖墙前，那么他们将成为极易击中的靶子。

另一方面，《细胞分裂》游戏因其隐藏在阴影中的游戏玩法而颇受称赞，但它并没有考虑到背景。游戏主角山姆·费舍尔（玩家扮演的角色）可以站在一个非常明亮的走廊中间的阴影中，而走廊一端的敌人却看不到他。如果在现实中这显然是不可能的，敌人会在明亮的背景下看到一个巨大的黑色轮廓，然后山姆就会被击毙。（当然，公平地说，关卡设计师已经努力避免这种情况经常发生。）

2. 听觉

听觉不受直线限制，因为声音可以通过任何物理介质作为压缩波传播。声波需要时间移动，并且当它移动时它会展开并受到摩擦。这两个因素都可以减小声音的强度（音量）和传播距离。低音调的声音受到的摩擦较小（因为它们的振动较慢），因此可以比高音调的声音传播得更远。

低音调声音也能够更容易地绕过障碍物。这就是为什么从障碍物后面发出的声音听起来很浑浊并且音调较低。大象会发出低于人类听觉水平的次声咆哮，以便通过灌木丛树叶与数英里之外的其他兽群成员进行交流。相比之下，蝙蝠可以发出人类听不到的超声波，遇到昆虫后会反弹回来，蝙蝠用耳朵接收后，就可以感知到飞蛾的具体位置，而低频声音只会绕着它们的猎物拐弯。

这些差异可能太微妙，无法包含在游戏的 AI 中。我们将对所有声音进行相似处理：

它们按距离均匀减小音量，直到它们超过某个阈值。例如，我们允许不同的角色感知到不同的声音音量，以模拟由附近的炸弹爆炸引起的急性听力或耳聋。

就目前 AI 的水平而言，声音在角落周围的空气中传播没有问题，无论它的音高如何。为玩家的三维（3D）音频准备的环境音频技术具有更全面的功能来模拟阻隔效果。当玩家正在聆听时，效果非常重要。但是，在确定角色是否知道某些事物时，效果并不重要。

在现实世界中，所有材料都可以在某种程度上传播声音。更致密和更硬的材料可以更快地传输声音。例如，钢比水传播声音更快，水传播声音比空气更快。出于同样的原因，较高温度的空气传播声音更快。

空气中的声速约为 345 m/s。

然而，在游戏实现中，我们通常将所有材料分为两类：不传输声音的材料和传输声音的材料。传输声音的材料都被视为和空气一样。

因为游戏关卡往往非常小，所以声音的速度通常足够快，不会被注意到。许多游戏通过让它像光一样瞬间行进来模拟声音。例如，在《合金装备》中就没有可辨别的声音速度，而在 Conflict: Desert Storm（中文版名称《冲突：沙漠风暴》，详见附录参考资料[159]）中就是如此处理的。

如果你打算使用声音的速度，那么放慢速度的做法可能值得一试。在典型的第三人称或第一人称游戏中，100 m/s 左右的声速会产生"逼真"且引人注目的效果。

3. 触觉

触觉是一种需要直接身体接触的感知形态。最好在使用碰撞检测的游戏中实现：如果角色与另一个角色发生碰撞，则会通知角色。

在设计了隐形能力的游戏中，这是游戏的一部分。如果你触摸一个角色（或在一个小的固定距离内），那么他会感觉到你在那里，不管他是否能看到或听到你。

因为使用碰撞检测很容易实现触摸，所以这里描述的感知管理系统将不包括触摸。碰撞检测超出了本书的范围。本系列中有两本书（详见附录参考资料[14][73]）对此有详细介绍。

在生产系统中，将触摸结合到感知管理器框架中可能是有益的。当检测到碰撞时，可以在触摸角色之间发送特殊触摸事件。通过感知管理器进行路由允许角色通过一条路线接收其所有感知信息，即使触摸是在幕后以不同方式处理的。

4. 嗅觉

在游戏中，嗅觉是一种相对未开发的感知形态。气味是由气体在空气中的扩散引起的。这是一个缓慢且距离有限的过程。扩散速度使风的效果更加突出。虽然声音可以通过风传播，但它的快速运动意味着我们注意不到顺风比逆风传递更快。同样，在顺风条件下，气味的传递也更加明显。

一般来说，与浓缩化学物质无关的气味（如敌人的气味）仅行进几十英尺。在适当的风力条件下，对气味具有更好敏感性的动物可以在明显更远的距离处探测人类。狩猎游戏通常是模拟气味的唯一游戏。

我们遇到过嗅觉的其他潜在用途。我们之前提到的游戏（模拟光传输的光能传递）使用了气味来代表有毒气体的扩散。例如，可以在防护柱外引爆气体手榴弹。感知管理器在闻到气体时会发出警告信号。在这种情况下，闻到气味者将会死亡。

将气味模拟运用得最好的游戏是 *Alien vs. Predator*（中文版名称《异形大战铁血战士》，详见附录参考资料[79]）。在该游戏中，外星人感觉到使用气味的玩家的存在。当气味扩散时，外星人会跟随增加气味强度的踪迹来找到玩家的位置。这产生了一些巧妙的策略。如果一个角色长时间站在一个良好的伏击点，然后迅速躲到掩藏点后面，那么当外星人沿着小道追踪角色以前站立的强烈气味点时，就会给玩家带来主动攻击的机会。

5．幻想模式

除视觉、听觉和嗅觉外，感知管理器还有其他各种各样的用途。虽然我们将模拟限制为这 3 种感知形态，但它们的相关参数意味着我们可以模拟其他的感知意义。

例如，可以使用视觉的修改版本来表现诸如光环或魔法之类的幻想感知；心灵感应可以是听觉的修改版本；恐惧、声誉或魅力可以是气味的修改版本。还可以使用感知管理器广播一系列法术效果：法术的受害者将接收到感知管理器的通知，这样就无须在特定的法术代码中运行一大批的特殊测试。

11.4.4　区域感知管理器

我们将研究两种用于感知管理的算法。第一种是使用球形区域影响的简单技术，每种感知形态都有固定的速度。

这种技术的变体可用于大多数具有感知模拟的游戏。它也是动画模拟软件（如 Massive）和军队模拟训练所青睐的方法。

1．算法

该算法分 3 个阶段进行：在聚合阶段（Aggregation Phase）找到潜在的传感器；在测试阶段（Testing Phase）检查潜在传感器以查看信号是否通过，最后在通知阶段（Notification Phase）将确实已通过的信号发送出去。

角色将在感知管理器注册它们的兴趣，以及它们的位置、方向和感知能力。这将存储为传感器，相当于事件管理器中的听众结构。

在实际实现中，位置和方向通常作为指向角色位置数据的指针提供，因此角色不需要在移动时不断更新感知管理器。感知能力包括角色可以感知的每种感觉的阈值。

感知管理器可以处理任意数量的感知形态。与每种感知形态相关联的是衰减因子（Attenuation Factor）、最大范围和反向传输速度。

感知管理器接收信号：指示游戏关卡中发生了某些事件的消息（相当于事件管理器中的事件）。信号类似于事件管理器中使用的事件，但有 3 个额外的数据：信号应该发送的感觉、信号源的信号强度以及信号源的位置。

对应于每种感知形态的衰减因子将确定声音的音量或气味的强度如何随着距离而下降。对于每个距离单位，可以使用信号的强度乘以衰减系数。超出传输的最大范围之后，该算法将停止处理。

一旦信号的强度下降到角色的阈值以下，则角色就无法感知到它。显然，应该选择感知形态的最大范围，使其足够大以达到能够感知适当信号的任何角色。

图 11.2 显示了声音信号的这个过程。感知管理器已经注册的声音衰减因子为 0.9。从图中所示的声音源发射强度为 2 的信号。在距离声源 1 个单位的地方，声音的强度为 1.8，在第二个单位的距离处为 1.62，以此类推。角色 A 的声音阈值为 1，在 1.5 个单位的距离内，声音的强度约为 1.74，因此角色 A 接收到了声音的通知。角色 B 的阈值为 1.5，在 2.8 个单位的距离处，声音的强度为 1.49，因此角色 B 没有被通知。

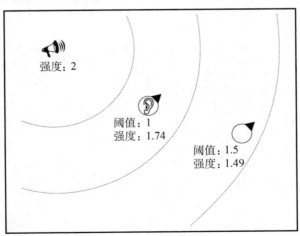

图 11.2　声音的衰减

反向传输速度表示信号传输一个单位距离所需的时间。我们不使用未反转的速度，因为我们希望能够处理与视觉相关的无限速度。

对于每种感知形态，基本算法以相同的方式工作。当信号被引入感知管理器时，它立即发现相应感知形态的最大半径内的所有角色（聚合阶段）。对于每个角色，它计算信号到达角色时的强度以及信号发生的时间。如果强度低于角色的阈值，则忽略它。

如果强度测试通过，则该算法可以执行附加测试，这取决于感觉的类型。如果所有测试都通过，则通知角色的请求将发布到队列中。这是测试阶段。

队列记录存储信号、要通知的传感器、强度以及传递消息的时间（根据信号发出的时间和信号传输到角色的时间计算）。每次运行感知管理器时，它都会检查队列中已经到期的消息并发送它们。这是通知阶段。

该算法统一了气味和声音的工作方式（声音可以被看作是快速移动的气味）。它们都不需要额外的测试，强度测试已经足够了。基于视觉的感知确实需要在测试阶段进行两次额外的测试。

首先，测试信号源以确保它位于角色的当前视锥内。如果该测试通过，则执行射线投射以确保存在视线。如果开发人员希望支持伪装迷彩或隐藏在阴影中，则可以在此处添加额外的测试。在下面的主要算法之后将讨论这些扩展。

请注意，此模型允许我们使用具有固定查看距离的角色：我们允许视觉信号按距离衰减，并为不同的角色提供不同的阈值。如果视觉信号的强度总是相同（合理的假设），则阈值在角色周围施加最大观察半径。

2．伪代码

感知管理器可以通过以下方式实现：

```
 1  class RegionalSenseManager:
 2      # 保存通知队列中的记录
 3      # 已经准备好在正确的时间通知传感器
 4      class Notification:
 5          time: int
 6          sensor: Sensor
 7          signal: Signal
 8
 9      # 保存传感器的列表
10      sensors: Sensor[]
11
12      # 保存等待发送的通知的队列
13      notificationQueue: Notification[]
14
15      # 引入信号到游戏中
16      # 这也将计算该信号需要的通知
17      function addSignal(signal: Signal):
18          # 聚合阶段
```

```
19      validSensors: Sensor[] = []
20
21      for sensor in sensors:
22          # 测试阶段
23
24          # 首先检查该感知形态
25          if not sensor.detectsModality(signal.modality):
26              continue
27
28          # 找到信号的距离并检查范围
29          distance = distance(signal.position, sensor.position)
30          if signal.modality.maximumRange < distance:
31              continue
32
33          # 找到信号的强度并检查阈值
34          intensity = signal.strength *
35                      pow(signal.modality.attenuation, distance)
36          if intensity < sensor.threshold:
37              continue
38
39          # 执行其他和感知形态相关的检查
40          if not signal.modality.extraChecks(signal, sensor):
41              continue
42
43          # 通知阶段
44
45          # 将要通知传感器，计算通知的时间
46          time = getCurrentTime() +
47                  distance * signal.modality.
48                  inverseTransmissionSpeed
49
50          # 创建通知记录并将它添加到队列中
51          notification = new Notification()
52          notification.time = time
53          notification.sensor = sensor
54          notification.signal = signal
55          notificationQueue.add(notification)
56
57  # 发送信号
58  # 如果当前信号已经准备好则立即通知
59  sendSignals()
60
```

```
61      # 冲刷该队列的通知，更新到最新时间
62      function sendSignals():
63          # 通知阶段
64          currentTime: int = getCurrentTime()
65
66          while notificationQueue:
67              notification: Notification = notificationQueue.peek()
68
69              # 检查该通知是否到期
70              if notification.time < currentTime:
71                  notification.sensor.notify(notification.signal)
72                  notificationQueue.pop()
73
74              # 如果超出当前时间，则停止
75              # （该队列已经排序）
76              else:
77                  break
```

该代码假定 getCurrentTime 函数返回当前游戏时间。它还假设存在 pow 数学函数。

请注意，无论是否引入了任何信号，都应该在每个帧中调用 sendSignals 函数，以确保正确分配缓存的通知。

3. 数据结构和接口

该代码假定了感知形态、传感器和信号的接口。这些感知形态均符合以下接口：

```
1   class Modality:
2       maximumRange: float
3       attenuation: float
4       inverseTransmissionSpeed: float
5
6       function extraChecks(signal: Signal, sensor: Sensor) -> bool
```

其中，extraChecks 在测试阶段执行和感知形态相关的检查。对于特定的感知形态来说，这将以不同的方式实现。某些感知形态可能总是会通过此测试。例如，对于视觉感知可能会有以下接口：

```
1   class SightModality:
2       function extraChecks(signal: Signal, sensor: Sensor) -> bool
3           if not checkSightCone(signal.position,
4                                 sensor.position,
5                                 sensor.orientation):
```

```
6              continue
7         if not checkLineOfSight(signal.position,
8                                  sensor.position):
9             continue
```

其中，checkSightCone 和 checkLineOfSight 执行单独测试。如果它们都通过，则两者都返回 true。

传感器有以下接口：

```
1   class Sensor:
2       position: Vector
3       orientation: Quaternion
4
5       function detectsModality(modality: Modality) -> bool
6       function notify(signal: Signal)
```

如果传感器可以检测到给定的感知形态，那么 detectModality 将返回 true。该感知形态就是一个感知形态实例。notify 方法与我们在常规事件管理中看到的相同：它将通知信号的传感器。

信号有以下接口：

```
1   class Signal:
2       strength: float
3       position: Vector
4       modality: Modality
```

除这 3 个接口外，该代码还假定 notificationQueue 始终按时间顺序排序。它具有以下结构：

```
1   class NotificationQueue:
2       function add(notification: Notification)
3       function peek() -> Notification
4       function pop() -> Notification
```

其中，add 方法将给定的通知添加到队列的正确位置。这个数据结构是一个优先级队列，并且按时间排序。本书第 4 章 "路径发现" 详细介绍了优先级队列的有效实现。

4．性能

区域感知管理器在时间中的性能为 O(nm)，其中，n 是注册的传感器的数量，m 是信号的数量。它仅存储待处理信号，因此在内存中的性能为 O(p)，其中，p 是待处理信号的数量。根据信号的速度，在内存中这可能接近 O(m)，但大多数时候会小得多。

5．迷彩伪装和阴影

为了支持迷彩伪装，我们可以在 SightModality 类中为视觉感知形态添加额外的测试。在光线投射以检查信号是否在角色的视线内之后，可以在角色之外执行一个或多个额外的光线投射。我们将找到与每条光线相交的第一个物体相关的材料。

一般来说，关卡设计师将根据其图案类型标记每种材质。我们可能有 10 种图案类型，如砖、树叶、石头、草、天空等。基于背景的材料类型，计算额外的衰减因子。假设角色穿着绿色迷彩服装。关卡设计师可能会确定树叶背景的额外衰减为 0.1，而天空则会产生 1.5 的额外衰减。额外衰减乘以信号强度，仅在结果高于角色阈值时传递。

我们可以使用类似的过程来支持隐藏在阴影中。一种更简单的方法是简单地使初始信号强度与落在其发射器上的光成比例。如果一个角色处于完全光照状态，那么它将向感知管理器发送高强度的“我在这里”信号。如果角色处于阴影中，则信号强度将降低，具有高强度阈值的角色可能不会注意到它们。

6．弱点

图 11.3 显示了简单感知管理器实现崩溃的情况。角色 A 发出的声音首先由角色 C 听到，即使角色 C 与声音源的距离比角色 B 与声音源的距离更远。但实际上，除了视线测试，声音的传输总是按距离处理，并不考虑关卡几何地形。

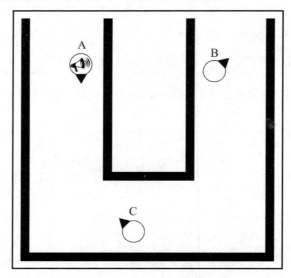

图 11.3　走廊拐角和声音传输错误

这种轻微的时间差异可能不太明显。图 11.4 显示了一个更严重的情况。在这里，角色 B 应该可以听到声音，即使角色 B 远离声源并且被大屏障隔离。

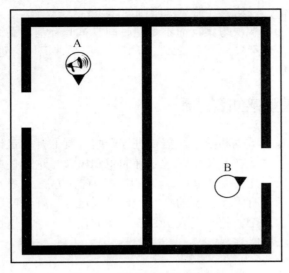

图 11.4　通过墙壁传播的声音

　　我们还假设角色总是静止的。以图 11.5 为例。这两个角色在开始时都与声音源具有相同的距离，一个角色正迅速向源头移动。如果要讲究更逼真，那么角色 A 在图上标记的点处应该比角色 B 更早地听到声音。然而，在我们的模型中，它们是同时听到声音的。对于声音来说，这通常不会引人注意，因为声音的移动比角色的移动要快得多。然而，对于气味来说，其差异可能是非常明显的。

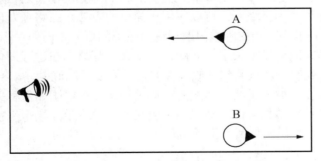

图 11.5　处于移动状态的角色的计时差异

　　这种感知管理算法非常简单，快速且功能强大。它非常适用于露天关卡或室内环境（该室内环境墙壁的厚度要大于信号可以传播的距离，即墙壁必须是隔音的）。然而，对于第一人称和第三人称动作游戏中常见的环境，它可能会产生令人不快的伪影（Artifact）。

　　许多使用这种感知管理器的开发人员都已经使用了额外的测试、特殊情况的代码和启发式算法扩展了它们，以给人克服算法限制的印象。

　　我们将考虑更全面的解决方案，而不是花时间尝试修补基本系统（只要修补不花费太多的精力，其实修补也不失为一个有效的方案）。但是请记住，随着复杂程度的提高，相应地会有更高的处理要求。

11.4.5　有限元模型感知管理器

　　要准确地模拟视觉、听觉和嗅觉，需要进行一些认真的开发工作。在我们公司的开发实验中，我们研究了构建在几何上非常精确的感知模拟。这项任务非常艰巨，我们有理由相信，对于接下来的几代硬件来说，没有切实可行的方法。

　　我们设计了一种基于有限元模型的机制，该机制运行良好且可以合理有效。我们后来发现这是一种由至少两个其他开发人员独立设计的技术（当然这也不奇怪，因为它与本书中的其他游戏算法相似）。

1. 有限元模型

　　有限元模型（Finite Element Model，FEM）可以将连续问题分解为有限数量的离散元素。它使用有限数量位置的求解问题取代了无限数量位置的求解问题，从而化解了连续世界中的这个难题。

　　虽然路径发现并不严格使用有限元模型，但它使用了非常类似的方法。它将连续问题分解为有限元素，这与我们为算法所需要做的方式非常相似（它不是严格意义上的有限元模型，因为它不会将算法并行应用于每个区域，而是会对整个模型应用一次性彻底解决的算法）。

　　在将连续问题划分为区域时，可以应用更简单的算法。在路径发现中，我们将通过任意 3D 几何体找到最快路径的困难问题与遍历图形的更简单问题进行交换。

　　无论何时使用有限元模型来求解问题，开发人员都只是在进行简化近似。如果未能求解实际的问题，就有可能只回到近似解决方案。只要近似值很好，模型就可以工作。

　　我们在一定深度上讨论了路径匹配的近似过程，并提供了如何将关卡划分为区域的提示，以便生成的路径结果可信。类似地，当我们使用有限元模型来模拟游戏中的感知时，需要仔细选择区域以确保所产生的角色感知模式是可信的。

2. 感知图

　　与路径发现的方式相同，我们可以将游戏关卡转换为用于感知管理的有向无环图。

　　图形中的每个节点表示游戏关卡的区域，其中信号可以无阻碍地传递。对于每种基于气味的感知形态，节点包含一个耗散值（Dissipation Value），表示每秒钟有多少气味会衰减。例如，耗散值 0.5 意味着气味每秒损失一半的强度。对于所有感知形态，节点包含一个衰减值，指示信号在其传播的每个距离单位的衰减程度。

可以在节点对之间建立连接，使其中一个或多个感知形态可以在相应区域之间传递。

图 11.6 显示了一个示例。两间独立的房间由隔音的单向窗户隔开。该感知图（Sense Graph）包含两个节点，每个房间一个节点。房间 A 与房间 B 相连，因为视觉刺激可以向那个方向传递，即使声音和气味不能。但是，房间 B 没有连接到房间 A，因为没有刺激可以通过那个方向。

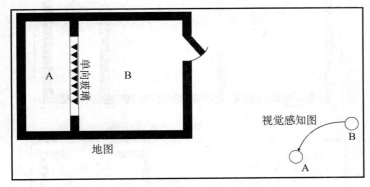

图 11.6　单向玻璃的感知图

对于每种感知形态，连接具有相应的衰减因子和距离，这允许我们计算传递的信号量。在上面的示例中，对于气味和声音，连接的衰减值均为 0（这两者均不允许通过）。它的视觉衰减因子为 0.9，以模拟窗户导致色调变暗的事实。为简单起见，沿连接的距离为 1（因此通过窗口的整体衰减因子将为 0.9）。同时具有衰减和距离的主要原因是允许缓慢移动的信号（即气味）花费时间沿着连接移动。

连接的两端也有相关的 3D 位置，如图 11.7 所示。连接位置用于计算信号如何通过传入连接在节点上传输。因为节点通常彼此相邻，所以连接的起点和终点通常处于相同的位置：算法将应对这种情况。与连接关联的距离不必与其起点和终点之间的 3D 距离相同。它们由算法完全单独处理。

没有理由将连接限制在该关卡的附近区域。图 11.8 显示了一个只允许嗅到的长距离连接。这是我们之前介绍的那一款苦命的（在上市之前被毙掉了）基于感知的游戏的一个例子。这个连接代表了一个空调管道，这是游戏中的一个关键谜题。解决办法是在房间 A 中引爆一枚毒气手榴弹，然后让它通过空调管道，杀死房间 B 内的卫兵。空调管道是这两个房间之间唯一的连接点。

另外还有一个关于控制室的案例，控制室通过视频链接到关卡中的若干个房间。会议室和被调查区域之间可能存在视觉联系，即使它们在远处也是如此。控制室内的警卫将可以获得通知并对摄像机上捕获的事件做出反应。

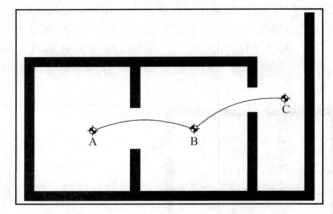

图 11.7　感知图中的连接位置

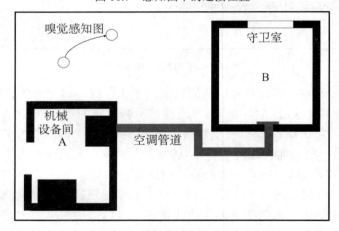

图 11.8　感知图中的空调管道

3．视觉

　　这里特别值得一提的是视觉。如果目标节点中的任何位置从源中的任何位置可见，则两个节点之间的连接应允许视觉信号通过。一般来说，目标节点中会有许多位置无法从源中的许多位置查看。正如我们将看到的，这些情况将会受困于算法中的视线测试。但是，如果节点没有连接，则不会考虑视线测试。图 11.9 显示了两个房间之间的连接，从房间 A 中只能看到房间 B 的一个很小的区域，同样，从房间 B 中也只能看到房间 A 的一个角落。

图 11.9 视线连接的节点对中的视线

下面介绍的算法的另一个结果是所有具有连接视线的节点对必须具有连接。与路径发现不同，我们不能依赖中间节点来传递信息。对于除视觉外的其他感知形态，则情况并非如此。图 11.10 显示了包含 3 个房间的正确感知图。请注意，房间 A 和房间 C 之间也是有视线连接的，即使房间 B 挡在中间。但是，房间 A 和房间 C 之间没有气味或声音连接。

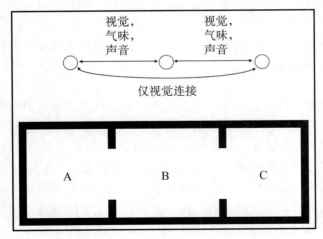

图 11.10 视觉感知图

和这个模型一起使用的感知管理器偶尔会使用一个单独的视觉感知图，因为它是专门处理视觉的。有一个特别合理的实现是使用来自渲染引擎的潜在可见集（Potentially Visible Set，PVS）数据来计算视觉图。潜在可见集是用于减少每帧必须渲染的几何体数量的一系列图形技术的名称。它是所有现代渲染引擎的标准功能。

在下面的算法中，我们将对所有感觉使用一个图形，但由于每个感觉的处理方式仅略有不同，因此将一个图形替换为两个或更多图形是一个相对简单的过程。

4．算法

该算法在与以前相同的 3 个阶段中工作：聚合可能得到通知的传感器，测试它们以检查是否有效，然后将信号通知给它们。

和以前一样，感知管理器通知来自外部代码（通常是一些轮询机制）的信号，这些外部代码不是算法的一部分。连同信号一起提供的还有其位置、强度、感知形态以及必须传递的任何其他数据。

感知管理器还将存储传感器列表。所谓传感器就是指能够检测一种或多种感知形态的事件听众。同样，这些传感器也将提供感知形态和强度阈值的列表。它们将被通知它们能够检测到的任何信号。

该算法还给出了感知图，以及将游戏世界中的位置量化为感知图中的节点的一些机制。在算法可以工作之前，需要将传感器和信号量化为节点。该量化可以与路径发现量化完全相同。有关更多详细信息，请参阅本书第 4 章"路径发现"。

在内部，感知管理器将基于每个节点存储传感器，因此它可以快速找到给定节点中存在哪些传感器。

根据感知形态类型，算法的行为略有不同。按逐渐增加的复杂度排序，视线、声音和气味将由不同的子算法处理。

1）视线

视线是要处理的最简单的信号。当引入视线时，该算法即获得潜在传感器的列表，这就是聚合阶段。此列表包含与信号位于同一节点中的所有传感器，以及连接到该节点的节点中的所有传感器。视线仅遵循一组连接，我们不允许视觉信号继续在关卡上传播。如果需要如前所述模拟光能传递，当且仅当视觉信号发光时，才能跟踪两组连接。

然后算法进入测试阶段。潜在传感器列表的测试与在区域感知管理器中完全相同。它们将被检查是否对视觉刺激感兴趣，信号是否具有足够的强度，信号是否在视锥内，以及它是否在视线范围内，也可以像以前一样检查背景对比度。

可以基于每个连接中的位置、传输和距离数据计算计时和强度数据。这 3 种感知形态都是相同的，详情如下。

如果传感器通过了所有测试，则管理器将根据它与刺激的距离（在三维中计算为欧几里得距离，与下面的其他感知形态不同），在需要通知时进行计算。然后将通知添加到通知队列中，这和以前是完全一样的。如果游戏中的视线总是即时的，则开发人员可以跳过此步骤并立即通知传感器。

2）声音

声音和气味的处理方式相似，但有一个主要区别。随着时间的流逝，气味会在一个地区徘徊，而我们模型中的声音则不是这样（在这里我们没有考虑回声的问题，尽管如果有必要它们可以通过每隔几帧发送新声音来建模）。

我们将声音视为一种波，从源头传播并变得越来越微弱。当它达到最小强度限制时，它会永远消失。这意味着声音只能通过声波传递给你。如果声波已到达房间的边缘，则房间内的声音将不再响起。

为了模拟声音，我们从声音源所在的节点开始。该算法将查找此节点中的所有传感器。它在访问过节点之后将标记该节点，然后跟随声音的已标记的连接，按指定的连接总量降低其强度。它将尽可能地继续这个过程，通过连接从一个节点工作到另一个节点，并标记它访问过的每个节点。

如果到达已经存在的节点，那么它不会再次处理该节点。节点将按距离顺序处理（如果假设声音以恒定速度传播，那么它实际上等于时间顺序）。在已访问的每个节点处，可以收集潜在传感器的列表。

如果声音的强度低于最小强度，则不再处理更多的节点。对于每种感知形态，强度的计算方式相同，下文将有详细介绍。

在测试阶段，将对每个传感器进行强度检查：能够接收信号的那些传感器会让通知请求被添加到为分配阶段准备的队列中。

3）气味

气味的表现与声音非常相似。声音将跟踪它通过的每个节点并拒绝处理先前的节点，而气味则将用存储的强度值和相关的计时信息替换它。每个节点可以具有任何挥之不去的气味强度，因此它会存储气味的强度值。为确保准确更新此值，还会存储时间值。时间值将指示上次更新强度值的时间。

每次该算法运行时，它都会根据中间连接的传输和距离将其气味传播给邻居。如果气味源或新的目标强度低于最小强度阈值，或者信号在感知管理器模拟的时间内无法到达目的地，则不会传播。该模拟时间通常对应于感知管理器调用之间的持续时间（可能是帧）。以这种限制时间的方式可以防止气味通过感知图传播的速度快于通过关卡的传播速度。

单个节点中的气味将基于节点的耗散参数而消失。

为了避免每次感知管理器迭代时多次更新节点，可以存储时间戳（Time Stamp）。仅当节点的时间戳小于当前时间时才处理节点。

在每次迭代时，它将聚合来自每个节点的传感器（这些节点中的强度值应大于最小值），然后在测试阶段对感知形态中的兴趣和强度阈值等进行测试。测试通过之后，将按正常方式安排发送通知的请求。

4）计算从一个节点到另一个节点的强度

为了计算非视觉刺激在节点之间移动时的强度和传播时间，可以将传播的过程分为 3 个部分：从源头到连接开始的过程、沿着连接的过程，以及从连接末尾到传感器的过程（如果它有多个步骤，则是到下一个连接的开始）。

总时间长度可以由总距离除以感知形态的速度给出。这个总距离是指从信号到连接起点的距离（3D 欧几里得距离）、沿着连接的距离（已明确存储）以及到传感器的距离（另一个 3D 距离）之和。

总衰减由每个分量的衰减因子给出。这些分量包括源所在节点的衰减、连接的衰减以及传感器节点的衰减。

5）迭代算法

到目前为止，我们假设所有视觉和声音的传播都是在感知管理器的一次运行中处理的。但是气味不一样，因为它会蔓延并逐渐扩散，所以需要迭代处理。视觉的传播非常快，所以需要立即处理其所有效果。

声音可能介于视觉和气味之间。如果它传播得足够慢，那么它可能会被当作气味处理：每次感知管理器运行时，它会被一些节点和连接传播。只要开发人员无意于寻找关于声波扩展方式的完美准确度，用于更新气味的相同时间戳也可用于声音更新（理想情况下，我们希望从源向外处理节点，但只使用一个时间戳意味着我们不能为每个源执行此操作）。

我们使用这种算法构建的感知管理器允许这种缓慢移动的声音。但是，在实践中，它从未被需要。当然，如果要立即处理声音，它也同样可信。

6）分配

最后，算法会将所有刺激事件分派给已经聚合和测试的传感器。它基于时间执行此操作，与区域感知管理器完全相同。

对于气味或缓慢移动的声音，只会产生近期的通知。如果在一次迭代中处理声音，则队列可以保持几毫秒或几秒的通知。

5. 实现说明

如果排除气味，则此算法的表现与基于区域的感知管理器类似。使用基于图形的表示方式能有效地加速检测候选传感器（聚合阶段），并停止原始算法给出错误结果（如通过墙壁的感知形态）的其他情况。它相对是不需要状态的（只需要存储那些已经进行过声音传输检查的节点）。

如果将气味添加进来，或在多次迭代中进行声音检查，那么它将变成一个全然不同的东西。它需要更多的状态，并且在节点之间的气味前后传播，将会显著增加所需的计算次数。虽然嗅觉有它的用途并且可以实现一些让人惊艳的新游戏玩法，但我们仍建议开发人员仅在真正需要时实现它。

6. 弱点

当全部声音需要在一帧中处理时，则和区域感知管理器一样，相同的弱点也适用于该算法：我们可能会在错误的时间发出通知。对于非常快速移动的角色，这可能会很明显。该算法已经消除了气味问题，并且如果声音被迭代处理，则可以完全解决问题（当然，代价就是需要额外的内存和时间）。

7. 内容创建

该算法提供了可信的感知模拟，可以处理真正有趣的关卡设计，如单向玻璃、空调装置、摄像机监控、暴风走廊等。简而言之，有限元模型感知管理和类似算法是游戏感知模拟中的最新技术。

在本书中，所谓"最新最先进的技术"就是"复杂"的代名词。该算法最难的元素是源数据，准确指定感知图需要专用工具支持。关卡设计师需要能够标记不同感知形态的位置。虽然可以使用关卡几何形状，通过周围的光线进行粗略近似，但这不能应对诸如玻璃窗、管道或闭路电视之类的特殊效果。

就目前而言，感知模拟仍然是一种奢侈技术，如果开发人员想要在游戏中提供相关的功能，那么一个更简单的解决方案，如区域感知管理或普通事件管理器是一个更好的选择。但是，趋势是在第一人称和第三人称动作游戏中增加无处不在的感知模拟（在不太追求逼真感的游戏类型中它们并不那么重要）。我们有理由相信，在不久的将来，复杂的感知模拟技术将会大行其道。

11.5　习　　　题

（1）假设声音的强度值为4，衰减因子为0.8。如果有2个角色，其中一个角色与声音源的距离为2个单位，其阈值为2.6；另外一个角色与声音源的距离为3个单位，其阈值为2，那么这2个角色各自能听到声音吗？如果音波的传输速度为200，则声音到达每个角色需要多长时间？

（2）请绘制一个可能与以下感知图对应的关卡：

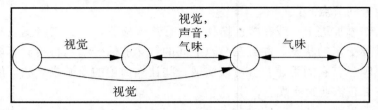

（3）请实现一个事件管理器。首先使用一些人工数据对其进行测试，然后，如果可以的话，尝试将其合并到一些真实的游戏代码中。

（4）请实现一个轮询站点。首先使用一些人工数据对其进行测试，然后，如果可以的话，尝试将其合并到一些真实的游戏代码中。

第 12 章　工具和内容创建

在大众市场的游戏中，编程只占相对较小的工作量。大部分的开发时间其实都涉及内容创建，包括制作模型、纹理、环境、声音、音乐和动画等，它们可以是从概念艺术具现化为详细关卡设计的任何东西。

在过去的 15 年中，开发人员通过在多款游戏中重复使用他们的技术，进一步减少了编程的工作量。他们往往会整合出一个可以在多款游戏中运行的游戏引擎，向引擎中添加综合的 AI 套件只要迭代其最新版本即可。

但是，大多数开发人员并不满足于此。由于内容创建所涉及的工作量非常大，因此内容创建过程也需要标准化，并且运行时工具需要与开发工具无缝集成。十多年来，这些完整的工具链对于大型游戏的开发至关重要。随着 Unity 引擎的迅速普及，它们对于小型工作室、独立开发人员和业余爱好者来说也变得至关重要。

12.1　关于工具链

事实上，对于工具链在现代游戏开发中的重要性，无论如何强调都不过分。现在，工具链的品质被视为出版商决定支持某个项目的主要决定性因素。对于某些游戏来说，项目能够成立的一个主要因素是开发人员的尖端编辑工具集。工具链几乎无处不在，现在已经很少有开发人员在缺乏成熟工具链的情况下从头开始创建新游戏。

工具链泛滥的另一个原因是由于它们唾手可得。21 世纪初期，Renderware Studio 是 Criterion 图形中间件的主要卖点。但是它的许可成本很高，并且需要与供应商达成详细协议。而现在，开发人员可以从网络上下载 Unity 或 Unreal Engine，在简单的最终用户许可下即可使用，并且还能获得具有广泛支持且功能强大的工具链。这些工具虽然不是免费的，但其易用性改变了整个行业。除了这两个市场领导者，其他系统——例如开源 Godot 和 Amazon 的 Lumberyard（Crytek Cryengine 的分支）也注重提供相同的游戏开发风格，其核心是工具链和自定义编辑器应用程序。

12.1.1　工具链限制 AI

工具链的重要性限制了 AI 的发展。像神经网络、遗传算法和面向目标的动作规划

（GOAP）等先进技术均未广泛应用于商业游戏中。在某种程度上，这是因为它们难以自然地映射到关卡编辑工具。它们需要对角色进行特定编程，这限制了创建新关卡和项目之间代码重用的速度。

大多数和 AI 相关的设计工具都关注一些实用性的技术，如有限状态机、移动和路径发现等，这些方法均依赖于简单的过程和重要的知识。工具链更好的地方自然是允许设计者修改数据而不是代码，因此这些经典技术的使用正在得到加强。

12.1.2　AI 知识的来源

优秀的 AI 需要大量的知识。正如本书多次所述，拥有关于游戏环境的良好和适当的知识可以节省大量的处理时间。在运行时，当游戏有许多事情需要跟踪时，处理时间是一个至关重要的资源。

AI 算法所需的知识取决于游戏的环境。例如，某个移动的角色需要一些关于移动的位置和方式的知识，这可以由程序员提供，直接为 AI 提供所需的数据。

但是，当游戏关卡发生变化时，程序员需要提供新的数据集。这不会促进多款游戏之间的重用，并且难以对关卡进行简单的更改。开发游戏的工具链方法使内容创建团队有责任提供必要的 AI 知识。该过程可以通过离线处理来辅助，而离线处理则可以从原始关卡信息自动生成知识数据库。

多年来，内容创建团队为移动和路径发现提供 AI 知识已经成为常态。他们要么是明确地标记关卡本身，要么是从创建的内容中自动生成此类数据。此外，通过集成到编辑器应用程序中的自定义工具，还可以将决策制定和更高层次的 AI 功能也集成到工具链中。

12.2　路径发现和航点战术的知识

路径发现算法可以在有向图上工作。有向图可以汇总游戏关卡，对于路径发现算法来说是最佳形式。本书第 4 章"路径发现"讨论了将室内或室外环境的几何形状分解为路径发现所使用区域的多种方法。某些战术 AI 也使用相同类型的数据结构。幸运的是，路径发现技术所需要的工具同样适用于航点战术。

将关卡几何分解为节点和连接可以由关卡设计人员手动完成，也可以在离线处理过程中自动完成。因为手动创建路径发现图形可能是一个耗时的过程（并且每次改变关卡几何时都需要重做），许多开发人员已经尝试了自动处理过程，其结果通常是混合的，因此需要一些人工监督才能获得最佳结果。

12.2.1　手动创建区域数据

路径发现图形有 3 个元素需要创建：图形节点的放置（以及任何关联的位置化信息）、这些节点之间的连接以及与连接相关的成本。

虽然可以一次性创建整个图形，但通常会使用不同的技术单独创建每个元素。关卡设计师可以手动将节点放在游戏关卡中，然后可以基于视线信息计算连接，并且可以按算法的计算方式计算成本。

在某种程度上，节点之间的成本和连接很容易按算法的计算方式进行计算。但是，正确放置节点需要了解关卡的结构，并了解可能发生的移动模式。对于人类操作者来说，鉴别关卡结构和可能的移动路线比算法要容易得多。

本节将介绍手动指定图形（主要是图形的节点）所涉及的问题。下面的小节将检查图形的自动计算，包括连接和成本。

为了支持手动创建图形节点，关卡编辑工具的功能取决于游戏所使用的世界表示方式。

1．图块图形

图块图形（Tile Graph）通常不需要设计人员在建模工具中手动指定任何数据。关卡的布局通常是固定的（例如，即时战略游戏一般而言都是基于固定网格的，通常具有不同的大小，数量也有限）。

路径发现中涉及的成本函数也需要具体说明。大多数成本函数都基于距离和梯度，由特定于给定角色类型的参数进行修改。这些值通常可以自动生成（例如，可以直接从高度值计算梯度）。在角色数据中一般会提供与角色相关的修饰符。例如，炮兵部队承受的梯度成本可能是轻型侦察部队的 10 倍。

一般来说，基于图块的游戏关卡设计工具可以包括幕后的 AI 数据。例如，放置一片森林可以自动增加通过该图块的移动成本。关卡设计师不需要明确地改变成本，甚至不需要知道正在计算的 AI 数据。

因此，不需要额外的基础设施即可支持基于图块图形上的路径发现，这就是它们继续广泛应用于需要大量路径发现的游戏（如即时战略游戏）AI 中的原因之一。

2．狄利克雷域

狄利克雷域（Dirichlet Domain）是一系列类型中非常有用的世界表示方式。从驾驶游戏、射击游戏到战略游戏，它们适用于各种方式（以航点的形式）。

关卡编辑器只需要在游戏关卡中放置一组点来指定图形的节点。与每个点相关联的区域是最接近该点而不是任何其他点的体积。

　　大多数关卡编辑工具和所有三维（3D）建模工具都允许用户在一个点上添加一个不可见的辅助对象。这可以适当地标记并用作图形中的节点。

　　正如本书第 4 章"路径发现"所讨论的，狄利克雷域存在一些与之相关的问题。图 12.1 显示了两个相邻走廊中的两个狄利克雷域，它显示了与每个节点相关联的区域。可以看到，有一个走廊的边缘与下一个走廊错误地分组在一起。步入这个区域的角色会认为它处于关卡中一个完全不同的区域。因此，它的规划路径将是错误的。

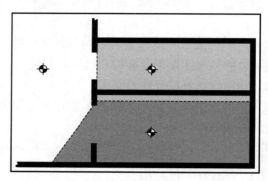

图 12.1　狄利克雷域对走廊进行了错误的分类

　　区域分组的类似问题会在垂直方向上发生，其中一条路线会经过另一条路线。当不同的"权重"可以与每个节点相关联时，问题将会变成组合性的（因此较大的体积被吸引到一个节点，而不是另一个节点）。在第 4 章"路径发现"中对此有图解说明。

　　解决这种错误分类可能涉及大量游戏测试，并且可能给部分关卡设计人员带来挫败感。因此，对于工具来说重要的是，支持与每个域相关联的区域的可视化。如果关卡设计人员能够看到与每个节点关联的一组位置，那么他们可以更快地预测和诊断问题。

　　通过将关卡设计为可导航区域不相邻，完全可以避免许多问题。但是，如果关卡具有很薄的墙壁、穿过房间的步道和许多垂直移动方式，则很难适当地划分为狄利克雷域。显然，仅仅为了 AI 标记工具而改变游戏的感觉是不可行的。

3．导航网格

　　用于渲染的相同多边形网格也可用作路径发现的导航网格。每个地面多边形都是图形中的一个节点，节点之间的连接性由多边形之间的连接性给出。

　　这种方法要求关卡编辑器将多边形指定为"地板"的一部分。这通常是使用材质来实现的：某组材质被认为是地板。应用这些材质之一的每个多边形都是地板的一部分。某些 3D 工具和关卡编辑器允许用户将其他数据与多边形相关联，这也可以用于手动标记每个地板多边形。

在上述任何一种情况下，实现一个工具都很有用，通过该工具，关卡编辑器可以快速查看哪些多边形是地板的一部分。一个常见的问题是，在房间中间有一组装饰纹理，这被错误地标记为"非地板"，这使得房间无法通行。如果可以很容易地观察到地板多边形，则可以很容易地看到这一点。

导航网格可以按可靠的方式表示世界，并因非常适用于路径发现算法而闻名。Unity和 Unreal Engine 都对它们提供了现成可用的支持，因此它们已成为最常用的技术。当然，它们也不是没有问题。正如第 4 章"路径发现"中所讨论的，某些关卡的几何图形可能导致次优图形。因此，通过人工方式创建图形在某些情况下仍然是非常有用的。

4．边界区域

路径发现图形的一般性形式是，关卡设计人员可以放置任意边界结构来构成图形的节点，然后就可以在不受限于狄利克雷域的问题或地板多边形约束的情况下构建该图形。

任意边界区域在关卡设计或建模工具中的支持都很复杂。因此，这种方法通常简化为任意对齐的边界框的放置。关卡设计人员可以在游戏关卡区域上拖动边界框，以指定该框的内容（它将被视为规划图中的一个节点），然后可以将节点连接在一起，并且可以手动设置其成本，或者通过节点框的几何属性生成其成本。

12.2.2　自动图形创建

对于先前的许多方法，可以使用算法来计算与图形中的连接相关联的成本。基于手动指定的可见点或狄利克雷域的方法也可以使用算法来确定节点之间的连接性。

自动将节点放置在第一个位置是非常困难的。对于一般的室内关卡来说，没有单一的最佳技术。根据我们的经验，依赖于自动节点放置的开发人员总是有一种机制，允许关卡设计人员施加一些影响并手动改进结果图。

自动节点放置技术可以分为两种方法：几何分析和数据挖掘。

12.2.3　几何分析

几何分析（Geometric Analysis）技术将直接在游戏关卡的几何上运行。它们会分析游戏关卡的结构并计算路径发现图形的适当元素。几何分析还可用于游戏开发的其他领域，例如，计算潜在可见几何、执行全局光能传递计算以及确保满足全局渲染预算。

1．计算成本

对于路径发现数据，大多数几何分析将计算节点之间的连接成本。这是一个相对简单的过程，以至于很难找到一个手工设置图形成本的游戏。

大多数连接成本都是按距离计算的。路径发现通常与发现短路径有关，因此距离是自然度量的。两点之间的距离计算非常简单。对于将节点视为点的表示方式，可以将连接的距离视为两点之间的距离。

导航网格表示方式的连接成本通常将基于相邻三角形的中心之间的距离。边界区域表示方式也可以类似地使用区域的中心点来计算距离。

2．计算连接

计算连接哪些节点也是一种常见的应用。这通常通过点之间的视线检查来执行。

1）基于点的表示方式

基于点的节点表示方式（如狄利克雷域和可见性点表示方式）可以将每个节点与单个代表性点相关联。可以在每对这样的点之间进行视线检查。如果点之间存在视线，则在节点之间建立连接。

这种方法可以在图形中产生大量的连接。图 12.2 显示了相对简单的房间基于可见性的图形的复杂性。

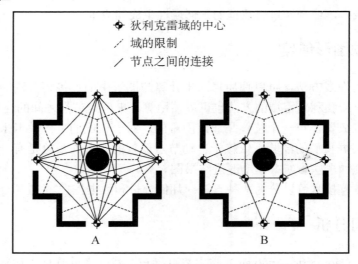

图 12.2　基于可见性的图形及其后处理形式

出于这个原因，AI 程序员经常表达对基于可见性的图形性能的担忧。但是这种担忧并无必要，因为简单的后处理步骤就可以很容易地纠正这种情况并产生可用的图形。

（1）依次考虑每个连接。

（2）连接从一个节点开始，在另一个节点结束。如果连接在途中通过中间节点，则删除该连接。

（3）仅有余下的连接构成路径发现图形的一部分。

该算法将寻找在视线范围内但在它们之间并没有直接路线的节点对。因为角色必须在途中通过其他节点，所以保持这样的连接是没有意义的。

图 12.2 的第二部分（图 B）显示了将算法应用于原始图形之后产生的效果。

2）任意边界区域

任意边界区域（Arbitrary Bounding Region）通常以与点相似的方式连接。它将在每对区域内选择一些样本点，并进行视线检查。当某些比例的视线检查通过时，会添加连接。除了对每对区域使用多个检查，该过程与点表示方式相同。

一般来说，需要通过的比例设定为零。如果任何视线检查通过，则添加连接。在大多数情况下，如果有任何视线检查通过，那么大多数都可以通过。因此，只要有一个检查通过，就可以停止检查并简单地添加连接。

对于相距很远的区域，可以通过挤压门口、钝角角落、向上倾斜等方式来进行一些视线检查。不应连接这些区域对。虽然增加所需通过的比例可以解决该问题，但这样也会大大增加连接分析所需的时间。

添加上述后处理算法将消除几乎所有错误的连接，但不会消除没有中间可导航区域集的错误连接（例如，当区域之间存在较大的垂直间隙时）。两种解决方案的组合将改善这种情况，但我们的经验表明，仍然存在需要手工解决的问题。

3）可见性方法的局限性

视线方法的主要问题是可导航性（Navigability）。这也很好理解，因为关卡中的两个区域虽然可以互相看见，但这并不意味着角色一定可以在它们之间移动。

一般来说，并没有简单的测试来确定角色是否可以在游戏关卡的两个位置之间移动。对于第三人称动作冒险游戏，可能需要采用准确移动的复杂组合方式才能到达特定位置。预测这种移动序列很难在几何上进行。

幸运的是，这类游戏中的 AI 角色很少需要执行这样的动作序列，它们通常仅限于在易于导航的区域内移动。

关于几何分析是否能够在复杂环境中生成精确图形，这是一个尚未有明确答案的开放性的研究问题。有一些成功的团队是通过限制关卡的可导航性而不是通过提高分析算法的复杂性来实现这一目标。

网格表示方式避免了一些问题，但是也因为它们自己而导致了一些问题（特别是难以处理跳跃动作）。迄今为止，数据挖掘（参见第 12.2.4 节）是在具有复杂导航性的关卡中创建路径发现图形的最有前景的方法。

4）网格表示方式

网格表示方式可以明确提供路径发现算法所需的连接信息。

基于三角形的网格表示方式具有与图形节点相关联的每个地板三角形。三角形可以选择性地沿其 3 条边中的每一条边连接相邻的地板三角形。因此，每个节点最多有 3 个连接。可以从几何数据中轻松枚举连接：如果两个三角形共享两个顶点，则这两个三角形就是连接的，并且这两个三角形都标记为地板三角形。

还可以连接在某个点处相交的三角形（即仅共享一个顶点），这减少了在穿过密集网格时路径发现角色将显示的摆动量，但是也会导致试图抄近路的角色出现问题。

3．计算节点

通过几何分析计算节点的位置和几何形状是非常困难的。大多数开发人员都会避免使用这一种方法。到目前为止，唯一的（半）实用的解决方案是使用图形简化。

图形简化（Graph Reduction）是数学图论中广泛研究的主题。从包含数千或数百万个节点的非常复杂的图形开始，生成一个新图形，以捕获较大图形的"本质"。在本书第 4 章"路径发现"中已经讨论了创建分层图形的过程。

要使用此方法，关卡几何体将包含数百万个图形节点。这通常可以简单地使用网格来完成。例如，在整个关卡中每半米放置一个图形节点，在游戏区域外（在墙上或从地面不可到达的地方）的网格节点将被移除。如果将关卡拆分为多个部分（这在使用门户网站来提高渲染效率的引擎中很常见），则可以逐段添加网格节点。

然后，可以使用我们到目前为止所讨论过的技术来连接图形并计算其成本。这个阶段的图形非常庞大且非常密集。一个关卡平均可以拥有数千万个节点和数亿个连接。一般来说，创建此图形需要非常大量的处理时间和内存。

然后可以简化图形以创建具有合理数量的节点（如几千个节点）的图形。在高细节水平上明确制定的关卡结构在一定程度上将在简化图中捕获。

虽然听起来很简单，但这种方法产生的图形在没有调整的情况下很少令人满意。它们通常会简化人类可能发现的关键信息。虽然对更好的简化技术的研究仍在进行中，但也有一些在工具链中使用了这种方法的团队采用了一种"捷径"，那就是手动检查和调整结果图。

12.2.4　数据挖掘

应用于图形创建的数据挖掘（Data Mining）方法可以通过查看游戏世界中角色的移动数据来找到节点。

在构建游戏环境时，即可创建关卡几何，然后将角色放入关卡中。角色可以在玩家控制之下移动，也可以自动移动。当角色在关卡中移动时，其位置会不断被记录，然后可以挖掘记录的位置数据以获得有趣的数据。

如果角色移动得足够多，那么游戏关卡中的大多数合法位置都将在日志文件中。因为游戏引擎中的角色将能够使用其所有可能的移动（跳跃、飞行等），所以不需要复杂的计算来确定角色可以到达的位置。

1．计算节点

角色经常靠近的位置可能包括游戏关卡中的交叉点和通道。这些可以被识别并设置为路径发现图形中的节点。

可以汇总日志文件，以便将附近的日志点合并到单个位置。这可以通过本书第 6 章"战略和战术 AI"中的简化（Condensation）算法，或通过跟踪每个地板多边形上的日志点的数量并使用多边形的中心点（即使用基于多边形的导航网格）来执行。

虽然它可以与导航网格一起使用，但是数据挖掘通常与关卡的狄利克雷域表示方式结合使用。在这种情况下，节点可以放置在移动密度的每个峰值区域中。一般来说，图形具有固定大小（图形的节点数量是预先指定的）。然后，算法从图形中选择相同数量的峰值密度位置，以使任意两个位置都不会过于靠近。

2．计算连接

在计算节点之后，可以使用可见点方法或通过对日志文件数据的进一步分析从这些节点生成图形。

可见点方法的运行速度很快，但是无法保证所选节点将处于直接视线范围内。两个高密度区域可能发生在彼此的角落附近。视线方法将错误地推测这两个节点之间没有连接。

更好的方法是使用日志文件中的连接数据。可以进一步分析日志文件数据，并且可以计算不同节点之间的路线。对于日志文件中的每个条目，可以计算相应的节点（使用正常位置化方法，有关详细信息，请参阅本书第 4 章"路径发现"）。如果日志文件显示角色直接在它们之间移动，则可以在节点之间添加连接。这将为图形生成一组可靠的连接。

3．角色移动

为了实现数据挖掘算法，需要一种机制来围绕游戏关卡移动角色。这可以很简单地让人类玩家控制角色或玩游戏的测试版本。

但是，在大多数情况下，仍需要全自动技术。在这种情况下，角色由 AI 控制。最简单的方法是使用转向行为的组合在地图上随机漫游。这可以像"漫游"转向行为一样简单，但通常包括额外的障碍物和墙壁躲避行为。

对于可以跳跃或飞行的角色，转向行为应该允许角色使用其全范围的移动选项。否则，日志文件将不完整，路径发现图形将无法准确覆盖整个关卡。创建这种探索性角色本身就是一项具有挑战性的 AI 任务。理想情况下，角色将能够探索关卡的所有区域，甚至是那些难以触及的区域。实际上，自动探索角色经常会卡住并反复探索关卡的一小部分区域。

一般来说，自动漫游的角色只能在相对较短的时间内进行探索（最多几个游戏分钟）。要建立准确的关卡日志，每次都可以从随机位置重新启动角色。由角色卡住引起的错误将被最小化，并且组合的日志文件更有可能覆盖大部分关卡。

4．限制

这种方法的缺点是时间。为了确保关卡的任何区域都被探索到，不留下任何死角，并确保在日志文件中表示节点之间的所有可能连接，角色将需要移动很长时间。如果角色随机移动，或者如果某个关卡的区域需要一系列跳跃和其他移动方式才能到达，则这种缺陷尤其明显。

通常情况下，一个游戏关卡平均（以全速移动的角色大约需要 30 s）将需要记录数百万个记录的点。

在玩家的控制下，需要的样本更少。玩家可以准确地采取组合动作并详尽地探索关卡的所有区域。糟糕的是，这种方法受到时间的限制：玩家需要很长的时间才能采用所有动作组合，以移动到某个关卡的所有可能区域。而如果有必要（通常都有这个必要），使用自动漫游角色只要一个晚上就可以做到这一点，所以使用人类玩家显得有点浪费。在第一个地方手动创建路径发现图形会更快。

一些开发人员已经尝试了一种混合方法：对角色进行自动漫游，并结合玩家创建的日志文件以适应不同的区域。

目前研究的一个活跃领域是实现一个漫游角色，该角色将使用以前的日志文件数据系统地探索记录不佳的区域，并尝试新的动作组合以到达当前未探索的位置。

在可靠的探索 AI 完成之前，这种方法的局限性意味着仍然需要手工优化，以始终如一地生成可用的图形。

5．其他表示方式

到目前为止，我们已经研究了基于点的图形表示方式的数据挖掘。基于网格的表示方式不需要数据挖掘方法，节点被明确定义为网格中的多边形。

关于是否可以使用数据挖掘来识别一般边界区域，这是一个尚未有定论的开放性问题。要将一般区域和日志数据的密度图进行匹配，这个问题当然非常困难，并且可能无法在合理的时间尺度内执行。到目前为止，我们所知道的实用数据挖掘工具都是基于点表示的。

12.3　关于移动的知识

虽然路径发现和航点战术产生了最常见和最棘手的工具链压力，但是获取移动数据的问题也同样不容小觑。

12.3.1　障碍问题

在平坦的空白平面上进行转向时，转向是一个很简单的过程，但是在室内环境中，角色移动却通常有许多不同的约束。AI 角色需要了解约束的位置，并能够相应地调整其转向。可以通过检查关卡几何来在运行时计算此信息。在大多数情况下，这都显得有点浪费，并且需要预处理步骤来构建用于转向的 AI 特定表示方式。

1.　墙壁

预测与墙壁的碰撞并非易事。转向行为将角色视为没有宽度的粒子，但角色却不可避免地需要表现得好像它们是游戏中的固体对象。可以通过使用关卡几何进行多次检查来进行碰撞计算（例如，从角色的右边和左边两个极端进行检查），但是这也可能会导致转向问题并且有可能卡住角色。

一种解决方案是使用一个单独的 AI 几何体，按角色的半径从关卡所有的墙壁通过（假设该角色可以表示为球形或圆柱形）。这种几何结构允许使用点位置计算碰撞检测，并降低碰撞预测和避免碰撞的成本。

这种几何的计算一般可以使用几何算法自动完成。糟糕的是，这些算法通常会有一些副作用，例如，在角落或裂缝中会由于非常小的多边形而导致角色被卡住。图 12.3 就显示了这样一种情况，几何形状可能会产生一个细小的裂缝，导致角色被卡。

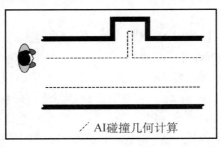

图 12.3　由于自动几何加宽而产生的裂缝可能导致角色被卡住

对于非常复杂的关卡几何形状，可能需要初始简化的碰撞几何形状或支持在建模软件包中可视化和修改 AI 几何形状。

2. 障碍表示方式

AI 无法有效地处理关卡的原始多边形几何体。通过几何方式搜索障碍来检测障碍是一项耗时的任务，并且始终表现不佳。

碰撞几何体通常是渲染几何体的简化版本。许多开发人员都会考虑使用基于碰撞几何进行搜索的 AI 算法。

一般来说，需要将额外的 AI 几何算法应用于障碍物，以便可以很清楚地避免障碍物。物体的复杂轮廓与试图完全躲避它的角色无关。如图 12.4 所示，采用一个环绕物体整体的包围球（Bounding Sphere）就已经足够了。

图 12.4　AI 几何算法：渲染、物理和 AI

随着环境变得更加复杂，对角色移动的限制也会增加。虽然穿过一个装有板条箱的房间很容易（无论箱子在哪里），但在一个铺满板条箱的房间里，要找到一条路径可不那么容易。由于包围球重叠，可能存在通过被排除的几何体的路线。在这种情况下，需要更复杂的 AI 几何体算法。

12.3.2　高级调度

调度（Staging）最初被设计用于电影行业，但它也越来越多地被考虑用于游戏效果。AI 高级调度涉及协调基于移动的游戏事件。

一般来说，关卡设计人员会将触发器置于游戏关卡中，以便打开或关闭某些角色。然后角色 AI 将开始使角色正确行动。从历史上看，这通常是玩家可以观察到的（当玩家接近时，角色突然变得好像活过来了一样），但现在通常会让玩家不易发现。

调度将进一步采用一个阶段，并允许关卡设计人员为响应触发器设置角色的高级操作。一般来说，这适用于场景中有许多不同的 AI 角色（例如，一大群月魔蜘蛛或一队白熊骑兵）。

以这种方式设定的行动绝大多数与移动有关，这是作为角色决策制定工具中的状态实现的，它将执行由参数控制的移动（通常是"移动到此位置"，其中的位置即为参数）。然后可以在调度工具中直接设置此参数，并且直接触发或在游戏过程中触发。

更复杂的调度需要更复杂的决策集。它可以通过更完整的 AI 设计工具来支持，该工具能够修改角色的决策。然后，可以根据关卡中的触发器请求更改角色的内部状态。

12.4 关于决策的知识

在最简单的关卡上，决策完全可以通过探询游戏世界获取信息来实现。例如，假设某个角色遇到危险需要逃跑，那么此时它可以在每帧中搜索附近的危险，如果检查结果为 true，则立即逃跑。直到 21 世纪之初，这种决策水平在游戏中还是很常见的。

12.4.1 对象类型

大多数现代游戏都使用某种消息传递系统来进行适当的通信。角色先是站在那里，直到它被告知危险临近，才会逃跑。在这种情况下，关于"什么是危险的"的决定并不取决于角色，它作为一个整体，属于游戏的属性。

这允许开发人员设计一个关卡，在该关卡中创建全新对象，标记为"危险"并进行定位。角色将正确响应这些对象并逃跑，无须额外编程。消息传递算法和角色的 AI 是不变的。

工具链需要支持这种与对象相关的数据。关卡设计人员需要为 AI 标记不同的对象以了解其重要性。一般来说，这不是与 AI 相关的过程。例如，平台游戏中的能量药丸需要被标记为可收集，这样游戏才能正确地允许玩家撞碎包裹能量药丸的泡泡收集它（而不是使泡泡难以穿透并且从玩家身边弹开）。AI 在使用这种"可收集的"标记时，可以按以下方式：设置角色防止玩家获得剩余的任何"可收集的"物品。

大多数工具链都是数据驱动的：它们允许用户将额外的数据添加到对象的定义中。这些数据可用于决策。

12.4.2 具体动作

在极少数（但越来越多）的游戏中，玩家可用的动作取决于玩家附近的物体。例如，能够按下按钮或拉动杠杆。在具有更复杂决策的游戏中，角色也许能够使用一系列小工具、技术和日常物品。例如，角色可以使用桌子作为盾牌或使用回形针来开锁。

虽然大多数游戏仍然为玩家保留了这种级别的互动，但是玩模拟游戏的人们正在引领一种趋势，即大量使用具有多种能力的角色。

为了支持这一点，对象需要告诉角色，它们能够支持哪些动作。例如，按钮只能被按下，桌子可以攀爬、推来推去、抛掷，甚至把桌腿卸下来用作盾牌。最简单的是，这可以通过附加数据项来实现。例如，所有对象都可以具有"可以被推动"的标记，然后当角色想推动对象时就可以简单地检查该标记。

但是这种决策层次通常与面向目标的行为（Goal Oriented Behavior，GOB）相关联，其中的动作将被选定，因为角色认为它们将有助于实现目标。在这种情况下，知道按钮可以被按下、桌子可以被推动都无济于事。角色不理解执行此类动作时会发生什么，因此无法选择进一步实现其目标的动作。

在电梯中按下按钮与在屋顶的窟窿上往下推桌子完全是两码事。它们实现了截然不同的目标。为了支持面向目标的行为或任何类型的行动计划，对象需要与行动本身一起传达行动的意义。最常见的是，如果采取行动，这个含义只是一个将要实现的目标列表（以及那些将被破坏的目标）。

具有面向目标的 AI 的游戏工具链需要将动作视为具体对象。动作和常规游戏中的游戏对象一样，可以具有与其相关联的数据。这些数据包括执行该动作所带来的世界状态变化，以及先决条件、计时信息和要播放的动画。然后，动作将与关卡中的对象相关联。

12.5　工　具　链

到目前为止，我们已经简要介绍了单个 AI 技术的工具需求。为了将整个游戏组合在一起，需要对这些单独的功能进行整理，以便可以创建所有游戏数据并将其带入已编译的游戏中。公开这些不同的编辑功能并将结果组合在一起的过程称为工具链（Toolchain），即制作完成游戏所需的工具链条。

从历史上看，直到 21 世纪初，开发人员经常使用各种不同的工具，结合脚本和通用文件格式来执行集成。游戏引擎供应商开始意识到工具链是开发人员的主要难题，并且涉及集成编辑器的解决方案开始出现。迄今为止，两个最杰出的游戏引擎——Unreal Engine 和 Unity——成为业界使用最广泛的工具链，它们都提供集成的编辑应用程序，并为开发人员定义的工具提供扩展支持。

对于大多数开发人员而言，游戏引擎和编辑器即构成了其集成的工具链。当然，我们这里说的是"大多数"，而非全部。仍然有一些工作室更愿意使用不同的工具构建一个工具链，以驱动其内部游戏引擎。并非所有人都希望使用 Unity 之类的引擎，如果不使用该引擎，则几乎没有理由使用相关的工具链。

　　本节将简要介绍完整工具链中与 AI 相关的元素，不但面向游戏引擎用户，也面向选择自己开发的用户。本节考虑了一系列的解决方案，从游戏引擎编辑器的自定义扩展到独立的行为编辑工具，再到 3D 建模软件的插件，都有涉猎。

12.5.1　集成游戏引擎

　　在本章的开头，我们简要提到了 Renderware Studio，这是可授权的 Renderware 引擎的早期完整工具链和编辑应用程序（该引擎原来是游戏工作室的内部技术，于 2004 年由 Electronic Arts 推向市场）。它的主要竞争对手 Gamebryo 和 Unreal Engine 还添加了自己的集成编辑器，以及大型开发企业内部的许多集成系统。但是，这些能够开发最先进游戏的引擎已在成熟的开发工作室销售。

　　从 2005 年起，Unity 降低了使用障碍，并将其优势带入了更大的工作室市场，为独立游戏开发商和爱好者提供了开发支持。尽管 Unity 最初仅面向 Mac，并且面临着其他以 PC 为中心的集成游戏工具的竞争，但 Unity 无疑赢得了胜利。它现在是世界上使用最广泛的游戏引擎，拥有数百万开发人员（可能数以千万计，很难获得最新的数字），其可扩展的关卡编辑器模型已成为事实上的标准。

1. 内置工具

　　Unity 和类似的引擎（最常见的是 Unreal Engine，但在撰写本文时，还包括开源的 Godot，以及其他商业产品，如 Amazon Lumberyard 和 CryEngine）在其编辑器应用中提供了一组现成可用的基本的工具。

　　简单来说，开发人员可以将附加数据与关卡中的对象相关联。引擎的数据槽（Data Slot）是可定义的，关卡作者可以用数据填充这些槽位。这可能包括拾取值、表面的导航难度或掩藏点的位置。所有引擎都支持不显示给用户的对象，这些对象可用于保存全局数据，以供所有角色访问；或以不可见的方式放置在场景中以表示航点或其他局部信息。这些工具通常是键-值对的简单列表，其中关卡创建者可以编辑值。

　　Unity 和 Unreal Engine 都为路径发现和导航提供了内置支持。这两项功能都在编辑器中公开，允许可视化和修改寻路数据。

　　此外，这些引擎还会提供自定义状态机编辑器来微调动作。可以通过编程方式访问生成的状态机，并且可以将其用作状态机 AI 的基础。但是，由于没有为此目的对其进行优化，因此与专用插件相比，它们可能过于烦琐（下文会有专用插件的介绍）。

　　引擎还为非 AI 应用提供了其他工具，例如粒子效果、声音混合和字体支持等，但一般来说，除导航外，其他工具都算不上一流。因此，开发人员可以选择使用其他的插件。

2．编辑器插件

游戏引擎供应商无法预期使用其系统构建游戏的开发人员的所有要求，因此，它们通过支持插件系统弥补了这一短板。在插件中，自定义代码可以将数据覆盖到主关卡视图上，或者被授予对用户界面窗口的独占访问权限。

本节其余部分中的工具要求作为插件来实现，以修改编辑器的行为。Unreal Engine 和 Unity 都有一个大型的在线商店，供开发人员出售其插件。很可能商店中已经有一种工具可以满足你的游戏开发需求。尽管它可能需要进行调整，但至少可以将其用于快速原型设计，并为自定义的解决方案创建带来灵感。

图 12.5 显示了此类工具的屏幕截图，该工具专注于创建和运行行为树。

图 12.5　Opsive 的 Behavior Designer 的屏幕快照

3．编辑器脚本

集成编辑器的大部分功能来自其脚本语言。集成脚本避免了使用低级语言（如 C++）来实现所有游戏逻辑的需求。在第 13 章中我们会讨论到，编写代码段的能力减少了对简化决策 AI 技术的需求，因为开发人员不必使用决策树编辑工具构建的决策树，使用 if 语句列表的脚本就可以获得相同的效果。

如果脚本是用源代码编写的，则脚本需要程序员来编写。对于独立小公司来说，这可能没问题，因为在独立小公司中，游戏设计师可能还要接受为游戏编程的任务，但是在分工更细致的大型团队中，这可能行不通。幸运的是，有技术头脑的非程序员可以找到更多更友好的选择。

Unreal Engine 从版本 4 开始支持 Blueprints（一种可视化的编程语言），它具有创建 AI 状态机、行为树或决策树的工具的大部分灵活性。在 Unity 的 Asset Store（资产商店）中提供了类似的工具。在撰写本文时，Hutong Games LLC 的 Playmaker 最受欢迎。

第 13.3 节"创建语言"更详细地介绍了这种可视脚本语言。

12.5.2 自定义数据驱动的编辑器

使用自己引擎的开发人员必须考虑创建自定义编辑器来准备其数据。

AI 不是游戏关卡中需要大量额外数据的唯一领域。游戏逻辑、物理、网络和音频都越来越需要它们自己的数据集。可以考虑创建若干个单独的工具来生成此数据，但是大多数开发人员都遵循 Unity 或 Unreal 模式，将所有编辑功能集成到一个应用程序中，然后可以在他们的所有游戏中重复使用该程序。这种工具的所有方式提供了一种灵活性，可以按现有编辑器难以实现的方式实现与最终游戏代码紧密集成的复杂编辑功能。

我们的一位前客户就采用了这种方法，因为他们的游戏引擎依赖于内存映射的关卡数据，实现关卡所需的所有信息（包括模型、纹理、AI 和声音等）都存储在内存中，完全按照他们的 C++代码所需的方式进行，从而将加载时间缩短到可以在游戏过程中将关卡的新部分数据加载到后台的程度。现有的引擎编辑器对于存储数据的方式都不能满足他们的要求，因此该公司从头开始开发了自己的工具。

无论出于何种动机，这种完整的关卡编辑程序包通常被称为"数据驱动"或"面向对象"。游戏世界中的每个对象都有一组与之相关的数据。这组数据将控制对象的行为，即游戏逻辑对待它的方式。

在此环境中支持编辑 AI 数据相对容易。一般来说，需要为每个对象添加一些额外的数据类型（例如，将某些对象标记为"要避免"，将其他一些对象标记为"要收集"）。

创建此类工具是一个比较重大的开发项目，不适用于小型工作室、自助发行团队或业余爱好者。即使是拥有这种工具的团队，其数据驱动方法也存在局限性。创建角色的 AI 不仅仅是设置一堆参数值的问题。不同的角色需要不同的决策逻辑和编组若干种不同行为的能力，以便在正确的时间选择正确的行为。这需要一个特定的 AI 设计工具（尽管这些工具通常集成在数据驱动的编辑器中）。

12.5.3　AI 设计工具

如前文所述，现代游戏引擎以标准方式提供某些工具（如标记关卡和导航工具的功能），其他功能方面的短板则由自定义工具弥补。最常见的自定义工具的作用是使 AI 能够更好地理解游戏关卡，并获取所需的信息以做出明智的决策。

随着 AI 技术复杂性的增加，开发人员正在寻找允许关卡设计人员访问他们所放置的角色 AI 的方法。例如，创建室内实验室场景的关卡设计人员可能需要创建许多不同的守卫角色。他们需要为它们提供不同的巡逻路线、感知入侵者的不同能力，以及当它们发现玩家时的不同行为。

允许关卡设计人员进行此类控制需要专业的 AI 设计工具。如果没有工具，则设计人员必须依靠程序员来进行 AI 修改并使用适当的行为设置角色。

1．脚本工具

支持此类开发的第一个工具是基于脚本语言的。脚本可以在不重新编译的情况下进行编辑，并且通常可以轻松进行测试。许多支持脚本的游戏引擎提供了编辑、调试和单步执行脚本的机制。这主要用于开发游戏关卡逻辑（例如，打开门以响应按下的按钮等）。但是，由于 AI 从这个层面发展而来，脚本语言已经扩展到可以支持它。

当然，脚本语言也受到编程语言的困扰。非技术层级的设计人员可能难以开发复杂的脚本来控制角色 AI。

2．状态机设计器

到 21 世纪 00 年代中期，支持预建行为组合的工具已广泛可用，某些商业中间件工具属于此类。例如，Havok 的 AI 支持以及由大型开发人员和发行商创建的几种开源和内部工具。这些工具使关卡设计人员可以组合 AI 行为调色板。

例如，角色可能需要一条巡逻路线，直至它听到警报并进行调查。"巡逻路线"和"调查"行为将由编程团队创建并公开给 AI 工具。然后，关卡设计人员会选择它们并将它们与决策制定过程相结合，这取决于警报器的状态。

由关卡设计人员选择的动作通常只是转向行为。正如本书第 3 章"移动"所讨论的，这通常是大多数游戏角色行为所需要的。

这种方法绝大多数都支持决策制定流程，即状态机。虽然一些开发人员在决策树方面取得了成功，但大多数人都喜欢有限状态机（Finite State Machine，FSM）的灵活性。图 12.6 即显示了这样一个工具（SimBionic 中间件工具）的屏幕截图。

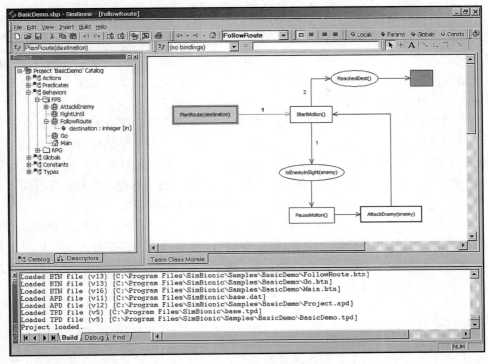

图 12.6　SimBionic 编辑器的屏幕截图

这种类型的最佳工具包含了脚本语言的调试支持，允许关卡编辑器逐步完成有限状态机的操作，直观地查看角色的当前状态并能够手动设置其内部属性。

12.5.4　远程调试

在程序运行时，从游戏中获取信息对于诊断隔离测试中未显示的 AI 问题类型至关重要。一般来说，开发人员需要添加调试代码以报告游戏的内部状态，这可以在屏幕上显示或记录到文件中并分析错误来源。

在 PC 上运行时，进入正在运行的游戏相对容易。调试工具可以附加到游戏并报告其内部状态的详细信息。同样，在游戏机平台上，也存在远程调试工具，可用于从开发 PC 连接到测试硬件。

虽然通过这种检查已经可以做很多事情，但开发人员越来越发现需要更复杂的调试工具。分析内存位置或变量值对某些调试任务固然很有用，但是弄清楚复杂状态机的响应方式却很困难，并且理解神经网络的性能也几无可能。

调试工具可以附加到正在运行的游戏上，以读取和写入 AI 数据（以及其他任何游戏内活动）。远程调试的最常见应用之一是内部 AI 状态的可视化，无论这个内部 AI 状态是行为树的决策、神经网络的输出还是感知管理正在执行的视线测试。一般来说，结合编辑此数据的工具，开发人员可以在游戏运行时查看和调整游戏中的角色，有时甚至还可以将特定事件引入事件管理机制。

远程调试要求调试应用程序在 PC 上运行，通过网络与游戏进行通信，或在另一台 PC、移动设备或游戏机（或有时是同一台 PC）上运行。这种网络通信可能导致数据可靠性和时间问题（因为当前游戏状态可能已经与开发人员看到的结果不一样）。尽管在过去的 10 年中，随着所有平台都在向始终在线的 Internet 连接靠拢，这种情况有所改善，但是某些旧式设备仍不支持适用于这种工具的常规网络通信。

在发行游戏后，通过互联网连接的平台也为访问运行在玩家计算机上的调试信息提供了机会。虽然这可能存在隐私方面的法律问题，但这已成为许多开发人员用来在后续补丁中优化游戏的标准工具。还有一些一站式解决方案（Turnkey Solutions）可用于游戏内分析，尤其是在移动设备上。

12.5.5　插件

虽然自定义关卡编辑工具变得越来越普遍，但 3D 设计、建模和纹理贴图等仍然会在 Autodesk 的 3ds Max 等高端建模软件包中进行。一些小团队和业余爱好者使用了不太知名的开源工具，其中最著名的就是开源 Blender。

这些工具中的每一个都有一个程序员的软件开发工具包（Software Development Kit，SDK），可以按插件工具的形式实现新功能。这允许开发人员添加用于捕获 AI 数据的插件工具。使用 SDK 编写的插件将被编译到库中，并且通常用 C/C++编写。当然，还有一种常见的方式是使用软件包提供的脚本语言（例如，用于 3ds Max 软件的 MAXScript 脚本和用于 Blender 软件的 Python 脚本）。

每个软件包的内部操作对插件的架构都有很大的限制。这对应用程序中的现有工具、撤销系统、软件的用户界面以及数据的内部格式集成都具有很大的挑战性。因为每个工具都是完全不同的，并且每个工具都有一个差异很大的架构，所以开发人员在不同工具上获得的开发经验往往无法一体共享。

对于 AI 支持来说，插件开发的候选项与关卡编辑工具中所需的功能相同。由于需要面向单独的关卡编辑工具进行如此大规模的转变和适应，因此很少有开发人员会为 3D 建模软件构建 AI 插件。

12.6 习 题

（1）开发一种工具，该工具可以分析关卡几何中航点的位置，并识别如图 12.1 所示的潜在问题。请注意，该系统不会要求自动放置航点或解决问题，只需要识别它们即可。对于几何图形，至少可以使用简单的网格开始。

（2）请执行后处理步骤以简化以下示例中的连接。

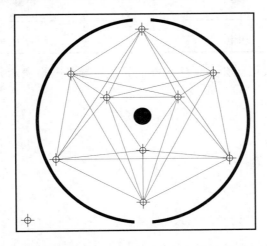

（3）以下是日志文件的直观表示结果，该日志文件是通过记录在玩游戏的过程中访问的关卡区域而生成的。

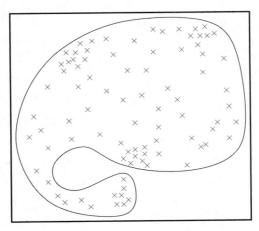

如果使用此日志文件自动生成航点图，可能会出现什么问题？可以在日志文件中记录哪些附加信息来解决此问题？

（4）下图显示了 AI 角色的两种可选表示方式，该 AI 角色用于表示可能站在桥上的敌人。左侧的表示方式使用了航点，右侧的表示方式使用了导航网格。

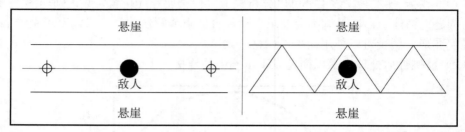

使用航点表示方式可能会出现什么样的问题？导航网格表示方式在这方面如何才能做到更好？

第 13 章　游戏 AI 编程

在第 12 章"工具和内容创建"中已经介绍过，编辑器和其他工具对于内容创建很重要，它们可以构建游戏运行所需要的数据。从看得见的关卡几何外观设计到构成角色行为的 AI 算法配置，都可以通过编辑器和扩展工具创建。如前文所述，不同的 AI 方法将需要不同的工具：关卡编辑或 3D 建模可使用编辑器扩展，而可视化和决策配置则可以使用自定义工具。确切的要求取决于所使用的方法。

那么，除了这些编辑器扩展和自定义工具，有没有一种工具是游戏开发所必需的呢？答案是肯定的。这种必要的工具就是编程语言。当然，由于编程语言的选择很多，所以在讨论支持技术时很容易忽略。事实上，所有 AI 都需要编程实现，因此，编程语言对于 AI 的设计有很大的影响。

本书大部分内容都不是针对特定游戏的。例如，路径发现或决策树就是可以在所有游戏中使用的通用方法。这些技术都需要具体的实现。10 年前，我们将它们作为核心游戏代码的一部分以 C++实现并不是没有道理，但是现在情况已经发生了根本性的变化。尽管游戏引擎通常仍以 C 和 C++实现，但大多数 AI 通常以另一种语言实现。最常见的商业游戏引擎 Unity 和 Unreal Engine 4（UE4）提供了用 C++编写的寻路系统，但是如果开发人员需要任何其他 AI 技术（例如行为树或转向行为），则需要自己编写，或者从第三方获得许可。在 UE4 中，这可能仍涉及使用 C++进行编码；但是在 Unity 中，这可能意味着要在 C#中实现。在这两种情况下，新代码都将充当一种插件，与游戏代码具有同等地位，而不是诸如网络和 3D 渲染之类的核心功能。

同时，移动平台上的手游和在线页游的开发也已经蓬勃发展，它们的实现语言受到目标平台的限制。iOS 上的 Swift（及其前身 Objective-C）、Android 上的 Java（或其他 JVM 语言，如 Kotlin）和 Web 上的 JavaScript 都纷纷登上游戏开发主流语言的大舞台。这些趋势意味着 AI 技术需要以更广泛的语言实现。接下来我们将介绍到目前为止，本书中所描述的技术对不同语言的不同要求。

但是，通用 AI 技术只是 AI 代码需要编程支持的地方之一。通常使用以嵌入式编程语言编写的小脚本来控制角色行为。一般来说，这比使用通用技术和开发工具正确配置它更容易。如果创建角色行为的开发人员对简单的编程任务相当有信心，那么使用一系列 if 语句来产生基于状态的行为可能比在通用状态机编辑器中拖动块和转换要容易得多。

商业游戏引擎始终提供某种形式的脚本支持。如果要从头开发工具集，则可能需要将它集成到商业游戏引擎中。幸运的是，目前有若干种易于集成的语言，第 13.2 节 "脚本 AI" 即介绍了这些选项。如果开发人员觉得这些语言都不符合自己的要求，还可以开发自己的脚本语言。当然，语言设计不在本书的讨论范围之内，因此第 13.3 节 "创建语言" 仅简要概述了其中涉及的内容。

13.1　实现语言

当我在 20 世纪 90 年代进入该行业时，几乎所有人都在用 C 语言编写游戏。有些开发人员甚至认为他们可以比编译器做得更好（对于某些代码，他们肯定可以做到），因此往往会以汇编语言重新实现需要尽快运行的部分代码。当本书的第 1 版发行时，整个行业正逐渐向 C++迁移。这不免让人有些困惑，因为 C++固然是比 C 更强大的语言，但是也比 C 更复杂。对于那些粗心或对 C++的认识不够深入的开发人员来说，具有相当大的性能陷阱：关于 C++在性能方面的表现，仍然存在着争论。在此期间，也出现了许多出色的代码库，包括一些非常畅销的游戏作品的代码。例如，*Quake 3*（中文版名称《雷神之锤 3》，详见附录参考资料[124]）的 C++源代码（详见附录参考资料[25]）就经常被开发人员认为是最漂亮、编写最完善的 C++代码库之一。

在过去的 20 年中，该行业发生了两项重大变化，改变了游戏的开发方式。

首先是移动平台作为主要市场呈现出爆发性的增长。虽然也可以使用 C++语言为 iOS 和 Android 平台开发移动游戏，但只有极少数开发人员这样做。苹果公司鼓励 iOS 开发人员使用 Swift（以及 Swift 的前身 Objective-C），而 Android 则依赖 Java 虚拟机（Java Virtual Machine，JVM），该虚拟机可以使用 Java 或 JVM 语言（如 Kotlin）更轻松地进行编程。

第二个重大转变是使用游戏引擎。现在，大多数台式机和主机游戏（以及越来越多的移动设备）开发人员都在使用现有引擎。对于 EA 这样的大型工作室，可能使用内部引擎。而对于大多数开发人员来说，使用的游戏引擎是 Unity 和 Unreal Engine。

C++仍然是用于构建游戏引擎的主要语言。用 UE4 开发的游戏通常具有部分用 C++实现的游戏方式。但是，如今计算机的运行速度已经足够快，因此，以前需要使用底层语言编程的内容现在都可以使用引擎的脚本语言来实现。例如，Unreal Engine（UE4）中的 Blueprint、Unity 中的 C#。在游戏开发教育领域、业余游戏开发爱好者、移动平台游戏开发爱好者和独立的游戏开发社区中，Unity 的使用激增，这意味着 C#现在可以合理地声称自己是实现游戏的主要语言。这种说法虽然很难确切证明，但至少不荒谬。

本书中大部分技术的实现都不是针对特定语言的（即所有语言都可以通过自己的方

式来实现这些技术）。本节将简要介绍目前用于游戏实现的最重要的 5 种语言：C++、C#、Swift（用于 iOS）、Java（用于 Android）和 JavaScript（用于网页游戏和服务器）。我们将总结各种语言的特点，并指出在实现本书中的算法时需要考虑的特殊性。

13.1.1　C++

C++最初是 C 语言的扩展，目的是增加对面向对象编程的支持。尽管有时会出现新特性，但它基本上依然是兼容的超集。在过去的若干年中，Rust 将自己定位为一种用于编写低级系统代码（构成操作系统或其他资源和性能关键型应用程序的软件）的新语言，但除了一些著名的 Rust 项目，对于低级编程而言，C++仍然是最受欢迎的选择。

C++是一门功能强大而又非常复杂的语言。自 1985 年首次发布以来，一直在稳定发展。现在，该标准的新版本每 3 年发布一次，每个版本都有一组新功能和新语法。在过去的 15 年中，这个膨胀的功能集招致了对 C++的一致批评，以至于它已经有效地分成了多种语言，因此，每个采用它的公司都倾向于仅采用整个语言的一部分来驾驭其复杂性。在不同的子集中，被禁用的功能可能包括模板语言、对操作符重载的全面支持、类的多重继承、运行时的类型信息以及异常操作等。

除核心语言外，C++还指定了标准模板库（Standard Template Library，STL），这是使用 C++模板实现的一组基本数据类型。基本数据类型（如可调整大小的数组、哈希映射、堆栈和队列）均通过 STL 提供。糟糕的是，STL 的实现方式确实有所不同，并且总体而言，它由于难于管理、性能低下或内存使用不稳定而在游戏开发人员中颇受诟病。很多公司都禁止 STL 代码，宁愿为这些基本数据类型创建自己的非模板版本。当诸如 Boost 之类的通用库可用于"纠正"核心语言中的某些问题时，情况就更加复杂了。随着 C++的发展，它已经从 Boost 中吸取了许多很不错的思路，使得其实现方式略有不同，并可能给出另一个不兼容的方向。

本书在介绍算法时，尽量使其更通用而不是专门针对 C++，但是，由于 C++是我最熟悉的实现游戏的语言，因此，本书伪代码可以很自然地转换为 C++（具体取决于你或你的团队想要使用的功能子集）。

值得一提的是，本书伪代码已经实现了高质量的数据结构，这样成功使用 STL 就不会有任何问题（特别是在使用自定义的 allocator 取代了其默认的内存管理之后），但是，如果你选择实现自己的数据结构，那么使用这些数据结构实现 AI 可能会是一个很大的挑战。

13.1.2　C#

C#是由 Microsoft 公司创建的，它是 Java 的竞争对手，其目标是自己的公共语言运行时（Common Language Runtime，CLR）。该语言的初始版本和 Java 非常像，但是随着时间的推移，它已修改了内核，并且该语言也逐渐朝不同的方向发展。

由于公共语言运行时是 Microsoft 专有的，因此其他开发人员实现了名为 Mono 的开源替代方案。由于 Microsoft 开源 C#语言，仅保留公共语言运行时为专有，因此 Mono 提供了一种在其他项目中使用该语言的免费方法。Unity 引擎正是这样做的。

从理论上讲，这允许将任何 CLR 语言与 Unity 引擎一起使用。Unity 公司仅支持 C#，已弃用了和 JavaScript 类似的自己的脚本语言。有些开发人员还会使用 F#（这是一种功能性的 CLR 语言），但大多数不过是实验性的。因此，就目前而言，在 Unity 中编写的代码绝大多数都是使用 C#。

对 Unity 引擎的普遍批评是，它与当前的 C#版本相比有很大的差距。部分原因是 Mono 落后于 Microsoft 的 CLR，但主要是因为 Unity 对于升级其引擎中使用的 Mono 版本非常保守。这可能会对开发人员产生影响，因为 C#程序员的在线教程和资源通常与引擎中的语言版本不兼容。幸运的是，有大量与 Unity 相关的教程和资源可以缓解这个问题，尽管这些教程和资源通常是针对新手程序员的。

C#和 C++之间最明显的区别也许是 Mono 管理内存的方式。Mono 不会显式分配和释放内存，而是跟踪程序使用的内存，并定期释放可以找到的不再需要的所有内存。糟糕的是，找到要释放的内存（即所谓的垃圾回收）需要花费时间，有时甚至需要数十毫秒。更糟糕的是，它所谓的"定期"难以预料并且无法控制。因此，依赖于此行为的游戏偶尔会变慢，造成帧频下降或卡顿，严重影响玩家的游戏体验。

幸运的是，如果没有要收集的东西，则垃圾收集通常会非常快（在某些极端情况下，需要花费时间来证明不需要收集任何东西，但是对于正常使用模式而言，这种情况很少见）。垃圾收集通过跟踪对象来工作（这些对象知道其他对象的存在）。它从一组已知对象开始，单步遍历图形并标记所有可以到达的对象，无论到达是需要一步还是多步。

如果在此遍历过程结束时某个对象仍未被标记，则说明该对象没有可以访问者，则可以放心回收该对象。该算法称为标记和清除（Mark-and-Sweep）或跟踪垃圾收集（Tracing Garbage Collection）。

因此，从原理上来说，如果代码一次性分配了所有需要的对象（通常是在加载关卡时），然后在游戏完成时（例如，在加载下一个关卡之前）一次性释放了所有对象，则可以避免由垃圾收集机制造成的卡顿。

在 C#中，由于无法显式分配或释放内存，因此我们只能围绕标记和清除算法做文章。在开始关卡时，我们将创建可能需要的所有对象，并保留对它们的引用（如果它们是相似的对象，则可以将它们保存在数组中）。这保证了它们始终可以被访问，而不会被回收。

在算法执行期间，当需要一个对象时，即可从我们的预分配块中获取该对象。在该关卡的末尾，无论最终是否要使用它们，对所有对象的引用都将被删除。这样，垃圾收集程序将检测到它们可以被收集。

Mono 由于垃圾收集机制而产生的速度问题确实非常严重（这也是它饱受诟病的原因），因此，上面介绍的这种方法实际上至关重要。虽然它对本书介绍的任何算法都没有显著影响，但是任何 C#开发人员都需要牢记上述解决方案。

最近，Mono 已经实现了一种不太可能导致丢帧和卡顿的垃圾收集系统，它可以作为一种选项在 Unity 中使用，但默认情况下是未启用的。当使用它作为默认的垃圾回收机制时，对对象池（Object Pool）的需求将有所减少。但是，垃圾回收将始终是一个耗时且间歇的过程。而对于诸如 A*之类的算法，需要的对象的数量又足够多，因此，我们建议开发人员始终采用某种形式的预分配。

13.1.3　Swift

Swift 是苹果公司在 macOS 和 iOS 平台上开发应用程序的语言。尽管它是一种编译语言，并且从理论上讲，任何其他编译语言（如 C++）也可以在 macOS 和 iOS 平台上使用，但是其操作系统 API 是在 Swift 中公开的，并且 Apple 的 Xcode 开发工具也提供了对 Swift 的全面支持。因此，除非开发人员使用的是 Unity 等集成游戏引擎，否则在 iOS 上使用其他语言将是一项艰巨的挑战。

Swift 取代了苹果公司以前支持的 Objective-C 语言的地位。与 C++一样，Objective-C 是 C 语言的扩展，以支持面向对象的编程。这两种语言在设想对象的方式上有很大的不同，当然，这两种语言也很难互操作。Objective-C 从未像 C++那样被广泛采用，并且该语言的使用也在逐渐减少。到它被 Swift 取代时，针对 Apple 设备的编程是 Objective-C 唯一让人注意到的用例。最初，苹果公司是在不想使用 C 语言的情况下引入 Swift 取代了 Objective-C。当然，这样的说法其实是一种市场营销话术，目的是减轻开发人员对学习新语言的担忧，实际上 Swift 和 Objective-C 是两种差异很大的语言。

Swift 可以编译为特定硬件的机器代码，这与 C#和 Java 可以编译为在虚拟机上运行的字节码不同。但是，像 Java 和 C#一样，Swift 代码是通过全面的运行时执行的，并可以处理与操作系统的接口，包含诸如内存管理和垃圾回收之类的机制。实际上，Swift 更像 Java 或 C#，而不是 C 或 C++。

Swift 使用的垃圾回收方法与 Mono 不一样。它使用的是自动引用计数（Automatic Reference Counting，ARC）。在这种方法中，每个对象都存储一个计数：表示在代码中知道该对象的位置的数字。有一个变量指向该对象，它会递增此计数。将对象放置在数组中也会增加计数。或者也可以将其存储在另一个对象的成员变量中。如果变量超出范围，则计数递减。如果删除数组或包含对象，则同样会递减计数。如果计数达到零，则表明没有任何代码可以到达该对象，因此可以安全地删除它。

有一些简单的引用计数系统可能比这个还简单，但是这种简单的方法可能会泄漏内存：它们可能永远不会收集一些未使用的对象循环（这些对象会被单独引用，但作为一个组永远无法到达）。例如，假设对象 A 是唯一了解对象 B 的事物，而对象 B 又是唯一了解对象 A 的事物，则 A 和 B 都可以被垃圾回收，但是它们的引用计数均为 1。这些循环可能会变得很复杂，涉及许多对象。因此，这些复杂的循环将导致垃圾收集变慢。

对于这两种方法（Swift 的自动引用计数与 Mono 的标记和清除算法）的权衡相对复杂，并且超出了本章的讨论范围。实际上，Swift 方法似乎很少暂停或中断游戏代码。但是"少"并不意味着"绝不会"。因此，开发人员仍应避免不必要的垃圾收集。

为此，我们可以使用与 C# 完全相同的方法，即预分配新关卡需要的所有对象，并在关卡结束时释放对它们的引用。

随着 Mono 垃圾回收系统和 Swift 垃圾收集器的更新升级，它们现在一般来说已经运行得足够快，除非开发人员执行了许多分配操作，否则问题不会很明显。但是，在游戏运行一段时间后，问题常常会在没有警告的情况下出现。因此，无论是否很有必要，出于谨慎考虑，我们都建议开发人员在 AI 代码中预先分配对象，这应该是最佳做法。

13.1.4　Java

到目前为止，Java 无疑是世界上最受欢迎的编程语言。[①] 2020 年 9 月，在 TIOBE 公司公布的编程语言排行榜中，占据前十位的分别是 C、Java、Python、C++、C#、Visual Basic、JavaScript、PHP、R 和 SQL。

Java 被设计为通用语言，并为其字节码和虚拟机（即 Java 虚拟机，JVM）提供了详细规范。通过锁定虚拟机，该语言旨在允许将源代码编译到一台计算机上，并且所产生的字节码能够在同一台或任何其他计算机上运行。它的市场营销口号是"编写一次，随处运行"。总体而言，它成功地实现了这一目标。两台完全不同的计算机上的 Java 运行时必须与两种完全不同的基础操作系统进行通信，这可能会导致行为上的细微差异，但是 Java 可以很好地抹平这些差异。

正是这种编译一次即可在任何地方运行的能力，使其对于移动应用程序的开发产生

[①] TIOBE 公司追踪了编程语言的流行程度，该公司从 2001 年开始在其网站上发布了该项排名（详见附录参考资料[69]），它的部分数据甚至可以追溯到 1988 年。也有人批评该指数仅依赖搜索引擎和网站，其方法的细节当然可以争论，但总的来说，它已被证明是观察行业发展的一种有用方法。

了特别的吸引力。现代智能手机中的硬件种类繁多，因此，想要获取正确的编译器定义并为每款设备编译游戏会很麻烦。硬件特性并不能完全消除对多种设备进行测试的需要，但是如果使用编译为机器代码的语言（如 C++）进行开发，那么这种情况会更糟。Google 在开发其移动操作系统 Android 时，出于这个原因选择了 Java 作为主要的开发语言。

作为一种编程语言，Java 以代码冗余而闻名。许多冗余都以样板代码的形式出现：某些类似的模式仅具有相对很少的一些功能，但是却需要一次又一次地以相同的方式编写。编辑器和其他工具可通过自动生成其中的一些代码使其编写变得更容易一些，但这仍然会使代码膨胀，并且需要维护。

Java 还因更改缓慢而闻名。一方面，你可以认为这是它的一项优势，因为这意味着编写良好的代码将长期保留使用；另一方面，这也意味着它在生产效率上的提高足够缓慢，来自其他语言的优秀思路需要很久才能被缓慢接受和采用。例如，类型安全数据结构就经过了十多年的呼吁才最终被引入。需要指出的是，该实现还遭到了广泛的批评，并且最近还被证明是不可靠的（详见附录参考资料[3]）。这个问题也可能会扩展到本节介绍的其他一些在 JVM 上运行的语言。

Java 的大多数优点是由 JVM 提供的。JVM 的设计目的是在任何平台上运行相同的编译代码。当编译的字节码运行时，虚拟机不知道或不在乎该代码是如何生成的。20 世纪 90 年代后期，我曾在一家非游戏公司中短暂工作过，该公司的产品是通过与用户的简单对话生成字节码的。JVM 更常用于支持其他语言，如功能性的 Scala、Lisp 风格的并发编程语言 Clojure、脚本语言 Groovy 以及其他数十种语言，它们都可以编译为有效的 JVM 字节码。因为 Java 提供了非常大的标准库，并且也被编译成字节码，所以这些功能可以在任何 JVM 语言中使用。同样，Android 也以可从任何语言调用的方式公开了它的接口。

Google 认可了由 JetBrains 开发的 JVM 语言 Kotlin，Kotlin 具有与 Java 类似的功能和相似的思想，但是风格更加现代。在未来几年中，似乎会有越来越多的 Android 应用程序开发转向新语言。同时，手机游戏开发商也将越来越多地使用多平台游戏引擎。哪个趋势会更快地发展似乎还很难说。

就实现建议而言，为 JVM 编写代码和为 Mono 编写代码具有很大的相似性。JVM 使用标记和清除算法实现垃圾收集器，可以通过调用 System.gc()手动请求该垃圾收集器。与 Mono 一样，当分配了许多小对象时，该垃圾收集器的实现效率也不高。因此，建议开发人员使用分配池方法预先分配对象。

13.1.5　JavaScript

JavaScript 是作为网页的脚本语言而被开发出来的。它在游戏开发中有两个作用：使用 Node 来实现打算在网络上玩的游戏，以及为在线多人游戏构建服务器。

与所有脚本语言一样，用 JavaScript 编写的性能关键代码有时可能运行缓慢。因此，一般不会看到用 JavaScript 编写的复杂算法。JavaScript 很有可能用于构建状态机或行为树，但是诸如决策规划、路径发现、极小极大化和机器学习之类的算法则可能会占用大量资源。在服务器上，这些性能关键算法可以用 C++实现，并链接到 JavaScript 运行时。在浏览器中，最初可能会执行类似操作，但出于安全原因，现在已被浏览器供应商删除。

JavaScript 在游戏开发中被广泛用作脚本语言，并被嵌入游戏或游戏引擎中。第 13.2 节"脚本 AI"将深入描述其作为脚本语言的用途。

从语言的角度来看，JavaScript 因其使用原型继承而著称。原型继承与基于类的语言（如 C++和 Python）不同。JavaScript 的最新版本添加了 class 关键字，以使其他语言的程序员可以更轻松地使用，但是在类的内部仍然使用原型实现了类。

原型与类的不同之处在于，任何对象都可以从任何其他对象继承。在基于类的语言中，对象有两种形式：类和实例。实例只能从类继承，而类之间的继承形式有限，通常称为子类化（Subclassing）。在原型语言中，这要简单得多。它只有继承，任何对象都可以从任何其他对象继承。由此带来的实际结果就是，我们不仅限于类和实例的两级层次结构。在第 5.4 节"行为树"中，描述了定义和实例化 AI 时 3 个层次的普遍需求，这可以很好地映射到 JavaScript。它的作用是允许开发人员为一个很宽泛的角色类创建一个根对象，然后可以从该对象继承，以配置特定角色类型的设置（此中间阶段可以由关卡设计师或技术美工完成），最后一步则可以看到一个通过对象实例化的角色类型，可以是关卡中的单个角色。

与前面介绍的其他 4 种语言不同，JavaScript 是单线程的。作为用于扩充网页的语言，它被设计为事件驱动的：JavaScript 运行时将监视特定事件（例如用户输入、网络活动或计划好的超时），当事件发生时，运行时将调用已注册的相应代码，然后此代码将按需要顺序运行。当没有更多的代码可运行时，控制权将返回到运行时，运行时将等待，直到另一个事件发生。开发人员应确保代码在运行时不会被中断，并且不会同时运行其他代码。

JavaScript 对于浏览器中的简单脚本来说是完美的选择，但是有些事情可能需要花费更长的时间才能完成。在 Web 浏览器中，这样的操作并不少见，例如跨网络查询数据，在某些情况下，该操作需要的时间可能以秒为单位。

在这种情况下，开发人员并不希望整个 JavaScript 过程陷入停顿以等待结果。为此，JavaScript 使用了回调（在更高版本的 JavaScript 中，回调被包装在更易于使用的结构中，如 promise 或 async，尽管其基本行为是相同的）。

　　回调将使用相同的事件过程。开发人员注册了某个动作完成时要调用的代码（例如，从服务器接收到结果时），然后启动该动作。这使得许多回调可以随时等待数据。

　　上述设计非常适合许多服务器应用程序（在这些应用程序中代码需要等待数据库、其他服务或文件以读取数据）。

　　糟糕的是，它不适用于长时间运行的任务以及涉及大量计算的情况。许多游戏都属于此类。如果 JavaScript 引擎正在执行计算，则无法继续将事件分配给代码的其他部分。我们无法轻松要求 JavaScript 例程执行路径发现，并在寻路完成时通知我们。很明显，在路径发现完成之前，实现将被冻结。

　　对于这个问题，有两种解决方案。第一种解决方案是可以编写代码来执行协作式多任务处理（Cooperative Multitasking）。其具体原理是：任何需要长时间运行的任务都会先执行一点，然后主动将控制权返回给运行时，期望它会再次被调用以做更多的工作。然后，JavaScript 可以使用这些中断来调用代码的其他部分。这样做是可行的，但是需要开发人员实现算法来支持。在第 10 章"执行管理"中，讨论了为什么可以使用任何一种语言来做到这一点：因为需要长时间运行的算法可以被分配到多个渲染帧中。在 JavaScript 中，这种方法可以使它变得更加实用。

　　第二种解决方案是使用多个 JavaScript 解释器，并编写通信代码以使它们保持同步。我们不再调用寻路函数，而是将一些消息传递给另一个能够寻路的进程。然后，该进程将在完成时将消息传递回去。在浏览器中，可以通过 Web-Workers API 使用此方法。该方法同样是有效的，但是与协作式多任务处理解决方案相比，它需要更多的协调代码，并且由于不同的进程无法更改彼此的数据，因此在消息中来回传递数据往往会产生很大的开销（一般来说是通过转换为文本 JSON 格式）。

13.2　脚本 AI

　　在游戏决策系统中还有一个重要部分，它并未使用本书前面所介绍的任何技术。20 世纪 90 年代早期和中期，大多数 AI 都使用自定义编写的代码进行硬编码以做出决策，这对于程序员也可能设计游戏角色的行为的小型开发团队来说很快且很有效。它仍然是具有适度开发需求的平台和程序员也负责游戏设置的独立团队的主导开发模型。

　　随着游戏开发任务变得越来越复杂，开发人员的角色也划分得越来越细。拥有数百名员工的大型游戏开发公司往往会将开发任务划分给一些专司其职的人员。在工作室中，需要将内容（行为设计）与引擎分开。关卡设计人员可能需要设计角色的广泛行为，而无权编辑其代码。为此，许多工作室都会使用第 12 章所介绍的常规技术和自定义编辑器。

　　中间的解决方案是对一套技术进行编程，并让具有技术能力的关卡设计师使用与主要游戏代码分开的简单编程语言将它们进行组合。这些通常称为脚本（Scripts）。可以将脚本视为数据文件，并且如果脚本语言足够简单，则关卡设计人员或技术人员都可以创建行为。

　　脚本语言支持的一个意想不到的作用是玩家能够创建自己的角色行为并扩展游戏。MOD 就是 PC 游戏中一个重要的增加收益的手段。MOD 是英文单词 Modification（修改）的缩写，是游戏的一种修改或增强程序。这种修改多通过脚本语言进行，可以对游戏中的角色、道具、武器、技能、敌人、模式、公式、地图、故事情节等进行修改，这几乎意味着将原有的游戏变成一款新的作品。例如，很多游戏生产商都会适时地推出自己受欢迎作品的"资料片"，这实际上就是一个修改了故事情节和其他设定的游戏 MOD 更新，它一方面延长了游戏产品的生命周期；另一方面也能使游戏生产商获得更多的经济效益。因此，大多数优秀的 AAA 游戏都包含某种脚本系统。在主机游戏上，MOD 在经济收益方面的动机则不那么明确，但是我们合作过的大多数公司都拥有自己内部的游戏引擎，并且也都有某种形式的脚本语言支持。

　　当然，脚本也有负面作用。我们仍然不相信脚本在项目中的广泛使用具有可扩展性，也不相信通过这种方式可以生成复杂的行为。根据我们的经验，开始编写脚本很容易，但是最终扩展和调试它们很难。

　　除可扩展性问题外，这种方法还迷失了已经确立的 AI 技术的要点。脚本之所以存在，是因为它们是解决行为问题的上佳解决方案，而不是因为用 C++编程不方便。即使开发人员使用脚本语言，也必须考虑角色脚本中使用的算法。用脚本编写临时代码与用 C++编写代码一样困难，并且缺少成熟的调试工具。

　　我所认识的一些开发人员就曾经陷入这种陷阱，他们以为脚本语言意味着无须考虑角色的实现方式。这种想法是错误的，即使开发人员使用的是脚本语言，也还是要考虑这些脚本中使用的架构和算法。它既可以是实现本书中某项技术的脚本，也可以是更加实用的专门实现。

　　当然，撇开所有这些局限性不谈，脚本无疑仍然可以有一些重要的应用。例如，编写游戏关卡的触发器和行为的脚本（例如，按哪些键打开哪些门）、迭代游戏机制以产生有趣的玩法，以及快速制作角色 AI 原型等。

　　本节提供了一个简短的入门介绍，以帮助你了解在游戏中运行 AI 的脚本语言。本节内容相当浅显，点到即止，目的是为你提供足够的信息，由你自己决定是否要深入了解。如果你对脚本语言很感兴趣，则可以通过互联网获得更多有关脚本语言的知识，包括如何从头开始实现你自己的脚本语言。

13.2.1　脚本 AI 的定义

脚本 AI（Scripted AI）一词的定义有点含糊。就本章而言，它指的是用脚本语言编写的控制角色行为的手工编码程序。

但是，在游戏评论和市场营销材料中，它多半含有贬义，指的是无论上下文环境如何，都执行相同操作的 AI（这其实更像是机械化操作，而不是能根据上下文环境随机变化的智能）。例如，游戏中的某一条路线是由非技术设计师在关卡编辑器中生成的，即使该路线已经被堵塞或已被玩家控制，脚本 AI 也总是会尝试遵循同一路线巡逻，这样的角色自然给脚本 AI 带来了不太好的名声。

脚本 AI 还有第三个用法，这个用法基本上不含贬义，它指的是可以被描述为脚本 AI 的代码片段。例如，某个角色在生命值较低时，可能会躲进掩藏点、竖起障碍物，然后开始使用医疗包治愈自己，能够执行此类连贯操作的角色就被认为拥有 AI 脚本，即使该序列被实现为行为树。

本章将坚持第一个定义：脚本 AI 是用脚本语言编写的 AI。

13.2.2　优秀脚本语言的基本要件

游戏总是需要为脚本语言提供一些基本要件，而语言的选择则通常归结为这些基本要件问题之间的权衡。

1．速度

游戏脚本语言的运行速度需要尽可能地快。如果你打算在游戏关卡中使用大量脚本来处理角色的行为和事件，那么该脚本将需要作为主游戏循环的一部分来执行，这意味着慢速运行的脚本会占用渲染场景、运行物理引擎或准备音频所需的时间。

大多数脚本语言是可以随时在多个帧上运行的算法（有关详细信息，请参阅本书第 10 章“执行管理”）。这在一定程度上减轻了速度的压力，但它无法完全解决问题。

2．编译与解释

脚本语言可以被宽泛地解释、按字节编译或完全编译，每种技术都各有优劣。

- ❑　解释性语言（Interpreted Language）以文本形式提供。解释器查看每一行，找出它的含义，并执行它指定的操作。
- ❑　字节编译的语言（Byte-Compiled Language）从文本转换为内部格式，称为字节代码（Byte Code）。此字节代码通常比文本格式更紧凑。由于字节代码采用针对执行而优化的格式，因此它可以更快地运行。

由于字节编译的语言需要执行编译步骤，所以它们在游戏开始时需要更长的时间，但后来则运行得更快。成本更高的编译步骤可以在关卡加载时执行，但一般来说都是在游戏载入之前执行。

最常见的游戏脚本语言都是按字节编译的。某些脚本语言（如 Lua）提供了与编译器分离的能力，并且可以不随最终游戏一起分发。通过这种方式，可以在游戏进入主程序之前编译所有脚本，并且只需要将编译后的版本包含在游戏中。但是，这样做也屏蔽了由玩家编写自己的脚本的功能。

完全编译的语言（Fully Compiled Language）将创建机器代码。这通常必须链接到主游戏代码中，可能会破坏拥有单独脚本语言的意义。但是，我们知道有一个开发团队，他们有一个非常简洁的运行时链接系统，可以在运行时编译和链接脚本中的机器代码。当然，总的来说，这种方法存在大量问题，而且问题的范围很广，所以我们不建议你去做这些需要不断尝试和测试的事情。

3．可扩展性和集成

脚本语言需要访问游戏中的重要函数。例如，控制角色的脚本需要查询游戏以找出它能看到的内容，然后让游戏知道它想要做什么。

在实现或选择脚本语言时，很少知道它需要访问的一组函数。拥有一种可以轻松调用函数或使用主游戏代码中的类的语言非常重要。同样，对于程序员来说，在脚本作者请求时能够轻松地公开新的函数或类也是很重要的。

有些语言（Lua 就是最好的例子）在脚本和程序的其余部分之间放置了一个非常薄的层。这使得从脚本中操作游戏数据变得非常容易，而无须一整套复杂的转换。

4．重入

脚本的重入（Re-entrant）通常很有用。它们可以运行一段时间，当它们的时间预算用尽时，可以暂停。当脚本接下来获得运行的时间时，可以从中断的地方继续。

当脚本达到自然暂停时让脚本产生控制通常是有帮助的。然后，如果它有可用项，则调度算法可以给它更多的时间，或者它也可以继续前进。例如，控制角色的脚本可能有不同的阶段（确认游戏状态、检查生命值、决策移动、规划路线和执行移动）。这些都可以放在一个脚本中，在每个阶段之间执行。然后每次都按每 5 帧运行，并分散 AI 的负担。

并非所有脚本都应该被中断和恢复。监视快速变化的游戏事件的脚本可能需要从每个帧的开始处运行（否则，它处理的可能是不正确的信息）。更复杂的重入应该允许脚本编写者将阶段标记为不可中断。

这些应用上的微妙之处并不存在于大多数现成的语言中，但如果你决定自己编写脚本，这可能是一个巨大的优势。

13.2.3　嵌入

嵌入与可扩展性有关。嵌入式语言旨在合并到另一个程序中。从工作站运行脚本语言时，通常会运行专用程序来解释源代码文件。在游戏中，需要从主程序内控制脚本系统。游戏将决定需要运行哪些脚本，并且应该能够通知脚本语言进行处理。

13.2.4　选择开源语言

可用的脚本语言非常多，其中许多是在适合包含在游戏中的许可下发行的。一般来说，开放源代码的是某些变体。

尽管针对游戏行业进行了商业脚本语言的各种尝试，但是专有语言很难与大量高质量的开源替代品竞争。

开源软件是在被许可方的许可下发布的，被许可方授予用户将其包含在自己的软件中的权利，且无须付费。某些开源许可证要求用户将新创建的产品开源，这样的机制显然不适合商业游戏。

顾名思义，开放源代码软件还允许访问以查看和更改源代码。这样可以轻松吸引开发人员为代码库提供错误修复和改进。例如，我就了解到有一家公司曾经委托 Lua 提交者之一实现自定义语法扩展，而后者仅花了几天的时间就大大改善了该语言在项目中的使用。

当然，开源软件的修改并非总是建议性质的。一些开源许可证——特别是通用许可证（General Public License，GPL）——甚至包括一些允许在商业产品中使用该语言的许可证，都会要求使用者发布对该语言本身的任何修改，或者在最坏的情况下，甚至还会要求使用者添加链接到该库的代码。除非你也打算将自己的游戏开源，否则这样的要求会构成项目在法律方面的问题。

不管脚本语言是否是开源的，在项目中使用这样的脚本语言都可能会产生法律影响。在要分发的产品中使用任何外部技术之前，你应该咨询一下知识产权律师。本书无法就使用第三方语言的法律含义向你提供适当的建议，以下说明旨在指示可能引起关注的事物的种类。事实上，像这样的问题还有很多。

在没有人向你出售开源软件的情况下，如果软件出现错误，则没有人负责。如果在开发过程中出现难以发现的错误，这可能是一个小麻烦。但是，如果你的软件导致客户的 PC 擦除或硬盘驱动器格式化，那么这可能就是一个重大的法律问题。对于大多数开源软件用户来说，他们只能自行对产品的行为负责。当然，从另一方面来说，一种完善的开源语言可能已被其他开发人员使用了数百万次，因此出现这种致命问题的可能性不大。

当你从某个公司获得许可技术时，该公司通常会充当一个绝缘层，使你免于因侵犯版权或专利而被起诉。例如，某研究人员开发了一项新技术并为其申请了专利，则有权对其进行商业化。如果你在未经该研究人员许可的情况下在自己的软件中使用了相同的技术，则该研究人员将有理由对你采取法律行动。但是，如果你是从某个公司购买的该软件，那么该公司应该对软件的内容负责。因此，如果研究人员起诉你，则向你出售软件的公司通常应该对违法行为负责（这取决于你签订的合同）。

当你使用开放源代码软件时，没有人向你授予软件许可，并且由于你没有编写软件，因此你不知道它的一部分是否是盗版或复制来的。除非你非常小心，否则你不会知道它是否会侵犯任何专利或其他知识产权，结果是你可能需要对违法行为负责。

因此，你需要确认自己理解使用"免费"软件的法律含义。即使前期成本非常低，它也不总是最便宜或最好的选择。在做出决定之前，不妨咨询一下律师。

此类法律问题促使一部分开发人员创建自己的语言。当然，除了用于商业游戏引擎的自定义脚本（例如 UE4 的 Blueprint 可视语言），现在这种情况已很少见。

13.2.5　语言选择

每个人都有自己喜欢的语言，想要选择最好的一种预构建脚本语言是不可能的。随便看一看任何编程语言新闻组或逛一逛论坛，你就会发现充斥着大量的诸如"我的语言比你的语言更好"之类的口水之战。事实上，各种脚本语言都有自己的优缺点，只有你的编程团队才清楚，哪一种特定的语言或语法更适合你的项目。

脚本语言存在着大量的选择，但是能够重复使用的不多，只有少数几种。在选择一种脚本语言并集成到游戏中时，有必要了解哪些语言是常见的可选项，以及它们的优缺点是什么。请记住，脚本语言通常可以破解、重组或重写，以解决其明显的问题。许多（甚至也许是大多数）使用脚本语言的商业游戏开发人员会以较小的方式进行此操作。有些游戏中的脚本甚至最终被改得面目全非，以至于没人能认出它采用的是哪一种脚本语言（当然，这也可能是开发人员有意为之）。

对于一个新项目，我将依次考虑以下 4 种语言：Lua、Scheme、JavaScript 和 Python。

1. Lua

Lua 是一种简单的过程语言，它从头开始构建为嵌入式语言。该语言的设计是由可扩展性驱动的。与大多数嵌入式语言不同，这不仅限于在 C 或 C++中添加新函数或数据类型。Lua 语言的工作方式也可以调整。

Lua 拥有少量提供基本功能的核心库。但是，它相对无特性的核心是其吸引力的一部分。在游戏中，除了数学和逻辑，你不太可能需要库来处理任何东西。小核心易于学习并且非常灵活。

Lua 不支持重入函数。整个解释器（严格地说是"状态"对象，它封装了解释器的状态）是一个 C++对象，并且是完全可重入的。使用多个状态对象可以提供一些重入支持，代价是需要消耗内存以及在它们之间缺乏通信。

Lua 具有事件（Event）和标记（Tag）的概念。事件发生在脚本执行的某些点上，例如，当两个值添加在一起时、调用函数时、查询哈希表时，或者运行垃圾收集器时。可以针对这些事件注册 C++或 Lua 中的例程。事件发生时会调用这些"标记"例程，从而允许更改 Lua 的默认行为。这种深层次的行为修改使 Lua 成为你可以找到的最可调节的语言之一。

事件和标记机制用于提供基本的面向对象支持（Lua 不是严格面向对象的，但你可以调整其行为以尽可能地接近它），但它也可用于公开复杂的 C++类型到 Lua 语言，或简洁地实现内存管理。

C++程序员所钟爱的 Lua 的另一个功能是用户数据（Userdata）数据类型。Lua 支持常见的数据类型，如 float、int 和 string 等。此外，它还支持具有关联的子类型（"标记"）的通用的用户数据。在默认情况下，Lua 并不知道如何使用用户数据执行操作，但通过使用标记方法，则可以添加任何所需的行为。用户数据通常用于保存 C++实例指针。这种对指针的本机处理可能会导致问题，但它也意味着需要的接口代码要少得多，从而可以使 Lua 与游戏对象一起工作。

Lua 在脚本语言中算是运行速度比较快的，它有一个非常简单的执行模型，其运行峰值非常快。再加上它还具有调用 C 或 C++函数的能力，并且接口代码短小精悍，因此其真实性能令人印象深刻。

Lua 的语法对于 C 和 Pascal 程序员来说是很熟悉的，而对于美术师和关卡设计师来说不是最容易学习的语言，但是它相对缺乏语法特征，这意味着掌握它对于那些充满学习热情的开发人员来说并不是什么难事。

尽管其说明文档比下文将要介绍的其他两种主要语言的说明文档要少，但 Lua 仍然是游戏中使用最广泛的预构建脚本语言。LucasArts 从其内部 SCUMM 语言转换为 Lua，促使大量开发人员开始注意并研究其功能。Unity 和 UE4 均未使用 Lua，但是开源引擎 Godot 在专注于其自定义语言之前曾短暂地支持 Lua。

要了解更多有关 Lua 的信息，可以阅读 *Programming in Lua*（详见附录参考资料[26]），该书也可以在线免费获得。

2．Scheme 及其变体

Scheme 是一种源自 LISP 的脚本语言，LISP 是一种比较陈旧的语言，在 20 世纪 90 年代之前，有很多经典 AI 系统都是使用它构建的，此后虽然仍然有很多使用，但其优势不再。

使用 Scheme 需要注意的第一件事就是它的语法。对于不习惯 LISP 的程序员来说，Scheme 很难理解。

括号包含函数调用（几乎所有内容都是函数调用）和所有其他代码块，这意味着它们可以嵌套。虽然良好的代码缩进会对此有所帮助，但是一款可以检查封闭括号的编辑器是严谨开发的必要条件。对于每组括号来说，第一个元素将定义块的作用，它可能是一个算术函数：

```
(+ a 0.5)
```

也可能是一个流程控制语句：

```
(if (> a 1.0) (set! a 1.0))
```

这对于计算机来说很容易理解，但与我们的自然语言背道而驰。非程序员和习惯于 C 之类语言的人在遇到 Scheme 代码时可能需要习惯一段时间才能适应。

与 Lua 和 Python 语言不同，Scheme 语言有几百个版本，更不用说其他适合用作嵌入式语言的 LISP 变体。每个变体都有自己的权衡，这使得对它们的速度或内存使用情况进行概括变得很困难。当然，最好的情况是，它们可能非常小（例如，以 C 语言编写的整个系统包含 2500 行代码，minischeme 要少于这个数字，尽管它也缺少完整方案实现的一些更奇特的功能），并且非常容易调整。最快的实现可以像任何其他脚本语言一样快，并且编译通常比其他语言更有效（因为 LISP 语法最初就是为简单解析而设计的）。

然而，Scheme 真正闪耀的是它的灵活性。在该语言的代码和数据之间没有区别，这使得在 Scheme 中传递脚本、修改脚本并且在以后执行它们都变得很容易。使用本书介绍的技术的大多数著名 AI 程序最初都是用 LISP 编写的，这绝非巧合。

我们已经有很多 Scheme 的使用经验，足以了解该语法的笨拙（以前的 AI 本科生都必须学习 LISP，直到 21 世纪初，它才被视为主要的 AI 语言）。从专业角度来说，我们从未在游戏中使用过 Scheme（尽管我们知道至少有一个工作室这么做过），但是我们已经基于 Scheme 构建了比任何其他语言更多的语言（迄今为止有 7 种语言）。如果你打算使用自己的语言，我们强烈建议你首先学习 Scheme 并阅读几个简单的实现。这可能会让你大开眼界——了解语言创建可以如此容易。

3．JavaScript

JavaScript 是一种专为网页设计的脚本语言。尽管其名称中包含 Java，但它与 Java 其实没什么关系。JavaScript 由最早的浏览器开发公司 Netscape 推出，其最初的名称为 LiveScript，在 1995 年发布前夕，Netscape 为了搭上媒体热炒 Java 的顺风车，有意识地将 LiveScript 改名为 JavaScript。严格来说，该语言称为 ECMAScript，通常缩写为 ES（特别是使用后缀表示的规范版本，例如 ES6），当然，现在的扩展名已经变成了 JS。

JavaScript 并没有一种标准实现。游戏或游戏引擎中的许多 JavaScript 实现都更容易受到 JavaScript 的启发，而不是实现语言本身。例如 UnityScript，它是 Unity 游戏引擎中被弃用的脚本语言。这些准 JavaScript 可能使用相同的语法（相对来说类似于 C 语言），但在某些情况下甚至不支持原型继承。

在余下的 JavaScript 用户中，大多数是旨在在浏览器中运行的游戏（也就是所谓的"页游"）。在这种情况下，没有嵌入式脚本语言。脚本只是被传递给浏览器运行。

最后，为 Chrome 浏览器创建的 JavaScript 的 V8 实现被广泛嵌入。它是 Node JavaScript 系统的核心，在该系统上已经构建了一些完整的游戏（它还可以用于开发更多游戏的服务器端）。它也可以非常简单地嵌入现有引擎中。

JavaScript 支持数据的输入和输出，也可以公开底层函数，这些操作都非常简单，并且有完善的说明文档。

V8 也是完全可重入的，并且可在相同的代码中支持多个隔离的解释器，因此不同的角色可以同时运行其脚本。

JavaScript 是一种强大的嵌入语言。但是，它最明显的优势可能是其知名程度。作为一种热门的网络语言，许多程序员都知道它；它的说明文档非常丰富，教程比比皆是（尽管必须说，有些教程是由新手编写的，并且包含一些很糟糕的建议）。当然，由于其语法与 C 语言类似，它可能会让非程序员望而生畏，从而避免使用它而选择更自然且带有关键字的语言（如 Lua 或 Python）。

4．Python

Python 是一种易于学习的面向对象的脚本语言，具有出色的可扩展性和嵌入支持。它为混合语言编程提供了出色的支持，包括从 Python 透明地调用 C 和 C++的能力。Python 支持重入函数作为 2.2 版以后的核心语言的一部分，称为生成器（Generator）。

Python 拥有大量可用的库，并且拥有非常庞大的用户群。Python 用户以乐于助人而著称，comp.lang.python 新闻组是故障排除和获得建议的绝佳来源。

Python 的主要缺点是速度慢和较大。尽管在过去几年中已经取得了显著的执行速度提升，但它可能仍然很慢。Python 依赖于哈希表查找（通过字符串）进行许多基本操作（包括函数调用、变量访问、面向对象编程等）。这增加了很多开销。

虽然良好的编程实践可以缓解大部分速度问题，但 Python 还有一个问题就是比较大。因为它具有比 Lua 更多的功能，所以当链接到游戏可执行文件时更大。

Python 2.X 和后续的 Python 2.3 版本为该语言增加了许多功能。每个额外的版本都充分履行了 Python 作为软件工程工具的承诺，但这也使得它作为游戏的嵌入式语言不再有那么大的吸引力。早期版本的 Python 在这方面则要好得多，许多使用 Python 的开发人员都更喜欢以前的版本。

Python 对于 C 或 C++ 程序员来说往往会很奇怪，因为它使用缩进来对语句进行分组，就像本书中的伪代码一样。

但是，这样的特性却使得非程序员更容易学习，因为他们不需要遗忘花括号，也没有经历过不缩进代码的学习阶段。

Python 以其语言易读而闻名。即使是新程序员也可以快速理解脚本的功能。Python 最新增加的语法大大损害了这一声誉，但似乎仍然优于其竞争对手。

在我们使用的脚本语言中，Python 对于关卡设计师和美术师来说是最容易学习的。在以前的项目中，我们需要使用此功能，但是其速度和大小问题曾经令我们感到沮丧。我们的解决方案是创建一种新语言（参见下文的介绍），但使用 Python 语法。

5. 其他选择

对于游戏脚本语言来说，当然还有许多其他可能的选择，但是根据我们的经验，这些选择要么完全未在游戏中使用，要么具有显著的弱点，使其很难成为超越竞争对手的选择。据我们所知，下面所介绍的语言没有一种可以作为游戏中的脚本工具使用。但是，与往常一样，具有特定偏好或对某种特定语言有热情的团队可以突破这些限制并获得可用的结果。

1）TCL

TCL（Tool Control Language，工具控制语言）是一种常用的可嵌入语言。它被设计成一种集成语言，可以链接用不同语言编写的多个系统。

大多数 TCL 的处理都是基于字符串，这可能会使执行速度变慢。它的另一个主要缺点是奇怪的语法，需要一段时间才能习惯，而且与 Scheme 不同，它没有额外的功能。语法中的不一致（例如，通过值或名称传递的参数）对于临时学习者来说更为困难。

2）Java

Java 存在于许多编程领域中。但是，由于它是一种编译语言，因此它作为脚本语言的使用受到限制。当然，出于同样的原因，它的运行速度非常快。使用 JIT 编译（字节代码在执行之前变为本机机器代码）时，它的速度可以接近 C++的速度。但是，它的执行环境非常大，并且存在相当大的内存占用问题。

然而，最严重的还是 Java 的集成问题。Java 原生接口（Java Native Interface）可以链接 Java 和 C++代码，它是为扩展 Java 而设计的，而不是嵌入。因此，管理起来很困难。

尽管不是一种脚本语言，但 Java 也可用于开发游戏。*Minecraft*（中文版名称《我的世界》，详见附录参考资料[142]）也许是有史以来最大的独立游戏，它的所有 MOD 和扩展都完全用 Java 实现。

3）Ruby

Ruby 是一种非常现代的语言，具有与 Python 相同的优雅设计，但它对面向对象习语的支持更加根深蒂固。它有一些简洁的功能，使它能够非常有效地操作自己的代码。当脚本必须调用和修改其他脚本的行为时，这会很有用。它不支持 C++方面的重入，但很容易从 Ruby 中创建复杂的重入。

Ruby 很容易与 C 代码集成（不像 Lua 那么简单，但比 Python 更容易）。但是，Ruby 似乎正在日渐衰落。到目前为止，我们还没有见过有游戏（以 MOD 或其他方式）使用它。这是一个鸡与蛋的恶性循环：使用它的人很少，就没有人分享他们的嵌入经验；无人分享经验，就很难在出现问题时获得好建议；无法在遇到困难时获得帮助，就越少人问津。要突破这种困境，可能需要有一两款非常风靡的游戏产品使用它。

13.3 创 建 语 言

直到 21 世纪初，游戏中使用的脚本语言都是由开发人员专门为他们自己的需求而创建的，就像嵌入开放源代码语言一样。在过去的 10 年中，这种平衡发生了变化，但是在某些情况下，自定义语言很有用。它特别适用于具有独特市场定位的游戏。

Stephen Lavelle 的 PuzzleScript 平台（PuzzleScript 是一个 HTML5 格式的益智游戏引擎，详见附录参考资料[35]）和 Graham Nelson 的 Inform 7 交互式小说系统（详见附录参考资料[44]）都是引人入胜的基于规则的语言（而不是程序性的面向对象或功能性的语言），与它们的游戏引擎紧密相关。Inkle 的 Ink 语言（详见附录参考资料[27]）是为自己的游戏开发的，目标是为 Unity 游戏引擎编写的运行时。它们都是针对用例编写的，这些用例中现有的语言都非常烦琐。

商业游戏引擎包括脚本语言支持，一度是自定义设计的语言，类似于广泛可用的开源产品。但是，这些脚本语言不再被积极开发。Unreal Engine 以前使用的脚本语言是

UnrealScript，而 Unity 使用的则是 UnityScript。从 UE4 版本开始，Epic 公司移除了 UnrealScript，而 Unity 也弃用了 UnityScript。

总的来说，从头开始开发和维护一种与成熟语言非常相似的脚本语言似乎没什么必要。你可能会说 UE4 有自己的自定义语言 Blueprint，但这是有原因的，因为它和其他语言很不一样：它是一种可视化语言，介于编程和指定行为树之间。

作为一名游戏开发人员或一个开发团队，应该投入力量开发自己的脚本语言吗？在回答这个问题之前，你应该仔细考虑个中利弊。

13.3.1　优点

创建自己的脚本语言，可以确保它完全符合你的期望。由于游戏对内存和速度限制很敏感，因此你只能在语言中放入所需的功能。例如，现有语言通常对重入的支持不佳：这可能是设计的核心部分。你还可以添加特定于游戏应用程序的功能，这些功能通常不会包含在通用语言中。或者，就像在第 13.2 节中提到的基于规则的语言一样，你可以按完全不同的方式来组织你的语言结构。

因为它是在内部创建的，所以当语言出现问题时，你或你的团队清楚知道它是如何构建的，并且通常可以很快找到错误并予以解决。

如果在游戏中包含第三方代码，则很容易失去对它的控制。在大多数情况下，使用第三方代码带来的便利性都是选择它的理由，但是对于某些项目来说，也许自主控制才是第一考量，这时开发人员就必须创建自己的语言。

13.3.2　缺点

与现成的语言相比，新创建的语言往往仅具有基础性的功能并且不那么可靠。如果你选择了一种相当成熟的语言（如上面介绍的 Lua、Scheme、JavaScript 和 Python 等语言），那么你将受益于其他人已经完成的大量开发、调试和优化。在你之前使用过该语言的每个人都是质量保证测试人员。相形之下，内部语言则需要进行全面测试，这是额外的成本。

一旦你的团队构建了基本语言并转移到其他编码任务上，则对于该语言的开发就会停止。没有成熟的开发人员社区会继续致力于对该语言进行改进并消除错误。如果你想做到这些并继续开发该语言，则需要额外付费或者选择开放源代码。在许多开源语言提供网站（通常是 GitHub）中，可以讨论问题、报告错误并下载文档。

许多游戏，尤其是在 PC 上的游戏，开发脚本语言都是为了允许玩家编辑其行为。如果客户可以构建新对象、关卡或整个 MOD，则可以延续游戏的生命和热度，延长销售期。如果使用为你的游戏编写的自定义脚本语言，则要求用户学习该语言。这可能意味着你需要提供教程、示例代码和开发人员支持。现有的大多数语言都有新闻组或网络论坛，客户可以在不联系你或你的团队的情况下获得建议。在 Stack Overflow 网站上通常会有一群专门的技术开发人员来回答此类问题。因此，单独的开发人员或较小的游戏开发团队开发出的语言与之相比很难说有什么优势，如果一定要尝试，那么成本会很高。

总而言之，如果你是一个业余爱好者，建议仅将创建自己的语言作为一项练习。或者，如果你要从事商业开发游戏，则仅当你的游戏或游戏引擎具有非常独特的功能时，才考虑创建自己的语言。

13.3.3　创建自定义语言的实际操作

无论最终语言的外观和功能如何，脚本在执行过程中都会经过相同的过程：所有脚本语言都必须提供相同的基本元素集。由于这些元素无处不在，因此我们开发的工具和语言应该能够轻松地构建它们。

我们无法为构建你自己的脚本语言提供一个完整的指南，因为这取决于你的具体目标和游戏的实际需要。本节将以高屋建瓴的方式来介绍脚本语言构造的元素，以帮助你理解而非执行此类开发。

从文本文件中的文本开始，脚本通常经历 4 个阶段：分词（Tokenization）、解析（Parsing）、编译（Compiling）和解释（Interpretation）。

这 4 个阶段形成一个管道，每个阶段修改其输入以将其转换为更容易操作的格式。这些阶段可能不会一个接一个地发生。所有步骤都可以相互关联，或者各个阶段可以形成单独的时期。例如，脚本可以被分词、解析和编译，以用于稍后的解释。

1．分词

分词可以标识文本中的元素。文本文件只是一系列字符。分词器（Tokenizer）可以计算出哪些字节是联系在一起的，以及它们形成的是哪一种组合。

以下是一个字符串形式示例：

```
a = 3.2;
```

它可以被拆分为以下 6 个分词：

1	a	文本
2	<space>	空格
3	=	相等运算符

4	`<space>`	空格
5	`3.2`	浮点数
6	`;`	语句标识符的结尾

请注意，分词器不能计算出这些字符如何组合成有意义的块，这是解析器（Parser）的工作。

分词器的输入是一系列字符。其输出是一系列分词。

2．解析

程序的含义是非常讲究分层结构的。例如，变量名可以出现在赋值语句内，该赋值语句可以出现在 if 语句内，if 语句可以出现在函数体内，函数体可以出现在类定义内，类定义可以出现在名称空间的声明内。解析器将采用分词序列，识别每个分词在程序中扮演的角色，并识别程序的整体分层结构。

以下是一个代码行示例：

```
if (a < b) return;
```

它可以转换为以下分词序列：

```
1  keyword(if), whitespace, open-brackets, name(a), operator(<),
2  name(b), close-brackets, whitespace, keyword(return),
3  end-of-statement
```

该分词序列可以由解析器转换为如图 13.1 所示的结构。

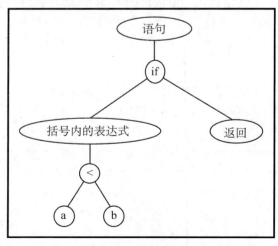

图 13.1　解析树

这种分层结构称为解析树（Parse Tree），有时也称为语法树（Syntax Tree）或抽象语法树（Abstract Syntax Tree，AST）。在完整语言中的解析树可能更复杂，需要为不同类型的符号添加附加层或将语句组合在一起。一般来说，解析器将输出附加数据以及树，最明显的是符号表，用于标识代码中使用了哪些变量或函数名称。这并不是必需的。有些语言在解释器中运行时会动态查找变量名（例如，Python 就会这样做）。

代码中的语法错误在解析期间出现，因为它们会使得解析器无法构建输出。

解析器不会计算出程序应该如何运行，因为这是编译器（Compiler）的工作。

3. 编译

编译器会将解析树转换为可由解释器运行的字节代码。字节代码通常是顺序二进制数据。

非优化编译器通常输出字节代码作为解析树的字面翻译，因此，以下面的代码为例：

```
1  a= 3;
2  if (a < 0) return 1;
3  else return 0;
```

它可以编译为：

```
 1  load 3
 2  set-value-of a
 3  get-value-of a
 4  compare-with-zero
 5  if-greater-jump-to LABEL
 6  load 1
 7  return
 8  LABEL:
 9  load 0
10  return
```

优化编译器会尝试理解该程序并利用先验知识使生成的代码更快。优化编译器可能会注意到，遇到上述 if 语句时必须为 3。因此它可以生成：

```
1  load 3
2  set-value-of a
3  load 0
4  return
```

有关构建高效编译器的讨论远远超出了本书的范围。简单的编译器并不难构建，但不要低估构建良好解决方案所需的工作量和经验。我们已经看到过很多比较糟糕的自制语言和效果很差的编译器。

分词、解析和编译通常以离线形式完成，这个过程一般称为"编译"，它涵盖了 3 个阶段，生成的字节代码随后可以存储起来并在运行时解释。解析器和编译器可能很大，并且在最终游戏中没有这些模块的开销是有意义的。

4．解释

管道的最后阶段是运行字节代码。在诸如 C 或 C++之类的语言编译器中，最终产品将是可由处理器直接运行的机器指令。在脚本语言中，开发人员经常需要提供使用机器语言无法轻松实现的服务（例如，重入和安全执行）。

最终的字节代码将在"虚拟机"上运行。当然，这里所谓的"虚拟机"实际上是一个从未存在于硬件中的机器的仿真器。

开发人员将决定机器可以执行的指令，这些都是字节代码指令。例如，在前面的示例中，以下都是字节码。

```
1   load <value>
2   set-value-of <variable>
3   get-value-of <variable>
4   compare-with-zero
5   if-greater-jump-to <location>
6   return
```

开发人员的字节代码指令也不必限于可能在实际硬件中看到的指令。例如，可能存在用于"将数据转换为一组游戏坐标"的字节代码，这种指令类型就可以使编译器更容易创建，但不需要真正的硬件。

大多数虚拟机都包含 C 语言中的大型 switch 语句：每个字节代码都有一小段 C 代码，当在解释器中到达字节代码时，它会被执行。因此，**add** 字节代码具有一些执行加法操作的 C/C++代码。在上面的转换示例中，可能有 2～3 行的 C++来执行所需的转换，并将结果复制回适当的位置。

5．即时编译

由于字节代码具有高度有序的特性，因此可以编写运行速度非常快的虚拟机。尽管它仍然需要解释，但是它比按一次一行的方式解释源语言要快许多倍。

当然，也可以通过添加额外编译步骤的方式来完全删除解释步骤。某些字节代码可以编译为目标硬件的机器语言。当在虚拟机中完成此操作时，刚好在执行之前，所以它被称为即时（Just-In-Time，JIT）编译。这在游戏脚本语言中并不常见，但却是 Java 和 Microsoft .NET 等语言的字节代码的主流做法。

13.3.4　工具：Lex 和 Yacc 简介

Lex 和 Yacc 分别是构建分词器和解析器的主要工具。每个工具都有许多不同的实现，并提供大多数的 UNIX 发行版（版本也可用于其他平台）。我们最常使用的 Linux 变体是 Flex 和 Bison。

要使用 Lex 创建一个分词器，可以告诉它在你的语言中不同分词的组成内容。例如，组成数字的内容（当然，不同的语言其组成方式可能有所不同。例如，0.4f 和 1.2e−9 就是不同的数字组成形式）。它会生成 C 代码，将程序中的文本流转换为分词代码和分词数据流。它生成的软件比你自己编写的要更好、更快。

Yacc 可以构建解析器。它将采用你的语言的语法。例如，哪些分词可以有意义地组合在一起，以及哪些大型结构可以由较小的结构组成。这个语法是在一组规则中给出的，这些规则显示了如何从分词或简单的结构组成更大的结构。例如：

```
1  assignment: NAME '=' expression;
2  expression: expression '+' expression;
3  expression: NAME
```

这个规则的第一行告诉 Yacc，找到一个 NAME 分词，后面跟着一个等号，然后是一个作为表达式的结构（其他地方会有一个识别表达式的规则），那么 Yacc 就知道这是一个赋值语句。第一个 expression 规则是按递归方式定义的。

Yacc 还会生成 C 代码。除非你有编写解析器的经验，否则在大多数情况下，它所生成的软件与你手动创建的软件一样好甚至会更好。与 Lex 不同，如果速度绝对至关重要，通常可以进一步优化最终代码。幸运的是，对于游戏脚本来说，代码通常可以在非游戏时间编译，因此轻微的低效率并不重要。

Lex 和 Yacc 都允许开发人员将自己的 C 代码添加到分词或解析软件中。但是，编译并没有事实上的标准工具，因为根据各种语言的表现方式，这会有很大差异。然而，让 Yacc 为编译器构建 AST 是很常见的，并且有多种工具都可以做到这一点，每个工具都有自己特定的输出格式。

许多基于 Yacc 的编译器不需要创建语法树。它们可以使用写入 Yacc 文件的 C 代码在规则内创建字节代码输出。例如，一旦找到赋值语句，就会输出其字节代码。然而，以这种方式创建优化编译器是非常困难的。因此，如果你打算创建更专业的解决方案，则更好的方式是直接使用某种解析树。

第 4 部分

设计游戏 AI

第 14 章　游戏 AI 设计

到目前为止，本书已经讨论了一整套的 AI 技术，并通过伪代码搭建了一个大致的基础结构，以便 AI 能够在游戏中顺利运行。在本书第 2 章 "游戏 AI" 中已经提出过，游戏 AI 开发是技术和基础结构的混合体，具有大量的临时解决方案、启发式算法和一些看起来像黑科技的代码。

本章将介绍如何将所有这些代码应用于真实游戏，以及如何应用这些技术来获得开发人员所需的游戏玩法。

我们将根据玩家的期望和对游戏 AI 的陷阱来逐个类型地讨论。这里没有包含任何技术，只是说明了如何应用本书其他章节所介绍的技术。我们这里的类型分类是相当粗疏的，有些游戏可能有不同的市场分类。但是，从 AI 的角度来看，要实现的事物相对有限，因此我们相应地对类型进行了分组。

在深入了解各种类型之前，值得讨论的是在游戏中设计 AI 的一般过程。

14.1　设　　计

在本书中，我们一直在使用相同的游戏 AI 模型，如图 14.1 所示。除了绘制可能的技术，该图还提供了设计 AI 时需要考虑的区域计划。

当开发人员为游戏创建 AI 时，倾向于从设计文档中收集的一组行为开始工作，试图找出支持它们的最简单的技术集。如果某些事情特别困难，或者有简单的机会获得更复杂的结果，则可能会来回切换。一旦确信已经了解这些行为对游戏的要求，开发人员（通常是 AI 技术方面的领导）就会选择实现它们的技术以及将这些技术集成在一起的基本方法，然后可以开始在计划的 AI 和游戏引擎的其余部分之间构建集成层。最初，开发人员可以对角色使用占位符行为，但是在有了适当的基础结构之后，不同的开发人员或关卡设计师就可以开始充实角色。

如果开发人员能够自由地控制一个项目，那么这当然是一个理想的行动计划。但实际上，开发人员将面临许多不同方向的限制，这会影响其开发计划。特别是，发行者的产品里程碑计划意味着需要在开发周期的早期便实现某些功能和行为。在许多（虽然不是大多数但同样为数众多）项目中，像这样的项目内容很快就需要针对里程碑计划实现，然后在以后删除并重写。在很多项目中，以"急就章"形式写成的代码需要不断修补并容易遭到黑客攻击，最终甚至无法删除，也无法成为成熟的 AI。

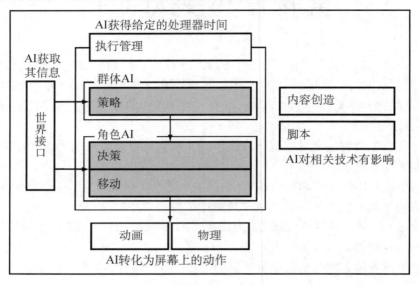

图 14.1　游戏 AI 模型

　　这些麻烦是正常的，并且可能发生在每个人身上。开发人员不应该仅因为开发出的 AI 代码容易遭到黑客攻击或不太成熟就将自己视为一个失败者。另一方面，如果开发人员能提前考虑并获得可靠和有效的 AI，那么他将为自己的职业生涯增光添彩。别忘了，猎头集团一直在观察你。

14.1.1　示例

　　本节将通过一个例子来说明一款虚拟游戏的两阶段设计需求（所需的行为和实现它们的技术）。从游戏玩法的角度来看，游戏很简单，但 AI 的要求则各不相同。

　　这款虚拟的游戏被称为"鬼屋"，毫不奇怪，它被设置在一间闹鬼的房子里。这是一个著名的闹鬼的房子，来自世界各地的游客纷纷前来参观它。玩家拥有鬼屋，并且玩家的工作就是通过管理房子里的惊吓元素来确保游客得到他们想要寻找的惊吓刺激，并愿意为此而掏钱。

　　游客到达鬼屋之后，玩家的目的就是让他们惊慌失措。要做到这一点，玩家需要在鬼屋中布置一系列幽灵幻影道具和机械陷阱装置。到过鬼屋的游客不可避免地会分享他们的经历，而其他人将慕名前来，寻求揭穿"真相"或同样经历一次恐惧的刺激。

玩家还必须设法阻止游客绊倒。游客在通过"房子的秘密""交易的诡计""单向镜子""烟雾机器""幽灵的公共休息室"等机关或位置时都可能因为受到惊吓而被绊倒。

这种创意的变体版本可以在 *Ghost Master*（中文版名称《鬼魂大师》，详见附录参考资料[177]）游戏中看到，其中的各种房屋都有不同的居住者。居住者并不期待被吓到并且遵循他们自己的模拟人生。它也与 *Dungeon Keeper*（中文版名称《地下城守护者》，详见附录参考资料[90]）和 *Evil Genius*（中文版名称《邪恶天才》，详见附录参考资料[110]）等游戏有相似之处。

14.1.2　评估行为

我们的第一项任务是设计游戏中角色将显示的行为。如果你正在开发自己的游戏，那么这可能是你对该项目的设想内容的一部分。如果你在游戏开发工作室工作，那么这很可能是游戏设计人员的任务。

虽然游戏设计人员通常会对游戏中的角色应如何行动提出自己的设想，但根据我们的经验，这些很少是一成不变的。一般情况下，设计人员并不了解一些貌似微不足道，但细究起来确实很困难的东西（因此只有在它是游戏的中心点时才应包括在内），当然也有许多看似很困难但其实相对简单的补充物，它们可以改善角色的表现。

当你实现和尝试新事物时，游戏中角色的行为自然会发生变化。这不仅适用于具有很长研发阶段的业余爱好者项目或游戏，对于具有固定想法和紧迫时间规划的开发项目也是如此。仅凭借一腔热忱和意愿，在开始真正开发游戏之前，你不会完全理解游戏的 AI 需求。从一开始就有必要规划出一定程度的灵活性。

因此，从我们想要看到的行为集开始，对于上述 AI 模型的每个组件，我们将有以下问题需要回答。

❑ 移动（Movement）：

➢ 角色是否会被单独表示（就和在大多数游戏中一样），或者我们只会看到它们的群体效果（例如，在城市模拟游戏中）。

➢ 角色是否需要在一定程度上以更逼真的方式在它们的环境中移动，或者我们可以将它们放在我们希望它们去的地方（例如，在基于图块的回合制游戏中）。

➢ 角色的移动是否需要进行物理模拟（例如，在赛车游戏中）？在物理上必须具备多大的实际意义？值得一提的是，想要通过构建移动算法来获得逼真的物理效果，这通常要比调整物理参数更难，因此对 AI 角色来说通过物理参数调整会更加逼真。

➢ 角色是否需要计算移动路线？它们是否可以仅做无谓的漫游，遵循设计师

　　　　　设定的路径，只停留在一个很小的区域，还是可以追逐其他角色？或者我
　　　　　们是否需要角色能够使用路径发现系统在整个关卡上规划它们的路线？
　　➤　角色的动作是否需要受到任何其他角色的影响？追逐/避免碰撞行为是否足
　　　　　以应对这种情况，或者角色是否需要协调或移动？
□　决策（Decision Making）：
　　➤　这是 AI 设计师发挥最大作用的领域。在游戏的预生产阶段，AI 设计师们往
　　　　　往恨不得采用各种新鲜的新技术，把所有奇思妙想都纳入其中。但是，最终
　　　　　的游戏产品却一般只会附带运行所有重要内容的状态机或硬编码脚本。
　　➤　角色在游戏中可以执行的各种不同动作是什么？
　　➤　每个角色有多少个不同的状态？换句话说，这些行为如何组合在一起以完
　　　　　成角色的目标？请注意，我们不假设你将在此处使用状态机或基于目标的
　　　　　行为。无论采用什么技术来驱动你的角色，它们应该看起来有目标，并且
　　　　　当实现一个目标时，它们可以被认为是在某一个状态中。
　　➤　角色何时会改变其行为，切换到另一个状态，或选择其他目标？什么会导
　　　　　致这些变化？为了在合适的时间改变，角色需要知道什么？
　　➤　角色是否需要预见才能选择最佳决策？它们是否需要计划行动或采取间接
　　　　　导致其目标的行动？这些动作是否需要行动计划，或者更复杂的基于状态
　　　　　或基于规则的方法是否可以覆盖它们？
　　➤　角色是否需要根据玩家的行为改变决策？是否需要使用某种学习方式，根
　　　　　据对玩家行为的记忆做出回应？
□　战术和战略 AI（Tactical and Strategic AI）：
　　➤　角色是否需要了解游戏关卡的大规模属性才能做出明智的决定？是否需要
　　　　　以能够选择适当行为的方式向它们表示战术或战略情况？
　　➤　角色需要一起工作吗？它们是否需要按照正确的顺序执行动作，具体是否
　　　　　取决于彼此的时间安排？
　　➤　角色可以自己思考并仍然显示你所追求的群体行为特征吗？或者你是否需
　　　　　要一次为一组角色做出一些决定？
在"鬼屋"游戏示例中，我们对上述问题做出了以下回答。

1）移动

　　角色将被单独表示，自动环绕其环境移动。我们不需要真实的物理模拟。我们可以
使用运动学移动算法而不是完全转向行为。角色通常会想要前往特定位置（如出口），
这可能需要通过房屋导航，所以我们需要路径发现算法。

2）决策

角色可以采取一系列可能的行动。它们可以匍匐前进、跑动或静止不动（被吓呆了，做石化状）。它们可以检查对象或"对其进行操作"：每个对象最多可以对其执行一次操作（例如，电灯开关可以打开或关闭，门可以打开等）。它们还可以安慰房子里的其他角色。

角色将有以下 4 种类型的行为。

（1）害怕的行为：在该行为中，它们将试图恢复它们的理智。

（2）好奇的行为：它们将检查物体并进行探索。

（3）社交行为：它们会试图将团队聚集在一起并安慰有关成员。

（4）感觉到无聊的行为：它们将前往游客服务台并要求退款。

角色将根据恐惧程度改变它们的行为。每个角色都有一个恐惧程度值。当角色的恐惧程度超过阈值时，它将进入恐惧行为；当角色接近另一个害怕的角色时，它将进入社交行为；如果角色的恐惧程度下降至非常低的值，那么就会觉得无聊。否则，它将处于好奇模式。

角色会通过看到、听到或闻到奇怪的东西来改变它们的恐惧程度。每种幽灵道具和陷阱机械在这 3 种感觉中都具有奇怪的强度。当角色能够看到、听到或闻到某些东西并且看起来非常古怪时，需要给它们发送通知。

角色将寻求探索它们以前没有去过的地方，或者会回到它们或其他角色之前享受过的地方。它们应该跟踪访问过的地方和有趣的地方。有趣的地方可以在许多团体之间分享，以代表关于非常好的让人觉得恐慌的吐槽信息。

3）战术和战略 AI

角色在试图恢复它们的理智时，需要避开它们知道的非常恐怖的位置。同样，它们在寻找刺激时也会避开无趣的地方。

14.1.3　选择技术

通过回答基于行为的问题，开发人员可以很好地了解自己需要在 AI 中做到什么地步。例如，你可能已经确定是否需要路径发现算法以及需要什么样的移动行为，但不一定现在就指定是哪一种路径发现算法或使用哪一种转向仲裁系统。

这是下一个阶段要做的事情：构建你打算使用的候选技术集。

根据我们的经验，大部分内容都相当简单。如果你已经确定需要路径发现算法，那么 A^{*} 算法是显而易见的选择。如果你知道角色需要按编队移动，那么你需要一个编队移动系统。有些决策则有点棘手，特别是决策架构会让人头疼。

正如我们在第 5 章"决策"中所看到的，选择决策系统没有严格的规则。你可以用一个系统做大多数事情，也可以使用其他系统来做。我们的建议是从一个简单的技术开始，如行为树或状态机或两者的简单组合，除非你知道想做的特定事情是用它们无法实现的，否则它们的灵活性已经为我们证明了其价值。当然，如果有更好的理由，也不妨去尝试一下更为复杂的事物。

我们鼓励你在此阶段避免被拉回到你所认识的行为中。人们很容易认为，如果我们使用某种奇特的技术，那么我们就可以表现出特别酷的行为。重要的是，对特别酷的效果的承诺应该与能够使其他 95%的 AI 可靠地工作的能力相结合。

在"鬼屋"的示例中，可以通过本书中的一系列技术来满足我们对行为的要求。

1. 移动

角色将随运动学移动算法移动。它们可以选择任何方向，以两种移动速度中的一种移动。

在好奇和害怕的模式中，角色会选择一个房间作为它们的移动目标，并使用 A^*路径发现算法来找到一条路线。它们将使用路径跟随行为来遵循该路线。我们将使用航点图来确定下面的战术和战略 AI。

在社交模式中，它们将使用运动学寻找行为来寻找它们可以看到的陷入害怕模式的角色。

2. 决策制定

角色将使用一个非常简单的有限状态机来确定其广泛的行为模式，并在每个状态内建立一个行为树，以确定实际做什么。

该状态机有 4 种状态：害怕、好奇、社交和无聊。状态之间的转换完全基于角色的恐惧程度和视线中的其他角色。

在每种模式中，可能存在一系列可用的动作。在好奇模式中，角色可以调查位置或对象；在害怕模式下，它们想要选择最好的方法找到一个安全的地方来恢复它们的理智。这些行为中的每一个都被实现为决策树，决策树中的选择器将选择各种不同的策略。每个策略可以依次具有多个元素，这些元素可以添加到树中的序列节点。

3. 战术和战略 AI

为了便于角色学习哪些地方是可怕的和哪些地方是安全的，我们保留了关卡的航点图。当角色改变它们的恐惧状态时，它们会在地图中记录事件。这与本书第 6 章"战略和战术 AI"中创建杀伤地图（Frag-Map）的过程相同。

4. 世界接口

角色需要获取有关游戏中奇怪事件的景象、气味和声音的信息。这应该通过感知管理模拟来处理（区域感知管理器将是完整的）。

角色还需要获得当它们处于好奇模式时采取的可用动作的信息。角色可以请求可与之交互的对象列表，我们可以从游戏的对象数据库中提供此信息。我们不需要模拟角色看到和识别这些对象。

5．执行管理

有两种技术：路径发现和感知管理。两者都很耗时。

在鬼屋中只有几间房间，所以个人的路径发现算法不会很长。但是，房子里可能有很多角色，所以我们可以使用一些路径规划器（其中一个可能会这样做）和队列路径发现请求。当某个角色请求一条路径时，它会一直等到有一个自由的路径规划器，然后一次性获得它的路径。我们不需要路径发现的随时算法。

感知管理系统将在每帧被调用并逐步更新。它是按设计分布在许多帧上的随时算法。

鬼屋里可能会有很多角色（比如数十个）。每个角色的行动都相对缓慢，它不需要每帧处理所有的 AI。我们可以避免使用复杂的分层调度系统，只需每帧更新几个不同的角色。假设每帧更新 5 个角色，游戏中有 50 个角色，每秒渲染 30 帧，则角色必须在更新之间等待不到 0.5 s。这种延迟实际上可能有用：在对惊吓做出反应之前，让角色等待几分之一秒来模拟它们的反应时间。

最终需要为此游戏实现的模块可能只有很少一些。感觉管理系统可能是最复杂的，其他大多数模块都是非常标准的，并且仅有一些很简单的组件。我们甚至可以设法包括一个随机数生成器，本书第 2 章"游戏 AI"中介绍过这种 AI 技术。

14.1.4　一款游戏的范围

鉴于本书中的技术范围，你可能希望我们使"鬼屋"变得更加复杂，因为毕竟本书介绍的许多不同算法均可巧妙应用。但是，最终我们设计中唯一略显奇异的是为角色提供怪异事件通知的感知管理系统。

实际上，游戏中的 AI 就是这样运作的。相当简单的技术占据了大部分工作。如果你正在寻找特定的基于 AI 的游戏效果，那么可以应用一种或两种高性能技术。如果你发现自己设计的是具有神经网络、感知管理、转向管道和基于 Rete 的专家系统的游戏，那么现在可能是时候专注于游戏中真正重要的事情了。

本书中每一种不同寻常的技巧在某些游戏中都至关重要，可以在无聊的游戏和非常简洁的角色行为之间产生差异。但是，就像一种精致的香料，如果不加以谨慎地使用，也可能会破坏最终的产品。

在本章的其余部分，我们将介绍各种类型的商业游戏。在每种情况下，我们都会尝试专注于使这种游戏类型变得与众不同的技术：新的创新能真正发挥作用。

我们将本章内容限制为对最重要的游戏类型的讨论，这也是大多数 AI 开发人员的基础工作范围。本书的第 15 章"基于 AI 的游戏类型"讨论了其他游戏类型，其中 AI 特别负责提供游戏玩法，这些并不是拥有数千款游戏的大众游戏类型，但它们对于 AI 开发人员来说颇为有趣，因为它们以普通游戏不会使用的方式拓展了 AI 的应用。

14.2　射击类游戏

第一人称和第三人称射击游戏是最能给开发者带来收益的游戏类型，自第一款视频游戏创建以来，它们一直以某种形式存在。

射击类游戏是讨论其他类型游戏中用于敌方角色的 AI 的良好起点。我将以射击类游戏 AI 的讨论为基础，将重点扩大到冒险游戏、平台化、近战格斗和 MMOG 等类型。首先，我们将从经典射击游戏开始。

随着 *Wolfenstein 3D*（中文版名称《德军总部》，详见附录参考资料[121]）和 *Doom*（中文版名称《毁灭战士》，详见附录参考资料[122]）的面世，穿鞋子带摄像头移动的玩家角色形象已经成为射击类游戏的代名词。部分游戏中的角色也可能使用喷气式背包，例如 *Tribes II*（中文版名称《部落 2》，详见附录参考资料[105]）。这些游戏中的敌人通常由相对较少数量的屏幕角色组成。

射击类游戏主要针对玩家与玩家对抗（Player-vs-Player，PvP），即针对人与人之间的比赛进行优化。这些游戏可能具有称为"机器人"的复杂练习 AI。为确保公平起见，由计算机控制的角色将具有与玩家相互对抗相似的功能。射击类游戏提供了战役模式或玩家对战环境（Player-vs-Environment，PvE）挑战，不太喜欢激烈的 PvP 对抗的玩家即可选择 PvE 模式进行游戏，因为 PvE 中的 AI 角色不如人类玩家那么复杂。

对于这种类型的游戏来说，AI 最重要的需求如下。

（1）移动——对敌人角色的控制。

（2）射击——对射击准确性的控制。

（3）决策——通常是简单的状态机。

（4）感知——确定要射杀的对象及其所在位置。

（5）路径发现——通常（但不总是）用于允许角色规划它们在关卡中的路线。

（6）战术 AI——常用于允许角色确定移动的安全位置，或者采用更高级的战术，如伏击埋伏圈的布置。

其中，前两项是所有类型游戏中的关键问题。可以仅使用这些工具来创建射击游戏，尤其是随着独立游戏的复兴而流行的 2D 射击游戏。但是在 3D 模式下，这看起来似乎很幼稚。在过去的 15 年中，玩家越来越多地期望敌人拥有一些战术上的技巧（例如使用掩藏点），并使用一些寻路方法来避免陷入困境。后面的 4 项需求则常见于一些更复杂的游戏中，并且越来越成为良好游戏体验的必备项。

图 14.2 显示了适用于第一人称或第三人称射击游戏的基本 AI 架构。

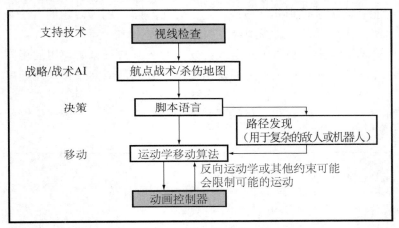

图 14.2　射击类游戏的 AI 架构

14.2.1　移动和射击

移动是所有游戏类型中角色行为中最明显的部分。在 3D 射击类游戏中，角色在屏幕上的显示一般来说会比较突出，其动作和动画会一起向玩家发出有关 AI 正在做什么的大多数信息。有些射击类游戏非常依赖动画，围绕着玩家会显示一些最复杂的动画集，例如不同类型的运动（匍匐爬行、猫腰潜行、急速冲刺）、快速换装、对盟友打手势，甚至还包括声音表现等。角色结合数十或数百个动画序列以及诸如反向运动学或布娃娃物理之类的其他控制器的情况并不少见。所谓布娃娃系统（Ragdoll Physics）就是指开发人员通过手工制作一组按动作顺序的角色图像，并接连显示出来以达到模拟角色动作的目的，所以，射击游戏所拥有的动作集也可以理解为动画集，角色的动作通过代码分解成动画。例如，*F.E.A.R.2: Project Origin*（中文版名称《超能特警组 2：起源计划》，详见附录参考资料[145]）就是一款第一人称射击游戏，它可以同时跑动、射击和观察环境。前两个是动作通道，第三个则是由角色视线的方向控制的程序动作（请注意，这个方向并不始终等于枪手正面移动的方向，因为枪手在移动过程中也可以转头观察）。

在 *No One Lives Forever 2*（中文版名称《无人永生 2》，详见附录参考资料[143]）中，忍者角色具有复杂的移动能力，这增加了同步移动和动作的难度。它们可以执行侧身翻、越过障碍物以及飞檐走壁等高难度动作。

围绕关卡的简单移动成为一项挑战。AI 不仅需要制定路线，还需要能够将此动作分解为动画。大多数游戏会将这两部分分开：AI 决定移动的位置，而另一部分代码则将其转换为动画。这允许 AI 完全自由移动，但是它也具有允许动画和移动的奇怪组合所发生的缺点，这可能会让玩家感到非常违和。迄今为止，解决这种问题的方法是包含更丰富的动画选项，使得代码更有可能找到合理的组合。

一些使用脚本语言来控制角色的游戏会向 AI 公开与玩家所使用的相同的控制。AI 不需要输出所需的移动或目标位置，而是需要指定它向前或向后移动的速度、转弯、更换武器等。这使得在开发过程中非常容易移除 AI 角色并将其替换为人类玩家（例如，通过网络进行游戏）。大多数游戏（包括那些基于授权的最著名的游戏引擎的游戏）都有宏命令。例如：

```
1   sleep 3
2   gotoactor PathNodeLoc1
3   gotoactor PathNodeLoc2
4   agentcall Event_U_Wave1
5   sleep 2
6   gotoactor PathNodeLoc3
7   gotoactor PathNodeLoc0
```

由于许多射击游戏的关卡均受限于室内性质，所以角色几乎肯定需要某种路线发现算法。这可能与上面 Unreal 脚本中的 gotoactor 语句一样简单，也可能是完整的路径发现系统。无论采用何种形式（稍后将回来讨论路径发现算法的考虑因素），都需要遵循路线。通过相当复杂的路线，角色可以简单地沿着路径行进。糟糕的是，游戏关卡可能是动态的。角色应该对正在移动的其他角色做出适当的反应。这通常使用所有角色之间的简单排斥力来完成。如果角色靠得太近，那么它们就会分开。在 *Mace Griffin: Bounty Hunter*（中文版名称《赏金猎人》，详见附录参考资料[197]）中，同样的技术也用于避免在游戏深入太空期间地面上的角色和战斗航天器之间的碰撞。在室内，路径发现算法可用于创建路线。在太空中，则使用编队移动系统代替。

Halo（中文版名称《光晕》，详见附录参考资料[91]）中的洪水和 *Alien vs. Predator*（中文版名称《异形大战铁血战士》，详见附录参考资料[167][a]）中的外星人都可以沿着墙壁、天花板和地板移动。两者都没有使用严格的 2.5 维（2.5D）表示方式来进行角色的

---

[a] 请注意不要将它与 *Alien vs. Predator*（中文版名称《异形大战铁血战士》，详见附录参考资料[79]）相混淆，后者是同名的街机和超级任天堂娱乐系统游戏，两者都是横向滚动射击游戏。

移动。

　　射击 AI 对射击游戏来说至关重要（这毫不奇怪）。《毁灭战士》的前两个版本因为令人难以置信的准确射击性而受到严厉批评（开发者放慢了射入的抛射物的速度以允许玩家移动闪开，否则，其准确性将完全碾压玩家）。更逼真的游戏，如 *Armed Assault*（又名 ARMA，中文版名称《武装突袭》，详见附录参考资料[89]）和 *Far Cry 2*（中文版名称《孤岛惊魂 2》，详见附录参考资料[100]）都使用了可能导致角色射失目标的射击模型（即当玩家可以看到子弹时，允许其闪躲开角色的攻击）。

14.2.2　决策

　　决策通常使用有限状态机来实现，并且越来越多地使用行为树来实现。这些可以非常简单，例如，仅仅是"看到玩家"和"看不到玩家"的行为。

　　在射击游戏中进行决策的一种常见的方法是开发一个机器人（Bot）脚本系统。调用以游戏特定脚本语言编写的脚本（在某些情况下，可以选择速度最快的 JIT 编译）。该脚本具有一系列功能，可以通过它来确定角色可以感知的内容。这些通常通过直接探询当前游戏状态来实现，然后，脚本可以请求要执行的动作，包括播放动画、移动，以及在某些情况下的路径发现请求。该脚本语言也可供游戏用户使用，以修改 AI 或创建自己的自主角色。这是在 Unreal 游戏引擎（详见附录参考资料[103]）和使用它开发的系列游戏中使用的方法，它一开始是被采用在诸如 *Neverwinter Nights*（中文版名称《无冬之夜》，详见附录参考资料[83]）之类的非射击游戏中（作为一种纯粹用于关卡设计师的工具，当然它更常见的情况是不对最终用户开放）。

　　对于 *Sniper Elite*（中文版名称《狙击精英》，详见附录参考资料[168]）游戏来说，开发者 Rebellion 希望看到每次玩通关时都有不同的组合行为。为了实现这一目标，他们应用了一系列状态机，在游戏关卡的航点上运行。许多行为取决于其他角色的行为或附近航点不断变化的战术情况。决策过程中的少量随机性允许角色每次都表现不同，并且明显体现在合作行动中，而不需要任何基于小队的 AI。

　　No One Lives Forever 2（中文版名称《无人永生 2》，详见附录参考资料[143]）游戏创建了一种略微不同的自主 AI 方法。开发者 Monolith 混合了具有面向目标行为的状态机。每个角色都有一套可以影响其行为的预定目标。角色会定期评估它们的目标，并选择那时与它们最相关的目标。然后，该目标将控制角色的行为。每个目标内部都是一个有限的状态机，用于控制角色，直到选择了不同的目标。

　　该游戏使用航点（他们称为节点）来确保角色处于行为的正确位置，例如，持枪守护公文资料柜，使用计算机和打开电灯等。显然，在角色附近存在这些航点将允许角色理解可用的动作。

Monolith 的 AI 引擎还做了进一步的开发。在 *F.E.A.R.*（中文版名称《极度恐慌》，详见附录参考资料[144]）中，使用了相同的面向目标的行为，但是预先构建的状态机被规划引擎所取代，该规划引擎试图以可以实现目标的方式组合可用的动作。该游戏拥有第一个完全面向目标的行动规划系统之一。

在 *Halo 2*（中文版名称《光晕 2》，详见附录参考资料[92]）中，决策树用于允许 AI 角色在它们采取行动时执行基本规划。当行为树中选择器的节点发生故障时，AI 会回退到代表不同计划的其他节点，从而为 AI 提供了使用状态机难以指定的广泛战术机会。

14.2.3　感知

感知有时是通过在每个敌人角色周围放置一个半径并且当玩家进入其中时即让那个敌人"复活"来伪造的。在最初的《毁灭战士》中即采取了这种方法。但是，在 *Goldeneye 007*（中文版名称《黄金眼 007》，详见附录参考资料[165]）成功之后，人们期待更复杂的感知模拟。这并不一定意味着需要使用感知管理系统，但至少应该通过某种消息告知角色周围所发生的事情。

在 *Ghost Recon*（中文版名称《幽灵行动》，详见附录参考资料[170]）游戏中，感知模拟要复杂得多。向 AI 角色提供信息的感知管理系统考虑了灌木丛提供的残缺掩藏面积，并且会测试角色背后的背景以确定它们的伪装是否匹配。这是通过为游戏中的每种材质保留一组模式 ID 来实现的。视线检查可以通过任何部分透明的对象，直至它到达被测试的角色。然后它还将继续越过角色并确定它碰撞的下一个事物，并且检查迷彩伪装 ID 和背景材质 ID 的兼容性。

Splinter Cell（中文版名称《细胞分裂》，详见附录参考资料[189]）游戏使用了不同的方法。因为只有一个玩家角色（在《幽灵行动》中则有很多玩家角色），每个 AI 只会检查它是否可见。每个关卡都可以包含动态阴影、烟雾和其他隐藏效果。算法将针对每一种这样的环境检查玩家角色以确定其隐藏等级。如果它低于某个阈值，则表示敌人 AI 已经发现了玩家角色。

这里的隐藏级别并没有像《幽灵行动》游戏那样考虑背景。例如，如果角色站在一个明亮的走廊中间的黑暗阴影中，那么守卫就不会看到它，即使它看起来像一个明亮背景上的大黑色塑像。该游戏的关卡设计已经尽最大限度地减少了这种明显可见的瑕疵出现的次数。

《细胞分裂》中的 AI 角色也使用了视锥进行视觉检查，并且有一个简单的声音模型，声音在当前房间中传播到一定的半径，具体则取决于声音的音量。此外，在 *Metal Gear*

Solid（中文版名称《合金装备》，详见附录参考资料[129]）系列游戏中也使用了非常相似的技术。

14.2.4 路径发现和战术 AI

在 *Soldier of Fortune 2: Double Helix*（中文版名称《命运战士 2：双重螺旋》，详见附录参考资料[166]）中，路径发现图形中的链接标记了遍历它们所需的动作类型。当角色到达路径中的相应链接时，它可以改变行为以显示对地形的了解。这个链接可能表示一个可以越过的障碍、一扇可以打开的门、一个打破的牢笼或一个可以下降的直梯。该游戏 AI 团队的负责人克里斯托弗·里德（Christopher Reed）和本·盖斯勒（Ben Geisler）称这种方法为嵌入式导航（Embedded Navigation）。

在射击游戏中加入某种航点策略几乎是通用做法。在最初的 *Half-Life*（中文版名称《半条命》，详见附录参考资料[193]）中，AI 使用了航点来计算如何包抄玩家。如果可能，将协调一组 AI 角色，以便它们占据包抄玩家当前位置的一组良好的防御位置。在游戏中，AI 角色通常会不顾一切奔跑越过玩家，以便占据一个侧翼攻击的位置。

除非你的敌人角色总是冲向玩家（就像在原始的《毁灭战士》中一样），否则你可能需要实现一个路径发现层。大多数射击游戏的室内关卡可以用相对较小的路径发现图形来表示，这些图形可以快速搜索。*Rebellion* 在《狙击精英》中使用了相同的航点系统进行路径发现和战术 AI，而 *Monolith* 则为《无人永生 2》创建了一个完全不同的表示。在 Monolith 的解决方案中，角色可以移动到的区域由重叠的 AI 容量（AI Volume）表示，然后形成了路径发现图形。其动作系统的航点并未直接参与路径发现（除非是要作为路径发现的目标）。

在本书的第 1 版出版时，有很多开发人员仍然使用的是一系列路径发现的表示方式，但是从那以后，使用导航网格来表示内部空间者几乎无处不在（但并不是全部）。将导航网格方法与强大的战术分析统一起来需要付出更多的努力，并且看到基于网格的战术分析与导航网格并排运行以进行路径搜索并不罕见。

当然，还有其他一些可行的方法。例如，Monolith 的路径发现容量就是另一种方法，许多游戏仍然依赖于基于网格的路径发现图形来设置户外环境。

主要设置在室内的游戏自然会将其关卡划分为区域（Sector），通常由入口（Portal）分隔（通过入口的形式部分加载关卡其实也是一种渲染优化技术）。这些区域可以自然地作为远程路线规划的更高层次路径发现图形。这使得分层路径发现算法自然适用于需要处理大型关卡的实现。

14.2.5　射击类风格游戏

有很多游戏均使用和人类角色类似的第一人称或第三人称视角。玩家将直接控制一个角色，用作游戏的视点，而敌人角色通常具有相似的物理能力。

结合游戏设置的自然保守性，这意味着有许多不能被归类为射击游戏的游戏却可以使用非常相似的 AI 技术。因此，它们往往具有相同的基本架构。

我们不会再次讨论相同的基础，而是根据它们在基本射击游戏设置中添加或删除的内容来考虑这些类型。

平台游戏通常面向年轻观众，而不是第一人称射击游戏。一个主要的设计目标是使敌人角色很有趣，但相当可预测。通常会看到设计成角色行为明显的模式。玩家因观察敌人的行为并建立如何利用其弱点的想法而获得奖励。

冒险游戏也是如此，其中的敌人成为另一个需要解决的难题。例如，在 *Beyond Good and Evil*（中文版名称《超越善恶》，详见附录参考资料[192]）中，Alpha Sections 几乎是一个坚不可摧的敌人，在攻击后它们的盾牌防御能力仅会降低几秒钟。玩家要击败它们必须观察并利用这一弱点。

在这两种情况下，AI 都将使用与射击游戏中看到的类似但更简单的技术。移动通常会使用相同的方法，虽然平台游戏通常会添加飞行的敌人，但是这需要使用 2.5D 或三维（3D）移动算法来进行控制。特别是冒险游戏将带来更大的动画负担，因为只有这样才能传达角色的动作。少数游戏允许它们的角色进行路径发现。例如，*Jak and Daxter: Pre-cursor Legacy*（中文版名称《杰克与达斯特：旧世界的遗产》，详见附录参考资料[148]）使用了导航网格表示方式来允许角色很聪明地进行移动。

决策的最先进技术仍然是最简单的技术。一般来说，角色具有两种状态：“发现玩家”状态和“正常行为”状态。正常行为通常仅限于站立播放选定的动画或固定的巡逻路线。在 *Oddworld: Munch's Oddysee*（中文版名称《奇异世界：蒙克历险记》，详见附录参考资料[156]）中，一些动物会使用漫游行为随意移动，直到它们发现了玩家。

当角色发现玩家时，它通常会使用寻找或追逐行为来归位到玩家身上（所谓“归位”，就是指以玩家为移动目标）。在一些游戏中，这种归位仅限于以玩家为目标并向玩家的位置移动，其他游戏则扩展了移动角色的能力。例如，*Tomb Raider III*（中文版名称《古墓丽影 III》，详见附录参考资料[96]），以及后来的同类型游戏中的人类敌人都可以勾住并爬上大石块去抓劳拉。

在 *Dark Souls 3*（中文版名称《黑暗之魂 3》，详见附录参考资料[115]）中，有些敌人可谓“阴魂不散”，因为他们在被玩家激怒之后，将归位到玩家身上，然后竟然可以跨越关卡来寻找和追杀玩家。他们可以使用不同的环境特征（包括梯子和单向壁架）在关卡中导航。而且，与该系列中的早期游戏不同，他们不太可能卡住或掉落沟壑。

显然，存在这样的变体：一些角色可能会有更多的状态，他们可能会寻求帮助，可能会有不同的近距离和远距离行动等，但这并不能说明角色使用的是从根本上来说更复杂的技术，实际上，通过面向目标的行为、基于规则的系统或航点策略等即可达到上述效果。善加利用这些方法，将会给玩家留下深刻的印象。

14.2.6　近战格斗类游戏

在第 14.2.5 节中，我们提到了 *Dark Souls*（《黑暗之魂》）及其系列续作，其实，将该游戏划分到射击类游戏中并不合适。尽管射击类游戏和近战格斗动作游戏之间有许多相似之处，但近战格斗游戏在角色 AI 和肉搏战斗方面与使用枪支的射击类游戏有根本上的区别。

近战格斗的机制从简单到复杂不等。对于简单的格斗机制来说，就是不间断的攻击行动，当角色在武器攻击范围内时，攻击行动就会成功，甚至可能会打出暴击效果（当然这是有几率的，具体取决于防守方的盾牌或闪避概率统计数据）；对于复杂的格斗机制来说，则可能设计出许多极端情况，以展现一连串令人眼花缭乱的攻击，例如强力一击、重击、组合技和特效攻击（如会心一击）等。

除了非常简单的游戏，近战格斗类游戏从根本上来说是基于计时机制的，这也是它独特的地方。图 14.3 演示了近战格斗系统中的一个示例动作。它分为以下几个阶段。

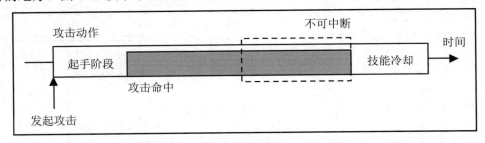

图 14.3　在近战格斗游戏中移动的时机

（1）起手（Wind Up）阶段，开始攻击动作但不能造成伤害，并且角色仍然容易受到攻击本身的影响。

（2）可中断（Interruptible）阶段，此时角色已经能够造成伤害，但攻击仍然可以被敌人打断或格挡。

（3）不可中断（Invincible）时期，在这个时期内，攻击能够造成大量损害，并且不会被敌人打断。

（4）技能冷却（Cool Down）期，此时攻击不再有危险性，并且无法开始其他动作。

这里有几个判定标准：是否正在执行动作（在某些游戏中，攻击动作其实就是在播放动画，而在另外一些游戏中，攻击动作是实时计算的角色运动）；玩家是否容易受到攻击、打断或格挡；进攻是否能够伤害到对手；以及玩家是否可以结束当前的攻击以开始其他动作。

图 14.3 显示了一个示例，说明了这些阶段的排列方式。但是，每一款游戏都会以不同的方式对它们进行排序，角色不同，武器不同，攻击的模式也不同。而且，即使是相同的阶段，其计时也会有所变化。例如，不同的技能，其冷却时间就是不同的。所有这些变化，构成了游戏的多样性。

这些游戏中的 AI 不仅要决定执行哪个动作，还要决定何时执行。这不需要独特的算法，只需要使用本书讨论过的决策工具，只不过设计时必须考虑到时序（例如，状态机中特定的状态模式或行为树中的节点就可能需要有延时设计）。图 14.4 显示了行为树的部分示例，图 14.5 则显示了使用中的树，它包含了 AI 通过快速攻击成功打断玩家的慢速攻击和玩家的快速攻击命中 AI 这两种时序模式。

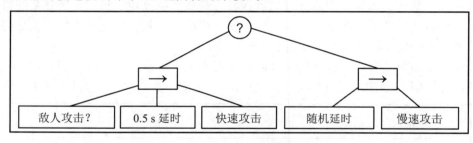

图 14.4　包含近战计时的简化行为树

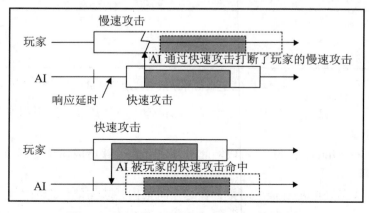

图 14.5　在两种不同情况下使用的近战行为树

在包含近战格斗内容的动作冒险游戏中，玩家技能发展的一部分是了解他们的敌人的动作设定，以及每个角色对玩家动作的反应。在这种情况下，简单的决策算法反而是有优势的。玩家将会学习到，某个特定的敌人角色非常擅长格挡大剑的猛击，所以在进攻时要注意采用骗招之类的技巧；或者另外一个敌人角色的组合技特别容易出暴击，所以在防御时要看准时机打断。事实上，只要 AI 角色的反应相对一致，玩家就可能观察到这些特点。当然，它可能太机器人化了，需要一些随机化，例如，格挡 5 次成功 4 次。这可以通过决策树、状态机或行为树来实现。这些决策树虽然只是简单的决策方法，但是却可以让玩家领略到 AI 的厉害之处，"学习"敌人的进攻技巧，充分享受游戏的乐趣。

即使是使用简单的工具，也可以通过 AI 实现高度精巧的设计。实际上，实现无法被击败的 AI 相对更简单，它能够在初始化帧内对任何攻击做出完美的响应。实现此类 AI 的更大困难在于给玩家恰当的感觉。它应该徘徊在极具挑战性和公平战斗之间。也就是说，它需要拿捏和掌握合适的度，而这正是 AI 比科学更具艺术性的地方，开发人员只有进行大量测试和调整才能找到这种艺术上的平衡。

大型多人在线游戏（Massively Multi-player Online Games，MMOG）通常涉及持续不断虚拟世界中的大量玩家。从技术上讲，它们最重要的特性是将运行游戏的服务器和玩家正在玩的机器之间区分开来。

客户端和服务器之间的区别通常在射击类游戏（以及许多其他类型的游戏）中实现，以使多玩家模式更容易编程。但是，在 MMOG 中，服务器永远不会在与客户端相同的机器上运行，它通常会在一组专用硬件上运行。因此，开发人员可以使用更多的内存和处理器资源。

一些大型多人游戏对 AI 的需求微乎其微。唯一由 AI 控制的角色是动物或奇怪的怪物。游戏中的所有角色都是由人类扮演的。

虽然这可能是一个理想的情况，但它并不现实（至少不总是如此）。在游戏可以吸引到足够多的玩家之前，它仍需要一些关键的玩家。大多数 MMOG 都会在游戏中添加某种基于 AI 的挑战性角色，就像你在任何第一人称或第三人称冒险游戏中看到的那样。

拥有如此庞大的游戏世界，AI 开发人员面临的所有挑战都达到了一定的规模。虽然所使用的技术与射击游戏大致相同，但是它们的实现需要有很大的不同，这样应对大量角色和更大的世界。虽然一个简单的 A*路径发现算法可以应对射击游戏的关卡，并且可以使用它来为 5～50 个角色规划路线，但是，当有 1000 个角色需要在大陆大小的世界中规划路线时，它可能会不堪重负。

正是这些大规模技术，特别是路径发现和感官感知，需要更具可扩展性的实现。我们已经讨论了其中一些应用。例如，在路径发现算法中，我们可以汇集规划器，使用分层路径发现或使用实例几何。

14.3　驾驶类游戏

驾驶类游戏对于开发人员来说，是最专业的、类型特定的 AI 任务之一。与其他类型的游戏不同，其关键的 AI 任务都集中在移动上。其任务不是创造逼真的寻找目标的行为、聪明的战术推理或路线发现，当然所有这些任务也都可能发生在某些驾驶类游戏中。玩家将通过驾驶汽车的能力来判断 AI 的能力。

图 14.6 显示了适合赛道驾驶游戏的 AI 架构。图 14.7 则扩展了这种架构，以用于城市驾驶游戏，其中可以规划不同的路线，并且可以与周遭车辆共享道路。

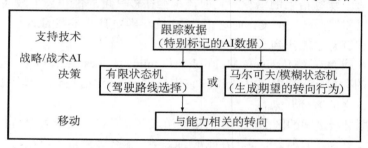

图 14.6　竞速驾驶类游戏的 AI 架构

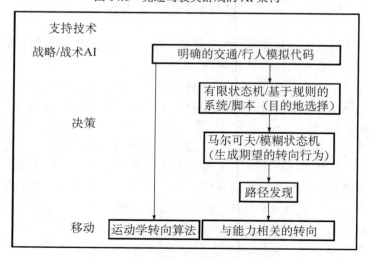

图 14.7　城市驾驶类游戏的 AI 架构

14.3.1 移动

对于赛车游戏来说，开发人员有两种选择以实现汽车的移动。最简单的方法是允许关卡设计师创建一条或多条赛车路线（Racing Line），车辆可以沿着该赛车路线达到最佳速度，然后可以严格遵循这条赛车路线，这甚至可能根本不需要转向，计算机控制的汽车可以简单地沿着预定的路径移动。

一般来说，这种赛车路线是根据样条（Spline）来定义的。样条曲线是一种数学曲线，它是根据空间曲线定义的，但它们也可以包含其他数据。合并到样条曲线中的速度数据允许 AI 随时准确查找汽车的位置和速度并相应地进行渲染。这提供了一个非常有限的系统：汽车不能轻易地相互追赶，它们也不会避免追尾前车，并且当要与玩家碰撞时它们也不会改变原定路线。为了避免这些明显的限制，可以增加额外的代码，以确保如果汽车被撞出原来的位置，则可以使用简单的转向行为将其重新带回赛车路线。它的特点仍然是汽车很可能以简单的无约束的方式驶入撞成一团的车流。

大多数早期驾驶游戏，如 *Formula 1*（中文版名称《F1 赛车游戏》，详见附录参考资料[84]），都采用了这种方法。它也被用于最近的许多游戏中，用于控制打算成为"背景"一部分的汽车，如 *Grand Theft Auto 3*（中文版名称《侠盗猎车手3》，详见附录参考资料[104]）游戏就是如此。

在最近的游戏中，绝大多数使用的第二种方法是让 AI 驱动汽车，将控制输入应用到物理模拟中，以使汽车表现得更加逼真。AI 汽车必须处理的物理学程度与玩家所经历的物理学程度一样，这是一个严重问题。通常情况下，玩家的物理特性要比 AI 控制的汽车困难得多，尽管许多游戏现在都会给 AI 带来与玩家相同的任务。

玩家仍然可以看到为这种游戏定义的赛车路线，这是很常见的。AI 控制的汽车将试图通过驾驶汽车来跟随赛车路线，而不是让赛车路线作为其移动的轨道。这意味着 AI 通常无法实现其所需的线路，特别是如果它已被另一辆车碰触到。这可能会导致其他问题。在使用这种方法的 *Gran Turismo*（中文版名称《GT 赛车》，详见附录参考资料[160]）中，玩家可能会将汽车撞出它原先的位置，而此时汽车仍然会试图驾驶并跟随它的赛车路线，这通常会导致它在下一个拐角失控并最终冲出跑道。

为了解决超车的问题，当一辆行驶速度较慢的车辆阻挡在赛车路线上时，许多开发人员会增加特殊的转向行为：赛车会等到很长的直道，然后拉出来超车。这是从《GT 赛车》到 *Burnout*（中文版名称《火爆狂飙》，详见附录参考资料[98]）的许多驾驶游戏中看到的特征性超车行为，并且是在中、低功率动力汽车的现实赛车中常见的超车策略。然而，世界上最快的赛车系列（如一级方程式赛车）的大部分超车都是在拐角制动时进行的。这可以使用由关卡设计师定义的替代赛车路线来完成。如果汽车希望超车，它会在这条线上占据一个位置，这将确保它可以在以后制动并控制拐角的出口。在现实赛车中，驾驶员可以采取一些防御性措施来阻止潜在的超车（尽管这可能会受到系列赛规则的限制）。这使得我们难以定义这样的替代赛车路线，特别是在玩家被超车时。幸运的是，当时 AI 的成功程度较低，不会让玩家感觉到技巧太过分，因此不太可能受到负面评价。

在许多拉力赛中都会使用这种方法的变体，并且有时称它为"追兔子"。假设有一个不可见的目标（也就是所谓的"兔子"）使用直接位置更新方法沿着赛车路线移动，AI 控制的车辆然后只以该兔子为目标。例如，可以使用"到达"行为来控制它。由于兔子始终保持在汽车前面，它首先开始转向，确保汽车在正确的位置转向。这特别适合拉力赛，因为它可以很自然地实现动力侧滑。汽车将在拐角前自动开始转向，如果转弯很急，它将会转向很大，导致物理模拟让汽车的后端稍微滑出。

其他开发人员已经使用决策制定工具作为驾驶 AI 的一部分。卡丁车模拟器 *Manic Karts*（中文版名称《疯狂卡丁车》，详见附录参考资料[134]）使用模糊决策代替了赛车路线。它确定了车辆左侧和右侧的距离以及车辆前方的短距离，以及任何附近的卡丁车，然后使用人工编写的马尔可夫状态机来确定下一步该做什么。

Forza Motorsport（中文版名称《竞速飞驰》，详见附录参考资料[188]）则使用了神经网络通过观察人类玩家来学习如何驾驶。该游戏附带的最终 AI 是由开发团队经过数百小时训练获得的结果。

直到最近，这种技术还很少见。它们没有得到广泛使用，并不表明它们不能提供更好的性能。当然，随着深度学习技术在游戏中的应用取得了巨大的成功（详见附录参考资料[43]），神经网络在整个行业中正在广泛蔓延，并将被用于开发赛车游戏。在接下来的几年中，我们将看到这种热情不断增长并演变为无处不在。

14.3.2　路径发现和战术 AI

随着 *Driver*（中文版名称《车神》，详见附录参考资料[171]）的面世，出现了一种新的驾驶游戏类型。该类型的游戏没有固定的轨道，场景就设置在城市街道上，目标是捕捉或避开其他车辆。汽车可以采取它喜欢的任何路线，当摆脱警察的追击时，玩家通常需要迂回前进甚至加速后退。单一的固定赛道不适用于此类游戏。

这种类型的许多游戏都有敌人 AI，当它在尝试追捕玩家时会执行简单的归位算法，遵循固定的路径。在 *Grand Theft Auto 3*（中文版名称《侠盗猎车手 3》）中，只为玩家位置周围的几个街区创建了汽车。当警察归位到玩家身上时，他们会从这个区域聚集起来，并在适当的位置添加额外的汽车。

但是，当这种游戏模拟更广泛的区域时，车辆开始需要路径发现以找到它们的路线，特别是为了抓住玩家。

使用战术分析来计算可能的逃生路线并阻止它们也是如此。*Driver*（中文版名称《车神》）使用了简单的算法来尝试包围玩家。我们知道目前正在开发的至少一个（未宣布的）游戏会根据玩家正在移动的当前方向来执行战术分析，并要求警车 AI 拦截。然后警车将使用战术路径找到它们的位置而不越过玩家的路径。

14.3.3　类驾驶游戏

用于驾驶类游戏的基本方法也可以应用于许多其他类型。

一些极限运动游戏，如 *SSX*（中文版名称《SSX 极限滑雪》，详见附录参考资料[106]）和 *Steep*（中文版名称《极限巅峰》，详见附录参考资料[190]），其核心都是赛车游戏机制。它们披着赛车系统的外衣（通常使用与驾驶类游戏相同的基于赛车路线的 AI 实现），通常是一款颇具 "技巧" 的子类游戏，其涉及在跳跃期间安排动画技巧动作，这些可以在赛车路线上的预定点添加（即当角色到达此点时，表示特定持续时间的技巧）或者可以由决策系统执行，该决策系统预测可能的播放时间，根据结果安排技巧并持续适当的时间。

未来风赛车游戏，如 *Wipeout*（中文版名称《向前冲》，详见附录参考资料[162]），同样基于相同的赛车 AI 技术。这类游戏通常包括武器。为了支持这一点，需要额外的 AI 架构来包括瞄准系统（一般来说，这不是一个完整的射击解决方案，因为武器是归位的）和决策机制（车辆可能会减速以允许敌人超越它以便瞄准它们）。

14.4　即时战略类游戏

随着 *Dune II*（中文版名称《沙丘 2》，详见附录参考资料[198]）的面世，[①] Westwood 创建了一个新的游戏类型 [②]，它成为出版商投资组合的主要支柱。虽然它只占游戏总销售额的一小部分，但该类型是 PC 平台上最强大的游戏类型之一。

即时战略游戏的主要 AI 要求如下。

[①] 请不要将它与最初的 *Dune*（中文版名称《沙丘》，详见附录参考资料[99]）游戏相混淆，后者只是一款相当不起眼的图形冒险游戏。

[②] 一些游戏历史学家甚至将这种类型进一步追溯到像 *Herzog Zwei*（中文版名称《离子战机》，详见附录参考资料[184]）这样的策略混合游戏，但是从 AI 风格来看，这些早期游戏有很大的不同。

❑　　路径发现算法。

❑　　群体移动。

❑　　战术和战略 AI。

❑　　决策。

图 14.8 显示了即时战略游戏的 AI 架构。根据所使用的特定游戏元素集，这在游戏之间的变化比以前的类型更多。下面的模型应该是开发人员自己开发的有用起点。

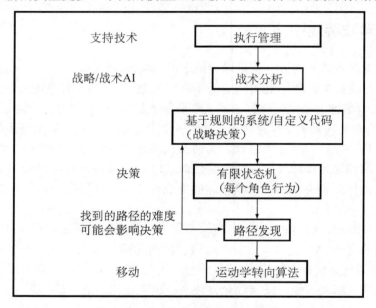

图 14.8　即时战略类游戏的 AI 架构

14.4.1　路径发现

早期的即时战略游戏，如 *Warcraft: Orcs and Humans*（中文版名称《魔兽争霸：人类与兽人》，详见附录参考资料[85]）和 *Command and Conquer*（中文版名称《命令与征服》，详见附录参考资料[199]）是路径发现算法的同义词，因为在这些游戏中，有效的路径发现是 AI 的主要技术挑战。对于基于网格的大型关卡（通常包含数以万计的单个图块）、长路径发现问题（玩家可以在整个地图上运送作战部队）和数十个单位来说，路径发现速度至关重要。

虽然大多数游戏不再使用基于图块的图形，但其底层表示方式仍然是基于网格的。大多数游戏使用常规高度数组来渲染景观——这里的常规高度数组又称为高度场（Height

Field），然后将相同的数组用于路径发现，从而提供基于网格的规则结构。

一些开发人员会预先计算每个关卡中公共路径的路由数据。但是，在 *Star Craft II*（中文版名称《星际争霸 II》，详见附录参考资料[87]）的关卡中，可破坏的地形可以在游戏过程中更改导航图，尽管这种更改一般来说相对较小，只是添加或删除了一些连接。而在诸如 *Company of Heroes*（中文版名称《英雄连》，详见附录参考资料[173]）之类的游戏中，也已经包括了可变形的地形，因此，在这种游戏中进行详尽的预先计算是很困难的。

14.4.2　群体移动

像 *Kohan: Ahriman's Gift*（中文版名称《可汗：恶灵的礼物》，详见附录参考资料[187]）和 *Warhammer: Dark Omen*（中文版名称《战锤：黑暗征兆》，详见附录参考资料[141] [①]）这样的游戏，个体需要团结在一起作为一个团队，然后就可以让它们作为一个整体移动。这是使用具有预定义图案的编队移动系统来完成的。

在 *Homeworld*（中文版名称《家园》，详见附录参考资料[172]）游戏中，编队被扩展到 3 个维度，尽管仍保持了强大的上下方向，但却能给人一种空中飞行的印象。

在《可汗：恶灵的礼物》中，阵型规模有限，但是在《家园》中，任何数量的单位都可以加入。这需要一个可缩放的编队，对于不同数量的单位具有不同的槽位置。

大多数即时战略游戏现在都使用某种编队。几乎所有这些都是按固定模式来定义编队（在编队中给定一组固定的角色），并实现整体移动的。

Full Spectrum Warrior（中文版名称《全能战士》或《全光谱战士》，详见附录参考资料[157]）虽然自称为团队战术类游戏，但它仍是不折不扣的即时战略游戏。在该游戏中，编队取决于它周围的关卡的特征。例如，如果是在一堵墙旁边，则小队呈现一条线；如果是在一个能提供掩护的障碍物后面，它们将挤在一起；如果是在开放环境中，则它们将组成一个楔形（雁阵）。玩家只能间接控制编队的形状。玩家控制小队移动的目的地，AI 确定要使用的阵型。该游戏的特别之处是编队只能控制角色移动后的最终位置。在移动过程中，单位独立移动，并可根据要求为彼此提供掩护。

14.4.3　战术和战略 AI

如果说早期的即时战略游戏通过使用路径发现算法开创了游戏 AI，那么 20 世纪 90 年代后期的游戏则开创了战术 AI。在即时战略游戏中设计使用了影响地图，并且最近才

[①] 虽然《战锤：黑暗征兆》因为它的角色发展方面而将自己描述为一个角色扮演游戏，但是在关卡中它其实遵循了即时战略游戏的玩法。

开始对其他类型（通常以航点战术的形式体现）感兴趣。

到目前为止，战术和战略 AI 的输出主要用于指导路径发现。一个早期的例子是 *Total Annihilation*（中文版名称《横扫千军》，详见附录参考资料[94]），其中单位在计算路径时考虑了地形的复杂性，它们将正确地在山丘或其他岩层中移动。同样的分析也适用于指导游戏中的战略决策。

第二个常见的应用是选择建筑位置。通过显示受控区域的影响图，安全地定位重要的建筑设施变得更加简单。虽然单个建筑物仅占据一个位置，但墙壁是许多即时战略游戏中的常见特征，并且它们处理起来更加棘手。例如，《魔兽争霸》中的墙壁是由关卡设计师提前建造的。在 *Empire Earth*（中文版名称《地球帝国》，详见附录参考资料[179]）中，AI 负责防护墙施工，结合使用影响地图和空间推理（AI 会尝试在非常花钱的建筑物和可能的敌人位置之间建造防护墙）。

在游戏 AI 圈子中有很多关于使用战术分析来规划大规模部队机动的讨论。例如，在敌人阵型中发现弱点，并部署整个队伍的单位来利用这一点。在某种程度上，这是在每个即时战略游戏中完成的：AI 会将单位指向它认为敌人所在的位置，而不是在地图上随机扫描它们的位置。它在 *Empire: Total War*（中文版名称《帝国：全面战争》，详见附录参考资料[186]）等游戏中得到进一步发展，AI 将在发动多重侧翼攻击之前，试图在导弹武器和大炮范围之外进行机动。这在代表海战的关卡上更加困难，其中的风向是一个重要的考虑因素。

根据战术分析以及每个单位为利用任何弱点需要采取的路线，这种潜力还可以做进一步的推进，并且还可以让 AI 推断出可能的攻击。我们已经看到有少数几款游戏很明显朝这个方向迈出了很大的步伐。

因为战术分析与即时战略游戏密切相关，所以本书第 6 章"战略和战术 AI"的讨论就是针对这种类型的。剩下的就是分析你希望计算机控制的一方显示的行为，并选择一组适当的分析来执行。

14.4.4　决策

在即时战略游戏中有若干个层面都需要进行决策制定，因此，它们几乎总是需要多层 AI 方法。

一些简单的决策通常由个人角色进行。例如，在《魔兽争霸》中，弓箭手可以就是否保持其位置或前进以与敌人交战做出自己的决定。

在中间层面，一个编队或一组角色可能需要做出一些决定。在《全光谱战士》中，整个小队可以在他们暴露于敌人的火力之下时做出占领掩藏点的决定。然后，这个决定将传递给每个角色，以决定如何以最佳方式掩藏自己（例如，匍匐在地面上）。

大多数棘手的决策会发生在游戏的各个层面。通常会有许多不同的事情同时发生，例如，正确的资源需要收集，需要引导科技研究，应该安排建筑物的建造，需要训练战斗单位，并且需要为防御或进攻组织部队。

对于这些要求中的每一个，都会创建一个 AI 组件。这种组件的复杂性因游戏而异。例如，为了计算出科技的研究顺序，我们可以使用每个科技进度的数值分数，并选择具有最高值的下一项科技进展。或者，我们也可以使用诸如迪杰斯特拉之类的搜索算法来计算从当前已知科技集到目标科技的最佳路径。

在像《魔兽争霸》这样的游戏中，这些 AI 模块中的每一个都基本上是独立的。例如，调度资源收集的 AI 不会提前计划储存某种资源，以供后期的建设工作使用，它只是平衡分配工作量来收集可用资源。同样地，军事指挥 AI 将一直等待，直到积聚了足够的力量才会对敌人发动攻击。

诸如 *Warcraft 3: Reign of Chaos*（中文版名称《魔兽争霸 3：混乱的统治》，详见附录参考资料[86]）之类的游戏使用可以影响部分或全部模块的中央控制 AI。在这种情况下，整体 AI 可以决定何时执行一次进攻动作，并且让建筑物的建造、战斗单位的训练和军事指挥 AI 等均进行配合。

在即时战略游戏中，不同层次的 AI 通常以军衔命名。例如，"将军"或"上校"将总负责，而接下来我们可能会有"指挥官"或"中尉"，再下面则是个别的"士兵"。尽管这种命名很常见，但是这种层级的称呼目前并未实现统一，所以这可能会非常混乱。例如，在某一款游戏中，"将军"AI 可能就已经负责控制整个游戏，而在另一款游戏中，负责控制整个游戏的是"国王"或"总统"AI，而"将军"AI 仅负责军事行动。

决策技术的选择反映了其他游戏的选择。一般来说，大多数决策都是通过简单的技术完成的，如状态机和决策树。马尔可夫或其他概率方法在即时战略游戏中比在其他类型中更常见。军事部署的决策通常是一套简单的规则（有时是基于规则的系统，但通常是硬编码的 IF-THEN 语句），它依赖于战术分析引擎的输出。

14.4.5 MOBA

多人在线战术竞技游戏（Multiplayer Online Battle Arena，MOBA）在 21 世纪 10 年代初迅速发展，成为最重要的游戏类型之一。它最初起源于 Defense of the Ancients——这是玩家为 *Warcraft III*（中文版名称《魔兽争霸 III》，详见附录参考资料[86]）生成的 MOD/地图，它带火了其主要竞争对手 *League of Legends*（中文版名称《英雄联盟》，详见附录参考资料[175]），其工作室开发了续集 *Dota 2*（中文版名称《刀塔》，详见附录参考资料[195]）。

　　尽管有很多游戏都试图在这种新兴流行的游戏类型中分一杯羹，但是取得重大商业成功的却寥寥无几。这种淘金热一直在延续，尤其是基于英雄的射击类游戏，然后是 *Battle Royale*（中文版名称《大逃杀》）热。目前，MOBA 仍然是电子竞技领域最重要的游戏类型。在 20 项最高奖金的电子竞技比赛中，有 18 项是针对 MOBA 的。

　　这种类型的实时策略的起源延续到了 AI。游戏中有两种类型的角色：英雄（Hero）和小兵（根据游戏的不同，它们可能被称为 Creeps、Minions 或 Mobs）。英雄被设计为由玩家控制，虽然也已经开发了 AI 机器人来扮演它们，但主要还是由人类玩家相互竞争，目前 AI 的水平还赶不上人类玩家。小兵与即时战略游戏（RTS）中的单个单位相当。他们要么沿着固定的路线（称为"兵线"）行进，要么潜伏在地图的其余部分（在《刀塔》和《英雄联盟》中被称为丛林野区）。固定路线上的小兵通常属于一组玩家，只会攻击另一支队伍的成员（英雄或小兵）。英雄到野区发育称为"打野"，中立野怪将攻击视线内的任何人或在受到攻击时反击。当处于攻击状态时，野怪将归位在最近的玩家身上。

　　小兵的设计非常简单，其行为是可预测的。玩游戏的技巧之一就是操纵小兵，预见他们的攻击，重新引导他们的进攻。因此，通常来说只要使用最简单的 AI 技术。小兵不应以复杂的方式表现，他们的行为就像是由状态机实现的。

　　由于小兵的移动受到了很大的限制（仅沿着兵线移动，或归位到敌人身上进行追杀），因此几乎不需要寻路。

　　在受《刀塔》启发的游戏中，团队可能会有一名使者。这是一个自治单位，在被召唤到英雄身边时会提供商店。该角色可能需要在关卡中导航，但通常以最小化的寻路方式实现为飞行单位。

　　总体而言，MOBA 的 AI 要求通常比它们起源的即时战略游戏（RTS）要简单。像 RTS 游戏一样，关卡中可能同时存在着许多小兵。但是他们的 AI 很少需要比基本的决策和转向更复杂的东西。

14.5　体育类游戏

　　体育类游戏的范围可以从大联盟体育特许经营，如 *Madden NFL 18*（中文版名称《劲爆 NFL 美式橄榄球 18》，详见附录参考资料[108]）到桌球模拟器，如 *World Snooker Championship*（中文版名称《世界斯诺克台球锦标赛》，详见附录参考资料[102]）。它们的优势在于拥有大量关于良好策略的现成知识，即玩这些游戏的专业人士。当然，这种知识并不总是易于编码到游戏中，并且它们也面临着玩家的期待，因为玩家期望看到人类能力遭受来自 AI 的额外挑战。

对于团队运动而言，关键的挑战是让不同的角色能够考虑到团队其他成员，并且对相应的情况做出反应。一些体育项目（如棒球和足球）有很强的团队模式。本书第 3.7.9 节"动态槽位和队形"中的棒球双杀战术示例（见图 3.62）就是一个很好的例子。球员的实际位置将取决于击球的位置，但整体移动模式始终是一样的。

因此，体育类游戏通常需要使用某种类型的多层 AI。高级 AI 制定战略决策（通常使用某种参数或动作学习来确保它挑战玩家）；在较低级别，可能存在协调移动系统，它将按模式响应游戏事件；在最低级别，每个单独的玩家都将拥有自己的 AI，以确定如何改变整体策略中的行为。非团体运动（如单打网球）则省略了中间层，不需要团队协调。

图 14.9 显示了典型的体育游戏 AI 的架构。

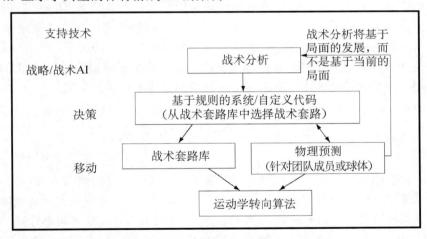

图 14.9　体育类游戏的 AI 架构

14.5.1　物理预测

许多体育类游戏都涉及球体在物理影响下快速移动，如网球、足球或台球。在每种情况下，为了让 AI 做出决定（拦截球体或计算出击球的副作用），我们需要能够预测球体的轨迹和表现。

在某些游戏中，球的运动状态非常复杂，并且是游戏中不可或缺的部分（如桌球和高尔夫球等提示类游戏），这可能需要运行物理计算来预测结果。

对于更简单的动力学，如棒球或足球，则可以预测球的轨迹。

在上述每种情况下，其过程都与我们在本书第 3 章"移动"中看到的用于投射物预测的过程相同。用于枪炮的射击解决方案也可以用于体育类游戏。

14.5.2　战术套路库和内容创建

实现可靠的战术套路库（Playbook）是团队运动 AI 中常见问题的根源。战术套路库由一组团队将在某些情况下使用的运动模式组成。有时候战术套路库指的是整个团队（如足球比赛中的攻击线上的进攻性战术套路），但通常指的是较小的一组球员（如篮球比赛中的挡拆）。如果你的游戏不包括这样的经过试验和测试过的战术套路，那么对于购买你的产品的现实体育运动的爱好者来说，他很难感觉到满意和惊艳。

本书第 3.7 节"协调移动"包括了确保角色在正确时间移动的算法。这通常需要与同一章中的编队移动系统相结合，以确保团队成员以在视觉上非常逼真的模式进行移动。

除了推动战术套路库的技术，还需要注意允许以某种方式创建战术套路库。战术性玩法需要有良好的内容创建路径进入游戏的战术套路库。通常情况下，作为一名程序员，你不会知道所有需要进入最终游戏的战术套路，并且你也不需要测试每个组合的负担。公开编队和同步运动是允许体育专家为最终游戏创建战术套路的关键。

14.6　回合制战略游戏

基于回合制的策略游戏通常依赖于在即时战略游戏中使用的相同 AI 技术。早期回合制游戏可以是现有棋盘类游戏的变体，如 *3D Tic-Tac-Toe*（详见附录参考资料[80]），或者简化的桌面战争游戏，如 *Computer Bismark*（中文版名称《电脑俾斯麦号》，详见附录参考资料[180]），这是一款很多人都喜欢玩的游戏。两者都依赖于棋盘游戏所使用的极小极大化算法技术（详见本书第 9 章"棋盘游戏"）。

随着战略游戏变得越来越复杂，每个回合的可能移动数量也会大幅增加。在最近的游戏中，如 *Sid Meier's Civilization IV*（中文版名称《席德梅尔之文明 4》，详见附录参考资料[113]），即使每一次的移动都是相对离散的（即角色从一个网格移动到另一个网格），每回合都会向玩家开放几乎无限数量的可能移动。在诸如 *Worms* 系列（中文版名称《百战天虫》，详见附录参考资料[182]）等游戏中，这种情况更为普遍。在玩家回合期间，他可以控制每一个角色并且以第三人称的方式移动它们（有限的距离代表一回合可用的时间量）。在这种情况下，角色可能会在任何地方结束。没有任何极小极大化技术可以搜索这种大小的博弈树。

相反，这里所使用的技术往往与即时战略游戏中使用的技术非常相似。回合制游戏通常需要相同类型的角色动作 AI。回合制游戏很少需要使用任何类型的复杂运动算法。运动学移动算法甚至是直接位置更新（只需将角色置于需要的位置）。在更高层次上，路线规划、决策制定以及战术和战略 AI 使用相同的技术并具有相同的广泛挑战。

图 14.10 显示了基于回合制策略游戏的 AI 架构。请注意它与图 14.8 中的即时战略类游戏 AI 架构之间的相似性。

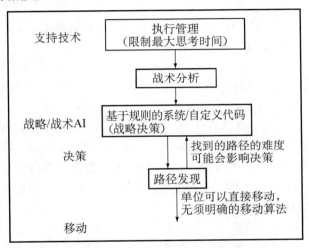

图 14.10　回合制战略类游戏的 AI 架构

14.6.1　计时

回合制和即时战略游戏之间最明显的区别就是计算机和玩家在各自回合中可以使用的时间量。

鉴于我们不是在尝试同时进行大量耗时的事情（如渲染、物理、网络等），因此对执行管理系统的需求较少。通常使用操作系统线程在几秒钟内运行 AI 进程。

但是，这并不是说计时问题没有发挥作用。玩家通常可以花费无限的时间来考虑他们的移动。如果存在大量可能的同时移动（如部队移动、经济管理、科技研究、建筑物建造等），则玩家可以花时间优化组合以充分利用回合的大部分时间。为了与这种应用思维水平竞争，AI 要进行一项很艰难的工作，其中一些可以通过游戏设计来实现：游戏的决策结构将使其更容易创建 AI 工具，选择易于进行战术分析的关卡的物理属性，创建一个易于搜索的研究树，并且使用足够小的转弯长度，以便每个角色的移动选项的数量是可管理的。当然，这只是到目前为止可以做到的，最终还需要一些更实质的执行管理。

就像即时战略游戏一样，通常还有一系列不同的决策制定工具在游戏的特定方面运行，如经济系统、科技研究系统等。在回合制游戏中，有必要让这些算法能够快速返回结果。如果有额外的时间，则还可能会要求它们做进一步的处理。这对于可能需要更长时间来执行其计算的战术分析系统尤其有用。

14.6.2　帮助玩家

AI 在回合制游戏中的另一个功能（也用于某些即时战略游戏，但程度要小得多）是帮助玩家自动完成他们不想操心的决策。

例如，在 *Master of Orion 3*（中文版名称《猎户座之王 3》，详见附录参考资料[163]）中，玩家可以为 AI 分配许多不同的决策任务，然后，AI 将使用与敌军相同的决策制定机制来协助玩家。

以这种方式支持的辅助 AI 涉及构建决策制定工具，这些工具很少或根本没有来自更高层决策工具的战略意见。例如，如果我们有一个 AI 模块来决定在哪一个星球上建立殖民地，那么如果它知道本方想要在哪个方向上扩张，它就可以做出更好的决定。如果没有来自更高决策层关于扩张方向的战略意见，那么它可能会在靠近可能发生战争的地方选择一个目前比较安全的位置。

但是，如果有高层决策的输入，那么当模块用于辅助玩家时，它需要确定玩家的策略是什么。我们通过观察发现，这是非常困难的。我们目前还没有找到任何试图这样做的游戏。*Master of Orion 3*（中文版名称《猎户座之王 3》）使用的是不考虑背景环境的决策，因此相同的模块可用于玩家或敌方。

第 15 章　基于 AI 的游戏类型

大多数游戏在使用 AI 技术以及它们想要实现的行为方面都相当适度。过于突出且引人注目的 AI 通常并不是优秀的 AI。当然，游戏有时会以特定的 AI 技术作为游戏机制出现，其挑战来自操纵游戏中角色的思维。

作为一名 AI 程序员，我很高兴能够看到更多基于 AI 的游戏类型，但到目前为止，相类的游戏示例仍相对较少。

本章将介绍以 AI 为中心的游戏玩法的两个选项。这里所描述的类型仅由少数商业上成功的畅销游戏作为代表。目前尚不清楚是否会使用完全相同的方法创建更多的此类游戏，但其有趣行为和玩法无疑值得挖掘，并将其应用于更多的主流游戏类型。

对于每种类型的游戏，本章都会描述一组支持适当游戏玩法的技术。尽管每种类型的特定游戏的某些细节都可以在公开领域获得，但是许多算法的细节都是机密的。即使有可用的信息，但是此类游戏作品的数量也有限，这意味着很难就什么有效和什么无效一概而论。因此，不可避免的是，这种讨论将是推测性的。本章将尽力指出替代方案。

15.1　游戏角色教学

在一些游戏中已经出现了一种功能：可以根据玩家的意愿教导一个比较笨拙的角色。这一类型的早期游戏 *Creatures*（中文版名称《造物主》，详见附录参考资料[101]）于 1996 年发行。① 现在这种类型的游戏则以 *Black and White*（中文版名称《黑与白》，详见附录参考资料[131]）最为著名。

少数角色（在《黑与白》中只有一个）拥有学习机制，学习在玩家反馈的监督下执行它看到的动作。观察学习机制将观察其他角色和玩家的行为并试图复制它们。当复制动作时，玩家可以给出积极或消极的反馈（通常情况下，积极反馈是奖励性的挠痒痒，而消极反馈是惩罚性的打巴掌），以鼓励或阻止角色再次执行相同的动作。

---

① *Creatures*（《造物主》）的设计师史蒂夫·格兰德（Steve Grand）写了一本关于该游戏内部运行机制的很有吸引力的书（详见附录参考资料[19]）。尽管该书已经出版了近 20 年，但令人印象深刻的是它仍然非常具有未来感。

15.1.1　表示动作

观察学习的基本要求是能够用离散的数据组合来表示游戏中的动作，然后角色可以学会模仿这些动作，但是可能会有轻微的变化。

一般来说，动作由 3 个数据项来表示：动作本身、动作的可选对象和可选的间接对象。例如，动作可以是 fight（战斗）、throw（扔出）或 sleep（睡觉）；动作的对象可能是 enemy（敌人）或 rock（石头），而间接对象则可能是 sword（剑）。并非每个动作都需要一个对象（如 sleep），并且也不是每个具有对象的动作都具有间接对象（如 throw）。

某些动作可以有多种形式。例如，可以随意扔石头或向某个特定的人扔石头。因此，throw 动作总是占用一个对象，但也可以选择一个间接对象。

在实现中，存在可用动作的数据库。对于每种类型的动作，游戏记录它是否需要对象或间接对象。

当角色做某事时，可以创建一个动作结构来表示它。如果有必要，动作结构可以包括动作的类型以及游戏中用作对象和间接对象的事物的细节。

```
1   Action(fight, enemy, sword)
2   Action(throw, rock)
3   Action(throw, enemy, rock)
4   Action(sleep)
```

这是表示动作的基本结构。不同的游戏可以为动作结构添加不同级别的复杂性，表示更复杂的动作（例如，需要特定位置、对象或间接对象的动作）。

15.1.2　表示游戏世界

除了动作，角色还需要能够建立一幅世界的画面。这允许它们将动作与环境相关联。例如，学习吃东西是一件好事，但是当受到敌人攻击时却仍然在学习吃东西则相当不明智，这是战斗或逃跑的最佳时机。

游戏中呈现出来的环境信息通常相当窄。虽然大量的环境信息可以提高性能，但也会大大降低学习的速度。由于是由玩家负责教授角色，所以玩家会希望在相对较短的时间内看到一些明显的改进。这意味着学习需要尽可能快，而不会导致愚蠢的行为。

通常情况下，角色的内部状态包括在环境中，另外还有少数重要的外部数据，可能包括到最近的敌人的距离、到安全位置（家庭或其他角色）的距离、一天中的时间、观察的人数，或任何其他依赖游戏环境的数量。

一般来说，如果角色没有收到某一段信息，那么在做出决定时角色可能会有效地忽略该信息。这意味着如果某个决定在某些条件下不合适，则必须将这些条件提供给角色，以防止它做出不合适的决定。

环境信息可以按一系列参数值（这是很常见的技术）的形式或以一组离散事实（非常类似于动作表示）的形式呈现给角色。

15.1.3　学习机制

角色可以有各种学习机制。这种类型的已发布游戏使用了神经网络和决策树学习。在本书介绍的内容中，朴素贝叶斯和强化学习也可能是有趣的尝试方法。作为一个广泛有效的示例，我们将在本节中讨论使用神经网络。

对于神经网络学习算法来说，有两种类型的监督，即来自观察结果的强监督和来自玩家反馈的弱监督。

1．神经网络架构

虽然可以将一系列不同的网络架构用于此类游戏，但我们假设正在使用多层感知器网络，如图 15.1 所示。这在本书第 7 章"学习"中已经实现，可以通过最少的修改来应用。

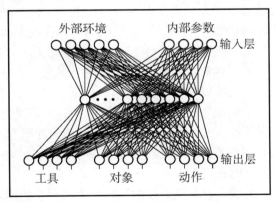

图 15.1　用于游戏角色教学的神经网络架构

神经网络的输入层可获取来自游戏世界的环境信息（包括角色的内部参数）。

神经网络的输出层由控制动作类型的节点以及动作的对象和间接对象（以及创建动作所需的任何其他信息）组成。

神经网络独立于学习，它可用于将当前环境信息作为输入，然后从输出中读取动作，并以此来为角色做出决策。

不可避免的是，大多数输出动作都是非法的（当时可能没有此类操作或没有此类对象或间接对象可用），但这些动作都可以合法地执行。每次提出建议时，都可以通过弱监督学习步骤来阻止非法行为。在实践中，这可能会在短期内改善表现，但从长远来看，可能会导致病理状态（见第 15.1.4 节 "可预测的心理模型和病理状态"）的问题。

2. 观察学习

当以观察的形式来学习时，角色将记录其他角色或玩家的动作。只要这些动作符合其愿景，角色就会进行学习。

首先，角色需要找到它所看到的动作的表示以及当前环境信息的表示。然后，它可以使用此输入-输出模式训练神经网络，既可以仅执行一次，也可以重复执行，直到网络获知输入的正确输出。

只进行一次学习算法可能仅会对角色的行为产生很小的差异，而另一方面，运行多次迭代可能会导致网络忘记它已经学习过的有用行为。因此，重要的是要在学习速度和遗忘速度之间找到合理的平衡点。如果学习起来很慢，那么玩家可能会感到挫败，因为他们将不得不重复教导这些 "蠢笨" 的生物。

3. 观察学习的读心术

通过观察进行学习的一个重要问题是确定环境信息，以便与观察到的动作相匹配。例如，如果一个不觉得饥饿的角色观察到一个饥饿的角色在吃东西，那么它可能会学习到将饮食与不饥饿联系起来。换句话说，它自己的环境信息无法与其他人的动作相匹配。

在由玩家完成大部分教学的游戏中，不会出现这个问题。一般而言，玩家会试图向角色展示下一步该做什么，这可以使用角色的环境信息。

在角色观察其他角色的情况下，其自身的环境信息是无关紧要的。以现实世界的真实逻辑来说，当我们看到其他人的行为时，不可能了解别人的所有动机和内部心理过程。我们会尝试猜测其内心，或者设身处地想一想他们为了执行这一动作而必须要考虑的事情。在游戏情境中，我们能够使用的观察到的角色环境信息不变。

虽然有可能增加一些不确定性来代表了解另一个人的想法的困难程度，但在实践中，这并不会使角色看起来更加可信，并且可能会大大降低学习速度。

4. 反馈学习

为了通过反馈进行学习，角色将记录它为每个最近输入创建的输出列表。此列表至少需要延迟几秒钟。

当从玩家那里获得一个反馈事件（如挠痒痒或打巴掌）时，并没有确切的方法知道玩家对此动作是感到高兴还是愤怒，这就是 AI 中经典的信用分配问题（Credit Assignment

Problem）：在一系列动作中，我们如何判断哪些动作有帮助，哪些动作没用？

通过保持几秒钟的输入-输出对的列表，我们可以假设用户的反馈与一系列动作相关。当反馈到来时，神经网络将被训练（使用弱监督方法），以加强或削弱那段时间内的所有输入-输出对。

随着输入-输出对进一步回溯，逐渐减少反馈量通常是有用的。如果角色接收到反馈，则最有可能是在一秒钟或稍早前执行的动作（也可以是任何更短的时间，并且用户仍然会将他的光标拖动到适当位置以给角色挠痒痒或拍打惩罚角色）。

15.1.4　可预测的心理模型和病理状态

这类游戏的 AI 中存在着一种常见问题，即难以理解玩家的动作会对角色产生什么样的影响。在游戏中的某一点上，角色似乎很容易学习，而在其他方面，它似乎完全忽略了玩家。运行角色的神经网络太复杂，任何玩家都无法正确理解，而且经常出现错误的行为。

玩家的期望是制作优秀 AI 的重要组成部分。正如本书第 2 章"游戏 AI"所讨论的，一个角色可以做一些非常聪明的事情，但如果这些不是玩家所期望看到的，那么角色往往看起来很愚蠢。

在上面的算法中，来自玩家的反馈分布在许多输入-输出动作上。这是意外学习的常见来源。当玩家提供反馈时，他们无法说出他们正在评判的具体动作或动作的一部分。

例如，如果一个角色捡起一块石头并试图吃掉，那么玩家会打它一巴掌，告诉它石头不能吃。过了一会儿，角色试图吃一个有毒的蘑菇。这一次，玩家同样会给它一巴掌。对于玩家而言，他是在教导角色什么东西能吃，什么东西不能吃，这样理解是合乎逻辑的。但是，对于角色来说，它只学到了"吃石头"很糟糕（会挨打），"吃毒蘑菇"很糟糕（会挨打）。因为神经网络很大程度上是通过概括来学习的，所以玩家只是教导了角色"什么东西不能吃"，却没有教导"什么东西能吃"。这样这个生物就会慢慢挨饿，从不试图吃任何健康的东西。它永远没有机会因为吃正确的东西而被玩家挠痒痒。

这些混合信息往往是角色行为突然剧烈恶化的根源。虽然玩家会期望角色能够以正确的方式表现得越来越好，但它往往会迅速达到稳定状态并且偶尔可能会恶化。

解决这些问题并没有一个通用性的程序。在某种程度上，这种做法似乎是一个弱点。然而，通过使用"本能"（即执行得相当好的固定默认行为）以及大脑的学习部分，可以在一定程度上减轻它。

1．本能

本能是一种内置行为，可能在游戏世界中很有用。例如，角色可以被赋予吃或睡的本能。这些是有效规定的输入-输出对，永远不会被完全遗忘。它们可以通过监督学习过程定期加强，或者可以独立于神经网络并用于产生偶然的行为。在任何一种情况下，如果玩家强化本能，那么它将成为角色学习行为的一部分，并且将更频繁地执行。

2．角色的脑死亡

学习的组合将使神经网络在很大程度上无法做任何明智的事情。在 *Creature*（《造物主》）和 *Black and White*（《黑与白》）中，都可以使被教授的角色看起来很没用。

虽然拯救这样一个角色仍然是有可能的，但所涉及的游戏玩法却是不可预测的（因为玩家不知道他们反馈的真实效果）并且很无趣。因为这似乎是 AI 使用的必然结果，所以在游戏设计中考虑这一结果是值得的。

15.2　蜂拥算法和放牧游戏

20 世纪 80 年代，简单的放牧模拟器已经出现，但最近发布了一些能提升最新技术水平的游戏。这些游戏涉及移动一组角色通过（通常是敌对的）游戏世界。*Herdy Gerdy*（中文版名称《哈地大历险》，详见附录参考资料[97]）是开发得最完善的，虽然它在商业上并不成功。*Pikmin*（中文版名称《皮克敏》，详见附录参考资料[153]）、*Pikmin 2*（中文版名称《皮克敏 2》，详见附录参考资料[155]），以及 *Oddworld: Munch's Oddysee*（中文版名称《奇异世界：蒙克历险记》，详见附录参考资料[156]）的某些关卡都使用了类似的技术。

相对大量的角色具有简单的个体行为，这会导致更大规模群体的出现。一个角色会与和它同类型的角色成群结队，尤其是在遇到危险时，会以某种方式对玩家做出反应（要么从玩家身旁跑开，好像他们是掠食者一样，要么追随他们）。角色会对敌人做出反应并逃跑，执行基本的转向和躲避障碍物的行为。通常可以在食物链或生态系统中设置不同类型的角色，玩家将试图保证一种或多种猎物的安全。

15.2.1　制造生物

每个单独的角色或生物都由一个控制转向行为组合的简单决策框架组成。决策过程需要以一种非常简单的方式响应游戏世界：它可以实现为有限状态机（FSM），甚至是决策树。图 15.2 给出了一个简单、类似绵羊的生物的有限状态机。

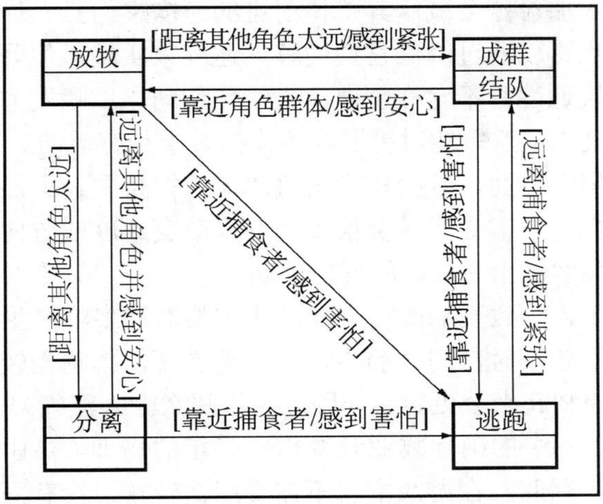

图 15.2　简单生物的有限状态机

　　类似地，转向行为可以相对简单。因为这种类型的游戏通常设置在受限制较少的户外区域，所以转向行为可以在局部起作用，并且可以在没有复杂仲裁的情况下进行组合。图 15.2 显示了有限状态机中每个状态的名称，并且按同名行为运行其转向行为。唯一的例外是放牧（Graze），这里的放牧行为可以实现为速度较慢的"漫游"行为，并且走走停停，角色随时可能会停下来进食。

　　除放牧外，每个转向行为要么是基本的寻找目标的行为之一（如"逃跑"），要么是寻找目标行为的简单累加（如"成群结队"）。成群结队的移动可使用蜂拥算法（Flocking），有关详细信息，请参阅本书第 3 章"移动"。

　　在放牧游戏中，对于生物来说很少需要复杂的 AI，即使对于捕食者来说也是如此。一旦某个生物能够在游戏世界中自主导航，那么它通常太聪明，不容易被玩家操纵，并且游戏的重点也会受到损害。

15.2.2　为交互调整转向行为

　　在动画模拟或游戏的背景效果中，流体转向运动增加了可信度。但是，在交互式环境中，玩家通常不能对群体的移动做出足够快的反应。例如，当一个角色群开始分离时，很难以足够的速度将它们圈起来，以便将它们重新组合在一起。为角色提供这种移动能力会影响游戏设计的其他方面。

　　为了避免这个问题，通常可以设置转向行为的参数，使其流动性降低。角色以小范围喷发的方式移动，并且它们形成有凝聚力的群体的愿望也会增加。

在角色的移动中添加暂停会减慢其整体前进的速度，而且允许玩家圈出它们并操纵它们的动作。虽然这也可以通过降低它们的移动速度来实现，但降速方法通常看起来很假，并且当它们被直接追逐时不允许全速、连续地移动。以喷发方式移动也会给生物带来偷偷摸摸和紧张的气氛，这可能对更逼真的模拟效果是有益的。

在速度和群体凝聚性方面，减少移动角色的惯性很重要。虽然蜂拥算法模拟中的鸟类通常具有很大的惯性（它们需要花费很多力气来改变速度或方向），但是这也需要允许玩家操纵的生物能突然停止并向新的方向移动。

在高惯性的情况下，导致生物改变方向的决定将对许多帧产生影响，并可能影响整个群体的移动。当惯性较小时，同样的决定很容易逆转，影响也较小。虽然这可能会显得有点假，但是玩家控制起来会更容易（因此也不那么令人沮丧）。

有趣的是，现实世界中的国际牧业竞赛需要多年的培训，要让少量真正的绵羊做到成群结队是很困难的。因此，在游戏中也不需要那么较真，没有同样等级的技巧也能玩得很好。

15.2.3　转向行为的稳定性

当群体似乎无法独立行动时，一组生物的决策和转向行为有可能会变得更加复杂。这通常以行为的突然变化和不稳定群体的出现为特征。这些不稳定性是由群体决策的传播引起的，通常会在每一个环节放大。

例如，一群绵羊可能正在安静地吃草。其中一只绵羊移动得太靠近它的小伙伴，挡着小伙伴吃草，于是导致小伙伴走开，另寻他处觅食等。

与所有决策一样，需要一定程度的滞后现象以避免不稳定。例如，绵羊可能很喜欢让其他小伙伴亲近自己，但是它们不可能始终像在拥挤的地铁里一样挤在一起，一般是稀稀落落分布的。但是，如果某一只绵羊距离小伙伴们很远，那么它会向小伙伴们移动（即始终形成一个成群结队的群体）。这意味着在不同距离范围内，绵羊都不会对小伙伴们做出任何反应。

但是，如果在一组不同的生物中出现了一种不稳定性，那么这种不稳定性就不能简单地通过个体行为的滞后现象来解决。

一组生物可以表现出徘徊的现象，因为每个生物都会导致不同的群体改变行为。例如，捕食者可能会追逐一群猎物，直到它们跑出了自己的追赶范围。猎物在确认自己安全后，也会停止移动，但是它们会有一段延迟，直到捕食者停止追赶。如果捕食者再次接近，那么猎物们也会再次开始移动。这种徘徊很容易失控。虽然只涉及两个物种的这种循环可以很容易地调整，但是当有若干个物种在一起时，出现的循环就很难调试。

大多数开发者都会选择在游戏关卡中让不同的生物彼此保持距离，或者一次只使用少数物种，以避免出现许多物种同时聚集在一起时的不可预测性。

15.2.4　生态系统设计

通常情况下，在放牧游戏中会有不止一种生物，并且所有物种的相互作用会使玩家觉得该游戏世界非常有趣。作为一种游戏类型，它提供了很多有趣策略的想象空间。例如，一个物种可以用来影响另一个物种，这可能形成游戏中各种难题的意外解决方案。在最基本的情况下，物种可以被安排到食物链中，其中，玩家通常要负责保护弱势物种。

在设计游戏的食物链或生态系统时，可以引入一些让人意想不到的效果。为了避免游戏关卡崩溃，导致所有生物都被迅速吃掉，需要遵循一些基本指导原则。

1．食物链的大小

食物链应该比主要生物高两级，也可能低一级。这里所谓的"主要生物"是指玩家通常关注放牧的生物。在生物上方有两个等级意味着可以让捕食者被其他捕食者所克制（就像《猫和老鼠》里面的设计一样，老鼠杰瑞经常会通过栽赃之类的手段让斗牛犬斯派克与汤姆猫互斗）。当然，食物链层级也不宜过多，任何过多的食物链层级或"友善的捕食者"都是有风险的，对游戏反而不利。

2．行为的复杂性

在食物链中，层级较高的生物应具有更简单的行为。因为玩家会间接影响其他生物的行为，随着食物链中间层级数量的增加，控制将变得更加困难。移动一群生物是很难的，使用"成群结队"行为来控制另一个生物的行为更是会增加难度，然后还要反过来使用该生物来影响另一个生物，难度非常高。当生物到达食物链的顶端时，它们需要有非常简单的行为。图 15.3 显示了单个捕食者的高级行为示例。

在食物链较高层级的生物不应该成群结队。这是从之前的指导原则得出的结论：一起协作的生物群体几乎总是会有更复杂的行为（即使它们每一个个体都非常简单）。虽然 *Pikmin*（《皮克敏》）中的许多捕食者都出现在群体中，但它们的行为很少协调，它们只是按个体意志行事。

3．感官限制

所有生物都应该有很好的感知半径来注意事物。修正生物注意能力的限制允许玩家更好地预测其动作。例如，如果将捕食者的视野限制在 10 m 内，那么玩家就可以在 11 m

之外赶着羊群通过。这种可预测性在复杂的生态系统中很重要，因为这使得玩家能够预测哪些生物会在什么时间做出什么样的反应，这对于玩法策略来说很重要。因此，现实感模拟通常不适用于这种游戏。

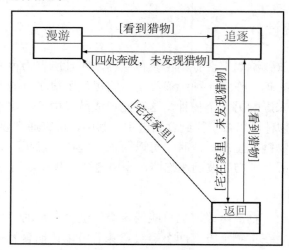

图 15.3 单个捕食者的简单行为

4．移动范围

生物不应该自行移动很远。生物移动范围的内圈越小，关卡设计师就越能将它们放在一个关卡中。如果一个生物可以随意游荡，那么很可能在玩家到达之前它就会发现在一旁垂涎欲滴的捕食者。如果玩家好不容易赶到，却发现羊群只剩下一堆白骨，那显然会不开心。限制生物的移动范围（至少需要让它们可以受到玩家的影响）也可以通过施加游戏世界边界（如栅栏、大门或通道）来实现。当然，一般情况下，当玩家不在附近时，可以让生物只是睡觉或站立。

5．综述

与所有 AI 一样，要获得可玩性很高的游戏，最重要的部分是构建和调整角色。放牧游戏的自然发生特性意味着在你构建和测试它之前，不可能预测确切的行为。

要提供出色的游戏体验，通常需要对游戏中的生物行为进行严格的限制，以牺牲一些可信度为代价，提高游戏的可玩性。

附　录

参 考 资 料

A.1　图书、期刊、论文和网站

[1] Bruce D. Abramson. The Expected-Outcome Model of Two-Player Games. PhD thesis, Columbia University, New York, NY, USA, 1987. AAI8827528.

[2] A. Adonaac. Procedural dungeon generation algorithm. Gamasutra, March 2015.

[3] Nada Amin and Ross Tate. Java and Scala's type systems are unsound: The existential crisis of null pointers. In Proceedings of the 2016 ACM SIGPLAN International Conference on Object-Oriented Programming, Systems, Languages, and Applications, OOPSLA 2016, pages 838-848, New York, NY, USA, 2016. ACM.

[4] Boost. Boost C++, 2018. URL: https://www.boost.org/

[5] Robert Bridson. Fast poisson disk sampling in arbitrary dimensions. In ACM SIGGRAPH 2007 Sketches, SIGGRAPH '07, New York, NY, USA, 2007. ACM.

[6] David S Broomhead and David Lowe. Radial basis functions, multi-variable functional interpolation and adaptive networks. Technical report, Royal Signals and Radar Establishment Malvern (United Kingdom), 1988.

[7] James J. Buckley and Esfanfiar Eslami. An Introduction to Fuzzy Logic and Fuzzy Sets. Springer, 2002.

[8] B. Jack Copeland. Colossus: The Secrets of Bletchley Park's Code-Breaking Computers. Oxford University Press, 2010.

[9] Thomas H. Cormen, Charles E. Leiserson, Ronald L. Rivest, and Clifford Stein. Introduction to Algorithms. MIT Press, 3rd edition, 2009.

[10] E. W. Dijkstra. A note on two problems in connexion with graphs. Numerische Mathematik, 1(1): 269-271, 1959.

[11] Richard Durstenfeld. Algorithm 235: Random permutation. Commun. ACM, 7(7), July 1964.

[12] David Eberly. Game Physics. CRC Press, 2nd edition, 2010.

[13] David Eberly. Converting between coordinate systems. URL:www.geometrictools.com/Documentation, 2014.

[14] Christer Ericson. Real-Time Collision Detection. Morgan Kaufmann Publishers, 2005.

[15] Joseph C. Giarratano and Gary D. Riley. Expert Systems: Principles and Programming. Course Technology Inc, 4th edition, 2004.

[16] Xavier Glorot, Antoine Bordes, and Yoshua Bengio. Deep sparse rectifier neural networks. In Proceedings of the Fourteenth International Conference on Artificial Intelligence and Statistics, pages 315-323, June 2011.

[17] Rafael C. Gonzalez and Richard E. Woods. Digital Image Processing. Prentice Hall, 2nd edition, 2002.

[18] Ian Goodfellow, Yoshua Bengio, and Aaron Courville. Deep Learning. MIT Press, 2017.

[19] Steve Grand. Creation: Life and How to Make It. Harvard University Press, 2003.

[20] P. E. Hart, N. J. Nilsson, and B. Raphael. A formal basis for the heuristic determination of minimum cost paths. IEEE Transactions on Systems Science and Cybernetics, 4(2): 100-107, 1968.

[21] Jeff Heaton. Artificial Intelligence for Humans, Volume 3: Deep Learning and Neural Networks. CreateSpace Independent Publishing Platform, 2015.

[22] Donald Hebb. The Organization of Behavior. Wiley & Sons, New York, 1949.

[23] Mary Hillier. Automata & Mechanical Toys: An Illustrated History. Bloomsbury Books, 1988.

[24] Feng-hsiung Hsu, Murray S. Campbell, and A. Joseph Hoane, Jr. Deep blue system overview. In Proceedings of the 9th International Conference on Supercomputing, ICS '95, pages 240–244, New York, NY, USA, 1995. ACM.

[25] id Software. Quake-III-Arena, 2018.
　　URL:https://github.com/id-Software/Quake-III-Arena

[26] Roberto Ierusalimschy. Programming in Lua. lua.org, Distributed by Ingram (US) and Bertram Books (UK), 4th edition, 2016.

[27] Inkle Studios. ink - inkle's narrative scripting language.
　　URL:https://www.inklestudios.com/ink/

[28] Alex D. Kelley, Michael C. Malin, and Gregory M. Nielson. Terrain simulation using a model of stream erosion. In Proceedings of the 15th Annual Conference on Computer Graphics and Interactive Techniques, SIGGRAPH '88, pages 263-268, New York, NY, USA,

1988. ACM.

[29] S. Koenig, M. Likhachev, and D. Furcy. Lifelong planning A*. Artificial Intelligence Journal, 155: 93-146, 2004.

[30] Richard E. Korf. Depth-first iterative-deepening: An optimal admissible tree search. Artificial Intelligence, 27(1): 97-109, 1985.

[31] Major-General M. Kourkolis. APP-6 Military Symbols for Land-Based Systems. NATO Military Agency for Standardization (MAS), 1986.

[32] Alex Krizhevsky, Ilya Sutskever, and Geoffrey E. Hinton. Imagenet classification with deep convolutional neural networks. In Proceedings of the 25th International Conference on Neural Information Processing Systems – Volume 1, NIPS'12, pages 1097-1105. Curran Associates Inc., 2012.

[33] Joseph B. Kruskal. On the shortest spanning subtree of a graph and the traveling salesman problem. Proceedings of the American Mathematical Society, 7(1): 48-50, 1956.

[34] P. J. van Laarhoven and E. H. Aarts. Simulated Annealing: Theory and Applications. Springer, 1987.

[35] Stephen Lavelle. PuzzleScript – an open-source HTML5 puzzle game engine. URL:https://www.puzzlescript.net/

[36] Eric Lengyel.Foundations of Game Engine Development, Volume1: Mathematics. Terathon Software LLC, Lincoln, California, 2016.

[37] Aristid Lindenmayer. Mathematical models for cellular interaction in development: Parts I and II. Journal of Theoretical Biology, 18, 1968.

[38] Max Lungarella, Fumiya Iida, Josh Bongard, and Rolf Pfeifer. 50 Years of Artificial Intelligence. Springer Science & Business Media, 2007.

[39] W. S. McCulloch and W. Pitts. A logical calculus of the ideas immanent in nervous activity. Bulletin of Mathematical Biophysics, 5, 1943.

[40] Ian Millington. Game Physics Engine Development. CRC Press, 2nd edition, 2010.

[41] Melanie Mitchell. An Introduction to Genetic Algorithms. MIT Press, 2nd edition, 1998.

[42] William Mitchell. The Logic of Architecture. MIT Press, 1990.

[43] Volodymyr Mnih, Koray Kavukcuoglu, David Silver, Alex Graves, Ioannis Antonoglou, Daan Wierstra, and Martin Riedmiller. Playing Atari with deep reinforcement learning. arXiv:1312.5602[cs], December 2013.

[44] Graham Nelson. Inform 7, 2018.
URL: http://inform7.com/

[45] A. Newell and H. A. Simon. Computer science as empirical enquiry: Symbols and search. Communications of the Association for Computing Machinery, 19(3), 1976.

[46] Gerard O'Regan. A Brief History of Computing. Springer Science & Business Media, 2012.

[47] Ken Perlin. An image synthesizer. ACM SIGGRAPH Computer Graphics, 19(3): 287-296, July 1985.

[48] Dan Pilone and Neil Pitman. UML 2 in a Nutshell. O'Reilly and Associates, 2005.

[49] Jamey Pittman. The Pac-Man dossier. Gamasutra, February 2009.

[50] R. C. Prim. Shortest connection networks and some generalizations. The Bell System Technical Journal, 36(6):1389-1401, Nov 1957.

[51] Craig Reynolds. Steering behaviors for autonomous characters. In The Proceedings of The Game Developers Conference 1999, pages 763-782. Miller Freeman Game Group, 1999.

[52] Timothy J. Ross. Fuzzy Logic with Engineering Applications. Wiley-Blackwell, 4th edition, 2016.

[53] Stuart Russell. Efficient memory-bounded search methods. In In ECAI-92, pages 1-5. Wiley, 1992.

[54] Stuart Russell and Peter Norvig. Artificial Intelligence: A Modern Approach. Pearson Education, 3rd edition, 2015.

[55] A. L. Samuel. Some studies in machine learning using the game of checkers. IBM Journal of Research and Development, 3(3): 210-229, July 1959.

[56] Philip J. Schneider and David Eberly. Geometric Tools for Computer Graphics. Morgan Kaufmann Publishers, 2003.

[57] Robert Sedgewick and Kevin Wayne. Algorithms. Addison-Wesley Professional, 4th edition, 2011.

[58] Tanya X. Short and Tarn Adams, editors. Procedural Generation in Game Design. A K Peters/CRC Press, 2017.

[59] David Silver, Aja Huang, Chris J. Maddison, Arthur Guez, Laurent Sifre, George van den Driessche, Julian Schrittwieser, Ioannis Antonoglou, Veda Panneershelvam, Marc Lanctot, Sander Dieleman, Dominik Grewe, John Nham, Nal Kalchbrenner, Ilya Sutskever, Timothy

Lillicrap, Madeleine Leach, Koray Kavukcuoglu, Thore Graepel, and Demis Hassabis. Mastering the game of Go with deep neural networks and tree search. Nature, 529: 484, January 2016.

[60] David Silver, Julian Schrittwieser, Karen Simonyan, Ioannis Antonoglou, Aja Huang, Arthur Guez, Thomas Hubert, Lucas Baker, Matthew Lai, Adrian Bolton, Yutian Chen, Timothy Lillicrap, Fan Hui, Laurent Sifre, George van den Driessche, Thore Graepel, and Demis Hassabis. Mastering the game of Go without human knowledge. Nature, 550(7676): 354-359, 2017.

[61] William Spaniel. Game Theory 101: The Complete Textbook. CreateSpace Independent Publishing Platform, 2011.

[62] Anthony Stentz. Optimal and efficient path planning for unknown and dynamic environments. International Journal of Robotics and Automation, 10: 89-100, 1993.

[63] Anthony Stentz. The focussed D* algorithm for real-time replanning. In Proceedings of the International Joint Conference on Artificial Intelligence, pages 1652-1659, 1995.

[64] George Stiny and James Gips. Shape grammars and the generative specification of painting and sculpture. In Information Processing: Proceedings of the IFIP Congress, volume 71, pages 1460-1465, January 1971.

[65] Brian Stout. Smart moves: intelligent path-finding. Game Developer Magazine, pages 28-35, October 1996.

[66] Peter Su and Robert L. Scot Drysdale. A comparison of sequential Delaunay triangulation algorithms. In The Proceedings of the Eleventh Annual Symposium on Computational Geometry, pages 61-70. Association for Computing Machinery, 1995.

[67] Steven Tadelis. Game Theory: An Introduction. Princeton University Press, 2013.

[68] Gerald Tesauro. Temporal difference learning and TD-gammon. Commun. ACM, 38(3): 58-68, March 1995.

[69] TIOBE. TIOBE Index, 2018.
        URL:https://www.tiobe.com/tiobe-index/

[70] Alan M. Turing. Computing machinery and intelligence. Mind, 59, 1950.

[71] US Army Infantry School. FM 7-8 Infantry Rifle Platoon and Squad. Department of the Army, Washington DC, 1992.

[72] US Army Infantry School. FM 3-06.11 Combined Arms Operation in Urban Terrain. Department of the Army, Washington DC, 2002.

[73] Gino van den Bergen. Collision Detection in Interactive 3D Environments. Morgan Kaufmann Publishers, 2003.

[74] Adelheid Voskuhl. Androids in the Enlightenment: Mechanics, Artisans, and Cultures of the Self. University of Chicago Press, 2013.

[75] Frederick M. Waltz and John W. V. Miller. An efficient algorithm for Gaussian blur using finite-state machines. In Proceedings of the SPIE Conference on Machine Vision Systems for Inspection and Metrology VII, 1998.

[76] David H. Wolpert and William G. Macready. No free lunch theorems for optimization. IEEE Transactions on Evolutionary Computation, 1(1), 1997.

[77] Ian Wright and James Marshall. More AI in less processor time: 'egocentric' AI. Gamasutra, June 2000.

A.2　游戏

本节提供了有关本书中提到的游戏的更全面信息。随游戏一起提供的还包括其开发者和发行者、游戏发布的平台以及发布年份。它们沿用了本书中使用的引用样式，并且按开发者名称排序。

很多开发者都喜欢频繁修改其名称，因此，该列表将使用开发者在开发该游戏时所使用的名称。许多游戏最初在一个或两个平台上发布，然后再移植到其他平台上。此列表提示了原始平台或游戏发布的平台。如果游戏的发布超过了两个平台，则表示为 Multiple Platforms（多个平台）。

[78] 2015 Inc. Medal of Honor: Allied Assault. Published by Electronic Arts, 2002. PC.

[79] Activision Publishing Inc. Alien vs. Predator. Published by Activision Publishing Inc., 1993. SNES and Arcade.

[80] Atari. 3D Tic-Tac-Toe. Published by Sears, Roebuck and Co., 1980. Atari 2600.

[81] Bay 12 Games. Dwarf Fortress. Published by Bay 12 Games, 2006. Multiple Platforms.

[82] Ian Bell and David Braben. Elite. Published by Acornsoft Limited, 1984. BBC Micro.

[83] Bioware Corporation. Neverwinter Nights. Published by Infogrames, Inc., 2002. PC.

[84] Bizarre Creations. Formula 1. Published by Psygnosis, 1996. PlayStation and PC.

[85] Blizzard Entertainment Inc. Warcraft: Orcs and Humans. Published by Blizzard Entertainment Inc., 1994. PC.

[86] Blizzard Entertainment, Inc. Warcraft 3: Reign of Chaos. Published by Blizzard Entertainment, Inc., 2002. PC.

[87] Blizzard Entertainment Inc. StarCraft II: Wings of Liberty. Published by Blizzard Entertainment Inc., 2010. PC.

[88] Blizzard Entertainment Inc. and Blizzard North. Diablo. Published by Blizzard Entertainment Inc., 1996. Multiple Platforms.

[89] Bohemia Interactive Studio s.r.o. ArmA: Combat Operations. Published by Atari, Inc., 2006. PC.

[90] Bullfrog Productions Ltd. Dungeon Keeper. Published by Electronic Arts, Inc., 1997.PC.

[91] Bungie Software. Halo. Published by Microsoft Game Studios, 2001. XBox.

[92] Bungie Software. Halo 2. Published by Microsoft Game Studios, 2004. XBox.

[93] Bungie Software. Halo 3. Published by Microsoft Game Studios, 2007. XBox 360.

[94] Cavedog Entertainment. Total Annihilation. Published by GT Interactive Software Europe Ltd., 1997. PC.

[95] Core Design Ltd. Tomb Raider. Published by Eidos Interactive Inc., 1996. Multiple platforms.

[96] Core Design Ltd. Tomb Raider III: The Adventures of Lara Croft. Published by Eidos Interactive Inc., 1998. Multiple platforms.

[97] Core Design Ltd. Herdy Gerdy. Published by Eidos Interactive Ltd., 2002. PlayStation 2.

[98] Criterion Software. Burnout. Published by Acclaim Entertainment, 2001. Multiple platforms.

[99] Cryo Interactive Entertainment. Dune. Published by Virgin Interactive Entertainment, 1992. Multiple platforms.

[100] Crytek. Far Cry. Published by UbiSoft, 2004. PC.

[101] Cyberlife Technology Ltd. Creatures. Published by Mindscape Entertainment, 1997.PC.

[102] Dark Energy Digital Ltd. WSC Real 2011: World Snooker Championship. Published by Dark Energy Sports Ltd., 2011. PlayStation 3, Xbox 360.

[103] Digital Extremes, Inc. and Epic MegaGames, Inc. Unreal. Published by GT Interactive Software Corp., 1998. Multiple platforms.

[104] DMA Design. Grand Theft Auto 3. Published by Rockstar Games, 2001. PlayStation 2.

[105] Dynamix. Tribes II. Published by Sierra On-Line, 2001. PC.

[106] Electronic Arts Canada. SSX. Published by Electronic Arts, 2000. PlayStation 2.

[107] Electronic Arts Tiburon. Madden NFL 2005. Published by Electronic Arts, 2004. Multiple platforms.

[108] Electronic Arts Tiburon. Madden NFL 2018. Published by Electronic Arts, 2017. Multiple platforms.

[109] Elixir Studios Ltd. Republic: The Revolution. Published by Eidos, Inc., 2003. PC.

[110] Elixir Studios Ltd. Evil Genius. Published by Sierra Entertainment, Inc., 2004. PC.

[111] Epic Games, Inc., People Can Fly, and Sp. z o.o. Fortnite: Battle Royale. Published by Epic Games, Inc., 2017. Multiple Platforms.

[112] Firaxis Games. Sid Meier's Civilization III. Published by Infogrames, 2001. PC.

[113] Firaxis Games. Sid Meier's Civilization VI. Published by 2K Games, Inc., 2016. Multiple Platforms.

[114] Firaxis Games East, Inc. Sid Meier's Civilization IV. Published by 2K Games, Inc., 2005. Multiple platforms.

[115] FromSoftware, Inc. Dark Souls, 2011. PlayStation 3, Xbox 360.

[116] FromSoftware, Inc. Bloodborne. Published by Sony Computer Entertainment America LLC, 2015. PlayStation 4.

[117] FromSoftware, Inc. Dark Souls III, 2016. Multiple Platforms.

[118] Frontier Developments Plc. Elite: Dangerous. Published by Frontier Developments plc, 2015. Multiple Platforms.

[119] Hello Games Ltd. No Man's Sky. Published by Hello Games Ltd., 2016. Multiple Platforms.

[120] Holospark. Earthfall. Published by Holospark, 2017. Multiple Platforms.

[121] id Software, Inc. Wolfenstein 3D. Published by Activision, Apogee and GT Interactive, 1992. PC.

[122] id Software, Inc. Doom. Published by id Software, Inc., 1993. PC.

[123] id Software, Inc. Quake II. Published by Activision, Inc., 1997. PC.

[124] id Software, Inc. Quake III. Published by Activision, Inc., 1999. Multiple Platforms.

[125] id Software, Inc. Doom 3. Published by Activision, 2004. PC.

[126] Incog Inc Entertainment. Downhill Domination. Published by Codemasters, 2003.

PlayStation 2.

[127] Ion Storm. Deus Ex. Published by Eidos Interactive, 2000. PC.

[128] K-D Lab Game Development. Perimeter. Published by 1C, 2004. PC.

[129] Konami Corporation. Metal Gear Solid. Published by Konami Corporation, 1998. PlayStation.

[130] Linden Research, Inc. Blood and Laurels. Published by Linden Research, Inc., 2014. iPad.

[131] Lionhead Studios Ltd. Black & White. Published by Electronic Arts, Inc., 2001. PC.

[132] Looking Glass Studios, Inc. Thief: The Dark Project. Published by Eidos, Inc., 1998.PC.

[133] LucasArts Entertainment Company LLC. Star Wars: Episode 1 – Racer. Published by LucasArts Entertainment Company LLC, 1999. Multiple Platforms.

[134] Manic Media Productions. Manic Karts. Published by Virgin Interactive Entertainment, 1995. PC.

[135] Maxis Software, Inc. SimCity. Published by Infogrames Europe SA, 1989. PC / Mac.

[136] Maxis Software, Inc. The Sims. Published by Electronic Arts, Inc., 2000. PC.

[137] Maxis Software, Inc. Spore. Published by Electronic Arts, Inc., 2008. Macintosh, PC.

[138] Edmund McMillen and Florian Himsl. The Binding of Isaac. Published by Edmund McMillen, 2011. PC.

[139] Glenn Wichman Michael C. Toy and Ken Arnold. Rogue. Freeware, 1982. VAX-11.

[140] Midway Games West, Inc. Pac-Man. Published by Midway Games West,Inc., 1979. Arcade.

[141] Mindscape. Warhammer: Dark Omen. Published by Electronic Arts, 1998. PC and PlayStation.

[142] Mojang AB. Minecraft. Published by Mojang AB, 2010. Multiple Platforms.

[143] Monolith Productions, Inc. No One Lives Forever 2. Published by Sierra, 2002. PC.

[144] Monolith Productions, Inc. F.E.A.R. Published by Vivendi Universal Games, 2005. PC.

[145] Monolith Productions, Inc. F.E.A.R. 2: Project Origin. Published by Warner Bros. Interactive Entertainment Inc., 2009. PC / Mac.

[146] Mossmouth, LLC. Spelunky. Published by Mossmouth, LLC, 2009. PC.

[147] MPS Labs. Civilization. Published by MicroProse Software, Inc., 1991. Multiple

Platforms.

[148] Naughty Dog, Inc. Jak and Daxter: The Precursor Legacy. Published by SCEE Ltd., 2001. PlayStation 2.

[149] Naughty Dog, Inc. The Last of Us. Published by Sony Computer Entertainment America LLC, 2003. PlayStation 3.

[150] Niantic, Inc., Nintendo Co., Ltd., and The Pokémon Company. Pokémon Go. Published by Niantic, Inc., 2016. Multiple platforms.

[151] Nicalis, Inc. The Binding of Isaac: Rebirth. Published by Nicalis, Inc., 2014. Multiple Platforms.

[152] Nintendo Co., Ltd. and Systems Research & Development Co., Ltd. Super Mario Bros. Published by Nintendo Co., Ltd., 1985. Nintendo Entertainment System.

[153] Nintendo Entertainment, Analysis and Development. Pikmin. Published by Nintendo Co. Ltd., 2001. GameCube.

[154] Nintendo Entertainment, Analysis and Development. Super Mario Sunshine. Published by Nintendo Co. Ltd., 2002. GameCube.

[155] Nintendo Entertainment, Analysis and Development. Pikmin 2. Published by Nintendo Co. Ltd., 2004. GameCube.

[156] Oddworld Inhabitants. Oddworld: Munch's Oddysee. Published by Microsoft Game Studios, 1998. XBox.

[157] Pandemic Studios. Full Spectrum Warrior. Published by THQ, 2004. PC and XBox.

[158] Phigames. Tiny Keep. Published by Digital Tribe Entertainment, Inc., 2014. Multiple Platforms.

[159] Pivotal Games Ltd. Conflict: Desert Storm. Published by SCi Games Ltd., 2002. Multiple Platforms.

[160] Polyphonic Digital. Gran Turismo. Published by SCEI, 1997. PlayStation.

[161] Procedural Arts LLC. Façade. Published by Procedural Arts LLC, 2005. PC / Mac.

[162] Psygnosis. Wipeout. Published by SCEE, 1995. PlayStation.

[163] Quicksilver Software, Inc. Master of Orion 3. Published by Infogrames, 2003. PC.

[164] Radical Entertainment. Scarface. Published by Vivendi Universal Games, 2005. Multiple platforms.

[165] Rare Ltd. Goldeneye 007. Published by Nintendo Europe GmbH, 1997. Nintendo 64.

[166] Raven Software. Soldier of Fortune 2: Double Helix. Published by Activision, 2002.

PC and XBox.

[167] Rebellion. Alien vs. Predator. Published by Atari Corporation, 1994. Jaguar.

[168] Rebellion. Sniper Elite, 2005. Multiple platforms.

[169] Rebellion. Cyberspace, Unreleased. Nintendo Game Boy.

[170] Red Storm Entertainment, Inc. Tom Clancy's Ghost Recon. Published by Ubi Soft Entertainment Software, 2001. PC.

[171] Reflections Interactive. Driver. Published by GT Interactive, 1999. PlayStation and PC.

[172] Relic Entertainment. Homeworld. Published by Sierra On-Line, 1999. PC.

[173] Relic Entertainment. Company of Heroes. Published by THQ Inc., 2006. PC.

[174] Revolution Software Ltd. Beneath a Steel Sky. Published by Virgin Interactive, Inc., 1994. PC.

[175] Riot Games, Inc. League of Legends. Published by Riot Games, Inc., 2009. Multiple Platforms.

[176] SEGA Entertainment, Inc. Golden Axe. Published by SEGA Entertainment, Inc., 1987. Arcade.

[177] Sick Puppies Studio and International Hobo Ltd. Ghost Master. Published by Empire Interactive Entertainment, 2003. PC.

[178] Sony Computer Entertainment. Otostaz. Published by Sony Computer Entertainment, 2002. PlayStation 2 (Japanese Release Only).

[179] Stainless Steel Studios Inc. Empire Earth. Published by Sierra On-Line, Inc., 2001. PC.

[180] Strategic Simulations, Inc. Computer Bismark. Published by Strategic Simulations, Inc., 1980. Apple II.

[181] Superior Software Ltd. Exile. Published by Peter J. M. Irvin, Jeremy C. Smith, 1988. BBC Micro.

[182] Team 17. Worms 3D. Published by Sega Europe Ltd, 2003. Multiple platforms.

[183] Team Cherry. Hollow Knight. Published by Team Cherry, 2017. Multiple Platforms.

[184] TechnoSoft. Herzog Zwei. Published by TechnoSoft, 1989. Sega Genesis.

[185] The Creative Assembly Ltd. Rome: Total War. Published by Activision Publishing, Inc., 2004. PC.

[186] The Creative Assembly Ltd. Empire: Total War. Published by SEGA of America, Inc., 2009. PC.

[187] TimeGate Studios. Kohan: Ahriman's Gift. Published by Strategy First, 2001. PC.

[188] Turn 10 Studios. Forza Motorsport. Published by Microsoft Game Studios, 2005. Xbox.

[189] Ubi Soft Montreal Studios. Splinter Cell. Published by Ubi Soft Entertainment Software, 2002. Multiple Platforms.

[190] Ubisoft Annecy Studios. Steep, 2016. Multiple Platforms.

[191] Ubisoft Divertissements Inc. Far Cry 2. Published by UbiSoft, 2008. Multiple platforms.

[192] UbiSoft Montpellier Studios. Beyond Good and Evil. Published by UbiSoft Entertainment, 2003. Multiple platforms.

[193] Valve Corporation. Half-Life. Published by Sierra On-Line, 1998. PC.

[194] Valve Corporation. Half-Life 2. Published by Valve Corporation, 2004. PC.

[195] Valve Corporation. Dota 2. Published by Valve Corporation, 2013. Multiple Platforms.

[196] Valve South and Valve Corporation. Left 4 Dead. Published by Valve Corporation, 2008. Multiple Platforms.

[197] Warthog Games. Mace Griffin: Bounty Hunter. Published by Vivendi Universal Games, 2003. Multiple platforms.

[198] Westwood Studios. Dune II. Published by Virgin Interactive Entertainment, 1992. PC.

[199] Westwood Studios. Command and Conquer. Published by Virgin Interactive Entertainment, 1995. PC.

[200] Zipper Interactive. SOCOM: U.S. Navy SEALs. Published by SCEA, 2002. PlayStation2.